# Lecture Notes in Mathematics

**Vols. 1-183 are also available. For further information, please contact your book-seller or Springer-Verlag.**

Vol. 184: Symposium on Several Complex Variables, Park City, Utah, 1970. Edited by R. M. Brooks. V, 234 pages. 1971. DM 20,–

Vol. 185: Several Complex Variables II, Maryland 1970. Edited by J. Horváth. III, 287 pages. 1971. DM 24,–

Vol. 186: Recent Trends in Graph Theory. Edited by M. Capobianco/ J. B. Frechen/M. Krolik. VI, 219 pages. 1971. DM 18,–

Vol. 187: H. S. Shapiro, Topics in Approximation Theory. VIII, 275 pages. 1971. DM 22,–

Vol. 188: Symposium on Semantics of Algorithmic Languages. Edited by E. Engeler. VI, 372 pages. 1971. DM 26,–

Vol. 189: A. Weil, Dirichlet Series and Automorphic Forms. V, 164 pages. 1971. DM 16,–

Vol. 190: Martingales. A Report on a Meeting at Oberwolfach, May 17-23, 1970. Edited by H. Dinges. V, 75 pages. 1971. DM 16,–

Vol. 191: Séminaire de Probabilités V. Edited by P. A. Meyer. IV, 372 pages. 1971. DM 26,–

Vol. 192: Proceedings of Liverpool Singularities – Symposium I. Edited by C. T. C. Wall. V, 319 pages. 1971. DM 24,–

Vol. 193: Symposium on the Theory of Numerical Analysis. Edited by J. Ll. Morris. VI, 152 pages. 1971. DM 16,–

Vol. 194: M. Berger, P. Gauduchon et E. Mazet. Le Spectre d'une Variété Riemannienne. VII, 251 pages. 1971. DM 22,–

Vol. 195: Reports of the Midwest Category Seminar V. Edited by J. W. Gray and S. Mac Lane. III, 255 pages. 1971. DM 22,–

Vol. 196: H-spaces – Neuchâtel (Suisse)- Août 1970. Edited by F. Sigrist. V, 156 pages. 1971. DM 16,–

Vol. 197: Manifolds – Amsterdam 1970. Edited by N. H. Kuiper. V, 231 pages. 1971. DM 20,–

Vol. 198: M. Hervé, Analytic and Plurisubharmonic Functions in Finite and Infinite Dimensional Spaces. VI, 90 pages. 1971. DM 16,–

Vol. 199: Ch. J. Mozzochi, On the Pointwise Convergence of Fourier Series. VII, 87 pages. 1971. DM 16,–

Vol. 200: U. Neri, Singular Integrals. VII, 272 pages. 1971. DM 22,–

Vol. 201: J. H. van Lint, Coding Theory. VII, 136 pages. 1971. DM 16,–

Vol. 202: J. Benedetto, Harmonic Analysis in Totally Disconnected Sets. VIII, 261 pages. 1971. DM 22,–

Vol. 203: D. Knutson, Algebraic Spaces. VI, 261 pages. 1971. DM 22,–

Vol. 204: A. Zygmund, Intégrales Singulières. IV, 53 pages. 1971. DM 16,–

Vol. 205: Séminaire Pierre Lelong (Analyse) Année 1970. VI, 243 pages. 1971. DM 20,–

Vol. 206: Symposium on Differential Equations and Dynamical Systems. Edited by D. Chillingworth. XI, 173 pages. 1971. DM 16,–

Vol. 207: L. Bernstein, The Jacobi-Perron Algorithm – Its Theory and Application. IV, 161 pages. 1971. DM 16,–

Vol. 208: A. Grothendieck and J. P. Murre, The Tame Fundamental Group of a Formal Neighbourhood of a Divisor with Normal Crossings on a Scheme. VIII, 133 pages. 1971. DM 16,–

Vol. 209: Proceedings of Liverpool Singularities Symposium II. Edited by C. T. C. Wall. V, 280 pages. 1971. DM 22,–

Vol: 210: M. Eichler, Projective Varieties and Modular Forms. III, 118 pages. 1971. DM 16,–

Vol. 211: Théorie des Matroïdes. Edité par C. P. Bruter. III, 108 pages. 1971. DM 16,–

Vol. 212: B. Scarpellini, Proof Theory and Intuitionistic Systems. VII, 291 pages. 1971. DM 24,–

Vol. 213: H. Hogbe-Nlend, Théorie des Bornologies et Applications. V, 168 pages. 1971. DM 18,–

Vol. 214: M. Smorodinsky, Ergodic Theory, Entropy. V, 64 pages. 1971. DM 16,–

Vol. 215: P. Antonelli, D. Burghelea and P. J. Kahn, The Concordance-Homotopy Groups of Geometric Automorphism Groups. X, 140 pages. 1971. DM 16,–

Vol. 216: H. Maaß, Siegel's Modular Forms and Dirichlet Series. VII, 328 pages. 1971. DM 20,–

Vol. 217: T. J. Jech, Lectures in Set Theory with Particular Emphasis on the Method of Forcing. V, 137 pages. 1971. DM 16,–

Vol. 218: C. P. Schnorr, Zufälligkeit und Wahrscheinlichkeit. IV, 212 Seiten. 1971. DM 20,–

Vol. 219: N. L. Alling and N. Greenleaf, Foundations of the Theory of Klein Surfaces. IX, 117 pages. 1971. DM 16,–

Vol. 220: W. A. Coppel, Disconjugacy. V, 148 pages. 1971. DM 16,–

Vol. 221: P. Gabriel und F. Ulmer, Lokal präsentierbare Kategorien. V, 200 Seiten. 1971. DM 18,–

Vol. 222: C. Meghea, Compactification des Espaces Harmoniques. III, 108 pages. 1971. DM 16,–

Vol. 223: U. Felgner, Models of ZF-Set Theory. VI, 173 pages. 1971. DM 16,–

Vol. 224: Revètements Etales et Groupe Fondamental. (SGA 1). Dirigé par A. Grothendieck XXII, 447 pages. 1971. DM 30,–

Vol. 225: Théorie des Intersections et Théorème de Riemann-Roch. (SGA 6). Dirigé par P. Berthelot, A. Grothendieck et L. Illusie. XII, 700 pages. 1971. DM 40,–

Vol. 226: Seminar on Potential Theory, II. Edited by H. Bauer. IV, 170 pages. 1971. DM 18,–

Vol. 227: H. L. Montgomery, Topics in Multiplicative Number Theory. IX, 178 pages. 1971. DM 18,–

Vol. 228: Conference on Applications of Numerical Analysis. Edited by J. Ll. Morris. X, 358 pages. 1971. DM 26,–

Vol. 229: J. Väisälä, Lectures on n-Dimensional Quasiconformal Mappings. XIV, 144 pages. 1971. DM 16,–

Vol. 230: L. Waelbroeck, Topological Vector Spaces and Algebras. VII, 158 pages. 1971. DM 16,–

Vol. 231: H. Reiter, $L^1$-Algebras and Segal Algebras. XI, 113 pages. 1971. DM 16,–

Vol. 232: T. H. Ganelius, Tauberian Remainder Theorems. VI, 75 pages. 1971. DM 16,–

Vol. 233: C. P. Tsokos and W. J. Padgett. Random Integral Equations with Applications to stochastic Systems. VII, 174 pages. 1971. DM 18,–

Vol. 234: A. Andreotti and W. Stoll. Analytic and Algebraic Dependence of Meromorphic Functions. III, 390 pages. 1971. DM 26,–

Vol. 235: Global Differentiable Dynamics. Edited by O. Hájek, A. J. Lohwater, and R. McCann. X, 140 pages. 1971. DM 16,–

Vol. 236: M. Barr, P. A. Grillet, and D. H. van Osdol. Exact Categories and Categories of Sheaves. VII, 239 pages. 1971. DM 20,–

Vol. 237: B. Stenström, Rings and Modules of Quotients. VII, 136 pages. 1971. DM 16,–

Vol. 238: Der kanonische Modul eines Cohen-Macaulay-Rings. Herausgegeben von Jürgen Herzog und Ernst Kunz. VI, 103 Seiten. 1971. DM 16,–

Vol. 239: L. Illusie, Complexe Cotangent et Déformations I. XV, 355 pages. 1971. DM 26,–

Vol. 240: A. Kerber, Representations of Permutation Groups I. VII, 192 pages. 1971. DM 18,–

Vol. 241: S. Kaneyuki, Homogeneous Bounded Domains and Siegel Domains. V, 89 pages. 1971. DM 16,–

Vol. 242: R. R. Coifman et G. Weiss, Analyse Harmonique Non-Commutative sur Certains Espaces. V, 160 pages. 1971. DM 16,–

Vol. 243: Japan-United States Seminar on Ordinary Differential and Functional Equations. Edited by M. Urabe. VIII, 332 pages. 1971. DM 26,–

Vol. 244: Séminaire Bourbaki – vol. 1970/71. Exposés 382–399. IV, 356 pages. 1971. DM 26,–

Vol. 245: D. E. Cohen, Groups of Cohomological Dimension One. V, 99 pages. 1972. DM 16,–

Vol. 246: Lectures on Rings and Modules. Tulane University Ring and Operator Theory Year, 1970–1971. Volume I. X, 661 pages. 1972. DM 40,–

**continuation on page 605**

# Lecture Notes in Mathematics

Edited by A. Dold and B. Eckmann

407

Pierre Berthelot
Université de Rennes
E.R.A. au C.N.R.S. n° 451

# Cohomologie Cristalline des Schémas de Caractéristique $p > o$

Springer-Verlag
Berlin · Heidelberg · New York 1974

Prof. Pierre Berthelot
U.E.R. de Mathématiques
Université de Rennes
Avenue du Général Leclerc
F-35031-Rennes cedex

**Library of Congress Cataloging in Publication Data**

Berthelot, Pierre, 1943-
Cohomologie cristalline des schémas de caractéristique.

(Lecture notes in mathematics, 407)
Bibliography: p.
1. Geometry, Algebraic. 2. Homology theory.
3. Schemes (Algebraic geometry) I. Title.
II. Series: Lecture notes in mathematics (Berlin) 407.
QA3.L28 no. 407 [QA564] 510'.8s [514'.23] 74-14695

AMS Subject Classifications (1970): 14F10, 14F30, 14G13

ISBN 3-540-06852-X Springer-Verlag Berlin · Heidelberg · New York
ISBN 0-387-06852-X Springer-Verlag New York · Heidelberg · Berlin



Offsetdruck: Julius Beltz, Hemsbach/Bergstr.

## TABLE DES MATIERES

# INTRODUCTION

Cet ouvrage s'inscrit dans la recherche d'une cohomologie "p-adique" pour les schémas de caractéristique $p > 0$ , complétant la famille des cohomologies $\ell$-adique pour $\ell \neq p$ . On sait en effet que la cohomologie étale des schémas, développée par M. Artin et A. Grothendieck (SGA 4, SGA 5), possède les propriétés nécessaires pour donner naissance à une "cohomologie de Weil" (cf. [35]), à condition de se limiter le cas échéant à prendre pour coefficients des faisceaux de torsion premiers aux caractéristiques résiduelles. Par suite, dans la famille des cohomologies $\ell$-adiques, pour $\ell$ variable, d'un schéma de caractéristique $p > 0$ , figure une lacune pour $\ell = p$ , les propriétés de la cohomologie p-adique (au sens usuel) n'étant plus alors satisfaisantes. Pour préciser cette lacune par un exemple, considérons un schéma $X$ propre et lisse sur l'anneau $\mathbb{Z}_p$ des entiers p-adiques, de réduction $X_o$ sur le corps premier $\mathbb{F}_p$ ; soit $\overline{X}_o$ l'image inverse de $X_o$ sur une clôture algébrique de $\mathbb{F}_p$ , et soit $X^{an}$ la variété analytique complexe définie par $X$ au moyen d'un plongement choisi de $\mathbb{Z}_p$ dans $\mathbb{C}$ . Pour $\ell \neq p$ , il existe alors un isomorphisme

$$H^*(\overline{X}_o,\mathbb{Z}_\ell) \xrightarrow{\sim} H^*(X^{an},\mathbb{Z}) \otimes_{\mathbb{Z}} \mathbb{Z}_\ell \ ,$$

où $H^*(\overline{X}_o,\mathbb{Z}_\ell) = \varprojlim_{\nu} H^*(\overline{X}_{o\ \text{ét}},\mathbb{Z}/\ell^{\nu+1}\mathbb{Z})$ est la cohomologie $\ell$-adique de $\overline{X}_o$ , et $H^*(X^{an},\mathbb{Z})$ la cohomologie entière de $X^{an}$. Par suite, la connaissance des groupes $H^*(\overline{X}_o,\mathbb{Z}_\ell)$ équivaut à la connaissance du rang et de la partie de $\ell$-torsion de la cohomologie entière de $X^{an}$ . Par contre, la connaissance des cohomologies $\ell$-adiques ne permet pas de reconstituer la partie de p-torsion de la cohomologie entière, et par suite ne donne pas prise sur les phénomènes qu'on croit liés à la présence de p-torsion dans cette cohomologie (et, plus généralement si $X_o$ est un $\mathbb{F}_p$-schéma propre et lisse ne provenant pas nécéssairement d'un $\mathbb{Z}_p$-schéma, sur ceux qu'on aimerait pouvoir interpréter en termes de p-torsion dans une cohomologie convenable), comme par exemple le fait que la cohomologie de De Rham (*) de $X_o$ sur $\underset{=}{F}_p$ ne fournisse pas nécessairement les bons nombres de Betti pour $X_o$ (définis grâce à la cohomologie $\ell$-adique) (c'est le cas par exemple pour la surface construite par J.P. Serre dans [51] § 20 - voir [23], note 12). Le problème se pose donc de trouver une théorie cohomologique qui se substitue à la cohomologie p-adique en caractéristique $p > 0$ , et on tient plus particulièrement à ce que cette théorie rende compte des phénomènes de p-torsion.

Des indications sur la façon de développer une telle théorie sont données par les travaux de P. Monsky et G. Washnitzer ([44],[45],[46]). Soient k un corps de caractéristique $p > 0$ , et V un anneau de valuation discrète complet d'inégales caractéristiques, de corps résiduel k . Alors Monsky et Washnitzer ont défini une théorie cohomologique sur la catégorie des k-schémas affines et lisses (et satisfaisant une petite condition supplémentaire), à valeurs dans la catégorie des vectoriels sur le corps des fractions K de V , en construisant pour un tel schéma X une certaine classe d'algèbres relevant l'anneau de coordonnées de X sur V , et en montrant que la cohomologie du complexe des formes différentielles (continues) sur une telle algèbre, relativement à V , ne dépend à torsion près que de X , et varie fonctoriellement en X . Signalons aussi le résultat de S. Lubkin ([37]), inspiré des travaux de Monsky et Washnitzer, prouvant que lorsque X est un k-schéma possédant un relèvement X' propre et lisse sur V , la cohomologie de De Rham de X' sur V ne dépend, à torsion près, que de X , et varie fonctoriellement en X . L'inconvénient de cette approche, pour le point de vue que nous adoptons ici, est que, outre les conditions fort restrictives qui sont requises pour en déduire une théorie cohomologique, elle sacrifie précisément la partie de p-torsion (**). Néanmoins, elle suggère fortement que pour les k-schémas X possédant un relèvement lisse sur V , la théorie cohomologique recherchée possède des

---

(*) Rappelons que si $f : X \longrightarrow S$ est un morphisme de schémas, la cohomologie de De Rham de X relativement à S est l'hyper-cohomologie sur X du complexe $\Omega^{\cdot}_{X/S}$ des formes différentielles sur X relativement à S .

(**) Dans la théorie de Monsky et Washnitzer, on peut sauver la torsion pourvu que l'on prenne V peu ramifié (I 1.2.2) ; celle de Lubkin suppose par contre de façon essentielle que l'on néglige la torsion.

liens étroits avec la cohomologie de De Rham.

Une première difficulté apparaît : il n'existe pas en général de V-schéma lisse relevant un k-schéma lisse donné. Il est donc nécessaire de trouver une théorie cohomologique généralisant la cohomologie de De Rham. C'est pour résoudre ce problème que A. Grothendieck a introduit ([21]), et étudié en caractéristique 0 , le topos cristallin d'un schéma X au-dessus d'un schéma de base S . Si S est un schéma de caractéristique 0 , et X un S-schéma, le <u>site cristallin de</u> X <u>relativement</u> à S a pour objets les S-immersions nilpotentes d'un ouvert U de X dans un S-schéma T , et sa topologie est définie à partir de la topologie de Zariski des épaississements T . Grothendieck a alors montré que, lorsque X est lisse sur S , la cohomologie du topos associé au site cristallin de X relativement à S , à coefficients dans son anneau structural (i.e. la <u>cohomologie cristalline de</u> X <u>relativement à</u> S), est canoniquement isomorphe à la cohomologie de De Rham de X relativement à S . De plus, la cohomologie cristalline est invariante par les S-immersions nilpotentes, donnant ainsi naissance à des propriétés de relèvement. Elle apparaît donc comme la généralisation recherchée de la cohomologie de De Rham.

Une autre motivation pour l'introduction du topos cristallin est l'interprétation qu'il permet de donner des $\underline{O}_X$-modules munis d'une <u>connexion</u> à courbure nulle (i.e. intégrable) relativement à S , lorsque X est lisse sur S : ils forment en effet une catégorie équivalente à une certaine sous-catégorie pleine de la catégorie des modules sur l'anneau structural du topos cristallin, dont les objets seront appelés <u>cristaux en modules</u>. On sait d'autre part que les modules munis d'une connexion à courbure nulle forment une catégorie naturelle de coefficients pour la cohomologie de De Rham, un exemple particulièrement important de la façon dont ils s'introduisent étant fourni par la <u>connexion de Gauss-Manin</u> sur l'hyper-cohomologie de De Rham relative d'un morphisme lisse ([34]). On voit donc que cohomologie de De Rham et cohomologie cristalline ont des rapports étroits.

En caractéristique $p > 0$ , la définition précédente n'est plus satisfaisante, car, lorsque X est lisse sur S , l'homomorphisme canonique de la cohomologie cristalline (au sens précédent) dans la cohomologie de De Rham n'est plus en général un isomorphisme. C'est pourquoi Grothendieck a proposé dans [21] une autre définition du site cristallin pour les schémas de caractéristique $p > 0$. Notre but ici sera de montrer que la définition de Grothendieck (avec de légères modifications) permet effectivement de développer, du moins pour les schémas propres et lisses sur un corps parfait $k$, une théorie cohomologique à valeurs dans la catégorie des modules de type fini sur l'anneau $W$ des vecteurs de Witt de $k$ (*), possédant les propriétés usuelles des théories cohomologiques (changement de base, formule de Künneth, dualité de Poincaré, formule de Lefschetz, etc...), et permettant de donner une formule de rationalité pour la fonction zêta des schémas propres et lisses sur un corps fini, conformément aux conjectures d'A. Weil.

-:-:-:-:-:-:-

Nous nous restreindrons dans cet ouvrage à l'étude de la cohomologie cristalline pour les schémas sur lesquels un nombre premier $p$ fixé est localement nilpotent. Bien qu'il soit en principe possible de développer une théorie unique, donnant la théorie de [21] pour les schémas de caractéristique 0 (**), et celle que nous définirons pour les schémas sur lesquels $p$ est localement nilpotent (une telle théorie est esquissée en appendice), nous n'adopterons pas ce point de vue, pour plusieurs raisons dont les deux suivantes :

---

(*) Rappelons que, comme l'a remarqué J.P. Serre, l'existence de courbes elliptiques $E$ telles que $\mathrm{End}(E) \otimes \mathbb{Q}_p$ soit un corps de quaternions montre que, contrairement à la cohomologie $\ell$-adique, pour laquelle l'anneau de base est $\mathbb{Z}_\ell$, la cohomologie "p-adique" recherchée ne peut avoir pour anneau de base (défini comme l'anneau de cohomologie du point) l'anneau $\mathbb{Z}_p$ (cf.[21]). L'anneau des vecteurs de Witt constitue donc probablement l'anneau de base le plus naturel pour une telle théorie.

(**) En caractéristique 0, la cohomologie cristalline a été étudiée récemment de facon systématique par R. Hartshorne([27],[29]). Le point de vue de Hartshorne diffère du point de vue de Grothendieck ([21]) en ce que, pour définir la cohomologie d'un schéma $Y$ de type fini sur un corps $k$ de caractéristique 0, on immerge $Y$ dans un schéma lisse $X$ (lorsque c'est possible), et on considère l'hypercohomologie sur $X$ du complexe $\Omega^{\cdot}_{X/k}$ complété formellement le long de $Y$ ; en fait la cohomologie ainsi obtenue est la cohomologie cristalline de $X$ relativement à $k$, comme le montre l'analogue en caractéristique 0 du théorème V 2.3.2.

i) des travaux de P. Deligne ([14], non publiés), prouvant en particulier le théorème de comparaison entre cohomologie cristalline et cohomologie transcendante pour les schémas de type fini sur le corps des complexes, et amorçant une théorie des "coefficients constructibles" pour la cohomologie cristalline en caractéristique 0 , montrent qu'il y aurait plutôt intérêt, à l'heure actuelle, à écrire séparément la théorie en caractéristique 0 , de façon à tenir compte des points de vue nouveaux liés aux problèmes de constructibilité (notamment par l'emploi de pro-objets à la manière de l'Appendice de [30]), points de vue dont l'analogue en caractéristique $p > 0$ reste à découvrir ;

ii) le fait de se restreindre aux schémas sur lesquels $p$ est localement nilpotent entraîne une simplification technique importante ; en effet, un idéal à puissances divisées dans un anneau de torsion est automatiquement un nilidéal ; or, comme nous le verrons plus loin, les objets du site cristallin sont des immersions définies par un idéal à puissances divisées ; il est alors inutile (et même nuisible!) de leur imposer une condition de nilpotence supplémentaire, et on peut de la sorte éliminer de la théorie tous les problèmes de limites projectives qui s'introduisent en caractéristique 0 à partir des conditions de nilpotence.

Les deux premiers chapitres sont des chapitres de généralités, où il n'est pas encore question du topos cristallin. Dans le chapitre I , nous développons le formalisme des <u>puissances divisées</u>, et plus particulièrement la notion d'<u>enveloppe à puissances divisées d'un idéal</u>, qui figure parmi les techniques de base dans l'étude du topos cristallin. Au chapitre II sont étudiées dans un contexte assez général les notions de <u>connexion</u> et de <u>stratification</u>, la généralité provenant de ce que l'étude du topos cristallin en caractéristique $p$ fait apparaître certaines variantes de ces notions, sans doute plus importantes en caractéristique $p$ que la notion habituelle de stratification. Nous conseillons assez fermement au lecteur de ne pas lire le chapitre II, mais plutôt de le considérer comme un dictionnaire auquel il se reportera chaque fois que cela sera nécessaire.

Avec le chapitre III commence l'étude du topos cristallin ; on fixe alors un nombre premier p , et, dans la suite de l'ouvrage, on ne considèrera plus que des schémas sur lesquels p est localement nilpotent. Le théorème d'isomorphisme entre la cohomologie cristalline et la cohomologie de De Rham en caractéristique 0 est basé sur un "lemme de Poincaré cristallin", pour des algèbres de séries formelles ; ce lemme n'est plus vrai en caractéristique p , mais le redevient si l'on remplace les séries formelles par des séries formelles (ou des polynômes) à puissances divisées. On est ainsi amené à prendre pour objets du site cristallin d'un schéma X relativement à un schéma S les S-immersions d'un ouvert U de X dans un S-schéma T , munies d'une structure d'idéal à puissances divisées sur l'idéal de U dans T . On peut d'ailleurs indiquer ici une seconde motivation pour l'introduction des puissances divisées sur le site cristallin, liée à la théorie des classes de Chern (voir [10]). En effet, si l'on cherche à définir en caractéristique 0 une théorie des classes de Chern à valeurs dans la cohomologie cristalline pour les modules localement libres de type fini, redonnant dans le cas lisse la théorie des classes de Chern en cohomologie de De Rham, grâce à l'isomorphisme entre cohomologie cristalline et cohomologie de De Rham, on s'apercoit qu'à l'utilisation de la dérivée logarithmique pour la cohomologie de De Rham correspond l'utilisation pour la cohomologie cristalline d'une fonction logarithme définie sur le site cristallin. Pour pouvoir disposer, lorsque p est localement nilpotent, d'une telle fonction logarithme, on est là encore amené à introduire des puissances divisées sur le site cristallin. Nous montrerons plus loin comment on se trouve également conduit à l'introduction de puissances divisées par le biais de la théorie de Dieudonné pour les groupes de Barsotti-Tate.

Si l'on adopte la définition du site cristallin donnée plus haut, il apparaît une seconde difficulté : si $X' \longrightarrow X$ est une S-immersion nilpotente, la cohomologie cristalline de X n'est pas en général isomorphe à celle de X' , propriété qu'on aurait souhaité obtenir pour pouvoir comparer la cohomologie de De Rham d'un schéma propre et lisse sur un anneau de valuation discrète V d'inégales caractéristiques, de caractéristique résiduelle p , et la cohomologie cristalline de sa fibre spéciale. Elle est néanmoins vraie lorsque l'immersion $i : X' \longrightarrow X$ est définie par un idéal $\underline{I}$ de la base $S$, $\underline{I}$ étant muni de puissances divisées $\gamma$, et qu'on impose aux puissances divisées des sites cristallins de $X$ et $X'$ une condition de compatibilité avec les puissances divisées $\gamma$. Or cette hypothèse sur $i$ est vérifiée, dans l'exemple cité, pour la réduction modulo les puissances de l'idéal maximal de $V$, pourvu que l'indice de ramification absolu soit $\leq p-1$ (ce qui entraîne l'existence de puissances divisées, uniques, sur cet idéal). On est donc amené à introduire dans la définition du site cristallin la donnée d'un idéal à puissances divisées sur la base, et à imposer aux puissances divisées des objets du site cristallin une condition de compatibilité avec les puissances divisées données sur la base. On étudie alors le topos ainsi défini, et on montre en particulier qu'il a une variance naturelle vis-à-vis des morphismes de schémas, donnant donc naissance à un "foncteur cohomologie", et à une suite spectrale de Leray pour tout morphisme de S-schémas. De plus, on montre le théorème d'invariance de la cohomologie cristalline dans le cas de l'immersion $X' \longrightarrow X$ où $X'$ est le sous-schéma de $X$ défini par l'idéal à puissances divisées donné sur $S$.

Au chapitre IV, nous introduisons la notion de cristal, et en particulier la notion de cristal en modules, qui, comme nous l'avons signalé plus haut, est une généralisation naturelle de la notion de module muni d'une connexion à courbure nulle (et, lorsque $p$ est localement nilpotent, quasi-nilpotente (II 4.3.6)) sur un schéma lisse, et qui est une des notions les plus importantes dans l'étude du topos cristallin. Nous citerons ici deux exemples de cristaux : le premier est fourni par la cohomologie cristalline relative d'un morphisme lisse ; le second provient de la généralisation par A. Grothendieck ([22]) et W. Messing ([43]) de la théorie de Dieudonné aux groupes de Barsotti-Tate (*) sur une base quelconque où $p$ est localement nilpotent, le classique module de Dieudonné étant remplacé par un cristal de Dieudonné. Signalons en passant que la construction du cristal de

(*) Encore appelés p-divisibles.

Dieudonné donnée par Messing utilise de façon essentielle l'exponentielle, et constitue donc une autre indication de première importance sur la nécessité de l'introduction de puissances divisées sur le site cristallin des schémas sur lesquels p est localement nilpotent.

L'étude de la cohomologie cristalline elle-même commence au chapitre V . Le résultat-clé en est l'isomorphisme, pour un schéma X lisse sur une base S , de la cohomologie cristalline de X relativement à S (quel que soit l'idéal à puissances divisées donné sur S ) et de la cohomologie de De Rham de X relativement à S . Nous donnerons de plus dans ce cas une interprétation cristalline de la filtration de Hodge (*) sur la cohomologie de De Rham. Compte tenu du théorème d'invariance prouvé au chapitre III, on en déduit que la cohomologie de De Rham d'un schéma X lisse sur S ne dépend, à isomorphisme canonique près, que de la réduction de X modulo un idéal à puissances divisées de S . Si X est un schéma propre et lisse sur un anneau de valuation discrète V d'inégales caractéristiques, de caractéristique résiduelle p et d'indice de ramification absolu $\leq$ p-1 , il en résulte par passage à la limite que la cohomologie de De Rham de X relativement à V ne dépend, à isomorphisme canonique près, que de la réduction de X modulo l'idéal maximal de V ; ce résultat étend donc, dans ce cas, le résultat de Lubkin cité plus haut à la cohomologie de De Rham toute entière, y compris la partie de p-torsion.

Par contre, si l'on suppose dans la situation précédente que l'indice de ramification absolu de V est > p-1 , et, pour fixer les idées, que le corps résiduel k de V est parfait, le problème de la comparaison entre la cohomologie de De Rham de X relativement à V , et la cohomologie cristalline relativement à

(*) Rappelons que si $f : X \longrightarrow S$ est un morphisme de schémas, la filtration de Hodge sur la cohomologie de De Rham de X relativement à S est la filtration naturelle de l'aboutissement de la suite spectrale

$$E_1^{p,q} = H^q(X,\Omega^p_{X/S}) \Longrightarrow \underline{\underline{H}}^n(X,\Omega^{\cdot}_{X/S}) \quad .$$

$W$ de la réduction de $X$ sur $k$, reste actuellement ouvert. Plus généralement, reste ouvert le problème de la comparaison entre la cohomologie cristalline de $X$ relativement à $V$ (l'indice de ramification étant de nouveau supposé $\leq p-1$ ) et celle d'une déformation de $X$ au-dessus d'un anneau artinien de corps résiduel $k$. Dans ces deux problèmes, on devrait pouvoir définir, après extension des scalaires par le corps des fractions de $V$, un isomorphisme canonique entre les cohomologies considérées. Là encore, la théorie des groupes de Barsotti-Tate fournit des indications, la propriété analogue pour les cristaux de Dieudonné résultant de la classification des groupes de Barsotti-Tate à isogénie près.

Le chapitre V contient encore deux autres résultats importants. Le premier est le <u>théorème de changement de base</u> pour un morphisme lisse, qui a plusieurs conséquences remarquables. L'une des plus utiles est que, $V$ étant toujours de ramification absolue $\leq p-1$, et $X$ étant lisse sur le corps résiduel $k = V/\mathfrak{m}$ de $V$, la réduction modulo $\mathfrak{m}$ (au sens des catégories dérivées) de la cohomologie cristalline de $X$ par rapport à $V/\mathfrak{m}^n$ est canoniquement isomorphe à la cohomologie de De Rham de $X$ sur $k$, ce qui permet de ramener certaines propriétés de la cohomologie cristalline par rapport aux $V/\mathfrak{m}^n$ (et par passage à la limite dans le cas propre, par rapport à $V$ ) à des propriétés analogues pour la cohomologie de De Rham par rapport à $k$ (*). Signalons encore comme corollaire du théorème de changement de base le fait que la cohomologie de De Rham d'un morphisme lisse est la valeur sur le schéma de base $S$ d'un <u>cristal absolu</u> sur $S$ (au sens des catégories dérivées), donnant naissance en particulier à la <u>connexion de Gauss-Manin</u>. Le second résultat important est la <u>formule de Künneth</u>, pour les morphismes lisses. On remarquera que cette formule, comme la formule de changement de base précédente,doit être prise au sens des catégories dérivées : ce phénomène est comme d'habitude dû à la présence de p-torsion.

---

(*) Ce fait permet en particulier de relier la dimension de la cohomologie de De Rham de $X$ sur $k$ à la torsion de la cohomologie cristalline, comme annoncé plus haut.

Le chapitre VI est consacré à la définition de la <u>classe de cohomologie associée à un cycle non singulier</u>. Le problème est le suivant : soient S un schéma muni d'un idéal à puissances divisées $(\underline{I},\gamma)$, $S_o$ le sous-schéma fermé de S défini par $\underline{I}$ , X un $S_o$-schéma lisse, Y un sous-schéma fermé de X , <u>lisse</u> sur $S_o$ , de codimension d dans X ; si $H^*(X/S)$ désigne la cohomologie cristalline de X par rapport à S (avec compatibilité à $\gamma$ ), on veut associer à Y une classe de cohomologie dans $H^{2d}(X/S)$ . Une méthode classique pour résoudre un tel problème est la suivante : on considère la cohomologie de X à support dans Y ; les faisceaux de cohomologie à support dans Y sont nuls en degré $< 2d$, et le faisceau de degré 2d est canoniquement isomorphe à $\underline{O}_Y$ ("théorème de pureté"), la section unité de $\underline{O}_Y$ fournissant alors une classe de cohomologie dans le groupe $H_Y^{2d}(X)$ , grâce à la suite spectrale de passage du local au global ; l'image de cette classe dans $H^{2d}(X)$ donne la classe cherchée. Malheureusement, le théorème de pureté est faux en cohomologie cristalline, et nous verrons au début du chapitre VI, dans l'étude de la cohomologie locale, que les $\underline{H}_Y^i(X/S)$ ne sont pas en général nuls pour $i < 2d$ ; encore une fois, cela provient de la torsion dans la cohomologie cristalline (cf. VI 1.6.4). Il nous faudra donc trouver un substitut aux invariants fournis par la cohomologie locale : il sera donné par certains foncteurs Ext. Dans ce but, nous définirons pour les modules sur le site cristallin des foncteurs $\underline{\underline{Ext}}_X^i$ , qu'on appellera <u>semi-locaux</u>, car ce sont des faisceaux sur le site <u>zariskien</u> de X (les $\underline{Ext}^i$ locaux sur le site cristallin ne pouvant convenir pour des raisons de degré, le degré des invariants locaux sur le site cristallin étant la moitié du degré topologique). L'idée de base est alors de comparer ces $\underline{\underline{Ext}}_X^i$ semi-locaux aux $\underline{Ext}^i$ définis par M. Herrera et D. Liebermann ([31]) pour les complexes différentiels d'ordre $\leq 1$ . Les théorèmes de comparaison ainsi obtenus nous permettrons alors de montrer pour les $\underline{\underline{Ext}}_X^i$ des propriétés de pureté du même type que celles que nous avons rappelées plus haut pour la cohomologie locale "habituelle". Ils nous permettront aussi de prouver pour les $\underline{Ext}^i$ de Herrera et Liebermann des théorèmes d'indépendance vis-à-vis des relèvements analogues à ceux du chapitre III concernant la cohomologie de De Rham. De la classe de cohomologie de Y dans X , nous déduirons un <u>morphisme de Gysin</u> de la cohomologie cristalline de Y dans celle de X , augmentant le degré de 2d, vérifiant la formule de transitivité, et la formule de projection. Enfin, nous prouverons la formule d'intersection pour des cycles non singuliers se coupant transversalement.

On notera que la méthode employée ici a l'inconvénient de s'appliquer uniquement à des cycles non singuliers ; la réponse à la question de savoir s'il existe en cohomologie cristalline une classe de cohomologie pour les cycles avec singularités, définie sans négliger la torsion, n'est même pas claire (son existence lorsqu'on néglige la torsion ne faisant par contre guère de doute, par les méthodes esquissées plus loin)(*). D'autre part, on aimerait pouvoir définir le morphisme de Gysin avec plus de généralité ! par exemple pour tout morphisme propre entre deux schémas lisses; c'est là encore une question non résolue.

Enfin, au chapitre VII, nous nous intéressons plus particulièrement au cas d'un schéma X propre et lisse sur un corps k de caractéristique $p > 0$ , et à sa cohomologie cristalline par rapport à un anneau de valuation discrète complet V , d'inégales caractéristiques, de corps résiduel k , et d'indice de ramification absolu $\leqslant p-1$ , celle-ci étant définie comme la limite projective pour n variable des cohomologies cristallines de X par rapport aux $V/\mathfrak{m}^n$ , avec compatibilité aux puissances divisées naturelles de l'idéal maximal $\mathfrak{m}$ . Nous montrons d'abord, sous des hypothèses plus générales, que la cohomologie cristalline est donnée dans la catégorie dérivée par un complexe parfait.

Le résultat essentiel de ce chapitre est alors que ce complexe est muni naturellement d'un accouplement avec lui-même, à valeurs dans V , qui est une dualité parfaite, la dualité de Poincaré. Le point le plus délicat pour cela est de construire le morphisme trace de la cohomologie cristalline de degré 2n (avec $n = \dim(X)$) dans V . Nous pourrons utiliser pour le faire les résultats de R. Hartshorne ([30])

---

(*) Pour définir avec la généralité qui précède une classe de cohomologie cristalline pour des cycles avec singularités, il faudrait en particulier savoir définir, pour tout morphisme lisse $X \longrightarrow S$ et tout sous-schéma fermé Y de X , plat sur S , une classe de cohomologie de Y dans la cohomologie de De Rham de X relativement à S , et ce problème n'est pas résolu à l'heure actuelle en dehors du cas où S est spectre d'un corps.

sur le morphisme trace, grâce à l'existence sur le topos cristallin d'une résolution particulière du faisceau structural, le complexe de Cousin, construit au chapitre VI. Cela permet de définir un morphisme résidu en chaque point fermé de X ; nous montrons alors un théorème des résidus, affirmant que lorsque X est propre (et lisse) la somme des résidus aux points fermés de X est nulle, d'où l'on déduit le morphisme trace.

Par des arguments classiques, on obtient alors une formule de Lefschetz, donnant le nombre de points fixes d'un endomorphisme dont le graphe coupe transversalement la diagonale. Comme on le sait, cette formule, appliquée à l'endomorphisme de Frobenius dans le cas où k est un corps fini, donne une formule de rationalité pour la fonction zêta de X , conformément aux conjectures d'A. Weil ([55]) ; l'intérêt de celle que nous obtenons ici provient de ce qu'elle donne des polynômes à coefficients dans V , donc sans puissances de p en dénominateur, ce que ne donne pas a priori la cohomologie $\ell$-adique ; d'autre part, le fait d'obtenir des polynômes à coefficients dans V se prête tout naturellement à l'étude p-adique des zéros et pôles de la fonction zêta : voir à cet égard les résultats de B. Mazur ([39]), pour lesquels le fait de disposer d'une cohomologie à valeurs dans la catégorie des V-modules, et non seulement dans celle des vectoriels sur le corps des fractions de V , joue un rôle essentiel.

-:-:-:-:-:-:-:-:-:-

Nous allons maintenant préciser les limites de la théorie sous la forme où nous venons de l'exposer. Supposons donnés, pour fixer les idées, un corps k de caractéristique $p > 0$ , et un anneau de valuation discrète complet V , d'inégales caractéristiques, de corps résiduel k , et d'indice de ramification absolu $\leqslant p-1$ . Nous venons de voir que la cohomologie cristalline fournit une théorie cohomologique satisfaisante pour les schémas propres et lisses sur k ; on peut se demander ce qu'il en est lorsqu'on abandonne l'une des deux hypothèses "propre" ou "lisse". Dans le cas de k-schémas non propres, il est bien connu que la cohomologie cristalline sous sa forme actuelle n'est pas la bonne théorie, car on obtient par exemple pour cohomologie de la droite affine la limite projective pour n variable des cohomologies de De Rham des droites affines sur les $V/\mathfrak{m}_V^n$ , qui est de rang infini ; c'est d'ailleurs la raison pour laquelle Monsky et Washnitzer ont introduit ([44]) une classe d'algèbres particulières, les algèbres <u>faiblement complètes</u> sur V , pour relever les k-algèbres, obtenant alors une bonne théorie (pour des schémas <u>affines</u>) lorsqu'on néglige la torsion. D'autre part, dans le cas de k-schémas propres et non lisses, on s'aperçoit, par exemple en faisant le calcul pour un diviseur à croisements normaux dans l'espace projectif, que la cohomologie cristalline n'est plus, en général, de type fini sur V , même à torsion près ; par contre, si l'on remplace le passage à la limite sur les $V/\mathfrak{m}_V^n$ par l'utilisation de relèvements par des algèbres faiblement complètes, on obtient une cohomologie qui, sans être de type fini sur V , le devient à torsion près.

Ces exemples donnent à penser que pour l'étude de schémas qui ne vérifient pas les hypothèses de propreté ou de lissité précédentes, il y a lieu de modifier la définition du site cristallin, en lui adjoignant des épaississements "à l'infini" formés à partir d'algèbres faiblement complètes (une telle idée avait d'ailleurs été avancée par Grothendieck pour le cas non propre dans [21]). Nous allons donc maintenant esquisser une théorie de ce type (les résultats annoncés ici ne figurent pas dans le présent ouvrage, et seront publiés ultérieurement).

Pour toute algèbre A faiblement complète sur V , on peut définir un espace annelé en anneaux locaux $\mathrm{Spec}^{\dagger}(A)$ , appelé <u>spectre faiblement formel de</u> A , et dont l'espace topologique sous-jacent est celui de $\mathrm{Spec}(A/\mathfrak{m}_V A)$ . D'après des résultats de Lubkin ([37]), le foncteur ainsi défini est pleinement fidèle, de la catégorie des V-algèbres faiblement complètes dans la catégorie des espaces annelés en anneaux locaux ; de plus, la cohomologie d'un module quasi-cohérent sur $\mathrm{Spec}^{\dagger}(A)$ est nulle en degrés $> 0$ . On appellera <u>schéma faiblement formel</u> un espace annelé localement isomorphe à un espace annelé de la forme $\mathrm{Spec}^{\dagger}(A)$ . On peut définir pour la catégorie des schémas faiblement formels des notions de finitude, platitude, lissité, etc..., généralisant celles de [44] pour les algèbres ; on peut également définir un complexe de De Rham pour un schéma faiblement formel au-dessus d'un autre, et obtenir ainsi une cohomologie de De Rham, généralisant au cas relatif le foncteur cohomologique défini dans [44] pour le cas affine et lisse au-dessus de V . Notons enfin que la catégorie des V-schémas sur lesquels p est localement nilpotent est une sous-catégorie pleine de la catégorie des V-schémas faiblement formels, les notions précédentes induisant sur cette sous-catégorie les notions usuelles pour les schémas.

On peut alors définir pour un schéma faiblement formel $X^\dagger$ au-dessus d'un schéma faiblement formel $S^\dagger$ (muni d'un idéal à puissances divisées) un site cristallin, dont les objets sont les $S^\dagger$-immersions d'un ouvert $U^\dagger$ de $X^\dagger$ dans un $S^\dagger$-schéma faiblement formel $T^\dagger$ , munies d'une structure d'idéal à puissances divisées (compatibles à celles de la base) sur l'idéal de $U^\dagger$ dans $T^\dagger$ . Pour éviter les risques de confusion, nous appellerons ce site <u>site MW-cristallin</u> de $X^\dagger$ relativement à $S^\dagger$ ; nous parlerons de même de <u>topos MW-cristallin</u>, de <u>cohomologie MW-cristalline</u>, etc..., et nous garderons l'adjectif "cristallin" pour les notions définies précédemment. Lorsque p est localement nilpotent sur $S^\dagger$ , le site MW-cristallin est égal au site cristallin ; lorsque X est un k-schéma, et que $S^\dagger = \mathrm{Spec}^\dagger(V)$ , il <u>contient</u> les sites cristallins de X par rapport aux $V/\mathfrak{m}^n$ (qui en forment des sous-catégories pleines), mais il contient en plus des objets "à l'infini" , formés par les épaississements d'ouverts de X dans des schémas faiblement formels. On peut alors montrer que si X est affine et lisse sur k , et se relève en le spectre faiblement formel d'une V-algèbre faiblement complète et lisse $A^\dagger$ , il existe un isomorphisme canonique

$$H^*(X/V)^\dagger \xrightarrow{\sim} H^*_{DR}(A^\dagger/V) = H^*_{MW}(X) ,$$

où $H^*(X/V)^\dagger$ est la cohomologie MW-cristalline de X par rapport à V , et $H^*_{DR}(A^\dagger/V)$ la cohomologie de De Rham de $A^\dagger$ sur V , i.e. la cohomologie de X au sens de Monsky et Washnitzer. La cohomologie MW-cristalline constitue donc une généralisation naturelle de la cohomologie de Monsky et Washnitzer. D'autre part, il existe un homomorphisme canonique

$$(*) \qquad H^*(X/V)^\dagger \longrightarrow \varprojlim_n H^*(X/V) \quad ,$$

où $V_n = V/\mathfrak{m}^{n+1}$ , et $H^*(X/V_n)$ est la cohomologie cristalline de X par rapport aux $V_n$ , et cet homomorphisme devrait être un isomorphisme lorsque X est propre et lisse sur k , ce qui montrerait que la cohomologie MW-cristalline coïncide avec la cohomologie cristalline lorsque celle-ci a de bonnes propriétés. Mais cette propriété, qui équivaut à la finitude sur V de $H^*(X/V)^\dagger$ , n'est pas prouvée à l'heure actuelle.

Admettant la conjecture précédente, on obtiendrait ainsi une théorie cohomologique qu'on peut espérer satisfaisante pour les k-schémas de type fini, quitte malgré tout à devoir, dans certaines questions, négliger la torsion lorsqu'on ne fait plus d'hypothèse de propreté ou de lissité. Quant à l'existence, lorsqu'on ne fait pas ces hypothèses, de théories cohomologiques satisfaisantes respectant la p-torsion, c'est un problème qui reste ouvert.

Pour achever cette tentative d'unification des points de vue concernant la "cohomologie p-adique", signalons les résultats, obtenus tout-à-fait indépendamment de ce qui précède, mais dans un état d'esprit voisin, par D. Meredith ([41],[42]). Meredith a tout d'abord développé la théorie des schémas faiblement formels esquissée plus haut, pour les schémas faiblement formels de type fini sur V (ce qui malheureusement ne suffit pas pour les besoins de la cohomologie MW-cristalline, les enveloppes à puissances divisées n'étant pas en général des algèbres de type fini). Il a de plus donné pour les faisceaux cohérents sur les schémas faiblement formels et propres sur V une théorie de type GAGA, grâce à laquelle on peut d'ailleurs montrer que l'homomorphisme (*) est un isomorphisme lorsque X se relève en un schéma X' propre et lisse sur V . Enfin, il a montré qu'il existe pour les schémas quasi-projectifs et lisses sur k (k étant supposé de caractéristique $\neq 2$) une théorie cohomologique donnant dans le cas affine la théorie de Monsky et Washnitzer, et pour les schémas projectifs et lisses se relevant sur V la théorie de Lubkin. Il est par ailleurs facile de montrer que dans le cas quasi-projectif et lisse (avec car(k) $\neq$ 2) la cohomologie MW-cristalline est canoniquement isomorphe à la cohomologie définie par Meredith.

-:-:-:-:-:-:-:-:-

Indiquons enfin quelques problèmes ouverts, en liaison avec les travaux de Deligne d'une part, et de Grothendieck et Messing d'autre part.

a) Les résultats de Deligne mentionnés plus haut ouvrent la voie à une théorie des coefficients constructibles en cohomologie cristalline, qui devrait jouer un rôle similaire à celui de la notion de faisceau constructible en cohomologie étale. Grosso modo, on souhaite pouvoir définir pour tout schéma X de type fini sur un corps parfait k une catégorie de coefficients dits "constructibles" sur le site cristallin de X (relativement à k lorsque k est de caractéristique 0 , et à l'anneau des vecteurs de Witt lorsque k est de caractéristique $p > 0$ ), possédant un produit tensoriel et un $\underline{Hom}$ interne, et donnant lieu pour un morphisme de schémas f aux variances habituelles $\underline{\underline{R}}f_*$ , $\underline{\underline{L}}f^*$ , $\underline{\underline{R}}f_!$ , $\underline{\underline{L}}f^!$ ; cette catégorie devrait contenir comme sous-catégorie pleine la catégorie des cristaux en modules localement libres de type fini, les opérations $\otimes$ et $\underline{Hom}$ étant alors les opérations usuelles. Sur $\underline{\underline{C}}$ , Deligne a montré que la catégorie des faisceaux algébriquement constructibles de $\underline{\underline{C}}$-vectoriels sur l'espace analytique $X^{an}$ associé à un $\underline{\underline{C}}$-schéma de type fini X peut s'interpréter algèbriquement comme étant équivalente à la catégorie des "cristaux en pro-modules constructibles", et on obtient vraisemblablement de la sorte la catégorie cherchée. Par contre, la description algébrique des opérations de fonctorialité n'est pas élucidée, en particulier en ce qui concerne $\underline{\underline{R}}f_*$ , de même que n'est pas connu actuellement si la suite spectrale de Leray

$$H^p(X^{an},R^qf_*^{an}(\underline{\underline{C}}_Y)) \Longrightarrow H^n(Y^{an},\underline{\underline{C}}_Y) ,$$

où $f : Y \longrightarrow X$ est un morphisme de schémas réguliers sur $\underline{\underline{C}}$ , et $\underline{\underline{C}}_Y$ désigne le faisceau constant égal à $\underline{\underline{C}}$ sur $Y^{an}$ , peut être définie de façon purement algébrique, comme le demandait Grothendieck dans [23]. D'autre part, lorsque k est de caractéristique $p > 0$ , le problème de la constructibilité reste entièrement à étudier.

b) Il semble plausible, et la théorie du cristal de Dieudonné pour les groupes de Barsotti-Tate fournit également des indications dans ce sens, qu'en caractéristique p la structure de cristal soit insuffisante pour obtenir une théorie du type précédent, et qu'il soit nécessaire de la rigidifier par la donnée d'une structure supplémentaire sur les cristaux considérés, celle d'un "relèvement de l'endomorphisme de Frobenius" : nous appellerons F-cristal sur un k-schéma X , où k est un corps parfait de caractéristique p , la donnée d'un cristal en modules localement libres de type fini E sur Cris(X/W(k)) , et d'un homomorphisme de cristaux $\underline{\underline{f}}_X^{*}(E) \rightarrow E$ , $\underline{\underline{f}}_X$ étant l'endomorphisme de Frobenius de X , cet homomorphisme étant un isomorphisme à torsion près en un sens convenable. Les cristaux rencontrés jusqu'à présent, à savoir les cristaux de Dieudonné, et la cohomologie cristalline des schémas propres et lisses sur k , sont de facon naturelle des F-cristaux, grâce à leur caractère fonctoriel. De même que l'on étudie les groupes de Barsotti-Tate à isogénie près, il y a lieu d'introduire la catégorie des F-cristaux à isogénie près. Lorsque X = k (ce qui entraine que la catégorie des cristaux en modules localement libres de type fini sur X est équivalente à la catégorie des W(k)-modules libres de type fini), la catégorie des F-cristaux à isogénie près sur X peut se décrire de façon entièrement explicite (voir l'article de Y. Manin [38]). Il serait important de voir ce qu'on peut dire de cette catégorie dans le cas le plus simple qu'on puisse regarder ensuite, à savoir lorsque X est le spectre de l'anneau k[[t]] des séries formelles à coefficients dans k . L'étude de la catégorie des F-cristaux dans ce cas est d'autant plus intéressante qu'elle offrirait une voie d'approche pour le théorème de Tate en égales caractéristiques p : on sait que si X est un schéma normal intègre dont le corps des fonctions rationnelles K est de caractéristique 0 , le foncteur naturel de la catégorie des groupes de Barsotti-Tate sur X dans la catégorie des groupes de Barsotti-Tate sur K est pleinement fidèle (cf. [54],[50]). En fait, on conjecture que l'hypothèse que K soit de caractéristique 0 n'est pas nécessaire dans ce résultat ; si l'on admet la conjecture de Grothendieck sur l'équivalence de catégories entre groupes de Barsotti-Tate et cristaux de Dieudonné, on voit que le théorème de Tate en caractéristique p se ramène à un énoncé analogue pour les cristaux de Dieudonné, d'où le lien avec les considérations précédentes.

c) Soient toujours k un corps parfait de caractéristique p , et W(k) l'anneau des vecteurs de Witt de k . Si G est un groupe de Barsotti-Tate sur W(k) , sa fibre générique $G_K$ sur le corps des fractions K de W(k) peut être considérée comme un vectoriel de dimension finie sur $\underline{\underline{Q}}_p$ , muni d'une opération de $Gal(\overline{K}/K)$ . Comment peut-on reconstruire directement ce module galoisien à partir de la donnée du cristal de Dieudonné de G , muni de sa filtration canonique en deux crans (cf. [22], ou [43]) ? Dans le même esprit, soit X un schéma propre et lisse sur W(k) . Peut-on reconstituer la cohomologie p-adique de la fibre générique $X_K$ de X à partir de la donnée de la cohomologie de De Rham de X relativement à W(k) , de la filtration de Hodge sur cette cohomologie, et de l'action de Frobenius obtenue grâce à l'isomorphisme entre la cohomologie de De Rham de X , et la cohomologie cristalline de sa fibre spéciale $X_o$ ? Il est clair que pour aborder un tel problème, il y a lieu en particulier d'étudier les relations entre la filtration de Hodge sur $\underline{\underline{H}}^*(X,\Omega^{\cdot}_{X/W})$ et l'action de Frobenius. On notera dans cette direction les estimations obtenues par B. Mazur ([40]) , qui a pu en déduire en particulier une démonstration d'une conjecture de Katz sur les valuations p-adiques des valeurs propres de l'action de Frobenius F sur la cohomologie de De Rham de X ([39]).

-:-:-:-:-:-:-:-:-:-

Le lecteur reconnaîtra aisément dans ce qui suit l'influence profonde des idées et des méthodes de A. Grothendieck. Je tiens à lui exprimer à cette occasion toute ma gratitude pour la patience et la générosité avec lesquelles il a consacré son temps à ses élèves, et pour les nombreux conseils et encouragements grâce auxquels ce travail a pu être mené à bien. Ma reconnaissance va également à L. Illusie et P. Deligne, qui, grâce à de multiples discussions, m'ont apporté une aide précieuse. Enfin, je tiens à remercier N. Katz, B. Mazur, et W. Messing pour l'intérêt qu'ils ont porté à ce travail, intérêt qui a été un grand encouragement pour moi.

Les principaux résultats de cet ouvrage ont été publiés sous forme d'une série de Notes aux Comptes Rendus de l'Académie des Sciences ([1] à [9]), de 1969 à 1971.

-:-:-:-:-:-:-:-:-:-

Les références internes à l'ouvrage se font selon le système de numérotation habituel : les chiffres romains désignent le chapitre, les trois chiffres arabes suivant désignent le paragraphe, le sous-paragraphe, et la section du sous-paragraphe où se trouve le texte auquel on renvoie ; lorsque l'on renvoie à des formules, les chiffres arabes sont entourés de parenthèses ; enfin, on ne mentionne pas le chapitre lorsque la référence n'en fait pas changer.

-:-:-:-:-:-:-:-:-

## LEITFADEN

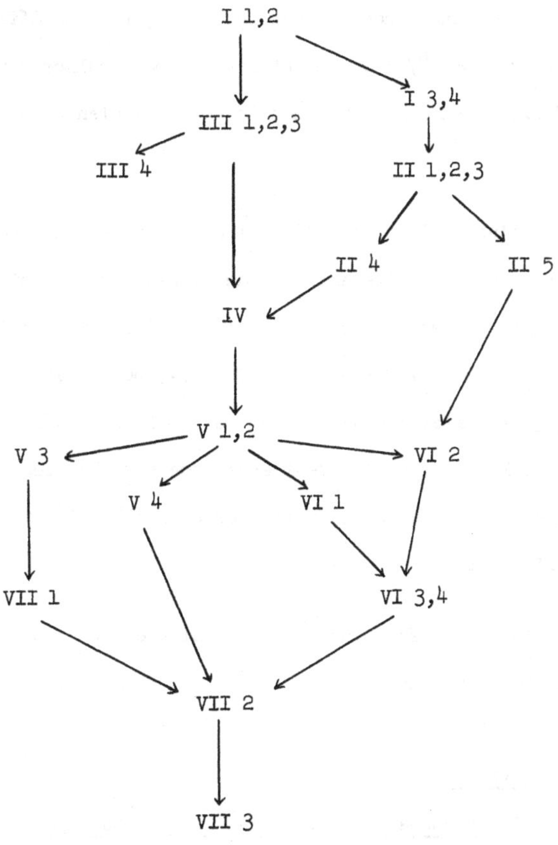

# CHAPITRE I

## IDEAUX A PUISSANCES DIVISEES

La notion de puissances divisées a été étudié tout d'abord dans le Séminaire H. Cartan 1954-55 ([12]), pour la catégorie des algèbres graduées anti-commutatives. Elle a été reprise par N. Roby (cf. [47],[48]) dans le cadre des "algèbres prégraduées" (loc. cit.). Les puissances divisées jouent un rôle essentiel en cohomologie cristalline, où elles interviennent comme substitut aux opérations définies en caractéristique 0 par $x \longmapsto x^n/n!$ , donnant lieu en particulier à un lemme de Poincaré cristallin (V 2.1.1) analogue au lemme de Poincaré bien connu en Géométrie Analytique complexe.

Nous développerons d'abord la notion d'idéal à puissances divisées dans un cadre un peu plus général que celui des articles de N. Roby, renvoyant à ces derniers pour certaines démonstrations. Les conditions de compatibilité introduites ensuite serviront à donner un "théorème d'invariance" (III 2.3.4) permettant entre autres de comparer la cohomologie cristalline d'un schéma et celle du schéma réduit modulo p . Enfin, nous donnerons la construction de l'enveloppe à puissances divisées d'un idéal, qui sera d'un usage constant par la suite, ainsi que les invariants "PD-différentiels" qui en résultent.

Tous les anneaux sont supposés commutatifs et unifères. Le symbole $\underline{U}$ désignera un univers fixé dans tout le chapitre.

### 1. Idéaux à puissances divisées.

Définition 1.1. Soient A un anneau, I un idéal de A . On appelle structure d'idéal à puissances divisées (ou PD-structure) sur I la donnée d'une famille $\gamma$ d'applications $\gamma_i : I \longrightarrow A$ ($i \in \underline{\underline{N}}$) appelées puissances divisées, et vérifiant les conditions suivantes :

(1.1.1) $\forall x \in I$ , $\forall n \geq 2$ , $\gamma_o(x) = 1$ , $\gamma_1(x) = x$ , $\gamma_n(x) \in I$ ;

(1.1.2) $\forall x,y \in I$ , $\forall n \in \underline{\underline{N}}$ , $\gamma_n(x+y) = \sum_{i=0}^{n} \gamma_i(x)\gamma_{n-i}(y)$ ;

(1.1.3) $\forall a \in A$ , $\forall x \in I$ , $\forall n \in \underline{\underline{N}}$ , $\gamma_n(ax) = a^n\gamma_n(x)$ ;

(1.1.4) $\forall x \in I$ , $\forall p,q \in \underline{\underline{N}}$ , $\gamma_p(x).\gamma_q(x) = (p,q)\gamma_{p+q}(x)$ ;

<u>où on a posé</u>

$$(n_1,\ldots,n_k) = \frac{(n_1+\ldots+n_k)!}{n_1!\ldots n_k!} \quad ;$$

(1.1.5) $\forall x \in I$ , $\forall p,q \in \underline{\underline{N}}$ , $\gamma_p(\gamma_q(x)) = C_{p,q}.\gamma_{pq}(x)$ ,

<u>où on a posé</u>

$$C_{p,q} = \frac{(pq)!}{p!(q!)^p} = (q,q-1)(2q,q-1)\ldots((p-1)q,q-1) .$$

On déduit immédiatement de (1.1.4) et (1.1.1) la relation

(1.1.6) $\forall x \in I$ , $\forall n \in \underline{\underline{N}}$ , $x^n = n!\gamma_n(x)$ .

<u>Terminologie</u> 1.1.1. On dira que $(I,\gamma)$ (ou $I$ s'il n'y a pas de confusion possible sur $\gamma$) est un PD-<u>idéal</u> de $A$ ; de même, on dira que $(A,I,\gamma)$ (ou $(A,I)$, ou $A$) est un PD-<u>anneau</u> ; si A est une algèbre sur un anneau $\Lambda$, on dira que c'est une $\Lambda$-PD-<u>algèbre</u>.

<u>Exemples</u> 1.2.

1.2.1. Supposons que $A$ soit un anneau de caractéristique $0$ . Alors on déduit de (1.1.6) qu'il existe au plus une structure de PD-idéal sur tout idéal $I$ de $A$ , donnée par $\gamma_n(x) = x^n/n!$ . Réciproquement, il est facile de vérifier que les applications $\gamma_n$ ainsi définies satisfont les conditions de 1.1.

<u>Proposition</u> 1.2.2. <u>Soient</u> $A$ <u>un anneau de valuation discrète d'inégales caractéristiques,</u> $p$ <u>sa caractéristique résiduelle,</u> $t$ <u>une uniformisante, et</u> $e$ <u>son indice de ramification absolu, défini par</u> $p = ut^e$ <u>où</u> $u$ <u>est inversible dans</u> $A$ . <u>Pour qu'il existe une structure de PD-idéal sur l'idéal maximal</u> $\mathfrak{m}$ <u>de</u> $A$ , <u>il faut et suffit que</u>

$$e \leqslant p-1 \ .$$

Si cette condition est satisfaite, la structure de PD-idéal de $\mathfrak{m}$ est alors unique.

L'unicité résulte encore de (1.1.6). De plus, (1.1.6) détermine pour tout $x \in \mathfrak{m}$ et tout $n \in \underline{\underline{N}}$ un élément $\gamma_n(x)$ du corps des fractions K de A. D'après 1.2.1 et (1.1.3), les applications $\gamma_n : \mathfrak{m} \longrightarrow K$ ainsi définies munissent $\mathfrak{m}$ d'une structure de PD-idéal si et seulement si pour tout n l'élément $\gamma_n(t)$ est dans $\mathfrak{m}$. Soit

(1.2.1)
$$n = \sum_i a_i p^i \qquad 0 \leqslant a_i < p \ ,$$

le développement p-adique de n ; alors il est facile de voir que

(1.2.2)
$$v_p(n!) = \frac{1}{p-1} \cdot \sum_i a_i(p^i - 1) \ ;$$

où $v_p$ désigne la valuation p-adique sur $\underline{\underline{Z}}$. La valuation t-adique de $\gamma_n(t)$ est alors donnée par

$$\begin{aligned} v_t(\gamma_n(t)) &= n - v_t(n!) = n - e.v_p(n!) \\ &= \frac{1}{p-1} \cdot \sum_i a_i(p^i(p-e-1) + e) \end{aligned}$$

qui est $> 0$ pour tout $n \geqslant 1$ si et seulement si $e \leqslant p-1$ .

Sous les hypothèses de 1.2.2, nous dirons que A est peu ramifié si $e \leqslant p-1$.

1.2.3. Rappelons (EGA $0_{IV}$ 19.8.6) que pour tout corps k de caractéristique $p > 0$ , il existe un anneau de valuation discrète complet W , d'inégale caractéristique, de corps résiduel k , et dont l'idéal maximal est engendré par p : un tel anneau est appelé anneau de Cohen de corps résiduel k , et est unique à isomorphisme non canonique près. Lorsque k est parfait, W est unique à isomorphisme canonique près, et est l'anneau des vecteurs de Witt de k (cf.[49]). On obtient donc :

Corollaire 1.2.4. Soient k un corps de caractéristique $p > 0$ , W un anneau de de Cohen de corps résiduel k . Alors il existe une unique structure de PD-idéal, dite naturelle, sur l'idéal maximal de W .

1.2.5. Soient $p$ un nombre premier, $\underline{\underline{Z}}_{(p)}$ le localisé de $\underline{\underline{Z}}$ par rapport à $p$, et $A$ une $\underline{\underline{Z}}_{(p)}$-algèbre. Si $(I,\gamma)$ est un PD-idéal de $A$, on a d'après (1.1.4), pour tout $x \in I$ et tout $n > 0$ dont le développement p-adique est donné par (1.2.1),

$$\gamma_{a_0}(x)\,\gamma_{a_1 p}(x)\ldots\gamma_{a_i p^i}(x)\ldots = (a_0,\ldots,a_i p^i,\ldots)\gamma_n(x) .$$

Il résulte de (1.2.2) que $(a_0,\ldots,a_i p^i,\ldots)$ est inversible dans $A$. De même, on a par (1.1.5)

$$\gamma_{a_i p^i}(x) = C_{a_i,p^i}\gamma_{a_i}(\gamma_{p^i}(x))$$

et $C_{a_i,p^i}$ est également inversible dans $A$. Enfin, pour tout $y \in I$, et tout entier $a < p$, on a par (1.1.6)

$$\gamma_a(y) = (a!)^{-1}.y^a .$$

On en déduit la relation

$$\gamma_n(x) = \alpha_n^{-1}.x^{a_0}(\gamma_p(x))^{a_1}\ldots(\gamma_{p^i}(x))^{a_i}\ldots$$

où $\alpha_n$ est un entier premier à $p$, indépendant de $x$, de $\gamma$ et de $A$. De plus, les remarques précédentes montrent que

$$\gamma_{p^i} = \beta_i^{-1}\,\gamma_p\circ\gamma_p\circ\ldots\circ\gamma_p \qquad \text{(i fois)}$$

où $\beta_i$ est encore un entier premier à $p$, indépendant de $A$ et de $\gamma$.

Donc sous ces hypothèses, la structure de PD-idéal est entièrement déterminée par l'application $\gamma_p$.

<u>Exercice</u> 1.2.6. Soit $x$ un élément de $\underline{\underline{Z}}/p^{k+1}\underline{\underline{Z}}$. Montrer que pour qu'il existe une structure de PD-idéal $\gamma$ sur l'idéal maximal de $\underline{\underline{Z}}/p^{k+1}\underline{\underline{Z}}$ telle que

$$\gamma_p(p) = x ,$$

il faut et suffit que $x$ soit de la forme

$$x = ((p-1)!)^{-1}.p^{p-1} + a.p^k$$

avec $a \in \underline{\underline{Z}}/p\underline{\underline{Z}}$.

<u>Proposition</u> 1.2.7. i) <u>Soient</u> $A$ <u>un anneau,</u> $I$ <u>un idéal de</u> $A$ <u>tel qu'il existe un</u>

entier $m > 0$ pour lequel $m.I = 0$ . Pour qu'il existe une structure de PD-idéal sur $I$ , il est nécessaire que pour tout $x \in I$ on ait

$$x^m = 0 .$$

ii) Soient $A$ un anneau et $I$ un idéal de $A$ . On suppose qu'il existe un entier $m$ tel que $(m-1)!$ soit inversible dans $A$ , et que $I^m = 0$ . Alors il existe une structure de PD-idéal sur $I$ (non unique en général).

L'assertion i) résulte immédiatement de (1.1.6).

Pour prouver ii), on remarque d'abord que pour $n < m$ , (1.1.6) donne pour tout $x \in I$

$$\gamma_n(x) = (n!)^{-1}.x^n .$$

On pose ensuite pour $n \geqslant m$

$$\gamma_n(x) = 0 .$$

La vérification des relations de 1.1 est alors facile.

On notera que les hypothèses de ii) sont en particulier satisfaites si $I$ est de carré nul, et en caractéristique $p$ si $I^p = 0$ .

Définition 1.3. Soient $(A,I,\gamma)$ et $(B,J,\delta)$ deux PD-anneaux. On dit qu'un homomorphisme d'anneaux $f : A \longrightarrow B$ est un PD-morphisme si

i) $f(I) \subset J$ ;

ii) $\forall n \in \underline{\underline{N}}$ , $f \circ \gamma_n = \delta_n \circ f$ .

Exemple : Si $A$ et $B$ sont de caractéristique $0$ , il résulte de 1.2.1 que la condition ii) est toujours satisfaite.

Remarque 1.3.1. La définition 1.1 montre que la structure de PD-anneau est une espèce de structure algébrique définie par limites projectives finies, à partir de la catégorie des couples d'un ensemble de $\underline{U}$ muni d'un sous-ensemble. On en déduit en particulier que les $\underline{U}$-limites inductives filtrantes sont représentables dans la catégorie des PD-anneaux (avec pour morphismes les PD-morphismes), et que le foncteur qui à un PD-anneau associe l'ensemble (resp. groupe abélien, anneau) muni d'un sous-ensemble (resp. sous-groupe, idéal) sous-jacent commute aux $\underline{U}$-limites inductives filtrantes (cf. SGA 4 I 2.9).

1.4. Nous allons rappeler ici quelques résultats sur l'<u>algèbre des puissances divisées d'un module</u>. Pour les démonstrations, le lecteur pourra se reporter à [47] et [48].

1.4.1. Soit $A$ un anneau. On note $\underline{C}$ la catégorie des A-PD-algèbres $(B,I,\gamma)$, avec pour morphismes les PD-morphismes A-linéaires. Soient $\underline{Mod}_A$ la catégorie des A-modules, et $\omega : \underline{C} \longrightarrow \underline{Mod}_A$ le foncteur qui à $(B,I,\gamma)$ associe $I$. Alors le foncteur $\omega$ possède un adjoint à gauche $\Gamma_A$, et pour tout $M \in Ob(\underline{Mod}_A)$ on appelle $\Gamma_A(M)$ l'<u>algèbre des puissances divisées de</u> $M$ (dans [47] ce résultat est en fait montré pour la catégorie des PD-algèbres "prégraduées", mais on en déduit aussitôt le résultat pour $\underline{C}$ ). Voici quelques propriétés du foncteur $\Gamma_A$ :

1.4.2. Pour tout A-module $M$, $\Gamma_A(M)$ est munie d'une structure naturelle d'algèbre graduée à degrés positifs, telle que

$$\Gamma_A(M) = \bigoplus_{n\geq 0} \Gamma_n(M) \quad ; \quad \Gamma_o(M) = A \quad ; \quad \Gamma_1(M) = M \quad ;$$

pour tout morphisme $M \longrightarrow N$, l'homorphisme $\Gamma_A(M) \longrightarrow \Gamma_A(N)$ est un morphisme de A-PD-algèbres graduées. Si on pose

$$\Gamma_+(M) = \bigoplus_{n>0} \Gamma_n(M) \quad ,$$

alors $\Gamma_+(M)$ est l'idéal à puissances divisées universel de $\Gamma_A(M)$ ; pour tout $x \in \Gamma(M)$, on note $x^{[n]}$ la n-ième puissance divisée de $x$. Le A-module $\Gamma_n(M)$ est engendré par les éléments

$$x_1^{[n_1]} \dots x_k^{[n_k]} \quad , \text{ avec } x_1,\dots,x_k \in M \text{ , et } n_1+\dots+n_k = n \text{ .}$$

Si $M$ est un A-module libre, les $\Gamma_n(M)$ sont libres, et les éléments précédents en constituent une base lorsque $x_1,\dots,x_k$ parcourent une base de $M$.

1.4.3. Si $M$, $N$ sont deux A-modules, il existe un isomorphisme canonique de A-PD-algèbres graduées (où la structure de PD-algèbre du premier membre est définie par 1.7.1).

$$\Gamma_A(M) \otimes_A \Gamma_A(N) \xrightarrow{\ \sim\ } \Gamma_A(M \oplus N) \quad .$$

1.4.4. Si $A'$ est une A-algèbre, et $M$ un A-module, il existe un isomorphisme canonique de A'-PD-algèbres graduées (les puissances divisées du premier membre étant encore définies par 1.7.1)

$$\Gamma_A(M) \otimes_A A' \xrightarrow{\sim} \Gamma_{A'}(M \otimes_A A') .$$

<u>Définition</u> 1.5. <u>Soient</u> A <u>un anneau,</u> I <u>un ensemble d'indices. On appelle</u> algèbre des polynômes à puissances divisées à coefficients dans A , par rapport à la famille d'indéterminées $(X_i)_{i\in I}$ <u>l'algèbre des puissances divisées du A-module libre</u> $A^{(I)}$; <u>on la note</u> $A\langle X_i\rangle_{i\in I}$ .

C'est donc (1.4.2) une A-algèbre graduée dont la composante de degré n est libre, avec pour base les monômes

$$X_{i_1}^{[n_1]} X_{i_2}^{[n_2]} \dots X_{i_k}^{[n_k]} , \quad n_1+\dots+n_k = n .$$

Si J est un second ensemble d'indices, et si $K = I \amalg J$ , on a d'après 1.4.3 un isomorphisme canonique

$$A\langle X_i\rangle_{i\in I} \otimes_A A\langle X_j\rangle_{j\in J} \xrightarrow{\sim} A\langle X_k\rangle_{k\in K} .$$

De même, si $A'$ est une A-algèbre, 1.4.4 donne un isomorphisme canonique

$$A\langle X_i\rangle_{i\in I} \otimes_A A' \xrightarrow{\sim} A'\langle X_i\rangle_{i\in I} .$$

<u>Proposition</u> 1.5.1. <u>Soit</u> $(B,I,\gamma)$ <u>une</u> A-PD-<u>algèbre. Pour toute famille</u> $(x_i)_{i\in I}$ <u>d'éléments de</u> I , <u>il existe un</u> PD-<u>morphisme</u> A-<u>linéaire et un seul de</u> $A\langle X_i\rangle_{i\in I}$ <u>dans</u> B <u>tel que</u>

$$\forall\, i \in I , \quad f(X_i) = x_i .$$

Il existe un homomorphisme A-linéaire et un seul de $A^{(I)}$ envoyant l'élément de base $X_i$ sur $x_i$ ; d'après la propriété d'adjonction de l'algèbre des puissances divisées (1.4.1), il existe un unique PD-morphisme A-linéaire prolongeant cet homomorphisme, d'où le résultat.

<u>Définition</u> 1.6. <u>Soient</u> $(A,I,\gamma)$ <u>un</u> PD-<u>anneau, et</u> J <u>un sous-idéal de</u> I. <u>On dit que</u> J <u>est un</u> sous-PD-idéal <u>de</u> I <u>si pour tout</u> $n \geq 1$ <u>et tout</u> $x \in J$ , <u>on a</u> $\gamma_n(x) \in J$ .

En caractéristique 0 , tout sous-idéal de I est un sous-PD-idéal d'après 1.2.1.

Proposition 1.6.1. i) *Soient* $(A,I,\gamma)$ *un PD-anneau, et* $J$ *un idéal de* $A$ . *Alors* $I.J$ *est un sous-PD-idéal de* $I$ .

ii) *Soient* $A$ *un anneau,* $(I,\gamma)$ *et* $(J,\delta)$ *deux PD-idéaux de* $A$ . *Alors les puissances divisées* $\gamma$ *et* $\delta$ *coïncident sur* $I.J$ .

L'assertion i) résulte immédiatement de (1.1.2) et (1.1.3).

Pour vérifier ii), on écrit pour $x \in I$ , $y \in J$ :

$$\delta_n(xy) = x^n\, \delta_n(y) = n!\, \gamma_n(x)\, \delta_n(y) = \gamma_n(x) y^n = \gamma_n(xy) \quad ;$$

le résultat en découle par (1.1.2).

Proposition 1.6.2. *Soient* $(A,I,\gamma)$ *un PD-anneau,* $J$ *un idéal de* $A$ , $B = A/J$ . *Pour qu'il existe sur* $IB$ *une structure de PD-idéal* $\delta$ *telle que* $(A,I,\gamma) \longrightarrow (B,IB,\delta)$ *soit un PD-morphisme, il faut et il suffit que* $I \cap J$ *soit un sous-PD-idéal de* $I$ ; *cette structure est alors unique, et appelée la* PD-structure quotient de $\delta$ .

L'unicité et la nécessité sont triviales. Pour l'existence, il suffit de remarquer que si $I \cap J$ est un sous-PD-idéal de $I$ , alors pour $x$ , $x' \in I$ tels que $x \equiv x'$ mod. $I \cap J$ , on a, pour tout $n \in \underline{\underline{N}}$ ,

$$\gamma_n(x) \equiv \gamma_n(x') \qquad \text{mod. } I \cap J \quad ,$$

d'après (1.1.1) et (1.1.2).

Exemple 1.6.3. Soit $W$ un anneau de valuation discrète d'inégales caractéristique, peu ramifié (1.2.2). Alors, si $\mathfrak{m}$ est l'idéal maximal de $W$ , muni de ses puissances divisées naturelles (1.2.4), l'idéal $\mathfrak{m}^n$ est un sous-PD-idéal de $\mathfrak{m}$ pour tout $n$ d'après 1.6.1 i) ; on obtient donc une PD-structure quotient, dite *naturelle,* sur $W/\mathfrak{m}^n$ . On prendra garde que contrairement à ce qui se passe pour $W$ , ce n'est pas la seule PD-structure sur l'idéal maximal de $W/\mathfrak{m}^n$ (voir 1.2.6).

Proposition 1.6.4. *Soient* $A$ *un anneau,* $(I,\gamma)$ *et* $(J,\delta)$ *deux PD-idéaux de* $A$ *tels que* $\gamma$ *et* $\delta$ *coïncident sur* $I \cap J$ . *Alors il existe sur* $K = I + J$ *une* unique structure de PD-idéal telle que $I$ et $J$ soient des sous-PD-idéaux de $K$.

Considérons l'ensemble $1+K[[t]]^+$ des séries formelles d'augmentation 1 et à coefficients dans $K$ en degrés $> 0$ ; la multiplication des séries formelles le munit d'une structure de groupe abélien et la donnée d'applications $\varepsilon_n$ de $K$ dans $A$ satisfaisant (1.1.1) et (1.1.2) équivaut à la donnée d'un homomorphisme de groupes

$$\varepsilon_t : K \longrightarrow 1 + K[[t]]^+ .$$

Considérant la suite exacte

$$0 \longrightarrow I \cap J \longrightarrow I \times J \longrightarrow I + J \longrightarrow 0$$

où la première flèche associe à $x$ le couple $(x,-x)$, on voit que l'homomorphisme

$$\gamma_t . \delta_t : I \times J \longrightarrow 1 + K[[t]]^+$$

passe au quotient, donnant l'homomorphisme $\varepsilon_t$ cherché.

Pour vérifier les propriétés (1.1.3), (1.1.4) et (1.1.5), on peut observer que si on écrit un élément $z$ de $K$ sous la forme

$$z = x + y \quad , \quad x \in I , y \in J ,$$

il existe un PD-morphisme $A < X > \longrightarrow A$ envoyant $X$ sur $x$, et un PD-morphisme $A < Y > \longrightarrow A$ envoyant $Y$ sur $y$ (1.5.1), d'où par 1.5 un homorphisme de A-algèbres $A < X,Y > \longrightarrow A$ envoyant $X+Y$ sur $z$. D'après la définition de $\varepsilon_t$, on a pour tout $n$

$$\varepsilon_n(z) = \sum_{i+j=n} \gamma_i(x)\, \delta_j(y) \quad ,$$

ce qui montre que l'homomorphisme précédent envoie $(X+Y)^{[n]}$ sur $\varepsilon_n(z)$ ; les relations à prouver résultant alors des relations analogues pour $X+Y$.

L'unicité résulte de (1.1.2).

Proposition 1.6.5. Soient $(A,I,\gamma)$ un PD-anneau, $B$ une A-algèbre augmentée, $\delta$ une PD-structure sur l'idéal d'augmentation $J$ de $B$. Alors il existe sur l'idéal $K = J + IB$ une unique structure de PD-idéal telle que $J$ soit un sous-PD-idéal de $K$, et que $(A,I) \longrightarrow (B,K)$ soit un PD-morphisme.

La démonstration est analogue à la précédente. L'unicité résulte encore de

(1.1.2), tout élément de K s'écrivant de façon unique $z = x + y$ , avec $x \in I$ et $y \in J$ . Pour montrer l'existence, on pose

$$\varepsilon_n(z) = \sum_{i+j=n} \gamma_i(x)\, \delta_j(y)$$

et on vérifie les relations de 1.1 par l'argument "universel" employé en 1.6.4.

1.7. Soient A un anneau, $(B,I,\gamma)$ et $(C,J,\delta)$ deux A-PD-algèbres. On peut se demander s'il existe sur l'idéal $K = \mathrm{Im}(B \otimes_A J) + \mathrm{Im}(I \otimes_A C)$ une PD-structure telle que $(B,I) \longrightarrow (B \otimes_A C,K)$ et $(C,J) \longrightarrow (B \otimes_A C,K)$ soient des PD-morphismes. La réponse est négative en général. En effet, prenons par exemple $A = B$ , muni d'un PD-idéal I , $C = A/I'$ , où I' est un sous-idéal de I qui n'en soit pas un sous-PD-idéal, et $J = 0$ . Alors d'après 1.6.2 il n'existe pas sur K de PD-structure possédant les propriétés requises.

On peut néanmoins rappeler le résultat suivant de Roby ([47]) :

<u>Proposition</u> 1.7.1. <u>Soient</u> A <u>un anneau,</u> B <u>et</u> C <u>deux</u> A-<u>algèbres,</u> $(I,\gamma)$ (<u>resp.</u> $(J,\delta)$) <u>un</u> PD-<u>idéal de</u> B (<u>resp.</u> C) . <u>On suppose qu'il existe une sous</u>-A-<u>algèbre</u> $B_o$ <u>de</u> B (<u>resp. une sous-A-algèbre</u> $C_o$ <u>de</u> C ) <u>telle que</u> $B = B_o \oplus I$ (<u>resp.</u> $C = C_o \oplus J$) <u>en tant que</u> A-<u>module</u>. <u>Alors il existe sur l'idéal</u> $K = I \otimes_A C + B \otimes_A J$ <u>une structure de PD-idéal</u> $\varepsilon$ <u>et une seule telle que</u> $(B,I,\gamma) \longrightarrow (B \otimes_A C,K,\varepsilon)$ <u>et</u> $(C,J,\delta) \longrightarrow (B \otimes_A C,K,\varepsilon)$ <u>soient des</u> PD-<u>morphismes</u>.

On peut aussi en donner la généralisation suivante

<u>Corollaire</u> 1.7.2. <u>Soient</u> A <u>un anneau,</u> $(B,I,\gamma)$ <u>et</u> $(C,J,\delta)$ <u>deux</u> A-PD-<u>algèbres</u>. <u>On suppose que</u>

i) <u>il existe une sous-A-algèbre</u> $B_o$ <u>de</u> B <u>telle que</u> $B = B_o \oplus I$ ;

ii) <u>les puissances divisées de</u> J <u>s'étendent à</u> $B_o \otimes_A C$ (<u>au sens de</u> 2.1.1 <u>plus bas</u>).

<u>Alors il existe sur l'idéal</u> $K = I \otimes_A C + \mathrm{Im}(B \otimes_A J)$ <u>une structure de</u> PD-<u>idéal</u> $\varepsilon$ <u>et une seule telle que</u> $(B,I,\gamma) \longrightarrow (B \otimes_A C,K,\varepsilon)$ <u>et</u> $(C,J,\delta) \longrightarrow (B \otimes_A C,K,\varepsilon)$ <u>soient des</u> PD-<u>morphismes</u>.

On a l'isomorphisme

$$B \otimes_A C = (B_o \otimes_A C) \oplus (I \otimes_A C) \ .$$

En appliquant 1.7.1 à $(B,I,\gamma)$ et $(C,0)$ (l'idéal 0 étant muni de sa PD-structure triviale), on voit que l'idéal $I \otimes_A C$ peut être muni d'une unique PD-structure telle que $(B,I) \longrightarrow (B \otimes_A C, I \otimes_A C)$ soit un PD-morphisme. D'autre part, l'hypothèse ii) signifie que $J.(B_o \otimes_A C)$ peut être muni d'une unique PD-structure telle que $(C,J) \longrightarrow (B_o \otimes_A C\ ,\ J.B_o \otimes_A C)$ soit un PD-morphisme. Le corollaire résulte alors de 1.6.5 appliqué à la $B_o \otimes_A C$-algèbre $B \otimes_A C$ .

Définition 1.8. Soit $(A,I,\gamma)$ un PD-anneau. On dit qu'une famille $(x_i)_{i \in J}$ d'éléments de I est une famille de PD-générateurs de I si le plus petit sous-PD-idéal de I contenant les $x_i$ est I . On dit que I est de PD-type fini s'il admet une famille finie de PD-générateurs.

Parler du plus petit sous-PD-idéal de I contenant une famille d'éléments a bien un sens, car l'intersection d'une famille de sous-PD-idéaux d'un PD-idéal est un sous-PD-idéal. De même, on appellera sous-PD-idéal engendré par une famille d'éléments le plus petit sous-PD-idéal contenant cette famille.

Proposition 1.8.1. Soit $(x_i)_{i \in J}$ une famille d'éléments d'un PD-idéal I d'un anneau A . Le sous-PD-idéal de I engendré par les $x_i$ est le sous-idéal de I engendré par les $\gamma_n(x_i)$ pour $n \geqslant 1$ .

En effet, le sous-idéal de I engendré par les $\gamma_n(x_i)$ , $n \geqslant 1$ , est stable par les puissances divisées d'après les relations de 1.1. C'est donc un sous-PD-idéal de I , et il est clair qu'il est contenu dans tout sous-PD-idéal de I contenant les $x_i$ .

1.9. Nous allons maintenant étendre les définitions et propriétés précédentes aux objets d'un $\underline{U}$-topos (rappelons que $\underline{U}$ est l'univers de référence). Nous noterons $\boldsymbol{\gamma}$ l'espèce de structure algébrique définie par limites projectives finies correspondant aux relations de 1.1.

Définition 1.9.1. Soit $\underline{T}$ un $\underline{U}$-topos. On appelle PD-anneau de $\underline{T}$ tout $\gamma$-objet de $\underline{T}$.

Un PD-anneau de $\underline{T}$ est donc constitué par la donnée d'un anneau A de $\underline{T}$ (dit sous-jacent au PD-anneau), d'un idéal I de A, et d'une famille d'applications $\gamma_i$ de I dans A ($i \in \underline{\underline{N}}$) vérifiant les relations de 1.1. Soit E un $\underline{U}$-site de définition de $\underline{T}$. Il est clair qu'il existe une équivalence de catégories naturelle entre la catégorie des faisceaux sur E à valeurs dans la catégorie $\underline{U}$-$\gamma$-Ens des PD-anneaux de $\underline{U}$, et la catégorie des PD-anneaux de $\underline{T}$.

Les notions et les différents résultats montrés de 1.1 à 1.8 se transcrivent donc sans difficultés pour les PD-anneaux d'un topos grâce à l'équivalence des catégories précédente. On notera que, comme pour toute espèce de structure définie par limites projectives finies, le foncteur "faisceau associé" sur la catégorie des préfaisceaux sur E à valeurs dans $\underline{U}$-$\gamma$-Ens (resp. dans la catégorie des couples d'un ensemble de $\underline{U}$ muni d'un sous-ensemble) commute aux foncteurs préfaisceaux et faisceau d'ensembles sous-jacents (cf. SGA 4 II 6.4).

1.9.2. Soit $f : \underline{T} \longrightarrow \underline{T}'$ un morphisme de $\underline{U}$-topos. Comme les foncteurs image directe et image inverse commutent aux limites projectives finies, ils définissent respectivement un foncteur $f_{\gamma *}$ de la catégorie des $\gamma$-objets de $\underline{T}$ dans la catégorie des $\gamma$-objets de $\underline{T}'$, et un foncteur $f_{\gamma}^{*}$ de la catégorie des $\gamma$-objets de $\underline{T}'$ dans la catégorie des $\gamma$-objets de $\underline{T}$, $f_{\gamma}^{*}$ étant adjoint à gauche de $f_{\gamma *}$. Si $(A,I,\gamma)$ est un PD-anneau de $\underline{T}$ (resp. $\underline{T}'$), $f_{\gamma *}(A,I,\gamma)$ est donc le PD-anneau $(f_*(A),f_*(I),f_*(\gamma))$ (resp. $f_{\gamma}^{*}(A,I,\gamma)$ le PD-anneau $(f^*(A),f^*(I),f^*(\gamma))$).

Définition 1.9.3. On appelle $\underline{U}$-topos PD-annelé la donnée d'un $\underline{U}$-topos $\underline{T}$ et d'un PD-anneau de $\underline{T}$. Si $(\underline{T},A)$ et $(\underline{T}',A')$ sont deux $\underline{U}$-topos PD-annelés, on appelle PD-morphisme de $(\underline{T},A)$ dans $(\underline{T}',A')$ la donnée d'un morphisme de topos $f : \underline{T} \longrightarrow \underline{T}'$ et d'un PD-morphisme $f_{\gamma}^{*}(A') \longrightarrow A$, (ou, de façon équivalente par 1.9.2, d'un PD-morphisme $A' \longrightarrow f_{\gamma *}(A)$).

Nous allons traduire ces définitions dans le cas du topos zariskien d'un schéma ; donnons auparavant une définition :

Définition 1.9.4. Soient $\underline{T}$ un U-topos, A un anneau de $\underline{T}$ , (B,I,$\gamma$) une A-PD-algèbre. On dit que (B,I,$\gamma$) est une A-PD-algèbre quasi-cohérente si B est une A-algèbre quasi-cohérente, et I un A-module quasi-cohérent.

Proposition 1.9.5. i) Soient X un schéma affine, $X_{Zar}$ le topos zariskien de X . Le foncteur "sections globales" induit une équivalence de catégories de la catégorie des $\underline{O}_X$-PD-algèbres quasi-cohérentes de $X_{Zar}$ dans la catégorie des $\Gamma(X,\underline{O}_X)$-PD-algèbres.

ii) Soient f : X $\longrightarrow$ Y un morphisme de schémas affines, $f_{Zar}$ le morphisme correspondant entre les topos zariskiens, $\underline{I}$ (resp. $\underline{J}$) un PD-idéal quasi-cohérent de $\underline{O}_X$ (resp. $\underline{O}_Y$) . Pour que $f_{Zar}$ soit un PD-morphisme, il faut et suffit que le morphisme d'anneaux correspondant $\Gamma(Y,\underline{O}_Y) \longrightarrow \Gamma(X,\underline{O}_X)$ soit un PD-morphisme.

Pour vérifier i), on définit un foncteur quasi-inverse comme suit. Soient $A = \Gamma(X,\underline{O}_X)$ , et (B,I,$\gamma$) une A-PD-algèbre. Pour tout $f \in A$ , il existe sur $I.B_f$ une unique structure de PD-idéal telle que $(B,I,\gamma) \longrightarrow (B_f,I.B_f)$ soit un PD-morphisme (cf. 2.7.4, ou bien la vérification directe est facile). Cela définit des applications $\gamma_n$ pour le préfaisceau associé à I sur la base d'ouverts de X formée des $Spec(A_f)$, d'où en passant au faisceau associé une structure de PD-idéal sur l'idéal quasi-cohérent défini par I dans la $\underline{O}_X$-algèbre quasi-cohérente définie par B .

L'assertion ii) résulte de i) si l'on remarque que $f_*(\underline{O}_X)$ est une $\underline{O}_Y$-algèbre quasi-cohérente, et que $f_*(\underline{I})$ en est un idéal quasi-cohérent.

Donnons enfin la définition suivante :

Définition 1.9.6. On appelle PD-schéma la donnée d'un schéma S et d'un PD-idéal $(\underline{I},\gamma)$ de $\underline{O}_S$ tel que $\underline{I}$ soit quasi-cohérent.

Un PD-schéma sera noté $(S,\underline{I},\gamma)$.

## 2. Enveloppe à puissances divisées d'un idéal.

Nous nous proposons maintenant de résoudre des problèmes de construction de puissances divisées "universelles". Nous aurons besoin auparavant de quelques définitions : si $(A,I,\gamma)$ et $(B,J,\delta)$ sont deux PD-anneaux, nous rencontrerons fréquemment des homomorphismes d'anneaux $f : A \longrightarrow B$ tels que $f(I) \not\subset J$ , mais pour lesquels il sera néanmoins utile de pouvoir comparer les puissances divisées $\gamma$ et $\delta$ ; c'est pourquoi on est amené à introduire les notions qui suivent.

### 2.1. Extension de puissances divisées.

Définition 2.1. i) *Soient* $\underline{T}$ *un* U-*topos*, $(A,I,\gamma)$ *un* PD-*anneau de* $\underline{T}$ , $B$ *une* A-*algèbre. On dit que les puissances divisées* $\gamma_n$ *s'étendent à* $B$ *s'il existe une structure de* PD-*idéal* $\bar{\gamma}$ *sur* $I.B$ *telle que l'homomorphisme* $(A,I,\gamma) \longrightarrow (B,IB,\bar{\gamma})$ *soit un* PD-*morphisme.*

ii) *Soient* $f : (\underline{T}',A') \longrightarrow (\underline{T},A)$ *un morphisme de* U-*topos annelés et* $(I,\gamma)$ *un* PD-*idéal de* $A$ . *On dit que les puissances divisées* $\gamma_n$ *s'étendent à* $A'$ *(ou à* $\underline{T}'$ *si aucune confusion n'est possible) si les puissances divisées image inverse des* $\gamma_n$ *sur* $f^*(A)$ (1.9.2) *s'étendent à* $A'$ .

Sous les hypothèses de i), la PD-structure $\bar{\gamma}$ , si elle existe, est nécessairement unique par (1.1.2) et (1.1.3). D'autre part, l'exemple de 1.7 montre qu'elle n'existe pas toujours. On remarquera aussi qu'en vertu de l'unicité de $\bar{\gamma}$ la condition i) est de nature locale sur $\underline{T}$ .

Proposition 2.1.1. *Les notations étant celles de* 2.1 i), *on suppose que* $I$ *est un idéal localement principal. Alors les puissances divisées de* $I$ *s'étendent à toute* A-*algèbre* $B$ .

Comme la propriété à vérifier est de nature locale, on peut supposer que $I$ est principal, engendré par une section globale $t$ . Soit alors $x$ une section de $IB$ au-dessus d'un objet $X$ de $\underline{T}$ ; quitte à localiser davantage, on peut écrire

$x = t.b$ , avec $b \in B(X)$ . S'il existe un prolongement $\bar{\gamma}$ de $\gamma$ à IB, il vérifie

$$\bar{\gamma}_n(x) = \bar{\gamma}_n(tb) = b^n \bar{\gamma}_n(t) = b^n\gamma_n(t) \quad .$$

Si $b'$ est un autre élément de $B(X)$ tel que $x = tb'$, on a

$$b^n\gamma_n(t) - b'^n\gamma_n(t) = \gamma_n(t)(b-b')(b^{n-1}+\ldots+ b'^{n-1}) \quad .$$

Puisque $I$ est engendré par $t$ , il existe localement une section $a$ de $A$ telle que $\gamma_n(t) = at$ , d'où

$$b^n\gamma_n(t) - b'^n\gamma_n(t) = a(tb - tb')(b^{n-1}+\ldots+ b'^{n-1}) = 0 \; .$$

Donc la section $b^n\gamma_n(t)$ ne dépend pas de $b$ , mais seulement de $x$ , et définit par recollement $\bar{\gamma}_n(x)$ . Les relations de 1.1 sont alors immédiates.

2.1.2. Nous verrons plus loin (2.7.4) que, sous les hypothèses de 2.1 i), les puissances divisées de $I$ s'étendent chaque fois que $B$ est une A-algèbre plate.

On peut traduire la définition 2.1 ii) dans le cas du topos zariskien associé à un schéma.

Proposition 2.1.3. Soient $f : X \longrightarrow Y$ un morphisme de schémas affines et $(\underline{I},\gamma)$ un PD-idéal quasi-cohérent de $\underline{O}_Y$ . Pour que les puissances divisées de $\underline{I}$ s'étendent à $X$ , il faut et il suffit que les puissances divisées correspondantes de de $\Gamma(Y,\underline{I})$ (1.9.5) s'étendent à $\Gamma(X,\underline{O}_X)$ .

D'après 1.9.5 i), la donnée d'une PD-structure sur l'idéal quasi-cohérent $f^{-1}(\underline{I}).\underline{O}_X$ équivaut à la donnée d'une PD-structure sur $\Gamma(Y,\underline{I}).\Gamma(X,\underline{O}_X)$ . D'autre part, dire que $f^{-1}(\underline{O}_Y) \longrightarrow \underline{O}_X$ est un PD-morphisme revient à dire que $X \longrightarrow Y$ est un PD-morphisme (1.9.3), i.e. d'après 1.9.5 ii) que $\Gamma(Y,\underline{O}_Y) \longrightarrow \Gamma(X,\underline{O}_X)$ est un PD-morphisme.

## 2.2. Puissances divisées compatibles.

Lemme 2.2. Soient $\underline{T}$ un U-topos, $(A,I,\gamma)$ et $(B,J,\delta)$ deux PD-anneaux de $\underline{T}$ , et $f : A \longrightarrow B$ un homomorphisme entre les anneaux sous-jacents. Les deux conditions suivantes sont équivalentes :

i) Les puissances divisées $\gamma_n$ de $I$ s'étendent en des puissances divisées $\bar{\gamma}_n$ sur $IB$, et pour toute section $x$ de $J \cap IB$, on a

$$\bar{\gamma}_n(x) = \delta_n(x) \quad ;$$

ii) il existe sur l'idéal $K = J + IB$ une structure de PD-idéal $\bar{\delta}$ telle que $(A,I,\gamma) \longrightarrow (B,K,\bar{\delta})$ et $(B,J,\delta) \longrightarrow (B,K,\bar{\delta})$ soient des PD-morphismes.

Si ces conditions sont remplies, la PD-structure $\bar{\delta}$ est unique.

La condition ii) résulte de i) par 1.6.4. Réciproquement, si $K$ est muni d'une PD-structure telle que $(A,I,\gamma) \longrightarrow (B,K,\bar{\delta})$ soit un PD-morphisme, alors $IB$ est un sous-PD-idéal de $K$, et l'homomorphisme $(A,I,\gamma) \longrightarrow (B,IB,\bar{\delta})$ est un PD-morphisme. Donc $\gamma$ s'étend à $B$. Comme $IB$ et $J$ sont des sous-PD-idéaux de $K$, $\delta$ et $\bar{\gamma}$ coincident sur $J \cap IB$.

L'unicité résulte de l'unicité de $\bar{\gamma}$ (2.1) et de 1.6.4.

Définition 2.2.1. i) Sous les conditions de 2.2, on dit que $f$ est compatible aux puissances divisées $\gamma$ et $\delta$, ou encore que $\delta$ est compatible à $\gamma$.

ii) Soient $f : (\underline{T}',A') \longrightarrow (\underline{T},A)$ un morphisme de $\underline{U}$-topos annelés, $(I,\gamma)$ et $(J,\delta)$ des PD-idéaux de $A$ et $A'$. On dit que $f$ est compatible aux puissances divisées $\gamma$ et $\delta$ (ou que $\delta$ est compatible à $\gamma$) si l'homomorphisme $f^*(A) \rightarrow A'$ est compatible à $f^*(\gamma)$ et $\delta$.

On remarquera que la condition de compatibilité est encore locale sur $\underline{T}'$ et $\underline{T}$. Dans le cas i), si $f(I) \subset J$, alors $f$ est compatible aux puissances divisées si et seulement si c'est un PD-morphisme : c'est évident sous la forme 2.2 ii).

Dans le cas des schémas, on montre comme en 2.1.3 :

Proposition 2.2.2. Soient $f : X \longrightarrow Y$ un morphisme de schémas affines et $(\underline{I},\gamma)$, $(\underline{J},\delta)$ des PD-idéaux quasi-cohérents de $\underline{O}_Y$, $\underline{O}_X$. Alors $f$ est compatible à $\gamma$ et $\delta$ si et seulement s'il en est de même pour l'homomorphisme correspondant $\Gamma(Y,\underline{O}_Y) \longrightarrow \Gamma(X,\underline{O}_X)$.

Notons enfin le résultat suivant :

Proposition 2.2.3. *Soient* $\underline{T}$ *un* $\underline{U}$-*topos,* $(A,I,\gamma)$ *un PD-anneau de* $\underline{T}$ , $B$ *une* $A$-*algèbre augmentée,* $\delta$ *une PD-structure sur l'idéal d'augmentation* $J$ *de* $B$ . *Alors* $\gamma$ *est compatible à* $\delta$ .

Cet énoncé n'est autre que 1.6.5.

Corollaire 2.2.4. *Soient* $\underline{T}$ *un* $\underline{U}$-*topos,* $(A,I,\gamma)$ *un PD-anneau de* $T$ , $B \longrightarrow C$ *un homomorphisme surjectif de* $A$-*algèbres, de noyau* $J$ *et admettant localement une section ; soit* $\delta$ *une PD-structure sur* $J$ . *Alors, si* $\gamma$ *s'étend à* $C$ , $\delta$ *est compatible à* $\gamma$ .

L'assertion étant locale sur $\underline{T}$ , on peut supposer qu'il existe une section $C \longrightarrow B$ . Si $\bar{\gamma}$ désigne l'extension de $\gamma$ à $C$ , alors d'après 2.2.3 , $\delta$ est compatible à $\bar{\gamma}$ ; il en résulte aussitôt que $\delta$ est compatible à $\gamma$ .

## 2.3. Enveloppe à puissances divisées d'un idéal.

On fixe maintenant un $\underline{U}$-topos $\underline{T}$ , et un PD-anneau $(A,I,\gamma)$ de $\underline{T}$ . Soit $\underline{C}_1$ la catégorie des A-PD-algèbres $(A',I',\gamma')$ de $\underline{T}$ telles que $A \longrightarrow A'$ soit un PD-morphisme, avec pour morphismes les A-PD-morphismes. Soit d'autre part $\underline{C}_1'$ la catégorie dont les objets sont les couples $(B,J)$ d'une A-algèbre $B$ et d'un idéal $J$ de $B$ tel que $IB \subset J$ , et les morphismes les homomorphismes de A-algèbres induisant un homomorphisme entre les idéaux choisis. On a un foncteur évident

$$\omega_1 : \underline{C}_1 \longrightarrow \underline{C}_1'$$

défini par l'oubli des puissances divisées.

Théorème 2.3.1. *Avec les notations de 2.3, le foncteur* $\omega_1$ *admet un adjoint à gauche* $\underline{D}_\gamma$ .

Pour $(B,J) \in Ob(\underline{C}_1')$ , on notera en général

$$\underline{D}_\gamma(B,J) = \underline{D}_{B,\gamma}(J) = \underline{D}_B(J)$$

lorsqu'aucune confusion n'est possible sur $\gamma$ . Nous emploierons les mêmes notations pour l'anneau sous-jacent ; l'idéal à puissances divisées canonique de $\underline{D}_B(J)$ sera noté $\overline{J}$, et pour toute section $x$ de $\overline{J}$, nous noterons $x^{[n]}$ la n-ième puissance divisée de $x$.

Pour montrer 2.3.1, on suppose d'abord que $\underline{T}$ est le topos $\underline{U}$-Ens des ensembles de $\underline{U}$. Pour $(B,J) \in \mathrm{Ob}(\underline{C}_1')$, on construit l'algèbre $\underline{D}_{B,\gamma}(J)$ comme suit. Soit $\Gamma_B(J)$ l'algèbre des puissances divisées de $J$ considéré comme B-module (1.4) ; pour tout $x \in J$, on notera $x^{[1]}$ l'élément $x$ de $\Gamma_1(J) = J$, et $x$ l'élément $x$ de $\Gamma_o(J) = B$. Soit $K$ l'idéal de $\Gamma_B(J)$ engendré par les familles d'éléments qui suivent :

i) $x^{[1]} - x$, pour $x \in J$,

ii) $(f(y))^{[n]} - f(\gamma_n(y))$, pour $y \in I$ et $n \in \underline{\underline{N}}$, où $f$ est l'homomorphisme de $A$ dans $B$. Alors $K \cap \Gamma_+(J)$ est un sous-PD-idéal de $\Gamma_+(J)$. Soit en effet $x \in K \cap \Gamma_+(J)$ ; on peut écrire

$$x = \sum_i a_i(x_i^{[1]} - x_i) + \sum_j b_j(f(y_j)^{[n_j]} - f(\gamma_{n_j}(y_j))) ,$$

avec $a_i, b_j \in \Gamma_B(J)$, $x_i \in J$, $y_j \in I$. Comme $K.\Gamma_+(J)$ est un sous-PD-idéal de $\Gamma_+(J)$ (1.6.1 i)), on peut supposer, grace à (1.1.2), que les $a_i$ et les $b_j$ sont dans $\Gamma_o(J) = B$. On peut alors écrire

$$\begin{aligned} x = \sum_i a_i(x_i^{[1]} - x_i) &+ \sum_j b_j(f(\gamma_{n_j}(y_j))^{[1]} - f(\gamma_{n_j}(y_j))) \\ &+ \sum_j b_j(f(y_j)^{[n_j]} - f(\gamma_{n_j}(y_j))^{[1]}) \end{aligned}$$

Comme $x \in \Gamma_+(J)$, on trouve, en prenant la composante de degré 0 :

$$\sum_i a_i x_i + \sum_j b_j f(\gamma_{n_j}(y_j)) = 0 \quad ;$$

on en déduit

$$\begin{aligned} \sum_i a_i(x_i)^{[1]} + \sum_j b_j(f(\gamma_{n_j}(y_j)))^{[1]} &= (\sum_i a_i x_i + \sum_j b_j f(\gamma_{n_j}(y_j)))^{[1]} \\ &= 0 . \end{aligned}$$

D'où $x = \sum_j b_j(f(y_j)^{[n_j]} - f(\gamma_{n_j}))^{[1]})$ ; on est donc ramené à montrer que pour tout $y \in I$, et tous $n$ et $p \geqslant 1$,

$$(f(y)^{[n]} - f(\gamma_n(y))^{[1]})^{[p]} \in K \cap \Gamma_+(J) .$$

Comme il est clair que c'est un élément de $\Gamma_+(J)$ , il suffit de montrer qu'il est dans $K$ . Or on a

$$\begin{aligned}
(f(y)^{[n]} - f(\gamma_n(y))^{[1]})^{[p]} &= \sum_{r+s=p} (-1)^s (f(y)^{[n]})^{[r]} f(\gamma_n(y))^{[s]} \\
&= \sum_{r+s=p} (-1)^s C_{r,n} f(y)^{[nr]} f(\gamma_n(y))^{[s]} \\
&\equiv \sum_{r+s=p} (-1)^s C_{r,n} f(\gamma_{nr}(y)) f(\gamma_s(\gamma_n(y))) \text{ mod. } K \\
&\equiv f(\sum_{r+s=p} (-1)^s \gamma_r(\gamma_n(y))\gamma_s(\gamma_n(y))) \text{ mod. } K \\
&\equiv 0 \text{ mod. } K .
\end{aligned}$$

Posons $\underline{D}_{B,\gamma}(J) = \Gamma_B(J)/K$ . Alors d'après 1.6.2 les puissances divisées de $\Gamma_+(J)$ passent au quotient, et définissent une PD-structure sur l'image $\bar{J}$ de $\Gamma_+(J)$ . Il reste à montrer que $\underline{D}_B(J)$ , muni du PD-idéal $\bar{J}$ , vérifie la propriété d'adjonction, i.e. que pour toute A-algèbre $A'$ munie d'un PD-idéal $I'$ on a un isomorphisme canonique

$$\text{PD-Hom}_A(\underline{D}_B(J),A') \xrightarrow{\sim} \text{Hom}_A((B,J),(A',I')) .$$

Soit $f$ un homomorphisme A-linéaire de $(B,J)$ dans $(A',I')$. La propriété d'adjonction de 1.4.1 montre qu'il existe un PD-morphisme et un seul de $\Gamma_B(J)$ dans $A'$ (considéré comme B-algèbre) égal à la restriction de $f$ à $J$ en degré $1$ . D'autre part, il est clair que cet homomorphisme s'annule sur les générateurs de $K$ utilisés plus haut. Donc par passage au quotient, il existe un PD-morphisme et un seul de $\underline{D}_B(J)$ dans $A'$ factorisant $f$ .

Revenons au cas où $\underline{T}$ est un $\underline{U}$-topos quelconque. Soit $E$ un $\underline{U}$-site de définition de $\underline{T}$ , de sorte que $\underline{T}$ s'identifie au topos des faisceaux d'ensembles sur $E$ . Un diagramme facile d'isomorphismes d'adjonction montre que pour $(B,J) \in \text{Ob}(\underline{C}_1')$ , $\underline{D}_B(J)$ n'est autre que le faisceau associé au préfaisceau qui à $X \in \text{Ob}(E)$ associe le PD-anneau $\underline{D}_{B(X)}(I(X))$ .

Corollaire 2.3.2. Avec les notations précédentes, $\underline{D}_{B,\gamma}(J)$ vérifie les propriétés suivantes :

i) soit A' une A-algèbre telle que les puissances divisées $\gamma$ s'étendent à A' en des puissances divisées $\bar{\gamma}$, et soit (B,J) une A'-algèbre munie d'un idéal contenant IB ; il existe un isomorphisme canonique

$$\underline{D}_{B,\gamma}(J) \xrightarrow{\sim} \underline{D}_{B,\bar{\gamma}}(J) \quad ;$$

ii) tout système de générateurs $(x_i)$ de J au-dessus d'un objet X de $\underline{T}$ fournit un système de PD-générateurs de $\bar{J}$ au-dessus de X ; de plus, $\underline{D}_{B,\gamma}(J)$ est engendrée comme B-algèbre par les $x_i^{[k]}$, $k \in \underline{\underline{N}}$ ;

iii) il existe un isomorphisme canonique

$$\underline{D}_B(J)/\bar{J} \xrightarrow{\sim} B/J \ .$$

L'assertion i) montre en particulier que si $I = 0$, $\underline{D}_B(J)$ ne dépend pas de A.

Pour voir i), il suffit de remarquer que si on pose $f : A \longrightarrow B$ et $f' : A' \longrightarrow B$, l'idéal de $\Gamma_B(J)$ engendré par les éléments de la forme $(f(y))^{[n]} - f(\gamma_n(y))$ pour $y \in I$ et $n \in \underline{\underline{N}}$ est égal à l'idéal engendré par les éléments de la forme $(f'(z))^{[n]} - f(\gamma_n(z))$ pour $z \in IA'$ et $n \in \underline{\underline{N}}$, d'après (1.1.2) et (1.1.3). L'assertion ii) résulte de la construction de $\underline{D}_B(J)$ d'après 1.8.1 et 1.4.2 ; l'assertion iii) est également évidente sur la construction.

## 2.4. Enveloppe à puissances divisées d'un idéal, avec conditions de compatibilité.

Nous allons maintenant généraliser la construction précédente en introduisant des conditions de compatibilité. Soient toujours $\underline{T}$ un $\underline{U}$-topos, et $(A,I,\gamma)$ un PD-anneau de $\underline{T}$. On note $\underline{C}_2$ la catégorie des A-PD-algèbres $(A',I',\gamma')$ telles que $A \longrightarrow A'$ soit compatible aux puissances divisées $\gamma$ et $\gamma'$ (2.2.1), avec pour morphismes les A-PD-morphismes. Soit d'autre part $\underline{C}'_2$ la catégorie dont les objets sont les couples (B,J) formés d'une A-algèbre B et d'un idéal J de B, et dont les morphismes sont les homomorphismes de A-algèbres induisant un homomorphisme entre les idéaux choisis. Les catégories $\underline{C}_1$ et $\underline{C}_1'$ sont donc des sous-catégories pleines de $\underline{C}_2$ et $\underline{C}_2'$ . On a encore un foncteur "oubli des puissances divisées"

$$\omega_2 : \underline{C}_2 \longrightarrow \underline{C}_2' ,$$

induisant $\omega_1$ sur $\underline{C}_1$ .

<u>Théorème</u> 2.4,1. <u>Avec les notations de</u> 2.4, <u>le foncteur</u> $\omega_2$ <u>admet un adjoint à gauche</u> $\underline{D}_\gamma$ .

On adoptera pour le foncteur défini par 2.4.1 les mêmes notations que pour celui qui est défini par 2.3,1 ; cela est justifié par le fait que ce dernier n'est autre que la restriction à $\underline{C}_1$ du précédent, comme le montre la démonstration qui suit.

Soit donc $(B,J) \in Ob(\underline{C}_2')$ . On pose $K = J + IB$ , d'où $(B,K) \in Ob(\underline{C}_1')$ ; on note $\bar{J}$ le sous-PD-idéal de $\bar{K}$ engendré dans $\underline{D}_{B,\gamma}(K)$ par $J$ . Alors le foncteur cherché est celui qui associe à $(B,J)$ la A-algèbre $\underline{D}_{B,\gamma}(K)$ munie du PD-idéal $\bar{J}$ . Soit en effet $(A',I',\gamma') \in Ob(\underline{C}_2)$ , et soit $f : B \longrightarrow A'$ tel que $f(J) \subset I'$ . Alors il existe sur $K' = I' + IB$ une unique PD-structure prolongeant $\gamma'$ et telle que $(A,I) \longrightarrow (A',K')$ soit un PD-morphisme (2.2). D'après 2.3.1, il existe alors un unique PD-morphisme $\bar{f} : (\underline{D}_B(K),\bar{K}) \longrightarrow (A',K')$ tel que le diagramme

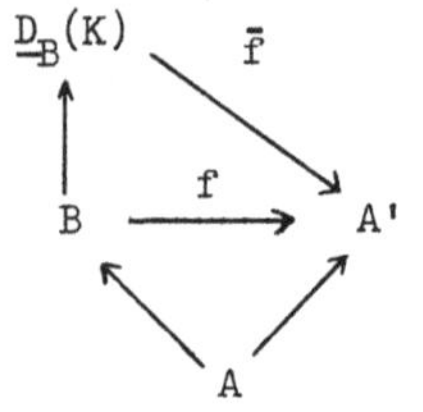


soit commutatif. Comme $f(J) \subset I'$ , et que $\bar{f}$ est un PD-morphisme, $\bar{f}(\bar{J}) \subset I'$ , d'où la propriété d'adjonction voulue pour $(\underline{D}_B(K),\bar{J})$ . On posera donc $\underline{D}_B(J) = \underline{D}_B(K)$, étant sous-entendu que $\underline{D}_B(K)$ est muni du PD-idéal $\bar{J}$ .

<u>Définition</u> 2.4.2. <u>Avec les notations précédentes, on dira que</u> $\underline{D}_{B,\gamma}(J)$ <u>est</u> l'enveloppe à puissances divisées (compatible à $\gamma$ ) de $(B,J)$ ; <u>on dira aussi parfois</u>

que $\underline{D}_{B,\gamma}(J)$ est obtenu en rajoutant formellement des puissances divisées compatibles à $\gamma$ sur $J$. Si $f : (\underline{T},B) \longrightarrow (\underline{T}',A)$ est un morphisme de topos annelés, et $(I,\gamma)$ un PD-idéal de $A$, $J$ un idéal de $B$, on notera $\underline{D}_{B,\gamma}(J)$ l'enveloppe à puissances divisées de $(B,J)$, la condition de compatibilité étant prise par rapport au PD-anneau $f^*(A,I,\gamma)$.

Proposition 2.4.3. Avec les notations de 2.4.1, $\underline{D}_{B,\gamma}(J)$ possède les propriétés suivantes :

i) soit $A'$ une A-algèbre telle que les puissances divisées $\gamma$ s'étendent à $A'$ en des puissances divisées $\bar{\gamma}$, et soit $(B,J)$ une $A'$-algèbre munie d'un idéal ; il existe un isomorphisme canonique

$$\underline{D}_{B,\gamma}(J) \xrightarrow{\sim} \underline{D}_{B,\bar{\gamma}}(J) \ ;$$

ii) tout système de générateurs $(x_i)$ de $J$ au-dessus d'un objet $X$ de $\underline{T}$ fournit un système de PD-générateurs de $\bar{J}$ au-dessus de $X$ ; de plus, $\underline{D}_{B,\gamma}(J)$ est engendrée comme B-algèbre par les $x_i^{[k]}$, $k \in \underline{\mathbb{N}}$ ;

iii) si les puissances divisées $\gamma$ s'étendent à $B/J$, on a un isomorphisme canonique

$$\underline{D}_{B,\gamma}(J)/\bar{J} \xrightarrow{\sim} B/J \ .$$

L'assertion i) résulte immédiatement de la construction et de 2.3.2 i) ; l'assertion ii) est aussi évidente par construction. Pour montrer iii), on remarque d'abord qu'il existe un homomorphisme évident $B/J \longrightarrow \underline{D}_B(J)/\bar{J}$. D'autre part, l'hypothèse entraîne que $(B/J,0)$ est un objet de $\underline{C}_2$. La propriété d'adjonction entraîne alors que l'homomorphisme canonique $B \longrightarrow B/J$ se factorise par $\underline{D}_B(J)$, puis par $\underline{D}_B(J)/\bar{J}$ ; il est immédiat que les deux applications ainsi obtenues sont inverses l'une de l'autre.

## 2.5. Exemples.

Proposition 2.5.1. Soient $A$ un anneau de caractéristique $0$, $I$ un idéal de $A$. Alors l'homomorphisme canonique

$$A \longrightarrow \underline{D}_A(I)$$

est un isomorphisme.

On sait (1.2.1) qu'il existe sur I une unique structure de PD-idéal, et que tout morphisme d'anneaux de A dans un anneau B (nécessairement de caractéristique 0) envoyant I dans un idéal J est un PD-morphisme pour les puissances divisées (uniques) de J (1.3). Donc A vérifie la propriété universelle de $\underline{D}_A(I)$ , et par suite lui est canoniquement isomorphe.

Proposition 2.5.2. Soient $\underline{T}$ un U-topos, A un anneau de $\underline{T}$ , M un A-module, $\underline{\underline{S}}(M)$ l'algèbre symétrique de M , $\underline{\underline{S}}^+(M)$ l'idéal des sections de degré $> 0$ de $\underline{\underline{S}}(M)$ . Il existe un PD-isomorphisme canonique

$$\underline{D}_{\underline{\underline{S}}(M)}(\underline{\underline{S}}^+(M)) \xrightarrow{\sim} \Gamma_A(M) .$$

L'homomorphisme canonique $M \longrightarrow \underline{\underline{S}}(M)$ donne par composition un homomorphisme $M \longrightarrow \underline{D}_{\underline{\underline{S}}(M)}(S^+(M))$ qui envoie M dans l'idéal à puissances divisées engendré par $\underline{\underline{S}}^+(M)$ . La propriété universelle de $\Gamma_A(M)$ donne donc un homomorphisme de A-PD-algèbres

$$\Gamma_A(M) \longrightarrow \underline{D}_{\underline{\underline{S}}(M)}(\underline{\underline{S}}^+(M)) .$$

Inversement, comme $\Gamma_1(M) = M$ , la propriété universelle de $\underline{\underline{S}}(M)$ donne un homomorphisme canonique de A-algèbres graduées

$$\underline{\underline{S}}(M) \longrightarrow \Gamma_A(M)$$

envoyant $\underline{\underline{S}}^+(M)$ dans $\Gamma_+(M)$ . La propriété universelle de l'enveloppe à puissances divisées donne alors la factorisation

$$\underline{D}_{\underline{\underline{S}}(M)}(\underline{\underline{S}}^+(M)) \longrightarrow \Gamma_A(M) .$$

On vérifie facilement que ces deux homomorphismes sont inverses l'un de l'autre.

Corollaire 2.5.3. Soient $\underline{T}$ un U-topos, A un anneau de $\underline{T}$ , I un ensemble d'indices, B l'algèbre $A[X_i]_{i\in I}$ , J l'idéal de B engendré par les $X_i$ . Alors on a un PD-isomorphisme canonique

$$A \langle X_i \rangle_{i\in I} \longrightarrow \underline{D}_B(J) .$$

Si $M$ est le module libre $A^{(I)}$ , alors $B = \underline{\underline{S}}(M)$ ; le résultat découle alors de 2.5.2 d'après la définition 1.5.

## 2.6. Deux isomorphismes.

Nous donnons maintenant deux isomorphismes importants.

Proposition 2.6.1. Soient $T$ un U-topos, $(A,I,\gamma)$ un PD-anneau de $T$ , $B \longrightarrow C$ un homomorphisme surjectif de A-algèbres, de noyau $J$ et admettant localement une section. Alors, si $\gamma$ s'étend à $C$ , il existe un PD-isomorphisme canonique

$$\underline{D}_{B,0}(J) \xrightarrow{\sim} \underline{D}_{B,\gamma}(J)$$

où $\underline{D}_{B,0}$ désigne l'enveloppe à puissances divisées obtenue en prenant pour PD-idéal de compatibilité dans $A$ l'idéal $0$ , muni de ses puissances divisées triviales.

Il existe un PD-morphisme

$$\underline{D}_{B,0}(J) \longrightarrow \underline{D}_{B,\gamma}(J)$$

défini grâce à la propriété universelle de $\underline{D}_{B,0}(J)$ . On définit un PD-morphisme en sens inverse grâce à la propriété universelle de $\underline{D}_{B,\gamma}(J)$ , en remarquant que les puissances divisées canoniques de $\underline{D}_{B,0}(J)$ sont compatibles à $\gamma$ : si $\bar{J}$ est le PD-idéal canonique de $\underline{D}_{B,0}(J)$ , les puissances divisées $\gamma$ s'étendent à $\underline{D}_{B,0}(J)/\bar{J} = C$ par hypothèse, et l'homomorphisme surjectif $\underline{D}_{B,0}(J) \longrightarrow C$ possède localement une section, obtenue en composant une section de $B \longrightarrow C$ avec l'homomorphisme $B \longrightarrow \underline{D}_{B,0}(J)$ ; la compatibilité des puissances divisées résulte alors de 2.2.4. Il est clair que les deux PD-morphismes construits sont inverses l'un de l'autre.

Proposition 2.6.2. Soient $T$ un U-topos, $(A,I,\gamma)$ un PD-anneau de $T$ , $B$ une A-algèbre, $J$ un idéal de $B$ , $K$ un second idéal de $B$ , contenu dans le noyau de $B \longrightarrow \underline{D}_{B,\gamma}(J)$ . Alors il existe un PD-isomorphisme canonique

$$\underline{D}_{B,\gamma}(J) \longrightarrow \underline{D}_{B/K,\gamma}(J/J \cap K) .$$

L'homomorphisme canonique

$$B \longrightarrow B/J \longrightarrow \underline{D}_{B/K,\gamma}(J/J \cap K)$$

se factorise par $\underline{D}_{B,\gamma}(J)$ , donnant le PD-morphisme annoncé. On construit un PD-morphisme en sens inverse en factorisant $B \longrightarrow \underline{D}_{B,\gamma}(J)$ par $B/K$ , puisque $K \subset \operatorname{Ker}(B \longrightarrow \underline{D}_{B,\gamma}(J))$ , puis par $\underline{D}_{B/K,\gamma}(J/J \cap K)$ grâce à la propriété universelle de $\underline{D}_{B/K,\gamma}(J/J \cap K)$. Il est clair que ces deux PD-morphismes sont inverses l'un de l'autre.

Corollaire 2.6.3. *Soient* $\underline{T}$ *un* $\underline{U}$*-topos,* $(A,I,\gamma)$ *un PD-anneau de* $\underline{T}$ , $B$ *une A-algèbre telle que localement il existe un entier* $m \in \underline{\mathbb{N}}$ , $m \neq 0$ , *tel que* $m.1_B = 0$ , *et* $J$ *un idéal de* $B$ *localement de type fini. Alors, il existe localement un entier* $n_0$ *tel que pour* $n \geq n_0$ *le PD-morphisme canonique*

$$\underline{D}_{B,\gamma}(J) \longrightarrow \underline{D}_{B/J^n,\gamma}(J/J^n)$$

*soit un isomorphisme.*

L'assertion étant locale, on peut supposer que $m.1_B = 0$ , et que $J$ est de type fini. Pour toute section $x$ de $J$ , on a, d'après 1.2.7 i), $x^m = 0$ dans $\underline{D}_{B,\gamma}(J)$ . Comme $J$ est de type fini, il existe donc $n_0$ tel que $J^{n_0}$ soit d'image nulle dans $\underline{D}_{B,\gamma}(J)$ , d'où le corollaire.

Nous aurons souvent dans la suite à travailler avec des anneaux vérifiant la condition de torsion de 2.6.3 ; on introduit donc la terminologie suivante :

Définition 2.6.4. *Soient* $\underline{T}$ *un* $\underline{U}$*-topos,* $A$ *un anneau de* $\underline{T}$ . *On dit que* $A$ *est un anneau de torsion si localement sur* $\underline{T}$ *il existe* $m \in \underline{\mathbb{N}}$ , $m \neq 0$ , *tel que* $m.1_A = 0$ . *On dit qu'un schéma* $X$ *est un schéma de torsion si l'anneau* $\underline{O}_X$ *est un anneau de torsion.*

## 2.7. Extension plate des scalaires.

On se propose maintenant d'étudier le comportement de l'enveloppe à puissances divisées par extension plate des scalaires.

Proposition 2.7.1. *Soient* $\underline{T}$ *un* $\underline{U}$*-topos,* $(A,I,\gamma)$ *un PD-anneau de* $\underline{T}$ , $B$ *une A-algèbre,* $J$ *un idéal de* $B$ , *et* $B'$ *une B-algèbre plate. Alors on a un isomorphisme canonique de B-algèbres*

(2.7.1) $$\underline{D}_{B,\gamma}(J) \otimes_B B' \xrightarrow{\sim} \underline{D}_{B',\gamma}(JB')$$

Nous verrons plus loin (2.7.3) que l'idéal engendré par $\bar{J}$ dans $\underline{D}_{B,\gamma}(J) \otimes_B B'$ est canoniquement muni d'une PD-structure, et que (2.7.1) est un PD-isomorphisme.

La définition de l'homomorphisme (2.7.1) est claire, par fonctorialité, puis extension des scalaires.

Soient $H = J + IB$ , et $H' = JB' + IB'$ . Alors $H' = HB'$ . Compte tenu de la démonstration de 2.4.1, on est ramené au cas où $IB \subset J$ .

Reprenons alors les notations de la démonstration de 2.3.1. On a un diagramme commutatif à lignes exactes

$$\begin{array}{ccccccccc} 0 & \longrightarrow & K \otimes_B B' & \longrightarrow & \Gamma_B(J) \otimes_B B' & \longrightarrow & \underline{D}_{B,\gamma}(J) \otimes_B B' & \longrightarrow & 0 \\ & & \downarrow & & \downarrow & & \downarrow & & \\ 0 & \longrightarrow & K' & \longrightarrow & \Gamma_{B'}(JB') & \longrightarrow & \underline{D}_{B',\gamma}(JB') & \longrightarrow & 0 , \end{array}$$

où $K'$ est défini de la même façon que $K$ , à partir de $JB'$ ; il résulte aussitôt de cette définition de $K$ et $K'$ que $K \otimes_B B' \longrightarrow K'$ est surjectif. D'autre part, la flèche verticale du milieu est composée de

$$\Gamma_B(J) \otimes_B B' \longrightarrow \Gamma_B(J \otimes_B B') \longrightarrow \Gamma_B(JB') \quad ;$$

la première est un isomorphisme par 1.4.4, et la seconde aussi par platitude de $B'$ sur $B$ . Il en résulte que (2.7.1) est un isomorphisme.

<u>Corollaire</u> 2.7.2. <u>Soient</u> $\underline{T}$ <u>un</u> <u>U-topos,</u> $A$ <u>un anneau de</u> $\underline{T}$ , $I$ <u>un idéal de</u> $A$ . <u>Alors l'homomorphisme canonique</u> $A \longrightarrow \underline{D}_A(I)$ <u>est un isomorphisme modulo torsion.</u>

Soit $A' = A \otimes_{\underline{\underline{Z}}} \underline{\underline{Q}}$ ; alors $A'$ est plat sur $A$ , de sorte qu'après tensorisation par $A'$ , l'homomorphisme $A \longrightarrow \underline{D}_A(I)$ s'identifie par 2.7.1 à l'homomorphisme $A' \longrightarrow \underline{D}_{A'}(IA')$ . Or ce dernier est un isomorphisme d'après 2.5.1, d'où le corollaire.

<u>Lemme</u> 2.7.3. <u>Soient</u> $\underline{T}$ <u>un</u> <u>U-topos,</u> $A$ <u>un anneau de</u> $\underline{T}$ , $I$ <u>un idéal de</u> $A$ , $B$ <u>une</u> A-algèbre. <u>On suppose que l'homomorphisme canonique</u>

$$\underline{D}_A(I) \otimes_A B \longrightarrow \underline{D}_B(IB)$$

<u>est un isomorphisme</u>. <u>Alors toute</u> PD-<u>structure</u> $\gamma$ <u>sur</u> I <u>s'étend à</u> B .

Soit $\gamma$ une PD-structure sur I . D'après 2.3.1 , la donnée de $\gamma$ entraîne l'existence d'une rétraction de $(\underline{D}_A(I),\bar{I})$ sur $(A,I)$ . Son noyau est alors un sous-PD-idéal J de $\bar{I}$ . Considérons d'autre part le PD-morphisme canonique $\underline{D}_A(I) \longrightarrow \underline{D}_B(IB)$ ; d'après 2.4.3 ii), on a $\overline{IB} = \bar{I}.\underline{D}_B(IB)$, de sorte que $J.\underline{D}_B(IB)$ est un sous-PD-idéal de $\overline{IB}$ . Par suite, l'image de $\overline{IB}$ dans $\underline{D}_B(IB)/J.\underline{D}_B(IB)$ est munie par passage au quotient d'une PD-structure telle que $A \longrightarrow \underline{D}_B(IB)/J.\underline{D}_B(IB)$ soit un PD-morphisme. Or on a d'une part

$$\begin{aligned}\underline{D}_B(IB)/J.\underline{D}_B(IB) &= \underline{D}_B(IB) \otimes_{\underline{D}_A(I)} A \\ &= (B \otimes_A \underline{D}_A(I)) \otimes_{\underline{D}_A(I)} A \quad \text{par hypothèse,} \\ &= B ,\end{aligned}$$

et d'autre part, puisque $\overline{IB} = I.\underline{D}_B(IB)$ , l'image de $\overline{IB}$ dans $\underline{D}_B(IB)/J.\underline{D}_B(IB) = B$ est IB . On a donc bien muni IB d'une PD-structure telle que $(A,I,\gamma) \longrightarrow (B,IB)$ soit un PD-morphisme.

<u>Corollaire</u> 2.7.4. <u>Soient</u> <u>T</u> <u>un</u> <u>U-topos</u>, $(A,I,\gamma)$ <u>un</u> PD-<u>anneau de</u> <u>T</u> , B <u>une</u> A-<u>algèbre plate</u>. <u>Alors les puissances divisées</u> $\gamma$ <u>s'étendent à</u> B .

<u>Remarque</u> 2.7.5. Sous les hypothèses de 2.7.1, il résulte de 2.7.4 que l'idéal engendré par $\bar{J}$ dans $\underline{D}_{B,\gamma}(J) \otimes_B B'$ est muni d'une PD-structure étendant celle de $\bar{J}$ ; il est clair d'après 2.4.3 ii) que l'homomorphisme (2.7.1) est alors un PD-isomorphisme.

On notera également que le lemme 2.7.3, joint au contre-exemple de 1.7, montre que sans hypothèse de platitude l'homomorphisme canonique (2.7.1) n'est pas en général un isomorphisme.

## 2.8. <u>Un autre cas d'extension des scalaires</u>.

Nous allons donner maintenant un autre cas où la formation de l'enveloppe à puissances divisées commute à l'extension des scalaires. Ce résultat, de nature assez technique, servira à mettre en évidence la nature "cristalline" des enveloppes à puissances divisées ; il ne sera utilisé qu'au chapitre IV, et sa lecture peut donc être omise jusque là .

2.8.1. Soient $\underline{T}$ un $\underline{U}$-topos, $(A,I_o,\gamma)$ un PD-anneau de $\underline{T}$ , $(B,I,\delta)$ et $(B',I',\delta')$ deux A-PD-algèbres dont les puissances divisées sont compatibles à $\gamma$ (2.2.1), $f : B \longrightarrow B'$ un PD-morphisme A-linéaire, $J$ un idéal de $B$ contenant $I$ , $J'$ un idéal de $B'$ contenant $I'$ et tel que $f(J) \subset J'$ . On suppose que les homomorphismes

(2.8.1) $$B/I \xrightarrow{\sim} B'/I' \quad \text{et} \quad B/J \xrightarrow{\sim} B'/J'$$

sont des isomorphismes. Soit $\underline{D}_B(J)$ l'enveloppe à puissances divisées, compatibles à $\gamma$ et $\delta$ , de $(B,J)$ , i.e. compatibles aux puissances divisées naturelles de $I_1 = I + I_oB$ prolongeant $\gamma$ et $\delta$ (2.2 ii)) ; de même, soit $\underline{D}_{B'}(J')$ l'enveloppe à puissances divisées, compatibles à $\gamma$ et $\delta'$ , de $(B',J')$ . On a un homomorphisme naturel

(2.8.2) $$\underline{D}_B(J) \otimes_B B' \longrightarrow \underline{D}_{B'}(J') \quad .$$

<u>Proposition</u> 2.8.2. <u>Avec les notations et les hypothèses de</u> 2.8.1, <u>l'homomorphisme</u> (2.8.2) <u>est un isomorphisme</u>.

De (2.8.1), on déduit
$$J' = JB' + I' \quad .$$

Il en résulte que l'homomorphisme canonique $B' \longrightarrow \underline{D}_B(J) \otimes_B B'$ envoie $J'$ dans l'idéal
$$J_1' = \mathrm{Im}(\overline{J} \otimes B') + \mathrm{Im}(\underline{D}_B(J) \otimes I') \quad .$$

Nous allons montrer que $J_1'$ est muni de puissances divisées compatibles à $\gamma$ et $\delta'$ . Admettant ce résultat, on en déduit grâce à la propriété universelle de $\underline{D}_{B'}(J')$ un PD-morphisme
$$\underline{D}_{B'}(J') \longrightarrow \underline{D}_B(J) \otimes_B B' \quad ;$$

il est clair qu'il est inverse de (2.8.2). On notera de plus que si $J_1'$ est muni de la PD-structure annoncée, (2.8.2) est un PD-isomorphisme.

Par construction, $\underline{D}_B(J) = \Gamma_B(J)/K$ , où $K$ est l'idéal de $\Gamma_B(J)$ engendré par les sections de la forme

i) $x^{[1]} - x$ , où $x$ est une section de $J$ ,

ii) $y^{[n]} - \delta_n(y)$ , où $y$ est une section de $I_1$ , et où $\delta$ désigne encore les puissances divisées de $I_1$ . On obtient donc

$$\underline{D}_B(J) \otimes_B B' = \Gamma_B(J) \otimes_B B'/\mathrm{Im}(K \otimes B') \quad .$$

D'après 1.4.4 et 1.6.5, l'idéal

$$J_2' = I' + \Gamma_+(J) \otimes B'$$

de $\Gamma_B(J) \otimes_B B'$ est muni d'une PD-structure telle que les homomorphismes

$$(\Gamma_B(J),\Gamma_+(J)) \longrightarrow (\Gamma_B(J) \otimes_B B',J_2') \quad , \quad (B',I') \longrightarrow (\Gamma_B(J) \otimes_B B',J_2')$$

soient des PD-morphismes. Comme l'image de $J_2'$ dans $\underline{D}_B(J) \otimes_B B'$ est $J_1'$ , il suffit de montrer que $J_2' \cap \mathrm{Im}(K \otimes B')$ est un sous-PD-idéal de $J_2'$ pour obtenir la PD-structure cherchée sur $J_1'$ par passage au quotient.

Soit donc $x$ une section de $J_2' \cap \mathrm{Im}(K \otimes B')$ . Quitte à se localiser, on peut écrire

$$x = \sum_i (x_i^{[1]} - x_i).a_i \otimes \alpha_i + \sum_j (y_j^{[n]} - \delta_n(y_j)^{[1]}).b_j \otimes \beta_j \quad ,$$

où les $x_i$ sont des sections de $J$ , les $y_j$ des sections de $I_1$ , les $a_i$ , $b_j$ des sections de $\Gamma_B(J)$ , les $\alpha_i$ , $\beta_j$ des sections de $B'$ . Chacune des sections

$$(y_j^{[n]} - \delta_n(y_j)^{[1]})\, b_j \otimes \beta_j$$

appartient à $\Gamma_+(J) \otimes B'$ , donc à $J_2' \cap \mathrm{Im}(K \otimes B')$ , et par suite la section

$$\sum_i (x_i^{[1]} - x_i)\, a_i \otimes \alpha_i$$

appartient aussi à $J_2' \cap \mathrm{Im}(K \otimes B')$. Il faut donc montrer que les puissances divisées de sections de la forme

$$\sum_i (x_i^{[1]} - x_i)\, a_i \otimes \alpha_i \quad , \quad (y^{[n]} - \delta_n(y)^{[1]})\, b \otimes \beta \, ,$$

sont dans $J_2' \cap \mathrm{Im}(K \otimes B')$ . Notons encore par le symbole [ ] les puissances divisées de $J_2'$ . Alors, si les $a_i$ sont des sections de $\Gamma_+(J)$ , on a

$$((x_i^{[1]} - x_i)\, a_i \otimes \alpha_i)^{[p]} = (x_i^{[1]} - x_i)^p\, a_i^{[p]} \otimes \alpha_i^p \quad ,$$

qui est aussi une section de $J_2' \cap \mathrm{Im}(K \otimes B')$ ; on peut donc supposer que les $a_i$

sont des sections de $B$ ; on peut de même supposer que $b$ est une section de $B$. D'autre part, $B'$ est engendré comme $B$-module par $1$ et par les sections de $I'$, d'après (2.8.1). On est donc finalement ramené à vérifier que les puissances divisées de sections de $J_2' \cap \mathrm{Im}(K \otimes B')$ de la forme

$$(x^{[1]} - x) \otimes 1 \quad , \quad (x^{[1]} - x) \otimes \alpha \quad , \quad (y^{[n]} - \delta_n(y)^{[1]}) \otimes \beta \ ,$$

où $x$ est une section de $J$, $y$ une section de $I_1$, $\alpha$ une section de $I'$, et $\beta$ une section de $B'$, sont dans $J_2' \cap \mathrm{Im}(K \otimes B')$.

Tout d'abord, on a

$$((y^{[n]} - \delta_n(y)^{[1]}) \otimes \beta)^{[p]} = (y^{[n]} - \delta_n(y)^{[1]})^{[p]} \otimes \beta^p \ ,$$

et le calcul de la démonstration de 2.3.1 montre que c'est une section de $\mathrm{Im}(K \otimes B')$.

Considérons maintenant une section de la forme $(x^{[1]} - x) \otimes \alpha$ ; comme $\alpha$ est une section de $I'$, on a par définition des puissances divisées sur $J_2'$

$$((x^{[1]} - x) \otimes \alpha)^{[p]} = (x^{[1]} - x)^p \otimes \delta_p'(\alpha) \ ,$$

donc $((x^{[1]} - x) \otimes \alpha)^{[p]}$ est une section de $\mathrm{Im}(K \otimes B')$.

Soit enfin une section de la forme $(x^{[1]} - x) \otimes 1$ appartenant à $J_2'$. Comme $J_2'$ est un idéal gradué de $\Gamma_B(J) \otimes_B B'$, dont la composante de degré $0$ est $I'$, on en déduit que $x \otimes 1$ appartient à $I'$. D'après (2.8.1), il en résulte que $x$ est une section de $I$. Comme $B \longrightarrow B'$ est un PD-morphisme, on en déduit

$$((x^{[1]} - x) \otimes 1)^{[p]} = \Big(\sum_{r+s=p} x^{[r]}(-1)^s \delta_s(x)\Big) \otimes 1 \ ;$$

on peut alors écrire

$$\sum_{r+s=p} x^{[r]}(-1)^s \delta_s(x) = \sum_{r+s=p} x^{[r]}(-1)^s(\delta_s(x) - x^{[s]}) \ ,$$

ce qui montre que $((x^{[1]} - x) \otimes 1)^{[p]}$ est une section de $\mathrm{Im}(K \otimes B')$.

## 3. Filtration associée à un idéal à puissances divisées.

Ce paragraphe est essentiellement consacré à introduire la filtration associée à un PD-idéal, et à étudier la notion de nilpotence qui en découle.

### 3.1. Définition de la filtration PD-adique.

Soient $\underline{T}$ un $\underline{U}$-topos, et $(A,I,\gamma)$ un PD-anneau de $\underline{T}$. On note $I_\gamma^{[n]}$, ou $I^{[n]}$ quand il n'y a pas de confusion possible sur $\gamma$, l'idéal de $A$ engendré par les sections de la forme

$$\gamma_{i_1}(x_1) \dots \gamma_{i_k}(x_k)$$

où $x_1,\dots,x_k$ sont des sections de $I$, et $i_1 +\dots+ i_k \geqslant n$. Quand $n$ varie on obtient ainsi une filtration d'anneau décroissante sur $A$, telle que $I^{[o]} = A$, $I^{[1]} = I$, et moins fine que la filtration I-adique d'après (1.1.6).

Définition 3.1.1. i) On dit que la filtration définie en 3.1 est associée au PD-idéal $(I,\gamma)$ ; quand aucune confusion n'est possible sur $\gamma$, on l'appelle filtration I-PD-adique de $A$.

ii) On dit que $(I,\gamma)$ est PD-nilpotent s'il existe un entier $n$ tel que $I^{[n]} = 0$ ; on dit que $(I,\gamma)$ est quasi-PD-nilpotent s'il existe des entiers $m \neq 0$, $n$ tels que $m.I^{[n]} = 0$.

Proposition 3.1.2. Soient $\underline{T}$ un $\underline{U}$-topos, $(A,I,\gamma)$ un PD-anneau de $\underline{T}$. Alors pour tout $n \geqslant 1$, l'idéal $I^{[n]}$ est un sous-PD-idéal de $I$.

Soit en effet $x$ une section de $I^{[n]}$ au-dessus d'un objet de $\underline{T}$. Il résulte facilement de la définition 3.1, et des relations (1.1.2), (1.1.3) et (1.1.5) que pour tout $k \geqslant 1$, $\gamma_k(x)$ est une section de $I^{[nk]}$, d'où le résultat.

Proposition 3.1.3. Soient $T$ un $\underline{U}$-topos, $(A,I,\gamma)$ un PD-anneau de $T$, et $(x_i)$ une famille de PD-générateurs de $I$ au-dessus d'un objet $X$ de $\underline{T}$ (1.8).

i) Pour tout $n$, l'idéal $I^{[n]}$ est engendré par les sections

$$\gamma_{i_1}(x_1) \dots \gamma_{i_k}(x_k)$$

*où* $x_1,\ldots,x_k$ *appartiennent à la famille* $(x_i)$ , *et* $i_1+\ldots+i_k \geqslant n$ .

ii) *Si* $(I,\gamma)$ *est localement de PD-type fini* (1.8), *il est localement PD-nilpotent si et seulement s'il existe localement une famille finie de PD-générateurs de* $I$ *telle que pour toute section* $x$ *de cette famille on ait* $\gamma_n(x) = 0$ *pour* $n$ *assez grand.*

D'après 1.8.1, dire que $(x_i)$ est une famille de PD-générateurs de $I$ équivaut à dire que $I$ est engendré comme idéal de $A$ par les $\gamma_k(x_i)$ pour $k \geqslant 1$ . L'assertion i) résulte alors de la définition de $I^{[n]}$ et des relations de 1.1.

Il est clair que la condition de ii) est nécessaire. Sa suffisance résulte alors de i), les $x_i$ étant en nombre fini.

*Proposition* 3.1.4. *Soient* $\underline{T}$ *un* $\underline{U}$*-topos,* $A$ *un anneau de* $T$ , $I$ *un idéal de* $A$ .

i) *S'il existe sur* $I$ *une PD-structure localement quasi-PD-nilpotente, alors* $I$ *est un nilidéal ;*

ii) *s'il existe sur* $I$ *une PD-structure (localement) PD-nilpotente, alors* $I$ *est (localement) nilpotent.*

Supposons qu'il existe sur $I$ une PD-structure telle que $m.I^{[n]} = 0$ , avec $m \neq 0$ , et soit $q = mn$ . Alors $q.I^{[q]} = 0$ , et il en résulte par (1.1.6) que pour toute section $x$ de $I$ , $x^q = 0$ , d'où i). L'assertion ii) résulte de ce que la filtration I-adique est plus fine que la filtration I-PD-adique.

3.2. *Exemples.*

3.2.1. Soient $\underline{T}$ un $\underline{U}$-topos, $A$ un anneau de $\underline{T}$ de caractéristique $0$ , $I$ un idéal de $A$ . On sait qu'il existe sur $I$ une unique PD-structure (1.2.1) ; la relation (1.1.6) montre qu'on a pour cette structure

$$I^{[n]} = I^n \quad .$$

On voit de plus que la notion de PD-nilpotence (resp. quasi-PD-nilpotence) se réduit à la notion usuelle de nilpotence (resp. quasi-nilpotence).

3.2.2. Soient $\underline{T}$ un $\underline{U}$-topos, A un anneau de $\underline{T}$, M un A-module, $\Gamma_A(M)$ l'algèbre des puissances divisées de M (1.4.1). Le PD-idéal $\Gamma_+(M)$ est engendré par la famille de générateurs formée des sections de $\Gamma_1(M)$ ; d'après 3.1.3 i) et 1.4.2, il en résulte que la filtration $\Gamma_+(M)$-PD-adique de $\Gamma_A(M)$ n'est autre que la filtration associée à la graduation par les $\Gamma_n(M)$.

Proposition 3.2.3. Soient A un anneau de valuation discrète d'inégales caractéristiques, p sa caractéristique résiduelle, e son indice de ramification absolu, k un entier > 1 . Pour que la structure de PD-idéal de l'idéal maximal $\mathfrak{m}$ de A (1.2.2) soit définie et donne par passage au quotient une PD-structure PD-nilpotente sur l'idéal maximal de $A/\mathfrak{m}^k$ , il faut et il suffit que

$$e < p-1 \quad .$$

Soit t une uniformisante de A ; Alors $\mathfrak{m}^{[n]}$ est engendré par les $\gamma_i(t)$ pour $i \geqslant n$ , d'après 3.1.3 i), (1.1.3) et (1.1.4). Pour que la structure quotient soit PD-nilpotente, il faut et il suffit que pour n assez grand, on ait

$$v_t(\gamma_n(t)) \geqslant k \quad ,$$

où $v_t$ désigne la valuation t-adique sur A . Soit

$$n = \sum_i a_i p^i \quad , \quad 0 \leqslant a_i < p \quad ,$$

le développement p-adique de n ; alors on obtient par 1.2.2

$$v_t(\gamma_n(t)) = \frac{1}{p-1} \cdot \sum_i a_i (p^i(p-e-1) + e) \quad .$$

Si $p-e-1 > 0$ , alors $v_t(\gamma_n(t))$ tend vers l'infini avec n . Si $p-e-1 = 0$ , alors pour $n = p^r$ on obtient $v_t(\gamma_n(t)) = 1$ , de sorte qu'on ne peut avoir $v_t(\gamma_n(t)) \geqslant k$ pour tout n assez grand. D'où la proposition.

Corollaire 3.2.4. Soient k un corps de caractéristique $p \neq 0$ , W un anneau de Cohen de corps résiduel k , n un entier > 1 . Pour que la PD-structure naturelle de $W/p^n W$ (1.6.3) soit PD-nilpotente, il faut et il suffit que $p \neq 2$.

Exercice 3.2.5. (cf. 1.2.6). Soient p un nombre premier, et k un entier $\geqslant 1$ . Montrer que pour qu'une structure de PD-idéal $\gamma$ sur l'idéal maximal de $\underline{\underline{Z}}/p^{k+1}\underline{\underline{Z}}$ soit PD-nilpotente, il faut et il suffit que $\gamma_p(p)$ soit divisible par $p^2$ .

3.3. Enveloppes à puissances divisées PD-nilpotentes.

Nous allons maintenant reprendre la construction de l'enveloppe à puissances divisées en y introduisant des conditions de PD-nilpotence.

Soient donc $\underline{T}$ un $\underline{U}$-topos, et $(A,I,\gamma)$ un PD-anneau de $\underline{T}$. On note $C_2(m,n)$ (avec $m \neq 0$) la sous-catégorie pleine de $\underline{C}_2$ (avec les notations de 2.4) formée des A-PD-algèbres $(A',I',\gamma')$ telles que $m.I'^{[n+1]} = 0$ , et $\underline{C}_2'$ la même catégorie qu'en 2.4. On a par composition un foncteur "oubli des puissances divisées"

$$\omega_2^{m,n} \quad : \quad \underline{C}_2(m,n) \longrightarrow \underline{C}_2' \quad .$$

Proposition 3.3.1. Avec les notations de 3.3, le foncteur $\omega_2^{m,n}$ admet un adjoint à gauche $\underline{D}_\gamma^{m,n}$ .

Pour $(B,J) \in \mathrm{Ob}(\underline{C}_2')$ , on notera en général

$$\underline{D}_\gamma^{m,n}(B,J) = \underline{D}_{B,\gamma}^{m,n}(J) = \underline{D}_B^{m,n}(J)$$

lorsqu'aucune confusion n'est possible sur $\gamma$ . Pour $m = 1$ , on notera

$$\underline{D}_\gamma^{1,n}(B,J) = \underline{D}_{B,\gamma}^{n}(J) = \underline{D}_B^{n}(J) \quad .$$

Le PD-idéal canonique sera encore noté $\bar{J}$ , et les puissances divisées par le symbole [ ] .

Pour montrer 3.3.1, il suffit par transitivité des adjoints à gauche d'observer que l'inclusion de $\underline{C}_2(m,n)$ dans $\underline{C}_2$ admet un adjoint à gauche, à savoir le foncteur qui à $(A',I',\gamma')$ associe $(A'/m.I'^{[n+1]},I'/m.I'^{[n+1]},\bar{\gamma}')$ où $\bar{\gamma}'$ est la PD-structure quotient : en effet, la condition de compatibilité à $\gamma$ est claire sous la forme 2.2 ii), et l'adjonction est évidente.

On a donc les formules

$$(3.3.1) \qquad \underline{D}_B^{n}(J) = \underline{D}_B(J)/\bar{J}^{[n+1]} \quad , \quad \underline{D}_B^{m,n}(J) = \underline{D}_B(J)/m.\bar{J}^{[n+1]} \quad .$$

On laisse au lecteur le soin d'énoncer les assertions analogues à 2.4.3, qui résultent immédiatement de (3.3.1). On montre également comme en 2.6.2 :

Proposition 3.3.2. *Soient* $\underline{T}$ *un* $\underline{U}$*-topos,* $(A,I,\gamma)$ *un PD-anneau de* $\underline{T}$ *,* $B$ *une A-algèbre,* $J$ *un idéal de* $B$ *,* $m$ *,* $n$ *deux entiers* $(m \neq 0)$*,* $K$ *un idéal de* $B$ *contenu dans le noyau de* $B \longrightarrow \underline{D}^{m,n}_{B,\gamma}(J)$ *. Alors il existe un PD-isomorphisme canonique*

$$\underline{D}^{m,n}_{B,\gamma}(J) \xrightarrow{\sim} \underline{D}^{m,n}_{B/K,\gamma}(J/J\cap K) .$$

Corollaire 3.3.3. *Sous les hypothèses de* 3.3.2, *il existe un isomorphisme canonique*

(3.3.3)
$$\underline{D}^{n}_{B,\gamma}(J) \xrightarrow{\sim} \underline{D}^{n}_{B/J^{n+1},\gamma}(J/J^{n+1}) .$$

Proposition 3.3.4. *Soient* $\underline{T}$ *un* $\underline{U}$*-topos,* $A$ *un anneau de* $\underline{T}$ *,* $I$ *un idéal de* $A$ *. On suppose qu'il existe un entier* $m$ *tel que* $(m-1)!$ *soit inversible dans* $A$ *, et que* $I^m = 0$ *. Alors l'homomorphisme canonique*

$$A \longrightarrow \underline{D}^{m-1}_{A}(I)$$

*est un isomorphisme.*

On notera que les hypothèses précédentes sont vérifiées quelque soit $A$ si $I$ est un idéal de carré nul (avec $m = 2$).

D'après 1.2.7 ii), il existe sur $I$ une PD-structure telle que $I^{[m]} = 0$ . La propriété universelle de $\underline{D}^{m-1}_{A}(I)$ donne alors une rétraction de $\underline{D}^{m-1}_{A}(I)$ sur $A$ , ce qui montre que $A \longrightarrow \underline{D}^{m-1}_{A}(I)$ est injectif. Par ailleurs, la construction de $\underline{D}_{A}(I)$ montre que c'est une A-algèbre ayant pour générateurs les $x^{[n]}$ pour $x \in I$ ; donc $\underline{D}^{m-1}_{A}(I)$ est engendrée comme A-algèbre par les $x^{[n]}$ pour $x \in I$ et $n < m$ . D'après (1.1.6) et l'hypothèse sur $A$ , ce sont des éléments de $A$ , d'où la surjectivité.

## 3.4. Gradué associé à la filtration PD-adique.

Soient $A$ un anneau, $(I,\gamma)$ un PD-idéal de $A$ , et $Gr^{\bullet}(A)$ le gradué associé à la filtration I-PD-adique sur $A$ (3.1.1). On pose

$$Gr^{+}(A) = \bigoplus_{i \geq 1} Gr^{i}(A) ,$$

et on veut munir $Gr^{+}(A)$ d'une structure de PD-idéal. Soient donc $i \geq 1$ ,

$x \in Gr^i(A)$ , et $y \in I^{[i]}$ relevant $x$ . D'après 3.1.2 , on a pour tout $k \geq 0$

$$\gamma_k(y) \in I^{[ki]} .$$

On pose alors

(3.4.1) $$\bar{\gamma}_k(x) = cl_{Gr^{ki}(A)}(\gamma_k(y)) .$$

Cet élément ne dépend que de $x$ : en effet, si $z \in I^{[i+1]}$ , on a

$$\gamma_k(y+z) = \sum_{r=0}^{k} \gamma_r(y)\, \gamma_{k-r}(z)$$
$$= \gamma_k(y) + \sum_{r=0}^{k-1} \gamma_r(y)\, \gamma_{k-r}(z) .$$

Comme $\gamma_r(y) \in I^{[ir]}$ , et $\gamma_{k-r}(z) \in I^{[(i+1)(k-r)]}$ , on obtient pour tout $r \leqslant k-1$

$$\gamma_r(y)\, \gamma_{k-r}(z) \in I^{[ki+1]} ,$$

d'où le résultat.

La formule (3.4,1) définit donc les $\bar{\gamma}_k$ pour les éléments homogènes de $Gr^+(A)$ ; cette définition s'étend par additivité aux éléments quelconques, en utilisant (1.1.2). Les relations de 1.1 se vérifient alors facilement en reprenant l'argument universel de 1.6.4.

Soient maintenant $\underline{T}$ un $\underline{U}$-topos, et $(A,I,\gamma)$ un PD-anneau de $\underline{T}$ . Si $E$ est $\underline{U}$-site de définition de $\underline{T}$ , le préfaisceau qui à $X \in Ob(E)$ associe $Gr^\cdot(A(X))$ est muni par ce qui précède d'une structure de préfaisceau à valeurs dans $\underline{U}$-$\gamma$-Ens (1.9). Le faisceau associé, qui est $Gr^\cdot(A)$ , est donc un $\gamma$-objet de $\underline{T}$ , d'où une PD-structure sur $Gr^+(A)$ (indépendante du choix de $E$) .

Proposition 3.4.1. Soient $\underline{T}$ un $\underline{U}$-topos, $(A,I,\gamma)$ un PD-anneau de $\underline{T}$ , $B$ une $A$-algèbre, $J$ un idéal de $B$ . On note $Gr^\cdot(B)$ le gradué associé à la filtration $J$-adique de $B$ , $Gr^+(B)$ l'idéal des sections de degré $> 0$ de $Gr^\cdot(B)$ , $Gr^\cdot(\underline{D}_{B,\gamma}(J))$ le gradué associé à la filtration $\bar{J}$-PD-adique de $\underline{D}_{B,\gamma}(J)$. Alors il existe un PD-morphisme canonique surjectif

(3.4.2) $$\underline{D}_{Gr^\cdot(B),\gamma}(Gr^+(B)) \longrightarrow Gr^\cdot(\underline{D}_{B,\gamma}(J)) .$$

Comme l'homomorphisme canonique $B \longrightarrow \underline{D}_B(J)$ envoie $J^n$ dans $\bar{J}^{[n]}$ , on obtient un homomorphisme sur les gradués associés

$$\mathrm{Gr}^{\bullet}(B) \longrightarrow \mathrm{Gr}^{\bullet}(\underline{D}_B(J)) \quad .$$

Cet homomorphisme envoie $\mathrm{Gr}^+(B)$ dans $\mathrm{Gr}^+(\underline{D}_B(J))$ , qui est muni d'une structure de PD-idéal par 3.4. On en déduit donc un PD-morphisme

$$(3.4.2) \qquad \underline{D}_{\mathrm{Gr}^{\bullet}(B)}(\mathrm{Gr}^+(B)) \longrightarrow \mathrm{Gr}^{\bullet}(\underline{D}_B(J)) \quad .$$

Pour montrer qu'il est surjectif, on observe que d'après la construction de $\underline{D}_B(J)$ , et 3.1.3 , $\mathrm{Gr}^n(\underline{D}_B(J))$ est engendré comme B-module par les classes des sections de la forme $x_1^{[i_1]} \dots x_k^{[i_k]}$ où les $x_i$ sont des sections de J , et $i_1 + \dots + i_k = n$ . Si $\bar{x}_i$ est la classe de $x_i$ dans $\mathrm{Gr}^1(\underline{D}_B(J))$ , la classe de $x_1^{[i_1]} \dots x_k^{[i_k]}$ dans $\mathrm{Gr}^n(\underline{D}_B(J))$ n'est autre d'après (3.4.1) que $\bar{x}_1^{[i_1]} \dots \bar{x}_k^{[i_k]}$ (où les puissances divisées de $\mathrm{Gr}^+(\underline{D}_B(J))$ sont encore notées par le crochet). Mais par définition de (3.4.2), cette section est l'image de la section $\bar{x}_1'^{[i_1]} \dots \bar{x}_k'^{[i_k]}$ de $\underline{D}_{\mathrm{Gr}^{\bullet}(B)}(\mathrm{Gr}^+(B))$ , où $\bar{x}_i'$ est l'image dans $\underline{D}_{\mathrm{Gr}^{\bullet}(B)}(\mathrm{Gr}^+(B))$ de la classe de $x_i$ dans $\mathrm{Gr}^1(B)$ . Donc (3.4.2) est surjectif.

Lemme 3.4.2. Soient $\underline{T}$ un U-topos, $(A,I,\gamma)$ un PD-anneau de $\underline{T}$ , $f : B \longrightarrow B'$ un homomorphisme surjectif de A-algèbres, J et J' des idéaux de B et B' tels que $f(J) = J'$ . Alors le PD-morphisme canonique

$$\underline{D}_{B,\gamma}(J) \longrightarrow \underline{D}_{B',\gamma}(J')$$

est surjectif.

Cela résulte du fait que d'après la construction de 2.3.1, $\underline{D}_{B,\gamma}(J)$ est engendré comme B-algèbre par les sections de la forme $x^{[n]}$ où x est une section de J , et $n \in \underline{\underline{N}}$ .

Corollaire 3.4.3. Soient $\underline{T}$ un U-topos, A un anneau de $\underline{T}$ , I un idéal de A . Avec les notations de 3.4, il existe un PD-morphisme canonique surjectif.

$$(3.4.3) \qquad \Gamma_{A/I}(I/I^2) \longrightarrow \mathrm{Gr}^{\bullet}(\underline{D}_A(I)) \quad .$$

D'après 2.5.2, il existe un PD-isomorphisme canonique

$$(3.4.4) \qquad \Gamma_{A/I}(I/I^2) \xrightarrow{\sim} \underline{D}_{\underline{\underline{S}}(I/I^2)}(\underline{\underline{S}}^+(I/I^2)) \quad .$$

D'autre part, l'homomorphisme canonique surjectif

$$\underline{\underline{S}}(I/I^2) \longrightarrow Gr^{\cdot}(A)$$

donne par 3.4.2 un PD-morphisme canonique surjectif

$$(3.4.5) \qquad \underline{D}_{\underline{\underline{S}}(I/I^2)}(\underline{\underline{S}}^{+}(I/I^2)) \longrightarrow \underline{D}_{Gr^{\cdot}(A)}(Gr^{+}(A)) \ .$$

En composant (3.4.4), (3.4.5) et (3.4.2), on trouve le PD-morphisme cherché.

<u>Proposition</u> 3.4.4. <u>Soient</u> $\underline{T}$ <u>un</u> $\underline{U}$<u>-topos</u>, A <u>un anneau de</u> $\underline{T}$, I <u>un idéal de</u> A . <u>On suppose que</u> I <u>est un idéal régulier</u> (SGA 6 VII 1.4). <u>Alors le</u> PD-<u>morphisme canonique</u> (3.4.3)

$$\Gamma_{A/I}(I/I^2) \longrightarrow Gr^{\cdot}(\underline{D}_A(I))$$

<u>est un isomorphisme. En particulier, si</u> $x_1,\ldots,x_k$ <u>est une suite régulière de générateurs de</u> I , $Gr^n(\underline{D}_A(I))$ <u>est un</u> A/I-<u>module libre de base les sections</u> $\bar{x}_1^{[i_k]} \ldots \bar{x}_k^{[i_k]}$ avec $i_1 + \ldots + i_k = n$ .

On sait déjà d'après 3.4.3 que c'est un PD-morphisme surjectif. Il suffit donc de montrer qu'il est injectif. C'est une assertion locale sur $\underline{T}$, donc on peut supposer qu'il existe une suite régulière $x_1,\ldots,x_k$ engendrant I . Alors $I/I^2$ est un A/I-module libre de base $\bar{x}_1,\ldots,\bar{x}_k$ , et, d'après 1.4.2, $\Gamma_n(I/I^2)$ est un A/I-module libre de base les secCions $\bar{x}_1^{[i_1]} \ldots \bar{x}_k^{[i_k]}$ avec $i_1+\ldots+ i_k = n$ . Il suffit donc de montrer que $Gr^n(\underline{D}(I))$ est également un A/I-module libre de base les $\bar{x}_1^{[i_1]} \ldots \bar{x}_k^{[i_k]}$ .

On note encore $\underline{\underline{Z}}$ le faisceau constant défini par $\underline{\underline{Z}}$ sur $\underline{T}$ . On pose $A_o = \underline{\underline{Z}}[t_1,\ldots,t_k]$ , on désigne par $I_o$ l'idéal (régulier) de $A_o$ engendré par les $t_i$ , et on définit un homomorphisme $f : A_o \longrightarrow A$ en posant $f(t_i) = x_i$ . On a muni ainsi A d'une structure de $A_o$-algèbre telle que $I = I_o.A$ . Comme $A_o = \underline{\underline{S}}(\underline{\underline{Z}}^k)$ , on a d'après 2.5.2

$$\underline{D}_{A_o}(I_o) = \Gamma_{\underline{\underline{Z}}}(\underline{\underline{Z}}^k) \quad ,$$

ce qui prouve l'énoncé pour $A_o$ d'après 3.2.2. Pour le prouver pour A , il suffira donc de prouver que pour tout $n$ on a

$$\overline{I}^{[n]}/\overline{I}^{[n+1]} = (\overline{I}_o^{[n]}/\overline{I}^{[n+1]}) \otimes_{A_o} A \quad . \tag{3.4.6}$$

D'après SGA 6 VII 1.2 (qui se transcrit facilement sur un U-topos quelconque), on a les relations

$$I = I_o \otimes_{A_o} A \quad ; \ \forall i \geq 1 \ , \quad \mathrm{Tor}_i^{A_o}(A_o/I_o, A) = 0 \quad . \tag{3.4.7}$$

La première de ces relations donne par 1.4.4

$$\Gamma_A(I) = \Gamma_{A_o}(I_o) \otimes_{A_o} A \quad .$$

Par construction, $\underline{D}_A(I)$ (resp. $\underline{D}_{A_o}(I_o)$) est le quotient de $\Gamma_A(I)$ (resp. $\Gamma_{A_o}(I_o)$) par l'idéal engendré par les $x_i^{[1]} - x_i$ (resp. les $t_i^{[1]} - t_i$) . Il résulte donc de $f(t_i) = x_i$ que

$$\underline{D}_A(I) = \underline{D}_{A_o}(I_o) \otimes_{A_o} A \quad ; \tag{3.4.8}$$

le même argument, utilisant 3.1.3 i), montre que pour tout $n$

$$\underline{D}_A^n(I) = \underline{D}_{A_o}^n(I_o) \otimes_{A_o} A \quad . \tag{3.4.9}$$

De la suite exacte

$$0 \longrightarrow \overline{I}_o^{[n]}/\overline{I}_o^{[n+1]} \longrightarrow \underline{D}_{A_o}^n(I_o) \longrightarrow \underline{D}_{A_o}^{n-1}(I_o) \longrightarrow 0$$

on déduit pour tout $i \geq 1$ la suite exacte

$$\mathrm{Tor}_i^{A_o}(\overline{I}_o^{[n]}/\overline{I}_o^{[n+1]}, A) \longrightarrow \mathrm{Tor}_i^{A_o}(\underline{D}_{A_o}^n(I_o), A) \longrightarrow \mathrm{Tor}_i^{A_o}(\underline{D}_{A_o}^{n-1}(I_o), A) \quad .$$

D'après (3.4.7), $\mathrm{Tor}_i^{A_o}(\overline{I}_o^{[n]}/\overline{I}_o^{[n+1]}, A) = 0$ , car $\overline{I}_o^{[n]}/\overline{I}_o^{[n+1]}$ est un $A_o/I_o$-module libre. Comme $\underline{D}_{A_o}^o(I_o) = A_o/I_o$ , on en déduit par récurrence sur $n$ que pour tout $i \geq 1$ et tout $n$

$$\mathrm{Tor}_i^{A_o}(\underline{D}_{A_o}^n(I_o), A) = 0 \quad . \tag{3.4.10}$$

De la suite exacte

$$0 \longrightarrow \overline{I}_o^{[n]} \longrightarrow \underline{D}_{A_o}(I_o) \longrightarrow \underline{D}_{A_o}^{n-1}(I_o) \longrightarrow 0$$

on déduit la suite exacte

$$\mathrm{Tor}_1^{A_o}(\underline{D}_{A_o}^{n-1}(I_o), A) \longrightarrow \overline{I}_o^{[n]} \otimes_{A_o} A \longrightarrow \underline{D}_{A_o}(I_o) \otimes_{A_o} A \longrightarrow \underline{D}_{A_o}^{n-1}(I_o) \otimes_{A_o} A \longrightarrow 0 \quad .$$

Les relations (3.4.8), (3.4.9) et (3.4.10) entraînent alors pour tout n

$$\bar{I}_o^{[n]} \otimes_{A_o} A = \bar{I}^{[n]} \quad ,$$

d'où les relations (3.4.6) et la proposition.

## 3.5. Cas d'une immersion quasi-régulière.

J'ignore si en général la proposition 3.4.4 reste vraie si on suppose seulement que I est un idéal quasi-régulier. Il en est néanmoins ainsi lorsque l'homomorphisme $A \longrightarrow A/I$ admet localement une section, ainsi que le montre l'énoncé suivant.

Proposition 3.5.1. Soient $T$ un U-topos, A un anneau de $T$, B une A-algèbre, I un idéal de B, $C = B/I$. On suppose que

a) I est un idéal quasi-régulier ;

b) localement, l'homomorphisme canonique $B/I^n \longrightarrow C$ admet une section A-linéaire pour tout n.

Alors :

i) Si J désigne le PD-idéal engendré par les $T_i$ dans $C < T_1,\ldots,T_d >$, pour tout $m \neq 0$ et tout n il existe localement un isomorphisme de A-PD-algèbres

$$C < T_1,\ldots,T_d > /m.J^{[n+1]} \xrightarrow{\sim} \underline{D}_B^{m,n}(I)$$

envoyant les $T_i$ sur une suite quasi-régulière de générateurs de I.

ii) Si on suppose de plus que A est un anneau de torsion (2.6.4), il existe localement un isomorphisme de A-PD-algèbres

$$C < T_1,\ldots,T_d > \longrightarrow \underline{D}_B(I)$$

envoyant les $T_i$ sur une suite quasi-régulière de générateurs de I.

iii) Le PD-morphisme canonique (3.4.3)

$$\Gamma_C(I/I^2) \longrightarrow Gr^{\bullet}(\underline{D}_B(J))$$

est un isomorphisme.

Rappelons qu'un idéal I d'un anneau B d'un topos est dit quasi-régulier si l'homomorphisme canonique

$$\underline{\underline{S}}(I/I^2) \longrightarrow Gr^{\bullet}_I(B)$$

est un isomorphisme, et si de plus $I/I^2$ est un B/I-module localement libre de type fini.

Les assertions étant locales sur $\underline{T}$ , on peut supposer que $I$ est engendré par une suite quasi-régulière (i.e. formant une base de $I/I^2$) $t_1,\ldots,t_d$ et qu'on dispose pour tout $n$ d'une section A-linéaire de $B/I^n \longrightarrow C$ .

Montrons l'assertion i). Soit $q = m(n+1)$ ; alors pour toute section $x$ de $I$ , l'image de $x^q$ dans $\underline{D}^{m,n}_B(I)$ est nulle d'après (1.1.6). Comme $I$ est engendré par d sections, l'image de $I^{qd}$ dans $\underline{D}^{m,n}_B(I)$ est nulle, et on a un isomorphisme canonique (3.3.2)

$$(3.5.1) \qquad \underline{D}^{m,n}_{B/I^{qd}}(I/I^{qd}) \xrightarrow{\sim} \underline{D}^{m,n}_B(I) \ .$$

La condition b) permet de munir $B/I^{qd}$ d'une structure de C-algèbre, et par suite de définir un homomorphisme de C-algèbres

$$C[T_1,\ldots,T_d]/J_o^{qd} \longrightarrow B/I^{qd}$$

envoyant $T_i$ sur $t_i$ pour tout $i$ ($J_o$ désignant l'idéal engendré par les $T_i$). D'après la condition a) , c'est un isomorphisme. On obtient donc l'isomorphisme

$$\underline{D}^{m,n}_{C[T_1,\ldots,T_d]/J_o^{qd}}(J_o/J_o^{qd}) \longrightarrow \underline{D}^{m,n}_{B/I^{qd}}(I/I^{qd}) \ .$$

Comme $C < T_1,\ldots,T_d > = \underline{D}_{C[T_1,\ldots,T_d]}(J_o)$ d'après 2.5.3, et que l'image de $J_o^{qd}$ dans $\underline{D}^{m,n}_{C[T_1,\ldots,T_d]}(J_o)$ est nulle, on a encore par (3.3.2) un isomorphisme canonique

$$(3.5.3) \qquad C < T_1,\ldots,T_d >/m.J^{[n+1]} \xrightarrow{\sim} \underline{D}^{m,n}_{C[T_1,\ldots,T_d]/J_o^{qd}}(J_o/J_o^{qd}) \ .$$

En composant (3.5.3), (3.5.2) et (3.5.1), on trouve l'isomorphisme cherché.

L'assertion ii), étant locale, est un cas particulier de i), car si $m.1_B = 0$ , on a $\underline{D}_B(I) = \underline{D}^{m,n}_B(I)$ pour tout $n$ . L'assertion iii) résulte aussi de i) , appliqué avec $m = 1$ , compte tenu de 1.4.2, du fait que $I/I^2$ est libre de base les classes des $t_i$ et de ce que (3.4.3) est a priori surjectif.

## 4. Invariants PD-différentiels d'un morphisme de schémas.

Nous allons maintenant reprendre les constructions des deux paragraphes précédents dans le cadre des schémas, afin de définir des notions analogues aux notions bien connues du calcul différentiel sur les schémas (voir par exemple EGA IV 16), mais faisant intervenir des puissances divisées.

### 4.1. Voisinages infinitésimaux à puissances divisées : cas d'une immersion fermée.

Proposition 4.1.1. *Soient* $(S,\underline{I},\gamma)$ *un PD-schéma* (1.9.6) , $f : X \longrightarrow S$ *un morphisme de schémas,* $\underline{B}$ *une* $\underline{O}_X$*-algèbre quasi-cohérente,* $\underline{J}$ *un idéal quasi-cohérent de* $\underline{B}$ *. Alors la* $\underline{O}_X$*-PD-algèbre* $\underline{D}_{\underline{B},\gamma}(\underline{J})$ (2.4.2) *est quasi-cohérente* (1.9.4).

Comme l'assertion est locale sur $X$ , on peut supposer que $S$ et $X$ sont affines ; soient donc $S = \mathrm{Spec}(A)$, $(\underline{I},\gamma)$ correspondant à un PD-idéal $(I,\gamma)$ de $A$ (1.9.5), $X = \mathrm{Spec}(A')$ , $\underline{B}$ correspondant à une A'-algèbre $B$ et $\underline{J}$ à un idéal $J$ de $B$ . Soit $\widetilde{D_{B,\gamma}(J)}$ la $\underline{O}_X$-PD-algèbre quasi -cohérente définie par $D_{B,\gamma}(J)$ (1.9.5 i)), la condition de compatibilité étant prise par rapport au PD-idéal $(I,\gamma)$ de $A$ . L'homomorphisme canonique $B \longrightarrow D_{B,\gamma}(J)$ donne un homomorphisme $\underline{B} \longrightarrow \widetilde{D_{B,\gamma}(J)}$ envoyant $\underline{J}$ dans le PD-idéal $\tilde{\bar{J}}$ défini par $\bar{J}$ . D'autre part,les puissances divisées de $\tilde{\bar{J}}$ sont compatibles à $\gamma$ , car l'idéal $f^{-1}(\underline{I}).\widetilde{D_{B,\gamma}(J)} + \tilde{\bar{J}}$ n'est autre que l'idéal quasi-cohérent défini par $I.D_{B,\gamma}(J) + \bar{J}$ , et le morphisme $f^{-1}(\underline{O}_S) \longrightarrow \widetilde{D_{B,\gamma}(J)}$ est alors un PD-morphisme, car par adjonction il revient au même que $\underline{O}_S \longrightarrow f_*(\widetilde{D_{B,\gamma}(J)})$ soit un PD-morphisme, ce qui est clair. La propriété universelle de $\underline{D}_{\underline{B},\gamma}(\underline{J})$ donne alors un PD-morphisme canonique

$$\varphi : \underline{D}_{\underline{B},\gamma}(\underline{J}) \longrightarrow \widetilde{D_{B,\gamma}(J)} \tag{4.1.1}$$

qui commute à l'identité de $\underline{B}$ .

Inversement, on a un homomorphisme canonique

$$B = \Gamma(X,\underline{B}) \longrightarrow \Gamma(X,\underline{D}_{\underline{B},\gamma}(\underline{J}))$$

qui envoie $J$ dans le PD-idéal $\Gamma(X,\underline{\bar{J}})$. Les puissances divisées de $\Gamma(X,\underline{\bar{J}})$ sont compatibles à celles de $A$ : en effet, elles sont compatibles à celles de

$\Gamma(X,f^{-1}(\underline{O}_S))$ par définition, et $A \longrightarrow \Gamma(X,f^{-1}(\underline{O}_S))$ est un PD-morphisme. On obtient donc un PD-morphisme

$$\underline{D}_{B,\gamma}(J) \longrightarrow \Gamma(X,\underline{D}_{\underline{B},\gamma}(\underline{J}))$$

d'où un PD-morphisme

$$(4.1.2) \qquad \psi : \widetilde{\underline{D}_{B,\gamma}(J)} \longrightarrow \underline{D}_{\underline{B},\gamma}(\underline{J})$$

qui commute à l'identité de $\underline{B}$ .

Le composé $\psi \circ \varphi$ est alors un PD-endomorphisme de $\underline{D}_{\underline{B},\gamma}(\underline{J})$ qui commute à l'identité de $\underline{B}$ , donc est l'identité d'après la propriété universelle de $\underline{D}_{\underline{B},\gamma}(\underline{J})$. De même, le composé $\varphi \circ \psi$ induit un PD-endomorphisme de $\widetilde{\underline{D}_{B,\gamma}(J)}$ qui commute à l'identité de $\underline{B}$ , donc un PD-endomorphisme de $\underline{D}_{B,\gamma}(J)$ qui commute à l'identité de B , donc est l'identité. Donc $\varphi$ est un isomorphisme, d'où la proposition.

<u>Corollaire</u> 4.1.2. <u>Sous les hypothèses de</u> 4.1.1, <u>les</u> $\underline{D}^{m,n}_{\underline{B},\gamma}(\underline{J})$ <u>sont des</u> $\underline{O}_X$<u>-PD-algèbres quasi-cohérentes</u>.

<u>Notations</u> 4.1.3. Soient $(S,\underline{I},\gamma)$ un PD-schéma, X un S-schéma, $\underline{J}$ un idéal quasi-cohérent de $\underline{O}_X$ , Y le sous-schéma fermé de X défini par $\underline{J}$ . On note $D_{Y,\gamma}(X)$ , ou $D_Y(X)$ lorsqu'aucune confusion n'est possible sur $\gamma$ , le X-schéma affine spectre de la $\underline{O}_X$-algèbre $\underline{D}_{\underline{O}_X,\gamma}(\underline{J})$ ; il est donc canoniquement muni d'un PD-idéal quasi-cohérent encore noté $\bar{\underline{J}}$ . De même, on note $D^{m,n}_{Y,\gamma}(X)$ , $D^n_{Y,\gamma}(X)$ les X-schémas affines spectres des $\underline{O}_X$-algèbres quasi-cohérentes $\underline{D}^{m,n}_{\underline{O}_X,\gamma}(\underline{J})$ , $\underline{D}^n_{\underline{O}_X,\gamma}(\underline{J})$ ; ce sont les sous-schémas fermés de $D_{Y,\gamma}(X)$ définis respectivement par les idéaux $m.\bar{\underline{J}}^{[n+1]}$ et $\bar{\underline{J}}^{[n+1]}$ . On notera encore $\bar{\underline{J}}$ les PD-idéaux canoniques de ces schémas. Enfin, les puissances divisées canoniques seront encore notées par le symbole [ ].

Nous utiliserons aussi fréquemment les notations

$$\underline{D}_Y(X) = \underline{D}_{\underline{O}_X}(\underline{J}) \qquad , \qquad \underline{D}^{m,n}_Y(X) = \underline{D}^{m,n}_{\underline{O}_X}(\underline{J}) \quad ,$$

plus géométriques que les précédentes.

4.1.4. On peut donner une caractérisation en termes de foncteurs adjoints des schémas $D_Y(X)$ analogue à 2.4.1. Soit $(S,\underline{I},\gamma)$ un PD-schéma. On note $\underline{C}$ la catégorie des S-PD-schémas dont les puissances divisées sont compatibles à $\gamma$ , avec pour morphismes les S-PD-morphismes ; on note $\underline{C}'$ la catégorie dont les objets sont les couples $(X,\underline{J})$ formés d'un S-schéma X et d'un idéal quasi-cohérent $\underline{J}$ de $\underline{O}_X$, et les morphismes les S-morphismes f induisant un f-homomorphisme sur les idéaux choisis. On obtient alors

Proposition 4.1.5. Avec les notations de 4.1.4, le foncteur de $\underline{C}'$ dans $\underline{C}$ qui associe à $(X,\underline{J}) \in Ob(\underline{C}')$ le spectre sur X de $D_{\underline{O}_X,\gamma}(\underline{J})$ est adjoint à droite du foncteur de $\underline{C}$ dans $\underline{C}'$ défini par l'oubli des puissances divisées.

Si Y est le sous-schéma fermé de X défini par $\underline{J}$, on a un homomorphisme évident

$$Hom_{\underline{C}}((X',\underline{J}',\gamma'),\ (D_Y(X),\overline{\underline{J}},[\,])) \longrightarrow Hom_{\underline{C}'}((X',\underline{J}'),\ (X,\underline{J})) .$$

Pour montrer que c'est un isomorphisme quelques soient X et X', il suffit de montrer que c'est un isomorphisme lorsque S, X, et X' sont affines. Compte tenu de l'isomorphisme (4.1.1), cela résulte alors du théorème d'adjonction 2.4.1.

Proposition 4.1.6. Avec les notations de 4.1.3, $D_Y(X)$ (resp. $D_Y^{m,n}(X)$) possède les propriétés suivantes :

i) le morphisme canonique $D_Y(X) \longrightarrow X$ (resp. $D_Y^{m,n}(X) \longrightarrow X$) est affine ;

ii) tout système de générateurs de $\underline{J}$ donne un système de PD-générateurs de $\overline{\underline{J}}$ ; si $\underline{J}$ est localement de type fini, $D_Y^n(X) \longrightarrow X$ est un morphisme de type fini ;

iii) si les puissances divisées $\gamma$ s'étendent à Y, alors le sous-schéma de $D_Y(X)$ (resp. $D_Y^{m,n}(X)$) défini par $\overline{\underline{J}}$ est canoniquement isomorphe à Y ;

iv) si $X' \longrightarrow X$ est un S-morphisme plat, et si $Y' = Y\times_X X'$, alors on a des isomorphismes canoniques

$$D_Y(X) \times_X X' \xrightarrow{\sim} D_{Y'}(X')$$

$$D_Y^{m,n}(X) \times_X X' \xrightarrow{\sim} D_{Y'}^{m,n}(X') .$$

L'assertion i) résulte de la définition et ne figure ici que pour mémoire. L'assertion ii) résulte de 2.4.3, ainsi que l'assertion iii). L'assertion iv) résulte de 2.7.1.

Définition 4.1.7. Supposons que les puissances divisées $\gamma$ s'étendent à Y ; alors

i) on appelle $D_Y^n(X)$ le n-ième voisinage infinitésimal à puissances divisées (compatibles à $\gamma$ ) de Y dans X ;

ii) si de plus X est un schéma de torsion (2.6.4), on appelle $D_Y(X)$ le voisinage infinitésimal à puissances divisées (compatibles à $\gamma$) d'ordre infini de Y dans X .

On omettra souvent de préciser "d'ordre infini". La terminologie de 4.1.7 se justifie par le fait que si $m.1_{\underline{O}_X} = 0$ , alors $\bar{J}$ est un nilidéal d'après 1.2.7, donc d'après 4.1.6 iii), Y et $D_Y(X)$ ont même espace sous-jacent ; de même, dans le cas général, Y et $D_Y^{m,n}(X)$ ont même espace sous-jacent.

On remarquera qu'en caractéristique 0 , $D_Y^{m,n}(X)$ est simplement le n-ième voisinage infinitésimal de Y dans X au sens habituel.

## 4.2. Voisinages infinitésimaux à puissances divisées : cas d'une immersion quelconque.

Soit toujours $(S,\underline{I},\gamma)$ un PD-schéma. Si Y est un S-schéma tel que les puissances divisées $\gamma$ s'étendent à Y , et si $i : Y \longrightarrow X$ est une S-immersion fermée, les constructions de 4.1 montrent que i se factorise par une immersion fermée définie par un PD-idéal (resp. un PD-idéal vérifiant une condition de PD-nilpotence donnée), et cela de façon universelle. Nous aurons besoin d'étendre ces résultats au cas d'une immersion non nécessairement fermée, afin de pouvoir les appliquer par exemple à l'immersion diagonale d'un schéma non nécessairement séparé.

Proposition 4.2.1. Soient $(S,\underline{I},\gamma)$ un PD-schéma , $i : Y \longrightarrow X$ une S-immersion non nécessairement fermée, U un ouvert de X tel que $i(Y) \subset U$ , et que $Y \longrightarrow U$ soit une immersion fermée. Alors, si on suppose que les puissances divisées $\gamma$ s'étendent à Y ,

i) quelques soient $m \neq 0$ , n , le X-schéma $D_{Y,\gamma}^{m,n}(U)$ ne dépend pas à isomorphisme canonique près du choix de U ;

ii) *Si de plus* X *est un schéma de torsion, le* X*-schéma* $D_{Y,\gamma}(U)$ *ne dépend pas à isomorphisme canonique près du choix de* U .

Soit $U' \longrightarrow U$ tel que i se factorise par une immersion fermée de Y dans U' . Montrons d'abord l'assertion i). On a un morphisme canonique $D_Y^{m,n}(U') \longrightarrow D_Y^{m,n}(U)$ défini par fonctorialité à partir de $U' \longrightarrow U$ , et qui est un isomorphisme au-dessus de U' , car la formation de $D_Y^{m,n}(X)$ commute à la restriction à un ouvert. Mais d'après la remarque de 4.1.7, $D_Y^{m,n}(U')$ et $D_Y^{m,n}(U)$ ont même espace sous-jacent que Y , donc sont en particulier concentrés au-dessus de U' ; par suite, le morphisme canonique est un isomorphisme. De même, on a un morphisme $D_Y(U') \longrightarrow D_Y(U)$ défini par fonctorialité ; localement, s'il existe m tel que $m.1_{\underline{O}_X}$ , on a $D_Y(U) = D_Y^{m,n}(U)$ , $D_Y(U') = D_Y^{m,n}(U')$ pour tout n , et on est ramené au cas précédent.

On notera que l'assertion ii) serait fausse en général sans hypothèse de torsion sur $\underline{O}_X$ : ainsi en caractéristique 0 , où $D_Y(U) = U$ , d'après 2.5.1.

Sous les hypothèses de 4.2.1, on notera $D_Y(X)$ le X-schéma $D_Y(U)$ ; de même, on notera $D_Y^{m,n}(X)$ le X-schéma $D_Y^{m,n}(U)$ . On emploiera encore la terminologie de 4.1.7. Les schémas définis vérifient la propriété universelle suivante, analogue de 4.1.5 :

*Proposition* 4.2.2. *Soient* $(S,\underline{I},\gamma)$ *un PD-schéma,* $i : Y \longrightarrow X$ *une S-immersion (non nécessairement fermée), les puissances divisées* $\gamma$ *s'étendent à* Y . *Alors pour tout carré commutatif*

$$\begin{array}{ccc} Y' & \xrightarrow{i'} & X' \\ {\scriptstyle g}\downarrow & & \downarrow{\scriptstyle f} \\ Y & \xrightarrow{i} & X \end{array} \quad ,$$

*où* i' *est une immersion fermée définie par un PD-idéal dont les puissances divisées sont compatibles à* $\gamma$ , *on a* :

i) *s'il existe* $m \neq 0$ , n *tels que le PD-idéal* $\underline{J}'$ *définissant* i' *vérifie* $m.\underline{J}'^{[n+1]} = 0$ , *il existe un unique PD-morphisme* $X' \longrightarrow D_{Y,\gamma}^{m,n}(X)$ *rendant le*

*diagramme suivant commutatif*

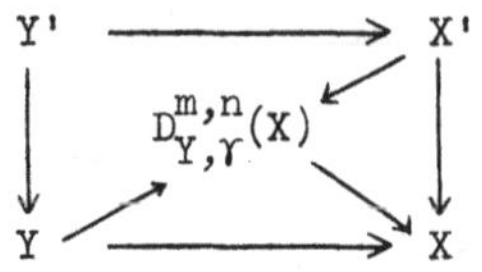

;

ii) *si* i *est une immersion fermée, ou si* X *est un schéma de torsion, il existe un unique* PD-*morphisme* $X' \longrightarrow D_{Y,\gamma}(X)$ *rendant le diagramme suivant commutatif*

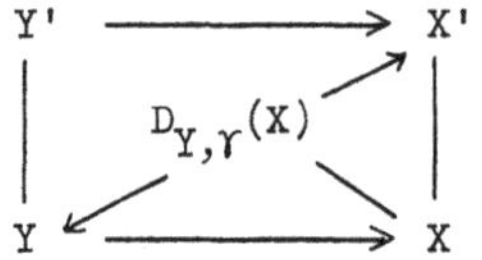

.

L'assertion ii) dans le cas où i est une immersion fermée résulte immédiatement de 4.1.5 et 4.1.6 iii). Prouvons l'assertion i) ; dans le cas où i est une immersion fermée, c'est encore clair. Si i n'est pas fermée, soit U un ouvert de X tel que Y soit un sous-schéma fermé de U , et posons $U' = f^{-1}(U)$ ; alors $Y' \subset U'$ . Comme d'autre part i' est une immersion fermé surjective, puisque définie par un nilidéal (1.1.6), $U' = X'$ , de sorte que f se factorise par U . On est donc ramené au cas d'une immersion fermée, d'où le PD-morphisme cherché, qui ne dépend pas de U d'après l'unicité dans le cas d'une immersion fermée. Le cas ii) lorsque localement il existe $m \neq 0$ tel que $m.1_{\underline{O}_X} = 0$ se ramène au cas i) puisque localement $D_Y^{m,n}(X) = D_Y(X)$ .

## 4.3. Voisinages infinitésimaux à puissances divisées de la diagonale.

On va appliquer maintenant les constructions précédentes aux immersions diagonales. Soient donc $(S,\underline{I},\gamma)$ un PD-schéma, et X un S-schéma ; on notera $X^{k+1}{}_{/S} = X\times_S \dots \times_S X$ le produit fibré sur S de k+1 copies de X . On supposera que les puissances divisées $\gamma$ s'étendent à X , les constructions qui suivent étant de peu d'intérêt sans cette hypothèse.

4.3.1. On posera, en appliquant 4.2.1 i) à l'immersion diagonale de X dans $X^{k+1}{}_{/S}$ ,

$$D^n_{X/S,\gamma}(k) = D^n_{X,\gamma}(X^{k+1}{}_{/S}) \qquad , \quad D^{m,n}_{X/S,\gamma}(k) = D^{m,n}_{X,\gamma}(X^{k+1}{}_{/S}) \ .$$

On verra en 4.4 que ces schémas sont en fait indépendants de $\gamma$ , de sorte qu'on omettra l'indice $\gamma$ dans ces notations.

Comme ces schémas ont même espace sous-jacent que $X$ , on considèrera en général leur faisceau structural comme un faisceau d'algèbres sur $X$ , et on le notera respectivement

$$\underline{D}^n_{X/S}(k) \qquad , \quad \underline{D}^{m,n}_{X/S}(k) \ .$$

Les k+1 projections de $X^{k+1}{}_{/S}$ sur $X$ définissent k+1 morphismes (encore appelés <u>projections</u>) de $D^{m,n}_{X/S}(k)$ dans $X$ , définissant ainsi sur $\underline{D}^{m,n}_{X/S}(k)$ k+1 structures de $\underline{O}_X$-algèbre ; pour chacune de ces structures, $\underline{D}^{m,n}_{X/S}(k)$ est une $\underline{O}_X$-algèbre quasi-cohérente, ainsi qu'on le voit aisément en se ramenant au cas affine.

On appelle en particulier <u>faisceau des parties principales à puissances divisées d'ordre</u> n <u>de</u> X <u>relativement à</u> S le faisceau $\underline{D}^n_{X/S}(1)$ . Il est donc muni de deux structures de $\underline{O}_X$-algèbre ; nous conviendrons que, sauf mention expresse du contraire, chaque fois que $\underline{D}^n_{X/S}(1)$ sera considéré comme $\underline{O}_X$-algèbre, ce sera par l'intermédiaire de l'homomorphisme $\underline{O}_X \longrightarrow \underline{D}^n_{X/S}(1)$ correspondant à la première projection de $X\times_S X$ sur $X$ (conventionnellement, on appelle cette structure de $\underline{O}_X$-algèbre <u>structure gauche</u>). On remarquera que d'après 3.3.3, $\underline{D}^n_{X/S}(1)$ est l'enveloppe à puissances divisées (vérifiant la condition de PD-nilpotence à l'ordre $n$ ) du faisceau des parties principales ordinaires $\underline{P}^n_{X/S}$ (cf. EGA IV 16.3.1). En caractéristique 0 , on a simplement $\underline{D}^n_{X/S}(1) = \underline{P}^n_{X/S}$. .

4.3.2. Supposons maintemant satisfaite l'une des conditions suivantes :

i) X est séparé sur S ;

ii) X est un schéma de torsion.

Alors on peut appliquer la définition générale dans le premier cas, et 4.2.1 ii) dans le second, à l'immersion diagonale de X dans $X^{k+1}{}_{/S}$ ; on pose alors

$$D_{X/S}(k) \;=\; D_X(X^{k+1}{}_{/S}) \ ,$$

où la notation $\gamma$ peut encore être omise d'après 4.4.

Supposons qu'on soit dans l'hypothèse ii). Alors $D_{X/S}(k)$ a encore même espace sous-jacent que $X$, et son faisceau structural, considéré comme faisceau sur $X$, sera noté

$$\underline{D}_{X/S}(k) \ .$$

Là encore, les k+1 projections de $X^{k+1}{}_{/S}$ sur $X$ définissent k+1 projections de $D_{X/S}(k)$ sur $X$, et par suite k+1 structures de $\underline{O}_X$-algèbre sur $\underline{D}_{X/S}(k)$ ; pour chacune de ces structures, $\underline{D}_{X/S}(k)$ est une $\underline{O}_X$-algèbre quasi-cohérente.

Toujours dans l'hypothèse ii), on appelle *faisceau des parties principales à puissances divisées* (*d'ordre infini*) *de* $X$ *relativement à* $S$ le faisceau $\underline{D}_{X/S}(1)$. Nous adopterons les mêmes conventions qu'en 4.3.1 pour désigner ses deux structures de $\underline{O}_X$-algèbres ; il sera donc en général considéré comme $\underline{O}_X$-algèbre par la structure gauche.

Les schémas $D_{X/S}(k)$ et $D^{m,n}_{X/S}(k)$ vérifient la propriété universelle suivante, immédiate à partir de celle du produit fibré, et de 4.2.2 :

*Proposition* 4.3.3. *Soient* $(S,\underline{I},\gamma)$ *un PD-schéma,* $X$ *un S-schéma tel que les puissances divisées* $\gamma$ *s'étendent à* $X$, $g : Y \longrightarrow X$ *un morphisme de schémas,* $i : Y \longrightarrow T$ *une S-immersion fermée définie par un PD-idéal dont les puissances divisées sont compatibles à* $\gamma$, *et* $f_o , f_1 ,\ldots, f_k$ k+1 *S-morphismes de* $T$ *dans* $X$ *rendant commutatif le triangle*

$$\begin{array}{ccc} Y & \xrightarrow{\ i\ } & T \\ & {\scriptstyle g}\searrow \quad \swarrow{\scriptstyle f_j} & \\ & X & \end{array}$$

*pour tout* $j$. *Alors :*

i) *s'il existe* $m \neq 0$, $n$ *tels que le PD-idéal* $\underline{J}$ *de* $i$ *vérifie* $m.\underline{J}^{[n]} = 0$, *il existe un unique PD-morphisme* $f : T \longrightarrow D^{m,n}_{X/S}(k)$ *rendant commutatifs les* k+1 *diagrammes suivants*

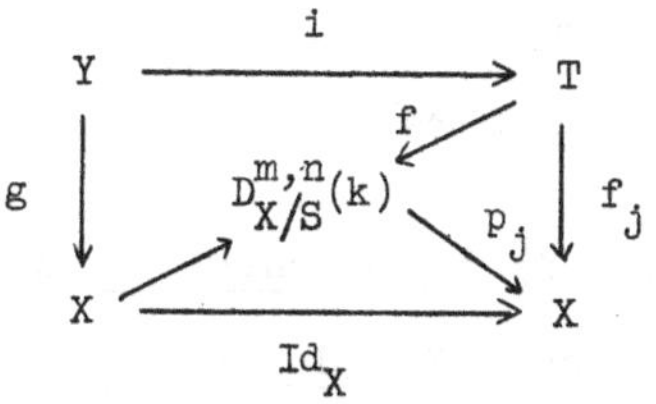


*où* $p_j$ *sont les* k+1 *projections de* $D^{m,n}_{X/S}(k)$ *sur* X ;

ii) *si* X *est séparé sur* S , *ou si* X *est un schéma de torsion, il existe un unique* PD-*morphisme* $f : T \longrightarrow D_{X/S}(k)$ *rendant commutatifs les* k+1 *diagrammes suivants*

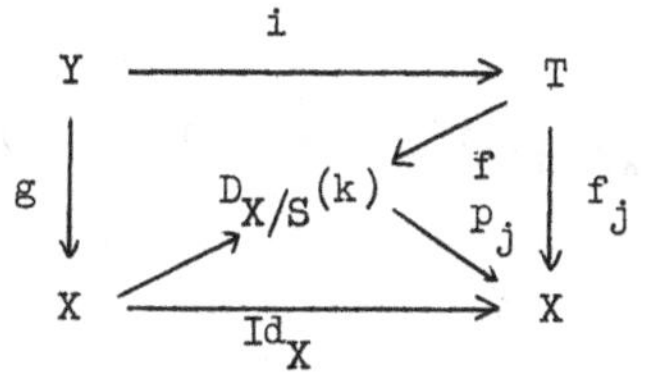


4.4. *Conditions de compatibilité.*

Nous allons maintenant expliciter certains cas où les constructions précédentes ne dépendent pas des puissances divisées données sur S .

*Proposition* 4.4.1. *Soient* $(S,\underline{I},\gamma)$ *un* PD-*schéma*, $i : Y \longrightarrow X$ *une* S-*immersion. On suppose que les puissances divisées* $\gamma$ *s'étendent à* Y , *et que localement sur* X , *il existe une* S-*rétraction* $X \longrightarrow Y$ *de* i . *Alors*

i) *quelques soient* $m \neq 0$ , n , *le* PD-*morphisme canonique*

$$D^{m,n}_{Y,\gamma}(X) \longrightarrow D^{m,n}_{Y,0}(X)$$

*est un isomorphisme (l'indice* 0 *signifiant qu'on prend pour* PD-*idéal de compatibilité sur* S *l'idéal* 0 *muni de ses puissances divisées triviales)* ;

ii) *si* i *est une immersion fermée, ou si* X *est un schéma de torsion, le* PD-*morphisme canonique*

$$D_{Y,\gamma}(X) \longrightarrow D_{Y,0}(X)$$

*est un isomorphisme.*

La définition des morphismes par fonctorialité est claire. Le fait que ce soient des isomorphismes résulte d'après la définition 4.1.3 de 2.6.1.

Corollaire 4.4.2. Soient $(S,\underline{I},\gamma)$ un PD-schéma, et X un S-schéma tel que les puissances divisées $\gamma$ s'étendent à X . Alors

i) quelques soient $m \neq 0$, n , et k , le PD-morphisme canonique

$$D^{m,n}_{X/S,\gamma}(k) \longrightarrow D^{m,n}_{X/S,0}(k)$$

est un isomorphisme ;

ii) si X est séparé sur S , ou si X est un schéma de torsion, le PD-morphisme canonique

$$D_{X/S,\gamma}(k) \longrightarrow D_{X/S,0}(k)$$

est un isomorphisme pour tout k .

Corollaire 4.4.3. Sous les hypothèses de 4.4.2, l'homomorphisme canonique

$$P^1_{X/S}(k) \longrightarrow \underline{D}^1_{X/S,\gamma}(k)$$

est un isomorphisme pour tout k .

Rappelons que $P^1_{X/S}(k)$ est le faisceau structural du premier voisinage infinitésimal de la diagonale dans $X^{k+1}{}_{/S}$ , et que $\underline{D}^1_{X/S,\gamma}(k)$ en est l'enveloppe à puissances divisées PD-nilpotentes à l'ordre 1 , compatibles à $\gamma$ . L'isomorphisme résulte de 4.4.2 i) et 3.3.4.

Lemme 4.4.4. Soient $(S,\underline{I},\gamma)$ un PD-schéma, $i : Y \longrightarrow X$ une S-immersion, $Y_k$ le k-ième voisinage infinitésimal de Y dans X . On suppose que les puissances divisées $\gamma$ s'étendent à Y . Alors

i) pour tout n , le PD-morphisme canonique

$$D^n_{Y,\gamma}(Y_n) \longrightarrow D^n_{Y,\gamma}(X)$$

est un isomorphisme ;

ii) si l'idéal de Y dans X est localement de type fini, pour tout $m \neq 0$ et tout n il existe localement un entier k tel que le PD-morphisme canonique

$$D^{m,n}_{Y,\gamma}(Y_k) \longrightarrow D^{m,n}_{Y,\gamma}(X)$$

soit un isomorphisme ;

iii) Si $X$ est un schéma de torsion et si l'idéal de $Y$ dans $X$ est localement de type fini, il existe localement un entier $k$ tel que le PD-morphisme canonique

$$D_{Y,\gamma}(Y_k) \longrightarrow D_{Y,\gamma}(X)$$

soit un isomorphisme.

L'assertion i) résulte de 3.3.3 ; l'assertion ii) résulte de 3.3.2, car, l'idéal de $Y$ dans $X$ étant de type fini, il existe une puissance de cet idéal dont l'image dans $\underline{D}^{m,n}_{Y}(X)$ est nulle. Enfin, l'assertion iii), étant locale sur $X$, est un cas particulier de ii) (cf. 2.6.3).

Corollaire 4.4.5. Soient $(S,\underline{I},\gamma)$ un PD-schéma, $Y$ un S-schéma lisse, et $i : Y \longrightarrow X$ une S-immersion. Alors

i) pour tout $n$, le PD-morphisme canonique

$$D^{n}_{Y,\gamma}(X) \longrightarrow D^{n}_{Y,0}(X)$$

est un isomorphisme ;

ii) si l'idéal de $Y$ dans $X$ est localement de type fini, pour tout $m \neq 0$ et tout $n$ le PD-morphisme canonique

$$D^{m,n}_{Y,\gamma}(X) \longrightarrow D^{m,n}_{Y,0}(X)$$

est un isomorphisme ;

iii) Si $X$ est un schéma de torsion et si l'idéal de $Y$ dans $X$ est localement de type fini, le PD-morphisme canonique

$$D_{Y,\gamma}(X) \longrightarrow D_{Y,0}(X)$$

est un isomorphisme.

On notera que $Y$ étant lisse sur $S$, donc plat, les puissances divisées $\gamma$ s'étendent à $Y$. Montrons l'assertion ii). Pour tout $k$, on a le carré commutatif

$$\begin{array}{ccc} D^{m,n}_{Y,\gamma}(Y_k) & \longrightarrow & D^{m,n}_{Y,0}(Y_k) \\ \downarrow & & \downarrow \\ D^{m,n}_{Y,\gamma}(X) & \longrightarrow & D^{m,n}_{Y,0}(X) \end{array} .$$

Au voisinage de tout point de $X$ , il existe $k$ tel que les deux flèches verticales soient des isomorphismes, d'après 4.4.4. D'autre part, $Y$ étant lisse sur $S$ , le morphisme $Y \longrightarrow Y_n$ admet localement une rétraction ; la flèche du haut est donc un isomorphisme d'après 4.4.1. Donc la flèche du bas est un isomorphisme.

L'assertion iii) résulte de ii), et l'assertion i) se montre de façon analogue.

4.5. Cas des immersions quasi-régulières.

Dans les calculs qui suivent, les immersions considérées auront toujours des rétractions, au moins au stade infinitésimal. Aussi d'après les résultats de 4.4, on peut sans réduire la généralité supposer que le PD-idéal de compatibilité $(\underline{I},\gamma)$ est l'idéal $0$ .

Proposition 4.5.1. *Soient* $S$ *un schéma, et* $i : Y \longrightarrow X$ *une* $S$-*immersion quasi-régulière. On suppose que les voisinages infinitésimaux de* $Y$ *dans* $X$ *admettent localement une* $S$-*rétraction sur* $Y$ . *Alors*

i) *localement sur* $X$ , *il existe pour tout* $m \neq 0$ *et tout* $n$ *un* $S$-*PD-isomorphisme*

$$\mathrm{Spec}(\underline{O}_Y < T_1,\ldots,T_d >/m.\underline{J}^{[n+1]}) \xrightarrow{\sim} D^{m,n}_Y(X)$$

(*où* $\underline{J}$ *est le PD-idéal engendré par les* $T_i$) *envoyant les* $T_i$ *sur une suite quasi-régulière de générateurs de l'idéal de* $Y$ *dans* $X$ ;

ii) *si* $X$ *est un schéma de torsion, il existe localement sur* $X$ *un* $S$-*PD-isomorphisme*

$$\mathrm{Spec}(\underline{O}_Y < T_1,\ldots,T_d > ) \xrightarrow{\sim} D_Y(X)$$

*envoyant les* $T_i$ *sur une suite quasi-régulière de générateurs de l'idéal de* $Y$ *dans* $X$ .

Cet énoncé est la traduction de 3.5.1.

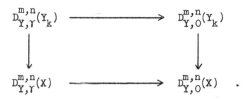

Corollaire 4.5.2. *Soient* $S$ *un schéma,* $X$ , $Y$ *deux* $S$*-schémas lisses,* $i : Y \longrightarrow X$ *une* $S$*-immersion de codimension* $d$ . *Alors les propriétés* i) *et* ii) *de* 4.5.1 *sont vraies pour* $i$ .

En effet, toute immersion de $Y$ dans $X$ est régulière, et les voisinages infinitésimaux de $Y$ dans $X$ se rétractent localement.

Corollaire 4.5.3. *Soit* $f : X \longrightarrow S$ *un morphisme localement de type fini et différentiellement lisse ; soient* $x_1,\ldots,x_r$ *des sections de* $\underline{O}_X$ *telles que les* $dx_i$ *forment une base de* $\Omega^1_{X/S}$ *sur un ouvert* $U$ *de* $X$ . *On note* $\xi_i$ *la section* $1 \otimes x_i - x_i \otimes 1$ *de* $\underline{O}_{X\times_S X}$ *, ainsi que ses images dans* $\underline{D}_{X/S}(1)$ *et dans les* $\underline{D}^{m,n}_{X/S}(1)$ . *Alors*

i) *les deux* $\underline{O}_U$*-PD-morphismes*

$$\underline{O}_U < \eta_1,\ldots,\eta_r >/m.\underline{J}^{[n+1]} \longrightarrow \underline{D}^{m,n}_{U/S}(1)$$

*(où* $\underline{J}$ *est le PD-idéal engendré par les* $\eta_i$*) correspondant aux deux structures de* $\underline{O}_X$*-algèbre de* $\underline{D}^{m,n}_{U/S}(1)$ (4.3.1) *et envoyant* $\eta_i$ *sur* $\xi_i$ *sont des isomorphismes* ;

ii) *si* $X$ *est un schéma de torsion, les deux* $\underline{O}_U$*-PD-morphismes*

$$\underline{O}_U < \eta_1,\ldots,\eta_r > \longrightarrow \underline{D}_{U/S}(1)$$

*envoyant* $\eta_i$ *sur* $\xi_i$ *sont des isomorphismes.*

Rappelons qu'un morphisme localement de type fini est appelé différentiellement lisse si et seulement si l'immersion diagonale est quasi-régulière (EGA IV 16.10). Dire que les $dx_i$ forment une base de $\Omega^1_{U/S}$ équivaut à dire que les $\xi_i$ forment une suite quasi-régulière de générateurs de l'idéal de la diagonale. L'énoncé résulte donc de 4.5.1, en prenant pour rétractions les deux projections de $X\times_S X$ sur $X$ .

On retiendra en particulier que les sections de $\underline{D}^n_{X/S}(1)$ de la forme

$$\xi_1^{[q_1]} \cdots \xi_r^{[q_r]}$$

où $q_1+\ldots+q_r \leqslant n$ forment une base de $\underline{D}^n_{U/S}(1)$ (pour les deux structures $\underline{O}_X$-linéaires). De même, les mêmes sections, sans limitation sur les $q_i$ , forment une base de $\underline{D}_{U/S}(1)$ .

# CHAPITRE II

## CALCUL DIFFERENTIEL

Ce chapitre est consacré à quelques compléments de calcul différentiel, portant d'une part sur différentes variantes des notions de connexion et de stratification (cf. [21]), d'autre part sur les foncteurs Ext définis par M. Herrera et D. Lieberman ([31]) pour les complexes d'opérateurs différentiels d'ordre $\leqslant 1$ . Loin d'être exhaustifs, les paragraphes qui suivent se limiteront aux propriétés qui seront utiles pour mettre en relation cristaux et modules "stratifiés" en un sens convenable ; en particulier, nous développerons l'aspect "donnée de descente infinitésimale" de la notion de connexion, car c'est la forme sous laquelle elle apparaît le plus souvent dans la théorie des cristaux. Le lecteur désireux de mettre en relation la théorie des connexions sur le corps des complexes avec la théorie des équations différentielles pourra se reporter à l'ouvrage de P. Deligne [15]. De même, pour certains aspects propres à la caractéristique p , mais que nous n'utiliserons pas ici (en particulier la notion de p-courbure d'une connexion), nous renverrons à l'article de N. Katz [33]. Enfin, le lecteur plus particulièrement intéressé par les propriétés des modules stratifiés pourra lire l'article de Grothendieck [24].

Les invariants PD-différentiels associés à un morphisme de schémas en I 4.3 permettent d'introduire des variantes de la notion de stratification ([21]) , qui peuvent apparaître à bien des égards comme un prolongement naturel de cette notion lorsque la base n'est pas de caractéristique 0 : ainsi, on obtient des énoncés (cf. 4.2.12 et 4.3.11) généralisant l'équivalence de catégories entre modules munis d'une connexion intégrable et modules stratifiés sur un schéma lisse de caractéristique 0 . Ces variantes font également apparaître une propriété importante de certaines connexions en caractéristique p : la nilpotence (voir aussi l'article déjà cité de Katz, où il utilise cette notion pour donner une démonstration du théorème de monodromie). Pour ces définitions, nous nous placerons dans un cadre plus général que celui des schémas, afin de pouvoir utiliser les résultats obtenus pour des cristaux suffisamment généraux. Le point de vue le plus naturel semble être celui des "catégories formelles", pour lequel on pourra trouver plus de détails dans l'ouvrage d'Illusie ([32]), en particulier pour ce qui concerne les techniques simpliciales, qui ne seront pas développées ici.

Dans le même esprit, on est amené à généraliser les résultats de l'article [31] de Herrera et Lieberman, afin de pouvoir les appliquer à certains complexes sur le site cristallin. Là encore, le point de vue des catégories formelles semble le plus naturel, et le paragraphe 5 est une simple traduction des résultats essentiels de [31] dans ce langage, sans résultat nouveau.

Tous les anneaux sont supposés commutatifs et unifères, avec une exception évidente pour l'algèbre tensorielle ou extérieure d'un module !

## 1. Connexions et stratifications.

### 1.1. Catégories formelles.

Rappelons quelques définitions concernant les catégories et groupoïdes (voir par exemple [26] et [32]).

Définition 1.1.1. Soit $\underline{C}$ une catégorie avec produits fibrés finis. On appelle catégorie de $\underline{C}$, ou $\underline{C}$-catégorie, la donnée de deux objets $X_0$ et $X_1$ de $\underline{C}$, de deux morphismes "source" et "but" $d_0$, $d_1 : X_1 \longrightarrow X_0$, d'un morphisme "identité" $\pi : X_0 \longrightarrow X_1$, et d'un morphisme "composition" $\delta : X_1 \times_{X_0} X_1 \longrightarrow X_1$, où le produit fibré est pris pour le morphisme $d_1$ à gauche, et $d_0$ à droite, de telle sorte que pour tout objet $T$ de $\underline{C}$, les morphismes donnés fassent respectivement de $X_0(T) = \mathrm{Hom}_{\underline{C}}(T,X_0)$ et $X_1(T) = \mathrm{Hom}_{\underline{C}}(T,X_1)$ l'ensemble des objets et l'ensemble des morphismes d'une catégorie.

On appelle groupoïde de $\underline{C}$, ou $\underline{C}$-groupoïde, une $\underline{C}$-catégorie telle que pour tout objet $T$ de $C$, la catégorie $(X_o(T),X_1(T))$ soit un groupoïde (i.e. que tout morphisme soit un isomorphisme).

Cette dernière condition équivaut à l'existence d'un automorphisme (nécessairement unique) de $X_1$, vérifiant certaines conditions de compatibilité aux données précédentes (correspondant à l'automorphisme de l'ensemble des flèches d'un groupoïde qui à une flèche associe la flèche inverse).

Définition 1.1.2. Soit $\underline{T}$ un U-topos. On appelle catégorie affine de $\underline{T}$ (resp. groupoïde affine de $\underline{T}$) toute catégorie (resp. groupoïde) de la catégorie opposée à la catégorie des anneaux de $\underline{T}$.

Une catégorie affine de $\underline{T}$ est donc la donnée de deux anneaux $A$, $B$ de $\underline{T}$, et de quatre homomorphismes d'anneaux

$$d_o,d_1 : A \rightrightarrows B \ , \quad \pi : B \longrightarrow A \ , \quad \delta : B \longrightarrow B \otimes_A B \ ,$$

où le produit tensoriel est pris à gauche pour la structure de A-algèbre définie par $d_1$, et à droite pour celle que définit $d_o$, ces données vérifiant les conditions suivantes (où on reconnaîtra la traduction des axiomes d'une catégorie) :

(1.1.1) $\pi \circ d_o = \pi \circ d_1 = \mathrm{Id}_A$ ;

(1.1.2) si $q_o$ et $q_1$ sont les homomorphismes canoniques $B \longrightarrow B \otimes_A B$,

$$\delta \circ d_o = q_o \circ d_o \quad ; \quad \delta \circ d_1 = q_1 \circ d_1 \quad ;$$

(1.1.3) $(\pi \otimes \mathrm{Id}_B) \circ \delta = (\mathrm{Id}_B \otimes \pi) \circ \delta = \mathrm{Id}_B$ ;

(1.1.4) $(\delta \otimes \mathrm{Id}_B) \circ \delta = (\mathrm{Id}_B \otimes \delta) \circ \delta$ .

Un groupoïde affine comporte de plus la donnée d'un automorphisme $\sigma$ de $B$ (uniquement déterminé), de carré l'identité, et tel que :

(1.1.5) $\sigma \circ d_o = d_1$ ; $\sigma \circ d_1 = d_o$ ;

(1.1.6) $\pi \circ \sigma = \pi$ ;

(1.1.7) les carrés suivants sont commutatifs :

$$\begin{array}{ccc} B \otimes_A B & \xrightarrow{Id \otimes \sigma} & B \\ \delta \uparrow & & \uparrow d_o \\ B & \xrightarrow{\pi} & A \end{array} \quad , \quad \begin{array}{ccc} B \otimes_A B & \xrightarrow{\sigma \otimes Id} & B \\ \delta \uparrow & & \uparrow d_1 \\ B & \xrightarrow{\pi} & A \end{array}$$

Nous nous intéressons ici aux catégories et groupoïdes affines à cause du formalisme différentiel qu'ils permettent de développer. Néanmoins, la définition précédente est trop étroite pour recouvrir les situations rencontrées dans la pratique, qui sont en général de nature plus "infinitésimale" : par exemple pour le calcul différentiel usuel sur les schémas. Pour regrouper toutes les structures qui nous intéressent dans un formalisme unique, nous poserons la définition suivante :

Définition 1.1.3 (*). Soit $\underline{T}$ un U-topos. On appelle catégorie formelle de $\underline{T}$ la donnée X d'un anneau A de $\underline{T}$, d'un système projectif $(P^n_X)_{n\in\underline{\underline{N}}}$ d'anneaux de $\underline{T}$, à morphismes de transition surjectifs, et des familles d'homomorphismes d'anneaux

$$d^n_o, d^n_1 : A \rightrightarrows P^n_X \quad , \quad \pi^n : P^n_X \longrightarrow A \quad , \quad \delta^{m,n} : P^{m+n}_X \longrightarrow P^m_X \otimes_A P^n_X \quad ,$$

commutant aux homomorphismes de transition entre les $P^n_X$, l'ensemble de ces données satisfaisant les conditions suivantes :

(1.1.8) $\pi^n \circ d^n_o = \pi^n \circ d^n_1 = Id_A$ ;

(1.1.9) $\delta^{m,n} \circ d^{m+n}_o = q^{m,n}_o \circ d^{m+n}_o$ , $\delta^{m,n} \circ d^{m+n}_1 = q^{m,n}_1 \circ d^{m+n}_1$ ,

où $q^{m,n}_o$ et $q^{m,n}$ sont les homomorphismes $P^{m+n}_X \longrightarrow P^m_X \otimes_A P^n_X$ obtenus en composant $P^{m+n}_X \longrightarrow P^m_X$ et $P^{m+n}_X \longrightarrow P^n_X$ avec les homomorphismes canoniques $P^m_X \longrightarrow P^m_X \otimes P^n_X$ et $P^n_X \longrightarrow P^m_X \otimes P^n_X$ ;

(*) Cette définition est sensiblement différente de celle de [32] (et d'apparence plus compliquée !). Mais nous ne pouvons pas ici nous placer dans la catégorie des pro-anneaux de $\underline{T}$, sous peine de perdre par exemple la notion d'ordre d'un opérateur différentiel, ou d'une connexion. Bien entendu, toute catégorie formelle au sens adopté plus haut peut être considérée comme une catégorie formelle au sens de [32].

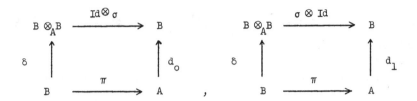

(1.1.10) $(\pi^m \otimes \mathrm{Id}_{P^n_X}) \circ \delta^{m,n}$ *et* $(\mathrm{Id}_{P^m_X} \otimes \pi^n) \circ \delta^{m,n}$ *sont les homomorphismes de transition;*

(1.1.11) $(\delta^{m,n} \otimes \mathrm{Id}_{P^p_X}) \circ \delta^{m+n,p} = (\mathrm{Id}_{P^m_X} \otimes \delta^{n,p}) \circ \delta^{m,n+p}$ .

*Un groupoïde formel de* $\underline{T}$ *est la donnée d'une catégorie affine formelle* X *de* $\underline{T}$ *, et d'une famille d'automorphismes*

$$\sigma^n : P^n_X \longrightarrow P^n_X$$

*de carré l'identité, commutant aux homomorphismes de transition, et vérifiant les conditions suivantes* :

(1.1.12) $\sigma^n \circ d^n_o = d^n_1$ ; $\sigma^n \circ d^n_1 = d^n_o$ ;

(1.1.13) $\pi^n \circ \sigma^n = \pi^n$ ;

(1.1.14) les carrés suivants sont commutatifs :

$$\begin{array}{ccc} P^n_X \otimes_A P^n_X & \xrightarrow{\mathrm{Id} \otimes \sigma^n} & P^n_X \\ {\scriptstyle \delta^{n,n}} \uparrow & & \uparrow {\scriptstyle d^n_o} \\ P^{2n}_X & \xrightarrow{\pi^{2n}} & A \end{array} \qquad \begin{array}{ccc} P^n_X \otimes_A P^n_X & \xrightarrow{\sigma^n \otimes \mathrm{Id}} & P^n_X \\ {\scriptstyle \delta^{n,n}} \uparrow & & \uparrow {\scriptstyle d^n_1} \\ P^{2n}_X & \xrightarrow{\pi^{2n}} & A \end{array}$$

Dans cette définition, le produit tensoriel $P^m_X \otimes_A P^n_X$ est pris en considérant $P^m_X$ comme A-algèbre grâce à $d^m_1$ , et $P^n_X$ comme A-algèbre grace à $d^n_o$ . Les conditions (1.1.8) à (1.1.14) sont simplement la transcription pour un système projectif des conditions (1.1.1) à (1.1.7).

On notera que toute catégorie affine peut être considérée comme une catégorie formelle de façon triviale, en posant $P^n_X = B$ pour tout $n \geqslant 0$ .

1.1.4. On peut d'une autre façon associer une catégorie formelle à une catégorie affine. Soit en effet $X = (A,B,d_o,d_1,\pi,\delta)$ une catégorie affine. Si $I = \mathrm{Ker}(\pi)$ , on pose

$$P^n_X = B/I^{n+1} \quad .$$

D'autre part, on a

(1.1.15) $$\delta(I) \subset I \otimes_A B + B \otimes_A I \quad .$$

Pour le voir, il suffit de montrer que $\delta(I)$ est annulé par l'homomorphisme $\pi \otimes \pi : B \otimes_A B \longrightarrow A$ . Or d'après (1.1.3), le diagramme

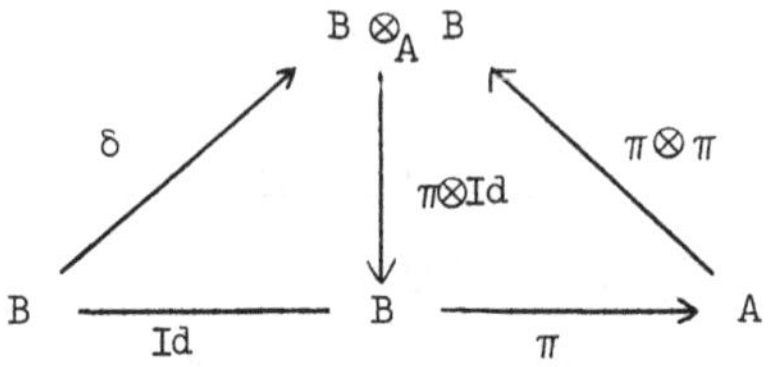


est commutatif, d'où le résultat. Il en résulte que pour tous $m,n \in \underline{\underline{N}}$ on a

$$\delta(I^{m+n+1}) \subset (I \otimes_A B + B \otimes_A I)^{m+n+1} \subset \mathrm{Im}(I^{m+1} \otimes_A B) + \mathrm{Im}(B \otimes_A I^{n+1}) \quad ,$$

et par suite $\delta$ définit un homomorphisme

$$\delta^{m,n} : P_X^{m+n} \longrightarrow P_X^m \otimes_A P_X^n \quad .$$

Si $d_o^n$ , $d_1^n$ , $\pi^n$ sont les homomorphismes déduits de $d_o$ , $d_1$ , $\pi$ , alors il est clair que $\hat{X} = (A,P_X^n,d_o^n,d_1^n,\pi^n,\delta^{m,n})$ est une catégorie formelle, les conditions de 1.1.3 résultant aussitôt des conditions (1.1.1) à (1.1.4). De même, si $X$ est un groupoïde affine, l'automorphisme $\sigma$ définit pour tout $n$ un automorphisme $\sigma^n$ d'après (1.1.6), ce qui munit $\hat{X}$ d'une structure de groupoïde formel.

Soit toujours $X = (A,B,d_o,d_1,\pi,\delta)$ une catégorie affine, et supposons donnée une structure d'idéal à puissances divisées sur $I = \mathrm{Ker}(\pi)$ (I 1.1). D'après I 1.7.1, il existe sur $I \otimes_A B + B \otimes_A I$ une unique PD-structure telle que les deux homomorphismes canoniques $B \longrightarrow B \otimes_A B$ soient des PD-morphismes. Supposons alors que $\delta$ , qui envoie $I$ dans $I \otimes_A B + B \otimes_A I$ d'après (1.1.15), soit un PD-morphisme. On obtient

$$\delta(I^{[m+n+1]}) \subset (I \otimes_A B + B \otimes_A I)^{[m+n+1]} \subset \mathrm{Im}(I^{[m+1]} \otimes_A B) + \mathrm{Im}(B \otimes_A I^{[n+1]})$$

d'après I (1.1.2), $I^{[k]}$ étant le sous-idéal de $I$ défini en I 3.1 . Si on pose

$$\underline{D}_X^n = B/I^{[n+1]} \quad ,$$

on obtient donc encore un homomorphisme

$$\delta^{m,n} : \underline{D}_X^{m+n} \longrightarrow \underline{D}_X^m \otimes_A \underline{D}_X^n \quad .$$

Il est facile de voir que $(A,\underline{D}_X^n,d_o^n,d_1^n,\pi^n,\delta^{m,n})$ , où $d_o^n$, $d_1^n$ , $\pi^n$ sont déduits de

$d_o, d_1, \pi$ , est une catégorie formelle. De même, si X est un groupoïde affine, et si l'automorphisme $\sigma$ (qui envoie I dans I ) est un PD-morphisme, il définit un automorphisme $\sigma^n$ de $\underline{D}^n_X$ , et on obtient un groupoïde formel.

Les exemples fondamentaux auxquels nous appliquerons ce formalisme sont les suivants.

Exemples 1.1.5. Soit $f : X \longrightarrow S$ un morphisme de schémas. On veut lui associer de façon canonique certains groupoïdes formels.

a) On pose

$$A = \underline{O}_X \quad , \quad P^n_X = \underline{P}^n_{X/S} \quad ,$$

où $\underline{P}^n_{X/S}$ est le faisceau des parties principales d'ordre n de X relativement à S (EGA IV 16.3.1). On prend pour homomorphismes $d^n_o$ et $d^n_1$ les homomorphismes canoniques de $\underline{O}_X$ dans $\underline{P}^n_{X/S}$ (correspondant aux deux projections de $X^2{}_{/S}$ sur X), pour homomorphisme $\pi^n$ l'homomorphisme naturel d'augmentation de $\underline{P}^n_{X/S}$ dans $\underline{O}_X$ (correspondant à l'immersion diagonale de X dans $X^2{}_{/S}$ ), et pour homomorphisme $\delta^{m,n}$ l'homomorphisme

$$(1.1.16) \qquad \delta^{m,n} : \underline{P}^{m+n}_{X/S} \longrightarrow \underline{P}^m_{X/S} \otimes_{\underline{O}_X} \underline{P}^n_{X/S}$$

défini dans EGA IV 16.8.9.1 (rappelons que dans le cas affine, cet homomorphisme provient de l'homomorphisme $B \otimes_A B \longrightarrow B \otimes_A B \otimes_A B$ qui envoie $x \otimes y$ sur $x \otimes 1 \otimes y$ , avec $S = \mathrm{Spec}(A)$ , $X = \mathrm{Spec}(B)$) . Enfin, $\sigma^n$ est l'automorphisme de symétrie habituel de $\underline{P}^n_{X/S}$ , provenant de la symétrie du carré cartésien. Il est facile de vérifier les conditions de 1.1.3. On notera $\hat{\underline{P}}(X/S)$ le groupoïde formel ainsi défini ; toutes les définitions qui suivront, appliquées à ce groupoïde, redonneront les notions habituelles du calcul différentiel sur les schémas.

b) On pose

$$A = \underline{O}_X \quad , \quad P^n_X = \underline{D}^n_{X/S}(1) \quad ,$$

où $\underline{D}^n_{X/S}(1)$ est le faisceau d'algèbres défini en I 4.3.1 (et qui correspond au n-ième voisinage infinitésimal à puissances divisées de la diagonale de $X^2{}_{/S}$) . On a vu qu'il est muni de deux structures de $\underline{O}_X$-algèbre, correspondant à deux homomorphismes $d_o^n$ et $d_1^n$ . Il est d'autre part muni d'une augmentation naturelle $\underline{D}^n_{X/S}(1) \longrightarrow \underline{O}_X$ , qu'on notera encore $\pi^n$ . D'après I 3.3.3 , et les définitions de $\underline{D}^n_{X/S}(1)$ et $\underline{P}^n_{X/S}$ , on a un isomorphisme canonique

$$(1.1.17) \qquad \underline{D}^n_{\underline{P}^n_{X/S}}(\underline{I}) \xrightarrow{\sim} \underline{D}^n_{X/S}(1) \quad ,$$

où $\underline{I}$ est l'idéal d'augmentation de $\underline{P}^n_{X/S}$ , et $\underline{D}^n_{\underline{P}^n_{X/S}}(\underline{I})$ désigne son enveloppe à puissances divisées PD-nilpotentes à l'ordre n (I 3.3.1). Comme $\underline{D}^m_{X/S}(1) \otimes_{\underline{O}_X} \underline{D}^n_{X/S}(1)$ est canoniquement muni d'une PD-structure par I 1.7.1, on peut définir l'homomorphisme

$$(1.1.18) \qquad \delta^{m,n} : \underline{D}^{m+n}_{X/S}(1) \longrightarrow \underline{D}^m_{X/S}(1) \otimes_{\underline{O}_X} \underline{D}^n_{X/S}(1)$$

comme étant le seul PD-morphisme rendant commutatif le diagramme

$$\begin{array}{ccc} \underline{D}^{m+n}_{X/S}(1) & \longrightarrow & \underline{D}^m_{X/S}(1) \otimes_{\underline{O}_X} \underline{D}^n_{X/S}(1) \\ \uparrow & & \uparrow \\ \underline{P}^{m+n}_{X/S} & \xrightarrow{\delta^{m,n}} & \underline{P}^m_{X/S} \otimes_{\underline{O}_X} \underline{P}^n_{X/S} \end{array} \quad ,$$

compte tenu de la propriété universelle des enveloppes à puissances divisées (I 3.3.1). Enfin, $\sigma^n$ est défini par fonctorialité à partir de l'automorphisme de symétrie de $\underline{P}^n_{X/S}$ , par (1.1.17). Il est encore facile de voir que l'ensemble des données $(\underline{O}_X, \underline{D}^n_{X/S}(1), d_o^n, d_1^n, \pi^n, \delta^{m,n}, \sigma^n)$ est un groupoïde formel, que l'on notera $\hat{\underline{D}}(X/S)$.

c) Supposons maintemant que X soit un schéma de torsion (I 2.6.4). On va alors associer à f un groupoïde affine qui jouera un rôle important dans l'étude des cristaux en caractéristique $p \neq 0$ .

On pose

$$A = \underline{O}_X \quad , \quad B = \underline{D}_{X/S}(1) \quad ,$$

où $\underline{D}_{X/S}(1)$ est le faisceau d'algèbres sur X défini en I 4.3.2 (enveloppe à puissances divisées de l'idéal de la diagonale dans $X^2{}_{/S}$). On définit les deux homomorphismes $d_o$ , $d_1$ : $\underline{O}_X \rightrightarrows \underline{D}_{X/S}(1)$ comme étant ceux qui correspondent aux deux structures de $\underline{O}_X$-algèbre de $\underline{D}_{X/S}(1)$ définies dans I 4.3.2. L'homomor-

phisme $\pi$ est encore l'homomorphisme d'augmentation naturel $\underline{D}_{X/S}(1) \longrightarrow \underline{O}_X$ .
Pour définir l'homomorphisme

$$(1.1.19) \qquad \delta : \underline{D}_{X/S}(1) \longrightarrow \underline{D}_{X/S}(1) \otimes_{\underline{O}_X} \underline{D}_{X/S}(1) \ ,$$

il suffit de le faire lorsque X et S sont affines, et de montrer que ces homomorphismes se recollent. Soient $S = \mathrm{Spec}(A)$, $X = \mathrm{Spec}(B)$ , I le noyau de l'homomorphisme canonique $B \otimes_A B \longrightarrow B$ , de sorte que $\underline{D}_{X/S}(1)$ est la $\underline{O}_X$-algèbre quasi-cohérente (pour ses deux structures) définie par $\underline{D}_{B \otimes_A B}(I)$. Alors $\delta$ est le seul PD-morphisme rendant commutatif le diagramme

$$\begin{array}{ccc} \underline{D}_{B \otimes_A B}(I) & \longrightarrow & \underline{D}_{B \otimes_A B}(I) \otimes_B \underline{D}_{B \otimes_A B}(I) \\ \uparrow & & \uparrow \\ B \otimes_A B & \longrightarrow & (B \otimes_A B) \otimes_B (B \otimes_A B) \end{array} \quad ,$$

où l'homomorphisme du bas est celui qui envoie $x \otimes y$ sur $x \otimes 1 \otimes y$ . En vertu de l'unicité, les homomorphismes ainsi définis se recollent et définissent donc $\delta$ dans le cas général. Enfin, l'automorphisme $\sigma$ provient encore de la symétrie du carré cartésien.

On vérifie aisément les axiomes (1.1.1) à (1.1.7), et on note $\underline{D}(X/S)$ le groupoïde affine ainsi obtenu. On le considèrera comme un groupoïde formel de façon triviale. On notera que le groupoïde formel qui lui est associé par la seconde construction de 1.1.4 n'est autre que $\hat{\underline{D}}(X/S)$.

Définition 1.1.6. Soient $X = (A, P^n_X, d^n_o, d^n_1, \pi^n, \delta^{m,n})$ et $X' = (A', P^n_{X'}, d'^n_o, d'^n_1, \pi'^n, \delta'^{m,n})$ deux catégories formelles (resp. $\sigma^n$ et $\sigma'^n$ , deux groupoïdes formels). On appelle morphisme de X dans X' la donnée $\Phi$ d'homomorphismes

$$\varphi : A \longrightarrow A' \quad , \quad \psi^n : P^n_X \longrightarrow P^n_{X'} \quad ,$$

commutant aux homomorphismes $d^n_o$ et $d'^n_o$ , $d^n_1$ et $d'^n_1$ , $\pi^n$ et $\pi'^n$, $\delta^{m,n}$ et $\delta'^{m,n}$ (resp. $\sigma^n$ et $\sigma'^n$).

Exemples 1.1.7. a) Soit $f : X \longrightarrow S$ un morphisme de schémas. Alors les homomorphismes canoniques $\underline{P}^n_{X/S} \longrightarrow \underline{D}^n_{X/S}(1)$ définissent un morphisme de groupoïdes formels

(1.1.20) $$\underline{\hat{P}}(X/S) \longrightarrow \underline{\hat{D}}(X/S) \quad .$$

On remarquera qu'en caractéristique 0 c'est un isomorphisme (I 4.3.1).

b) Soit $f : X \longrightarrow S$ un morphisme de schémas, $X$ étant un schéma de torsion. Alors les homomorphismes canoniques $\underline{D}_{X/S}(1) \longrightarrow \underline{D}^n_{X/S}(1)$ définissent un morphisme de groupoïdes formels

(1.1.21) $$\underline{D}(X/S) \longrightarrow \underline{\hat{D}}(X/S) \quad .$$

1.1.8. Soit $f : \underline{T}' \longrightarrow \underline{T}$ un morphisme de $\underline{U}$-topos. Alors on définit un foncteur "image inverse" de la catégorie des catégories (resp. groupoïdes) formelles de $\underline{T}$ dans la catégorie des catégories (resp. groupoïdes) formelles de $\underline{T}'$ de façon évidente : si $X = (A, P^n_X, d^n_o, d^n_1, \pi^n, \delta^{m,n})$ est une catégorie formelle (resp. $\sigma^n$, un groupoïde formel), son image inverse est $(f^*(A), f^*(P^n_X), f^*(d^n_o), f^*(d^n_1), f^*(\pi^n), f^*(\delta^{m,n}))$ (resp. $f^*(\sigma^n)$), qui est bien une catégorie formelle (resp. groupoïde) car $f^*$ commute au produit tensoriel.

<u>Exemple</u> 1.1.9. Soit

$$\begin{array}{ccc} X' & \xrightarrow{u} & X \\ \downarrow & & \downarrow \\ S' & \longrightarrow & S \end{array}$$

un diagramme commutatif de morphismes de schémas. Alors il existe des morphismes canoniques

(1.1.22) $$u^*(\underline{\hat{P}}(X/S)) \longrightarrow \underline{\hat{P}}(X'/S') \quad ,$$

(1.1.23) $$u^*(\underline{\hat{D}}(X/S)) \longrightarrow \underline{\hat{D}}(X'/S') \quad ,$$

et si $X$ est un schéma de torsion (ce qui entraine que $X'$ est aussi un schéma de torsion)

(1.1.24) $$u^*(\underline{D}(X/S)) \longrightarrow \underline{D}(X'/S') \quad .$$

En effet, on a un diagramme commutatif

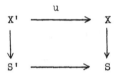

$$\begin{array}{ccc} X'\times_{S'}X' & \xrightarrow{u\times u} & X\times_S X \\ \Delta' \uparrow & & \uparrow \Delta \\ X' & \xrightarrow{u} & X \end{array} ,$$

qui induit sur les voisinages infinitésimaux des divers types des morphismes

$$P^n_{X'/S'} \longrightarrow P^n_{X/S} \quad , \quad D^n_{X'/S'}(1) \longrightarrow D^n_{X/S}(1) \quad , \quad D_{X'/S'}(1) \longrightarrow D_{X/S}(1)$$

qui définissent donc pour les faisceaux structuraux correspondants des homomorphismes

$$u^{-1}(\underline{P}^n_{X/S}) \to \underline{P}^n_{X'/S'} \ , \ u^{-1}(\underline{D}^n_{X/S}(1)) \to \underline{D}^n_{X'/S'}(1) \ , \ u^{-1}(\underline{D}_{X/S}(1)) \to \underline{D}_{X'/S'}(1) \ ,$$

d'où les morphismes annoncés (on note ici $u^{-1}$ l'image inverse par un morphisme de topos, au lieu de $u^*$ comme en 1.1.8 , afin d'éviter la confusion avec l'image inverse par le morphisme de topos annelés $(X',\underline{O}_{X'}) \longrightarrow (X,\underline{O}_X)$) .

## 1.2. Connexions et pseudo-stratifications.

On désigne toujours par $\underline{T}$ un $\underline{U}$-topos, et on note $\underline{A}$ la catégorie des anneaux de $\underline{T}$ . Soit $\underline{F}$ une catégorie cofibrée sur $\underline{A}$ (cf. SGA 1 VI,[18] ou [19]) ; pour tout $A \in Ob(\underline{A})$ , on notera $\underline{F}_A$ la catégorie fibre de $\underline{F}$ au-dessus de $A$ ; on suppose de plus que pour tout homomorphisme d'anneaux $f : A \longrightarrow B$ on a fixé un foncteur image directe par $f$ , égal à l'identité lorsque $f$ est l'identité (i.e. on choisit un clivage normalisé de $\underline{F}$ au-dessus de $\underline{A}$ (SGA 1 VI 7.1)) ; si $M \in Ob(\underline{F}_A)$ , on notera en général $M \otimes_A B$ l'image directe de $M$ par $f$ , lorsqu'il n'y aura pas de confusion possible.

Définition 1.2.1. Soit $X = (A,P^n_X,d^n_0,d^n_1,\pi^n,\delta^{m,n})$ une catégorie formelle de $\underline{T}$ (1.1.3). On appelle n-connexion (ou connexion si $n = 1$) sur un objet $M$ de $\underline{F}_A$ , relativement à $X$ , la donnée d'un isomorphisme

$$(1.2.1) \qquad \varepsilon : P^n_X \otimes_A M \longrightarrow M \otimes_A P^n_X$$

dans $\underline{F}_{P^n_X}$ , induisant l'identité de $M$ par le changement de base

$$\pi^n : P^n_X \longrightarrow A \quad .$$

On appelle pseudo-stratification sur $M$ , relativement à $X$ , la donnée pour tout

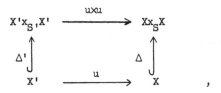

$n \in \underline{\underline{N}}$ d'une n-connexion $\varepsilon_n$ sur M relativement à X , de telle sorte que pour $m \leqslant n$ , le diagramme

$$(1.2.2) \qquad \begin{array}{ccc} P_X^n \otimes_A M & \xrightarrow{\varepsilon_n} & M \otimes_A P_X^n \\ \downarrow & & \downarrow \\ P_X^m \otimes_A M & \xrightarrow{\varepsilon_m} & M \otimes_A P_X^m \end{array}$$

soit commutatif.

Dans cette définition, comme par la suite, on note $P_X^n \otimes_A M$ (resp. $M \otimes_A P_X^n$) l'objet déduit de M par le changement de base $d_1$ (resp. $d_o$) ; les flèches verticales du diagramme correspondent au changement de base par le morphisme de transition $P_X^n \longrightarrow P_X^m$ . Lorsqu'aucune confusion n'est possible sur X , on omettra la mention "relativement à X " .

On observera que toute n-connexion définit une m-connexion pour $m \leqslant n$ par le changement de base $P_X^n \longrightarrow P_X^m$ .

Exemples 1.2.2. Soit $f : X \longrightarrow S$ un morphisme de schémas. On peut expliciter la définition précédente pour chacun des groupoïdes associés à f en 1.1.5.

a) Une n-connexion (resp. pseudo-stratification) relativement au groupoïde formel $\hat{\underline{P}}(X/S)$ (1.1.5 a)) associé à f sera appelée n-connexion (resp. pseudo-stratification) relativement à S : une n-connexion sur un $\underline{O}_X$-module $\underline{M}$ relativement à S est donc un isomorphisme $\underline{P}^n_{X/S}$-linéaire

$$\underline{P}^n_{X/S} \otimes_{\underline{O}_X} \underline{M} \xrightarrow{\sim} \underline{M} \otimes_{\underline{O}_X} \underline{P}^n_{X/S}$$

se réduisant à l'identité modulo l'idéal d'augmentation de $\underline{P}^n_{X/S}$ . On voit donc que l'on obtient ainsi la notion de n-connexion définie dans [21].

b) Une n-connexion relativement au groupoïde formel $\hat{\underline{D}}(X/S)$ associé à f (1.1.5 b)) sera appelée n-PD-connexion relativement à S : une n-PD-connexion sur un $\underline{O}_X$-module $\underline{M}$ relativement à S est donc un isomorphisme $\underline{D}^n_{X/S}(1)$-linéaire

$$\underline{D}^n_{X/S}(1) \otimes_{\underline{O}_X} \underline{M} \xrightarrow{\sim} \underline{M} \otimes_{\underline{O}_X} \underline{D}^n_{X/S}(1)$$

se réduisant à l'identité modulo l'idéal d'augmentation de $\underline{D}_{X/S}(1)$ .

c) Lorsque $X$ est un schéma de torsion (I 2.6.4), on peut associer à $f$ le groupoïde affine $\underline{D}(X/S)$. La donnée d'une n-connexion relativement à $\underline{D}(X/S)$ équivaut à la donnée d'une pseudo-stratification, d'après les définitions. Une pseudo-stratification sur un $\underline{O}_X$-module $\underline{M}$ relativement à $\underline{D}(X/S)$ est donc un isomorphisme $\underline{D}_{X/S}(1)$-linéaire

$$\underline{D}_{X/S}(1) \otimes_{\underline{O}_X} \underline{M} \xrightarrow{\sim} \underline{M} \otimes_{\underline{O}_X} \underline{D}_{X/S}(1)$$

se réduisant à l'identité modulo l'idéal d'augmentation de $\underline{D}_{X/S}(1)$.

Proposition 1.2.3. Soit $f : X \longrightarrow S$ un morphisme de schémas. Alors la donnée d'une connexion sur un $\underline{O}_X$-module $\underline{M}$, relativement à $S$, équivaut à la donnée d'une 1-PD-connexion sur $\underline{M}$, relativement à $S$.

En effet, d'après I 4.4.3, l'homomorphisme canonique

(1.2.3) $$P^1_{X/S} \longrightarrow \underline{D}^1_{X/S}(1)$$

est un isomorphisme.

Proposition 1.2.4. Soient $X$, $Y$, $Y'$ trois S-schémas, $g : Y \longrightarrow X$ un S-morphisme, $Y \longrightarrow Y'$ une S-immersion fermée, définie par un idéal $\underline{I}$ de $\underline{O}_{Y'}$, et $h_o, h_1 : Y' \to X$ deux S-morphismes induisant $g$ sur $Y$. Alors :

i) si $\underline{I}^{n+1} = 0$, et si $\underline{M}$ est un $\underline{O}_X$-module muni d'une n-connexion $\varepsilon$ relativement à $S$, il existe un isomorphisme

$$\varepsilon_{h_o,h_1} : h_1^*(\underline{M}) \xrightarrow{\sim} h_o^*(\underline{M}) \quad ;$$

ii) si $\underline{I}$ est muni d'une PD-structure telle que $\underline{I}^{[n+1]} = 0$, et si $\underline{M}$ est un $\underline{O}_X$-module muni d'une n-PD-connexion $\varepsilon$ relativement à $S$, il existe un isomorphisme

$$\varepsilon_{h_o,h_1} : h_1^*(\underline{M}) \xrightarrow{\sim} h_o^*(\underline{M}) \quad ;$$

iii) si $X$ est un schéma de torsion, si $\underline{I}$ est muni d'une PD-structure, et si $\underline{M}$ est un $\underline{O}_X$-module muni d'une pseudo-stratification $\varepsilon$ relativement à $\underline{D}(X/S)$, il existe un isomorphisme

$$\varepsilon_{h_o,h_1} : h_1^*(\underline{M}) \xrightarrow{\sim} h_o^*(\underline{M}) \quad .$$

La donnée de $h_o$ et $h_1$ définit un S-morphisme $h : Y' \longrightarrow X \times_S X$, tel que $h_o = p_o \circ h$, $h_1 = p_1 \circ h$, où $p_o$ et $p_1$ sont les projections de $X \times_S X$ sur $X$. Sous les hypothèses de i) (resp. ii), iii)), $h$ se factorise par un morphisme $\overline{h}$ de $Y'$ dans le n-ième voisinage infinitésimal $P^n_{X/S}(1)$ de la diagonale dans $X \times_S X$ (resp. le n-ième voisinage infinitésimal à puissances divisées $D^n_{X/S}(1)$, le voisinage infinitésimal à puissances divisées d'ordre infini $D_{X/S}(1)$ (I 4.3.3)). Si $p'_o$ ,

$p_1'$ sont les projections de ce voisinage infinitésimal sur $X$ , la n-connexion sur $\underline{M}$ (resp. n-PD-connexion, pseudo-stratification relativement à $\underline{D}(X/S)$) peut s'interpréter comme un isomorphisme

$$\varepsilon : p_1'^*(\underline{M}) \longrightarrow p_o'^*(\underline{M}) \quad ;$$

prenant l'image inverse par $\bar{h}$ , on trouve l'isomorphisme $\varepsilon_{h_o h_1}$ .

1.2.5. Soient $X = (A, P_X^n, d_o^n, d_1^n, \pi^n, \delta^{m,n})$ et $X' = (A', P_{X'}^n, d_o'^n, d_1'^n, \pi'^n, \delta'^{m,n})$ deux catégories formelles de $\underline{T}$ , et $\Phi = (\varphi, \psi^n)$ un morphisme de $X$ dans $X'$ (1.1.6). Soit $M$ un objet de $\underline{F}_A$ , et posons

$$M' = M \otimes_A A' \quad .$$

Alors on a des isomorphismes canoniques (transitivité de l'image directe dans une catégorie cofibrée)

$$(P_X^n \otimes_A M) \otimes_{P_X^n} P_{X'}^n \xrightarrow{\sim} P_{X'}^n \otimes_{A'} M'$$

$$(M \otimes_A P_X^n) \otimes_{P_X^n} P_{X'}^n \xrightarrow{\sim} M' \otimes_{A'} P_{X'}^n \quad .$$

Par suite, toute n-connexion $\varepsilon$ (resp. pseudo-stratification) sur $M$ relativement à $X$ définit une n-connexion $\varepsilon'$ (resp. pseudo-stratification) sur $M'$ relativement à $X'$ , par le changement de base $\psi^n : P_X^n \longrightarrow P_{X'}^n$ .

<u>Exemples</u> 1.2.6. a) Soit $f : X \longrightarrow S$ un morphisme de schémas. Alors on a vu (1.1.7 a)) qu'il existe un morphisme canonique de groupoïdes formels $\underline{P}(X/S) \longrightarrow \underline{D}(X/S)$ . Toute n-connexion sur un $\underline{O}_X$-module $\underline{M}$ définit donc une n-PD-connexion sur $\underline{M}$ , qui se déduit de la n-connexion donnée par l'homomorphisme canonique $\underline{P}_{X/S}^n \longrightarrow \underline{D}_{X/S}^n(1)$ .

b) Soit $f : X \longrightarrow S$ un morphisme de schémas, $X$ étant un schéma de torsion. Alors on a vu (1.1.7 b)) qu'il existe un morphisme canonique $\underline{D}(X/S) \longrightarrow \hat{\underline{D}}(X/S)$. Toute pseudo-stratification sur un $\underline{O}_X$-module $\underline{M}$ relativement à $\underline{D}(X/S)$ définit donc pour tout $n$ une n-PD-connexion sur $\underline{M}$ relativement à $S$ , qui se déduit de la pseudo-stratification donnée par l'homomorphisme canonique $\underline{D}_{X/S}(1) \longrightarrow \underline{D}_{X/S}^n(1)$ .

c) Soit un carré commutatif de morphismes de schémas

$$\begin{array}{ccc} X' & \xrightarrow{u} & X \\ \downarrow & & \downarrow \\ S' & \longrightarrow & S \end{array} .$$

Si $\underline{M}$ est un $\underline{O}_X$-module muni d'une n-connexion $\varepsilon$ (resp. pseudo-stratification) relativement à $\hat{\underline{P}}(X/S)$ , $\hat{\underline{D}}(X/S)$ , ou $\underline{D}(X/S)$ lorsque $X$ est un schéma de torsion, alors $u^{-1}(\underline{M})$ est muni d'une n-connexion (resp. pseudo-stratification) relativement à $u^*(\hat{\underline{P}}(X/S))$ , $u^*(\hat{\underline{D}}(X/S))$ ou $u^*(\underline{D}(X/S))$ respectivement, (1.1.9), obtenue en prenant l'image inverse de $\varepsilon$ par $u$ . Si maintenant on applique 1.2.5 respectivement aux morphismes (1.1.22), (1.1.23) ou (1.1.24), on en déduit une n-connexion (resp. pseudo-stratification) sur $u^*(\underline{M}) = u^{-1}(\underline{M}) \otimes_{u^{-1}(\underline{O}_X)} \underline{O}_{X'}$ relativement à $\hat{\underline{P}}(X'/S')$ , $\hat{\underline{D}}(X'/S')$ ou $\underline{D}(X'/S')$ respectivement, qu'on appellera <u>image inverse de</u> $\varepsilon$ .

1.3. <u>Stratifications</u>.

Si on considère la situation de 1.2.4, on voit que si l'on se donne trois S-morphismes $h_o$ , $h_1$ , $h_2$ de $Y'$ dans $X$ , induisant $g$ sur $Y$ , on ne sait pas en général comparer les isomorphismes $\varepsilon_{h_o,h_1}, \varepsilon_{h_1,h_2}$ et $\varepsilon_{h_o,h_2}$ obtenus. On est donc amené, pour obtenir des notions plus maniables, à introduire des conditions supplémentaires dans les définitions précédentes.

Soit $X = (A, P^n_X, d^n_o, d^n_1, \pi^n, \delta^{m,n})$ une catégorie formelle. Il existe trois homomorphismes naturels de $P^{m+n}_X$ dans $P^m_X \otimes_A P^n_X$ , à savoir les homomorphismes $q^{m,n}_o$ et $q^{m,n}_1$ définis en (1.1.9), et l'homomorphisme $\delta^{m,n}$ . Il existe également trois homomorphismes naturels de $A$ dans $P^m_X \otimes_A P^n_X$ , à savoir $q^{m,n}_o \circ d^{m+n}_o$ , $q^{m,n}_o \circ d^{m+n}_1 = q^{m,n}_1 \circ d^{m+n}_o$ , $q^{m,n}_1 \circ d^{m+n}_1$ ; pour tout objet $M$ de $\underline{F}_A$ , on notera respectivement

$$M \otimes_A P^m_X \otimes_A P^n_X \quad , \quad P^m_X \otimes_A M \otimes_A P^n_X \quad , \quad P^m_X \otimes_A P^n_X \otimes_A M \ ,$$

les trois images directes de $M$ dans $\underline{F}_{P^m_X \otimes_A P^n_X}$ par ces trois homomorphismes.

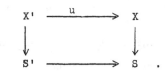

D'autre part, si $f : A \to B$ est un homomorphisme d'anneaux de $\underline{T}$ , et $\varphi$ un morphisme de $\underline{F}_A$ , nous noterons $f^*(\varphi)$ son image directe par f dans $\underline{F}_B$ (l'étoile étant mise en exposant pour se conformer à l'intuition géométrique).

Définition 1.3.1. Soit $X = (A, P_X^n, d_0^n, d_1^n, \pi^n, \delta^{m,n})$ une catégorie formelle de $\underline{T}$ . On dit qu'une n-connexion $\varepsilon$ sur un objet M de $\underline{F}_A$ vérifie la condition de transitivité si l'on a pour $0 \leqslant k \leqslant n$ (avec les notations de 1.3)

(1.3.1) $$\delta^{k,n-k^*}(\varepsilon) = q_0^{k,n-k^*}(\varepsilon) \circ q_1^{k,n-k^*}(\varepsilon) .$$

On appelle stratification sur M une pseudo-stratification $(\varepsilon_n)$ telle que, pour tout n , $\varepsilon_n$ vérifie la condition de transitivité.

1.3.2. Soit $f : X \longrightarrow S$ un morphisme de schémas. Alors on peut introduire pour $\hat{\underline{P}}(X/S)$ et $\hat{\underline{D}}(X/S)$ des conditions de transitivité légèrement différentes.

Considérons d'abord le cas de $\hat{\underline{P}}(X/S)$. On note $\underline{P}_{X/S}(2)$ l'algèbre (sur X) du n-ième voisinage de la diagonale dans $X^3{}_{/S}$ . On a trois homomorphismes naturels $\underline{P}^n_{X/S} \longrightarrow \underline{P}^n_{X/S}(2)$ , notés $q_0^n$ , $q_1^n$ , et $\delta^n$ , et correspondant respectivement aux trois projections de $X^3{}_{/S}$ sur $X^2{}_{/S}$ définis par les deux premiers facteurs, les deux derniers facteurs, le premier et le troisième facteur de $X^3{}_{/S}$ .

Dans le cas de $\hat{\underline{D}}(X/S)$, on considère de même, l'algèbre $\underline{D}^n_{X/S}(2)$ du n-ième voisinage infinitésimal à puissances divisées de la diagonale dans $X^3{}_{/S}$ (I 4.3.1). On a encore trois homomorphismes naturels $\underline{D}^n_{X/S}(1) \longrightarrow \underline{D}^n_{X/S}(2)$ , correspondant aux projections de $X^3{}_{/S}$ sur $X^2{}_{/S}$ , et notés $q_0^n$ , $q_1^n$ et $\delta^n$ .

Proposition 1.3.3. Soit $f : X \longrightarrow S$ un morphisme de schémas.

i) Pour qu'une pseudo-stratification $(\varepsilon_n)$ sur un objet M de $\underline{F}_{\underline{O}_X}$ relativement à $\hat{\underline{P}}(X/S)$ (resp. $\hat{\underline{D}}(X/S)$) soit une stratification, il faut et il suffit que pour tout n

(1.3.2) $$\delta^{n*}(\varepsilon_n) = q_0^{n*}(\varepsilon_n) \circ q_1^{n*}(\varepsilon_n) .$$

ii) Si $\underline{M}$ est un $\underline{O}_X$-module, toute connexion $\varepsilon$ sur $\underline{M}$ relativement à S vérifie la condition

(1.3.3) $$\delta^{1*}(\varepsilon) = q_o^{1*}(\varepsilon) \circ q_1^{1*}(\varepsilon) \quad .$$

Pour prouver l'assertion i), on observe qu'il existe des homomorphismes canoniques

$$\underline{P}^n_{X/S} \otimes_{\underline{O}_X} \underline{P}^n_{X/S} \longrightarrow \underline{P}^n_{X/S}(2) \quad , \quad \underline{P}^{m+n}_{X/S}(2) \longrightarrow \underline{P}^m_{X/S} \otimes_{\underline{O}_X} \underline{P}^n_{X/S}$$

(resp. $\underline{D}^n_{X/S}(1) \otimes_{\underline{O}_X} \underline{D}^n_{X/S}(1) \longrightarrow \underline{D}^n_{X/S}(2)$ , $\underline{D}^{m+n}_{X/S}(2) \longrightarrow \underline{D}^m_{X/S}(1) \otimes_{\underline{O}_X} \underline{D}^n_{X/S}(1)$) dont les composés dans les deux sens donnent les morphismes de transition, et commutant aux homomorphismes $q_o^{m,n}$ , $q_1^{m,n}$ , $\delta^{m,n}$ d'une part, et $q_o^n$ , $q_1^n$ , $\delta^n$ d'autre part. L'équivalence de (1.3.2) pour tout $n$ et (1.3.1) pour tous $n$ et $k$ en résulte, grâce aux morphismes de changement de base correspondants.

Pour montrer ii), on observe que

$$\underline{P}^1_{X/S}(2) = \underline{P}^1_{X/S} \otimes_{\underline{O}_X} \underline{P}^1_{X/S} \,/\, \underline{I} \otimes_{\underline{O}_X} \underline{I} \quad ,$$

où $\underline{I}$ est l'idéal d'augmentation de $\underline{P}^1_{X/S}$ , de sorte que pour la structure de $\underline{O}_X$-algèbre "du milieu", on peut écrire la décomposition en somme directe

$$\underline{P}^1_{X/S}(2) = q_o^1(\underline{I}) \oplus \underline{O}_X \oplus q_1^1(\underline{I}) \quad .$$

Il suffit de montrer que l'automorphisme $q_1^{1*}(\varepsilon) \circ \delta^{1*}(\varepsilon)^{-1} \circ q_o^1(\varepsilon)$ de $\underline{M} \otimes_{\underline{O}_X} \underline{P}^1_{X/S}(2)$ (le produit tensoriel étant pris par la structure de $\underline{O}_X$-algèbre du milieu) est l'identité. Or il donne l'identité après réduction modulo chacun des idéaux $q_o^1(\underline{I})$ et $q_1^1(\underline{I})$ : cela résulte du fait que la réduction modulo $\underline{I}$ d'une connexion est l'identité, et de relations évidentes entre $q_o^1$ , $q_1^1$ , $\delta^1$ , et l'augmentation. D'après la décomposition de $\underline{P}^1_{X/S}(2)$ , les sous-modules $q_o^1(\underline{I}).(\underline{M} \otimes_{\underline{O}_X} \underline{P}^1_{X/S}(2))$ et $q_1^1(\underline{I}).(\underline{M} \otimes_{\underline{O}_X} \underline{P}^1_{X/S}(2))$ sont d'intersection nulle, d'où le résultat.

L'assertion 1.3.3 i) montre donc que la condition de transitivité pour les stratifications relativement à $\hat{\underline{P}}(X/S)$ et $\hat{\underline{D}}(X/S)$ est la condition habituelle (cf. [21]). Il en est de même pour les stratifications relativement à $\underline{D}(X/S)$ lorsque $X$ est un schéma de torsion, grace au lemme suivant :

<u>Lemme</u> 1.3.4. <u>Soit</u> $f : X \longrightarrow S$ <u>un morphisme de schémas</u>. <u>Si</u> $X$ <u>est un schéma</u>

de torsion, il existe un isomorphisme canonique

$$\underline{D}_{X/S}(k) \otimes_{\underline{O}_X} \underline{D}_{X/S}(k') \xrightarrow{\sim} \underline{D}_{X/S}(k+k') \quad ,$$

où le produit tensoriel est pris pour la structure de $\underline{O}_X$-algèbre la plus à droite sur $\underline{D}_{X/S}(k)$ et la plus à gauche sur $\underline{D}_{X/S}(k')$ .

On définit les homomorphismes $\underline{D}_{X/S}(k) \longrightarrow \underline{D}_{X/S}(k+k')$ et $\underline{D}_{X/S}(k') \longrightarrow \underline{D}_{X/S}(k+k')$ en prenant ceux qui correspondent aux projections de $X^{k+k'+1}{}_{/S}$ sur $X^{k+1}{}_{/S}$ et $X^{k'+1}{}_{/S}$ définies respectivement par les $k+1$ premiers et les $k'+1$ derniers facteurs. Pour voir que c'est un isomorphisme, on peut tout supposer affine, ce qui ramène au lemme suivant :

Lemme 1.3.5. Soient $\underline{T}$ un U-topos, A un anneau de $\underline{T}$ , B et C deux A-algèbres augmentées, I et J leurs idéaux d'augmentation. Il existe un PD-isomorphisme canonique

$$\underline{D}_B(I) \otimes_A \underline{D}_C(J) \xrightarrow{\sim} \underline{D}_{B \otimes_A C}(I \otimes_A C + B \otimes_A J) \quad .$$

La définition de l'homomorphisme est claire. D'autre part, l'idéal $\overline{I} \otimes_A \underline{D}_C(J) + \underline{D}_B(I) \otimes_A \overline{J}$ de $\underline{D}_B(I) \otimes_A \underline{D}_C(J)$ est canoniquement muni d'une PD-structure d'après I 1.7.1, d'où un PD-morphisme en sens inverse par la propriété universelle de l'enveloppe à puissances divisées ; il est clair qu'on obtient ainsi deux isomorphismes inverses l'un de l'autre.

Définition 1.3.6. Soient $f : X \longrightarrow S$ un morphisme de schémas, et $\underline{F}$ une catégorie cofibrée sur la catégorie des faisceaux d'anneaux sur X .

i) On appelle stratification sur un objet M de $\underline{F}_{\underline{O}_X}$ , relativement à S , une stratification sur M relativement à $\hat{\underline{P}}(X/S)$ ;

ii) on appelle PD-stratification sur M , relativement à S , une stratification sur M relativement à $\hat{\underline{D}}(X/S)$ ;

iii) si X est un schéma de torsion, on appelle hyper-PD-stratification

(*) sur M , relativement à S , une stratification sur M relativement à $\underline{D}(X/S)$.

Lorsqu'aucune confusion ne sera possible, on omettra de mentionner "relativement à S" .

Revenons maintenant aux considérations de 1.3.

Proposition 1.3.7. Soient X , Y , Y' trois S-schémas, $g : Y \longrightarrow X$ un S-morphisme, $Y \longrightarrow Y'$ une S-immersion fermée, définie par un idéal $\underline{I}$ de $\underline{O}_{Y'}$ , et $h_o$ , $h_1$ , $h_2 : Y' \longrightarrow X$ trois S-morphismes induisant g sur Y . Alors, avec les notations de 1.2.4,

i) si $\underline{I}$ est nilpotent, et si $\underline{M}$ est un $\underline{O}_X$-module muni d'une stratification $\varepsilon$ relativement à S , on a

$$\varepsilon_{h_o,h_2} = \varepsilon_{h_o,h_1} \circ \varepsilon_{h_1,h_2} ;$$

ii) si $\underline{I}$ est muni d'une PD-structure PD-nilpotente, et si $\underline{M}$ est un $\underline{O}_X$-module d'une PD-stratification $\varepsilon$ relativement à S , on a

$$\varepsilon_{h_o,h_2} = \varepsilon_{h_o,h_1} \circ \varepsilon_{h_1,h_2} ;$$

iii) si X est un schéma de torsion, si $\underline{I}$ est muni d'une PD-structure, et si $\underline{M}$ est un $\underline{O}_X$ - module muni d'une hyper-PD-stratification $\varepsilon$ , on a

$$\varepsilon_{h_o,h_2} = \varepsilon_{h_o,h_1} \circ \varepsilon_{h_1,h_2} .$$

La donnée des trois morphismes de Y' dans X définit un S-morphisme h de Y' dans $X^3{}_{/S}$ , tel que $h_o = p_o \circ h$ , $h_1 = p_1 \circ h$ , $h_2 = p_2 \circ h$ . Selon les trois cas envisagés, h se factorise par l'un des $P^n_{X/S}(2)$ , l'un des $D^n_{X/S}(2)$ ou $D_{X/S}(2)$ . Les relations de 1.3.7 ne sont alors que les images inverses par h des relations de transitivité (1.3.2) dans les deux premiers cas, et (1.3.1) dans le troisième, compte tenu de 1.3.4.

---

(*) Les hyper-PD-stratifications étaient appelées p-PD-stratifications dans [2] ; le changement de terminologie tient à ce que, avec la présentation adoptée ici, il n'y a plus lieu de faire figurer un entier p particulier dans la notation.

Proposition 1.3.8. Avec les notations de 1.2.5, soit $X \longrightarrow X'$ un morphisme de catégories formelles. Alors, pour tout objet $M$ de $\underline{F}_A$ , et toute stratification $(\varepsilon_n)$ de $M$ relativement à $X$ , la pseudo-stratification relativement à $X'$ définie par $(\varepsilon_n)$ sur $M' = M \otimes_A A'$ est une stratification.

C'est clair.

Reprenant les exemples de 1.2.6, on voit donc que si $f : X \longrightarrow S$ est un morphisme de schémas, toute stratification sur un $\underline{O}_X$-module $\underline{M}$ définit une PD-stratification sur $\underline{M}$ . De même, lorsque $X$ est un schéma de torsion, toute hyper-PD-stratification sur $\underline{M}$ définit une PD-stratification sur $M$ .

Enfin, le foncteur image inverse défini en 1.2.6 c) transforme un $\underline{O}_X$-module muni d'une stratification (resp. PD-stratification, hyper-PD-stratification) en un $\underline{O}_{X'}$-module muni d'une stratification (resp. PD-stratification, hyper-PD-stratification).

1.4. Stratifications : autre définition.

On introduit maintenant une autre facon de se donner une n-connexion (resp. une stratification) relativement à une catégorie formelle. Rappelons que, $\underline{F}$ étant une catégorie cofibrée au-dessus de la catégorie $\underline{A}$ des anneaux de $\underline{T}$ , on dit, pour tout morphisme $f : A \longrightarrow B$ d'anneaux, qu'un morphisme de $\underline{F}$ est un f-morphisme si sa projection sur $\underline{A}$ est $f$ .

1.4.1. Soit $X = (A,P^n_X,d^n_o,d^n_1,\pi^n,\delta^{m,n})$ une catégorie formelle. Si $M$ est un objet de $\underline{F}_A$ , la donnée d'une n-connexion $\varepsilon$ sur $M$ définit un $d_1$-morphisme

$$(1.4.1) \qquad \theta : M \longrightarrow M \otimes_A P^n_X$$

obtenu comme étant le composé

$$M \longrightarrow P^n_X \otimes_A M \xrightarrow{\ \underset{\sim}{\varepsilon}\ } M \otimes_A P^n_X \ ,$$

où le premier morphisme est le morphisme de changement de base défini par $d_1$ .

Proposition 1.4.2. Soit $X$ un groupoïde formel de $\underline{T}$ , tel que le noyau $I$ de

$\pi^n : P^n_X \longrightarrow A$ *soit un idéal localement nilpotent. Alors la donnée d'une* n-*connexion* $\varepsilon$ *sur un* A-*module* M *équivaut à la donnée d'un homomorphisme* $d_1$-*linéaire*

$$\theta : M \longrightarrow M \otimes_A P^n_X$$

*donnant l'identité par réduction modulo* I.

Toute n-connexion $\varepsilon$ définit un tel homomorphisme $\theta$ par 1.4.1. Inversement, un homomorphisme $d_1$-linéaire $\theta$ se factorise en un homomorphisme $P^n_X$ -linéaire

$$\varepsilon : P^n_X \otimes_A M \longrightarrow M \otimes_A P^n_X \quad ,$$

et l'hypothèse sur $\theta$ entraîne que la réduction modulo I de $\varepsilon$ est l'identité de M . Il suffit donc de montrer que $\varepsilon$ est un isomorphisme. Or l'automorphisme $\sigma^n$ de $P^n_X$ (cf. 1.1.3) définit un isomorphisme $\sigma^n$-linéaire

$$\sigma^n_M : M \otimes_A P^n_X \xrightarrow{\sim} P^n_X \otimes_A M \quad .$$

Il suffit alors de montrer que $\sigma^n_M \circ \varepsilon$ est un isomorphisme. Or $(\sigma^n_M \circ \varepsilon)^2$ est un endomorphisme $P^n_X$-linéaire, car $(\sigma^n)^2 = \mathrm{Id}$ , et il induit l'identité de M modulo I ; comme I est nilpotent, $(\sigma^n_M \circ \varepsilon)^2$ est donc un isomorphisme, et $\varepsilon$ aussi.

**Proposition 1.4.3.** *Soient* X *une catégorie formelle de* $\underline{T}$ , *et* M *un objet de* $\underline{F}_A$ *muni d'une pseudo-stratification* $(\varepsilon_n)$ . *Pour que* $(\varepsilon_n)$ *soit une stratification, il faut et suffit que pour tous* $m , n \in \underline{\mathbb{N}}$ *on ait le diagramme commutatif*

(1.4.2)
$$\begin{array}{ccc} M \otimes_A P^{m+n}_X & \xrightarrow{\mathrm{Id}_M \otimes \delta^{m,n}} & M \otimes_A P^m_X \otimes_A P^n_X \\ \uparrow{\scriptstyle \theta_{m+n}} & & \uparrow{\scriptstyle \theta_m \otimes \mathrm{Id}} \\ M & \xrightarrow[\theta_n]{} & M \otimes_A P^n_X \end{array}$$

*où* $\theta_n$ *est le morphisme* $d_1$-*linéaire défini par* $\varepsilon_n$ (1.4.1).

On considère le diagramme

(1.4.3)

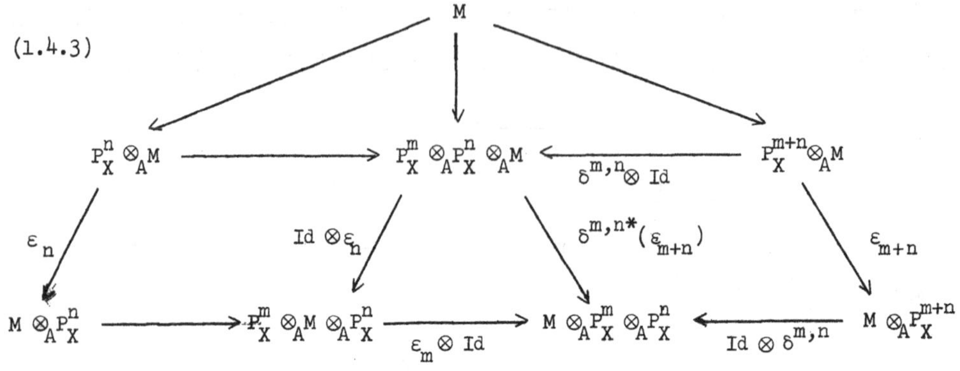

où les flèches non désignées sont les morphismes de changement de base. Le circuit extérieur n'est autre que (1.4.2), tandis que le triangle central est celui dont la commutativité définit la condition de transitivité de (1.3.1) (noter que $q_0^{m,n}$ et $q_1^{m,n}$ se factorisent respectivement par $P_X^m$ et $P_X^n$ , de sorte que $\varepsilon_m \otimes \mathrm{Id} = q_0^{m,n*}(\varepsilon_{m+n})$ et $\mathrm{Id} \otimes \varepsilon_n = q_1^{m,n*}(\varepsilon_{m+n})$) . Comme il est facile de voir que toutes les autres cellules du diagramme sont commutatives, la commutativité du triangle central entraine celle de (1.4.2). Réciproquement, la commutativité de (1.4.2) entraîne celle de

$$
\begin{array}{ccc}
 & & M \otimes_A P_X^m \otimes_A P_X^n \\
 & \overset{\delta^{m,n*}(\varepsilon_{m+n})}{\nearrow} & \uparrow q_0^{m,n*}(\varepsilon_m) \\
M \longrightarrow P_X^m \otimes_A P_X^n \otimes_A M & & \\
 & \underset{q_1^{m,n*}(\varepsilon_n)}{\searrow} & P_X^m \otimes_A M \otimes_A P_X^n
\end{array}
$$

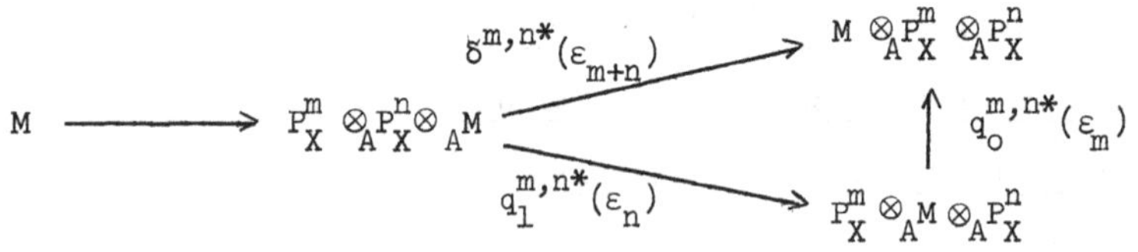

qui équivaut, grâce à l'isomorphisme d'adjonction correspondant au changement de base $q_1^{m,n} \circ d_1^{m+n} : A \longrightarrow P_X^m \otimes_A P_X^n$ , à la commutativité du triangle, donc entraîne que $(\varepsilon_n)$ est une stratification.

Corollaire 1.4.4. Soient $X$ un groupoïde formel de $\underline{T}$ , $M$ un objet de $\underline{F}_A$ . Alors la donnée d'une stratification sur $M$ relativement à $X$ équivaut à la donnée d'une famille de $d_1$-morphismes

$$\theta_n : M \longrightarrow M \otimes_A P_X^n$$

*tels que*

i) *pour* $m \leqslant n$ , *le diagramme*

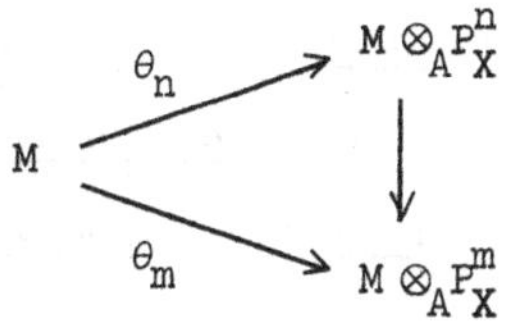


*est commutatif* ;

ii) *pour tout* $n$ , *le composé de* $\theta_n$ *et du morphisme de changement de base* $M \otimes_A P^n_X \longrightarrow M$ *relatif à* $\pi^n$ *est l'identité de* $M$ ;

iii) *pour tous* $m , n \in \underline{\underline{N}}$ , *le diagramme* (1.4.2) *est commutatif.*

On a vu (1.4.3) que toute stratification définit des morphismes $\theta_n$ vérifiant les propriétés i) à iii). Inversement, soit $(\theta_n)$ une famille de $d_1$-morphismes vérifiant les propriétés i) à iii). Puisque les $\theta_n$ sont des $d_1$-morphismes, on en déduit par la propriété universelle de l'image directe une unique factorisation

$$\theta_n : M \longrightarrow P^n_X \otimes_A M \xrightarrow{\varepsilon_n} M \otimes_A P^n_X \quad .$$

Or la démonstration de 1.4.3 n'utilise pas le fait que les $\varepsilon_n$ soient des isomorphismes ; puisque les $\theta_n$ vérifient la condition de commutativité (1.4.2), les $\varepsilon_n$ vérifient la condition de transitivité (1.3.1). D'autre part, il est clair que les $\varepsilon_n$ donnent l'identité de $M$ par le changement de base $\pi^n : P^n_X \longrightarrow A$ . Il reste donc seulement à voir que les $\varepsilon_n$ sont des isomorphismes.

Considérons alors les deux homomorphismes $P^n_X \otimes_A P^n_X \longrightarrow P^n_X$ donnés par $\sigma^n.\mathrm{Id}$ et $\mathrm{Id}.\sigma^n$ ; si on applique à la relation de transitivité (1.3.1) les deux foncteurs image directe correspondants, on obtient les relations

$$\varepsilon_n \circ \sigma^{n*}(\varepsilon_n) = \mathrm{Id} \quad , \quad \sigma^{n*}(\varepsilon_n) \circ \varepsilon_n = \mathrm{Id} \quad ,$$

donc $\varepsilon_n$ est un isomorphisme. D'où la proposition.

## 1.5. *Opérations sur les objets munis de stratifications.*

Indiquons sommairement quelques opérations sur les objets munis de connexions (resp. stratifications).

Définition 1.5.1. Soit X une catégorie formelle de $\underline{T}$ . Si M et M' sont deux objets de $\underline{F}_A$ , munis de n-connexions $\varepsilon$ et $\varepsilon'$ (resp. de pseudo-stratifications $(\varepsilon_n)$ et $(\varepsilon'_n)$) , et si $f : M \longrightarrow M'$ est un morphisme de $\underline{F}_A$ , on dit que f est compatible aux n-connexions (resp. aux pseudo-stratifications), ou encore que f est horizontal, si le carré

$$\begin{array}{ccc} P^n_X \otimes_A M & \longrightarrow & M \otimes_A P^n_X \\ {\scriptstyle Id \otimes f}\downarrow & & \downarrow{\scriptstyle f \otimes Id} \\ P^n_X \otimes_A M' & \longrightarrow & M' \otimes_A P^n_X \end{array}$$

est commutatif (resp. si f est compatible à $\varepsilon_n$ et $\varepsilon'_n$ pour tout n ).

On peut, pour les stratifications, donner une définition équivalente en termes des morphismes $\theta_n$ .

On déduit de cette définition les notions évidentes de sous-objet à connexion (resp. à stratification), et, lorsque cette dernière existe dans $\underline{F}_A$ , d'objet quotient à connexion (resp. à stratification). En particulier

Proposition 1.5.2. Soit X une catégorie formelle de $\underline{T}$ . On suppose que $d^n_o$ , $d^n_1 : A \longrightarrow P^n_X$ sont des morphismes plats (resp. pour tout n). Alors la catégorie des A-modules munis d'une n-connexion (resp. d'une stratification) relativement à X , avec pour morphismes les morphismes horizontaux, est une catégorie abélienne, et la formation des noyaux et conoyaux commute à l'oubli de la n-connexion (resp. de la stratification).

Soit

$$0 \longrightarrow N \longrightarrow M \xrightarrow{f} M' \longrightarrow K \longrightarrow 0$$

une suite exacte où M et M' sont munis de n-connexions $\varepsilon$ et $\varepsilon'$ , f étant un homomorphisme horizontal. D'après l'hypothèse de platitude, on a le diagramme commutatif suivant, à lignes exactes

$$\begin{array}{ccccccccc}
0 & \longrightarrow & P^n_X\otimes_A N & \longrightarrow & P^n_X\otimes_A M & \longrightarrow & P^n_X\otimes_A M' & \longrightarrow & P^n_X\otimes_A K & \longrightarrow & 0 \\
 & & \downarrow & & \varepsilon \downarrow\wr & & \varepsilon' \downarrow\wr & & \downarrow & & \\
0 & \longrightarrow & N\otimes_A P^n_X & \longrightarrow & M\otimes_A P^n_X & \longrightarrow & M'\otimes_A P^n_X & \longrightarrow & K\otimes_A P^n_X & \longrightarrow & 0
\end{array} ;$$

on en déduit une n-connexion sur N et sur K , et on voit aussitot qu'ils sont noyau et conoyau de f dans la catégorie des A-modules munis d'une n-connexion. Si tous les $P^n_X$ sont plats sur A , et si M et M' sont munis de stratifications, N et K sont ainsi munis d'une pseudo-stratification, et il résulte immédiatement de la condition de transitivité pour $\varepsilon$ et $\varepsilon'$ que ces pseudo-stratifications sont des stratifications ; là encore, N et K sont alors noyau et conoyau de f dans la catégorie des A-modules munis d'une stratification.

1.5.3. Si M et N sont deux A-modules munis d'une n-connexion (resp. d'une stratification), il résulte de la commutativité du produit tensoriel avec l'extension des scalaires que le A-module $M\otimes_A N$ est canoniquement muni d'une n-connexion (resp. d'une stratification), appellée n-connexion (resp. stratification) produit tensoriel des n-connexions (resp. stratifications) données. La catégorie des A-modules munis d'une n-connexion (resp. stratification) relativement à X possède donc un produit tensoriel.

1.5.4. Si X est une catégorie formelle de $\underline{T}$ , telle que les $P^n_X$ soient des A-algèbres localement libres de type fini comme A-modules, pour chacun des morphismes $d^n_0$ , $d^n_1$ (condition qui est remplie en particulier par $\hat{\underline{P}}(X/S)$ et $\hat{\underline{D}}(X/S)$ lorsque X est différentiellement lisse localement de type fini sur S , d'après EGA IV 16.10,1, et I 4.5.3), alors on a, quelques soient les A-modules M , N

$$\underline{\mathrm{Hom}}_A(M,N)\otimes_A P^n_X \xrightarrow{\sim} \underline{\mathrm{Hom}}_{P^n_X}(M\otimes_A P^n_X, N\otimes_A P^n_X) ,$$

$$P^n_X\otimes_A \underline{\mathrm{Hom}}_A(M,N) \xrightarrow{\sim} \underline{\mathrm{Hom}}_{P^n_X}(P^n_X\otimes_A M, P^n_X\otimes_A M) .$$

Si M , N sont munis d'une n-connexion (resp. d'une stratification) relativement à X , il en résulte que $\underline{\mathrm{Hom}}_A(M,N)$ est canoniquement muni d'une n-connexion (resp.

stratification) relativement à $X$ . La catégorie des A-modules munis d'une n-connexion (resp. stratification) est donc sous ces hypothèses munie d'un Hom interne.

## 2. Opérateurs différentiels et stratifications.

Classiquement, se donner une connexion sur un $\underline{O}_X$-module $\underline{M}$ relativement à une base $S$ , $X$ étant un schéma lisse sur $S$ , revient à faire opérer les S-dérivations de $\underline{O}_X$ sur le module $\underline{M}$ . Nous allons maintenant développer ce point de vue pour les connexions et les stratifications dans le cadre général des catégories formelles.

### 2.1. Opérateurs différentiels relativement à une catégorie formelle.

On désigne toujours par $\underline{T}$ un $\underline{U}$-topos, et par $\underline{A}$ la catégorie des anneaux de $\underline{T}$ . Pour simplifier, on supposera que la catégorie $\underline{F}$ cofibrée sur $\underline{A}$ est la catégorie des modules sur des anneaux variables de $\underline{T}$ .

Définition 2.1.1. Soient $X = (A,P^n_X,d^n_o,d^n_1,\pi^n,\delta^{m,n})$ une catégorie formelle de $\underline{T}$ , $M$ , $N$ deux A-modules. On appelle opérateur différentiel d'ordre $\leqslant n$ de $M$ dans $N$ relativement à $X$ tout homomorphisme A-linéaire à gauche

$$f : P^n_X \otimes_A M \longrightarrow N \quad .$$

L'expression "à gauche" signifie que $P^n_X \otimes_A M$ est considéré comme A-module par la structure correspondant à $d_o$ .

Lorsqu'aucune confusion n'est possible, on omettra de mentionner "relativement à $X$ ". Si $M$ , $N$ sont deux A-modules, on notera

$$\mathrm{Diff}^n_X(M,N)$$

l'ensemble des opérateurs différentiels d'ordre $\leqslant n$ de $M$ dans $N$ , relativement à $X$ . On introduit également le faisceau des opérateurs différentiels d'ordre $\leqslant n$ de $M$ dans $N$ , relativement à $X$ , noté

$$\underline{\mathrm{Diff}}^n_X(M,N) \quad .$$

On a donc par définition

$$\underline{\mathrm{Diff}}^n_X(M,N) = \underline{\mathrm{Hom}}_A(P^n_X \otimes_A M,N) \quad , \tag{2.1.1}$$

où $P^n_X \otimes_A M$ est considéré comme A-module par la structure correspondant à $d^n_o$. On notera que $\underline{\mathrm{Diff}}^n_X(M,N)$ est muni, grâce à (2.1.1), d'une structure de $P^n_X$-module, donc en particulier de deux structures de A-modules, correspondant à $d^n_o$ et $d^n_1$.

Il résulte de 2.1.1 que tout opérateur différentiel d'ordre $\leqslant n$ définit pour tout $n' \geqslant n$ un opérateur différentiel d'ordre $\leqslant n'$, par composition avec l'homomorphisme canonique $P^{n'}_X \otimes_A M \longrightarrow P^n_X \otimes_A M$. Comme $P^{n'}_X \longrightarrow P^n_X$ est un homomorphisme surjectif (1.1.3), on a les inclusions, pour $n' \geqslant n$,

$$\mathrm{Diff}^n_X(M,N) \subset \mathrm{Diff}^{n'}_X(M,N) \quad , \quad \underline{\mathrm{Diff}}^n_X(M,N) \subset \underline{\mathrm{Diff}}^{n'}_X(M,N) \quad , \tag{2.1.2}$$

de sorte qu'on se permettra en général d'identifier $\mathrm{Diff}^n_X(M,N)$ à un sous-groupe de $\mathrm{Diff}^{n'}_X(M,N)$, et $\underline{\mathrm{Diff}}^n_X(M,N)$ à un sous-module de $\underline{\mathrm{Diff}}^{n'}_X(M,N)$. On posera

$$\mathrm{Diff}_X(M,N) = \bigcup_{n\geqslant 0} \mathrm{Diff}^n_X(M,N) \quad , \quad \underline{\mathrm{Diff}}_X(M,N) = \bigcup_{n\geqslant 0} \underline{\mathrm{Diff}}^n_X(M,N) \quad . \tag{2.1.3}$$

Notons enfin que tout homomorphisme A-linéaire $f : M \longrightarrow N$ définit un opérateur différentiel d'ordre 0 de M dans N, à savoir le composé

$$P^o_X \otimes_A M \longrightarrow M \xrightarrow{f} N \quad ,$$

où le premier homomorphisme est l'homomorphisme d'extension des scalaires par $\pi^o$. Comme $\pi^o$ est un homomorphisme surjectif, on en déduit les inclusions

$$\mathrm{Hom}_A(M,N) \subset \mathrm{Diff}^o_X(M,N) \quad , \quad \underline{\mathrm{Hom}}_A(M,N) \subset \underline{\mathrm{Diff}}^o_X(M,N) \quad , \tag{2.1.4}$$

de sorte qu'on identifiera les homomorphismes A-linéaires à des opérateurs différentiels d'ordre 0 .

__Remarque__ 2.1.2. Tout opérateur différentiel f d'ordre $\leqslant n$ de M dans N définit un homomorphisme (non A-linéaire en général) de M dans N, noté $f^\flat$, à savoir le composé

$$f^\flat : M \longrightarrow P^n_X \otimes_A M \xrightarrow{f} N \quad , \tag{2.1.5}$$

où le premier homomorphisme est l'homomorphisme d'extension des scalaires par $d_1^n$. On prendra bien garde que, contrairement à ce qui se passe pour les opérateurs habituels sur les schémas, l'application qui à f associe $f^\flat$ n'est pas injective en général : d'où la nécessité de distinguer soigneusement f et $f^\flat$, et de ne pas considérer ici les opérateurs différentiels comme des homomorphismes de M dans N.

Néanmoins, lorsque $P_X^n$ est engendré comme A-module à gauche par $d_1^n(A)$, l'application qui à f associe $f^\flat$ est injective : en effet, toute section de $P_X^1 \otimes_A M$ peut alors s'écrire localement sous la forme $\sum d_o^n(a_i) \otimes m_i$, où les $a_i$ sont des sections de A, et les $m_i$ des sections de M. Si f est un opérateur différentiel d'ordre $\leqslant n$ de M dans N, on a alors

$$f(\sum d_o^n(a_i) \otimes m_i) = \sum a_i . f^\flat(m_i)$$

puisque f est A-linéaire à gauche. Donc f est bien déterminé par $f^\flat$. Dans ce cas, il pourra nous arriver d'appeler opérateur différentiel de M dans N l'homomorphisme $f^\flat$ défini par f : cet abus de langage sera toujours signalé explicitement.

Exemples 2.1.3. Soit $f : X \longrightarrow S$ un morphisme de schémas, et considérons les différents groupoïdes formels associés à f (1.1.5).

a) Considérons d'abord le groupoïde formel $\hat{\underline{P}}(X/S)$. Alors un opérateur différentiel d'ordre $\leqslant n$ d'un $\underline{O}_X$-module $\underline{M}$ dans un $\underline{O}_X$-module $\underline{N}$ est un homomorphisme $\underline{O}_X$-linéaire à gauche $P_{X/S}^n \otimes \underline{M} \longrightarrow \underline{N}$. Comme $\underline{P}_{X/S}^n$ est engendré comme $\underline{O}_X$-module à gauche par $d_1(\underline{O}_X)$, l'application qui à un opérateur différentiel u associe $u^\flat$ est injective, de sorte que la définition donnée ici est équivalente à celle de EGA IV 16.8. On emploiera dans ce cas la terminologie d'opérateur différentiel relativement à S, et les notations

$$\mathrm{Diff}_{X/S}^n(\underline{M},\underline{N}) \qquad , \qquad \underline{\mathrm{Diff}}_{X/S}^n(\underline{M},\underline{N})$$

de EGA IV 16.8.

b) Considérons maintenant le groupoïde formel $\hat{\underline{D}}(X/S)$. Un opérateur différentiel d'ordre $\leqslant n$ de $\underline{M}$ dans $\underline{N}$ donc un homomorphisme $\underline{O}_X$-linéaire à gauche

$$\underline{D}^n_{X/S}(1) \otimes_{\underline{O}_X} \underline{M} \longrightarrow \underline{N}$$

et sera appelé opérateur PD-différentiel d'ordre $\leqslant n$ relativement à $S$ . On emploiera les notations

$$\text{PD-Diff}^n_{X/S}(\underline{M},\underline{N}) \qquad , \quad \text{PD-}\underline{\text{Diff}}^n_{X/S}(\underline{M},\underline{N})$$

au lieu de $\text{Diff}^n_{\hat{\underline{D}}(X/S)}(\underline{M},\underline{N})$ , $\underline{\text{Diff}}^n_{\hat{\underline{D}}(X/S)}(\underline{M},\underline{N})$ . On notera qu'ici l'application $u \longmapsto u^\flat$ n'est pas injective en général (cf. 2.1.7).

c) Considérons enfin le groupoïde affine $\underline{D}(X/S)$ , lorsque $X$ est de torsion. Comme pour tout $n$ on a $P^n_{\underline{D}(X/S)} = \underline{D}_{X/S}(1)$ , il n'y a pas lieu de mentionner l'ordre d'un opérateur différentiel. Un opérateur différentiel relativement à $\underline{D}(X/S)$ est donc un homomorphisme linéaire à gauche

$$\underline{D}_{X/S}(1) \otimes_{\underline{O}_X} \underline{M} \longrightarrow \underline{N} ,$$

et sera appelé opérateur hyper-PD-différentiel relativement à $S$ . On emploiera les notations

$$\text{H-PD-Diff}_{X/S}(\underline{M},\underline{N}) \qquad , \quad \text{H-PD-}\underline{\text{Diff}}_{X/S}(\underline{M},\underline{N})$$

au lieu de $\text{Diff}_{\underline{D}(X/S)}(\underline{M},\underline{N})$ , $\underline{\text{Diff}}_{\underline{D}(X/S)}(\underline{M},\underline{N})$ . Là encore, l'application $u \longmapsto u^\flat$ n'est pas injective en général.

2.1.4. Soient $X = (A,P^n_X,d^n_0,d^n_1,\pi^n,\delta^{m,n})$ et $X' = (A,P^n_{X'},d'^n_0,d'^n_1,\pi'^n,\delta'^{m,n})$ deux catégories formelles de $\underline{T}$ , et $\Phi = (\mathrm{Id}_A,\varphi^n)$ un morphisme de $X$ dans $X'$ . Alors, si $M$ et $N$ sont deux A-modules, tout opérateur différentiel d'ordre $\leqslant n$ de $M$ dans $N$ relativement à $X'$ définit un opérateur différentiel d'ordre $\leqslant n$ de $M$ dans $N$ relativement à $X$ , par composition avec l'homomorphisme $P^n_X \otimes_A M \longrightarrow P^n_{X'} \otimes_A M$ déduit de $\varphi^n$ . En particulier :

a) Soit $f : X \longrightarrow S$ un morphisme de schémas, et considérons le morphisme de groupoïdes formels $\hat{\underline{P}}(X/S) \longrightarrow \hat{\underline{D}}(X/S)$ défini par les homomorphismes canoniques $\underline{P}^n_{X/S} \longrightarrow \underline{D}^n_{X/S}(1)$ . Alors tout opérateur PD-différentiel d'ordre $\leqslant n$ définit un opérateur différentiel d'ordre $\leqslant n$ .

b) Soit encore $f : X \longrightarrow S$ un morphisme de schémas, $X$ étant un schéma de torsion. On considère le morphisme de groupoïdes formels $\underline{D}(X/S) \longrightarrow \hat{\underline{D}}(X/S)$, défini par les homomorphismes canoniques $\underline{D}_{X/S}(1) \longrightarrow \underline{D}^n_{X/S}(1)$. Alors tout opérateur PD-différentiel d'ordre $\leqslant n$ définit un opérateur hyper-PD-différentiel. Comme l'homomorphisme $\underline{D}_{X/S}(1) \longrightarrow \underline{D}^n_{X/S}(1)$ est surjectif, on obtient les inclusions

(2.1.6)
$$\text{PD-Diff}^n_{X/S}(\underline{M},\underline{N}) \subset \text{H-PD-Diff}_{X/S}(\underline{M},\underline{N}) \quad ,$$
$$\text{PD-}\underline{\text{Diff}}^n_{X/S}(\underline{M},\underline{N}) \subset \text{H-PD-}\underline{\text{Diff}}_{X/S}(\underline{M},\underline{N}) \quad ,$$

qui nous permettront de considérer tout opérateur PD-différentiel comme un opérateur hyper-PD-différentiel.

Notons la proposition suivante :

Proposition 2.1.5. *Soit* $f : X \longrightarrow S$ *un morphisme de schémas. Alors les homomorphismes canoniques*

(2.1.7)
$$\text{PD-Diff}^1_{X/S}(\underline{M},\underline{N}) \longrightarrow \text{Diff}^1_{X/S}(\underline{M},\underline{N}) \quad ,$$
$$\text{PD-}\underline{\text{Diff}}^1_{X/S}(\underline{M},\underline{N}) \longrightarrow \underline{\text{Diff}}^1_{X/S}(\underline{M},\underline{N})$$

*sont des isomorphismes.*

Cela résulte de ce que l'homomorphisme canonique
$$\underline{P}^1_{X/S} \longrightarrow \underline{D}^1_{X/S}(1)$$
est un isomorphisme (I 4.4.3).

Proposition 2.1.6. *Soit* $X$ *une catégorie formelle de* $\underline{T}$. *Avec les notations de* 2.1.1, *si* $L$, $M$, $N$ *sont trois* A-*modules, il existe pour tous* $m$, $n \in \underline{\underline{N}}$ *des accouplements canoniques, notés par le symbole* $\circ$ :

(2.1.8)
$$\text{Diff}^m_X(L,M) \times \text{Diff}^n_X(M,N) \longrightarrow \text{Diff}^{m+n}_X(L,N) \quad ,$$
$$\underline{\text{Diff}}^m_X(L,M) \times \underline{\text{Diff}}^n_X(M,N) \longrightarrow \underline{\text{Diff}}^{m+n}_X(L,N)$$

*compatibles pour* $m$ *et* $n$ *variables aux inclusions* (2.1.2), *et tels que pour toute section* $u$ *de* $\underline{\mathrm{Diff}}_X^m(L,M)$ *et toute section* $v$ *de* $\underline{\mathrm{Diff}}_X^n(M,N)$ *on ait*

(2.1.9) $$(v \circ u)^\flat = v^\flat \circ u^\flat \quad .$$

*En particulier, ces accouplements munissent* $\mathrm{Diff}_X(M,M)$ *et* $\underline{\mathrm{Diff}}_X(M,M)$ *d'une structure d'anneau unitaire et de faisceau de* A-*algèbres unitaires*.

On notera que $\underline{\mathrm{Diff}}_X(M,N)$ est muni de deux structures de A-algèbre correspondant aux deux structures des $\underline{\mathrm{Diff}}_X^n(M,N)$ .

Soient donc

$$u : P_X^m \otimes_A L \longrightarrow M \quad , \quad v : P_X^n \otimes_A M \longrightarrow N \ ,$$

deux opérateurs différentiels. Par définition, $v \circ u$ sera le composé

(2.1.10) $$P_X^{n+m} \otimes_A L \xrightarrow{\delta^{n,m}\otimes \mathrm{Id}} P_X^n \otimes_A P_X^m \otimes_A L \xrightarrow{\mathrm{Id}\otimes u} P_X \otimes_A M \xrightarrow{\ v\ } N \ .$$

Cet homomorphisme est bien défini, car $u$ est linéaire à gauche, et il est linéaire à gauche, car $v$ l'est. On laisse au lecteur le soin de vérifier que la composition ainsi définie est associative et distributive par rapport à l'addition des opérateurs différentiels. La relation (2.1.9) résulte de la commutativité du diagramme

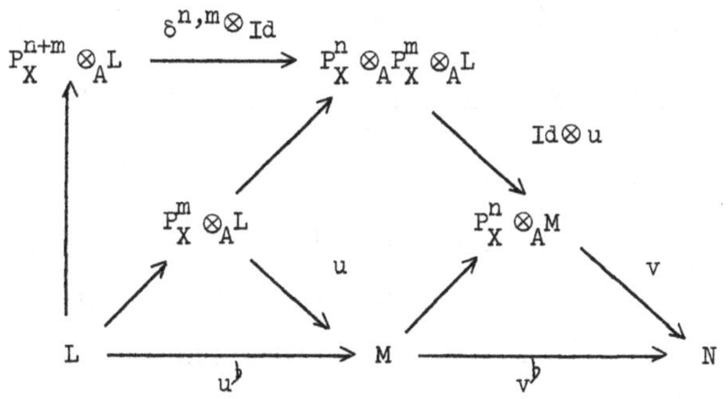


où les flèches non désignées sont les homomorphismes d'extension des scalaires.

*Remarque* 2.1.7. Soit $f : X \longrightarrow S$ un morphisme de schémas, et supposons $S$ de caractéristique $p \neq 0$ . Considérons une S-dérivation de $\underline{O}_X$ ; c'est un opérateur différentiel d'ordre $\leqslant 1$ au sens classique, donc aussi au sens que nous lui donnons ici, d'après 2.1.3 a) ; on peut encore la considérer comme un opérateur PD-différentiel d'ordre $\leqslant 1$ grâce à 2.1.5 : on notera $D$ l'opérateur PD-différentiel d'ordre $\leqslant 1$ correspondant ainsi à la dérivation, et $D^\flat$ la dérivation elle-meme, conformément à 2.1.2. La puissance p-ième de $D$ dans $\text{PD-Diff}_{X/S}(\underline{O}_X,\underline{O}_X)$ est un opérateur PD-différentiel d'ordre $\leqslant p$ de $\underline{O}_X$ dans lui-même, noté $D^p$. La puissance p-ième de $D^\flat$, en tant qu'endomorphisme de $\underline{O}_X$ est encore une dérivation de $\underline{O}_X$, donc peut être considérée comme un opérateur PD-différentiel d'ordre $\leqslant 1$ de $\underline{O}_X$ dans lui-même, noté $D^{(p)}$ : en général, $D^p \neq D^{(p)}$, bien que ces deux opérateurs PD-différentiels induisent le même endomorphisme de $\underline{O}_X$ d'après (2.1.9). Ce fait est à l'origine de la notion de p-courbure d'une connexion en caractéristique p (cf. [33]).

## 2.2. Action des opérateurs différentiels sur un module muni d'une stratification.

On veut maintenant expliciter la facon dont la donnée d'une stratification sur un module permet de faire opérer les opérateurs différentiels sur ce module.

Proposition 2.2.1. *Avec les notations usuelles (2.1.1), soient $X$ une catégorie formelle de $\underline{T}$, $E$, $F$, et $M$, trois A-modules. Alors toute n-connexion $\varepsilon$ sur $M$ relativement à $X$ définit un homomorphisme $P^n_X$-linéaire*

$$(2.2.1) \qquad \underline{\text{Diff}}^n_X(E,F) \longrightarrow \underline{\text{Diff}}^n_X(M\otimes_A E\ ,\ M\otimes_A F)$$

*induisant l'homomorphisme "produit tensoriel" sur le sous-faisceau $\underline{\text{Hom}}_A(E,F)$ de $\underline{\text{Diff}}^n(E,F)$ (2.1.4).*

Soit $D : P^n_X\otimes_A E \longrightarrow F$ un opérateur différentiel d'ordre $\leqslant n$ de $E$ dans $F$, relativement à $X$, au-dessus d'un certain objet de $\underline{T}$. Comme $D$ est linéaire pour la structure gauche de A-module, on peut définir (2.2.1) en associant à $D$ l'homomorphisme composé

$$(2.2.2) \qquad P^n_X\otimes_A M\otimes_A E \xrightarrow{\ \varepsilon\otimes \mathrm{Id}\ } M\otimes_A P^n_X\otimes_A E \xrightarrow{\ \mathrm{Id}\otimes D\ } M\otimes_A F\ ,$$

qui est bien A-linéaire à gauche. Il est clair que l'application ainsi définie est additive, et sa linéarité par rapport à $P^n_X$ vient de celle de $\varepsilon$. Enfin, l'assertion sur les homomorphismes linéaires provient de ce que la réduction de $\varepsilon$ modulo l'idéal d'augmentation de $P^n_X$ est l'identité.

*Corollaire* 2.2.2. *Soient* $X$ *une catégorie formelle de* $\underline{T}$ , *et* $M$ *un* A-*module*. *Alors toute* n-*connexion* $\varepsilon$ *sur* $M$ *relativement à* $X$ *définit un homomorphisme* $P^n_X$-*linéaire*

(2.2.3) $$\nabla_\varepsilon : \underline{\mathrm{Diff}}^n_X(A,A) \longrightarrow \underline{\mathrm{Diff}}^n_X(M,M)$$

*associant à une section* $a$ *de* $A$ , *considérée comme opérateur différentiel d'ordre* 0 *de* $A$ *dans* $A$ *par* (2.1.4), *l'homothétie de rapport* $a$ *de* $M$ .

*Remarque* 2.2.3. En général, la connaissance de $\nabla_\varepsilon$ ne permet pas de déterminer $\varepsilon$ . Nous verrons qu'il en est néanmoins ainsi pour une catégorie formelle "différentiellement lisse de type fini".

*Proposition* 2.2.4. *Sous les hypothèses de* 2.2.1, *soient* $E$ , $F$ , $G$ *et* $M$ *quatre* A-*modules*, *et* $\varepsilon = (\varepsilon_n)$ *une stratification sur* $M$ *relativement à* $X$ . *Alors on a le diagramme commutatif*

$$\begin{array}{ccc}
\underline{\mathrm{Diff}}_X(E,F) \times \underline{\mathrm{Diff}}_X(F,G) & \longrightarrow & \mathrm{Diff}_X(E,G) \\
\downarrow{\scriptstyle \rho'\times\rho''} & & \downarrow{\scriptstyle \rho} \\
\underline{\mathrm{Diff}}_X(M\otimes_A E, M\otimes_A F) \times \underline{\mathrm{Diff}}_X(M\otimes_A F, M\otimes_A G) & \longrightarrow & \underline{\mathrm{Diff}}_X(M\otimes_A E, M\otimes_A G)
\end{array}$$

*où les flèches horizontales sont les accouplements de* 2.1.6, *et les flèches verticales les homomorphismes* (2.2.1) *définis par* $\varepsilon$ .

Soient $u : P^m_X \otimes_A E \longrightarrow F$ et $v : P^n_X \otimes_A F \longrightarrow G$ deux opérateurs différentiels. Alors le composé $v \circ u$ est

$$P^{n+m}_X \otimes_A E \xrightarrow{\ \delta^{m,n}\otimes \mathrm{Id}\ } P^n_X \otimes_A P^m_X \otimes_A E \xrightarrow{\ \mathrm{Id}\otimes u\ } P^n_X \otimes_A F \xrightarrow{\ v\ } G$$

d'après (2.1.10). L'opérateur $\rho(v\circ u)$ est alors d'après (2.2.2) le composé

$$P^{n+m}_X \otimes_A M \otimes_A E \xrightarrow{\ \varepsilon_{n+m}\otimes \mathrm{Id}\ } M \otimes_A P^{n+m}_X \otimes_A E \xrightarrow{\ \mathrm{Id}\otimes(v\circ u)\ } M \otimes_A G \quad .$$

D'autre part, le composé $\rho''(v) \circ \rho'(u)$ est d'après (2.2.2) et (2.1.10) le composé

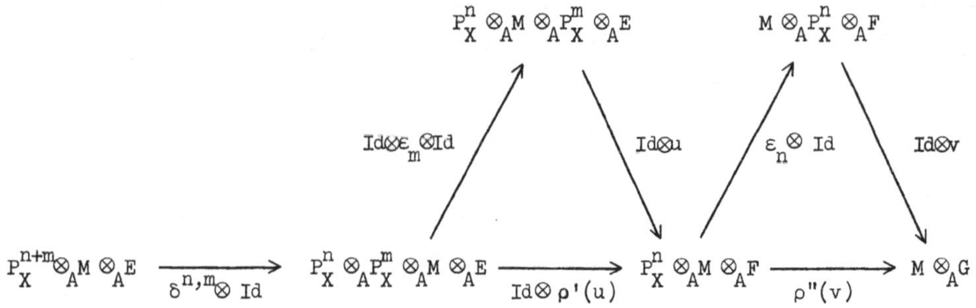


On considère alors le diagramme

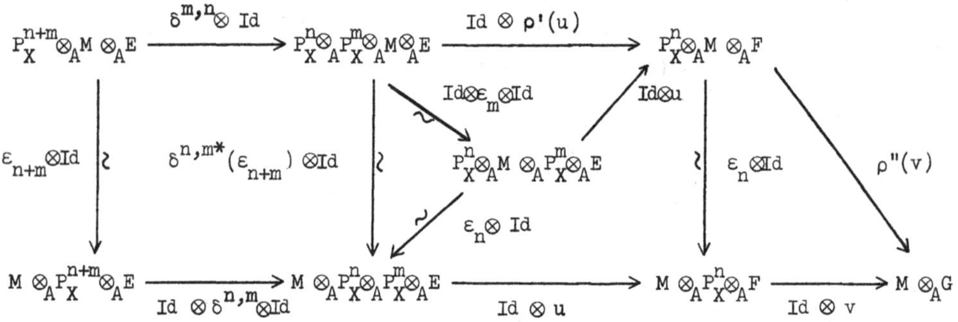


Comme $Id \otimes \varepsilon_m = q_1^{n,m*}(\varepsilon_{n+m})$ , et $\varepsilon_n \otimes Id = q_o^{n,m*}(\varepsilon_{n+m})$ , avec les notations de 1.3, le triangle du milieu est commutatif, puisqu'on a supposé que $\varepsilon$ est une stratification (1.3.1). Comme les autres cellules du diagramme sont trivialement commutatives, on en déduit que les deux parcours extérieurs sont égaux ; d'après ce qui précède, ce sont les homomorphismes $\rho(v \circ u)$ et $\rho''(v) \circ \rho'(u)$ , d'où la proposition.

<u>Corollaire</u> 2.2.5. <u>Sous les hypothèses de</u> 2.2.2, <u>soit</u> $\varepsilon$ <u>une stratification sur</u> M . <u>Alors l'homomorphisme</u>

$$\nabla_\varepsilon : \underline{Diff}_X(A,A) \longrightarrow \underline{Diff}_X(M,M)$$

<u>défini par</u> $\varepsilon$ <u>grâce à</u> (2.2.3), <u>est un homomorphisme de faisceaux d'anneaux pour le produit défini en</u> 2.1.6.

## 3. Complexe de De Rham et courbure d'une connexion.

Le but de cette section est d'introduire la notion de courbure d'une connexion. Pour cela, nous serons amenés à construire le complexe de De Rham associé à certaines catégories formelles. Les hypothèses sous lesquelles nous ferons cette construction, suffisantes pour les situations géométriques qui nous intéressent ici, ne sont pas les seules possibles : nous renverrons à l'ouvrage d'Illusie ([32]) pour la construction du complexe de De Rham sous d'autres hypothèses.

### 3.1. Construction du complexe de De Rham.

3.1.1. Soient $\underline{T}$ un $\underline{U}$-topos, et $X = (A, P_X^n, d_0^n, d_1^n, \pi^n, \delta^{m,n})$ une catégorie formelle de $\underline{T}$. On fait d'abord l'hypothèse suivante :

(A) - Le noyau de l'homomorphisme d'augmentation $\pi^1 : P_X^1 \longrightarrow A$ est un idéal de carré nul.

On pose alors

$$\Omega_X^1 = \mathrm{Ker}(\pi^1) \quad , \tag{3.1.1}$$

de sorte qu'on a la suite exacte

$$0 \longrightarrow \Omega_X^1 \longrightarrow P_X^1 \xrightarrow{\pi^1} A \longrightarrow 0 \quad . \tag{3.1.2}$$

Les homomorphismes $d_0^1$ et $d_1^1$ définissent deux structures de A-module sur $\Omega_X^1$, qui coincident, car $\Omega_X^1$ est un idéal de carré nul, et $d_0^1 - d_1^1$ est à valeurs dans $\Omega_X^1$ (par (1.1.8)). On considèrera donc $\Omega_X^1$ comme A-module par cette structure. On pose alors

$$\Omega_X^k = \bigwedge\nolimits_A^k \Omega_X^1 \quad . \tag{3.1.3}$$

On définit un homomorphisme

$$d : A \longrightarrow \Omega_X^1$$

en posant

$$d = d_1^1 - d_0^1 \quad . \tag{3.1.4}$$

Comme $\Omega_X^1$ est un idéal de carré nul de $P_X^1$, on vérifie immédiatement que d est une dérivation de A dans $\Omega_X^1$ .

On veut alors étendre $d$ en une antidérivation de degré + 1 de l'algèbre extérieure

(3.1.5) $$\Omega_X^{\bullet} = \Lambda^*(\Omega_X^1) = \bigoplus_{k\geqslant 0} \Omega_X^k ,$$

i.e. définir pour tout $k$ un homomorphisme

(3.1.6) $$d_k : \Omega_X^k \longrightarrow \Omega_X^{k+1}$$

tel que si $\omega_p$ et $\omega_q$ sont des sections de $\Omega_X^p$ et $\Omega_X^q$ , on ait

(3.1.7) $$d_{p+q}(\omega_p\wedge\omega_q) = d_p(\omega_p)\wedge\omega_q + (-1)^p\, \omega_p\wedge d_q(\omega_q) .$$

On veut de plus que pour tout $k \geqslant 0$ ,

(3.1.8) $$d_{k+1} \circ d_k = 0 .$$

On fait alors la seconde hypothèse

(B) - Le A-module $\Omega_X^1$ est engendré par $d(A)$ .

Cette hypothèse entraine que l'antidérivation prolongeant $d$ , si elle existe, est unique. En effet, toute section de $\Omega_X^k$ peut alors s'écrire localement comme somme de sections de la forme

$$\omega = a.d(b_1)\wedge\ldots\wedge d(b_k)$$

où $a$ et les $b_i$ sont des sections de $A$ . Les conditions (3.1.7) et (3.1.8) montrent alors que l'on a nécessairement

$$d(\omega) = d(a)\wedge d(b_1)\wedge\ldots\wedge d(b_k) .$$

En fait, nous allons construire pour tout $k$ un opérateur différentiel d'ordre $\leqslant 1$

$$D_k = P_X^1 \otimes_A \Omega_X^k \longrightarrow \Omega_X^{k+1}$$

tel que $D_k^{\flat} = d_k$ . Pour cela, nous aurons besoin d'une condition supplémentaire destinée à assurer l'existence de $d_1$ .

Considérons l'homomorphisme

$$\partial : P_X^2 \longrightarrow P_X^1 \otimes_A P_X^1$$

défini par

(3.1.9) $$\partial = q_1^{1,1} + q_o^{1,1} - \delta^{1,1} ,$$

où $q_1^{1,1}$ et $q_o^{1,1}$ sont les homomorphismes définis en (1.1.9). Soit $I_2$ le noyau de l'homomorphisme d'augmentation $\pi^2 : P_X^2 \longrightarrow A$ . Alors la restriction de $\partial$ à $I_2$ donne un homomorphisme encore noté

(3.1.10) $$\partial : I_2 \longrightarrow \Omega_X^1 \otimes_A \Omega_X^1 .$$

En effet, il résulte de la suite exacte (3.1.2) que l'on a pour chacune des structures de A-algèbre de $P_X^1$ correspondant à $d_o^1$ et $d_1^1$ une décomposition en somme directe

(3.1.11) $$P_X^1 = A \otimes \Omega_X^1 ,$$

de sorte que pour montrer que $\partial$ envoie $I_2$ dans $\Omega_X^1 \otimes_A \Omega_X^1$ , il suffit de voir que $\partial$ composé avec les deux homomorphismes d'augmentation $P_X^1 \otimes_A P_X^1 \longrightarrow P_X^1$ définis par $\pi^1$ sur chacun des deux facteurs s'annule sur $I_2$ . Or on a :

$$(\pi^1.\mathrm{Id}) \circ q_1^{1,1} = (P_X^2 \longrightarrow P_X^1) \quad , \quad (\pi^1.\mathrm{Id}) \circ q_o^{1,1} = d_o^1 \circ \pi^2 \quad ,$$
$$(\pi^1.\mathrm{Id}) \circ \delta^{1,1} = (P_X^2 \longrightarrow P_X^1)$$

d'après (1.1.10), et de même pour $(\mathrm{Id}.\pi^1)$, d'où l'assertion.

On introduit alors la condition :

(C) - <u>L'homomorphisme composé</u>

$$I_2 \xrightarrow{\partial} \Omega_X^1 \otimes_A \Omega_X^1 \longrightarrow \Omega_X^2$$

<u>s'annule sur le noyau de</u> $P_X^2 \longrightarrow P_X^1$ .

On remarquera que, les homomorphismes $q_o^{1,1}$ et $q_1^{1,1}$ étant nuls sur le noyau J de $P_X^2 \longrightarrow P_X^1$ , $\delta^{1,1}$ envoie J dans $\Omega_X^1 \otimes_A \Omega_X^1$ , et que la condition (C) équivaut à la condition

(C') - <u>L'homomorphisme composé</u>

$$J \xrightarrow{\delta^{1,1}} \Omega_X^1 \otimes_A \Omega_X^1 \longrightarrow \Omega_X^2$$

<u>est nul</u>.

On peut alors énoncer :

Théorème 3.1.2. Soient $T$ un U-topos, et $X$ une catégorie formelle de $T$, vérifiant les conditions (A), (B) et (C) de 3.1.1. Alors il existe un opérateur différentiel d'ordre $\leqslant 1$ et un seul

$$D : P^1_X \otimes_A \Omega^\bullet_X \longrightarrow \Omega^\bullet_X$$

tel que l'endomorphisme

$$d = D^\flat : \Omega^\bullet_X \longrightarrow \Omega^\bullet_X$$

vérifie les conditions

i) $d \circ d = 0$ ;

ii) la restriction de $d$ à $A$ est la dérivation canonique $d$ de $A$ dans $\Omega^1_X$ définie en (3.1.4) ;

iii) pour toutes sections $\omega_p$ de $\Omega^p_X$ et $\omega_q$ de $\Omega^q_X$, on a

$$d(\omega_p \wedge \omega_q) = d(\omega_p) \wedge \omega_q + (-1)^p \omega_p \wedge d(\omega_q) .$$

De plus, $D$ est un homomorphisme gradué de degré +1 (ainsi que $d$).

Supposons prouvée l'existence de $D$. Alors on a déjà remarqué en 3.1.1 que lorsque la condition (B) est vérifiée, les conditions i) à iii) déterminent de facon unique l'endomorphisme $d$. Mais d'autre part, la condition (B) entraine que $P^1_X$ est engendré comme A-module à gauche (i.e. pour $d^1_o$) par $d^1_1(A)$ : en effet, d'après (3.1.11) et (B), toute section de $P^1_X$ s'écrit localement (en omettant $d^1_o$ dans les notations) $a.1 + \sum a_i(d^1_1(b_i) - b_i)$. D'après 2.1.2, l'application qui à un opérateur différentiel $f$ associe l'homomorphisme $f^\flat$ est alors injective, de sorte que $D$ est déterminé de facon unique, puisque $d = D^\flat$ l'est.

D'après le calcul fait en 3.1.1, les conditions i) à iii) entrainent que $d$ est un endomorphisme gradué de degré + 1 de $\Omega^\bullet_X$. Il en résulte que $D$ est un homomorphisme gradué de degré +1 . En effet, puisque $P^1_X$ est engendré comme A-module par $d^1_1(A)$, toute section de $P^1_X \otimes_A \Omega^k_X$ peut s'écrire localement comme somme de sections de la forme $d^1_o(a) \otimes \omega$, où $a$ est une section de $A$, et $\omega$ une section de $\Omega^k_X$. Puisque $D$ est A-linéaire à gauche, on a alors $D(d^1_o(a) \otimes \omega) = a.d(\omega)$, et c'est donc une section de $\Omega^{k+1}_X$. On notera alors $D_k$ (resp. $d_K$) la composante homogène de degré k de D (resp. d).

Montrons maintenant l'existence de D . Puisque $P^1_X$ est engendré par $d^1_1(A)$ , $D_o$ est déterminé par la condition ii). Je dis que

(3.1.12) $$D_o = Id - d^1_o \circ \pi^1 .$$

En effet, $\pi^1 \circ D_o = \pi^1 - \pi^1 \circ d^1_o \circ \pi^1 = 0$ , donc $D_o$ envoie $P^1_X$ dans $\Omega^1_X$ ; par ailleurs, $D_o$ est bien A-linéaire pour la structure gauche de $P^1_X$ , et on a

$$D^\flat_o = D_o \circ d^1_1 = (Id - d^1_o \circ \pi^1) \circ d^1_1 = d^1_1 - d^1_o \circ \pi^1 \circ d^1_1 = d^1_1 - d^1_o = d .$$

On remarque alors que, si l'on considère $\Omega^\bullet_X$ comme un $P^1_X$-module grâce à l'homomorphisme $\pi^1 : P^1_X \longrightarrow A$ , $D_o$ est une A-dérivation de $P^1_X$ dans $\Omega^1_X$ : en effet, si x et y sont deux sections de $P^1_X$ , on a

$$\begin{aligned} D_o(xy) &= xy - d^1_o \circ \pi^1(xy) \\ &= (x - d^1_o \circ \pi^1(x))y + d^1_o \circ \pi^1(x)(y - d^1_o \circ \pi^1(y)) \\ &= (x - d^1_o \circ \pi^1(x))y + x(y - d^1_o \circ \pi^1(y)) \end{aligned}$$

car $\Omega^1_X$ est un idéal de carré nul de $P^1_X$ ; comme l'action de $P^1_X$ sur $\Omega^1_X$ par multiplication s'identifie pour la même raison à son action via l'homomorphisme $P^1_X \longrightarrow A$ , on obtient bien la relation caractéristique d'une dérivation.

Observons alors que $P^1_X \otimes_A \Omega^\bullet_X$ n'est autre que l'algèbre extérieure sur $P^1_X$ de $P^1_X \otimes_A \Omega^1_X$ . Or, d'après [11] , se donner une A-antidérivation de degré +1 de l'algèbre extérieure d'un module M sur $P^1_X$ dans une $\Lambda(M)$-algèbre graduée anticommutative $C^\bullet$ , dont les éléments de degré 1 sont de carré nul, équivaut à se donner une A-dérivation $D_o$ de $P^1_X$ dans $C^1$ , et un homomorphisme $D_1$ de M dans $C^2$ tel que pour toute section x de $P^1_X$ et toute section m de M , on ait

$$D_1(x.m) = x.D_1(m) + D_o(x).m \quad .$$

En considérant $\Omega^\bullet_X$ comme une $P^1_X \otimes_A \Omega^\bullet_X$-algèbre graduée grâce à $P^1_X \longrightarrow A$ , on voit donc que pour définir une antidérivation $D : P^1_X \otimes_A \Omega^\bullet_X \longrightarrow \Omega^\bullet_X$ , égale à la dérivation $D_o$ définie en (3.1.12) sur $P^1_X$ , il suffit de se donner un homomorphisme

$D_1 : P^1_X \otimes_A \Omega^1_X \longrightarrow \Omega^2_X$ tel que pour toute section $x$ de $P^1_X$ , et toute section $y$ de $A$ , on ait

(3.1.13) $$D_1(x \otimes d(y)) = D_o(x) \wedge d(y) \quad .$$

On définit alors un homomorphisme

$$\Delta : P^1_X \otimes_A P^2_X \longrightarrow P^1_X \otimes_A P^1_X$$

en posant pour toutes sections $x$ de $P^1_X$ et $y$ de $P^2_X$

(3.1.14) $$\Delta(x\otimes y) = (x\otimes 1).q_1^{1,1}(y) + (d^1_o \circ \pi^1(x)\otimes 1)(q_o^{1,1}(y) - \delta^{1,1}(y)) \quad .$$

Puisque $X$ vérifie la condition (B) , toute section de $P^1_X \otimes_A P^2_X$ peut localement s'écrire comme somme de sections de la forme $a.(1\otimes y)$ , où $a$ est une section de $A$ et $y$ une section de $P^2_X$ . Il est clair que $\Delta$ est A-linéaire à gauche, et on a alors

(3.1.15) $$\Delta\,(a.(1\otimes y)) = a.\partial(y)$$

où $\partial$ est l'homomorphisme défini en (3.1.9). Il en résulte que $\Delta$ envoie $P^1_X \otimes_A I_2$ (où $I_2$ est l'idéal d'augmentation de $P^2_X$) dans $\Omega^1_X \otimes_A \Omega^1_X$ d'après ce qui a été vu en 3.1.1. On obtient donc un opérateur différentiel

$$\Delta : P^1_X \otimes_A I_2 \longrightarrow \Omega^1_X \otimes_A \Omega^1_X \quad .$$

Il résulte d'autre part de la condition (C) et de (3.1.14) que l'homomorphisme composé

$$P^1_X \otimes_A I_2 \xrightarrow{\Delta} \Omega^1_X \otimes_A \Omega^1_X \longrightarrow \Omega^2_X$$

s'annule sur $\mathrm{Im}(P^1_X \otimes_A J)$ où $J$ est le noyau de $P^2_X \longrightarrow P^1_X$ . On obtient donc la factorisation

$$D_1 : P^1_X \otimes_A \Omega^1_X \longrightarrow \Omega^2_X \quad ,$$

qui est A-linéaire à gauche puisque $\Delta$ l'est. Il reste à voir que l'homomorphisme $D_1$ ainsi défini vérifie (3.1.13).

Comme $D_1$ est A-linéaire à gauche, et que $X$ vérifie la condition (B) , on est ramené à vérifier la même assertion pour $D_1^\flat = d_1$ . D'après la définition de $D_1$ , $d_1$ est obtenu par passage au quotient à partir de l'homomorphisme

$$I_2 \xrightarrow{\partial} \Omega^1_X \otimes_A \Omega^1_X \longrightarrow \Omega^2_X .$$

Soient $a$ , $b$ deux sections de $A$ . Alors $a.d(b)$ est l'image dans $\Omega^1_X$ de la section $d^2_o(a)(d^2_1(b) - d^2_o(b))$ . On obtient alors, en notant, pour toute section $y$ de $P^2_X$ , $y\otimes 1$ et $1\otimes y$ au lieu de $q^{1,1}_o(y)$ et $q^{1,1}_1(y)$,

$$\begin{aligned}
\partial(d^2_o\, a(d^2_1\, b - d^2_o b)) &= 1\otimes(d^1_o\, a(d^1_1\, b - d^1_o\, b)) + (d^1_o\, a(d^1_1\, b - d^1_o\, b))\otimes 1 \\
&\qquad - \delta^{1,1}(d^2_o\, a(d^2_1\, b - d^2_o\, b)) \\
&= 1\otimes d^1_o\, a.d^1_1\, b - 1\otimes d^1_o\, a.d^1_o\, b + d^1_o\, a.d^1_1\, b\otimes 1 - d^1_o\, a.d^1_o\, b\otimes 1 \\
&\qquad - d^1_o\, a\otimes 1(1\otimes d^1_1\, b - d^1_o\, b\otimes 1) \\
\text{par (1.1.9)} \quad &= d^1_1\, a\otimes(d^1_1\, b - d^1_o\, b) - d^1_o\, a\otimes(d^1_1\, b - d^1_o\, b) \\
&= d(a)\otimes d(b) ,
\end{aligned}$$

ce qui donne bien $d(a)\wedge d(b)$ dans $\Omega^2_X$ .

Il existe donc une unique antidérivation $D$ de $P^1_X \otimes_A \Omega^{\bullet}_X$ dans $\Omega^{\bullet}_X$ prolongeant $D_o$ et $D_1$ , et il reste à voir que $d = D^{\flat}$ vérifie les propriétés i) à iii). La propriété ii) résulte de la construction, et la propriété iii) de ce que $D$ est par construction une antidérivation. Pour voir la propriété i), on observe que, $d$ étant une antidérivation de degré $+1$ , $d\circ d$ est une dérivation de $\Omega^{\bullet}_X$ dans $\Omega^{\bullet}_X$ . Comme $\Omega^{\bullet}_X$ est engendré par $\Omega^1_X$ comme A-algèbre, il suffit de voir que $d\circ d$ est nulle sur les sections de $A$ et de $\Omega^1_X$ ; cela résulte aussitôt de (3.1.13) et de iii). D'où le théorème.

<u>Définition</u> 3.1.3. <u>Soit</u> <u>T</u> <u>un</u> <u>U-topos</u>. <u>On dit qu'une catégorie formelle</u> X (<u>resp</u>. <u>un groupoïde formel</u>) <u>de</u> <u>T</u> <u>est une</u> catégorie de De Rham (<u>resp. un</u> groupoïde de De Rham) <u>si elle vérifie les conditions</u> (A), (B) <u>et</u> (C) <u>de</u> 3.1.1. <u>Le complexe</u> (<u>cf</u>. 3.1.2)

$$0 \longrightarrow A \xrightarrow{d} \Omega^1_X \xrightarrow{d_1} \Omega^2_X \longrightarrow \cdots \xrightarrow{d_k} \Omega^{k+1}_X \longrightarrow \cdots$$

<u>est alors appelé</u> complexe de De Rham <u>de</u> X .

On omettra souvent l'indice de graduation de la différentielle, qui sera simplement notée $d$ .

Exemples 3.1.4.

i) Soit $f : X \longrightarrow S$ un morphisme de schémas. Alors le groupoïde formel $\hat{\underline{P}}(X/S)$ (1.1.5 a)) vérifie la condition (A), et $\Omega^1_{\hat{\underline{P}}(X/S)}$ est le module habituel $\Omega^1_{X/S}$ des 1-différentielles de $f$. Comme $\Omega^1_{X/S}$ est engendré comme $\underline{O}_X$-module par $d(\underline{O}_X)$, $\hat{\underline{P}}(X/S)$ vérifie aussi la condition (B). Enfin, il vérifie la condition (C) : le noyau de l'homomorphisme canonique $\underline{P}^2_{X/S} \longrightarrow \underline{P}^1_{X/S}$ est le carré de l'idéal d'augmentation ; on sait que ce dernier est engendré par les sections de la forme $1\otimes x - x\otimes 1$, de sorte que le noyau de $\underline{P}^2_{X/S} \longrightarrow \underline{P}^1_{X/S}$ est engendré comme $\underline{O}_{X/S}$-module par les sections de la forme $(1\otimes x - x\otimes 1)(1\otimes y - y\otimes 1)$ où $x$ et $y$ sont des sections de $\underline{O}_X$. On a alors

$$\begin{aligned}\partial((1\otimes x - x\otimes 1)(1\otimes y - y\otimes 1)) &= -\delta^{1,1}((1\otimes x - x\otimes 1)(1\otimes y - y\otimes 1))\\ &= -(1\otimes d(x) + d(x)\otimes 1)(1\otimes d(y) + d(y)\otimes 1)\\ &= -d(x)\otimes d(y) - d(y)\otimes d(x)\quad ,\end{aligned}$$

qui donne bien 0 dans $\Omega^2_{X/S}$. Donc $\hat{\underline{P}}(X/S)$ est un groupoïde de De Rham. Bien entendu, le complexe de De Rham construit en 3.1.2 est le complexe de De Rham habituel (à cause de l'assertion d'unicité par exemple).

ii) Considérons maintenant le groupoïde formel $\hat{\underline{D}}(X/S)$ défini par $f$ (1.1.5 b)). Alors, $P^1_{\hat{\underline{D}}(X/S)} = \underline{D}^1_{X/S}(1) = \underline{P}^1_{X/S}$ d'après I 4.4.3, de sorte que $\hat{\underline{D}}(X/S)$ vérifie encore les conditions (A) et (B). Montrons qu'il vérifie (C). Le noyau de $\underline{D}^2_{X/S}(1) \longrightarrow \underline{D}^1_{X/S}(1)$ est la puissance divisée deuxième de l'idéal d'augmentation de $\underline{D}^2_{X/S}(1)$. Comme ce dernier est engendré comme PD-idéal par les sections de la forme $1\otimes x - x\otimes 1$ où $x$ est une section de $\underline{O}_X$, le noyau de $\underline{D}^2_{X/S}(1) \longrightarrow \underline{D}^1_{X/S}(1)$ est engendré comme $\underline{O}_X$-module par les sections de la forme $(1\otimes x - x\otimes 1)^{[2]}$ et $(1\otimes x - x\otimes 1)(1\otimes y - y\otimes 1)$, où $x$ et $y$ sont des sections de $\underline{O}_X$. Le cas du produit se voit comme plus haut ; pour une section de la forme $(1\otimes x - x\otimes 1)^{[2]}$, on a

$$\begin{aligned}\partial((1\otimes x - x\otimes 1)^{[2]}) &= -\delta^{1,1}((1\otimes x - x\otimes 1)^{[2]})\\ &= (-\delta^{1,1}(1\otimes x - x\otimes 1))^{[2]}\\ &= (d(x)\otimes 1 + 1\otimes d(x))^{[2]}\\ &= d(x)\otimes d(x)\end{aligned}$$

qui donne aussi 0 dans $\Omega_X^2$. Donc $\underline{\hat{D}}(X/S)$ est un groupoïde de De Rham. Le complexe de De Rham qui lui est associé est encore le complexe de De Rham habituel de X relativement à S, puisque $\underline{D}^1_{X/S}(1) = \underline{P}^1_{X/S}$, et qu'il y a unicité de l'anti-dérivation prolongeant d.

iii) Nous construirons au chapitre IV des complexes de De Rham sur le topos cristallin d'un schéma.

3.2. Courbure d'une connexion.

On introduit maintenant la notion de courbure d'une connexion. Les notations seront celles de 3.1.1.

Lemme 3.2.1. Soient $\underline{T}$ un $\underline{U}$-topos, et $X = (A, P_X^n, d_0^n, d_1^n, \pi^n, \delta^{m,n})$ une catégorie formelle de $\underline{T}$, vérifiant la condition (A) de 3.1.1. Alors toute connexion $\varepsilon$ sur un A-module M définit un homomorphisme

(3.2.1) $$\nabla : M \longrightarrow M \otimes_A \Omega_X^1$$

tel que pour toute section a de A et toute section m de M, on ait

(3.2.2) $$\nabla(a.m) = a.\nabla(m) + m \otimes d(a) .$$

Si X est un groupoïde formel, alors la donnée d'un homomorphisme $\nabla$ vérifiant la condition (3.2.2) équivaut à la donnée d'une connexion sur M.

D'après 1.4.1, la donnée $\varepsilon$ définit un homomorphisme linéaire à droite

$$\theta : M \longrightarrow M \otimes_A P_X^1$$

donnant l'identité par composition avec l'homomorphisme d'augmentation $M \otimes_A P_X^1 \longrightarrow M$. On pose alors

(3.2.3) $$\nabla = \theta - \mathrm{Id} \otimes d_0^1 .$$

Par composition avec l'homomorphisme d'augmentation $M \otimes_A P_X^1 \longrightarrow M$, $\nabla$ donne l'homomorphisme nul, donc il envoie bien M dans $M \otimes_A \Omega_X^1$. Si a est une section de A, et m une section de M, il vient

$$\nabla(a.m) = \nabla(m).d_1^1(a) - am\otimes 1 = (\theta(m) - m\otimes 1).d_1^1(a) + m\otimes(d_1^1(a) - d_o^1(a))$$

d'où (3.2.2). Inversement, si on se donne $\nabla$ vérifiant (3.2.2), on pose $\theta = \nabla + \mathrm{Id}\otimes d_o^1$ ; comme $\nabla$ est à valeurs dans $M \otimes_A \Omega_X^1$, le composé de $\theta$ et de l'homomorphisme d'augmentation est l'identité, et (3.2.2) entraîne que $\theta$ est linéaire à droite. Lorsque X est un groupoïde, la donnée d'un tel $\theta$ équivaut alors à la donnée d'une connexion, d'après 1.4.2.

3.2.2. On a vu en 3.1.2 qu'il existe un opérateur différentiel d'ordre $\leqslant 1$

$$D_o : P_X^1 \longrightarrow \Omega_X^1$$

tel que $d = D_o^\flat$. D'autre part, M étant muni d'une connexion $\varepsilon$, on a quelques soient les A-modules E, F un homomorphisme (2.2.1)

$$\nabla_\varepsilon : \mathrm{Diff}_X^1(E,F) \longrightarrow \mathrm{Diff}_X^1(M\otimes_A E, M\otimes_A F) \quad .$$

On a alors

(3.2.4) $$\nabla = \nabla_\varepsilon(D_o)^\flat \quad .$$

Il résulte en effet de (3.1.12), (2.2.2), (2.1.5) et (1.4.1) que l'homomorphisme $\nabla_\varepsilon(D_o)^\flat$ est $(\mathrm{Id}_M \otimes(\mathrm{Id}_{P_X^1} - d_o^1 \bullet \pi^1)) \circ \theta = \theta - \mathrm{Id}_M \otimes d_o^1 = \nabla$ .

Supposons maintenant que X soit une catégorie de De Rham (3.1.3). Alors on notera plus généralement

(3.2.5) $$\nabla_k : M\otimes_A \Omega_X^k \longrightarrow M\otimes_A \Omega_X^{k+1}$$

l'homomorphisme

(3.2.6) $$\nabla_k = \nabla_\varepsilon(D_k)^\flat \quad ,$$

où $D_k$ est l'opérateur différentiel d'ordre $\leqslant 1$ défini en 3.1.2. L'homomorphisme $\nabla_k$ est donc le composé

$$M\otimes_A\Omega_X^k \longrightarrow P_X^1\otimes_A M\otimes_A\Omega_X^k \xrightarrow{\varepsilon\otimes \mathrm{Id}} M\otimes_A P_X^1\otimes_A\Omega_X^k \xrightarrow{\mathrm{Id}\otimes D_k} M\otimes_A\Omega_X^{k+1} \quad .$$

<u>Proposition</u> 3.2.3. <u>Soit</u> X <u>une catégorie de De Rham dans</u> <u>T</u> . <u>Pour tout</u> A-<u>module</u> M <u>muni d'une connexion</u> $\varepsilon$ <u>relativement à</u> X , <u>les homomorphismes</u> $\nabla_k$ (3.2.6)

relatifs à $M$ et $\varepsilon$ vérifient les propriétés suivantes :

i) pour toute section $m$ de $M$, toute section $\omega_p$ de $\Omega_X^p$ et toute section $\omega_q$ de $\Omega_X^q$, on a

(3.2.7) $$\nabla_{p+q}(m\otimes\omega_p\wedge\omega_q) = \nabla_p(m\otimes\omega_p)\wedge\omega_q + (-1)^p.m\otimes\omega_p\wedge d_q(\omega_q) \quad ;$$

ii) pour tout $k$, l'homomorphisme composé $\nabla_{k+1}\circ\nabla_k$ est A-linéaire.

La relation (3.2.7) se ramène immédiatement à la relation

$$\nabla_k(m\otimes\omega) = \nabla(m)\wedge\omega + m\otimes d_k(\omega)$$

pour toute section $m$ de $M$ et toute section $\omega$ de $\Omega_X^k$. Par définition, on a

$$\nabla_k(m\otimes\omega) = (Id_M\otimes D_k)(\rho(m)\otimes\omega) = (Id_M\otimes D_k)((\nabla(m) + m\otimes 1)\otimes\omega)$$
$$= (Id_M\otimes D_k)(\nabla(m)\otimes\omega) + m\otimes d_k(\omega) \quad .$$

Or l'homomorphisme $D_k : P_X^1\otimes_A\Omega_X^k \longrightarrow \Omega_X^{k+1}$ induit sur $\Omega_X^1\otimes_A\Omega_X^k\subset P_X^1\otimes_A\Omega_X^k$ l'homomorphisme canonique : comme $D_k$ est A-linéaire et que $\Omega_X^1$ est engendré par $d(A)$, il suffit de le montrer pour une section de la forme $d(x)\otimes\omega$ ; on a alors

$$D_k(d(x)\otimes\omega) = D_k((d_1^1(x) - d_o^1(x))\otimes\omega) = d_k(x.\omega) - x.d_k(\omega)$$
$$= d(x)\wedge\omega \quad \text{d'après (3.1.7)} \quad .$$

Par suite, $(Id_M\otimes D_k)$ restreint à $M\otimes_A\Omega_X^1\otimes_A\Omega_X^k$ est l'homomorphisme canonique $M\otimes_A\Omega_X^1\otimes_A\Omega_X^k \longrightarrow M\otimes_A\Omega_X^{k+1}$, et par conséquent $(Id_M\otimes D_k)(\nabla(m)\otimes\omega)$ est simplement $\nabla(m)\wedge\omega$. Donc

$$\nabla_k(m\otimes\omega) = \nabla(m)\wedge\omega + m\otimes d_k(\omega) \quad .$$

On en déduit en particulier pour toute section $x$ de $M\otimes_A\Omega_X^k$ et toute section $a$ de $A$

$$\nabla_k(a.x) = a.\nabla_k(x) + (-1)^k.x\wedge d(a) \quad .$$

On en tire

$$\nabla_{k+1}\circ\nabla_k(a.x) = \nabla_{k+1}(a.\nabla_k(x)) + (-1)^k\nabla_{k+1}(x\wedge d(a))$$
$$= a.\nabla_{k+1}\circ\nabla_k(x) + (-1)^{k+1}\nabla_k(x)\wedge d(a)$$
$$+ (-1)^k\nabla_k(x)\wedge d(a) + (-1)^{2k}.x\wedge d(d(a))$$
$$= a\nabla_{k+1}\circ\nabla_k(x) \quad ,$$

d'où l'assertion ii).

Définition 3.2.4. Soient X une catégorie de De Rham, et M un A-module muni d'une connexion $\varepsilon$ relativement à X . On appelle courbure de $\varepsilon$ l'homomorphisme A-linéaire

(3.2.8) $$K = \nabla_1 \circ \nabla : M \longrightarrow M \otimes_A \Omega^2_X \quad .$$

On dit que $\varepsilon$ est une connexion à courbure nulle, ou encore une connexion intégrable si K est l'homomorphisme nul.

Lorsque M est un A-module localement libre de type fini, la courbure peut encore s'interpréter comme une section de $\underline{\mathrm{End}}_A(M) \otimes_A \Omega^2_X$ , i.e. une forme différentielle de degré 2 à coefficients dans $\underline{\mathrm{End}}_A(M)$.

Proposition 3.2.5. Soient X une catégorie de De Rham de $\underline{T}$ , et M un A-module muni d'une connexion à courbure nulle. Alors pour tout k

(3.2.9) $$\nabla_{k+1} \circ \nabla_k = 0 \quad .$$

Le complexe

$$0 \longrightarrow M \xrightarrow{\nabla} M \otimes_A \Omega^1_X \xrightarrow{\nabla_1} M \otimes_A \Omega^2_X \xrightarrow{\nabla_2} \dots\dots M \otimes_A \Omega^k_X \xrightarrow{\nabla_k} \dots$$

est alors appelé complexe de De Rham de X à coefficients dans M .

La proposition résulte de la formule suivante, pour toute section m de M et toute section $\omega$ de $\Omega^k_X$ :

(3.2.10) $$\nabla_{k+1} \circ \nabla_k (m \otimes \omega) = K(m) \wedge \omega \quad ,$$

où K est la courbure (3.2.8). En effet, on a d'après (3.2.7)

$$\begin{aligned} \nabla_{k+1} \circ \nabla_k (m \otimes \omega) &= \nabla_{k+1}(\nabla(m) \wedge \omega + m \otimes d_k(\omega)) \\ &= \nabla_1(\nabla(m)) \wedge \omega - \nabla(m) \wedge d_k(\omega) + \nabla(m) \wedge d_k(\omega) + m \otimes d_{k+1} \circ d_k(\omega) \\ &= K(m) \wedge \omega \quad . \end{aligned}$$

## 3.3. Courbure et crochet.

On va maintenant donner les relations classiques entre la courbure d'une connexion, et le crochet des opérateurs différentiels d'ordre $\leqslant 1$ .

Définition 3.3.1. Soient $\underline{T}$ un $\underline{U}$-topos, $X = (A, P_X^n, d_0^n, d_1^n, \pi^n, \delta^{m,n})$ une catégorie formelle de $\underline{T}$ , vérifiant les conditions (A) et (B) de 3.1.1, et M un A-module. On appelle X-dérivation de A dans M tout opérateur différentiel d'ordre $\leqslant 1$ de A dans M

$$u : P_X^1 \longrightarrow M$$

tel que $u^\flat$ soit une dérivation de A dans M .

Comme X vérifie la condition (B) , toute X-dérivation u de A dans M est déterminée par $u^\flat$ , $P_X^1$ étant engendré comme A-module à gauche par $d_1^1(A)$ . On se permettra alors l'abus de langage consistant à dire que $u^\flat$ est une X-dérivation de A dans M . La somme de deux X-dérivations est une X-dérivation, et le produit à gauche d'une X-dérivation par une section de A est une X-dérivation. Le faisceau $\underline{\mathrm{Der}}_X(A,M)$ des X-dérivations de A dans M est donc ainsi muni d'une structure de A-module. On notera $\mathrm{Der}_X(A,M)$ le groupe abélien de ses sections globales.

Proposition 3.3.2. Avec les notations de 3.3.1, il existe des isomorphismes canoniques

(3.3.1) $$\underline{\mathrm{Der}}_X(A,M) \simeq \underline{\mathrm{Hom}}_A(\Omega_X^1, M) \quad , \quad \mathrm{Der}_X(A,M) \simeq \mathrm{Hom}_A(\Omega_X^1, M) \quad .$$

Soit u un homomorphisme A-linéaire de $\Omega_X^1$ dans M . Alors, si $D_0 : P_X^1 \longrightarrow \Omega_X^1$ est l'opérateur (3.1.12), $u \circ D_0$ est un opérateur différentiel d'ordre $\leqslant 1$ de A dans M . D'autre part, $(u \circ D_0)^\flat = u \circ D_0 \circ d_1^1 = u \circ d$ d'après la définition de $D_0$ ; comme d est une dérivation, et u un homomorphisme A-linéaire, $(u \circ D_0)^\flat$ est une dérivation de A dans M , donc $u \circ D_0$ est une X-dérivation : d'où l'homomorphisme dans un sens.

Inversement, soit $v : P_X^1 \longrightarrow M$ une X-dérivation de A dans M . Il faut montrer que v se factorise par $D_0$ . Soit donc x une section du noyau de $D_0$ . Comme $D_0 = \mathrm{Id} - d_0^1 \circ \pi^1$ , on a donc $x = d_0^1 \circ \pi^1(x)$ . Il vient alors par linéarité de v :

$$v(x) = v(d_0^1(\pi^1(x))) = \pi^1(x).v(1) = 0 ,$$

car, $v^{\flat}$ étant une dérivation, $v(1) = v^{\flat}(1) = 0$ . Comme $D_o$ est surjectif, on a donc la factorisation cherchée, d'où l'homomorphisme dans l'autre sens. Il est clair qu'ils sont inverses l'un de l'autre.

De la décomposition en somme directe (3.1.11) de $P^1_X$ comme A-module à gauche, et de (3.3.1), résulte donc la décomposition en somme directe

(3.3.2) $$\underline{\mathrm{Diff}}^1_X(A,M) \xrightarrow{\sim} M \oplus \underline{\mathrm{Der}}_X(A,M) \ .$$

En d'autres termes, tout opérateur différentiel d'ordre $\leqslant 1$ de A dans M peut s'écrire de facon unique comme somme d'une application linéaire et d'une X-dérivation.

_Exemple_ 3.3.3. Soit $f : X \longrightarrow S$ un morphisme de schémas, et considérons les groupoïdes formels $\hat{\underline{P}}(X/S)$ et $\hat{\underline{D}}(X/S)$ associés à f (1.1.5). Puisqu'alors $\Omega^1_{\hat{\underline{P}}(X/S)}$ et $\Omega^1_{\hat{\underline{D}}(X/S)}$ sont égaux au module $\Omega^1_{X/S}$ habituel (3.1.4), il résulte de (3.3.1) et de la propriété universelle de $\Omega^1_{X/S}$ que les $\hat{\underline{P}}(X/S)$-dérivations (resp. $\hat{\underline{D}}(X/S)$) de $\underline{O}_X$ dans un $\underline{O}_X$-module $\underline{M}$ sont simplement les S-dérivations de $\underline{O}_X$ dans $\underline{M}$ .

_Définition_ 3.3.4. _Avec les notations de_ 3.3.1, _soit_ u _une_ X-_dérivation de_ A _dans_ A . _Si_ M _est un_ A-_module, on appelle_ u-dérivation de M dans M _tout opérateur différentiel_ φ _d'ordre_ $\leqslant 1$ _de_ M _dans_ M , _tel que pour toute section_ a _de_ A _et toute section_ m _de_ M , _on ait_

(3.3.3) $$\varphi^{\flat}(a.m) = a.\varphi^{\flat}(m) + u^{\flat}(a).m \quad .$$

_Exemple_ 3.3.5. Soit M un A-module muni d'une connexion ε relativement à X . Alors, pour toute X-dérivation u de A dans A , l'opérateur différentiel d'ordre $\leqslant 1$ $\nabla_\varepsilon(u)$ est une u-dérivation de M dans M . En effet, il résulte facilement des définitions que si u' est l'homomorphisme de $\Omega^1_X$ dans A correspondant à u par (3.3.1),

(3.3.4) $$\nabla_\varepsilon(u)^{\flat} = (\mathrm{Id}\otimes u')\circ\nabla \quad .$$

Or d'après 3.2.1, pour toute section a de A et toute section m de M ,

$$\nabla(a.m) = a.\nabla(m) + m\otimes d(a) \ .$$

d'où la relation (3.3.3) en appliquant $u'$ .

Proposition 3.3.6. *Avec les notations de 3.3.1, supposons que $X$ soit une catégorie de De Rham. Il existe sur $\mathrm{Diff}^1_X(A,A)$ une unique opération appelée* crochet, *et qui associe à deux sections, $u$ , $v$ de $\mathrm{Diff}^1_X(A,A)$ une section $[u,v]$ telle que*

$$[u,v]^\flat = [u^\flat,v^\flat] = u^\flat \circ v^\flat - v^\flat \circ u^\flat \quad . \tag{3.3.5}$$

L'unicité provient de ce que, $X$ vérifiant la condition (B) de 3.1.1, un opérateur différentiel $f$ d'ordre $\leqslant 1$ est déterminé par $f^\flat$ . Pour la même raison, on voit que le crochet, s'il existe, vérifie l'identité de Jacobi.

Pour montrer l'existence du crochet, il faut prouver que si $u : P^1_X \longrightarrow A$ et $v : P^1_X \longrightarrow A$ sont deux opérateurs différentiels d'ordre $\leqslant 1$ de $A$ dans $A$ , alors $u^\flat \circ v^\flat - v^\flat \circ u^\flat$ se factorise par un homomorphisme A-linéaire (à gauche) de $P^1_X$ dans $A$ . On considère les deux homomorphismes

$$P^2_X \xrightarrow{\ \delta^{1,1}\ } P^1_X \otimes_A P^1_X \;\begin{array}{c} \xrightarrow{\mathrm{Id}\otimes u} P^1_X \xrightarrow{\ v\ } \\ \xrightarrow{\mathrm{Id}\otimes v} P^1_X \xrightarrow{\ u\ } \end{array}\; A \quad ,$$

et il faut montrer que leur différence, qui est l'opérateur différentiel (d'ordre $\leqslant 2$) $u \circ v - v \circ u$ , s'annule sur le noyau $J$ de $P^2_X \longrightarrow P^1_X$ : par passage au quotient, on obtiendra la factorisation cherchée, car

$$u^\flat \circ v^\flat - v^\flat \circ u^\flat = (u \circ v - v \circ u)^\flat \ .$$

Or on a vu en 3.1.1 que $\delta^{1,1}$ envoie $J$ dans le sous-module $\Omega^1_X \otimes_A \Omega^1_X$ de $P^1_X \otimes_A P^1_X$ ; puisque $X$ est une catégorie de De Rham, elle vérifie la condition (C') de 3.1.1, de sorte que l'image de $J$ dans $\Omega^1_X \otimes_A \Omega^1_X$ est contenue dans le noyau $K$ de $\Omega^1_X \otimes \Omega^1_X \rightarrow \Omega^2_X$ . Il suffit donc de montrer que $u \circ (\mathrm{Id}\otimes v) - v \circ (\mathrm{Id}\otimes u)$ s'annule sur $K$ . Or $K$ est engendré comme A-module par les sections de la forme $\omega\otimes\omega$ , où $\omega$ est une section de $\Omega^1_X$ ; on obtient alors

$$(u\circ(\mathrm{Id}\otimes v) - v\circ(\mathrm{Id}\otimes u))(\omega\otimes\omega) = u(\omega.v(\omega)) - v(\omega.u(\omega))$$

$$= v(\omega).u(\omega) - u(\omega).v(\omega) = 0 ,$$

car sur $\Omega^1_X$ les deux structures de A-algèbres de $P^1_X$ coïncident, et u et v sont linéaires à gauche.

Corollaire 3.3.7. Sous les hypothèses de 3.3.6, soient u , v deux X-dérivations de A dans A . Alors le crochet [u,v] est une X-dérivation de A dans A .

Cela résulte immédiatement de (3.3.5).

3.3.8. Gardant toujours les mêmes notations, soit M un A-module. On peut munir $\underline{\mathrm{Diff}}_X(M,M)$ d'un crochet, en posant $[u,v] = u\circ v - v\circ u$ pour toutes sections u , v de $\underline{\mathrm{Diff}}_X(M,M)$ , la composition étant prise au sens de 2.1.6 (mais le crochet de deux opérateurs d'ordre $\leqslant 1$ n'est plus d'ordre $\leqslant 1$ en général). Supposons que M soit muni d'une connexion $\varepsilon$ relativement à X . Alors $\varepsilon$ définit un homomorphisme

$$\nabla_\varepsilon : \underline{\mathrm{Diff}}^1_X(A,A) \longrightarrow \underline{\mathrm{Diff}}^1_X(M,M) \subset \underline{\mathrm{Diff}}_X(M,M) .$$

Lorsque X est une catégorie de De Rham, $\underline{\mathrm{Diff}}^1_X(A,A)$ est muni d'un crochet, et on peut se demander à quelles conditions $\nabla_\varepsilon$ est-il compatible au crochet. On a dans cette direction le premier résultat :

Proposition 3.3.9. Soient X une catégorie de De Rham de $\underline{T}$ , et M un A-module muni d'une connexion relativement à X . S'il existe une 2-connexion $\varepsilon_2$ vérifiant la condition de transitivité (1.3.1) et induisant $\varepsilon$ sur $P^1_X$ , $\nabla_\varepsilon$ est compatible au crochet.

Soient u , v deux opérateurs différentiels d'ordre $\leqslant 1$ de A dans A . Alors par construction $[u,v] = u\circ v - v\circ u$ dans $\underline{\mathrm{Diff}}^2_X(A,A)$ : Or $\varepsilon_2$ définit un homomorphisme

$$\nabla_{\varepsilon_2} : \underline{\mathrm{Diff}}^2_X(A,A) \longrightarrow \underline{\mathrm{Diff}}^2_X(M,M)$$

induisant $\nabla_\varepsilon$ sur $\underline{\mathrm{Diff}}^1_X(A,A)$ ; de plus, $\varepsilon_2$ vérifiant la condition de transitivité, on a, quels que soient les opérateurs différentiels u , v d'ordre $\leqslant 1$

$$\nabla_{\varepsilon_2}(u \circ v) = \nabla_{\varepsilon}(u) \circ \nabla_{\varepsilon}(v)$$

d'après la démonstration de 2.2.4. On a alors

$$\nabla_{\varepsilon}([u,v]) = \nabla_{\varepsilon_2}(u \circ v - v \circ u) = \nabla_{\varepsilon}(u) \circ \nabla_{\varepsilon}(v) - \nabla_{\varepsilon}(v) \circ \nabla_{\varepsilon}(u)$$

$$= [\nabla_{\varepsilon}(u), \nabla_{\varepsilon}(v)] \quad .$$

Lemme 3.3.10. *Soient* X *une catégorie de De Rham,* $u, v : P^1_X \longrightarrow A$ *deux* X-*dérivations de* A *dans* A , $u'$ , $v'$ : $\Omega^1_X \longrightarrow A$ *les homomorphismes* A-*linéaires correspondants par* (3.3.1). *Alors*

(3.3.6) $$(u' \wedge v') \circ d_1 = u^\flat \circ v' - v^\flat \circ u' - [u,v]' \quad .$$

Le premier membre est l'homomorphisme composé

$$\Omega^1_X \xrightarrow{\;d_1\;} \Omega^2_X \xrightarrow{\;u' \wedge v'\;} A \quad ,$$

avec $u' \wedge v'(\omega \wedge \omega') = u'(\omega)\, v'(\omega') - v'(\omega) u'(\omega')$ .

Puisque $\Omega^1_X$ est engendré comme A-module par d(A) , il suffit de montrer l'égalité des deux membres de (3.3.6) sur une section de $\Omega^1_X$ de la forme a.d(x), où a et x sont deux sections de A . On a alors

$$(u' \wedge v') \circ d_1(ad(x)) = (u' \wedge v')(d(a) \wedge d(x)) = u^\flat(a) v^\flat(x) - v^\flat(a) u^\flat(x) \quad .$$

D'autre part, le second membre de (3.3.6) appliqué à a.d(x) donne

$$u^\flat(av^\flat(x)) - v^\flat(au^\flat(x)) - a[u,v]^\flat(x) =$$

$$au^\flat \circ v^\flat(x) + u^\flat(a)v^\flat(x) - av^\flat \circ u^\flat(x) - v^\flat(a)u^\flat(x) - a(u^\flat \circ v^\flat(x) - v^\flat \circ u^\flat(x)) \, ,$$

d'où le résultat.

Proposition 3.3.11. *Soient* X *une catégorie de De Rham, et* M *un* A-*module muni d'une connexion* ε *relativement à* X .

i) *Si* $u , v : P^1_X \longrightarrow A$ *sont deux opérateurs différentiels d'ordre* $\leqslant 1$ *de* A *dans* A , *le crochet* $[\nabla_{\varepsilon}(u), \nabla_{\varepsilon}(v)]$ *est un opérateur différentiel d'ordre* $\leqslant 1$ *de* M *dans* M .

ii) <u>Si</u> u , v <u>sont des X-dérivations de</u> A <u>dans</u> A , <u>et</u> u' , v' : $\Omega^1_X \to A$ <u>les homomorphismes A-linéaires correspondants,</u>

(3.3.7) $$\nabla_\varepsilon([u,v])^b = [\nabla_\varepsilon(u)^b, \nabla_\varepsilon(v)^b] - ((u' \wedge v') \otimes Id_M) \circ K ,$$

<u>où</u> K <u>est la courbure de</u> $\varepsilon$ (3.2.4).

iii) <u>Si</u> $\varepsilon$ <u>est à courbure nulle, alors l'homomorphisme</u>

$$\nabla_\varepsilon : \underline{Diff}^1_X(A,A) \longrightarrow \underline{Diff}^1_X(M,M) \subset \underline{Diff}_X(M,M)$$

<u>est compatible au crochet.</u>

Posons $U = \nabla_\varepsilon(u) = (Id \otimes u) \circ \varepsilon$ et $V = \nabla_\varepsilon(v) = (Id \otimes v) \circ \varepsilon$ . Reprenant les notations de 3.3.6, on voit que pour montrer i) il suffit de vérifier que l'homomorphisme $U \circ (Id \otimes V) - V \circ (Id \otimes U)$ s'annule sur $Im(K \otimes_A M)$ , i.e. que pour toute section $\omega$ de $\Omega^1_X$ et toute section m de M

$$U(\omega \otimes V(\omega \otimes m)) - V(\omega \otimes U(\omega \otimes m)) = 0 .$$

Or $V(\omega \otimes m) = (Id \otimes v) \circ \varepsilon(\omega \otimes m) = (Id \otimes v)(\omega\, \varepsilon(m))$ ; comme $\varepsilon$ donne l'identité de M par réduction modulo l'idéal $\Omega^1_X$ de $P^1_X$ , et que $\Omega^1_X$ est de carré nul, $\omega\varepsilon(m) = m \otimes \omega$ ; on en déduit que $V(\omega \otimes m) = v(\omega)m$ , d'où le résultat.

Pour prouver ii), on remarque que (3.3.6) peut s'écrire

$$((u' \wedge v') \circ D_1)^b = (u \circ v' - v \circ u' - [u,v]')^b ,$$

où $D_1$ est un opérateur différentiel d'ordre $\leq 1$ de $\Omega^1_X$ dans $\Omega^2_X$ , u et v sont des opérateurs différentiels d'ordre $\leq 1$ de A dans A , et u' , v' , $u' \wedge v'$ , et $[u,v]'$ sont des applications linéaires, les composés étant pris au sens des opérateurs différentiels. Comme les deux membres de cette égalité proviennent d'opérateurs différentiels d'ordre $\leq 1$ , et que X vérifie (B), on a donc

$$(u' \quad v') \circ D_1 = u \circ v' - v \circ u' - [u,v]'$$

en tant qu'opérateurs différentiels. Mais d'autre part, $\nabla_\varepsilon$ commute au produit d'un opérateur différentiel d'ordre $\leq 1$ et d'une application linéaire (dans les deux sens), car toute connexion vérifie la condition de transitivité (1.3.1), triviale à l'ordre 1 (cf. 2.2.4). Appliquant $\nabla_\varepsilon$ à l'égalité précédente, et prenant les homomorphismes associés, on obtient

$$((u'\wedge v')\otimes Id_M)\circ\nabla_1 = \nabla_\varepsilon(u)^\flat\circ(v'\otimes Id_M) - \nabla_\varepsilon(v)^\flat\circ(u'\otimes Id_M) - ([u,v]'\otimes Id_M) \quad .$$

En composant avec $\nabla$ et en appliquant (3.3.4), on obtient (3.3.7).

Supposons maintenant que $\varepsilon$ soit à courbure nulle. La relation (3.3.7), jointe au fait que $[\nabla_\varepsilon(u),\nabla_\varepsilon(v)]$ est un opérateur différentiel d'ordre $\leqslant 1$ d'après i) , donc est déterminé par l'homomorphisme associé, montre que $\nabla_\varepsilon$ commute au crochet pour les X-dérivations. Si u, v sont des opérateurs différentiels d'ordre $\leqslant 1$ quelconques, on peut écrire

$$u = a + u_1 \qquad , \qquad v = b + v_1$$

où $u_1$ et $v_1$ sont des X-dérivations, et a , b des sections de A . Comme $u_1$ est une dérivation, $[u_1,b] = u_1(b)$ (multiplication par $u_1(b)$) et de même, $[a,v_1] = -v_1(a)$, d'où

$$[u,v] = (u_1(b) - v_1(a)) + [u_1,v_1] \quad ,$$

et

$$\nabla_\varepsilon([u,v]) = h_{u_1(b)-v_1(a)} + \nabla_\varepsilon([u_1,v_1]) \quad ,$$

où, pour tout x , $h_x$ désigne l'homothétie de rapport x dans M . De même, $\nabla_\varepsilon(u_1)$ étant une $u_1$-dérivation (3.3.5) , $[\nabla_\varepsilon(u_1),h_b] = h_{u_1(b)}$ , d'où

$$[\nabla_\varepsilon(u),\nabla_\varepsilon(v)] = h_{u_1(b)-v_1(a)} + [\nabla_\varepsilon(u_1),\nabla_\varepsilon(v_1)] \quad ,$$

et l'assertion iii).

Nous donnerons au paragraphe suivant des réciproques, sous certaines hypothèses, aux assertions 3.3.9 et 3.3.11 iii).

## 4. Lissité différentielle.

Nous allons donner ici des calculs locaux explicites sur les connexions et les stratifications, moyennant des hypothèses du type "lissité différentielle" sur la catégorie formelle X .

4.1. Donnée d'une stratification en termes de l'action des opérateurs différentiels.

On a vu en 2.2.2 que si $X = (A, P^n_X, d^n_o, d^n_1, \pi^n, \delta^{m,n})$ est une catégorie formelle de $\underline{T}$, et $M$ un A-module, la donnée d'une n-connexion $\varepsilon$ sur $M$, relativement à $X$, définit un homomorphisme $P^n_X$-linéaire

$$\nabla_\varepsilon : \underline{\mathrm{Diff}}^n_X(A,A) \longrightarrow \underline{\mathrm{Diff}}^n_X(M,M) \quad ,$$

compatible à la composition des opérateurs différentiels pour n variable lorsque $\varepsilon$ est une stratification. On a les réciproques partielles suivantes :

Proposition 4.1.1. Soient $X$ un groupoïde formel de $\underline{T}$, et $M$ un A-module. On suppose que $P^n_X$ est un A-module localement libre de type fini pour sa structure gauche (correspondant à $d^n_o$), et que le noyau de $\pi^n : P^n_X \longrightarrow A$ est un idéal localement nilpotent. Alors la donnée d'une n-connexion $\varepsilon$ sur $M$ relativement à $X$ équivaut à la donnée d'un homomorphisme $P^n_X$-linéaire

$$\nabla : \underline{\mathrm{Diff}}^n_X(A,A) \longrightarrow \underline{\mathrm{Diff}}^n_X(M,M)$$

associant à une section $a$ de $A$, considérée comme opérateur différentiel d'ordre $0$ de $A$ dans $A$ par (2.1.4), l'homothétie de rapport $a$ de $M$.

On considère l'homomorphisme composé

$$P^n_X \otimes_A M \longrightarrow \underline{\mathrm{Hom}}_A(\underline{\mathrm{Hom}}_A(P^n_X \otimes_A M, M), M) \longrightarrow \underline{\mathrm{Hom}}_A(\underline{\mathrm{Hom}}_A(P^n_X, A), M)$$

où la première flèche est l'homomorphisme qui associe à une section $s$ de $P^n_X \otimes_A M$ l'homomorphisme "valeur en s", et la seconde est définie par $\nabla$, les structures de A-module considérées étant les structures gauches. Comme $P^n_X$ est localement libre de type fini sur $A$, il en est de même pour $P^{n\vee}_X = \underline{\mathrm{Hom}}_A(P^n_X, A)$, de sorte qu'on a un isomorphisme canonique

$$M \otimes_A P^n_X \xrightarrow{\ \sim\ } M \otimes_A (P^{n\vee}_X)^\vee \xrightarrow{\ \sim\ } \underline{\mathrm{Hom}}_A(\underline{\mathrm{Hom}}_A(P^n_X, A), M)$$

et que l'homomorphisme considéré plus haut donne un homomorphisme

$$\varepsilon : P^n_X \otimes_A M \longrightarrow M \otimes_A P^n_X \quad .$$

Cet homomorphisme est $P^n_X$-linéaire, parce que tous les homomorphismes considérés le sont, et il induit l'identité par réduction modulo l'idéal d'augmentation de

$P_X^n$ , parce que $\nabla$ transforme une section de A en l'homothétie de rapport a de M . Il résulte alors de l'argument de 1.4.2 que $\varepsilon$ est un isomorphisme, donc est une n-connexion.

Il est facile de vérifier que si $\nabla$ est l'homomorphisme $\nabla_\varepsilon$ défini par une n-connexion $\varepsilon$ , la n-connexion ainsi obtenue est bien $\varepsilon$ . Inversement, si $\varepsilon$ est la n-connexion ainsi associée à un homomorphisme $\nabla$, on a bien $\nabla = \nabla_\varepsilon$ .

<u>Proposition</u> 4.1.2. <u>Soient</u> X <u>un groupoïde formel de</u> <u>T</u> , <u>et</u> M <u>un</u> A-<u>module</u>. <u>On suppose que pour tout</u> n , $P_X^n$ <u>est un</u> A-<u>module localement libre de type fini pour sa structure gauche</u>. <u>Alors la donnée d'une stratification</u> $\varepsilon$ <u>sur</u> M <u>relativement à</u> X <u>équivaut à la donnée d'un homomorphisme d'anneaux</u>

$$\nabla : \underline{\mathrm{Diff}}_X(A,A) \longrightarrow \underline{\mathrm{Diff}}_X(M,M)$$

<u>induisant pour tout</u> n <u>un homomorphisme</u> $P_X^n$-<u>linéaire</u>

$$\nabla_n : \underline{\mathrm{Diff}}_X^n(A,A) \longrightarrow \underline{\mathrm{Diff}}_X^n(M,M) .$$

Soit donc $\nabla$ un homomorphisme de faisceaux d'anneaux vérifiant les hypothèses de la proposition. Alors chacun des $\nabla_n$ vérifie celles de 4.1.1 : en effet, $\nabla$ étant un homomorphisme de faisceaux d'anneaux, on a $\nabla_n(\mathrm{Id}_A) = \mathrm{Id}_M$ , et comme $\nabla_n$ est $P_X^n$-linéaire, $\nabla_n(a)$ est pour toute section a de A l'homothétie de rapport a de M . Par la méthode de 4.1.1, chacun des $\nabla_n$ définit alors un homomorphisme $P_X^n$-linéaire

$$\varepsilon_n : P_X^n \otimes_A M \longrightarrow M \otimes_A P_X^n ,$$

induisant l'identité sur M par réduction modulo l'idéal d'augmentation. De plus, les $\varepsilon_n$ sont compatibles aux morphismes de transition entre les $P_X^n$ car les $\nabla_n$ s'induisent mutuellement. Je dis que les $\varepsilon_n$ ainsi définis vérifient la condition de transitivité (1.3.1). En effet, considérons le diagramme (2.2.4) de la proposition 2.2.4, où E , F , G sont égaux à A . Puisque $\nabla$ est un homomorphisme d'anneaux, il résulte de la démonstration de 2.2.4 que les deux circuits extérieurs du diagramme sont commutatifs quelques soient les homomorphismes A-linéaires $u : P_X^m \longrightarrow A$ et

$v : P^n_X \longrightarrow A$ . Il en résulte que les deux homomorphismes composés

$$\begin{array}{ccccc} & & P^n_X \otimes_A M \otimes_A P^m_X & & \\ & \nearrow^{Id \otimes \varepsilon_m} & & \searrow^{\varepsilon_n \otimes Id} & \end{array}$$

$$P^{n+m}_X \otimes_A M \xrightarrow{\delta^{n,m} \otimes Id} P^n_X \otimes_A P^m_X \otimes_A M \xrightarrow{\delta^{n,m*}(\varepsilon_{n+m})} M \otimes_A P^n_X \otimes_A P^m_X \xrightarrow{Id \otimes u} M \otimes_A P^n_X \xrightarrow{Id \otimes v} M$$

sont égaux quelques soient $u$ et $v$ . Comme $P^n_X$ et $P^m_X$ sont localement libres de type fini, et en utilisant l'isomorphisme d'adjonction relatif à l'homomorphisme d'extension des scalaires $\delta^{n,m}$ , on en tire que le triangle du milieu est commutatif : or c'est la condition de transitivité (1.3.1). Enfin, il en résulte par le raisonnement de 1.4.4 que les $\varepsilon_n$ sont des isomorphismes. On a donc associé à tout homomorphisme $\nabla$ vérifiant les propriétés de l'énoncé une stratification.

On vérifie encore aisément que les applications qui à $\nabla$ associent $\varepsilon$ , et à $\varepsilon$ associent $\nabla$ sont inverses l'une de l'autre.

Corollaire 4.1.3. Soit $f : X \longrightarrow S$ un morphisme de schémas, localement de type fini et différentiellement lisse (EGA IV 16.10.1). Alors la donnée d'une stratification (resp. d'une PD-stratification) sur un $\underline{O}_X$-module $\underline{M}$ relativement à $S$ équivaut à la donnée d'un homomorphisme de faisceaux d'anneaux

$$\underline{Diff}_{X/S}(\underline{O}_X,\underline{O}_X) \longrightarrow \underline{Diff}_{X/S}(\underline{M},\underline{M})$$

(resp. $\quad PD\text{-}\underline{Diff}_{X/S}(\underline{O}_X,\underline{O}_X) \longrightarrow PD\text{-}\underline{Diff}_{X/S}(\underline{M},\underline{M})\quad$ )

vérifiant les propriétés de 4.1.2.

En effet, lorsque $f$ est différentiellement lisse et localement de type fini, les $\underline{P}^n_{X/S}$ sont des $\underline{O}_S$-modules localement libres de type fini, donc on peut appliquer 4.1.2. De même, les $\underline{D}^n_{X/S}(1)$ sont alors localement libres de type fini, d'après I 4.5.3.

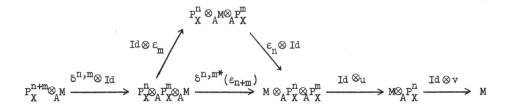

4.2. Stratifications relativement à un groupoïde PD-adique différentiellement lisse.

Soit $X = (A, P_X^n, d_o^n, d_1^n, \pi^n, \delta^{m,n})$ une catégorie formelle de $\underline{T}$. On pose

(4.2.1)
$$I_n = \mathrm{Ker}(\pi^n) \quad .$$

Définition 4.2.1. Avec les notations de 4.2, on dit que $X$ est une catégorie adique si quels que soient $m$, $n \in \underline{\underline{N}}$,

(4.2.2)
$$\mathrm{Ker}(P_X^n \longrightarrow P_X^m) = I_n^{m+1} \quad .$$

On dit qu'une catégorie adique est de type fini si $I_1 = \Omega_X^1$ est un A-module de type fini.

De (4.2.2) résulte en particulier $P_X^o = A$. On notera d'autre part que $I_1 = I_2/I_2^2$ d'après (4.2.2), ce qui justifie la notation $\Omega_X^1$ conformément à 3.1.1. Toute catégorie adique vérifie donc l'hypothèse (A) de 3.1.1, et on voit comme en 3.1.4 i) que toute catégorie adique vérifiant la condition (B) vérifie la condition (C), donc est une catégorie de De Rham (cf. 3.1.3).

D'autre part, si $X$ est une catégorie adique de type fini, on voit par récurrence sur $n$ que $I_n$ est un idéal de type fini de $P_X^n$, et que $P_X^n$ est un A-module de type fini pour chacune de ses deux structures de A-module.

On remarquera que la catégorie $\underline{\hat{P}}(X/S)$ associée à un morphisme de schémas $f : X \longrightarrow S$ est une catégorie adique.

Nous nous intéresserons à la variante suivante de la notion de catégorie adique.

Définition 4.2.2. Avec les notations de 4.2, on appelle catégorie PD-adique de $\underline{T}$ (resp. groupoïde PD-adique) la donnée d'une catégorie formelle $X$ de $\underline{T}$ (resp. d'un groupoïde formel) et pour tout $n$ d'une PD-structure $\gamma$ sur $I_n$, de façon à satisfaire aux conditions suivantes :

i) les morphismes de transition $P_X^n \longrightarrow P_X^m$ sont des PD-morphismes ;

ii) quelques soient $m$ et $n$, $\delta^{m,n}$ est un PD-morphisme, l'idéal

$I_m \otimes_A P^n_X + P^m_X \otimes_A I_n$ de $P^m_X \otimes_A P^n_X$ étant muni de l'unique PD-structure telle que $P^n_X \longrightarrow P^m_X \otimes_A P^n_X$ et $P^m_X \longrightarrow P^m_X \otimes_A P^n_X$ soient des PD-morphismes (cf. I 1.7.1 et (1.1.15)) ;

iii) quels que soient $m$ , $n \in \underline{\underline{N}}$ ,

(4.2.3) $$\operatorname{Ker}(P^n_X \longrightarrow P^m_X) = I_n^{[m+1]} \quad ;$$

(resp. iv) quel que soit $n$ , $\sigma_n$ est un PD-morphisme).

On dit qu'une catégorie PD-adique est de type fini si $\Omega^1_X = I_1$ est un A-module de type fini.

On a encore $P^o_X = A$ , et la notation $\Omega^1_X$ se justifie par $I_1 = I_2/I_2^{[2]}$ , de sorte que X vérifie la condition (A) de 3.1.1. Lorsque X vérifie la condition (B), on voit comme en 3.1.4 ii) qu'elle vérifie également (C), de sorte que c'est une catégorie de De Rham.

Pour préciser que X est une catégorie PD-adique, on emploiera en général la notation $\underline{D}^n_X$ au lieu de $P^n_X$ . Si $z$ est une section de $I_n$ , on notera $z^{[n]}$ la n-ième puissance divisée de $z$ .

Si X est une catégorie PD-adique de type fini, $I_n$ est un idéal de type fini pour tout $n$ , et $\underline{D}^n_X$ est un A-module de type fini pour ses deux structures.

Enfin, notons que si $f : X \longrightarrow S$ est un morphisme de schémas, la catégorie $\hat{\underline{D}}(X/S)$ est une catégorie PD-adique.

Dans ce qui suit, nous nous bornerons à étudier les catégories PD-adiques, car les résultats que nous avons en vue ne sont valables en général que pour les catégories adiques telles que A soit un anneau de caractéristique 0 . Or dans ce cas, il existe une unique PD-structure sur les $I_n$ (définie par $\gamma_n(x) = x^n/n!$) , les conditions i) et ii) étant automatiquement vérifiées, et alors $I^{[k]} = I^k$ , de sorte que toute catégorie adique de caractéristique 0 peut être considérée de facon unique comme une catégorie PD-adique.

Définition 4.2.3. Soit X une catégorie PD-adique (resp. adique) de type fini. On dit que X est différentiellement lisse si les conditions suivantes sont satisfaites :

i) $\Omega^1_X$ est un A-module localement libre de type fini, et admet localement une base formée de sections de la forme $d(x)$, où $x$ est une section de $A$ ;

ii) si $\Omega^1_X$ admet au-dessus d'un objet de $\underline{T}$ une base formée de sections $d(x_i)$ , $i = 1,\ldots,n$ alors l'unique PD-morphisme (resp. homomorphisme) A-linéaire à gauche

$$A < t_1,\ldots,t_n >/J^{[k+1]} \longrightarrow \underline{D}^k_X$$

(resp.
$$A [ t_1,\ldots,t_n ]/J^{k+1} \longrightarrow \underline{P}^k_X \quad )$$

envoyant $t_i$ sur $d^k_1(x_i) - d^k_o(x_i)$ est un isomorphisme pour tout $k$ ($J$ désignant le PD-idéal (resp. l'idéal) engendré par les $t_i$ .

Si $f : X \longrightarrow S$ est un morphisme de schémas, localement de type fini et différentiellement lisse, alors $\hat{\underline{P}}(X/S)$ est une catégorie adique de type fini, différentiellement lisse (EGA IV 16.10.1), et de même, $\hat{\underline{D}}(X/S)$ est une catégorie PD-adique de type fini, différentiellement lisse, d'après I 4.5.3.

La condition i) entraine la condition (B) de 3.1.1, de sorte que toute catégorie PD-adique (resp. adique) de type fini et différentiellement lisse est une catégorie de De Rham.

4.2.4. Soit $X$ une catégorie PD-adique de type fini, et vérifiant la condition (B) de 3.1.1. Soit $(x_i)_{i = 1,\ldots,n}$ une famille de sections de $A$ au-dessus d'un objet $E$ de $\underline{T}$ , telle que les $d(x_i)$ engendrent $\Omega^1_X$ comme A-module au-dessus de $E$ . On pose alors dans $\underline{D}^k_X$

$$\xi_i = d^k_1(x_i) - d^k_o(x_i) \quad . \tag{4.2.4}$$

On emploiera d'autre part les "notations de Schwartz"

$$\underline{\underline{z}} = (z_1,\ldots,z_n) \quad , \quad \underline{\underline{q}} = (q_1,\ldots,q_n) \quad ,$$

les $z_i$ étant des sections de $\underline{D}^k_X$ , et les $q_i$ des entiers, et on pose

$$|\underline{\underline{q}}| = \sum_{i=1}^n q_i \quad ; \quad \underline{\underline{q}}! = \prod_{i=1}^n q_i! \quad ; \; (\underline{\underline{p}},\underline{\underline{q}}) = \prod_{i=1}^n (p_i,q_i)$$

$$\underline{\underline{z}}^{\underline{\underline{q}}} = \prod_{i=1}^{n} z_i^{q_i} \quad , \text{ et si les } z_i \in I_k \ , \ \underline{\underline{z}}^{[\underline{\underline{q}}]} = \prod_{i=1}^{n} z_i^{[q_i]} \ .$$

*Proposition* 4.2.5. (cf. EGA IV 16.11.2) *Soient* X *une catégorie* PD-*adique de* $\underline{T}$ , *et* $(x_i)_{i=1,\dots,n}$ *une famille de sections de* A *au-dessus d'un objet* E *de* $\underline{T}$ , *telle que les* $d(x_i)$ *engendrent* $\Omega^1_X$ *comme* A-*module au-dessus de* E . *Alors les conditions suivantes sont équivalentes*

i) *La restriction de* X *au topos* $\underline{T}/E$ *des objets de* $\underline{T}$ *au-dessus de* E *est une catégorie* PD-*adique de type fini différentiellement lisse, et les* $d(x_i)$ *forment une base de* $\Omega^1_X$ *au-dessus de* E .

ii) *Il existe au-dessus de* E *une famille d'opérateurs différentiels* $(D_{\underline{\underline{q}}})_{\underline{\underline{q}} \in \underline{\underline{N}}^n}$ *telle que* $D_{\underline{\underline{q}}}$ *soit un opérateur différentiel d'ordre* $\leqslant |\underline{\underline{q}}|$ *de* a *dans* A , *et que pour tout* $\underline{\underline{p}}$ *on ait*

(4.2.5) $$D_{\underline{\underline{q}}}(\xi^{[\underline{\underline{p}}]}) = \delta_{\underline{\underline{p}},\underline{\underline{q}}} \quad \text{(\textit{indice de Kronecker})} .$$

*Si ces conditions sont vérifiées, la famille* $(D_{\underline{\underline{q}}})$ *est déterminée de facon unique, et les* $D_{\underline{\underline{q}}}$ *pour* $|\underline{\underline{q}}| \leqslant k$ *forment une base de* $\underline{\mathrm{Diff}}^k_X(A,A)$ *au-dessus de* E . *Enfin, on a alors quels que soient* $\underline{\underline{p}}$ , $\underline{\underline{q}}$

(4.2.6) $$D_{\underline{\underline{p}}} \circ D_{\underline{\underline{q}}} = D_{\underline{\underline{p}}+\underline{\underline{q}}} \ .$$

Supposons vérifiée la condition i). Alors d'après 4.2.3 ii) les $\underline{\underline{\xi}}^{[\underline{\underline{q}}]}$ pour $|\underline{\underline{q}}| \leqslant k$ forment une base de $\underline{D}^k_X$ comme A-module. Si $(D_{\underline{\underline{q}}})$ est la base duale dans $\underline{\mathrm{Hom}}_A(\underline{D}^k_X, A) = \underline{\mathrm{Diff}}^k_X(A,A)$ , alors les $D_{\underline{\underline{q}}}$ vérifient par hypothèse les relations (4.2.5), qui les déterminent sans ambiguité.

Inversement, supposons qu'il existe une famille d'opérateurs différentiels $D_{\underline{\underline{q}}}$ vérifiant (4.2.5). Il est facile de voir que le fait que $\Omega^1_X$ soit engendré par les $d(x_i)$ entraine que $\underline{D}^k_X$ est engendré comme A-module par les $\underline{\underline{\xi}}^{[\underline{\underline{q}}]}$ pour $|\underline{\underline{q}}| \leqslant k$ ; les relations (4.2.5) montrent alors que les $\underline{\underline{\xi}}^{[\underline{\underline{q}}]}$ sont linéairement indépendants sur A , donc forment une base de $\underline{D}^k_X$ sur A . La condition i) en résulte aussitôt.

Montrons enfin la relation (4.2.6). Puisque les $\underline{\underline{\xi}}^{[\underline{\underline{q}}]}$ engendrent $\underline{D}_X^k$ , il suffit de montrer que pour tout $\underline{\underline{r}} \in \underline{\underline{N}}^n$ on a

$$(D_{\underline{\underline{p}}} \circ D_{\underline{\underline{q}}})(\underline{\underline{\xi}}^{[\underline{\underline{r}}]}) = D_{\underline{\underline{p}}+\underline{\underline{q}}}(\underline{\underline{\xi}}^{[\underline{\underline{r}}]}) \quad .$$

Or $D_{\underline{\underline{p}}} \circ D_{\underline{\underline{q}}}$ est l'homomorphisme composé

$$\underline{D}_X^{k+k'} \xrightarrow{\delta^{k,k'}} \underline{D}_X^k \otimes_A \underline{D}_X^{k'} \xrightarrow{Id \otimes D_{\underline{\underline{q}}}} \underline{D}_X^k \xrightarrow{D_{\underline{\underline{p}}}} A \ ,$$

où $k = |\underline{\underline{p}}|$ , $k' = |\underline{\underline{q}}|$ . Or on a

$$\delta^{k,k'}(\underline{\underline{\xi}}^{[\underline{\underline{r}}]}) = (\delta^{k,k'}(\underline{\underline{\xi}}))^{[\underline{\underline{r}}]} = (\delta^{k,k'}(d_1^{k+k'}(\underline{\underline{x}}) - d_0^{k+k'}(\underline{\underline{x}})))^{[\underline{\underline{r}}]}$$

$$= ((d_1^k(\underline{\underline{x}}) - d_0^k(\underline{\underline{x}}))\otimes 1 + 1\otimes (d_1^{k'}(x) - d_0^{k'}(\underline{\underline{x}})))^{[\underline{\underline{r}}]}$$

$$= \sum_{\underline{\underline{m}}+\underline{\underline{n}}=\underline{\underline{r}}} \underline{\underline{\xi}}^{[\underline{\underline{m}}]} \otimes \underline{\underline{\xi}}^{[\underline{\underline{n}}]} \quad .$$

Par suite, d'après (4.2.5),

$$(D_{\underline{\underline{p}}} \circ D_{\underline{\underline{q}}})(\underline{\underline{\xi}}^{[\underline{\underline{r}}]}) = D_{\underline{\underline{p}}}(Id\otimes D_{\underline{\underline{q}}}(\sum_{\underline{\underline{m}}+\underline{\underline{n}}=\underline{\underline{r}}} \underline{\underline{\xi}}^{[\underline{\underline{m}}]} \otimes \underline{\underline{\xi}}^{[\underline{\underline{n}}]}))$$

$$= D_{\underline{\underline{p}}}(\underline{\underline{\xi}}^{[\underline{\underline{r}}-\underline{\underline{q}}]}) \ ,$$

donc est nul si $\underline{\underline{r}} \neq \underline{\underline{p}} + \underline{\underline{q}}$ , et égal à 1 si $\underline{\underline{r}} = \underline{\underline{p}} + \underline{\underline{q}}$ ; c'est donc bien $D_{\underline{\underline{p}}+\underline{\underline{q}}}(\underline{\underline{\xi}}^{[\underline{\underline{r}}]})$.

Soit $\underline{\underline{1}}_i$ le multi-indice $(q_1,\ldots,q_n)$ où les $q_j$ sont nuls pour $j \neq i$ , et $q_i = 1$ . On pose

$$D_i = D_{\underline{\underline{1}}_i} \quad , \quad \underline{\underline{D}} = (D_o,\ldots,D_n) \quad .$$

On a alors

<u>Corollaire</u> 4.2.6. <u>Soit</u> X <u>une catégorie PD-adique différentiellement lisse de type fini</u>. <u>Si</u> $(x_i)_{i=1,\ldots,n}$ <u>est une famille de sections de</u> A <u>au-dessus d'un objet</u> E <u>de</u> <u>T</u> , <u>telle que les</u> $d(x_i)$ <u>forment une base de</u> $\Omega_X^1$ <u>au-dessus de</u> E , <u>on a, avec les notations précédentes</u> :

i) <u>les</u> $D_i$ <u>commutent entre eux</u> ;

ii) pour tout $\underline{\underline{q}}$ ,

(4.2.7) $$D_{\underline{\underline{q}}} = \underline{\underline{D}}^{\underline{\underline{q}}} .$$

Cela résulte aussitôt de (4.2.6).

On comparera la relation (4.2.6) avec la relation analogue de EGA IV 16.11.2, où intervient le coefficient $(\underline{\underline{p}},\underline{\underline{q}})$ : l'absence de coefficient dans notre formule provient de la structure de PD-idéal des $I_k$ . C'est ce qui permet d'obtenir pour les invariants PD-différentiels en toutes caractéristiques des propriétés qui sont valables pour les invariants différentiels seulement en caractéristique 0 .

Proposition 4.2.7. Soit X une catégorie PD-adique de type fini. Pour que X soit différentiellement lisse, il faut et il suffit que localement il existe des sections $x_i$ de A , $i = 1,\ldots,n$ , telles que les $d(x_i)$ forment une base de $\Omega^1_X$ .

Autrement dit, la condition i) de 4.2.3 entraine la condition ii) de 4.2.3.

Quitte à se localiser, on peut supposer que $\Omega^1_X$ admet une base formée de sections $d(x_i)$ , où les $x_i$ sont des sections de A . On note alors $D_i$ l'opérateur différentiel d'ordre $\leqslant 1$ de A dans A défini par la coordonnée relative à $d(x_i)$ , et pour tout $\underline{\underline{q}} = (q_1,\ldots,q_n)$ on pose

$$D_{\underline{\underline{q}}} = \underline{\underline{D}}^{\underline{\underline{q}}} .$$

On voit alors par récurrence sur $|\underline{\underline{q}}|$ en utilisant le calcul de 4.2.5 que les $D_{\underline{\underline{q}}}$ vérifient les relations (4.2.5), de sorte que la proposition résulte de 4.2.5.

Lemme 4.2.8. Soit X un groupoïde PD-adique de type fini, différentiellement lisse. On suppose donnée une famille $(x_i)_{i=1,\ldots,n}$ de sections de A telles que les $d(x_i)$ forment une base de $\Omega^1_X$ , et soit $(D_{\underline{\underline{q}}})_{\underline{\underline{q}}\in \underline{\underline{N}}^n}$ la famille d'opérateurs différentiels associée aux $d(x_i)$ en 4.2.5. Alors la donnée d'une k-connexion relativement à X sur un A-module M équivaut à la donnée d'une famille $(\vartheta_{\underline{\underline{q}}})_{|\underline{\underline{q}}|\leqslant k}$ d'opérateurs différentiels d'ordre $\leqslant |\underline{\underline{q}}|$ de M dans M , telle que $\vartheta_o = \mathrm{Id}_M$ , et que pour tout $\underline{\underline{q}}$ , toute section z de $\underline{\underline{D}}^k_X$ et toute section m de $\underline{D}_X^k \otimes_A M$ , on ait

(4.2.8) $$\mathcal{D}_{\underline{q}}(z.m) = \sum_{\underline{i}+\underline{j}=\underline{q}} (\underline{i},\underline{j})\, D_{\underline{i}}(z).\, \mathcal{D}_{\underline{j}}(m) \quad .$$

Soit $\varepsilon$ une k-connexion sur M . Alors $\varepsilon$ définit un homomorphisme $\underline{D}_X^k$-linéaire

$$\nabla_\varepsilon : \underline{\mathrm{Diff}}_X^k(A,A) \longrightarrow \underline{\mathrm{Diff}}_X^k(M,M) \quad .$$

Posons alors

(4.2.9) $$\mathcal{D}_{\underline{q}} = \nabla_\varepsilon(D_{\underline{q}}) \quad .$$

Comme $D_{\underline{o}}$ est l'identité de A , $\mathcal{D}_o = \mathrm{Id}_M$ . Il reste donc à montrer la relation (4.2.8). Or, si y et z sont deux sections de $\underline{D}_X^k$ , on a

(4.2.10) $$D_{\underline{q}}(z.y) = \sum_{\underline{i}+\underline{j}=\underline{q}} (\underline{i},\underline{j}) D_{\underline{i}}(z).D_{\underline{j}}(y) \quad .$$

En effet, il suffit par linéarité de vérifier cette relation pour $y = \underline{\xi}^{[\underline{r}]}$ , $z = \underline{\xi}^{[\underline{s}]}$ , avec les notations de 4.2.4. Or on a

$$\underline{\xi}^{[\underline{r}]} . \underline{\xi}^{[\underline{s}]} = (\underline{r},\underline{s}).\underline{\xi}^{[\underline{r}+\underline{s}]}$$

d'où $$D_{\underline{q}}(\underline{\xi}^{[\underline{r}]} . \underline{\xi}^{[\underline{s}]}) = (\underline{r},\underline{s}).\delta_{\underline{q},\underline{r}+\underline{s}} \quad .$$

Le second membre de (4.2.10) est d'autre part

$$\sum_{\underline{i}+\underline{j}=\underline{q}} (\underline{i},\underline{j})\, \delta_{\underline{i},\underline{r}}.\delta_{\underline{j},\underline{s}} \quad .$$

Il est clair que ces deux expressions sont égales. On remarque alors que l'homomorphisme qui à une section y de $\underline{D}_X^k$ associe $D_{\underline{q}}(z.y)$ n'est autre que le produit $z.D_{\underline{q}}$ de $D_{\underline{q}}$ par z pour la structure de $\underline{D}_X^k$-module de $\underline{\mathrm{Diff}}_X^k(A,A)$ ; de même, l'homomorphisme qui à m associe $\mathcal{D}_{\underline{q}}(z.m)$ est le produit $z.\mathcal{D}_q$ . Comme $\nabla_\varepsilon$ est $\underline{D}_X^k$-linéaire, on obtient en appliquant $\nabla_\varepsilon$ à (4.2.10)

$$z.\mathcal{D}_q = \sum_{\underline{i}+\underline{j}=\underline{q}} (\underline{i},\underline{j})\, D_{\underline{i}}(z).\mathcal{D}_{\underline{j}} \quad ,$$

d'où (4.2.8).

Inversement, supposons donnée une famille d'opérateurs différentiels $\mathcal{D}_{\underline{q}}$ d'ordre $\leqslant 1$ de M dans M , vérifiant les conditions de 4.2.8. D'après 4.2.5

les $D_{\underline{\underline{q}}}$ forment une base de $\underline{\mathrm{Diff}}_X^k(A,A)$ , de sorte qu'on définit un homomorphisme A-linéaire

$$\nabla : \underline{\mathrm{Diff}}_X^k(A,A) \longrightarrow \underline{\mathrm{Diff}}_X^k(M,M)$$

en posant

$$\nabla\Big(\sum_{|\underline{\underline{q}}| \leqslant k} a_{\underline{\underline{q}}}.D_{\underline{\underline{q}}}\Big) = \sum_{|\underline{\underline{q}}| \leqslant k} a_{\underline{\underline{q}}}.\vartheta_{\underline{\underline{q}}} \quad .$$

Pour vérifier la linéarité de $\nabla$ par rapport à $\underline{D}_X^k$ , il suffit de voir que pour tout $\underline{\underline{q}}$ et toute section $z$ de $\underline{D}_X^k$ , on a $\nabla(z.D_{\underline{\underline{q}}}) = z.\vartheta_{\underline{\underline{q}}}$ ; or d'après (4.2.10), et la A-linéarité de $\nabla$ , cette relation n'est autre que (4.2.8), vérifiée par hypothèse. D'autre part, $\nabla$ transforme les sections de A en les homothéties de rapport correspondant de M car $\vartheta_0$ est $\mathrm{Id}_M$ . Comme X est un groupoïde, et que $\underline{D}_X^n$ est localement libre de type fini puisque X est différentiellement lisse, $\nabla$ définit alors une k-connexion, d'après 4.1.1. Il est clair que les applications qui à une k-connexion associe les $\vartheta_{\underline{\underline{q}}}$ , et aux $\vartheta_{\underline{\underline{q}}}$ associe une k-connexion, sont inverses l'une de l'autre.

<u>Lemme</u> 4.2.9. <u>Soient</u> X <u>une catégorie de De Rham, et</u> M <u>un</u> A-<u>module muni d'une connexion</u> $\varepsilon$ <u>relativement à</u> X . <u>On suppose que le</u> A-<u>module</u> $\Omega_X^1$ <u>est libre et possède une base de la forme</u> $d(x_1),\dots,d(x_n)$, <u>où les</u> $x_i$ <u>sont des sections de</u> A . <u>On note</u> $D_i$ <u>la</u> X-<u>dérivation de</u> A <u>définie par l'homomorphisme</u> "<u>coordonnée sur</u> $d(x_i)$" (3.3.1) , <u>et</u> $\vartheta_i$ <u>l'opérateur différentiel</u> $\nabla_\varepsilon(D_i)$ <u>de</u> M <u>dans</u> M . <u>Alors, la courbure</u> K <u>de</u> $\varepsilon$ <u>est donnée par</u>

(4.2.11) $$K = \sum_{i<j} [\vartheta_i^b,\vartheta_j^b] \otimes d(x_i) \wedge d(x_j) \quad .$$

Soit $\nabla : M \longrightarrow M\otimes_A \Omega_X^1$ l'homomorphisme (3.2.1) défini par $\varepsilon$ . Pour toute section m de M , on a

(4.2.12) $$\nabla(m) = \sum_i \vartheta_i^b(m)\otimes d(x_i) \quad .$$

En effet, cela résulte de (3.3.4) et de la définition des $\vartheta_i$ . On déduit alors de (3.2.7)

$$\begin{aligned}\nabla_1\circ\nabla(m) &= \nabla_1(\sum_i \vartheta_i^\flat(m)\otimes d(x_i))\\ &= \sum_i \nabla(\vartheta_i^\flat(m))\wedge d(x_i) - \vartheta_i^\flat(m)\otimes d(d(x_i))\\ &= \sum_i\sum_j \vartheta_j^\flat\circ\vartheta_i^\flat(m)\otimes d(x_j)\wedge d(x_i)\quad ,\end{aligned}$$

d'où le résultat.

Corollaire 4.2.10. Soient $X$ une catégorie PD-adique (resp. adique), de type fini et différentiellement lisse, et $M$ un A-module muni d'une connexion $\varepsilon$ relativement à $X$. Alors pour que $\nabla_\varepsilon$ soit compatible au crochet, il faut et il suffit que $\varepsilon$ soit à courbure nulle.

Comme l'assertion est locale, on peut supposer que $\Omega_X^1$ a une base de la forme $d(x_i)$, les $x_i$ étant des sections de $A$. Si $D_i$ est la X-dérivation correspondant à la coordonnée sur $d(x_i)$, alors $\underline{\mathrm{Diff}}_X^1(A,A)$ admet pour base la famille formée de $\mathrm{Id}$ et des $D_i$. Compte tenu des relations $[D_i,a] = -[a,D_i] = D_i(a)$, on voit que $\nabla_\varepsilon$ est compatible au crochet si et seulement si quels que soient $i$, $j$

$$\nabla_\varepsilon([D_i,D_j]) = [\nabla_\varepsilon(D_i),\nabla_\varepsilon(D_j)] \quad ,$$

i.e. puisque $D_i$ et $D_j$ commutent d'après 4.2.6 (et la transcription de EGA IV 16.11.2 dans le cas adique), si

$$[\nabla_\varepsilon(D_i),\nabla_\varepsilon(D_j)] = 0 \quad .$$

Comme $\underline{D}_X^1$ est engendré par $d_1^1(A)$ puisque $\Omega_X^1$ est engendré par $d(A)$, il revient au même de dire que $[\nabla_\varepsilon(D_i)^\flat,\nabla_\varepsilon(D_j)^\flat] = 0$, d'où le résultat d'après 4.2.9.

Théorème 4.2.11. Avec les notations usuelles, soient $X$ un groupoïde PD-adique, de type fini et différentiellement lisse, de $\underline{T}$, et $M$ un A-module. Alors la donnée d'une stratification sur $M$, relativement à $X$, équivaut à la donnée d'une connexion à courbure nulle sur $M$, relativement à $X$. Si $M$, $N$, sont deux A-modules munis de stratifications relativement à $X$, un homomorphisme A-linéaire $f : M \longrightarrow N$ est compatible aux stratifications si et seulement s'il est compatible

<u>aux connexions correspondantes</u>.

Si $\varepsilon$ est une stratification sur M , soit $\varepsilon_1$ la connexion définie par $\varepsilon$ . Alors, d'après 3.3.9, $\nabla_{\varepsilon_1}$ est compatible au crochet. Donc $\varepsilon_1$ est à courbure nulle en vertu de 4.2.10.

Inversement, soit $\varepsilon_1$ une connexion à courbure nulle sur M . D'après 4.1.2, se donner une stratification $\varepsilon$ sur M induisant la connexion $\varepsilon_1$ équivaut à se donner un homomorphisme de faisceaux d'anneaux

$$\nabla_\varepsilon : \underline{\mathrm{Diff}}_X(A,A) \longrightarrow \underline{\mathrm{Diff}}_X(M,M)$$

compatible à la filtration par les $\underline{\mathrm{Diff}}_X^n$ , et $\underline{D}_X^n$-linéaire sur $\underline{\mathrm{Diff}}_X^n$ , induisant $\nabla_{\varepsilon_1}$ sur $\underline{\mathrm{Diff}}_X^1(A,A)$ . On remarque alors que si un tel homomorphisme $\nabla_\varepsilon$ existe, il est unique. En effet, c'est une assertion locale sur $\underline{T}$ , donc on peut supposer qu'il existe une famille de sections $(x_i)_{i=1,\dots,n}$ de A telle que les $d(x_i)$ forment une base de $\Omega_X^1$ . Notons alors $D_{\underline{\underline{q}}}$ les opérateurs différentiels définis en 4.2.5, et $D_i = D_{\underline{\underline{1}}_i}$ (qui est aussi la coordonnée sur $d(x_i)$). Alors les $D_{\underline{\underline{q}}}$ forment une base de $\underline{\mathrm{Diff}}_X(A,A)$ , de sorte que $\nabla_\varepsilon$ est déterminé par la donnée des $\vartheta_{\underline{\underline{q}}} = \nabla_\varepsilon(D_{\underline{\underline{q}}})$ . Si $\vartheta_i = \nabla_\varepsilon(D_i)$, $\vartheta_i$ et $\vartheta_j$ commutent puisque $\nabla_\varepsilon$ est un homomorphisme d'anneaux, et de meme on a d'après (4.2.7)

$$\vartheta_{\underline{\underline{q}}} = \underline{\underline{\vartheta}}^{\underline{\underline{q}}} \quad ; \text{ avec } \quad \underline{\underline{\vartheta}} = (\vartheta_1,\dots,\vartheta_n) \ .$$

Par conséquent, $\nabla_\varepsilon$ est déterminé par les $\vartheta_i$ , donc par $\nabla_{\varepsilon_1}$ , d'où l'unicité de $\nabla_\varepsilon$ .

En vertu de l'unicité, il suffit de construire $\nabla_\varepsilon$ localement, de sorte qu'on peut encore supposer qu'il existe des sections $x_i$ de A telles que les $d(x_i)$ forment une base de $\Omega_X^1$ . Avec les notations précédentes, il suffit d'après 4.2.8 de se donner une famille d'opérateurs différentiels $\vartheta_{\underline{\underline{q}}}$ de M dans M , $\vartheta_{\underline{\underline{q}}}$ étant d'ordre $\leqslant |\underline{\underline{q}}|$ , $\vartheta_o$ étant l'identité, les $\vartheta_q$ vérifiant (4.2.8), et l'homomorphisme

$$\underline{\mathrm{Diff}}_X(A,A) \longrightarrow \underline{\mathrm{Diff}}_X(M,M)$$

correspondant par 4.2.8 aux $\vartheta_{\underline{\underline{q}}}$ étant un homomorphisme de faisceaux d'anneaux. On pose donc

(4.2.13) $$\vartheta_{\underline{\underline{q}}} = \vartheta^{\underline{\underline{q}}} ,$$

ce produit ne dépendant pas de l'ordre des facteurs, car les $D_i$ commutent entre eux, et, $\nabla_{\varepsilon_1}$ étant compatible au crochet puisque $\varepsilon_1$ est à courbure nulle (3.3.11 ii)), les $\vartheta_i$ commutent aussi entre eux.

Pour prouver la relation (4.2.8), on voit en utilisant la A-linéarité des $\vartheta_i$ et (4.2.10) qu'il suffit de prouver cette relation pour une section de $\underline{D}^k_X$ de la forme $\xi^{[\underline{\underline{p}}]}$ et une section de $\underline{D}^k_X \otimes_A M$ de la forme $1 \otimes m$, où $m$ est une section de $M$. On procède alors par récurrence sur $|\underline{\underline{q}}|$, l'assertion étant évidente si $\underline{\underline{q}} = 0$, car alors $\vartheta_o$ est l'identité. Soient alors $\underline{\underline{q}}' \in \underline{\mathbb{N}}^n$, et $\underline{\underline{q}} = \underline{\underline{q}}' + \underline{\underline{1}}_i$; on suppose (4.2.8) prouvée pour $\vartheta_{\underline{\underline{q}}'}$. Alors $\vartheta_{\underline{\underline{q}}}(\xi^{[\underline{\underline{p}}]} \otimes m) = \vartheta_i \circ \vartheta_{\underline{\underline{q}}'}(\xi^{[\underline{\underline{p}}]} \otimes m)$ est l'image de $\xi^{[\underline{\underline{p}}]} \otimes m$ par l'homomorphisme composé

$$\underline{D}^k_X \otimes_A M \xrightarrow{\delta^{1,k-1} \otimes Id} \underline{D}^1_X \otimes_A \underline{D}^{k-1}_X \otimes_A M \xrightarrow{Id \otimes \vartheta_{\underline{\underline{q}}'}} \underline{D}^1_X \otimes_A M \xrightarrow{\vartheta_i} M ,$$

où $k = |\underline{\underline{q}}|$. D'après le calcul de 4.2.5, on a

$$\vartheta_{\underline{\underline{q}}}(\xi^{[\underline{\underline{p}}]} \otimes m) = \vartheta_i \circ (Id \otimes \vartheta_{\underline{\underline{q}}'})(\sum_{\underline{\underline{r}}+\underline{\underline{s}}=\underline{\underline{p}}} \xi^{[\underline{\underline{r}}]} \otimes \xi^{[\underline{\underline{s}}]} \otimes m) ,$$

d'où d'après l'hypothèse de récurrence

$$\vartheta_{\underline{\underline{q}}}(\xi^{[\underline{\underline{p}}]} \otimes m) = \vartheta_i (\sum_{\underline{\underline{r}}+\underline{\underline{s}}=\underline{\underline{p}}} \xi^{[\underline{\underline{r}}]} \otimes (\sum_{\underline{\underline{i}}+\underline{\underline{j}}=\underline{\underline{q}}'} (\underline{\underline{i}},\underline{\underline{j}})\, D_{\underline{\underline{i}}}(\xi^{[\underline{\underline{s}}]}).\ \vartheta_{\underline{\underline{j}}}(m)) ,$$

soit, d'après (4.2.5),

$$\vartheta_{\underline{\underline{q}}}(\xi^{[\underline{\underline{p}}]} \otimes m) = \vartheta_i(\sum_{\underline{\underline{r}}+\underline{\underline{s}}=\underline{\underline{p}}} \xi^{[\underline{\underline{r}}]} \otimes (\underline{\underline{s}},\underline{\underline{q}}'-\underline{\underline{s}})\, \vartheta_{\underline{\underline{q}}'-\underline{\underline{s}}}(m)) ;$$

comme $\vartheta_i$ est une $D_i$-dérivation d'après 3.3.5, on obtient facilement

$$\begin{aligned}\vartheta_{\underline{\underline{q}}}(\xi^{[\underline{\underline{p}}]} \otimes m) &= \sum_{\underline{\underline{r}}+\underline{\underline{s}}=\underline{\underline{p}}} (\underline{\underline{s}},\underline{\underline{q}}'-\underline{\underline{s}})(D_i(\xi^{[\underline{\underline{r}}]}).\ \vartheta_{\underline{\underline{q}}'-\underline{\underline{s}}}(m) + D_o(\xi^{[\underline{\underline{r}}]})\, \vartheta_i \circ \vartheta_{\underline{\underline{q}}'-\underline{\underline{s}}}(m)) \\ &= (\underline{\underline{p}}-\underline{\underline{1}}_i,\underline{\underline{q}}-\underline{\underline{p}})\, \vartheta_{\underline{\underline{q}}-\underline{\underline{p}}}(m) + (\underline{\underline{p}},\underline{\underline{q}}-\underline{\underline{p}}-\underline{\underline{1}}_i)\, \vartheta_{\underline{\underline{q}}-\underline{\underline{p}}}(m) \\ &= (\underline{\underline{p}},\underline{\underline{q}}-\underline{\underline{p}})\, \vartheta_{\underline{\underline{q}}-\underline{\underline{p}}}(m) ,\end{aligned}$$

et il est clair que c'est aussi la valeur du second membre de (4.2.8).

Il reste à vérifier que l'homomorphisme $\nabla_{\varepsilon}$ défini par les $\vartheta_{\underline{\underline{q}}}$ est compatible au produit. Comme il est A-linéaire par construction, et qu'on a les relations (4.2.8), on voit que la compatibilité au produit se ramène à la compatibilité pour le produit de deux opérateurs $D_{\underline{\underline{p}}}$ et $D_{\underline{\underline{q}}}$ ; or celle-ci est évidente d'après la définition (4.2.13). On a donc bien défini une stratification sur M induisant la connexion à courbure nulle donnée.

Soit maintenant $f : M \longrightarrow N$ un homomorphisme A-linéaire entre deux A-modules munis de stratifications relativement à X . Pour que f soit compatible aux stratifications, il faut et il suffit que pour tout n , le diagramme

$$\begin{array}{ccc} M & \xrightarrow{f} & N \\ {\scriptstyle\theta_n}\downarrow & & \downarrow{\scriptstyle\theta_n} \\ M \otimes_A \underline{D}^n_X & \longrightarrow & N \otimes_A \underline{D}^n_X \end{array}$$

soit commutatif ($\theta_n$ étant l'homomorphisme défini en 1.4.1). Comme c'est une condition locale, on peut encore supposer qu'il existe une famille de sections $(x_i)_{i=1,\dots,n}$ de A telle que les $d(x_i)$ forment une base de $\Omega^1_X$ . Reprenant les notations précédentes, on peut écrire d'après la définition des $\vartheta_{\underline{\underline{q}}}$ ,

$$\theta_n(m) = \sum_{|\underline{\underline{q}}| \leqslant n} \vartheta^b_{\underline{\underline{q}}}(m) \otimes \underline{\underline{\xi}}^{[\underline{\underline{q}}]} ,$$

pour toute section m de M , et tout n ; on obtient une formule analogue pour les sections de N . Par conséquent, le diagramme précédent est commutatif si et seulement si f commute aux $\vartheta^b_{\underline{\underline{q}}}$ . Or pour tout $\underline{\underline{q}}$ , $\vartheta_{\underline{\underline{q}}} = (\underline{\underline{\vartheta}})^{\underline{\underline{q}}}$ ; par suite, f commute aux $\vartheta^b_{\underline{\underline{q}}}$ si et seulement s'il commute aux $\vartheta_i$ , i.e. s'il est compatible à la connexion définie par la stratification.

<u>Corollaire</u> 4.2.12. <u>Soient</u> $f : X \longrightarrow S$ <u>un morphisme de schémas</u>, <u>et</u> $\underline{M}$ <u>un</u> $\underline{O}_X$-<u>module</u>. <u>On suppose</u> f <u>localement de type fini</u>, <u>et différentiellement lisse</u>. <u>Alors</u> :

i) <u>la donnée d'une PD-stratification sur</u> $\underline{M}$ <u>relativement à</u> S <u>équivaut à la</u>

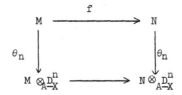

donnée d'une connexion à courbure nulle sur $\underline{M}$ relativement à S ;

ii) Si S est de caractéristique 0 , la donnée d'une stratification sur $\underline{M}$ relativement à S équivaut à la donnée d'une connexion à courbure nulle sur $\underline{M}$ relativement à S .

L'assertion i) n'est autre que 4.2.11 appliqué à $\hat{\underline{D}}(X/S)$ , compte tenu de 1.2.3 et 3.1.4 ii). L'assertion ii) est un cas particulier de i), puisqu'en caractéristique 0 l'homomorphisme canonique $\hat{\underline{P}}(X/S) \longrightarrow \hat{\underline{D}}(X/S)$ est un isomorphisme.

4.3. Stratification relativement à un PD-groupoïde affine différentiellement lisse.

Lorsque S est un schéma de torsion, on aimerait avoir un énoncé analogue à 4.2.12 pour les hyper-PD-stratifications (1.3.6 iii)) : ceci va nous amener à introduire des conditions de "nilpotence" sur les connexions.

Définition 4.3.1. On appelle PD-catégorie affine de $\underline{T}$ (resp. PD-groupoïde affine) la donnée d'une catégorie affine (resp. groupoïde affine) $X = (A,\underline{D}_X,d_o,d_1,\pi,\delta)$ (resp. $\sigma$) de $\underline{T}$ , et d'une structure d'idéal à puissances divisées sur l'idéal d'augmentation $I = \mathrm{Ker}(\pi)$ , telle que l'homomorphisme $\delta : \underline{D}_X \longrightarrow \underline{D}_X \otimes_A \underline{D}_X$ (qui envoie I dans $I \otimes_A \underline{D}_X + \underline{D}_X \otimes_A I$ d'après (1.1.15)) soit un PD-morphisme, $I \otimes_A \underline{D}_X + \underline{D}_X \otimes_A I$ étant muni de l'unique PD-structure telle que les deux homomorphismes canoniques $q_o$ et $q_1$ de $\underline{D}_X$ dans $\underline{D}_X \otimes_A \underline{D}_X$ soient des PD-morphismes (resp. et que $\sigma$ soit un PD-morphisme).

On dit qu'une PD-catégorie affine est de type fini si I est de PD-type fini (I 1.8).

Si $f : X \longrightarrow S$ est un morphisme de schémas, X étant un schéma de torsion, le groupoïde affine $\underline{D}(X/S)$ est de facon canonique un PD-groupoïde affine.

La notation $\underline{D}_X$ a pour fonction de préciser que X est une PD-catégorie affine ; la n-ième puissance divisée d'une section z de I sera notée $z^{[n]}$ .

On a donné en 1.1.4 un foncteur qui associe à toute PD-catégorie affine une catégorie formelle, définie par $\underline{D}_X^n = \underline{D}_X/I^{[n]}$ , et qui est donc une catégorie PD-adique ; si X est une PD-catégorie affine, on notera $\hat{X}$ la catégorie PD-adique qui lui est ainsi associée. Si X est de type fini, il en est de même de $\hat{X}$ , au sens de 4.2.2.

Rappelons que X est considérée comme catégorie formelle, avec $P_X^n = \underline{D}_X$ pour tout n , et qu'on lui applique ainsi les résultats précédents sur les catégories formelles. Comme les $P_X^n$ sont tous égaux, il n'y a pas lieu de parler de l'ordre d'un opérateur différentiel relativement à X . Mais d'autre part, le morphisme canonique $X \longrightarrow \hat{X}$ , étant surjectif, permet de considérer tout opérateur différentiel d'ordre $\leqslant n$ relativement à $\hat{X}$ comme un opérateur différentiel relativement à X (cf. 2.1.4) : on a en effet l'inclusion

$$\underline{\mathrm{Diff}}^n_{\hat{X}}(M,N) \subset \underline{\mathrm{Diff}}_X(M,N)$$

quels que soient les A-modules M , N . Aussi, par abus de langage, nous dirons qu'un opérateur différentiel relativement à X est d'ordre $\leqslant n$ s'il est dans $\underline{\mathrm{Diff}}^n_{\hat{X}}(M,N)$ , i.e. s'il se factorise par $\underline{D}_X^n \otimes_A M$ .

De même, les notions de n-connexion et de pseudo-stratification relativement à X coïncident pour tout n ; nous parlerons donc seulement de pseudo-stratifications et de stratifications relativement à X . Mais d'autre part, le morphisme $X \longrightarrow \hat{X}$ permet d'associer à toute pseudo-stratification sur un A-module M (resp. stratification) relativement à X une pseudo-stratification (resp. stratification) sur M relativement à $\hat{X}$ (cf. 1.2.5), et en particulier pour tout n une n-connexion relativement à $\hat{X}$ , qu'on appellera souvent n-connexion définie par la pseudo-stratification donnée.

<u>Définition</u> 4.3.2. <u>Soit</u> X <u>une</u> PD-<u>catégorie affine de</u> <u>T</u> , <u>de type fini</u>. <u>On dit que</u> X <u>est</u> différentiellement lisse <u>si localement sur</u> <u>T</u> <u>il existe une famille de sections</u> $(x_i)_{i=1,\dots,n}$ <u>de</u> A <u>telles que l'unique</u> PD-<u>morphisme</u> A-<u>linéaire à gauche</u>

$$A < t_1,\dots,t_n > \longrightarrow \underline{D}_X$$

envoyant $t_i$ sur $d_1(x_i) - d_o(x_i)$ soit un isomorphisme.

Si $f : X \longrightarrow S$ est un morphisme de schémas, de type fini et différentiellement lisse, $X$ étant un schéma de torsion, alors $\underline{D}(X/S)$ est une PD-catégorie affine de type fini et différentiellement lisse, d'après I 4.5.3.

Il est clair que si $X$ est une PD-catégorie affine, de type fini et différentiellement lisse, il en est de même pour la catégorie PD-adique associée $\hat{X}$ ; d'après 4.2.7. En particulier, $\hat{X}$ est une catégorie de De Rham.

Proposition 4.3.3. Soient $X$ une PD-catégorie affine de $\underline{T}$ , et $(x_i)_{i=1,\dots,n}$ une famille de sections de $A$ au-dessus d'un objet $E$ de $\underline{T}$ , telle que si $\xi_i = d_1(x_i) - d_o(x_i)$ , les $\underline{\underline{\xi}}^{[\underline{\underline{q}}]}$ engendrent $\underline{D}_X$ comme A-module au-dessus de $E$ . Alors les conditions suivantes sont équivalentes :

i) la restriction de $X$ à $\underline{T}/E$ est différentiellement lisse de type fini, et les $\underline{\underline{\xi}}^{[\underline{\underline{q}}]}$ forment une base de $\underline{D}_X$ sur $A$ au-dessus de $E$ ;

ii) il existe au-dessus de $E$ une famille d'opérateurs différentiels $(D_{\underline{\underline{q}}})_{\underline{\underline{q}} \in \underline{\underline{N}}^n}$ telle que quels que soient $\underline{\underline{p}}$ , $\underline{\underline{q}}$

(4.3.1) $$D_{\underline{\underline{q}}}(\underline{\underline{\xi}}^{[\underline{\underline{p}}]}) = \delta_{\underline{\underline{p}},\underline{\underline{q}}} \quad \text{(symbole de Kronecker)}$$

Si ces conditions sont vérifiées, la famille $(D_{\underline{\underline{q}}})$ est déterminée de facon unique ; $D_{\underline{\underline{q}}}$ est d'ordre $\leqslant |\underline{\underline{q}}|$ , et tout opérateur $D$ de $\mathrm{Diff}_X(A,A)$ peut s'écrire de façon unique (au-dessus de $E$ )

(4.3.2) $$D = \sum_{\underline{\underline{q}}} a_{\underline{\underline{q}}}.D_{\underline{\underline{q}}} \quad .$$

Enfin, on a quels que soient $\underline{\underline{p}}$ , $\underline{\underline{q}}$

(4.3.3) $$D_{\underline{\underline{p}}} \circ D_{\underline{\underline{q}}} = D_{\underline{\underline{p}}+\underline{\underline{q}}} \quad .$$

On notera que la sommation de (4.3.2) est infinie, mais que l'opérateur différentiel du second membre a bien un sens, car pour toute section $x$ de $\underline{D}_X$ , les

$D_{\underline{q}}(x)$ sont localement nuls sauf un nombre fini, puisque $\underline{D}_X$ est engendré comme A-module par les $\xi^{[\underline{q}]}$ et que les $D_{\underline{q}}$ vérifient les relations (4.3.1).

Supposons la condition i) vérifiée ; alors les relations (4.3.1) déterminent de façon unique des opérateurs différentiels $D_{\underline{q}}$ ; on peut d'ailleurs remarquer que si $X$ vérifie i), $\hat{X}$ vérifie la condition i) de 4.2.5, et que les $D_{\underline{q}}$ définis en 4.2.5 donnent les $D_{\underline{q}}$ considérés ici. Inversement, s'il existe une famille d'opérateurs différentiels $D_{\underline{q}}$ vérifiant les relations (4.3.1), il en résulte que les $\xi^{[\underline{q}]}$ sont linéairement indépendants sur $A$ ; comme ils engendrent $\underline{D}_X$ comme A-module par hypothèse, ils en forment une base, ce qui entraine par définition que $X$ est formellement lisse de type fini.

Il est clair que $D_{\underline{q}}$ est d'ordre $\leqslant |\underline{q}|$, et les relations (4.3.3) résultent de ce que les $D_{\underline{q}}$ vérifient les hypothèses de 4.2.5 relativement à $\hat{X}$, donc vérifient (4.2.6). Reste à montrer (4.3.2). Si $x$ est une section de $\underline{D}_X$, alors, quitte à se localiser, on peut écrire de façon unique

$$x = \sum_{\underline{q}} \alpha_{\underline{q}} \cdot \xi^{[\underline{q}]} ,$$

où les $\alpha_{\underline{q}}$ sont des sections de $A$, toutes nulles sauf un nombre fini. Si on pose $a_{\underline{q}} = D(\xi^{[\underline{q}]})$, on a donc

$$D(x) = \sum_{\underline{q}} \alpha_{\underline{q}} \cdot a_{\underline{q}} = \sum_{\underline{q}} a_{\underline{q}} \cdot D_{\underline{q}}(x) ,$$

d'où l'assertion.

Il résulte encore de (4.3.3) que $D_i = D_{\underline{1}_i}$ et $D_j = D_{\underline{1}_j}$ commutent, et que

(4.3.4) $$D_{\underline{q}} = \underline{D}^{\underline{q}} .$$

On démontre aussi de facon analogue à 4.2.7 :

*Proposition* 4.3.4. *Soit* $X$ *une* PD-*catégorie affine de* $T$ . *Pour que* $X$ *soit différentiellement lisse de type fini, il faut et il suffit que localement il existe une famille de sections* $(x_i)_{i=1,\dots,n}$ *de* $A$ *telles que si* $\xi_i = d_1(x_i) - d_o(x_i)$, les $\xi^{[\underline{\underline{q}}]}$ engendrent $\underline{D}_X$ comme A-module, et les $d(x_i)$ forment une base de $\Omega^1_{\hat{X}}$ ; les $\xi^{[\underline{\underline{q}}]}$ forment alors une base de $\underline{D}_X$ .

Définition 4.3.5. Soient X une catégorie affine formelle, et M un A-module. Un opérateur différentiel f (d'ordre quelconque) de M dans M relativement à X est dit quasi-nilpotent si pour toute section m de M il existe localement un entier n tel que

$$(f^{\flat})^n(m) = 0 \quad . \tag{4.3.5}$$

Il est dit nilpotent si l'exposant n peut être pris indépendamment de m , globalement sur $\underline{T}$ .

Lorsque X est une PD-catégorie affine, et $(x_i)_{i=1,\dots,n}$ une famille de sections de A vérifiant les conditions de 4.3.4, les $D_i$ sont des opérateurs quasi-nilpotents : en effet, pour toute section x de A , la décomposition de $d_1(x)$ selon les facteurs directs correspondant aux $\underline{\underline{\xi}}^{[\underline{\underline{q}}]}$ donne par définition des $D_{\underline{\underline{q}}}$

$$d_1(x) = \sum_{\underline{\underline{q}}} D^{\flat}_{\underline{\underline{q}}}(x) \cdot \underline{\underline{\xi}}^{[\underline{\underline{q}}]} \quad , \tag{4.3.6}$$

de sorte que les $D^{\flat}_{\underline{\underline{q}}}(x)$ sont nuls sauf un nombre fini. Compte tenu de (4.3.4), il en résulte que les $D_i^{\flat n}(x)$ sont nuls pour n assez grand.

Si l'on considère un morphisme de schémas $f : X \longrightarrow S$ , lisse, S étant de caractéristique p , alors pour toute base $d(x_i)$ de $\Omega^1_{X/S}$ les dérivations $D_i = d/dx_i$ correspondantes sont nilpotentes : plus précisément, on a $D_i^{\flat p} = 0$ , comme on le voit en factorisant localement f par un morphisme étale dans un fibré vectoriel sur S , grâce aux coordonnées $x_i$ .

Définition 4.3.6. Soient X une PD-catégorie affine, de type fini et différentiellement lisse, et M un A-module muni d'une connexion $\varepsilon$ relativement à $\hat{X}$ .

i) Soient $(x_i)_{i=1,\dots,n}$ une famille de sections de A au-dessus d'un objet E de $\underline{T}$ , vérifiant les conditions de 4.3.4 , et $D_i$ les $\hat{X}$-dérivations de A dans

A formant la base duale de la base $d(x_i)$ de $\Omega^1_{\hat{X}}$ (3.3.1). On dit que $\varepsilon$ vérifie la condition de quasi-nilpotence (resp. nilpotence) relativement à la base $d(x_i)$ si pour tout $i$ l'opérateur différentiel $\nabla_\varepsilon(D_i)$ est quasi-nilpotent (resp. nilpotent).

ii) On dit que $\varepsilon$ est quasi-nilpotente (resp. nilpotente) si localement sur $\underline{T}$ il existe une famille $(x_i)_{i=1,\dots,n}$ de sections de A vérifiant les conditions de 4.3.4, telle que $\varepsilon$ vérifie la condition de quasi-nilpotence relativement à la base $d(x_i)$ (resp. la condition de nilpotence, l'exposant de nilpotence étant indépendant de la famille $(x_i)$).

Cette terminologie est légèrement différente de celle de [2] . Outre le fait que cette définition-ci est plus naturelle, elle coïncide pour les schémas lisses de caractéristique $p \neq 0$ avec celle de Katz dans [33] : nous renverrons d'ailleurs à cet article pour d'autres caractérisations de la nilpotence pour les connexions sur les schémas de caractéristique $p \neq 0$ , que nous n'utiliserons pas ici.

On remarquera que si $f : X \longrightarrow S$ est un morphisme de schémas, différentiellement lisse et de type fini, S étant un schéma de torsion, et qu'on considère la PD-catégorie affine $\underline{D}(X/S)$ , la condition de 4.3.4 est simplement que les $d(x_i)$ forment une base de $\Omega^1_{X/S}$ , car alors les $\underline{\underline{\xi}}^{[\underline{\underline{q}}]}$ engendrent $\underline{D}_X$ comme A-module d'après I 4.5.3.

Notons la relation suivante entre nilpotence et quasi-nilpotence :

Proposition 4.3.7. Avec les hypothèses et les notations de 4.3.6, supposons que pour toute famille de sections $(x_i)$ de A vérifiant les conditions de 4.3.4, les dérivations $D_i$ correspondantes soient nilpotentes, et que l'objet final de $\underline{T}$ soit quasi-compact. Alors une connexion $\varepsilon$ sur un A-module de type fini M est nilpotente si et seulement si elle est quasi-nilpotente.

Supposons donc $\varepsilon$ quasi-nilpotente. Comme l'objet final e de $\underline{T}$ est quasi-compact, il existe une famille finie $(E_\alpha)$ d'objets de $\underline{T}$ , recouvrant e , et au-dessus de chaque $E_\alpha$ une famille $(m^\alpha_j)_{j=1,\dots,p}$ de sections de M engendrant M , et une famille $(x_i^{\alpha})_{i=1,\dots,n}$ de sections de A vérifiant les conditions de 4.3.4. Il existe alors k tel que pour tout i , tout j et tout $\alpha$ , on ait $(\nabla_{\varepsilon}(D_i^{\alpha})^{\flat})^k(m_j) = 0$ . Par ailleurs il existe par hypothèse h tel que pour tout i , tout $\alpha$ et toute section a de A on ait $(D_i^{\alpha})^h(a) = 0$ . Puisque $\nabla_{\varepsilon}(D_i^{\alpha})$ est une $D_i^{\alpha}$ dérivation d'après 3.3.5, elle vérifie pour toute section a de A , toute section m de M , et tout entier q , la <u>formule de Leibnitz</u>

$$(\nabla_{\varepsilon}(D_i^{\alpha})^{\flat})^q(a.m) = \sum_{r+s=q} (r,s).(D_i^{\alpha\,\flat})^r(a).(\nabla_{\varepsilon}(D_i^{\alpha})^{\flat})^s(m) \quad . \tag{4.3.7}$$

Il en résulte que pour toute section a de A , tout $\alpha$ et tout j , on a

$$(\nabla_{\varepsilon}(D_i^{\alpha})^{\flat})^{h+k}(a.m_j) = 0 \quad ,$$

d'où la nilpotence de $\varepsilon$ .

<u>Proposition</u> 4.3.8. <u>Soient</u> X <u>un</u> PD-<u>groupoïde affine de</u> <u>T</u> , <u>de type fini et différentiellement lisse</u>, <u>et</u> M <u>un</u> A-<u>module</u>. <u>Alors la donnée d'une stratification</u> $\varepsilon$ <u>sur</u> M <u>relativement à</u> X <u>équivaut à la donnée d'un homomorphisme de</u> $\underline{D}_X$-<u>algèbres</u>

$$\nabla : \underline{\mathrm{Diff}}_X(A,A) \longrightarrow \underline{\mathrm{Diff}}_X(M,M)$$

<u>tel que pour toute famille</u> $(x_i)_{i=1,\dots,n}$ <u>de sections de</u> A (<u>au-dessus d'un objet</u> E <u>de</u> <u>T</u> ) <u>vérifiant les conditions de</u> 4.3.4, <u>et en notant</u> $D_i$ <u>les opérateurs différentiels correspondants</u> (4.3.6), <u>les</u> $\nabla(D_i)$ <u>soient quasi-nilpotents</u>.

D'après 2.2.2 et 2.2.5, la donnée d'une stratification $\varepsilon$ définit un homomorphisme d'algèbres $\nabla_{\varepsilon}$ . Pour vérifier la quasi-nilpotence des $\nabla_{\varepsilon}(D_i)$ , on remarque que, si $\xi_i = d_1(x_i) - d_o(x_i)$ , les $\underline{\xi}^{[\underline{q}]}$ forment une base de $\underline{D}_X$ au-dessus de E , d'après 4.3.4. On obtient par conséquent une décomposition en somme directe

$$M \otimes_A \underline{D}_X \simeq \bigoplus_{\underline{q}} M \otimes \underline{\xi}^{[\underline{q}]}$$

au-dessus de E . Or il résulte immédiatement de la définition de $\nabla_{\varepsilon}$ par (2.2.2) et de (4.3.1) que la composante de $\varepsilon(1\otimes m)$ sur $M \otimes \underline{\xi}^{[\underline{q}]}$ est $\nabla_{\varepsilon}(D_{\underline{q}})^{\flat}(m) \otimes \underline{\xi}^{[\underline{q}]}$ , pour toute section m de M ; on a donc la relation

(4.3.8) $$\varepsilon(1\otimes m) = \sum_{\underline{\underline{q}}} \nabla_\varepsilon(D_{\underline{\underline{q}}})^\flat(m)\otimes \underline{\underline{\xi}}^{[\underline{\underline{q}}]} .$$

La somme étant nécessairement localement finie, les $\nabla_\varepsilon(D_{\underline{\underline{q}}})^\flat(m)$ sont localement nuls sauf un nombre fini d'entre eux. Comme $D_{\underline{\underline{q}}} = \underline{D}^{\underline{\underline{q}}}$ , et que $\nabla_\varepsilon$ est un homomorphisme d'anneaux, il en résulte que les $\nabla_\varepsilon(D_i)$ sont quasi-nilpotents.

Inversement, soit $\nabla$ un homomorphisme de $\underline{D}_X$-algèbres tel que les $\nabla(D_i)$ soient quasi-nilpotents. S'il existe une stratification $\varepsilon$ sur M telle que $\nabla = \nabla_\varepsilon$ , alors $\varepsilon$ est uniquement déterminée : en effet, c'est une propriété locale sur X , de sorte qu'on peut supposer qu'il existe une famille $(x_i)_{i=1,\dots,n}$ de sections de A vérifiant les conditions de 4.3.4. L'unicité de $\varepsilon$ résulte alors de (4.3.8). La construction de $\varepsilon$ est alors également une propriété locale, de sorte qu'on peut encore supposer qu'il existe une famille $(x_i)_{i=1,\dots,n}$ de sections de A vérifiant les conditions de 4.3.4. Si on note encore $D_{\underline{\underline{q}}}$ les opérateurs différentiels correspondants par 4.3.3, on pose alors pour toute section m de M

$$\theta(m) = \sum_{\underline{\underline{q}}} \nabla(D_{\underline{\underline{q}}})^\flat(m)\otimes \underline{\underline{\xi}}^{[\underline{\underline{q}}]} .$$

D'après 1.4.4, $\theta$ définit une stratification $\varepsilon$ sur M (obtenue par extension des scalaires) si et seulement si c'est un morphisme A-linéaire à droite, induisant l'identité modulo l'idéal d'augmentation de $\underline{D}_X$ , et tel que $(\theta\otimes \mathrm{Id})\circ\theta = (\mathrm{Id}\otimes\delta)\circ\theta$ (commutativité de (1.4.2)). Modulo l'idéal d'augmentation, on obtient bien l'identité, car $D_0 = \mathrm{Id}$, et $\nabla$ est un homomorphisme d'anneaux. Montrons la linéarité à droite de $\theta$ . Si a est une section de A , et m une section de M , on a

$$\begin{aligned}\theta(a.m) &= \sum_{\underline{\underline{q}}}\nabla(D_{\underline{\underline{q}}})^\flat(a.m)\otimes\underline{\underline{\xi}}^{[\underline{\underline{q}}]} = \sum_{\underline{\underline{q}}}\nabla(D_{\underline{\underline{q}}})^\flat\circ\nabla(a)^\flat(m)\otimes\underline{\underline{\xi}}^{[\underline{\underline{q}}]}\\ &= \sum_{\underline{\underline{q}}}\nabla(D_{\underline{\underline{q}}}\circ a)^\flat(m)\otimes\underline{\underline{\xi}}^{[\underline{\underline{q}}]} ,\end{aligned}$$

parce que $\nabla$ est un homomorphisme de $\underline{D}_X$-algèbres. Or d'après (4.2.10) on a (les $D_{\underline{\underline{q}}}$ étant les opérateurs différentiels relativement à $\hat{X}$ associés aux $\xi_i$ )

$$D_{\underline{\underline{q}}}\circ a = d_1(a).D_{\underline{\underline{q}}} = \sum_{\underline{\underline{i}}+\underline{\underline{j}}=\underline{\underline{q}}} (\underline{\underline{i}},\underline{\underline{j}})\, D_{\underline{\underline{i}}}^\flat(a).D_{\underline{\underline{j}}} ,$$

d'où on tire la linéarité de $\nabla$ , et en appliquant I (1.1.4)

$$\begin{aligned}\theta(a.m) &= \sum_{\underline{\underline{i}},\underline{\underline{j}}} D^{\flat}_{\underline{\underline{i}}}(a).\nabla(D_{\underline{\underline{j}}})^{\flat}(m) \otimes \underline{\underline{\xi}}^{[\underline{\underline{i}}]}.\underline{\underline{\xi}}^{[\underline{\underline{j}}]} \\ &= (\sum_{\underline{\underline{i}}} D^{\flat}_{\underline{\underline{i}}}(a).\underline{\underline{\xi}}^{[\underline{\underline{i}}]}).(\sum_{\underline{\underline{j}}}\nabla(D_{\underline{\underline{j}}})^{\flat}(m)\otimes \underline{\underline{\xi}}^{[\underline{\underline{j}}]}) \\ &= d_1(a).\theta(m)\end{aligned}$$

d'après (4.3.6).

Montrons enfin que $(\theta\otimes \mathrm{Id})\circ\theta = (\mathrm{Id}\otimes\delta)\circ\theta$ . On a

$$\begin{aligned}(\theta\otimes \mathrm{Id})\circ\theta(m) &= (\theta\otimes\mathrm{Id})(\sum_{\underline{\underline{j}}}\nabla(D_{\underline{\underline{j}}})^{\flat}(m)\otimes\underline{\underline{\xi}}^{[\underline{\underline{j}}]}) \\ &= \sum_{\underline{\underline{i}},\underline{\underline{j}}} \nabla(D_{\underline{\underline{i}}})^{\flat}\circ\nabla(D_{\underline{\underline{j}}})^{\flat}(m)\otimes\underline{\underline{\xi}}^{[\underline{\underline{i}}]}\otimes\underline{\underline{\xi}}^{[\underline{\underline{j}}]} \\ &= \sum_{\underline{\underline{i}},\underline{\underline{j}}} \nabla(D_{\underline{\underline{i}}+\underline{\underline{j}}})^{\flat}(m)\otimes\underline{\underline{\xi}}^{[\underline{\underline{i}}]}\otimes\underline{\underline{\xi}}^{[\underline{\underline{j}}]}\end{aligned}$$

puisque $\nabla$ est un homomorphisme d'anneaux. D'après la relation

$$\delta(\underline{\underline{\xi}}^{[\underline{\underline{q}}]}) = \sum_{\underline{\underline{i}}+\underline{\underline{j}}=\underline{\underline{q}}} \underline{\underline{\xi}}^{[\underline{\underline{i}}]}\otimes\underline{\underline{\xi}}^{[\underline{\underline{j}}]} \quad , \tag{4.3.9}$$

vue dans la démonstration de 4.2.5, c'est bien $(\mathrm{Id}\otimes\delta)(\theta(m))$.

Corollaire 4.3.9. Soit X un PD-groupoïde affine, de type fini et différentiellement lisse. On suppose donnée une famille $(x_i)_{i=1,\dots,n}$ de sections de A vérifiant les conditions de 4.3.4, et soit $(D_{\underline{\underline{q}}})_{\underline{\underline{q}}\in\underline{\underline{\mathbb{N}}}^n}$ la famille d'opérateurs différentiels associés aux $x_i$ par 4.3.3. Alors la donnée d'une stratification sur un A-module M relativement à X équivaut à la donnée d'une famille $(\vartheta_{\underline{\underline{q}}})_{\underline{\underline{q}}\in\underline{\underline{\mathbb{N}}}^n}$ d'opérateurs différentiels quasi-nilpotents de M dans M , telle que $\vartheta_0 = \mathrm{Id}_M$ , et que pour tous $\underline{\underline{q}}$ , $\underline{\underline{q}}'$, toute section z de $\underline{D}_X$ , et toute section m de $\underline{D}_X\otimes_A M$ on ait

$$\vartheta_{\underline{\underline{q}}}\circ\vartheta_{\underline{\underline{q}}'} = \vartheta_{\underline{\underline{q}}+\underline{\underline{q}}'} \quad , \tag{4.3.10}$$

$$\vartheta_{\underline{\underline{q}}}(z.m) = \sum_{\underline{\underline{i}}+\underline{\underline{j}}=\underline{\underline{q}}} (\underline{\underline{i}},\underline{\underline{j}})D_{\underline{\underline{i}}}(z).\vartheta_{\underline{\underline{j}}}(m) \quad . \tag{4.3.11}$$

Si $\varepsilon$ est une stratification sur M , on pose

$$\vartheta_{\underline{\underline{q}}} = \nabla_\varepsilon(D_{\underline{\underline{q}}}) \quad .$$

La relation (4.3.10) provient de ce que $\nabla_\varepsilon$ est un homomorphisme d'anneaux, et de (4.3.4). La relation (4.3.11) résulte de 4.2.8 appliqué à la stratification relativement à $\hat{X}$ définie par $\varepsilon$ (ou directement de la linéarité de $\nabla_\varepsilon$ par rapport à $\underline{D}_X$).

Inversement, la donnée d'une famille $(\vartheta_{\underline{\underline{q}}})$ vérifiant les conditions de l'énoncé définit un homomorphisme $\theta : M \longrightarrow M \otimes_A \underline{D}_X$ par

$$\theta(m) = \sum_{\underline{\underline{q}}} \vartheta^b_{\underline{\underline{q}}}(m) \otimes \underline{\underline{\xi}}^{[\underline{\underline{q}}]} \quad ,$$

et il résulte de la démonstration de 4.3.8 que $\theta$ définit une stratification sur M .

<u>Théorème</u> 4.3.10. <u>Avec les notations usuelles, soient</u> X <u>un</u> PD-<u>groupoïde affine de</u> $\underline{T}$ , <u>de type fini et différentiellement lisse, et</u> M <u>un</u> A-<u>module</u>. <u>Alors la donnée d'une stratification sur</u> M , <u>relativement à</u> X , <u>équivaut à la donnée d'une connexion à courbure nulle et quasi-nilpotente sur</u> M , <u>relativement à</u> $\hat{X}$ . <u>Si</u> M , N , <u>sont deux</u> A-<u>modules munis de stratifications relativement à</u> X , <u>un homomorphisme</u> A-<u>linéaire</u> f : M ⟶ N <u>est compatible aux stratifications si et seulement s'il est compatible aux connexions correspondantes</u>.

Si $\varepsilon$ est une stratification sur M , relativement à X , alors $\varepsilon$ définit une stratification sur M , relativement à $\hat{X}$ , donc une connexion relativement à $\hat{X}$ , dont la courbure est nulle d'après 4.2.11, et qui est quasi-nilpotente d'après 4.3.8.

Inversement, soit $\varepsilon_1$ une connexion à courbure nulle et quasi-nilpotente sur M , relativement à $\hat{X}$ . Alors, s'il existe une stratification $\varepsilon$ sur M , relativement à X , induisant $\varepsilon_1$ , celle-ci est unique : en effet, c'est une propriété locale sur $\underline{T}$ , de sorte qu'on peut supposer qu'il existe une famille de sections $(x_i)_{i=1,\ldots,n}$ de A vérifiant les propriétés de 4.3.4, Alors, avec les notations de 4.3.3, la donnée de $\varepsilon$ équivaut à la donnée des $\vartheta_{\underline{\underline{q}}} = \nabla_\varepsilon(D_{\underline{\underline{q}}})$ d'après 4.3.9, et celle-ci est déterminée par les $\vartheta_i = \nabla_{\varepsilon_1}(D_i)$ d'après (4.3.10).

D'après 4.2.11, $\varepsilon_1$ définit une stratification $\hat{\varepsilon}$ relativement à $\hat{X}$ , et il faut montrer qu'elle se prolonge à X . D'après l'unicité du prolongement, c'est encore une assertion locale sur $\underline{T}$ . On peut alors supposer donnée une famille de sections $(x_i)$ de A , vérifiant les conditions de 4.3.4, et telle que les $\vartheta_i = \nabla_{\varepsilon_1}(D_i)$ soient des opérateurs quasi-nilpotents. Les $\vartheta_{\underline{\underline{q}}} = \nabla_{\hat{\varepsilon}}(D_{\underline{\underline{q}}})$ vérifient alors (4.3.10) et (4.3.11), car $\nabla_{\hat{\varepsilon}}$ est un homomorphisme d'anneaux, et grâce à 4.2.8. D'où la stratification $\varepsilon$ relativement à X d'après 4.3.9.

Si M et N sont deux A-modules munis de stratifications relativement à X , et si $f : M \longrightarrow N$ est un homomorphisme A-linéaire, on voit comme en 4.2.11 que f est compatible aux stratifications si et seulement s'il est compatible aux connexions correspondantes, grâce aux relations (4.3.8) et (4.3.10).

Corollaire 4.3.11. *Soient* $f : X \longrightarrow S$ *un morphisme de schémas,* S *étant un schéma de torsion, et* M *un* $\underline{O}_X$*-module. On suppose* f *localement de type fini, et différentiellement lisse. Alors la donnée d'une hyper-PD-stratification sur* M *relativement à* S *équivaut à la donnée d'une connexion à courbure nulle quasi-nilpotente sur* M , *relativement à* S .

Corollaire 4.3.12. *Soit* X *un* PD-*groupoïde affine de* T , *de type fini et différentiellement lisse. Si une connexion* $\varepsilon$ *à courbure nulle sur un* A-*module* M , *relativement à* $\hat{X}$ , *vérifie la condition de quasi-nilpotence pour une famille de sections de* A *au-dessus d'un objet* E *de* $\underline{T}$ , *vérifiant les conditions de* 4.3.4, $\varepsilon$ *vérifie la condition de quasi-nilpotence pour toute famille de sections de* A *au-dessus de* E , *vérifiant les conditions de* 4.3.4.

Cela résulte aussitôt de 4.3.10 et de 4.3.8.

Corollaire 4.3.13. *Soit* X *un* PD-*groupoïde affine, de type fini et différentiellement lisse, tel que* A *soit un anneau de torsion. Pour tout nombre premier* p , *on*

<u>note</u> $X_p$ <u>le PD-groupoïde affine</u> $X \otimes_{\underline{\underline{Z}}}(\underline{\underline{Z}}/p\underline{\underline{Z}})$ . <u>Soient</u> M <u>un</u> A-<u>module, et</u> $\varepsilon$ <u>une connexion à courbure nulle sur</u> M , <u>relativement à</u> $\hat{X}$ . <u>Pour que</u> $\varepsilon$ <u>soit quasi-nilpotente, il faut et il suffit que pour tout</u> p <u>la connexion</u> $\varepsilon_p$ <u>sur</u> $M\otimes_{\underline{\underline{Z}}}(\underline{\underline{Z}}/p\underline{\underline{Z}})$ <u>déduite de</u> $\varepsilon$ <u>par le morphisme</u> $X \longrightarrow X_p$ <u>soit quasi-nilpotente.</u>

Pour tout p , l'idéal d'augmentation de $\underline{D}_X \otimes_{\underline{\underline{Z}}}(\underline{\underline{Z}}/p\underline{\underline{Z}})$ est muni d'une PD-structure par passage au quotient de celle de $\underline{D}_X$ , d'après I 1.7.1 ; il est clair d'autre part que $X_p$ est alors un PD-groupoïde affine de type fini et différentiellement lisse. L'énoncé a donc bien un sens.

Supposons alors que $\varepsilon$ soit une connexion quasi-nilpotente. Alors, localement sur $\underline{T}$ , il existe une famille $(x_i)_{i=1,\ldots,n}$ de sections de A vérifiant les hypothèses de 4.3.4, telles que, en notant $(D_i)$ la base duale de la base $(d(x_i))$ de $\Omega^1_{\hat{X}}$ , les $\nabla_\varepsilon(D_i)$ soient quasi-nilpotents. Les images $\bar{x}_i$ des $x_i$ dans $A\otimes_{\underline{\underline{Z}}}(\underline{\underline{Z}}/p\underline{\underline{Z}})$ vérifient alors les conditions 4.3.4 relativement à $X_p$ , et, si on note $\bar{D}_i$ les $X_p$-dérivations correspondantes, il est clair que les $\nabla_{\varepsilon_p}(\bar{D}_i)$ , qui sont les réductions modulo p des $\nabla_\varepsilon(D_i)$ , sont quasi-nilpotentes. D'où la quasi-nilpotence des $\varepsilon_p$ .

Inversement, supposons les $\varepsilon_p$ quasi-nilpotentes, et choisissons, localement sur $\underline{T}$ , une famille $(x_i)_{i=1,\ldots,n}$ de sections de A vérifiant les conditions de 4.3.4. Alors, avec les notations précédentes, les $\bar{x}_i$ vérifient les conditions de 4.3.4 relativement à $X_p$ . D'autre part, les $\varepsilon_p$ sont à courbure nulle, car $\varepsilon$ est à courbure nulle. D'après 4.3.12, les $\nabla_{\varepsilon_p}(\bar{D}_i)$ sont alors quasi-nilpotents. Par suite, pour tout p et pour toute section m de M , il existe localement un entier k et une section m' de M tels que

$$(\nabla_\varepsilon(D_i)^\flat)^k(m) = p.m' .$$

Supposons que A soit annulé par un entier q ; on peut écrire q comme produit de nombres premiers : soit $q = p_1 . \ldots . p_h$ . Quitte à se localiser encore, il existe $k_1$ , $m_1$ tels que $(\nabla_\varepsilon(D_i)^\flat)^{k_1}(m) = p_1.m_1$ , puis il existe $k_2$ , $m_2$ , tels que $(\nabla_\varepsilon(D_i)^\flat)^{k_1+k_2}(m) = p_1p_2.m_2$ , etc ..., donc il existe k et m' tels que

$(\nabla_\varepsilon(D_i)^\flat)^k(m) = q.m'$ , d'où la quasi-nilpotence de $\varepsilon$ .

4.4. Modules stratifiés universels.

Soient $X$ un PD-groupoïde affine, de type fini et différentiellement lisse, et $(x_i)_{i=1,\ldots,n}$ une famille de sections de $A$ sur $\underline{T}$ , vérifiant les conditions de 4.3.4. On veut utiliser les calculs précédents pour construire des modules munis de stratifications relativement à $X$ , "universels" en un sens convenable.

4.4.1. Soit $k$ un entier $\geqslant 0$ . On note $L$ le A-module libre de base $e_{\underline{\underline{q}}}$ , où $\underline{\underline{q}} = (q_1,\ldots,q_n)$ est tel que $|\underline{\underline{q}}| \leqslant k$ , et on veut définir une stratification sur $L$ relativement à $X$ . Si on note $D_{\underline{\underline{q}}}$ les opérateurs différentiels définis par les $x_i$ grâce à 4.3.3, la donnée d'une stratification sur $L$ relativement à $X$ équivaut d'après 4.3.10 à la donnée d'une connexion à courbure nulle et quasi-nilpotente sur $L$ relativement à $\hat{X}$ , i.e. d'une famille $(\vartheta_i)$ de $D_i$-dérivations quasi-nilpotentes de $L$ dans $L$ , telles que pour tout $i$ et tout $j$ , $[\vartheta_i^\flat, \vartheta_j^\flat] = 0$ . Comme $L$ est libre de base $(e_{\underline{\underline{q}}})$ , il existe une unique $D_i$-dérivation $\vartheta_i$ de $L$ dans $L$ telle que

$$\vartheta_i^\flat(e_{\underline{\underline{q}}}) = e_{\underline{\underline{q}}+\underline{\underline{1}}_i} , \tag{4.4.1}$$

en posant $e_{\underline{\underline{p}}} = 0$ si $|\underline{\underline{p}}| > k$ . Il est clair que les $\vartheta_i$ sont quasi-nilpotentes, et commutent entre elles, grâce aux propriétés analogues des $D_i$ .

Notation 4.4.2. On notera $L_k(x_1,\ldots,x_n)$ le A-module $L$ muni de la stratification relativement à $X$ construite en 4.4.1.

Proposition 4.4.3. Sous les hypothèses de 4.4, soient $M$ un A-module muni d'une stratification $\varepsilon$ relativement à $X$ , et $x$ une section de $M$ telle que pour tout $i$

$$(\nabla_\varepsilon(D_i)^\flat)^k(x) = 0 .$$

Alors il existe un unique homomorphisme A-linéaire horizontal (1.5.1)

$$f : L_{nk}(x_1,\ldots,x_n) \longrightarrow M$$

<u>tel que</u> $f(e_o) = x$ .

S'il existe un homomorphisme f horizontal, on a nécessairement

$$f(e_{\underline{\underline{q}}}) = f(\vartheta^{b}_{\underline{\underline{q}}}(e)) = \nabla_{\varepsilon}(D_{\underline{\underline{q}}})^{b}(x)$$

d'où l'unicité de f . Inversement, si on définit f par cette relation, il est facile de vérifier que f est horizontal.

<u>Corollaire</u> 4.4.4. <u>Sous les hypothèses de</u> 4.4, <u>supposons que l'objet final de</u> $\underline{T}$ <u>soit quasi-compact, et soit</u> M <u>un</u> A-<u>module engendré par ses sections globales sur</u> $\underline{T}$ (<u>resp. par une famille finie de sections globales</u>), <u>muni d'une stratification</u> $\varepsilon$ <u>relativement à</u> X . <u>Alors il existe un homomorphisme horizontal surjectif</u> $L \longrightarrow M$ , <u>où</u> L <u>est un</u> A-<u>module libre</u> (<u>resp. libre de type fini</u>) <u>muni d'une stratification relativement à</u> X .

Soit $(m_\alpha)$ une famille de sections globales de M engendrant M . Alors par 4.3.8, il existe pour tout $\alpha$ un entier $k_\alpha$ tel que quelque soit i , on ait

$$(\nabla_{\varepsilon}(D_i)^{b})^{k_\alpha}(m_\alpha) = 0 .$$

Il suffit alors de prendre $L = \bigoplus_{\alpha} L_{nk_\alpha}(x_1,\ldots,x_n)$ , et l'unique homomorphisme horizontal envoyant $e_{o\alpha}$ sur $m_\alpha$ . Si $(m_\alpha)$ est une famille finie, L est alors un A-module libre de type fini.

## 5. <u>Les hyperext pour les complexes différentiels d'ordre</u> $\leqslant 1$ .

Comme il a été dit au début de ce chapitre, nous ferons simplement ici un rappel, souvent sans démonstration, du formalisme des foncteurs <u>Ext</u> et $\underline{\underline{\mathrm{Ext}}}$ pour les complexes d'opérateurs différentiels d'ordre $\leqslant 1$ développé par Herrera et Liebermann ([31]), en nous plaçant dans le contexte plus général des catégories formelles. En particulier, nous ne supposerons pas la caractéristique nulle, de sorte qu'il nous faudra imposer aux complexes différentiels considérés une condition supplémentaire, assurant qu'ils sont munis d'une structure de $\Omega^{\bullet}_{X}$-module gradué, afin que les résultats de [31] restent valables.

5.1. Complexes différentiels d'ordre $\leqslant 1$.

On fixe dans ce numéro un $\underline{U}$-topos $\underline{T}$, et une catégorie de De Rham (3.1.3) $X = (A, P_X^n, d_o^n, d_1^n, \pi^n, \delta^{m,n})$ de $\underline{T}$ ; nous emploierons les notations de 3.1, et en particulier, nous noterons $\Omega_X^{\cdot}$ le complexe de De Rham de $X$. Sa différentielle sera notée $d$, sans indice.

Puisque $X$ vérifie la condition (B) de 3.1.1, $P_X^1$ est engendré comme A-module à gauche par $d_1^1(A)$, si bien que l'application qui à un opérateur différentiel $f : P_X^1 \otimes_A M \longrightarrow N$ d'ordre $\leqslant 1$ associe l'homomorphisme $f^b : M \longrightarrow N$ est injective (2.1.2). On se permettra donc ici l'abus de langage consistant à appeler l'homomorphisme $f$ "opérateur différentiel d'ordre $\leqslant 1$ de $M$ dans $N$ ". Si, avec cet abus de langage, $g : M \longrightarrow N$ est un opérateur différentiel d'ordre $\leqslant 1$, on notera $g^{\#}$ l'homomorphisme A-linéaire à gauche $P_X^1 \otimes_A M \longrightarrow N$ correspondant.

5.1.1. Un complexe $K^{\cdot}$ d'opérateurs différentiels d'ordre $\leqslant 1$ (relativement à $X$) est la donnée d'une famille $(K^i)_{i \in \underline{\underline{Z}}}$ de A-modules, et pour tout $i$ d'un opérateur différentiel d'ordre $\leqslant 1$ (relativement à $X$) $d_i : K^i \longrightarrow K^{i+1}$, de telle sorte que $d_{i+1} \circ d_i = 0$. Pour tout $i$, on a donc un homomorphisme A-linéaire à gauche $d_i^{\#} : P_X^1 \otimes_A K^i \longrightarrow K^{i+1}$, donnant par l'inclusion de $\Omega_X^1$ dans $P_X^1$ un homomorphisme A-linéaire $\Omega_X^1 \otimes_A K^i \longrightarrow K^{i+1}$, d'où, en posant $K^{\cdot} = \bigoplus_i K^i$, un homomorphisme A-linéaire

$$\Omega_X^1 \otimes_A K^{\cdot} \longrightarrow K^{\cdot +1} \tag{5.1.1}$$

donnant donc naissance à un homomorphisme A-linéaire

$$\underline{\underline{T}}(\Omega_X^1) \otimes_A K^{\cdot} \longrightarrow K^{\cdot} \tag{5.1.2}$$

qui munit $K^{\cdot}$ d'une structure de $\underline{\underline{T}}(\Omega_X^1)$-module gradué.

<u>Définition</u> 5.1.2. <u>On appelle</u> complexe différentiel d'ordre $\leqslant 1$ <u>tout complexe d'opérateurs différentiels d'ordre</u> $\leqslant 1$ <u>dont la structure de</u> $\underline{\underline{T}}(\Omega_X^1)$-<u>module gradué passe au quotient pour définir une structure de</u> $\bigwedge^*(\Omega_X^1)$-<u>module gradué</u>.

D'après un calcul de [31], cette condition est toujours vérifiée lorsque 2 est inversible dans A . Par contre, si 2 n'est pas inversible, il est facile de construire des exemples montrant qu'elle ne l'est pas nécessairement.

Soient $K^{\cdot}$ un complexe différentiel d'ordre $\leqslant 1$ , $\omega$ une section de $\Omega^i_X$ , $x$ une section de $K^j$ . On a alors

$$(5.1.3) \qquad d_{i+j}(\omega.x) = d(\omega).x + (-1)^i \omega.d_j(x) .$$

Comme $\Omega^1_X$ est engendré par $d(A)$ , il suffit de vérifier cette relation lorsque $\omega$ est une section $a$ de $A$ , et lorsque $\omega$ est une section de $\Omega^1_X$ de la forme $d(a)$, où $a$ est encore une section de $A$ . Dans le premier cas, on obtient

$$d_j(a.x) = d^{\#}_j(d^1_1(a)(1\otimes x)) = d^{\#}_j(d^1_o(a)(1\otimes x)) + d^{\#}_j(d(a)(1\otimes x))$$

$$= a.d_j(x) + d(a).x$$

d'après la définition de l'opération de $\Omega^1_X$ par (5.1.1). Dans le second cas, on obtient, d'après le calcul précédent,

$$\begin{aligned} d_{j+1}(d(a).x) &= d_{j+1}\circ d_j(a.x) - d_{j+1}(a.d_j(x)) \\ &= - a.d_{j+1}\circ d_j(x) - d(a).d_j(x) \\ &= - d(a).d_j(x) \quad , \end{aligned}$$

ce qui est bien la relation (5.1.3) puisque $d(d(a)) = 0$ .

Inversement, tout $\Omega^{\cdot}_X$-module gradué $K^{\cdot}$ muni d'une différentielle de degré 1 , de carré nul, et vérifiant (5.1.3), peut être considéré comme un complexe différentiel d'ordre $\leqslant 1$ : il suffit de montrer que les $d_i$ sont des opérateurs différentiels d'ordre $\leqslant 1$ . On définit alors un homomorphisme $d^{\#}_i : P^1_X \otimes_A K^i \longrightarrow K^{i+1}$ factorisant $d_i$ en utilisant la décomposition de $P^1_X$ comme A-module pour la structure droite en somme directe de A et de $\Omega^1_X$ , et en prenant pour $d^{\#}_i$ l'homomorphisme égal à $d_i$ sur le facteur $A \otimes_A K^i$ , et à l'accouplement définissant la structure de $\Omega^{\cdot}_X$-module sur le facteur $\Omega^1_X \otimes_A K^i$ ; la linéarité à gauche de $d^{\#}_i$ résulte alors de (5.1.3).

En particulier, si M est un A-module muni d'une connexion à courbure nulle relativement à $X$ , le complexe de De Rham à coefficients dans $M$ (3.2.5) est un complexe différentiel d'ordre $\leqslant 1$ : en effet, il peut être considéré comme le module gradué $\Omega^{\bullet}_X \otimes_A M$ muni d'une différentielle satisfaisant (5.1.3) d'après (3.2.7).

5.1.3. Dans la suite, on notera $C(X)$ la catégorie des complexes différentiels d'ordre $\leqslant 1$, relativement à $X$ , avec pour morphismes les systèmes d'homomorphismes A-linéaires $f_i : K^i \longrightarrow K'^i$ tels que $d'_i \circ f_i = f_{i+1} \circ d_i$ . Il résulte aussitôt des définitions qu'un tel morphisme est $\Omega^{\bullet}_X$-linéaire. Compte tenu de 5.1.2, la catégorie $C(X)$ peut donc être considérée comme la catégorie des $\Omega^{\bullet}_X$-modules différentiels gradués, dont la différentielle est de degré 1 , de carré nul, et satisfait (5.1.3), avec pour morphismes les homomorphismes gradués de degré 0 , $\Omega^{\bullet}_X$-linéaires, et commutant à la différentielle.

Il est clair que $C(X)$ est une catégorie abélienne, les noyaux et les conoyaux se calculant en chaque degré. Il est également facile de vérifier qu'elle vérifie les axiomes AB 3 et AB 5 de [25]. Enfin, elle est munie d'un opérateur de translation, le translaté $K^{\bullet}[i]$ d'un complexe différentiel $K^{\bullet}$ étant le complexe égal à $K^{i+j}$ en degré $j$ , sa différentielle étant $(-1)^i.d$ , où $d$ est la différentielle de $K^{\bullet}$ .

## 5.2. Le foncteur $\underline{\mathrm{Hom}}^{\bullet}$ .

On définit comme dans [31] le produit tensoriel et le $\underline{\mathrm{Hom}}^{\bullet}$ interne de deux objets de $C(X)$ . Rappelons la définition du $\underline{\mathrm{Hom}}^{\bullet}$ .

5.2.1. Soient $E^{\bullet}$ , $F^{\bullet}$ deux $\Omega^{\bullet}_X$-modules gradués. On note $\underline{\mathrm{Hom}}^k(E^{\bullet},F^{\bullet})$ le faisceau des homomorphismes de degré $k$ de $\Omega^{\bullet}_X$-modules gradués de $E^{\bullet}$ dans $F^{\bullet}$ : un tel homomorphisme est la donnée, pour tout $i$ , d'un homomorphisme A-linéaire $\Phi^i : E^i \longrightarrow F^{i+k}$ , de sorte que pour toute section $x$ de $E^i$ , toute section $\omega$ de $\Omega^j_X$ , on ait

$$\Phi^{i+j}(\omega.x) = (-1)^{jk}\,\omega.\Phi^i(x) \quad . \tag{5.2.1}$$

Le faisceau $\underline{\mathrm{Hom}}^k(E^{\bullet},F^{\bullet})$ est un A-module, et le faisceau

$$\underline{\mathrm{Hom}}^{\bullet}(E^{\bullet},F^{\bullet}) = \bigoplus_k \underline{\mathrm{Hom}}^k(E^{\bullet},F^{\bullet})$$

est de façon évidente un $\Omega_X^{\bullet}$-module gradué.

Supposons maintenant que $E^{\bullet}$ et $F^{\bullet}$ soient deux complexes différentiels d'ordre $\leqslant 1$ . On définit alors une différentielle sur $\underline{\mathrm{Hom}}^{\bullet}(E^{\bullet},F^{\bullet})$ en posant, pour toute section $\Phi$ de $\underline{\mathrm{Hom}}^k(E^{\bullet},F^{\bullet})$ ,

(5.2.2) $$D_k(\Phi) = d_{F^{\bullet}} \circ \Phi + (-1)^{k+1} \Phi \circ d_{E^{\bullet}} \quad .$$

L'homomorphisme $D_k(\Phi)$ est un homomorphisme de $\Omega_X^{\bullet}$-modules gradués, de degré $k+1$ , et $D_k$ vérifie la relation (5.1.3), de sorte que $\underline{\mathrm{Hom}}^{\bullet}(E^{\bullet},F^{\bullet})$ est de la sorte un complexe différentiel d'ordre $\leqslant 1$ .

De même, on note $\mathrm{Hom}^k(E^{\bullet},F^{\bullet})$ le module des sections globales sur $\underline{T}$ de $\underline{\mathrm{Hom}}^k(E^{\bullet},F^{\bullet})$ , et $\mathrm{Hom}^{\bullet}(E^{\bullet},F^{\bullet})$ le module gradué (resp. complexe) correspondant.

Supposons que $\Omega_X^1$ soit localement libre de rang fini $n$ ; nous utiliserons le résultat suivant de [31]. Soit, pour tout A-module $M$ , le $\Omega_X^{\bullet}$-module gradué $(\Omega_X^{n-\bullet})^{\vee} \otimes_A M$ (où l'exposant $\vee$ désigne le dual), dont la structure de $\Omega_X^{\bullet}$-module gradué est définie par les homomorphismes canoniques

$$\Omega_X^j \otimes_A \Omega_X^{n-i\vee} \otimes_A M \longrightarrow \Omega_X^{n-i-j\vee} \otimes_A M \quad .$$

Remarquant que $(\Omega_X^{n-\bullet})^{\vee} \otimes_A M$ s'identifie à $\underline{\mathrm{Hom}}_A^{\bullet}(\Omega_X^{\bullet},M)$ , et que le foncteur $\underline{\mathrm{Hom}}_A^{\bullet}(\Omega_X^{\bullet}, \cdot)$ est adjoint à droite du foncteur de restriction des scalaires de la catégorie des $\Omega_X^{\bullet}$-modules gradués (avec morphismes de tous degrés) dans la catégorie des A-modules, on obtient :

Proposition 5.2.2. *Supposons $\Omega_X^1$ localement libre de rang fini $n$ , et soient $M$ un A-module, $E^{\bullet}$ un $\Omega_X^{\bullet}$-module gradué. Alors pour tout $k$ il existe un isomorphisme canonique*

(5.2.3) $$\underline{\mathrm{Hom}}^k(E^{\bullet}, (\Omega_X^{n-\bullet})^{\vee} \otimes_A M) \xrightarrow{\sim} \underline{\mathrm{Hom}}_A(E^{n-k},M) \quad .$$

Corollaire 5.2.3. *Si $\Omega_X^1$ est localement libre de rang $n$ , et si $I$ est un*

A-module injectif, alors $(\Omega_X^{n-\cdot})^{\vee}\otimes_A I$ est un injectif de la catégorie des $\Omega_X^{\cdot}$-modules gradués.

Proposition 5.2.4. Supposons $\Omega_X^1$ localement libre de type fini. Soient $E$ , $F$ deux A-modules, munis de connexions $\varepsilon_E$ , $\varepsilon_F$ relativement à $X$ , définissant les homomorphismes

$$\nabla_E : E \longrightarrow E\otimes_A \Omega_X^1 \quad , \nabla_F : F \longrightarrow F\otimes_A \Omega_X^1 \quad .$$

i) Le A-module $\underline{Hom}_A(E,F)$ est canoniquement muni d'une connexion relativement à $X$ , et l'homomorphisme correspondant

$$\nabla : \underline{Hom}_A(E,F) \longrightarrow \underline{Hom}_A(E,F)\otimes_A \Omega_X^1$$

est donné par

$$\nabla(\varphi) = \nabla_F \circ \varphi - (\varphi \otimes \mathrm{Id}_{\Omega_X^1}) \circ \nabla_E , \tag{5.2.4}$$

pour toute section $\varphi$ de $\underline{Hom}_A(E,F)$ , $\underline{Hom}_A(E,F)\otimes_A \Omega_X^1$ étant identifié à $\underline{Hom}_A(E,F\otimes_A\Omega_X^1)$ .

ii) Si les connexions de $E$ , $F$ , sont à courbure nulle, il en est de même de celle de $\underline{Hom}_A(E,F)$ , et l'isomorphisme canonique de $\Omega_X^{\cdot}$-modules gradués

$$\underline{Hom}_A(E,F)\otimes_A \Omega_X^{\cdot} \xrightarrow{\sim} \underline{Hom}^{\cdot}(E\otimes_A \Omega_X^{\cdot} , F\otimes_A\Omega_X^{\cdot}) \tag{5.2.5}$$

est un isomorphisme de complexes différentiels d'ordre $\leqslant 1$ pour les différentielles naturelles des deux membres.

D'après la suite exacte (3.1.2), $P_X^1$ est un A-module localement libre de type fini pour ses deux structures, de sorte que $\underline{Hom}_A(E,F)$ est muni d'une connexion par 1.5.4. D'après la définition de celle-ci et (3.2.3), $\nabla(\varphi)$ s'identifie à l'homomorphisme $E \longrightarrow F\otimes_A\Omega_X^1 \hookrightarrow F\otimes_A P_X^1$ donnée par

$$\nabla(\varphi) = \varepsilon_F \circ (\mathrm{Id}_{P_X^1} \otimes \varphi)\circ \varepsilon_E^{-1} \circ (\mathrm{Id}_E \otimes 1) - (\varphi\otimes 1) \quad .$$

En observant que $\varepsilon_E$ et $\varepsilon_F$ induisent l'identité sur $E\otimes_A \Omega_X^1$ et $F\otimes_A \Omega_X^1$ , et que $\varepsilon_E^{-1} \circ (\mathrm{Id}\otimes 1) = \varepsilon_E^{-1} \circ \theta_E - \varepsilon_E^{-1} \circ\nabla_E = 1\otimes \mathrm{Id}_E - \nabla_E$ , on en déduit aisément (5.2.4).

Soient $\varphi$ une section de $\underline{\mathrm{Hom}}_A(E,F)$ et $\omega$ une section de $\Omega^k_X$ , $\varphi \otimes \omega$ correspondant par (5.2.5) à une section $\Phi$ de $\underline{\mathrm{Hom}}^k(E \otimes_A \Omega^\bullet_X , F\otimes_A \Omega^\bullet_X)$ . Si on note d la différentielle de $\underline{\mathrm{Hom}}^\bullet_A(E \otimes_A \Omega^\bullet_X , F \otimes_A \Omega^\bullet_X)$ , et $d_E$ , $d_F$ celles de $E \otimes_A \Omega^\bullet_X$ , $F \otimes_A \Omega^\bullet_X$ , alors

$$d(\Phi) = d_F \circ \Phi + (-1)^{k+1} \Phi \circ d_E \quad .$$

Soit x une section de E ; on obtient donc

$$\begin{aligned} d(\Phi)(x) &= d_F(\varphi(x) \otimes \omega) + (-1)^{k+1} \Phi(\nabla_E(x)) \\ &= \nabla_F(\varphi(x)) \wedge \omega + \varphi(x) \otimes d\omega + (-1)^{k+1}\Phi(\nabla_E(x)) \\ &= \nabla(\varphi \otimes \omega)(x) + (\varphi \otimes \mathrm{Id}_{\Omega^1_X})(\nabla_E(x)) \wedge \omega + (-1)^{k+1}\Phi(\nabla_E(x)) \quad . \end{aligned}$$

Comme sur $E \otimes_A \Omega^1_X$ on a $\Phi = (-1)^k(\varphi \otimes \mathrm{Id}_{\Omega^1_X}) \wedge \omega$ , l'assertion ii) est vérifiée.

## 5.3. Complexes différentiels d'ordre $\leqslant 1$ injectifs.

5.3.1. Pour étudier les complexes différentiels d'ordre $\leqslant 1$ injectifs, il est commode de remarquer que la catégorie C(X) peut encore s'interpréter comme la catégorie des modules gradués sur un anneau gradué convenable.

Posons en effet pour tout k

$$G^k = P^1_X \otimes_A \cdots \otimes_A P^1_X \qquad (k \text{ fois}) \quad ,$$

le produit tensoriel de deux copies consécutives de $P^1_X$ étant pris respectivement pour les structures de A-modules correspondant à $d^1_1$ et $d^1_o$ . Alors $G^\bullet = \bigoplus_k G^k$ est muni d'une structure d'anneau gradué évidente. Soit $E^\bullet$ un complexe différentiel d'ordre $\leqslant 1$ . Les homomorphismes $P^1_X \otimes_A E^i \longrightarrow E^{i+1}$ définissant la différentielle de $E^\bullet$ permettent de faire opérer $P^1_X$ sur $E^\bullet$ , d'où par récurrence une structure de $G^\bullet$-module gradué sur $E^\bullet$ . Si on note D la section unité de $P^1_X = G^1$ , alors pour toute section x de $E^i$ on a par construction $D.x = d(x)$ . Les complexes d'opérateurs différentiels d'ordre $\leqslant 1$ correspondent donc aux $G^\bullet$-modules gradués annulés par $D \otimes D$ . D'autre part, l'inclusion $\Omega^1_X \hookrightarrow P^1_X$ définit un homomorphisme d'anneaux gradués $\underline{\underline{T}}(\Omega_X^1) \longrightarrow G^\cdot$ ; si $J$ est l'idéal bilatère de $G^\cdot$ engendré par le noyau de $\underline{\underline{T}}(\Omega_X^1) \longrightarrow \Omega_X^\cdot$, on pose $C^\cdot = G^\cdot/(D\otimes D, J)$. Il est alors clair que les complexes différentiels d'ordre $\leqslant 1$ correspondent aux $C^\cdot$-modules gradués.

D'autre part, on obtient par construction un homomorphisme $\Omega_X^\cdot \longrightarrow C^\cdot$ (qui définit du reste la structure de $\Omega_X^\cdot$-module gradué d'un complexe différentiel d'ordre $\leqslant 1$). Reprenant la démonstration de [31], on voit que $C^\cdot$ est le quotient de l'anneau de polynômes (non commutatif) $\Omega_X^\cdot[D]$ par les relations $D^2 = 0$ et

$$D.\omega + (-1)^{i+1}\,\omega.D = d(\omega)$$

pour toute section $\omega$ de $\Omega_X^i$. En particulier, $C^\cdot$ est un $\Omega_X^\cdot$-module libre de base $1$ , $D$ , de sorte qu'on a en degré $k$ un isomorphisme de A-modules

(5.3.1) $$C^k \xrightarrow{\sim} \Omega_X^k \oplus \Omega_X^{k-1} ,$$

la différentielle de $C^\cdot$ (définie par la multiplication par $D$) étant alors donnée par

(5.3.2) $$D.(\omega,\omega') = (d(\omega)\ ,\ (-1)^k\omega + d(\omega')) .$$

<u>Proposition</u> 5.3.2. i) <u>La catégorie</u> $C(X)$ <u>a assez d'injectifs.</u>

ii) <u>Si</u> $I^\cdot$ <u>est un injectif de</u> $C(X)$ , <u>le module gradué sous-jacent à</u> $I^\cdot$ <u>est un injectif de la catégorie des</u> $\Omega_X^\cdot$<u>-modules gradués</u>.

iii) <u>Si</u> $\Omega_X^\cdot$ <u>est un</u> A-<u>module plat, et si</u> $I^\cdot$ <u>est un injectif de la catégorie des</u> $\Omega_X^\cdot$<u>-modules gradués, chacune de ses composantes</u> $I^q$ <u>est un</u> A-<u>module injectif</u>.

L'assertion i) provient de l'interprétation des complexes différentiels d'ordre $\leqslant 1$ comme $C^\cdot$-modules gradués ; l'assertion ii) résulte par adjonction de ce que $C^\cdot$ est libre sur $\Omega_X^\cdot$ ; enfin, l'assertion iii) résulte de même de l'isomorphisme canonique

$$\mathrm{Hom}_A(M, I^q) \xrightarrow{\sim} \mathrm{Hom}^q(M\otimes_A \Omega_X^\cdot, I^\cdot) .$$

<u>Remarque</u> 5.3.3. On peut définir sur $G^\cdot$ une structure de A-module gradué en prenant pour tout $k$ la structure la plus à droite de $P_X^1 \otimes_A \ldots \otimes_A P_X^1$. Par passage au quotient, elle donne une structure de A-module sur $C^\cdot$ , définie via l'isomorphisme (5.3.1) par

(5.3.3) $$a.(\omega,\omega') = (a.\omega + \omega'\wedge d(a), a.\omega') .$$

Si, pour tout A-module M , on forme au moyen de cette structure le produit tensoriel $C^{\bullet}\otimes_{A}M = C^{\bullet}(M)$ , et si l'on considère $C^{\bullet}(M)$ comme un complexe différentiel d'ordre $\leqslant 1$ grâce à la différentielle définie par la multiplication par D , $C^{\bullet}(M)$ vérifie la propriété universelle suivante : pour tout complexe différentiel $E^{\bullet}$ d'ordre $\leqslant 1$, et tout homomorphisme A-linéaire $M \longrightarrow E^{i}$ , il existe un unique morphisme $C^{\bullet}(M)[-i] \longrightarrow E^{\bullet}$ dans C(X) prolongeant l'homomorphisme donné de M dans $E^{i}$ . En particulier, lorsque Y parcourt une famille génératrice d'éléments de $\underline{T}$ indexée par un élément de $\underline{U}$ , les complexes $C^{\bullet}(A_{Y})[i]$ , où $A_{Y}$ est le A-module libre engendré par Y , forment une famille de générateurs de C(X).

## 5.4. Les hyperext.

On peut maintenant donner la construction des hyperext.

5.4.1. On a défini en 5.2.1 un bifoncteur

$$\underline{\mathrm{Hom}}^{\bullet} : C(X)^{\circ} \times C(X) \longrightarrow C(X) ,$$

exact à gauche pour le second argument. On notera $\underline{\mathrm{Ext}}^{\bullet q}_{C(X)}$ le q-ième foncteur dérivé de $\underline{\mathrm{Hom}}^{\bullet}$ : pour $E^{\bullet}, F^{\bullet} \in \mathrm{Ob}(C(X))$ , $\underline{\mathrm{Ext}}^{\bullet q}_{C(X)}(E^{\bullet},F^{\bullet})$ est donc un complexe différentiel d'ordre $\leqslant 1$ . Le $\Omega^{\bullet}_{X}$-module gradué obtenu en oubliant la différentielle de $\underline{\mathrm{Ext}}^{\bullet q}_{C(X)}(E^{\bullet},F^{\bullet})$ est la valeur pour $E^{\bullet},F^{\bullet}$ du q-ième dérivé de $\underline{\mathrm{Hom}}^{\bullet}$ calculé sur la catégorie des $\Omega^{\bullet}_{X}$-modules gradués, d'après 5.3.2 ii).

On définit de même les $\mathrm{Ext}^{\bullet q}_{C(X)}$ comme étant les dérivés de $\mathrm{Hom}^{\bullet}$ calculés sur C(X) ; le module gradué sous-jacent peut encore se calculer en dérivant sur la catégorie des $\Omega^{\bullet}_{X}$-modules gradués.

<u>Proposition</u> 5.4.2. <u>Supposons</u> $\Omega^{1}_{X}$ <u>localement libre de rang</u> n . <u>Alors il existe un isomorphisme canonique</u>

(5.4.1) $$\underline{\mathrm{Ext}}^{p,q}_{C(X)}(E^{\bullet},\Omega^{\bullet}_{X}) \xrightarrow{\ \sim\ } \underline{\mathrm{Ext}}^{q}_{A}(E^{n-p},\Omega^{n}_{X})$$

<u>pour tous</u> p , q <u>et tout complexe</u> $E^{\bullet}$ <u>de</u> C(X).

La notation $\underline{\mathrm{Ext}}^{p,q}_{C(X)}(E^\cdot,\Omega^\cdot_X)$ désigne la composante de degré $p$ de $\underline{\mathrm{Ext}}^{\cdot q}_{C(X)}(E^\cdot,\Omega^\cdot_X)$ .

Soit $I^\cdot$ une résolution injective de $\Omega^n_X$ dans la catégorie des A-modules. Comme d'après l'hypothèse les $\Omega^i_X$ sont localement libres, $(\Omega^{n-\cdot}_X)^\vee\otimes_A I^\cdot$ est une résolution injective de $(\Omega^{n-\cdot}_X)^\vee\otimes_A \Omega^n_X$ dans la catégorie des $\Omega^\cdot_X$-modules gradués, compte tenu de 5.2.3. D'autre part, on a pour tout $i$ un isomorphisme canonique

$$\Omega^{n-i\vee}_X\otimes_A \Omega^n_X \xrightarrow{\ \sim\ } \Omega^i_X \quad , \tag{5.4.2}$$

de sorte que $(\Omega^{n-\cdot}_X)^\vee\otimes_A I^\cdot$ est une résolution injective de $\Omega^\cdot_X$ . D'après 5.4.1, les $\Omega^\cdot_X$-modules gradués sous-jacents aux $\underline{\mathrm{Ext}}^{\cdot q}_{C(X)}(E^\cdot,\Omega^\cdot_X)$ peuvent se calculer en prenant une résolution injective de $\Omega^\cdot_X$ dans la catégorie des $\Omega^\cdot_X$-modules gradués ; on peut donc utiliser la résolution $(\Omega^{n-\cdot}_X)^\vee\otimes_A I^\cdot$ . On a alors, en notant $\underline{H}^q$ les faisceaux de cohomologie

$$\begin{aligned}\underline{\mathrm{Ext}}^{p,q}_{C(X)}(E^\cdot,\Omega^\cdot_X) &= \underline{H}^q(\underline{\mathrm{Hom}}^p(E^\cdot,(\Omega^{n-\cdot}_X)^\vee\otimes_A I^\cdot))\\ &= \underline{H}^q(\underline{\mathrm{Hom}}_A(E^{n-p},I^\cdot))\end{aligned}$$

d'après (5.2.3), d'où (5.4.1).

5.4.3. Soient $E^\cdot$ , $F^\cdot$ deux complexes différentiels d'ordre $\leqslant 1$ , et soit $I^{\cdot\cdot}$ une résolution injective de $F^\cdot$ dans $C(X)$ , le premier exposant désignant la graduation d'un complexe et le second le degré du complexe dans la résolution. On forme le bicomplexe de terme général

$$\underline{K}^{pq} = \underline{\mathrm{Hom}}^p(E^\cdot,I^{\cdot q}) \quad , \tag{5.4.3}$$

dont la différentielle pour $p$ variable est celle de $\underline{\mathrm{Hom}}^\cdot(E^\cdot,I^{\cdot q})$ , et pour $q$ variable celle qui provient de $I^{\cdot q}\longrightarrow I^{\cdot q+1}$ . Par définition, les <u>hyperext locaux</u> de $E^\cdot$ , $F^\cdot$ , notés

$$\underline{\mathrm{Ext}}^i_{\Omega^\cdot_X}(E^\cdot,F^\cdot) \quad ,$$

sont les faisceaux de cohomologie du complexe simple associé au bicomplexe de terme général $\underline{K}^{pq}$ . On notera que, ce complexe étant un complexe différentiel d'ordre $\leqslant 1$, les $\underline{\mathrm{Ext}}^i_{\Omega^\cdot_X}(E^\cdot,F^\cdot)$ ne sont pas en général des A-modules. De la définition précédente résulte immédiatement la suite spectrale

(5.4.4) $$E_1^{p,q} = \underline{\mathrm{Ext}}^{p,q}_{C(X)}(E^\cdot,F^\cdot) \Longrightarrow \underline{\mathrm{Ext}}^n_{\Omega^\cdot_X}(E^\cdot,F^\cdot) \quad ,$$

fonctorielle en $E^\cdot$ , $F^\cdot$, et indépendante de la résolution $I^{\cdot\cdot}$ choisie. Elle est régulière, d'après EGA $0_{III}$ 11.3.3 iii).

On définit de façon identique les <u>hyperext globaux</u>, notés

$$\underline{\underline{\mathrm{Ext}}}^i_{\Omega^\cdot_X}(E^\cdot,F^\cdot) \quad ,$$

et on a la suite spectrale analogue, également régulière,

(5.4.5) $$E_1^{p,q} = \mathrm{Ext}^{p,q}_{C(X)}(E^\cdot,F^\cdot) \Longrightarrow \underline{\underline{\mathrm{Ext}}}^n_{\Omega^\cdot_X}(E^\cdot,F^\cdot) \quad .$$

Bien entendu, les foncteurs $\underline{\mathrm{Ext}}_{\Omega^\cdot_X}$ et $\underline{\underline{\mathrm{Ext}}}_{\Omega^\cdot_X}$ sont des foncteurs cohomologiques pour chacun des deux arguments.

<u>Proposition</u> 5.4.4. <u>Pour tout complexe différentiel</u> $F^\cdot$ <u>d'ordre</u> $\leqslant 1$ , <u>il existe des isomorphismes canoniques</u>

(5.4.6) $$\underline{\mathrm{Ext}}^i_{\Omega^\cdot_X}(\Omega^\cdot_X,F^\cdot) \xrightarrow{\sim} \underline{H}^i(F^\cdot) \qquad , \qquad \underline{\underline{\mathrm{Ext}}}^i_{\Omega^\cdot_X}(\Omega^\cdot_X,F^\cdot) \xrightarrow{\sim} \underline{\underline{H}}^i(\underline{T},F^\cdot) \quad .$$

Soit $I^{\cdot\cdot}$ une résolution injective de $F^\cdot$ dans $C(X)$ . Pour tout $q$ , on a l'isomorphisme canonique

$$\underline{\mathrm{Hom}}^\cdot(\Omega^\cdot_X,I^{\cdot q}) \xrightarrow{\sim} I^{\cdot q} \quad ,$$

d'où l'on tire aussitôt (5.4.6). De même, on a l'isomorphisme canonique

$$\mathrm{Hom}^\cdot(\Omega^\cdot_X,I^{\cdot q}) \xrightarrow{\sim} \Gamma^\cdot(\underline{T},I^{\cdot q}) \quad ,$$

avec $\Gamma^p(\underline{T},I^{\cdot q}) = \Gamma(\underline{T},I^{p,q})$ . Les $\underline{\underline{\mathrm{Ext}}}^i_{\Omega^\cdot_X}(\Omega^\cdot_X,F^\cdot)$ sont donc les groupes de cohomologie du complexe simple associé au bicomplexe de terme général $\Gamma(\underline{T},I^{p,q})$ . Considérons alors le complexe $F^\cdot$ comme un complexe de faisceaux abéliens sur $\underline{T}$ , et soit $J^{\cdot\cdot}$ une résolution injective de $F^\cdot$ dans la catégorie abélienne des complexes de faisceaux abéliens sur $\underline{T}$ . Puisque $I^{\cdot\cdot}$ est une résolution de $F^\cdot$ dans la catégorie des complexes différentiels d'ordre $\leqslant 1$ , donc dans la catégorie des complexes de faisceaux abéliens, il existe un morphisme de bicomplexes $I^{\cdot\cdot} \longrightarrow J^{\cdot\cdot}$ , induisant un morphisme entre les suites spectrales des bicomplexes

$\Gamma(\underline{T},I^{\cdot\cdot})$ et $\Gamma(\underline{T},J^{\cdot\cdot})$ :

$$\begin{array}{ccccc} E_1^{p,q} & = & H_{II}^q(\Gamma(\underline{T},I^{p\cdot})) & \Longrightarrow & H^n(\Gamma(\underline{T},I^{\cdot\cdot})) \\ & & \downarrow & & \downarrow \\ E_1^{p,q} & = & H_{II}^q(\Gamma(\underline{T},J^{p\cdot})) & \Longrightarrow & H^n(\Gamma(\underline{T},J^{\cdot\cdot})) \end{array} .$$

Or, un argument classique montre que $I^{\cdot q}$ étant un injectif de $C(X)$ (resp. $J^{\cdot q}$ un injectif dans la catégorie des complexes de faisceaux abéliens), $I^{p,q} = \underline{\mathrm{Hom}}^p(\Omega_X^{\cdot},I^{\cdot q})$ (resp. $J^{p,q} = \underline{\mathrm{Hom}}^p(\underline{\underline{Z}},I^{\cdot q})$) est un A-module flasque (resp. un $\underline{\underline{Z}}$-module flasque). Par suite, le morphisme de suites spectrales considéré donne un isomorphisme sur les termes $E_1^{p,q}$ ; comme les suites spectrales sont régulières (les deux bicomplexes étant nuls pour $q < 0$), on obtient donc un isomorphisme entre les aboutissements.

Considérons alors une résolution de Cartan-Eilenberg $K^{\cdot\cdot}$ du complexe $F^{\cdot}$, toujours considéré comme un complexe de faisceaux abéliens sur $\underline{T}$. Par le même argument, on voit que la cohomologie du complexe simple associé au bicomplexe de terme général $\Gamma(\underline{T},K^{p,q})$ (qui est par définition l'hyper-cohomologie du foncteur $\Gamma(\underline{T},\,.)$ par rapport au complexe $F^{\cdot}$ ) est canoniquement isomorphe à celle du complexe simple associé au bicomplexe de terme général $\Gamma(\underline{T},J^{p,q})$, donc d'après ce qui précède à celle du complexe simple associé au bicomplexe de terme général $\Gamma(\underline{T},I^{p,q})$. On obtient ainsi l'isomorphisme

$$\underline{\underline{\mathrm{Ext}}}^i_{\Omega_X^{\cdot}}(\Omega_X^{\cdot},F^{\cdot}) \xrightarrow{\sim} \underline{\underline{H}}^i(\underline{T},F^{\cdot})$$

<u>Corollaire 5.4.5. Soit</u> $f : \underline{T} \longrightarrow \underline{T}'$ <u>un morphisme de topos. Si</u> $F^{\cdot}$ <u>est un complexe différentiel d'ordre</u> $\leqslant 1$ <u>relativement à</u> $X$ , <u>et si</u> $I^{\cdot\cdot}$ <u>est une résolution injective de</u> $F^{\cdot}$ <u>dans</u> $C(X)$ , <u>la cohomologie du complexe simple associé au bicomplexe de terme général</u> $f_*(I^{pq})$ <u>est canoniquement isomorphe à l'hyper-cohomologie du foncteur</u> $f_*$ <u>par rapport à</u> $F^{\cdot}$ .

En effet, il suffit de reprendre pour le foncteur $f_*$ le raisonnement appliqué au foncteur $\Gamma(\underline{T},\,.)$ en 5.4.4.

Proposition 5.4.6. Soient $E^\bullet$ , $F^\bullet$ deux complexes différentiels d'ordre $\leqslant 1$ relativement à $X$ . On suppose qu'il existe un entier $r$ tel que pour tout $q \geqslant 0$ les $\underline{\mathrm{Ext}}^{\bullet q}_{C(X)}(E^\bullet,F^\bullet)$ soient nuls en degrés $< r$ . Alors il existe une suite spectrale birégulière

$$(5.4.7) \qquad E_2^{p,q} = H^p(\underline{T},\underline{\mathrm{Ext}}^q_{\Omega_X^\bullet}(E^\bullet,F^\bullet)) \Longrightarrow \underline{\underline{\mathrm{Ext}}}^n_{\Omega_X^\bullet}(E^\bullet,F^\bullet) \ .$$

Si $I^{\bullet\bullet}$ est une résolution injective de $F^\bullet$ dans $C(X)$ on construit cette suite spectrale comme étant la seconde suite spectrale d'hyper-cohomologie du foncteur $\Gamma(\underline{T}, .)$ par rapport au complexe simple associé au bicomplexe égal à $\underline{\mathrm{Hom}}^p(E^\bullet,I^{\bullet q})$ si $p \geqslant r$ , et à $0$ si $p < r$ (voir une démonstration analogue en VI 2.2.5).

Remarque 5.4.7. Les foncteurs $\underline{\mathrm{Ext}}_{\Omega_X^\bullet}$ et $\underline{\underline{\mathrm{Ext}}}_{\Omega_X^\bullet}$ ne sont pas en général les invariants par les quasi-isomorphismes de complexes différentiels (i.e. les morphismes de complexes différentiels induisant un isomorphisme sur les faisceaux de cohomologie). Comme contre-exemple, considérons par exemple le topos ponctuel, et la catégorie formelle $\underline{\hat{P}}(\underline{\underline{Q}}[t]/\underline{\underline{Q}})$ (avec les notations de 1.1.5 a), appliquées aux homomorphismes d'anneaux). Soient $K^\bullet = \Omega^\bullet_{\underline{\underline{Q}}[t]/\underline{\underline{Q}}}$ , et $K'^\bullet$ le complexe égal à $\underline{\underline{Q}}$ en degré $0$ , et à $0$ ailleurs ; on considère l'homomorphisme $K^\bullet \longrightarrow K'^\bullet$ défini par l'annulation de $t$ en degré $0$ : il est clair que c'est un quasi-isomorphisme, les coefficients étant de caractéristique $0$ . Mais par ailleurs, $\underline{\mathrm{Ext}}^i_{K^\bullet}(K^\bullet,K^\bullet) = \underline{H}^i(K^\bullet)$ d'après 5.4.4, donc $\underline{\mathrm{Ext}}^i_{K^\bullet}(K^\bullet,K^\bullet)$ est égal à $\underline{\underline{Q}}$ pour $i = 0$ , et à $0$ pour $i \neq 0$ . Pour calculer les $\underline{\mathrm{Ext}}^i_{K^\bullet}(K'^\bullet,K^\bullet)$ , on utilise la suite spectrale (5.4.4) ; d'après 5.4.2, le terme $E_1^{p,q}$ est $\underline{\mathrm{Ext}}^q(K'^{1-p},\Omega^1_{\underline{\underline{Q}}[t]/\underline{\underline{Q}}})$. Il est donc nul pour $p \neq 1$ , et pour $p = 1$ on obtient $E_1^{1,q} = \underline{\mathrm{Ext}}^q_{\underline{\underline{Q}}[t]}(\underline{\underline{Q}}, \underline{\underline{Q}}[t])$ , qui est nul pour $q \neq 1$ et égal à $\underline{\underline{Q}}$ pour $q = 1$ . Par conséquent la suite spectrale dégénère, et, comme elle est régulière, on trouve que $\underline{\mathrm{Ext}}^i_{K^\bullet}(K'^\bullet,K^\bullet)$ est nul pour $i \neq 2$ , et égal à $\underline{\underline{Q}}$ en degré 2. Donc le quasi-isomorphisme considéré ne peut induire un isomorphisme entre les $\underline{\mathrm{Ext}}^i_{K^\bullet}$ .

Donnons un énoncé utile en pratique pour calculer les hyperext :

*Proposition* 5.4.8. *Soient* $E^\cdot, F^\cdot$ *deux complexes différentiels d'ordre* $\leqslant 1$ .
*Alors* :

i) *Soit* $I^{\cdot\cdot}$ *une résolution droite de* $F^\cdot$ *dans* $C(X)$ *par des complexes différentiels* $I^{\cdot q}$ *d'ordre* $\leqslant 1$ *tels que pour tout* $i \neq 0$ *et tout* $q$ ,

$$\underline{\mathrm{Ext}}^{\cdot i}_{C(X)}(E^\cdot, I^{\cdot q}) = 0 \quad (\text{resp. } \mathrm{Ext}^{\cdot i}_{C(X)}(E^\cdot, I^{\cdot q}) = 0) \quad ;$$

*alors la première suite spectrale du bicomplexe*

$$\underline{K}^{p,q} = \underline{\mathrm{Hom}}^p(E^\cdot, I^{\cdot q}) \quad (\underline{\text{resp}}.\ K^{p,q} = \mathrm{Hom}^p(E^\cdot, I^{\cdot q}))$$

*est canoniquement isomorphe à la suite spectrale* (5.4.4) (*resp*. (5.4.5)). *En particulier, on peut calculer les* $\underline{\mathrm{Ext}}^i_{\Omega^\cdot_X}(E^\cdot, F^\cdot)$ (*resp. les* $\underline{\underline{\mathrm{Ext}}}^i_{\Omega^\cdot_X}(E^\cdot, F^\cdot)$) *en utilisant la résolution* $I^{\cdot\cdot}$ .

ii) *Soit* $L^{\cdot\cdot}$ *une résolution gauche de* $E^\cdot$ *dans* $C(X)$ *par des complexes différentiels* $L^{\cdot q}$ *d'ordre* $\leqslant 1$ *tels que pour tout* $i \neq 0$ *et tout* $q$ ,

$$\underline{\mathrm{Ext}}^{\cdot i}_{C(X)}(L^{\cdot q}, F^\cdot) = 0 \quad (\underline{\text{resp}}.\ \mathrm{Ext}^{i}_{C(X)}(L^{\cdot q}, F^\cdot) = 0 \ ;$$

*alors la première suite spectrale du bicomplexe*

$$\underline{K}'^{p,q} = \underline{\mathrm{Hom}}^p(L^{\cdot q}, F^\cdot) \quad (\underline{\text{resp}}.\ K'^{p,q} = \mathrm{Hom}^p(L^{\cdot q}, F^\cdot))$$

*est canoniquement isomorphe à la suite spectrale* (5.4.4) (*resp*. (5.4.5)). *En particulier, on peut calculer les* $\underline{\mathrm{Ext}}^i_{\Omega^\cdot_X}(E^\cdot, F^\cdot)$ (*resp. les* $\underline{\underline{\mathrm{Ext}}}^i_{\Omega^\cdot_X}(E^\cdot, F^\cdot)$) *en utilisant la résolution* $L^{\cdot\cdot}$ .

Nous montrerons l'assertion locale, la preuve de l'assertion globale étant identique.

Supposons donc qu'on soit dans les hypothèses de i), et soit $J^{\cdot\cdot}$ une résolution injective de $F^\cdot$ dans $C(X)$ . Alors il existe un morphisme de complexes de $C(X)$ (unique à homotopie près) $I^{\cdot\cdot} \longrightarrow J^{\cdot\cdot}$ , induisant l'identité sur $F^\cdot$ . Il en résulte un morphisme de bicomplexes

$$\underline{\mathrm{Hom}}^p(E^\cdot, I^{\cdot q}) \longrightarrow \underline{\mathrm{Hom}}^p(E^\cdot, J^{\cdot q}) \quad ,$$

et un morphisme des premières suites spectrales correspondantes, celle qui correspond au second bicomplexe étant (5.4.4). Pour voir que c'est un isomorphisme, il suffit de le voir sur les termes $E_1^{pq}$ , puisque ces suites spectrales sont régulières. Cela résulte alors de ce que l'on peut calculer les dérivés du foncteur $\underline{\mathrm{Hom}}^\bullet(E^\bullet, .)$ en résolvant par des objets $\underline{\mathrm{Hom}}^\bullet(E^\bullet, .)$-acycliques, ce qui est précisément l'hypothèse faite sur les $I^{\bullet q}$ .

Supposons maintenant qu'on soit dans les hypothèses de ii), et soit encore $J^{\bullet\bullet}$ une résolution injective de $F^\bullet$ dans $C(X)$ . On considère alors le tricomplexe de terme général

$$\underline{K}^{p,q} = \underline{\mathrm{Hom}}^p(L^{\bullet q}, J^{\bullet r}) \quad ,$$

et les deux morphismes de bicomplexes évidents donnés en degré $p$ , $q$ par

$$(5.4.8) \qquad \underline{\mathrm{Hom}}^p(L^{\bullet q}, F^\bullet) \longrightarrow \bigoplus_{i+j=q} \underline{\mathrm{Hom}}^p(L^{\bullet i}, J^{\bullet j})$$

$$(5.4.9) \qquad \underline{\mathrm{Hom}}^p(E^\bullet, J^{\bullet q}) \longrightarrow \bigoplus_{i+j=q} \underline{\mathrm{Hom}}^p(L^{\bullet i}, J^{\bullet j}) \quad .$$

Je dis que ces deux morphismes donnent des isomorphismes sur les premières suites spectrales correspondantes. Montrons-le d'abord pour (5.4.8) : comme elles sont régulières, il suffit de prouver que pour $p$ fixé , le morphisme (5.4.8) donne un isomorphisme

$$\underline{H}^q(\underline{\mathrm{Hom}}^p(L^{\bullet\bullet}, F^\bullet)) \xrightarrow{\sim} \underline{H}^q(\bigoplus_{i+j=.} \underline{\mathrm{Hom}}^p(L^{\bullet i}, J^{\bullet j})),$$

et il suffit pour cela de montrer que pour $p$ et $q$ fixés, le complexe $\underline{\mathrm{Hom}}^p(L^{\bullet q}, J^{\bullet\bullet})$ est une résolution de $\underline{\mathrm{Hom}}^p(L^{\bullet q}, F^\bullet)$ , car alors le complexe $\underline{\mathrm{Hom}}^p(L^{\bullet\bullet}, F^\bullet)$ sera quasi-isomorphe au complexe simple associé au bicomplexe $\underline{\mathrm{Hom}}^p(L^{\bullet\bullet}, J^{\bullet\bullet})$ , d'où l'isomorphisme annoncé entre les $\underline{H}^q$ . Or pour $p$ et $q$ fixés, le i-ième faisceau de cohomologie de $\underline{\mathrm{Hom}}^p(L^{\bullet q}, J^{\bullet\bullet})$ est par définition $\underline{\mathrm{Ext}}^{p,i}_{C(X)}(L^{\bullet q}, F^\bullet)$ , qui est nul par hypothèse si $i \neq 0$ . D'où l'assertion pour (5.4.8).

Montrons-la maintenant pour (5.4.9). On voit de même qu'il suffit de montrer que pour tout $p$ et tout $q$ , le complexe $\underline{\mathrm{Hom}}^p(L^{\bullet\bullet}, J^{\bullet q})$ est une résolution de $\underline{\mathrm{Hom}}^p(E^\bullet, J^{\bullet q})$ : cela résulte de ce que $J^{\bullet q}$ est un injectif de la catégorie des

$\Omega_X^{\bullet}$-modules gradués d'après 5.3.2, et que par suite le foncteur $\underline{\mathrm{Hom}}^p(.,J^{\bullet q})$ est exact sur cette catégorie (donc sur $C(X)$).

Comme la première suite spectrale du bicomplexe $\underline{\mathrm{Hom}}^p(E^{\bullet},J^{\bullet\bullet})$ est (5.4.4), on obtient par composition des isomorphismes définis par (5.4.8) et (5.4.9) l'isomorphisme de l'énoncé, en laissant au lecteur le soin de vérifier qu'il ne dépend pas de la résolution $J^{\bullet\bullet}$ choisie !

Corollaire 5.4.9. Supposons $\Omega_X^1$ localement libre de type fini sur $A$, et soit $E^{\bullet}$ un complexe différentiel d'ordre $\leqslant 1$. On suppose que $E^{\bullet}$ possède une résolution gauche par des complexes différentiels $L^{\bullet q}$ d'ordre $\leqslant 1$, à termes localement libres de type fini sur $A$. Alors la suite spectrale (5.4.4) relative à $E^{\bullet}$, $\Omega_X^{\bullet}$, est canoniquement isomorphe à la première suite spectrale du bicomplexe de terme général $\underline{\mathrm{Hom}}^p(L^{\bullet q},\Omega_X^{\bullet})$, et en particulier les $\underline{\mathrm{Ext}}^i_{\Omega_X^{\bullet}}(E^{\bullet},\Omega_X^{\bullet})$ aux faisceaux de cohomologie du complexe simple associé.

En effet, les $L^{\bullet q}$ vérifient alors les hypothèses de 5.4.8 ii) d'après 5.4.2.

On remarquera que les hypothèses du corollaire sont en particulier vérifiées lorsque la catégorie formelle de base est la catégorie $\hat{\underline{P}}(X/S)$ associée à un morphisme de schémas affines $f : X \longrightarrow S$ de type fini et différentiellement lisse, $E^{\bullet}$ étant à termes pseudo-cohérents (SGA 6 I 2.15), en particulier si $X$ est noethérien et les $E^i$ de type fini : cela résulte en effet de la construction du foncteur $C^{\bullet}$ de 5.3.3 et de sa propriété universelle, $C^{\bullet}(\underline{O}_X)$ étant alors un complexe différentiel à termes localement libres de type fini.

# CHAPITRE III

## GENERALITES SUR LE TOPOS CRISTALLIN D'UN SCHEMA

*A partir de maintenant, et pour tous les chapitres qui suivent (appendice excepté), on fixe un nombre premier* p . *Sauf mention expresse du contraire, on suppose que sur tous les schémas considérés,* p *est localement nilpotent.*

Ce chapitre est consacré à la définition du topos cristallin associé à un schéma de base S muni d'un PD-idéal de compatibilité $(\underline{I},\gamma)$, et à ses principales propriétés de fonctorialité. Le résultat le plus important à cet égard est le "théorème d'invariance" 2.3.4, qui montre en particulier que la cohomologie cristalline d'un schéma ne dépend, à isomorphisme canonique près, que de sa réduction modulo $\underline{I}$ . Les puissances divisées de $\underline{I}$ jouent un rôle essentiel dans cet énoncé, et c'est ce qui motive l'introduction de l'idéal de compatibilité dans les définitions qui suivent, introduisant ainsi une première modification à la définition que proposait Grothendieck dans [21].

Une seconde modification provient de ce que, pour p = 2 , les puissances divisées canoniques de p ne sont pas PD-nilpotentes (cf. I 3.2.4) dans $\underline{\underline{Z}}/p^k\underline{\underline{Z}}$ par exemple, ce qui amène, pour obtenir des modules de cohomologie "de caractéristique zéro", à ne pas se limiter à des immersions définies par un PD-idéal PD-nilpotent. Aussi n'indiquerons nous que pour mémoire la définition du site cristallin PD-nilpotent, nous bornant à signaler au passage certains résultats importants qui restent valables pour ce dernier.

### 1. *Définition du topos cristallin.*

On fixe deux univers $\underline{U}$ et $\underline{V}$ , tels que $\underline{U} \in \underline{V}$ .

1.1. *Site et topos cristallins.*

Soient $(S,\underline{I},\gamma)$ un PD-schéma (I 1.9.6), et $f : X \longrightarrow S$ un morphisme de schémas, tel que les puissances divisées $\gamma$ s'étendent à $X$ (I 2.1).

*Définition* 1.1.1. *On appelle* site cristallin de $X$ relativement à $(S,\underline{I},\gamma)$, *et on note* $\mathrm{Cris}(X/S,\underline{I},\gamma)$, *ou* $\mathrm{Cris}(X/S)$ *lorsqu'aucune confusion n'est possible sur* $(\underline{I},\gamma)$, *le* $\underline{V}$*-site défini comme suit* :

a) *un objet* $(U,T,\delta)$ *de* $\mathrm{Cris}(X/S,\underline{I},\gamma)$ *est la donnée d'un ouvert* $U$ *de* $X$, *d'une* $S$*-immersion fermée de* $U$ *dans un* $S$*-schéma* $T$ *appartenant à* $\underline{U}$, *définie par un idéal* $\underline{J}$ *de* $\underline{O}_T$, *et d'une PD-structure* $\delta$ *sur* $\underline{J}$, *compatible à* $\gamma$ (I 2.2.1) ; *un tel objet est appelé* épaississement à puissances divisées (compatibles à $\gamma$) *de* $U$ ;

b) *un morphisme* $g : (U,T,\delta) \longrightarrow (U',T',\delta')$ *de* $\mathrm{Cris}(X/S,\underline{I},\gamma)$ *est un* $S$-PD-*morphisme* $g$ *de* $T$ *dans* $T'$ *tel que le diagramme*

$$\begin{array}{ccc} U & \hookrightarrow & T \\ \downarrow & & \downarrow g \\ U' & \hookrightarrow & T' \end{array}$$

*soit commutatif, les flèches horizontales étant les immersions données, et la flèche verticale de gauche l'inclusion de* $U$ *dans* $U'$ ;

c) *la topologie est engendrée par la prétopologie pour laquelle les familles couvrantes d'un objet* $(U,T,\delta)$ *sont les familles de morphismes* $(U_i,T_i,\delta) \longrightarrow (U,T,\delta)$ *de* $\mathrm{Cris}(X/S,\underline{I},\gamma)$ *telles que les morphismes* $T_i \longrightarrow T$ *forment une famille surjective d'immersions ouvertes.*

*On appelle* topos cristallin de $X$ relativement à $(S,\underline{I},\gamma)$, *et on note* $(X/S,\underline{I},\gamma)_{\mathrm{cris}}$, *ou* $(X/S)_{\mathrm{cris}}$, *le* $\underline{V}$*-topos associé à* $\mathrm{Cris}(X/S,\underline{I},\gamma)$.

Puisque $\underline{U} \in \underline{V}$, et qu'on se limite dans $\mathrm{Cris}(X/S)$ aux schémas $T$ appartenant à $\underline{U}$, le site $\mathrm{Cris}(X/S)$ appartient à $\underline{V}$ ; $(X/S)_{\mathrm{cris}}$ est donc par définition la catégorie des $\underline{V}$-faisceaux d'ensembles sur $\mathrm{Cris}(X/S)$, et est un $\underline{V}$-topos (cf. SGA 4 IV

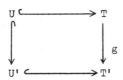

1.1)

Remarques 1.1.2. i) Puisque pour tout objet $(U,T,\delta)$ de $Cris(X/S)$ , $p$ est localement nilpotent sur $T$ , l'idéal $\underline{J}$ de $U$ dans $T$ est un nilidéal d'après I 1.2.7, et $T$ a par conséquent même espace sous-jacent que $U$ . Il en résulte également que pour tout morphisme $(U,T,\delta) \longrightarrow (U',T',\delta')$ , l'application correspondante entre les espaces sous-jacents à $T$ et $T'$ est simplement l'inclusion.

De même, le sous-schéma fermé $S_o$ de $S$ défini par $\underline{I}$ a même espace sous-jacent que $S$ .

ii) Soit $U \hookrightarrow T$ une S-immersion fermée, définie par un idéal $\underline{J}$ de $\underline{O}_T$ , muni de puissances divisées $\delta$ compatibles à $\gamma$ . Alors les puissances divisées $\gamma$ s'étendent à $U$ : en effet, on a

$$\underline{I}.\underline{O}_U = \underline{I}.\underline{O}_T/\underline{J} \cap \underline{I}.\underline{O}_T \quad ;$$

or par hypothèse (I 2.2) les puissances divisées $\gamma$ s'étendent à $T$ , et $\underline{J} \cap \underline{I}.\underline{O}_T$ est un sous-PD-idéal de $\underline{I}.\underline{O}_T$ . Par passage au quotient, $\underline{I}.\underline{O}_U$ est alors muni d'une PD-structure telle que $U \longrightarrow S$ soit un PD-morphisme. On voit que si l'on veut que $Cris(X/S)$ soit non vide, lorsque $X$ est non vide, et plus particulièrement que l'identité $X \longrightarrow X$ soit un objet de $Cris(X/S)$ , on est amené à supposer, comme on l'a fait en 1.1, que les puissances divisées $\gamma$ s'étendent à $X$ ; lorsque nous parlerons par la suite du site ou du topos cristallin d'un schéma, nous supposerons toujours cette hypothèse satisfaite, sans la rappeler explicitement. On notera qu'elle l'est en particulier dans les cas suivants :

a) si $X$ est un $S_o$-schéma (i.e. si $\underline{O}_X$ est annulé par $\underline{I}$) ;

b) si $\underline{I}$ est un idéal localement principal, d'après I 2.1.1 ;

c) si $X$ est plat sur $S$ , d'après I 2.7.4.

Exemple 1.1.3. La situation type que nous aurons en vue est la suivante. Soient $k$ un corps parfait de caractéristique $p$ , $W$ l'anneau des vecteurs de Witt de $k$ , $W_n = W/p^{n+1}W$ . On pose $S_n = Spec(W_n)$ , et on munit $S_n$ du PD-idéal de compatibilité $p.\underline{O}_{S_n}$ , muni de ses puissances divisées naturelles (I 1.6.3). On se trouve alors sous l'hypothèse b) de 1.1.2 ii), de sorte qu'on peut définir le site cristallin relativement à $(S_n, p.\underline{O}_{S_n})$ de tout $S_n$-schéma.

Si $X$ est un W-schéma sur lequel $p$ est localement nilpotent, on introduit aussi parfois le site cristallin de $X$ relativement à $S = \mathrm{Spec}(W)$, muni du PD-idéal $p.\underline{O}_S$ (avec ses puissances divisées naturelles), faisant ici une exception à notre règle de ne considérer que des schémas sur lesquels $p$ est localement nilpotent (*). Les objets de $\mathrm{Cris}(X/S), p.\underline{O}_S)$ seront les triples $(U,T,\delta)$ comme en 1.1.1, $T$ étant un S-schéma sur lequel $p$ est localement nilpotent, et le reste de la définition se transcrit tel quel. En particulier, si l'on prend $k = \underline{\underline{Z}}/p\underline{\underline{Z}}$, de sorte que $W$ est l'anneau $\underline{\underline{Z}}_p$ des entiers p-adiques, le site $\mathrm{Cris}(X/S, p.\underline{O}_S)$ est alors appelé <u>site cristallin absolu de</u> $X$.

1.1.4. On veut maintenant décrire les faisceaux sur $\mathrm{Cris}(X/S)$ (**). Soient donc $E$ un faisceau d'ensembles sur $\mathrm{Cris}(X/S)$, et $(U,T,\delta) \in \mathrm{Ob}(\mathrm{Cris}(X/S))$. Pour tout ouvert $V$ de $T$, on note $U|V$ la trace de $V$ sur $U$ (cf. 1.1.2 i)). On considère alors le pré-faisceau sur $T$ qui à tout ouvert $V$ de $T$ associe $E(U|V,V,\delta)$ ; il résulte de la définition des familles couvrantes donnée en 1.1.1 c) que ce préfaisceau est un faisceau, qu'on notera

$$E_{(U,T,\delta)} \quad , \quad \text{ou encore} \quad E_T \quad , \tag{1.1.1}$$

lorsqu'aucune confusion n'est possible sur $\delta$ ; on dira alors que $E_{(U,T,\delta)}$ est le <u>faisceau zariskien défini par</u> $E$ <u>sur</u> $T$ (muni de $\delta$). D'autre part, si $g : (U,T,\delta) \longrightarrow (U',T',\delta')$ est un morphisme de $\mathrm{Cris}(X/S)$, on a pour tout ouvert $V'$ de $T'$, une application

$$E(g) : E(U'|V',V',\delta') \longrightarrow E(U|V',T|V',\delta)$$

où on note $T|V'$ la trace sur $T$ de $V'$ considéré comme ouvert de $X$. On en déduit donc un morphisme de faisceaux, appelé <u>morphisme de transition défini par</u> $g$,

---

(*) Pour une définition générale du site cristallin lorsqu'on ne suppose pas $p$ localement nilpotent sur les schémas envisagés, voir l'appendice.

(**) Plus généralement, voir l'exercice 4.10.6 de SGA 4 IV.

(1.1.2) $$g_E^* : g^{-1}(E_{(U',T',\delta')}) \longrightarrow E_{(U,T,\delta)}$$

Si on a un second morphisme $g' : (U',T',\delta') \longrightarrow (U'',T'',\delta'')$ , alors

(1.1.3) $$(g' \circ g)_E^* = g_E^* \circ g^{-1}(g_E'^*) \quad .$$

Inversement, supposons donné pour tout objet $(U,T,\delta)$ de $\mathrm{Cris}(X/S)$ un faisceau $E_{(U,T,\delta)}$ sur $T$ , et pour tout morphisme $g : (U,T,\delta) \longrightarrow (U',T',\delta')$ un morphisme de faisceaux

$$g_E^* : g^{-1}(E_{(U',T',\delta')}) \longrightarrow E_{(U,T,\delta)}$$

vérifiant la condition de transitivité (1.1.3), et tel que si $g$ est une immersion ouverte, $g_E^*$ soit un isomorphisme. Alors il existe un unique faisceau $F$ sur $\mathrm{Cris}(X/S)$ tel que pour tout objet $(U,T,\delta)$ on ait $F_{(U,T,\delta)} = E_{(U,T,\delta)}$ , et pour tout morphisme $g$ on ait $g_F^* = g_E^*$ . On obtient donc ainsi une description particulièrement agréable des faisceaux sur $\mathrm{Cris}(X/S)$.

De même, la donnée d'un faisceau de groupes (resp. groupes abéliens, anneaux) sur $\mathrm{Cris}(X/S)$ équivaut à la donnée pour tout objet $(U,T,\delta)$ d'un faisceau de groupes (resp. groupes abéliens, anneaux) sur $T$ , et pour tout morphisme $g$ d'un morphisme de transition (1.1.2) qui soit un morphisme de faisceaux de groupes (resp. faisceaux d'anneaux) de facon à vérifier les propriétés précédentes. Si $A$ est un faisceau d'anneaux sur $\mathrm{Cris}(X/S)$ , la donnée d'un $A$-module $M$ équivaut à la donnée pour tout objet $(U,T,\delta)$ d'un $A_{(U,T,\delta)}$-module $M_{(U,T,\delta)}$ , et pour tout morphisme $g : (U,T,\delta) \longrightarrow (U',T',\delta')$ d'un homomorphisme de $A_{(U,T,\delta)}$-modules

(1.1.4) $$g_E^* : g^*(M_{(U',T',\delta')}) \longrightarrow M_{(U,T,\delta)} \quad ,$$

où $g^*$ est le foncteur image inverse pour les modules par le morphisme d'espaces annelés $(T,A_{(U,T,\delta)}) \longrightarrow (T',A_{(U',T',\delta')})$ , les $g_E^*$ vérifiant encore les conditions précédentes.

En particulier, on définit un faisceau d'anneaux $\underline{O}_{X/S}$ sur $\mathrm{Cris}(X/S)$ en posant pour tout objet $(U,T,\delta)$

(1.1.5) $$\underline{O}_{X/S}\,(U,T,\delta) = \underline{O}_T \quad ,$$

avec les morphismes de transition évidents. Le faisceau $\underline{O}_{X/S}$ sera appelé <u>faisceau</u>

structural du topos cristallin, et, sauf mention expresse du contraire, le site (resp. topos) cristallin Cris(X/S) (resp. $(X/S)_{cris}$) sera considéré comme annelé par le faisceau $\underline{O}_{X/S}$.

On définit également un idéal remarquable de $\underline{O}_{X/S}$, noté $\underline{J}_{X/S}$, en posant pour tout objet $(U,T,\delta)$

$$(1.1.6) \qquad \underline{J}_{X/S\,(U,T,\delta)} = \mathrm{Ker}(\underline{O}_T \longrightarrow \underline{O}_U) ,$$

les morphismes de transition étant induits par ceux de $\underline{O}_{X/S}$ (grâce à 1.1.1 b)). On notera que pour tout $(U,T,\delta)$, $\underline{J}_{X/S(U,T,\delta)}$ est par définition muni de puissances divisées $\delta$, et que pour tout morphisme $g$, le morphisme de transition correspondant sur $\underline{J}_{X/S}$ commute aux puissances divisées, par définition des morphismes de Cris(X/S). Il en résulte que $\underline{J}_{X/S}$ est canoniquement muni d'une structure d'idéal à puissances divisées de $\underline{O}_{X/S}$. On dira parfois que $\underline{J}_{X/S}$ est le PD-idéal canonique de $\underline{O}_{X/S}$.

Proposition 1.1.5. Pour tout objet $(U,T,\delta)$ de Cris(X/S), le foncteur qui à un faisceau $E$ sur Cris(X/S) associe le faisceau $E_{(U,T,\delta)}$ commute aux V-limites inductives et aux V-limites projectives.

La commutation aux $\underline{V}$-limites projectives est claire, car celles-ci se calculent argument par argument (SGA 4 II 4.1). La commutation aux $\underline{V}$-limites inductives résulte de la description donnée en 1.1.4 des faisceaux sur Cris(X/S) : en effet, pour tout morphisme $g$ de Cris(X/S), le foncteur $g^{-1}$ commute aux V-limites inductives. Il en résulte alors que pour toute catégorie $\underline{V}$-petite $I$ et tout foncteur $E$ de $I$ dans la catégorie des $\underline{V}$-faisceaux sur Cris(X/S), le système $(\varinjlim_I (E_{(U,T,\delta)}),\ \varinjlim_I(g^*_E))$ définit un faisceau sur Cris(X/S), qui est bien $\varinjlim_I (E)$.

Notation 1.1.6. Soient $(S,\underline{I},\gamma)$ un PD-schéma, $X$ un S-schéma auquel les puissances divisées $\gamma$ s'étendent, $A$ un anneau de $(X/S,\underline{I},\gamma)_{cris}$, $E$ un A-module. On notera $\Gamma(X/S,E)$ le module des sections globales de $E$, et $H^i(X/S,E)$ ses modules de cohomologie supérieurs : ce sont donc des $\Gamma(X/S,A)$-modules. Lorsqu'il y aura risque de confusion, on précisera parfois $H^i((X/S)_{cris},E)$, ou $H^i((X/S,\underline{I},\gamma)_{cris},E)$. Des notations analogues seront adoptées pour les topos $(X/S)_{Y\text{-HPD-strat}}$, $(X/S)_{Ncris}$, $(X/S)_{Rcris}$ définis par la suite.

1.2. Site et topos Y-HPD-stratifiants.

Il est commode dans certains calculs d'introduire le sous-site suivant du site cristallin. On se fixe $(S,\underline{I},\gamma)$ et $X$ comme en 1.1, et on se donne de plus un S-schéma $Y$, et un S-morphisme $h : X \longrightarrow Y$.

Définition 1.2.1. On appelle site h-HPD-stratifiant (*) (ou Y-HPD-stratifiant) de $X$ relativement à $(S,\underline{I},\gamma)$ le sous-site plein de $\mathrm{Cris}(X/S,\underline{I},\gamma)$ dont les objets sont les épaississements à puissances divisées $(U,T,\delta)$ d'ouverts de $X$ tels qu'il existe un S-morphisme $\bar{h} : T \longrightarrow Y$ prolongeant la restriction de $h$ à $U$.

Dans le cas où $Y = X$, et où $h$ est l'identité de $X$, on dira simplement HPD-stratifiant. Cette terminologie provient des relations, qui seront étudiées plus loin (cf. IV 1.6.4), entre les modules zariskiens sur $Y$, munis d'une hyper-PD-stratification relativement à $S$ (II 1.3.6), et certains modules sur le site Y-HPD-stratifiant. On notera ce site $Y\text{-HPD-Strat}(X/S)$, et le topos associé $(X/S)_{Y\text{-HPD-strat}}$.

1.2.2. Les faisceaux sur $Y\text{-HPD-Strat}(X/S)$ admettent une description analogue à celle de 1.1.4. Si $E$ est un faisceau sur $\mathrm{Cris}(X/S)$, et si $E'$ est sa restriction à $Y\text{-HPD-Strat}(X/S)$, on a pour tout objet $(U,T,\delta)$ de $Y\text{-HPD-Strat}(X/S)$

$$E'_{(U,T,\delta)} = E_{(U,T,\delta)} \quad .$$

Il en résulte d'après 1.1.5 que le foncteur qui à un faisceau $E$ sur $\mathrm{Cris}(X/S)$ associe $E'$ commute aux $\underline{V}$-limites inductives et aux limites projectives finies, de sorte que c'est le foncteur image inverse pour un morphisme de topos

$$(X/S)_{Y\text{-HPD-Strat}} \longrightarrow (X/S)_{cris} \tag{1.2.1}$$

---

(*) Appelé Y-p-connexifiant dans [2].

d'après SGA 4 IV 1.7.

Proposition 1.2.3. Avec les notations de 1.2, supposons que Y soit un S-schéma quasi-lisse (IV 1.5.1). Alors le morphisme de topos (1.2.1)

$$(X/S)_{Y\text{-HPD-strat}} \longrightarrow (X/S)_{cris}$$

est une équivalence de catégories.

D'après le "lemme de comparaison" (SGA 4 III 4.1), il suffit de montrer que tout objet de Cris(X/S) peut être recouvert par des objets de Y-HPD-Strat(X/S). Or cela résulte aussitôt de la définition IV 1.5.1, puisque pour tout objet $(U,T,\delta)$ de Cris(X/S) l'idéal de U dans T est un nilidéal.

Proposition 1.2.4. i) Si on note 0 l'idéal nul de $\underline{O}_S$, muni des puissances divisées triviales, il existe un isomorphisme canonique de sites

$$\text{HPD-Strat}(X/S,\underline{I},\gamma) \xrightarrow{\sim} \text{HPD-Strat}(X/S,0) .$$

ii) Si X est quasi-lisse sur S, il existe un isomorphisme canonique de sites

$$\text{Cris}(X/S,\underline{I},\gamma) \xrightarrow{\sim} \text{Cris}(X/S,0) .$$

iii) Si $\underline{I}'$ est un sous-PD-idéal de $\underline{I}$, si S' est le sous-schéma de S défini par $\underline{I}'$, si X est un S'-schéma plat, et $\underline{I}$ un idéal localement principal, alors il existe un isomorphisme canonique de sites

$$\text{Cris}(X/S,\underline{I},\gamma) \xrightarrow{\sim} \text{Cris}(X/S,\underline{I}',\gamma) .$$

Dans chacun des trois cas envisagés, il est clair qu'on a une inclusion du site de gauche dans celui de droite. Pour montrer que cette inclusion est en fait une égalité, il suffit de montrer que si $(U,T,\delta)$ est un objet du site de droite, $\delta$ est compatible aux puissances divisées $\gamma$ sur $\underline{I}$. Comme $\gamma$ s'étend à X par hypothèse, l'assertion résulte dans les cas i) et ii) de I 2.2.4, compte tenu de la définition de HPD-Strat dans le cas i), et de IV 1.5.1 dans le cas ii). Dans le cas iii), on remarque d'abord que les puissances divisées de $\underline{I}$ s'étendent à T d'après I 2.1.1. D'autre part, si $\underline{J}$ est l'idéal de U dans T, on a

(1.2.2) $$\underline{J} \cap \underline{I}.\underline{O}_T = \underline{I}.\underline{J} + \underline{I}'.\underline{O}_T$$

En effet, soient $T'$ le sous-schéma fermé de $T$ défini par $\underline{I}'.\underline{O}_T$, et $\underline{J}' = \underline{J}/\underline{I}'.\underline{O}_T$ ; de la suite exacte

$$0 \longrightarrow \underline{J}' \longrightarrow \underline{O}_{T'} \longrightarrow \underline{O}_U \longrightarrow 0$$

on déduit la suite exacte

$$\underline{\mathrm{Tor}}_1^{\underline{O}_{S'}}(\underline{O}_U,\underline{O}_S/\underline{I}) \longrightarrow \underline{J}' \otimes_{\underline{O}_{S'}} (\underline{O}_S/\underline{I}) \longrightarrow \underline{O}_{T'} \otimes_{\underline{O}_{S'}} (\underline{O}_S/\underline{I}) \longrightarrow \underline{O}_U \otimes_{\underline{O}_{S'}} (\underline{O}_S/\underline{I}) \longrightarrow 0 ,$$

et $\underline{\mathrm{Tor}}_1^{\underline{O}_{S'}}(\underline{O}_U,\underline{O}_S/\underline{I})$ est nul puisque $X$ est plat sur $S'$. Il en résulte que $\underline{J}' \cap \underline{I}.\underline{O}_{T'} = \underline{I}.\underline{J}'$, d'où (1.2.2). Les puissances divisées $\gamma$ et $\delta$ coïncident alors sur $\underline{I}'.\underline{O}_T$, puisque $(U,T,\delta)$ est un objet de $\mathrm{Cris}(X/S,\underline{I}',\gamma)$, et sur $\underline{I}.\underline{J}$ d'après I 1.6.1 ; elles coïncident donc sur $\underline{J} \cap \underline{I}.\underline{O}_T$, d'où le résultat.

## 1.3. Site et topos cristallins PD-nilpotents.

Indiquons maintenant la définition du site cristallin PD-nilpotent.

Définition 1.3.1. On appelle site cristallin PD-nilpotent de $X$ relativement à $(S,\underline{I},\gamma)$ le sous-site plein de $\mathrm{Cris}(X/S,\underline{I},\gamma)$ formé des épaississements à puissances divisées $(U,T,\delta)$ tels que, si $\underline{J}$ est l'idéal de $U$ dans $T$, $\underline{J}$ soit un PD-idéal PD-nilpotent (I 3.1.1 ii)).

On dira aussi que $(U,T,\delta)$ est un épaississement PD-nilpotent de $U$. On notera $\mathrm{NCris}(X/S,\underline{I},\gamma)$ le site cristallin PD-nilpotent de $X$ relativement à $(S,\underline{I},\gamma)$, et $(X/S,\underline{I},\gamma)_{\mathrm{Ncris}}$ le topos correspondant.

Les faisceaux sur $\mathrm{NCris}(X/S)$ admettent la même description que celle que nous avons donnée en 1.1.4 pour les faisceaux sur $\mathrm{Cris}(X/S)$. On en déduit encore d'après 1.1.5 que le foncteur qui à un faisceau $E$ sur $\mathrm{Cris}(X/S)$ associe sa restriction à $\mathrm{NCris}(X/S)$ commute aux $\underline{V}$-limites inductives et aux limites projectives finies, donc que c'est le foncteur inverse pour un morphisme de topos

(1.3.1) $$\varphi : (X/S)_{\mathrm{Ncris}} \longrightarrow (X/S)_{\mathrm{cris}} .$$

On peut donner une description du foncteur image directe correspondant. Soit $E$ un faisceau d'ensembles sur $\mathrm{NCris}(X/S)$ ; alors pour tout objet $(U,T,\delta)$ de $\mathrm{Cris}(X/S)$, on a, en notant $\tilde{T}$ le faisceau défini par $(U,T,\delta)$,

$$\varphi_*(E)(U,T,\delta) = \mathrm{Hom}(\tilde{T},\varphi_*(E)) = \mathrm{Hom}(\varphi^*(\tilde{T}),E) \quad ,$$

et, si on note $T_n$ le sous-schéma fermé de $T$ défini par l'idéal $\underline{J}^{[n+1]}$ , où $\underline{J}$ est l'idéal de $U$ dans $T$ , on a $\varphi^*(\tilde{T}) = \varinjlim\limits_n \tilde{T}_n$ , car tout morphisme d'un épaississement PD-nilpotent dans $T$ se factorise par l'un des $T_n$ . Il vient alors

$$\varphi_*(E)(U,T,\delta) = \mathrm{Hom}(\varinjlim_n \tilde{T}_n,E) = \varprojlim_n \mathrm{Hom}(\tilde{T}_n,E) = \varprojlim_n E(T_n) \quad ,$$

soit, en prenant les faisceaux zariskiens associés,

$$\varphi_*(E)_{(U,T,\delta)} = \varprojlim_n E_{(U,T_n,\delta)} \quad .$$

En particulier, si on munit $\mathrm{NCris}(X/S)$ du faisceau d'anneaux $\underline{O}_{(X/S)_{\mathrm{Ncris}}} = \varphi^*(\underline{O}_{X/S})$ (de sorte que $\varphi$ est un morphisme de topos annelés), on obtient ainsi

$$\varphi_*(\underline{O}_{(X/S)_{\mathrm{Ncris}}}) = \varprojlim_n \underline{O}_{X/S}/\underline{J}_{X/S}^{[n+1]} \quad . \tag{1.3.2}$$

1.3.2. Sous les hypothèses de 1.2, on peut encore considérer le sous-site plein de $\mathrm{NCris}(X/S)$ formé des objets $(U,T,\delta)$ pour lesquels il existe un prolongement de $h$ à $T$ . On appellera ce site le site Y-PD-stratifiant de $X$ relativement à $(S,\underline{I},\gamma)$ , et on le notera $\text{Y-PD-Strat}(X/S,\underline{I},\gamma)$. On étend immédiatement à ce site les résultats de 1.2.3 et 1.2.4 , pour lesquels on peut remplacer l'hypothèse de quasi-lissité par la lissité formelle.

## 2. Fonctorialité du topos cristallin.

Considérons un carré commutatif de la forme

$$\begin{array}{ccc} X' & \xrightarrow{\quad g \quad} & X \\ {\scriptstyle f'}\big\downarrow & & \big\downarrow{\scriptstyle f} \\ (S',\underline{I}',\gamma') & \xrightarrow{\quad u \quad} & (S,\underline{I},\gamma) \end{array} \quad , \tag{2.0.1}$$

où $u$ est un PD-morphisme. On se propose de montrer que ce carré donne naissance à un morphisme de topos annelés

$$g_{\mathrm{cris}} : (X'/S',\underline{I}',\gamma')_{\mathrm{cris}} \longrightarrow (X/S,\underline{I},\gamma)_{\mathrm{cris}} \quad .$$

2.1. *Quelques lemmes*.

*Définition* 2.1.1. *Avec les notations et les hypothèses de* (2.0.1), *soient* $(U,T,\delta)$ *un objet de* $\mathrm{Cris}(X/S,\underline{I},\gamma)$ , *et* $(U',T',\delta')$ *un objet de* $\mathrm{Cris}(X'/S',\underline{I}',\gamma')$ . *On dira qu'un morphisme de schémas* $h : T' \longrightarrow T$ *est un* g-PD-*morphisme si les conditions suivantes sont vérifiées* :

i) $g(U') \subset U$ ;

ii) h *est un* S-*morphisme, et le diagramme*

$$\begin{array}{ccc} U' & \xrightarrow{g|U'} & U \\ \downarrow & & \downarrow \\ T' & \xrightarrow{h} & T \end{array}$$

*est commutatif* ;

iii) h *est un* PD-*morphisme pour les* PD-*structures* $\delta$ *et* $\delta'$ .

Par exemple, tout morphisme de $\mathrm{Cris}(X/S,\underline{I},\gamma)$ est un $\mathrm{Id}_X$-PD-morphisme.

*Lemma* 2.1.2. *Avec les hypothèses et les notations de* (2.0.1) , *supposons* S, S', X *et* X' *affines, et soit* $(X',T',\delta')$ *un épaississement à puissances divisées affine de* X' *dans* $\mathrm{Cris}(X'/S',\underline{I}',\gamma')$. *Alors il existe un épaississement à puissances divisées affine* $(X,T,\delta)$ *de* X *dans* $\mathrm{Cris}(X/S,\underline{I},\gamma)$ *et un* g-PD-*morphisme* $\bar{g} : T' \longrightarrow T$ , *tels que pour tout carré commutatif de schémas affines*

$$\begin{array}{ccc} X & \xrightarrow{g''} & X'' \\ \downarrow & & \downarrow \\ (S,\underline{I},\gamma) & \xrightarrow{u''} & (S'',\underline{I}'',\gamma'') \end{array}$$

*où* u" *est un* PD-*morphisme, tout épaississement à puissances divisées affine* $(X'',T'',\delta'')$ *de* X" *dans* $\mathrm{Cris}(X''/\underline{I}'',\gamma'')$ *et tout* g" g-PD-*morphisme* $h'' : T' \rightarrow T''$, *il existe un unique* g"-PD-*morphisme* h *rendant commutatif le diagramme*

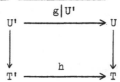

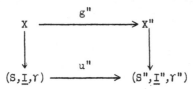

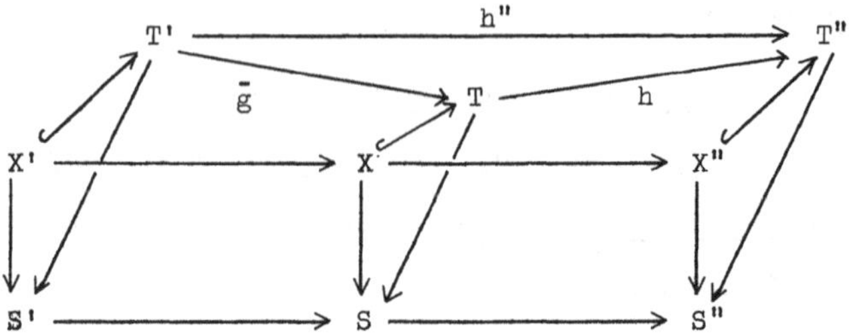


Soient $S = \mathrm{Spec}(A)$ , $S' = \mathrm{Spec}(A')$, $X = \mathrm{Spec}(B)$ , $X' = \mathrm{Spec}(B')$ , $T' = \mathrm{Spec}(C')$ de sorte qu'on a un diagramme commutatif

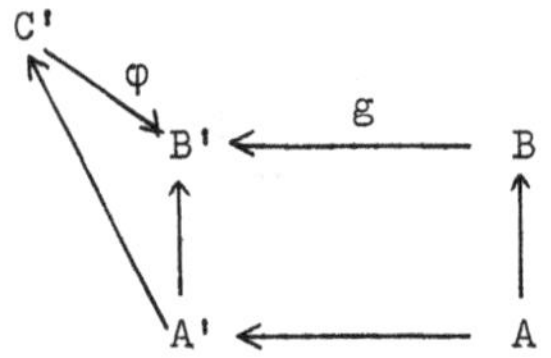


où on garde les mêmes lettres pour les homomorphismes. Soit $C = B\times_{B'}C'$ le sous-anneau du produit $B\times C'$ formé des couples d'éléments $(b,c')$ tels que $g(b) = \varphi(c')$ (i.e. le produit fibré de $B$ et $C'$ sur $B'$ dans la catégorie des anneaux). Alors $C$ est de façon évidente une A-algèbre. Comme $\varphi$ est surjectif, il existe pour tout $b \in B$ un élément $c'$ de $C'$ tel que $g(b) = \varphi(c')$ , donc la projection $C \longrightarrow B$ est surjective. Son noyau est l'idéal $J = 0\times J'$ de $B\times_{B'}C'$ , où $J' = \mathrm{Ker}(\varphi)$ : on peut donc définir des puissances divisées $\delta$ sur $J$ en posant pour tout $c' \in J'$ et tout $n \in \underline{\underline{N}}$

$$\delta_n(0,c') = (0,\delta'_n(c')) \quad .$$

La projection $C \longrightarrow C'$ est alors un PD-morphisme, et induit le morphisme $g$ sur $B$ . Montrons enfin que les puissances divisées $\delta$ sont compatibles à $\gamma$ . Si $(x,y) \in I.C$ , alors $x \in I.B$ , et $y \in I.C'$ . Comme $\gamma$ s'étend à $B$ par hypothèse, et à $C'$ parce que $A \longrightarrow A'$ est un PD-morphisme et que $\gamma'$ s'étend à $C$ par hypothèse, on peut définir $\bar{\gamma}_n(x,y)$ en posant pour tout $n \in \underline{\underline{N}}$

$$\bar{\gamma}_n(x,y) = (\bar{\gamma}_n(x),\bar{\gamma}'_n(y)) \quad ,$$

et il est immédiat de vérifier que l'on définit bien ainsi une PD-structure sur I.C telle que $(A,I) \longrightarrow (C,I.C)$ soit un PD-morphisme. D'autre part, on a $J \cap I.C = (0 \times J') \cap I.C = 0 \times (J' \cap I.C')$ , de sorte que $\bar{\gamma}$ et $\delta$ coïncident sur $J \cap I.C$ puisque $\bar{\gamma}'$ et $\delta'$ coïncident sur $J' \cap I.C'$ .

On pose alors $T = \mathrm{Spec}(C)$ , muni des puissances divisées correspondant à $\delta$ , et on prend pour $\bar{g}$ le morphisme correspondant à la projection de $C$ sur $C'$ . Pour montrer la propriété universelle, posons $S'' = \mathrm{Spec}(A'')$ , $X'' = \mathrm{Spec}(B'')$ , $T'' = \mathrm{Spec}(C'')$ . Comme $h''$ est un $g'' \circ g$-PD-morphisme, les morphismes $h'' : T' \longrightarrow T''$ et $X \longrightarrow X'' \longrightarrow T''$ définissent un unique homomorphisme d'anneaux $h : C'' \longrightarrow B \times_{B'} C'$ , qui est clairement un $A''$-homomorphisme. De plus, si $c''$ est un élément du noyau de $C'' \longrightarrow B''$ , on a $h(c'') = (0,h''(c''))$ , et comme $h''$ est un PD-morphisme, il résulte de la définition des puissances divisées sur $J$ que $h$ est un PD-morphisme. Le morphisme correspondant de $T$ dans $T''$ est donc bien un $g''$-PD-morphisme, d'où le lemme.

Il est clair que la propriété universelle de l'énoncé caractérise $(T,\bar{g})$ à isomorphisme canonique près.

Lemme 2.1.3. Soient $(S,\underline{I},\gamma)$ un PD-schéma, $X$ et $Y$ deux S-schémas, $(U_1,T_1,{}_1)$ et $(U_2,T_2,{}_2)$ deux objets de $\mathrm{Cris}(X/S,\underline{I},\gamma)$ , $q_1 : T_1 \longrightarrow Y$ et $q_2 : T_2 \longrightarrow Y$ deux S-morphismes. Alors il existe un objet $(U,T,\delta)$ de $\mathrm{Cris}(X/S,\underline{I},\gamma)$ et deux morphismes $p_1 : (U,T,\delta) \longrightarrow (U_1,T_1,\delta_1)$ et $p_2 : (U,T,\delta) \longrightarrow (U_2,T_2,\delta_2)$ de $\mathrm{Cris}(X/S,\underline{I},\gamma)$ , tels que quels que soient le carré commutatif (2.0.1), l'objet $(U',T',\delta')$ de $\mathrm{Cris}(X'/S',\underline{I}',\gamma')$ , et les g-PD-morphismes $h_1 : T' \longrightarrow T_1$ et $h_2 : T' \longrightarrow T_2$ tels que $q_1 \circ h_1 = q_2 \circ h_2$ , il existe un unique g-PD-morphisme $h : T' \longrightarrow T$ tel que $p_1 \circ h = h_1$ , $p_2 \circ h = h_2$ , i.e. rendant commutatif le diagramme (au-dessus de $S$)

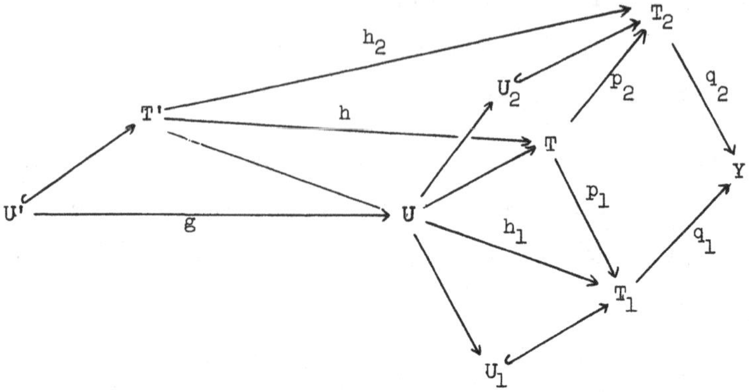


Soit $U = U_1 \cap U_2$ . Alors les deux immersions $U_1 \longrightarrow T_1$ et $U_2 \longrightarrow T_2$ définissent une S-immersion (non nécessairement fermée) $U \longrightarrow T_1 x_Y T_2$ . On considère le voisinage infinitésimal à puissances divisées (compatibles à $\gamma$) $D_U(T_1 x_Y T_2)$ de $U$ dans $T_1 x_Y T_2$ (I 4.1.6 et 4.2.1), et ses deux projections $r_1$ et $r_2$ sur $T_1$ et $T_2$ . Si $\underline{J}_1$ est l'idéal de $U_1$ dans $T_1$ , $\underline{J}_2$ celui de $U_2$ , et $\underline{K}$ celui de $U$ dans $D_U(T_1 x_Y T_2)$ , on introduit le sous-PD-idéal $\underline{H}$ de $\underline{K}$ engendré par les sections de $\underline{K}$ de la forme

$$(2.1.1) \qquad (r_1^*(x))^{[n]} - r_1^*(\delta_{1,n}(x)) \quad , \quad (r_2^*(y))^{[n]} - r_2^*(\delta_{2,n}(y)) \quad ,$$

où $x$ est une section de $\underline{J}_1$ , et $y$ une section de $\underline{J}_2$ , sur un ouvert de $U$ , et où le crochet désigne les puissances divisées dans $D_U(T_1 x_Y T_2)$ . Soit $T$ le sous-schéma fermé de $D_U(T_1 x_Y T_2)$ défini par $\underline{H}$ Alors $(U,T)$ , muni des puissances divisées $\delta$ obtenues par passage au quotient sur $\underline{J} = \underline{K}/\underline{H}$ , est un objet de $\mathrm{Cris}(X/S,\underline{I},\gamma)$ , car les puissances divisées de $\underline{K}$ sont compatibles à $\gamma$ par construction, et la condition de compatibilité passe au quotient. D'autre part, les deux morphismes $p_1 : T \longrightarrow T_1$ et $p_2 : T \longrightarrow T_2$ définis par $r_1$ et $r_2$ sont par construction des PD-morphismes, donc des morphismes de $\mathrm{Cris}(X/S,\underline{I},\gamma)$.

Montrons alors que $(U,T,\delta)$ , muni des morphismes $p_1$ et $p_2$ , vérifie la propriété universelle de l'énoncé. Utilisant I 4.2.2 ii), on voit qu'il existe un unique g-PD-morphisme $h_o$ de $T'$ dans $D_U(T_1 x_Y T_2)$ tel que $r_1 \circ h_o = h_1$ ,

$r_2 \circ h_o = h_2$ . Comme $h_1$ et $h_2$ sont des g-PD-morphismes, on voit que les sections de la forme (2.1.1) sont annulées par $h_o^*$ , qui s'annule donc sur le PD-idéal qu'elles engendrent. Par suite, il existe une unique factorisation de $h_o$ en un g-PD-morphisme $h$ tel que $p_1 \circ h = h_1$ , $p_2 \circ h = h_2$ , d'où la propriété annoncée. Elle caractérise $(U,T,\delta)$ , muni de $p_1$ et $p_2$ , à isomorphisme canonique près.

Corollaire 2.1.4. i) Les produits indexés par un ensemble fini non vide sont représentables dans $\mathrm{Cris}(X/S,\underline{I},\gamma)$ .

ii) Les produits fibrés finis sont représentables dans $\mathrm{Cris}(X/S,\underline{I},\gamma)$ .

Pour montrer l'assertion i), on applique le lemme précédent en prenant $Y = S$ . La propriété universelle de 2.1.3, appliquée en prenant $S' = S$ , $X' = X$ est alors celle qui définit le produit dans $\mathrm{Cris}(X/S,\underline{I},\gamma)$ .

De même, si on a deux morphismes $(U_1,T_1,\delta_1) \longrightarrow (U_o,T_o,\delta_o)$ et $(U_2,T_2,\delta_2) \longrightarrow (U_o,T_o,\delta_o)$ dans $\mathrm{Cris}(X/S,\underline{I},\gamma)$ , on obtient le produit fibré correspondant en appliquant 2.1.3 avec $Y = T_o$ : la propriété universelle, appliquée pour $S' = S$ , $X' = X$ , est alors celle du produit fibré.

Remarque 2.1.5. Dans le site $\mathrm{NCris}(X/S,\underline{I},\gamma)$ , les produits finis non vides sont simplement ind-représentables.

Lemme 2.1.6. Soient $Z$ un schéma, $S$ un $Z$-schéma, $(\underline{I},\gamma)$ un PD-idéal quasi-cohérent de $S$ , $X$ un $S$-schéma, $(U,T,\delta)$ un objet de $\mathrm{Cris}(X/S,\underline{I},\gamma)$, $q_1$ , $q_2 : T \to Y$ deux $Z$-morphismes de $T$ dans un $Z$-schéma $Y$ , coïncidant sur $U$ . Alors il existe un objet $(U,T_o,\varepsilon)$ de $\mathrm{Cris}(X/S,\underline{I},\gamma)$ , et un morphisme $p : (U,T_o,\varepsilon) \longrightarrow (U,T,\delta)$ de $\mathrm{Cris}(X/S,\underline{I},\gamma)$ , avec $q_1 \circ p = q_2 \circ p$ , tels que pour tout carré commutatif de la forme (2.0.1), tout objet $(U',T',\delta')$ de $\mathrm{Cris}(X'/S',\underline{I}',\gamma')$ et tout g-PD-morphisme $h : T' \longrightarrow T$ tel que $q_1 \circ h = q_2 \circ h$ , il existe un unique g-PD-morphisme $h_o : T' \longrightarrow T_o$ tel que $p \circ h_o = h$ , i.e. rendant commutatif le diagramme

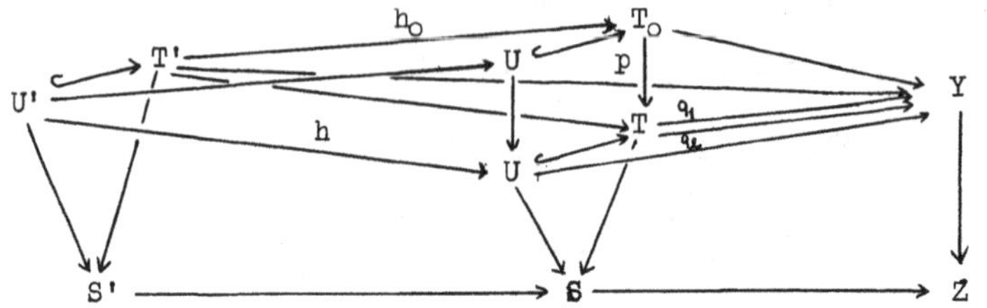


Rappelons que dans la catégorie des schémas, les noyaux de couples de flèches sont représentables : ils se construisent par recollement à partir du cas affine ; dans ce cas, si $A$ , $B$ sont deux anneaux, $g$ , $h : A \longrightarrow B$ deux homomorphismes d'anneaux, et $C$ le quotient de $B$ par l'idéal engendré par les éléments de la forme $g(x) - h(x)$ pour $x \in A$ , le noyau des deux morphismes correspondants de $\mathrm{Spec}(B)$ dans $\mathrm{Spec}(A)$ est $\mathrm{Spec}(C)$.

Sous les hypothèses de 2.1.6, soit $\underline{J}$ l'idéal de $U$ dans $T$ . Si $\underline{K}$ est le sous-PD-idéal de $\underline{J}$ engendré par les sections de la forme $q_1^*(y) - q_2^*(y)$ , où $y$ est une section de $\underline{O}_Y$ (sections qui sont dans $\underline{K}$ car $q_1$ et $q_2$ coïncident sur U), on note $T_o$ le sous-schéma fermé de $T$ défini par $\underline{K}$ et $\varepsilon$ les puissances divisées définies par $\delta$ par passage au quotient sur l'idéal $\underline{J}_o = \underline{J}/\underline{K}$ . Comme la condition de compatibilité à $\gamma$ passe au quotient, $(U,T_o,\varepsilon)$ est un objet de $\mathrm{Cris}(X/S,\underline{I},\gamma)$ , et le morphisme canonique $p : (U,T_o,\varepsilon) \longrightarrow (U,T,\delta)$ est un morphisme de $\mathrm{Cris}(X/S,\underline{I},\gamma)$ . D'autre part, si on se donne un g-PD-morphisme $h : T' \longrightarrow T$ tel que $q_1 \circ h = q_2 \circ h$ , alors $h^*$ s'annule sur les sections de la forme $q_1^*(y) - q_2^*(y)$ , donc sur le PD-idéal qu'elles engendrent, d'où une unique factorisation de $h$ par un g-PD-morphisme $h_o : T' \longrightarrow T_o$ .

La propriété universelle de 2.1.6 caractérise encore $(U,T_o,\delta)$ et $p$ de façon unique à isomorphisme canonique près.

Corollaire 2.1.7. Les noyaux de couples de flèches sont représentables dans $\mathrm{Cris}(X/S,\underline{I},\gamma)$ .

Il suffit, lorsqu'on se donne deux morphismes $q_1,q_2 : (U_1,T_1,\delta_1) \rightrightarrows (U_2,T_2,\delta_2)$ de $\mathrm{Cris}(X/S,\underline{I},\gamma)$ , d'appliquer le lemme précédent avec $Z = S$ , $Y = T_2$ : la propriété universelle appliquée avec $S' = S$ , $X' = X$ , est alors celle du noyau de deux flèches.

Corollaire 2.1.8. Les limites projectives indexées par une catégorie finie non vide sont représentables dans $\mathrm{Cris}(X/S,\underline{I},\gamma)$.

En effet, il suffit que les produits finis non vides et les noyaux soient représentables, donc le corollaire résulte de 2.1.4 i) et 2.1.8.

Remarque 2.1.9. Par contre, le site $\mathrm{Cris}(X/S,\underline{I},\gamma)$ ne possède pas en général d'objet final.

Proposition 2.1.10. Le topos cristallin $(X/S)_{\mathrm{cris}}$ a assez de points.

Rappelons (SGA 4 IV 6) qu'on appelle point d'un topos $\underline{T}$ tout morphisme de topos du topos ponctuel dans $\underline{T}$ , et foncteur-fibre de $\underline{T}$ le foncteur image inverse associé à un point de $\underline{T}$ ; on dit que $\underline{T}$ a assez de points s'il existe une famille de points de $\underline{T}$ telle que la famille des foncteurs-fibre associée soit conservative.

Considérons alors, pour tout objet $(U,T,\delta)$ de $\mathrm{Cris}(X/S)$ et tout point $x$ de $T$ , le foncteur

$$\xi^{*}_{x,T} : (X/S)_{\mathrm{cris}} \longrightarrow \underline{V}\text{-Ens} \tag{2.4.2}$$

qui à un faisceau d'ensembles $E$ associe la fibre $E_{(U,T,\delta),x}$ de $E_{(U,T,\delta)}$ en $x$ ($\underline{V}$-Ens désignant la catégorie des ensembles de $\underline{V}$) Il est clair, d'après 1.1.5, que $\xi^{*}_{x,T}$ commute aux $\underline{V}$-limites inductives, et aux limites projectives finies, donc est le foncteur image inverse d'un morphisme de topos $\xi_{x,T}$ , appelé point défini par $(x,T)$. Comme la famille de foncteurs qui à $E$ associe les $E_{(U,T,\delta)}$ est conservative, $(U,T,\delta)$ parcourant l'ensemble des objets de $\mathrm{Cris}(X/S)$ , et que d'autre part pour tout $T$ la famille des foncteurs fibre aux points de $T$ est conservative pour les faisceaux zariskiens sur $T$ , la famille des $\xi^*_{x,T}$ pour tout $(U,T,\delta)$ et tout $x \in T$ est conservative, d'où l'assertion.

2.2. Morphismes de fonctorialité entre topos cristallins.

On suppose donné un diagramme commutatif de la forme (2.0.1).

2.2.1. Soit $(U,T,\delta)$ un objet de $\mathrm{Cris}(X/S,\underline{I},\gamma)$ . On lui associe un faisceau sur $\mathrm{Cris}(X'/S',\underline{I}',\gamma')$ , noté $g^*(T)$ , en posant pour tout objet $(U',T',\delta')$ de $\mathrm{Cris}(X'/S',\underline{I}',\gamma')$

$$g^*(T)(U',T',\delta') = \mathrm{Hom}_{g\text{-PD}}(T',T) \quad , \tag{2.2.1}$$

où l'on note $\mathrm{Hom}_{g\text{-PD}}(T',T)$ l'ensemble des g-PD-morphismes de $T'$ dans $T$ (2.1.1). Il est clair que c'est bien un faisceau, donc que l'on définit ainsi un foncteur

$$g^* : \mathrm{Cris}(X/S,\underline{I},\gamma) \longrightarrow (X'/S',\underline{I}',\gamma')_{\mathrm{cris}} \quad . \tag{2.2.2}$$

Lemme 2.2.2. Le foncteur (2.2.2) entre les V-sites $\mathrm{Cris}(X/S,\underline{I},\gamma)$ et $(X'/S',\underline{I}',\gamma')_{\mathrm{cris}}$ (ce dernier étant muni de la topologie canonique) est continu.

Il faut montrer que pour tout faisceau $F$ sur $(X'/S',\underline{I}',\gamma')_{\mathrm{cris}}$ pour la topologie canonique, i.e. tout faisceau $F$ sur $\mathrm{Cris}(X'/S',\underline{I}',\gamma')$, le préfaisceau sur $\mathrm{Cris}(X/S,\underline{I},\gamma)$ qui associe à un objet $(U,T,\delta)$ l'ensemble

$$g_{\mathrm{cris}*}(F)(U,T,\delta) = \mathrm{Hom}_{(X'/S')_{\mathrm{cris}}}(g^*(T),F) \tag{2.2.3}$$

est un faisceau. Soit donc $(T_i)_{i\in I}$ un recouvrement ouvert de $T$ , et $T_{ij} = T_i \cap T_j$. On veut voir que la suite

$$\mathrm{Hom}_{X'/S'}(g^*(T),F) \longrightarrow \prod_i \mathrm{Hom}_{X'/S'}(g^*(T_i),F) \rightrightarrows \prod_{i,j} \mathrm{Hom}_{X'/S'}(g^*(T_{ij}),F) \tag{2.2.4}$$

est exacte. Pour tout objet $(U',T',\delta')$ de $\mathrm{Cris}(X'/S',\underline{I}',\gamma')$ , on note $T'_i$ (resp. $T'_{ij}$) la restriction de $T'$ à l'ouvert $g^{-1}(U_i)$ (resp. $g^{-1}(U_{ij})$) où $U_i$ (resp $U_{ij}$) est l'ouvert de $X$ sous-jacent à $T_i$ (resp. $T_{ij}$). Supposons donnée une famille de morphismes $u_i : g^*(T_i) \longrightarrow F$ se recollant sur les $g^*(T_{ij})$ . Alors pour tout objet $(U',T',\delta')$ de $\mathrm{Cris}(X'/S',\underline{I}',\gamma')$ , on a un diagramme commutatif à lignes exactes

$$\begin{array}{ccccc} \mathrm{Hom}_{g\text{-PD}}(T',T) & \longrightarrow & \prod_i \mathrm{Hom}_{g\text{-PD}}(T'_i,T_i) & \rightrightarrows & \prod_{i,j} \mathrm{Hom}_{g\text{-PD}}(T'_{ij},T_{ij}) \\ & & \downarrow & & \downarrow \\ F(T') & \longrightarrow & \prod_i F(T'_i) & \rightrightarrows & \prod_{i,j} F(T'_{ij}) \end{array}$$

où les flèches verticales sont définies par les $u_i : g^*(T_i) \longrightarrow F$ et les $u_{ij} : g^*(T_{ij}) \longrightarrow g^*(T_i) \xrightarrow{u_i} F$ . On en déduit une unique application de $\mathrm{Hom}_{g\text{-PD}}(T',T)$ dans $F(T)$ rendant le diagramme commutatif. Il est clair que lorsque $T$ varie, l'application ainsi définie donne un morphisme de faisceaux sur $\mathrm{Cris}(X/S,\underline{I},\gamma)$ , d'où l'exactitude de la suite (2.2.4).

<u>Théorème</u> 2.2.3. <u>Soit un carré commutatif de la forme</u> (2.0.1). <u>Alors il existe un unique morphisme de topos</u>

(2.2.5) $$g_{\mathrm{cris}} : (X'/S',\underline{I}',\gamma')_{\mathrm{cris}} \longrightarrow (X/S,\underline{I},\gamma)_{\mathrm{cris}}$$

<u>tel que pour tout objet</u> $(U,T,\delta)$ <u>de</u> $\mathrm{Cris}(X/S,\underline{I},\gamma)$, <u>on ait</u>

(2.2.6) $$g_{\mathrm{cris}}^*(\widetilde{T}) = g^*(T) ,$$

<u>en notant</u> $\widetilde{T}$ <u>le faisceau sur</u> $\mathrm{Cris}(X/S,\underline{I},\gamma)$ <u>représenté par</u> $(U,T,\delta)$.

La condition (2.2.6), jointe à l'isomorphisme d'adjonction entre $g_{\mathrm{cris}}^*$ et $g_{\mathrm{cris}*}$ , montre que $g_{\mathrm{cris}*}$ est déterminé de façon unique, et donné nécessairement par la relation (2.2.3). Comme le foncteur $g^*$ défini en (2.2.2) est continu d'après 2.2.2, il existe un foncteur $g_{\mathrm{cris}}^*$ de la catégorie des $\underline{V}$-faisceaux sur $\mathrm{Cris}(X/S,\underline{I},\gamma)$ dans la catégorie des $\underline{V}$-faisceaux sur $(X'/S',\underline{I}',\gamma')_{\mathrm{cris}}$ pour la topologie canonique, i.e. de $(X/S,\underline{I},\gamma)_{\mathrm{cris}}$ dans $(X'/S',\underline{I}',\gamma')_{\mathrm{cris}}$ , prolongeant $g^*$ et adjoint à gauche de $g_{\mathrm{cris}*}$ (SGA 4 III 1.2) : il suffit donc pour montrer le théorème de montrer que le foncteur $g_{\mathrm{cris}}^*$ ainsi défini commute aux limites projectives finies.

Soient donc $I$ une catégorie finie, et $F$ un foncteur de $I$ dans $(X/S,\underline{I},\gamma)_{\mathrm{cris}}$ . Il s'agit de montrer que l'homomorphisme canonique

(2.2.7) $$g_{\mathrm{cris}}^*(\varprojlim_I F) \longrightarrow \varprojlim_I g_{\mathrm{cris}}^*(F)$$

est un isomorphisme. Comme le topos $(X'/S',\underline{I}',\gamma')_{cris}$ a assez de points, la famille $\xi_{x,T}$ définie en 2.1.10 étant conservative, il suffit de montrer que pour tout objet $(U',T',\delta')$ de $Cris(X'/S',\underline{I}',\gamma')$ et tout point (au sens ordinaire) de $T'$, l'homomorphisme canonique

(2.2.8) $$\xi_{x',T'}^{\,*}(g_{cris}^{\,*}(\varprojlim_{I} F)) \longrightarrow \xi_{x',T'}^{\,*}(\varprojlim_{I} g_{cris}^{\,*}(F))$$

est un isomorphisme. Puisque $\xi_{x',T'}^{\,*}$ est le foncteur image inverse pour un morphisme de topos, il commute aux limites projectives finies, de sorte qu'on est ramené à vérifier que

(2.2.9) $$\xi_{x',T'}^{\,*}(g_{cris}^{\,*}(\varprojlim_{I} F)) \longrightarrow \varprojlim_{I} \xi_{x',T'}^{\,*}(g_{cris}^{\,*}(F))$$

est un isomorphisme.

Pour tout objet $(U',T',\delta')$ de $Cris(X'/S',\underline{I}',\gamma')$, on note $I_g^{T'}$ la catégorie dont les objets sont les g-PD-morphismes $h : T' \longrightarrow T$, où $(U,T,\delta)$ est un objet de $Cris(X/S,\underline{I},\gamma)$, un morphisme de $h_1 : T' \longrightarrow T_1$ dans $h_2 : T' \longrightarrow T_2$ étant un morphisme $j : (U_1,T_1,\delta) \longrightarrow (U_2,T_2,\delta_2)$ de $Cris(X/S,\underline{I},\gamma)$ tel que $h_2 = j \circ h_1$. Alors, comme $Cris(X/S,\underline{I},\gamma)$ est un petit site dans $\underline{V}$ (parce que ses objets sont des objets de $\underline{U}$ et que $\underline{U} \in \underline{V}$), la catégorie $I_g^{T'}$ est une petite catégorie, et d'après SGA 4 III 1.3 et SGA 4 I 5.1, le faisceau $g_{cris}^{\,*}(E)$, pour tout faisceau $E$ sur $Cris(X/S,\underline{I},\gamma)$, est le faisceau associé au préfaisceau qui à $(U',T',\delta')$ associe

(2.2.10) $$\varinjlim_{I_g^{T'}} E(U,T,\delta) \quad .$$

Si $x'$ est un point de $T'$, on note $I_g^{x',T'}$ la catégorie dont les objets sont les g-PD-morphismes d'un voisinage de $x'$ dans $T'$, dans un objet de $Cris(X/S,\underline{I},\gamma)$, et dont les morphismes sont les morphismes de $Cris(X/S,\underline{I},\gamma)$ donnant un diagramme commutatif comme précédemment. La fibre de $g_{cris}^{\,*}(E)$ en $(x',T')$ est donc donnée par

(2.2.11) $$\xi_{x',T'}^{\,*}(g_{cris}^{\,*}(E)) = \varinjlim_{I_g^{x',T'}} E(U,T,\delta) \;.$$

Je dis que la catégorie $I_g^{x',T'}$ est une catégorie filtrante : elle est non vide d'après 2.1.2, elle est connexe d'après 2.1.3 appliqué pour $Y = S$ , et pseudo-filtrante (SGA 4 I 2.7) d'après 2.1.3 appliqué en prenant pour $Y$ un objet de $\mathrm{Cris}(X/S,\underline{I},\gamma)$ , et 2.1.6 appliqué de la même facon. Or les limites inductives filtrantes commutent aux limites projectives finies, et par conséquent (2.2.9) est un isomorphisme. Le couple de foncteurs adjoints $(g_{\mathrm{cris}}{}^{*}, g_{\mathrm{cris}*})$ définit donc un morphisme de topos.

<u>Corollaire</u> 2.2.4. <u>Le morphisme de topos</u> $g_{\mathrm{cris}}$ <u>défini en</u> 2.2.3 <u>est de facon naturelle un morphisme de topos annelés</u> (1.1.4) .

Il faut définir un homomorphisme de faisceaux d'anneaux

$$g_{\mathrm{cris}}{}^{*}(\underline{O}_{X/S}) \longrightarrow \underline{O}_{X'/S'} \quad . \tag{2.2.12}$$

D'après (2.2.10), $g_{\mathrm{cris}}{}^{*}(\underline{O}_{X/S})$ est le faisceau associé au préfaisceau dont la valeur pour un objet $(U',T',\delta')$ de $\mathrm{Cris}(X'/S',\underline{I}',\gamma')$ est $\varinjlim_{I_g^{T'}} \Gamma(T,\underline{O}_T)$ . Comme tout g-PD-morphisme $h : T' \longrightarrow T$ définit un homomorphisme d'anneaux $\Gamma(T,\underline{O}_T) \longrightarrow \Gamma(T',\underline{O}_{T'})$ , on obtient donc un homomorphisme canonique

$$\varinjlim_{I_g^{T'}} \Gamma(T,\underline{O}_T) \longrightarrow \Gamma(T',\underline{O}_{T'}) \tag{2.2.13}$$

d'où un morphisme de préfaisceaux, qui, en se factorisant par le faisceau associé, donne l'homomorphisme (2.2.12).

<u>Corollaire</u> 2.2.5. <u>Si on considère</u> $(X/S,\underline{I},\gamma)_{\mathrm{cris}}$ <u>et</u> $(X'/S',\underline{I}',\gamma')_{\mathrm{cris}}$ <u>comme des topos</u> PD-<u>annelés</u> (I 1.9.3) <u>grace aux</u> PD-<u>idéaux canoniques</u> $\underline{J}_{X/S}$ <u>et</u> $\underline{J}_{X'/S'}$ <u>de</u> $\underline{O}_{X/S}$ <u>et</u> $\underline{O}_{X'/S'}$ (1.1.5), <u>le morphisme de topos annelés</u> $g_{\mathrm{cris}}$ <u>défini en</u> 2.2.2 <u>et</u> 2.2.3 <u>est un</u> PD-<u>morphisme</u>.

Par définition, tout g-PD-morphisme $T' \longrightarrow T$ induit un PD-morphisme $\Gamma(T,\underline{O}_T) \longrightarrow \Gamma(T',\underline{O}_{T'})$ lorsqu'on munit ces derniers des PD-idéaux $\Gamma(T,\underline{J})$ et $\Gamma(T',\underline{J}')$ , $\underline{J}$ étant l'idéal de $U$ dans $T$ , $\underline{J}'$ celui de $U'$ dans $T'$ . L'homomorphisme (2.2.13) obtenu par passage à la limite est encore un PD-morphisme, de même que celui qu'on obtient en prenant le faisceau associé, d'où l'assertion.

**Proposition 2.2.6.** *Considérons un diagramme commutatif de la forme*

$$\begin{array}{ccccc} X'' & \xrightarrow{\quad g' \quad} & X' & \xrightarrow{\quad g \quad} & X \\ {\scriptstyle f''}\downarrow & & {\scriptstyle f'}\downarrow & & \downarrow{\scriptstyle f} \\ (S'',\underline{I}'',\gamma'') & \xrightarrow{\quad u' \quad} & (S',\underline{I}',\gamma') & \xrightarrow{\quad u \quad} & (S,\underline{I},\gamma) \end{array}$$

*où* $u$ *et* $u'$ *sont des PD-morphismes. Alors il existe un isomorphisme canonique de morphismes de topos annelés.*

(2.2.14) $$(g\circ g')_{cris} \simeq g_{cris}\circ g'_{cris} \quad .$$

Il faut donc définir un isomorphisme de foncteurs

$$(g\circ g')_{cris*} \xrightarrow{\sim} g_{cris*}\circ g'_{cris*} \quad ,$$

i.e. pour tout objet $(U,T,\delta)$ de $\mathrm{Cris}(X/S,\underline{I},\gamma)$ et tout faisceau $E''$ sur $\mathrm{Cris}(X''/S'',\underline{I}'',\gamma'')$ un isomorphisme fonctoriel en $(U,T,\delta)$ et en $E$

$$(g\circ g')_{cris*}(E)(U,T,\delta) \xrightarrow{\sim} g_{cris*}\circ g'_{cris*}(E)(U,T,\delta) \quad ,$$

soit encore, par adjonction,

$$\mathrm{Hom}((g\circ g')_{cris}{}^{*}(\tilde{T}),E) \xrightarrow{\sim} \mathrm{Hom}(g'_{cris}{}^{*}\circ g_{cris}{}^{*}(\tilde{T}),E) \quad ,$$

soit encore un isomorphisme fonctoriel en $(U,T,\delta)$

$$g'_{cris}{}^{*}\circ g_{cris}{}^{*}(\tilde{T}) \xrightarrow{\sim} (g\circ g')_{cris}{}^{*}(\tilde{T}) \ .$$

Compte tenu de la définition de $g'_{cris}{}^{*}$ par (2.2.10), il suffit de définir un homomorphisme fonctoriel en $(U,T,\delta)$ et $(U'',T'',\delta'')$

(2.2.15) $$\varinjlim_{I_{g'}^{T''}} \mathrm{Hom}_{g\text{-}PD}(T',T) \longrightarrow \mathrm{Hom}_{(g\circ g')\text{-}PD}(T'',T)$$

et de montrer qu'il donne un isomorphisme en passant au faisceau associé. Or l'homomorphisme (2.2.15) se définit de facon naturelle en associant, pour tout objet $h' : T'' \longrightarrow T'$ de $I_{g'}^{T''}$, à un élément $h \in \mathrm{Hom}_{g\text{-}PD}(T',T)$ le composé $h\circ h'$ . Pour montrer qu'on obtient un isomorphisme en passant au faisceau associé, on peut appliquer la famille de foncteurs-fibre $\xi_{X'',T''}{}^{*}$ sur $\mathrm{Cris}(X''/S'',\underline{I}'',\gamma'')$. On est alors ramené à montrer que l'homomorphisme

$$\varinjlim_{\substack{I^{x'',T''}\\ g'}} \mathrm{Hom}_{g\text{-PD}}(T',T) \longrightarrow \varinjlim_{V} \mathrm{Hom}_{(g\circ g')\text{-PD}}(T''|V,T) \tag{2.2.16}$$

est un isomorphisme, $V$ parcourant l'ensemble des voisinages de $x''$ dans $T''$. Pour voir que (2.2.16) est surjectif, on remarque que pour $V$ assez petit, il existe pour tout $(g\circ g')$-PD-morphisme $h'' : T''|V \longrightarrow T$ un $g'$-PD-morphisme $h' : T''|V \longrightarrow T'$, et un $g$-PD-morphisme $h : T' \longrightarrow T$ tels que $h'' = h\circ h'$ : en effet, on peut alors tout supposer affine, et on applique 2.1.2. Pour voir que (2.2.16) est injectif, on se donne un $(g\circ g')$-PD-morphisme $h'' : T''|V \longrightarrow T$, deux $g'$-PD-morphismes $h'_1 : T''|V \longrightarrow T'_1$ et $h'_2 : T''|V \longrightarrow T'_2$, deux $g$-PD-morphismes $h_1 : T'_1 \longrightarrow T$ et $h_2 : T'_2 \longrightarrow T$, tels que $h_1\circ h'_1 = h_2\circ h'_2 = h''$ ; il suffit alors de montrer qu'il existe un $g'$-PD-morphisme $h'_o : T''|V \longrightarrow T'_o$, des morphismes $p_1 : T'_o \longrightarrow T'_1$ et $p_2 : T'_o \longrightarrow T'_2$ de $\mathrm{Cris}(X'/S',\underline{I}',\gamma')$ tels que $p_1\circ h_o = h_1$, $p_2\circ h_o = h_2$, et un $g$-PD-morphisme $h : T'_o \longrightarrow T$ tel que $h\circ h_o = h''$. En appliquant 2.1.3 avec $Y = S$, on peut d'abord remplacer $T'_1$ et $T'_2$ par leur produit $T'_3$ dans $\mathrm{Cris}(X'/S',\underline{I}',\gamma')$, ce qui permet de supposer que $T'_1 = T'_2$, $h'_1 = h'_2$ ; appliquant alors 2.1.6 avec $Y = T$, $q_1 = h_1$ et $q_2 = h_2$, on obtient alors le schéma $T_o$ et les morphismes cherchés. Donc (2.2.16) est un isomorphisme.

Il est clair que l'isomorphisme (2.2.14) ainsi défini est un isomorphisme de morphismes de topos annelés.

<u>Remarque</u> 2.2.7. On voit de la même façon que le topos $(X/S,\underline{I},\gamma)_{\mathrm{Ncris}}$ varie fonctoriellement avec $X$ et $(S,\underline{I},\gamma)$.

<u>Proposition</u> 2.2.8. <u>Soit un carré commutatif de la forme</u> (2.0.1). <u>Si</u> $A'$ <u>est un anneau de</u> $(X'/S',\underline{I}',\gamma')_{\mathrm{cris}}$, <u>et</u> $F'$ <u>un</u> $A'$-<u>module, il existe une suite spectrale de</u> $\Gamma(X'/S',A')$-<u>modules, fonctorielle en</u> $F'$

$$E_2^{p,q} = H^p(X/S,R^q g_{\mathrm{cris}*}(F')) \Longrightarrow H^n(X'/S',F') . \tag{2.2.17}$$

C'est la suite spectrale de Leray définie par le morphisme de topos $g_{\mathrm{cris}}$.

## 2.3. <u>Réduction modulo un sous-PD-idéal de l'idéal de compatibilité</u>.

Nous allons appliquer les résultats précédents sur la fonctorialité du topos cristallin à une situation d'un usage constant par la suite : la réduction modulo un sous-PD-idéal de l'idéal de compatibilité $\underline{I}$ . De fait, nous rencontrerons surtout la situation inverse : partant d'un schéma (lisse par exemple) $X_o$ sur le sous-schéma fermé de $S$ défini par $\underline{I}$ , on le relèvera localement en un schéma (lisse) $X$ sur $S$ , et on ramènera l'étude de propriétés concernant la cohomologie cristalline de $X_o$ relativement à $(S,\underline{I},\gamma)$ à celles de la cohomologie cristalline de $X$ relativement à $(S,\underline{I},\gamma)$ .

On fixe donc ici un PD-schéma $(S,\underline{I},\gamma)$, et un sous-PD-idéal quasi-cohérent $\underline{I}_o$ de $\underline{I}$ . Soient $S_o$ le sous-schéma fermé de $S$ défini par $\underline{I}_o$ , $X$ un S-schéma , $X_o = X\times_S S_o$ , $i$ l'immersion de $X_o$ dans $X$ , de sorte qu'on a un carré cartésien

$$\begin{array}{ccc} X_o & \xhookrightarrow{\ i\ } & X \\ \downarrow & & \downarrow \\ S_o & \hookrightarrow & S \end{array} .$$

On suppose comme toujours que les puissances divisées de $\underline{I}$ s'étendent à $X$ .

*Lemme* 2.3.1. *Pour tout objet* $(U,T,\delta)$ *de* $\mathrm{Cris}(X/S,\underline{I},\gamma)$, *le faisceau* $i^*(T)$ *défini par* (2.2.1) *est représentable.*

Soit $U_o = U\times_S S_o$ , et considérons l'immersion fermée composée

$$U_o \xhookrightarrow{\ i\ } U \hookrightarrow T .$$

L'idéal de $U_o$ dans $U$ est $\underline{I}_o.\underline{O}_U$ , donc l'idéal de $U_o$ dans $T$ est $\underline{I}_o.\underline{O}_T + \underline{J}$ , où $\underline{J}$ est l'idéal de $U$ dans $T$ . Comme les puissances divisées de $\underline{J}$ sont compatibles à celles de $\underline{I}$ , il existe une unique PD-structure sur $\underline{J} + \underline{I}.\underline{O}_T$ prolongeant $\delta$ sur $\underline{J}$ , et la PD-structure $\bar{\gamma}$ sur $\underline{I}.\underline{O}_T$ obtenue en étendant $\gamma$ . Comme $\underline{J}$ et $\underline{I}_o.\underline{O}_T$ sont des sous-PD-idéaux de $\underline{J} + \underline{I}.\underline{O}_T$ , $\underline{J} + \underline{I}_o.\underline{O}_T$ en est aussi un sous-PD-idéal, ce qui donne donc une unique structure de PD-idéal sur l'idéal de $U_o$ dans $T$ , qui soit compatible à $\gamma$ et telle que $(T,\underline{J}+\underline{I}_o.\underline{O}_T) \longrightarrow (T,\underline{J})$ soit un PD-morphisme. L'objet $(U_o,T,\delta)$ , où on note encore $\delta$ cette PD-structure, est donc un objet de $\mathrm{Cris}(X_o/S,\underline{I},\gamma)$ . On a alors une bijection

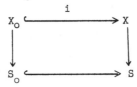

(2.3.1) $$\mathrm{Hom}_{i\text{-PD}}((V_o,T_o,\delta_o),(U,T,\delta)) \xrightarrow{\sim} \mathrm{Hom}_{X_o/S}((V_o,T_o,\delta_o),(U_o,T,\delta))$$

pour tout objet $(V_o,T_o,\delta_o)$ de $\mathrm{Cris}(X_o/S,\underline{I},\gamma)$ , $\mathrm{Hom}_{X_o/S}$ notant l'ensemble des morphismes dans $\mathrm{Cris}(X_o/S,\underline{I},\gamma)$ . Donc $(U_o,T,\delta)$ représente le faisceau $i^*(T)$ sur $\mathrm{Cris}(X_o/S,\underline{I},\gamma)$ .

Corollaire 2.3.2. Pour tout faisceau $E$ sur $\mathrm{Cris}(X_o/S,\underline{I},\gamma)$ , et tout objet $(U,T,\delta)$ de $\mathrm{Cris}(X/S,\underline{I},\gamma)$ , il existe un isomorphisme canonique

(2.3.2) $$i_{\mathrm{cris}*}(E)_{(U,T,\delta)} \xrightarrow{\sim} E_{(U_o,T,\delta)} \quad .$$

Puisque $i^*(T)$ est le faisceau défini par $(U_o,T,\delta)$ , cela résulte immédiatement de (2.2.3).

Corollaire 2.3.3. Soit $\underline{K}_{X/S}$ le faisceau sur $\mathrm{Cris}(X/S,\underline{I},\gamma)$ défini en posant pour objet $(U,T,\delta)$

(2.3.3) $$\underline{K}_{X/S}\ (U,T,\delta) = \underline{I}_o\cdot\underline{O}_T + \underline{J}_{X/S}\ (U,T,\delta) \quad ,$$

de sorte que $\underline{K}_{X/S}$ est de facon naturelle un PD-idéal de $\underline{O}_{X/S}$ . Alors pour tout entier $n$ , on a

(2.3.4) $$i_{\mathrm{cris}*}(\underline{J}_{X_o/S}{}^{[n]}) = \underline{K}_{X/S}{}^{[n]} \quad ;$$

en particulier :

(2.3.5) $$i_{\mathrm{cris}*}(\underline{O}_{X_o/S}) = \underline{O}_{X/S} \ .$$

Cela résulte aussitôt de 2.3.2.

Théorème 2.3.4. (théorème d'invariance). Sous les hypothèses de 2.3, soit $A$ un anneau de $(X_o/S,\underline{I},\gamma)_{\mathrm{cris}}$ . Le foncteur $i_{\mathrm{cris}*}$ est exact sur la catégorie des A-modules de $(X_o/S,\underline{I},\gamma)_{\mathrm{cris}}$ , et pour tout complexe de A-modules $F^{\cdot}$ borné inférieurement, il existe un isomorphisme canonique dans $D^+(\Gamma(X_o/S,A))$

(2.3.6) $$\underline{\underline{R}}\Gamma(X/S,i_{\mathrm{cris}*}(F^{\cdot})) \xrightarrow{\sim} \underline{\underline{R}}\Gamma(X_o/S,F^{\cdot}) \quad .$$

En particulier, si $A = \underline{O}_{X_o/S}$ et $F^{\cdot} = \underline{O}_{X_o/S}$ , on obtient un isomorphisme canonique

(2.3.7) $$\underline{\underline{R}}\Gamma(X/S,\underline{O}_{X/S}) \xrightarrow{\sim} \underline{\underline{R}}\Gamma(X_o/S,\underline{O}_{X_o/S}) \quad ,$$

montrant que la cohomologie cristalline de $X$ relativement à $(S,\underline{I},\gamma)$ ne dépend que de la réduction de $X$ modulo $\underline{I}$ .

L'exactitude de $i_{cris*}$ résulte de 2.3.2, car d'après 1.1.4 une suite de modules sur $\mathrm{Cris}(X/S,\underline{I},\gamma)$ est exacte si et seulement si pour tout objet $(U,T,\delta)$ de $\mathrm{Cris}(X/S,\underline{I},\gamma)$ la suite des faisceaux zariskiens associés sur $T$ est exacte. Par suite, on a $\underline{\underline{R}}i_{cris*} = i_{cris*}$, et l'isomorphisme canonique de foncteurs dérivés

$$\underline{\underline{R}}\Gamma(X/S,\ .)\circ \underline{\underline{R}}i_{cris*} \xrightarrow{\sim} \underline{\underline{R}}\Gamma(X_o/S,\ .)$$

donne l'isomorphisme (2.3.6). L'isomorphisme (2.3.7) en résulte par 2.3.3.

Remarque 2.3.5. Si l'on veut étendre les résultats précédents au topos $(X/S,\underline{I},\gamma)_{Ncris}$, on voit que pour obtenir l'analogue du lemme 2.3.1, il faut supposer que l'idéal $\underline{I}$ est PD-nilpotent, sinon le faisceau $i^*(T)$ serait seulement ind-représentable, et on obtiendrait

$$i_{cris*}(\underline{O}_{X_o/S}) = \varprojlim_n \ \underline{O}_{X/S}/I_o^{[n+1]}.\underline{O}_{X/S} \quad .$$

Si on se place dans la situation de l'exemple 1.1.3, avec $p = 2$, alors les puissances divisées de $\underline{I}$ ne sont pas nilpotentes (en prenant $\underline{I} = \underline{I}_o$) d'après I 3.2.4. On voit en particulier que $i_{cris*}(\underline{O}_{X_o/S})$ est alors un anneau de caractéristique 2, de sorte que l'homomorphisme (2.3.7) n'est plus en général un isomorphisme. D'où la nécessité de ne pas se limiter aux épaississements PD-nilpotents.

On remarquera aussi le rôle joué par la condition de compatibilité aux puissances divisées de $\underline{I}$. Il est facile de voir que sans cette condition, l'homomorphisme (2.3.7) ne serait pas en général un isomorphisme.

## 3. Relations entre le topos cristallin et le topos zariskien.

Soient toujours $(S,\underline{I},\gamma)$ un PD-schéma, et $X$ un S-schéma (les puissances divisées $\gamma$ s'étendant à $X$). Pour tout schéma $Y$, on note $Y_{Zar}$ le $\underline{V}$-topos zariskien de $Y$, i.e. la catégorie des faisceaux sur $Y$ pour la topologie de Zariski, à valeurs dans $\underline{V}$-Ens.

### 3.1. Ouverts du topos cristallin définis par les ouverts du topos zariskien.

On veut d'abord définir certains ouverts de $(X/S)_{cris}$.

3.1.1. Soit $U$ un ouvert de $X$ . On note $U_{cris}$ le faisceau sur $Cris(X/S)$ défini de la facon suivante : pour tout objet $(V,T,\delta)$ de $Cris(X/S)$, on pose

$$U_{cris}(V,T,\delta) = e \quad \text{si} \quad V \subset U \quad , \quad U_{cris}(V,T,\delta) = \emptyset \quad \text{si} \quad V \not\subset U \quad ,$$

en désignant par $e$ l'ensemble à un élément. Il est facile de vérifier que c'est un faisceau, et c'est un sous-faisceau du faisceau constant de valeur $e$ , i.e. de l'objet final de $(X/S)_{cris}$ : c'est donc un ouvert de $(X/S)_{cris}$, au sens de SGA 4 IV 8.3.

Proposition 3.1.2. *Avec les notations de* 3.1.1, *il existe une équivalence de topos canonique*

$$(3.1.1) \qquad (X/S,\underline{I},\gamma)_{cris}/U_{cris} \xrightarrow{\sim} (U/S,\underline{I},\gamma)_{cris} \quad ,$$

*identifiant le morphisme de localisation par rapport à* $U_{cris}$ *au morphisme de fonctorialité défini par l'immersion de* $U$ *dans* $X$ .

Rappelons que pour tout topos $\underline{T}$ et tout objet $E$ de $\underline{T}$ , on note $\underline{T}/E$ le topos localisé au-dessus de $E$ .

Un objet de $(X/S)_{cris}/U_{cris}$ est la donnée d'un faisceau $F$ sur $Cris(X/S)$, et d'un morphisme de $F$ dans $U_{cris}$ . Comme $U_{cris}$ est un sous-objet de l'objet final, il existe au plus un morphisme de $F$ dans $U_{cris}$ , et il en existe un si et seulement si pour tout $(V,T,\delta)$ tel que $V \not\subset U$ , on a $F(V,T,\delta) = \emptyset$ . Le morphisme (3.1.1) est alors défini en associant à un faisceau $F$ vérifiant cette propriété sa restriction aux objets $(V,T,\delta)$ de $Cris(X/S)$ tels que $V \subset U$ , qui forment un sous-site de $Cris(X/S)$ égal à $Cris(U/S)$ . Il est facile de vérifier que c'est une équivalence de catégories. L'assertion sur le morphisme de localisation est également claire, si l'on remarque que le foncteur image inverse défini par l'immer-sion de $U$ dans $X$ est simplement la restriction au sens précédent, grâce à (2.2.10).

Remarque. 3.1.3. Par contre, le topos résiduel sur le complémentaire de $U_{cris}$ n'est pas équivalent en général au topos cristallin du complémentaire $Y$ de $U$ dans $X$ . En effet, le topos cristallin n'est pas en général invariant par une immersion fermée surjective (même nilpotente) quelconque, comme on peut le voir par exemple par des calculs cohomologiques dans des cas simples, de sorte que le topos cristallin de $Y$ dépend de la structure de schéma choisie sur $Y$ .

<u>Exercice</u> 3.1.4. Supposons $X$ lisse sur $S$ . Montrer que tout ouvert de $(X/S)_{cris}$ est de la forme $U_{cris}$ , où $U$ est un ouvert de $X$ .

3.2. <u>Projection du topos cristallin sur le topos zariskien.</u>

On définit un morphisme de topos de $(X/S)_{cris}$ dans $X_{Zar}$ de la facon suivante.

3.2.1. Soit $E$ un faisceau d'ensembles sur $Cris(X/S)$ . On considère le préfaisceau sur $X$ qui à un ouvert $U$ de $X$ associe $\Gamma(U_{cris},E)$ , qu'on note $u_{X/S*}(E)$. Il résulte immédiatement de la définition de $U_{cris}$ que se donner une section de $E$ au-dessus de $U_{cris}$ (i.e. un morphisme de faisceaux de $U_{cris}$ dans $E$ ) équivaut à se donner pour tout objet $(V,T,\delta)$ de $Cris(X/S)$ tel que $V \subset U$ une section de $E_{(V,T,\delta)}$ au-dessus de $T$ , avec une condition de compatibilité évidente vis à vis des morphismes de transition (1.1.4). Il en résulte que pour tout faisceau $E$ , $u_{X/S*}(E)$ est un faisceau sur $X$ pour la topologie de Zariski.

3.2.2. Inversement, soit $\underline{F}$ un faisceau d'ensembles sur $X$ . On définit un faisceau $u_{X/S}^{*}(\underline{F})$ sur $Cris(X/S)$ en posant pour tout objet $(V,T,\delta)$

(3.2.1) $$u_{X/S}^{*}(\underline{F})_{(V,T,\delta)} = \underline{F}|V \quad ,$$

les morphismes de transition étant l'identité de $\underline{F}$ .

<u>Proposition</u> 3.2.3. <u>Il existe un isomorphisme canonique, fonctoriel en</u> $E$ , $\underline{F}$

(3.2.2) $$\mathrm{Hom}(u_{X/S}^{*}(\underline{F}),E) \xrightarrow{\sim} \mathrm{Hom}(\underline{F},u_{X/S*}(E)) \quad .$$

<u>De plus le foncteur</u> $u_{X/S}^{*}$ <u>commute aux</u> <u>V-limites projectives, de sorte que le couple de foncteurs adjoints</u> $(u_{X/S}^{*},u_{X/S*})$ <u>définit un morphisme canonique de topos</u>

(3.2.3) $$u_{X/S} : (X/S,\underline{I},\gamma)_{cris} \longrightarrow X_{Zar} \quad ,$$

<u>appelé</u> projection du topos cristallin sur le topos zariskien.

Soit $\varphi : u_{X/S}^{*}(\underline{F}) \longrightarrow E$ . Si $s$ est une section de $\underline{F}$ au-dessus d'un ouvert $U$ de $X$ , on en déduit une section $\bar{s}$ de $u_{X/S}^{*}(\underline{F})$ au-dessus de $U_{cris}$ , à savoir la section égale à $s$ au-dessus de tout objet $(V,T,\delta)$ tel que $V \subset U$ , d'après

(3.2.1). On en déduit donc une section $\varphi(\bar{s})$ de $E$ au-dessus de $U_{cris}$, donc une section de $u_{X/S*}(E)$ au-dessus de $U$. Donc $\varphi$ définit un homomorphisme de $\underline{F}$ dans $u_{X/S*}(E)$, d'où l'homomorphisme (3.2.2)

$$\mathrm{Hom}(u_{X/S}^{*}(\underline{F}),E) \longrightarrow \mathrm{Hom}(\underline{F},u_{X/S*}(E)) \quad .$$

En sens inverse, soit $\psi : \underline{F} \longrightarrow u_{X/S*}(E)$. Si $s$ est une section de $\underline{F}$ au-dessus de $U$, on peut considérer $\psi(s)$ comme un système $(\psi(s)_T)$ de sections de $E_{(V,T,\delta)}$ pour tout $(V,T,\delta)$ tel que $V \subset U$, compatible aux morphismes de transition. On peut alors associer à $\psi$ un homomorphisme de $u_{X/S}^{*}(\underline{F})$ dans $E$, en associant à la section $s$ de $u_{X/S}^{*}(\underline{F})$ au-dessus de $(V,T,\delta)$ la section $\psi(s)_T$. On obtient donc un homomorphisme

$$\mathrm{Hom}(\underline{F},u_{X/S*}(E)) \longrightarrow \mathrm{Hom}(u_{X/S}^{*}(\underline{F}),E)$$

inverse du précédent.

L'assertion sur les $\underline{V}$-limites projectives résulte de ce que le foncteur "sections au-dessus d'un objet" commute aux $\underline{V}$-limites projectives, et de (3.2.1).

<u>Corollaire</u> 3.2.4. <u>Soit</u> $A$ <u>un anneau de</u> $(X/S,\underline{I},\gamma)_{cris}$. <u>Pour tout</u> $A$-<u>module</u> $F$, <u>il existe une suite spectrale</u> $\Gamma(X/S,A)$-<u>modules, fonctorielle en</u> $F$,

$$E_2^{p,q} = H^p(X,R^q u_{X/S*}(F)) \Longrightarrow H^n(X/S,F) \quad . \tag{3.2.4}$$

C'est la suite spectrale de Leray du morphisme de topos $u_{X/S}$.

<u>Remarque</u> 3.2.5. On remarquera que le <u>morphisme de topos</u> $u_{X/S}$ <u>n'est pas un morphisme de topos annelés</u>, lorsque $X$ est annelé par $\underline{O}_X$, et $(X/S)_{cris}$ par $\underline{O}_{X/S}$ : en effet, pour en faire un morphisme de topos annelés, il faudrait définir un homomorphisme de faisceaux d'anneaux $u_{X/S}^{*}(\underline{O}_X) \longrightarrow \underline{O}_{X/S}$, i.e. pour tout objet $(U,T,\delta)$ de $\mathrm{Cris}(X/S)$ un homomorphisme $\underline{O}_U \longrightarrow \underline{O}_T$, de façon compatible avec les morphismes de transition ; ce n'est évidemment pas possible en général. Par contre, si l'on munit $X$ du faisceau d'anneaux $f^{-1}(\underline{O}_S)$, le morphisme de topos $((X/S)_{cris},\underline{O}_{X/S}) \longrightarrow (X,f^{-1}(\underline{O}_S))$ est de façon naturelle un morphisme de topos annelés. En effet, pour tout objet $(U,T,\delta)$ de $\mathrm{Cris}(X/S)$, si $g_T$ est le morphisme structural de $T$ dans $S$, on a

$$u_{X/S}{}^{*}(f^{-1}(\underline{O}_S))_{(U,T,\delta)} = g_T{}^{-1}(\underline{O}_S) \quad ,$$

et on définit l'homomorphisme $u_{X/S}{}^{*}(f^{-1}(\underline{O}_S)) \longrightarrow \underline{O}_{X/S}$ en prenant sur tout $(U,T,\delta)$ l'homomorphisme canonique $g_T^{-1}(\underline{O}_S) \longrightarrow \underline{O}_T$ .

3.3. Immersion du topos zariskien dans le topos cristallin.

On a vu en 3.2.2 que $u_{X/S}{}^{*}$ commute aux $\underline{V}$-limites projectives quelconques. On peut donc se demander si ce n'est pas le morphisme image directe pour un second morphisme de topos.

3.3.1. On peut considérer l'identité de X comme un objet de Cris(X/S) , noté (X,X), et poser pour tout faisceau E sur Cris(X/S)

(3.3.1) $$u_{X/S!}(E) = E(X,X) \quad .$$

On définit ainsi un foncteur

$$u_{X/S!} : (X/S)_{cris} \longrightarrow X_{Zar} \quad ,$$

et on va définir pour tout faisceau E sur Cris(X/S) et tout faisceau $\underline{F}$ sur X un isomorphisme canonique

$$\mathrm{Hom}(u_{X/S!}(E),\underline{F}) \xrightarrow{\sim} \mathrm{Hom}(E,u_{X/S}{}^{*}(\underline{F})) \quad .$$

La donnée d'un homomorphisme de E dans $u_{X/S}{}^{*}(\underline{F})$ définit en particulier sur l'objet (X,X) un homomorphisme de $E_{(X,X)}$ dans $u_{X/S}{}^{*}(\underline{F})_{(X,X)} = \underline{F}$ , d'où l'application dans un sens. Inversement, un homomorphisme de $u_{X/S!}(E)$ dans $\underline{F}$ définit pour tout objet $(U,T,\delta)$ de Cris(X/S) un homomorphisme

$$E(U,T,\delta) \longrightarrow E(U,U) \longrightarrow \underline{F}(U) = u_{X/S}{}^{*}(\underline{F})(U,T,\delta) \quad ,$$

où la première flèche provient de l'immersion $(U,U) \longrightarrow (U,T,\delta)$ dans Cris(X/S). On obtient donc ainsi un homomorphisme de E dans $u_{X/S}{}^{*}(\underline{F})$ , d'où l'application dans l'autre sens : il est clair qu'elles sont inverses l'une de l'autre.

Comme d'après 1.1.5 le foncteur $u_{X/S!}$ commute aux limites projectives finies, on peut donc énoncer :

Proposition 3.3.2. *Le couple de foncteurs adjoints* $(u_{X/S!}, u_{X/S}{}^{*})$ *définit un morphisme de topos*

$$(3.3.2) \qquad i_{X/S} : X_{Zar} \longrightarrow (X/S)_{cris}$$

*appelé* immersion du topos zariskien dans le topos cristallin, *et tel que*

$$(3.3.3) \qquad u_{X/S} \circ i_{X/S} = Id_{X_{Zar}} \quad ,$$

*à isomorphisme canonique près.*

Pour vérifier (3.3.3), il suffit de montrer que le composé des foncteurs image inverse correspondants est isomorphe à l'identité, ce qui résulte aussitot des définitions de $u_{X/S}{}^{*}$ et $u_{X/S!}$ .

On a donc une suite de trois foncteurs, chacun étant adjoint à gauche du suivant :

$$(3.3.4) \qquad i_{X/S}{}^{*} = u_{X/S!} \quad , \quad i_{X/S*} = u_{X/S}{}^{*} \quad , \quad i_{X/S}{}^{!} = u_{X/S*} \quad .$$

Remarque 3.3.3. Le morphisme de topos $i_{X/S}$ est de facon naturelle un morphisme de topos annelés, lorsqu'on annelle $X$ par $\underline{O}_X$ et $(X/S)_{cris}$ par $\underline{O}_{X/S}$ . En effet, il suffit de définir un homomorphisme de faisceaux d'anneaux $\underline{O}_{X/S} \longrightarrow i_{X/S*}(\underline{O}_X) = u_{X/S}{}^{*}(\underline{O}_X)$ . On prend l'homomorphisme égal sur $(U,T,\delta)$ à l'homomorphisme canonique $\underline{O}_T \longrightarrow \underline{O}_U$ .

Corollaire 3.3.4. *Soit* $A$ *un anneau de* $X_{Zar}$ . *Pour tout complexe de* A-*modules* $F^{\cdot}$ *borné inférieurement, il existe un isomorphisme canonique dans* $D^{+}(\Gamma(X,A))$

$$(3.3.5) \qquad \underline{\underline{R}}\Gamma^{\cdot}(X,\underline{F}^{\cdot}) \xrightarrow{\sim} \underline{\underline{R}}\Gamma^{\cdot}(X/S, i_{X/S*}(\underline{F}^{\cdot})) \quad .$$

En effet, le foncteur $i_{X/S*}$ est un foncteur exact. L'isomorphisme (3.3.5) provient alors de l'isomorphisme des foncteurs dérivés

$$\underline{\underline{R}}\Gamma^{\cdot}(X, .) \xrightarrow{\sim} \underline{\underline{R}}\Gamma^{\cdot}(X/S, .) \circ \underline{\underline{R}}i_{X/S*} \quad .$$

## 3.4. Compatibilité aux morphismes de fonctorialité.

On veut maintenant étudier la fonctorialité des morphismes de topos $u_{X/S}$ et $i_{X/S}$ . On se donne donc un carré commutatif

$$\begin{array}{ccc} X' & \xrightarrow{g} & X \\ \downarrow & & \downarrow \\ (S',\underline{I}',\gamma') & \xrightarrow{u} & (S,\underline{I},\gamma) \end{array} \quad ,$$

où u est un PD-morphisme.

Proposition 3.4.1. Il existe un isomorphisme canonique de morphismes de topos

(3.4.1) $$g_{Zar} \circ u_{X'/S'} \xrightarrow{\sim} u_{X/S} \circ g_{cris} \ .$$

On a noté $g_{Zar}$ le morphisme habituel entre les topos zariskiens défini par $g$ .

Se donner un tel isomorphisme, c'est par définition se donner un isomorphisme entre les foncteurs image directe correspondants, et on voit par adjonction qu'il suffit pour cela de donner pour tout ouvert $U$ de $X$ un isomorphisme

(3.4.2) $$g_{cris}^{*}(U_{cris}) \xrightarrow{\sim} g^{-1}(U)_{cris} \quad ,$$

fonctoriel en $U$ . Posons $g^{-1}(U) = U'$ . Comme $U'_{cris}$ est un sous-objet de l'objet final de $(X'/S',\underline{I}',\gamma')_{cris}$ , l'homomorphisme (3.4.2), s'il existe, est uniquement déterminé. Compte tenu de la définition de $U'$ , cet homomorphisme existe et est un isomorphisme si et seulement si pour tout objet $(V',T',\delta')$ de $Cris(X'/S',\underline{I}',\gamma')$ et tout point $x'$ de $T'$ , la fibre en $(x',T')$ (2.1.10) de $g_{cris}^{*}(U_{cris})$ est vide si $x' \notin U'$ et égale à l'ensemble à un élément dans le cas contraire. Si on calcule cette fibre par la relation (2.2.11), on voit aussitôt, en remarquant que $I_g^{x',T'}$ est une catégorie filtrante, que la fibre est nulle si $g(x') \notin U$ , i.e. si $x' \notin U'$ , et égale à l'ensemble à un élément dans le cas contraire, d'où l'isomorphisme (3.4.2).

Proposition 3.4.2. Il existe un isomorphisme canonique de morphismes de topos annelés

(3.4.3) $$g_{cris} \circ i_{X'/S'} \xrightarrow{\sim} i_{X/S} \circ g_{Zar} \ .$$

Il revient au même de donner un isomorphisme entre les foncteurs image inverse correspondants. Si $E$ est un faisceau sur $Cris(X/S,\underline{I},\gamma)$ , on définit un morphisme canonique

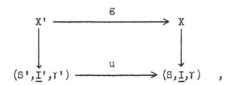

$$g_{Zar}{}^{*}\circ i_{X/S}{}^{*}(E) \longrightarrow i_{X'/S'}{}^{*}\circ g_{cris}{}^{*}(E)$$

en passant aux faisceaux associés à partir du morphisme de préfaisceaux défini sur un ouvert U' de X' par

$$(3.4.4)\qquad \varinjlim_{U'\to U} E(U,U) \longrightarrow \varinjlim_{I_g^{U'}} E(U,T,\delta) \quad .$$

Mais un g-PD-morphisme quelconque de U' dans un objet $(U,T,\delta)$ de $\mathrm{Cris}(X/S,\underline{I},\gamma)$ se factorise par $g : U' \longrightarrow U$ , de sorte que la catégorie d'indices de gauche est co-initiale dans celle de droite. L'homomorphisme (3.4.4) est donc un isomorphisme, et l'homomorphisme de faisceaux correspondant aussi.

## 3.5. Relations avec le topos zariskien d'un épaississement.

Soit $(U,T,\delta)$ un objet de $\mathrm{Cris}(X/S,\underline{I},\gamma)$ . On s'intéresse maintenant aux morphismes de topos reliant le topos cristallin $(X/S)_{cris}$ et le topos zariskien de T .

3.5.1. On définit un morphisme de topos

$$(3.5.1)\qquad T_{Zar} \longrightarrow (X/S)_{cris}$$

en remarquant que d'après 1.1.5 le foncteur qui associe à un faisceau E sur Cris(X/S) le faisceau $E_{(U,T,\delta)}$ sur T commute aux $\underline{V}$-limites inductives et aux limites projectives finies, donc est le foncteur image inverse pour un morphisme de topos. l'expression du foncteur image directe correspondant se déduit aussitôt de celle du foncteur image inverse par l'isomorphisme d'adjonction.

Corollaire 3.5.2. *Soient* A *un faisceau d'anneaux sur* Cris(X/S) , *et* M *un* A-*module plat. Alors pour tout objet* $(U,T,\delta)$ *de* Cris(X/S) , *le* $A_{(U,T,\delta)}$-*module* $M_{(U,T,\delta)}$ *est plat.*

En effet, $M_{(U,T,\delta)}$ est l'image inverse de M par le morphisme de topos (3.5.1) et l'image inverse d'un module plat par un morphisme de topos est un module plat (SGA 4 V 8.2.9).

3.5.3. Introduisant le topos localisé du topos cristallin au-dessus de $(U,T,\delta)$, on définit un morphisme de topos

$$(X/S)_{cris}/(U,T,\delta) \longrightarrow T_{Zar} \tag{3.5.2}$$

de la façon suivante. Le topos $(X/S)_{cris}/(U,T,\delta)$ s'identifie au topos des faisceaux sur le site $Cris(X/S)/(U,T,\delta)$, et un faisceau sur ce site peut se décrire comme la donnée, pour tout morphisme $(U',T',\delta') \longrightarrow (U,T,\delta)$ de $Cris(X/S)$, d'un faisceau sur $T'$ , et, pour tout triangle commutatif

$$\begin{array}{ccc} (U'',T'',\delta'') & \longrightarrow & (U',T',\delta') \\ & \searrow \quad \swarrow & \\ & (U,T,\delta) & \end{array}$$

de morphismes de transition, vérifiant des conditions de transitivité évidentes. Le foncteur image directe défini par (3.5.2) est alors le foncteur qui associe à un tel système de faisceaux le faisceau zariskien correspondant à $Id : (U,T,\delta) \longrightarrow (U,T,\delta)$. Le foncteur image inverse est celui qui associe à un faisceau $\underline{F}$ sur $T$ le système de ses images inverses par les morphismes $(U',T',\delta') \longrightarrow (U,T,\delta)$ : il est clair qu'il commute aux limites projectives finies, et est adjoint à gauche du précédent.

## 4. Gros topos cristallin.

Dans certaines questions, (voir par exemple [10]), il y a intérêt à remplacer le topos cristallin par un "gros" topos cristallin, dont on pourra comparer la construction avec celle du gros topos d'un espace topologique (SGA 4 IV 2.5). Néanmoins, nous n'aurons pas par la suite à utiliser les notions introduites ici.

### 4.1. Définition du gros topos cristallin.

Soient $(S,\underline{I},\gamma)$ un PD-schéma, et $f : X \longrightarrow S$ un morphisme de schémas, tel que les puissances divisées $\gamma$ s'étendent à $X$ .

*Définition* 4.1.1. *On appelle* gros site cristallin de $X$ relativement à $(S,\underline{I},\gamma)$, *et on note* $CRIS(X/S,\underline{I},\gamma)$ , *ou* $CRIS(X/S)$ *lorsqu'aucune confusion n'est possible sur* $(\underline{I},\gamma)$, *le* $\underline{V}$*-site défini comme suit* :

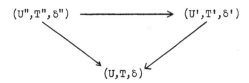

a) *un objet* $(Y,T,\delta)$ *de* $CRIS(X/S,\underline{I},\gamma)$ *est la donnée d'un* X-*schéma* $Y$ , *d'une* S-*immersion fermée de* $Y$ *dans un* S-*schéma* $T$ *appartenant à* $\underline{U}$ , *définie par un idéal* $\underline{J}$ *de* $\underline{O}_T$ , *et d'une* PD-*structure* $\delta$ *sur* $\underline{J}$ , *compatible à* $\gamma$ ;

b) *un morphisme* $(g,\bar{g}) : (Y,T,\delta) \longrightarrow (Y',T',\delta')$ *de* $CRIS(X/S,\underline{I},\gamma)$ *est la donnée d'un* X-*morphisme* $g : Y \longrightarrow Y'$ *et d'un* S-PD-*morphisme* $\bar{g} : T \longrightarrow T'$ *tels que le diagramme*

$$\begin{array}{ccc} Y & \hookrightarrow & T \\ {\scriptstyle g}\downarrow & & \downarrow{\scriptstyle \bar{g}} \\ Y' & \hookrightarrow & T' \end{array}$$

*soit commutatif* ;

c) *la topologie est engendrée par la prétopologie pour laquelle les familles couvrantes* $(g_i,\bar{g}_i)$ *d'un objet* $(Y,T,\delta)$ *sont les familles telles que les* $g_i$ *et les* $\bar{g}_i$ *soient des familles surjectives d'immersions ouvertes.*

*On appelle* gros topos cristallin de $X$ relativement à $(S,\underline{I},\gamma)$ , *et on note* $(X/S,\underline{I},\gamma)_{CRIS}$ , *ou* $(X/S)_{CRIS}$ , *le* $\underline{V}$-*topos associé à* $CRIS(X/S,\underline{I},\gamma)$.

Un objet $(Y,T,\delta)$ de $CRIS(X/S,\underline{I},\gamma)$ est encore appelé épaississement à puissances divisées (compatibles à $\gamma$) de $Y$ . On remarquera que le topos $(X/S)_{CRIS}$ est encore un $\underline{V}$-topos, donc n'est en fait pas plus "gros" du point de vue des univers que le topos $(X/S)_{cris}$ ; néanmoins, comme $Cris(X/S)$ est un sous-site plein de $CRIS(X/S)$, on gardera cette terminologie.

Rappelons enfin que si $(Y,T,\delta)$ est un objet de $CRIS(X/S,\underline{I},\gamma)$, les puissances divisées $\gamma$ s'étendent à $Y$ d'après 1.1.2 ii).

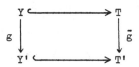

4.1.2. Soit $E$ un faisceau sur $CRIS(X/S)$ . Alors on voit comme en 1.1.4 que pour tout objet $(Y,T,\delta)$ de $CRIS(X/S)$, $E$ définit un faisceau zariskien $E_{(Y,T,\delta)}$ sur $T$ , et que la catégorie des faisceaux sur $CRIS(X/S)$ peut s'interpréter comme la catégorie des systèmes de faisceaux zariskiens $E_{(Y,T,\delta)}$ sur $T$ pour tout objet $(Y,T,\delta)$ , munis de morphismes de transition $\bar{g}^*(E_{(Y',T',\delta')}) \longrightarrow E_{(Y,T,\delta)}$ vérifiant des conditions évidentes, pour tout morphisme $(g,\bar{g})$ de $CRIS(X/S)$ On considèrera en particulier CRIS(X/S) comme annelé par le faisceau égal sur $(Y,T,\delta)$ à $\underline{O}_T$, qu'on notera encore $\underline{O}_{X/S}$.

On peut donner une autre description utile des faisceaux sur CRIS(X/S), en termes de "petits" sites cristallins. Soit Y un X-schéma, tel que les puissances divisées $\gamma$ s'étendent à Y. On considère la sous-catégorie de CRIS(X/S) formée des objets $(V,T,\delta)$ où V est un ouvert de Y, avec pour morphismes les morphismes $(g,\bar{g})$ tels que g soit l'inclusion d'un ouvert de Y dans un autre. Il résulte aussitôt des définitions que cette catégorie est $\mathrm{Cris}(Y/S,\underline{I},\gamma)$, où Y est considéré comme S-schéma par le morphisme composé $Y \longrightarrow X \longrightarrow S$. Par restriction, un faisceau E sur CRIS(X/S) définit donc pour tout X-schéma Y (tel que $\gamma$ s'étendent à Y) un faisceau $E_Y$ sur Cris(Y/S). Si on se donne un X-morphisme $g : Y' \longrightarrow Y$, alors pour tout objet $(V',T',\delta')$ de Cris(Y'/S), tout objet $(V,T,\delta)$ de Cris(Y/S), et tout g-PD-morphisme $h : T' \longrightarrow T$, $(g,h)$ est un morphisme de CRIS(X/S), donc définit une application $E(V,T,\delta) \longrightarrow E(V',T',\delta')$. Il résulte alors de la construction du foncteur image inverse $g_{cris}^{\ast}$ par (2.2.10) que l'on obtient un morphisme de faisceaux

$$g_{cris}^{\ast}(E_Y) \longrightarrow E_{Y'} \quad ;$$

Si l'on se donne un second X-morphisme $g' : Y'' \longrightarrow Y'$, on obtient, compte tenu de 2.2.6, une relation de transitivité évidente.

Inversement, supposons donné pour tout X-schéma Y tel que $\gamma$ s'étende à Y un faisceau $E_Y$ sur $\mathrm{Cris}(Y/S,\underline{I},\gamma)$, et pour tout X-morphisme $g : Y' \longrightarrow Y$, un morphisme de faisceaux $g_{cris}^{\ast}(E_Y) \longrightarrow E_{Y'}$, de facon à vérifier la condition de transitivité précédente pour le composé de deux X-morphismes, et qui soit un isomorphisme si g est une immersion ouverte. Alors on définit un faisceau E sur CRIS(X/S) en posant pour tout objet $(Y,T,\delta)$

$$E(Y,T,\delta) = E_Y(Y,T,\delta)$$

On a donc une équivalence de catégories entre la catégorie des faisceaux sur CRIS(X/S) et la catégorie des systèmes $E_Y$ comme plus haut.

4.1.3. On va définir deux morphismes de topos

$$(4.1.1)\qquad \begin{aligned} r_{X/S} &: (X/S)_{cris} \longrightarrow (X/S)_{CRIS} \\ p_{X/S} &: (X/S)_{CRIS} \longrightarrow (X/S)_{cris} \end{aligned} \quad ,$$

donnant lieu à une suite de trois foncteurs

$$(4.1.2)\qquad p_{X/S}^{*} = r_{X/S!} \quad , \quad p_{X/S*} = r_{X/S}^{*} \quad , \quad p_{X/S}^{!} = r_{X/S*} \quad ,$$

chacun étant adjoint à gauche du suivant.

Le foncteur $p_{X/S*} = r_{X/S}^{*}$ est le foncteur de restriction d'un faisceau sur CRIS(X/S) à Cris(X/S), considéré comme un sous-site par 4.1.2. Pour tout faisceau $E$ sur CRIS(X/S), on a donc $r_{X/S}^{*}(E) = E_X$ , avec les notations de 4.1.2.

Il est clair que le foncteur $p_{X/S*}$ ainsi défini commute aux $\underline{V}$-limites projectives, puisque celles-ci se calculent argument par argument. Il admet donc un adjoint à gauche $p_{X/S}^{*} = r_{X/S!}$ . Si $F$ est un faisceau sur Cris(X/S) , $p_{X/S}^{*}(F)$ est le faisceau constitué dans la description de 4.1.2 par la famille des images inverses $g_{cris}^{*}(F)$ pour tout $X' \xrightarrow{g} X$ . La formule d'adjonction est alors immédiate.

Pour montrer qu'il existe un adjoint à droite $r_{X/S*}$ à $r_{X/S}^{*}$ , il suffit de montrer que ce dernier commute aux $\underline{V}$-limites inductives. Cela résulte de 4.1.2 en remarquant que la limite d'un système de faisceaux $E_Y$ est le système formé des $\varinjlim E_Y$ sur chaque site Cris(Y/S), puisque les foncteurs $g_{cris}^{*}$ , étant les foncteurs image inverse pour des morphismes de topos, commutent aux $\underline{V}$-limites inductives.

Il est clair que l'on a

$$(4.1.3)\qquad r_{X/S}^{*}(\underline{O}_{X/S_{CRIS}}) = \underline{O}_{X/S_{cris}} \quad , \quad p_{X/S}^{*}(\underline{O}_{X/S_{cris}}) = \underline{O}_{X/S_{CRIS}} \quad ,$$

de sorte que $r_{X/S}$ et $p_{X/S}$ sont de facon naturelle des morphismes de topos annelés.

Enfin, on vérifie immédiatement que l'on a

$$(4.1.4)\qquad p_{X/S} \circ r_{X/S} = \mathrm{Id}_{(X/S)_{cris}}$$

à isomorphisme canonique près.

Proposition 4.1.4. Pour tout faisceau d'anneaux A sur CRIS(X/S) et tout complexe de A-modules $F^{\cdot}$ borné inférieurement, on a un isomorphisme canonique dans $D^+(\Gamma((X/S)_{CRIS},A))$

(4.1.5) $$\underline{\underline{R}}\Gamma^{\cdot}((X/S)_{CRIS},F^{\cdot}) \xrightarrow{\sim} \underline{\underline{R}}\Gamma^{\cdot}((X/S)_{cris},r_{X/S}^{*}(F^{\cdot})) .$$

En effet, on a $r_{X/S}^{*} = p_{X/S*}$ , et $p_{X/S*}$ est exact, de sorte que $\underline{\underline{R}}p_{X/S*} = p_{X/S*}$ , d'où (4.1.5) à partir de l'isomorphisme canonique des foncteurs dérivés

$$\underline{\underline{R}}\Gamma^{\cdot}((X/S)_{CRIS}, \cdot) \longrightarrow \underline{\underline{R}}\Gamma^{\cdot}((X/S)_{cris}, \cdot)\circ \underline{\underline{R}}p_{X/S*} .$$

Le calcul des invariants cohomologiques du gros topos se ramène donc au calcul de ceux du petit topos.

4.2. Fonctorialité du gros topos cristallin.

On considère maintenant un carré commutatif de la forme

$$\begin{array}{ccc} X' & \xrightarrow{g} & X \\ {\scriptstyle f'}\downarrow & & \downarrow{\scriptstyle f} \\ (S',\underline{I}',\gamma') & \xrightarrow{u} & (S,\underline{I},\gamma) \end{array} ,$$

où u est un PD-morphisme.

4.2.1. A tout objet $(Y,T,\delta)$ de CRIS(X/S) , on associe un faisceau $g^*(T)$ sur CRIS(X'/S') défini de la facon suivante : si $(Y',T',\delta') \in Ob(CRIS(X'/S'))$ , $g^*(T)(Y',T',\delta')$ est l'ensemble des couples de morphismes $(h,\bar{h})$ tels que le diagramme

(4.2.1)

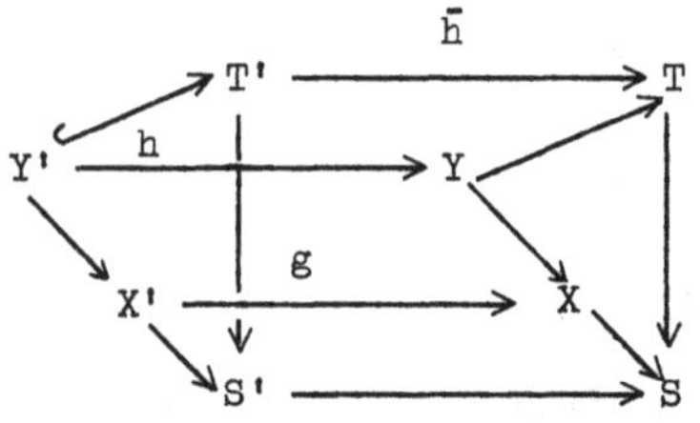


soit commutatif, et que $\bar{h} : (T',\delta') \longrightarrow (T,\delta)$ soit un PD-morphisme. Il est facile de voir qu'on a encore défini de la sorte un foncteur continu $CRIS(X/S) \longrightarrow (X'/S')_{CRIS}$, donnant donc naissance à un couple de foncteurs adjoints $(g_{CRIS}^{*},g_{CRIS*})$

entre les gros topos cristallins de $X$ et $X'$ . Pour montrer que ces deux foncteurs définissent un morphisme de topos, il faut voir que $g_{CRIS}^{*}$ commute aux limites projectives finies. Or pour tout faisceau $E$ sur $CRIS(X/S)$, $g_{CRIS}^{*}(E)$ est le faisceau associé au préfaisceau dont la valeur sur un objet $(Y',T',\delta')$ de $CRIS(X'/S')$ est $\varinjlim_{(h,\bar{h})} E(Y,T,\delta)$ , où $(h,\bar{h})$ parcourt la catégorie des PD-morphismes $(Y',T',\delta') \rightarrow (Y,T,\delta)$ dans un objet de $CRIS(X/S)$, tels que le diagramme (4.2.1) soit commutatif. Mais $(Y',T',\delta')$ peut être considéré comme un objet de $CRIS(X/S)$ : grâce à $g$ , $Y'$ est un $X$-schéma, et d'autre part, $u$ étant un PD-morphisme, la compatibilité de $\delta'$ à $\gamma'$ entraine la compatibilité à $\gamma$ . Il en résulte que la catégorie où varie $(h,\bar{h})$ possède un objet initial, à savoir le morphisme identique de $(Y',T',\delta')$ dans lui-même considéré comme un objet de $CRIS(X/S)$. Par suite, $g_{CRIS}^{*}(E)$ est simplement le faisceau sur $CRIS(X'/S')$ dont la valeur sur un objet $(Y',T',\delta')$ est $E(Y',T',\delta')$ , cet objet étant considéré comme objet de $CRIS(X/S)$. La commutation aux limites projectives est alors triviale. On obtient donc un morphisme de topos

(4.2.2) $$g_{CRIS} : (X'/S')_{CRIS} \longrightarrow (X/S)_{CRIS} .$$

De même, pour $g' : X'' \longrightarrow X'$ , on a un isomorphisme de morphismes de topos

(4.2.3) $$(g \circ g')_{CRIS} \xrightarrow{\sim} g_{CRIS} \circ g'_{CRIS} .$$

4.2.2. Restons sous les hypothèses de 4.2. Alors le diagramme de morphismes de topos

$$\begin{array}{ccc} (X'/S')_{CRIS} & \xrightarrow{g_{CRIS}} & (X/S)_{CRIS} \\ \Big\downarrow p_{X'/S'} & & \Big\downarrow p_{X/S} \\ (X'/S')_{cris} & \xrightarrow{g_{cris}} & (X/S)_{cris} \end{array}$$

est commutatif à isomorphisme canonique près. Pour le voir, il suffit en effet de montrer que les foncteurs image inverse correspondants sont canoniquement isomorphes. Du calcul de $g_{CRIS}^{*}$ fait en 4.2.1 résulte que pour tout $X'$-schéma $Y'$ (tel que $\gamma'$ s'étende à $Y'$ ) on a un isomorphisme canonique

(4.2.5) $$g_{CRIS}{}^{*}(E)_{Y'} \xrightarrow{\sim} u_{cris}{}^{*}(E_{Y'}) \ ,$$

où pour le terme de droite $Y'$ est considéré comme un X-schéma par le morphisme composé $Y' \xrightarrow{\varphi} X' \xrightarrow{g} X$ , et $u_{cris}$ désigne le morphisme de topos $(Y'/S')_{cris} \longrightarrow (Y'/S)_{cris}$ . Si $E = p_{X/S}{}^{*}(F)$ , où $F$ est un faisceau sur Cris(X/S), on a donc par définition de $p_{X/S}$ un isomorphisme canonique

(4.2.6) $$g_{CRIS}{}^{*} \circ p_{X/S}{}^{*}(F)_{Y'} \xrightarrow{\sim} (g \circ \varphi)_{cris}{}^{*}(F) \ .$$

D'autre part, on a par définition de $p_{X'/S'}$

(4.2.7) $$p_{X'/S'}{}^{*} \circ g_{cris}{}^{*}(F)_{Y'} = \varphi_{cris}{}^{*} \circ g_{cris}{}^{*}(F) \ .$$

Compte tenu de 2.2.6, (4.2.6) et (4.2.7) donnent l'isomorphisme cherché.

On remarquera que la commutativité de (4.2.4) entraine que la suite spectrale de Leray définie par $g_{CRIS}$ s'identifie, via les isomorphismes canoniques (4.1.3), à la suite spectrale de Leray définie par $g_{cris}$ . En particulier, le diagramme

$$\begin{array}{ccc} H^{*}((X/S)_{CRIS}, \underline{O}_{X/S}) & \xrightarrow{g_{CRIS}{}^{*}} & H^{*}((X'/S')_{CRIS}, \underline{O}_{X/S}) \\ \downarrow \wr & & \downarrow \wr \\ H^{*}((X/S)_{cris}, \underline{O}_{X/S}) & \xrightarrow{g_{cris}{}^{*}} & H^{*}((X'/S')_{cris}, \underline{O}_{X/S}) \end{array}$$

est commutatif.

<u>Remarque</u> 4.2.3. Par contre, le diagramme

$$\begin{array}{ccc} (X'/S')_{cris} & \xrightarrow{g_{cris}} & (X/S)_{cris} \\ \Big\downarrow r_{X'/S'} & & \Big\downarrow r_{X/S} \\ (X'/S')_{CRIS} & \xrightarrow{g_{CRIS}} & (X/S)_{CRIS} \end{array}$$

n'est pas en général commutatif à isomorphisme canonique près. On peut en effet définir un homomorphisme canonique de foncteurs

$$g_{cris}{}^{*} \circ r_{X/S}{}^{*} \longrightarrow r_{X'/S'}{}^{*} \circ g_{CRIS}{}^{*} \ ,$$

mais ce n'est pas un isomorphisme en général : avec les identifications que nous donnerons aux numéros suivants lorsque $(S',\underline{I}',\gamma') = (S,\underline{I},\gamma)$ , il peut en effet s'interpréter pour tout faisceau $E$ comme l'homomorphisme canonique $g_{cris}{}^{*}(E_X) \longrightarrow E_{X'}$ , qui n'est pas en général un isomorphisme.

4.3. <u>Interprétation des morphismes de fonctorialité entre gros topos cristallins.</u>

Considérons maintenant un diagramme commutatif de la forme

$$\begin{array}{ccc} X' & \xrightarrow{\ g\ } & X \\ & \searrow \quad \swarrow & \\ & (S,\underline{I},\gamma) & \end{array}$$

où $\gamma$ s'étend à $X$ et $X'$ .

4.3.1. Pour tout $X$-schéma $Z$ , on note $Z_{CRIS}$ le faisceau sur $CRIS(X/S)$ défini par

(4.3.1) $$Z_{CRIS}(Y,T,\delta) = Hom_X(Y,Z) \quad ,$$

pour tout $(Y,T,\delta) \in Ob(CRIS(X/S))$ .

Soit d'autre part $CRIS(X/S)/X'$ le site dont les objets sont les couples d'un objet $(Y,T,\delta)$ de $CRIS(X/S)$ et d'un $X$-morphisme $Y \longrightarrow X'$ , les morphismes étant les morphismes de $CRIS(X/S)$ commutant au morphisme donné dans $X'$ , et la topologie la topologie induite par $CRIS(X/S)$. On peut encore le définir comme étant le site $CRIS(X/S)/X'_{CRIS}$ , car un morphisme de faisceaux de $(Y,T,\delta)$ dans $X'_{CRIS}$ est la donnée d'un élément de $X'_{CRIS}(Y,T,\delta) = Hom_X(Y,X')$ . Il résulte immédiatement des définitions que l'on a

(4.3.2) $$CRIS(X/S)/X' = CRIS(X'/S) \quad .$$

On en déduit une équivalence de topos

(4.3.3) $$e_{X'} : (X'/S)_{CRIS} \xrightarrow{\ \sim\ } (CRIS(X/S)/X')^{\sim} \xrightarrow{\ \sim\ } (X/S)_{CRIS}/X'_{CRIS} \quad ,$$

où la seconde équivalence est donnée par SGA 4 III 5 4 (le signe $\sim$ désignant la catégorie des faisceaux sur un site).

4.3.2. Considérons le diagramme de morphismes de topos

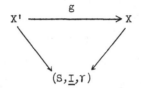

(4.3.4)
$$\begin{array}{ccc} (X'/S)_{CRIS} & \xrightarrow{\quad g_{CRIS} \quad} & (X/S)_{CRIS} \\ & {\scriptstyle e_{X'}} \searrow \sim \qquad \nearrow {\scriptstyle j_{X'}} & \\ & (X/S)_{CRIS}/X'_{CRIS} & \end{array}$$

où $j_{X'}$ est le morphisme de localisation correspondant à $X'_{CRIS}$ dans $(X/S)_{CRIS}$. Ce diagramme est commutatif à isomorphisme canonique près.

Pour le montrer, on définit un isomorphisme de morphismes de topos entre $g_{CRIS}$ et $j_{X'} \circ e_{X'}$ en construisant pour tout objet $(Y,T,\delta)$ de $CRIS(X/S)$ un isomorphisme fonctoriel $g_{CRIS}{}^*(Y,T,\delta)$ et $e_{X'}{}^* \circ j_{X'}{}^*(Y,T,\delta)$. Or $j_{X'}{}^*(Y,T,\delta)$ est le faisceau $\tilde{T} \times X'_{CRIS}$, où $\tilde{T}$ est le faisceau représenté par $(Y,T,\delta)$, le produit $\tilde{T} \times X'_{CRIS}$ étant considéré comme un objet au-dessus de $X'_{CRIS}$ par la projection. Alors $e_{X'}{}^* \circ j_{X'}{}^*(Y,T,\delta)$ est le faisceau dont la valeur sur un objet $(Y',T',\delta')$ de $CRIS(X'/S')$ est

$$\mathrm{Hom}_{(X/S)_{CRIS}/X'_{CRIS}}(\tilde{T}', \tilde{T} \times X'_{CRIS}) \quad ,$$

l'objet $(Y',T',\delta')$ étant identifié à un objet de $CRIS(X/S)/X'$ par (4.3.2). Comme le foncteur $j_{X'}{}^*$ (i.e. le produit par $X'_{CRIS}$) est adjoint à droite du foncteur "oubli du morphisme structural dans $X'_{CRIS}$", la valeur de $e_{X'}{}^* \circ j_{X'}{}^*(Y,T,\delta)$ sur $(Y',T',\delta')$ est encore

$$\mathrm{Hom}_{(X/S)_{CRIS}}(\tilde{T}', \tilde{T}) = \mathrm{Hom}_{CRIS(X/S)}((Y',T',\delta'),(Y,T,\delta)) \quad ,$$

où $(Y',T',\delta')$ est considéré comme objet de $CRIS(X/S)$. Mais d'après la définition de $g^*(T) = g_{CRIS}{}^*(Y,T,\delta)$ donnée en 4.2.1, on a précisément

$$g_{CRIS}{}^*(Y,T,\delta)(Y',T',\delta') = \mathrm{Hom}_{CRIS(X/S)}((Y',T',\delta'),(Y,T,\delta)) \quad ,$$

d'où l'isomorphisme cherché.

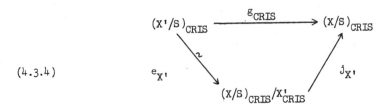

On voit donc que, sous les hypothèses de 4.3, le morphisme de fonctorialité entre les topos cristallins s'exprime de façon particulièrement agréable comme un morphisme de localisation lorsqu'on considère les gros topos cristallins. Pour cette raison, il est parfois plus commode de travailler avec le gros topos cristallin qu'avec le petit (voir par exemple [10]).

## 4.4. Relations entre gros topos cristallin et gros topos zariskien.

Indiquons enfin les relations qui lient le gros topos cristallin et le gros topos zariskien. Rappelons que pour tout schéma $X$ , le gros topos zariskien de $X$ est obtenu en prenant pour site de définition la catégorie des $X$-schémas de $\underline{U}$ , avec pour flèches les $X$-morphismes, les familles couvrantes étant les familles surjectives d'immersions ouvertes. C'est alors un $\underline{V}$-topos. On notera $ZAR(X)$ le gros site zariskien de $X$ , et $X_{ZAR}$ le gros topos zariskien.

On considère donc un PD-schéma $(S,\underline{I},\gamma)$ , et un $S$-schéma $X$ .

4.4.1. En associant à un $X$-schéma $Z$ le faisceau $Z_{CRIS}$ défini par (4.3.1) on obtient un foncteur

$$ZAR(X) \longrightarrow (X/S)_{CRIS} \quad . \tag{4.4.1}$$

Il est clair que c'est un foncteur continu ; il est clair également qu'il commute aux produits et aux produits fibrés, donc aux limites projectives. Par conséquent, il définit un morphisme de topos

$$U_{X/S} : (X/S)_{CRIS} \longrightarrow X_{ZAR} \quad , \tag{4.4 2}$$

d'après SGA 4 IV 4.9. Par définition, on a donc pour tout $X$-schéma $X'$ et tout faisceau $E$ sur $CRIS(X/S)$

$$U_{X/S*}(E)(X') = \Gamma(X'_{CRIS},E) \quad , \tag{4.4.3}$$

soit encore, lorsque $\gamma$ s'étend à $X'$ ,

$$U_{X/S*}(E)(X') = \Gamma((X'/S)_{CRIS},g_{CRIS}{}^{*}(E)) \tag{4.4.4}$$

d'après (4.3.3) ($g$ étant le morphisme donné de $X'$ dans $X$).

Si $\underline{F}$ est un faisceau sur $X_{ZAR}$ (i.e. un système de faisceaux $\underline{F}_{X'}$, sur chaque $X$-schéma $X'$ , avec des morphismes de transition pour chaque $X$-morphisme), alors le faisceau $U_{X/S}{}^{*}(\underline{F})$ est donné par

(4.4.5) $$U_{X/S}{}^{*}(\underline{F})(Y,T,\delta) = \underline{F}(Y)$$

pour tout objet $(Y,T,\delta)$ de $CRIS(X/S)$ . La formule d'adjonction est alors facile à vérifier.

Enfin, le foncteur $U_{X/S}{}^{*}$ admet un adjoint à gauche $U_{X/S!}$ tel que pour tout faisceau $E$ sur $CRIS(X/S)$ , et tout X-schéma $X'$ , on ait

(4.4.6) $$U_{X/S!}(E)(X') = E(D_{\underline{O}_{X'},\gamma}(\underline{I}.\underline{O}_{X'}),D_{\underline{O}_{X'},\gamma}(\underline{I}.\underline{O}_{X'})) \quad ,$$

$D_{\underline{O}_{X'},\gamma}(\underline{I}.\underline{O}_{X'})$ étant le schéma obtenu en rajoutant "universellement" sur $\underline{I}.\underline{O}_{X'}$ des puissances divisées prolongeant $\gamma$ , de sorte que si $\gamma$ se prolonge à $X'$ , on a $D_{\underline{O}_{X'},\gamma}(\underline{I}.\underline{O}_{X'}) = X'$ (dans le cas général, $X'_{CRIS} = D_{\underline{O}_{X'},\gamma}(\underline{I}.\underline{O}_{X'})_{CRIS}$) . Le couple de foncteurs adjoints $(U_{X/S!},U_{X/S}{}^{*})$, où $U_{X/S!}$ commute visiblement aux limites projectives finies, définit donc un morphisme de topos

(4.4.7) $$I_{X/S} : X_{ZAR} \longrightarrow (X/S)_{CRIS} \quad .$$

Il est clair qu'on a encore, à isomorphisme canonique près,

(4.4.8) $$U_{X/S} \circ I_{X/S} = Id_{X_{ZAR}} \quad .$$

4.4.2. On note

$$p_X : X_{ZAR} \longrightarrow X_{ZAR}$$

$$r_X : X_{ZAR} \longrightarrow X_{ZAR}$$

les morphismes "prolongement" et "restriction" entre le petit et le gros topos zariskiens, analogue des morphismes $r_{X/S}$ et $p_{X/S}$ de 4.1.3. On laisse au lecteur le soin de montrer, à titre d'exercice (facile!) , la commutativité à isomorphisme canonique près des diagrammes suivants :

(4.4.9) $$\begin{array}{ccc} (X/S)_{CRIS} & \xrightarrow{p_{X/S}} & (X/S)_{cris} \\ {\scriptstyle U_{X/S}}\downarrow & & \downarrow{\scriptstyle u_{X/S}} \\ X_{ZAR} & \xrightarrow{p_X} & X_{Zar} \end{array} \quad ,$$

$$(4.4.10)\qquad \begin{array}{ccc} (X/S)_{CRIS} & \xleftarrow{r_{X/S}} & (X/S)_{cris} \\ {\scriptstyle U_{X/S}}\downarrow & & \downarrow{\scriptstyle u_{X/S}} \\ X_{ZAR} & \xleftarrow{r_X} & X_{Zar} \end{array} ,$$

$$(4.4.11)\qquad \begin{array}{ccc} (X/S)_{CRIS} & \xrightarrow{p_{X/S}} & (X/S)_{cris} \\ {\scriptstyle I_{X/S}}\uparrow & & \uparrow{\scriptstyle i_{X/S}} \\ X_{ZAR} & \xrightarrow{p_X} & X_{Zar} \end{array} ,$$

$$(4.4.12)\qquad \begin{array}{ccc} (X/S)_{CRIS} & \xleftarrow{r_{X/S}} & (X/S)_{cris} \\ {\scriptstyle I_{X/S}}\uparrow & & \uparrow{\scriptstyle i_{X/S}} \\ X_{ZAR} & \xleftarrow{r_X} & X_{Zar} \end{array} .$$

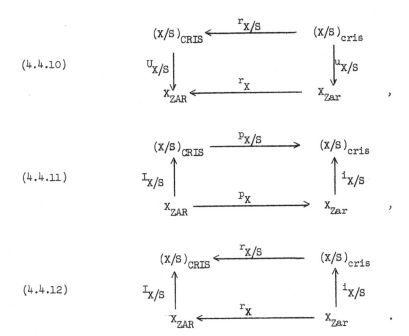

# CHAPITRE IV

## CRISTAUX

"Un cristal possède deux propriétés caractéristiques : la rigidité, et la faculté de croître, dans un voisinage approprié. Il y a des cristaux de toute espèce de substance : des cristaux de soude, de soufre, de modules, d'anneaux, de schémas relatifs, etc..." .

Extrait d'une lettre de A. Grothendieck à J. Tate.

Nous étudierons ici la notion de cristal à valeurs dans un champ au-dessus du site cristallin, et plus particulièrement la notion de cristal en modules, en liaison avec la théorie des modules stratifiés développée au chapitre II. Nous verrons en particulier que la catégorie des cristaux en $\underline{O}_{X/S}$-modules, qui est naturellement une sous-catégorie pleine de la catégorie des $\underline{O}_{X/S}$-modules, est une catégorie abélienne : par contre, le foncteur d'inclusion de la catégorie des cristaux en $\underline{O}_{X/S}$-modules dans la catégorie des $\underline{O}_{X/S}$-modules n'est pas exact à gauche en général. Ce phénomène a pour conséquence déplaisante l'apparition dans divers calculs cohomologiques locaux (tels que la cohomologie à support dans un fermé, ou bien le calcul des $\underline{\mathrm{Ext}}$ locaux) de faisceaux de cohomologie "parasites", que l'on voudrait négliger. Pour cela, on est amené à travailler non pas avec la catégorie des $\underline{O}_{X/S}$-modules, mais avec une catégorie quotient convenable de celle-ci, qui peut d'ailleurs s'interpréter comme la catégorie des modules sur un certain sous-site du site cristallin : c'est ce point de vue qui sera développé au numéro 2. Enfin, nous introduirons une construction d'un usage constant par la suite, la linéarisation des opérateurs hyper-PD-différentiels, qui permet de ramener les calculs cohomologiques sur les complexes différentiels d'ordre $\leqslant 1$ sur le site zariskien à des calculs sur des complexes linéaires sur le site cristallin, sous des hypothèses de lissité convenables.

Rappelons qu'on a fixé un nombre premier $p$ , localement nilpotent sur tous les schémas considérés.

## 1. Cristaux en A-modules.

### 1.1. Cristaux.

Soient $(S,\underline{I},\gamma)$ un PD-schéma, et $f : X \longrightarrow S$ un morphisme de schémas, tel que $\gamma$ s'étende à $X$. On se donne un champ $\underline{C}$ au-dessus du site $\mathrm{Cris}(X/S,\underline{I},\gamma)$ (cf. [19]).

Définition 1.1.1. On appelle cristal en objets de $\underline{C}$ sur $X$ relativement à $(S,\underline{I},\gamma)$ (ou simplement sur $\mathrm{Cris}(X/S,\underline{I},\gamma)$) toute section cartésienne de $\underline{C}$ au-dessus de $\mathrm{Cris}(X/S,\underline{I},\gamma)$.

La donnée d'un cristal en objets de $\underline{C}$ équivaut donc à la donnée, pour tout objet $(U,T,\delta)$ de $\mathrm{Cris}(X/S,\underline{I},\gamma)$, d'un objet $E(U,T,\delta)$ de la fibre $\underline{C}_T$ de $\underline{C}$ au-dessus de $(U,T,\delta)$, et pour tout morphisme $u : (U',T',\delta') \longrightarrow (U,T,\delta)$ d'un morphisme

$$E(u) : E(U',T',\delta') \longrightarrow E(U,T,\delta)$$

au-dessus de $u$, faisant de $E(U',T',\delta')$ une image inverse de $E(U,T,\delta)$ par $u$, de telle sorte que $E(u \circ u') = E(u) \circ E(u')$, et $E(\mathrm{Id}) = \mathrm{Id}$ ; les morphismes $E(u)$ seront appelés morphismes de transition.

On notera $\underline{\underline{C}}_{\underline{C}}(X/S,\underline{I},\gamma)$, ou $\underline{\underline{C}}_{\underline{C}}(X/S)$ la catégorie des cristaux en objets de $\underline{C}$ sur $\mathrm{Cris}(X/S,\underline{I},\gamma)$, les morphismes étant les morphismes de sections cartésiennes, i.e. les morphismes de foncteurs.

La catégorie $\underline{\underline{C}}_{\underline{C}}(X/S)$ varie fonctoriellement avec le champ $\underline{C}$ : si $\underline{C}' \longrightarrow \underline{C}$ est un morphisme de champs, i.e. un foncteur cartésien, on obtient par composition un foncteur

$$\underline{\underline{C}}_{\underline{C}'}(X/S) \longrightarrow \underline{\underline{C}}_{\underline{C}}(X/S) \quad .$$

Exemples 1.1.2.

i) L'exemple le plus courant par la suite est le suivant. Soit $A$ un anneau du topos cristallin ; on prend pour $\underline{C}$ le champ dont la fibre au-dessus d'un objet $(U,T,\delta)$ de $\mathrm{Cris}(X/S)$ est la catégorie des $A_{(U,T,\delta)}$-modules, où $A_{(U,T,\delta)}$ est le faisceau zariskien défini par $A$ sur $T$, un morphisme d'un $A_{(U',T',\delta')}$-module $E'$ dans un $A_{(U,T,\delta)}$-module $E$ étant la donnée d'un morphisme $g : (U',T',\delta') \to (U,T,\delta)$ de $\mathrm{Cris}(X/S)$ et d'un homomorphisme de $A_{(U',T',\delta')}$-modules : $E' \longrightarrow g^*(E)$.

Nous noterons la catégorie de cristaux correspondante $\underline{\underline{C}}_A(X/S)$ ; lorsque $A = \underline{O}_{X/S}$, nous la noterons simplement $\underline{\underline{C}}_{X/S}$. Les objets de $\underline{\underline{C}}_A(X/S)$ seront appelés <u>cristaux en A-modules</u> ; un cristal en A-modules est donc la donnée, pour tout objet $(U,T,\delta)$ de $\mathrm{Cris}(X/S)$, d'un $A_{(U,T,\delta)}$-module $E_{(U,T,\delta)}$, et pour tout morphisme $g : (U',T',\delta') \longrightarrow (U,T,\delta)$ de $\mathrm{Cris}(X/S)$, d'un <u>isomorphisme</u>

$$(1.1.1) \qquad g^{-1}(E_{(U,T,\delta)}) \otimes_{g^{-1}(A_{(U,T,\delta)})} A_{(U',T',\delta')} \xrightarrow{\sim} E_{(U',T',\delta')} ,$$

avec une condition de transitivité pour le composé de deux morphismes que le lecteur explicitera immédiatement.

Il résulte de la description des faisceaux sur $\mathrm{Cris}(X/S)$ donnée en III 1.1.4 que la donnée d'un cristal en A-modules équivaut à la donnée d'un A-module tel que pour tout morphisme $g : (U',T',\delta') \longrightarrow (U,T,\delta)$ le morphisme de transition correspondant induise un isomorphisme (1.1.1). La catégorie $\underline{\underline{C}}_A(X/S)$ est donc de facon naturelle une sous-catégorie de la catégorie des A-modules ; il est clair que c'est une sous-catégorie pleine. On dit parfois qu'un cristal en A-modules est un A-<u>module spécial</u>.

Nous noterons par la suite $\underline{\underline{M}}_A(X/S)$ la catégorie des A-modules ($\underline{\underline{M}}_{X/S}$ lorsque $A = \underline{O}_{X/S}$).

ii) On peut de même considérer le champ dont la fibre au-dessus de $(U,T,\delta)$ est la catégorie des $A_{(U,T,\delta)}$-algèbres ; on obtient ainsi la catégorie des <u>cristaux en</u> A-<u>algèbres</u>. Si on prend pour $\underline{C}$ le champ dont la fibre en $(U,T,\delta)$ est la catégorie des T-schémas, on obtient la catégorie des <u>cristaux en schémas</u> ; si pour tout schéma en groupes $G$ sur $S$ on prend pour $\underline{C}$ le champ dont la fibre sur $(U,T,\delta)$ est la catégorie des G-torseurs sur $T$, on obtient la catégorie des <u>cristaux en</u> G-<u>torseurs</u>, etc...

iii) Soient $k$ un corps parfait de caractéristique $p$, $W$ l'anneau des vecteurs de Witt de $k$ , $W_n = W/p^{n+1}W$ , $S = \mathrm{Spec}(W)$ , $S_n = \mathrm{Spec}(W_n)$ . On a défini en III 1.1.3 le site cristallin relativement à $S$ pour tout S-schéma $X$ sur lequel $p$ est localement nilpotent. On peut donc généraliser la définition 1.1.1 et introduire la notion de cristal sur $X$ relativement à $S$ (l'idéal de compatibilité $(\underline{I},\gamma)$ étant en général l'idéal $p.\underline{O}_S$ muni de ses puissances divisées naturelles). En particulier, un <u>cristal absolu</u> sur $X$ est un cristal sur le site $\mathrm{Cris}(X/\mathrm{Spec}(\underline{\underline{Z}}_p))$ .

Considérons en particulier le cas $X = \mathrm{Spec}(k)$ . Alors le site $\mathrm{Cris}(X/S_n)$ , où $S_n$ est muni de l'idéal de compatibilité $p.\underline{O}_{S_n}$ , avec ses puissances divisées naturelles, possède un objet final, à savoir l'immersion de $X$ dans $S_n$ , munie des mêmes puissances divisées. Il en résulte que la donnée d'un cristal en $\underline{O}_{X/S_n}$-modules n'est autre que la donnée d'un $W_n$-module. De même, la donnée d'un cristal en $\underline{O}_{X/S}$-modules sur $\mathrm{Cris}(X/S)$ équivaut à la donnée d'un système projectif de $W_n$-modules $E_n$ , tels que pour tout $n$ , l'homomorphisme $M_n \otimes_{W_n} W_{n-1} \longrightarrow M_{n-1}$ soit un isomorphisme, i.e. d'un W-module séparé et complet pour la topologie p-adique.

iv) Nous donnerons plus loin une interprétation, en termes de modules munis de connexions, des cristaux en $\underline{O}_{X/S}$-modules lorsque $X$ est lisse sur $S$ .

<u>Proposition</u> 1.1.3. <u>Soient</u> $A$ <u>un anneau de</u> $(X/S)_{\mathrm{cris}}$ , $E$ <u>un</u> A-<u>module</u>. <u>Pour que</u> $E$ <u>soit un</u> A-<u>module quasi-cohérent</u> (<u>resp</u>. <u>de présentation finie</u>, <u>localement libre de type fini</u>), <u>il faut et suffit que ce soit un cristal</u>, <u>et que pour tout</u> $(U,T,\delta)$ <u>le</u> $A_{(U,T,\delta)}$-<u>module</u> $E_{(U,T,\delta)}$ <u>soit quasi-cohérent</u> (<u>resp</u>. <u>de présentation finie</u>, <u>localement libre de type fini</u>).

Dire que $E$ est quasi-cohérent (resp. de présentation finie, resp. localement libre de type fini) équivaut à dire que pour tout objet $(U,T,\delta)$ il existe un recouvrement ouvert $T_i$ de $T$ , induisant $U_i$ sur $U$ , et sur le site $\mathrm{Cris}(X/S)/(U_i,T_i,\delta)$ une suite exacte de la forme

$$(1.1.2) \qquad (A_{/(U_i,T_i,\delta)})^{(I)} \longrightarrow (A_{/(U_i,T_i,\delta)})^{(J)} \longrightarrow E_{/(U_i,T_i,\delta)} \longrightarrow 0$$

où $I$ et $J$ sont des ensembles d'indices quelconques (resp. finis, resp. $I = \emptyset$ et

$J$ fini). La suite des faisceaux zariskiens définie par (1.1.2) sur $T_i$ montre alors que $E_{(U_i,T_i,\delta)}$ est quasi-cohérent (resp. ...), donc $E_{(U,T,\delta)}$ aussi puisque c'est une propriété locale. De plus, si $g : (U',T',\delta') \longrightarrow (U,T,\delta)$ est un morphisme de Cris(X/S), on a, quitte à se restreindre sur $T$, le diagramme commutatif

$$\begin{array}{ccccccc}
g^*(A_{(U,T,\delta)}{}^{(I)}) & \longrightarrow & g^*(A_{(U,T,\delta)}{}^{(J)}) & \longrightarrow & g^*(M_{(U,T,\delta)}) & \longrightarrow & 0 \\
\downarrow \wr & & \downarrow \wr & & \downarrow & & \\
A_{(U',T',\delta')}{}^{(I)} & \longrightarrow & A_{(U',T',\delta')}{}^{(J)} & \longrightarrow & M_{(U',T',\delta')} & \longrightarrow & 0
\end{array}$$

dont les lignes sont exactes, $g^*$ désignant l'image inverse pour les modules par le morphisme d'espaces annelés $g : (T',A_{(U',T',\delta')}) \longrightarrow (T,A_{(U,T,\delta)})$. Les deux premières flèches verticales sont des isomorphismes, donc la troisième aussi, ce qui montre que $E$ est un cristal.

Inversement, supposons que $E$ soit un cristal, et que pour tout $(U,T,\delta)$, $E_{(U,T,\delta)}$ soit quasi-cohérent (resp. ...) . Alors, quitte à se localiser sur $T$, on a une suite exacte de la forme

$$A_{(U,T,\delta)}{}^{(I)} \longrightarrow A_{(U,T,\delta)}{}^{(J)} \longrightarrow E_{(U,T,\delta)} \longrightarrow 0 \ .$$

Pour tout morphisme $g : (U',T',\delta') \longrightarrow (U,T,\delta)$, on en déduit, en tenant compte de l'isomorphisme $g^*(E_{(U,T,\delta)}) \xrightarrow{\sim} E_{(U',T',\delta')}$, une suite exacte

$$A_{(U',T',\delta')}{}^{(I)} \longrightarrow A_{(U',T',\delta')}{}^{(J)} \longrightarrow E_{(U',T',\delta')} \longrightarrow 0 \ ,$$

qui varie fonctoriellement avec $g$. Elle définit donc une suite exacte de la forme (1.1.2), ce qui montre que $E$ est quasi-cohérent (resp. ...).

<u>Remarque</u> 1.1.4. Il ne faudrait pas conclure de 1.1.3 que tous les modules qu'on rencontre en pratique sont des cristaux : l'idéal à puissances divisées canonique $\underline{J}_{X/S}$ de $\underline{O}_{X/S}$, par exemple, n'est pas un cristal en $\underline{O}_{X/S}$-modules, mais joue néanmoins un rôle important, notamment pour l'interprétation cristalline de la filtration de Hodge en cohomologie de De Rham.

1.1.5. La fonctorialité de la catégorie des cristaux en objets de $\underline{C}$ relativement à $\underline{C}$ a pour conséquence que toutes les opérations que l'on peut définir sur $\underline{C}$ par des foncteurs cartésiens s'étendent en des opérations sur la catégorie des cristaux en objets de $\underline{C}$. Par exemple, si A est un anneau de $(X/S)_{cris}$, la catégorie des cristaux en A-modules est ainsi munie d'un produit tensoriel, correspondant au produit tensoriel habituel des A-modules. De même, si $A \longrightarrow B$ est un homomorphisme d'anneaux, on a un foncteur d'extension des scalaires $\underline{\underline{C}}_A(X/S) \longrightarrow \underline{\underline{C}}_B(X/S)$.

Par contre, si E et F sont deux cristaux en A-modules, $\underline{\underline{Hom}}_A(E,F)$ n'est pas en général un cristal, car la formation du $\underline{Hom}$ ne commute pas à l'extension des scalaires, et la catégorie des cristaux en A-modules ne possède pas en général de $\underline{Hom}$ interne.

Soit $A \longrightarrow B$ un homomorphisme d'anneaux, et supposons que B soit un cristal en A-algèbres. Si E est un cristal en B-modules, le A-module E obtenu par oubli de l'action de B est un cristal en A-modules et réciproquement : il suffit de vérifier que pour tout morphisme $g : (U',T',\delta') \longrightarrow (U,T,\delta)$, l'homomorphisme canonique

$$g^{-1}(E_{(U,T,\delta)}) \otimes_{g^{-1}(A_{(U,T,\delta)})} A_{(U',T',\delta')} \longrightarrow E_{(U',T',\delta')}$$

est un isomorphisme. Or cela résulte aussitôt de l'isomorphisme

$$g^{-1}(E_{(U,T,\delta)}) \otimes_{g^{-1}(A_{(U,T,\delta)})} A_{(U',T',\delta')} \xrightarrow{\sim} g^{-1}(E_{(U,T,\delta)}) \otimes_{g^{-1}(B_{(U,T,\delta)})} B_{(U',T',\delta')}$$

qui provient de ce que B est un cristal en A-algèbres, et du fait que E est un cristal en B-modules. On obtient donc dans ce cas un foncteur d'oubli des scalaires $\underline{\underline{C}}_B(X/S) \longrightarrow \underline{\underline{C}}_A(X/S)$, qui est adjoint à droite du foncteur d'extension des scalaires.

1.2. Image inverse d'un cristal.

On considère un carré commutatif de la forme

$$\begin{array}{ccc} X' & \xrightarrow{\quad g \quad} & X \\ {\scriptstyle f'}\big\downarrow & & \big\downarrow{\scriptstyle f} \\ (S',\underline{I}',\gamma') & \xrightarrow{\quad u \quad} & (S,\underline{I},\gamma) \end{array}$$

où $u$ est un PD-morphisme. On suppose maintenant que $\underline{C}$ est un champ sur la catégorie des S-schémas, munie de la topologie de Zariski ; par conséquent, $\underline{C}$ définit par restriction des champs sur $\mathrm{Cris}(X/S,\underline{I},\gamma)$ et $\mathrm{Cris}(X'/S',\underline{I}',\gamma')$. On suppose de plus donné pour tout S-morphisme $h : T' \longrightarrow T$ un foncteur image inverse $h^* : \underline{C}_T \longrightarrow \underline{C}_{T'}$, avec $\mathrm{Id}^* = \mathrm{Id}$ (i.e. on se donne un clivage normalisé de $\underline{C}$ (SGA 1 VI 7.1)).

1.2.1. Soit $E$ un cristal en objets de $\underline{C}$ sur $\mathrm{Cris}(X/S,\underline{I},\gamma)$. On se propose de définir un cristal image inverse $g^*(E)$ sur $\mathrm{Cris}(X'/S',\underline{I}',\gamma')$.

Si $(U',T',\delta')$ est un objet de $\mathrm{Cris}(X'/S',\underline{I}',\gamma')$, alors, quitte à se localiser sur $T'$, il existe un objet $(U,T,\delta)$ de $\mathrm{Cris}(X/S,\underline{I},\gamma)$ et un g-PD-morphisme $h$ (III 2.1.1) de $T'$ dans $T$, d'après III 2.1.2. Si $E_T$ est l'objet de $\underline{C}_T$ valeur de $E$ en $(U,T,\delta)$, je dis que $h^*(E_T)$ ne dépend pas, à isomorphisme canonique près, de $(U,T,\delta)$ et de $h$. D'après III 2.1.3 et III 2.1.6, la catégorie des g-PD-morphismes de $T'$ dans un objet de $\mathrm{Cris}(X/S)$ est une catégorie filtrante. En utilisant cette propriété, on voit d'abord que si $h_1 : T' \longrightarrow T_1$ et $h_2 : T' \longrightarrow T_2$ sont deux g-PD-morphismes de $T'$ dans des objets de $\mathrm{Cris}(X/S)$, on peut trouver un diagramme commutatif

(1.2.1)

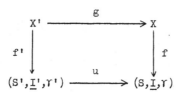

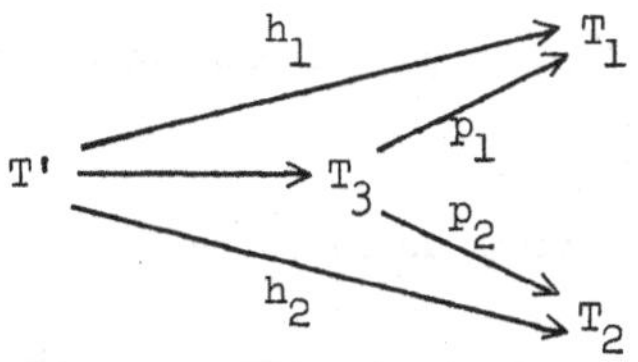


où $h_3 : T' \longrightarrow T_3$ est un g-PD-morphisme de $T'$ dans un objet de $\mathrm{Cris}(X/S)$. On en tire un isomorphisme

$$(1.2.2) \qquad h_1^*(E_{T_1}) \xrightarrow{\sim} h_3^*(p_1^*(E_{T_1})) \xrightarrow{\sim} h_3^*(E_{T_3}) \xleftarrow{\sim} h_3^*(p_2^*(E_{T_2})) \xleftarrow{\sim} h_2^*(E_{T_2}) \ .$$

Pour montrer que cet isomorphisme ne dépend pas des choix faits, on utilise encore le fait que la catégorie des g-PD-morphismes de $T'$ dans un objet de $\mathrm{Cris}(X/S,\underline{I},\gamma)$ est filtrante pour coiffer deux diagrammes commutatifs de la forme (1.2.1) par un troisième de facon à pouvoir comparer les deux isomorphismes (1.2.2) à un troisième. On voit alors qu'ils sont égaux.

Puisque l'objet $h^*(E_T)$ ne dépend pas de $h$ et de $(U,T,\delta)$, on peut, lorsqu'il n'existe pas globalement sur $T'$ de g-PD-morphisme de $T'$ dans un objet de $\mathrm{Cris}(X/S)$, recoller les objets de $\underline{C}$ définis localement, et définir ainsi une section de $\underline{C}$ au-dessus de $\mathrm{Cris}(X'/S')$, notée $g^*(E)$ , le morphisme de transition $g'^*(g^*(E)_{T'}) \longrightarrow g^*(E)_{T''}$ correspondant à un morphisme $g' : (U'',T'',\delta'') \longrightarrow (U',T',\delta')$ de $\mathrm{Cris}(X'/S')$ provenant de ce que pour calculer $g^*(E)_{T''}$ on peut prendre localement un g-PD-morphisme $h$ de $T'$ dans un objet $(U,T,\delta)$ de $\mathrm{Cris}(X/S)$, $g^*(E)_{T''}$ s'identifiant alors à l'image inverse $(h \circ g')^*(E_T)$ ; il en résulte aussitot que les morphismes de transition de $g^*(E)$ sont des isomorphismes, donc que $g^*(E)$ est une section cartésienne de $\underline{C}$ au-dessus de $\mathrm{Cris}(X'/S')$, c'est-à-dire un cristal en objets de $\underline{C}$ .

On voit de même qu'on peut définir l'image inverse d'un morphisme de cristaux en prenant localement son image inverse par un g-PD-morphisme. On a donc défini de la sorte un foncteur image inverse

$$(1.2.3) \qquad g^* : \underline{\underline{C}}_{\underline{C}}(X/S,\underline{I},\gamma) \longrightarrow \underline{\underline{C}}_{\underline{C}}(X'/S',\underline{I}',\gamma') \ .$$

Il est clair qu'il ne dépend pas, à isomorphisme canonique près, du clivage de $\underline{C}$ choisi.

Lorsqu'on a un diagramme commutatif de la forme

$$\begin{array}{ccccc} X'' & \xrightarrow{\ g'\ } & X' & \xrightarrow{\ g\ } & X \\ \downarrow & & \downarrow & & \downarrow \\ (S'',\underline{I}'',\gamma'') & \xrightarrow{\ u'\ } & (S',\underline{I}',\gamma') & \xrightarrow{\ u\ } & (S,\underline{I},\gamma) \end{array}$$

où $u$ et $u'$ sont des PD-morphismes, il est facile de voir (en s'inspirant de III 2.2.6) qu'il existe un isomorphisme canonique de foncteurs

(1.2.4) $$g'^{*} \circ g^{*} \xrightarrow{\sim} (g \circ g')^{*} \quad .$$

Lemme 1.2.2. Avec les notations de 1.2, soient $(U',T',\delta')$ un objet de $\mathrm{Cris}(X'/S')$, $(U,T,\delta)$ un objet de $\mathrm{Cris}(X/S)$, et $h : T' \longrightarrow T$ un g-PD-morphisme. Alors pour tout faisceau d'ensembles $F$ sur $\mathrm{Cris}(X/S)$, il existe un homomorphisme canonique

(1.2.5) $$h^{-1}(F_{(U,T,\delta)}) \longrightarrow g_{\mathrm{cris}}{}^{-1}(F)_{(U',T',\delta')} \quad .$$

On a noté ici $h^{-1}$ , $g_{\mathrm{cris}}{}^{-1}$ les images inverses au sens des faisceaux d'ensembles (et non $g_{\mathrm{cris}}{}^{*}$ comme en III 2.2.3) afin d'éviter les confusions avec les images inverses au sens des modules.

D'après III 2.2.3, $g_{\mathrm{cris}}{}^{-1}(F)_{(U',T',\delta')}$ est le faisceau associé au préfaisceau dont la valeur sur un ouvert $V'$ de $T'$ est $\varinjlim F(U_1,T_1,\delta_1)$ , la limite inductive étant prise sur la catégorie $I_g^{V'}$ des g-PD-morphismes de $V'$ dans un objet $(U_1,T_1,\delta_1)$ de $\mathrm{Cris}(X/S)$ . D'autre part, $h^{-1}(F_{(U,T,\delta)})$ est le faisceau associé au préfaisceau dont la valeur sur $V'$ est $\varinjlim F(U|V,V,\delta)$ où la limite est prise sur l'ensemble des ouverts $V$ de $T$ tels que $V' \subset h^{-1}(V)$ : on peut de facon évidente le considérer comme une sous-catégorie de $I_g^{V'}$ . L'inclusion des catégories d'indices définit alors un morphisme de préfaisceaux, et, par passage aux faisceaux associés, le morphisme (1.2.5).

Soit $A$ un faisceau d'anneaux sur $\mathrm{Cris}(X/S)$. On obtient donc en particulier un homomorphisme d'anneaux

$$h^{-1}(A_{(U,T,\delta)}) \longrightarrow g_{\mathrm{cris}}{}^{-1}(A)_{(U',T',\delta')}$$

d'où pour tout A-module $E$

(1.2.6) $$h^{-1}(E_{(U,T,\delta)}) \otimes_{h^{-1}(A_{(U,T,\delta)})} g_{\mathrm{cris}}{}^{-1}(A)_{(U',T',\delta')} \longrightarrow g_{\mathrm{cris}}{}^{-1}(E)_{(U',T',\delta')} \quad .$$

Proposition 1.2.3. Avec les notations de 1.2.2, soit $E$ un cristal en A-modules sur $\mathrm{Cris}(X/S)$ . Alors l'homomorphisme canonique (1.2.6) est un isomorphisme, et

${g_{cris}}^{-1}(E)$ <u>est un cristal en</u> ${g_{cris}}^{-1}(A)$-<u>modules</u>.

Pour montrer que (1.2.6) est un isomorphisme, il suffit de montrer qu'en tout point $x' \in T'$ l'homomorphisme induit sur les fibres par (1.2.6) est un isomorphisme. Si $I_g^{x'}$ est la catégorie des g-PD-morphismes d'un voisinage de $x'$ dans $T'$ dans un objet $(U_1,T_1,\delta_1)$ de Cris(X/S), alors la fibre en $(x',T')$ de ${g_{cris}}^{-1}(E)$ est $\varinjlim_{I_g^{x'}} E(U_1,T_1,\delta_1)$, soit encore $\varinjlim_{I_g^{x'}} E_{(U_1,T_1,\delta_1),x}$ , où $x = g(x')$ . La fibre en $x'$ de l'homomorphisme (1.2.6) s'écrit alors

$$(1.2.7) \quad E_{(U,T,\delta),x} \otimes_{A_{(U,T,\delta),x}} \varinjlim_{I_g^{x'}} A_{(U_1,T_1,\delta_1),x} \longrightarrow \varinjlim_{I_g^{x'}} E_{(U_1,T_1,\delta_1),x} .$$

Comme la catégorie $I_g^{x'}$ est filtrante (cf. la démonstration de III 2.2.3), la sous-catégorie formée des g-PD-morphismes qui factorisent $h$ est cofinale dans $I_g^{x'}$ , de sorte qu'on ne change pas les limites en remplacant $I_g^{x'}$ par cette sous-catégorie ; comme $E$ est un cristal en A-modules, on a pour toute factorisation de $h$ par un g-PD-morphisme de but $(U_1,T_1,\delta_1)$ un isomorphisme

$$E_{(U,T,\delta),x} \otimes_{A_{(U,T,\delta),x}} A_{(U_1,T_1,\delta_1),x} \xrightarrow{\sim} E_{(U_1,T_1,\delta_1),x} ,$$

et par conséquent (1.2.7) est un isomorphisme, d'où la première assertion.

La seconde assertion résulte aussitôt de la première, car pour tout morphisme $u : (U'',T'',\delta'') \longrightarrow (U',T',\delta')$ de Cris(X'/S'), il existe localement sur $T'$ un g-PD-morphisme $h$ de $T'$ dans un objet de Cris(X/S) , et il suffit de calculer ${g_{cris}}^{-1}(E)_{(U',T',\delta')}$ et ${g_{cris}}^{-1}(E)_{(U'',T'',\delta'')}$ en appliquant (1.2.6) à $h$ et à $h \circ u$ respectivement.

<u>Corollaire</u> 1.2.4. <u>Soient</u> A <u>un faisceau d'anneaux sur</u> Cris(X/S), A' <u>un faisceau d'anneaux sur</u> Cris(X'/S'), <u>et</u> ${g_{cris}}^{-1}(A) \longrightarrow A'$ <u>un homomorphisme de faisceaux d'anneaux, de sorte que</u> $g_{cris} : ((X'/S')_{cris},A') \longrightarrow ((X/S)_{cris},A)$ <u>est un morphisme de topos annelés</u>. <u>Alors, avec les notations de</u> 1.2.2, <u>l'homomorphisme canonique</u>

$$(1.2.8) \qquad h^*(E_{(U,T,\delta)}) \longrightarrow g_{cris}{}^*(E)_{(U',T',\delta')}$$

*est un isomorphisme pour tout cristal en A-modules* $E$ , *et* $g_{cris}{}^*(E)$ *est un cristal en A'-modules*.

Ici, $h^*$ et $g_{cris}{}^*$ désignent les images inverses pour les modules.

L'isomorphisme (1.2.8) s'obtient d'après 1.2.3 en tensorisant l'isomorphisme (1.2.6) par $A'_{(U',T',\delta')}$ sur $g_{cris}{}^{-1}(A)_{(U',T',\delta')}$ . D'autre part, $g_{cris}{}^{-1}(E)$ est d'après 1.2.3 un cristal en $g_{cris}{}^{-1}(A)$-modules ;
$g_{cris}{}^*(E) = g_{cris}{}^{-1}(E) \otimes_{g_{cris}^{-1}(A)} A'$ est alors un cristal en A'-modules d'après 1.1.5.

On remarquera que si A est un faisceau d'anneaux sur la catégorie des S-schémas (pour la topologie de Zariski), il résulte de l'isomorphisme (1.2.8) que le foncteur image inverse pour la catégorie des cristaux en A-modules défini par 1.2.1 coincide avec le foncteur image inverse au sens des A-modules défini par $g_{cris}$.

## 1.3. *Image directe d'un cristal en modules par une immersion fermée.*

On considère maintenant un diagramme commutatif de la forme

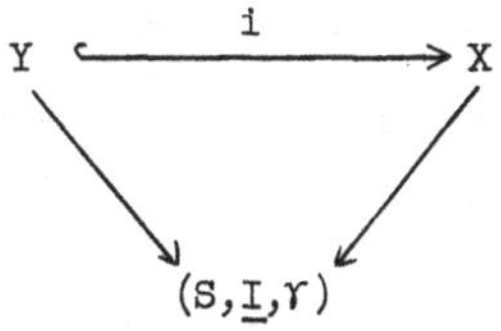


,

où i est une immersion fermée. On suppose comme d'habitude que $\gamma$ s'étend à X et Y .

*Lemme* 1.3.1. *Pour tout objet* $(U,T,\delta)$ *de* Cris(X/S), *le faisceau* $i^*(T)$ *défini en* III 2.2.1 *est représentable*.

Ce lemme généralise donc III 2.3.1.

Soit $\underline{J}$ l'idéal de U dans T . Alors, d'après la compatibilité des puissances divisées $\delta$ et $\gamma$ , il existe sur $\underline{K} = \underline{J} + \underline{I}.\underline{O}_T$ une unique PD-structure $\bar{\delta}$ telle que $(\underline{J},\delta)$ soit un sous-PD-idéal de $(\underline{K},\bar{\delta})$, et que $(T,\underline{K},\bar{\delta}) \longrightarrow (S,\underline{I},\gamma)$ soit un PD-morphisme. Soit maintenant V le sous-schéma fermé $Y \cap U$ de U , et considérons le voisinage infinitésimal à puissances divisées compatibles à $\bar{\delta}$ de V dans T , que nous noterons $D_V(T)$ (cf. I 4.1.7). L'immersion de $V$ dans $D_V(T)$ est canoniquement munie de puissances divisées, compatibles à $\gamma$ car elles sont compatibles à $\bar{\delta}$ : c'est donc un objet de $\mathrm{Cris}(Y/S,\underline{I},\gamma)$. Par ailleurs, d'après I 4.2.2, on a une bijection canonique

$$(1.3.1) \qquad \mathrm{Hom}_{i\text{-}PD}((V',T',\delta'),(U,T,\delta)) \xrightarrow{\sim} \mathrm{Hom}_{Y/S}((V',T',\delta'),(V,D_V(T)))$$

pour tout objet $(V',T',\delta')$ de $\mathrm{Cris}(X/S)$, car dire que $(V',T',\delta') \longrightarrow (U,T,\delta)$ est un i-PD-morphisme équivaut à dire qu'il commute à $i$ et est compatible à $\bar{\delta}$. La bijection (1.3.1) montre alors que $(V,D_V(T))$ représente le faisceau $i^*(T)$.

<u>Corollaire</u> 1.3.2. <u>Sous les hypothèses de</u> 1.3, <u>le foncteur</u> $i_{cris*}$ <u>est exact</u>. <u>Pour tout faisceau</u> $E$ <u>sur</u> $\mathrm{Cris}(Y/S,\underline{I},\gamma)$, <u>il existe un isomorphisme canonique</u>

$$(1.3.2) \qquad i_{cris*}(E)_{(U,T,\delta)} \longrightarrow p_{T*}(E_{(V,D_V(T))}) \quad ,$$

<u>où, avec les notations de</u> 1.3.1, $p_T$ <u>est le morphisme canonique</u> $D_V(T) \longrightarrow T$.

D'après III (2.2.3) et 1.3.1, on a pour tout $(U,T,\delta)$

$$i_{cris*}(E)(U,T,\delta) = E(V,D_V(T)) \quad ,$$

et (1.3.2) en résulte aussitôt. La première assertion provient alors de ce que $p_T$ est un morphisme affine (et même une immersion fermée sur les espaces topologiques sous-jacents).

<u>Corollaire</u> 1.3.3. <u>Soit</u> $A$ <u>un faisceau d'anneaux sur</u> $\mathrm{Cris}(Y/S)$. <u>Si</u> $E$ <u>est un cristal en</u> A-<u>modules sur</u> $\mathrm{Cris}(Y/S)$, <u>alors</u> $i_{cris*}(E)$ <u>est un cristal en</u> $i_{cris*}(A)$-<u>modules sur</u> $\mathrm{Cris}(X/S)$.

Soit $u : (U',T',\delta') \longrightarrow (U,T,\delta)$ un morphisme de $\mathrm{Cris}(X/S)$ ; par fonctorialité, il en résulte un carré commutatif

$$\begin{array}{ccc} D_{V'}(T') & \longrightarrow & D_V(T) \\ {\scriptstyle p_{T'}}\downarrow & & \downarrow{\scriptstyle p_T} \\ T' & \xrightarrow{\ u\ } & T \end{array} \quad ,$$

et, compte tenu de (1.3.2), il faut montrer que l'homomorphisme canonique

$$u^{*}\circ p_{T*}(E_{(V,D_V(T))}) \longrightarrow p_{T'*}(E_{(V',D_{V'}(T'))}) \quad ,$$

où $u^{*}$ est l'image inverse par le morphisme d'espaces annelés

$$(T',p_{T'*}(A_{(V',D_{V'}(T'))})) \longrightarrow (T,p_{T*}(A_{(V,D_V(T))})) \quad ,$$

est un isomorphisme. Or les espaces sous-jacents à $D_V(T)$ et $D_{V'}(T')$ sont simplement $V$ et $V'$ , donc des fermés de $T$ et $T'$ et $p_{T*}$ , $p_{T'*}$ sont les foncteurs qui associent à un faisceau sur $V$ , $V'$ le même faisceau considéré comme faisceau sur $T$ , $T'$ . D'autre part, l'espace sous-jacent à $T'$ est un ouvert de celui de $T$ . L'isomorphisme à montrer résulte donc trivialement du fait que $E$ est un cristal en A-modules.

<u>Théorème</u> 1.3.4. <u>Sous les hypothèses de</u> 1.3, <u>pour tout cristal en</u> $\underline{O}_{Y/S}$-<u>modules</u> $E$ , $i_{cris*}(E)$ <u>est un cristal en</u> $\underline{O}_{X/S}$-<u>modules</u>.

Compte tenu de 1.3.3 et 1.1.5, il suffit de montrer que $i_{cris*}(\underline{O}_{Y/S})$ est un cristal en $\underline{O}_{X/S}$-algèbres. Par définition de $D_V(T)$ , $p_{T*}(\underline{O}_{D_V(T)})$ est pour tout $(U,T,\delta)$ la $\underline{O}_T$-algèbre quasi-cohérente $\underline{D}_{\underline{O}_T,\bar{\delta}}(\underline{H})$ , où $\underline{H}$ est l'idéal de $V$ dans $T$ . Il faut donc montrer que l'homomorphisme canonique

$$u^{-1}(\underline{D}_{\underline{O}_T,\bar{\delta}}(\underline{H}))\otimes_{u^{-1}(\underline{O}_T)}\underline{O}_{T'} \longrightarrow \underline{D}_{\underline{O}_{T'},\bar{\delta}'}(\underline{H}')$$

est un isomorphisme pour tout morphisme $u : (U',T',\delta') \longrightarrow (U,T,\delta)$ de $Cris(X/S)$. Comme c'est une assertion locale sur $T'$ , on peut tout supposer affine, et on est ramené à prouver l'assertion suivante : soient $(A,I,\gamma)$ un PD-anneau, $(B,J,\delta)$ et $(B',J',\delta')$ deux A-PD-algèbres dont les puissances divisées sont compatibles à $\gamma$ , $u : B \longrightarrow B'$ un A-PD-morphisme, induisant un isomorphisme $B/J \xrightarrow{\sim} B'/J'$ , $H$ un idéal de $B$ contenant $J$ , $H'$ un idéal de $B'$ contenant $J'$ , et tels que $u(H)\subset H'$ , et $B/H \xrightarrow{\sim} B'/H'$ ; alors, si $\bar{\delta}$ (resp. $\bar{\delta}'$) est la PD-structure sur $J + IB$ (resp. $J' + IB'$) prolongeant $\delta$ et $\gamma$ (resp. $\delta'$ et $\gamma$), l'homomorphisme canonique

$$\underline{D}_B(H)\otimes_B B' \longrightarrow \underline{D}_B(H')$$

est un isomorphisme, les enveloppes étant prises avec compatibilité à $\bar{\delta}$ (resp. $\bar{\delta}'$). Or cette assertion n'est autre que I 2.8.2. D'où le théorème.

Corollaire 1.3.5. Sous les hypothèses de 1.3, il existe pour tout k et pour chacune des k+1 structures canoniques de $\underline{O}_X$-algèbre de $\underline{D}_{X/S}(k)$ un isomorphisme canonique

$$\underline{D}_{Y,\gamma}(X) \otimes_{\underline{O}_X} \underline{D}_{X/S}(k) \xrightarrow{\sim} \underline{D}_{Y,\gamma}(X^{k+1}/S) \quad . \tag{1.3.3}$$

En particulier, on a pour k = 1 l'isomorphisme

$$\underline{D}_{X/S}(1) \otimes_{\underline{O}_X} \underline{D}_{Y,\gamma}(X) \xrightarrow{\sim} \underline{D}_{Y,\gamma}(X \times_S X) \xleftarrow{\sim} \underline{D}_{Y,\gamma}(X) \otimes_{\underline{O}_X} \underline{D}_{X/S}(1) \tag{1.3.4}$$

qui munit $\underline{D}_{Y,\gamma}(X)$ d'une hyper-PD-stratification canonique (II 1.3.6).

D'après I 4.4.2 ii), les puissances divisées canoniques de l'idéal de l'immersion $X \longrightarrow D_{X/S}(k)$ sont compatibles à $\gamma$ , si bien que cette immersion est un objet de $\mathrm{Cris}(X/S,\underline{I},\gamma)$ . Les projections de $D_{X/S}(k)$ sur $X$ définissent alors des morphismes de $\mathrm{Cris}(X/S,\underline{I},\gamma)$. D'autre part, on a d'après (1.3.2)

$$i_{\mathrm{cris}*}(\underline{O}_{Y/S})(X,X) = \underline{D}_{Y,\gamma}(X) \quad , \quad i_{\mathrm{cris}*}(\underline{O}_{Y/S})(X,D_{X/S}(k)) = \underline{D}_{Y,\gamma}(X^{k+1}/S) \tag{1.3.5}$$

car il est immédiat de vérifier que l'enveloppe à puissances divisées compatibles aux puissances divisées canoniques de $D_{X/S}(k)$ et à $\gamma$ , de l'idéal de $Y$ dans $D_{X/S}(k)$ est canoniquement isomorphe à l'enveloppe à puissances divisées compatibles à $\gamma$ de l'idéal de $Y$ dans $X^{k+1}/S$ . L'isomorphisme (1.3.3) n'est alors que l'isomorphisme de transition relatif à chacune des projections de $D_{X/S}(k)$ sur $X$ , pour le cristal en $\underline{O}_{X/S}$-modules $i_{\mathrm{cris}*}(\underline{O}_{Y/S})$ (1.3.4).

Il est immédiat de vérifier que l'isomorphisme (1.3.4), déduit de (1.3.3), est bien une hyper-PD-stratification. En particulier, $\underline{D}_{Y,\gamma}(X)$ est donc muni d'une connexion relativement à $S$ (II 1.2.6 b)) ; on voit facilement que si

$$\nabla : \underline{D}_{Y,\gamma}(X) \longrightarrow \underline{D}_{Y,\gamma}(X) \otimes_{\underline{O}_X} \Omega^1_{X/S}$$

est l'homomorphisme correspondant (II 3.2.1), on a pour toute section $y$ de l'idéal de $Y$ dans $X$ , et tout entier $q$

$$\nabla(y^{[q]}) = y^{[q-1]} \otimes d(y) \quad . \tag{1.3.6}$$

1.4. Réduction modulo un sous-PD-idéal de l'idéal de compatibilité.

On considère maintenant le cas particulier de la situation précédente où le sous-schéma fermé de $X$ est le sous-schéma $X_o$ défini par un sous-PD-idéal quasi-cohérent $\underline{I}_o$ de $\underline{I}$ , de sorte qu'on a un carré cartésien

$$\begin{array}{ccc} X_o & \xrightarrow{\ i\ } & X \\ \downarrow & & \downarrow \\ S_o & \hookrightarrow & (S,\underline{I},\gamma) \end{array} \quad ,$$

où $S_o$ est le sous-schéma fermé de $S$ défini par $\underline{I}_o$ . On suppose donné comme en 1.2 un champ $\underline{C}$ sur la catégorie des S-schémas, pour la topologie de Zariski.

<u>Théorème</u> 1.4.1. <u>Sous les hypothèses de</u> 1.4, <u>le foncteur image inverse</u> (1.2.3)

$$i^* : \underline{\underline{C}}_{\underline{C}}(X/S,\underline{I},\gamma) \longrightarrow \underline{\underline{C}}_{\underline{C}}(X_o/S,\underline{I},\gamma)$$

<u>est une équivalence de catégories</u>.

On va définir un foncteur quasi-inverse

$$i_* : \underline{\underline{C}}_{\underline{C}}(X_o/S,\underline{I},\gamma) \longrightarrow \underline{\underline{C}}_{\underline{C}}(X/S,\underline{I},\gamma) \quad .$$

Soit donc $E$ un cristal en objets de $\underline{C}$ sur $\mathrm{Cris}(X_o/S)$ . Pour tout objet $(U,T,\delta)$ de $\mathrm{Cris}(X/S)$, l'immersion composée $U_o \longrightarrow U \longrightarrow T$ , où $U_o = U\times_S S_o$ , est canoniquement munie de puissances divisées compatibles à $\gamma$ et $\delta$ (III 2.3.1), et peut donc être considérée comme un objet de $\mathrm{Cris}(X_o/S)$. On pose alors

$$i_*(E)(U,T,\delta) = E(U_o,T,\delta) \quad ,$$

qui est bien un objet de la fibre $\underline{C}_T$ de $\underline{C}$ au-dessus de $T$ . De ce que $E$ est un cristal en objets de $\underline{C}$ résulte alors immédiatement que $i_*(E)$ est un cristal en objets de $\underline{C}$ .

Pour montrer que $i^*$ et $i_*$ sont quasi-inverses, considérons d'abord un cristal $E$ en objets de $\underline{C}$ sur $\mathrm{Cris}(X/S)$. Pour tout objet $(U,T,\delta)$ de $\mathrm{Cris}(X/S)$, la valeur de $i_*(i^*(E))$ sur $(U,T,\delta)$ est $i^*(E)(U_o,T,\delta)$. Or, pour calculer $i^*(E)(U_o,T,\delta)$ , on peut, d'après la construction de $i^*$ en 1.2.1, prendre le i-PD-morphisme $(U_o,T,\delta) \longrightarrow (U,T,\delta)$ égal à l'identité de $T$ : on a donc simplement $i^*(E)(U_o,T,\delta) = E(U,T,\delta)$ , d'où un isomorphisme canonique

$$E \xrightarrow{\sim} i_*(i^*(E)) \quad .$$

Soit maintenant $E_o$ un cristal en objets de $\underline{C}$ sur $\mathrm{Cris}(X_o/S)$. D'après III 2.1.2, il existe pour tout objet $(U_o,T_o,\delta_o)$ de $\mathrm{Cris}(X_o/S)$ un i-PD-morphisme h de $T_o$ dans un objet $(V,T,\delta)$ de $\mathrm{Cris}(X/S)$, du moins localement sur $T_o$. On a alors d'après la définition de $i^*$ un isomorphisme canonique

$$i^*(i_*(E_o))(U_o,T_o,\delta_o) \xrightarrow{\sim} h^*(i_*(E_o)(V,T,\delta)) = h^*(E_o(V_o,T,\delta)) \xrightarrow{\sim} E_o(U_o,T_o,\delta_o) \quad ,$$

le dernier isomorphisme étant l'isomorphisme de transition du cristal $E_o$ relatif au morphisme $h : (U_o,T_o,\delta_o) \longrightarrow (V_o,T,\delta)$ de $\mathrm{Cris}(X_o/S)$. Utilisant le fait que la catégorie des i-PD-morphismes de $T_o$ dans un objet de $\mathrm{Cris}(X/S)$ est connexe d'après III 2.1.3, on voit que cet isomorphisme ne dépend pas de h et de $(U,T,\delta)$, ce qui permet de le définir par recollement lorsqu'il n'existe pas de i-PD-morphisme de $T_o$ dans un objet de $\mathrm{Cris}(X/S)$. On obtient alors un isomorphisme canonique

$$i^*(i_*(E_o)) \xrightarrow{\sim} E_o \quad ,$$

ce qui achève la démonstration.

Corollaire 1.4.2. Sous les hypothèses de 1.4, les foncteurs $i_{cris}^*$ et $i_{cris*}$ induisent des équivalences de catégories quasi-inverses l'une de l'autre entre la catégorie des cristaux en $\underline{O}_{X/S}$-modules et la catégorie des cristaux en $\underline{O}_{X_o/S}$-modules.

En effet, si on prend pour $\underline{C}$ le champ des faisceaux de modules sur des schémas variables, le foncteur $i_*$ défini en 1.4.1 n'est autre que le foncteur $i_{cris*}$ pris sur la catégorie des cristaux en $\underline{O}_{X_o/S}$-modules, d'après III 2.3.2. On a vu d'autre part en 1.2.4 que $i^*$ coïncide pour les cristaux en $\underline{O}_{X/S}$-modules avec $i_{cris}^*$, d'où l'assertion.

1.5. Morphismes quasi-lisses.

Afin de faciliter le langage, nous introduisons ici une variante de la notion de morphisme formellement lisse. On ne suppose pas, dans ce numéro 1.5, que p soit localement nilpotent sur les schémas considérés.

Définition 1.5.1. Soit $f : X \longrightarrow S$ un morphisme de schémas. On dit que f est quasi-lisse s'il existe un recouvrement ouvert $(U_i)_{i\in I}$ de X tel que pour toute S-immersion fermée $Y_o \longrightarrow Y$ définie par un nilidéal de $\underline{O}_Y$, Y étant un schéma affine et pour tout S-morphisme $g : Y_o \longrightarrow U_i$ , il existe un S-morphisme $\bar{g} : Y \longrightarrow U_i$ prolongeant g .

Tout morphisme quasi-lisse est formellement lisse : en effet, il résulte immédiatement de la définition que les $U_i$ sont formellement lisses sur S , et la lissité formelle est une propriété locale. La quasi-lissité est également une propriété locale, puisqu'elle s'exprime par l'existence d'un certain recouvrement de X .

Proposition 1.5.2. i) Le composé de deux morphismes quasi-lisses est quasi-lisse.

ii) Si $f : X \longrightarrow Y$ est un morphisme quasi-lisse au-dessus d'un schéma de de base S , le morphisme $f' : X\times_S S' \longrightarrow Y\times_S S'$ est quasi-lisse pour tout changement de base $S' \longrightarrow S$ .

iii) Si $f : X \longrightarrow Y$ et $f' : X' \longrightarrow Y'$ sont des morphismes quasi-lisses au-dessus d'un schéma de base S , le morphisme $f\times_S f' : X\times_S X' \longrightarrow Y\times_S Y'$ est quasi-lisse.

C'est un exercice facile laissé au lecteur.

Proposition 1.5.3. Soient S un schéma, $\underline{E}$ un $\underline{O}_S$-module localement projectif. Alors le fibré vectoriel $\underline{\underline{V}}(\underline{E})$ est quasi-lisse sur S .

Dire que $\underline{E}$ est localement projectif signifie que $\underline{E}$ est quasi-cohérent, et qu'il existe un recouvrement ouvert affine $S_i$ de S tel que $\Gamma(S_i,\underline{E})$ soit un $\Gamma(S_i,\underline{O}_S)$-module projectif pour tout i . Comme la quasi-lissité est locale, on peut supposer $S = S_i = \mathrm{Spec}(A)$ . Soit alors $B \longrightarrow B_o$ un homomorphisme surjectif de A-algèbres, et supposons donné un S-morphisme de $\mathrm{Spec}(B_o)$ dans $\underline{\underline{V}}(\underline{E})$ , soit encore un homomorphisme d'anneaux $g : \underline{\underline{S}}(E) \longrightarrow B_o$ , où $E = \Gamma(S,\underline{E})$ , i.e. un homomorphisme A-linéaire $u : E \longrightarrow B_o$ . Comme E est un A-module projectif, il existe un relèvement $\bar{u} : E \longrightarrow B$ de u , donc un homomorphisme de A-algèbres $\underline{\underline{S}}(E) \longrightarrow B$ relevant g , d'où la proposition.

Remarque 1.5.4. Tout schéma affine X sur une base S affine peut donc se plonger dans un S-schéma quasi-lisse. Il suffit en effet d'écrire l'anneau de coordonnées de

X comme quotient d'un anneau de polynômes, et de prendre l'immersion dans le fibré vectoriel correspondant.

Proposition 1.5.5. Soit $f : X \longrightarrow S$ un morphisme de schémas. Pour que $f$ soit lisse, il faut et il suffit qu'il soit quasi-lisse et de présentation finie.

Un morphisme lisse est un morphisme formellement lisse et de présentation finie. Comme un morphisme quasi-lisse est formellement lisse, la condition est suffisante.

Pour prouver qu'elle est nécessaire, il faut montrer qu'un morphisme lisse est quasi-lisse. Comme c'est une propriété locale, on peut supposer que $f$ se factorise en

$$X \xrightarrow{g} S[T_1,\ldots,T_n] \longrightarrow S ,$$

où $g$ est un morphisme étale, le second morphisme étant la projection canonique. Soit $Y_o \longrightarrow Y$ une S-immersion fermée définie par un nilidéal de $\underline{O}_Y$ , $Y$ étant affine. Si on se donne un S-morphisme $h : Y_o \longrightarrow X$ , il existe un S-morphisme $h' : Y \longrightarrow S[T_1,\ldots,T_n]$ prolongeant $g \circ h$ , d'après 1.5.3. On est alors ramené au cas où $X$ est étale sur $S$ . Prolonger $h$ en un morphisme de $Y$ dans $X$ équivaut alors à prolonger la section de $Y_o \times_S X$ définie par $h$ en une section de $Y \times_S X$ au-dessus de $Y$ ; comme $X$ est étale sur $S$ , il existe un tel prolongement d'après EGA IV 18.1.2.

1.6. Relations entre cristaux et objets stratifiés.

On suppose de nouveau $p$ localement nilpotent sur tous les schémas considérés. Soient $(S,\underline{I},\gamma)$ un PD-schéma, $X$ et $Y$ deux S-schémas, $i : X \longrightarrow Y$ un S-morphisme. Si $\underline{C}$ est un champ au-dessus du site Y-HPD-Strat(X/S) (III 1.2.1), on peut de facon évidente définir la notion de cristal en objets de $\underline{C}$ sur Y-HPD-Strat(X/S) ; si $\underline{C}$ est un champ au-dessus de Cris(X/S) , on a également un foncteur de restriction évident des cristaux en objets de $\underline{C}$ au-dessus de Cris(X/S) dans les cristaux en objets de $\underline{C}$ au-dessus de Y-HPD-Strat(X/S).

Lemme 1.6.1. i) Soit $\underline{C}$ un champ sur la catégorie des S-schémas, pour la topologie de Zariski. Il existe un foncteur naturel de la catégorie des objets de la fibre de $\underline{C}$ au-dessus de Y munis d'une hyper-PD-stratification relativement à S (II 1.3.6 iii)), avec pour morphismes les morphismes horizontaux, dans la catégorie des cristaux en objets de $\underline{C}$ sur Y-HPD-Strat(X/S) Si Y est quasi-lisse sur S , il existe un tel foncteur à valeurs dans la catégorie des cristaux en objets de $\underline{C}$ sur Cris(X/S), induisant le précédent par restriction à Y-HPD-Strat(X/S).

ii) Soit un diagramme commutatif de la forme

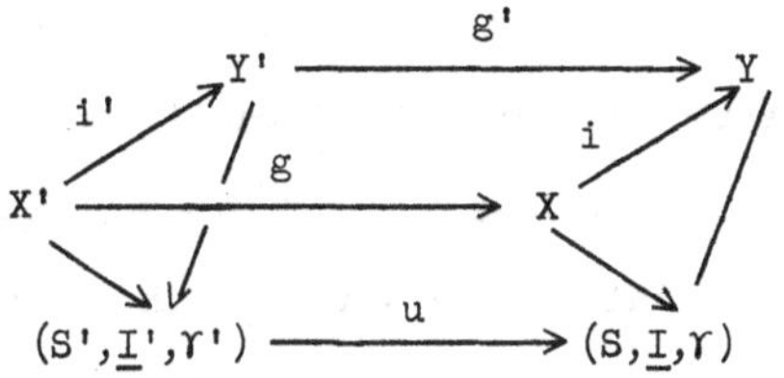


,

où u est un PD-morphisme, Y étant quasi-lisse sur S et Y' quasi-lisse sur S'. Pour tout objet E de la fibre de $\underline{C}$ au-dessus de Y muni d'une hyper-PD-stratification relativement à S , soit $E_{cris}$ le cristal correspondant (par i)) sur Cris(X/S). Alors il existe un isomorphisme, fonctoriel en E ,

$$g^*(E_{cris}) \xrightarrow{\sim} (g'^*(E))_{cris}$$

où $(g'^*(E))_{cris}$ est le cristal sur Cris(X'/S') défini par l'image inverse de E sur Y' , munie de l'hyper-PD-stratification image inverse (II 1.2.6 c) et 1.3.8).

Pour que la définition II 1.3.6 puisse s'appliquer dans ce contexte, il suffit de remarquer que le champ $\underline{C}$ définit de facon évidente une catégorie cofibrée sur la catégorie des faisceaux d'anneaux $\underline{A}$ sur Y tels que $(Y,\underline{A})$ soit un schéma, ce qui suffit pour appliquer loc. cit.

Fixons un clivage normalisé de $\underline{C}$ au-dessus de la catégorie des S-schémas. Soient $(U,T,\delta)$ un objet de Y-HPD-Strat(X/S), E un objet de la fibre de $\underline{C}$ au-dessus de Y , muni d'une hyper-PD-stratification $\varepsilon$ relativement à S . Par définition, il existe un S-morphisme $h : T \longrightarrow Y$ prolongeant i . Alors l'objet $h^*(E)$ ne dépend pas, à isomorphisme canonique près, du choix de h . En effet, si on a deux S-morphismes $h_1$ , $h_2 : T \longrightarrow Y$ prolongeant i , il existe un unique PD-morphisme $h : T \longrightarrow D_{Y/S}(1)$ tel que $h_1 = p_1 \circ h$ , $h_2 = p_2 \circ h$ , où $p_1$ et $p_2$ sont les deux projections de $D_{Y/S}(1)$ sur $Y$ (I 4.3.3 ii)). L'hyper-PD-stratification $\varepsilon$ sur $E$ donne alors un isomorphisme

$$\varepsilon_{1,2} : h^*(\varepsilon) : h_2{}^*(E) \xrightarrow{\sim} h_1{}^*(E) \quad ,$$

donnant lieu à une formule de transitivité lorsqu'on a trois S-morphismes de $T$ dans $Y$ prolongeant $i$ (cf. II 1.3.7). On peut donc définir une section de $\underline{C}$ au-dessus de Y-HPD-Strat(X/S) en associant à $(U,T,\delta)$ l'objet $h^*(E)$ ; si $g : (U',T',\delta') \longrightarrow (U,T,\delta)$ est un morphisme de Y-HPD-Strat(X/S), le morphisme de transition correspondant est l'isomorphisme $g^*(h^*(E)) \xrightarrow{\sim} (h \circ g)^*(E)$ , ce qui montre qu'on définit ainsi un cristal en objets de $\underline{C}$ . On procède de même pour associer à un morphisme horizontal un morphisme de cristaux. On obtient ainsi le foncteur annoncé en i) , et il ne dépend pas, à isomorphisme canonique près, du choix du clivage de $\underline{C}$ .

Si $Y$ est quasi-lisse sur $S$ , alors pour tout objet $(U,T,\delta)$ de Cris(X/S) il existe localement sur $T$ un S-morphisme $h : T \longrightarrow Y$ prolongeant $i$ , puisque l'immersion de $U$ dans $T$ est définie par un nilidéal. Comme l'objet $h^*(E)$ ne dépend pas, à isomorphisme canonique près, de $h$ , on peut recoller sur $T$ les images inverses locales ainsi obtenues et définir de la sorte un cristal sur Cris(X/S).

Sous les hypothèses de ii), soit $(U',T',\delta')$ un objet de Cris(X'/S'). Quitte à restreindre $T'$ , on peut supposer qu'il existe un g-PD-morphisme $h : T' \longrightarrow T$ , où $(U,T,\delta)$ est un objet de Cris(X/S) , et on peut de plus supposer qu'il existe un S-morphisme $j : T \longrightarrow Y$ prolongeant $i$ , et un S'-morphisme $j' : T' \longrightarrow Y'$ prolongeant $i'$ . Par définition de $E_{cris}$ , on a $E_{cris}(U,T, \ ) \simeq j^*(E)$ ; par définition de $g^*$ (1.2.1), on a $g^*(E_{cris})(U',T',\delta') \simeq h^*(E_{cris}(U,T,\delta)) \simeq h^*(j^*(E))$. D'autre part, on a par définition de $(g'^*(E))_{cris}$ ,
$(g'^*(E))_{cris}(U',T',\delta') \simeq j'^*(g'^*(E))$ . Comme $j \circ h$ et $g' \circ j'$ sont deux S-morphismes de $T'$ dans $Y$ induisant $i \circ g = g' \circ i'$ sur $U'$ , l'hyper-PD-stratification $\varepsilon$ de $E$ définit un isomorphisme $h^*(j^*(E)) \simeq j'^*(g'^*(E))$ , soit

$$g^*(E_{cris})(U',T',\delta') \xrightarrow{\sim} (g'^*(E))_{cris}(U',T',\delta')$$

Utilisant la condition de transitivité pour $\varepsilon$ , on voit que ces isomorphismes locaux se recollent, et définissent un isomorphisme de cristaux.

1.6.2. Supposons maintenant que $i$ soit une immersion (qu'on peut supposer fermée sans restreindre la généralité). Alors $i$ définit un PD-groupoïde affine sur $Y$ , noté $\underline{D}_X(Y/S)$ , de la façon suivante. Pour tout entier $k$ , soit $D_X(Y^k)$ le voisinage infinitésimal à puissances divisées (compatibles à $\gamma$) de $X$ dans $Y\times_S\ldots\times_S Y$ (k fois), et soit $\underline{D}_X(Y^k)$ le faisceau d'algèbres correspondant (qui est concentré sur X). Le premier anneau de $\underline{D}_X(Y/S)$ est $\underline{D}_X(Y)$ , le second est $\underline{D}_X(Y^2)$, les homomorphismes $d_0$ et $d_1$ proviennent par fonctorialité des projections de $Y\times_S Y$ sur $Y$ , et l'augmentation $\pi$ provient de même de l'immersion diagonale de $Y$ dans $Y\times_S Y$ . D'autre part, on a d'après 1.3.5 et II 1.3.4

(1.6.1)

$$\underline{D}_X(Y^2)\otimes_{\underline{D}_X(Y)}\underline{D}_X(Y^2) \xrightarrow{\sim} \underline{D}_{Y/S}(1)\otimes_{\underline{O}_Y}\underline{D}_{Y/S}(1)\otimes_{\underline{O}_Y}\underline{D}_X(Y) \xrightarrow{\sim} \underline{D}_{Y/S}(2)\otimes_{\underline{O}_Y}\underline{D}_X(Y) \xrightarrow{\sim} \underline{D}_X(Y^3) ,$$

de sorte que l'on peut définir l'homomorphisme $\delta : \underline{D}_X(Y^2) \longrightarrow \underline{D}_X(Y^2)\otimes_{\underline{D}_X(Y)}\underline{D}_X(Y^2)$ comme provenant par fonctorialité de la projection $Y\times_S Y\times_S Y \longrightarrow Y\times_S Y$ correspondant aux premier et troisième facteurs. Enfin, l'automorphisme $\sigma$ provient de la symétrie de $Y\times_S Y$ . On a un morphisme de PD-groupoides affines évident

$$\underline{D}(Y/S) \longrightarrow \underline{D}_X(Y/S) \qquad (1.6.2)$$

Supposons que $X$ soit la réduction de $Y$ modulo un sous-PD-idéal $\underline{I}_o$ de $\underline{I}$ . Alors le morphisme (1.6.2) est un isomorphisme, en supposant que les puissances divisées de $\underline{I}$ s'étendent à $Y$ : en effet, la condition de compatibilité à $\gamma$ entraine qu'on a simplement $\underline{D}_X(Y^k) = \underline{D}_{Y/S}(k)$ , compte tenu de I 4.4.2 ii).

Pour tout $k$ , l'immersion canonique de $X$ dans $D_X(Y^k)$ est par construction un objet de $\mathrm{Cris}(X/S,\underline{I},\gamma)$ . Si $\underline{C}$ est un champ sur $\mathrm{Cris}(X/S,\underline{I},\gamma)$ , cela permet comme en 1.6.1 de donner un sens à la notion de stratification sur un objet de la fibre de $\underline{C}$ au-dessus de $D_X(Y)$ ,relativement à $\underline{D}_X(Y/S)$ : il suffit d'appliquer les définitions à la catégorie cofibrée définie par $\underline{C}$ au-dessus de la catégorie des faisceaux d'algèbres sur $X$ qui sont le faisceau structural $\underline{O}_T$ d'un objet $(X,T,\delta)$

de Cris(X/S) . On peut alors énoncer :

Proposition 1.6.3. Avec les hypothèses et les notations de 1.6.2, il existe une équivalence de catégories entre la catégorie des cristaux en objets de $\underline{C}$ sur Y-HPD-Strat(X/S), et la catégorie des objets de la fibre de $\underline{C}$ au-dessus de $D_X(Y)$ munis d'une stratification relativement à $\underline{D}_X(Y/S)$ (avec pour morphismes les morphismes horizontaux (II 1.5.1)). Si Y est quasi-lisse sur S , cette dernière est encore équivalente à la catégorie des cristaux en objets de $\underline{C}$ sur Cris(X/S).

Soit E un cristal sur Y-HPD-Strat(X/S). Alors l'objet $E_{D_X(Y)}$ , valeur de E sur $(X,D_X(Y))$ est canoniquement muni d'une stratification relativement à $\underline{D}_X(Y/S)$ , définie par l'isomorphisme composé

$$p_1^*(E_{D_X(Y)}) \xrightarrow{\sim} E_{D_X(Y^2)} \xleftarrow{\sim} p_2^*(E_{D_X(Y)}) \quad , \tag{1.6.3}$$

où $p_1$ et $p_2$ sont les projections de $D_X(Y^2)$ sur $D_X(Y)$ . Pour que cet isomorphisme définisse une stratification, il faut qu'il vérifie la condition de transitivité II (1.3.1). Celle-ci résulte facilement de la transitivité des isomorphismes de transition d'un cristal, compte tenu de l'isomorphisme $\underline{D}_X(Y^2) \otimes_{\underline{D}_X(Y)} \underline{D}_X(Y^2) \xrightarrow{\sim} \underline{D}_X(Y^3)$ montré en (1.6.1) qui ramène cette transitivité à une relation entre les trois images inverses de $E_{D_X(Y)}$ sur $D_X(Y^3)$ , et de la définition (1.6.3).

Inversement, si $E_{D_X(Y)}$ est un objet de la fibre de $\underline{C}$ au-dessus de $(X,D_X(Y))$ muni d'une stratification relativement à $\underline{D}_X(Y/S)$ , on voit par la méthode de la démonstration de 1.6.1 que $E_{D_X(Y)}$ définit un cristal en objets de $\underline{C}$ sur Y-HPD-Strat(X/S), et même sur Cris(X/S) lorsque Y est quasi-lisse sur S . Il est clair que les deux foncteurs ainsi définis sont quasi-inverses l'un de l'autre.

Corollaire 1.6.4. Sous les hypothèses de 1.6.2, soit A un cristal en $\underline{O}_{X/S}$-algèbres sur Y-HPD-Strat(X/S) (resp. Cris(X/S)). La catégorie des cristaux en A-modules sur Y-HPD-Strat(X/S) (resp. Cris(X/S) si on suppose Y quasi-lisse sur S) est équivalente à la catégorie des $A_{D_X(Y)}$-modules sur Y munis d'une hyper-PD-stratification relativement à S , compatible avec celle de $A_{D_X(Y)}$.

Tout d'abord, on observe que $A_{D_X(Y)}$ est muni d'une hyper-PD-stratification relativement à $S$. En effet, puisque $A$ est un cristal en $\underline{O}_{X/S}$-algèbres, on a des isomorphismes canoniques

$$A_{D_X(Y)} \otimes_{\underline{D}_X(Y)} \underline{D}_X(Y^2) \xrightarrow{\sim} A_{D_X(Y^2)} \xleftarrow{\sim} \underline{D}_X(Y^2) \otimes_{\underline{D}_X(Y)} A_{\underline{D}_X(Y)} \quad ,$$

qui, compte tenu de (1.3.3), peuvent encore s'écrire

$$(1.6.4) \qquad A_{D_X(Y)} \otimes_{\underline{O}_Y} \underline{D}_{Y/S}(1) \xrightarrow{\sim} A_{D_X(Y^2)} \xleftarrow{\sim} \underline{D}_{Y/S}(1) \otimes_{\underline{O}_Y} A_{D_X(Y)} \quad ,$$

ce qui définit une hyper-PD-stratification sur $A_{D_X(X)}$ relativement à $S$. De même, si $E$ est un cristal en A-modules, les isomorphismes

$$E_{D_X(Y)} \otimes_{A_{D_X(Y)}} A_{D_X(Y^2)} \xrightarrow{\sim} E_{D_X(Y^2)} \xleftarrow{\sim} A_{D_X(Y^2)} \otimes_{A_{D_X(Y)}} E_{D_X(Y)}$$

donnent une hyper-PD-stratification

$$E_{D_X(Y)} \otimes_{\underline{O}_Y} \underline{D}_{Y/S}(1) \xrightarrow{\sim} \underline{D}_{Y/S}(1) \otimes_{\underline{O}_Y} E_{D_X(Y)}$$

est compatible avec celle de $A_{D_X(Y)}$, i.e. linéaire relativement à l'isomorphisme

$$A_{D_X(Y)} \otimes_{\underline{O}_Y} \underline{D}_{Y/S}(1) \xrightarrow{\sim} \underline{D}_{Y/S}(1) \otimes_{\underline{O}_Y} A_{D_X(Y)} \quad .$$

Inversement, si $E_{D_X(Y)}$ est un $A_{D_X(Y)}$-module muni d'une hyper-PD-stratification relativement à $S$, compatible avec celle de $A_{D_X(Y)}$, celle-ci peut s'interpréter comme une stratification relativement à $\underline{D}_X(Y/S)$. Le corollaire résulte donc de 1.6.3.

__Théorème__ 1.6.5. __Avec les notations de__ 1.6, __soit__ $Y$ __un schéma lisse sur__ $S$, __et soit__ $X$ __le sous-schéma fermé de__ $Y$ __défini par un sous-PD-idéal__ $\underline{I}_o$ __quasi-cohérent de__ $\underline{I}$. __Alors la catégorie des cristaux en__ $\underline{O}_{X/S}$__-modules sur__ Cris(X/S) __est équivalente à la catégorie des__ $\underline{O}_Y$__-modules munis d'une connexion intégrable et quasi-nilpotente relativement à__ $S$. __En particulier, cette dernière ne dépend, à équivalence canonique près, que de la réduction de__ $Y$ __modulo__ $\underline{I}$.

Comme $D_X(Y) = Y$, la catégorie des cristaux en $\underline{O}_{X/S}$-modules sur Cris(X/S) est d'après 1.6.4 équivalente à la catégorie des $\underline{O}_Y$-modules munis d'une hyper-PD-stratification relativement à $S$. Comme $Y$ est lisse sur $S$, le PD-groupoïde affine $\underline{D}(Y/S)$ est différentiellement lisse de type fini (II 4.3.2). Par suite, le théorème résulte de II 4.3.10.

Remarque 1.6.6. On peut également considérer les cristaux sur le site cristallin PD-nilpotent (III 1.3.1). On voit alors par les mêmes arguments que la donnée d'un cristal sur le site X-PD-Strat(X/S) équivaut à la donnée d'un objet de la fibre de $\underline{C}$ au-dessus de X , muni d'une PD-stratification relativement à S . En particulier, si X est lisse sur S (ou plus généralement sous les hypothèses de 1.6.5, $\underline{I}_o$ étant de plus PD-nilpotent), la catégorie des cristaux en $\underline{O}_{X/S}$-modules sur NCris(X/S) est équivalente à la catégorie des $\underline{O}_X$-modules (resp. des $\underline{O}_Y$-modules) munis d'une connexion intégrable relativement à S , grâce à II 4.2.11.

1.7. La catégorie des cristaux en A-modules.

Nous allons utiliser les résultats précédents pour étudier la catégorie $\underline{\underline{C}}_A(X/S)$ des cristaux en A-modules, A étant un anneau sur Cris(X/S).

Définition 1.7.1. Soit $(U,T,\delta)$ un objet de Cris(X/S). On dit que $(U,T,\delta)$ est un épaississement fondamental s'il existe une S-immersion $U \longrightarrow Y$ dans un S-schéma quasi-lisse telle que $(U,T,\delta)$ soit isomorphe à l'objet $(U,D_U(Y))$ de Cris(X/S,$\underline{I}$,$\gamma$), où $D_U(Y)$ est le voisinage infinitésimal à puissances divisées compatibles à $\gamma$ de U dans Y , muni de ses puissances divisées canoniques.

Tout objet $(U,T,\delta)$ possède localement un morphisme dans un épaississement fondamental. En effet, quitte à restreindre U , on peut l'immerger dans un S-schéma quasi-lisse Y , d'après 1.5.4. Comme l'idéal de U dans T est un nilidéal, on peut, en restreignant encore U , prolonger l'immersion de U dans Y en un S-morphisme de T dans Y . Grâce à la propriété universelle des enveloppes à puissances divisées, celui-ci se factorise par $D_U(Y)$ , ce qui donne un morphisme dans un épaississement fondamental.

Proposition 1.7.2. Soit $f : Y \longrightarrow S$ un morphisme quasi-lisse. Alors $\underline{D}_{Y/S}(1)$ est un $\underline{O}_Y$-module plat pour chacune des deux structures canoniques.

Comme c'est une propriété locale sur $Y$ , on peut supposer $S = \mathrm{Spec}(A)$, et $Y = \mathrm{Spec}(B)$. Comme $Y\times_S Y$ est quasi-lisse sur $Y$ (pour la première projection par exemple) d'après 1.5.2 ii), on peut également supposer que $B\otimes_A B$ possède la propriété de prolongement des morphismes de 1.5.1. Enfin, on peut supposer que $\Omega^1_{B/A}$ est un B-module projectif, puisque $f$ est formellement lisse.

Soit $J = \mathrm{Ker}(B\otimes_A B \longrightarrow B)$ l'idéal d'augmentation de $B\otimes_A B$ , de sorte que $\underline{D}_{Y/S}(1)$ est la $\underline{O}_Y$-algèbre quasi-cohérente définie par $\underline{D}_{B\otimes_A B}(J)$ . Comme $\Omega^1_{B/A}$ est un B-module projectif, l'homomorphisme surjectif $J \longrightarrow \Omega^1_{B/A}$ admet une section B-linéaire à gauche $u$ . L'homomorphisme composé

$$\Omega^1_{B/A} \xrightarrow{\ u\ } J \subset B\otimes_A B \longrightarrow \underline{D}_{B\otimes_A B}(J)$$

donne grâce à la propriété universelle de l'algèbre à puissances divisées un PD-morphisme B-linéaire à gauche

$$\varphi : \Gamma_B(\Omega^1_{B/A}) \longrightarrow \underline{D}_{B\otimes_A B}(J) \quad ,$$

qui donne l'identité de $B$ par réduction modulo les idéaux d'augmentation. Le noyau de $\varphi$ est donc contenu dans $\Gamma_+(\Omega^1_{B/A})$ , et est par conséquent un nilidéal. Il en résulte que le morphisme canonique de $B\otimes_A B$ dans $\underline{D}_{B\otimes_A B}(J)$ se factorise en

$$\begin{array}{ccc} \Gamma_B(\Omega^1_{B/A}) & \xrightarrow{\quad\varphi\quad} & \underline{D}_{B\otimes_A B}(J) \\ & {}_{h}\nwarrow \qquad \nearrow & \\ & B\otimes_A B & \end{array} \quad .$$

Comme de plus $h(J) \subset \Gamma_+(\Omega^1_{B/A})$ , car ce triangle se réduit aux morphismes identiques modulo les idéaux d'augmentation, on obtient grâce à la propriété universelle de l'enveloppe à puissances divisées un PD-morphisme B-linéaire à gauche

$$\psi : \underline{D}_{B\otimes_A B}(J) \longrightarrow \Gamma_B(\Omega^1_{B/A}) \quad .$$

Je dis que $\varphi\circ\psi = \mathrm{Id}$ . Pour le voir, il suffit de vérifier que l'homomorphisme composé

$$B\otimes_A B \longrightarrow \underline{D}_{B\otimes_A B}(J) \xrightarrow{\ \psi\ } \Gamma_B(\Omega^1_{B/A}) \xrightarrow{\ \varphi\ } \underline{D}_{B\otimes_A B}(J)$$

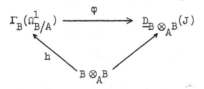

est l'homomorphisme canonique. Or le composé des deux premiers est $h$ par définition, d'où le résultat d'après la commutativité du triangle précédent. Il en résulte que $\underline{D}_{B\otimes_A B}(J)$ est facteur direct de $\Gamma_B(\Omega^1_{B/A})$ . Comme $\Omega^1_{B/A}$ est plat, la proposition résultera donc aussitôt du

Lemme 1.7.3. Soient $A$ un anneau, $M$ un $A$-module plat. Alors $\Gamma_A(M)$ est un $A$-module plat.

Si $M$ est un $A$-module libre, le lemme résulte de ce que chaque composante $\Gamma_n(M)$ est un $A$-module libre. D'après le théorème de D. Lazard ([36]), tout module plat est limite inductive filtrante de modules libres ; d'autre part, la formation de l'algèbre à puissances divisées d'un module commute aux limites inductives filtrantes, d'après Roby ([48]). Le lemme en résulte donc dans le cas général.

Corollaire 1.7.4. Soit $A$ un cristal en $\underline{O}_{X/S}$-algèbres sur $\mathrm{Cris}(X/S)$. Alors, pour tout épaississement fondamental $(U,D_U(Y))$ , où $Y$ est quasi-lisse sur $S$ , les deux homomorphismes canoniques $A_{D_U(Y)} \longrightarrow A_{D_U(Y^2)}$ sont plats.

C'est une conséquence immédiate de 1.7.2 et (1.6.4).

Proposition 1.7.5. Soit $A$ un faisceau d'anneaux sur $\mathrm{Cris}(X/S)$.

i) La catégorie $\underline{\underline{C}}_A(X/S)$ des cristaux en $A$-modules est une catégorie additive, et possède des conoyaux ; le foncteur d'inclusion de $\underline{\underline{C}}_A(X/S)$ dans la catégorie $\underline{\underline{M}}_A(X/S)$ des $A$-modules commute aux conoyaux.

ii) Pour qu'un morphisme $u : E \longrightarrow F$ de $\underline{\underline{C}}_A(X/S)$ soit un épimorphisme (resp. un isomorphisme), il faut que pour tout objet $(U,T,\delta)$ de $\mathrm{Cris}(X/S)$ l'homomorphisme $E_{(U,T,\delta)} \longrightarrow F_{(U,T,\delta)}$ correspondant soit surjectif (resp. bijectif), et il suffit qu'il en soit ainsi pour une famille $(U_i,T_i,\delta_i)$ d'épaississements fondamentaux telle que les $U_i$ recouvrent $X$ .

Soit donc $u : E \longrightarrow F$ un morphisme de $\underline{\underline{C}}_A(X/S)$, et soit $G$ le conoyau de $u$ dans $\underline{\underline{M}}_A(X/S)$. Pour tout morphisme $g : (U',T',\delta') \longrightarrow (U,T,\delta)$ de $\mathrm{Cris}(X/S)$, on a le diagramme commutatif à lignes exactes

$$\begin{array}{ccccccc} g^*(E_{(U,T,\delta)}) & \longrightarrow & g^*(F_{(U,T,\delta)}) & \longrightarrow & g^*(G_{(U,T,\delta)}) & \longrightarrow & 0 \\ \downarrow & & \downarrow & & \downarrow & & \\ E_{(U',T',\delta')} & \longrightarrow & F_{(U',T',\delta')} & \longrightarrow & G_{(U',T',\delta')} & \longrightarrow & 0 \end{array} .$$

Comme les deux premières flèches verticales sont des isomorphismes, il en est de meme pour la troisième, ce qui montre que $G$ est un cristal en A-modules. Il est alors évident que c'est encore le conoyau de $u$ dans $\underline{\underline{C}}_A(X/S)$ . D'autre part, la somme directe d'une famille de cristaux en A-modules est encore un cristal en A-modules, d'où l'assertion i).

La nécessité dans l'assertion ii) résulte de i). Réciproquement, si $(U_i,T_i,\delta_i)$ est une famille d'épaississements fondamentaux telle que les $U_i$ recouvrent $X$ , tout objet $(U,T,\delta)$ de $\mathrm{Cris}(X/S)$ admet localement un morphisme dans l'un des $(U_i,T_i,\delta_i)$ d'après 1.7.1 ; par suite, si $E_{(U_i,T_i,\delta_i)} \longrightarrow F_{(U_i,T_i,\delta_i)}$ est surjectif pour tout $i$ , on voit par image inverse que $E_{(U,T,\delta)} \longrightarrow F_{(U,T,\delta)}$ est surjectif. Le conoyau de $u$ est donc nul, et $u$ est un épimorphisme de $\underline{\underline{C}}_A(X/S)$ . On voit de même l'assertion concernant les isomorphismes.

<u>Proposition</u> 1.7.6. <u>Soit</u> $A$ <u>un faisceau d'anneaux sur</u> $\mathrm{Cris}(X/S)$ , <u>tel que pour tout épaississement fondamental</u> $(U,D_U(Y))$ , <u>où</u> $Y$ <u>est quasi-lisse sur</u> $S$ , <u>les deux homomorphismes canoniques</u> $A_{D_U(Y)} \longrightarrow A_{D_U(Y^2)}$ <u>soient plats (hypothèse vérifiée par exemple si</u> $A$ <u>est un cristal en</u> $\underline{O}_{X/S}$<u>-algèbres, d'après</u> 1.7.4 ) (*). <u>Alors la catégorie</u> $\underline{\underline{C}}_A(X/S)$ <u>des cristaux en</u> A-<u>modules sur</u> $\mathrm{Cris}(X/S)$ <u>est une catégorie abélienne</u>.

Nous avons vu en 1.7.5 que $\underline{\underline{C}}_A(X/S)$ possède des conoyaux. Pour montrer qu'elle possède des noyaux, on remarque d'abord que c'est une propriété locale sur $X$ . En effet, soit $u : E \longrightarrow F$ un morphisme de $\underline{\underline{C}}_A(X/S)$ , et supposons qu'il possède un noyau $N$ . Alors la restriction de $N$ à $\mathrm{Cris}(U/S)$ , où $U$ est un ouvert

---

(*) Hypothèse omise dans [7] 1.2.

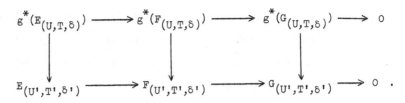

de $X$ , est le noyau de la restriction de $u$ à $\mathrm{Cris}(U/S)$ : le foncteur de restriction à $\mathrm{Cris}(U/S)$ possède un adjoint à gauche, à savoir le prolongement par $0$ , et il en résulte facilement que la restriction de $N$ à $\mathrm{Cris}(U/S)$ vérifie la propriété universelle du noyau. Il suffit donc de montrer que, localement sur $X$ , $u$ possède un noyau ; en vertu de l'unicité de ce dernier, on pourra obtenir le noyau global par recollement.

On peut alors supposer qu'il existe une S-immersion de $X$ dans un S-schéma quasi-lisse, d'après 1.5.4. La catégorie des cristaux en A-modules est alors équivalente à la catégorie des $A_{D_X(Y)}$-modules munis d'une stratification relativement à $\underline{D}_X(Y/S)$ , d'après 1.6.3. Il suffit donc de montrer qu'il existe des noyaux dans cette dernière, ce qui, compte tenu des hypothèses faites sur $A$ , résulte de II 1.5.2.

L'isomorphisme entre image et co-image est encore une propriété locale sur $\mathrm{Cris}(X/S)$, ce qui permet de se ramener à la situation précédente : il provient alors de II 1.5.2.

Corollaire 1.7.7. *Sous les hypothèses de* 1.7.6, *pour qu'une suite*

$$E \xrightarrow{u} F \xrightarrow{v} G$$

*de* $\underline{C}_A(X/S)$ *soit exacte, il faut que pour tout épaississement fondamental* $(U,T,\delta)$ *la suite*

$$E_{(U,T,\delta)} \longrightarrow F_{(U,T,\delta)} \longrightarrow G_{(U,T,\delta)}$$

*soit exacte, et il suffit qu'il en soit ainsi pour une famille* $(U_i,T_i,\delta_i)$ *d'épaississements fondamentaux telle que les* $U_i$ *recouvrent* $X$ .

D'après 1.7.5, le foncteur qui à $M$ associe $M_{(U,T,\delta)}$ commute aux conoyaux, et d'après la construction des noyaux donnée en 1.7.6, il commute aux noyaux lorsque $(U,T,\delta)$ est un épaississement fondamental, d'où la condition nécessaire. Pour la même raison, si pour tout $i$ la suite $E_{(U_i,T_i,\delta_i)} \longrightarrow F_{(U_i,T_i,\delta_i)} \longrightarrow G_{(U_i,T_i,\delta_i)}$ est exacte, les $(U_i,T_i,\delta_i)$ étant des épaississements fondamentaux tels que les $U_i$ recouvrent $X$ , on a pour tout $i$

$$\mathrm{Im}(u)_{(U_i,T_i,\delta_i)} = \mathrm{Ker}(v)_{(U_i,T_i,\delta_i)} ,$$

donc $\mathrm{Im}(u) = \mathrm{Ker}(v)$ d'après 1.7.5.

Remarque 1.7.8. D'après 1.7.5 , le foncteur d'inclusion

$$\underline{\underline{C}}_A(X/S) \longrightarrow \underline{\underline{M}}_A(X/S)$$

est exact à droite. Par contre, il n'est pas exact à gauche en général (sous les hypothèses de 1.7.6). En effet, supposons par exemple que $X$ soit quasi-lisse sur $S$ , et prenons $A = \underline{O}_{X/S}$ , de sorte que la catégorie des cristaux en $\underline{O}_{X/S}$-modules est équivalente à la catégorie des $\underline{O}_X$-modules munis d'une hyper-PD-stratification relativement à $S$ . Si $\underline{E}$ est un $\underline{O}_X$-module hyper-PD-stratifié, le cristal $E$ correspondant est défini sur un objet $(U,T,\delta)$ , tel qu'il existe une rétraction $g$ de $T$ sur $U$ , par $E_{(U,T,\delta)} = g^*(\underline{E})$ : le foncteur qui à $\underline{E}$ associe $E_{(U,T,\delta)}$ n'est donc pas exact à gauche en général, ce qui montre que l'inclusion de $\underline{\underline{C}}_{X/S}$ dans $\underline{\underline{M}}_{X/S}$ n'est pas un foncteur exact en général.

## 2. Le site cristallin restreint.

Soient $(S,\underline{I},\gamma)$ un PD-schéma, et $X$ un S-schéma. Si $A$ est un faisceau d'anneaux sur $\mathrm{Cris}(X/S)$, nous avons vu en 1.7.8 que le foncteur d'inclusion de la catégorie des cristaux en A-modules dans la catégorie des A-modules n'est pas exact en général. Comme il a été dit au début de ce chapitre, cela oblige, pour obtenir des résultats satisfaisants, à remplacer la catégorie des A-modules par une catégorie quotient de celle-ci. On est naturellement conduit par 1.7.7 à la définition suivante:

### 2.1. Définition du site cristallin restreint.

Définition 2.1.1. *On appelle* site cristallin restreint de $X$ relativement à $(S,\underline{I},\gamma)$ *le sous-site de* $\mathrm{Cris}(X/S,\underline{I},\gamma)$ *ayant pour catégorie sous-jacente la sous-catégorie pleine de* $\mathrm{Cris}(X/S,\underline{I},\gamma)$ *dont les objets sont les épaississements fondamentaux* (*cf.* 1.7.1), *muni de la topologie induite*.

On notera ce site $\mathrm{RCris}(X/S,\underline{I},\gamma)$ , ou $\mathrm{RCris}(X/S)$ lorsqu'il n'y a pas de risque de confusion sur $(\underline{I},\gamma)$ ; le topos associé sera appelé *topos cristallin res-*

treint et sera noté $(X/S,\underline{I},\gamma)_{\mathrm{Rcris}}$ ou $(X/S)_{\mathrm{Rcris}}$ .

On voit comme en III 1.1.4 que la donnée d'un faisceau $E$ sur $\mathrm{RCris}(X/S)$ équivaut à la donnée pour tout épaississement fondamental $(U,T,\delta)$ d'un faisceau $E_{(U,T,\delta)}$ sur $T$ pour la topologie de Zariski, et pour tout morphisme $g : (U',T',\delta') \longrightarrow (U,T,\delta)$ entre deux épaississements fondamentaux d'un homomorphisme de transition

$$g^{-1}(E_{(U,T,\delta)} \longrightarrow E_{(U',T',\delta')} \quad ,$$

transitif vis à vis du composé de deux morphismes, et qui soit un isomorphisme lorsque $g$ est une immersion ouverte.

2.1.2. Si $(U,T,\delta)$ est un épaississement fondamental, le foncteur qui à un faisceau $E$ sur $\mathrm{RCris}(X/S)$ associe $E_{(U,T,\delta)}$ commute aux $\underline{V}$-limites inductives et aux $\underline{V}$-limites projectives (cf. III 1.1.5). Il en résulte que le foncteur qui à un faisceau $F$ sur $\mathrm{Cris}(X/S)$ associe sa restriction $Q^*(F)$ aux épaississements fondamentaux, qui est donc un faisceau sur $\mathrm{RCris}(X/S)$, commute aux $\underline{V}$-limites inductives et projectives, donc en particulier que c'est le foncteur image inverse pour un morphisme de topos

(2.1.1) $$Q_{X/S} : (X/S)_{\mathrm{Rcris}} \longrightarrow (X/S)_{\mathrm{cris}} \quad ,$$

simplement noté $Q$ en général. On considère le plus souvent $\mathrm{RCris}(X/S)$ comme un site annelé par le faisceau d'anneaux $Q^*(\underline{O}_{X/S})$ , qu'on notera encore $\underline{O}_{X/S}$ ; $Q$ est alors un morphisme de topos annelés.

Si $A$ est un faisceau d'anneaux sur $\mathrm{RCris}(X/S)$, on notera $\underline{\underline{Q}}_A(X/S)$ (ou $\underline{\underline{Q}}_{X/S}$ si $A = \underline{O}_{X/S}$) la catégorie des A-modules. Si $A$ est un faisceau d'anneaux sur $\mathrm{Cris}(X/S)$ , on posera encore $\underline{\underline{Q}}_A(X/S) = \underline{\underline{Q}}_{Q^*(A)}(X/S)$ . Le foncteur image inverse de $\underline{\underline{M}}_A(X/S)$ dans $\underline{\underline{Q}}_A(X/S)$ est exact ; on le notera encore $Q^*$ .

<u>Proposition</u> 2.1.3. <u>Pour tout faisceau d'anneaux</u> $A$ <u>sur</u> $\mathrm{Cris}(X/S)$, <u>vérifiant les hypothèses de</u> 1.7.6, <u>le foncteur composé</u>

(2.1.2) $$\underline{\underline{C}}_A(X/S) \longrightarrow \underline{\underline{M}}_A(X/S) \xrightarrow{\ Q^*\ } \underline{\underline{Q}}_A(X/S)$$

<u>est exact.</u>

Pour qu'une suite de $Q^*(A)$-modules sur RCris(X/S) soit exacte, il faut et il suffit que pour tout épaississement fondamental $(U,T,\delta)$ la suite de faisceaux zariskiens correspondants sur T soit exacte ; la proposition résulte donc de 1.7.7.

<u>Remarques</u> 2.1.4. i) On peut définir la notion de cristal sur RCris(X/S). Il est alors clair d'après 1.6.3 que la restriction à RCris(X/S) est une équivalence de catégories de la catégorie des cristaux sur Cris(X/S) dans la catégorie des cristaux sur RCris(X/S).

ii) Lorsque X est localement de type fini sur S , on peut restreindre davantage le site cristallin en ne considérant que les épaississements fondamentaux de la forme $(U,D_U(Y))$ où Y est lisse sur S . Comme il en existe assez pour que les ouverts de X correspondants recouvrent X , on obtient des résultats analogues à ceux que nous obtiendrons avec la définition 2.1.1 (cf. [7]).

## 2.2. <u>Modules parasites.</u>

Il est parfois commode de considérer la catégorie $\underline{\underline{Q}}_A(X/S)$ comme une catégorie quotient de $\underline{\underline{M}}_A(X/S)$ .

<u>Définition</u> 2.2.1. <u>Soient</u> A <u>un faisceau d'anneaux sur</u> Cris(X/S), M <u>un</u> A-<u>module</u>. <u>On dit que</u> M <u>est parasite si</u> ${Q_{X/S}}^*(M) = 0$ .

Il revient donc au même de dire que pour tout épaississement fondamental $(U,T,\delta)$ , on a

$$M_{(U,T,\delta)} = 0 .$$

La sous-catégorie pleine de $\underline{\underline{M}}_A(X/S)$ dont les objets sont les A-modules parasites sera notée $\underline{\underline{P}}_A(X/S)$ .

Soit

$$0 \longrightarrow M' \longrightarrow M \longrightarrow M'' \longrightarrow 0$$

une suite exacte de A-modules. Comme le foncteur $Q^*$ est exact, M est parasite si et seulement si M' et M" sont parasites. Par conséquent, $\underline{\underline{P}}_A(X/S)$ est une sous-catégorie épaisse de $\underline{\underline{M}}_A(X/S)$ , et on peut considérer la catégorie quotient $\underline{\underline{M}}_A(X/S)/\underline{\underline{P}}_A(X/S)$ .

Lemme 2.2.2. i) *Soit* B *un faisceau d'anneaux sur* RCris(X/S). *Pour tout* B-*module* F , *l'homomorphisme canonique*

$$Q^*(Q_*(F)) \longrightarrow F$$

*est un isomorphisme.*

ii) *Pour tout* A-*module* M , *l'homomorphisme canonique*

$$M \longrightarrow Q_*(Q^*(M))$$

*est un* $\underline{\underline{P}}_A(X/S)$-*isomorphisme (i.e. son noyau et son conoyau appartiennent à* $\underline{\underline{P}}_A(X/S)$).

Pour prouver l'assertion i), il faut montrer que pour tout épaississement fondamental $(U,T,\delta)$, l'homomorphisme canonique

$$Q_*(F)(U,T,\delta) \longrightarrow F(U,T,\delta)$$

est un isomorphisme. Or on a, en notant $\tilde{T}$ le faisceau représenté par $(U,T,\delta)$,

$$\begin{aligned} Q_*(F)(U,T,\delta) &= \mathrm{Hom}_{(X/S)_{\mathrm{cris}}}(\tilde{T},Q_*(F)) = \mathrm{Hom}_{(X/S)_{\mathrm{Rcris}}}(Q^*(\tilde{T}),F) \\ &= F(U,T,\delta) \end{aligned}$$

car $Q^*(\tilde{T})$ est le faisceau sur RCris(X/S) représenté par $(U,T,\delta)$ , puisque ce dernier est un objet de RCris(X/S).

Pour prouver l'assertion ii), il suffit de montrer que pour tout épaississement fondamental $(U,T,\delta)$ , l'homomorphisme canonique

$$M(U,T,\delta) \longrightarrow Q_*(Q^*(M))(U,T,\delta)$$

est un isomorphisme. Mais d'après le calcul précédent, $Q_*(Q^*(M))(U,T,\delta) = M(U,T,\delta)$ , d'où l'isomorphisme.

Proposition 2.2.3. *Pour tout faisceau d'anneaux* A *sur* Cris(X/S) , *il existe un foncteur* e *rendant commutatif à isomorphisme canonique près le triangle*

$$\begin{array}{ccc} \underline{\underline{M}}_A(X/S)/\underline{\underline{P}}_A(X/S) & \xrightarrow{\ e\ } & \underline{\underline{Q}}_A(X/S) \\ {\scriptstyle q}\nwarrow & & \nearrow{\scriptstyle Q^*} \\ & \underline{\underline{M}}_A(X/S) & \end{array} ,$$

*où $q$ est le foncteur de passage au quotient, et c'est une équivalence de catégories.*

D'après la propriété universelle des catégories quotients, il suffit pour obtenir la factorisation de $Q^*$ par le foncteur $e$ d'observer que par définition $Q^*$ transforme les $\underline{\underline{P}}_A(X/S)$-isomorphismes en isomorphismes. Considérons alors deux objets de $\underline{\underline{M}}_A(X/S)/\underline{\underline{P}}_A(X/S)$, qui sont de la forme $q(M)$ , $q(N)$ , où $M$ et $N$ sont des A-modules sur $\mathrm{Cris}(X/S)$, et l'application

$$(2.2.1) \qquad \mathrm{Hom}_{\underline{\underline{M}}_A/\underline{\underline{P}}_A}(q(M),q(N)) \longrightarrow \mathrm{Hom}_{\underline{\underline{Q}}_A}(Q^*(M),Q^*(N)) \quad .$$

C'est une application surjective, car pour tout homomorphisme $\psi : Q^*(M) \longrightarrow Q^*(N)$ , on obtient un homomorphisme $Q_*(\psi) : Q_*(Q^*(M)) \longrightarrow Q_*(Q^*(N))$ ; or d'après 2.2.2 ii), on a des isomorphismes canoniques

$$q(M) \xrightarrow{\sim} q(Q_*(Q^*(M))) \qquad , \qquad q(N) \xrightarrow{\sim} q(Q_*(Q^*(N))) \quad ,$$

de sorte que $q(Q_*(\psi))$ définit un élément de $\mathrm{Hom}_{\underline{\underline{M}}_A/\underline{\underline{P}}_A}(q(M) , q(N))$ . Ce dernier donne bien $\psi$ par l'application (2.2.1), grâce à 2.2.2 i).

L'application (2.2.1) est injective : soit en effet $\varphi \in \mathrm{Hom}_{\underline{\underline{M}}_A/\underline{\underline{P}}_A}(q(M),q(N))$ un homomorphisme d'image nulle par (2.2.1). D'après la construction de la catégorie quotient, on a

$$\mathrm{Hom}_{\underline{\underline{M}}_A/\underline{\underline{P}}_A}(q(M),q(N)) = \varinjlim_{M',N'} \mathrm{Hom}_{\underline{\underline{M}}_A}(M',N') \quad ,$$

où $M'$ parcourt l'ensemble des sous-A-modules de $M$ tels que $M/M'$ soit parasite, et $N'$ l'ensemble des quotients de $N$ par un sous-A-module parasite. L'homomorphisme $\varphi$ provient donc d'un homomorphisme $\varphi' : M' \longrightarrow N'$ sur $\mathrm{Cris}(X/S)$. Il résulte alors de la commutativité du diagramme

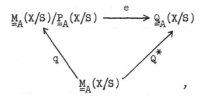

$$\begin{array}{ccc} Q_*(Q^*(M')) & \xrightarrow{Q_*(Q^*(\varphi'))} & Q_*(Q^*(N')) \\ \uparrow & & \uparrow \\ M' & \longrightarrow & N' \end{array}$$

et de 2.2.2 ii) que l'image $P$ de $M'$ dans $N'$ est nulle sur les épaississements fondamentaux, car $Q_*(Q^*(\varphi')) = Q_*(e(q(\varphi'))) = 0$ . Donc $P$ est un sous-module parasite de $N'$ , et d'après 2.2.1 le noyau de l'homomorphisme surjectif $N \longrightarrow N'/P$ est un sous-module parasite de $N$ . Par suite, l'image de $\varphi'$ dans $\varinjlim_{M',N'} \mathrm{Hom}_{\underline{\underline{M}}_A}(M',N')$ est nulle, d'où l'injectivité de (2.2.1).

Comme $e$ est essentiellement surjectif d'après 2.2.2 i), $e$ est une équivalence de catégories.

Lemme 2.2.4. *Soient $A$ un faisceau d'anneaux sur* $\mathrm{Cris}(X/S)$ , *$M$ un $A$-module.*

i) *Il existe un plus grand sous-$A$-module de $M$ appartenant à $\underline{\underline{P}}_A(X/S)$* .

ii) *Il existe un plus petit sous-$A$-module de $M$ tel que le quotient correspondant appartienne à $\underline{\underline{P}}_A(X/S)$* .

Soit $(M_i)_{i\in I}$ une famille de sous-A-modules de $M$ . Alors il est clair que pour tout objet $(U,T,\delta)$ de $\mathrm{Cris}(X/S)$ on a

$$\Big(\sum_i M_i\Big)(U,T,\delta) = \sum_i M_i(U,T,\delta) \qquad ,$$

$$\Big(\bigcap_i M_i\Big)(U,T,\delta) = \bigcap_i M_i(U,T,\delta) \qquad .$$

Il en résulte que si chacun des $M_i$ est parasite , $\sum_i M_i$ est parasite, et si chacun des $M/M_i$ est parasite, $M/\bigcap_i M_i$ est parasite, d'où le lemme.

On peut donner une construction directe des deux sous-modules de $M$ définis par le lemme. Considérons d'abord le préfaisceau sur $\mathrm{Cris}(X/S)$ défini par

$$M_o(U,T,\delta) = \bigcap \{\mathrm{Ker}(M(U,T,\delta) \longrightarrow M(U',T',\delta'))\}$$

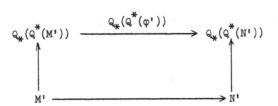

où l'intersection est prise sur l'ensemble des morphismes $(U',T',\delta') \longrightarrow (U,T,\delta)$ où $(U',T',\delta')$ est un épaississement fondamental. Alors $M_o$ est un faisceau, et est le plus grand sous-module parasite de $M$ .

De même, considérons le préfaisceau défini par

$$M_1(U,T,\delta) = \sum A_{(U,T,\delta)}\cdot \mathrm{Im}(M(U',T',\delta') \longrightarrow M(U,T,\delta))$$

où la somme est prise sur l'ensemble des morphismes $(U,T,\delta) \longrightarrow (U',T',\delta')$ , où $(U',T',\delta')$ est un épaississement fondamental. Alors le faisceau associé à $M_1$ est le plus petit sous-module de $M$ tel que le quotient correspondant soit parasite.

Proposition 2.2.5. Tout injectif de $\underline{\underline{Q}}_A(X/S)$ est de la forme $Q^*(I)$ , où $I$ est un A-module injectif sur $\mathrm{Cris}(X/S)$ sans sous-module parasite non nul.

Le foncteur de passage au quotient $q : \underline{\underline{M}}_A(X/S) \longrightarrow \underline{\underline{M}}_A(X/S)/\underline{\underline{P}}_A(X/S)$ admet un adjoint à droite, à savoir le foncteur $Q_* \circ e$ . Par suite, $\underline{\underline{P}}_A(X/S)$ est une sous-catégorie localisante de $\underline{\underline{M}}_A(X/S)$ . Comme cette dernière admet des enveloppes injectives, puisque c'est la catégorie des modules sur un site annelé, la proposition résulte de [17] III 5 cor. 2 , compte tenu de l'équivalence de catégories $e$ .

## 2.3. Sections sur le site cristallin restreint.

On veut maintenant étudier le foncteur sections sur $\underline{\underline{Q}}_A(X/S)$ .

2.3.1. On définit un morphisme de topos

$$\bar{u}_{X/S} : (X/S)_{Rcris} \longrightarrow X_{Zar} \tag{2.3.1}$$

en posant

$$\bar{u}_{X/S} : u_{X/S} \circ Q_{X/S} \ , \tag{2.3.2}$$

où $u_{X/S} : (X/S)_{cris} \longrightarrow X_{Zar}$ est le morphisme de topos défini en III 3.2.3. On a donc, pour tout faisceau $F$ sur $\mathrm{RCris}(X/S)$, un isomorphisme canonique

$$\Gamma((X/S)_{Rcris},F) \xrightarrow{\sim} \Gamma(X_{Zar},\bar{u}_{X/S*}(F)) \ . \tag{2.3.3}$$

Proposition 2.3.2. Soit $E$ un faisceau d'ensembles sur $\mathrm{Cris}(X/S)$. Pour tout tout épaississement fondamental de la forme $(U,D_U(Y))$ où $Y$ est quasi-lisse sur $S$ , on a une suite exacte de faisceaux d'ensembles

(2.3.4) $$u_{X/S*}(E)|U \longrightarrow E_{(U,D_U(Y))} \rightrightarrows E_{(U,D_U(Y^2))} \quad ,$$

<u>où les deux morphismes de</u> $E_{(U,D_U(Y))}$ <u>dans</u> $E_{(U,D_U(Y^2))}$ <u>proviennent des deux projections de</u> $D_U(Y)$ <u>sur</u> $D_U(Y^2)$ .

Se donner une section de $u_{X/S*}(E)$ au-dessus d'un ouvert $U$ de $X$ équivaut d'après la définition de $u_{X/S*}$ (III 3.2.1) à se donner pour tout objet $(V,T,\delta)$ de $\mathrm{Cris}(X/S)$ tel que $V \subset U$ une section $s_T$ de $E_{(V,T,\delta)}$ , de sorte que pour tout morphisme $g : (V',T',\delta') \longrightarrow (V,T,\delta)$ on ait $s_{T'} = g^*(s_T)$ . Il est donc clair qu'on définit un homomorphisme

$$u_{X/S*}(E)|U \longrightarrow \mathrm{Ker}(E_{(U,D_U(Y))} \rightrightarrows E_{(U,D_U(Y^2))})$$

en associant à toute section de $u_{X/S*}(E)|U$ la section correspondante de $E_{(U,D_U(Y))}$ .

Inversement, soit $s$ une section de $E_{(U,D_U(Y))}$ dont les images inverses par les deux projections soient égales. Comme $Y$ est quasi-lisse sur $S$ , tout objet $(V,T,\delta)$ de $\mathrm{Cris}(X/S)$ tel que $V$ soit contenu dans $U$ possède localement un morphisme dans $(U,D_U(Y))$ (cf. 1.7.1) ; si $g_1$ , $g_2$ sont deux morphismes de $(V,T,\delta)$ dans $(U,D_U(Y))$ , il existe, d'après la propriété universelle de l'enveloppe à puissances divisées, un morphisme $g : (V,T,\delta) \longrightarrow (U,D_U(Y^2))$ tel que $g_1 = p_1 \circ g$ et $g_2 = p_2 \circ g$ , $p_1$ et $p_2$ étant les deux projections de $D_U(Y^2)$ sur $D_U(Y)$ . Puisque $p_1^*(s) = p_2^*(s)$ , on a $g_1^*(s) = g_2^*(s)$ . Par suite, l'image inverse de $s$ sur $T$ ne dépend pas du morphisme choisi, ce qui permet de la définir par recollement lorsque $T$ ne possède pas globalement de morphisme dans $D_U(Y)$ . On obtient ainsi une section de $E$ sur $\mathrm{Cris}(U/S)$ dont la valeur sur $(U,D_U(Y))$ est $s$ , ce qui donne un homomorphisme inverse du précédent.

<u>Corollaire</u> 2.3.3. <u>Soit</u> $F$ <u>un faisceau d'ensembles sur</u> $\mathrm{RCris}(X/S)$. <u>Pour tout épaississement fondamental de la forme</u> $(U,D_U(Y))$ , <u>où</u> $Y$ <u>est quasi-lisse sur</u> $S$ , <u>on a une suite exacte de faisceaux d'ensembles</u>

(2.3.5) $$\bar{u}_{X/S*}(F)|U \longrightarrow F_{(U,D_U(Y))} \rightrightarrows F_{(U,D_U(Y^2))} \quad .$$

En effet, on a $\bar{u}_{X/S*}(F) = u_{X/S*}(Q_*(F))$ , et d'après 2.2.2 i), on a pour tout épaississement fondamental $(U,T,\delta)$

$$Q_*(F)_{(U,T,\delta)} = F_{(U,T,\delta)} \quad .$$

La suite (2.3.5) résulte donc de (2.3.4).

<u>Corollaire</u> 2.3.4. <u>Sous les hypothèses de</u> 2.3.2 (<u>resp</u>. 2.3.3) <u>on a une suite exacte</u>

(2.3.6) $$\Gamma(U_{cris},E) \longrightarrow \Gamma(D_U(Y),E_{(U,D_U(Y))}) \rightrightarrows \Gamma(D_U(Y^2),E_{(U,D_U(Y^2))})$$

(<u>resp</u>. F ).

Il suffit en effet d'appliquer le foncteur "sections sur U" à la suite exacte (2.3.4) (resp. 2.3.5)).

<u>Corollaire</u> 2.3.5. <u>Soit</u> E <u>un faisceau d'ensembles sur</u> Cris(X/S). <u>Il existe des isomorphismes canoniques</u>

(2.3.7) $$u_{X/S*}(E) \xrightarrow{\sim} \bar{u}_{X/S*}(Q^*(E)) \quad ,$$

(2.3.8) $$\Gamma((X/S)_{cris},E) \xrightarrow{\sim} \Gamma((X/S)_{Rcris},Q^*(E)) \quad .$$

Considérons l'homomorphisme canonique

$$E \longrightarrow Q_*(Q^*(E)) \quad ;$$

en lui appliquant le foncteur $u_{X/S*}$ , on obtient un homomorphisme canonique

$$u_{X/S*}(E) \longrightarrow \bar{u}_{X/S*}(Q^*(E)) \quad .$$

Pour vérifier que c'est un isomorphisme, on peut supposer qu'il existe une S-immersion de X dans un S-schéma Y quasi-lisse, car la propriété à vérifier est locale sur X . L'assertion résulte alors immédiatement de la commutativité du diagramme suivant, dont les lignes sont exactes en vertu de (2.3.4)

$$\begin{array}{ccccc}
u_{X/S*}(E) & \longrightarrow & E_{(X,D_X(Y))} & \rightrightarrows & E_{(X,D_X(Y^2))} \\
\downarrow & & \downarrow \wr & & \downarrow \wr \\
u_{X/S*}(Q_*(Q^*(E))) & \longrightarrow & Q_*(Q^*(E))_{(X,D_X(Y))} & \rightrightarrows & Q_*(Q^*(E))_{(X,D_X(Y^2))}
\end{array}$$

L'isomorphisme (2.3.8) se déduit de (2.3.7) en prenant les sections globales sur $X$ .

## 2.4. Foncteurs Hom et $\underline{\text{Hom}}$ sur le topos cristallin restreint.

On va appliquer les résultats précédents à la comparaison des foncteurs Hom et $\underline{\text{Hom}}$ sur $\underline{\underline{M}}_A(X/S)$ et $\underline{\underline{Q}}_A(X/S)$ .

Lemme 2.4.1. *Soient* $A$ *un faisceau d'anneaux sur* $\mathrm{Cris}(X/S)$ (*resp.* $\mathrm{RCris}(X/S)$), $M$ *un* $A$-*module*, $E$ *un cristal en* $A$-*modules*, $(U,T,\delta)$ *un objet de* $\mathrm{Cris}(X/S)$ (*resp. de* $\mathrm{RCris}(X/S)$). *L'homomorphisme canonique*

$$\underline{\text{Hom}}_A(E,M)_{(U,T,\delta)} \longrightarrow \underline{\text{Hom}}_{A_{(U,T,\delta)}}(E_{(U,T,\delta)},M_{(U,T,\delta)}) \tag{2.4.1}$$

*est un isomorphisme*.

Dans l'isomorphisme (2.4.1), $\underline{\text{Hom}}_A(E,M)$ désigne le faisceau des homomorphismes de $E$ dans $M$ sur le site cristallin ; l'ensemble de ses sections au-dessus de $(U,T,\delta)$ est donc

$$\mathrm{Hom}_{\mathrm{Cris}(X/S)/(U,T,\delta)}(E_{/(U,T,\delta)},M_{/(U,T,\delta)}) .$$

Un homomorphisme de $E_{/(U,T,\delta)}$ dans $M_{/(U,T,\delta)}$ définit en particulier un homomorphisme de $E_{(U,T,\delta)}$ dans $M_{(U,T,\delta)}$, ce qui définit (2.4.1).

Pour voir que (2.4.1) est un isomorphisme lorsque $E$ est un cristal, il suffit d'observer d'abord que la donnée d'un homomorphisme $\varphi : E_{/(U,T,\delta)} \longrightarrow M_{/(U,T,\delta)}$ équivaut à la donnée pour tout morphisme $u : (U',T',\delta') \longrightarrow (U,T,\delta)$ d'un homomorphisme

$$\varphi_u : E_{(U',T',\delta')} \longrightarrow M_{(U',T',\delta')}$$

tel que pour tout morphisme $v : u_1 \longrightarrow u_2$ de $\mathrm{Cris}(X/S)/(U,T,\delta)$ , on ait le carré commutatif suivant :

$$\begin{array}{ccc} v^*(E_{(U_2',T_2',\delta_2')}) & \xrightarrow{v^*(\varphi_{u_2})} & v^*(M_{(U_2',T_2',\delta_2')}) \\ \downarrow & & \downarrow \\ E_{(U_1',T_1',\delta_1')} & \xrightarrow{\varphi_{u_1}} & M_{(U_1',T_1',\delta_1')} \end{array} .$$

En particulier, on doit avoir le carré commutatif

$$\begin{array}{ccc} u^*(E_{(U,T,\delta)}) & \xrightarrow{u^*(\varphi_{Id})} & u^*(M_{(U,T,\delta)}) \\ \downarrow & & \downarrow \\ E_{(U',T',\delta')} & \xrightarrow{\varphi_u} & M_{(U',T',\delta')} \end{array} .$$

Comme $E$ est un cristal en A-modules, $u^*(E_{(U,T,\delta)}) \longrightarrow E_{(U',T',\delta')}$ est un isomorphisme. Par suite, $\varphi_u$ est uniquement déterminé par $\varphi_{Id}$, d'où l'assertion.

Proposition 2.4.2. Soient $A$ un faisceau d'anneaux sur $Cris(X/S)$, $E$ un cristal en A-modules, $M$ un A-module.

i) L'homomorphisme canonique

(2.4.2) $$Q^*(\underline{Hom}_A(E,M)) \longrightarrow \underline{Hom}_{Q^*(A)}(Q^*(E),Q^*(M))$$

est un isomorphisme.

ii) L'homomorphisme canonique

(2.4.3) $$Hom_A(E,M) \longrightarrow Hom_{Q^*(A)}(Q^*(E),Q^*(M))$$

est un isomorphisme.

L'assertion i) résulte aussitôt de 2.4.1. L'assertion ii) se déduit de i) en prenant les sections globales, compte tenu de (2.3.8).

Corollaire 2.4.3. Le foncteur composé

$$\underline{\underline{C}}_A(X/S) \longrightarrow \underline{\underline{M}}_A(X/S) \xrightarrow{Q^*} \underline{\underline{Q}}_A(X/S)$$

est pleinement fidèle.

Cela résulte de l'isomorphisme (2.4.3).

Nous considèrerons donc fréquemment $\underline{\underline{C}}_A(X/S)$ comme une sous-catégorie de $\underline{\underline{Q}}_A(X/S)$. Lorsque $A$ vérifie les hypothèses de 1.7.6, c'est même une sous-catégorie abélienne de $\underline{\underline{Q}}_A(X/S)$, d'après 2.1.3.

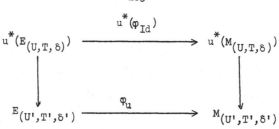

## 2.5. La non-fonctorialité du topos cristallin restreint.

Le lecteur se sera certainement demandé pourquoi nous n'avons pas pris pour définition du site cristallin celle du site cristallin restreint. La raison en est que ce dernier n'a pas d'aussi bonnes propriétés de fonctorialité que le site cristallin. Plus précisément, considérons un diagramme commutatif de la forme

(2.5.1)
$$\begin{array}{ccc} X' & \xrightarrow{g} & X \\ \downarrow & & \downarrow \\ (S',\underline{I}',\gamma') & \xrightarrow{u} & (S,\underline{I},\gamma) \end{array}$$

où $u$ est un PD-morphisme. Alors il n'existe pas en général de morphisme de topos $g_{Rcris} : (X'/S',\underline{I}',\gamma')_{Rcris} \longrightarrow (X/S,\underline{I},\gamma)_{Rcris}$ rendant commutatif (à isomorphisme près) le diagramme

$$\begin{array}{ccc} (X'/S',\underline{I}',\gamma')_{Rcris} & \xrightarrow{g_{Rcris}} & (X/S,\underline{I},\gamma)_{Rcris} \\ {\scriptstyle Q_{X'/S'}}\downarrow & & \downarrow{\scriptstyle Q_{X/S}} \\ (X'/S',\underline{I}',\gamma')_{cris} & \xrightarrow{g_{cris}} & (X/S,\underline{I},\gamma)_{cris} \end{array} .$$

Considérons par exemple le cas où $S'$ est le spectre d'un corps parfait $k$, $S$ le spectre d'un tronqué $W/p^mW$ de l'anneau des vecteurs de Witt de $k$, muni des puissances divisées naturelles de $p$, et $X' = X$ un schéma sur $k$. Je dis qu'il n'existe pas de morphisme de topos $(X/S')_{Rcris} \longrightarrow (X/S,p.\underline{O}_S)_{Rcris}$ tel que le diagramme précédent soit commutatif. En effet, si ce morphisme existait, on en déduirait par l'égalité des foncteurs image inverse que pour tout module parasite $M$ sur $\mathrm{Cris}(X/S)$, sa restriction à $\mathrm{Cris}(X/S')$ est parasite. Soit $E$ le noyau de la multiplication par $p$ dans $\underline{O}_{X/S}$ ; si $(U,D_U(Y))$ est un épaississement fondamental, on voit en transposant la démonstration de 1.7.2 que $D_U(Y)$ est plat sur $S$, de sorte que $E_{(U,D_U(Y))} = p^{m-1}.\underline{O}_{D_U(Y)}$. Posant $F = p^{m-1}.\underline{O}_{X/S}$, on a $F \subset E$, puisque $p^m$ est nul sur $\mathrm{Cris}(X/S)$, et $M = E/F$ est parasite. Mais la restriction de $E$ à $\mathrm{Cris}(X/S')$ est $\underline{O}_{X/S'}$, car $p = 0$ sur $\mathrm{Cris}(X/S')$, et celle de $F$ est $0$, si on suppose $m \geqslant 2$ ; par suite la restriction de $M$ à $\mathrm{Cris}(X/S')$ est $\underline{O}_{X/S'}$, qui n'est pas parasite.

On obtient néanmoins les résultats suivants :

Proposition 2.5.1. *Soient un carré commutatif de la forme* (2.5.1) , A *et* A' *des faisceaux d'anneaux sur* Cris(X/S) *et* Cris(X'/S') , *et* $g_{cris}^{-1}(A) \longrightarrow A'$ *un homomorphisme de faisceaux d'anneaux faisant de* $g_{cris}$ *un morphisme de topos annelés par* A' *et* A . *Alors il existe un unique foncteur*

(2.5.2) $$g_{Rcris*} : \underline{\underline{Q}}_{A'}(X'/S') \longrightarrow \underline{\underline{Q}}_{A}(X/S)$$

*tel que pour tout* A'-*module* F *sur* Cris(X'/S') *on ait*

$$g_{Rcris*}(Q_{X'/S'}{}^{*}(F)) \xrightarrow{\sim} Q_{X/S}{}^{*}(g_{cris*}(F)) \quad .$$

Compte tenu de 2.2.3, l'existence et l'unicité de $g_{Rcris*}$ résulteront de la propriété universelle des catégories quotient si l'on montre que pour tout homomorphisme de A'-modules $\varphi: M \longrightarrow N$ dont le noyau et le conoyau sont parasites, l'homomorphisme correspondant $Q_{X/S}{}^{*}(g_{cris*}(M)) \longrightarrow Q_{X/S}{}^{*}(g_{cris*}(N))$ est un isomorphisme.

Soit donc $(U,D_U(Y))$ un épaississement fondamental d'un ouvert de X , Y étant un S-schéma quasi-lisse. Pour tout faisceau F sur Cris(X'/S'), on a

$$g_{cris*}(F)(U,D_U(Y)) = Hom(g^{*}(D_U(Y)),F) \quad ,$$

d'après III (2.2.3). Or d'après la définition de l'enveloppe à puissances divisées, le faisceau $g^{*}(D_U(Y))$ est celui qui associe à un objet $(U',T',\delta')$ l'ensemble des S-morphismes $T' \longrightarrow Y$ prolongeant le morphisme composé $U' \longrightarrow U \longrightarrow Y$ , où $U \longrightarrow Y$ est l'immersion fermée définissant l'épaississement fondamental. Si $Y' = Y\times_S S'$ , c'est donc le faisceau $\tilde{Y}'$ qui associe à $(U',T',\delta')$ l'ensemble des S'-morphismes de T' dans Y' prolongeant le morphisme de U' dans Y' défini par $U' \longrightarrow Y$ . On est donc ramené à montrer le lemme suivant :

Lemme 2.5 2. *Soit* $g : X \longrightarrow Y$ *un* S-*morphisme*, Y *étant quasi-lisse sur* S , *et notons* $\tilde{Y}$ *le faisceau sur* Cris(X/S) *dont la valeur sur* $(U,T,\delta)$ *est l'ensemble des* S-*morphismes de* T *dans* Y *prolongeant* g . *Si* A *est un faisceau d'anneaux*

<u>sur</u> Cris(X/S), <u>et</u> $\varphi : M \longrightarrow N$ <u>un homomorphisme dont le noyau et le conoyau sont parasites, alors l'homomorphisme</u>

$$\mathrm{Hom}(\tilde{Y},M) \longrightarrow \mathrm{Hom}(\tilde{Y},N)$$

<u>est un isomorphisme</u>.

Il est facile de vérifier que si le lemme est vrai lorsqu'on remplace Y par un ouvert assez petit (et X par la trace sur X de cet ouvert), il est alors vrai pour Y . Cela permet de supposer qu'il existe une S-immersion de X dans un S-schéma Z quasi-lisse. Avec les notations de l'énoncé, on a une suite exacte de faisceaux d'ensembles

$$\widetilde{Z x_S Z} \rightrightarrows \tilde{Z} \longrightarrow e$$

où e est le faisceau constant à un élément : en effet, il revient au meme de dire que pour tout faisceau E la suite

$$\mathrm{Hom}(e,E) \longrightarrow \mathrm{Hom}(\tilde{Z},E) \rightrightarrows \mathrm{Hom}(\widetilde{Z x_S Z},E)$$

est exacte. Comme $X \longrightarrow Z$ est une immersion, Z est représentable par $D_X(Z)$ , et de même $Z x_S Z$ est représentable par $D_X(Z^2)$ ; la suite considérée est alors la suite

$$\Gamma((X/S)_{cris},E) \longrightarrow E(D_X(Z)) \rightrightarrows E(D_X(Z^2)) \qquad ,$$

exacte d'après 2.3.4. On en déduit la suite exacte

$$\tilde{Y} \times (\widetilde{Z x_S Z}) \rightrightarrows \tilde{Y} \times \tilde{Z} \longrightarrow \tilde{Y} \quad ,$$

et le diagramme commutatif à lignes exactes

$$\begin{array}{ccccc}
\mathrm{Hom}(\tilde{Y},M) & \longrightarrow & \mathrm{Hom}(\tilde{Y} \times \tilde{Z},M) & \rightrightarrows & \mathrm{Hom}(\tilde{Y} \times (\widetilde{Z x_S Z}),M) \\
\downarrow & & \downarrow & & \downarrow \\
\mathrm{Hom}(\tilde{Y},N) & \longrightarrow & \mathrm{Hom}(\tilde{Y} \times \tilde{Z},N) & \rightrightarrows & \mathrm{Hom}(\tilde{Y} \times (\widetilde{Z x_S Z}),N)
\end{array} \quad .$$

Or les faisceaux $\tilde{Y} \times \tilde{Z}$ et $\tilde{Y} \times (\widetilde{Z x_S Z})$ sont représentables, car les morphismes de X dans $Y x_S Z$ et $Y x_S (Z x_S Z)$ sont des immersions, puisque $X \longrightarrow Z$ est une immersion. Ils sont alors représentés par les objets $(X, D_X(Y x_S Z))$ et

$(X,D_X(Y\times_S Z\times_S Z))$ . De plus, $Y\times_S Z$ et $Y\times_S Z\times_S Z$ sont quasi-lisses sur $S$ , d'après 1.5.2. Les deux flèches verticales de droite sont des isomorphismes d'après les hypothèses faites sur $\varphi$ , donc celle de gauche aussi.

Proposition 2.5.3. Sous les hypothèses de 2.5.1, soient $M' \in Ob(\underline{\underline{Q}}_{A'}(X'/S'))$ et $E \in Ob(\underline{\underline{C}}_A(X/S))$. Alors il existe des isomorphismes canoniques

$$(2.5.3)\qquad \mathrm{Hom}_{\underline{\underline{Q}}_{A'}(X'/S')}(g_{cris}{}^*(E),M') \xrightarrow{\sim} \mathrm{Hom}_{\underline{\underline{Q}}_A(X/S)}(E,g_{Rcris*}(M')) \quad ,$$

$$(2.5.4)\qquad \underline{\mathrm{Hom}}_A(E,g_{Rcris*}(M')) \xrightarrow{\sim} g_{Rcris*}(\underline{\mathrm{Hom}}_{A'}(g_{cris}{}^*(E),M'))$$

(les Hom étant pris sur le site cristallin restreint dans cette dernière formule).

Prouvons la seconde assertion. On notera $Q$ et $Q'$ les morphismes de topos $Q_{X/S}$ et $Q_{X'/S'}$ . Comme $M' = Q'^*(Q'_*(M'))$ d'après 2.2.2 i), on peut écrire

$$\underline{\mathrm{Hom}}_A(E,g_{Rcris*}(M')) \xrightarrow{\sim} \underline{\mathrm{Hom}}_A(E,g_{Rcris*}(Q'^*(Q'_*(M')))) \quad ,$$

$$\xrightarrow{\sim} \underline{\mathrm{Hom}}_A(E,Q^*(g_{cris*}(Q'_*(M')))) \quad ,$$

d'après (2.5.2), d'où, grâce à (2.4.2) ,

$$\underline{\mathrm{Hom}}_A(E,g_{Rcris*}(M')) \xrightarrow{\sim} Q^*(\underline{\mathrm{Hom}}_A(E,g_{cris*}(Q'_*(M')))) \quad ,$$

$$\xrightarrow{\sim} Q^*(g_{cris*}(\underline{\mathrm{Hom}}_{A'}(g_{cris}{}^*(E),Q'_*(M')))) \quad ,$$

$$\xrightarrow{\sim} g_{Rcris*}(Q'^*(\underline{\mathrm{Hom}}_{A'}(g_{cris}{}^*(E),Q'_*(M')))) \ ,$$

soit encore, puisque $g_{cris}{}^*(E)$ est un cristal (d'après 1.2.4)

$$\underline{\mathrm{Hom}}_A(E,g_{Rcris*}(M')) \xrightarrow{\sim} g_{Rcris*}(\underline{\mathrm{Hom}}_{A'}(g_{cris}{}^*(E),Q'^*(Q'_*(M'))))$$

$$\xrightarrow{\sim} g_{Rcris*}(\underline{\mathrm{Hom}}_{A'}(g_{cris}{}^*(E),M')) \quad .$$

L'isomorphisme (2.5.3) se déduit de l'isomorphisme (2.5.4) en appliquant le foncteur $\Gamma((X/S)_{Rcris}, .)$ , compte tenu de la proposition suivante :

<u>Proposition</u> 2.5.4. <u>Sous les hypothèses de</u> 2.5.1, <u>soit</u> $M' \in Ob(\underline{Q}_{A'}(X'/S'))$ . <u>Il existe des isomorphismes canoniques</u>

(2.5.5) $$\bar{u}_{X/S*}(g_{Rcris*}(M')) \xrightarrow{\sim} g_*(\bar{u}_{X'/S'*}(M')) \quad ,$$

(2.5.6) $$\Gamma((X/S)_{Rcris}, g_{Rcris*}(M')) \xrightarrow{\sim} \Gamma((X'/S')_{Rcris}, M') \quad .$$

De l'isomorphisme $M' \xrightarrow{\sim} Q'^*(Q'_*(M'))$ (avec $Q' = Q_{X'/S'}$ , $Q = Q_{X/S}$) , on tire

$$\bar{u}_{X/S*}(g_{Rcris*}(M')) \xrightarrow{\sim} \bar{u}_{X/S*}(g_{Rcris*}(Q'^*(Q'_*(M')))) \quad ,$$

$$\xrightarrow{\sim} \bar{u}_{X/S*}(Q^*(g_{cris*}(Q'_*(M')))) \quad ,$$

d'où, compte tenu de (2.3.7),

$$\bar{u}_{X/S*}(g_{Rcris*}(M')) \xrightarrow{\sim} u_{X/S*}(g_{cris*}(Q'_*(M'))) \quad ,$$

$$\xrightarrow{\sim} g_*(u_{X'/S'*}(Q'_*(M'))) \quad ,$$

$$\xrightarrow{\sim} g_*(\bar{u}_{X'/S'*}(Q'^*(Q'_*(M')))) \quad ,$$

$$\xrightarrow{\sim} g_*(\bar{u}_{X'/S'*}(M')) \quad .$$

Appliquons maintenant le foncteur $\Gamma(X, .)$ à l'isomorphisme (2.5.5) ; on en déduit

$$\Gamma((X/S)_{Rcris}, g_{Rcris*}(M')) \xrightarrow{\sim} \Gamma(X, \bar{u}_{X/S*}(g_{Rcris*}(M'))) \quad ,$$

$$\xrightarrow{\sim} \Gamma(X, g_*(\bar{u}_{X'/S'*}(M'))) \quad ,$$

$$\xrightarrow{\sim} \Gamma(X', \bar{u}_{X'/S'*}(M')) \quad ,$$

$$\xrightarrow{\sim} \Gamma((X'/S')_{Rcris}, M') \quad .$$

## 3. <u>Linéarisation des opérateurs hyper-PD-différentiels</u>.

### 3.1. <u>Construction du foncteur linéarisation</u>.

Soit un triangle commutatif

$$\begin{array}{ccc} X & \xrightarrow{g} & Y \\ & \searrow \quad \swarrow & \\ & (S,\underline{I},\gamma) & \end{array} \quad .$$

On se propose de définir un foncteur, appelé <u>linéarisation</u>, ou encore <u>formalisation</u>, de la catégorie dont les objets sont les $\underline{O}_Y$-modules et les morphismes les opérateurs hyper-PD-différentiels relativement à $S$ (II 2.1.3 c)), dans la catégorie des cristaux en $\underline{O}_{X/S}$-modules sur Y-HPD-Strat(X/S) (avec pour morphismes les homomorphismes $\underline{O}_{X/S}$-linéaires).

3.1.1. Soit $\underline{E}$ un $\underline{O}_Y$-module. On pose

$$L(\underline{E})_Y = \underline{D}_{Y/S}(1) \otimes_{\underline{O}_Y} \underline{E} \quad , \tag{3.1.1}$$

considéré comme $\underline{O}_Y$-module grâce à la structure gauche de $\underline{D}_{Y/S}(1)$ , le produit tensoriel étant pris par rapport à la structure droite.

Soient $\underline{E}$ , $\underline{F}$ deux $\underline{O}_Y$-modules, et $u$ un opérateur hyper-PD-différentiel de $\underline{E}$ dans $\underline{F}$ , i.e. un homomorphisme $\underline{O}_Y$-linéaire pour la structure gauche

$$u : \underline{D}_{Y/S}(1) \otimes_{\underline{O}_T} \underline{E} \longrightarrow \underline{F} \quad .$$

On en déduit un homomorphisme $\underline{O}_Y$-linéaire

$$L(u)_Y : L(\underline{E})_Y \longrightarrow L(\underline{F})_Y \quad , \tag{3.1.2}$$

égal par définition à l'homomorphisme composé

$$\underline{D}_{Y/S}(1) \otimes_{\underline{O}_Y} \underline{E} \xrightarrow{\delta \otimes \mathrm{Id}} \underline{D}_{Y/S}(1) \otimes_{\underline{O}_Y} \underline{D}_{Y/S}(1) \otimes_{\underline{O}_Y} \underline{E} \xrightarrow{\mathrm{Id} \otimes u} \underline{D}_{Y/S}(1) \otimes_{\underline{O}_Y} \underline{F} \quad ,$$

où $\delta$ est l'homomorphisme II (1.1.19).

<u>Lemme</u> 3.1.2. i) <u>Le $\underline{O}_Y$-module</u> $L(\underline{E})_Y$ <u>est canoniquement muni d'une hyper-PD-stratification relativement à</u> $S$ .

ii) <u>L'homomorphisme</u> $L(u)_Y$ <u>est horizontal pour les hyper-PD-stratifications canoniques de</u> $L(\underline{E})_Y$ <u>et</u> $L(\underline{F})_Y$ .

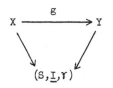

iii) <u>Si</u> $v$ <u>est un opérateur hyper-PD-différentiel de</u> $\underline{F}$ <u>dans un $\underline{O}_Y$-module</u> $\underline{G}$ , on a

$$L(v \circ u)_Y = L(v)_Y \circ L(u)_Y \quad .$$

Il faut définir un isomorphisme canonique

$$(3.1.3) \qquad \underline{D}_{Y/S}(1) \otimes_{\underline{O}_Y} L(\underline{E})_Y \xrightarrow{\ \sim\ } L(\underline{E})_Y \otimes_{\underline{O}_Y} \underline{D}_{Y/S}(1) \quad .$$

Il est donné par l'homomorphisme composé

$$\underline{D} \otimes \underline{D} \otimes \underline{E} \xrightarrow{\mathrm{Id} \otimes \delta \otimes \mathrm{Id}} \underline{D} \otimes \underline{D} \otimes \underline{D} \otimes \underline{E} \xrightarrow{(\mathrm{Id}.\sigma) \otimes \mathrm{Id} \otimes \mathrm{Id}} \underline{D}\,{}_1\!\otimes \underline{D} \otimes \underline{E} \quad ,$$

où on note $\underline{D}$ pour $\underline{D}_{Y/S}(1)$ , $\sigma$ l'automorphisme de symétrie de $\underline{D}_{Y/S}(1)$ , et où l'indice 1 placé à gauche du produit tensoriel signifie que le facteur $\underline{D}_{Y/S}(1)$ situé à gauche du produit tensoriel est considéré comme $\underline{O}_X$-algèbre pour sa structure gauche. Il est clair que c'est un homomorphisme $\underline{D}_{Y/S}(1)$-linéaire, et que c'est un isomorphisme, l'isomorphisme inverse étant donné par une formule analogue. Il est également immédiat de vérifier qu'il donne l'identité de $L(\underline{E})_Y$ par réduction modulo l'idéal d'augmentation de $\underline{D}_{Y/S}(1)$ , et qu'il vérifie la condition de transitivité sur $\underline{D}_{Y/S}(2)$. On obtient donc une hyper-PD-stratification sur $L(\underline{E})_Y$ .

L'horizontalité de $L(u)_Y$ résulte de la commutativité du diagramme suivant, dont les deux lignes horizontales extrêmes sont les produits tensoriels de $L(u)_Y$ avec $\underline{D}_{Y/S}(1)$ , et les deux lignes verticales extrêmes les isomorphismes (3.1.3), les conventions de notation étant les mêmes que précédemment :

$$\begin{array}{ccccc}
\underline{D}\otimes\underline{D}\otimes\underline{E} & \xrightarrow{\mathrm{Id}\otimes\delta\otimes\mathrm{Id}} & \underline{D}\otimes\underline{D}\otimes\underline{D}\otimes\underline{E} & \xrightarrow{\mathrm{Id}\otimes\mathrm{Id}\otimes u} & \underline{D}\otimes\underline{D}\otimes\underline{F} \\
\downarrow{\scriptstyle \mathrm{Id}\otimes\delta\otimes\mathrm{Id}} & & \downarrow{\scriptstyle \mathrm{Id}\otimes\delta\otimes\mathrm{Id}\otimes\mathrm{Id}} & & \downarrow{\scriptstyle \mathrm{Id}\otimes\delta\otimes\mathrm{Id}} \\
\underline{D}\otimes\underline{D}\otimes\underline{D}\otimes\underline{E} & \xrightarrow{\mathrm{Id}\otimes\mathrm{Id}\otimes\delta\otimes\mathrm{Id}} & \underline{D}\otimes\underline{D}\otimes\underline{D}\otimes\underline{D}\otimes\underline{E} & \xrightarrow{\mathrm{Id}\otimes\mathrm{Id}\otimes\mathrm{Id}\otimes u} & \underline{D}\otimes\underline{D}\otimes\underline{D}\otimes\underline{F} \\
\downarrow{\scriptstyle (\mathrm{Id}.\sigma)\otimes\mathrm{Id}\otimes\mathrm{Id}} & & \downarrow{\scriptstyle (\mathrm{Id}.\sigma)\otimes\mathrm{Id}\otimes\mathrm{Id}\otimes\mathrm{Id}} & & \downarrow{\scriptstyle (\mathrm{Id}.\sigma)\otimes\mathrm{Id}\otimes\mathrm{Id}} \\
\underline{D}\,{}_1\!\otimes\underline{D}\otimes\underline{E} & \xrightarrow{\mathrm{Id}\otimes\delta\otimes\mathrm{Id}} & \underline{D}\,{}_1\!\otimes\underline{D}\otimes\underline{D}\otimes\underline{E} & \xrightarrow{\mathrm{Id}\otimes\mathrm{Id}\otimes u} & \underline{D}\,{}_1\!\otimes\underline{D}\otimes\underline{F}
\end{array}$$

L'assertion iii) résulte d'un diagramme analogue, que nous laissons au lecteur à titre d'exercice.

3.1.3. D'après 3.1.2, les définitions (3.1.1), (3.1.2) et (3.1.3) définissent un foncteur de la catégorie des $\underline{O}_Y$-modules, avec pour morphismes les opérateurs hyper-PD-différentiels, dans la catégorie des $\underline{O}_Y$-modules munis d'une hyper-PD-stratification relativement à S , avec pour morphismes les homomorphismes horizontaux, D'autre part, on a défini en 1.6.1 un foncteur de la catégorie précédente dans la catégorie des cristaux en $\underline{O}_{X/S}$-modules sur Y-HPD-Strat(X/S). Le composé de ces deux foncteurs sera appelé <u>foncteur linéarisation</u> (relatif aux données de 3.1), et sera noté L (*), ou parfois $L_g$ , ou $L_Y$ , lorsqu'il y a risque de confusion. Par définition, on a donc pour tout objet $(U,T,\delta)$, tout S-morphisme $h : T \longrightarrow Y$ prolongeant g , et tout $\underline{O}_Y$-module $\underline{E}$ , un isomorphisme canonique

(3.1.4) $$L(\underline{E})_{(U,T,\delta)} \xrightarrow{\sim} h^*(\underline{D}_{Y/S}(1) \otimes_{\underline{O}_Y} \underline{E}) \quad .$$

En général, le S-schéma Y sera quasi-lisse. D'après 1.6.1, le foncteur linéarisation se factorise alors par un foncteur à valeurs dans la catégorie $\underline{\underline{C}}_{X/S}$ des cristaux en $\underline{O}_{X/S}$-modules sur Cris(X/S). On l'appellera également foncteur linéarisation, et on gardera la notation L , ainsi que pour le foncteur obtenu après restriction à RCris(X/S) ($\underline{\underline{C}}_{X/S}$ s'identifiant à la catégorie des cristaux en $\underline{O}_{X/S}$-modules sur RCris(X/S)).

<u>Proposition</u> 3.1.4. <u>Soit $\underline{G}$ un $\underline{O}_Y$-module muni d'une hyper-PD-stratification relativement à</u> S .

i) <u>Si $\underline{E}$ est un $\underline{O}_Y$-module, et si</u> G <u>désigne le cristal en $\underline{O}_{X/S}$-modules défini par $\underline{G}$ grâce à</u> 1.6.1, <u>on a un isomorphisme canonique</u>

(3.1.5) $$L(\underline{G} \otimes_{\underline{O}_Y} \underline{E}) \xrightarrow{\sim} G \otimes_{\underline{O}_{X/S}} L(\underline{E}) \ .$$

ii) <u>Si $\underline{E}$ , $\underline{F}$ sont des $\underline{O}_Y$-modules, si</u> u <u>est un opérateur hyper-PD-différentiel de $\underline{E}$ dans $\underline{F}$ , et si</u> v <u>désigne l'opérateur hyper-PD-différentiel de $\underline{G} \otimes_{\underline{O}_Y} \underline{E}$ dans $\underline{G} \otimes_{\underline{O}_Y} \underline{F}$ défini par</u> u <u>grâce à</u> II 2.2.1, <u>on a le diagramme commutatif</u>

---

(*) Le foncteur linéarisation est noté $C^o$ dans [3] et [7].

$$
(3.1.6)\qquad
\begin{array}{ccc}
L(\underline{G}\otimes_{\underline{O}_Y}\underline{E}) & \xrightarrow{\ L(v)\ } & L(\underline{G}\otimes_{\underline{O}_Y}\underline{F}) \\
\wr\downarrow & & \downarrow\wr \\
G\otimes_{\underline{O}_{X/S}} L(\underline{E}) & \xrightarrow{\ Id\otimes L(u)\ } & G\otimes_{\underline{O}_{X/S}} L(\underline{F})\ .
\end{array}
$$

<u>les isomorphismes verticaux étant les isomorphismes</u> (3.1.5).

Ces assertions résultent des assertions analogues pour les $\underline{O}_Y$-modules munis d'une hyper-PD-stratification. On a d'abord un isomorphisme

$$L(\underline{G}\otimes_{\underline{O}_Y}\underline{E})_Y \xrightarrow{\ \sim\ } \underline{G}\otimes_{\underline{O}_Y} L(\underline{E})_Y$$

donné par

$$(3.1.7)\qquad \underline{D}_{Y/S}(1)\otimes_{\underline{O}_Y}\underline{G}\otimes_{\underline{O}_Y}\underline{E} \xrightarrow{\ \varepsilon\otimes Id\ } \underline{G}\otimes_{\underline{O}_Y}\underline{D}_{Y/S}(1)\otimes_{\underline{O}_Y}\underline{E}\ ,$$

grâce à l'hyper-PD-stratification $\varepsilon$ de $\underline{G}$ . Il faut alors vérifier que c'est un isomorphisme horizontal. Considérons pour cela le diagramme suivant .

$$
\begin{array}{ccccc}
\underline{D}\otimes\underline{D}\otimes\underline{G}\otimes\underline{E} & \xrightarrow{\ Id\otimes\delta\otimes Id\otimes Id\ } & \underline{D}\otimes\underline{D}\otimes\underline{D}\otimes\underline{G}\otimes\underline{E} & \xrightarrow{\ (Id.\sigma)\otimes Id\otimes Id\otimes Id\ } & \underline{D}_1\otimes\underline{D}\otimes\underline{G}\otimes\underline{E} \\
\downarrow{\scriptstyle Id\otimes\varepsilon\otimes Id} & \searrow{\scriptstyle \delta^*(\varepsilon)\otimes Id} & & \searrow & \downarrow{\scriptstyle Id\otimes\varepsilon\otimes Id} \\
\underline{D}\otimes\underline{G}\otimes\underline{D}\otimes\underline{E} \xrightarrow{\ \varepsilon\otimes Id\otimes Id\ } & \underline{G}\otimes\underline{D}\otimes\underline{D}\otimes\underline{E} & \xrightarrow{\ Id\otimes Id\otimes\delta\otimes Id\ } & \underline{G}\otimes\underline{D}\otimes\underline{D}\otimes\underline{D}\otimes\underline{E} & \xrightarrow{\ Id\otimes(Id.\sigma)\otimes Id\otimes Id\ } \underline{G}\otimes\underline{D}_1\otimes\underline{D}\otimes\underline{E}
\end{array}
$$

où les notations sont celles de 3.1.2. Les deux flèches verticales extrêmes sont les produits tensoriels de (3.1.7) avec $\underline{D}_{Y/S}(1)$, pour les deux structures de $\underline{O}_Y$-algèbres de cette dernière ; les deux flèches composées horizontales sont les hyper-PD-stratifications des deux membres de (3.1.7). Le premier triangle est commutatif à cause de la relation de transitivité pour $\varepsilon$ (II 1.3.1). Les carrés suivants étant trivialement commutatifs, le diagramme est commutatif, et (3.1.7) est horizontal. Il définit donc l'isomorphisme (3.1.5) entre les cristaux correspondants.

L'assertion ii) résulte de même de la commutativité du diagramme suivant :

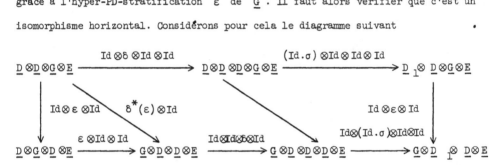

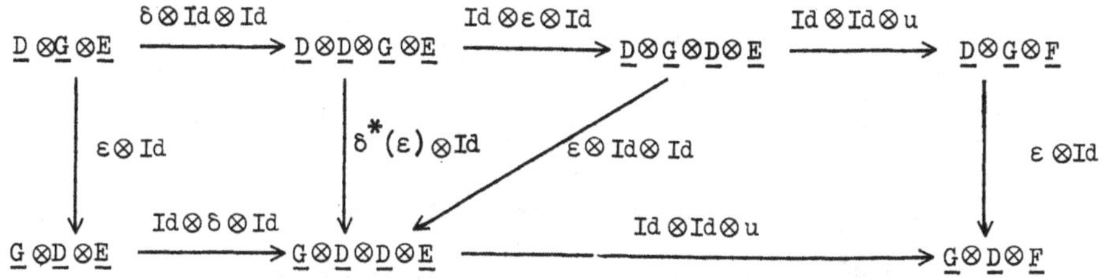


dont les lignes horizontales sont respectivement $L(v)_Y$ et $Id \otimes L(u)_Y$, et les flèches verticales extrêmes les isomorphismes (3.1.7).

Proposition 3.1.5. *Soit un diagramme commutatif de morphismes de schémas de la forme*

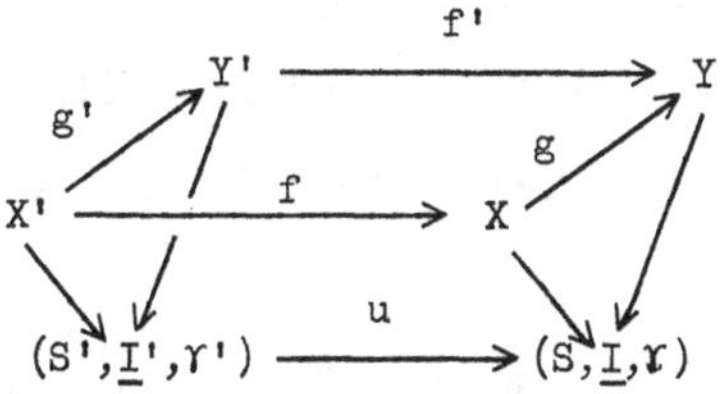


,

*où* $u$ *est un PD-morphisme. On suppose* $Y$ *quasi-lisse sur* $S$, *et* $Y'$ *quasi-lisse sur* $S'$. *Pour tout* $\underline{O}_Y$*-module* $\underline{E}$, *il existe un homomorphisme fonctoriel en* $\underline{E}$

(3.1.8) $$f_{cris}{}^*(L_g(\underline{E})) \longrightarrow L_{g'}(f'^*(\underline{E})) \quad .$$

D'après 1.6.1 ii), $f_{cris}{}^*(L_g(\underline{E}))$ est canoniquement isomorphe au cristal sur $Cris(X'/S')$ défini par $f'^*(L(\underline{E})_Y)$. Il suffit alors de définir un homomorphisme horizontal fonctoriel en $\underline{E}$

(3.1.9) $$f'^*(\underline{D}_{Y/S}(1) \otimes_{\underline{O}_Y} \underline{E}) \longrightarrow \underline{D}_{Y'/S'}(1) \otimes_{\underline{O}_{Y'}} f'^*(\underline{E}) \quad .$$

La fonctorialité des voisinages infinitésimaux à puissances divisées entraine l'existence d'un homomorphisme canonique

$$f'^{-1}(\underline{D}_{Y/S}(1)) \longrightarrow \underline{D}_{Y'/S'}(1)$$

linéaire pour les deux structures de $f'^{-1}(\underline{O}_Y)$-algèbres des deux termes. En tensorisant à droite sur $f'^{-1}(\underline{O}_Y)$ par $f'^{-1}(\underline{E})$, on en déduit l'homomorphisme

$$f'^{-1}(\underline{D}_{Y/S}(1)) \otimes_{f'^{-1}(\underline{O}_Y)} f'^{-1}(\underline{E}) \longrightarrow \underline{D}_{Y'/S'}(1) \otimes_{f'^{-1}(\underline{O}_Y)} f'^{-1}(\underline{E}) \quad ,$$

i.e. $$f'^{-1}(\underline{D}_{Y/S}(1) \otimes_{\underline{O}_Y} \underline{E}) \longrightarrow \underline{D}_{Y'/S'} \otimes_{\underline{O}_{Y'}} f'^{*}(\underline{E}) \quad ;$$

cet homomorphisme étant linéaire à gauche par rapport à l'homomorphisme $f'^{-1}(\underline{O}_Y) \longrightarrow \underline{O}_{Y'}$ , il définit par extension des scalaires l'homomorphisme (3.1.9). L'horizontalité est alors facile à vérifier.

<u>Lemme</u> 3.1.6. <u>Sous les hypothèses de</u> 3.1, <u>soient</u> $(U,T,\delta)$ <u>un objet de</u> $\mathrm{Cris}(X/S,\underline{I},\gamma)$, $\bar{\delta}$ <u>les puissances divisées de l'idéal</u> $\underline{J} + \underline{I}.\underline{O}_T$ <u>prolongeant</u> $\delta$ <u>et</u> $\gamma$ , $\underline{J}$ <u>étant l'idéal de</u> $U$ <u>dans</u> $T$ , $D_U(T\times_S Y)$ <u>le voisinage à puissances divisées de</u> $U$ <u>dans</u> $T\times_S Y$ , <u>compatibles à</u> $\bar{\delta}$ (<u>l'immersion de</u> $U$ <u>dans</u> $T\times_S Y$ <u>étant définie par les morphismes</u> $U \hookrightarrow T$ <u>et</u> $g : X \longrightarrow Y$) , $p_T$ <u>et</u> $p_Y$ <u>les projections de</u> $D_U(T\times_S Y)$ <u>sur</u> $T$ <u>et</u> $Y$ , <u>et</u> $h : T \longrightarrow Y$ <u>un</u> g-PD-<u>morphisme</u>. <u>Pour tout</u> $\underline{O}_Y$-<u>module</u> $\underline{E}$ , <u>il existe un isomorphisme canonique</u>

(3.1.10) $$L(\underline{E})_{(U,T,\delta)} = h^*(\underline{D}_{Y/S}(1) \otimes_{\underline{O}_Y} \underline{E}) \xrightarrow{\sim} p_{T_*}(p_Y^{\;*}(\underline{E})) \quad .$$

Considérons le diagramme commutatif suivant, où les carrés sont cartésiens,

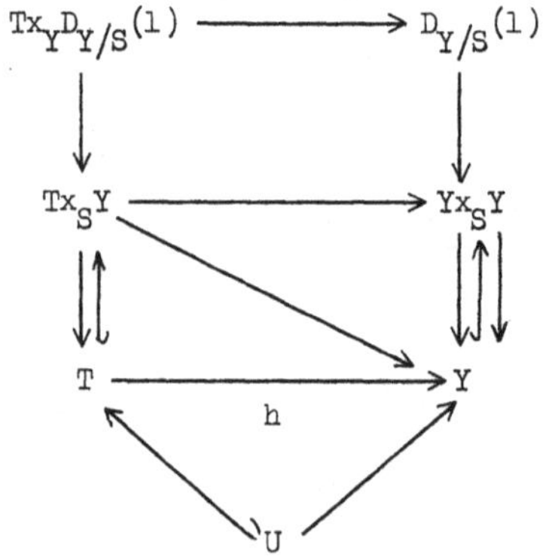


,

le produit fibré $T\times D_{Y/S}(1)$ étant pris pour la première projection de $D_{Y/S}(1)$ , correspondant à la structure gauche de $\underline{O}_Y$-module de $\underline{D}_{Y/S}(1)$ . La commutativité du diagramme

$$\begin{array}{ccc} T\times_S Y & \longrightarrow & Y\times_S Y \\ \uparrow & & \uparrow \\ U & \longrightarrow & Y \end{array}$$

donne par fonctorialité un PD-morphisme $D_U(T\times_S Y) \longrightarrow D_{Y/S}(1)$ , d'où un morphisme

(3.1.11) $$D_U(T\times_S Y) \longrightarrow T\times_Y D_{Y/S}(1) \quad .$$

D'autre part, l'idéal $\underline{H}$ de $T$ dans $T\times_Y D_{Y/S}(1)$ est facteur direct pour la structure de $\underline{O}_T$-algèbre : en effet, l'algèbre de $T\times_Y D_{Y/S}(1)$ est $h^*(\underline{D}_{Y/S}(1))$ (calculé pour la structure gauche), et l'idéal $\underline{H}$ est l'image inverse de l'idéal de la diagonale. Soit $\underline{K} = \underline{J} + \underline{I}.\underline{O}_T$ ; il existe alors sur l'idéal $\underline{K}.h^*(\underline{D}_{Y/S}(1)) + \underline{H}$ une unique PD-structure, compatible à $\bar{\delta}$ sur $\underline{K}$ , et aux puissances divisées canoniques de l'idéal de la diagonale, d'après I 1.7.2. Donc il existe sur $\underline{J}.h^*(\underline{D}_{Y/S}(1)) + \underline{H}$ une PD-structure compatible à $\delta$ et aux puissances divisées de $\underline{D}_{Y/S}(1)$ ; comme cet idéal est celui de $U$ dans $T\times_S Y$ , cette PD-structure définit un PD-morphisme

(3.1.12) $$T\times_Y D_{Y/S}(1) \longrightarrow D_U(T\times_S Y) \quad .$$

Il est alors immédiat de vérifier que les morphismes (3.1.11) et (3.1.12) sont des isomorphismes inverses.

Soit maintenant $\underline{E}$ un $\underline{O}_Y$-module. Alors $\underline{D}_{Y/S}(1) \otimes_{\underline{O}_Y} \underline{E} = p_{1_*} \circ p_2^{\,*}(\underline{E})$ , où $p_1$ et $p_2$ sont les projections de $D_{Y/S}(1)$ sur $Y$ . Si $\bar{h}$ est le morphisme $D_U(T\times_S Y) \longrightarrow D_{Y/S}(1)$ défini plus haut, on obtient donc, compte tenu de l'isomorphisme (3.1.11), un homomorphisme canonique

$$h^*(p_{1*}(p_2^{\,*}(\underline{E}))) \longrightarrow p_{T*}(\bar{h}^*(p_2^{\,*}(\underline{E}))) = p_{T*}(p_Y^{\,*}(\underline{E})) \ ,$$

qui est un isomorphisme, $p_1$ et $p_T$ étant des isomorphismes pour les espaces sous-jacents. On obtient ainsi l'isomorphisme (3.1.10).

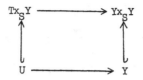

Proposition 3.1.7. *Soient* $(S,\underline{I},\gamma)$ *un PD-schéma,* $X$ *un S-schéma quasi-lisse,* $Y$ *un sous-schéma fermé de* $X$ , *quasi-lisse sur* $S$ , $i$ *l'immersion de* $Y$ *dans* $X$ . *On note* $L_X$ *le foncteur linéarisation sur* $\mathrm{Cris}(X/S,\underline{I},\gamma)$ *relatif à l'identité de* $X$ ,

et $L_Y$ le foncteur linéarisation sur $\mathrm{Cris}(Y/S,\underline{I},\gamma)$ relatif à l'identité de $Y$ . Pour tout $\underline{O}_Y$-module $\underline{E}$ , il existe un isomorphisme canonique

$$(3.1.13)\qquad L_X(\underline{E}) \xrightarrow{\sim} i_{\mathrm{cris}*}(L_Y(\underline{E})) \quad ,$$

fonctoriel par rapport aux opérateurs hyper-PD-différentiels sur $Y$ relativement à $S$ .

Pour définir (3.1.13), il suffit par adjonction de définir un homomorphisme

$$i_{\mathrm{cris}}{}^{*}(L_X(\underline{E})) \longrightarrow L_Y(\underline{E}) \quad ,$$

et cet homomorphisme est donné par (3.1.8) . Comme $L_X(\underline{E})$ et $i_{\mathrm{cris}*}(L_Y(\underline{E}))$ sont des cristaux en $\underline{O}_{X/S}$-modules (d'après 1.3.4), il suffit pour prouver que (3.1.13) est un isomorphisme de prouver que l'homomorphisme induit entre les faisceaux zariskiens sur $X$ définis par $L_X(\underline{E})$ et $i_{\mathrm{cris}*}(L_Y(\underline{E}))$ , est un isomorphisme (1.7.5 ii)). Soit $D_Y(X)$ le voisinage infinitésimal à puissances divisées (compatibles à $\gamma$ ) de $Y$ dans $X$ , et notons $p$ le morphisme canonique de $D_Y(X)$ dans $X$ . On a alors

$$i_{\mathrm{cris}*}(L_Y(\underline{E}))_{(X,X)} = p_*(L_Y(\underline{E})_{(Y,D_Y(X))}) \quad .$$

Par ailleurs, on vérifie immédiatement (grâce à la propriété universelle de l'enveloppe à puissances divisées) que le voisinage à puissances divisées de $Y$ dans le produit $Y\times_S D_Y(X)$ , avec compatibilité aux puissances divisées canoniques de $D_Y(X)$ prolongées par $\gamma$ , est canoniquement isomorphe au voisinage à puissances divisées de $Y$ dans $Y\times_S X$, avec compatibilité à $\gamma$ . Compte tenu de (3.1.10), on obtient donc un isomorphisme canonique

$$(3.1.14)\qquad i_{\mathrm{cris}*}(L_Y(\underline{E}))_{(X,X)} \xrightarrow{\sim} \underline{D}_Y(X\times_S Y)\otimes_{\underline{O}_Y}\underline{E} \quad ,$$

et on vérifie immédiatement que l'homomorphisme (3.1.13) est l'homomorphisme

$$\underline{D}_{X/S}(1)\otimes_{\underline{O}_X}\underline{E} \longrightarrow \underline{D}_Y(X\times_S Y)\otimes_{\underline{O}_Y}\underline{E}$$

correspondant au morphisme de schémas $X\times_S Y \longrightarrow X\times_S X$ . Il suffit donc de prouver que

$$\underline{D}_{X/S}(1) \otimes_{\underline{O}_X}\underline{O}_Y \longrightarrow \underline{D}_Y(X\times_S Y)$$

est un isomorphisme. Pour cela, il suffit de prouver que l'image dans $\underline{D}_{X/S}(1)\otimes_{\underline{O}_X}\underline{O}_Y$ de l'idéal de la diagonale dans $\underline{D}_{X/S}(1)$ est munie de puissances divisées par passage au quotient, ce qui permet alors de définir un PD-morphisme inverse du précédent. Or cela résulte de ce que l'idéal de la diagonale est facteur direct dans $\underline{D}_{X/S}(1)$ pour la structure droite de $\underline{O}_X$-module. L'assertion relative aux opérateurs hyper-PD-différentiels est alors facile à vérifier, en utilisant (3.1.14).

## 3.2. Linéarisé du complexe de De Rham.

La linéarisation permet de construire sur Cris(X/S) un nouveau PD-groupoïde affine, par rapport auquel les linéarisés d'opérateurs hyper-PD-différentiels sur Y peuvent s'interpréter comme des opérateurs différentiels ; ce point de vue joue un role important dans la comparaison des foncteurs Ext cristallins et des foncteurs $\underline{\underline{\underline{Ext}}}$ pour les complexes différentiels d'ordre $\leqslant 1$ (cf. II 5, et VI 2).

3.2.1. Sous les hypothèses de 3.1, on construit donc un PD-groupoïde affine (II 4.3.1) sur Y-HPD-Strat(X/S) (resp. Cris(X/S) lorsque Y est quasi-lisse sur S ), appelé <u>linéarisé de</u> $\underline{D}(X/S)$ , et noté $L_g(\underline{D}(Y/S))$ , ou $L_X(\underline{D}(Y/S))$ , de la facon suivante. Les deux anneaux de base de $L_g(\underline{D}(Y/S))$ sont les anneaux $L(\underline{O}_Y)$ et $L(\underline{D}_{Y/S}(1))$ . Les homomorphismes $d_o$ , $d_1$ : $L(\underline{O}_Y)\rightrightarrows L(\underline{D}_{Y/S}(1))$ sont définis par les homomorphismes $L(\underline{O}_Y)_Y \rightrightarrows L(\underline{D}_{Y/S}(1))_Y$ donnés par

$$\mathrm{Id}\otimes 1,\delta \; : \; \underline{D}_{Y/S}(1) \rightrightarrows \underline{D}_{Y/S}(1)\otimes_{\underline{O}_Y}\underline{D}_{Y/S}(1) \quad ,$$

dont l'horizontalité est facile à vérifier. L'homomorphisme d'augmentation $L(\underline{D}_{Y/S}(1)) \longrightarrow L(\underline{O}_Y)$ est de même défini par l'homomorphisme

$$\mathrm{Id}\otimes\pi \; : \; \underline{D}_{Y/S}(1)\otimes_{\underline{O}_Y}\underline{D}_{Y/S}(1) \longrightarrow \underline{D}_{Y/S}(1) \quad ,$$

l'homomorphisme $\delta$ : $L(\underline{D}_{Y/S}(1)) \longrightarrow L(\underline{D}_{Y/S}(1))\otimes_{L(\underline{O}_Y)}L(\underline{D}_{Y/S}(1))$ par

$$\mathrm{Id}\otimes\delta \; : \; \underline{D}_{Y/S}(1)\otimes_{\underline{O}_Y}\underline{D}_{Y/S}(1) \longrightarrow \underline{D}_{Y/S}(1)\otimes_{\underline{O}_Y}\underline{D}_{Y/S}(1)\otimes_{\underline{O}_Y}\underline{D}_{Y/S}(1)$$

et l'automorphisme de symétrie $\sigma$ grâce à l'isomorphisme II 1.3.4

$$\underline{D}_{Y/S}(1) \otimes_{\underline{O}_Y} \underline{D}_{Y/S}(1) \xrightarrow{\sim} \underline{D}_{Y/S}(2)$$

par l'automorphisme de $\underline{D}_{Y/S}(2)$ correspondant à l'automorphisme de $Y^3$ défini par la permutation des deux facteurs les plus à droite. La vérification des axiomes de la structure de groupoïde affine est immédiate.

Soit $\underline{J}$ le noyau de l'homomorphisme d'augmentation $\underline{D}_{Y/S}(1) \longrightarrow \underline{O}_Y$. Comme il est facteur direct de $\underline{D}_{Y/S}(1)$ comme $\underline{O}_Y$-module, le noyau de $L(\underline{D}_{Y/S}(1))_Y \longrightarrow L(\underline{O}_Y)_Y$ est $\underline{D}_{Y/S}(1) \otimes_{\underline{O}_Y} \underline{J}$, et est muni d'une structure d'idéal à puissances divisées canoniques grâce à I 1.7.1. Si $(U,T,\delta)$ est un objet de Y-HPD-Strat(X/S) (resp. Cris(X/S) si $Y$ est quasi-lisse sur $S$), et $h : T \longrightarrow Y$ un S-morphisme prolongeant $g$ (resp. défini sur un ouvert de $T$), on a

$$\mathrm{Ker}(L(\underline{D}_{Y/S}(1)) \longrightarrow L(\underline{O}_Y))_{(U,T,\delta)} = h^*(\underline{D}_{Y/S}(1) \otimes_{\underline{O}_Y} \underline{J}) = L(\underline{J})_{(U,T,\delta)}$$

et cet idéal est encore muni canoniquement de puissances divisées grace à I 1.7.1. Cette structure de PD-idéal ne dépend pas du choix de $h$, car l'hyper-PD-stratification naturelle de $L(\underline{D}_{Y/S}(1))_Y$ est un PD-isomorphisme pour la PD-structure de $L(\underline{J})_Y$. Il est facile de voir que $\delta$ et $\sigma$ sont alors des PD-morphismes, de sorte que $L_g(\underline{D}(Y/S))$ est un PD-groupoïde affine.

3.2.2. Soient $\underline{E}$, $\underline{F}$ deux $\underline{O}_Y$-modules. On définit un homomorphisme canonique

$$\bar{L} : \text{H-PD-Diff}_{Y/S}(\underline{E},\underline{F}) \longrightarrow \mathrm{Diff}_{L_g(\underline{D}(Y/S))}(L(\underline{E}),L(\underline{F})) \tag{3.2.1}$$

de la façon suivante. Soit

$$u : \underline{D}_{Y/S}(1) \otimes_{\underline{O}_Y} \underline{E} \longrightarrow \underline{F}$$

un opérateur hyper-PD-différentiel de $\underline{E}$ dans $\underline{F}$. Comme $u$ est linéaire pour la structure gauche, on obtient un homomorphisme $L(\underline{O}_Y)$-linéaire pour la structure gauche

$$\bar{L}(u) : L(\underline{D}_{Y/S}(1)) \otimes_{L(\underline{O}_Y)} L(\underline{E}) \longrightarrow \underline{L}(\underline{F})$$

composé de l'isomorphisme évident

$$L(\underline{D}_{Y/S}(1)) \otimes_{L(\underline{O}_Y)} L(\underline{E}) \xrightarrow{\sim} L(\underline{D}_{Y/S}(1) \otimes_{\underline{O}_Y} \underline{E})$$

et de l'homomorphisme défini par le morphisme horizontal (d'après le diagramme de

3.1.2) et $\underline{D}_{Y/S}(1)$-linéaire

$$\mathrm{Id}\otimes u : \underline{D}_{Y/S}(1)\otimes_{\underline{O}_Y}\underline{D}_{Y/S}(1)\otimes_{\underline{O}_Y}\underline{E} \longrightarrow \underline{D}_{Y/S}(1)\otimes_{\underline{O}_Y}\underline{F} .$$

Il résulte immédiatement des définitions que l'on a, avec les notations de II 2.1.2,

$$(3.2.2) \qquad L(u) = \overline{L}(u)^{\flat} .$$

3.2.3. Soit $\hat{L}_g(\underline{D}(Y/S))$ le groupoïde PD-adique associé au PD-groupoïde $L_g(\underline{D}(Y/S))$ (cf. II 4.3.1) ; il a pour anneaux de base $L(\underline{O}_Y)$ et le système projectif des $L(\underline{D}^n_{Y/S}(1))$. Il résulte des définitions que $\overline{L}$ induit pour tout $n$ un homomorphisme

$$(3.2.3) \qquad \text{PD-Diff}^n_{Y/S}(\underline{E},\underline{F}) \longrightarrow \text{Diff}^n_{\hat{L}_g(\underline{D}(Y/S))}(L(\underline{E}),L(\underline{F})) ,$$

et en particulier pour $n = 1$

$$(3.2.4) \qquad \text{Diff}^1_{Y/S}(\underline{E},\underline{F}) \longrightarrow \text{Diff}^1_{\hat{L}_g(\underline{D}(Y/S))}(L(\underline{E}),L(\underline{F})) ,$$

compte tenu de II 2.1.5.

<u>Proposition</u> 3.2.4. <u>Le groupoïde PD-adique</u> $\hat{L}_g(\underline{D}(Y/S))$ <u>est un groupoïde de De Rham</u> (II 3.1.3), <u>et le complexe de De Rham correspondant est le linéarisé</u> $L(\Omega^{\bullet}_{Y/S})$ <u>du complexe de De Rham de</u> $Y$ <u>sur</u> $S$ .

D'après II 4.2.2, il suffit, pour montrer que $\hat{L}_g(\underline{D}(X/S))$ est un groupoïde de De Rham, de vérifier que $\Omega^1_{\hat{L}_g(\underline{D}(Y/S))}$ est engendré par $d(L(\underline{O}_Y))$. Or il résulte de la suite exacte scindée

$$0 \longrightarrow \Omega^1_{Y/S} \longrightarrow \underline{D}^1_{Y/S}(1) \longrightarrow \underline{O}_Y \longrightarrow 0$$

que l'on a un isomorphisme canonique

$$(3.2\ 5) \qquad \Omega^1_{\hat{L}_g(\underline{D}(X/S))} \xrightarrow{\ \sim\ } L(\Omega^1_{Y/S}) .$$

Comme $\Omega^1_{Y/S}$ est engendré par $d(\underline{O}_Y)$, $\underline{D}_{Y/S}(1)\otimes_{\underline{O}_Y}\Omega^1_{Y/S}$ est engendré comme sous $\underline{D}_{Y/S}(1)$-module de $\underline{D}_{Y/S}(1)\otimes\underline{D}_{Y/S}(1)$ par $(\delta - \mathrm{Id}\otimes 1)(\underline{D}_{Y/S}(1))$, et pour tout objet $(U,T,\delta)$ de Y-HPD-Strat(X/S), et tout S-morphisme $h : T \longrightarrow Y$ prolongeant $g$

(resp. de Cris(X/S), et tout prolongement local de $g$ à $T$, lorsque $Y$ est quasi-lisse sur $S$ ), on voit en prenant l'image inverse par $h$ que $L(\Omega^1_{Y/S})_{(U,T,\delta)}$ est engendré sur $L(\underline{O}_Y)_{(U,T,\delta)}$ par $d(L(\underline{O}_Y)_{(U,T,\delta)})$, ce qui montre que $L(\Omega^1_{Y/S})$ est engendré sur Y-HPD-Strat(X/S) (resp. Cris(X/S)) par $d(L(\underline{O}_Y))$.

Comme la formation de l'algèbre extérieure commute aux images inverses, on déduit de (3.2.5) un isomorphisme canonique d'algèbres graduées

$$\Omega^{\cdot}_{\hat{L}_g(\underline{D}(Y/S))} \xrightarrow{\sim} L(\Omega^{\cdot}_{Y/S}) \quad . \tag{3.2.6}$$

En vertu de l'unicité de la différentielle d'un complexe de De Rham (II 3.1.2), il suffit de vérifier que la différentielle du complexe linéarisé $L(\Omega^{\cdot}_{Y/S})$ vérifie les conditions i) à iii) de II 3.1.2 . Or il est clair qu'en degré 0 la différentielle de $L(\Omega^{\cdot}_{Y/S})$ est bien celle de $\Omega^{\cdot}_{\hat{L}_g(\underline{D}(Y/S))}$, et les assertions i) et iii) se ramènent aux assertions analogues sur $L(\Omega^{\cdot}_{Y/S})_Y$. Celles-ci résultent alors de la formule suivante :

<u>Lemme</u> 3.2.5. <u>Soient</u> $x_1,\dots,x_n$ <u>une famille de sections de</u> $\underline{O}_Y$, $q_1,\dots,q_n$ <u>une famille d'entiers</u> $> 0$, $\xi_i$ <u>l'image de</u> $1\otimes x_i - x_i\otimes 1$ <u>dans</u> $\underline{D}_{Y/S}(1)$, <u>a une section de</u> $\underline{O}_Y$, $\omega$ <u>une section de</u> $\Omega^k_{Y/S}$. <u>On a alors</u>

$$L(d)_Y(a.\xi_1^{[q_1]}\dots\xi_n^{[q_n]}\otimes\omega) = \sum_i a.\xi_1^{[q_1]}\dots\xi_i^{[q_i-1]}\dots\xi_n^{[q_n]}\otimes d(x_i)\wedge\omega$$
$$+ a.\xi_1^{[q_1]}\dots\xi_n^{[q_n]}\otimes d(\omega) . \tag{3.2.7}$$

Si les $q_i$ sont $\geqslant 0$, (3.2.7) garde un sens et reste vraie en posant $\xi^{[j]} = 0$ si $j < 0$.

Comme toute section de $\underline{D}_{Y/S}(1)\otimes\Omega^k_{Y/S}$ peut s'écrire localement comme somme de sections de la forme $a.\xi_1^{[q_1]}\dots\xi_n^{[q_n]}\otimes\omega$, les assertions précédentes résultent bien de (3.2.7).

Par définition, $L(d)_Y$ est l'homomorphisme composé

$$\underline{D}_{Y/S}(1)\otimes_{\underline{O}_Y}\Omega^k_{Y/S} \xrightarrow{\delta\otimes \mathrm{Id}} \underline{D}_{Y/S}(1)\otimes_{\underline{O}_Y}\underline{D}_{Y/S}(1)\otimes_{\underline{O}_Y}\Omega^k_{Y/S} \xrightarrow{\mathrm{Id}\otimes D} \underline{D}_{Y/S}(1)\otimes_{\underline{O}_Y}\Omega^{k+1}_{Y/S} ,$$

où D est l'homomorphisme linéaire à gauche

$$\underline{D}_{Y/S}(1)\otimes_{\underline{O}_Y}\Omega^k_{Y/S} \longrightarrow \underline{P}^1_{Y/S}\otimes_{\underline{O}_Y}\Omega^k_{Y/S} \longrightarrow \Omega^{k+1}_{Y/S} \quad ,$$

factorisation canonique de d . On a

$$\begin{aligned}\delta(\xi_1^{[q_1]}\cdots\xi_n^{[q_n]}) &= (\delta(\xi_1))^{[q_1]}\cdots(\delta(\xi_n))^{[q_n]} \\ &= (\xi_1\otimes 1 + 1\otimes\xi_1)^{[q_1]}\cdots(\xi_n\otimes 1 + 1\otimes\xi_n)^{[q_n]}\end{aligned}$$

d'après la définition de $\delta$ donnée en II 1.1.5 c). Son image dans $\underline{D}_{Y/S}(1)\otimes_{\underline{O}_Y}\underline{P}^1_{Y/S}$ est donc

$$\xi_1^{[q_1]}\cdots\xi_n^{[q_n]}\otimes 1 + \sum_i .\xi_1^{[q_1]}\cdots\xi_i^{[q_i-1]}\cdots\xi_n^{[q_n]}\otimes\xi_i \quad ,$$

d'après I (1.1.2), puisque $\underline{P}^1_{Y/S} = \underline{D}_{Y/S}(1)/\underline{J}^{[2]}$ . Comme on a d'autre part

$$D(\xi_i\otimes\omega) = d(x_i)\wedge\omega \quad , \quad D(1\otimes\omega) = d(\omega) \quad ,$$

et que $L(d)_Y$ est $\underline{O}_Y$-linéaire, on en déduit (3.2.7).

3.2.6. Supposons Y quasi-lisse sur S . Puisque $\hat{L}_g(\underline{D}(Y/S))$ est une catégorie de De Rham, on peut lui appliquer les résultats de II 5 sur les complexes différentiels d'ordre $\leqslant 1$. Nous noterons $\underline{\underline{MD}}_g(X/S)$, ou $\underline{\underline{MD}}_Y(X/S)$ , ou encore $\underline{\underline{MD}}_Y$ , la catégorie des complexes différentiels d'ordre $\leqslant 1$ relativement à $\hat{L}_g(\underline{D}(Y/S))$ sur Cris(X/S) : ses objets sont donc les complexes de $L(\underline{O}_Y)$-modules, dont les différentielles sont des opérateurs différentiels d'ordre $\leqslant 1$ (avec l'abus de langage de II 5.1) ; on remarquera que la différentielle d'un tel complexe est $\underline{O}_{X/S}$-linéaire.

De même, on notera $\underline{\underline{QD}}_g(X/S)$ , ou $\underline{\underline{QD}}_Y(X/S)$ , ou encore $\underline{\underline{QD}}_Y$ , la catégorie des complexes différentiels d'ordre $\leqslant 1$ sur RCris(X/S), relativement à la restriction de $L_g(\underline{D}(X/S))$ à RCris(X/S). Le foncteur de restriction $Q^*$ s'étend de façon évidente en un foncteur encore noté $Q^*$

(3.2.8) $$Q^* : \underline{\underline{MD}}_Y(X/S) \longrightarrow \underline{\underline{QD}}_Y(X/S) \quad .$$

Enfin, on notera $\underline{\underline{CD}}_g(X/S)$ , ou $\underline{\underline{CD}}_Y(X/S)$ , ou encore $\underline{\underline{CD}}_Y$ , la sous-catégorie pleine de $\underline{\underline{MD}}_Y(X/S)$ formée des complexes dont tous les termes sont des cristaux en

$L(\underline{O}_Y)$-modules ; il revient au même de dire que les $\underline{O}_{X/S}$-modules sous-jacents sont des cristaux en $\underline{O}_{X/S}$-modules, $L(\underline{O}_Y)$ étant un cristal en $\underline{O}_{X/S}$-algèbres (cf. 1.1.5). En particulier, si $\underline{K}^\cdot$ est un complexe différentiel d'ordre $\leqslant 1$ sur $Y$, relativement à $S$, $L(\underline{K}^\cdot)$ est un objet de $\underline{\underline{CD}}_Y(X/S)$, grâce à la proposition, valable sans hypothèse sur $Y$ :

<u>Proposition</u> 3.2.7. <u>Soit</u> $\underline{K}^\cdot$ <u>un complexe différentiel d'ordre</u> $\leqslant 1$ <u>sur</u> $Y$, <u>relativement à</u> $S$. <u>Alors</u> $L(\underline{K}^\cdot)$ <u>est un complexe différentiel d'ordre</u> $\leqslant 1$ <u>relativement à</u> $\hat{L}_g(\underline{D}(Y/S))$.

Par définition, les différentielles de $L(\underline{K}^\cdot)$ sont des opérateurs différentiels d'ordre $\leqslant 1$ relativement à $\hat{L}_g(\underline{D}(Y/S))$. Montrons que $L(\underline{K}^\cdot)$ est un complexe : il suffit pour cela de montrer que $L(\underline{K}^\cdot)_Y$ en est un. Soit $d_i : \underline{K}^i \longrightarrow \underline{K}^{i+1}$ la différentielle correspondante, et $d_i^\# : \underline{D}_{Y/S}(1) \otimes \underline{K}^i \longrightarrow \underline{P}^1_{X/S} \otimes \underline{K}^i \longrightarrow \underline{K}^{i+1}$ la factorisation (unique) par un homomorphisme $\underline{O}_Y$-linéaire. Il suffit de montrer que pour toute section de $\underline{D}_{Y/S}(1)\otimes\underline{K}^k$ de la forme $\xi_1^{[q_1]}\cdots\xi_n^{[q_n]}\otimes m$, où $m$ est une section de $\underline{K}^k$, et $\xi_i = 1\otimes x_i - x_i\otimes 1$, $x_i$ étant une section de $\underline{O}_Y$, on a

$$L(d_{k+1})_Y \circ L(d_k)_Y(\xi_1^{[q_1]}\cdots\xi_n^{[q_n]}\otimes m) = 0 .$$

En reprenant le calcul de 3.2.5, on voit que

$$L(d_k)_Y(\xi_1^{[q_1]}\cdots\xi_n^{[q_n]}\otimes m) = \xi_1^{[q_1]}\cdots\xi_n^{[q_n]}\otimes d_k(m) + \sum_i \xi_1^{[q_1]}\cdots\xi_i^{[q_i-1]}\cdots\xi_n^{[q_n]}\tilde{\otimes} d_k^\#(\tilde{\xi_i\otimes m}) .$$

Or $\underline{K}^\cdot$ est muni d'après II 5.1.1 d'une structure de module gradué sur l'algèbre tensorielle $\underline{\underline{T}}(\Omega^1_{Y/S})$, pour laquelle on a par définition, pour toute section $x$ de $\underline{O}_Y$ et toute section $m$ de $\underline{K}^k$

$$(3.2.8) \qquad d(x).m = d_k^\#(\xi\otimes m) = d_k(x.m) - x.d_k(m) ,$$

$\xi$ étant l'image de $1\otimes x - x\otimes 1$ dans $\underline{D}_{Y/S}(1)$. On peut donc écrire

$$L(d_k)_Y(\xi_1^{[q_1]}\cdots\xi_n^{[q_n]}\otimes m) = \xi_1^{[q_1]}\cdots\xi_n^{[q_n]}\otimes d_k(m) + \sum_i .\xi_1^{[q_1]}\cdots\xi_i^{[q_i-1]}\cdots\xi_n^{[q_n]}\otimes d(x_i).m ,$$

et, compte tenu de la relation

$$d(d(x).m) = -d(x.d_k(m)) \ ,$$

on en déduit

$$L(d_{k+1})_Y \circ L(d_k)_Y(\xi_1^{[q_1]} \dots \xi_n^{[q_n]} \otimes m) =$$

$$\sum_{i \neq j} \xi_1^{[q_1]} \dots \xi_i^{[q_i-1]} \dots \xi_j^{[q_j-1]} \dots \xi_n^{[q_n]} \otimes d(x_j).(d(x_i).m)$$

$$+ \sum_i \xi_1^{[q_1]} \dots \xi_i^{[q_i-2]} \dots \xi_n^{[q_n]} \otimes d(x_i).(d(x_i).m) .$$

Puisque par hypothèse $\underline{K}^{\cdot}$ est un complexe différentiel d'ordre $\leqslant 1$ , il est annulé par le noyau de $\underline{\underline{T}}(\Omega^1_{Y/S}) \longrightarrow \Lambda(\Omega^1_{Y/S})$ , de sorte que

$$d(x_j).(d(x_i).m) + d(x_i).(d(x_j).m) = 0 \quad , \quad d(x_i).(d(x_i).m) = 0 \quad .$$

Par conséquent, $L(d_{k+1})_Y \circ L(d_k)_Y (\xi_1^{[q_1]} \dots \xi_n^{[q_n]} \otimes m) = 0$ .

Il reste à vérifier que $L(\underline{K}^{\cdot})$ est annulé, pour sa structure canonique de $\underline{\underline{T}}(L(\Omega^1_{Y/S}))$-module gradué, par le noyau de $\underline{\underline{T}}(L(\Omega^1_{Y/S})) \longrightarrow \Lambda(L(\Omega^1_{Y/S}))$ , et on se ramène aussitôt à l'assertion analogue pour $L(\underline{K}^{\cdot})_Y$ . On a alors $\underline{\underline{T}}(L(\Omega^1_{Y/S})_Y) = L(\underline{\underline{T}}(\Omega^1_{Y/S}))_Y = \underline{D}_{Y/S}(1) \otimes_{\underline{O}_Y} \underline{\underline{T}}(\Omega^1_{Y/S})$ , et je dis que l'action de $\underline{\underline{T}}(L(\Omega^1_{Y/S})_Y)$ sur $L(\underline{K}^{\cdot})_Y = \underline{D}_{Y/S}(1) \otimes_{\underline{O}_Y} \underline{K}^{\cdot}$ est obtenue par extension des scalaires à partir de l'action de $\underline{\underline{T}}(\Omega^1_{Y/S})$ sur $\underline{K}^{\cdot}$ . Pour le voir, il suffit de montrer que pour toute section $x$ de $\underline{O}_Y$ , toute section $y$ de $\underline{D}_{Y/S}(1)$ et toute section $m$ de $\underline{K}^k$ , on a

(3.2.9) $$(1 \otimes d(x)).(y \otimes m) = y \otimes (d(x).m) \quad .$$

Comme $1 \otimes d(x) = L(d)_Y(1 \otimes x)$ , on obtient en appliquant (3.2.8) à $L(\underline{K}^{\cdot})_Y$

$$(1 \otimes d(x)).(y \otimes m) = L(d_k)_Y((1 \otimes x)y \otimes m) - (1 \otimes x).L(d_k)_Y(y \otimes m)$$

$$= L(d_k)_Y(y \otimes xm) - (1 \otimes x).L(d_k)_Y(y \otimes m)$$

$$= y.L(d_k)_Y(1 \otimes xm) + L(d)_Y(y).(1 \otimes xm) - (1 \otimes x).y.L(d_k)_Y(1 \otimes m)$$

$$- (1 \otimes x).L(d)_Y(y).(1 \otimes m) \quad .$$

Comme $1 \otimes x$ et $L(d)_Y(y)$ commutent dans $\underline{\underline{T}}(L(\Omega^1_{Y/S})_Y)$ , et que $L(d_k)_Y(1 \otimes m) = 1 \otimes d_k(m)$ pour toute section $m$ , on obtient

$$(1 \otimes d(x)).(y \otimes m) = y \otimes (d_k(xm) - x.d_k(m)) = y \otimes (d(x).m) \quad .$$

Comme $K^{\cdot}$ est annulé par le noyau de $\underline{\underline{T}}(\Omega^1_{Y/S}) \longrightarrow \Lambda(\Omega^1_{Y/S})$ , $L(K^{\cdot})_Y$ est annulé par le noyau de $L(\underline{\underline{T}}(\Omega^1_{Y/S}))_Y \longrightarrow L(\Lambda(\Omega^1_{Y/S}))_Y$ , ce qui achève la démonstration.

Remarque 3.2.8. Si on suppose simplement que $\underline{K}^{\cdot}$ est un complexe d'opérateurs différentiels d'ordre $\leqslant 1$ , alors $L(\underline{K}^{\cdot})_Y$ n'est pas en général un complexe. Si on prend par exemple pour $S$ le spectre d'un corps $k$ de caractéristique $2$ , et pour $Y$ le schéma $\mathrm{Spec}(k[T])$ , considérons le complexe nul en degrés $\neq 0, 1, 2$

$$\underline{K}^{\cdot} = \quad \ldots \longrightarrow 0 \longrightarrow \underline{O}_Y \xrightarrow{d} \underline{O}_Y \xrightarrow{d} \underline{O}_Y \longrightarrow 0 \longrightarrow \ldots$$

où $d$ est la dérivation $d/dT$ . Alors $d \circ d = 0$ , de sorte que $\underline{K}^{\cdot}$ est bien un complexe. Le linéarisé $L(\underline{K}^{\cdot})_Y$ est alors, d'après I 4.5.3 ii)

$$L(\underline{K}^{\cdot})_Y = \quad \ldots \longrightarrow 0 \longrightarrow \underline{O}_Y\langle\tau\rangle \xrightarrow{L(d)_Y} \underline{O}_Y\langle\tau\rangle \xrightarrow{L(d)_Y} \underline{O}_Y\langle\tau\rangle \longrightarrow 0 \longrightarrow \ldots$$

avec $\tau = 1 \otimes T - T \otimes 1$ , la différentiable $L(d)_Y$ étant donnée par

$$L(d)_Y(a.\tau^{[q]}) = a.\tau^{[q-1]}$$

pour tout $q$ et toute section $a$ de $\underline{O}_Y$ , d'après le calcul de 3.2.7. Par conséquent, $L(d)_Y \circ L(d)_Y \neq 0$ .

On remarquera d'ailleurs que la démonstration de 3.2.7 montre que lorsqu' Y est lisse sur $S$ , $L(\underline{K}^{\cdot})_Y$ est un complexe si et seulement si $\underline{K}^{\cdot}$ est un complexe différentiel d'ordre $\leqslant 1$ (*).

Proposition 3.2.9. Le foncteur composé

$$\underline{\underline{CD}}_Y(X/S) \longrightarrow \underline{\underline{MD}}_Y(X/S) \xrightarrow{Q^*} \underline{\underline{QD}}_Y(X/S)$$

est pleinement fidèle.

(*) En particulier, l'assertion 2.4 de [3] n'est vraie que si l'on suppose que $C^o(\underline{M}^{\cdot})$ est un complexe.

Plus généralement, si $E^{\cdot} \in \mathrm{Ob}(\underline{\underline{CD}}_Y(X/S))$ et $M^{\cdot} \in \mathrm{Ob}(\underline{\underline{MD}}_Y(X/S))$ , l'homomorphisme canonique

(3.2.10) $$\mathrm{Hom}_{\underline{\underline{MD}}_Y}(E^{\cdot},M^{\cdot}) \longrightarrow \mathrm{Hom}_{\underline{\underline{QD}}_Y}(Q^*(E^{\cdot}),Q^*(M^{\cdot}))$$

est un isomorphisme. En effet, $\mathrm{Hom}_{\underline{\underline{MD}}_Y}(E^{\cdot},M^{\cdot})$ (resp. $\mathrm{Hom}_{\underline{\underline{QD}}_Y}(Q^*(E^{\cdot}),Q^*(M^{\cdot}))$) est le sous-groupe de $\prod_i \mathrm{Hom}_{\underline{\underline{M}}_{L(\underline{O}_Y)}}(E^i,M^i)$ (resp. $\prod_i \mathrm{Hom}_{\underline{\underline{Q}}_{L(\underline{O}_Y)}}(Q^*(E^i),Q^*(M^i))$) formé des familles d'homomorphismes $u^i$ commutant aux différentielles $d_E$ et $d_M$ de $E^{\cdot}$ et $M^{\cdot}$ . Or d'après 2.4.2, l'homomorphisme

$$\prod_i \mathrm{Hom}_{\underline{\underline{M}}_{L(\underline{O}_Y)}}(E^i,M^i) \longrightarrow \prod_i \mathrm{Hom}_{\underline{\underline{Q}}_{L(\underline{O}_Y)}}(Q^*(E^i),Q^*(M^i))$$

est un isomorphisme. Il faut donc montrer qu'une famille d'homomorphismes $u^i$ de $E^i$ dans $F^i$ , $L(\underline{O}_Y)$-linéaires, commute avec $d_E$ et $d_F$ si et seulement si les restrictions $Q^*(u^i)$ commutent avec $Q^*(d_E)$ et $Q^*(d_F)$ . Cela résulte du lemme suivant :

<u>Lemme</u> 3.2.10. <u>Soient</u> E <u>un cristal en</u> $L(\underline{O}_Y)$-<u>modules</u>, M <u>un</u> $L(\underline{O}_Y)$-<u>module</u>. <u>Alors l'homomorphisme canonique</u>

(3.2.11) $$\mathrm{Diff}^1_{\hat{L}_g(\underline{D}(Y/S))}(E,M) \longrightarrow \mathrm{Diff}^1_{Q^*(\hat{L}_g(\underline{D}(Y/S)))}(Q^*(E),Q^*(M))$$

<u>est un isomorphisme</u>.

Comme E est un cristal en $L(\underline{O}_Y)$-modules, $L(\underline{D}_{Y/S}(1)) \otimes_{L(\underline{O}_Y)} E$ en est également un, de sorte que 3.2.10 résulte de 2.4.2 et du diagramme commutatif

$$\begin{array}{ccc}
\mathrm{Diff}^1_{\hat{L}_g(\underline{D}(Y/S))}(E,M) & \longrightarrow & \mathrm{Diff}^1_{Q^*(\hat{L}_g(\underline{D}(Y/S)))}(Q^*(E),Q^*(M)) \\
\downarrow \wr & & \downarrow \wr \\
\mathrm{Hom}_{L(\underline{O}_Y)}(L(\underline{D}_{Y/S}(1)) \otimes_{L(\underline{O}_Y)} E,M) & \xrightarrow{\sim} & \mathrm{Hom}_{Q^*(L(\underline{O}_Y))}(Q^*(L(\underline{D}_{Y/S}(1)) \otimes_{L(\underline{O}_Y)} E),Q^*(M))
\end{array}$$

L'isomorphisme (3.2.10) résulte bien du lemme, car l'application qui à un opérateur différentiel d'ordre $\leqslant 1$ de E dans M associe l'homomorphisme correspondant de E dans M est injective (II 5.1).

<u>Remarque</u> 3.2.11. Le foncteur $Q^*$ : $\underline{\underline{MD}}_Y \longrightarrow \underline{\underline{QD}}_Y$ est exact, car les noyaux et conoyaux se calculent degré par degré dans ces deux catégories (II 5.1.3), et le foncteur $Q^*$ est exact sur la catégorie des $L(\underline{O}_Y)$-modules (2.1.2). De même, le foncteur composé

$$\underline{\underline{CD}}_Y \longrightarrow \underline{\underline{MD}}_Y \xrightarrow{Q^*} \underline{\underline{QD}}_Y$$

est exact : si $f : K^{\cdot} \longrightarrow K'^{\cdot}$ est un morphisme de $\underline{\underline{CD}}_Y$ , son noyau et son conoyau dans $\underline{\underline{QD}}_Y$ sont à termes dans $\underline{\underline{C}}_{L(\underline{O}_Y)}$ d'après 2.1.3, et il est alors évident, compte tenu de 3.2.9, que ce sont le noyau et le conoyau de f dans $\underline{\underline{CD}}_Y$ .

# CHAPITRE V

## COHOMOLOGIE CRISTALLINE ET COHOMOLOGIE DE DE RHAM

Rappelons que $p$ est toujours supposé localement nilpotent sur les schémas considérés.

Nous commençons maintenant l'étude cohomologique du topos cristallin. Le résultat le plus important démontré ici est l'isomorphisme entre cohomologie cristalline et cohomologie de De Rham pour un schéma $X$ lisse sur une base $S$. Ce résultat est d'ailleurs un cas particulier d'un résultat plus général (cf. 2.3.2), affirmant que, lorsque $X$ est un sous-schéma fermé d'un S-schéma lisse $Y$, la cohomologie cristalline de $X$ relativement à $S$ est canoniquement isomorphe à l'hyper-cohomologie du complexe de De Rham de $Y$ relativement à $S$, à coefficients dans l'enveloppe à puissances divisées $\underline{D}_X(Y)$ de l'idéal de $X$ dans $Y$. La méthode de la démonstration est celle de [21] : a) on associe à tout module $F$ sur $\mathrm{Cris}(X/S)$ un complexe cosimplicial sur $X$, le complexe de Čech-Alexander $\check{C}A^{\cdot}_Y(F)$, dont l'hyper-cohomologie est isomorphe à la cohomologie de $F$ ; b) on montre que pour tout complexe d'opérateurs PD-différentiels $\underline{M}^{\cdot}$ sur $Y$, dont le linéarisé $L(\underline{M}^{\cdot})$ sur $\mathrm{Cris}(X/S)$ est un complexe, le bicomplexe $\check{C}A^{\cdot}_Y(L(\underline{M}^{\cdot}))$ est une résolution de $\underline{M}^{\cdot}\otimes \underline{D}_X(Y)$ : c) on prouve le "lemme de Poincaré", selon lequel le complexe $L(\Omega^{\cdot}_{Y/S})$ est une résolution de $\underline{O}_{X/S}$. Nous donnerons également, lorsque $X$ est lisse sur $S$, une interprétation cristalline de la filtration de Hodge sur la cohomologie de De Rham de $X$ relativement à $S$.

Compte tenu du théorème d'invariance III 2.3.4, les résultats précédents montrent que, si $(\underline{I},\gamma)$ est un idéal à puissances divisées de $S$, la cohomologie de De Rham de $X$ relativement à $S$ ne dépend à isomorphisme canonique près que de la réduction de $X$ modulo $\underline{I}$ ; bien entendu, ce résultat ne peut s'étendre à la filtration de Hodge, car on sait que celle-ci n'est pas horizontale pour la connexion de Gauss-Manin ([33]). Or une autre conséquence de l'interprétation cristalline de la cohomologie de De Rham est que celle-ci constitue un cristal (au sens des catégories dérivées) ; en particulier, elle est munie de la sorte d'une connexion, qui est précisément la connexion de Gauss-Manin, dont on trouve ainsi une nouvelle définition.

Inversement, l'interprétation de la cohomologie cristalline en termes de cohomologie de De Rham sera un moyen systématique d'étude de la cohomologie cristalline, en déduisant les propriétés de celle-ci de celles de la cohomologie de De Rham, soit en se ramenant à des énoncés de nature locale, et en passant à un relèvement ou à un plongement lisse sur la base, soit en se ramenant à une situation lisse par réduction modulo p . C'est la première méthode qui nous permettra ici (par un argument classique de descente cohomologique) de donner un théorème de changement de base et une formule de Künneth pour des schémas lisses au-dessus du sous-schéma fermé de la base défini par le PD-idéal de compatibilité.

## 1. Complexe de Čech-Alexander relatif à une immersion fermée.

### 1.1. Cohomologie cristalline au-dessus d'un objet du site cristallin.

Soient $(S,\underline{I},\gamma)$ un PD-schéma, $X$ un S-schéma, $A$ un faisceau d'anneaux sur $\mathrm{Cris}(X/S,\underline{I},\gamma)$. On se propose de calculer la cohomologie d'un objet de $D^+((X/S)_{cris},A)$ au-dessus d'un objet $(U,T,\delta)$ de $\mathrm{Cris}(X/S)$.

1.1.1. Le foncteur qui à tout A-module $F$ sur $\mathrm{Cris}(X/S)$ associe le $A_{(U,T,\delta)}$-module $F_{(U,T,\delta)}$ sur $T_{Zar}$ est exact. Par conséquent, il définit un foncteur

(1.1.1) $$F^{\bullet} \longmapsto F^{\bullet}_{(U,T,\delta)} : D((X/S)_{cris},A) \longrightarrow D(T_{Zar},A_{(U,T,\delta)})$$

(resp. $D^+,D^-,D^b$) . On a une assertion identique pour le topos localisé $(X/S)_{cris}/(U,T,\delta)$ .

<u>Proposition</u> 1.1.2. <u>Soient</u> $(U,T,\delta)$ <u>un objet de</u> $\mathrm{Cris}(X/S)$ , $A$ <u>un faisceau d'anneaux sur</u> $\mathrm{Cris}(X/S)$ (<u>resp</u>. $\mathrm{Cris}(X/S)/(U,T,\delta)$) , <u>et</u> $F^{\bullet}$ <u>un complexe de</u> A-<u>modules, borné inférieurement</u>. <u>Il existe un isomorphisme canonique dans</u> $D^+(\Gamma(T,A_{(U,T,\delta)}))$

(1.1.2) $$\underline{\underline{R}}\Gamma((U,T,\delta),F^{\bullet}) \xrightarrow{\ \sim\ } \underline{\underline{R}}\Gamma(T_{Zar},F^{\bullet}_{(U,T,\delta)}) .$$

Soit

$$\pi : (X/S)_{cris}/(U,T,\delta) \longrightarrow T_{Zar}$$

le morphisme de topos défini en III 3.5.3. D'après la définition de $\pi$ , le foncteur image directe $\pi_*$ est donné pour tout faisceau $E$ sur $\mathrm{Cris}(X/S)/(U,T,\delta)$ par $\pi_*(E) = E_{(U,T,\delta)}$ ; il est donc exact, de sorte que $\underline{\underline{R}}\pi_* = \pi_*$ . L'isomorphisme (1.1.2) résulte donc de l'isomorphisme des foncteurs dérivés sur

$D^+((X/S)_{cris}/(U,T,\delta),A_{/(U,T,\delta)})$

$$\underline{\underline{R}}\Gamma((U,T,\delta),\ .) \longrightarrow \underline{\underline{R}}\Gamma(T_{Zar},\underline{\underline{R}}\pi_*(.)) \quad .$$

1.1.3. Les assertions précédentes restent évidemment vraies si l'on remplace le topos $(X/S)_{cris}$ par des topos tels que $(X/S)_{Y\text{-HPD-Strat}}$, $(X/S)_{Rcris}$, $(X/S)_{Ncris}$ , etc.

1.2. <u>Cohomologie cristalline et complexe de Čech-Alexander.</u>

On suppose maintenant donnée une S-immersion $i : X \longrightarrow Y$ , qu'on peut supposer fermée sans restreindre la généralité. On se propose de calculer la cohomologie du topos $(X/S)_{Y\text{-HPD-strat}}$ (III 1.2.1) au moyen d'un complexe convenable sur $X$ , pour la topologie de Zariski. Rappelons (III 1.2.3) que lorsque $Y$ est quasi-lisse sur $S$ , le morphisme de topos

$$(X/S)_{Y\text{-HPD-strat}} \longrightarrow (X/S)_{cris}$$

défini par l'inclusion de Y-HPD-strat(X/S) dans Cris(X/S) est une équivalence de catégories. Par suite, on pourra, lorsque $Y$ est quasi-lisse sur $S$ , remplacer dans les énoncés qui suivent le topos Y-HPD-stratifiant par le topos cristallin, ce qui sera le cas le plus fréquent en pratique. D'autre part, nous noterons encore $u_{X/S}$ le morphisme de topos composé

$$(X/S)_{Y\text{-HPD-strat}} \longrightarrow (X/S)_{cris} \xrightarrow{u_{X/S}} X_{Zar} \quad .$$

<u>Lemme</u> 1.2.1. <u>Soit</u> $\tilde{Y}$ <u>le faisceau sur</u> Y-HPD-Strat(X/S) <u>dont la valeur sur un objet</u> $(U,T,\delta)$ <u>est l'ensemble des</u> S-<u>morphismes de</u> $T$ <u>dans</u> $Y$ <u>prolongeant la restriction de</u> $i$ <u>à</u> $U$ . <u>Si</u> $e$ <u>est l'objet final du topos</u> $(X/S)_{Y\text{-HPD-strat}}$ , <u>le</u> $\tilde{Y} \longrightarrow e$ <u>est un morphisme couvrant de ce topos.</u>

Dire que $\tilde{Y} \longrightarrow e$ est un morphisme couvrant (pour la topologie canonique sur $(X/S)_{Y\text{-HPD-strat}}$) équivaut à dire que c'est un épimorphisme effectif universel

(SGA 4 II 2.5 et I 10.3), et il suffit de vérifier que c'est un épimorphisme (SGA 4 II 4.3). Or pour tout objet $(U,T,\delta)$ de Y-HPD-Strat(X/S), on a $\tilde{Y}(U,T,\delta) \neq \emptyset$ par définition, d'où le lemme.

Proposition 1.2.2. Soit A un faisceau d'anneaux sur Y-HPD-Strat(X/S). Avec les notations de 1.2.1, il existe pour tout A-module F une suite spectrale de $\Gamma(X/S),A)$-modules, fonctorielle en F,

$$(1.2.1) \qquad E_2^{p,q} = H^p(\nu \longmapsto H^q(\tilde{Y}^{\nu+1},F)) \Longrightarrow H^n((X/S)_{Y\text{-HPD-strat}},F) .$$

Comme le morphisme $\tilde{Y} \longrightarrow e$ est un morphisme couvrant, cette suite spectrale n'est autre que la suite spectrale de Cartan-Leray définie par $\tilde{Y} \longrightarrow e$ (SGA 4 V 3.3).

1.2.3. A tout faisceau d'ensembles E sur Y-HPD-Strat(X/S) on associe un complexe cosimplicial de faisceaux d'ensembles sur $X_{Zar}$, noté $\check{C}A_Y^{\bullet}(E)$, et appelé complexe de Čech-Alexander du faisceau E, relatif à l'immersion i de X dans Y. Son terme général est donné par

$$(1.2.2) \qquad \check{C}A_Y^{\nu}(E) = E_{(X,D_X(Y^{\nu+1}))} ,$$

où $D_X(Y^{\nu+1})$ est le voisinage infinitésimal à puissances divisées (compatibles à $\gamma$) de X dans $Y^{\nu+1}/_S$, X étant plongé dans $Y^{\nu+1}/_S$ par l'immersion composée de i et de l'immersion diagonale de Y dans $Y^{\nu+1}/_S$, de sorte que l'immersion de X dans $D_X(Y^{\nu+1})$ est un objet de Y-HPD-Strat(X/S), et où $E_{(X,D_X(Y^{\nu+1}))}$ est considéré comme un faisceau sur X, puisque X et $D_X(Y^{\nu+1})$ ont même espace sous-jacent. D'autre part, les morphismes de transition correspondant aux $\nu+1$ projections de $Y^{\nu+1}/_S$ sur $Y^{\nu}/_S$ définissent $\nu+1$ morphismes de faisceaux

$$(1.2.3) \qquad E_{(X,D_X(Y^{\nu}))} \longrightarrow E_{(X,D_X(Y^{\nu+1}))}$$

qui donnent les morphismes du complexe $\check{C}A_Y^{\bullet}(E)$.

Lorsque E est un faisceau abélien (resp. un faisceau d'anneaux), $\check{C}A_Y^{\bullet}(E)$ est un complexe cosimplicial de faisceaux abéliens (resp. de faisceaux d'anneaux). Si A est un faisceau d'anneaux sur Y-HPD-Strat(X/S), chacun des

$A_{(X,D_X(Y^{\nu+1}))}$ est de façon évidente muni d'une structure de $u_{X/S_*}(A)$-algèbre. Si $E$ est un A-module, $\check{C}A^{\bullet}_Y(E)$ peut donc être considéré comme un complexe de $u_{X/S_*}(A)$-modules et les morphismes (1.2.3) sont alors $u_{X/S_*}(A)$-linéaires. Lorsque $A = \underline{O}_{X/S}$, $u_{X/S_*}(\underline{O}_{X/S})$ est de façon naturelle une $p^{-1}(\underline{O}_S)$-algèbre, $p$ désignant le morphisme structural de $X$ dans $S$ (cf. III 3.2.5) ; $\check{C}A^{\bullet}_Y(E)$ est donc un complexe linéaire de $p^{-1}(\underline{O}_S)$-modules.

Le complexe $\check{C}A^{\bullet}_Y(E)$ est de façon évidente fonctoriel en $E$.

<u>Lemme</u> 1.2.4. <u>Soient</u> $A$ <u>un faisceau d'anneaux sur</u> Y-HPD-Strat(X/S), <u>et</u> $I$ <u>un</u> A-<u>module injectif</u>. <u>Alors le complexe</u> $\check{C}A^{\bullet}_Y(I)$ <u>est une résolution de</u> $u_{X/S_*}(I)$.

Pour tout faisceau d'ensembles $E$ sur Y-HPD-Strat(X/S), la démonstration de IV 2.3.2 montre qu'on a la suite exacte

$$(1.2.4) \qquad u_{X/S_*}(E) \longrightarrow E_{(X,D_X(Y))} \rightrightarrows E_{(X,D_X(Y^2))}$$

Il suffit donc de montrer que $\check{C}A^{\bullet}_Y(I)$ est acyclique en degrés $\geqslant 1$.

Considérons la suite spectrale (1.2.1) appliquée à $I$. Comme $I$ est injectif, $H^q(\tilde{Y}^{\nu+1},I) = 0$ pour tout $q \geqslant 1$ et tout $\nu$. La suite spectrale est donc dégénérée, et donne un isomorphisme

$$H^p(\nu \longmapsto \Gamma(\tilde{Y}^{\nu+1},I)) \xrightarrow{\sim} H^p((X/S)_{Y\text{-HPD-strat}},I) .$$

Puisque $I$ est injectif, on en déduit que le complexe $\nu \longmapsto \Gamma(\tilde{Y}^{\nu+1},I)$ est acyclique en degrés $\geqslant 1$. Or le faisceau $\tilde{Y}^{\nu+1}$ est représentable, et est représenté par l'objet $(X,D_X(Y^{\nu+1}))$ de Y-HPD-Strat(X/S), d'après I 4.3.3. On a alors

$$\Gamma(\tilde{Y}^{\nu+1},I) = \Gamma((X,D_X(Y^{\nu+1})),I) = \Gamma(X,I_{(X,D_X(Y^{\nu+1}))}) ,$$

où $I_{(X,D_X(Y^{\nu+1}))}$ est considéré comme un faisceau sur $X$. Par conséquent, le complexe $(X,\check{C}A^{\bullet}_Y(I))$ est acyclique en degrés $\geqslant 1$.

Pour tout ouvert $U$ de $X$, le topos $(U/S)_{Y\text{-HPD-strat}}$ s'identifie au topos localisé $(X/S)_{Y\text{-HPD-strat}}/U_{cris}$, comme on le voit en recopiant l'argument de III 3.1.2. Par suite, la restriction de $I$ à

$(U/S)_{Y\text{-HPD-strat}}$ est injective, et on peut donc lui appliquer le résultat précédent. Il en résulte que pour tout ouvert $U$ de $X$ le complexe $\Gamma(U,\check{C}A_Y^{\bullet}(I))$ est acyclique en degrés $\geqslant 1$ . Par conséquent, le complexe $\check{C}A_Y^{\bullet}(I)$ lui-même est acyclique en degrés $\geqslant 1$ .

Théorème 1.2.5. *Sous les hypothèses de* 1.2, *soient* $A$ *un faisceau d'anneaux sur* Y-HPD-Strat(X/S), $F^{\bullet}$ *un complexe de* A-*modules*, *borné inférieurement*. *Alors il existe dans* $D^+(X_{Zar},u_{X/S*}(A))$ *un isomorphisme canonique*

$$\underline{\underline{R}}u_{X/S*}(F^{\bullet}) \xrightarrow{\sim} \check{C}A_Y^{\bullet}(F^{\bullet}) \quad . \tag{1.2.5}$$

Le complexe de Čech-Alexander étant fonctoriel, $\check{C}A_Y^{\bullet}(F^{\bullet})$ est de façon naturelle un bicomplexe, et on note encore ici $\check{C}A_Y^{\bullet}(F^{\bullet})$ le complexe simple associé.

Soit $F^{\bullet} \xrightarrow{\sim} I^{\bullet}$ un quasi-isomorphisme de $F^{\bullet}$ dans un complexe à termes injectifs de $D^+((X/S)_{Y\text{-HPD-strat}},A)$ . Alors par définition on a

$$\underline{\underline{R}}u_{X/S*}(F^{\bullet}) \xrightarrow{\sim} u_{X/S*}(I^{\bullet}) \quad .$$

Considérons alors le diagramme commutatif de morphismes de complexes défini par (1.2.4)

$$\begin{array}{ccc} u_{X/S*}(F^{\bullet}) & \longrightarrow & u_{X/S*}(I^{\bullet}) \\ \downarrow & & \downarrow \\ CA_Y^{\bullet}(F^{\bullet}) & \longrightarrow & CA_Y^{\bullet}(I^{\bullet}) \end{array} \quad .$$

D'après 1.2.4, $\check{C}A_Y^{\bullet}(I^k)$ est une résolution de $u_{X/S*}(I^k)$ pour tout $k$ , si bien que $u_{X/S*}(I^{\bullet}) \longrightarrow \check{C}A_Y^{\bullet}(I^{\bullet})$ est un quasi-isomorphisme. D'autre part, dire que $F^{\bullet} \longrightarrow I^{\bullet}$ est un quasi-isomorphisme équivaut à dire que pour tout objet $(U,T,\delta)$ de Y-HPD-Strat(X/S) l'homomorphisme $F^{\bullet}_{(U,T,\delta)} \longrightarrow I^{\bullet}_{(U,T,\delta)}$ est un quasi-isomorphisme. Par suite, pour tout $\nu$ , $\check{C}A_Y^{\nu}(F^{\bullet}) \longrightarrow \check{C}A_Y^{\nu}(I^{\bullet})$ est un quasi-isomorphisme, ce qui entraine que $\check{C}A_Y^{\bullet}(F^{\bullet}) \longrightarrow \check{C}A_Y^{\bullet}(I^{\bullet})$ est un quasi-isomorphisme. On obtient donc dans la catégorie dérivée un isomorphisme $\check{C}A_Y^{\bullet}(F^{\bullet}) \longrightarrow u_{X/S*}(I^{\bullet})$ ; il est standard de vérifier qu'il ne dépend pas, dans la catégorie dérivée, du choix de la résolution $I^{\bullet}$ , et qu'il est fonctoriel en $F^{\bullet}$ , d'où le théorème.

Corollaire 1.2.6. Sous les hypothèses de 1.2.5, il existe dans $D^+(\Gamma(X/S,A))$ un isomorphisme canonique

(1.2.6) $$\underline{\underline{R}}\Gamma((X/S)_{Y\text{-HPD-strat}},F^\cdot) \xrightarrow{\sim} \underline{\underline{R}}\Gamma(X_{Zar},\check{C}A_Y^\cdot(F^\cdot)) \quad .$$

Il suffit d'appliquer le foncteur $\underline{\underline{R}}\Gamma(X_{Zar}, .)$ à (1.2.5).

## 1.3. Cohomologie du topos cristallin restreint.

Supposons maintenant $Y$ quasi-lisse sur $S$, de sorte que les résultats précédents s'appliquent au topos cristallin de $X$ sur $S$. On veut calculer de même la cohomologie du topos cristallin restreint (IV 2.1.1).

Puisque $Y$ est quasi-lisse sur $S$, chacun des produits $Y^{\nu+1}{}_{/S}$ est quasi-lisse sur $S$, et par suite $D_X(Y^{\nu+1})$ est pour tout $\nu$ un épaississement fondamental de $X$ (IV 1.7.1), donc $(X,D_X(Y^{\nu+1}))$ est un objet du site cristallin restreint $RCris(X/S)$. Pour tout faisceau d'ensembles $E$ sur $RCris(X/S)$, on peut donc former comme plus haut le complexe cosimplicial $\check{C}A_Y^\cdot(E)$.

Proposition 1.3.1. Sous les hypothèses de 1.3, soient $A$ un faisceau d'anneaux sur $RCris(X/S)$, et $F^\cdot$ un complexe de A-modules, borné inférieurement. Alors il existe dans $D^+(X_{Zar},\bar{u}_{X/S*}(A))$ un isomorphisme canonique

(1.3.1) $$\underline{\underline{R}}\bar{u}_{X/S*}(F^\cdot) \xrightarrow{\sim} \check{C}A_Y^\cdot(F^\cdot) \quad .$$

Reprenant la démonstration de 1.2.5, on voit qu'il suffit de montrer que si $I$ est un A-module injectif, $\check{C}A_Y^\cdot(I)$ est une résolution de $\bar{u}_{X/S*}(I)$. Posons $A' = Q_*(A)$, de sorte que $A = Q^*(A')$ (IV 2.2.2). D'après IV 2.2.5, tout A-module injectif $I$ est de la forme $Q^*(J)$, où $J$ est un A'-module injectif sur $Cris(X/S)$. Par définition de $Q^*$, on a alors

$$\check{C}A_Y^\cdot(I) = \check{C}A_Y^\cdot(J) \quad .$$

Comme d'après IV (2.3.7) il existe un isomorphisme canonique

$$u_{X/S_*}(J) \xrightarrow{\sim} \bar{u}_{X/S*}(I) \quad ,$$

on en déduit l'assertion grâce à 1.2.4.

Corollaire 1.3.2. Sous les hypothèses de 1.3.1, il existe dans $D^+(\Gamma(X/S,A))$ un isomorphisme canonique

$$\underline{\underline{R}}\Gamma((X/S)_{Rcris},F^\cdot) \xrightarrow{\sim} \underline{\underline{R}}\Gamma(X_{Zar},\check{C}A^\cdot_Y(F^\cdot)) \quad .$$

Corollaire 1.3.3. Sous les hypothèses de 1.3, soient $A$ un faisceau d'anneaux sur $\mathrm{Cris}(X/S)$ , et $M^\cdot$ un complexe de $A$-modules, borné inférieurement. Alors les morphismes canoniques

(1.3.3) $$\underline{\underline{R}}u_{X/S*}(M^\cdot) \xrightarrow{\sim} \underline{\underline{R}}\bar{u}_{X/S*}(Q^*(M^\cdot)) \quad ,$$

(1.3.4) $$\underline{\underline{R}}\Gamma((X/S)_{cris},M^\cdot) \xrightarrow{\sim} \underline{\underline{R}}\Gamma((X/S)_{Rcris},Q^*(M^\cdot)) \quad ,$$

de $D^+(X_{Zar},u_{X/S*}(A))$ et $D^+(\Gamma(X/S,A))$ sont des isomorphismes.

Comme $\check{C}A^\cdot_Y(M^\cdot) = \check{C}A^\cdot_Y(Q^*(M^\cdot))$ , cela résulte des énoncés précédents.

## 2. Le lemme de Poincaré cristallin.

### 2.1. Lemme de Poincaré.

Soient $(S,\underline{I},\gamma)$ un PD-schéma, $X$ et $Y$ deux $S$-schémas, $g : X \longrightarrow Y$ un $S$-morphisme et $L(\Omega^\cdot_{Y/S})$ le linéarisé sur $Y$-HPD-Strat$(X/S)$ du complexe de De Rham de $Y$ relativement à $S$ (IV 3.1.3 et 3.2.4). On se propose de définir un morphisme de co-augmentation $\underline{O}_{X/S}$-linéaire.

(2.1.0) $$\underline{O}_{X/S} \longrightarrow L(\Omega^\cdot_{Y/S}) \quad .$$

Pour cela, on remarque d'abord qu'il existe un homomorphisme naturel

$$\underline{O}_{X/S} \longrightarrow L(\underline{O}_Y) \quad ,$$

à savoir l'homomorphisme correspondant par IV 1.6.1 à l'homomorphisme horizontal

$$\underline{O}_Y \longrightarrow \underline{D}_{Y/S}(1)$$

défini par la structure gauche de $\underline{O}_Y$-algèbre de $\underline{D}_{Y/S}(1)$ . De plus le composé

$$\underline{O}_{X/S} \longrightarrow L(\underline{O}_Y) \longrightarrow L(\Omega^1_{Y/S})$$

est nul : il suffit de vérifier que le composé

$$\underline{O}_Y \longrightarrow \underline{D}_{Y/S}(1) \longrightarrow \underline{D}_{Y/S}(1) \otimes_{\underline{O}_Y} \Omega^1_{Y/S}$$

est nul, ce qui résulte immédiatement de IV (3.2.7).

Théorème 2.1.1 (Lemme de Poincaré). Avec les notations de 2.1, supposons que $Y$ soit lisse sur $S$. Alors pour tout $\underline{O}_{X/S}$-module $M$ sur $\mathrm{Cris}(X/S,\underline{I},\gamma)$, le morphisme

$$M \longrightarrow M \otimes_{\underline{O}_{X/S}} L(\Omega^{\bullet}_{Y/S})$$

défini par (2.1.0) fait de $M \otimes_{\underline{O}_{X/S}} L(\Omega^{\bullet}_{Y/S})$ une résolution de $M$.

Comme $Y$ est lisse sur $S$, donc quasi-lisse (IV 1.5.5), on peut appliquer la construction de 2.1 au topos cristallin (III 1.2.3), ce qui donne un sens à l'énoncé.

C'est une assertion qu'il suffit de vérifier sur chaque objet $(U,T,\delta)$ de $\mathrm{Cris}(X/S)$, et qui est locale sur $T$. On peut donc supposer qu'il existe un S-morphisme $h : T \longrightarrow Y$ prolongeant la restriction de $g$ à $U$ ; on peut également supposer la dimension relative de $Y$ sur $S$ constante, égale à $n$ ; enfin, on peut supposer qu'il existe une famille de sections $y_1,\ldots,y_n$ de $\underline{O}_Y$ telle que les $d(y_i)$ forment une base de $\Omega^1_{Y/S}$.

Pour tout $i$, soit $\eta_i$ l'image dans $\underline{D}_{Y/S}(1)$ de la section $1\otimes y_i - y_i\otimes 1$. D'après I 4.5.3, $\underline{D}_{Y/S}(1)$ s'identifie alors pour sa structure gauche sur $\underline{O}_Y$ à l'algèbre $\underline{O}_Y < \eta_1,\ldots,\eta_n >$ des polynômes à puissances divisées par rapport aux indéterminées $\eta_i$, à coefficients dans $\underline{O}_Y$. D'autre part, on a dans $\underline{D}_{Y/S}(1) \otimes_{\underline{O}_Y} \Omega^1_{Y/S}$

$$1\otimes d(y_i) = L(d)_Y(1\otimes y_i) = L(d)_Y(1\otimes y_i - y_i\otimes 1) ,$$

de sorte que $\underline{D}_{Y/S}(1) \otimes_{\underline{O}_Y} \Omega^k_{Y/S}$ peut encore s'écrire

(2.1.1)

$$\underline{D}_{Y/S}(1) \otimes_{\underline{O}_Y} \Omega^k_{Y/S} \xrightarrow{\sim} \underline{O}_Y < \eta_1,\ldots,\eta_n> \otimes_{\underline{O}_Y[\eta_1,\ldots,\eta_n]} \Omega^k_{\underline{O}_Y[\eta_1,\ldots,\eta_n]/\underline{O}_Y} .$$

Comme on a par définition (IV (3.1.4))

$$L(\Omega^k_{Y/S})_{(U,T,\delta)} \xrightarrow{\sim} h^*(\underline{D}_{Y/S}(1) \otimes_{\underline{O}_Y} \Omega^k_{Y/S}) ,$$

il résulte de (2.1.1) que

(2.1.2) $$L(\Omega^k_{Y/S})_{(U,T,\delta)} \xrightarrow{\sim} \underline{O}_T < \eta_1,\dots,\eta_n > \otimes_{\underline{O}_T[\eta_1,\dots,\eta_n]} \Omega^k_{\underline{O}_T[\eta_1,\dots,\eta_n]/\underline{O}_T} .$$

Il résulte enfin de la relation IV (3.2.7) que l'on a l'isomorphisme de complexes

(2.1.3) $$L(\Omega^{\cdot}_{Y/S})_{(U,T,\delta)} \xrightarrow{\sim} \underline{O}_T < \eta_1,\dots,\eta_n > \otimes_{\underline{O}_T[\eta_1,\dots\eta_n]} \Omega^{\cdot}_{\underline{O}_T[\eta_1,\dots,\eta_n]/\underline{O}_T} ,$$

la différentielle du second membre correspondant à la connexion canonique par rapport à $\underline{O}_T$ de $\underline{O}_T < \eta_1,\dots,\eta_n >$ pris comme $\underline{O}_T[\eta_1,\dots,\eta_n]$-algèbre, définie par

$$\nabla(\eta_i^{[q]}) = \eta_i^{[q-1]} \otimes d(\eta_i) .$$

On montre alors le lemme général suivant :

<u>Lemme</u> 2.1.2. <u>Soient</u> $\underline{T}$ <u>un topos,</u> A <u>un anneau de</u> $\underline{T}$ , $B = A[\eta_1,\dots,\eta_n]$ <u>une algèbre de polynômes sur</u> A , $C = A < \eta_1,\dots,\eta_n >$ <u>l'algèbre de polynômes à puissances divisées correspondante</u>. <u>Alors le complexe</u> $C \otimes_B \Omega^{\cdot}_{B/A}$ <u>défini par la connexion canonique de la</u> B-<u>algèbre</u> C <u>relativement à</u> A <u>est une résolution de</u> A .

Soit $K^{\cdot}(\eta_1,\dots,\eta_n)$ le complexe $C \otimes_B \Omega^{\cdot}_{B/A}$ relatif à une famille d'indéterminées $\eta_1,\dots,\eta_n$ . Si $\xi_1,\dots,\xi_m$ est une seconde famille d'indéterminées, on vérifie facilement que l'on a un isomorphisme de complexes

$$K^{\cdot}(\xi_1,\dots,\xi_m,\eta_1,\dots,\eta_n) \xrightarrow{\sim} K^{\cdot}(\xi_1,\dots,\xi_m) \otimes_A K^{\cdot}(\eta_1,\dots,\eta_n) .$$

On montre alors le lemme par récurrence sur n . Pour n=1 , il faut montrer que la suite

$$0 \longrightarrow A \longrightarrow A < \eta > \xrightarrow{d} A < \eta > \longrightarrow 0$$

est exacte, d étant l'homomorphisme A-linéaire défini par

$$d(\eta^{[q]}) = \eta^{[q-1]}$$

pour tout q , et c'est évident. Si on suppose le lemme prouvé à l'ordre n-1 , on écrit $K^{\cdot}(\eta_1,\dots,\eta_n) = K^{\cdot}(\eta_1,\dots,\eta_{n-1}) \otimes_A K^{\cdot}(\eta_n)$ . Comme $K^{\cdot}(\eta_1,\dots,\eta_{n-1})$ est à termes plats sur A , et que $K^{\cdot}(\eta_n)$ est une résolution sur A de A d'après ce qui précède, le bicomplexe $K^{\cdot}(\eta_1,\dots,\eta_{n-1}) \otimes_A K^{\cdot}(\eta_n)$ est une résolution de $K^{\cdot}(\eta_1,\dots,\eta_{n-1})$, de sorte que la cohomologie du complexe simple associé $K^{\cdot}(\eta_1,\dots,\eta_{n-1})$ est isomorphe à celle de $K^{\cdot}(\eta_1,\dots,\eta_{n-1})$, d'où le lemme d'après l'hypothèse de récurrence.

Le complexe $0 \longrightarrow A \longrightarrow C \otimes_B \Omega^{\bullet}_{B/A} \longrightarrow 0$ est alors un complexe acyclique à termes plats sur $A$ , de sorte que pour tout A-module $M$ , le complexe $M \otimes_A (C \otimes_B \Omega^{\bullet}_{B/A})$ est une résolution de $M$ , ce qui achève la démonstration de 2.1.1.

Corollaire 2.1.3. Sous les hypothèses de 2.1.1, soient $\underline{E}$ un $\underline{O}_Y$-module muni d'une hyper-PD-stratification relativement à $S$ , $E$ le cristal en $\underline{O}_{X/S}$-modules défini par $\underline{E}$ sur $\mathrm{Cris}(X/S)$ (IV 1.6.1), $\underline{E} \otimes_{\underline{O}_Y} \Omega^{\bullet}_{Y/S}$ le complexe de De Rham de $Y$ à coefficients dans $\underline{E}$ (II 3.2.5 et 4.3.11). Alors le complexe

$$L(\underline{E} \otimes_{\underline{O}_Y} \Omega^{\bullet}_{X/S})$$

est une résolution de $E$ .

Il résulte de IV 3.1.4 que l'on a un isomorphisme de complexes

$$L(\underline{E} \otimes_{\underline{O}_Y} \Omega^{\bullet}_{Y/S}) \xrightarrow{\sim} E \otimes_{\underline{O}_{X/S}} L(\Omega^{\bullet}_{Y/S}) \quad ; \tag{2.1.4}$$

le corollaire en résulte aussitôt d'après 2.1.1.

2.1.4. Nous allons maintenant donner une variante "filtrée" du lemme de Poincaré, qui servira pour donner une interprétation cristalline de la filtration de Hodge sur la cohomologie de De Rham.

Pour cela, il faut d'abord définir un idéal à puissances divisées canonique de $L(\underline{O}_Y)$ ($Y$ étant ici un S-schéma quelconque). On remarque qu'il existe un homomorphisme naturel

$$L(\underline{O}_Y) \longrightarrow i_{X/S*}(\underline{O}_X) \quad , \tag{2.1.5}$$

où $i_{X/S}$ désigne l'immersion du topos zariskien dans le topos cristallin (III 3.3.2). Il revient en effet au même de définir un homomorphisme

$$i_{X/S}^{*}(L(\underline{O}_Y)) \longrightarrow \underline{O}_X \quad ,$$

c'est-à-dire, d'après la définition de $i_{X/S*}$ (III (3.3.1)) et celle de $L$ (IV (3.1.4))

$$g^{*}(\underline{D}_{Y/S}(1)) \longrightarrow \underline{O}_X \quad ,$$

et on prend l'image inverse par $g$ de l'homomorphisme d'augmentation

$$\underline{D}_{Y/S}(1) \longrightarrow \underline{O}_Y \ .$$

Il est immédiat de voir que (2.1.5) est surjectif ; soit $\underline{K}$ son noyau. Si $(U,T,\delta)$ est un objet de Y-HPD-Strat(X/S) , et si $h : T \longrightarrow Y$ est un S-morphisme prolongeant la restriction de $g$ à $U$ , on a donc par construction

(2.1.6) $$\underline{K}_{(U,T,\delta)} = \underline{J}_{X/S(U,T,\delta)} + h^*(\underline{H}) \quad ,$$

$\underline{H}$ étant l'idéal d'augmentation de $\underline{D}_{Y/S}(1)$ , et cette décomposition est une décomposition en somme directe pour la structure de $\underline{O}_T$-module de $\underline{K}_{(U,T,\delta)}$ .

Posons $\underline{J} = \underline{J}_{X/S(U,T,\delta)}$ . D'après I 1.7.1 et 1.6.5, il existe sur $\underline{K}_{(U,T,\delta)})$ une unique structure de PD-idéal telle que $(\underline{O}_T,\underline{J}) \longrightarrow (L(\underline{O}_Y)_{(U,T,\delta)},\underline{K}_{(U,T,\delta)})$ et $h : (\underline{D}_{Y/S}(1),\underline{H}) \longrightarrow (L(\underline{O}_Y)_{(U,T,\delta)},\underline{K}_{(U,T,\delta)})$ soient aes PD-morphismes. Je dis que cette PD-structure ne dépend pas de $h$ . Supposons donnés deux S-morphismes $h_1,h_2 : T \longrightarrow Y$ prolongeant $g$ , et soient $p_1$ , $p_2$ les deux projections de $D_{Y/S}(1)$ sur $Y$ . Il suffit de montrer que $h_2$ est un PD-morphisme pour la structure de PD-idéal sur $\underline{K}_{(U,T,\delta)}$ définie par $h_1$ . Or il existe un S-PD-morphisme $h : T \longrightarrow D_{Y/S}(1)$ tel que $h_i = p_i \circ h$ , pour $i = 1,2$ . D'autre part, si $\underline{H}'$ désigne le PD-idéal de $Y$ dans $D_{Y/S}(1)$ , il existe sur l'idéal $\underline{H}'+p_1^*(\underline{H})$ de $p_1^*(\underline{D}_{Y/S}(1))$ une unique PD-structure prolongeant celle de $\underline{H}'$ et telle que $\underline{D}_{Y/S}(1) \longrightarrow p_1^*(\underline{D}_{Y/S}(1))$ soit un PD-morphisme. Il est clair alors que le morphisme $h : (T,\underline{K}_{(U,T,\delta)}) \longrightarrow (D_{Y/S}(1),\underline{H}'+p_1^*(\underline{H}))$ est un PD-morphisme, de sorte qu'il suffit de montrer que l'homomorphisme

(2.1.7) $$p_2 : (\underline{D}_{Y/S}(1),\underline{H}) \longrightarrow (p_1^*(\underline{D}_{Y/S}(1)),\underline{H}'+p_1^*(\underline{H}))$$

défini par $p_2$ et l'hyper-PD-stratification de $\underline{D}_{Y/S}(1)$ est un PD-morphisme. Or, en tant que faisceau d'algèbres sur $Y$ , $p_1^*(\underline{D}_{Y/S}(1))$ s'identifie au produit tensoriel $\underline{D}_{Y/S}(1) \ {}_1\otimes_{\underline{O}_Y} \underline{D}_{Y/S}(1)$ (l'indice 1 placé à gauche du produit tensoriel signifiant que le facteur $\underline{D}_{Y/S}(1)$ de gauche est considéré comme $\underline{O}_Y$-algèbre pour sa structure gauche), $\underline{H}'+p_1^*(\underline{H})$ s'identifiant alors à l'idéal $\underline{H} \ {}_1\otimes_{\underline{O}_Y} \underline{D}_{Y/S}(1) + \underline{D}_{Y/S}(1) \ {}_1\otimes_{\underline{O}_Y} \underline{H}$ . D'après la définition de l'hyper-PD-stratification sur $\underline{D}_{Y/S}(1)$ , (2.1.7) est le composé

$$\underline{D} \xrightarrow{1\otimes \mathrm{Id}} \underline{D}\otimes\underline{D} \xrightarrow{\mathrm{Id}\otimes\delta} \underline{D}\otimes\underline{D}\otimes\underline{D} \xrightarrow{(\mathrm{Id}.\sigma)\otimes\mathrm{Id}} \underline{D}\,{}_1\!\otimes\,\underline{D} \ ,$$

avec $\underline{D} = \underline{D}_{Y/S}(1)$ , et chacun de ces homomorphismes est un PD-morphisme pour les PD-structures obtenues par produit tensoriel à partir de celle de $\underline{H}$ . Donc (2.1.7) est un PD-morphisme.

Puisque $\underline{K}$ est muni d'une structure de PD-idéal, on peut considérer la filtration $\underline{K}$-PD-adique sur $L(\underline{O}_Y)$ (I 3.1.1). De (2.1.6) et de IV (3.2.7), on déduit pour tout $q$ et tout $k$

$$L(d)(\underline{K}^{[q]}.L(\Omega^k_{Y/S})) \subset \underline{K}^{[q-1]}.L(\Omega^{k+1}_{Y/S}) \ .$$

On peut donc définir pour tout $n$ un sous-complexe $F^nL(\Omega^{\bullet}_{Y/S})$ de $L(\Omega^{\bullet}_{Y/S})$ en posant

(2.1.9)
$$F^nL(\Omega^k_{X/S}) = \underline{K}^{[n-k]}.L(\Omega^k_{Y/S}) \quad .$$

On a donc, avec $\underline{K}^{[i]} = L(\underline{O}_Y)$ pour $i \leqslant 0$ ,

(2.1.10)

$$F^nL(\Omega^{\bullet}_{Y/S}) = \ldots \longrightarrow 0 \longrightarrow \underline{K}^{[n]} \longrightarrow \underline{K}^{[n-1]}.L(\Omega^1_{Y/S}) \longrightarrow \underline{K}^{[n-2]}.L(\Omega^2_{Y/S}) \longrightarrow \ldots$$

D'autre part, il résulte de (2.1.6) que le morphisme $\underline{O}_{X/S} \longrightarrow L(\underline{O}_Y)$ défini en (2.1.0) est un PD-morphisme, de sorte qu'il définit un morphisme de co-augmentation

(2.1.11)
$$\underline{J}^{[n]}_{X/S} \longrightarrow F^nL(\Omega^{\bullet}_{Y/S}) \quad .$$

Si $M$ est un $\underline{O}_{X/S}$-module, on notera $F^n(M \otimes_{\underline{O}_{X/S}} L(\Omega^{\bullet}_{Y/S}))$ l'image dans $M \otimes_{\underline{O}_{X/S}} L(\Omega^{\bullet}_{Y/S})$ du complexe $M \otimes_{\underline{O}_{X/S}} F^nL(\Omega^{\bullet}_{Y/S})$ . De (2.1.11) on déduit un morphisme canonique

(2.1.12)
$$\underline{J}^{[n]}_{X/S}.M \longrightarrow F^n(M \otimes_{\underline{O}_{X/S}} L(\Omega^{\bullet}_{Y/S})) \ .$$

<u>Théorème</u> 2.1.5. <u>Si</u> $Y$ <u>est lisse sur</u> $S$ , <u>le morphisme</u> (2.1.12) <u>fait de</u> $F^n(M \otimes_{\underline{O}_{X/S}} L(\Omega^{\bullet}_{Y/S}))$ <u>une résolution de</u> $\underline{J}^{[n]}_{X/S}.M$ <u>pour tout</u> $\underline{O}_{X/S}$<u>-module</u> $M$ <u>sur</u> Cris(X/S).

Cet énoncé généralise donc 2.1.1, obtenu pour $n = 0$ .

Procédant comme dans la démonstration de 2.1.1, on est ramené à prouver la propriété suivante : soient $A$ un anneau d'un topos, $J$ un PD-idéal de $A$, $B = A[\eta_1,\ldots,\eta_k]$ une algèbre de polynômes sur $A$, $C = A < \eta_1,\ldots,\eta_k >$ l'algèbre de polynômes à puissances divisées correspondante, $M$ un A-module ; si $K$ est l'idéal de $C$ engendré par $J$ et par les $\eta_i$, muni de sa PD-structure évidente, le complexe $F^n(M \otimes_A K^\bullet(\eta_1,\ldots,\eta_k)) = \mathrm{Im}(M \otimes_A F^n(C \otimes_B \Omega^\bullet_{B/A}))$ défini par la formule analogue à (2.1.10) est une résolution de $J^{[n]}.M$.

On remarque alors que pour $k = 1$, la suite définie par $F^n K^\bullet(\eta)$

$$(2.1.13) \qquad 0 \longrightarrow J^{[n]} \longrightarrow K^{[n]} \longrightarrow K^{[n-1]} \longrightarrow 0 ,$$

où $d$ est l'homomorphisme A-linéaire donné par

$$d(\eta^{[q]}) = \eta^{[q-1]} ,$$

est exacte et scindée. En effet, on déduit facilement de I 1.8.1 que $K^{[n]}$ est l'idéal formé des polynômes à puissances divisées $\Sigma a_q \eta^{[q]}$ tels que pour tout $q$, $a_q \in J^{[n-q]}$. La section $s$ de $d$ définie sur $A < \eta >$ par

$$(2.1.14) \qquad s(\eta^{[q]}) = \eta^{[q+1]}$$

définit alors pour tout $n$ un scindage de la suite (2.1.13).

On a remarqué en 2.1.2 que $K^\bullet(\eta_1,\ldots,\eta_k) = K^\bullet(\eta_1,\ldots,\eta_{k-1}) \otimes_A K^\bullet(\eta)$, ce qui permet de considérer $K^\bullet(\eta_1,\ldots,\eta_k)$ comme le complexe simple associé à un bicomplexe. Le complexe $F^n(M \otimes_A K^\bullet(\eta_1,\ldots,\eta_k))$ peut alors être considéré comme le complexe simple associé au bicomplexe de terme général $\mathrm{Im}(M \otimes_A (K^{[n-i-j]}.K^i(\eta_1,\ldots,\eta_{k-1}) \otimes_A K^j(\eta)))$. Comme la différentielle de $K^\bullet(\eta)$ possède une section compatible à la filtration d'après (2.1.14), l'homomorphisme canonique

$$F^n(M \otimes_A K^\bullet(\eta_1,\ldots,\eta_{k-1})) \longrightarrow F^n(M \otimes_A K^\bullet(\eta_1,\ldots,\eta_k))$$

induit un isomorphisme sur la cohomologie, de sorte que par récurrence sur $k$ l'assertion résulte du cas trivial $k = 0$.

## 2.2. Cohomologie cristalline du linéarisé d'un complexe d'opérateurs hyper-PD-différentiels.

On suppose maintenant donnée une S-immersion $i : X \longrightarrow Y$ de $X$ dans un S-schéma quelconque, et on veut appliquer les résultats du numéro 1 au calcul de la cohomologie d'un faisceau de la forme $L(\underline{E})$, où $\underline{E}$ est un $\underline{O}_Y$-module.

Lemme 2.2.1 (cf. [32]). Soient $C$ une catégorie abélienne, $E^{\bullet}$ un complexe cosimplicial d'objets de $C$ ; on note $d_j^i : E^i \longrightarrow E^{i+1}$ le morphisme correspondant à l'application strictement croissante de l'intervalle $(0,i)$ dans l'intervalle $(0,i+1)$ ne prenant pas la valeur $j$. Soit $F^{\bullet}$ le complexe défini comme suit :

$$F^i = E^{i+1} \quad ; \quad d^i = \sum_{k=0}^{i+1} (-1)^k d_k^{i+1} : F^i \longrightarrow F^{i+1} \quad . \tag{2.2.1}$$

Alors $F^{\bullet}$ est homotope à zéro, une homotopie étant donnée par les morphismes $h^i = (-1)^{i+1} s^{i+1} : F^{i+1} \longrightarrow F^i$, où $s^{i+1} : E^{i+2} \longrightarrow E^{i+1}$ est le morphisme correspondant à l'application croissante de l'intervalle $(0,i+2)$ dans l'intervalle $(0,i+1)$ constante sur $(0,i+1)$.

Il suffit de vérifier que pour tout $i$ on a

$$h^i \circ d^i + d^{i-1} \circ h^{i-1} = \mathrm{Id} \quad .$$

Or on a

$$h^i \circ d^i + d^{i-1} \circ h^{i-1} = (-1)^{i+1} s^{i+1} \circ \sum_{j=0}^{i+1} (-1)^j d_j^{i+1} + \sum_{j=0}^{i} (-1)^j d_j^i \circ (-1)^i s^i \quad ;$$

comme pour tout $j \leqslant i$ on a $s^{i+1} \circ d_j^{i+1} = d_j^i \circ s^i$, on obtient

$$h^i \circ d^i + d^{i-1} \circ h^{i-1} = s^{i+1} \circ d_{i+1}^{i+1} = \mathrm{Id} \quad ,$$

d'où le lemme.

Proposition 2.2.2. i) Sous les hypothèses de 2.2, soient $\underline{E}$ un $\underline{O}_Y$-module, $\underline{K}$ le PD-idéal de $L(\underline{O}_Y)$ défini en 2.1.4 , $\underline{D}_X(Y)$ l'enveloppe à puissances divisées (compatibles à $\gamma$ ) de l'idéal de $X$ dans $Y$ , et $J$ l'idéal (à puissances divisées) de $X$ dans $\underline{D}_X(Y)$ . Alors le complexe $\check{C}A_Y^{\bullet}(\underline{K}^{[n]}.L(\underline{E}))$ (1.2.3) est une résolution de $\underline{J}^{[n]}.(\underline{D}_X(Y)\otimes_{\underline{O}_Y}\underline{E})$ .

ii) Si $\underline{E}$ , $\underline{F}$ sont deux $\underline{O}_Y$-modules, et si u est un opérateur hyper-PD-différentiel de $\underline{E}$ dans $\underline{F}$ , l'homomorphisme $\check{C}A^{\bullet}_Y(L(\underline{E})) \longrightarrow \check{C}A^{\bullet}_Y(L(\underline{F}))$ défini par fonctorialité par L(u) induit grâce à i) l'homomorphisme $\underline{D}_X(Y)\otimes_{\underline{O}_Y}\underline{E} \to \underline{D}_X(Y)\otimes_{\underline{O}_Y}\underline{F}$ défini par l'opérateur hyper-PD-différentiel de $\underline{D}_X(Y)\otimes_{\underline{O}_Y}\underline{E}$ dans $\underline{D}_X(Y)\otimes_{\underline{O}_Y}\underline{F}$ associé à u au moyen de l'hyper-PD-stratification de $\underline{D}_X(Y)$ (II 2.2.1 et IV 1.3.5).

Calculons d'abord le complexe $\check{C}A^{\bullet}_Y(L(\underline{O}_Y))$ . D'après 1.2.3, on a

$$\check{C}A^{\nu}_Y(L(\underline{O}_Y)) \;=\; L(\underline{O}_Y)_{(X,D_X(Y^{\nu+1}))} \quad .$$

Utilisant la projection de $Y^{\nu+1}$ sur Y par le dernier facteur, on déduit de IV (3.1.4)

$$\check{C}A^{\nu}_Y(L(\underline{O}_Y)) \;=\; \underline{D}_X(Y^{\nu+1})\otimes_{\underline{O}_Y}\underline{D}_{Y/S}(1) \quad ,$$

$$\check{C}A^{\nu}_Y(L(\underline{O}_Y)). \;=\; \underline{D}_X(Y^{\nu+2}) \quad ,$$

compte tenu de IV 1.3.5 et II 1.3.4. Il en résulte que $\check{C}A^{\bullet}_Y(L(\underline{O}_Y))$ est défini à partir de $\check{C}A^{\bullet}_Y(\underline{O}_{X/S})$ par les relations suivantes

$$\check{C}A^{\nu}_Y(L(\underline{O}_Y)) = 0 \quad \text{si } \nu < 0 \quad , \quad \check{C}A^{\nu}_Y(L(\underline{O}_Y)) \;=\; \check{C}A^{\nu+1}_Y(\underline{O}_{X/S}) \quad \text{si } \nu \geqslant 0 \, ,$$

les $\nu+2$ morphismes de $\check{C}A^{\nu}_Y(L(\underline{O}_Y))$ dans $\check{C}A^{\nu+1}_Y(L(\underline{O}_Y))$ étant les $\nu+2$ morphismes de $\check{C}A^{\nu+1}_Y(\underline{O}_{X/S})$ dans $\check{C}A^{\nu+2}_Y(\underline{O}_{X/S})$ correspondant aux $\nu+2$ projections de $Y^{\nu+3}$ sur $Y^{\nu+2}$ définies par l'oubli de chacune des $\nu+2$ premières coordonnées. Le complexe de cochaînes associé à $\check{C}A^{\bullet}_Y(L(\underline{O}_Y))$ est donc le tronqué en degrés positifs du complexe défini à partir de $\check{C}A^{\bullet}_Y(\underline{O}_{Y/S})$ par les relations (2.2.1). Comme $\check{C}A^{0}_Y(\underline{O}_{X/S}) = \underline{D}_X(Y)$ , le complexe

$$(2.2.2) \qquad 0 \longrightarrow \underline{D}_X(Y) \longrightarrow \check{C}A^{\bullet}_Y(L(\underline{O}_Y))$$

où $\underline{D}_X(Y) \longrightarrow \underline{D}_X(Y^2) = \check{C}A^{0}_Y(L(\underline{O}_Y))$ est défini par la seconde projection de $Y^2$ sur Y , est donc homotope à zéro d'après 2.2.1.

D'autre part, d'après la définition de $\underline{K}$ donnée en 2.1.4, $\check{C}A^{\nu}_Y(\underline{K})$ est l'idéal de X dans $\underline{D}_X(Y^{\nu+2})$. Pour le complexe $\check{C}A^{\bullet}_Y(L(\underline{O}_Y))$, le morphisme d'homotopie défini en

2.2.1 est égal en degré $\nu$ au morphisme $\underline{D}_X(Y^{\nu+2}) \to \underline{D}_X(Y^{\nu+1})$ défini par la contraction des deux dernières coordonnées. C'est un PD-morphisme, de sorte qu'il induit pour tout n une homotopie sur le complexe

$$0 \longrightarrow \underline{J}^{[n]} \longrightarrow \check{C}A_Y^{\bullet}(\underline{K}^{[n]}) \quad ,$$

qui est donc également homotope à zéro.

Enfin, on a d'après la définition de L

$$\begin{aligned} \check{C}A_Y^{\nu}(L(\underline{E})) &= \underline{D}_X(Y^{\nu+1}) \otimes_{\underline{O}_Y} \underline{D}_{Y/S}(1) \otimes_{\underline{O}_Y} \underline{E} \\ &= \underline{D}_X(Y^{\nu+2}) \otimes_{\underline{O}_Y} \underline{E} \quad . \end{aligned}$$

Les $\nu+2$ morphismes de $\check{C}A_Y^{\nu}(L(\underline{O}_Y))$ dans $\check{C}A_Y^{\nu+1}(L(\underline{O}_Y))$ sont $\underline{O}_Y$-linéaires pour les structures définies par la $\nu+2$-ième coordonnée de $Y^{\nu+2}$ et la $\nu+3$-ième coordonnée de $Y^{\nu+3}$, et de même le morphisme d'homotopie de $\check{C}A_Y^{\nu}(L(\underline{O}_Y))$ dans $\check{C}A_Y^{\nu-1}(L(\underline{O}_Y))$ est $\underline{O}_Y$-linéaire pour les structures définies par la $\nu+2$-ième coordonnée de $Y^{\nu+2}$ et la $\nu+1$-ième coordonnée de $Y^{\nu+1}$. Par suite, le complexe $\check{C}A_Y^{\bullet}(L(\underline{E}))$ s'identifie au produit tensoriel $\check{C}A_Y^{\bullet}(L(\underline{O}_Y)) \otimes_{\underline{O}_Y} \underline{E}$, où $\check{C}A_Y^{\bullet}(L(\underline{O}_Y))$ est considéré comme un complexe $\underline{O}_Y$-linéaire par la structure définie en chaque degré par la dernière coordonnée, et le complexe

$$0 \longrightarrow \underline{D}_X(Y) \otimes_{\underline{O}_Y} \underline{E} \longrightarrow \check{C}A_Y^{\bullet}(L(\underline{E}))$$

est homotope à zéro. De plus, les opérateurs d'homotopie de $\check{C}A_Y^{\bullet}(L(\underline{E}))$ étant linéaires par rapport à ceux de $\check{C}A_Y^{\bullet}(L(\underline{O}_Y))$, le sous-complexe

$$0 \longrightarrow \underline{J}^{[n]}.\underline{D}_X(Y) \otimes_{\underline{O}_Y} \underline{E} \longrightarrow \check{C}A_Y^{\bullet}(\underline{K}^{[n]}.L(\underline{E}))$$

est encore homotope à zéro d'après ce qu'on a vu plus haut. D'où l'assertion i).

Prouvons l'assertion ii). Soit $\varepsilon$ l'hyper-PD-stratification de $\underline{D}_X(Y)$. Avec les notations de II 2.1.2 et II 2.2, on note $\nabla_{\varepsilon}(u)^{\flat}$ l'homomorphisme de $\underline{D}_X(Y) \otimes_{\underline{O}_Y} \underline{E}$ dans $\underline{D}_X(Y) \otimes_{\underline{O}_Y} \underline{F}$ défini par u. Il faut alors prouver l'égalité des parcours extérieurs du diagramme suivant, où on pose $\underline{D}_X = \underline{D}_X(Y)$, $\underline{D} = \underline{D}_{Y/S}(1)$,

$$\begin{array}{ccccccc}
\underline{D}_X\otimes\underline{E} & \longrightarrow & \underline{D}\otimes\underline{D}_X\otimes\underline{E} & \xrightarrow[\sim]{\varepsilon\otimes \mathrm{Id}} & \underline{D}_X\otimes\underline{D}\otimes\underline{E} & \xrightarrow{\mathrm{Id}\otimes\delta\otimes\mathrm{Id}} & \underline{D}_X\otimes\underline{D}\otimes\underline{D}\otimes\underline{E} \\
\Big\downarrow{\scriptstyle \nabla_\varepsilon(u)^\flat} & & \swarrow{\scriptstyle \mathrm{Id}\otimes u} & & \Big\downarrow{\scriptstyle \mathrm{Id}\otimes L(u)_Y} & & \swarrow{\scriptstyle \mathrm{Id}\otimes\mathrm{Id}\otimes u} \\
\underline{D}_X\otimes\underline{F} & \longrightarrow & \underline{D}\otimes\underline{D}_X\otimes\underline{F} & \xrightarrow[\sim]{\varepsilon\otimes \mathrm{Id}} & \underline{D}_X\otimes\underline{D}\otimes\underline{F} & &
\end{array},$$

les triangles de droite et de gauche étant commutatifs par définition, et celui du milieu ne l'étant pas en général. Or on déduit facilement de la condition de transitivité pour $\varepsilon$ (II 1.3.1) la commutativité du diagramme

$$\begin{array}{ccccccc}
\underline{D}_X\otimes\underline{E} & \longrightarrow & \underline{D}\otimes\underline{D}_X\otimes\underline{E} & \xrightarrow[\sim]{\varepsilon\otimes \mathrm{Id}} & \underline{D}_X\otimes\underline{D}\otimes\underline{E} & \xrightarrow{\mathrm{Id}\otimes\delta\otimes\mathrm{Id}} & \underline{D}_X\otimes\underline{D}\otimes\underline{D}\otimes\underline{E} \\
\Big\| & & \Big\downarrow{\scriptstyle \delta\otimes\mathrm{Id}} & & & & \Big\| \\
\underline{D}_X\otimes\underline{E} & \longrightarrow & \underline{D}\otimes\underline{D}\otimes\underline{D}_X\otimes\underline{E} & \xrightarrow[\sim]{\mathrm{Id}\otimes\varepsilon\otimes\mathrm{Id}} & \underline{D}\otimes\underline{D}_X\otimes\underline{D}\otimes\underline{E} & \xrightarrow[\sim]{\varepsilon\otimes\mathrm{Id}\otimes\mathrm{Id}} & \underline{D}_X\otimes\underline{D}\otimes\underline{D}\otimes\underline{E}
\end{array}.$$

Compte tenu de la commutativité triviale de

$$\begin{array}{ccc}
\underline{D}\otimes\underline{D}_X\otimes\underline{D}\otimes\underline{E} & \xrightarrow[\sim]{\varepsilon\otimes\mathrm{Id}\otimes\mathrm{Id}} & \underline{D}_X\otimes\underline{D}\otimes\underline{D}\otimes\underline{E} \\
\Big\downarrow{\scriptstyle \mathrm{Id}\otimes\mathrm{Id}\otimes u} & & \Big\downarrow{\scriptstyle \mathrm{Id}\otimes\mathrm{Id}\otimes u} \\
\underline{D}\otimes\underline{D}_X\otimes\underline{F} & \xrightarrow[\sim]{\varepsilon\otimes\mathrm{Id}} & \underline{D}_X\otimes\underline{D}\otimes\underline{F}
\end{array},$$

et de l'égalité des deux homomorphismes composés

$$\underline{D}_X\otimes\underline{E} \longrightarrow \underline{D}\otimes\underline{D}_X\otimes\underline{E} \overset{\delta\otimes\mathrm{Id}\otimes\mathrm{Id}}{\underset{1\otimes\mathrm{Id}\otimes\mathrm{Id}\otimes\mathrm{Id}}{\rightrightarrows}} \underline{D}\otimes\underline{D}\otimes\underline{D}_X\otimes\underline{E} ,$$

on se ramène alors à vérifier celle de

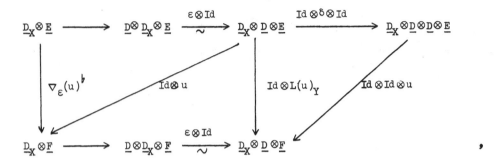

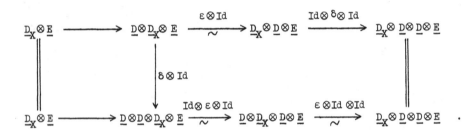

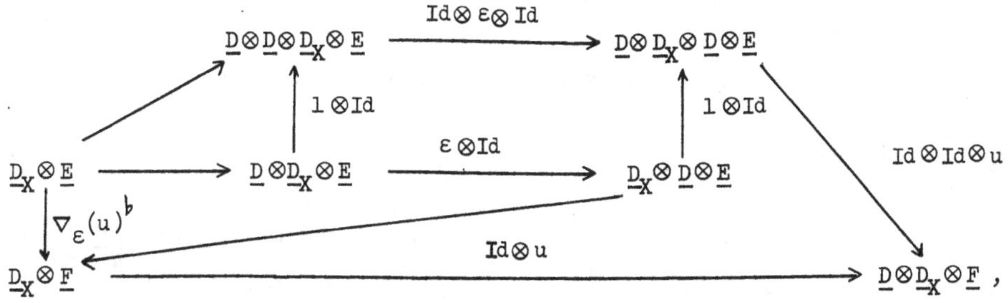


qui est claire.

Corollaire 2.2.3. *Soient* $S$ *un schéma,* $Y$ *un* $S$*-schéma,* $\underline{M}^\cdot$ *un* $\underline{O}_Y$*-module gradué. Pour tout* $i$ , *soit* $d^i$ *un opérateur hyper-PD-différentiel de* $\underline{M}^i$ *dans* $\underline{M}^{i+1}$ . *On suppose que les linéarisés* $L(d^i)_Y$ *font de* $L(\underline{M}^\cdot)_Y$ *un complexe. Alors, pour tout* $\underline{O}_Y$*-module* $\underline{E}$ *muni d'une hyper-PD-stratification relativement à* $S$ , *les homomorphismes* $\underline{E}\otimes_{\underline{O}_Y}\underline{M}^i \longrightarrow \underline{E}\otimes_{\underline{O}_Y}\underline{M}^{i+1}$ *définis par* $d^i$ (II 2.2.1) *font de* $\underline{E}\otimes_{\underline{O}_Y}\underline{M}^\cdot$ *un complexe (en particulier, les homomorphismes* $d^i : \underline{M}^i \longrightarrow \underline{M}^{i+1}$ *font de* $\underline{M}^\cdot$ *un complexe).*

Munissons $S$ du PD-idéal trivial $0$ , et soit $E$ le cristal en $\underline{O}_{Y/S}$-modules défini par $\underline{E}$ sur le site Y-HPD-Strat(Y/S). Par hypothèse, $L(\underline{M}^\cdot)$ est un complexe sur Y-HPD-Strat(Y/S) , donc $E\otimes_{\underline{O}_{Y/S}} L(\underline{M}^\cdot)$ est un complexe. D'après IV 3.1.4 , $E\otimes_{\underline{O}_{Y/S}} L(\underline{M}^\cdot) = L(\underline{E}\otimes_{\underline{O}_Y}\underline{M}^\cdot)$ . Il en résulte que $\check{C}A^\cdot_Y(L(\underline{E}\otimes_{\underline{O}_Y}\underline{M}^\cdot))$ est un bicomplexe. Comme $\underline{D}_Y(Y) = \underline{O}_Y$ , l'assertion résulte de 2.2.2 i) et ii).

Corollaire 2.2.4. *Sous les hypothèses de 2.2, soient* $p$ *le morphisme structural de* $X$ , $\underline{M}^\cdot$ *un* $\underline{O}_Y$*-module gradué borné inférieurement, et, pour tout* $i$ , *soit* $d^i$ *un opérateur hyper-PD-différentiel de* $\underline{M}^i$ *dans* $\underline{M}^{i+1}$ . *On suppose que les linéarisés* $L(d^i)_Y$ *font de* $L(\underline{M}^\cdot)_Y$ *un complexe (hypothèse vérifiée en particulier si* $\underline{M}^\cdot$ , *muni des* $d^i$ , *est un complexe différentiel d'ordre* $\leqslant 1$ (IV 3.2.7)). *Alors, si* $L(\underline{M}^\cdot)$ *est le linéarisé de* $\underline{M}^\cdot$ *sur* Y-HPD-Strat(X/S) , *il existe des isomorphismes canoniques*

(2.2.3) $$\underline{\underline{R}}u_{X/S*}(L(\underline{M}^{\cdot})) \xrightarrow{\sim} \underline{D}_X(Y) \otimes_{\underline{O}_Y} \underline{M}^{\cdot} \quad ,$$

(2.2.4) $$\underline{\underline{R}}\Gamma((X/S)_{Y\text{-HPD-Strat}}, L(\underline{M}^{\cdot})) \xrightarrow{\sim} \underline{\underline{R}}\Gamma(Y, \underline{D}_X(Y) \otimes_{\underline{O}_Y} \underline{M}^{\cdot}) \quad ,$$

<u>respectivement dans</u> $D^+(X_{Zar}, p^{-1}(\underline{O}_S))$ et $D^+(\Gamma(S, \underline{O}_S))$ .

Rappelons que $\underline{D}_X(Y)$ est concentré sur $X$ , de sorte que $\underline{D}_X(Y) \otimes_{\underline{O}_Y} \underline{M}^{\cdot}$ peut être considéré comme un objet de $D^+(X_{Zar}, p^{-1}(\underline{O}_S))$ , compte tenu de 2.2.3.

D'après 1.2.5, il existe dans $D^+(X_{Zar}, u_{X/S*}(\underline{O}_{X/S}))$ , donc dans $D^+(X_{Zar}, f^{-1}(\underline{O}_S))$ (III 3.2.5), un isomorphisme canonique

$$\underline{\underline{R}}u_{X/S*}(L(\underline{M}^{\cdot})) \longrightarrow \check{C}A_Y^{\cdot}(L(\underline{M}^{\cdot})) \quad .$$

Or, d'après 2.2.2, le morphisme naturel $\underline{D}_X(Y) \otimes_{\underline{O}_Y} \underline{M}^{\cdot} \longrightarrow \check{C}A_Y^{\cdot}(L(\underline{M}^{\cdot}))$ fait du bicomplexe $\check{C}A_Y^{\cdot}(L(\underline{M}^{\cdot}))$ une résolution du complexe $\underline{D}_Y(X) \otimes_{\underline{O}_Y} \underline{M}^{\cdot}$ , donc induit un quasi-isomorphisme avec le complexe simple associé. On en déduit (2.2.3). Prenant l'hyper-cohomologie sur $Y$ de (2.2.3) (ou sur $X$ , ce qui revient au même), on obtient (2.2.4).

## 2.3. <u>Cohomologie cristalline et cohomologie de De Rham.</u>

On suppose toujours donnée une S-immersion $i : X \longrightarrow Y$ . On note $p$ le morphisme structural de $X$ .

2.3.1. Soit $\underline{E}$ un $\underline{O}_Y$-module muni d'une hyper-PD-stratification relativement à $S$ .

On définit une filtration sur le complexe

$$\underline{D}_X(Y) \otimes_{\underline{O}_Y} \underline{E} \otimes_{\underline{O}_Y} \Omega^{\cdot}_{Y/S}$$

comme suit. Si $\underline{J}$ est l'idéal de $X$ dans $\underline{D}_X(Y)$ , muni de ses puissances divisées canoniques, on a d'après IV (1.3.6) et II (3.2.7) appliqué au complexe $\underline{D}_X(Y) \otimes_{\underline{O}_Y} \Omega^{\cdot}_{Y/S}$

$$d(\underline{J}^{[n]}.(\underline{D}_Y(X) \otimes_{\underline{O}_Y} \Omega^k_{Y/S})) \subset \underline{J}^{[n-1]}.(\underline{D}_Y(X) \otimes_{\underline{O}_Y} \Omega^{k+1}_{Y/S}) \quad .$$

Il en résulte qu'on définit un sous-complexe de $\underline{D}_X(Y) \otimes_{\underline{O}_Y} \underline{E} \otimes_{\underline{O}_Y} \Omega^{\cdot}_{Y/S}$ en posant

(2.3.1) $$F^n(\underline{D}_X(Y) \otimes_{\underline{O}_Y} \underline{E} \otimes_{\underline{O}_Y} \Omega^k_{Y/S}) = \underline{J}^{[n-k]}.(\underline{D}_X(Y) \otimes_{\underline{O}_Y} \underline{E} \otimes_{\underline{O}_Y} \Omega^k_{Y/S}) ,$$

de sorte que $F^n(\underline{D}_X(Y) \otimes_{\underline{O}_Y} \underline{E} \otimes_{\underline{O}_Y} \Omega^{\cdot}_{Y/S})$ est le sous-complexe

$$0 \longrightarrow \underline{J}^{[n]}.(\underline{D}_X(Y) \otimes \underline{E}) \longrightarrow \underline{J}^{[n-1]}.(\underline{D}_X(Y) \otimes \underline{E} \otimes \Omega^1_{Y/S}) \longrightarrow \ldots \longrightarrow \underline{J}^{[n-k]}.(\underline{D}(Y) \otimes \underline{E} \otimes \Omega^k_{Y/S}) \longrightarrow \ldots$$

Théorème 2.3.2. Soient $\underline{E}$ un $\underline{O}_Y$-module muni d'une hyper-PD-stratification relativement à S , et E le cristal en $\underline{O}_{X/S}$-modules défini par $\underline{E}$ sur Y-HPD-Strat(X/S) (resp. Cris(X/S) si Y est quasi-lisse sur S ). Alors pour tout n il existe des morphismes canoniques

(2.3.2) $$\underline{\underline{R}}u_{X/S*}(\underline{J}^{[n]}_{X/S}.E) \longrightarrow F^n(\underline{D}_X(Y) \otimes_{\underline{O}_Y} \underline{E} \otimes_{\underline{O}_Y} \Omega^{\cdot}_{Y/S}) ,$$

(2.3.3) $$\underline{\underline{R}}\Gamma(X/S),\underline{J}^{[n]}_{X/S}.E) \longrightarrow \underline{\underline{R}}\Gamma(Y,F^n(\underline{D}_X(Y) \otimes_{\underline{O}_Y} \underline{E} \otimes_{\underline{O}_Y} \Omega^{\cdot}_{Y/S})) ,$$

respectivement dans $D^+(X_{Zar},p^{-1}(\underline{O}_S))$ et $D^+(\Gamma(S,\underline{O}_S))$ , ($\Gamma(X/S, .)$ désignant le module des sections sur le topos Y-HPD-stratifiant, resp. cristallin). Si Y est lisse sur S , ces morphismes sont des isomorphismes.

En appliquant le foncteur $\underline{\underline{R}}u_{X/S*}$ au morphisme $\underline{J}^{[n]}_{X/S}.E \longrightarrow F^n(E \otimes_{\underline{O}_{X/S}} L(\Omega^{\cdot}_{Y/S}))$ défini en (2.1.12), on obtient dans $D^+(X_{Zar},p^{-1}(\underline{O}_S))$ le morphisme

(2.3.4) $$\underline{\underline{R}}u_{X/S*}(\underline{J}^{[n]}_{X/S}.E) \longrightarrow \underline{\underline{R}}u_{X/S*}(F^n(E \otimes_{\underline{O}_{X/S}} L(\Omega^{\cdot}_{Y/S}))) .$$

En degré k , on a

$$F^n(E \otimes_{\underline{O}_{X/S}} L(\Omega^k_{Y/S})) = \underline{K}^{[n-k]}.(E \otimes_{\underline{O}_{X/S}} L(\Omega^k_{Y/S})) .$$

D'après IV 3.1.4, on a un isomorphisme canonique

$$\underline{K}^{[n-k]}.(E \otimes_{\underline{O}_{X/S}} L(\Omega^k_{Y/S})) \xrightarrow{\sim} \underline{K}^{[n-k]}.L(\underline{E} \otimes_{\underline{O}_Y} \Omega^k_{Y/S})$$

compatible aux différentielles. Appliquant 2.2.2 i) et 1.2.5, on en déduit

$$\underline{\underline{R}}u_{X/S*}(\underline{K}^{[n-k]}.L(\underline{E} \otimes_{\underline{O}_Y} \Omega^k_{Y/S})) \xrightarrow{\sim} \underline{J}^{[n-k]}.(\underline{D}_X(Y) \otimes_{\underline{O}_Y} \underline{E} \otimes_{\underline{O}_Y} \Omega^k_{Y/S}) ;$$

de plus, pour k variable, la différentielle est induite par celle de

$\underline{\underline{R}}u_{X/S*}(L(\underline{E} \otimes_{\underline{O}_Y} \Omega^{\bullet}_{Y/S})) \simeq \underline{D}_X(Y) \otimes_{\underline{O}_Y} \underline{E} \otimes_{\underline{O}_Y} \Omega^{\bullet}_{Y/S}$, donc est la différentielle naturelle, d'après 2.2.2 ii). On obtient donc, d'après la définition de la filtration (2.3.1)

(2.3.5) $$\underline{\underline{R}}u_{X/S*}(F^n(E \otimes_{\underline{O}_{X/S}} L(\Omega^{\bullet}_{Y/S}))) \xrightarrow{\sim} F^n(\underline{D}_X(Y) \otimes_{\underline{O}_Y} \underline{E} \otimes_{\underline{O}_Y} \Omega^{\bullet}_{Y/S}) .$$

En composant (2.3.4) et (2.3.5), on obtient le morphisme (2.3.2). Si $Y$ est lisse sur $S$, alors $F^n(E \otimes_{\underline{O}_{X/S}} L(\Omega^{\bullet}_{Y/S}))$ est une résolution de $\underline{J}^{[n]}_{X/S}$ d'après 2.1.5 ; par suite, le morphisme (2.3.4) est dans ce cas un isomorphisme, et il en est alors de même pour (2.3.2).

L'homomorphisme (resp. isomorphisme dans le cas où $Y$ est lisse) (2.3.3) est alors obtenu à partir de (2.3.2) par passage à l'hyper-cohomologie.

Nous allons expliciter quelques conséquences importantes de 2.3.2. Auparavant nous aurons besoin d'un lemme :

Lemme 2.3.3. Soit un diagramme commutatif de morphismes de schémas de la forme

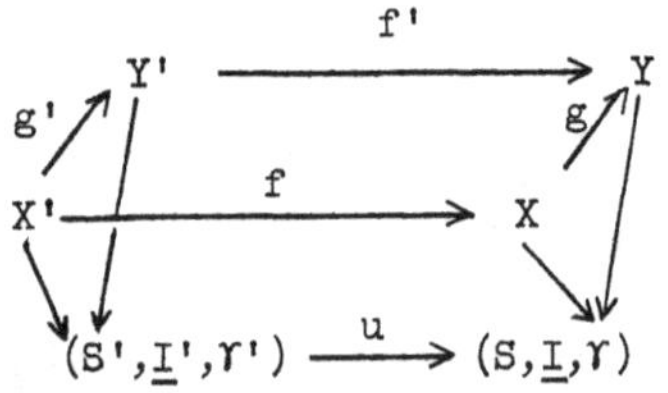


où $u$ est un PD-morphisme. On suppose $Y$ quasi-lisse sur $S$, $Y'$ quasi-lisse sur $S'$. Soient $\underline{E}$ un $\underline{O}_Y$-module muni d'une hyper-PD-stratification relativement à $S$, $\underline{E}' = f'^*(\underline{E})$, muni de l'hyper-PD-stratification image inverse, $E$ et $E'$ les cristaux correspondants sur Cris(X/S) et Cris(X'/S'). Alors pour tout $n$ il existe un morphisme naturel de complexes

(2.3.6) $$f_{cris}^{\ *}(F^n(E \otimes_{\underline{O}_{X/S}} L_g(\Omega^{\bullet}_{Y/S}))) \longrightarrow F^n(E' \otimes_{\underline{O}_{X'/S'}} L_{g'}(\Omega^{\bullet}_{Y'/S'})) ,$$

donnant un diagramme commutatif

$$
(2.3.7)\qquad
\begin{array}{ccc}
f_{cris}{}^{*}(\underline{J}^{[n]}_{X/S}.E) & \longrightarrow & f_{cris}{}^{*}(F^{n}(E\otimes_{\underline{O}_{X/S}} L_{g}(\Omega^{\cdot}_{Y/S}))) \\
\downarrow & & \downarrow \\
\underline{J}^{[n]}_{X'/S'}.E' & \longrightarrow & F^{n}(E'\otimes_{\underline{O}_{X'/S'}} L_{g'}(\Omega^{\cdot}_{Y'/S'}))
\end{array}
\quad .
$$

Si l'on munit $\underline{O}_{X/S}$ et $\underline{O}_{X'/S'}$ des PD-idéaux $\underline{J}_{X/S}$ et $\underline{J}_{X'/S'}$, le morphisme de topos $f_{cris}$ est un PD-morphisme (III 2.2.5) ; par suite, l'isomorphisme canonique défini en IV 1.6.1 ii)

$$
f_{cris}{}^{*}(E) \xrightarrow{\sim} E'
$$

envoie $f_{cris}{}^{*}(\underline{J}^{[n]}_{X/S}.E)$ dans $\underline{J}^{[n]}_{X'/S'}.E'$, ce qui définit l'homomorphisme vertical de gauche.

D'autre part, on a pour tout $k$ l'homomorphisme canonique IV (3.1.8)

$$
(2.3.8)\qquad f_{cris}{}^{*}(L_{g}(\Omega^{k}_{Y/S})) \longrightarrow L_{g'}(f'^{*}(\Omega^{k}_{Y/S})) \quad ;
$$

l'homomorphisme $f'^{*}(\Omega^{k}_{Y/S}) \longrightarrow \Omega^{k}_{Y'/S'}$ donne par fonctorialité

$$
(2.3.9)\qquad L_{g'}(f'^{*}(\Omega^{k}_{Y/S})) \longrightarrow L_{g'}(\Omega^{k}_{Y'/S'}) \quad .
$$

Composant (2.3.8) et (2.3.9), on obtient donc un homomorphisme de modules gradués

$$
(2.3.10)\qquad f_{cris}{}^{*}(L_{g}(\Omega^{\cdot}_{Y/S})) \longrightarrow L_{g'}(\Omega^{\cdot}_{Y'/S'}) \quad .
$$

Pour voir que c'est un morphisme de complexes, il suffit de montrer, d'après la construction de IV (3.1.8) que pour tout $k$ le diagramme

$$
\begin{array}{ccc}
f'^{*}(\underline{D}_{Y/S}(1)\otimes_{\underline{O}_{Y}}\Omega^{k}_{Y/S}) & \xrightarrow{f'^{*}(L(d)_{Y})} & f'^{*}(\underline{D}_{Y/S}(1)\otimes_{\underline{O}_{Y}}\Omega^{k+1}_{Y/S}) \\
\downarrow & & \downarrow \\
\underline{D}_{Y'/S'}(1)\otimes_{\underline{O}_{Y'}}\Omega^{k}_{Y'/S'} & \xrightarrow{L(d)_{Y'}} & \underline{D}_{Y'/S'}(1)\otimes_{\underline{O}_{Y'}}\Omega^{k+1}_{Y'/S'}
\end{array}
$$

est commutatif : d'après la définition de $L(d)_{Y}$ et $L(d)_{Y'}$, cela résulte de la fonctorialité par rapport aux morphismes de schémas du morphisme $\delta : \underline{D}_{Y/S}(1) \longrightarrow \underline{D}_{Y/S}(1)\otimes_{\underline{O}_{Y}}\underline{D}_{Y/S}(1)$ , et de celle de la différentielle du complexe de De Rham.

En tensorisant (2.3.10) par l'isomorphisme $f_{cris}^{*}(E) \longrightarrow E'$ , on obtient donc un morphisme de complexes

$$(2.3.11)\qquad f_{cris}^{*}(E \otimes_{\underline{O}_{X/S}} L_g(\Omega^{\cdot}_{Y/S})) \longrightarrow E' \otimes_{\underline{O}_{X'/S'}} L_{g'}(\Omega^{\cdot}_{Y'/S'}) \ .$$

Il faut alors vérifier qu'il envoie $f_{cris}^{*}(F^n(E \otimes_{\underline{O}_{X/S}} L_g(\Omega^{\cdot}_{Y/S})))$ dans $F^n(E'\otimes_{\underline{O}_{X'/S'}} L_{g'}(\Omega^{\cdot}_{Y'/S'}))$ . Or le morphisme

$$f_{cris}^{-1}(L_g(\underline{O}_Y)) \longrightarrow L_{g'}(\underline{O}_{Y'})$$

défini par (2.3.10) est un PD-morphisme lorsqu'on munit $L_g(\underline{O}_Y)$ et $L_{g'}(\underline{O}_{Y'})$ des PD-idéaux $\underline{K}$ et $\underline{K}'$ définis en 2.1.4. Compte tenu de (2.1.6), cela résulte en effet facilement de ce que $f_{cris}$ est un PD-morphisme de topos PD-annelés, et de ce que l'homomorphisme canonique $f'^{-1}(\underline{D}_{Y/S}(1)) \longrightarrow \underline{D}_{Y'/S'}(1)$ est un PD-morphisme. L'image de $f_{cris}^{*}(\underline{K}^{[n-k]}.(E \otimes_{\underline{O}_{X/S}} L_g(\Omega^{k}_{Y/S})))$ est donc contenue dans $\underline{K}'^{[n-k]}.(E' \otimes_{\underline{O}_{X'/S'}} L_{g'}(\Omega^{k}_{Y'/S'}))$ d'où l'assertion sur les filtrations. La commutativité de (2.3.7) se vérifie sans difficulté.

Corollaire 2.3.4. *Sous les hypothèses de 2.3.3 et en supposant que $g$ et $g'$ sont des immersions fermées, le diagramme de $D^+(X_{Zar}, p^{-1}(\underline{O}_S))$*

$$\begin{array}{ccc} \underline{\underline{R}}u_{X/S*}(\underline{J}_{X/S}^{[n]}.E) & \longrightarrow & F^n(\underline{D}_X(Y)\otimes_{\underline{O}_Y}\underline{E} \otimes_{\underline{O}_Y}\Omega^{\cdot}_{Y/S}) \\ \downarrow & & \downarrow \\ \underline{\underline{R}}f_*(\underline{\underline{R}}u_{X'/S'*}(\underline{J}_{X'/S'}^{[n]}.E')) & \longrightarrow & \underline{\underline{R}}f_*(F^n(\underline{D}_{X'}(Y')\otimes_{\underline{O}_{Y'}} f'^{*}(\underline{E})\otimes_{\underline{O}_{Y'}}\Omega^{\cdot}_{Y'/S'})) \end{array} \qquad (2.3.12)$$

*où les morphismes horizontaux sont les morphismes (2.3.2), et les morphismes verticaux les morphismes de fonctorialité, est commutatif.*

Par adjonction, le diagramme commutatif (2.3.7) donne le diagramme commutatif

$$\begin{array}{ccc} \underline{J}^{[n]}_{X/S}\cdot E & \longrightarrow & F^n(E\otimes_{\underline{O}_{X/S}} L_g(\Omega^{\bullet}_{Y/S})) \\ \downarrow & & \downarrow \\ \underline{\underline{R}}f_{cris*}(\underline{J}^{[n]}_{X'/S'}\cdot E') & \longrightarrow & \underline{\underline{R}}f_{cris*}(F^n(E'\otimes_{\underline{O}_{X'/S'}} L_{g'}(\Omega^{\bullet}_{Y'/S'}))) \end{array}$$

sur $Cris(X/S)$. En appliquant le foncteur $\underline{\underline{R}}u_{X/S*}$ à ce diagramme, on obtient le diagramme (2.3.12), compte tenu de (2.3.5), et de ce que

$$\underline{\underline{R}}u_{X/S*}\circ \underline{\underline{R}}f_{cris*} \xrightarrow{\sim} \underline{\underline{R}}f_{*}\circ \underline{\underline{R}}u_{X'/S'*}$$

d'après III 3.4.1.

Corollaire 2.3.5. *Soient* $i : X \longrightarrow Y$ *et* $j : X \longrightarrow Z$ *deux* S-*immersions de* $X$ *dans des* S-*schémas lisses*, $f : Y \longrightarrow Z$ *un* S-*morphisme tel que* $j = f\circ i$ . *Alors pour tout* $n$ , *le morphisme de complexes défini par* $f$

$$F^n(\underline{D}_X(Z)\otimes_{\underline{O}_Z}\Omega^{\bullet}_{Z/S}) \longrightarrow F^n(\underline{D}_X(Y)\otimes_{\underline{O}_Y}\Omega^{\bullet}_{Y/S}) \tag{2.3.13}$$

*est un quasi-isomorphisme, et ne dépend pas, dans la catégorie dérivée* $D^+(X_{Zar},p^{-1}(\underline{O}_S))$, *de* $f$ .

En effet, on a d'après 2.3.4 et 2.3.2 un triangle commutatif dans $D^+(X_{Zar},p^{-1}(\underline{O}_S))$

$$\begin{array}{ccc} & & F^n(\underline{D}_X(Z)\otimes_{\underline{O}_Z}\Omega^{\bullet}_{Z/S}) \\ & \overset{\sim}{\nearrow} & \downarrow \\ \underline{\underline{R}}u_{X/S*}(\underline{J}^{[n]}_{X/S}) & \underset{\sim}{\searrow} & \\ & & F^n(\underline{D}_X(Y)\otimes_{\underline{O}_Y}\Omega^{\bullet}_{Y/S}) \end{array}$$

où les flèches obliques sont les isomorphismes (2.3.2) : la flèche verticale est donc un isomorphisme, indépendant de $f$ , dans $D^+(X_{Zar},p^{-1}(\underline{O}_S))$ .

Corollaire 2.3.6. *Soient* $S$ *un schéma*, $X$ *un* S-*schéma lisse*, $p : X \longrightarrow S$ *le morphisme structural*, $(\underline{I},\gamma)$ *un* PD-*idéal quasi-cohérent de* $S$ , *définissant un sous-*

schéma $S_o$ de $S$ , $X_o = X \times_S S_o$ . Alors le complexe de De Rham $\Omega^{\cdot}_{X/S}$ ne dépend, à isomorphisme canonique près dans $D^+(X_{Zar}, p^{-1}(\underline{O}_S))$ , que de $X_o$ ; a fortiori, les faisceaux de cohomologie $\underline{\underline{H}}^i(\Omega^{\cdot}_{X/S})$ et les modules d'hyper-cohomologie $\underline{\underline{H}}^i(X, \Omega^{\cdot}_{X/S})$ ne dépendent, à isomorphisme canonique près, que de $X_o$ .

Remarquons que, $p$ étant localement nilpotent sur $S$ , $\underline{I}$ est un nilidéal, de sorte que tout S-schéma dont la réduction modulo $\underline{I}$ est isomorphe à $X_o$ a même espace sous-jacent que $X$ , ce qui donne un sens à l'assertion d'invariance sur le complexe $\Omega^{\cdot}_{X/S}$ .

D'après (2.3.2), il existe un isomorphisme canonique dans $D^+(X_{Zar}, p^{-1}(\underline{O}_S)) = D^+(X_{oZar}, p^{-1}(\underline{O}_S))$

$$\underline{\underline{R}}u_{X_o/S*}(\underline{O}_{X_o/S}) \xrightarrow{\sim} \underline{D}_{X_o}(X) \otimes_{\underline{O}_X} \Omega^{\cdot}_{X/S} ,$$

où $\underline{O}_{X_o/S}$ est le faisceau structural du topos $(X_o/S, \underline{I}, \gamma)_{cris}$ . Or l'idéal de $X_o$ dans $X$ est l'idéal $\underline{I}.\underline{O}_X$ , qui est canoniquement muni de puissances divisées compatibles à $\gamma$ , car $X$ est plat sur $S$ , de sorte que les puissances divisées $\gamma$ s'étendent à $X$ . Il en résulte que l'homomorphisme $\underline{O}_X \longrightarrow \underline{D}_{X_o}(X)$ est un isomorphisme, de sorte que l'on a l'isomorphisme canonique

(2.3.14) $$\underline{\underline{R}}u_{X_o/S*}(\underline{O}_{X_o/S}) \xrightarrow{\sim} \Omega^{\cdot}_{X/S} .$$

Si $X'$ est un S-schéma lisse tel que $X' \times_S S_o \simeq X_o$, on obtient donc par composition un isomorphisme canonique dans $D^+(X_{Zar}, p^{-1}(\underline{O}_S))$

$$\Omega^{\cdot}_{X/S} \xrightarrow{\sim} \underline{\underline{R}}u_{X_o/S*}(\underline{O}_{X_o/S}) \xrightarrow{\sim} \Omega^{\cdot}_{X'/S} ,$$

d'où le corollaire.

Corollaire 2.3.7. Soient $(S, \underline{I}, \gamma)$ un PD-schéma. Il existe un morphisme canonique de $D^+(X_{Zar}, p^{-1}(\underline{O}_S))$

(2.3.15) $$\underline{\underline{R}}u_{X/S*}(\underline{J}^{[n]}_{X/S}) \longrightarrow \tau_{\geqslant n}(\Omega^{\cdot}_{X/S}) ,$$

où $\underline{J}_{X/S}$ est le PD-idéal canonique de $(X/S, \underline{I}, \gamma)_{cris}$ , et $\tau_{\geqslant n}(\Omega^{\cdot}_{X/S})$ le tronqué

$$\tau_{\geqslant n}(\Omega^{\cdot}_{X/S}) = \dots \longrightarrow 0 \longrightarrow \Omega^n_{X/S} \longrightarrow \Omega^{n+1}_{X/S} \longrightarrow \dots$$

*de* $\Omega^{\cdot}_{X/S}$ . *Si* X *est lisse sur* S , *ce morphisme est un isomorphisme* ; *le* n-*ième cran de la filtration de Hodge sur* $\underline{\underline{H}}^*(X,\Omega^{\cdot}_{X/S})$ *correspond alors par l'isomorphisme*

(2.3.16) $$H^*(X/S,\underline{O}_{X/S}) \xrightarrow{\sim} \underline{\underline{H}}^*(X,\Omega^{\cdot}_{X/S})$$

*défini par* (2.3.15) *à l'image dans* $H^*(X/S,\underline{O}_{X/S})$ *de* $H^*(X/S,\underline{J}^{[n]}_{X/S})$ .

Soit $\underline{J}'_{X/S}$ la restriction de $\underline{J}_{X/S}$ à X-HPD-Strat(X/S) : en appliquant 2.3.2 à l'immersion identique de X dans X , de sorte que $\underline{D}_X(X) = \underline{O}_X$ , on obtient le morphisme

$$\underline{\underline{R}}u'_{X/S*}(\underline{J}'^{[n]}_{X/S}) \longrightarrow F^n(\Omega^{\cdot}_{X/S}) \quad ,$$

où on a noté $u'_{X/S}$ le morphisme de topos composé

$$(X/S)_{X\text{-HPD-strat}} \longrightarrow (X/S)_{cris} \xrightarrow{u_{X/S}} X_{Zar}$$

afin d'éviter la confusion avec $u_{X/S}$ . Or on a, avec les notations de 2.3.1, $\underline{J} = 0$ , de sorte que $F^n(\Omega^{\cdot}_{X/S})$ est ici égal à $\tau_{\geqslant n}(\Omega^{\cdot}_{X/S})$ . D'autre part, le morphisme de topos $(X/S)_{X\text{-HPD-strat}} \rightarrow (X/S)_{cris}$ est un morphisme de topos PD-annelés, de sorte qu'on a un morphisme canonique

$$\underline{\underline{R}}u_{X/S*}(\underline{J}^{[n]}_{X/S}) \longrightarrow \underline{\underline{R}}u'_{X/S*}(\underline{J}'^{[n]}_{X/S}) \quad ,$$

d'où par composition le morphisme (2.3.15). Il résulte immédiatement de 2.3.2 que c'est un isomorphisme lorsque X est lisse sur S . On a alors le diagramme commutatif

$$\begin{array}{ccc} H^*(X/S,\underline{J}^{[n]}_{X/S}) & \xrightarrow{\sim} & \underline{\underline{H}}^*(X,\tau_{\geqslant n}(\Omega^{\cdot}_{X/S})) \\ \downarrow & & \downarrow \\ H^*(X/S,\underline{O}_{X/S}) & \xrightarrow{\sim} & \underline{\underline{H}}^*(X,\Omega^{\cdot}_{X/S}) \end{array} \quad ;$$

comme la filtration de Hodge sur $\underline{\underline{H}}^*(X,\Omega^{\cdot}_{X/S})$ est par définition formée par les images des $\underline{\underline{H}}^*(X,\tau_{\geqslant i}(\Omega^{\cdot}_{X/S}))$ , la dernière assertion en résulte aussitôt.

2.4. *Cas du topos cristallin PD-nilpotent.*

Soient S un schéma, X un S-schéma lisse. On peut également montrer que pour le topos cristallin PD-nilpotent $(X/S)_{Ncris}$ , et pour tout cristal en $\underline{O}_{X/S}$-modules

E sur NCris(X/S), correspondant par IV 1.6.6 à un $\underline{O}_Y$-module $\underline{E}$ muni d'une PD-stratification relativement à S , on a un isomorphisme canonique

$$\underline{\underline{R}}u_{X/S*}(E) \xrightarrow{\sim} \underline{E} \otimes_{\underline{O}_X} \Omega^{\cdot}_{X/S} \quad ,$$

$u_{X/S}$ désignant ici le morphisme de topos $(X/S)_{Ncris} \xrightarrow{\varphi} (X/S)_{cris} \xrightarrow{u_{X/S}} X_{Zar}$ . La démonstration se fait sans difficulté en prenant la restriction à NCris(X/S) de la résolution à NCris(X/S) de la résolution $L(\Omega^{\cdot}_{X/S})$ de $\underline{O}_{X/S}$ sur Cris(X/S) , en montrant que $\varphi_*(E\otimes_{\underline{O}_{X/S}} \varphi^*(L(\Omega^{\cdot}_{X/S}))$ est une résolution de $\varphi_*(E)$ , les $R^i\varphi_*(E)$ étant nuls pour $i \geqslant 1$ , et en appliquant à cette résolution les résultats de 1.2.

## 3. Le théorème de changement de base pour un morphisme lisse.

### 3.1. Rappels sur les complexes de cochaînes associés à un recouvrement.

Pour la commodité des références, nous rappelons dans le cadre des topos des résultats classiques sur les espaces topologiques ordinaires (voir par exemple [20]).

3.1.1. Soient $\underline{T}$ un topos, et $\underline{U} = (U_i)_{i\in I}$ une famille d'objets de $\underline{T}$ couvrant l'objet final e . Pour toute suite $i_o,\dots,i_k$ d'éléments de I , on pose

$$U_{i_o\dots i_k} = U_{i_o} \times \dots \times U_{i_k}$$

et on note

$$j_{i_o\dots i_k} : \underline{T}/U_{i_o\dots i_k} \longrightarrow \underline{T}$$

le morphisme de localisation. Soit A un anneau de $\underline{T}$ . Pour tout A-module F , on note $\underline{C}^{\cdot}(\underline{U},F)$ le complexe de A-modules dont le terme de degré k est

$$(3.1.1) \qquad \underline{C}^k(\underline{U},F) = \prod_{i_o,\dots,i_k} j_{i_o\dots i_k *}(j_{i_o\dots i_k}{}^*(F)) \quad ,$$

la différentielle d'une section $s = (s_{i_o\dots i_k})$ de $\underline{C}^k(\underline{U},F)$ étant donnée par

$$(3.1.2) \qquad d(s)_{i_o\dots i_{k+1}} = \sum_j (-1)^j \rho(s_{i_o\dots \hat{i}_j\dots i_{k+1}})$$

où le symbole ^ désigne un indice omis, et où , quels que soient les indices, on note $\rho$ le morphisme canonique

$$\rho : j_{i_o..\hat{i}_j..i_{k+1}*}(j_{i_o..\hat{i}_j..i_{k+1}}^{\ *}(F)) \longrightarrow j_{i_o\dots i_{k+1}*}(j_{i_o\dots i_{k+1}}^{\ *}(F)) .$$

Proposition 3.1.2. Sous les hypothèses de 3.1.1, le complexe $\underline{C}^{\cdot}(\underline{U},F)$ est une résolution de $F$ .

Comme la famille de morphismes $U_i \longrightarrow e$ est une famille couvrante, il suffit de montrer que $\underline{C}^{\cdot}(\underline{U},F)$ est une résolution de $F$ au-dessus de chacun des $U_i$ . Il suffit donc de montrer que pour tout objet $X$ de $\underline{T}$ tel qu'il existe un morphisme $u : X \longrightarrow U_i$ , le complexe $\underline{C}^{\cdot}(\underline{U},F)(X)$ est une résolution de $F(X)$. Or on a

$$j_{i_o\dots i_k*}(j_{i_o\dots i_k}^{\ *}(F))(X) = F(X\times U_{i_o\dots i_k}) .$$

La donnée de $u$ définit un morphisme $X \longrightarrow X\times U_i$ , d'où un homomorphisme

$$\delta : F(X\times U_{ii_o\dots i_k}) \longrightarrow F(X\times U_{i_o\dots i_k}) ,$$

pour toute suite $i_o,\dots,i_k$ . On peut alors définir pour tout $k$ un homomorphisme

$$h : \underline{C}^{k+1}(\underline{U},F)(X) \longrightarrow \underline{C}^{k}(\underline{U},F)(X)$$

en posant pour toute section $s = (s_{i_o\dots i_{k+1}})$ de $\underline{C}^{k+1}(\underline{U},F)$ au-dessus de $X$

(3.1.3) $$h(s)_{i_o\dots i_k} = \delta(s_{ii_o\dots i_k}) .$$

On vérifie alors facilement que $d\circ h + h\circ d = \mathrm{Id}$ , de sorte que $\underline{C}^{\cdot}(\underline{U},F)(X)$ est homotope à $F(X)$.

3.1.3. Supposons maintenant que les $U_i$ soient des ouverts de $\underline{T}$ , couvrant toujours l'objet final. On note $\underline{C}'(\underline{U},F)$ le sous-module gradué de $\underline{C}^{\cdot}(\underline{U},F)$ dont les sections de degré $k$ sont les sections $s = (s_{i_o\dots i_k})$ de $\underline{C}^{k}(\underline{U},F)$ telles que

i) si la suite $i_o,\dots,i_k$ contient deux indices égaux, $s_{i_o\dots i_k} = 0$ ;

ii) si $\sigma$ est une permutation de l'intervalle $(0,k)$ , l'isomorphisme canonique $U_{i_{\sigma(0)}\dots i_{\sigma(k)}} \xrightarrow{\sim} U_{i_o\dots i_k}$ envoie $s_{i_o\dots i_k}$ sur $\varepsilon(\sigma).s_{i_{\sigma(0)}\dots i_{\sigma(k)}}$ , $\varepsilon(\sigma)$ étant la signature de la permutation $\sigma$ .

Le sous-module gradué $\underline{C}'^{\cdot}(\underline{U},F)$ est stable par la différentielle de $\underline{C}^{\cdot}(\underline{U},F)$ .

En effet, si $s$ est une section de $\underline{C}'^k(\underline{U},F)$ , et si $i_o,\dots,i_{k+1}$ est une suite telle que $i_j = i_{j'}$ , on a d'après (3.1.2) et la condition i)

$$d(s)_{i_o\dots i_{k+1}} = (-1)^j \rho(s_{i_o..\hat{i}_j..i_{k+1}}) + (-1)^{j'} \rho(s_{i_o..\hat{i}_{j'}..i_{k+1}})$$

Or le diagramme

$$\begin{array}{ccc} U_{i_o..\hat{i}_j..i_{k+1}} & \xrightarrow{\sim} & U_{i_o..\hat{i}_{j'}..i_{k+1}} \\ & \nwarrow \quad \nearrow & \\ & U_{i_o\dots i_{k+1}} & \end{array} ,$$

où la flèche horizontale est l'isomorphisme de permutation des facteurs d'indice $i_j$ et $i_{j'}$ , est commutatif, car par hypothèse les morphismes $U_i \longrightarrow e$ sont des monomorphismes. Compte tenu de la condition ii), on a donc $d(s)_{i_o\dots i_{k+1}} = 0$ . On vérifie de même la condition ii).

<u>Proposition</u> 3.1.4. <u>Sous les hypothèses de</u> 3.1.3, <u>le complexe</u> $\underline{C}'^{\bullet}(\underline{U},F)$ <u>est une résolution de</u> $F$ .

Il suffit encore de le montrer au-dessus de chacun des $U_i$ , donc de montrer que pour tout objet $X$ tel qu'il existe un morphisme $u : X \longrightarrow U_i$ le complexe $\underline{C}'^{\bullet}(\underline{U},F)(X)$ est une résolution de $F(X)$ . Or, au-dessus de $X$ , l'homotopie $h$ définie sur $\underline{C}^{\bullet}(\underline{U},F)$ en (3.1.3) laisse stable le sous-complexe $\underline{C}'^{\bullet}(\underline{U},F)$ : si $s$ vérifie les conditions i) et ii), il est immédiat sur la définition de $h$ que $h(s)$ les vérifie également. D'où la proposition.

## 3.2. <u>Finitude cohomologique des modules quasi-cohérents</u>.

3.2.1. Considérons un diagramme commutatif de morphismes de schémas

$$\begin{array}{ccc} X' & \xrightarrow{g} & X \\ & \searrow \quad \swarrow & \\ & (S,\underline{I},\gamma) & \end{array}$$

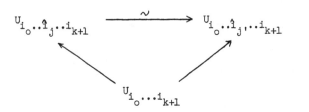

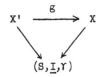

(où on suppose comme d'habitude que les puissances divisées $\gamma$ s'étendent à $X$ et $X'$). Si $(U,T,\delta)$ est un objet de $\mathrm{Cris}(X/S,\underline{I},\gamma)$ , soit $\underline{J} = \underline{J}_{X/S(U,T,\delta)}$ l'idéal de U dans T ; on pose $\underline{K} = \underline{J} + \underline{I}.\underline{O}_T$ . Comme les puissances divisées $\delta$ sont compatibles à $\gamma$ par hypothèse, il existe sur $\underline{K}$ une unique PD-structure $\bar{\delta}$ prolongeant $\delta$ et $\gamma$ . Le morphisme

$$(T,\underline{K},\bar{\delta}) \longrightarrow (S,\underline{I},\gamma)$$

est alors un PD-morphisme, de sorte que le diagramme commutatif

$$\begin{array}{ccc} X'_T & \longrightarrow & X' \\ {\scriptstyle g_T}\downarrow & & \downarrow \\ (T,\underline{K},\bar{\delta}) & \longrightarrow & (S,\underline{I},\gamma) \end{array}$$

(où $X'_T = g^{-1}(U)$) donne naissance à un morphisme de topos

(3.2.1) $$\omega_T : (X'_T/T,\underline{K},\bar{\delta})_{cris} \longrightarrow (X'/S,\underline{I},\gamma)_{cris} \quad .$$

Soient E un faisceau d'ensembles sur $Cris(X'/S,\underline{I},\gamma)$, $\omega_T^{-1}(E)$ son image inverse sur $Cris(X'_T/T,\underline{K},\bar{\delta})$ , $(U',T',\delta')$ un objet de $Cris(X'_T/T,\underline{K},\bar{\delta})$ ; il résulte immédiatement de la définition de $\omega_T^{-1}$ (III (2.2.10)) que

(3.2.2) $$\omega_T^{-1}(E)_{(U',T',\delta')} = E_{(U',T',\delta')} \quad ,$$

où $(U',T',\delta')$ est considéré dans le membre de droite comme un objet de $Cris(X'/S,\underline{I},\gamma)$ grâce au PD-morphisme $T \longrightarrow S$ . En particulier, $\omega_T^{-1}(\underline{O}_{X'/S}) = \underline{O}_{X'/T}$ , si bien que le foncteur $\omega_T^*$ pour les $\underline{O}_{X/S}$-modules est exact.

<u>Lemme</u> 3.2.2. <u>Avec les notations de</u> 3.2.1, <u>soit</u> $g^*(\tilde{T})$ <u>l'image inverse dans</u> $(X'/S)_{cris}$ <u>du faisceau</u> $\tilde{T}$ <u>sur</u> $Cris(X/S)$ <u>représenté par</u> $(U,T,\delta)$ . <u>Il existe une équivalence de topos canonique</u>

(3.2.3) $$(X'_T/T,\underline{K},\bar{\delta})_{cris} \xrightarrow{\ \sim\ } (X'/S,\underline{I},\gamma)_{cris}/g^*(\tilde{T})$$

<u>rendant commutatif à isomorphisme canonique près le diagramme</u>

$$\begin{array}{ccc} (X'_T/T,\underline{K},\bar{\delta})_{cris} & \xrightarrow{\ \omega_T\ } & (X'/S,\underline{I},\gamma)_{cris} \\ & {\scriptstyle\sim}\searrow \qquad \nearrow {\scriptstyle j_T} & \\ & (X'/S,\underline{I},\gamma)_{cris}/g^*(\tilde{T}) & \end{array}$$

<u>où</u> $j_T$ <u>est le morphisme de localisation par rapport à</u> $g^*(\tilde{T})$ .

Soit $\mathrm{Cris}(X'/S,\underline{I},\gamma)/g^*(\tilde{T})$ le site dont les objets sont les couples d'un objet $(U',T',\delta')$ de $\mathrm{Cris}(X'/S,\underline{I},\gamma)$ et d'un morphisme de faisceaux $\tilde{T}' \longrightarrow g^*(\tilde{T})$ , où $\tilde{T}'$ est le faisceau sur $\mathrm{Cris}(X'/S,\underline{I},\gamma)$ représenté par $(U',T',\delta')$ , ce site étant muni de la topologie induite par celle de $\mathrm{Cris}(X'/S,\underline{I},\gamma)$ . D'après SGA 4 III 5.4, le topos des faisceaux sur ce site est canoniquement équivalent au topos $(X'/S,\underline{I},\gamma)_{\mathrm{cris}}/g^*(\tilde{T})$ . Mais d'autre part la donnée d'un morphisme de faisceaux $\tilde{T}' \longrightarrow g^*(\tilde{T})$ équivaut à la donnée d'un élément de $g^*(\tilde{T})(U',T',\delta')$, i.e. d'un g-PD-morphisme de $T'$ dans $T$ : un objet de $\mathrm{Cris}(X'/S,\underline{I},\gamma)/g^*(\tilde{T})$ s'interprète donc comme un T-épaississement d'un ouvert de $X'_T$ , muni de puissances divisées compatibles à celles de $\underline{K}$ , d'où un isomorphisme de sites

$$\mathrm{Cris}(X'_T/T,\underline{K},\bar{\delta}) \xrightarrow{\sim} \mathrm{Cris}(X'/S,\underline{I},\gamma)/g^*(\tilde{T}) \quad .$$

Composant l'isomorphisme qui en résulte entre les topos avec l'équivalence précédente, on obtient l'équivalence (3.2.3). La commutativité du diagramme est alors évidente d'après la définition des foncteurs image inverse.

<u>Corollaire</u> 3.2.3. <u>Avec les notations de</u> 3.2.1, <u>soient</u> A <u>et</u> A' <u>des faisceaux d'anneaux sur</u> $\mathrm{Cris}(X/S,\underline{I},\gamma)$ <u>et</u> $\mathrm{Cris}(X'/S,\underline{I},\gamma)$ , <u>et</u> $g_{\mathrm{cris}}{}^{-1}(A) \longrightarrow A'$ <u>un homomorphisme d'anneaux, faisant de</u> $g_{\mathrm{cris}}$ <u>un morphisme de topos annelés. Pour tout complexe de</u> A'-<u>modules</u> $E^{\cdot}$ <u>borné inférieurement, il existe un isomorphisme canonique dans</u> $D^+(T_{\mathrm{Zar}},A_{(U,T,\delta)})$

$$\text{(3.2.4)} \qquad \underline{\underline{R}}g_{\mathrm{cris}*}(E^{\cdot})_{(U,T,\delta)} \xrightarrow{\sim} \underline{\underline{R}}g_{T\mathrm{cris}*}(\omega_T^*(E^{\cdot})) \quad ,$$

<u>où</u> $g_{T\mathrm{cris}}$ <u>désigne le morphisme de topos composé</u>

$$(X'_T/T,\underline{K},\bar{\delta})_{\mathrm{cris}} \xrightarrow{u_{X'_T/T}} X'_{T\,\mathrm{Zar}} \xrightarrow{g_T} T_{\mathrm{Zar}} \quad .$$

On considère $(X'_T/T,\underline{K},\bar{\delta})_{\mathrm{cris}}$ comme annelé par le faisceau $\omega_T^{-1}(A')$ , de sorte qu'on pourra poser sans risque de confusion $\omega_T^{-1} = \omega_T^*$ . Si E est un faisceau d'ensembles sur $\mathrm{Cris}(X'/S,\underline{I},\gamma)$ , on a par adjonction

$$g_{cris*}(E)(U,T,\delta) = \mathrm{Hom}(\tilde{T},g_{cris*}(E)) = \mathrm{Hom}(g^*(\tilde{T}),E)$$
$$= \Gamma((X'/S)_{cris}/g^*(\tilde{T}),j_T^*(E))$$
$$= \Gamma((X'_T/T)_{cris},\omega_T^*(E))$$

d'après 3.2.2, soit

$$g_{cris*}(E)(U,T,\delta) = \Gamma(T,g_{Tcris*}(\omega_T^*(E))) \quad .$$

Appliquant cette relation pour les ouverts de $T$, on obtient en termes de faisceaux

$$(3.2.5) \qquad g_{cris*}(E)_{(U,T,\delta)} \xrightarrow{\sim} g_{Tcris*}(\omega_T^*(E)) \quad .$$

Si maintenant $I$ est un A'-module injectif, $\omega_T^*(I)$ est un $\omega_T^*(A')$-module in-injectif, puisque grâce à 3.2.2, $\omega_T$ s'identifie à un morphisme de localisation. Par conséquent, si $I^{\bullet}$ est une résolution injective de $E^{\bullet}$, $\omega_T^*(I^{\bullet})$ est une résolution injective de $\omega_T^*(E^{\bullet})$. Appliquant l'isomorphisme (3.2.5) à $I^{\bullet}$, on trouve alors l'isomorphisme (3.2.4).

Théorème 3.2.4. Soient $(S,\underline{I},\gamma)$ un PD-schéma, $X$, $Y$, deux S-schémas, $g : X \to Y$ un S-morphisme. On suppose $Y$ quasi-compact, et $g$ de type fini et quasi-séparé. Alors le foncteur $g_{cris*}$ défini par le morphisme de topos $g_{cris} : (X/S)_{cris} \to (Y/S)_{cris}$ est de dimension cohomologique finie pour les $\underline{O}_{X/S}$-modules quasi-cohérents.

En d'autres termes, il existe un entier $r$ tel que pour tout $\underline{O}_{X/S}$-module $E$ quasi-cohérent et tout entier $k \geqslant r$ on ait

$$R^k g_{cris*}(E) = 0 \quad .$$

Rappelons (IV 1.1.3) qu'un $\underline{O}_{X/S}$-module $E$ est quasi-cohérent si et seulement si c'est un cristal en $\underline{O}_{X/S}$-modules, et si pour tout objet $(U,T,\delta)$ de $\mathrm{Cris}(X/S)$ le $\underline{O}_T$-module $E_{(U,T,\delta)}$ est quasi-cohérent.

Soient $E$ un $\underline{O}_{X/S}$-module quasi-cohérent, et $(U,T,\delta)$ un objet de $\mathrm{Cris}(Y/S)$. D'après 3.1.3, on a pour tout $k$

$$R^k g_{cris*}(E)_{(U,T,\delta)} \xrightarrow{\sim} R^k g_{Tcris*}(\omega_T^*(E)) \quad .$$

On voit donc qu'il suffit de montrer la proposition suivante :

Proposition 3.2.5. Soient $Y$ un schéma quasi-compact, $g : X \longrightarrow Y$ un morphisme de schémas, de type fini et quasi-séparé. Alors il existe un entier $r$ vérifiant la propriété suivante : soient $U$ un ouvert de $Y$, $X_U = g^{-1}(U)$, $U \longrightarrow T$ une immersion fermée définie par un idéal $\underline{J}$ de $T$, $(\underline{K},\delta)$ un PD-idéal quasi-cohérent de $T$ tel que $\underline{J}$ soit un sous-PD-idéal de $\underline{K}$ ; pour tout $\underline{O}_{X_U/T}$-module quasi-cohérent $E$ sur $\mathrm{Cris}(X_U/T,\underline{K},\delta)$ ,

$$R^k g_{X/T*}(E) = 0$$

pour tout $k \geqslant r$ , $g_{X/T}$ étant le morphisme de topos composé

$$(X_U/T,\underline{K},\delta)_{cris} \xrightarrow{u_{X_U/T}} X_{U\,Zar} \xrightarrow{g_T} T_{Zar} \quad .$$

Soit $\underline{U} = (U_i)_{i=0,\dots,n}$ un recouvrement ouvert fini de $X$ . Alors les ouverts $V_i = U_i \cap g^{-1}(U)$ forment un recouvrement ouvert fini de $X_U$ . Pour tout ouvert $V$ de $X_U$ , soit $V_{cris}$ l'ouvert correspondant de $(X_U/T)_{cris}$(III 3.1.1). Reprenant les notations de 3.1.1, on pose

$$V_{i_o\dots i_k} = V_{i_o} \cap \dots \cap V_{i_k} \quad ,$$

de sorte que

$$V_{i_o\dots i_k cris} = V_{i_o cris} \times \dots \times V_{i_k cris} \quad ,$$

et on note

$$j_{i_o\dots i_k cris} : (X_U/T)_{cris}/V_{i_o\dots i_k cris} \longrightarrow (X_U/T)_{cris}$$

le morphisme de localisation. Les $V_{i\ cris}$ forment une famille d'ouverts de $(X_U/T)_{cris}$ couvrant l'objet final, puisque les $V_i$ recouvrent $X_U$ . Pour tout $\underline{O}_{X_U/T}$-module $M$ , considérons alors le complexe de cochaînes alternées $\underline{C}^{\bullet}(\underline{U},M)$ à valeurs dans $M$ , relatif au recouvrement formé par les $V_{i\ cris}$ (3.1.3). D'après 3.1.4, c'est une résolution de $M$ . Comme il résulte immédiatement des conditions i) et ii) de 3.1.3 que l'on a

$$\underline{C}'^{k}(\underline{U},M) \xrightarrow{\sim} \bigoplus_{i_o<\ldots<i_k} j_{i_o\ldots i_k \mathrm{cris}*}(j_{i_o\ldots i_k \mathrm{cris}}^{*}(M)) ,$$

c'est une résolution finie de longueur $n$ .

Soit $I^{\cdot}$ une résolution injective de $E$ . Alors $\underline{C}'^{\cdot}(\underline{U},I^{\cdot})$ est un bicomplexe tel que le complexe simple associé soit une résolution de $E$ . De plus, $j_{i_o\ldots i_k \mathrm{cris}}$ étant un morphisme de localisation, les $j_{i_o\ldots i_k \mathrm{cris}}^{*}(I^q)$ sont des modules injectifs sur $(X_U/T)_{\mathrm{cris}}/V_{i_o\ldots i_k}$ , et par suite les $j_{i_o\ldots i_k \mathrm{cris}*}(j_{i_o\ldots i_k \mathrm{cris}}^{*}(I^q))$ sont des modules flasques sur $(X_U/T)_{\mathrm{cris}}$ . Il en résulte que le complexe simple associé à $\underline{C}'^{\cdot}(\underline{U},I^{\cdot})$ est une résolution flasque de $E$ , de sorte que les $R^k g_{X/T*}(E)$ sont les faisceaux de cohomologie du complexe simple associé au bicomplexe $g_{X/T*}(\underline{C}'^{\cdot}(\underline{U},I^{\cdot}))$ .

Considérons alors, pour $k$ fixé, le complexe $g_{X/T*}(\underline{C}'^{k}(\underline{U},I^{\cdot}))$ . On a

$$g_{X/T*}(\underline{C}'^{k}(\underline{U},I^{\cdot})) = g_{T*}\circ u_{X_U/T*}(\bigoplus_{i_o<\ldots<i_k} j_{i_o\ldots i_k \mathrm{cris}*}(j_{i_o\ldots i_k \mathrm{cris}}^{*}(I^{\cdot}))).$$

Or d'après III 3.1.2 le topos $(X_U/T)_{\mathrm{cris}}/V_{i_o\ldots i_k \mathrm{cris}}$ est canoniquement équivalent au topos $(V_{i_o\ldots i_k}/T)_{\mathrm{cris}}$ , le morphisme $j_{i_o\ldots i_k \mathrm{cris}}$ s'identifiant alors au morphisme de fonctorialité défini par l'inclusion de $V_{i_o\ldots i_k}$ dans $X_U$ . Compte tenu de III 3.4.1, on obtient donc, en notant $g_{i_o\ldots i_k X/T}$ le morphisme composé

$$(V_{i_o\ldots i_k}/T)_{\mathrm{cris}} \xrightarrow{u_{V_{i_o\ldots i_k}/T}} V_{i_o\ldots i_k\,\mathrm{Zar}} \longrightarrow T_{\mathrm{Zar}} ,$$

l'expression

$$g_{X/T*}(\underline{C}'^{k}(\underline{U},I^{\cdot})) = \bigoplus_{i_o<\ldots<i_k} g_{i_o\ldots i_k\, X/T*}(j_{i_o\ldots i_k \mathrm{cris}}^{*}(I^{\cdot})) .$$

Comme $j_{i_o\ldots i_k \mathrm{cris}}^{*}(I^{\cdot})$ est une résolution injective de $j_{i_o\ldots i_k \mathrm{cris}}^{*}(E)$ , le bicomplexe $g_{X/T*}(\underline{C}'^{\cdot}(\underline{U},I^{\cdot}))$ donne naissance à la suite spectrale birégulière

$$E_2^{p,q} = H^p(k \longmapsto \bigoplus_{i_o<\ldots<i_k} R^q g_{i_o\ldots i_k X/T*}(j_{i_o\ldots i_k \mathrm{cris}}^{*}(E))) \Longrightarrow R^n g_{X/T*}(E) .$$

Supposons alors la proposition prouvée pour chacun des $U_{i_o\ldots i_k} = U_{i_o} \cap \ldots \cap U_{i_k}$. Comme $j_{i_o\ldots i_k \mathrm{cris}}^{\;*}(E)$ est un module quasi-cohérent sur $\mathrm{Cris}(V_{i_o\ldots i_k}/T)$, il en résulte que pour $q$ assez grand, on a

$$R^q g_{i_o\ldots i_k X/T*}(j_{i_o\ldots i_k}^{\;*}(E)) = 0 \quad .$$

Les suites $i_o < \ldots < i_k$ étant en nombre fini, puisque le recouvrement $\underline{U}$ est fini, il existe donc un entier $s$ tel que pour $q \geqslant s$, on ait $E_2^{p,q} = 0$ dans la suite spectrale précédente. Comme on a également $E_2^{p,q} = 0$ pour $p > n$, on en déduit

$$R^k g_{X/T*}(E) \;=\; 0$$

pour tout $k > n+s$, d'où la proposition pour $X$.

On est donc ramené à voir qu'il existe un recouvrement fini de $X$ par des ouverts $U_i$ tels que les $U_{i_o\ldots i_k}$ vérifient la proposition. On remarque de plus qu'on peut supposer $Y$ affine : en effet, comme $Y$ est quasi-compact, on peut le recouvrir par un nombre fini d'ouverts affines $Y_i$ ; la formation des $R^k g_{X/T*}(E)$ commutant à la localisation, il suffit de prouver la proposition pour chacun des $Y_i$.

Supposons donc $Y$ affine ; $X$ est alors un schéma quasi-séparé, et quasi-compact car $g$ est de type fini. Soit $\underline{U}$ un recouvrement fini de $X$ par des ouverts affines. Puisque $X$ est quasi-séparé, chacun des $U_{i_o\ldots i_k}$ est quasi-compact, donc de type fini sur $Y$. De plus, chacun des $U_{i_o\ldots i_k}$, étant contenu dans un ouvert affine, est séparé. On est donc ramené à prouver la proposition lorsqu'on suppose de plus $X$ séparé. Si $\underline{U}$ est encore un recouvrement fini de $X$ par des ouverts affines, chacun des $U_{i_o\ldots i_k}$ est alors affine, si bien qu'on est ramené au cas où $X$ et $Y$ sont affines.

Puisque $X$ est de type fini sur $Y$, il existe alors une immersion fermée de $X$ dans un Y-schéma lisse de la forme $Z = Y[t_1,\ldots,t_r]$. Cette immersion se prolonge alors de façon évidente en une immersion $i : X_U \longrightarrow T[t_1,\ldots,t_r] = Z_T$. On a alors

$$i_* \circ \underline{\underline{R}}u_{X_U/T*}(E) \xrightarrow{\;\sim\;} \underline{\underline{R}}u_{Z_T/T*} \circ \underline{\underline{R}}i_{\mathrm{cris}*}(E) \quad .$$

Or d'après IV 1.3.2, le foncteur $i_{cris*}$ est exact. D'autre part, $i_{cris*}(E)$ est un cristal en $\underline{O}_{Z_T/T}$-modules d'après IV 1.3.4, défini par sa valeur sur $Z_T$ puisque $Z_T$ est lisse sur $T$ , d'après IV 1.6.5. Or on a $i_{cris*}(E)_{Z_T} = E_{(X_U,D_{X_U}(Z_T))}$ d'après IV (1.3.2), ce dernier étant muni d'une hyper-PD-stratification relativement à $T$ par IV 1.6.4. On en déduit, grâce à 2.3.2

$$i_* \circ \underline{\underline{R}}u_{X_U/T*}(E) \xrightarrow{\sim} E_{(X_U,D_{X_U}(Z_T))} \otimes_{\underline{O}_{Z_T}} \Omega^{\bullet}_{Z_T/T} \quad ,$$

d'où, en notant $h$ la projection de $Z_T$ sur $T$ ,

$$\underline{\underline{R}}g_{X/T*}(E) \xrightarrow{\sim} \underline{\underline{R}}h_*(E_{(X_U,D_{X_U}(Z_T))} \otimes_{\underline{O}_{Z_T}} \Omega^{\bullet}_{Z_T/T}) \quad .$$

Puisque $E$ est quasi-cohérent, $E_{(X_U,D_{X_U}(Z_T))}$ est quasi-cohérent comme $\underline{D}_{X_U}(Z_T)$-module, et comme $\underline{D}_{X_U}(Z_T)$ est une $\underline{O}_{Z_T}$-algèbre quasi-cohérente, il est quasi-cohérent comme $\underline{O}_{Z_T}$-module. Comme $h$ est un morphisme affine, il en résulte que

$$h_*(E_{(X_U,D_{X_U}(Z_T))} \otimes_{\underline{O}_{Z_T}} \Omega^{\bullet}_{Z_T/T}) \xrightarrow{\sim} \underline{\underline{R}}h_*(E_{(X_U,D_{X_U}(Z_T))} \otimes_{\underline{O}_{Z_T}} \Omega^{\bullet}_{Z_T/T}) \quad ,$$

et par suite

$$R^k g_{X/T*}(E) = 0$$

si $k > r$ . Comme l'entier $r$ ainsi obtenu ne dépend que du morphisme $X \longrightarrow Y$ , cela achève la démonstration.

Remarque 3.2.6. Sous les hypothèses de 3.2.4, supposons $Y$ affine, et $X$ séparé. Si $X$ peut être recouvert par $n+1$ ouverts affines, chacun de ces ouverts étant spectre d'une $\underline{O}_Y$-algèbre engendrée sur $Y$ par $m$ générateurs, il résulte de la démonstration de 3.2.4 et 3.2.5 que l'on a pour tout $\underline{O}_{X/S}$-module quasi-cohérent $E$

$$R^k g_{cris*}(E) = 0$$

pour tout $k > m+n$ .

Corollaire 3.2.7. *Soient* $(S,\underline{I},\gamma)$ *un PD-schéma,* $f : X \longrightarrow S$ *un morphisme quasi-séparé et de type fini,* $E$ *un* $\underline{O}_{X/S}$*-module quasi-cohérent sur* $Cris(S,\underline{I},\gamma)$. *Alors, si on note*

$$f_{X/S} : (X/S,\underline{I},\gamma)_{cris} \xrightarrow{u_{X/S}} X_{Zar} \longrightarrow S_{Zar} ,$$

les $R^q f_{X/S*}(E)$ sont des $\underline{O}_S$-modules quasi-cohérents.

L'assertion étant locale sur $S$ , on peut supposer $S$ affine. Soit $\underline{U} = (U_i)$ un recouvrement ouvert fini de $X$ , et reprenons les constructions de la démonstration de 3.2.5, avec $Y = T = S$ . Il résulte alors de la suite spectrale (3.2.6) qu'il suffit de prouver le corollaire pour chacun des $U_{i_o \ldots i_k}$ . On est ensuite ramené de la même façon au cas où $X$ est affine. On peut alors immerger $X$ dans un S-schéma affine et lisse $Z$ , de sorte qu'on a encore, en notant $h$ le morphisme donné de $Z$ dans $S$

$$\underline{\underline{R}}f_{X/S*}(E) \xrightarrow{\sim} h_*(E_{(X,D_X(Z))} \otimes_{\underline{O}_Z} \Omega^{\cdot}_{Z/S}) ,$$

$E_{(X,D_X(Z))}$ étant un $\underline{O}_Z$-module quasi-cohérent. Le corollaire en résulte immédiatement.

Corollaire 3.2.8. Sous les hypothèses de 3.2.7, supposons de plus $S$ quasi-séparé et quasi-compact. Alors il existe un entier $n$ tel que pour tout $\underline{O}_{X/S}$-module quasi-cohérent $E$ , et tout entier $k > n$ , on ait

$$H^k(X/S,E) = 0 .$$

En effet, on déduit de l'isomorphisme de foncteurs $\Gamma(X/S, .) \simeq \Gamma(S,f_{X/S*}(.))$ la suite spectrale

$$E_2^{p,q} = H^p(S,R^q f_{X/S*}(E)) \Longrightarrow H^{p+q}(X/S,E) .$$

D'après 3.2.7, les $R^q f_{X/S*}(E)$ sont des $\underline{O}_S$-modules quasi-cohérents. D'autre part, $S$ étant quasi-séparé et quasi-compact, il existe un entier $p_o$ tel que pour tout $\underline{O}_S$-module quasi-cohérent $\underline{M}$ et tout $p \geq p_o$ , on ait $H^p(S,\underline{M}) = 0$ . Le corollaire en résulte, compte tenu de 3.2.5.

## 3.3. Isomorphisme d'adjonction défini par un morphisme de topos annelés.

Nous utiliserons fréquemment par la suite l'isomorphisme d'adjonction dans les catégories dérivées défini par un morphisme de topos. Rappelons donc sa construction (la démonstration qui suit m'a été indiquée par L. Illusie ; voir également SGA 4 XVII).

Proposition 3.3.1. Soit $f : (\underline{T}',A') \longrightarrow (\underline{T},A)$ un morphisme de topos annelés. Pour tout complexe $E^{\cdot} \in Ob(D^{-}(\underline{T},A))$ et tout complexe $F^{\cdot} \in Ob(D^{+}(\underline{T}',A'))$ il existe un isomorphisme fonctoriel en $E^{\cdot}$ et $F^{\cdot}$

$$(3.3.1) \qquad Ad_f : \underline{\underline{R}}Hom^{\cdot}_{A'}(\underline{\underline{L}}f^{*}(E^{\cdot}),F^{\cdot}) \xrightarrow{\sim} \underline{\underline{R}}Hom^{\cdot}_{A}(E^{\cdot},\underline{\underline{R}}f_{*}(F^{\cdot}))$$

dans $D^{+}(\Gamma(\underline{T},A))$ . Si $g : (\underline{T}'',A'') \longrightarrow (\underline{T}',A')$ est un second morphisme de topos annelés, le diagramme

$$\begin{array}{ccccc}
\underline{\underline{R}}Hom^{\cdot}_{A''}(\underline{\underline{L}}g^{*}\circ \underline{\underline{L}}f^{*}(E^{\cdot}),F^{\cdot}) & \xrightarrow[\sim]{Ad_g} & \underline{\underline{R}}Hom^{\cdot}_{A'}(\underline{\underline{L}}f^{*}(E^{\cdot}),\underline{\underline{R}}g_{*}(F^{\cdot})) & \xrightarrow[\sim]{Ad_f} & \underline{\underline{R}}Hom^{\cdot}_{A}(E^{\cdot},\underline{\underline{R}}f_{*}\circ\underline{\underline{R}}g_{*}(F^{\cdot})) \\
\downarrow \wr & & & & \downarrow \wr \\
\underline{\underline{R}}Hom^{\cdot}_{A''}(\underline{\underline{L}}(f\circ g)^{*}(E^{\cdot}),F^{\cdot}) & & \xrightarrow[\sim]{Ad_{f\circ g}} & & \underline{\underline{R}}Hom^{\cdot}_{A}(E^{\cdot},\underline{\underline{R}}(f\circ g)_{*}(F^{\cdot}))
\end{array}$$

est commutatif pour tout $E^{\cdot} \in Ob(D^{-}(\underline{T},A))$ et tout $F^{\cdot} \in Ob(D^{+}(\underline{T}'',A''))$ .

Soient $L^{\cdot} \longrightarrow E^{\cdot}$ un quasi-isomorphisme où $L^{\cdot}$ est un complexe de A-modules borné supérieurement et à termes plats sur $A$ , $F^{\cdot} \longrightarrow I^{\cdot}$ un quasi-isomorphisme où $I^{\cdot}$ est un complexe de A'-modules borné inférieurement et à termes injectifs sur $A'$ , $f_{*}(I^{\cdot}) \longrightarrow J^{\cdot}$ un quasi-isomorphisme où $J^{\cdot}$ est un complexe de A-modules borné inférieurement et à termes injectifs sur $A$ . Par définition, on a $\underline{\underline{L}}f^{*}(E^{\cdot}) = f^{*}(L^{\cdot})$ dans $D^{-}(\underline{T}',A')$ , $\underline{\underline{R}}f_{*}(F^{\cdot}) = f_{*}(I^{\cdot})$ dans $D^{+}(\underline{T},A)$ , et

$$\underline{\underline{R}}Hom^{\cdot}_{A'}(\underline{\underline{L}}f^{*}(E^{\cdot}),F^{\cdot}) = Hom^{\cdot}_{A'}(f^{*}(L^{\cdot}),I^{\cdot}) \quad ,$$
$$\underline{\underline{R}}Hom^{\cdot}_{A}(E^{\cdot},\underline{\underline{R}}f_{*}(F^{\cdot})) = Hom^{\cdot}_{A}(E^{\cdot},J^{\cdot}) \quad .$$

L'homomorphisme (3.2.1) est alors l'homomorphisme composé

$$Hom^{\cdot}_{A'}(f^{*}(L^{\cdot}),I^{\cdot}) \xrightarrow{\sim} Hom^{\cdot}_{A}(L^{\cdot},f_{*}(I^{\cdot})) \longrightarrow Hom^{\cdot}_{A}(L^{\cdot},J^{\cdot}) \quad ,$$

où le premier isomorphisme est donné par la formule d'adjonction pour $f^{*}$ et $f_{*}$ .

Il est immédiat de vérifier que l'homomorphisme $Ad_f$ ainsi défini ne dépend pas dans la catégorie dérivée $D^+(\Gamma(\underline{T},A))$ des choix faits, et donne naissance, pour le composé de deux morphismes de topos, au diagramme commutatif de l'énoncé. Il en résulte que, pour montrer que $Ad_f$ est un isomorphisme, il suffit, en écrivant $f$ comme le composé

$$(\underline{T}',A') \longrightarrow (\underline{T}',f^{-1}(A)) \longrightarrow (\underline{T},A) \quad ,$$

de le montrer d'une part lorsque $T = T'$ , d'autre part lorsque $A' = f^{-1}(A)$ .

Si $A' = f^{-1}(A)$ , le foncteur $f^*$ est exact. Le foncteur $f_*$ transforme alors les $A'$-modules injectifs en $A$-modules injectifs, de sorte que $f_*(I^{\cdot})$ est un complexe à termes injectifs. Le quasi-isomorphisme $f_*(I^{\cdot}) \longrightarrow J^{\cdot}$ induit alors un quasi-isomorphisme

$$\mathrm{Hom}^{\cdot}_A(L^{\cdot},f_*(I^{\cdot})) \xrightarrow{\sim} \mathrm{Hom}^{\cdot}_A(L^{\cdot},J^{\cdot}) \quad ,$$

ce qui montre que $Ad_f$ est un isomorphisme dans ce cas.

Supposons maintenant que $\underline{T}' = \underline{T}$ , et soit $f : A \longrightarrow A'$ . Si $I$ est un $A$-module injectif, il résulte de la formule d'adjonction

$$\mathrm{Hom}_A(M,I) \xrightarrow{\sim} \mathrm{Hom}_{A'}(M,\underline{\mathrm{Hom}}_A(A',I))$$

valable pour tout $A'$-module $M$ , que $f^!(I) = \underline{\mathrm{Hom}}_A(A',I)$ est un $A'$-module injectif. De plus, si $M \longrightarrow I$ est un homomorphisme $A$-linéaire injectif de $M$ dans $I$ , l'homomorphisme correspondant $M \longrightarrow f^!(I)$ est également injectif, de sorte que tout $A'$-module $M$ peut se plonger dans un $A'$-module injectif de la forme $f^!(I)$ , où $I$ est un $A$-module injectif. On peut alors trouver un quasi-isomorphisme $F^{\cdot} \longrightarrow I'^{\cdot}$ , où $I'^{\cdot}$ est un complexe à termes de la forme $f^!(I)$ borné inférieurement ; si $I'^{\cdot} \longrightarrow J^{\cdot}$ est un quasi-isomorphisme sur $A$ dans un complexe de $A$-modules injectifs $J^{\cdot}$ borné inférieurement, le morphisme $Ad_f$ est donné par

$$\mathrm{Hom}^{\cdot}_{A'}(L^{\cdot}\otimes_A A',I'^{\cdot}) \xrightarrow{\sim} \mathrm{Hom}^{\cdot}_A(L^{\cdot},I'^{\cdot}) \longrightarrow \mathrm{Hom}^{\cdot}_A(L^{\cdot},J^{\cdot}) \quad ,$$

et il faut montrer que le second morphisme est un quasi-isomorphisme. Pour cela, on remarque d'abord que pour tout $A$-module plat $L$ et tout $A$-module injectif $I$ on a

$$\mathrm{Ext}^i_A(L,\underline{\mathrm{Hom}}_A(A',I)) = 0 \qquad \forall\ i \geqslant 1 \quad .$$

En effet, soit $K^\cdot \longrightarrow A'$ une résolution plate de $A'$ sur $A$ . Comme $I$ est injectif, le complexe $\underline{\mathrm{Hom}}_A(K^\cdot,I)$ est une résolution de $\underline{\mathrm{Hom}}_A(A',I)$ . D'autre part, la formule d'adjonction

$$\mathrm{Hom}_A(E \otimes_A K^i,I) \xrightarrow{\ \sim\ } \mathrm{Hom}_A(E,\underline{\mathrm{Hom}}_A(K^i,I))$$

valable pour tout A-module $E$ montre que $\underline{\mathrm{Hom}}_A(K^i,I)$ est injectif, $K^i$ étant plat sur $A$ . Donc $\underline{\mathrm{Hom}}_A(K^\cdot,I)$ est une résolution injective de $\underline{\mathrm{Hom}}_A(A',I)$ , de sorte que les $\mathrm{Ext}^i_A(L,\underline{\mathrm{Hom}}_A(A',I))$ sont les groupes de cohomologie du complexe

$$\mathrm{Hom}_A(L,\underline{\mathrm{Hom}}_A(K^\cdot,I)) \xrightarrow{\ \sim\ } \mathrm{Hom}_A(L \otimes_A K^\cdot,I)$$

qui est acyclique en degrés $> 0$ puisque $L$ est plat et $I$ injectif. Le cône $C^\cdot$ du quasi-isomorphisme $I'^\cdot \longrightarrow J^\cdot$ est alors un complexe acyclique, borné inférieurement, et à termes acycliques pour les foncteurs $\mathrm{Hom}_A(L,\ .)$ lorsque $L$ est plat. On en déduit le triangle distingué

$$\begin{array}{ccc} & \mathrm{Hom}^\cdot_A(L^\cdot,C^\cdot) & \\ {\scriptstyle +1}\swarrow & & \nwarrow \\ \mathrm{Hom}^\cdot_A(L^\cdot,I'^\cdot) & \longrightarrow & \mathrm{Hom}^\cdot_A(L^\cdot,J^\cdot) \end{array} \quad .$$

On voit alors facilement que pour tout $i$ , le complexe $\mathrm{Hom}^\cdot_A(L^i,C^\cdot)$ est acyclique, puis, $L^\cdot$ étant borné supérieurement, que le complexe $\mathrm{Hom}^\cdot_A(L^\cdot,C^\cdot)$ est acyclique, ce qui achève de montrer que $\mathrm{Ad}_f$ est un isomorphisme dans $D^+(\Gamma(\underline{T},A))$ .

La fonctorialité de $\mathrm{Ad}_f$ est facile à vérifier en remarquant que pour tout morphisme $F^\cdot \longrightarrow F'^\cdot$ (resp. $E'^\cdot \longrightarrow E^\cdot$) il existe des quasi-isomorphismes $F^\cdot \longrightarrow I^\cdot$ , $F'^\cdot \longrightarrow I'^\cdot$ , où $I^\cdot$ et $I'^\cdot$ sont à termes injectifs et bornés inférieurement (resp. $L^\cdot \longrightarrow E^\cdot$ , $L'^\cdot \longrightarrow E'^\cdot$ , où $L^\cdot$ et $L'^\cdot$ sont à termes plats et bornés supérieurement), et un morphisme $I^\cdot \longrightarrow I'^\cdot$ (resp. $L'^\cdot \longrightarrow L^\cdot$) tel que le carré

$$\begin{array}{ccc} F^\cdot & \longrightarrow & F'^\cdot \\ \downarrow & & \downarrow \\ I^\cdot & \longrightarrow & I'^\cdot \end{array} \qquad \left(\text{resp.} \quad \begin{array}{ccc} E'^\cdot & \longrightarrow & E^\cdot \\ \downarrow & & \downarrow \\ L'^\cdot & \longrightarrow & L^\cdot \end{array} \right)$$

soit commutatif (pour les résolutions plates, prendre par exemple la résolution fonctorielle définie par le foncteur "module libre engendré par un objet du topos" : si $A$ est un anneau d'un topos $\underline{T}$ , et $E$ un objet de $\underline{T}$ , le A-module libre engendré par $E$ est le faisceau associé au préfaisceau dont la valeur sur un objet $X$ de $\underline{T}$ est $A(X)^{(E(X))}$ ) .

*Corollaire* 3.3.2. i) *Soit* $f : (\underline{T}',A') \longrightarrow (\underline{T},A)$ *un morphisme de topos annelés. Si* $E^{\cdot} \in Ob(D^{+}(\underline{T}',A'))$ *est tel que* $\underline{\underline{R}}f_{*}(E^{\cdot})$ *soit borné, il existe un morphisme canonique fonctoriel en* $E^{\cdot}$

$$(3.3.2) \qquad \underline{\underline{L}}f^{*}(\underline{\underline{R}}f_{*}(E^{\cdot})) \longrightarrow E^{\cdot} .$$

*Si* $F^{\cdot} \in Ob(D^{-}(\underline{T},A))$ *est tel que* $\underline{\underline{L}}f^{*}(F^{\cdot})$ *soit borné, il existe un morphisme canonique fonctoriel en* $F^{\cdot}$

$$(3.3.3) \qquad F^{\cdot} \longrightarrow \underline{\underline{R}}f_{*}(\underline{\underline{L}}f^{*}(F^{\cdot})) .$$

ii) *Soit un diagramme de morphismes de topos annelés*

$$\begin{array}{ccc} (\underline{T}'_1,A'_1) & \xrightarrow{g'} & (\underline{T}_1,A_1) \\ {\scriptstyle f'}\downarrow & & \downarrow{\scriptstyle f} \\ (\underline{T}',A') & \xrightarrow{g} & (\underline{T},A) \end{array}$$

*commutatif à isomorphisme près. Soient* $E^{\cdot} \in Ob(D^{b}(\underline{T}_1,A_1))$ , *tel que* $\underline{\underline{R}}f_{*}(E^{\cdot})$ *soit borné,* $E'^{\cdot} \in Ob(D^{+}(\underline{T}'_1,A'_1))$ *tel que* $\underline{\underline{R}}f'_{*}(E'^{\cdot})$ *soit borné,* $u : \underline{\underline{L}}g'^{*}(E^{\cdot}) \to E'^{\cdot}$ . *Alors le diagramme*

$$\begin{array}{ccc} \underline{\underline{L}}g'^{*}(\underline{\underline{L}}f^{*}(\underline{\underline{R}}f_{*}(E^{\cdot}))) & \xrightarrow{\underline{\underline{L}}g'^{*}((3.3.2))} & \underline{\underline{L}}g'^{*}(E^{\cdot}) \\ \downarrow & & \downarrow{\scriptstyle u} \\ \underline{\underline{L}}f'^{*}(\underline{\underline{R}}f'_{*}(E'^{\cdot})) & \xrightarrow{(3.3.2)} & E'^{\cdot} \end{array}$$

*est commutatif.*

On laisse au lecteur le soin d'énoncer la propriété "duale" de ii), en termes des morphismes (3.3.3). Le morphisme de gauche dans le diagramme est défini comme suit : le morphisme $Ad_{g'}(u) : E^{\cdot} \longrightarrow \underline{\underline{R}}g'_*(E'^{\cdot})$ donne un morphisme $\underline{\underline{R}}f_*(E^{\cdot}) \longrightarrow \underline{\underline{R}}f_*(\underline{\underline{R}}g'_*(E'^{\cdot}))$, d'où par $Ad_g^{-1}$ un morphisme $\underline{\underline{L}}g^*(\underline{\underline{R}}f_*(E^{\cdot})) \longrightarrow \underline{\underline{R}}f'_*(E'^{\cdot})$ dont l'image inverse par $\underline{\underline{L}}f'^*$ donne le morphisme voulu.

Les morphismes (3.3.2) et (3.3.3) proviennent respectivement de l'identité de $\underline{\underline{R}}f_*(E^{\cdot})$ par $Ad_f^{-1}$, et de celle de $\underline{\underline{L}}f^*(F^{\cdot})$ par $Ad_f$.

Pour montrer la commutativité du diagramme de ii), il suffit de montrer que les deux morphismes composés du diagramme donnent le même morphisme par l'isomorphisme d'adjonction (3.3.1) relatif à $f \circ g' = g \circ f'$. Compte tenu de la fonctorialité des isomorphismes d'adjonction par rapport aux morphismes de complexes, le morphisme

$$\underline{\underline{L}}g'^*(\underline{\underline{L}}f^*(\underline{\underline{R}}f_*(E^{\cdot}))) \longrightarrow \underline{\underline{L}}g'^*(E^{\cdot}) \longrightarrow E'^{\cdot}$$

donne par $Ad_{g'}$ le morphisme

$$\underline{\underline{L}}f^*(\underline{\underline{R}}f_*(E^{\cdot})) \longrightarrow E^{\cdot} \longrightarrow \underline{\underline{R}}g'_*(E'^{\cdot}) \qquad ,$$

qui donne par $Ad_f$ le morphisme

$$\underline{\underline{R}}f_*(E^{\cdot}) \longrightarrow \underline{\underline{R}}f_*(E^{\cdot}) \longrightarrow \underline{\underline{R}}f_*(\underline{\underline{R}}g'_*(E'^{\cdot})) \quad .$$

D'autre part, le morphisme

$$\underline{\underline{L}}f'^*(\underline{\underline{L}}g^*(\underline{\underline{R}}f_*(E^{\cdot}))) \longrightarrow \underline{\underline{L}}f'^*(\underline{\underline{R}}f'_*(E'^{\cdot})) \longrightarrow E'^{\cdot}$$

donne de même par $Ad_{f'}$ le morphisme

$$\underline{\underline{L}}g^*(\underline{\underline{R}}f_*(E^{\cdot})) \longrightarrow \underline{\underline{R}}f'_*(E'^{\cdot}) \longrightarrow \underline{\underline{R}}f'_*(E'^{\cdot}) \qquad ,$$

qui donne par $Ad_g$ le morphisme

$$\underline{\underline{R}}f_*(E^{\cdot}) \longrightarrow \underline{\underline{R}}g_*(\underline{\underline{R}}f'_*(E'^{\cdot})) \longrightarrow \underline{\underline{R}}g_*(\underline{\underline{R}}f'_*(E'^{\cdot})) \quad .$$

Comme $Ad_f \circ Ad_{g'} = Ad_{f\circ g'} = Ad_{g\circ f'} = Ad_g \circ Ad_{f'}$ d'après 3.3.1, la proposition en résulte.

## 3.4. Topos associé à un diagramme de topos.

Nous allons donner maintenant quelques résultats sur les topos associés à un diagramme de topos. Le lecteur intéressé par cette question pourra se reporter à

[32], ou à SGA 4 VI 7 , où il en trouvera une étude détaillée. Signalons que les méthodes employées ici et leur application au numéro suivant proviennent de la théorie de la descente cohomologique, dûe à P. Deligne, appliquée ici au cas particulièrement simple d'un recouvrement ouvert d'un topos (ce qui permettra d'utiliser les cochaînes alternées au lieu de cochaînes ordinaires) ; on trouvera un exposé de cette théorie dans l'exposé $V^{bis}$ de SGA 4, de B. Saint Donat.

3.4.1. Soient $\underline{U}$ un univers, $\underline{C}$ une catégorie $\underline{U}$-petite. On appelle *diagramme de $\underline{U}$-topos* (indexé par $\underline{C}$), ou *topos fibré au-dessus de* $\underline{C}$ , un pseudo-foncteur $F$ de $\underline{C}$ dans la 2-catégorie des $\underline{U}$-topos.

A un tel diagramme, on associe de façon canonique un nouveau $\underline{U}$-topos, noté $\mathrm{Top}(F)$ . Un objet de $\mathrm{Top}(F)$ est la donnée pour tout $i \in \mathrm{Ob}(\underline{C})$ d'un objet $E_i$ du topos $F(i)$ , et pour tout morphisme $\alpha : i \longrightarrow j$ de $\mathrm{Fl}(\underline{C})$ d'un morphisme

$$\varphi(\alpha) : F(\alpha)^*(E_j) \longrightarrow E_i$$

dans le topos $F(i)$, de telle sorte que

$$(3.4.1) \qquad \varphi(\mathrm{Id}) = \mathrm{Id} \qquad , \qquad \varphi(\beta \circ \alpha) = \varphi(\alpha) \circ F(\alpha)^* (\varphi(\beta) \quad .$$

Un morphisme $E \longrightarrow E'$ de $\mathrm{Top}(F)$ est la donnée pour tout $i \in \mathrm{Ob}(\underline{C})$ d'un morphisme $E_i \longrightarrow E'_i$ du topos $F(i)$ , tel que pour tout morphisme $\alpha : i \longrightarrow j$ de $\mathrm{Fl}(\underline{C})$ , le diagramme

$$(3.4.2) \qquad \begin{array}{ccc} F(\alpha)^*(E_j) & \longrightarrow & F(\alpha)^*(E'_j) \\ \downarrow & & \downarrow \\ E_i & \longrightarrow & E'_i \end{array}$$

soit commutatif. On vérifie facilement que la catégorie ainsi définie possède bien les propriétés caractéristiques des $\underline{U}$-topos (SGA 4 IV 1.2).

Lorsque la catégorie $\underline{C}$ a pour seuls morphismes les morphismes identiques des objets de $\underline{C}$ , le topos $\mathrm{Top}(F)$ est simplement le topos somme directe des topos $F(i)$ , noté $\coprod_{i \in \mathrm{Ob}(\underline{C})} F(i)$ : un objet de $\coprod_{i \in \mathrm{Ob}(\underline{C})} F(i)$ est simplement une famille d'objets $E_i \in Ob(F(i))$ .

Un autre cas particulier important est le cas où le foncteur $F$ est constant : soit $\underline{T}$ un $\underline{U}$-topos, et soit $F$ le pseudo-foncteur de $\underline{C}$ dans la 2-catégorie des $\underline{U}$-topos tel que $F(i) = \underline{T}$ pour tout $i \in Ob(\underline{C})$ , et $F(\alpha) = Id_{\underline{T}}$ pour tout $\alpha \in Fl(\underline{C})$. Le topos $Top(F)$ associé à $F$ sera noté $\underline{T}^{\underline{C}}$ : ses objets sont formés d'une famille $(E_i)_{i \in Ob(\underline{C})}$ d'objets de $\underline{T}$ , et d'une famille $(u_\alpha)_{\alpha \in Fl(\underline{C})}$ de morphismes de $\underline{T}$ , où pour $\alpha : i \longrightarrow j$ , $u_\alpha$ est un morphisme de $E_j$ dans $E_i$ , tel que $u_{Id} = Id$ , et $u_{\beta \circ \alpha} = u_\alpha \circ u_\beta$ .

3.4.2. Soit $F$ un diagramme de topos indexé par $\underline{C}$ . Il existe un morphisme de topos canonique

(3.4.3) $$s : \coprod_{i \in Ob(\underline{C})} F(i) \longrightarrow Top(F)$$

pour lequel le foncteur image inverse est celui qui associe à une famille $(E_i,\varphi(\alpha))$ la famille $(E_i)$ . De même, il existe pour tout $i \in Ob(\underline{C})$ un morphisme de topos canonique

(3.4.4) $$F(i) \longrightarrow Top(F)$$

pour lequel le foncteur image inverse est celui qui associe à $(E_i,\varphi(\alpha))$ l'objet $E_i$ de $F(i)$ . Pour tout $i$ , le diagramme

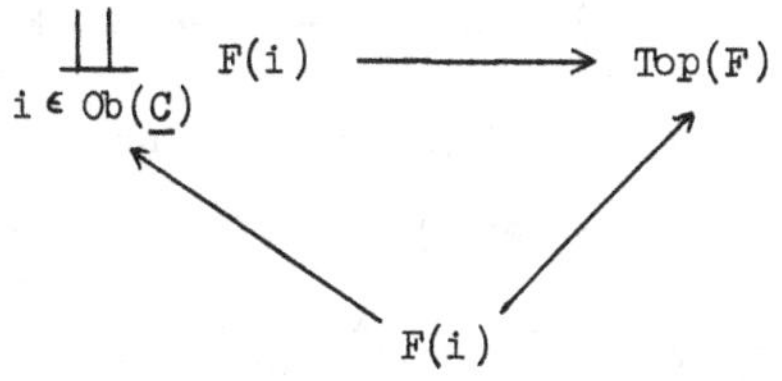


est évidemment commutatif.

Si $f : Top(F) \longrightarrow \underline{T}$ est un morphisme de topos, alors $f$ définit par composition avec (3.4.4) un morphisme de topos

$$f_i : F(i) \longrightarrow \underline{T}$$

pour tout $i$ , avec, pour tout morphisme $\alpha : i \longrightarrow j$ de $Fl(\underline{C})$, un morphisme de morphismes de topos

$$\theta_\alpha : f_j \circ F(\alpha) \longrightarrow f_i$$

défini grâce aux morphismes $\varphi(\alpha)$ , et donnant lieu pour un composé $\beta\circ\alpha$ à une formule de transitivité que nous n'écrirons pas, provenant de (3.4.1). Inversement, il est facile de vérifier que l'ensemble de ces données équivaut à la donnée d'un morphisme de topos $f : \mathrm{Top}(F) \longrightarrow \underline{T}$ .

3.4.3. Si $F$ et $F'$ sont deux diagrammes de topos indexés par $\underline{C}$ , un morphisme de diagrammes de topos de $F'$ dans $F$ est un morphisme de pseudo-foncteurs de $F'$ dans $F$ . Un tel morphisme est donc la donnée pour tout $i \in \mathrm{Ob}(\underline{C})$ d'un morphisme de topos $F'(i) \longrightarrow F(i)$ et pour tout $\alpha : i \longrightarrow j$ de $\mathrm{Fl}(\underline{C})$ d'un isomorphisme de morphismes de topos rendant commutatif le diagramme

$$\begin{array}{ccc} F'(i) & \longrightarrow & F(i) \\ {\scriptstyle F'(\alpha)}\downarrow & & \downarrow{\scriptstyle F(\alpha)} \\ F'(j) & \longrightarrow & F(j) \end{array} \quad ,$$

et vérifiant une condition de transitivité que nous n'expliciterons pas pour un composé $\beta\circ\alpha$ .

Si $f : F' \longrightarrow F$ est un morphisme de diagrammes de topos, on en déduit un morphisme de topos

$$\mathrm{Top}(f) : \mathrm{Top}(F') \longrightarrow \mathrm{Top}(F) \quad .$$

Si $(E_i,\varphi(\alpha))$ est un objet de $\mathrm{Top}(F)$ , son image inverse est l'objet $(f_i^{\,*}(E_i),\varphi'(\alpha))$, où $f_i$ est le morphisme de topos $F'(i) \longrightarrow F(i)$ , et $\varphi'(\alpha)$ le morphisme composé

$$F'(\alpha)^*(f_j^{\,*}(E_j)) \xrightarrow{\ \sim\ } f_i^*(F(\alpha)^*(E_j)) \xrightarrow{f_i^{\,*}(\varphi(\alpha))} f_i^{\,*}(E_i) \quad .$$

On vérifie que si $(E_i',\varphi'(\alpha))$ est un objet de $\mathrm{Top}(F')$ , son image directe est l'objet $(f_{i*}(E'_i),\varphi(\alpha))$, où $\varphi(\alpha)$ est le morphisme composé

$$F(\alpha)^*(f_{j*}(E'_j)) \longrightarrow f_{i*}(F'(\alpha)^*(E'_j)) \xrightarrow{f_{i*}(\varphi'(\alpha))} f_{i*}(E'_i)$$

Soit $\underline{T}$ un $\underline{U}$-topos. Il existe un morphisme de topos canonique

$$\underline{T}^{\underline{C}} \longrightarrow \underline{T}$$

pour lequel le foncteur image inverse est celui qui associe à un objet $E$ de $\underline{T}$

l'objet constant égal à $E$ de $\underline{T}^{\underline{C}}$ (i.e. $E_i = E$ pour tout $i$, $u_\alpha = \mathrm{Id}_E$ pour tout $\alpha$). Si $F$ est un diagramme de topos indexé par $\underline{C}$, et si $f : \mathrm{Top}(F) \longrightarrow \underline{T}$ est un morphisme de topos, $f$ définit pour tout $i$ un morphisme de topos $f_i : F(i) \longrightarrow \underline{T}$ d'après 3.4.2 ; on en déduit facilement un morphisme de diagrammes de topos de $F$ dans le diagramme constant égal à $\underline{T}$, d'où un morphisme de topos $f^\bullet : \mathrm{Top}(F) \longrightarrow \underline{T}^{\underline{C}}$. Il est clair que le diagramme de morphismes de topos

$$\begin{array}{ccc} \mathrm{Top}(F) & \xrightarrow{f^\bullet} & \underline{T}^{\underline{C}} \\ & {\scriptstyle f}\searrow \quad \swarrow & \\ & \underline{T} & \end{array}$$

est commutatif.

*Proposition* 3.4.4. *Soient* $\underline{C}$ *une catégorie* U-*petite*, $F$ *un diagramme de* U-*topos indexé par* $\underline{C}$, $\mathrm{Top}(F)$ *le topos associé à* $F$, $A$ *un anneau de* $\mathrm{Top}(F)$, *induisant pour tout* $i \in \mathrm{Ob}(\underline{C})$ *un anneau* $A_i$ *sur le topos* $F(i)$ *par* (3.4.4). *On suppose que pour tout morphisme* $\alpha : i \longrightarrow j$ *de* $\mathrm{Fl}(\underline{C})$ *le morphisme de topos annelés* $F(\alpha) : (F(i), A_i) \longrightarrow (F(j), A_j)$ *est un morphisme plat. Alors pour tout* A-*module* $E$, *il existe un* A-*module injectif* $I$ *tel que pour tout* $i$ *le* $A_i$-*module* $I_i$ *induit par* $I$ *sur* $F(i)$ *soit injectif, et un homomorphisme injectif* $E \longrightarrow I$.

Considérons le morphisme de topos défini par (3.4.3)

$$s : \coprod_{i \in \mathrm{Ob}(\underline{C})} F(i) \longrightarrow \mathrm{Top}(F) \quad .$$

Si $F(i)$ est annelé par la famille d'anneaux $A_i$, le foncteur $s^*$ est exact. Par suite, pour tout module injectif $I$ sur $\coprod F(i)$, le module $s_*(I)$ est un module injectif. D'autre part, l'homomorphisme canonique

$$E \longrightarrow s_*(s^*(E))$$

est injectif pour tout A-module $E$. En effet, pour qu'un homomorphisme soit injectif, il faut et il suffit que pour tout $i$ l'homomorphisme correspondant sur $F(i)$ soit injectif, soit encore que son image inverse par $s$ soit injective ; or l'homomorphisme

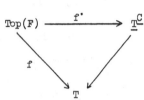

$$s^*(E) \longrightarrow s^*(s_*(s^*(E)))$$

est injectif, car il possède une rétraction, donnée par le morphisme canonique de foncteurs $s^* \circ s_* \longrightarrow \mathrm{Id}$ . Soit alors $s^*(E) \longrightarrow I$ un homomorphisme injectif de $s^*(E)$ dans un module injectif sur $\coprod F(i)$ ; l'homomorphisme composé

$$E \longrightarrow s_*(s^*(E)) \longrightarrow s_*(I)$$

est injectif, et $s_*(I)$ est un A-module injectif.

Il reste alors à montrer que pour tout module injectif $I$ sur $\coprod F(i)$ , les modules induits par $s_*(I)$ sur les $F(i)$ sont bien injectifs. Or il est immédiat de vérifier que pour tout objet $M = (M_i)_{i \in \mathrm{Ob}(\underline{C})}$ de $\coprod F(i)$ , $s_*(M)$ est donné sur chaque topos $F(i)$ par

(3.4.5) $$s_*(M)_i \xrightarrow{\sim} \prod_{\alpha : j \to i} F(\alpha)_*(M_j) \quad ,$$

le morphisme $F(\beta)^*(s_*(M)_{i'}) \longrightarrow s_*(M)_i$ défini par $\beta : i \longrightarrow i'$ correspondant par adjonction au morphisme $s_*(M)_{i'} \longrightarrow F(\beta)_*(s_*(M)_i)$ défini comme suit : on a

$$\begin{aligned} F(\beta)_*(s_*(M)_i) &\xrightarrow{\sim} F(\beta)_*\Big(\prod_{\alpha : j \to i} F(\alpha)_*(M_j)\Big) \\ &\xrightarrow{\sim} \prod_{\alpha : j \to i} F(\beta\circ\alpha)_*(M_j) \end{aligned} \quad ,$$

et on prend l'homomorphisme

$$\prod_{\alpha' : j \to i'} F(\alpha')_*(M_j) \longrightarrow \prod_{\alpha : j \to i} F(\beta\circ\alpha)_*(M_j)$$

donné sur la composante d'indice $\alpha : j \to i$ du second membre par la projection du premier membre sur son facteur d'indice $\beta\circ\alpha : j \to i \to i'$ . Or dire que $I$ est injectif sur $\coprod F(i)$ équivaut à dire que pour tout $i$ le module $I_i$ correspondant sur $F(i)$ est injectif. Comme on a supposé que les morphismes de topos $F(\alpha) : (F(i),A_i) \longrightarrow (F(j),A_j)$ sont plats, les foncteurs $F(\alpha)^*$ sont exacts pour tout $\alpha$ , de sorte que pour tout injectif $I_i$ sur $F(i)$ , $F(\alpha)_*(I_i)$ est injectif sur $F(j)$ . Comme un produit d'injectifs est injectif, $s_*(I)_i$ est injectif pour tout $i$ , d'où la proposition.

Proposition 3.4.5. *Soient* $\underline{C}$ *une catégorie* $\underline{U}$*-petite,* F *un diagramme de* $\underline{U}$*-topos indexé par* $\underline{C}$ , Top(F) *le topos associé à* F , A *un anneau de* Top(F). *Pour tout* A*-module plat* L , *le* $A_i$*-module* $L_i$ *induit par* L *sur* F(i) *est plat, quelque soit* $i \in Ob(\underline{C})$.

Le $A_i$-module $L_i$ est l'image inverse de L par le morphisme de topos $F(i) \longrightarrow Top(F)$ défini en (3.4.4). Comme l'image inverse par un morphisme de topos d'un module plat est un module plat (SGA 4 V 8.2.9), l'assertion en résulte.

3.4.6. Soit $\underline{T}$ un $\underline{U}$-topos, et supposons donnée une famille d'ouverts $(U_i)_{i \in I}$ de $\underline{T}$ , telle que les $U_i$ forment un recouvrement de l'objet final de $\underline{T}$ . On suppose que l'ensemble I appartient à $\underline{U}$ , et, pour simplifier le langage, on suppose qu'il est muni d'une relation d'ordre total. Pour toute suite $i_o < \dots < i_k$ d'éléments de I , avec $k \geq 0$ , on pose

$$U_{i_o \dots i_k} = U_{i_o} \times \dots \times U_{i_k} ,$$

$$\underline{T}_{i_o \dots i_k} = \underline{T}/U_{i_o \dots i_k} .$$

Si $i'_o < \dots < i'_h$ est une sous-suite de la suite $i_o < \dots < i_k$ , le morphisme naturel

$$U_{i_o \dots i_k} \longrightarrow U_{i'_o \dots i'_h}$$

donne un morphisme de localisation

$$\underline{T}_{i_o \dots i_k} \longrightarrow \underline{T}_{i'_o \dots i'_h} . \tag{3.4.6}$$

Soit $\Delta$ la catégorie opposée à la catégorie dont les objets sont les sous-ensembles finis non vides de I et les morphismes les inclusions entre sous-ensembles ; comme I appartient à $\underline{U}$ , $\Delta$ est une catégorie $\underline{U}$-petite. Les morphismes de topos (3.4.6) font alors de la famille des topos $\underline{T}_{i_o \dots i_k}$ où $(i_o, \dots, i_k)$ parcourt l'ensemble des sous-ensembles finis non vides de I un diagramme de topos indexé par $\Delta$ . On notera $\underline{T}^{\cdot}$ le topos associé à ce diagramme par la méthode de 3.4.1. D'autre part, on a pour toute suite $i_o < \dots < i_k$ le morphisme de localisation

$$j_{i_o \dots i_k} : \underline{T}_{i_o \dots i_k} \longrightarrow \underline{T} ,$$

qui commute avec les morphismes (3.4.6). On en déduit par 3.4.2 un morphisme de topos

$$j : \underline{T}^{\bullet} \longrightarrow \underline{T} \ ;$$

pour tout objet $E$ de $\underline{T}$ , la composante de $j^{*}(E)$ sur $\underline{T}_{i_o \ldots i_k}$ est le localisé $j_{i_o \ldots i_k}{}^{*}(E)$ de $E$ au-dessus de $U_{i_o \ldots i_k}$ . Il sera utile de considérer la factorisation définie en 3.4.3

$$\begin{array}{ccc} \underline{T}^{\bullet} & \xrightarrow{\ j^{\bullet}\ } & \underline{T}^{\Delta} \\ & {}_{j}\searrow \quad \swarrow_{\pi} & \\ & \underline{T} & \end{array} \qquad ;$$

d'après ce qui a été vu, $j^{\bullet *}$ est la famille des foncteurs $j_{i_o \ldots i_k}{}^{*}$ , et $j^{\bullet}_{*}$ la famille des foncteurs $j_{i_o \ldots i_k *}$ .

Si $A$ est un anneau de $\underline{T}$ , et $M = (M_{i_o \ldots i_k})$ un A-module de $\underline{T}^{\Delta}$ , on associe à $M$ un complexe de A-modules $\underline{C}^{\bullet}(M)$ sur $\underline{T}$ , à degrés $\geqslant 0$ , en posant

$$\underline{C}^{k}(M) = \prod_{i_o < \ldots < i_k} M_{i_o \ldots i_k} \quad ,$$

la différentielle $d : \underline{C}^{k}(M) \longrightarrow \underline{C}^{k+1}(M)$ étant donnée par

$$d(m)_{i_o \ldots i_{k+1}} = \sum_{j} (-1)^{j} u(m_{i_o \ldots \hat{i}_j \ldots i_{k+1}}) \quad ,$$

pour toute section $m$ de $\underline{C}^{k}(M)$ , u notant (quels que soient les indices) le morphisme

$$M_{i_o \ldots \hat{i}_j \ldots i_{k+1}} \longrightarrow M_{i_o \ldots i_{k+1}}$$

correspondant à l'inclusion de $(i_o, \ldots, \hat{i}_j, \ldots, i_{k+1})$ dans $(i_o, \ldots, i_{k+1})$ . On remarquera en particulier la relation

$$(3.4.7) \qquad \underline{C}^{\bullet}(j^{\bullet}_{*}(j^{*}(E))) \xrightarrow{\ \sim\ } \underline{C}'^{\bullet}(\underline{\underline{U}}, E)$$

pour tout A-module $E$ , $\underline{\underline{U}}$ désignant le recouvrement de $\underline{T}$ par les $U_i$ , et $\underline{C}'^{\bullet}(\underline{\underline{U}}, E)$ le complexe des cochaînes alternées à coefficients dans $E$ de ce recouvrement (3.1.3).

Lemme 3.4.7. Sous les hypothèses de 3.4.6, soit $A$ un anneau de $\underline{T}^{\bullet}$ .

i) Pour tout A-module $F = (F_{i_o \ldots i_k})$ , il existe un isomorphisme canonique

(3.4.8) $j_*(F) \xrightarrow{\sim} H^o(\underline{C}^\cdot(j^\cdot{}_*(F))) = \mathrm{Ker}(\prod_i j_{i*}(F_i) \longrightarrow \prod_{i_o < i_1} j_{i_o i_1 *}(F_{i_o i_1}))$ .

ii) Pour tout A-module injectif $J$ , le complexe $\underline{C}^\cdot(j^\cdot{}_*(J))$ est acyclique en degrés $> 0$ .

Le module $j_*(F)$ est l'image directe par le morphisme de topos $\pi : \underline{T}^\Delta \longrightarrow \underline{T}$ de $j^\cdot{}_*(F)$ . Il suffit donc de montrer que pour tout module $M = (M_{i_o \ldots i_k})$ sur un anneau de A' de $\underline{T}$ , l'image directe $\pi_*(M)$ est donnée par

$$\pi_*(M) = \mathrm{Ker}(\prod_i M_i \longrightarrow \prod_{i_o < i_1} M_{i_o i_1}) \quad .$$

Or se donner une section de $\pi_*(M)$ au-dessus d'un objet $X$ de $\underline{T}$ , c'est se donner une section de $M$ au-dessus de l'objet constant égal à $X$ de $\underline{T}^\Delta$ , i.e. se donner pour toute suite $i_o < \ldots < i_k$ une section de $M_{i_o \ldots i_k}$ au-dessus de $X$ , de façon compatible avec les morphismes $M_{i'_o \ldots i'_h} \longrightarrow M_{i_o \ldots i_k}$ pour $(i'_o, \ldots, i'_h) \subset (i_o, \ldots, i_k)$. Compte tenu de la définition de la différentielle de $\underline{C}^\cdot(M)$ , une telle section définit bien une section de $\mathrm{Ker}(\prod_i M_i \longrightarrow \prod_{i_o < i_1} M_{i_o i_1})$ . Inversement, une section de ce dernier module définit pour tout $i$ une section de $M_i$ , donc pour toute suite $i_o < \ldots < i_k$ une section de $M_{i_o \ldots i_k}$ , provenant de la section donnée de $M_{i_j}$ par le morphisme $M_{i_j} \longrightarrow M_{i_o \ldots i_k}$ et ne dépendant pas du choix de l'indice $i_j$ dans la suite $i_o < \ldots < i_k$ . On en déduit donc une section de $\pi_*(M)$, ce qui montre l'assertion i).

Soit $s_{i_o \ldots i_k} : \underline{T}_{i_o \ldots i_k} \longrightarrow \underline{T}^\cdot$ le morphisme de topos (3.4.4). Pour prouver l'assertion ii), nous allons d'abord la prouver dans le cas où $J$ est de la forme $s_{i_o \ldots i_k *}(E)$ , où $E$ est un $A_{i_o \ldots i_k}$ -module. En factorisant $s_{i_o \ldots i_k}$ par le topos $\coprod \underline{T}_{i_o \ldots i_k}$ , on obtient en appliquant (3.4.5)

$$s_{i_o \ldots i_k *}(E)_{i'_o \ldots i'_h} = j^{i'_o \ldots i'_h}_{i_o \ldots i_k *}(E) \quad ,$$

pour toute sous-suite $i'_o < \ldots < i'_h$ de $i_o < \ldots < i_k$ , $j^{i'_o \ldots i'_h}_{i_o \ldots i_k}$ notant le morphisme de topos $\underline{T}_{i_o \ldots i_k} \longrightarrow \underline{T}_{i'_o \ldots i'_h}$ , tandis que

$$s_{i_o \ldots i_k *}(E)_{i'_o \ldots i'_h} = 0$$

si $i'_o < \ldots < i'_h$ n'est pas une sous-suite de $i_o < \ldots < i_k$ . Par suite,

$$j^{\cdot}{}_{*}(s_{i_o \ldots i_k *}(E))_{i'_o \ldots i'_h} = j_{i_o \ldots i_k *}(E)$$

pour toute suite $i'_o < \ldots < i'_h$ contenue dans la suite $i_o < \ldots < i_k$ , et est nul dans les autres cas. De plus, les morphismes correspondant aux inclusions des sous-ensembles de I contenus dans $(i_o, \ldots, i_k)$ sont l'identité de $j_{i_o \ldots i_k *}(E)$ . Il est alors évident que le complexe

$$0 \longrightarrow j_{i_o \ldots i_k *}(E) \longrightarrow \underline{C}^{\cdot}(j^{\cdot}{}_{*}(s_{i_o \ldots i_k *}(E))) \longrightarrow 0$$

est acyclique et même homotope à zéro (on peut par exemple considérer le recouvrement de $\underline{T}$ par k+1 ouverts tous égaux à l'objet final e de $\underline{T}$ , et $\underline{C}^{\cdot}(j^{\cdot}{}_{*}(s_{i_o \ldots i_k *}(E)))$ est alors d'après ce qui précède le complexe des cochaînes alternées de ce recouvrement, à coefficients dans $j_{i_o \ldots i_k *}(E)$).

L'assertion ii) est donc vraie pour un module de la forme $s_{i_o \ldots i_k *}(E)$ , et également pour un produit de modules de cette forme, donc pour un module de la forme $s_{*}(E)$ , où s est le morphisme canonique 3.4.3. Si J est un module injectif sur $\underline{T}^{\cdot}$ , on peut trouver une résolution injective $I^{\cdot}$ de J par des modules $I^q$ de la forme $s_{*}(E^q)$ , où $E^q$ est un module injectif sur $\coprod \underline{T}_{i_o \ldots i_k}$ , d'après la démonstration de 3.4.4. Considérons alors le bicomplexe $\underline{C}^{\cdot}(j^{\cdot}{}_{*}(I^{\cdot}))$ , nul quand l'un ou l'autre des degrés est négatif :

$$(3.4.9) \qquad \begin{array}{ccccccc}
\underline{C}^0(j^{\cdot}{}_{*}(I^0)) & \longrightarrow & \underline{C}^1(j^{\cdot}{}_{*}(I^0)) & \longrightarrow & \underline{C}^2(j^{\cdot}{}_{*}(I^0)) & \longrightarrow & \ldots \\
\downarrow & & \downarrow & & \downarrow & & \\
\underline{C}^0(j^{\cdot}{}_{*}(I^1)) & \longrightarrow & \underline{C}^1(j^{\cdot}{}_{*}(I^1)) & \longrightarrow & \ldots & & \\
\downarrow & & \downarrow & & & & \\
\ldots & \longrightarrow & \ldots & & & &
\end{array}$$

Pour q fixé, le complexe $\underline{C}^{\cdot}(j^{\cdot}{}_{*}(I^q))$ est une résolution de $j_{*}(I^q)$ d'après ce qui précède. Par suite, la cohomologie du complexe simple associé au bicomplexe $\underline{C}^{\cdot}(j^{\cdot}{}_{*}(I^{\cdot}))$ est celle du complexe

$$0 \longrightarrow j_{*}(I^0) \longrightarrow j_{*}(I^1) \longrightarrow j_{*}(I^2) \longrightarrow \ldots ,$$

donc est nulle en degrés $> 0$ puisque J est injectif, et que $I^{\cdot}$ en est une résolution injective. D'autre part, pour tout $k$ le complexe

$$0 \longrightarrow \underline{C}^k(j^{\cdot}{}_*(I^o)) \longrightarrow \underline{C}^k(j^{\cdot}{}_*(I^1)) \longrightarrow \underline{C}^k(j^{\cdot}{}_*(I^2)) \longrightarrow \dots$$

est une résolution de $\underline{C}^k(j^{\cdot}{}_*(J))$ pour la même raison, le foncteur $\underline{C}^k(j^{\cdot}{}_*(.))$ étant exact à gauche. Donc la cohomologie du complexe simple associé au bicomplexe $\underline{C}^{\cdot}(j^{\cdot}{}_*(I^{\cdot}))$ est isomorphe à celle du complexe $\underline{C}^{\cdot}(j^{\cdot}{}_*(J))$ , d'où l'assertion ii).

<u>Proposition</u> 3.4.8. (Théorème de descente cohomologique). <u>Sous les hypothèses de 3.4.6, soit</u> $A$ <u>un anneau de</u> $\underline{T}$ . <u>Pour tout</u> A-<u>module</u> $E$ , <u>le morphisme canonique</u>

(3.4.10) $$E \longrightarrow \underline{\underline{R}}j_*(j^*(E))$$

<u>est un isomorphisme</u>.

Soit $J$ un A-module injectif. Nous allons d'abord montrer que $j^*(J)$ est acyclique pour le foncteur $j_*$ . Soit en effet $I^{\cdot}$ une résolution injective de $j^*(J)$ sur $\underline{T}^{\cdot}$ , et considérons le bicomplexe $\underline{C}^{\cdot}(j^{\cdot}{}_*(I^{\cdot}))$ écrit en (3.4.9). Pour tout $q$ , le complexe $\underline{C}^{\cdot}(j^{\cdot}{}_*(I^q))$ est une résolution de $j_*(I^q)$ d'après 3.4.7. Par suite la cohomologie du complexe $j_*(I^{\cdot})$ est isomorphe à celle du complexe simple associé au bicomplexe $\underline{C}^{\cdot}(j^{\cdot}{}_*(I^{\cdot}))$. Par ailleurs, on peut supposer que les $I^q$ induisent pour toute suite $i_o <\dots< i_k$ un module injectif sur $\underline{T}_{i_o\dots i_k}$ , d'après 3.4.4. Le complexe $\underline{C}^k(j^{\cdot}{}_*(I^{\cdot}))$ est alors une résolution de $\underline{C}^k(j^{\cdot}{}_*(j^*(J)))$ pour tout $k$ : en effet, si on note

$$j_k : \coprod_{i_o <\dots< i_k} \underline{T}_{i_o\dots i_k} \longrightarrow \underline{T} \quad ,$$

$$s_k : \coprod_{i_o <\dots< i_k} \underline{T}_{i_o\dots i_k} \longrightarrow \underline{T}^{\cdot} \quad ,$$

les morphismes définis par les morphismes $j_{i_o\dots i_k} \longrightarrow \underline{T}$ , et $s_{i_o\dots i_k} : \underline{T}_{i_o\dots i_k} \longrightarrow \underline{T}^{\cdot}$, on a pour tout $j^*(A)$-module $M$ sur $\underline{T}^{\cdot}$

$$\underline{C}^k(j^{\cdot}{}_*(M)) \xrightarrow{\sim} j_{k*}(s_k{}^*(M)) \quad .$$

Comme les morphismes $j_{i_o\dots i_k}$ sont des morphismes de localisation, $j_{i_o\dots i_k}{}^*(J)$ est un $j_{i_o\dots i_k}{}^*(A)$-module injectif pour toute suite $i_o<\dots< i_k$ , donc $j_k{}^*(J)$ est un $j_k{}^*(A)$-module injectif. Par hypothèse, $s_{i_o\dots i_k}{}^*(I^q)$ est un $j_{i_o\dots i_k}{}^*(A)$-

module injectif pour toute suite $i_o < \ldots < i_k$ , donc $s_k^*(I^q)$ est aussi un $j_k^*(A)$-module injectif. Le complexe $j_{k*}(s_k^*(I^\cdot)) = \underline{C}^k(j^\cdot_*(I^\cdot))$ est donc une résolution de $j_{k*}(s_k^*(j^*(J))) = j_{k*}(j_k^*(J)) = \underline{C}^k(j^\cdot_*(j^*(J)))$ . Donc la cohomologie du complexe simple associé à $\underline{C}^\cdot(j^\cdot_*(I^\cdot))$ est isomorphe à celle du complexe $\underline{C}^\cdot(j^\cdot_*(j^*(J)))$. Comme d'après (3.4.7) on a $\underline{C}^\cdot(j^\cdot_*(j^*(J))) = \underline{C}'^\cdot(\underline{U},J)$ , elle est nulle en degrés $> 0$ grâce à 3.1.4. Il en est de meme pour celle de $j_*(I^\cdot)$ , ce qui montre que les $R^q j_*(j^*(J))$ sont nuls pour $q \geqslant 1$ .

Soit maintenant $E$ un A-module quelconque, et soit $J^\cdot$ une résolution injective de $E$ sur $\underline{T}$ . Comme $j^*$ est exact, $j^*(J^\cdot)$ est une résolution de $j^*(E)$ ; d'après ce qui précède, c'est une résolution de $j^*(E)$ par des modules $j_*$-acycliques, de sorte que $\underline{\underline{R}}j_*(j^*(E))$ est égal dans la catégorie dérivée au complexe $j_*(j^*(J^\cdot))$. Mais d'après 3.4.7 i), on a pour tout $q$

$$j_*(j^*(J^q)) = H^o(\underline{C}^\cdot(j^\cdot_*(j^*(J^q)))) = H^o(\underline{C}'^\cdot(\underline{U},J^q)) = J^q$$

grâce à 3.1.4, donc $j_*(j^*(J^\cdot)) = J^\cdot$ , qui est une résolution de $E$ , d'où la proposition.

Proposition 3.4.9. Soient $I$ un ensemble fini (muni d'une relation d'ordre total), $\Delta$ la catégorie opposée à la catégorie dont les objets sont les sous-ensembles non vides de $I$ , et les morphismes les inclusions entre sous-ensembles, $\underline{T}$ un U-topos, $\pi : \underline{T}^\Delta \longrightarrow \underline{T}$ le morphisme de topos défini en 3.4.3.

i) Si $A$ est un anneau de $\underline{T}^\Delta$ , il existe pour tout A-module $E$ un isomorphisme canonique de $D^+(\underline{T},\pi_*(A))$

$$\underline{\underline{R}}\pi_*(E) \xrightarrow{\sim} \underline{C}^\cdot(E) \quad ,$$

où $\underline{C}^\cdot(E)$ est le complexe défini en 3.4.6.

ii) Soit $u : (\underline{T}',A') \longrightarrow (\underline{T},A)$ un morphisme de U-topos annelés, et notons $u^\cdot$ le morphisme de topos de $\underline{T}'^\Delta$ dans $\underline{T}^\Delta$ défini par $u$ ; on considère $\underline{T}^\Delta$ et $\underline{T}'^\Delta$ comme annelés par $\pi^*(A)$ et $\pi'^*(A')$ , avec $\pi' : \underline{T}'^\Delta \longrightarrow \underline{T}'$ , ce qui fait de $u^\cdot$ un morphisme de topos annelés. Pour tout complexe $E^\cdot$ de $D^b(\underline{T},\pi^*(A))$ , il existe un isomorphisme canonique

(3.4.12) $$\underline{\underline{L}}u^*(\underline{\underline{R}}\pi_*(E^\cdot)) \xrightarrow{\sim} \underline{\underline{R}}\pi'_*(\underline{\underline{L}}u^{\cdot *}(E^\cdot)) \quad .$$

Considérons le recouvrement ouvert de $\underline{T}$ indexé par I pour lequel tout ouvert du recouvrement est égal à l'objet final e de $\underline{T}$ ; alors pour ce recouvrement le topos $\underline{T}^\cdot$ construit en 3.4.6 n'est autre que $\underline{T}^\Delta$ , le morphisme j s'identifiant à $\pi$ . Si $J^\cdot$ est une résoltion injective de E sur $\underline{T}^\Delta$ , considérons le bicomplexe $\underline{C}^\cdot(J^\cdot)$ . Pour tout q , $\underline{C}^\cdot(J^q)$ est une résolution de $\pi_*(J^q)$ , d'après 3.4.7. Par suite, le complexe $\pi_*(J^\cdot)$ , qui donne $\underline{\underline{R}}\pi_*(E)$ dans la catégorie dérivée, est quasi-isomorphe au complexe simple associé à $\underline{C}^\cdot(J^\cdot)$ . Mais d'autre part, dire que $J^\cdot$ est une résolution de E sur $\underline{T}^\Delta$ équivaut à dire que pour toute suite $i_o<\ldots< i_k$ , $J^\cdot_{i_o\ldots i_k}$ est une résolution de $E_{i_o\ldots i_k}$ ; comme I est fini, les suites $i_o<\ldots< i_k$ sont en nombre fini, de sorte que pour tout k , $\underline{C}^k(J^\cdot)$ est une résolution de $\underline{C}^k(E)$ . Donc $\underline{C}^\cdot(E)$ est également quasi-isomorphe au complexe simple associé à $\underline{C}^\cdot(J^\cdot)$ , d'où l'isomorphisme (3.4.11).

Montrons l'assertion ii). D'après (3.4.11), les foncteurs $\pi_*$ et $\pi'_*$ sont de dimension cohomologique finie (puisque I est fini) , donc les deux membres de (3.4.12) sont bien définis. Soit alors $L^\cdot \longrightarrow E^\cdot$ une résolution plate de E sur $\underline{T}^\Delta$ . Pour toute suite $i_o<\ldots< i_k$ , le morphisme $L^\cdot_{i_o\ldots i_k} \longrightarrow E^\cdot_{i_o\ldots i_k}$ est un quasi-isomorphisme, ce qui entraîne que pour tout k le morphisme $\underline{C}^k(L^\cdot) \longrightarrow \underline{C}^k(E^\cdot)$ est un quasi-isomorphisme, donc que le complexe simple associé à $\underline{C}^\cdot(L^\cdot)$ est quasi-isomorphe au complexe simple associé à $\underline{C}^\cdot(E^\cdot)$ , donc est isomorphe dans la catégorie dérivée à $\underline{\underline{R}}\pi_*(E)$ , d'après i). Comme chacun des $L^q_{i_o\ldots i_k}$ est plat sur A d'après 3.4.5, on a donc dans la catégorie dérivée

$$\underline{\underline{L}}u^*(\underline{\underline{R}}\pi_*(E^\cdot)) \xrightarrow{\sim} u^*(C^\cdot(L^\cdot))_s \quad ,$$

l'indice s signifiant qu'on prend le complexe simple associé. D'autre part, on a dans la catégorie dérivée $\underline{\underline{L}}u^{\cdot *}(E^\cdot) = u^{\cdot *}(L^\cdot)$ , d'où, grâce à i),

$$\underline{\underline{R}}\pi'_*(\underline{\underline{L}}u^{\cdot *}(E^\cdot)) \xrightarrow{\sim} C'^\cdot(u^{\cdot *}(L^\cdot))_s \quad ,$$

$C'^\cdot$ étant l'analogue de $C^\cdot$ sur $\underline{T}'$ . Or on a

$$u^*(\underline{C}^k(L^\cdot)) = \prod_{i_o<\ldots< i_k} u^*(L^\cdot_{i_o\ldots i_k})$$

car le produit est fini, et

$$\underline{C}'^k(u^{\cdot *}(L^\cdot)) = \prod_{i_o<\ldots< i_k} u^*(L^\cdot_{i_o\ldots i_k}) \quad ,$$

d'où l'isomorphisme (3.4.12).

## 3.5. Le théorème de changement de base.

Théorème 3.5.1. *Soit un diagramme commutatif de morphismes de schémas de la forme*

$$\begin{array}{ccc} X' & \xrightarrow{\quad g' \quad} & X \\ {\scriptstyle f'}\downarrow & & \downarrow{\scriptstyle f} \\ Y' & \xrightarrow{\quad g \quad} & Y \\ \downarrow & & \downarrow \\ (S',\underline{I}',\gamma') & \xrightarrow{\quad u \quad} & (S,\underline{I},\gamma) \end{array}$$

*où* $u$ *est un PD-morphisme. On suppose* $Y$ *quasi-compact, et* $f$ *de type fini et quasi-séparé. Pour tout* $\underline{O}_{X/S}$*-module quasi-cohérent* $E$ *, de Tor-dimension finie sur* $\underline{O}_{X/S}$ *, il existe dans la catégorie dérivée* $D((Y'/S',\underline{I}',\gamma')_{cris},\underline{O}_{Y'/S'})$ *un morphisme canonique*

(3.5.1) $$\underline{\underline{L}}g_{cris}{}^*(\underline{\underline{R}}f_{cris*}(E)) \longrightarrow \underline{\underline{R}}f'_{cris*}(\underline{\underline{L}}g'_{cris}{}^*(E)) \quad .$$

*Si le carré supérieur du diagramme est cartésien, si* $f$ *est lisse, et si* $E$ *est plat sur* $\underline{O}_{X/S}$ *, le morphisme* (3.5.1) *est un isomorphisme.*

Comme $E$ est de Tor-dimension finie sur $\underline{O}_{X/S}$ , le complexe $\underline{\underline{L}}g'_{cris}{}^*(E)$ appartient à $D^b((X'/S')_{cris},\underline{O}_{X'/S'})$ ; par conséquent, le complexe $\underline{\underline{R}}f'_{cris*}(\underline{\underline{L}}g'_{cris}{}^*(E))$ est bien défini. Comme $E$ est quasi-cohérent, $Y$ quasi-compact, et $f$ de type fini et quasi-séparé, le complexe $\underline{\underline{R}}f_{cris*}(E)$ appartient à $D^b((Y/S)_{cris} , \underline{O}_{Y/S})$ d'après 3.2.4, donc le complexe $\underline{\underline{L}}g_{cris}{}^*(\underline{\underline{R}}f_{cris*}(E))$ est également défini.

Utilisant l'isomorphisme d'adjonction (3.3.1), on voit qu'il suffit pour définir (3.5.1) de définir un morphisme

(3.5.2) $$\underline{\underline{L}}f'_{cris}{}^{*}(\underline{\underline{L}}g_{cris}{}^{*}(\underline{\underline{R}}f_{cris*}(E))) \longrightarrow \underline{\underline{L}}g'_{cris}{}^{*}(E)$$

dans $D^{-}((X'/S')_{cris},\underline{O}_{X'/S'})$ . Or on a l'isomorphisme

$$\underline{\underline{L}}f'_{cris}{}^{*}(\underline{\underline{L}}g_{cris}{}^{*}(\underline{\underline{R}}f_{cris*}(E))) \xrightarrow{\sim} \underline{\underline{L}}g'_{cris}{}^{*}(\underline{\underline{L}}f_{cris}{}^{*}(\underline{\underline{R}}f_{cris*}(E)))$$

provenant de ce que $f_{cris} \circ g'_{cris} \xrightarrow{\sim} g_{cris} \circ f'_{cris}$ . D'autre part, il existe un morphisme canonique

$$\underline{\underline{L}}f_{cris}{}^{*}(\underline{\underline{R}}f_{cris*}(E)) \longrightarrow E$$

correspondant par le morphisme d'adjonction (3.3.1) à l'identité de $\underline{\underline{R}}f_{cris*}(E)$ ; on en déduit donc un morphisme

$$\underline{\underline{L}}g'_{cris}{}^{*}(\underline{\underline{L}}f_{cris}{}^{*}(\underline{\underline{R}}f_{cris*}(E))) \longrightarrow \underline{\underline{L}}g'_{cris}{}^{*}(E) \quad ,$$

d'où le morphisme (3.5.2) par composition avec l'isomorphisme écrit plus haut.

Supposons maintenant que le carré supérieur du diagramme soit cartésien, que $f$ soit lisse, et que $E$ soit plat sur $\underline{O}_{X/S}$ . Pour prouver que (3.5.1) est un isomorphisme, nous allons d'abord prouver l'énoncé suivant (qu'on peut d'ailleurs déduire de 3.5.1) :

<u>Proposition</u> 3.5.2. <u>Avec les notations et les hypothèses de</u> 3.5.1, <u>supposons de plus que les morphismes</u> $Y \longrightarrow S$ <u>et</u> $Y' \longrightarrow S'$ <u>soient des immersions fermées définies par des sous-PD-idéaux</u> $I_o$ <u>et</u> $I'_o$ <u>de</u> $I$ <u>et</u> $I'$ . <u>Soient</u> $f_{X/S}$ <u>et</u> $f'_{X'/S'}$ <u>les morphismes de topos</u>

$$f_{X/S} \;:\; (X/S,\underline{I},\gamma)_{cris} \xrightarrow{u_{X/S}} X_{Zar} \longrightarrow S_{Zar} \qquad ,$$

$$f'_{X'/S'} \;:\; (X'/S',\underline{I}',\gamma')_{cris} \xrightarrow{u_{X'/S'}} X'_{Zar} \longrightarrow S'_{Zar} \qquad .$$

<u>Pour tout</u> $\underline{O}_{X/S}$<u>-module quasi-cohérent</u> $E$ , <u>de Tor-dimension finie sur</u> $\underline{O}_{X/S}$ , <u>il existe dans</u> $D^{-}(S'_{Zar},\underline{O}_{S'})$ <u>un morphisme canonique</u>

(3.5.3) $$\underline{\underline{L}}u^{*}(\underline{\underline{R}}f_{X/S*}(E)) \longrightarrow \underline{\underline{R}}f'_{X'/S'*}(\underline{\underline{L}}g'_{cris}{}^{*}(E)) \quad .$$

<u>Si</u> $X' = X \times_Y Y'$ , <u>si</u> $f$ <u>est lisse, et si</u> $E$ <u>est plat sur</u> $\underline{O}_{X/S}$ , <u>le morphisme</u> (3.5.3) <u>est un isomorphisme.</u>

On vérifie immédiatement que les morphismes de topos $u \circ f'_{X'/S'}$ et

$f_{X/S} \circ g_{cris}$ sont canoniquement isomorphes ; on en déduit la construction de (3.5.3) en paraphrasant celle de (3.5.1) (on peut d'ailleurs la déduire de cette dernière à l'aide de 3.2.3).

Supposons donc $X' = X \times_Y Y'$ , $f$ lisse, et $E$ plat, et montrons que (3.5.3) est un isomorphisme. L'assertion est alors locale sur $S'$ , de sorte qu'on peut supposer $S$ et $S'$ affines ; nous allons d'abord montrer qu'on peut se ramener au cas où $X$ est affine.

Soit $\underline{U} = (U_i)_{i=0,\dots,n}$ un recouvrement ouvert de $X$ , qu'on suppose fini. Alors les ouverts $U_{i\ cris}$ de $(X/S)_{cris}$ correspondant aux $U_i$ forment un recouvrement de l'objet final, auquel on peut appliquer les constructions de 3.4.6. Nous noterons encore $\Delta$ la catégorie opposée à la catégorie dont les objets sont les sous-ensembles non vides de l'intervalle $(0,n)$ et les morphismes les inclusions entre sous-ensembles. Le topos associé au diagramme de topos indexé par $\Delta$ formé par les $(X/S)_{cris}/U_{i_0\dots i_k cris}$ avec

$$U_{i_0\dots i_k} = U_{i_0} \cap \dots \cap U_{i_k} ,$$

d'où

$$U_{i_0\dots i_k cris} = U_{i_0 cris} \times \dots \times U_{i_k cris} ,$$

sera noté $(X^{\bullet}/S)_{cris}$ . Nous noterons

$$j_{cris} : (X^{\bullet}/S)_{cris} \longrightarrow (X/S)_{cris}$$

le morphisme de topos défini par les morphismes

$$j_{i_0\dots i_k\ cris} : (X/S)_{cris}/U_{i_0\dots i_k cris} \longrightarrow (X/S)_{cris} ,$$

et nous poserons

$$f_{X^{\bullet}/S} : (X^{\bullet}/S)_{cris} \xrightarrow{j_{cris}} (X/S)_{cris} \xrightarrow{f_{X/S}} S_{Zar} .$$

D'autre part, soit $U'_i = g'^{-1}(U_i)$ ; les $U'_i$ forment un recouvrement ouvert de $X'$ , et nous lui appliquerons les notations précédentes, munies de l'exposant ' .

D'après 3.4.8, le morphisme canonique $E \longrightarrow \underline{\underline{R}}j_{cris*}(j_{cris}^{\ *}(E))$ est un isomorphisme, si bien que le morphisme canonique

(3.5.4) $$\underline{\underline{R}}f_{X/S*}(E) \longrightarrow \underline{\underline{R}}f_{X^\bullet/S*}(j_{cris}{}^*(E))$$

est un isomorphisme. De même, le morphisme

(3.5.5) $$\underline{\underline{R}}f'_{X'/S'*}(g'_{cris}{}^*(E)) \longrightarrow \underline{\underline{R}}f'_{X'^\bullet/S'*}(j'_{cris}{}^*(g'_{cris}{}^*(E)))$$

est un isomorphisme. D'autre part, les morphismes de topos

$$(X'/S')_{cris}/U'_{i_o\ldots i_k cris} \longrightarrow (X/S)_{cris}/U_{i_o\ldots i_k cris}$$

définissent un morphisme de topos

$$g'^\bullet_{cris} : (X'^\bullet/S')_{cris} \longrightarrow (X^\bullet/S)_{cris}$$

rendant commutatif (à isomorphisme canonique près) le diagramme

$$\begin{array}{ccc} (X'^\bullet/S')_{cris} & \xrightarrow{g'^\bullet_{cris}} & (X^\bullet/S)_{cris} \\ \Big\downarrow{\scriptstyle j'_{cris}} & & \Big\downarrow{\scriptstyle j_{cris}} \\ (X'/S')_{cris} & \xrightarrow{g'_{cris}} & (X/S)_{cris} \end{array} .$$

On en déduit le diagramme commutatif (à isomorphisme canonique près)

$$\begin{array}{ccc} (X'^\bullet/S')_{cris} & \xrightarrow{g'^\bullet_{cris}} & (X^\bullet/S)_{cris} \\ \Big\downarrow{\scriptstyle f'_{X'^\bullet/S}} & & \Big\downarrow{\scriptstyle f_{X^\bullet/S}} \\ S'_{Zar} & \xrightarrow{u} & S_{Zar} \end{array} .$$

Comme $\underline{\underline{R}}f_{X^\bullet/S*}(j_{cris}{}^*(E))$ est à cohomologie bornée d'après (3.5.4), et que $j_{cris}{}^*(E)$ est plat, on construit par la même méthode que (3.5.1) un morphisme

(3.5.6) $$\underline{\underline{L}}u^*(\underline{\underline{R}}f_{X^\bullet/S*}(j_{cris}{}^*(E))) \longrightarrow \underline{\underline{R}}f'_{X'^\bullet/S'*}(g'^\bullet_{cris}{}^*(j_{cris}{}^*(E))) .$$

Il résulte enfin de la fonctorialité du morphisme d'adjonction, appliquée à l'isomorphisme $E \xrightarrow{\sim} \underline{\underline{R}}j_{cris*}(j_{cris}{}^*(E))$, que le diagramme

$$\begin{array}{ccc} \underline{\underline{L}}u^*(\underline{\underline{R}}f_{X/S*}(E)) & \longrightarrow & \underline{\underline{R}}f'_{X'/S'*}(g'_{cris}{}^*(E)) \\ \Big\downarrow{\scriptstyle\sim} & & \Big\downarrow{\scriptstyle\sim} \\ \underline{\underline{L}}u^*(\underline{\underline{R}}f_{X^\bullet/S*}(j_{cris}{}^*(E))) & \longrightarrow & \underline{\underline{R}}f'_{X'^\bullet/S'*}(g'^\bullet_{cris}{}^*(j_{cris}{}^*(E))) \end{array}$$

dont les lignes sont (3.5.3) et (3.5.6) et les colonnes données par (3.5.4) et (3.5.5), est commutatif. Pour prouver que (3.5.3) est un isomorphisme, il suffit donc de prouver que (3.5.6) en est un.

Considérons maintenant la factorisation de $f_{X^{\cdot}/S}$ et $f'_{X'^{\cdot}/S'}$ par les topos $(S_{Zar})^{\Delta}$ et $(S'_{Zar})^{\Delta}$, définie en 3.4.3 ; on obtient le diagramme commutatif (à isomorphisme canonique près)

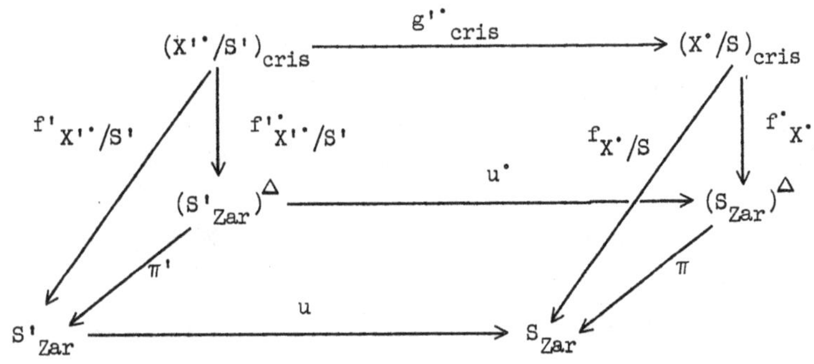


Le complexe $\underline{\underline{R}}f^{\cdot}_{X^{\cdot}/S*}(j_{cris}{}^{*}(E))$ est à cohomologie bornée : comme $j_{cris}{}^{*}(E)$ peut être résolu par des injectifs induisant des injectifs sur chaque $(X/S)_{cris}/U_{i_o\ldots i_k cris}$ d'après 3.4.4, et que $f^{\cdot}_{X^{\cdot}/S*}$ est d'après 3.4.3 la famille des foncteurs image directe relatifs aux morphismes de topos

$$(X/S)_{cris}/U_{i_o\ldots i_k cris} \longrightarrow (X/S)_{cris} \xrightarrow{f_{X/S}} S_{Zar}$$

qui s'identifient par III 3.1.2 aux morphismes

$$f_{i_o\ldots i_k X/S} : (U_{i_o\ldots i_k}/S)_{cris} \xrightarrow{u_{U_{i_o\ldots i_k}/S}} U_{i_o\ldots i_k Zar} \longrightarrow S_{Zar} ,$$

Les $R^q f^{\cdot}_{X^{\cdot}/S*}(j_{cris}{}^{*}(E))$ sont les familles des $R^q f_{i_o\ldots i_k X/S*}(j_{i_o\ldots i_k cris}{}^{*}(E))$ . Comme $E$ est quasi-cohérent, et que les suites $i_o < \ldots < i_k$ sont en nombre fini, les $R^q f^{\cdot}_{X^{\cdot}/S*}(j_{cris}{}^{*}(E))$ sont nuls pour $q$ assez grand, d'après 3.2.5. On peut donc encore définir un morphisme de changement de base

$$(3.5.7) \qquad \underline{\underline{L}}u^{\cdot *}(\underline{\underline{R}}f^{\cdot}_{X^{\cdot}/S*}(j_{cris}{}^{*}(E))) \longrightarrow \underline{\underline{R}}f'^{\cdot}_{X'^{\cdot}/S'*}(g'^{\cdot}_{cris}{}^{*}(j_{cris}{}^{*}(E))) .$$

D'autre part, le complexe $\underline{\underline{R}}f^{\cdot}_{X^{\cdot}/S*}(j_{cris}{}^{*}(E))$ étant à cohomologie bornée, on a d'après 3.4.9 un isomorphisme canonique

$$\mathbb{L}u^*(\mathbb{R}\pi_*(\mathbb{R}f^{\cdot}_{X^{\cdot}/S*}(j_{cris}{}^*(E)))) \xrightarrow{\ \sim\ } \mathbb{R}\pi'_*(\mathbb{L}u^{\cdot *}(\mathbb{R}f^{\cdot}_{X^{\cdot}/S*}(j_{cris}{}^*(E)))) \quad ,$$

et on vérifie facilement à coups d'isomorphismes d'adjonction que le diagramme

$$\begin{array}{ccc}
\mathbb{L}u^*(\mathbb{R}f_{X^{\cdot}/S*}(j_{cris}{}^*(E))) & \xrightarrow{\ \sim\ } & \mathbb{L}u^*(\mathbb{R}\pi_*(\mathbb{R}f^{\cdot}_{X^{\cdot}/S*}(j_{cris}{}^*(E)))) \\
 & & \downarrow \wr \\
{\scriptstyle (3.5.6)}\downarrow & & \mathbb{R}\pi'_*(\mathbb{L}u^{\cdot *}(\mathbb{R}f^{\cdot}_{X^{\cdot}/S*}(j_{cris}{}^*(E)))) \\
 & & \downarrow {\scriptstyle \mathbb{R}\pi'_*(3.5.7)} \\
\mathbb{R}f'_{X'^{\cdot}/S'*}(g'^{\cdot}_{cris}{}^*(j_{cris}{}^*(E))) & \xrightarrow{\ \sim\ } & \mathbb{R}\pi'_*(\mathbb{R}f'^{\cdot}_{X'^{\cdot}/S'*}(g'^{\cdot}_{cris}{}^*(j_{cris}{}^*(E))))
\end{array}$$

est commutatif. Il suffit donc, pour prouver que (3.5.6) est un isomorphisme, de prouver que (3.5.7) en est un.

Pour prouver que (3.5.7) est un isomorphisme, il suffit de prouver que pour toute suite $i_o < \ldots < i_k$ sa composante sur $(S'_{Zar})_{i_o \ldots i_k}$ en est un, puisque le foncteur image inverse relatif au morphisme $\coprod (S'_{Zar})_{i_o \ldots i_k} \longrightarrow (S'_{Zar})^{\Delta}$ est conservatif. Or pour tout diagramme de topos indexé par $\Delta$ il existe assez d'injectifs (resp. plats) induisant pour toute suite $i_o < \ldots < i_k$ un injectif (resp. plat) sur le topos d'indice $i_o < \ldots < i_k$, d'après 3.4.4 (resp. 3.4.5). Comme les images directes et inverses se calculent séparément pour chaque indice d'après 3.4.3, le morphisme (3.5.7) induit sur $(S'_{Zar})_{i_o \ldots i_k}$ un morphisme

$$\mathbb{L}u^*(\mathbb{R}f_{i_o \ldots i_k X/S*}(j_{i_o \ldots i_k cris}{}^*(E))) \longrightarrow \mathbb{R}f'_{i_o \ldots i_k X'/S'*}(j'_{i_o \ldots i_k}{}^*(g'_{cris}{}^*(E)))$$

qui pour la même raison n'est autre que le morphisme (3.5.3) pour $X = U_{i_o \ldots i_k}$ (compte tenu de l'identification III 3.1.2), comme on le voit en explicitant le morphisme (3.5.3) en termes de résolutions injectives et plates des complexes en jeu. Donc le morphisme (3.5.7) est un isomorphisme si et seulement si pour toute suite $i_o < \ldots < i_k$ le morphisme (3.5.3) relatif à $U_{i_o \ldots i_k}$ et $j_{i_o \ldots i_k cris}{}^*(E)$ en est un.

On est donc ramené à montrer qu'il existe un recouvrement ouvert fini $\underline{U}$ de $X$ tel que les $U_{i_o \ldots i_k}$ vérifient 3.5.2. Soit donc $\underline{U}$ un recouvrement affine de $X$, qu'on peut supposer fini, car, $S$ étant affine et $f$ de type fini, $X$ est quasi-compact. Comme $X$ est quasi-séparé, chacun des $U_{i_o \ldots i_k}$ est quasi-compact, donc de type fini sur $Y$ ; de plus, chacun des $U_{i_o \dots i_k}$, étant contenu dans un ouvert affine, est séparé sur $Y$ . On peut donc supposer $X$ séparé. Chacun des $U_{i_o \dots i_k}$ est alors affine. Si on suppose de plus que chacun des $U_i$ se relève en un schéma lisse sur $S$ , il en est de même pour les $U_{i_o \dots i_k}$ . Il suffit donc de prouver 3.5.2 dans le cas où $X$ est affine et possède un relèvement lisse sur $S$ , compte tenu de

Proposition 3.5.3 (*). Soit $f : X \longrightarrow S$ un morphisme lisse, et soit $S \longrightarrow S'$ une immersion fermée définie par un nilidéal $I$ de $S'$ . Alors tout point $x$ de $X$ possède un voisinage ouvert $U$ tel qu'il existe un $S'$-schéma lisse $U'$ , et un $S$-isomorphisme

$$U \xrightarrow{\sim} U' \times_{S'} S \quad .$$

Puisque $f$ est lisse, tout point $x$ de $X$ possède un voisinage ouvert $U$ tel que la restriction de $f$ à $U$ se factorise en

$$U \xrightarrow{u} S[t_1,\dots,t_n] \longrightarrow S$$

où $u$ est un morphisme étale. La nilimmersion $S \longrightarrow S'$ définit une nilimmersion

$$S[t_1,\dots,t_n] \longrightarrow S'[t_1,\dots,t_n] \quad .$$

Puisque $u$ est étale, il existe alors un morphisme étale

$$u' : U' \longrightarrow S'[t_1,\dots,t_n]$$

tel que

$$U \xrightarrow{\sim} U' \times_{S'[t_1,\dots,t_n]} S[t_1,\dots,t_n] \quad ,$$

d'après EGA IV 18.1.2. La proposition en résulte.

3.5.4. Achevons maintenant la démonstration de 3.5.2. Soit $\overline{X}$ un relèvement de $X$ lisse sur $S$ (qu'on peut supposer affine, quitte à en prendre un recouvrement affine), et posons $\overline{X}' = \overline{X} \times_S S'$ , de sorte que $X' \xrightarrow{\sim} \overline{X}' \times_{S'} Y'$ ; on a donc le diagramme commutatif, dont les carrés verticaux sont cartésiens :

---

(*) On ne suppose pas dans cet énoncé que $p$ soit localement nilpotent sur les schémas considérés.

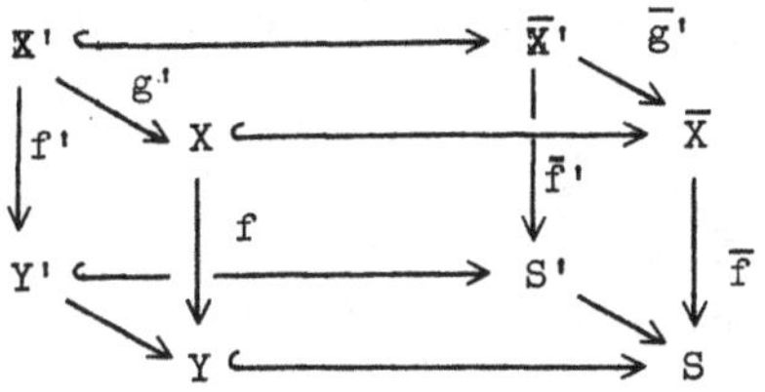


.

Comme $\overline{f}$ et $\overline{f}'$ sont lisses, les puissances divisées $\gamma$ et $\gamma'$ s'étendent à $\overline{X}$ et $\overline{X}'$. On a donc $\underline{D}_X(\overline{X}) = \underline{O}_{\overline{X}}$ , $\underline{D}_{X'}(\overline{X}') = \underline{O}_{\overline{X}'}$ . D'autre part, $(X,\overline{X})$ est un objet de $\mathrm{Cris}(X/S,\underline{I},\gamma)$ , et $E$ est le cristal en $\underline{O}_{X/S}$-modules défini par $\underline{E} = E_{(X,\overline{X})}$ d'après IV 1.6.5 (ce dernier étant muni de la connexion intégrable définie par le cristal $E$ ). De même, $g'_{\mathrm{cris}}{}^*(E)$ est défini par le module $g'_{\mathrm{cris}}{}^*(E)_{(X',\overline{X}')}$ , lequel n'est autre que $\overline{g}'^*(\underline{E})$ d'après IV 1.2.4. On déduit alors de (2.3.2) les isomorphismes canoniques

$$\underline{\underline{R}}f_{X/S*}(E) \xrightarrow{\sim} \underline{\underline{R}}\overline{f}_*(\underline{E} \otimes_{\underline{O}_{\overline{X}}} \Omega^{\cdot}_{\overline{X}/S}) \quad ,$$

$$\underline{\underline{R}}f'_{X'/S'*}(g'_{\mathrm{cris}}{}^*(E)) \xrightarrow{\sim} \underline{\underline{R}}\overline{f}'_*(\overline{g}'^*(\underline{E}) \otimes_{\underline{O}_{\overline{X}'}} \Omega^{\cdot}_{\overline{X}'/S'}) \quad .$$

Comme $E$ est quasi-cohérent sur $\underline{O}_{X/S}$, $\underline{E}$ est quasi-cohérent sur $\overline{X}$ , de sorte que dans les isomorphismes précédents on peut remplacer $\underline{\underline{R}}\overline{f}_*$ et $\underline{\underline{R}}\overline{f}'_*$ par $\overline{f}_*$ et $\overline{f}'_*$ , puisque $\overline{f}$ et $\overline{f}'$ sont des morphismes affines. Il existe un morphisme de changement de base

(3.5.8) $$\underline{\underline{L}}u^*(\overline{f}_*(\underline{E} \otimes_{\underline{O}_{\overline{X}}} \Omega^{\cdot}_{\overline{X}/S})) \longrightarrow \overline{f}'_*(\overline{g}'^*(\underline{E}) \otimes_{\underline{O}_{\overline{X}'}} \Omega^{\cdot}_{\overline{X}'/S'})$$

dont la construction est claire. De plus, le diagramme

$$\begin{array}{ccc}
\underline{\underline{L}}u^*(\underline{\underline{R}}f_{X/S*}(E)) & \longrightarrow & \underline{\underline{R}}f'_{X'/S'*}(g'_{\mathrm{cris}}{}^*(E)) \\
\downarrow \wr & & \downarrow \wr \\
\underline{\underline{L}}u^*(\overline{f}_*(\underline{E} \otimes_{\underline{O}_{\overline{X}}} \Omega^{\cdot}_{\overline{X}/S})) & \longrightarrow & \overline{f}'_*(\overline{g}'^*(\underline{E}) \otimes_{\underline{O}_{\overline{X}'}} \Omega^{\cdot}_{\overline{X}'/S'})
\end{array}$$

est commutatif : cela résulte de la commutativité de (2.3.12) grâce à la formule d'adjonction pour $\overline{f}'$ . On est ramené alors à prouver que (3.5.8) est un isomorphisme. Mais puisque $E$ est plat sur $\underline{O}_{X/S}$ , $\underline{E}$ est plat sur $\underline{O}_{\overline{X}}$ d'après III 3.5.2. Par suite, $\overline{f}$ étant lisse, le complexe $\overline{f}_*(\underline{E} \otimes_{\underline{O}_{\overline{X}}} \Omega^{\bullet}_{\overline{X}/S})$ est à termes plats sur $S$ , de sorte qu'on peut dans (3.5.8) remplacer $\underline{\underline{L}}u^*$ par $u^*$. Mais comme $\overline{f}$ est affine, le morphisme

$$u^*(\overline{f}_*(\underline{E} \otimes_{\underline{O}_{\overline{X}}} \Omega^k_{\overline{X}/S})) \longrightarrow \overline{f}'_*(\overline{g}'^*(\underline{E}) \otimes_{\underline{O}_{\overline{X}'}} \Omega^k_{\overline{X}'/S'})$$

est un isomorphisme pour tout $k$, puisque $\overline{X}' = \overline{X} \times_S S'$. Donc (3.5.8) est un isomorphisme, ce qui achève la démonstration de 3.5.2.

3.5.5. Il nous reste à montrer que 3.5.2 entraine 3.5.1. Plaçons-nous donc sous les hypothèses de 3.5.1. Pour montrer que le morphisme canonique (3.5.1)

$$\underline{\underline{L}}g_{cris}^*(\underline{\underline{R}}f_{cris*}(E)) \longrightarrow \underline{\underline{R}}f'_{cris*}(g'_{cris}{}^*(E))$$

(où on a remplacé $\underline{\underline{L}}g'_{cris}{}^*$ par $g'_{cris}{}^*$ car $E$ est plat) est un isomorphisme, il suffit de montrer que pour tout objet $(U',T',\delta')$ de $\mathrm{Cris}(Y'/S')$, le morphisme

$$(3.5.9) \qquad \underline{\underline{L}}g_{cris}^*(\underline{\underline{R}}f_{cris*}(E))_{(U',T',\delta')} \longrightarrow \underline{\underline{R}}f'_{cris*}(g'_{cris}{}^*(E))_{(U',T',\delta')}$$

est un isomorphisme.

Or on peut expliciter le morphisme (3.5.1) comme suit. Soit $I^\bullet$ une résolution injective de $E$ sur $\mathrm{Cris}(X/S)$, et soit $L^\bullet \longrightarrow f_{cris*}(I^\bullet)$ un quasi-isomorphisme sur $\mathrm{Cris}(Y/S)$, $L^\bullet$ étant un complexe plat et borné supérieurement (ce qui est possible puisque $\underline{\underline{R}}f_{cris*}(E)$ est à cohomologie bornée supérieurement). Par adjonction, on obtient sur $\mathrm{Cris}(X/S)$ le morphisme $f_{cris}{}^*(L^\bullet) \longrightarrow I^\bullet$, qu'on peut insérer dans un diagramme commutatif

$$\begin{array}{ccc} f_{cris}{}^*(L^\bullet) & \longrightarrow & I^\bullet \\ \text{qis}\uparrow & & \uparrow\text{qis} \\ K^\bullet & \longrightarrow & E \end{array}$$

où $K^\bullet$ est à termes plats, et où les flèches marquées qis sont des quasi-isomorphismes. On en déduit les morphismes

$$f'_{cris}{}^*(g_{cris}{}^*(L^\bullet)) \xrightarrow{\sim} g'_{cris}{}^*(f_{cris}{}^*(L^\bullet)) \xleftarrow{\text{qis}} g'_{cris}{}^*(K^\bullet) \longrightarrow g'_{cris}{}^*(E)$$

qu'on peut insérer dans un diagramme commutatif

$$\begin{array}{ccc} g'_{cris}{}^{*}(K^{\cdot}) & \longrightarrow & g'_{cris}{}^{*}(E) \\ \text{qis}\downarrow & & \downarrow\text{qis} \\ f'_{cris}{}^{*}(g_{cris}{}^{*}(L^{\cdot})) & \longrightarrow & M^{\cdot} \end{array}$$

puisque les quasi-isomorphismes forment une partie multiplicative de l'ensemble des morphismes de complexes. Si $M^{\cdot} \longrightarrow J^{\cdot}$ est un quasi-isomorphisme, $J^{\cdot}$ étant un complexe à termes injectifs borné inférieurement, on obtient donc par adjonction un morphisme $g_{cris}{}^{*}(L^{\cdot}) \longrightarrow f'_{cris*}(J^{\cdot})$ sur $\mathrm{Cris}(Y'/S')$ : ce morphisme donne alors dans la catégorie dérivée le morphisme (3.5.1) d'après la construction de ce dernier.

Soit alors $(U,T,\delta)$ un objet de $\mathrm{Cris}(Y/S)$, et soit $h : T' \longrightarrow T$ un g-PD-morphisme (III 2.1.1). Considérons le morphisme

$$(3.5.10)\qquad h^{*}(L^{\cdot}_{(U,T,\delta)}) \longrightarrow g_{cris}{}^{*}(L^{\cdot})_{(U',T',\delta')} \longrightarrow f'_{cris*}(J^{\cdot})_{(U',T',\delta')}$$

où la première flèche est définie par le morphisme IV (1.2.5). Si $\underline{J}$ et $\underline{J}'$ sont les idéaux de $U$ et $U'$ dans $T$ et $T'$, on pose $(\underline{K},\bar{\delta}) = \underline{J} + \underline{I}.\underline{O}_T$, muni des puissances divisées $\bar{\delta}$ prolongeant $\delta$ et $\gamma$, $(\underline{K}',\bar{\delta}') = \underline{J}'+ \underline{I}'.\underline{O}_{T'}$, muni des puissances divisées $\bar{\delta}'$ prolongeant $\delta'$ et $\gamma'$. On note

$$\omega_T : (X_U/T,\underline{K},\bar{\delta})_{cris} \longrightarrow (X/S,\underline{I},\gamma)_{cris}$$

$$\omega'_{T'} : (X'_{U'}/T',\underline{K}',\bar{\delta}')_{cris} \longrightarrow (X'/S',\underline{I}',\gamma')_{cris}$$

les morphismes de topos (3.2.1), avec $X_U = f^{-1}(U)$, $X'_{U'} = f'^{-1}(U')$, et

$$f_{X_U/T} : (X_U/T,\underline{K},\bar{\delta})_{cris} \xrightarrow{u_{X_U/T}} X_{U\,Zar} \longrightarrow T_{Zar} \quad ,$$

$$f'_{X'_{U'}/T'} : (X'_{U'}/T',\underline{K}',\bar{\delta}')_{cris} \xrightarrow{u_{X'_{U'}/T'}} X'_{U'\,Zar} \longrightarrow T'_{Zar} \quad .$$

D'après 3.2.3, il existe un isomorphisme canonique

$$\underline{\underline{R}}f_{cris*}(E)_{U,T,\delta} \xrightarrow{\sim} \underline{\underline{R}}f_{X_U/T*}(\omega_T^{*}(E)) \quad ,$$

de sorte que $L^{\cdot}_{(U,T,\delta)}$ est une résolution plate de ce dernier complexe. Donc le complexe $h^{*}(L^{\cdot}_{(U,T,\delta)})$ a pour image dans la catégorie dérivée le complexe

$\underline{\underline{L}}h^*(\underline{\underline{R}}f_{X_U/T*}(\omega_T^*(E)))$ . De même, $f'_{cris*}(J^\cdot)_{(U',T',\delta')}$ donne dans la catégorie dérivée le complexe $\underline{\underline{R}}f'_{X'_U/T'*}(\omega'_{T'}{}^*(g'_{cris}{}^*(E)))$. Introduisant le morphisme $g'' : X'_{U'} \longrightarrow X_U$ induit par $g'$ , on obtient grâce à $h$ un morphisme de topos

$$g''_{cris} : (X'_{U'}/T')_{cris} \longrightarrow (X_U/T)_{cris}$$

tel que $\omega_T \circ g''_{cris} = g'_{cris} \circ \omega'_{T'}$ à isomorphisme canonique près. Le morphisme (3.5.10) donne donc dans la catégorie dérivée un morphisme

$$\underline{\underline{L}}h^*(\underline{\underline{R}}f_{X_U/T*}(\omega_T{}^*(E))) \longrightarrow \underline{\underline{R}}f'_{X'_{U'}/T'*}(g''_{cris}{}^*(\omega_T{}^*(E))) \ .$$

Comme $\omega_T$ et $\omega'_{T'}$ s'interprètent par 3.2.2 comme des morphismes de localisation, les complexes $\omega_T^*(I^\cdot)$ et $\omega'_{T'}{}^*(J^\cdot)$ sont des résoltions injectives de $\omega_T^*(E)$ et $g''_{cris}{}^*(\omega_T{}^*(E))$ ; d'après la construction de (3.5.10), l'homomorphisme ainsi obtenu n'est donc autre que l'homomorphisme de changement de base (3.5.3) pour le module plat et quasi-cohérent $\omega_T{}^*(E)$ sur $\mathrm{Cris}(X_U/T,\underline{K},\bar{\delta})$ , relativement au diagramme

$$\begin{array}{ccc} X'_{U'} & \xrightarrow{\ g''\ } & X_U \\ \downarrow & & \downarrow \\ U' & \longrightarrow & U \\ \downarrow & & \downarrow \\ T' & \xrightarrow{\ h\ } & T \end{array} \ .$$

C'est donc un isomorphisme d'après 3.5.2.

Prenant la fibre en un point $x \in T'$ de (3.5.10), on obtient donc quel que soit le g-PD-morphisme $h : T' \longrightarrow T$ , un quasi-isomorphisme

$$h^*(L^\cdot{}_{(U,T,\delta)})_x \longrightarrow g_{cris}{}^*(L^\cdot)_{(U',T',\delta')x} \longrightarrow f'_{cris*}(J^\cdot)_{(U',T',\delta')x} \ .$$

Passant à la limite inductive sur la catégorie des g-PD-morphismes de source un voisinage de $x$ dans $T'$ et de but un épaississement à puissances divisées d'un ouvert de $X$ , on obtient donc un quasi-isomorphisme

$$\varinjlim_h h^*(L^\cdot{}_{(U,T,\delta)})_x \longrightarrow g_{cris}{}^*(L^\cdot)_{(U',T',\delta')x} \longrightarrow f'_{cris*}(J^\cdot)_{(U',T',\delta')x} \ .$$

Mais d'après III (2.2.11), le morphisme canonique

$$\varinjlim_h h^*(L^\cdot{}_{(U,T,\delta)})_x \longrightarrow g_{cris}{}^*(L^\cdot)_{(U,T,\delta)x}$$

est un isomorphisme. Donc le morphisme

$$g_{cris}{}^{*}(L^{\cdot})_{(U',T',\delta')x} \longrightarrow f'_{cris*}(J^{\cdot})_{(U',T',\delta')x}$$

est un quasi-isomorphisme en tout point $x$ de $T'$ . Donc le morphisme (3.5.9) est un isomorphisme, ce qui prouve que le morphisme (3.5.1) en est un, et achève la démonstration de 3.5.1.

Corollaire 3.5.6. Sous les hypothèses de 3.5.1, avec $X' = X\times_Y Y'$ , $f$ lisse, et $E$ plat, soient $(U,T,\delta)$ un objet de $\mathrm{Cris}(Y/S,\underline{I},\gamma)$, $(U',T',\delta')$ un objet de $\mathrm{Cris}(Y'/S',\underline{I}',\gamma')$ , $h : T' \longrightarrow T$ un g-PD-morphisme. Alors il existe un isomorphisme

$$(3.5.11) \qquad \underline{\underline{L}}h^{*}(\underline{\underline{R}}f_{cris*}(E)_{(U,T,\delta)}) \xrightarrow{\sim} \underline{\underline{R}}f'_{cris*}(g'_{cris}{}^{*}(E))_{(U',T',\delta')} .$$

Le morphisme (3.5.11) est défini par le morphisme (3.5.10) en passant à la catégorie dérivée, et on a montré en 3.5.5 que c'était un quasi-isomorphisme.

Corollaire 3.5.7. Sous les hypothèses de 3.5.2, avec $X' = X\times_Y Y'$ , $f$ lisse et $E$ plat, supposons $S$ et $S'$ affines ; soient $S = \mathrm{Spec}(A)$ , $S' = \mathrm{Spec}(A')$ . Alors le morphisme canonique

$$(3.5.12) \qquad \underline{\underline{R}}\Gamma(X/S,E) \overset{\underline{\underline{L}}}{\otimes}_{A} A' \longrightarrow \underline{\underline{R}}\Gamma(X'/S',g'_{cris}{}^{*}(E))$$

est un isomorphisme.

Comme les hypothèses de 3.2.8 sont vérifiées, les $H^{i}(X/S,E)$ sont nuls pour $i$ assez grand, de sorte que le complexe $\underline{\underline{R}}\Gamma(X/S,E) \overset{\underline{\underline{L}}}{\otimes}_{A} A'$ est bien défini.

Appliquons le foncteur $\underline{\underline{R}}\Gamma(S',.)$ à l'isomorphisme (3.5.3). On obtient un isomorphisme

$$\underline{\underline{R}}\Gamma(S',\underline{\underline{L}}u^{*}(\underline{\underline{R}}f_{X/S*}(E))) \xrightarrow{\ \sim\ } \underline{\underline{R}}\Gamma(S',\underline{\underline{R}}f'_{X'/S'*}(g'_{cris}{}^{*}(E))) ,$$

et le second complexe n'est autre que $\underline{\underline{R}}\Gamma(X'/S',g'_{cris}{}^{*}(E))$ . Par ailleurs, le complexe $\underline{\underline{R}}f_{X/S*}(E)$ est à cohomologie bornée, et quasi-cohérente d'après 3.2.8. Or si $M^{\cdot}$ est un complexe de $\underline{O}_{S}$-modules à cohomologie bornée et quasi-cohérente, et tel que $\underline{\underline{L}}u^{*}(M^{\cdot})$ soit à cohomologie bornée, le morphisme canonique

$$\underline{\underline{R}}\Gamma(S,M^{\cdot}) \overset{\underline{\underline{L}}}{\otimes}_{A} A' \longrightarrow \underline{\underline{R}}\Gamma(S',\underline{\underline{L}}u^{*}(M^{\cdot}))$$

est un isomorphisme. En effet, si la cohomologie de $M^{\cdot}$ est nulle en degrés n'appartenant pas à l'intervalle $(m,n)$, il existe un triangle distingué

$$\begin{array}{ccc} & H^n(M^\cdot)[-n] & \\ {\scriptstyle +1}\swarrow & & \nwarrow \\ M'^\cdot & \longrightarrow & M^\cdot \end{array}$$

où $M'^\cdot$ est à cohomologie quasi-cohérente, nulle en degrés n'appartenant pas à $(m,n-1)$. Par récurrence sur $n-m$, on est donc ramené au cas d'un module quasi-cohérent, qui est clair. On obtient donc par composition l'isomorphisme

$$\underline{\underline{R}}\Gamma(X/S,E) \overset{\underline{\underline{L}}}{\otimes}{}_A A' \xrightarrow{\sim} \underline{\underline{R}}\Gamma(X'/S',g'_{\mathrm{cris}}{}^*(E)) \quad ,$$

puisque $\underline{\underline{R}}\Gamma(S,\underline{\underline{R}}f_{X/S*}(E)) \xrightarrow{\sim} \underline{\underline{R}}\Gamma(X/S,E)$. Il est facile de vérifier que c'est bien l'homomorphisme de fonctorialité (3.5.12).

*Corollaire* 3.5.8. *Soient* $(S,\underline{I},\gamma)$ *un PD-schéma quasi-compact,* $S_o$ *un sous-schéma fermé de* $S$ *défini par un sous-PD-idéal* $\underline{I}_o$ *de* $\underline{I}$, $f : X \longrightarrow S_o$ *un morphisme lisse quasi-compact et quasi-séparé, et* $E$ *un* $\underline{O}_{X/S}$*-module quasi-cohérent et plat sur* $\mathrm{Cris}(X/S,\underline{I},\gamma)$, *définissant un* $\underline{O}_X$*-module* $\underline{E} = E_{(X,X)}$ *muni d'une connexion intégrable par rapport à* $S_o$. *Il existe un isomorphisme canonique*

$$(3.5.13) \qquad \underline{\underline{R}}f_{X/S*}(E) \overset{\underline{\underline{L}}}{\otimes}_{\underline{O}_S} \underline{O}_{S_o} \xrightarrow{\sim} \underline{\underline{R}}f_*(\underline{E} \otimes_{\underline{O}_X} \Omega^{\cdot}_{X/S_o}) \quad ,$$

*où* $f_{X/S}$ *désigne le morphisme de topos*

$$(X/S,\underline{I},\gamma)_{\mathrm{cris}} \xrightarrow{u_{X/S}} X_{\mathrm{Zar}} \longrightarrow S_{\mathrm{Zar}} \quad .$$

*Supposons de plus* $S$ *affine, et soient* $A = \Gamma(S,\underline{O}_S)$, $I_o = \Gamma(S,\underline{I}_o)$. *Alors il existe un isomorphisme canonique*

$$(3.5.14) \qquad \underline{\underline{R}}\Gamma(X/S,E) \overset{\underline{\underline{L}}}{\otimes}{}_A (A/I_o) \xrightarrow{\sim} \underline{\underline{R}}\Gamma(X,\underline{E} \otimes_{\underline{O}_X} \Omega^{\cdot}_{X/S_o}) \quad .$$

Rappelons que $f$, étant lisse et quasi-compact, est alors de type fini.

On applique d'abord 3.5.2 avec $Y = S_o$, $S' = Y' = S_o$ ; on en déduit l'isomorphisme

$$\underline{\underline{R}}f_{X/S*}(E) \overset{\underline{\underline{L}}}{\otimes}_{\underline{O}_S} \underline{O}_{S_o} \xrightarrow{\sim} \underline{\underline{R}}f_{X/S_o*}(E_o) \quad ,$$

où $E_o$ désigne la restriction de $E$ à $\mathrm{Cris}(X/S_o,\underline{I}/\underline{I}_o,\gamma)$, et $f_{X/S_o}$ le morphisme de topos

$$(X/S_o,\underline{I}/\underline{I}_o,\gamma)_{\mathrm{cris}} \xrightarrow{u_{X/S_o}} X_{\mathrm{Zar}} \xrightarrow{f} S_{o\,\mathrm{Zar}} \quad .$$

Or d'après (2.3.2)

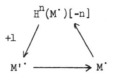

$$\underline{\underline{R}}u_{X/S_o*}(E_o) \xrightarrow{\sim} \underline{E} \otimes_{\underline{O}_X} \Omega^{\cdot}_{X/S_o}$$

puisque f est lisse, si bien que l'on obtient

$$\underline{\underline{R}}f_{X/S_o*}(E_o) \xrightarrow{\sim} \underline{\underline{R}}f_*(\underline{E} \otimes_{\underline{O}_X} \Omega^{\cdot}_{X/S_o}) \quad ,$$

d'où (3.5.13). On déduit de même (3.5.14) de (3.5.12).

Corollaire 3.5.9. *Soient $(S,\underline{I},\gamma)$ un PD-schéma quasi-compact, $S_o$ un sous-schéma fermé de S défini par un sous-PD-idéal $\underline{I}_o$ de $\underline{I}$, $f : X \longrightarrow S_o$ un morphisme lisse, quasi-compact et quasi-séparé, et E un $\underline{O}_{X/S}$-module quasi-cohérent et plat sur $\mathrm{Cris}(X/S,\underline{I},\gamma)$. Soit $f_{X/S}$ le morphisme de topos*

$$(X/S,\underline{I},\gamma)_{cris} \xrightarrow{u_{X/S}} X_{Zar} \longrightarrow S_{Zar} \quad .$$

*Alors le complexe $\underline{\underline{R}}f_{X/S*}(E)$ est un complexe de Tor-dimension finie sur $\underline{O}_S$ .*

Dire que $\underline{\underline{R}}f_{X/S*}(E)$ est de Tor-dimension finie équivaut à dire qu'il existe un intervalle (m,n) tel que pour tout $\underline{O}_S$-module $\underline{M}$ on ait

$$H^i(\underline{M} \overset{\underline{\underline{L}}}{\otimes}_{\underline{O}_S} \underline{\underline{R}}f_{X/S*}(E)) = 0 \tag{3.5.15}$$

pour $i \notin (m,n)$ (SGA 6 I 5.1). Comme c'est une condition locale, on peut supposer S affine. Il suffit alors de vérifier la relation précédente lorsque $\underline{M}$ est un $\underline{O}_S$-module quasi-cohérent. En effet, il suffit de la vérifier sur la fibre en tout point $s \in S$ et si M est un $\underline{O}_{S,s}$-module quelconque, il existe un $\underline{O}_S$-module $\underline{M}$ quasi-cohérent tel que la fibre $\underline{M}_s$ de $\underline{M}$ en s soit M : il suffit de prendre le module quasi-cohérent défini par M considéré comme $\Gamma(S,\underline{O}_S)$-module. Supposons donc $\underline{M}$ quasi-cohérent, et soit $\underline{A}$ l'algèbre de nombres duaux définie par $\underline{M}$ : en tant que $\underline{O}_S$-module, on a $\underline{A} = \underline{O}_S \oplus \underline{M}$ , de sorte que $\underline{A}$ est quasi-cohérente. Il est clair que (3.5.15) équivaut à

$$H^i(\underline{A} \overset{\underline{\underline{L}}}{\otimes}_{\underline{O}_S} \underline{\underline{R}}f_{X/S*}(E)) = 0$$

pour $i \notin (m,n)$ . Soit alors S' le S-schéma affine défini par l'$\underline{O}_S$-algèbre quasi-cohérente $\underline{A}$ ; comme l'idéal $\underline{M}$ de $\underline{A}$ est de carré nul, $u : S' \longrightarrow S$ est l'identité sur les espaces sous-jacents, de sorte que $\underline{O}_{S'} = \underline{A}$ et qu'on peut écrire

$$\underline{A} \overset{\underline{\underline{L}}}{\otimes}_{\underline{O}_S} \underline{\underline{R}}f_{X/S*}(E) = \underline{\underline{L}}u^*(\underline{\underline{R}}f_{X/S*}(E)) \quad .$$

D'autre part, les puissances divisées $\gamma$ de $\underline{I}$ s'étendent à $\underline{I}' = \underline{I}.\underline{A}$ , par exemple en appliquant I 1.6.5 avec pour PD-structure sur l'idéal de carré nul $\underline{M}$ celle pour laquelle les $\gamma^i$ sont nuls pour $i \geqslant 2$ . Soient $\gamma'$ les puissances divisées ainsi obtenues, et posons $S'_o = S'x_S S_o$, $X' = Xx_S S' = Xx_{S_o} S'_o$ ; on peut alors appliquer (3.5.2), et on obtient l'isomorphisme canonique

$$\underline{\underline{L}}u^*(\underline{\underline{R}}f_{X/S*}(E)) \xrightarrow{\sim} \underline{\underline{R}}f'_{X'/S'*}(g'_{cris}{}^*(E))$$

où $f'_{X'/S'}$ et $g'$ ont le même sens qu'en loc. cit. Il en résulte que pour tout $\underline{M}$ , le complexe $\underline{\underline{L}}u^*(\underline{\underline{R}}f_{X/S*}(E))$ est à cohomologie nulle en degrés négatifs. Mais par ailleurs $\underline{\underline{R}}f_{X/S*}(E)$ est à cohomologie bornée d'après 3.2.5, de sorte qu'il existe un entier $n$ tel que $\underline{\underline{R}}f_{X/S*}(E)$ soit isomorphe à un complexe de modules plats $L^{\cdot}$ , nuls en degrés $> n$ . A fortiori, $\underline{\underline{L}}u^*(\underline{\underline{R}}f_{X/S*}(E)) = u^*(L^{\cdot})$ est acyclique en degrés $> n$ . Donc la cohomologie du complexe $\underline{\underline{L}}u^*(\underline{\underline{R}}f_{X/S*}(E))$ est nulle en degrés n'appartenant pas à l'intervalle $(0,n)$ , quelque soit $\underline{M}$ . Par suite, $\underline{\underline{R}}f_{X/S*}(E)$ est bien de Tor-dimension finie.

On remarquera que d'après SGA 6 I 5.1, le complexe $\underline{\underline{R}}f_{X/S*}(E)$ est alors isomorphe dans la catégorie dérivée à un complexe $L^{\cdot}$ à termes plats, et nuls hors de l'intervalle $(0,n)$.

Remarque 3.5.10. La proposition 3.5.2, dans le cas où $Y = S$ et $Y' = S'$ , redonne le théorème de changement de base en cohomologie de De Rham, d'après 2.3.2. Ce dernier, valable pour un morphisme lisse, quasi-compact et quasi-séparé, au-dessus d'une base quasi-compacte (et sans supposer $p$ localement nilpotent !), se montre directement en se ramenant au cas affine par un argument de descente cohomologique analogue à celui que nous avons développé en 3.5.2, mais notablement plus simple.

## 3.6. Connexion de Gauss-Manin.

Proposition 3.6.1. *Soient $(S,\underline{I},\gamma)$ un PD-schéma, $X$ et $Y$ deux S-schémas, $Y$ étant quasi-compact, $f : X \longrightarrow Y$ un S-morphisme lisse, quasi-compact et quasi-*

séparé, E un $\underline{O}_{X/S}$-module quasi-cohérent et plat sur $Cris(X/S,\underline{I},\gamma)$ . Si $u : (U',T',\delta') \longrightarrow (U,T,\delta)$ est un morphisme de $Cris(Y/S,\underline{I},\gamma)$ , le morphisme canonique de $D^-(T'_{Zar},\underline{O}_{T'})$

(3.6.1) $$\underline{\underline{L}}u^*(\underline{\underline{R}}f_{cris*}(E)_{(U,T,\delta)}) \longrightarrow \underline{\underline{R}}f_{cris*}(E)_{(U',T',\delta')}$$

est un isomorphisme.

Si on considère la catégorie fibrée $\underline{D}$ au-dessus de $Cris(Y/S,\underline{I},\gamma)$ dont la fibre au-dessus d'un objet $(U,T,\delta)$ est la catégorie dérivée $D^-(T,\underline{O}_T)$ , on peut donc dire que $\underline{\underline{R}}f_{X/S*}(E)$ est un cristal en objets de $\underline{D}$ (on dira parfois "un cristal au sens des catégories dérivées"), avec un abus de langage tenant à ce que dans la définition IV 1.1.1 on a supposé que la catégorie fibrée était un champ, ce qui n'est pas le cas ici (cette hypothèse n'est pas nécessaire dans la définition, mais le devient ensuite, par exemple pour les questions de fonctorialité).

Pour définir le morphisme (3.6.1), le plus simple est de prendre une résolution plate bornée supérieurement $L^{\cdot}$ de $\underline{\underline{R}}f_{cris*}(E)$ , ce qui est possible d'après 3.2.4. Il est alors donné par l'image dans la catégorie dérivée du morphisme canonique

$$u^*(L^{\cdot}_{(U,T,\delta)}) \longrightarrow L^{\cdot}_{(U',T',\delta')} \quad .$$

On peut aussi considérer qu'on est dans la situation de 3.5.1, avec $S' = S$, $Y' = Y$ , $X' = X$ , et prendre le morphisme (3.5.11) ; d'après la construction de ce dernier en 3.5.5, il est clair qu'on obtient le même morphisme. C'est donc un isomorphisme par 3.5.6.

Corollaire 3.6.2. Soient $f : X \longrightarrow Y$ un morphisme de schémas lisse, quasi-compact et quasi-séparé, Y étant quasi-compact, et E un $\underline{O}_{X/S}$-module quasi-cohérent et plat sur $Cris(X/\underline{\underline{Z}}_p)$ (III 1.1.3). Alors le complexe de $\underline{O}_{Y/\underline{\underline{Z}}_p}$-modules $\underline{\underline{R}}f_{cris*}(E)$ est un cristal absolu au sens des catégories dérivées (IV 1.1.2 ii)), dont la valeur sur Y est le complexe $\underline{\underline{R}}f_*(\underline{E}\otimes_{\underline{O}_X}\Omega^{\cdot}_{X/Y})$ , où $\underline{E} = E_{(X,X)}$ , muni de sa connexion intégrable canonique.

Pour voir que $\underline{\underline{R}}f_{cris*}(E)$ est un cristal absolu, il suffit d'appliquer 3.6.1 pour chacun des morphismes de topos

$$f_{cris,n} : (X/(\underline{\underline{Z}}/p^{n+1}\underline{\underline{Z}}))_{cris} \longrightarrow (Y/(\underline{\underline{Z}}/p^{n+1}\underline{\underline{Z}}))_{cris}$$

où $n$ est tel que $Y$ soit un $\underline{\underline{Z}}/p^{n+1}\underline{\underline{Z}}$-schéma. La valeur sur $Y$ de $\underline{\underline{R}}f_{cris*}(E)$ est donnée par

$$\underline{\underline{R}}f_{cris*}(E)_{(Y,Y)} \xrightarrow{\sim} \underline{\underline{R}}f_*(\underline{\underline{R}}u_{X/Y*}(\omega_Y^*(E))) \quad ,$$

d'après 3.2.3, $\omega_Y$ notant le morphisme de topos $(X/Y)_{cris} \longrightarrow (X/\underline{\underline{Z}}_p)_{cris}$ ; on en déduit par 2.3.2.

(3.6.2)
$$\underline{\underline{R}}f_{cris*}(E)_{(Y,Y)} \xrightarrow{\sim} \underline{\underline{R}}f_*(\underline{E} \otimes_{\underline{O}_X} \Omega^{\cdot}_{X/Y}) \quad ,$$

d'où l'assertion.

On notera que (3.6.2) est valable lorsque $X$ et $Y$ sont sur une base quelconque.

<u>Corollaire</u> 3.6.3. <u>Sous les hypothèses de</u> 3.6.1, <u>supposons de plus</u> $Y$ <u>lisse sur</u> $S$ . <u>Soient</u> $\underline{E}$ <u>un</u> $\underline{O}_X$<u>-module quasi-cohérent et plat, muni d'une connexion intégrable et quasi-nilpotente relativement à</u> $S$ , <u>et</u> $E$ <u>le cristal en</u> $\underline{O}_{X/S}$<u>-modules correspondant à</u> $\underline{E}$ (IV 1.6.5). <u>Alors les</u> $\underline{O}_Y$<u>-modules</u> $\underline{\underline{R}}^q f_*(\underline{E} \otimes_{\underline{O}_X} \Omega^{\cdot}_{X/Y})$ <u>sont canoniquement munis d'une connexion intégrable et quasi-nilpotente relativement à</u> $S$ .

D'après (3.6.2), on a l'isomorphisme canonique

$$\underline{\underline{R}}f_*(\underline{E} \otimes_{\underline{O}_X} \Omega^{\cdot}_{X/Y}) \xrightarrow{\sim} \underline{\underline{R}}f_{cris*}(E)_{(Y,Y)} \quad .$$

Considérons alors l'immersion diagonale $Y \longrightarrow D_{Y/S}(1)$ , munie de ses puissances divisées canoniques (compatibles à $\gamma$ par I 4.4.2), qui est un objet de $\mathrm{Cris}(Y/S,\underline{I},\gamma)$, et soient $p_1$ et $p_2$ les deux projections de $D_{Y/S}(1)$ sur $Y$ . D'après 3.6.1, on a les isomorphismes canoniques ($E$ étant quasi-cohérent et plat sur $\underline{O}_{X/S}$ parce que $\underline{E}$ l'est sur $\underline{O}_X$)

$$\underline{\underline{L}}p_1^*(\underline{\underline{R}}f_*(\underline{E}\otimes_{\underline{O}_X} \Omega^{\cdot}_{X/Y})) \xrightarrow{\sim} \underline{\underline{R}}f_{cris*}(E)_{(Y,D_{Y/S}(1))} \xleftarrow{\sim} \underline{\underline{L}}p_2^*(\underline{\underline{R}}f_*(\underline{E}\otimes_{\underline{O}_X} \Omega^{\cdot}_{X/Y})) \quad ,$$

compte tenu de l'isomorphisme précédent. Or $p_1$ et $p_2$ sont des morphismes plats (I 4.5.3). On en déduit donc pour tout $q$ les isomorphismes

$$p_1^*(\underline{\underline{R}}^q f_*(\underline{E}\otimes_{\underline{O}_X} \Omega^{\cdot}_{X/Y})) \xrightarrow{\sim} R^q f_{cris*}(E)_{(Y,D_{Y/S}(1))} \xleftarrow{\sim} p_2^*(\underline{\underline{R}}^q f_*(\underline{E}\otimes_{\underline{O}_X} \Omega^{\cdot}_{X/Y})) \ ,$$

qui munissent $\underline{\underline{R}}^q f_*(\underline{E}\otimes_{\underline{O}_X} \Omega^{\cdot}_{X/Y})$ d'une hyper-PD-stratification relativement à $S$ , donc d'une connexion intégrable et quasi-nilpotente relativement à $S$ .

On remarquera que l'hypothèse de quasi-compacité sur $Y$ est inutile dans 3.6.3 car on peut recoller les connexions sur $R^q f_*(\underline{E} \otimes_{\underline{O}_X} \Omega^{\cdot}_{X/Y})$ définies localement sur $Y$, tandis que lorsque l'on travaillait avec le complexe $\underline{\underline{R}}f_*(\underline{E} \otimes_{\underline{O}_X} \Omega^{\cdot}_{X/Y})$, on était obligé de construire l'isomorphisme globalement sur $Y$, donc de supposer que ce complexe est à cohomologie bornée globalement sur $Y$.

De plus on peut supprimer l'hypothèse de platitude sur $\underline{E}$, en remarquant que (3.6.1) reste un isomorphisme si l'on remplace l'hypothèse de platitude sur $E$ par une hypothèse de platitude sur $u$, vérifiée ici par $p_1$ et $p_2$ : d'après la démonstration de 3.6.1, il suffit d'observer qu'on peut, à la fin de 3.5.4, remplacer la platitude de $E$ par celle de $u$ ($g'$ étant l'identité de $X$).

Proposition 3.6.4. Sous les hypothèses de 3.6.3, la connexion définie sur les $\underline{\underline{R}}^q f_*(\underline{E} \otimes_{\underline{O}_X} \Omega^{\cdot}_{X/Y})$ n'est autre que la connexion de Gauss-Manin (cf. [34], et [33] 3.2).

Rappelons d'abord la construction de la connexion de Gauss-Manin donnée dans loc. cit. On considère la filtration de $\underline{E} \otimes_{\underline{O}_X} \Omega^{\cdot}_{X/S}$ par les sous-complexes images de $\underline{E} \otimes_{\underline{O}_X} f^*(\Omega^i_{Y/S}) \otimes_{\underline{O}_X} \Omega^{\cdot -i}_{X/S}$, et la suite spectrale du foncteur $f_*$ relative à $\underline{E} \otimes_{\underline{O}_X} \Omega^{\cdot}_{X/S}$ muni de cette filtration (EGA $0_{III}$ 13.6.4). On a pour cette suite spectrale

$$E_1^{p,q} = \underline{\underline{R}}^{p+q} f_*(gr^p(\underline{E} \otimes_{\underline{O}_X} \Omega^{\cdot}_{X/S})) \quad .$$

Comme $\Omega^1_{X/S}$, $\Omega^1_{Y/S}$, $\Omega^1_{X/Y}$ sont localement libres de type fini, on a

$$gr^p(\underline{E} \otimes_{\underline{O}_X} \Omega^{\cdot}_{X/S}) = f^*(\Omega^p_{X/S}) \otimes_{\underline{O}_X} \Omega^{\cdot -p}_{X/Y} \otimes_{\underline{O}_X} \underline{E} \quad ,$$

et

$$E_1^{p,q} = \Omega^p_{Y/S} \otimes_{\underline{O}_Y} \underline{\underline{R}}^q f_*(\Omega^{\cdot}_{X/Y} \otimes_{\underline{O}_X} \underline{E}) \quad .$$

La différentielle $d_1^{o,p}$ donne alors un homomorphisme

$$\underline{\underline{R}}^q f_*(\underline{E} \otimes_{\underline{O}_X} \Omega^{\cdot}_{X/Y}) \longrightarrow \Omega^1_{Y/S} \otimes_{\underline{O}_Y} \underline{\underline{R}}^q f_*(\underline{E} \otimes_{\underline{O}_X} \Omega^{\cdot}_{X/Y})$$

qui définit la connexion de Gauss-Manin.

Si $M^{\cdot}$ est un complexe différentiel d'ordre $\leqslant 1$ relativement à $S$ sur $X$, nous noterons $L_X(M^{\cdot})$ le complexe linéarisé de $M^{\cdot}$ sur $Cris(X/S)$, et de même nous noterons $L_Y(N^{\cdot})$ le linéarisé sur $Cris(Y/S)$ d'un complexe $N^{\cdot}$ différentiel d'ordre $\leqslant 1$ sur $Y$, relativement à $S$. Considérons alors le complexe

$L_X(\underline{E}\otimes_{\underline{O}_X}\Omega^{\cdot}_{X/S})$ , filtré par les images des $L_X(\underline{E}\otimes_{\underline{O}_X} f^*(\Omega^i_{Y/S})\otimes_{\underline{O}_X}\Omega^{\cdot -i}_{X/S})$ , et la suite spectrale du foncteur

$$f_*\circ u_{X/S*} \xrightarrow{\sim} u_{Y/S*}\circ f_{cris*}$$

relative à ce complexe filtré. Comme, tous les modules étant plats,

$$gr^p(L_X(\underline{E}\otimes_{\underline{O}_X}\Omega^{\cdot}_{X/S})) = L_X(f^*(\Omega^p_{Y/S})\otimes_{\underline{O}_X}\underline{E}\otimes_{\underline{O}_X}\Omega^{\cdot -p}_{X/Y}) \quad ,$$

et que pour tout $\underline{O}_X$-module $M$ on a $\underline{\underline{R}}u_{X/S*}(L_X(M)) = M$ d'après 2.2.4, cette suite spectrale est celle du foncteur $f_*$ relativement au complexe $\underline{E}\otimes_{\underline{O}_X}\Omega^{\cdot}_{X/S}$ muni de la filtration précédente, i.e. celle qui définit la connexion de Gauss-Manin.

Calculons maintenant cette suite spectrale en écrivant le foncteur sous la forme $u_{Y/S*}\circ f_{cris*}$ . Nous allons d'abord calculer les $\underline{\underline{R}}^i f_{cris*}(gr^p(L_X(\underline{E}\otimes_{\underline{O}_X}\Omega^{\cdot}_{X/S})))$. Pour cela, on définit un morphisme

(3.6.3) $L_Y(\Omega^p_{Y/S})\otimes_{\underline{O}_{Y/S}}\underline{\underline{R}}f_{cris*}(L_X(\underline{E}\otimes_{\underline{O}_X}\Omega^{\cdot}_{X/S})) \longrightarrow \underline{\underline{R}}f_{cris*}(L_X(f^*(\Omega^p_{Y/S})\otimes_{\underline{O}_X}\underline{E}\otimes_{\underline{O}_X}\Omega^{\cdot}_{X/Y}))$ ,

où dans le premier complexe on a écrit $\otimes$ au lieu de $\overset{\underline{\underline{L}}}{\otimes}$ parce que, $Y$ étant lisse sur $S$ , $L_Y(\Omega^p_{Y/S})$ est plat sur $\underline{O}_{Y/S}$ . Par adjonction, il revient au même de définir un morphisme

$$f_{cris}^*(L_Y(\Omega^p_{Y/S}))\otimes_{\underline{O}_{X/S}}\underline{\underline{L}}f_{cris}^*(\underline{\underline{R}}f_{cris*}(L_X(\underline{E}\otimes_{\underline{O}_X}\Omega^{\cdot}_{X/S}))) \longrightarrow L_X(f^*(\Omega^p_{X/S})\otimes_{\underline{O}_X}\underline{E}\otimes_{\underline{O}_X}\Omega^{\cdot}_{X/Y}) \quad ,$$

soit encore, grâce au morphisme canonique

$$\underline{\underline{L}}f_{cris}^*(\underline{\underline{R}}f_{cris*}(L_X(\underline{E}\otimes_{\underline{O}_X}\Omega^{\cdot}_{X/S}))) \longrightarrow L_X(\underline{E}\otimes_{\underline{O}_X}\Omega^{\cdot}_{X/S}) \quad ,$$

et en remarquant que $L_X(\underline{E}\otimes_{\underline{O}_X}\Omega^{\cdot}_{X/S})$ est une résolution de $E$ grâce à 2.1.3, un morphisme

$$f_{cris}^*(L_Y(\Omega^p_{Y/S}))\otimes_{\underline{O}_{X/S}} E \longrightarrow L_X(f^*(\Omega^p_{Y/S})\otimes_{\underline{O}_X}\underline{E}\otimes_{\underline{O}_X}\Omega^{\cdot}_{X/Y}) \quad .$$

Il est alors donné par le morphisme

$$f_{cris}^*(L_Y(\Omega^p_{Y/S}))\otimes_{\underline{O}_{X/S}} E \longrightarrow L_X(f^*(\Omega^p_{Y/S}))\otimes_{\underline{O}_{X/S}} E \xrightarrow{\sim} L_X(f^*(\Omega^p_{Y/S})\otimes_{\underline{O}_X}\underline{E}) \quad ,$$

composé de IV (3.1.5) et de IV (3.1.7).

Les deux complexes intervenant en (3.6.3) sont des cristaux au sens des catégories dérivées car les images directes en jeu sont celles de complexes bornés de modules quasi-cohérents et plats sur $\underline{O}_{X/S}$ . Pour vérifier que (3.6.3) est un iso-

**morphisme**, il suffit donc de vérifier qu'il induit un isomorphisme entre les complexes zariskiens correspondants sur l'objet $(Y,Y)$ de $\mathrm{Cris}(Y/S)$. Sur $(Y,Y)$, le premier membre donne, compte tenu de (3.6.2), le complexe

$$\underline{\underline{R}}f_*(\underline{E} \otimes_{\underline{O}_X} \Omega^{\cdot}_{X/Y}) \otimes_{\underline{O}_Y} (\underline{D}_{Y/S}(1) \otimes_{\underline{O}_Y} \Omega^p_{Y/S}) \ .$$

Pour calculer la valeur sur $(Y,Y)$ du second complexe, on remarque que la restriction du complexe

$$L_X(f^*(\Omega^p_{Y/S}) \otimes_{\underline{O}_X} \underline{E} \otimes_{\underline{O}_X} \Omega^{\cdot}_{X/Y}) \ = \ E \otimes_{\underline{O}_{X/S}} L_X(f^*(\Omega^p_{Y/S}) \otimes_{\underline{O}_X} \Omega^{\cdot}_{X/Y})$$

à $(X/Y, \underline{I}.\underline{O}_Y, \gamma)_{\mathrm{cris}}$, grâce au morphisme de localisation $\omega_Y$ défini en (3.2.1), est une résolution du cristal en $\underline{O}_{X/Y}$-modules défini sur $\mathrm{Cris}(X/Y)$ par $\underline{E} \otimes_{\underline{O}_X} f^*(\underline{D}_{Y/S}(1) \otimes_{\underline{O}_Y} \Omega^p_{X/S})$ (on peut pour cela se ramener comme en 2.1.1 à 2.1.2). La valeur sur $(Y,Y)$ du second membre est alors, d'après (3.2.4),

$$\underline{\underline{R}}f_*(f^*(\underline{D}_{Y/S}(1) \otimes_{\underline{O}_Y} \Omega^p_{Y/S}) \otimes_{\underline{O}_X} \underline{E} \otimes_{\underline{O}_X} \Omega^{\cdot}_{X/Y}) \ ,$$

qui est bien isomorphe au précédent, car $\Omega^p_{Y/S}$ est localement libre de type fini, et on peut appliquer au morphisme $p_1 : D_{Y/S}(1) \longrightarrow Y$ le théorème de changement de base en cohomologie de De Rham (3.5.10).

Par conséquent, on a

$$\underline{\underline{R}}^{p+q}f_{\mathrm{cris}*}(\mathrm{gr}^p(L_X(\underline{E} \otimes_{\underline{O}_X} \Omega^{\cdot}_{X/S}))) \xrightarrow{\ \sim\ } L_Y(\Omega^p_{Y/S}) \otimes_{\underline{O}_{Y/S}} R^q f_{\mathrm{cris}*}(E) \ ,$$

puisque $L_X(\underline{E} \otimes_{\underline{O}_X} \Omega^{\cdot}_{X/S})$ est une résolution de $E$. Considérons alors le morphisme canonique

$$\text{(3.6.4)} \qquad \underline{\underline{R}}^q f_*(\underline{E} \otimes_{\underline{O}_X} \Omega^{\cdot}_{X/Y})_{\mathrm{cris}} \longrightarrow R^q f_{\mathrm{cris}*}(E)$$

défini par l'isomorphisme canonique

$$\underline{\underline{R}}^q f_*(\underline{E} \otimes_{\underline{O}_X} \Omega^{\cdot}_{X/Y}) \xrightarrow{\ \sim\ } R^q f_{\mathrm{cris}*}(E)_{(Y,Y)} \ ,$$

$\underline{\underline{R}}^q f_*(\underline{E} \otimes_{\underline{O}_X} \Omega^{\cdot}_{X/Y})_{\mathrm{cris}}$ désignant le cristal défini par $\underline{\underline{R}}^q f_*(\underline{E} \otimes_{\underline{O}_X} \Omega^{\cdot}_{X/Y})$ muni de la connexion intégrable et quasi-nilpotente de 3.6.3. Pour tout objet $(U,T,\delta)$ de $\mathrm{Cris}(Y/S)$ tel qu'il existe une rétraction $T \longrightarrow U$ qui soit un morphisme plat, le morphisme induit par (3.6.4) sur $T$ est un isomorphisme, d'après 3.6.1. Comme les projections de $D_{Y/S}(k)$ sur $Y$ sont plates, on en déduit l'isomorphisme

$$\check{C}A^{\cdot}_Y(L_Y(\Omega^p_{Y/S}) \otimes_{\underline{O}_{Y/S}} R^q f_{cris*}(E)) \xrightarrow{\sim} \check{C}A^{\cdot}_Y(L_Y(\Omega^p_{Y/S}) \otimes_{\underline{O}_{Y/S}} \underline{\underline{R}}^q f_*(\underline{E} \otimes_{\underline{O}_X} \Omega^{\cdot}_{X/Y})_{cris})$$

$$(3.6.5) \qquad \xrightarrow{\sim} \check{C}A^{\cdot}_Y(L_Y(\Omega^p_{Y/S} \otimes_{\underline{O}_{Y/S}} \underline{\underline{R}}^q f_*(\underline{E} \otimes_{\underline{O}_X} \Omega^{\cdot}_{X/Y}))) \quad .$$

On en déduit grâce à 1.2.5 et 2.2.2

$$R^i u_{Y/S*}(\underline{\underline{R}}^{p+q} f_{cris*}(gr^p(L_X(\underline{E} \otimes_{\underline{O}_X} \Omega^{\cdot}_{X/S})))) = 0 \quad \text{si } i \neq 0 ,$$

ce qui montre que les termes $E_1^{p,q}$ de la suite spectrale du foncteur $u_{Y/S*} \circ f_{cris*}$ relativement au complexe filtré $L_X(\underline{E} \otimes_{\underline{O}_X} \Omega^{\cdot}_{X/S})$ s'obtiennent en appliquant le foncteur $u_{Y/S*}$ à ceux de la suite spectrale relative à $f_{cris*}$ et au même complexe.

Reste à calculer la différentielle $d_1^{p,q}$ dans la suite spectrale du foncteur $f_{cris*}$ relative au complexe filtré $L_X(\underline{E} \otimes_{\underline{O}_X} \Omega^{\cdot}_{X/S})$ . Je dis que le diagramme

$$\begin{array}{ccc}
\underline{\underline{R}}^{p+q} f_{cris*}(gr^p(L_X(\underline{E} \otimes_{\underline{O}_X} \Omega^{\cdot}_{X/S}))) & \xrightarrow{\sim} & L_Y(\Omega^p_{Y/S}) \otimes_{\underline{O}_{Y/S}} R^q f_{cris*}(E) \\
\downarrow & & \downarrow \\
\underline{\underline{R}}^{p+1+q} f_{cris*}(gr^{p+1}(L_X(\underline{E} \otimes_{\underline{O}_X} \Omega^{\cdot}_{X/S}))) & \xrightarrow{\sim} & L_Y(\Omega^{p+1}_{Y/S}) \otimes_{\underline{O}_{Y/S}} R^q f_{cris*}(E)
\end{array}$$

où la différentielle de gauche est $d_1^{p,q}$ et celle de droite est obtenue par linéarisation de celle de $\Omega^{\cdot}_{Y/S}$ est commutatif. En effet, on définit de façon évidente un morphisme de complexes

$$f_{cris}^{\ *}(L_Y(\Omega^{\cdot}_{Y/S})) \otimes_{\underline{O}_{X/S}} E \longrightarrow L_X(\underline{E} \otimes_{\underline{O}_X} \Omega^{\cdot}_{X/S})$$

qui est un morphisme de complexes filtrés si le premier est muni de la filtration de Hodge, et le second de la filtration étudiée ici ; ce morphisme induit sur les gradués associés les morphismes qui servent à définir l'isomorphisme (3.6.3). On est alors ramené à la même assertion en remplaçant la suite spectrale de $f_{cris*}$ relative au complexe filtré $L_X(\underline{E} \otimes_{\underline{O}_X} \Omega^{\cdot}_{Y/S})$ par la suite spectrale de $f_{cris*}$ relative au complexe $f_{cris}^{\ *}(L_Y(\Omega^{\cdot}_{Y/S})) \otimes_{\underline{O}_{X/S}} E$ muni de la filtration de Hodge, et elle est alors évidente.

Si on applique $u_{Y/S*}$ au morphisme $d_1^{p,q}$ ainsi obtenu, on obtient d'après ce qui précède le morphisme $d_1^{p,q}$ de la suite spectrale de $u_{Y/S*} \circ f_{cris*}$ relativement au complexe filtré $L_X(\underline{E} \otimes_{\underline{O}_X} \Omega^{\cdot}_{X/S})$ . Grâce à l'isomorphisme (3.6.5) défini au moyen de la connexion de 3.6.3 sur $\underline{\underline{R}}^q f_*(\underline{E} \otimes_{\underline{O}_X} \Omega^{\cdot}_{X/Y})$ , il résulte de IV 3.1.4 ii) et de 2.2.2 ii) que le morphisme $d_1^{o,q}$ est le morphisme

$$\underline{\underline{R}}^q f_*(\underline{E} \otimes_{\underline{O}_X} \Omega^{\cdot}_{X/Y}) \longrightarrow \underline{\underline{R}}^q f_*(\underline{E} \otimes_{\underline{O}_X} \Omega^{\cdot}_{X/Y}) \otimes_{\underline{O}_Y} \Omega^1_{Y/S}$$

défini par cette connexion, et dont la donnée équivaut à celle de cette connexion. Comme ce morphisme est précisément celui qui définit la connexion de Gauss-Manin d'après ce qui a été dit au début de la démonstration, la connexion de Gauss-Manin et celle de 3.6.3 sont bien égales.

Remarque 3.6.5. C'est par l'interprétation cristalline de la connexion de Gauss-Manin que sa quasi-nilpotence a été remarquée pour la première fois. N. Katz a ensuite prouvé directement que lorsque la connexion de $\underline{E}$ est nilpotente, la connexion de Gauss-Manin sur les $\underline{\underline{R}}f^q{}_*(\underline{E} \otimes_{\underline{O}_X} \Omega^{\cdot}_{X/Y})$ est nilpotente, et a donné une borne précise pour l'indice de nilpotence ([33]). L'interprétation cristalline de cette connexion garde néanmoins l'intérêt de montrer qu'elle provient d'une structure plus forte que celle de module à connexion intégrable et nilpotente relativement à S , à savoir la structure de cristal absolu de $\underline{\underline{R}}f_{cris*}(E)$ définie en 3.6.2 : si S est un corps parfait de caractéristique p , et si Y provient par réduction modulo p d'un schéma $\overline{Y}$ lisse sur l'anneau W des vecteurs de Witt de k , cette structure de cristal permet par exemple de prolonger de facon canonique $\underline{\underline{R}}f_*(\Omega^{\cdot}_{X/Y})$ en un complexe sur les voisinages infinitésimaux de Y dans $\overline{Y}$ , alors que la connexion ne permet de le prolonger qu'aux voisinages (à puissances divisées) qui sont au-dessus de S .

## 4. Formule de Künneth.

### 4.1. Le morphisme de Künneth.

Proposition 4.1.1. *Soient* $(S,\underline{I},\gamma)$ *un* PD-*schéma*, R *un* S-*schéma quasi-compact*, $f : X \longrightarrow R$ *et* $g : Y \longrightarrow R$ *deux morphismes de type fini et quasi-séparés*, $Z = X \times_R Y$ , $h : Z \longrightarrow R$ , $p : Z \longrightarrow X$ , $q : Z \longrightarrow Y$ :

$$\begin{array}{ccccc} Z & \xrightarrow{\quad q \quad} & Y & & \\ {\scriptstyle p}\downarrow & & \downarrow{\scriptstyle g} & & \\ X & \xrightarrow{\quad f \quad} & R & \xrightarrow{\qquad} & (S,\underline{I},\gamma) \end{array} .$$

*Si* $E$ *est un* $\underline{O}_{X/S}$*-module quasi-cohérent de Tor-dimension finie sur* $\mathrm{Cris}(X/S,\underline{I},\gamma)$ , $F$ *un* $\underline{O}_{Y/S}$*-module quasi cohérent de Tor-dimension finie sur* $\mathrm{Cris}(Y/S,\underline{I},\gamma)$ , *il existe dans* $D^-((R/S,\underline{I},\gamma)_{cris},\underline{O}_{R/S})$ *un morphisme canonique, fonctoriel en* $E$ , $F$ ,

$$(4.1.1)\quad K_{E,F} : \underline{\underline{R}}f_{cris*}(E) \overset{\underline{\underline{L}}}{\otimes}_{\underline{O}_{R/S}} \underline{\underline{R}}g_{cris*}(F) \longrightarrow \underline{\underline{R}}h_{cris*}(\underline{\underline{L}}p_{cris}{}^*(E) \overset{\underline{\underline{L}}}{\otimes}_{\underline{O}_{Z/S}} \underline{\underline{L}}q_{cris}{}^*(F)).$$

Le morphisme $K_{E,F}$ est appelé *morphisme de Künneth* relatif à $E$, $F$ ; lorsque $E = \underline{O}_{X/S}$, $F = \underline{O}_{Y/S}$ , on le notera $K_{X,Y}$ .

Grâce aux hypothèses faites sur $R$ , $f$ et $g$ , les complexes $\underline{\underline{R}}f_{cris*}(E)$ et $\underline{\underline{R}}g_{cris*}(F)$ sont à cohomologie bornée, d'après 3.2.4 ; le produit tensoriel de ces deux complexes est donc bien défini dans la catégorie dérivée. D'autre part, $E$ et $F$ étant supposés de Tor-dimension finie, les complexes $\underline{\underline{L}}p_{cris}{}^*(E)$ et $\underline{\underline{L}}q_{cris}{}^*(F)$ sont à cohomologie bornée, ainsi que leur produit tensoriel dans la catégorie dérivée ; le foncteur $\underline{\underline{R}}h_{cris*}$ est alors défini pour ce dernier complexe. Les deux complexes de (4.1.1) ont donc un sens, le premier étant dans $D^-$ , et le second dans $D^+$.

Pour définir (4.1.1), il suffit d'après la formule d'adjonction (3.3.1), appliquée à $h_{cris}$ , de définir un morphisme

$$(4.1.2)\quad \underline{\underline{L}}h_{cris}{}^*(\underline{\underline{R}}f_{cris*}(E) \overset{\underline{\underline{L}}}{\otimes}_{\underline{O}_{R/S}} \underline{\underline{R}}g_{cris*}(F)) \longrightarrow \underline{\underline{L}}p_{cris}{}^*(E) \overset{\underline{\underline{L}}}{\otimes}_{\underline{O}_{Z/S}} \underline{\underline{L}}q_{cris}{}^*(F) .$$

Or il existe d'une part un isomorphisme canonique

$$\underline{\underline{L}}h_{cris}{}^*(\underline{\underline{R}}f_{cris*}(E) \overset{\underline{\underline{L}}}{\otimes}_{\underline{O}_{R/S}} \underline{\underline{R}}g_{cris*}(F)) \xrightarrow{\sim} \underline{\underline{L}}h_{cris}{}^*(\underline{\underline{R}}f_{cris*}(E)) \overset{\underline{\underline{L}}}{\otimes}_{\underline{O}_{Z/S}} \underline{\underline{L}}h_{cris}{}^*(\underline{\underline{R}}g_{cris*}(F)),$$

d'autre part des morphismes canoniques

$$\underline{\underline{L}}h_{cris}{}^*(\underline{\underline{R}}f_{cris*}(E)) \xrightarrow{\sim} \underline{\underline{L}}p_{cris}{}^*(\underline{\underline{L}}f_{cris}{}^*(\underline{\underline{R}}f_{cris*}(E))) \longrightarrow \underline{\underline{L}}p_{cris}{}^*(E) \quad ,$$

$$\underline{\underline{L}}h_{cris}{}^*(\underline{\underline{R}}g_{cris*}(F)) \xrightarrow{\sim} \underline{\underline{L}}q_{cris}{}^*(\underline{\underline{L}}g_{cris}{}^*(\underline{\underline{R}}g_{cris*}(F))) \longrightarrow \underline{\underline{L}}q_{cris}{}^*(F) \quad ,$$

définis par les morphismes

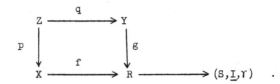

$$\underline{\underline{L}}f_{cris}{}^{*}(\underline{\underline{R}}f_{cris*}(E)) \longrightarrow E \quad , \quad \underline{\underline{L}}g_{cris}{}^{*}(\underline{\underline{R}}g_{cris*}(F)) \longrightarrow F \quad .$$

Par produit tensoriel, on obtient donc le morphisme

$$\underline{\underline{L}}h_{cris}{}^{*}(\underline{\underline{R}}f_{cris*}(E)) \overset{\underline{\underline{L}}}{\otimes}_{\underline{O}_{Z/S}} \underline{\underline{L}}h_{cris}{}^{*}(\underline{\underline{R}}g_{cris*}(F)) \longrightarrow \underline{\underline{L}}p_{cris}{}^{*}(E) \overset{\underline{\underline{L}}}{\otimes}_{\underline{O}_{Z/S}} \underline{\underline{L}}q_{cris}{}^{*}(F) \quad ,$$

qui donne par composition avec l'isomorphisme précédent le morphisme (4.1.2), d'où la proposition.

Corollaire 4.1.2. Sous les hypothèses de 4.1.1, supposons que $R$ soit le sous-schéma fermé de $S$ défini par un sous-PD-idéal quasi-cohérent $\underline{I}_o$ de $\underline{I}$ . Alors, si on pose

$$f_{X/S} : (X/S,\underline{I},\gamma)_{cris} \xrightarrow{u_{X/S}} X_{Zar} \longrightarrow S_{Zar} \quad ,$$

$$g_{Y/S} : (Y/S,\underline{I},\gamma)_{cris} \xrightarrow{u_{Y/S}} Y_{Zar} \longrightarrow S_{Zar} \quad ,$$

$$h_{Z/S} : (Z/S,\underline{I},\gamma)_{cris} \xrightarrow{u_{Z/S}} Z_{Zar} \longrightarrow S_{Zar} \quad ,$$

il existe dans $D^{-}(S,\underline{O}_S)$ un morphisme canonique, fonctoriel en $E$ , $F$ ,

$$(4.1.3) \quad k_{E,F} : \underline{\underline{R}}f_{X/S*}(E) \overset{\underline{\underline{L}}}{\otimes}_{\underline{O}_S} \underline{\underline{R}}g_{Y/S*}(F) \longrightarrow \underline{\underline{R}}h_{Z/S*}(\underline{\underline{L}}p_{cris}{}^{*}(E) \overset{\underline{\underline{L}}}{\otimes}_{\underline{O}_{Z/S}} \underline{\underline{L}}q_{cris}{}^{*}(F)) \quad .$$

Comme $\underline{I}_o$ est un sous-PD-idéal de $\underline{I}$ , l'immersion $R \longrightarrow S$ est un objet de $Cris(R/S,\underline{I},\gamma)$. Prenons alors la valeur de $K_{E,F}$ sur l'objet $(R,S)$ ; d'après 3.2.3, l'homomorphisme ainsi obtenu peut s'écrire sous la forme (4.1.3).

Il est du reste facile de vérifier que l'on peut obtenir le même morphisme $k_{E,F}$ en reprenant directement la méthode de 4.1.1.

Proposition 4.1.3. Supposons qu'on ait un diagramme commutatif de morphismes de schémas de la forme

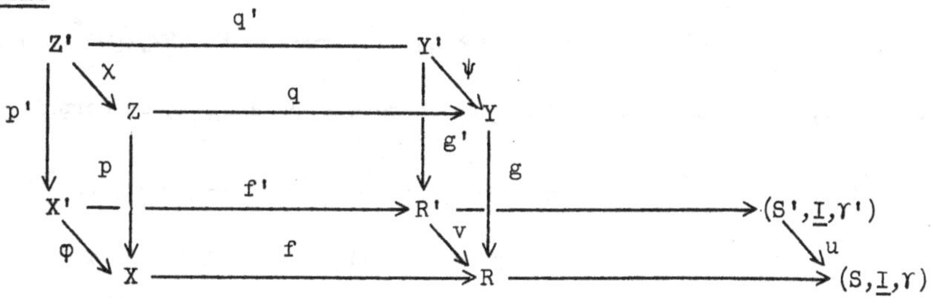

où $u$ est un PD-morphisme, $Z = X\times_R Y$, $Z' = X'\times_{R'} Y'$, $R$ et $R'$ étant quasi-compacts, $f$, $f'$, $g$, $g'$ étant de type fini et quasi-séparés ; soient $h : Z \longrightarrow R$, $h' : Z' \longrightarrow R'$. On se donne des modules quasi-cohérents et de Tor-dimension finie $E$, $F$, $E'$, $F'$ respectivement sur $\mathrm{Cris}(X/S,\underline{I},\gamma)$, $\mathrm{Cris}(Y/S,\underline{I},\gamma)$, $\mathrm{Cris}(X'/S',\underline{I}',\gamma')$, $\mathrm{Cris}(Y'/S',\underline{I}',\gamma')$, et des homomorphismes

$$\varphi_{\mathrm{cris}}^{\ *}(E) \longrightarrow E' \quad , \quad \psi_{\mathrm{cris}}^{\ *}(F) \longrightarrow F' \quad ,$$

respectivement $\underline{O}_{X'/S'}$-linéaire et $\underline{O}_{Y'/S'}$-linéaire. Alors le diagramme

$$\begin{array}{ccc}
\underline{\underline{R}}f_{\mathrm{cris}*}(E) \overset{\underline{\underline{L}}}{\otimes}_{\underline{O}_{R/S}} \underline{\underline{R}}g_{\mathrm{cris}*}(F) & \xrightarrow{K_{E,F}} & \underline{\underline{R}}h_{\mathrm{cris}*}(\underline{\underline{L}}p_{\mathrm{cris}}^{\ *}(E) \overset{\underline{\underline{L}}}{\otimes}_{\underline{O}_{Z/S}} \underline{\underline{L}}q_{\mathrm{cris}}^{\ *}(F)) \\
\downarrow & & \downarrow \\
\underline{\underline{R}}v_{\mathrm{cris}*}(\underline{\underline{R}}f'_{\mathrm{cris}*}(E') \overset{\underline{\underline{L}}}{\otimes}_{\underline{O}_{R'/S'}} \underline{\underline{R}}g'_{\mathrm{cris}*}(F')) & \xrightarrow{\underline{\underline{R}}v_{\mathrm{cris}*}(K_{E',F'})} & \underline{\underline{R}}v_{\mathrm{cris}*}(\underline{\underline{R}}h'_{\mathrm{cris}*}(\underline{\underline{L}}p'_{\mathrm{cris}}{}^{*}(E') \overset{\underline{\underline{L}}}{\otimes}_{\underline{O}_{Z'/S'}} \underline{\underline{L}}q'_{\mathrm{cris}}{}^{*}(F')))
\end{array}$$

est commutatif.

Pour alléger les notations, nous omettrons dans la démonstration l'indice cris pour les morphismes entre topos cristallins.

Pour montrer la commutativité du diagramme, nous allons montrer que les deux morphismes composés proviennent par l'isomorphisme d'adjonction (3.3.1) relatif au morphisme $v_{\mathrm{cris}} \circ h'_{\mathrm{cris}} = h_{\mathrm{cris}} \circ \chi_{\mathrm{cris}}$, du même morphisme sur $\mathrm{Cris}(Z'/S')$.

Grâce à la fonctorialité de l'isomorphisme d'adjonction (3.3.1) par rapport aux morphismes de complexes, le morphisme

$$\underline{\underline{R}}f_*(E) \overset{\underline{\underline{L}}}{\otimes} \underline{\underline{R}}g_*(F) \xrightarrow{K_{E,F}} \underline{\underline{R}}h_*(\underline{\underline{L}}p^*(E) \overset{\underline{\underline{L}}}{\otimes} \underline{\underline{L}}q^*(F)) \longrightarrow \underline{\underline{R}}h_*(\underline{\underline{R}}\chi_*(\underline{\underline{L}}p'^*(E') \overset{\underline{\underline{L}}}{\otimes} \underline{\underline{L}}q'^*(F')))$$

provient, par le morphisme d'adjonction relatif à $h_{\mathrm{cris}}$, du morphisme

$$\underline{\underline{L}}h^*(\underline{\underline{R}}f_*(E)) \overset{\underline{\underline{L}}}{\otimes} \underline{\underline{L}}h^*(\underline{\underline{R}}g_*(F)) \longrightarrow \underline{\underline{L}}p^*(E) \overset{\underline{\underline{L}}}{\otimes} \underline{\underline{L}}q^*(F) \longrightarrow \underline{\underline{R}}\chi_*(\underline{\underline{L}}p'^*(E') \overset{\underline{\underline{L}}}{\otimes} \underline{\underline{L}}q'^*(F')) ,$$

qui provient de même, par le morphisme d'adjonction relatif à $\chi_{\mathrm{cris}}$, du morphisme

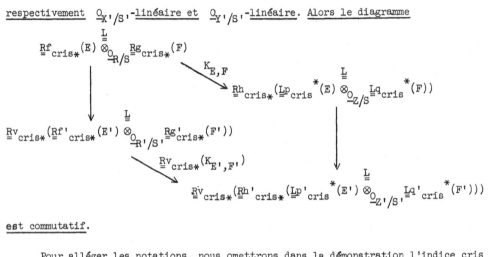

$$\mathbb{L}X^*(\mathbb{L}h^*(\mathbb{R}f_*(E))) \overset{\mathbb{L}}{\otimes} \mathbb{L}X^*(\mathbb{L}h^*(\mathbb{R}g_*(F))) \longrightarrow \mathbb{L}X^*(\mathbb{L}p^*(E)) \overset{\mathbb{L}}{\otimes} \mathbb{L}X^*(\mathbb{L}q^*(F)) \longrightarrow \mathbb{L}p'^*(E') \overset{\mathbb{L}}{\otimes} \mathbb{L}q'^*(F') \quad ,$$

qui est le produit tensoriel des morphismes

$$\mathbb{L}X^*(\mathbb{L}h^*(\mathbb{R}f_*(E))) \longrightarrow \mathbb{L}X^*(\mathbb{L}p^*(E)) \xrightarrow{\sim} \mathbb{L}p'^*(\mathbb{L}\varphi^*(E)) \longrightarrow \mathbb{L}p'^*(E') \quad ,$$

$$\mathbb{L}X^*(\mathbb{L}h^*(\mathbb{R}g_*(F))) \longrightarrow \mathbb{L}X^*(\mathbb{L}q^*(F)) \xrightarrow{\sim} \mathbb{L}q'^*(\mathbb{L}\psi^*(F)) \longrightarrow \mathbb{L}q'^*(F') \quad .$$

D'autre part, le morphisme

$$\mathbb{R}f_*(E) \overset{\mathbb{L}}{\otimes} \mathbb{R}g_*(F) \longrightarrow \mathbb{R}v_*(\mathbb{R}f'_*(E') \overset{\mathbb{L}}{\otimes} \mathbb{R}g'_*(F')) \xrightarrow{\mathbb{R}v_*(K_{E',F'})} \mathbb{R}v_*(\mathbb{R}h'_*(\mathbb{L}p'^*(E') \overset{\mathbb{L}}{\otimes} \mathbb{L}q'^*(F')))$$

provient, par le morphisme d'adjonction relatif à $v_{cris}$, du morphisme

$$\mathbb{L}v^*(\mathbb{R}f_*(E)) \overset{\mathbb{L}}{\otimes} \mathbb{L}v^*(\mathbb{R}g_*(F)) \longrightarrow \mathbb{R}f'_*(E') \overset{\mathbb{L}}{\otimes} \mathbb{R}g'_*(F') \longrightarrow \mathbb{R}h'_*(\mathbb{L}p'^*(E') \overset{\mathbb{L}}{\otimes} \mathbb{L}q'^*(F')) \quad ,$$

qui provient, par le morphisme d'adjonction relatif à $h'_{cris}$, du morphisme

$$\begin{array}{ccc} \mathbb{L}h'^*(\mathbb{L}v^*(\mathbb{R}f_*(E))) \overset{\mathbb{L}}{\otimes} \mathbb{L}h'^*(\mathbb{L}v^*(\mathbb{R}g_*(E))) & \longrightarrow & \mathbb{L}h'^*(\mathbb{R}f'_*(E')) \overset{\mathbb{L}}{\otimes} \mathbb{L}h'^*(\mathbb{R}g'_*(F')) \\ & & \downarrow \\ & & \mathbb{L}p'^*(E') \overset{\mathbb{L}}{\otimes} \mathbb{L}q'^*(F') \end{array} \quad ,$$

qui est le produit tensoriel des morphismes

$$\mathbb{L}h'^*(\mathbb{L}v^*(\mathbb{R}f_*(E))) \longrightarrow \mathbb{L}h'^*(\mathbb{R}f'_*(E')) \longrightarrow \mathbb{L}p'^*(E') \quad ,$$

$$\mathbb{L}h'^*(\mathbb{L}v^*(\mathbb{R}g_*(F))) \longrightarrow \mathbb{L}h'^*(\mathbb{R}g'_*(F')) \longrightarrow \mathbb{L}q'^*(F') \quad .$$

Compte tenu de la transitivité de l'isomorphisme d'adjonction (cf. 3.3.1), il suffit donc de montrer que le diagramme

$$\begin{array}{ccccc} \mathbb{L}X^*(\mathbb{L}h^*(\mathbb{R}f_*(E))) & \longrightarrow & \mathbb{L}X^*(\mathbb{L}p^*(E)) & \xrightarrow{\sim} & \mathbb{L}p'^*(\mathbb{L}\varphi^*(E)) \\ \downarrow \wr & & & & \downarrow \\ \mathbb{L}h'^*(\mathbb{L}v^*(\mathbb{R}f_*(E))) & \longrightarrow & \mathbb{L}h'^*(\mathbb{R}f'_*(E')) & \longrightarrow & \mathbb{L}p'^*(E') \end{array}$$

est commutatif, le diagramme analogue faisant intervenir $F$ et $F'$ étant alors commutatif par le même argument. Or ce diagramme provient, en appliquant le foncteur $\mathbb{L}p'^*$, du diagramme

$$\begin{array}{ccc}
\mathbb{L}\varphi^*(\mathbb{L}f^*(\mathbb{R}f_*(E))) & \longrightarrow & \mathbb{L}\varphi^*(E) \\
\downarrow & & \downarrow \\
\mathbb{L}f'^*(\mathbb{R}f'_*(E')) & \longrightarrow & E'
\end{array} \quad ,$$

qui est commutatif d'après 3.3.2. D'où la proposition.

*Corollaire* 4.1.4. *Sous les hypothèses de* 4.1.3, *supposons que* R (*resp.* R') *soit le sous-schéma fermé de* S (*resp.* S') *défini par un sous-PD-idéal quasi-cohérent de* $\underline{I}$ (*resp.* $\underline{I}'$). *Alors le diagramme*

$$\begin{array}{ccc}
\mathbb{R}f_{X/S*}(E) \overset{\mathbb{L}}{\otimes}_{\underline{O}_S} \mathbb{R}g_{Y/S*}(F) & \xrightarrow{k_{E,F}} & \mathbb{R}h_{Z/S*}(\mathbb{L}p_{cris}^*(E) \overset{\mathbb{L}}{\otimes}_{\underline{O}_{Z/S}} \mathbb{L}q_{cris}^*(F)) \\
\downarrow & & \downarrow \\
\mathbb{R}u_*(\mathbb{R}f'_{X'/S'*}(E') \overset{\mathbb{L}}{\otimes}_{\underline{O}_{S'}} \mathbb{R}g'_{Y'/S'*}(F')) & \xrightarrow{\mathbb{R}u_*(k_{E',F'})} & \mathbb{R}u_*(\mathbb{R}h'_{Z'/S'*}(\mathbb{L}p'^*_{cris}(E') \overset{\mathbb{L}}{\otimes}_{\underline{O}_{Z'/S'}} \mathbb{L}q'^*_{cris}(F'))),
\end{array}$$

*où les notations sont celles de* 4.1.2, *est commutatif*.

Ce diagramme s'obtient à partir de celui de 4.1.3, en prenant le diagramme induit par ce dernier sur le topos zariskien de S , et en utilisant le morphisme canonique

$$\mathbb{R}v_{cris*}(M^{\cdot})_{(R,S)} \longrightarrow \mathbb{R}u_*(M^{\cdot}{}_{(R',S')})$$

dont la construction, utilisant IV(1.2.6), est laissée au lecteur. On peut aussi montrer directement la commutativité de ce diagramme en paraphrasant la démonstration de 4.1.3.

*Proposition* 4.1.5. *Sous les hypothèses de* 4.1.1, *soient* E , E' *deux* $\underline{O}_{X/S}$*-modules quasi-cohérents et plats,* F , F' *deux* $\underline{O}_{Y/S}$*-modules quasi-cohérents et plats. Alors le diagramme* (*où les indices* cris *ont été omis pour simplifier*)

$$\underline{\underline{R}}f_*(E) \overset{\underline{\underline{L}}}{\otimes}_{\underline{O}_{R/S}} \underline{\underline{R}}g_*(F) \overset{\underline{\underline{L}}}{\otimes}_{\underline{O}_{R/S}} \underline{\underline{R}}f_*(E') \overset{\underline{\underline{L}}}{\otimes}_{\underline{O}_{R/S}} \underline{\underline{R}}g_*(F') \xrightarrow{\ \sim\ } \underline{\underline{R}}f_*(E) \overset{\underline{\underline{L}}}{\otimes}_{\underline{O}_{R/S}} \underline{\underline{R}}f_*(E') \overset{\underline{\underline{L}}}{\otimes}_{\underline{O}_{R/S}} \underline{\underline{R}}g_*(F) \overset{\underline{\underline{L}}}{\otimes}_{\underline{O}_{R/S}} \underline{\underline{R}}g_*(F')$$

$$\underline{\underline{R}}f_*(E) \overset{\underline{\underline{L}}}{\otimes}_{\underline{O}_{R/S}} \underline{\underline{R}}g_*(F) \overset{\underline{\underline{L}}}{\otimes}_{\underline{O}_{R/S}} \underline{\underline{R}}f_*(E') \overset{\underline{\underline{L}}}{\otimes}_{\underline{O}_{R/S}} \underline{\underline{R}}g_*(F') \xrightarrow{K_{E,F} \otimes K_{E',F'}} \underline{\underline{R}}h_*(p^*(E) \otimes_{\underline{O}_{Z/S}} q^*(F)) \overset{\underline{\underline{L}}}{\otimes}_{\underline{O}_{R/S}} \underline{\underline{R}}h_*(p^*(E') \otimes_{\underline{O}_{Z/S}} q^*(F'))$$

$$\longrightarrow \underline{\underline{R}}h_*(p^*(E) \otimes_{\underline{O}_{Z/S}} q^*(F) \otimes_{\underline{O}_{Z/S}} p^*(E') \otimes_{\underline{O}_{Z/S}} q^*(F')) \xrightarrow{\ \sim\ } \underline{\underline{R}}h_*(p^*(E \otimes_{\underline{O}_{X/S}} E') \otimes_{\underline{O}_{Z/S}} q^*(F \otimes_{\underline{O}_{Y/S}} F'))$$

$$\underline{\underline{R}}f_*(E) \overset{\underline{\underline{L}}}{\otimes}_{\underline{O}_{R/S}} \underline{\underline{R}}f_*(E') \overset{\underline{\underline{L}}}{\otimes}_{\underline{O}_{R/S}} \underline{\underline{R}}g_*(F) \overset{\underline{\underline{L}}}{\otimes}_{\underline{O}_{R/S}} \underline{\underline{R}}g_*(F') \longrightarrow \underline{\underline{R}}f_*(E \otimes_{\underline{O}_{X/S}} E') \overset{\underline{\underline{L}}}{\otimes}_{\underline{O}_{R/S}} \underline{\underline{R}}g_*(F \otimes_{\underline{O}_{Y/S}} F') \xrightarrow{K_{E \otimes E', F \otimes F'}} \underline{\underline{R}}h_*(p^*(E \otimes_{\underline{O}_{X/S}} E') \otimes_{\underline{O}_{Z/S}} q^*(F \otimes_{\underline{O}_{Y/S}} F'))$$

<u>est commutatif</u>.

Il est facile de vérifier que les hypothèses faites sur $E$ , $E'$ , $F$ et $F'$ entraînent que tous les complexes du diagramme sont définis, ainsi que les morphismes de Künneth. Les flèches non nommées sont les flèches de cup-produit : pour $E$ et $E'$ par exemple, l'homomorphisme

$$\underline{\underline{R}}f_*(E) \overset{\underline{\underline{L}}}{\otimes}_{\underline{O}_{R/S}} \underline{\underline{R}}f_*(E') \longrightarrow \underline{\underline{R}}f_*(E \otimes_{\underline{O}_{X/S}} E')$$

provient par l'isomorphisme d'adjonction pour $f_{cris}$ du produit tensoriel des morphismes canoniques

$$\underline{\underline{L}}f^*(\underline{\underline{R}}f_*(E)) \longrightarrow E$$

$$\underline{\underline{L}}f^*(\underline{\underline{R}}f_*(E')) \longrightarrow E' .$$

Pour prouver la commutativité du diagramme, on utilise encore l'isomorphisme d'adjonction relatif au morphisme $h_{cris}$ . Par un raisonnement analogue à celui de la démonstration de 4.1.3, on voit alors que les deux morphismes composés du diagramme correspondant au produit tensoriel des quatre morphismes

$$\underline{\underline{L}}h^*(\underline{\underline{R}}f_*(E)) \longrightarrow p^*(E) \quad ,$$

$$\underline{\underline{L}}h^*(Rf_*(E') \longrightarrow p^*(E') \quad ,$$

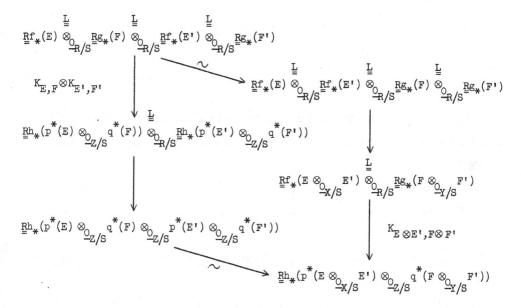

$$\underline{\underline{L}}h^*(\underline{\underline{R}}g_*(F)) \longrightarrow q^*(F) \quad ,$$

$$\underline{\underline{L}}h^*(\underline{\underline{R}}g_*(F')) \longrightarrow q^*(F') \quad .$$

L'assertion en résulte.

Corollaire 4.1.6. *Sous les hypothèses de* 4.1.5, *supposons que* R *soit le sous-schéma fermé de* S *défini par un sous-PD-idéal quasi-cohérent de* $\underline{I}$ . *Alors le diagramme*

$$\begin{array}{ccc}
\underline{\underline{R}}f_{X/S*}(E) \overset{\underline{\underline{L}}}{\otimes}_{\underline{O}_S} \underline{\underline{R}}g_{Y/S*}(F) \overset{\underline{\underline{L}}}{\otimes}_{\underline{O}_S} \underline{\underline{R}}f_{X/S*}(E') \overset{\underline{\underline{L}}}{\otimes}_{\underline{O}_S} \underline{\underline{R}}g_{Y/S*}(F') & \xrightarrow{\sim} & \underline{\underline{R}}f_{X/S*}(E) \overset{\underline{\underline{L}}}{\otimes}_{\underline{O}_S} \underline{\underline{R}}f_{X/S*}(E') \overset{\underline{\underline{L}}}{\otimes}_{\underline{O}_S} \underline{\underline{R}}g_{Y/S*}(F) \overset{\underline{\underline{L}}}{\otimes}_{\underline{O}_S} \underline{\underline{R}}g_{Y/S*}(F') \\
\Big\downarrow {\scriptstyle k_{E,F}\otimes k_{E',F'}} & & \Big\downarrow \\
\underline{\underline{R}}h_{Z/S*}(p^*(E) \otimes_{\underline{O}_{Z/S}} q^*(F)) \overset{\underline{\underline{L}}}{\otimes}_{\underline{O}_S} \underline{\underline{R}}h_{Z/S*}(p^*(E') \otimes_{\underline{O}_{Z/S}} q^*(F')) & & \underline{\underline{R}}f_{X/S*}(E \otimes_{\underline{O}_{X/S}} E') \overset{\underline{\underline{L}}}{\otimes}_{\underline{O}_S} \underline{\underline{R}}g_{Y/S*}(F \otimes_{\underline{O}_{Y/S}} F') \\
\Big\downarrow & & \Big\downarrow {\scriptstyle k_{E\otimes E', F\otimes F'}} \\
\underline{\underline{R}}h_{Z/S*}(p^*(E) \otimes_{\underline{O}_{Z/S}} q^*(F) \otimes_{\underline{O}_{Z/S}} p^*(E') \otimes_{\underline{O}_{Z/S}} q^*(F')) & \xrightarrow{\sim} & \underline{\underline{R}}h_{Z/S*}(p^*(E \otimes_{\underline{O}_{X/S}} E') \otimes_{\underline{O}_{Z/S}} q^*(F \otimes_{\underline{O}_{Y/S}} F'))
\end{array}$$

*est commutatif.*

Comme on peut considérer l'immersion de R dans S comme un objet de $\mathrm{Cris}(R/S,\underline{I},\gamma)$, ce diagramme est simplement le diagramme défini par le précédent en prenant les faisceaux zariskiens sur S correspondant à l'objet (R,S) .

Proposition 4.1.7. i) *Sous les hypothèses de* 4.1.2, *supposons* S *quasi-compact et quasi-séparé* ; *soit* $A = \Gamma(S,\underline{O}_S)$ . *Il existe un morphisme canonique*

$$(4.1.4) \quad k_{E,F} : \underline{\underline{R}}\Gamma(X/S,E) \overset{\underline{\underline{L}}}{\otimes}_A \underline{\underline{R}}\Gamma(Y/S,F) \longrightarrow \underline{\underline{R}}\Gamma(Z/S,\underline{\underline{L}}p_{cris}{}^*(E) \overset{\underline{\underline{L}}}{\otimes}_{\underline{O}_{Z/S}} \underline{\underline{L}}q_{cris}{}^*(F)) \quad ,$$

*fonctoriel en* E *et* F .

ii) Sous les hypothèses de 4.1.4, supposons également $S'$ quasi-compact et quasi-séparé, avec $A' = \Gamma(S', \underline{O}_{S'})$ . Alors le diagramme

$$\begin{array}{ccc}
\underline{\underline{R}}\Gamma(X/S,E) \overset{\underline{\underline{L}}}{\otimes}_{\underline{\underline{A}}} \underline{\underline{R}}\Gamma(Y/S,F) & \xrightarrow{k_{E,F}} & \underline{\underline{R}}\Gamma(Z/S, \underline{\underline{L}}p_{cris}^{\ *}(E) \overset{\underline{\underline{L}}}{\otimes}_{\underline{O}_{Z/S}} \underline{\underline{L}}q_{cris}^{\ *}(F)) \\
\downarrow & & \downarrow \\
\underline{\underline{R}}\Gamma(X'/S',E') \otimes_{A'} \underline{\underline{R}}\Gamma(Y'/S',F') & \xrightarrow{k_{E',F'}} & \underline{\underline{R}}\Gamma(Z'/S', \underline{\underline{L}}p'^{\ *}_{cris}(E') \overset{\underline{\underline{L}}}{\otimes}_{\underline{O}_{Z'/S'}} \underline{\underline{L}}q'^{\ *}_{cris}(F'))
\end{array}$$

est commutatif.

iii). Sous les hypothèses de 4.1.6, $S$ étant toujours quasi-compact et quasi-séparé, le diagramme

$$\begin{array}{ccc}
\underline{\underline{R}}\Gamma(X/S,E) \overset{\underline{\underline{L}}}{\otimes}_{\underline{\underline{A}}} \underline{\underline{R}}\Gamma(Y/S,F) \overset{\underline{\underline{L}}}{\otimes}_{\underline{\underline{A}}} \underline{\underline{R}}\Gamma(X/S,E') \overset{\underline{\underline{L}}}{\otimes}_{\underline{\underline{A}}} \underline{\underline{R}}\Gamma(Y/S,F') & \longrightarrow & \underline{\underline{R}}\Gamma(X/S, E \otimes_{\underline{O}_{X/S}} E') \overset{\underline{\underline{L}}}{\otimes}_{\underline{\underline{A}}} \underline{\underline{R}}\Gamma(Y/S, F \otimes_{\underline{O}_{Y/S}} F') \\
\downarrow{\scriptstyle k_{E,F} \otimes k_{E',F'}} & & \downarrow{\scriptstyle k_{E\otimes E', F\otimes F'}} \\
\underline{\underline{R}}\Gamma(Z/S, p^*(E) \otimes_{\underline{O}_{Z/S}} q^*(F)) \overset{\underline{\underline{L}}}{\otimes}_{\underline{\underline{A}}} \underline{\underline{R}}\Gamma(Z/S, p^*(E') \otimes_{\underline{O}_{Z/S}} q^*(F')) & \longrightarrow & \underline{\underline{R}}\Gamma(Z/S, p^*(E \otimes_{\underline{O}_{X/S}} E') \otimes_{\underline{O}_{Z/S}} q^*(F \otimes_{\underline{O}_{Y/S}} F'))
\end{array}$$

(où les indices cris sont omis) est commutatif, i.e. le morphisme de Künneth commute aux cup-produits.

Sous les hypothèses de i), les complexes $\underline{\underline{R}}f_{X/S*}(E)$ et $\underline{\underline{R}}g_{Y/S*}(F)$ sont à cohomologie bornée et quasi-cohérente (d'après 3.2.7). Comme $S$ est quasi-compact et quasi-séparé, les complexes $\underline{\underline{R}}\Gamma(S, \underline{\underline{R}}f_{X/S*}(E))$ et $\underline{\underline{R}}\Gamma(S, \underline{\underline{R}}g_{Y/S*}(F))$ sont à cohomologie bornée, et on a un morphisme canonique

$$(4.1.5) \quad \underline{\underline{R}}\Gamma(S, \underline{\underline{R}}f_{X/S*}(E)) \overset{\underline{\underline{L}}}{\otimes}_{\underline{\underline{A}}} \underline{\underline{R}}\Gamma(S, \underline{\underline{R}}g_{Y/S*}(F)) \longrightarrow \underline{\underline{R}}\Gamma(S, \underline{\underline{R}}f_{X/S*}(E) \overset{\underline{\underline{L}}}{\otimes}_{\underline{O}_S} \underline{\underline{R}}g_{Y/S*}(F))$$

(qu'on peut par exemple définir par adjonction en introduisant le morphisme de topos de $S$ dans le topos ponctuel). Composant alors le morphisme (4.1.5) et le morphisme obtenu en appliquant le foncteur $\underline{\underline{R}}\Gamma(S, .)$ au morphisme (4.1.3), on obtient le morphisme (4.1.4).

La commutativité des diagrammes de ii) et iii) résulte alors de celle des diagrammes de 4.1.4 et 4.1.6 en appliquant le foncteur $\underline{\underline{R}}\Gamma(S, .)$.

Remarque 4.1.8. De l'isomorphisme de commutativité du produit tensoriel de complexes résulte la règle des signes suivante : soient $a \in H^i(X/S,E)$ , $a' \in H^{i'}(X/S,E')$ , $a.a'$ le cup-produit de $a$ et $a'$ dans $H^{i+i'}(X/S,E\otimes E')$ , et $b \in H^j(Y/S,F)$ , $b' \in H^{j'}(Y/S,F')$, $b.b'$ le cup-produit de $b$ et $b'$ dans $H^{j+j'}(Y/S,F\otimes F')$. Si on note par le symbole $\otimes$ l'image par le morphisme de Künneth, on obtient

$$(4.1.6) \qquad (a\otimes b).(a'\otimes b') = (-1)^{i'j}(a.a')\otimes(b.b') \ .$$

## 4.2. Formule de Künneth pour les morphismes lisses.

Théorème 4.2.1. (Formule de Künneth). Soient $(S,\underline{I},\gamma)$ un PD-schéma, $R$ un S-schéma quasi-compact, $f : X \longrightarrow R$ et $g : Y \longrightarrow R$ deux morphismes lisses, quasi-compacts et quasi-séparés, $Z = X\times_R Y$ , $h : Z \longrightarrow R$ , $p : Z \longrightarrow X$ , $q : Z \longrightarrow Y$ . Si $E$ est un $\underline{O}_{X/S}$-module quasi-cohérent et plat sur $\mathrm{Cris}(X/S,\underline{I},\gamma)$ , et $F$ un $\underline{O}_{Y/S}$-module quasi-cohérent et plat sur $\mathrm{Cris}(Y/S,\underline{I},\gamma)$ , le morphisme de Künneth (4.1.1) :

$$K_{E,F} : \underline{\underline{R}}f_{cris*}(E) \overset{\underline{\underline{L}}}{\otimes}_{\underline{O}_{R/S}} \underline{\underline{R}}g_{cris*}(F) \longrightarrow \underline{\underline{R}}h_{cris*}(p_{cris}^{\ *}(E)\otimes_{\underline{O}_{Z/S}} q_{cris}^{\ *}(F))$$

est un isomorphisme.

Il suffit de prouver que pour tout objet $(U,T,\delta)$ de $\mathrm{Cris}(R/S,\underline{I},\gamma)$ , le morphisme induit par $K_{E,F}$ entre les complexes de faisceaux zariskiens correspondants sur $T$ est un isomorphisme. Si $\underline{J}$ est l'idéal de $U$ dans $T$ , soient $\underline{K} = \underline{J} + \underline{I}.\underline{O}_T$ , et $\overline{\delta}$ les puissances divisées de $\underline{K}$ prolongeant $\gamma$ et $\delta$ . Grâce au PD-morphisme

$$(T,\underline{K},\delta) \longrightarrow (S,\underline{I},\gamma) \qquad ,$$

on peut définir les morphismes de topos

$$\omega'_T \ : \ (X_U/T,\underline{K},\bar{\delta})_{cris} \longrightarrow (X/S,\underline{I},\gamma)_{cris} \quad ,$$

$$\omega''_T \ : \ (Y_U/T,\underline{K},\bar{\delta})_{cris} \longrightarrow (Y/S,\underline{I},\gamma)_{cris} \quad ,$$

$$\omega_T \ : \ (Z_U/T,\underline{K},\bar{\delta})_{cris} \longrightarrow (Z/S,\underline{I},\gamma)_{cris} \quad ,$$

avec $X_U = f^{-1}(U)$ , $Y_U = g^{-1}(U)$ , $Z_U = h^{-1}(U) = X_U \times_U Y_U$ . Posons d'autre part

$$f_{X/T} \ : \ (X_U/T,\underline{K},\bar{\delta})_{cris} \xrightarrow{u_{X_U/T}} X_{U\ Zar} \longrightarrow T_{Zar} \quad ,$$

$$g_{Y/T} \ : \ (Y_U/T,\underline{K},\bar{\delta})_{cris} \xrightarrow{u_{Y_U/T}} Y_{U\ Zar} \longrightarrow T_{Zar} \quad ,$$

$$h_{Z/T} \ : \ (Z_U/T,\underline{K},\bar{\delta})_{cris} \xrightarrow{u_{Z_U/T}} Z_{U\ Zar} \longrightarrow T_{Zar} \quad ,$$

et notons encore $p$ et $q$ les projections de $Z_U$ sur $X_U$ et $Y_U$ . D'après 3.2.3, il existe un isomorphisme canonique

$$(\underline{\underline{R}}f_{cris*}(E) \overset{\underline{\underline{L}}}{\otimes}_{\underline{O}_{R/S}} \underline{\underline{R}}g_{cris*}(F))_{(U,T,\delta)} \longrightarrow \underline{\underline{R}}f_{X/T*}(\omega'^*_T(E)) \overset{\underline{\underline{L}}}{\otimes}_{\underline{O}_T} \underline{\underline{R}}g_{Y/T*}(\omega''^*_T(F)) \quad .$$

On obtient de même l'isomorphisme canonique

$$(\underline{\underline{R}}h_{cris*}(p_{cris}{}^*(E) \otimes_{\underline{O}_{Z/S}} q_{cris}{}^*(F)))_{(U,T,\delta)} \xrightarrow{\sim} \underline{\underline{R}}h_{Z/T*}(\omega^*_T(p_{cris}{}^*(E) \otimes_{\underline{O}_{Z/S}} q_{cris}{}^*(F)))$$

$$\xrightarrow{\sim} \underline{\underline{R}}h_{Z/T*}(p_{cris}{}^*(\omega'^*_T(E)) \otimes_{\underline{O}_{Z_U/T}} q_{cris}{}^*(\omega''^*_T(F))).$$

Enfin, si l'on applique 4.1.2 à $X_U$ , $Y_U$ , $Z_U$ au-dessus de $(T,\underline{K},\bar{\delta})$ ($U$ pouvant être supposé quasi-compact, puisque 4.2.1 se vérifie localement), on a le morphisme de Künneth

$$\underline{\underline{R}}f_{X/T*}(\omega'^*_T(E)) \overset{\underline{\underline{L}}}{\otimes}_{\underline{O}_T} \underline{\underline{R}}g_{Y/T*}(\omega''^*_T(F)) \longrightarrow \underline{\underline{R}}h_{Z/T*}(p_{cris}{}^*(\omega'^*_T(E)) \otimes_{\underline{O}_{Z_U/T}} q_{cris}{}^*(\omega''^*_T(F))) \ .$$

Le diagramme

$$\begin{array}{ccc}
(\underline{\underline{R}}f_{cris*}(E) \overset{\underline{\underline{L}}}{\otimes}_{\underline{O}_{R/S}} \underline{\underline{R}}g_{cris*}(F))_{(U,T,\delta)} & \longrightarrow & \underline{\underline{R}}h_{cris*}(p_{cris}{}^*(E) \otimes_{\underline{O}_{Z/S}} q_{cris}{}^*(F))_{(U,T,\delta)} \\
\downarrow \wr & & \downarrow \wr \\
\underline{\underline{R}}f_{X/T*}(\omega'^*_T(E)) \overset{\underline{\underline{L}}}{\otimes}_{\underline{O}_T} \underline{\underline{R}}g_{Y/T*}(\omega''^*_T(F)) & \longrightarrow & \underline{\underline{R}}h_{Z/T*}(p_{cris}{}^*(\omega'^*_T(E)) \otimes_{\underline{O}_{Z_U/T}} q_{cris}{}^*(\omega''^*_T(T)))
\end{array}$$

est commutatif : pour le vérifier, on peut soit reprendre le raisonnement par adjonction de 4.1.3, soit directement observer que, $\omega_T$, $\omega'_T$, $\omega''_T$ étant des morphismes de localisation d'après 3.2.2, les foncteurs image inverse correspondants transforment injectifs en injectifs (et plats en plats), de sorte que la construction du morphisme de Künneth de 4.1.1 induit par localisation celle du morphisme de Kunneth de 4.1.2. On est donc ramené à prouver le corollaire suivant :

Corollaire 4.2.2. Soient $(S,\underline{I},\gamma)$ un PD-schéma quasi-compact, $S_o$ un sous-schéma fermé de $S$ défini par un sous-PD-idéal quasi-cohérent de $\underline{I}$, $f : X \longrightarrow S_o$ et $g : Y \longrightarrow S_o$ deux morphismes lisses, quasi-compacts et quasi-séparés, $Z = X\times_{S_o} Y$, $h : Z \longrightarrow S_o$, $p : Z \longrightarrow X$, $q : Z \longrightarrow Y$. Si $E$ est un $\underline{O}_{X/S}$-module quasi-cohérent et plat sur $\mathrm{Cris}(X/S,\underline{I},\gamma)$, et $F$ un $\underline{O}_{Y/S}$-module quasi-cohérent et plat sur $\mathrm{Cris}(Y/S,\underline{I},\gamma)$, le morphisme de Künneth (4.1.3)

$$k_{E,F} : \underline{\underline{R}}f_{X/S*}(E) \overset{\underline{\underline{L}}}{\otimes}_{\underline{O}_S} \underline{\underline{R}}g_{Y/S*}(F) \longrightarrow \underline{\underline{R}}h_{Z/S*}(p_{cris}{}^*(E) \otimes_{\underline{O}_{Z/S}} q_{cris}{}^*(F))$$

est un isomorphisme.

Pour prouver 4.2.2, on va se ramener au cas où $X$ et $Y$ sont affines, $S$ pouvant être supposé affine puisque l'énoncé est local sur $S$, et la réduction au cas affine s'effectue en reprenant la méthode des recouvrements utilisée dans la démonstration du théorème de changement de base (3.5.2).

Soit $\underline{U} = (U_i)_{i=0,\dots,n}$ un recouvrement ouvert fini de $X$. On en déduit un recouvrement ouvert $\underline{V}$ de $Z$, avec $V_i = p^{-1}(U_i) = U_i \times_{S_o} Y$, pour $i = 0,\dots,n$. Reprenant les notations de 3.5.2, on note $(X^{\cdot}/S)_{cris}$ le topos associé au diagramme de topos indexé par $\Delta$ formé par les $(X/S)_{cris}/U_{i_0 \dots i_k\, cris}$, et $(Z^{\cdot}/S)_{cris}$ le topos associé au diagramme de topos indexé par $\Delta$ formé par les $(Z/S)_{cris}/V_{i_0\dots i_k cris}$ ; on notera également $(Y^{\cdot}/S)_{cris}$ le topos $((Y/S)_{cris})^{\Delta}$. Les morphismes de localisation définissent des morphismes de topos

$$j'_{cris} : (X^{\cdot}/S)_{cris} \longrightarrow (X/S)_{cris} ,$$

$$j_{cris} : (Z^{\cdot}/S)_{cris} \longrightarrow (Z/S)_{cris} ,$$

et on notera

$$j''_{cris} : (Y^{\cdot}/S)_{cris} \longrightarrow (Y/S)_{cris}$$

le morphisme naturel $((Y/S)_{cris})^{\Delta} \longrightarrow (Y/S)_{cris}$ défini en 3.4.3. On pose

$$f_{X^{\cdot}/S} : (X^{\cdot}/S)_{cris} \xrightarrow{j'_{cris}} (X/S)_{cris} \xrightarrow{f_{X/S}} S_{Zar} \quad ,$$

$$g_{Y^{\cdot}/S} : (Y^{\cdot}/S)_{cris} \xrightarrow{j''_{cris}} (Y/S)_{cris} \xrightarrow{g_{Y/S}} S_{Zar} \quad ,$$

$$h_{Z^{\cdot}/S} : (Z^{\cdot}/S)_{cris} \xrightarrow{j_{cris}} (Z/S)_{cris} \xrightarrow{h_{Z/S}} S_{Zar} \quad .$$

Enfin, les morphismes $V_{i_o \ldots i_k} \longrightarrow U_{i_o \ldots i_k}$ induits par $p$ définissent d'après 3.4.3 un morphisme de topos

$$p^{\cdot}_{cris} : (Z^{\cdot}/S)_{cris} \longrightarrow (X^{\cdot}/S)_{cris} \quad ,$$

et les morphismes $V_{i_o \ldots i_k} \longrightarrow Y$ induits par $q$ un morphisme de topos

$$q^{\cdot}_{cris} : (Z^{\cdot}/S)_{cris} \longrightarrow (Y^{\cdot}/S)_{cris} \quad .$$

Il est alors clair que le diagramme

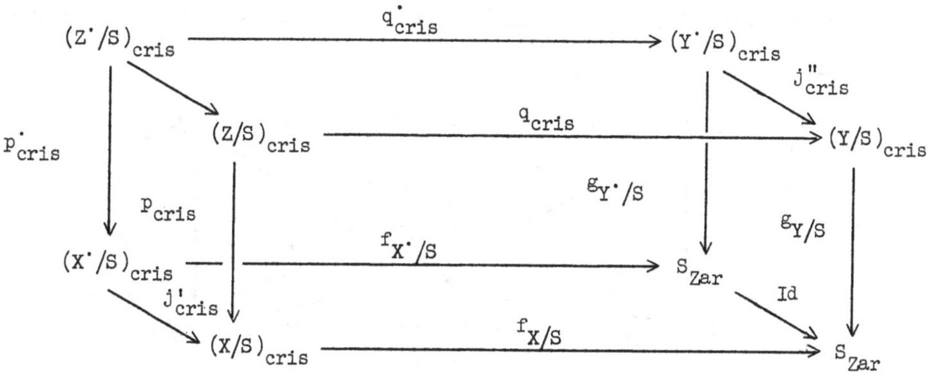


est commutatif (à isomorphisme près).

Suivant la méthode de 4.1.1, on construit un morphisme canonique

$$\underline{\underline{R}}f_{X^{\cdot}/S*}(j'^{*}_{cris}(E)) \overset{\underline{\underline{L}}}{\otimes}_{\underline{O}_S} \underline{\underline{R}}g_{Y^{\cdot}/S*}(j''^{*}_{cris}(F))$$

(4.2.1)

$$\longrightarrow \underline{\underline{R}}h_{Z^{\cdot}/S*}(p^{\cdot *}_{cris}(j'^{*}_{cris}(E)) \otimes_{\underline{O}_{Z^{\cdot}/S}} q^{\cdot *}_{cris}(j''^{*}_{cris}(F))) \ ,$$

et, en paraphrasant la démonstration de 4.1.3, on voit que le diagramme

$$\begin{array}{ccc}
\underline{\underline{R}}f_{X/S*}(E) \overset{\underline{\underline{L}}}{\otimes}_{\underline{O}_S} \underline{\underline{R}}g_{X/S*}(F) & \longrightarrow & \underline{\underline{R}}f_{X^\cdot/S*}(j'^{\,*}_{cris}(E)) \overset{\underline{\underline{L}}}{\otimes}_{\underline{O}_S} \underline{\underline{R}}g_{Y^\cdot/S*}(j''^{\,*}_{cris}(F)) \\
\downarrow & & \downarrow \\
\underline{\underline{R}}h_{Z/S*}(p_{cris}^{\;*}(E) \otimes_{\underline{O}_{Z/S}} q_{cris}^{\;*}(F)) & \longrightarrow & \underline{\underline{R}}h_{Z^\cdot/S*}(p^{\cdot\,*}_{cris}(j'^{\,*}_{cris}(E)) \otimes_{\underline{O}_{Z^\cdot/S}} q^{\cdot\,*}_{cris}(j''^{\,*}_{cris}(F)))
\end{array}$$

est commutatif. Or pour tout $\underline{O}_{X/S}$-module $M$ , tout $\underline{O}_{Y/S}$-module $N$ , et tout $\underline{O}_{Z/S}$-module $P$ , les morphismes canoniques

$$M \longrightarrow \underline{\underline{R}}j'_{cris*}(j'^{\,*}_{cris}(M)) \ , \ N \longrightarrow \underline{\underline{R}}j''_{cris*}(j''^{\,*}_{cris}(N)) \quad , \quad P \longrightarrow \underline{\underline{R}}j_{cris*}(j_{cris}^{\;*}(P))$$

sont des isomorphismes, d'après 3.4.8 (appliqué dans le cas de $(Y/S)_{cris}$ au recouvrement formé de $n+1$ ouverts égaux au topos entier). Il en résulte que les homomorphismes horizontaux du diagramme sont des isomorphismes. Il suffit donc de montrer que le morphisme (4.2.1) est un isomorphisme.

Si on introduit le topos $(S_{Zar})^{\Delta}$ , on obtient grâce à 3.4.3 le diagramme commutatif (à isomorphisme près)

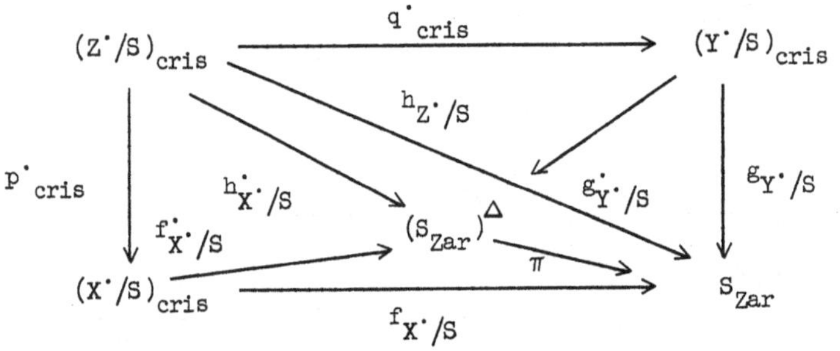


On construit encore une fois un morphisme canonique

$$\begin{array}{l}
\underline{\underline{R}}f^{\cdot}_{X^\cdot/S*}(j'^{\,*}_{cris}(E)) \overset{\underline{\underline{L}}}{\otimes}_{\pi^*(\underline{O}_S)} \underline{\underline{R}}g^{\cdot}_{Y^\cdot/S*}(j''^{\,*}_{cris}(F)) \\
\qquad\qquad \searrow \qquad\qquad (4.2.2) \\
\qquad\qquad\qquad \underline{\underline{R}}h^{\cdot}_{Z^\cdot/S*}(p^{\cdot\,*}_{cris}(j'^{\,*}_{cris}(E)) \otimes_{\underline{O}_{Z^\cdot/S}} q^{\cdot\,*}_{cris}(j''^{\,*}_{cris}(F))) \ ,
\end{array}$$

et on vérifie encore par adjonction la commutativité du diagramme

$$\begin{array}{ccc}
\underline{\underline{R}}f_{X^{\cdot}/S*}(j'^{\,*}_{cris}(E)) \overset{\underline{\underline{L}}}{\otimes}_{\underline{O}_S} \underline{\underline{R}}g_{Y^{\cdot}/S*}(j''^{\,*}_{cris}(F)) & \longrightarrow & \underline{\underline{R}}\pi_*(\underline{\underline{R}}f^{\cdot}_{X^{\cdot}/S*}(j'^{\,*}_{cris}(E)) \overset{\underline{\underline{L}}}{\otimes}_{\pi^*(\underline{O}_S)} \underline{\underline{R}}g^{\cdot}_{Y^{\cdot}/S*}(j''^{\,*}_{cris}(F))) \\
\downarrow & & \downarrow \\
\underline{\underline{R}}h_{Z^{\cdot}/S*}(p^{\cdot\,*}_{cris}(j'^{\,*}_{cris}(E)) \otimes_{\underline{O}_{Z^{\cdot}/S}} q^{\cdot\,*}_{cris}(j''^{\,*}_{cris}(F))) & \xrightarrow{\sim} & \underline{\underline{R}}\pi_*(\underline{\underline{R}}h^{\cdot}_{Z^{\cdot}/S*}(p^{\cdot\,*}_{cris}(j'^{\,*}_{cris}(E)) \otimes_{\underline{O}_{Z^{\cdot}/S}} q^{\cdot\,*}_{cris}(j''^{\,*}_{cris}(F)))) .
\end{array}$$

Or le morphisme horizontal du haut est un isomorphisme. En effet, on déduit du diagramme commutatif

$$\begin{array}{ccc}
((Y/S)_{cris})^{\Delta} & \xrightarrow{j''_{cris}} & (Y/S)_{cris} \\
{\scriptstyle g^{\cdot}_{Y^{\cdot}/S}}\downarrow & & \downarrow{\scriptstyle g_{Y/S}} \\
(S_{Zar})^{\Delta} & \xrightarrow{\pi} & S_{Zar}
\end{array}$$

et du fait que $g^{\cdot}_{Y^{\cdot}/S}$ est défini par la famille "constante" de valeur $g_{Y/S}$, l'isomorphisme

$$\underline{\underline{R}}g^{\cdot}_{Y^{\cdot}/S*}(j''^{\,*}_{cris}(F)) \xrightarrow{\sim} \pi^*(\underline{\underline{R}}g_{Y/S*}(F)) \xrightarrow{\sim} \pi^*(\underline{\underline{R}}g_{Y^{\cdot}/S*}(j''^{\,*}_{cris}(F))) ,$$

$\underline{\underline{L}}\pi^*$ étant remplacé par $\pi^*$ puisque ce foncteur est exact. Il suffit alors de vérifier que si $M^{\cdot}$ est un complexe borné sur $(S_{Zar})^{\Delta}$ et $N^{\cdot}$ un complexe borné supérieurement sur $S_{Zar}$, le morphisme canonique

$$\underline{\underline{R}}\pi_*(M^{\cdot}) \overset{\underline{\underline{L}}}{\otimes}_{\underline{O}_S} N^{\cdot} \longrightarrow \underline{\underline{R}}\pi_*(M^{\cdot} \overset{\underline{\underline{L}}}{\otimes}_{\pi^*(\underline{O}_S)} \pi^*(N^{\cdot}))$$

est un isomorphisme. On voit par récurrence descendante qu'il suffit de le vérifier lorsque $N^{\cdot}$ est nul en degrés $\neq 0$, et plat en degré $0$, égal à $N$. Mais d'après 3.4.9 i), ce morphisme s'écrit

$$\underline{C}^{\cdot}(M^{\cdot}) \otimes_{\underline{O}_S} N \longrightarrow \underline{C}^{\cdot}(M^{\cdot} \otimes_{\pi^*(\underline{O}_S)} \pi^*(N)) ,$$

et ce dernier est un isomorphisme terme à terme.

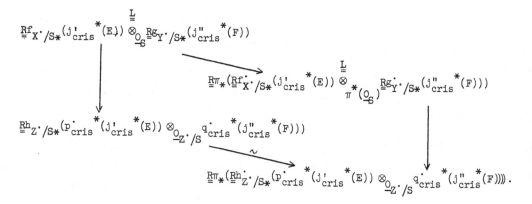

On voit donc que pour prouver 4.2.2, il suffit de montrer qu'il existe un recouvrement $\underline{U}$ de $X$ tel que (4.2.2) soit un isomorphisme. Comme il existe dans $(X^{\cdot}/S)_{cris}$ , $(Y^{\cdot}/S)_{cris}$ , $(Z^{\cdot}/S)_{cris}$ assez d'injectifs et de plats induisant pour toute suite $i_0 <\ldots< i_k$ des injectifs et des plats sur $(X/S)_{cris}/U_{i_0\ldots i_k cris}$ , $(Y/S)_{cris}$ , $(Z/S)_{cris}/V_{i_0\ldots i_k cris}$ , le morphisme induit par (4.2.2) sur chaque composante d'indice $i_0 <\ldots< i_k$ n'est autre que le morphisme (4.1.3) pour les schémas $U_{i_0\ldots i_k}$ , $Y$ , et $V_{i_0\ldots i_k} = U_{i_0\ldots i_k} \times_{S_0} Y$ , et les modules $j_{i_0\ldots i_k cris}{}^*(E)$ et $F$ . Or le morphisme (4.2.2) est un isomorphisme si et seulement si sa composante d'indice $i_0 <\ldots< i_k$ est un isomorphisme pour toute suite $i_0 <\ldots< i_k$ . Donc il suffit pour prouver 4.2.2 de montrer qu'il existe un recouvrement $\underline{U}$ fini de $X$ , tel que 4.2.2 soit vrai pour chacun des couples $(U_{i_0\ldots i_k}, Y)$ .

Reprenant le raisonnement de 3.5.2, on voit qu'il suffit de prouver 4.2.2 lorsque (S étant affine), $f$ est séparé, puis lorsque $X$ est affine, et enfin lorsque $X$ est affine et se relève en un S-schéma lisse et affine $X'$ . Appliquant alors les résultats précédents à $Y$ , on peut de même supposer que $Y$ est affine, et se relève en un S-schéma lisse et affine $Y'$ ; soit alors $Z' = X' \times_S Y'$ , qui est affine et lisse sur $S$ , et relève $Z$ . Les modules quasi-cohérents et plats $E$ , $F$ , définissent sur $X'$ et $Y'$ des modules quasi-cohérents et plats $\underline{E} = E_{(X,X')}$ et $\underline{F} = F_{(Y,Y')}$ , munis d'une connexion intégrable relativement à $S$ . Soient $f' : X' \longrightarrow S$ , $g' : Y' \longrightarrow S$, $h' : Z' \longrightarrow S$ , $p' : Z' \longrightarrow X'$ , $q' : Z' \longrightarrow Y'$ . Alors le module quasi-cohérent $p_{cris}{}^*(E) \otimes_{\underline{O}_{Z/S}} q_{cris}{}^*(F)$ correspond au $\underline{O}_{Z'}$-module $p'^*(\underline{E}) \otimes_{\underline{O}_{Z'}} q'^*(\underline{F})$ , muni de la connexion déduite de celles de $\underline{E}$ , $\underline{F}$ .

Grâce à (2.3.2), il existe des isomorphismes canoniques

$$\underline{\underline{R}}f_{X/S*}(E) \xrightarrow{\sim} f'_*(\underline{E} \otimes_{\underline{O}_{X'}} \Omega^{\cdot}_{X'/S}) \quad ,$$

$$\underline{\underline{R}}g_{Y/S*}(F) \xrightarrow{\sim} g'_*(\underline{F} \otimes_{\underline{O}_{Y'}} \Omega^{\cdot}_{Y'/S}) \quad ,$$

$$\underline{\underline{R}}h_{Z/S*}(p_{cris}{}^*(E) \otimes_{\underline{O}_{Z/S}} q_{cris}{}^*(F)) \xrightarrow{\sim} h'_*(p'^*(\underline{E}) \otimes_{\underline{O}_{Z'}} q'^*(\underline{F}) \otimes_{\underline{O}_{Z'}} \Omega^{\cdot}_{Z'/S}) \ ,$$

le $\underline{\underline{R}}$ pouvant être supprimé à droite puisque les schémas en jeu sont affines, et $\underline{E}$ et $\underline{F}$ quasi-cohérents. Il existe de plus un morphisme canonique

$$f'_*(\underline{E} \otimes_{\underline{O}_{X'}} \Omega^{\cdot}_{X'/S}) \otimes_{\underline{O}_S} g'_*(\underline{F} \otimes_{\underline{O}_{Y'}} \Omega^{\cdot}_{Y'/S}) \longrightarrow h'_*(p'^*(\underline{E}) \otimes_{\underline{O}_{Z'}} q'^*(\underline{F}) \otimes_{\underline{O}_{Z'}} \Omega^{\cdot}_{Z'/S}) \quad ,$$

provenant par adjonction de l'homomorphisme

$$p'^{-1}(\underline{E} \otimes_{\underline{O}_{X'}} \Omega^{\cdot}_{X'/S}) \otimes_{h'^{-1}(\underline{O}_S)} q'^{-1}(\underline{F} \otimes_{\underline{O}_{Y'}} \Omega^{\cdot}_{Y'/S}) \longrightarrow p'^*(\underline{E}) \otimes_{\underline{O}_{Z'}} q'^*(\underline{F}) \otimes_{\underline{O}_{Z'}} \Omega^{\cdot}_{Z'/S}$$

défini par l'isomorphisme canonique

$$p'^*(\Omega^1_{X'/S}) \oplus q'^*(\Omega^1_{Y'/S}) \xrightarrow{\sim} \Omega^1_{Z'/S} \quad .$$

Par adjonction, et en utilisant la commutativité de (2.3.12), on voit que le diagramme

$$\begin{array}{ccc}
\underline{\underline{R}} f_{X/S*}(E) \overset{\underline{\underline{L}}}{\otimes}_{\underline{O}_S} \underline{\underline{R}} g_{Y/S*}(F) & \longrightarrow & \underline{\underline{R}} h_{Z/S*}(p_{cris}{}^*(E) \otimes_{\underline{O}_{Z/S}} q_{cris}{}^*(F)) \\
\downarrow \wr & & \downarrow \wr \\
f'_*(\underline{E} \otimes_{\underline{O}_{X'}} \Omega^{\cdot}_{X'/S}) \otimes_{\underline{O}_S} g'_*(\underline{F} \otimes_{\underline{O}_{Y'}} \Omega^{\cdot}_{Y'/S}) & \longrightarrow & h'_*(p'^*(\underline{E}) \otimes_{\underline{O}_{Z'}} q'^*(\underline{F}) \otimes_{\underline{O}_{Z'}} \Omega^{\cdot}_{Z'/S})
\end{array}$$

est commutatif, le produit tensoriel étant pris au sens ordinaire pour les complexes de De Rham à cause de la platitude de $\underline{E}$ et $\underline{F}$ . Si on pose $S = \mathrm{Spec}(A)$ , $X' = \mathrm{Spec}(B)$ , $Y' = \mathrm{Spec}(C)$ , $M = \Gamma(X',\underline{E})$ , $N = \Gamma(Y',\underline{F})$ , on obtient

$$\Gamma(S, f'_*(\underline{E} \otimes_{\underline{O}_{X'}} \Omega^{\cdot}_{X'/S}) \otimes_{\underline{O}_S} g'_*(\underline{F} \otimes_{\underline{O}_{Y'}} \Omega^{\cdot}_{Y'/S})) = (M \otimes_B \Omega^{\cdot}_{B/A}) \otimes_A (N \otimes_C \Omega^{\cdot}_{C/A})$$

$$\Gamma(S, h'_*(p'^*(\underline{E}) \otimes_{\underline{O}_{Z'}} q'^*(\underline{F}) \otimes_{\underline{O}_{Z'}} \Omega^{\cdot}_{Z'/S})) = (M \otimes_A C) \otimes_{(B \otimes_A C)} (N \otimes_A B) \otimes_{(B \otimes_A C)} \Omega^{\cdot}_{B \otimes_A C/A}$$

et comme $\Omega^{\cdot}_{B\otimes_A C/A} \xrightarrow{\sim} (\Omega^{\cdot}_{B/A}) \otimes_A (\Omega^{\cdot}_{C/A})$ , l'homomorphisme canonique

$$(M \otimes_B \Omega^{\cdot}_{B/A}) \otimes_A (N \otimes_C \Omega^{\cdot}_{C/A}) \longrightarrow (M \otimes_A C) \otimes_{(B\otimes_A C)} (N \otimes_A B) \otimes_{(B \otimes_A C)} \Omega^{\cdot}_{B\otimes_A C/A}$$

est un isomorphisme. Par suite, le morphisme (4.2.3) est un isomorphisme, ce qui achève la démonstration de 4.2.2.

<u>Corollaire</u> 4.2.3. <u>Sous les hypothèses de</u> 4.2.2, <u>supposons</u> S <u>affine</u> ; <u>soit</u> $S = \mathrm{Spec}(A)$ . <u>Alors le morphisme de Kunneth</u> (4.1.4)

$$k_{E,F} : \underline{\underline{R}}\Gamma(X/S,E) \overset{\underline{\underline{L}}}{\otimes}_A \underline{\underline{R}}\Gamma(Y/S,F) \longrightarrow \underline{\underline{R}}\Gamma(Z/S, p_{cris}{}^*(E) \otimes_{\underline{O}_{Z/S}} q_{cris}{}^*(F))$$

<u>est un isomorphisme</u>.

Lorsque $S$ est affine, le morphisme (4.1.5) est un isomorphisme : en effet, c'est un isomorphisme lorsqu'on remplace $\underline{\underline{R}}f_{X/S_*}(E)$ et $\underline{\underline{R}}g_{Y/S_*}(F)$ par des $\underline{O}_S$-modules quasi-cohérents ; comme $\underline{\underline{R}}f_{X/S_*}(E)$ et $\underline{\underline{R}}g_{Y/S_*}(F)$ sont à cohomologie quasi-cohérente, on se ramène à ce cas grâce aux triangles distingués canoniques

$$\begin{array}{ccc} & H^n(M^\cdot)[-n] & \\ {}^{+1}\swarrow & & \nwarrow \\ M'^\cdot & \longrightarrow & M^\cdot \end{array}$$

où, $M^\cdot$ étant un complexe à cohomologie nulle hors de l'intervalle $(m,n)$, $M'^\cdot$ est à cohomologie nulle hors de l'intervalle $(m,n-1)$.

Comme (4.1.4) est le composé du morphisme (4.1.5) et du morphisme obtenu en appliquant $\underline{\underline{R}}\Gamma(S, .)$ au morphisme (4.1.3), le corollaire résulte de 4.2.2.

<u>Remarque</u> 4.2.4. Lorsque $S_o = S$ , le corollaire 4.2.2 redonne la formule de Künneth en cohomologie de De Rham (valable pour des morphismes lisses, quasi-compacts et quasi-séparés sur une base quasi-compacte, sans supposer $p$ localement nilpotent). Bien entendu, elle se montre encore directement par réduction au cas affine au moyen de la descente cohomologique.

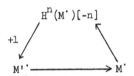

# CHAPITRE VI

## CLASSE DE COHOMOLOGIE ASSOCIEE A UN CYCLE NON SINGULIER.

### 1. Cohomologie locale.

Les différentes notions de cohomologie locale introduites ici reprennent les notions analogues de [30], dont nous suivrons parfois l'exposé ; pour la plupart, elles sont d'ailleurs obtenues en appliquant au topos cristallin des définitions générales pour les topos quelconques, qu'on pourra trouver dans SGA 4 . Pour la commodité des références, nous redonnerons néanmoins ces définitions dans le cas du topos cristallin.

#### 1.1. Définitions générales.

Soient $(S,\underline{I},\gamma)$ un PD-schéma, et $X$ un S-schéma.

1.1.1. Rappelons qu'une famille de supports $\varphi$ sur un espace topologique $V$ est une famille de sous-espaces fermés, telle que :

i) si $Z \in \varphi$ , et si $Z' \subset Z$ , alors $Z' \in \varphi$ ;

ii) si $Z$ et $Z' \in \varphi$ , alors $Z \cup Z' \in \varphi$ .

Un faisceau de familles de supports $\Phi$ est un faisceau d'ensembles sur $V$ tel que pour tout ouvert $U$ de $V$ l'ensemble $\Phi(U)$ soit une famille de supports sur $U$ , et que pour $U' \subset U$ l'application $\Phi(U) \longrightarrow \Phi(U')$ associe à $Z \in \Phi(U)$ le fermé $Z \cap U' \in \Phi(U')$ .

Définition 1.1.2. *Soient* $Z$ *un fermé de* $X$ , $U = X - Z$ *l'ouvert complémentaire,* $U_{cris}$ *l'ouvert du topos* $(X/S)_{cris}$ *défini par* $U$ (III 3.1.1), $T$ *un objet de* $(X/S)_{cris}$ , $F$ *un faisceau abélien sur* $Cris(X/S)$ . *On dit qu'une section* $s$ *de* $F$

au-dessus de $T$ est à support dans $Z$ si le cosupport de $s$ (SGA 4 IV 8.5.2) dans le topos localisé $(X/S)_{cris}/T$ contient l'ouvert $T \times U_{cris}$. Si $\varphi$ est une famille de supports sur $X$, on dit que $s$ est à support dans $\varphi$ s'il existe $Z \in \varphi$ tel que $s$ soit à support dans $Z$.

Rappelons que pour toute section $s$ d'un faisceau abélien $F$ sur un topos $\underline{T}$, le cosupport de $s$ est l'ouvert de $\underline{T}$ (i.e. le sous-objet de l'objet final) dont la valeur sur les objets $E$ de $\underline{T}$ tels que $s \neq 0$ dans $F(E)$ est l'ensemble vide, et la valeur sur les objets $E$ tels que $s = 0$ dans $F(E)$ est l'ensemble à un élément.

Revenant à la définition 1.1.2, supposons que $T$ soit le faisceau sur $\mathrm{Cris}(X/S)$ représenté par un objet $(V,T,\delta)$ de $\mathrm{Cris}(X/S)$. Une section de $F$ au-dessus de $(V,T,\delta)$ est alors une section sur $T$ du faisceau zariskien $F_{(V,T,\delta)}$, d'après la définition de ce dernier. Il résulte alors immédiatement de la définition de $U_{cris}$ qu'une section $s$ de $F$ au-dessus de $(V,T,\delta)$ est à support dans $Z$ si et seulement si la section correspondante de $F_{(V,T,\delta)}$ est à support dans $Z \cap V$ (considéré comme un fermé de $T$).

Supposons maintenant que $T$ soit l'objet final de $(X/S)_{cris}$. Dire que $s$ est à support dans $Z$ équivaut à dire que son cosupport contient $U_{cris}$, i.e. que si $(V,T,\delta)$ est tel que $U_{cris}(V,T,\delta)$ soit l'ensemble à un élément, $s = 0$ dans $F(V,T,\delta)$, soit encore que pour tout $(V,T,\delta)$ tel que $V \subset U$, $s = 0$ dans $F(V,T,\delta)$. Il revient donc au même de dire que pour tout objet $(V,T,\delta)$, la section de $F_{(V,T,\delta)}$ définie par $s$ est à support dans $Z \cap V$.

Soit $\mathrm{RCris}(X/S,\underline{I},\gamma)$ le site cristallin restreint de $X$ relativement à $(S,\underline{I},\gamma)$ (IV 2.1.1). Si $F$ est un faisceau abélien sur $\mathrm{RCris}(X/S,\underline{I},\gamma)$, et si $s$ est une section de $F$ au-dessus d'un objet du topos $(X/S)_{RCris}$, on donne comme en 1.1.2 un sens à la phrase "$s$ est à support dans $Z$" ; les considérations précédentes restent alors valables.

1.1.3. Soit $\varphi$ une famille de supports sur $X$. Pour tout faisceau abélien $F$ sur

Cris(X/S) (resp. RCris(X/S)) , on note $\Gamma_{\varphi}(X/S,F)$ l'ensemble des sections de F à support dans $\varphi$ . Il est clair que $\Gamma_{\varphi}(X/S,F)$ est un sous-groupe de $\Gamma(X/S,F)$ . De même, si A est un faisceau d'anneau sur Cris(X/S) (resp. RCris(X/S)), et M un A-module, $\Gamma_{\varphi}(X/S,M)$ est un $\Gamma(X/S,A)$-module.

Le foncteur qui à un faisceau abélien F associe $\Gamma_{\varphi}(X/S,F)$ est exact à gauche. Ses dérivés droits seront notés

$$H^i_{\varphi}(X/S,F) \quad .$$

Soient $\psi \subset \varphi$ deux familles de supports sur X . On pose

(1.1.1) $$\Gamma_{\varphi/\psi}(X/S,F) = \Gamma_{\varphi}(X/S,F)/\Gamma_{\psi}(X/S,F)$$

pour tout faisceau abélien F . Le foncteur ainsi obtenu n'est plus exact à gauche en général ; ses dérivés droits seront notés

$$H^i_{\varphi/\psi}(X/S,F) \quad .$$

Soit maintenant $\Phi$ un faisceau de familles de supports sur X . Pour tout faisceau abélien F , on note $\underline{\Gamma}_{\Phi}(F)$ le faisceau sur Cris(X/S) (resp. RCris(X/S)) dont les sections au-dessus d'un objet $(U,T,\delta)$ sont les sections de F au-dessus de $(U,T,\delta)$ à support dans $\Phi(U)$ , i.e. d'après 1.1.2 les sections de $F_{(U,T,\delta)}$ à support dans $\Phi(U)$ . On a donc par définition

(1.1.2) $$\underline{\Gamma}_{\Phi}(F)_{(U,T,\delta)} = \underline{\Gamma}_{\Phi|U}(F_{(U,T,\delta)}) \quad ,$$

où $\Phi|U$ désigne la restriction à U du faisceau de familles de supports $\Phi$ . Si A est un faisceau d'anneaux, et si M est un A-module, $\underline{\Gamma}_{\Phi}(M)$ est alors un A-module. Le foncteur $\underline{\Gamma}_{\Phi}$ est exact à gauche ; ses dérivés droits sur la catégorie des faisceaux abéliens seront notés

$$\underline{H}^i_{\Phi}(F) \quad .$$

Enfin, soient $\Psi \subset \Phi$ deux faisceaux de familles de supports sur X . On pose

(1.1.3) $$\underline{\Gamma}_{\Phi/\Psi}(F) = \underline{\Gamma}_{\Phi}(F)/\underline{\Gamma}_{\Psi}(F) \quad .$$

Les foncteurs dérivés droits du foncteur $\underline{\Gamma}_{\Phi/\Psi}$ seront notés

$$\underline{H}^i_{\Phi/\Psi}(F) \ .$$

Les quatre foncteurs ainsi définis possèdent des dérivés droits sur la catégorie dérivée $D^+((X/S)_{\mathrm{cris}},\underline{\underline{Z}})$ (resp. $D^+((X/S)_{\mathrm{Rcris}},\underline{\underline{Z}})$). Si $F^{\cdot}$ est un complexe de faisceaux abéliens borné inférieurement, on notera

$$\underline{\underline{H}}^i_{\varphi}(X/S,F^{\cdot}) \qquad , \qquad \underline{\underline{H}}^i_{\varphi/\psi}(X/S,F^{\cdot})$$

les groupes de cohomologie des complexes $\underline{\underline{R}}\Gamma_{\varphi}(X/S,F^{\cdot})$ , $\underline{\underline{R}}\Gamma_{\varphi/\psi}(X/S,F^{\cdot})$ , et on emploiera les notations $\underline{H}^i(F^{\cdot})$ , $\underline{H}^i_{\Phi/\Psi}(F^{\cdot})$ pour les faisceaux de cohomologie locale, i.e. les faisceaux de cohomologie des complexes $\underline{\underline{R}}\underline{\Gamma}_{\Phi}(F^{\cdot})$ et $\underline{\underline{R}}\underline{\Gamma}_{\Phi/\Psi}(F^{\cdot})$ (qu'on prendra garde de ne pas confondre avec ceux des complexes $\underline{\Gamma}_{\Phi}(F^{\cdot})$ et $\underline{\Gamma}_{\Phi/\Psi}(F^{\cdot})$). En appliquant (1.1.1) et (1.1.3) à une résolution injective de $F^{\cdot}$ , on obtient les triangles distingués

(1.1.4)

$$\begin{array}{ccc} & \underline{\underline{R}}\Gamma_{\varphi/\psi}(X/S,F^{\cdot}) & \\ {\scriptstyle +1}\swarrow & & \nwarrow \\ \underline{\underline{R}}\Gamma_{\psi}(X/S,F^{\cdot}) & \longrightarrow & \underline{\underline{R}}\Gamma_{\varphi}(X/S,F^{\cdot}) \end{array} \quad , \quad \begin{array}{ccc} & \underline{\underline{R}}\underline{\Gamma}_{\Phi/\Psi}(F^{\cdot}) & \\ {\scriptstyle +1}\swarrow & & \nwarrow \\ \underline{\underline{R}}\underline{\Gamma}_{\Psi}(F^{\cdot}) & \longrightarrow & \underline{\underline{R}}\underline{\Gamma}_{\Phi}(F^{\cdot}) \end{array}$$

donnant naissance aux suites exactes de cohomologie

(1.1.5) $0 \to \underline{\underline{H}}^0_{\psi}(X/S,F^{\cdot}) \to \dots \to \underline{\underline{H}}^i_{\psi}(X/S,F^{\cdot}) \to \underline{\underline{H}}^i_{\varphi}(X/S,F^{\cdot}) \to \underline{\underline{H}}^i_{\varphi/\psi}(X/S,F^{\cdot}) \to \dots$

(1.1.6) $0 \longrightarrow \underline{H}^0_{\Psi}(F^{\cdot}) \longrightarrow \dots \longrightarrow \underline{H}^i_{\Psi}(F^{\cdot}) \longrightarrow \underline{H}^i_{\Phi}(F^{\cdot}) \longrightarrow \underline{H}^i_{\Phi/\Psi}(F^{\cdot}) \longrightarrow \dots$ .

1.1.4. Rappelons (SGA 4 V 4.1) qu'un module $M$ sur un anneau $A$ d'un topos $\underline{T}$ est dit <u>flasque</u> si pour tout objet $E$ de $\underline{T}$ et tout entier $q \geqslant 1$ , $H^q(E,M) = 0$ . Cette condition ne dépend que du faisceau abélien sous-jacent à $M$ , et entraine que pour tout monomorphisme $E' \longrightarrow E$ d'objets de $\underline{T}$ , l'homomorphisme $M(E) \longrightarrow M(E')$ correspondant est surjectif. Tout A-module injectif est flasque.

Dans le cas du topos cristallin, on a la propriété suivante :

<u>Proposition</u> 1.1.5. <u>Soient</u> $A$ <u>un faisceau d'anneaux sur</u> $\mathrm{Cris}(X/S)$ (<u>resp.</u>

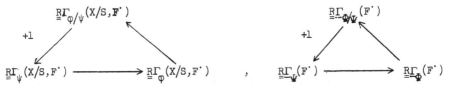

$RCris(X/S))$ , $M$ un A-module flasque. Alors, pour tout $(U,T,\delta)$ , le $A_{(U,T,\delta)}$-module $M_{(U,T,\delta)}$ est flasque sur $T_{Zar}$ .

Si $M$ est flasque, la restriction de $M$ au topos localisé $(X/S)_{cris}/(U,T,\delta)$ (resp. $(X/S)_{Rcris}/(U,T,\delta))$ est flasque. Or $M_{(U,T,\delta)}$ est l'image directe de la restriction de $M$ à ce topos localisé par le morphisme de topos

$$(X/S)_{cris}/(U,T,\delta) \longrightarrow T_{Zar}$$

(resp. Rcris) défini en III 3.5.3. Comme l'image directe par un morphisme de topos d'un module flasque est flasque, la proposition en résulte.

1.1.6. Reprenant les "Thèmes et variations" de [30], on voit que les modules flasques sont acycliques pour les foncteurs définis en 1.1.3. En particulier, les dérivés de ces foncteurs sur la catégorie des A-modules ont même faisceau abélien sous-jacent que leurs dérivés sur la catégorie des faisceaux abéliens, ce qui justifiera que l'on emploie les mêmes notations pour les dérivés dans la catégorie des modules. Par ailleurs, si $M$ est un A-module flasque, $\underline{\Gamma}_{\Phi}(M)$ est également flasque. On en tire les conséquences suivantes :

Proposition 1.1.7. Soient $\Psi \subset \Phi$ deux faisceaux de familles de supports sur $X$ , $A$ un anneau de $(X/S)_{cris}$ (resp. $(X/S)_{Rcris}$) , $F^{\cdot}$ un complexe de $D^+((X/S)_{cris},A)$ (resp. $D^+((X/S)_{Rcris},A))$ . Pour tout $(U,T,\delta)$, il existe des isomorphismes canoniques dans $D^+(T_{Zar},A_{(U,T,\delta)})$

$$\mathbb{R}\underline{\Gamma}_{\Phi}(F^{\cdot})_{(U,T,\delta)} \longrightarrow \mathbb{R}\underline{\Gamma}_{\Phi|U}(F^{\cdot}_{(U,T,\delta)}) \quad , \tag{1.1.7}$$

$$\mathbb{R}\underline{\Gamma}_{\Phi/\Psi}(F^{\cdot})_{(U,T,\delta)} \longrightarrow \mathbb{R}\underline{\Gamma}_{\Phi|U/\Psi|U}(F^{\cdot}_{(U,T,\delta)}) \quad . \tag{1.1.8}$$

Cela résulte des définitions (1.1.2) et (1.1.3), de 1.1.5 et 1.1.6.

Corollaire 1.1.8. Soient $\Psi \subset \Phi$ deux faisceaux de familles de supports sur $X$ , $A$ un anneau de $(X/S)_{cris}$ , $F^{\cdot}$ un complexe de $D^+((X/S)_{cris},A)$ , $Q : (X/S)_{cris} \longrightarrow (X/S)_{cris}$ le morphisme de topos canonique défini en IV 2.1.2.

Dans $D^+((X/S)_{Rcris}, Q^*(A))$ il existe des isomorphismes canoniques

(1.1.9) $$\underline{\underline{R}}\Gamma_{\Phi}(Q^*(F^\cdot)) \xrightarrow{\sim} Q^*(\underline{\underline{R}}\Gamma_{\Phi}(F^\cdot)) \quad ,$$

(1.1.10) $$\underline{\underline{R}}\Gamma_{\Phi/\Psi}(Q^*(F^\cdot)) \xrightarrow{\sim} Q^*(\underline{\underline{R}}\Gamma_{\Phi/\Psi}(F^\cdot)) \quad .$$

C'est une conséquence immédiate de 1.1.7.

Proposition 1.1.9. Sous les hypothèses de 1.1.7, on a les suites spectrales

(1.1.11) $$E_2^{p,q} = H^p(X/S,\underline{H}^q_{\Phi}(F^\cdot)) \Longrightarrow \underline{\underline{H}}^n_{\Phi(X)}(X/S,F^\cdot) \quad ,$$

(1.1.12) $$E_2^{p,q} = H^p(X/S,\underline{H}^q_{\Phi/\Psi}(F^\cdot)) \Longrightarrow \underline{\underline{H}}^n_{\Phi(X)/\Psi(X)}(X/S,F^\cdot) \quad ,$$

où $\Phi(X)$, $\Psi(X)$ sont les familles de supports sur $X$ définies par les sections globales des faisceaux $\Phi$ et $\Psi$.

Montrons d'abord que l'on a pour tout A-module $F$ un isomorphisme

(1.1.13) $$\Gamma_{\Phi(X)}(X/S,F) \xrightarrow{\sim} \Gamma(X/S,\underline{\Gamma}_{\Phi}(F)) \quad .$$

D'après 1.1.2, si $s$ est une section de $F$ à support dans $\Phi(X)$, la section de $F_{(U,T,\delta)}$ définie par $s$ est à support dans la restriction de $\Phi(X)$ à $U$, donc dans $\Phi(U)$, pour tout $(U,T,\delta)$ ; donc $s$ est une section de $\underline{\Gamma}_{\Phi}(F)$. Inversement, soit $s$ une section de $\underline{\Gamma}_{\Phi}(F) \subset F$, et montrons qu'elle est à support dans $\Phi(X)$. D'après IV 1.7.1, il existe une famille d'épaississements fondamentaux $(U_i,T_i,\delta_i)$ telle que les $U_i$ recouvrent $X$. Pour tout $i$, soit $Z_i$ le support de la section de $F_{(U_i,T_i,\delta_i)}$ définie par $s$ : c'est donc un fermé de $U_i$, appartenant par hypothèse à $\Phi(U_i)$. Si $(U,T,\delta)$ est un épaississement tel que $U$ soit contenu dans l'un des $U_i$, il existe un morphisme $g : T \longrightarrow T_i$ dans le site cristallin ; il en résulte que le support de la section de $F_{(U,T,\delta)}$ définie par $s$ est contenu dans $U \cap Z_i$. En particulier, on a $Z_i \cap U_j = Z_j \cap U_i$ pour tout couple d'indices $i$, $j$, de sorte qu'il existe un fermé $Z \in \Phi(X)$ tel que $Z_i = Z \cap U_i$ pour tout $i$. La section $s$ est alors à support dans $Z$, d'où (1.1.13).

La suite spectrale (1.1.11) résulte alors de ce que $\underline{\Gamma}_{\Phi}$ transforme les modules flasques en modules flasques. La suite spectrale (1.1.12) résulte de ce que pour tout module flasque $I$ on a

$$\begin{aligned}\Gamma_{\Phi(X)/\Psi(X)}(X/S,I) &= \Gamma_{\Phi(X)}(X/S,I)/\Gamma_{\Psi(X)}(X/S,I)\\ &= \Gamma(X/S,\underline{\Gamma}_{\Phi}(I))/\Gamma(X/S,\underline{\Gamma}_{\Psi}(I))\end{aligned}$$

d'après (1.1.13), soit encore, puisque $\underline{\Gamma}_{\Psi}(I)$ est flasque,

$$\Gamma_{\Phi(X)/\Psi(X)}(X/S,I) = \Gamma(X/S,\underline{\Gamma}_{\Phi}(I)/\underline{\Gamma}_{\Psi}(I)) \quad ,$$

d'où

(1.1.14) $$\Gamma_{\Phi(X)/\Psi(X)}(X/S,I) = \Gamma(X/S,\underline{\Gamma}_{\Phi/\Psi}(I)) \quad .$$

<u>Corollaire</u> 1.1.10. <u>Sous les hypothèses de</u> 1.1.8, <u>on a les isomorphismes canoniques</u>

(1.1.15) $$\underline{\underline{R}}\Gamma_{\Phi(X)}((X/S)_{cris},F^{\cdot}) \xrightarrow{\sim} \underline{\underline{R}}\Gamma_{\Phi(X)}((X/S)_{Rcris},Q^{*}(F^{\cdot})) \quad ,$$

(1.1.6) $$\underline{\underline{R}}\Gamma_{\Phi(X)/\Psi(X)}((X/S)_{cris},F^{\cdot}) \xrightarrow{\sim} \underline{\underline{R}}\Gamma_{\Phi(X)/\Psi(X)}((X/S)_{Rcris},Q^{*}(F^{\cdot})) \ .$$

Ces isomorphismes résultent des isomorphismes (1.1.9) et (1.1.10) grâce aux suites spectrales (1.1.11) et (1.1.12).

<u>Proposition</u> 1.1.11. <u>Soit</u> $(\Phi_i)_{i\in\underline{\underline{N}}}$ <u>une famille de faisceaux de familles de supports sur</u> $X$, <u>telle que</u> $\Phi_{i+1}\subset\Phi_i$ <u>pour tout</u> $i$. <u>Pour tout anneau</u> $A$ <u>de</u> $(X/S)_{cris}$ (<u>resp</u>. $(X/S)_{Rcris}$) <u>et tout complexe</u> $F^{\cdot}$ <u>de</u> $D^{+}((X/S)_{cris},A)$ (<u>resp</u>. $D^{+}((X/S)_{Rcris},A)$), <u>il existe une suite spectrale canonique de</u> A-<u>modules</u>

(1.1.17) $$E_1^{p,q} = \underline{H}^{p+q}_{\Phi_p/\Phi_{p+1}}(F^{\cdot}) \Longrightarrow \underline{H}^{n}_{\Phi_0}(F^{\cdot}) \quad ,$$

<u>birégulière s'il existe</u> $n$ <u>tel que</u> $\Phi_n=\emptyset$.

Soit $I^{\cdot}$ une résolution injective de $F^{\cdot}$. Les $\underline{H}^{n}_{\Phi_0}(F^{\cdot})$ sont les faisceaux de cohomologie du complexe $\underline{\Gamma}_{\Phi_0}(I^{\cdot})$. Les $\underline{\Gamma}_{\Phi_i}(I^{\cdot})$ forment alors une filtration de ce complexe, et la suite spectrale (1.1.17) n'est autre que la suite spectrale définie par cette filtration de $\underline{\Gamma}_{\Phi_0}(I^{\cdot})$.

1.1.12. Si $Z$ est une partie fermée de $X$, $Z$ définit un faisceau de familles de support sur $X$, à savoir le faisceau $\Phi$ tel que $\Phi(U)$ soit pour tout ouvert $U$ de $X$ l'ensemble des sous-fermés (dans $U$) de $Z \cap U$. Dans ce cas, on remplacera dans les notations précédentes l'indice $\Phi$ par l'indice $Z$.

Soit $U$ l'ouvert complémentaire de $Z$ dans $X$, et notons $j$ l'inclusion de $U$ dans $X$. Pour tout anneau $A$ de $(X/S)_{cris}$ (resp. $(X/S)_{Rcris}$) et tout complexe $F^{\cdot} \in Ob(D^{+}((X/S)_{cris},A))$ (resp. $D^{+}((X/S)_{Rcris},A)$), on a le triangle distingué

(1.1.18)
$$\begin{array}{ccc} & \underline{\underline{R}}j_{cris*}(j_{cris}{}^{*}(F^{\cdot})) & \\ {}^{+1}\swarrow & & \nwarrow \\ \underline{\underline{R}}\underline{\Gamma}_{Z}(F^{\cdot}) & \longrightarrow & F^{\cdot} \end{array} ,$$

où dans le cas de $(X/S)_{Rcris}$ on note $j_{cris}$ le morphisme de localisation

$$(X/S)_{Rcris}/U_{cris} \longrightarrow (X/S)_{Rcris}$$

(cf. 1.2 plus bas). En effet, si $I^{\cdot}$ est une résolution injective de $F^{\cdot}$, on a la suite exacte de complexes

$$0 \longrightarrow \underline{\Gamma}_{Z}(I^{\cdot}) \longrightarrow I^{\cdot} \longrightarrow j_{cris*}(j_{cris}{}^{*}(I^{\cdot})) \longrightarrow 0$$

qui donne le triangle distingué (1.1.18) dans la catégorie dérivée car, $j_{cris}$ étant un morphisme de localisation, $j_{cris}{}^{*}(I^{\cdot})$ est une résolution injective de $j_{cris}{}^{*}(F^{\cdot})$. Pour voir que la suite est exacte, on remarque d'une part qu'une section de $I^{\cdot}$ a une image nulle dans $j_{cris*}(j_{cris}{}^{*}(I^{\cdot}))$ si et seulement si sa restriction au-dessus de $U_{cris}$ est nulle, c'est-à-dire si elle est à support dans $Z$. D'autre part, si $T$ est un objet quelconque de $(X/S)_{cris}$ (resp. $(X/S)_{Rcris}$), une section de $j_{cris*}(j_{cris}{}^{*}(I^{\cdot}))$ au-dessus de $T$ est une section de $I^{\cdot}$ au-dessus de $T\times U_{cris}$ ; comme $I^{\cdot}$ est injectif, donc flasque, une telle section se prolonge en une section de $I^{\cdot}$ au-dessus de $T$, de sorte que le morphisme $I^{\cdot} \longrightarrow j_{cris*}(j_{cris}{}^{*}(I^{\cdot}))$ est surjectif.

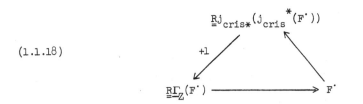

Si $F^{\cdot}$ est un complexe réduit au degré 0 , donc formé d'un A-module $F$ , on déduit du triangle distingué (1.1.18) la suite exacte

(1.1.19) $$0 \longrightarrow \underline{\Gamma}_Z(F) \longrightarrow F \longrightarrow j_{cris*}(j_{cris}^{*}(F)) \longrightarrow \underline{H}^1_Z(F) \longrightarrow 0$$

et les isomorphismes, pour $i \geqslant 2$ ,

(1.1.20) $$\underline{H}^i_Z(F) \xrightarrow{\sim} R^{i-1}j_{cris*}(j_{cris}^{*}(F)) \quad .$$

1.2. Cohomologie à support dans un sous-schéma régulièrement immergé.

On s'intéresse maintenant au calcul des $\underline{H}^i_Y(F)$ lorsque $Y$ est un sous-schéma fermé de $X$ régulièrement immergé.

On fixe toujours un PD-schéma $(S,\underline{I},\gamma)$ , et on se donne un S-schéma $X$ . Si $j : U \longrightarrow X$ est une immersion ouverte, on voit comme en III 3.1.2 qu'il existe une équivalence de topos canonique

$$(U/S)_{Rcris} \xrightarrow{\sim} (X/S)_{Rcris}/U_{cris} \quad ,$$

ce qui justifiera qu'on note $j_{cris}$ le morphisme de topos composé

$$(U/S)_{Rcris} \xrightarrow{\sim} (X/S)_{Rcris}/U_{cris} \longrightarrow (X/S)_{Rcris}$$

où le second morphisme est le morphisme de localisation, le contexte précisant chaque fois s'il s'agit du topos cristallin ou du topos cristallin restreint.

Lemme 1.2.1. Soit $j : U \longrightarrow X$ une immersion ouverte. Si $A$ est un faisceau d'anneaux sur Cris(U/S) (resp. RCris(U/S)) et $M$ un A-module, il existe pour tout complexe $F^{\cdot}$ de A-modules borné inférieurement, et tout objet $(V,T,\delta)$ de Cris(X/S) (resp. RCris(X/S)) un isomorphisme canonique dans $D^{+}(T_{Zar},j_{cris*}(A)_{(V,T,\delta)})$

(1.2.1) $$\underline{\underline{R}}j_{cris*}(F^{\cdot})_{(V,T,\delta)} \xrightarrow{\sim} \underline{\underline{R}}j_{*}(F^{\cdot}{}_{(V\cap U,T|U,\delta)}) \quad ,$$

où $T|U$ désigne la restriction de $T$ à l'ouvert $V\cap U$, et $j$ note encore l'immersion de $T|U$ dans $T$ .

Pour tout faisceau d'ensembles $E$ sur Cris(U/S) (resp. RCris(U/S)) , on a

$$j_{cris*}(E)(V,T,\delta) = E(U_{cris} \times (V,T,\delta))$$
$$= E(V \cap U, T|U, \delta) \quad ,$$

le faisceau $U_{cris} \times (V,T,\delta)$ correspondant au faisceau représenté par $(V \cap U, T | U,\delta)$ dans l'équivalence de topos $(U/S)_{cris} \xrightarrow{\sim} (X/S)_{cris}/U_{cris}$ (resp. Rcris). Il en résulte qu'on a

(1.2.2) $$j_{cris*}(E)_{(V,T,\delta)} = j_*(E_{(V \cap U, T| U,\delta)}) \quad .$$

Soit maintenant $I^\cdot$ une résolution injective de $F^\cdot$ . On déduit alors de (1.2.2) un isomorphisme de complexes de $j_{cris*}(A)_{(V,T,\delta)}$-modules

$$j_{cris*}(I^\cdot)_{(V,T,\delta)} \xrightarrow{\sim} j_*(I^\cdot_{(V \cap U,T| U,\delta)}) \quad .$$

Dans la catégorie dérivée, $j_{cris*}(I^\cdot)_{(V,T,\delta)}$ est isomorphe canoniquement à $\underline{\underline{R}}j_{cris*}(F^\cdot)_{(V,T,\delta)}$ ; d'autre part, $I^\cdot_{(V \cap U,T|U,\delta)}$ est une résolution de $F^\cdot_{(V \cap U,T| U,\delta)}$ et d'après 1.1.5 c'est une résolution flasque ; comme les modules flasques sont acycliques pour les foncteurs image directe pour un morphisme de topos, $j_*(I^\cdot_{(V \cap U,T| U,\delta)})$ est canoniquement isomorphe dans la catégorie dérivée à $\underline{\underline{R}}j_*(F^\cdot_{(V \cap U,T| U,\delta)})$ , d'où l'isomorphisme (1.2.1).

Lemme 1.2.2. Soient $t \in \Gamma(X,\underline{O}_X)$ , $U$ l'ouvert de $X$ sur lequel $t$ est inversible, $j$ l'immersion de $U$ dans $X$ .

i) Si $F$ est un $\underline{O}_{U/S}$-module tel que pour tout objet $(V,T,\delta)$ de $Cris(U/S)$ (resp. $RCris(U/S)$) le $\underline{O}_T$-module $F_{(V,T,\delta)}$ soit quasi-cohérent, alors pour tout objet $(V',T',\delta')$ de $Cris(X/S)$ (resp. $RCris(X/S)$) le $\underline{O}_{T'}$-module $j_{cris*}(F)_{(V',T',\delta')}$ est quasi-cohérent ; de plus, pour tout $i \geq 1$ ,

(1.2.3) $$R^i j_{cris*}(F) = 0 \quad .$$

ii) Si on suppose de plus que $F$ est quasi-cohérent, alors $j_{cris*}(F)$ est quasi-cohérent.

Pour tout $(V',T',\delta')$ , l'immersion ouverte $T'|U \longrightarrow T'$ est un morphisme affine : en effet, $T'|U$ est défini localement sur $T'$ comme l'ouvert d'inversibilité d'une section $\bar{t}$ de $\underline{O}_{T'}$ relevant $t$ , puisque, l'idéal de $V'$ dans $T'$ étant un nilidéal, une section de $\underline{O}_{T'}$ est inversible si et seulement si son image dans $\underline{O}_{V'}$ est inversible. Comme $F_{(V'\cap U,T'|U,\delta')}$ est un $\underline{O}_{T'|U}$-module quasi-cohérent, $j_*(F_{(V'\cap U,T'|U,\delta')})$ est un $\underline{O}_{T'}$-module quasi-cohérent, et les $R^i j_*(F_{(V'\cap U,T'|U,\delta')})$ sont nuls pour $i \geqslant 1$ . L'assertion i) résulte alors de 1.2.1.

Compte tenu de IV 1.1.3 et de l'assertion i), il suffit pour prouver ii) de montrer que lorsque $F$ est quasi-cohérent $j_{cris*}(F)$ est un cristal en $\underline{O}_{X/S}$-algèbres. Soit donc

$$u : (V',T',\delta') \longrightarrow (V,T,\delta)$$

un morphisme de $\mathrm{Cris}(X/S)$ (resp. $\mathrm{RCris}(X/S)$) . Pour montrer que l'homomorphisme

$$u^*(j_{cris*}(F)_{(V,T,\delta)}) \longrightarrow j_{cris*}(F)_{(V',T',\delta')}$$

est un isomorphisme, on peut supposer $T$ et $T'$ affines, et $t$ relevé en une section $\bar{t}$ de $\underline{O}_T$ . Soient $A = \Gamma(T,\underline{O}_T)$ , $A' = \Gamma(T',\underline{O}_{T'})$ , $u : A \longrightarrow A'$ l'homomorphisme défini par $T' \longrightarrow T$ . Alors $T|U$ est l'ouvert affine de $T$ d'anneau $A_{\bar{t}}$ , et $T'|U$ l'ouvert affine de $T'$ d'anneau $A'_{u(\bar{t})}$ . Si $M = \Gamma(T|U,F_{(V\cap U,T|U,\delta)})$ , et $M' = \Gamma(T'|U,F_{(V'\cap U,T'|U,\delta')})$ , on a, puisque $F$ est un cristal en $\underline{O}_{U/S}$-modules,

$$M \otimes_{A_{\bar{t}}} A'_{u(\bar{t})} \xrightarrow{\sim} M' \ .$$

Comme d'autre part on a l'isomorphisme canonique

$$A_{\bar{t}} \otimes_A A' \xrightarrow{\quad\sim\quad} A'_{u(\bar{t})} \quad ,$$

il en résulte que l'homomorphisme

$$M \otimes_A A' \longrightarrow M'$$

est un isomorphisme, ce qui d'après (1.2.2) montre que $j_{cris*}(F)$ est un cristal en $\underline{O}_{X/S}$-modules.

1.2.3. Supposons maintenant que $Y$ soit le sous-schéma fermé de $X$ défini par une suite $t_1,\dots t_d$ de sections de $\underline{O}_X$ . Soient $U$ le complémentaire de $Y$ dans $X$ , et $j$ l'immersion de $U$ dans $X$ . Pour tout $i$ , on désignera par $U_i$ l'ouvert de $X$ (contenu dans $U$) où la section $t_i$ est inversible ; les $U_i$ forment donc un recouvrement ouvert de $U$ . On pose alors, pour toute suite croissante $i_o <\dots< i_k$ d'éléments de l'intervalle $(1,d)$,

$$U_{i_o\dots i_k} = U_{i_o} \cap \dots \cap U_{i_k}$$

de sorte que $U_{i_o\dots i_k}$ est l'ouvert de $X$ où la section $t_{i_o}\dots t_{i_k}$ est inversible. On notera alors $j'_{i_o\dots i_k}$ l'immersion de $U_{i_o\dots i_k}$ dans $U$ , et on posera

$$j_{i_o\dots i_k} = j \circ j'_{i_o\dots i_k} \quad .$$

Pour tout faisceau abélien $F$ sur $\mathrm{Cris}(X/S)$ (resp. $\mathrm{RCris}(X/S)$), on notera $\underline{C}^{\cdot}_{t_1,\dots,t_d}(F)$ le complexe dont le terme de degré $k$ est

$$(1.2.4) \qquad \underline{C}^{k}_{t_1,\dots,t_d}(F) = \bigoplus_{i_o<\dots< i_k} j_{i_o\dots i_k\,\mathrm{cris}*}(j_{i_o\dots i_k\,\mathrm{cris}}{}^*(F)) \quad ,$$

muni de la différentielle évidente. De même, pour tout faisceau abélien $E$ sur $\mathrm{Cris}(U/S)$ (resp. $\mathrm{RCris}(U/S)$), on notera $\underline{C}'^{\cdot}_{t_1,\dots,t_d}(E)$ le complexe dont le terme de degré $k$ est

$$(1.2.5) \qquad \underline{C}'^{k}_{t_1,\dots,t_d}(E) = \bigoplus_{i_o<\dots< i_k} j'_{i_o\dots i_k\,\mathrm{cris}*}(j'_{i_o\dots i_k\,\mathrm{cris}}{}^*(E)) \quad .$$

On a par conséquent

$$(1.2.6) \qquad j_{\mathrm{cris}*}(\underline{C}'^{\cdot}_{t_1,\dots,t_d}(j_{\mathrm{cris}}{}^*(F))) \xrightarrow{\sim} \underline{C}^{\cdot}_{t_1,\dots,t_d}(F) \quad .$$

Lemme 1.2.4. *Sous les hypothèses de 1.2.3, soit $E$ un $\underline{O}_{U/S}$-module tel que pour tout objet $(V,T,\delta)$ de $\mathrm{Cris}(U/S)$ (resp. $\mathrm{RCris}(U/S)$) le $\underline{O}_T$-module $E_{(V,T,\delta)}$ soit quasi-cohérent. Il existe dans $D^+((X/S)_{\mathrm{cris}},\underline{O}_{X/S})$ (resp. $D^+((X/S)_{\mathrm{Rcris}},\underline{O}_{X/S})$) un isomorphisme canonique*

$$(1.2.7) \qquad \underline{\underline{R}}j_{\mathrm{cris}*}(E) \xrightarrow{\sim} j_{\mathrm{cris}*}(\underline{C}'^{\cdot}_{t_1,\dots,t_d}(E)) \quad .$$

*En particulier, si $F$ est un $\underline{O}_{X/S}$-module, il existe un isomorphisme canonique*

$$(1.2.8) \qquad \underline{\underline{R}}j_{\mathrm{cris}*}(j_{\mathrm{cris}}{}^*(F)) \xrightarrow{\sim} \underline{C}^{\cdot}_{t_1,\dots,t_d}(F) \quad .$$

Puisque les $U_i$ forment un recouvrement de $U$ , le complexe $\underline{C}'^{\bullet}_{t_1,\ldots,t_d}(E)$ est une résolution de $E$ , d'après V 3.1.4. Pour obtenir (1.2.7), il suffit donc de montrer que les $\underline{C}'^{k}_{t_1,\ldots,t_d}(E)$ sont acycliques pour le foncteur $j_{cris*}$ , i.e. que chacun des $j'_{i_o\ldots i_k cris*}(j'_{i_o\ldots i_k cris}{}^{*}(E))$ est acyclique pour $j_{cris*}$ . Or on a la suite spectrale de terme initial

$$E_2^{p,q} = R^p j_{cris*}(R^q j'_{i_o\ldots i_k cris*}(j'_{i_o\ldots i_k cris}{}^{*}(E)))$$

et d'aboutissement

$$R^n j_{i_o\ldots i_k cris*}(j'_{i_o\ldots i_k cris}{}^{*}(E)) \quad ,$$

provenant de ce que $j_{i_o\ldots i_k} = j \circ j'_{i_o\ldots i_k}$ . Grâce aux hypothèses sur $E$ , $j'_{i_o\ldots i_k cris}{}^{*}(E)$ vérifie les hypothèses de 1.2.2 i) ; comme $U_{i_o\ldots i_k}$ est l'ouvert d'inversibilité dans $U$ (resp. $X$) de la section $t_{i_o}\ldots t_{i_k}$ , on obtient d'après (1.2.3)

$$\forall\ q \geqslant 1 \quad , \quad R^q j'_{i_o\ldots i_k cris*}(j'_{i_o\ldots i_k cris}{}^{*}(E)) = 0 \quad ,$$

$$\forall\ n \geqslant 1 \quad , \quad R^n j_{i_o\ldots i_k cris*}(j'_{i_o\ldots i_k cris}{}^{*}(E)) = 0 \quad ,$$

ce qui montre que la suite spectrale dégénère et donne

$$\forall\ n \geqslant 1 \quad , \quad R^n j_{cris*}(j'_{i_o\ldots i_k cris*}(j'_{i_o\ldots i_k cris}{}^{*}(E))) = 0 \ .$$

On déduit alors (1.2.8) de (1.2.7) appliqué à $E = j_{cris}{}^{*}(F)$ , compte tenu de l'isomorphisme (1.2.6).

<u>Proposition</u> 1.2.5. <u>Sous les hypothèses de</u> 1.2.3, <u>soit</u> $F$ <u>un</u> $\underline{O}_{X/S}$-<u>module tel que pour tout objet</u> $(V,T,\delta)$ <u>de</u> $\mathrm{Cris}(X/S)$ (<u>resp</u>. $\mathrm{RCris}(X/S)$) <u>le</u> $\underline{O}_T$-<u>module</u> $F_{(V,T,\delta)}$ <u>soit quasi-cohérent</u>. <u>Le complexe</u> $\underline{\underline{R}}\underline{\Gamma}_Y(F)$ <u>est canoniquement isomorphe dans</u> $D^+((X/S)_{cris},\underline{O}_{X/S})$ (<u>resp</u>. $D^+((X/S)_{Rcris},\underline{O}_{X/S})$) <u>au complexe</u>

$$(1.2.9) \qquad 0 \longrightarrow F \longrightarrow \underline{C}^{\bullet}_{t_1,\ldots,t_d}(F) \longrightarrow 0$$

<u>où</u> $F$ <u>est placé en degré</u> 0 , <u>et où le morphisme de co-augmentation est le morphisme canonique</u>

$$F \longrightarrow \bigoplus_i j_{i\ cris\ *}(j_{i\ cris}{}^{*}(F)) \ .$$

<u>En particulier, on a</u>

(1.2.10) $\qquad \forall\ i > d \quad , \quad \underline{\underline{H}}^i_Y(F) = 0$ .

<u>De plus si</u> F <u>est quasi-cohérent,</u> $\underline{\underline{H}}^d_Y(F)$ <u>est quasi-cohérent</u> ; <u>si</u> F <u>est un</u> $\underline{O}_{X/S}$<u>-module quasi-cohérent sur</u> RCris(X/S), <u>chacun des</u> $\underline{\underline{H}}^i_Y(F)$ <u>est quasi-cohérent sur</u> RCris(X/S).

Soit $I^{\cdot}$ une résolution injective de F . On déduit de 1.1.12 que $\underline{\underline{R\Gamma}}_Y(F)$ est canoniquement isomorphe dans la catégorie dérivée au complexe

(1.2.11) $\qquad 0 \longrightarrow F \longrightarrow j_{cris*}(j_{cris}{}^*(I^{\cdot})) \longrightarrow 0$ .

Prenant alors un quasi-isomorphisme (unique à homotopie près) de la résolution $\underline{C}^{\prime\cdot}_{t_1,\ldots,t_d}(j_{cris}{}^*(F))$ de $j_{cris}{}^*(F)$ dans la résolution injective $j_{cris}{}^*(I^{\cdot})$ de $j_{cris}{}^*(F)$ , on obtient d'après 1.2.4 un quasi-isomorphisme du complexe (1.2.9), sur le complexe (1.2.11), donnant l'isomorphisme canonique annoncé dans la catégorie dérivée.

Comme le complexe (1.2.9) est à degrés compris dans l'intervalle (0,d) , la relation (1.2.10) en résulte aussitôt. Supposons maintenant que F soit quasi-cohérent. Alors chacun des $j_{i_0\ldots i_k cris}{}^*(F)$ est quasi-cohérent sur $Cris(U_{i_0\ldots i_k}/S)$ (resp. $RCris(U_{i_0\ldots i_k}/S)$) . Appliquant 1.2.2 ii), il en résulte que le complexe (1.2.9) est à termes quasi-cohérents. Si F est un module quasi-cohérent sur Cris(X/S) on en déduit en particulier la suite exacte

$$\underline{C}^{d-1}_{t_1,\ldots,t_d}(F) \longrightarrow \underline{C}^{d}_{t_1,\ldots,t_d}(F) \longrightarrow \underline{\underline{H}}^d_Y(F) \longrightarrow 0 \ .$$

Les deux premiers termes étant quasi-cohérents, on en déduit facilement que $\underline{\underline{H}}^d_Y(F)$ est quasi-cohérent. Supposons maintenant que F soit un module quasi-cohérent sur RCris(X/S). La catégorie des cristaux en $\underline{O}_{X/S}$-modules sur RCris(X/S) est alors une sous-catégorie abélienne de la catégorie des $\underline{O}_{X/S}$-modules sur RCris(X/S) (IV 2.4.3), et il en résulte que la catégorie des $\underline{O}_{X/S}$-modules quasi-cohérents sur RCris(X/S) est une sous-catégorie abélienne de la catégorie des $\underline{O}_{X/S}$-modules sur RCris(X/S). Puisque le complexe (1.2.9) est à termes quasi-cohérents, les $\underline{\underline{H}}^i_Y(F)$ sont alors quasi-cohérents.

Proposition 1.2.6. *Soient* $(S,\underline{I},\gamma)$ *un PD-schéma,* $\underline{I}_o$ *un sous-PD-idéal quasi-cohérent de* $\underline{I}$ *,* $S_o$ *le sous-schéma fermé de* $S$ *défini par* $\underline{I}_o$ *,* $X$ *un* $S_o$*-schéma lisse,* $i : Y \longrightarrow X$ *une immersion fermée régulière, de codimension* $d$ *. On suppose vérifiée l'une des deux hypothèses suivantes* :

i) $Y$ *est lisse sur* $S_o$ ;

ii) $\underline{I}_o$ *est nilpotent, et pour tout* $k$ *le* $\underline{O}_{S_o}$*-module* $\underline{I}_o^k/\underline{I}_o^{k+1}$ *est plat.*

*Si* $F$ *est un* $\underline{O}_{X/S}$*-module sur* $\mathrm{RCris}(X/S,\underline{I},\gamma)$ *, quasi-cohérent et plat sur* $\underline{O}_{X/S}$*, alors*

(1.2.12) $$\forall\ i \neq d \quad , \quad \underline{H}_Y^i(F) = 0 \quad .$$

C'est une assertion locale sur $X$ , de sorte qu'on peut supposer $Y$ défini par une suite régulière $t_1,\ldots,t_d$ de sections de $\underline{O}_X$ . Supposons que, quitte à restreindre $X$ , on puisse trouver un S-schéma lisse $\bar{X}$ et une suite régulière de sections $\bar{t}_1,\ldots,\bar{t}_d$ de $\underline{O}_{\bar{X}}$ de telle sorte que $X = \bar{X}\times_S S_o$ et que les $t_i$ soient les images des $\bar{t}_i$ dans $\underline{O}_X$ , et montrons la proposition sous ces hypothèses.

D'après 1.2.5, il suffit de montrer que le complexe

$$0 \longrightarrow F \longrightarrow \underline{C}^{\cdot}_{t_1,\ldots,t_d}(F) \longrightarrow 0$$

est acyclique sauf en degré $d$ . Comme $\bar{X}$ est lisse sur $S$ , donc plat, les puissances divisées $\gamma$ s'étendent à $\bar{X}$ , de sorte que $(X,\bar{X})$ est un objet de $\mathrm{RCris}(X/S,\underline{I},\gamma)$ . Comme le complexe considéré est à termes quasi-cohérents d'après 1.2.2 ii), et que la catégorie des $\underline{O}_{X/S}$-modules quasi-cohérents est une sous-catégorie abélienne de la catégorie des $\underline{O}_{X/S}$-modules sur $\mathrm{RCris}(X/S)$, il suffit, compte tenu de IV 1.7.7, de montrer que le complexe

$$0 \longrightarrow F_{(X,\bar{X})} \longrightarrow \underline{C}^{\cdot}_{t_1,\ldots,t_d}(F)_{(X,\bar{X})} \longrightarrow 0$$

est acyclique sauf en degré $d$ . Si pour tout faisceau abélien $E$ sur $\bar{X}$ on note $\underline{C}^{\cdot}_{\bar{t}_1,\ldots,\bar{t}_d}(E)$ le complexe donné en degré $k$ par

$$\underline{C}^k_{\bar{t}_1,\ldots,\bar{t}_d}(E) = \bigoplus_{i_o<\ldots< i_k} j_{i_o\ldots i_k *}(j_{i_o\ldots i_k}^{\ *}(E))$$

($X$ et $\bar{X}$ ayant même espace sous-jacent, et les $t_i$ et $\bar{t}_i$ définissant les mêmes fermés), on a d'après (1.2.2)

$$\underline{C}^{\cdot}_{t_1,\dots,t_d}(F)(X,\bar{X}) \xrightarrow{\sim} \underline{C}^{\cdot}_{\bar{t}_1,\dots,\bar{t}_d}(F_{(X,\bar{X})}) \quad .$$

Soit $V$ un ouvert affine de $\bar{X}$, et posons $M = \Gamma(V,F_{(X,\bar{X})})$ . Le complexe $\Gamma(V,\underline{C}^{\cdot}_{\bar{t}_1,\dots,\bar{t}_d}(F_{(X,\bar{X})}))$ est alors donné en degré $k$ par

$$\Gamma(V,\underline{C}^{k}_{\bar{t}_1,\dots,\bar{t}_d}(F_{(X,\bar{X})})) = \bigoplus_{i_o<\dots<i_k} M_{\bar{t}_{i_o}\dots\bar{t}_{i_k}} \quad .$$

Pour tout $n$, soit $K^{\cdot(n)}(M)$ le complexe de Koszul de $M$ relativement à la suite $\bar{t}_1^n,\dots,\bar{t}_d^n$, placé entre les degrés $0$ et $d$ ; d'après EGA III 1.2.2, le complexe

$$0 \longrightarrow M \longrightarrow \Gamma(V,\underline{C}^{\cdot}_{\bar{t}_1,\dots,\bar{t}_d}(F)) \longrightarrow 0$$

est alors isomorphe au complexe $\varinjlim_n K^{\cdot(n)}(M)$, où pour $m \leqslant n$ le morphisme de transition $K^{\cdot(m)}(M) \longrightarrow K^{\cdot(n)}(M)$ est donné en degré $k$ et sur la composante d'indice $i_1,\dots,i_{d-k}$ par la multiplication par $(t_{j_1}\dots t_{j_k})^{n-m}$, où $j_1,\dots,j_k$ est la suite complémentaire de la suite $i_1,\dots,i_{d-k}$. Comme $F$ est plat sur $\underline{O}_{X/S}$, $F_{(X,\bar{X})}$ est plat sur $\underline{O}_{\bar{X}}$ d'après III 3.5.2, donc la suite $\bar{t}_1,\dots,\bar{t}_d$ est régulière sur $F_{(X,\bar{X})}$, donc sur $M$. Par conséquent, la suite $\bar{t}_1^n,\dots,\bar{t}_d^n$ étant alors M-régulière pour tout $n$, le complexe $K^{\cdot(n)}(M)$ est acyclique sauf en degré $d$, et il en est de même pour la limite inductive des $K^{\cdot(n)}(M)$. Ceci montre (1.2.12), moyennant l'hypothèse faite au début de la démonstration.

Il reste donc à prouver que sous chacune des hypothèses i) et ii) il existe, localement sur $X$, un relèvement lisse $\bar{X}$ de $X$ sur $S$, et une suite régulière $\bar{t}_1,\dots,\bar{t}_d$ de sections de $\underline{O}_{\bar{X}}$ induisant les $t_i$ sur $\underline{O}_X$. Plaçons-nous d'abord sous les hypothèses ii). L'existence locale de $\bar{X}$ résulte alors de V 3.5.3. Soit alors, sur un ouvert affine de $\bar{X}$, une suite $\bar{t}_1,\dots,\bar{t}_d$ quelconque de sections de $\underline{O}_{\bar{X}}$ relevant les $t_i$. Comme $\bar{X}$ est lisse sur $S$, on a

$$\underline{I}_o^k.\underline{O}_{\bar{X}}/\underline{I}_o^{k+1}.\underline{O}_{\bar{X}} \xrightarrow{\sim} \underline{I}_o^k/\underline{I}_o^{k+1} \otimes_{\underline{O}_S} \underline{O}_{\bar{X}} \quad ;$$

par suite, les $\underline{I}_o^k.\underline{O}_{\overline{X}}/\underline{I}_o^{k+1}.\underline{O}_{\overline{X}}$ sont plats sur $\underline{O}_{\overline{X}}/\underline{I}_o.\underline{O}_{\overline{X}} = \underline{O}_X$ . Comme les $\bar{t}_i$ induisent sur $\underline{O}_X$ la suite régulière des $t_i$ , les $\bar{t}_i$ forment une suite régulière pour $\underline{I}_o^k.\underline{O}_{\overline{X}}/\underline{I}_o^{k+1}.\underline{O}_{\overline{X}}$ . Par récurrence sur $k$ , il en résulte qu'ils forment une suite régulière pour $\underline{O}_{\overline{X}}/\underline{I}_o^{k+1}.\underline{O}_{\overline{X}}$ pour tout $k$ ; comme on a supposé $\underline{I}_o$ nilpotent, ils forment donc une suite $\underline{O}_{\overline{X}}$-régulière.

Sous l'hypothèse i), l'assertion résulte de la proposition suivante.

Proposition 1.2.7 (*). Soient $S \hookrightarrow S'$ une immersion fermée définie par un nilidéal de $S'$ , $X$ un $S$-schéma lisse, $Y$ un sous-schéma fermé de $X$ lisse sur $S$ . Pour tout point $x$ de $X$ , il existe un voisinage ouvert $U$ de $x$ dans $X$ , un $S'$-schéma lisse $U'$ et un sous-schéma fermé $V'$ de $U'$ , lisse sur $S'$ , tels que l'on ait un diagramme cartésien

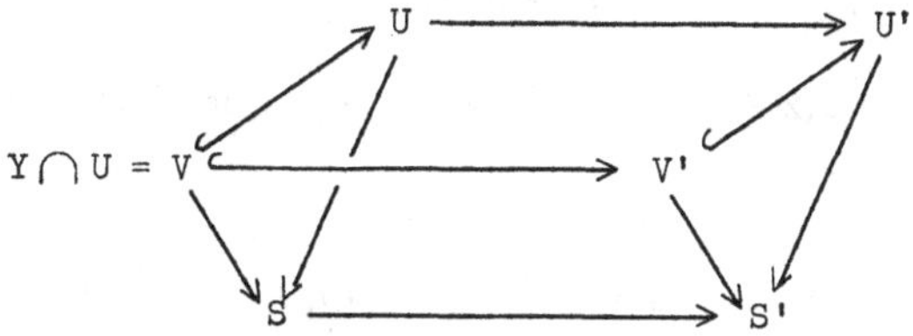


.

Pour tout point $x$ de $X$ , il existe un voisinage ouvert $U$ de $x$ tel que le morphisme $U \longrightarrow S$ se factorise en

$$U \xrightarrow{u} S[t_1,\ldots,t_n] \longrightarrow S \quad ,$$

où $u$ est étale, et où $V = Y \cap U$ est l'image inverse par $u$ du sous-schéma $V_o$ de $S[t_1,\ldots,t_n]$ défini par $t_1,\ldots,t_d$ . Comme le morphisme $S[t_1,\ldots,t_n] \hookrightarrow S'[t_1,\ldots,t_n]$ défini par $S \hookrightarrow S'$ est une nilimmersion, il existe un unique morphisme étale $u' : U' \longrightarrow S'[t_1,\ldots,t_n]$ induisant $u$ au-dessus de $S$ (EGA IV 18.1.2). Si $V'$ est l'image inverse par $u'$ du sous-schéma $V'_o$ de $S'[t_1,\ldots,t_n]$ défini par $t_1,\ldots,t_d$ , il est clair que $U'$ et $V'$ vérifient les conditions de la proposition.

---

(*) On ne suppose pas dans cet énoncé que $p$ soit localement nilpotent sur les schémas considérés.

Remarque 1.2.8. Il est essentiel, pour la validité de 1.2.6, de se placer sur le site RCris(X/S), et non sur le site cristallin entier : on voit facilement en effet que les $\underline{H}^i_Y(\underline{O}_{X/S})$ , pour $0 \leq i < d$ , ne sont pas nuls en général sur Cris(X/S). D'après (1.1.9), ce sont néanmoins des modules parasites.

1.3. Fibre cristalline en un point.

Soient $\Psi \subset \Phi$ deux faisceaux de familles de supports sur X . Moyennant certaines hypothèses sur $\Psi$ et $\Phi$ , on souhaite donner une expression des $\underline{H}^i_{\Phi/\Psi}(F)$ analogue à celle de [30].

1.3.1. Soient $(S,\underline{I},\gamma)$ un PD-schéma, X un S-schéma, x un point de X . On définit un site, noté

$$\mathrm{Cris}(X/S,\underline{I},\gamma)_x \qquad (\text{resp. } \mathrm{RCris}(X/S,\underline{I},\gamma)_x) \quad ,$$

ou encore $\mathrm{Cris}(X/S)_x$ (resp. $\mathrm{RCris}(X/S)_x$) lorsqu'il n'y a pas de confusion possible, de la façon suivante.

i) Les objets de $\mathrm{Cris}(X/S,\underline{I},\gamma)_x$ (resp. $\mathrm{RCris}(X/S,\underline{I},\gamma)_x$) sont les objets $(U,T,\delta)$ de $\mathrm{Cris}(X/S,\underline{I},\gamma)$ (resp. $\mathrm{RCris}(X/S,\underline{I},\gamma)$) tels que $x \in U$ .

ii) Soient $(U,T,\delta)$ et $(U',T',\delta')$ tels que $x \in U$ et $x \in U'$ ; un morphisme de $(U,T,\delta)$ dans $(U',T',\delta')$ dans $\mathrm{Cris}(X/S)_x$ (resp. $\mathrm{RCris}(X/S)_x$) est un germe au voisinage de x (pour la topologie de Zariski sur T) de morphisme de $(U,T,\delta)$ dans $(U',T',\delta')$ dans Cris(X/S) (resp. RCris(X/S)).

iii) La topologie de $\mathrm{Cris}(X/S)_x$ (resp. $\mathrm{RCris}(X/S)_x$) est la topologie grossière.

La restriction d'un faisceau aux épaississements fondamentaux définit comme en IV 2.1.2 un morphisme de topos, encore noté Q ,

$$(1.3.1) \qquad (X/S)_{\mathrm{Rcris},x} \longrightarrow (X/S)_{\mathrm{cris},x}$$

où $(X/S)_{\mathrm{Rcris},x}$ et $(X/S)_{\mathrm{cris},x}$ sont les topos définis par les sites $\mathrm{RCris}(X/S)_x$ et $\mathrm{Cris}(X/S)_x$ .

1.3.2. Soit $E$ un faisceau d'ensembles sur $\mathrm{Cris}(X/S)$ (resp. $\mathrm{RCris}(X/S)$). On associe à $E$ un faisceau $\xi_x{}^*(E)$ sur $\mathrm{Cris}(X/S)_x$ (resp. $\mathrm{RCris}(X/S)_x$) comme suit : à tout objet $(U,T,\delta)$ tel que $x \in U$, on associe la fibre en $x$ du faisceau zariskien $E_{(U,T,\delta)}$ ; pour tout germe de morphisme $(U,T,\delta) \longrightarrow (U',T',\delta')$, on obtient sur un voisinage de $x$ un morphisme $E_{(U',T',\delta')} \longrightarrow E_{(U,T,\delta)}$, d'où une application entre les fibres en $x$ de ces deux faisceaux.

Comme le foncteur qui à $E$ associe la fibre en $x$ de $E_{(U,T,\delta)}$ commute aux limites inductives et aux limites projectives finies, le foncteur $\xi_x{}^*$ commute aux limites inductives et aux limites projectives finies, et définit donc des morphismes de topos

$$\xi_x : (X/S)_{\mathrm{cris},x} \longrightarrow (X/S)_{\mathrm{cris}} \tag{1.3.2}$$

$$\xi_x : (X/S)_{\mathrm{Rcris},x} \longrightarrow (X/S)_{\mathrm{Rcris}} \quad , \tag{1.3.2}$$

le contexte précisant s'il s'agit du topos cristallin ou du topos cristallin restreint. Il est clair que le diagramme de morphismes de topos

$$\begin{array}{ccc}
(X/S)_{\mathrm{Rcris},x} & \xrightarrow{\quad \xi_x \quad} & (X/S)_{\mathrm{Rcris}} \\
{\scriptstyle Q}\big\downarrow & & \big\downarrow{\scriptstyle Q} \\
(X/S)_{\mathrm{cris},x} & \xrightarrow{\quad \xi_x \quad} & (X/S)_{\mathrm{cris}}
\end{array}$$

est commutatif à isomorphisme canonique près.

Explicitons le foncteur image directe $\xi_{x*}$ pour les faisceaux abéliens. Soient $F$ un faisceau abélien sur $\mathrm{Cris}(X/S)_x$ (resp. $\mathrm{RCris}(X/S)_x$), et $(U,T,\delta)$ un objet de $\mathrm{Cris}(X/S)$ (resp. $\mathrm{RCris}(X/S)$). Si on note $\widetilde{T}$ le faisceau représenté par $(U,T,\delta)$, on a

$$\begin{aligned}
\xi_{x*}(F)(U,T,\delta) &= \mathrm{Hom}(\widetilde{T}, \xi_{x*}(F)) \\
&= \mathrm{Hom}(\xi_x{}^*(\widetilde{T}), F) \quad .
\end{aligned}$$

Si $x \notin U$, le faisceau $\xi_x{}^*(\widetilde{T})$ est le faisceau constant égal à $\emptyset$, de sorte que dans ce cas on a $\xi_{x*}(F)(U,T,\delta) = 0$. Si $x \in U$, $\xi_x{}^*(\widetilde{T})$ est le faisceau représenté par l'objet $(U,T,\delta)$ de $\mathrm{Cris}(X/S)_x$ (resp. $\mathrm{RCris}(X/S)_x$), d'après la définition des morphismes de $\mathrm{Cris}(X/S)_x$ (resp. $\mathrm{RCris}(X/S)_x$) et celle de $\xi_x^*$. On obtient dans ce cas

$$\xi_{x*}(F)(U,T,\delta) = F(U,T,\delta) .$$

Si on note $\overline{\{x\}}$ l'adhérence de $x$ dans $X$, et si $(U,T,\delta)$ est un objet quelconque de $\mathrm{Cris}(X/S)$ (resp. $\mathrm{RCris}(X/S)$), $\xi_{x*}(F)_{(U,T,\delta)}$ est donc le faisceau constant égal à $F(U,T,\delta)$ sur $\overline{\{x\}} \cap U$ et à $0$ ailleurs. Il en résulte en particulier que $\xi_{x*}$ est un foncteur exact sur la catégorie des faisceaux abéliens.

Pour tout faisceau $E$ sur $\mathrm{Cris}(X/S)$ (resp. $\mathrm{RCris}(X/S)$), on dira que $\xi_x^*(E)$ est la <u>fibre cristalline de</u> $E$ <u>au point</u> $x$ <u>de</u> $X$. On considèrera le plus souvent $(X/S)_{\mathrm{cris},x}$ et $(X/S)_{\mathrm{Rcris},x}$ comme des topos annelés par les fibres cristallines de $\underline{O}_{X/S}$ sur ces topos.

1.3.3. Pour tout faisceau abélien $F$ sur $\mathrm{Cris}(X/S)$ (resp. $\mathrm{RCris}(X/S)$), et tout point $x$ de $X$, on pose

$$\Gamma_x(F) = \xi_x^*(\underline{\Gamma}_{\overline{\{x\}}}(F)) . \tag{1.3.3}$$

Si $A$ est un faisceau d'anneaux, et si $F$ est un $A$-module, $\Gamma_x(F)$ est donc un $\xi_x^*(A)$-module. Le foncteur $\Gamma_x$ est exact à gauche, et ses dérivés droits seront notés

$$H^i_x(F) .$$

Comme le foncteur $\xi_x^*$ est exact, on a pour tout $F$ un isomorphisme canonique

$$H^i_x(F) \xrightarrow{\sim} \xi_x^*(\underline{H}^i_{\overline{\{x\}}}(F)) . \tag{1.3.4}$$

Les $H^i_x$ peuvent donc se calculer par des résolutions flasques, et pour tout $A$-module $F$ ne dépendent que du faisceau abélien sous-jacent à $F$.

1.3.4. Rappelons qu'une partie $Z$ de $X$ est dite <u>stable par spécialisation</u> si pour tout $x \in Z$ et toute spécialisation $x'$ de $x$ (i.e. tout $x' \in \overline{\{x\}}$), $x' \in Z$. Si $Z$ est stable par spécialisation, le faisceau de familles de supports $\Phi$ sur $X$ associé au préfaisceau dont l'ensemble des sections sur $U$ est l'ensemble des sous-ensembles de réunions finies d'adhérences dans $U$ de points de $Z \cap U$ sera dit défini par $Z$ ; dans les notations de 1.1, on remplacera alors l'indice $\Phi$ par l'indice $Z$.

Si $Z$ est stable par spécialisation, et si $Z'$ est une partie de $X$ contenue dans $Z$, on dit qu'un point $z \in Z - Z'$ est maximal dans $Z$, si pour tout point $z'$ spécialisation de $z$ et différent de $z$, $z' \in Z'$.

Proposition 1.3.5. *Supposons que l'espace sous-jacent à $X$ soit localement noethérien, et soient $Z' \subset Z$ deux parties de $X$ stables par spécialisation, et telles que tout point de $Z-Z'$ soit maximal dans $Z$. Pour tout anneau $A$ et tout $A$-module $F$ de $(X/S)_{cris}$ (resp. $(X/S)_{Rcris}$), et pour tout $i$, il existe un isomorphisme $A$-linéaire canonique*

(1.3.5) $$\underline{H}^i_{Z/Z'}(F) \xrightarrow{\sim} \bigoplus_{z \in Z-Z'} \xi_{z*}(\underline{H}^i_z(F)) .$$

La démonstration suit celle de l'assertion analogue de [30].

Pour définir (1.3.5), il suffit de définir un homomorphisme entre les modules de sections correspondants au-dessus d'objets $(U,T,\delta)$ assez petits ; on pourra donc supposer que l'espace topologique sous-jacent à $U$ est noethérien. Soit $s \in \Gamma((U,T,\delta), \underline{\Gamma}_Z(F)) = \Gamma_{Z \cap U}(T, F_{(U,T,\delta)})$, cette égalité résultant de ce que $U$ est noethérien. Considérons, pour tout $z \in (Z-Z') \cap U$, la valeur $s_z$ de $s$ dans la fibre de $F_{(U,T,\delta)}$ au point $z$. Comme $U$ est noethérien, le support de $s$ n'a qu'un nombre fini de composantes irréductibles. Par suite, tout point de $Z-Z'$ étant maximal dans $Z$, et les points génériques des composantes irréductibles du support de $s$ appartenant par hypothèse à $Z$, il n'existe qu'un nombre fini de points $z \in (Z-Z') \cap U$ tels que $s_z \neq 0$. De plus, le support de $s$ est contenu dans $\overline{\{z\}}$ au voisinage d'un tel point $z$. Par suite, en associant à $s$ sa valeur dans la fibre de $F_{(U,T,\delta)}$ en chaque point de $(Z-Z') \cap U$, on définit un homomorphisme canonique

(1.3.6) $$\Gamma((U,T,\delta),\underline{\Gamma}_Z(F)) \longrightarrow \bigoplus_{z \in (Z-Z') \cap U} \Gamma_z(F)(U,T,\delta) .$$

Si $s$ est à support dans $Z'$, son image par (1.3.6) est nulle, ce qui donne donc

(1.3.7) $$\Gamma((U,T,\delta),\ \underline{\Gamma}_Z(F))/\Gamma((U,T,\delta),\underline{\Gamma}_{Z'}(F)) \longrightarrow \bigoplus_{z\in(Z-Z')\cap U} \Gamma_z(F)(U,T,\delta)\ .$$

Comme, d'après la description de $\xi_{z*}$ donnée en 1.3.2, on a

$$\Gamma_z(F)(U,T,\delta) = \Gamma((U,T,\delta),\xi_{z*}(\Gamma_z(F)))\quad ,$$

on en déduit par passage aux faisceaux associés l'homomorphisme canonique

(1.3.8) $$\underline{\Gamma}_{Z/Z'}(F) \longrightarrow \bigoplus_{z\in Z-Z'} \xi_{z*}(\Gamma_z(F))\ .$$

Cet homomorphisme est injectif par construction. Pour montrer qu'il est surjectif, il suffit de le vérifier sur chaque $(U,T,\delta)$ ; or tout élément de $\Gamma_z(F)(U,T,\delta)$ provient par définition d'une section de $\underline{\Gamma}_{\overline{\{z\}}}(F)_{(U,T,\delta)}$ dans un voisinage de $z$ , donc d'une section de $\underline{\Gamma}_Z(F)_{(U,T,\delta)}$ . Par suite, (1.3.8) est un isomorphisme. Comme $\xi_{z*}$ est exact d'après 1.3.2, l'isomorphisme (1.3.5) en résulte par passage aux foncteurs dérivés.

## 1.4. Complexe de Cousin.

Nous introduisons maintenant le complexe de Cousin.

Lemme 1.4.1. Soient $A$ un anneau artinien de corps résiduel $k$ , $S_o = \mathrm{Spec}(A)$, $X$ un $S_o$-schéma lisse, $S_o \longrightarrow S$ une immersion fermée définie par un idéal $\underline{I}_o$ de $S$ , et $(\underline{I},\gamma)$ un PD-idéal quasi-cohérent de $S$ , tel que $\underline{I}_o$ en soit un sous-PD-idéal. Soient enfin $F$ un $\underline{O}_{X/S}$-module sur $\mathrm{RCris}(X/S,\underline{I},\gamma)$ , quasi-cohérent et plat sur $\underline{O}_{X/S}$ , et $x$ un point de $X$ , de codimension $d$ dans $X$ . On suppose vérifiée l'une des hypothèses suivantes :

i) le corps résiduel $k(x)$ de $X$ au point $x$ est une extension séparable de $k$ ;

ii) $\underline{I}_o$ est nilpotent.

Alors pour tout $i \neq d$ .

(1.4.1) $$H^i_x(F) = 0\quad ,$$

et $\xi_{x*}(H^d_x(F))$ est un $\underline{O}_{X/S}$-module quasi-cohérent.

Soit $X_k$ la réduction de $X$ sur $k$ , et notons $Y$ l'adhérence de $x$ dans $X$ . Sous l'hypothèse i), le sous-schéma fermé réduit de $X$ dont l'espace sous-jacent est $Y$ est un sous-schéma de $X_k$ , lisse sur $k$ au voisinage de $x$ , d'après EGA IV 17.15.6. Par suite, il existe sur $Y$ , au voisinage de $x$ , une structure de sous-S-schéma de $X$ , lisse sur $S$ , relevant la précédente. La codimension de $Y$ dans $X$ étant $d$ , on a alors sur ce voisinage

$$\underline{H}^i_Y(F) = 0$$

pour tout $i \neq d$ , d'après 1.2.6, d'où l'assertion (1.4.1) d'après (1.3.4).

Plaçons nous maintenant dans l'hypothèse ii). Comme $X$ est lisse sur $S$ , le point $x$ est un point régulier de codimension $d$ sur $X_k$ . Soit alors $t_1,\ldots,t_d$ une suite d'éléments de l'anneau local $\underline{O}_{X,x}$ relevant une suite régulière de paramètres de $\underline{O}_{X_k,x}$ . Comme l'idéal maximal de $A$ est nilpotent, et que le gradué associé est plat sur $k$ , le raisonnement de 1.2.6 montre que la suite des $t_i$ est $\underline{O}_{X,x}$-régulière. Comme $X$ est localement noethérien, elle se prolonge en une suite $\underline{O}_X$-régulière, encore notée $t_i$ , sur un voisinage de $x$ dans $X$ . Le sous-espace fermé défini par les $t_i$ au voisinage de $x$ est alors $Y$ . Pour pouvoir appliquer 1.2.6 aux $\underline{H}^i_Y(F)$ , il suffit, d'après la démonstration, de vérifier que les $t_i$ peuvent se relever en une suite régulière sur un relèvement $\overline{X}$ de $X$ au voisinage de $x$ , lisse sur $S$ ; or il suffit pour cela d'appliquer la démonstration de 1.2.6 dans l'hypothèse ii), en remplaçant la filtration $\underline{I}_o$-adique (dont le gradué associé n'est plus supposé plat) par la filtration définie par l'idéal de $k$ dans $S$ , qui est nilpotente, et dont le gradué associé est plat sur $k$ . D'où l'assertion (1.4.1) dans le cas ii), d'après (1.3.4).

D'autre part, soit $u : (U',T',\delta') \longrightarrow (U,T,\delta)$ un morphisme de $\mathrm{RCris}(X/S)$, et considérons l'homomorphisme canonique

$$u^*(\xi_{X*}(H^d_x(F))_{(U,T,\delta)}) \longrightarrow \xi_{X*}(H^d_x(F))_{(U',T',\delta')} \quad .$$

Comme ces deux modules sont concentrés sur $\{\overline{x}\}$ , il suffit, pour prouver que c'est un isomorphisme, de le prouver en tout point $x'$ spécialisation de $x$ . La fibre en x' de cet homomorphisme est alors l'homomorphisme

$$\underline{H}^d_{\{\overline{x}\}}(F)_{(U,T,\delta),x} \otimes_{\underline{O}_{T,x'}} \underline{O}_{T',x'} \longrightarrow \underline{H}^d_{\{\overline{x}\}}(F)_{(U',T',\delta'),x} .$$

Or, d'après 1.2.5, $\underline{H}^d_{\{\overline{x}\}}(F)$ est quasi-cohérent, donc l'homomorphisme

$$\underline{H}^d_{\{\overline{x}\}}(F)_{(U,T,\delta),x} \otimes_{\underline{O}_{T,x}} \underline{O}_{T',x} \longrightarrow \underline{H}^d_{\{\overline{x}\}}(F)_{(U',T',\delta'),x}$$

est un isomorphisme. Il suffit alors de prouver que l'homomorphisme canonique

$$\underline{O}_{T,x} \otimes_{\underline{O}_{T,x'}} \underline{O}_{T',x'} \longrightarrow \underline{O}_{T',x}$$

est un isomorphisme. On peut pour cela supposer T et T' affines, soient $T = \mathrm{Spec}(A)$, $T' = \mathrm{Spec}(A')$, et $U = U' = \mathrm{Spec}(B)$ ; l'assertion résulte alors de ce que si $\mathfrak{p}'$ est un idéal premier de A' , et $\mathfrak{p}$ son image inverse dans A , l'homomorphisme

$$A'_{\mathfrak{p}} \longrightarrow A'_{\mathfrak{p}'}$$

est un isomorphisme, tout élément de $A'-\mathfrak{p}'$ étant congru dans $A'_{\mathfrak{p}}$ à un élément inversible modulo le nilidéal $\mathrm{Ker}(A' \longrightarrow B)$ . Par conséquent, $\xi_{X*}(\underline{H}^d_x(F))$ est un cristal en $\underline{O}_{X/S}$-modules.

Il reste alors à vérifier que pour tout $(U,T,\delta)$ , $\xi_{X*}(\underline{H}^d_x(F))_{(U,T,\delta)}$ est quasi-cohérent sur $\underline{O}_T$ . On peut encore supposer T affine ; posons $T = \mathrm{Spec}(A)$, x correspondant à un idéal premier $\mathfrak{p}$ de A , et $M = \Gamma(T,\underline{H}^d_{\{\overline{x}\}}(F))$ . Comme $\underline{H}^d_{\{\overline{x}\}}(F)$ est à support dans $\{\overline{x}\}$ , il en est de même pour $M_{\mathfrak{p}}$ . Si d'autre part x' est un point de $\{\overline{x}\}$ , correspondant à un idéal premier $\mathfrak{q}$ de A contenant $\mathfrak{p}$ , on a $(M_{\mathfrak{p}})_{\mathfrak{q}} = M_{\mathfrak{p}}$ . Il résulte alors de la description de $\xi_{X*}$ donnée en 1.3.2 que $\xi_{X*}(\underline{H}^d_x(F))_{(U,T,\delta)}$ est le $\underline{O}_T$-module quasi-cohérent défini par $M_{\mathfrak{p}}$ .

1.4.2. Pour tout schéma X , soit $X_d$ l'ensemble des points de X de codimension $\geqslant d$ . L'ensemble $X_d$ est stable par spécialisation ; si $x \in X_d$ , et si x' est une spécialisation de x , distincte de x , alors $x' \in X_{d+1}$ .

On considèrera sur X la filtration par les faisceaux de familles de supports définis par les $X_d$ pour $d$ variable. Lorsque $X$ est de dimension finie, c'est une filtration finie.

Lemme 1.4.3. Soient $A$ un anneau artinien de corps résiduel $k$, $S_o = \mathrm{Spec}(A)$, $X$ un $S_o$-schéma lisse, $S_o \longrightarrow S$ une immersion fermée définie par un idéal $\underline{I}_o$ de $S$, et $(I,\gamma)$ un PD-idéal quasi-cohérent de $S$, tel que $\underline{I}_o$ en soit un sous-PD-idéal. Supposons de plus vérifiée l'une des hypothèses suivantes :

i) $k$ est un corps parfait ;

ii) $\underline{I}_o$ est nilpotent.

Alors, pour tout $\underline{O}_{X/S}$-module $F$ sur $\mathrm{RCris}(X/S)$, quasi-cohérent et plat sur $\underline{O}_{X/S}$, et tout entier $d$, on a

$$(1.4.2) \qquad \forall\ i \neq d \quad , \quad \underline{H}^i_{X_d/X_{d+1}}(F) = 0 \quad ,$$

et $\underline{H}^d_{X_d/X_{d+1}}(F)$ est un $\underline{O}_{X/S}$-module quasi-cohérent.

On a remarqué en 1.4.2 que $X_d$ et $X_{d+1}$ vérifient les conditions de 1.3.5, $X$ étant ici localement noethérien. On a donc pour tout $i$ et tout faisceau abélien $F$

$$(1.4.3) \qquad \underline{H}^i_{X_d/X_{d+1}}(F) \xrightarrow{\ \sim\ } \bigoplus_{x \in X_d - X_{d+1}} \xi_{x*}(H^i_x(F)) \quad .$$

Si $F$ est un $\underline{O}_{X/S}$-module quasi-cohérent et plat sur $\mathrm{RCris}(X/S)$, alors pour tout $x \in X_d - X_{d+1}$ et tout $i \neq d$ on a $H^i_x(F) = 0$ : en effet, dans le cas ii) cela résulte de 1.4.1 ii), et dans le cas i) de 1.4.1 i) car, $k$ étant parfait, $k(x)$ est une extension séparable de $k$ pour tout $x$. Les relations (1.4.2) résultent donc de (1.4.3) ; la quasi-cohérence de $\underline{H}^d_{X_d/X_{d+1}}(F)$ également, compte tenu de 1.4.1.

1.4.4. Soient $(S,\underline{I},\gamma)$ un PD-schéma, et $X$ un $S$-schéma, filtré par les $X_d$ comme en 1.4.2. Pour tout faisceau abélien $F$ sur $\mathrm{Cris}(X/S,\underline{I},\gamma)$ (resp. $\mathrm{RCris}(X/S,\underline{I},\gamma)$), tout $d$ et tout $i$, on a un homomorphisme canonique

(1.4.4) $$\underline{H}^i_{X_d/X_{d+1}}(F) \longrightarrow \underline{H}^{i+1}_{X_{d+1}/X_{d+2}}(F) \quad ,$$

défini comme le composé de l'homomorphisme cobord de la suite exacte (1.1.6)

$$\underline{H}^i_{X_d/X_{d+1}}(F) \longrightarrow \underline{H}^{i+1}_{X_{d+1}}(F)$$

et de l'homomorphisme naturel

$$\underline{H}^{i+1}_{X_{d+1}}(F) \longrightarrow \underline{H}^{i+1}_{X_{d+1}/X_{d+2}}(F) \quad .$$

Il résulte de cette définition que le composé

$$\underline{H}^i_{X_d/X_{d+1}}(F) \longrightarrow \underline{H}^{i+1}_{X_{d+1}/X_{d+2}}(F) \longrightarrow \underline{H}^{i+2}_{X_{d+2}/X_{d+3}}(F)$$

est nul, de sorte qu'on a un complexe à degrés positifs

(1.4.5) $$\underline{H}^i_{X/X_1}(F) \longrightarrow \underline{H}^{i+1}_{X_1/X_2}(F) \longrightarrow \ldots \longrightarrow \underline{H}^{i+d}_{X_d/X_{d+1}}(F) \longrightarrow \ldots$$

pour tout $F$ et tout $i$ . Ce complexe n'est d'ailleurs autre que le complexe des termes $E_1^{pi}$ pour $p$ variable et $i$ fixé dans la suite spectrale (1.1.17).

Pour $i = 0$ , le complexe (1.4.5) sera appelé <u>complexe de Cousin cristallin de</u> $F$ .

<u>Proposition</u> 1.4.5. <u>Sous les hypothèses de</u> 1.4.3, <u>le complexe de Cousin de</u> $F$ <u>est une résolution de</u> $F$ .

On considère la suite spectrale (1.1.17) définie par les $X_d$ :

$$E_1^{p,q} = \underline{H}^{p+q}_{X_p/X_{p+1}}(F) \Longrightarrow \underline{H}^n_{X_o}(F) \quad .$$

D'après 1.4.3, on a $E_1^{p,q} = 0$ pour $q \neq 0$ , donc la suite est dégénérée et donne l'isomorphisme $E_2^{p,0} \xrightarrow{\sim} \underline{H}^p_{X_o}(F)$ , où $E_2^{p,0}$ est le p-ième faisceau de cohomologie du complexe de Cousin de $F$ . Comme $X_o = X$ , $\underline{H}^n_{X_o}(F) = 0$ si $n \geqslant 1$ , et $\underline{H}^o_{X_o}(F) = F$ , d'où la proposition.

<u>Remarque</u> 1.4.6. Il est essentiel pour la validité de 1.4.5 de se placer sur le topos cristallin restreint ; sur le topos cristallin ordinaire, le complexe de Cousin possède des faisceaux de cohomologie non nuls en degrés > 0 , qui sont néanmoins

parasites.

## 1.5. Cohomologie locale des complexes différentiels d'ordre $\leqslant 1$ .

Soit $f : X \longrightarrow S$ un morphisme de schémas. Nous allons indiquer comment on peut développer des notions de cohomologie locale sur la catégorie $\underline{C}(X)$ des complexes différentiels d'ordre $\leqslant 1$ sur $X$ relativement à $S$ (II 5.1.2). On ne suppose pas, dans ce numéro 1.5, que $p$ soit localement nilpotent sur les schémas considérés.

1.5.1. Soit $\Phi$ un faisceau de familles de supports sur $X$ . Si $u : \underline{E} \longrightarrow \underline{F}$ est un opérateur différentiel d'ordre $\leqslant 1$ relativement à $S$ entre deux $\underline{O}_X$-modules, l'homomorphisme $\underline{\Gamma}_\Phi(\underline{E}) \longrightarrow \underline{\Gamma}_\Phi(\underline{F})$ défini par $u$ est un opérateur différentiel d'ordre $\leqslant 1$ : en effet, il se factorise en

$$\underline{\Gamma}_\Phi(\underline{E}) \longrightarrow \underline{\Gamma}_\Phi(\underline{P}^1_{X/S} \otimes_{\underline{O}_X} \underline{E}) \longrightarrow \underline{\Gamma}_\Phi(\underline{F}) \quad ;$$

$\underline{\Gamma}_\Phi(\underline{P}^1_{X/S} \otimes_{\underline{O}_X} \underline{E})$ est muni de deux structures de $\underline{O}_X$-module provenant des deux structures de $\underline{P}^1_{X/S}$ et le premier homomorphisme est linéaire pour la structure de droite, tandis que le second est linéaire pour la structure de gauche. Le premier homomorphisme se factorise donc en

$$\underline{\Gamma}_\Phi(\underline{E}) \longrightarrow \underline{P}^1_{X/S} \otimes_{\underline{O}_X} \underline{\Gamma}_\Phi(\underline{E}) \longrightarrow \underline{\Gamma}_\Phi(\underline{P}^1_{X/S} \otimes_{\underline{O}_X} \underline{E})$$

grâce à l'homomorphisme d'extension des scalaires, ce qui montre que $\underline{\Gamma}_\Phi(\underline{E}) \to \Gamma_\Phi(\underline{F})$ est un opérateur différentiel d'ordre $\leqslant 1$ . De même, si $\Phi \subset \Psi$ sont deux faisceaux de familles de supports sur $X$ , $\underline{\Gamma}_{\Phi/\Psi}(\underline{E}) \longrightarrow \underline{\Gamma}_{\Phi/\Psi}(\underline{F})$ est un opérateur différentiel d'ordre $\leqslant 1$ . Par suite, si $\underline{K}^\cdot$ est un complexe différentiel d'ordre $\leqslant 1$ , et si on note

$$\underline{\Gamma}^\cdot_\Phi(\underline{K}^\cdot) \qquad , \qquad \underline{\Gamma}^\cdot_{\Phi/\Psi}(\underline{K}^\cdot)$$

les complexes formés par les $\underline{\Gamma}_\Phi(\underline{K}^i)$ et les $\underline{\Gamma}_{\Phi/\Psi}(\underline{K}^i)$ , ce sont des complexes d'opérateurs différentiels d'ordre $\leqslant 1$ ; ce sont même des complexes différentiels d'ordre $\leqslant 1$ , car le premier est un sous-complexe d'un complexe différentiel d'ordre $\leqslant 1$ , et le second est donc un quotient de complexe différentiel d'ordre $\leqslant 1$ .

On a donc des foncteurs $\underline{\Gamma}^{\cdot}_{\Phi}$ et $\underline{\Gamma}^{\cdot}_{\Phi/\Psi}$ de la catégorie $\underline{C}(X)$ dans elle-même. Pour tout $\underline{K}^{\cdot} \in \mathrm{Ob}(\underline{C}(X))$ , on notera

$$\underline{H}^{\cdot i}_{\Phi}(\underline{K}^{\cdot}) \quad , \quad \underline{H}^{\cdot i}_{\Phi/\Psi}(\underline{K}^{\cdot})$$

les valeurs de leurs dérivés droits sur $\underline{K}^{\cdot}$ . On prendra garde de ne pas confondre $\underline{H}^{\cdot i}_{\Phi}(\underline{K}^{\cdot})$ et $\underline{H}^{\cdot i}_{\Phi/\Psi}(\underline{K}^{\cdot})$ , qui sont des complexes différentiels d'ordre $\leqslant 1$ , avec $\underline{H}^{i}_{\Phi}(\underline{K}^{\cdot})$ et $\underline{H}^{i}_{\Phi/\Psi}(\underline{K}^{\cdot})$ , qui sont les faisceaux d'hyper-cohomologie locale du complexe $\underline{K}^{\cdot}$ . Si $\underline{I}^{\cdot}$ est un injectif de $\underline{C}(X)$ , c'est un injectif de la catégorie des $\Omega^{\cdot}_{X/S}$-modules gradués d'après II 5.3.2 ii) ; par suite, chacune de ses composantes $\underline{I}^{q}$ est flasque. Considérons alors une résolution $\underline{I}^{\cdot\cdot}$ de $\underline{K}^{\cdot}$ par des injectifs de $\underline{C}(X)$ ; pour tout $k$ , $\underline{I}^{k\cdot}$ est donc une résolution flasque de $\underline{K}^{k}$ . Par suite, on obtient pour les composantes de degré $k$ de $\underline{H}^{\cdot i}_{\Phi}(\underline{K}^{\cdot})$ et $\underline{H}^{\cdot i}_{\Phi/\Psi}(\underline{K}^{\cdot})$ les isomorphismes canoniques

(1.5.1) $$\underline{H}^{k,i}_{\Phi}(\underline{K}^{\cdot}) \xrightarrow{\sim} \underline{H}^{i}_{\Phi}(\underline{K}^{k}) \quad , \quad \underline{H}^{k,i}_{\Phi/\Psi}(\underline{K}^{\cdot}) \xrightarrow{\sim} \underline{H}^{i}_{\Phi/\Psi}(\underline{K}^{k}) \quad .$$

De même, si $x$ est un point de $X$ , et si on note $i_x$ le morphisme de topos défini par l'inclusion de $x$ dans $X$ , on pose

$$\Gamma_x^{\cdot}(\underline{K}^{\cdot}) = i_x^{*}(\underline{\Gamma}^{\cdot}_{\overline{\{x\}}}(\underline{K}^{\cdot})) \quad .$$

Si on note $H_x^{\cdot i}$ les dérivés droits de $\Gamma_x^{\cdot}$ sur $\underline{C}(X)$ , on a donc

(1.5.2) $$H_x^{\cdot i}(\underline{K}^{\cdot}) \xrightarrow{\sim} i_x^{*}(\underline{H}^{\cdot i}_{\overline{\{x\}}}(\underline{K}^{\cdot})) \quad ,$$

d'où d'après (1.5.1)

(1.5.3) $$H_x^{k,i}(\underline{K}^{\cdot}) \xrightarrow{\sim} H_x^{i}(\underline{K}^{k}) \quad .$$

Enfin, si $Z' \subset Z$ sont deux parties de $X$ stables par spécialisation, et telles que tout point de $Z-Z'$ soit maximal dans $Z$ , et si l'espace topologique sous-jacent à $X$ est localement noethérien, on déduit des relations précédentes et de [27] l'isomorphisme canonique

(1.5.4) $$\underline{H}^{\cdot i}_{Z/Z'}(\underline{K}^{\cdot}) \longrightarrow \bigoplus_{z \in Z-Z'} i_{x*}(H_z^{\cdot i}(\underline{K}^{\cdot})) \quad .$$

1.5.2. Les relations (1.5.1) et (1.5.3) permettent d'étendre immédiatement aux complexes différentiels d'ordre $\leqslant 1$ les résultats de cohomologie locale prouvés pour les faisceaux quasi-cohérents. Nous énoncerons donc sans démonstration les suivants :

i) Soient $S$ un schéma, $X$ un S-schéma, $Y$ un sous-schéma de $X$ régulièrement immergé et de codimension $d$ dans $X$. Si $\underline{K}^{\cdot}$ est un complexe différentiel d'ordre $\leqslant 1$, à termes quasi-cohérents et Tor-indépendants avec $\underline{O}_Y$ sur $\underline{O}_X$, on a

(1.5.5) $$\forall\ i \neq d \quad , \quad \underline{H}_Y^{\cdot i}(\underline{K}^{\cdot}) = 0 \quad .$$

ii) Soient $A$ un anneau artinien, $S = \mathrm{Spec}(A)$, $X$ un S-schéma lisse, $X_k$ l'ensemble des points de codimension $\geqslant k$ de $X$. Pour tout $d$, et tout complexe différentiel $\underline{K}^{\cdot}$ d'ordre $\leqslant 1$ à termes quasi-cohérents et plats sur $\underline{O}_X$, on a

(1.5.6) $$\forall\ i \neq d \quad , \quad \underline{H}^{\cdot i}_{X_d/X_{d+1}}(\underline{K}^{\cdot}) = 0 \quad .$$

iii) Sous les hypothèses de ii), on peut former le complexe de Cousin de $\underline{K}^{\cdot}$ : c'est un bicomplexe, dont le terme général est $\underline{H}^{q,p}_{X_p/X_{p+1}}(\underline{K}^{\cdot}) = \underline{H}^{p}_{X_p/X_{p+1}}(\underline{K}^{q})$, et c'est une résolution de $\underline{K}^{\cdot}$.

Proposition 1.5.3. i) Soient $f : X \longrightarrow S$ un morphisme localement de type fini et différentiellement lisse, $\underline{F}$ un $\underline{O}_X$-module muni d'une connexion relativement à $S$ (resp. stratification, PD-stratification, hyper-PD-stratification si $S$ est un schéma de torsion). Alors pour tous faisceaux de familles de supports $\Psi \subset \Phi$ sur $X$ et tout $i$, $\underline{H}^i_{\Phi}(\underline{F})$ et $\underline{H}^i_{\Phi/\Psi}(\underline{F})$ sont canoniquement munis d'une connexion (resp. ...) relativement à $S$. De même, pour tout point $x$ de $X$, $i_{x*}(\underline{H}^i_x(\underline{F}))$ est muni d'une connexion (resp. ...) relativement à $S$.

ii) Si $\underline{F}$ est muni d'une connexion à courbure nulle, les connexions précédentes sont à courbure nulle, et on a les isomorphismes canoniques de complexes

(1.5.7) $$\underline{H}^{\cdot i}_{\Phi}(\underline{F} \otimes_{\underline{O}_X} \Omega^{\cdot}_{X/S}) \xrightarrow{\sim} \underline{H}^i_{\Phi}(\underline{F}) \otimes_{\underline{O}_X} \Omega^{\cdot}_{X/S} \quad ,$$

(1.5.8) $$\underline{H}^{\cdot i}_{\Phi/\Psi}(\underline{F} \otimes_{\underline{O}_X} \Omega^{\cdot}_{X/S}) \xrightarrow{\sim} \underline{H}^i_{\Phi/\Psi}(\underline{F}) \otimes_{\underline{O}_X} \Omega^{\cdot}_{X/S} \quad ,$$

(1.5.9) $$i_{x*}(\underline{H}^{\cdot i}_x(\underline{F} \otimes_{\underline{O}_X} \Omega^{\cdot}_{X/S})) \xrightarrow{\sim} i_{x*}(\underline{H}^i_x(\underline{F})) \otimes_{\underline{O}_X} \Omega^{\cdot}_{X/S} \quad ,$$

où les complexes de droite sont définis grâce aux connexions à courbure nulle précédentes.

On vérifie aisément que le foncteur $\underline{\Gamma}_{\Phi/\Psi}$(resp. $\underline{\Gamma}_{\Phi/\Psi}, \Gamma_x$) commute aux sommes directes (non nécessairement finies) ; les sommes directes de modules flasques sont donc acycliques pour $\underline{\Gamma}_{\Phi}$ (resp. ...) et les $\underline{H}^i_{\Phi}$ , $\underline{H}^i_{\Phi/\Psi}$ et $H^i_x$ commutent également aux sommes directes. Pour tout $\underline{O}_X$-module $\underline{E}$ localement libre (non nécessairement de type fini), et tout $i$ , il existe donc (sans hypothèse sur $f$ ) des isomorphismes canoniques

(1.5.10) $$\underline{H}^i_{\Phi}(\underline{F}) \otimes_{\underline{O}_X} \underline{E} \xrightarrow{\sim} \underline{H}^i_{\Phi}(\underline{F} \otimes_{\underline{O}_X} \underline{E}) ,$$

(1.5.11) $$\underline{H}^i_{\Phi/\Psi}(\underline{F}) \otimes_{\underline{O}_X} \underline{E} \xrightarrow{\sim} \underline{H}^i_{\Phi/\Psi}(\underline{F} \otimes_{\underline{O}_X} \underline{E}) ,$$

$$\underline{H}^i_x(\underline{F}) \otimes_{\underline{O}_{X,x}} \underline{E}_x \xrightarrow{\sim} H^i_x(\underline{F} \otimes_{\underline{O}_X} \underline{E}) .$$

D'autre part, si $\underline{G}$ est un $\underline{O}_X$-module quasi-cohérent, et si $M$ est un $\underline{O}_{X,x}$-module, on a un isomorphisme canonique

(1.5.12) $$i_{x*}(M) \otimes_{\underline{O}_X} \underline{G} \xrightarrow{\sim} i_{x*}(M \otimes_{\underline{O}_{X,x}} \underline{G}_x) .$$

En effet, l'homomorphisme (1.5.12) est défini par adjonction à partir de l'isomorphisme

$$i_x^{*}(i_{x*}(M) \otimes_{\underline{O}_X} \underline{G}) \xrightarrow{\sim} M \otimes_{\underline{O}_{X,x}} \underline{G}_x .$$

Les deux membres de (1.5.12) étant à support dans $\overline{\{x\}}$ , il suffit de vérifier que c'est un isomorphisme en tout point $x'$ spécialisation de $x$ ; la fibre en $x'$ de (1.5.12) est l'homomorphisme

$$M \otimes_{\underline{O}_{X,x'}} \underline{G}_{x'} \longrightarrow M \otimes_{\underline{O}_{X,x}} \underline{G}_x$$

qui est un isomorphisme car $\underline{O}_{X,x}$ est un localisé de $\underline{O}_{X,x'}$ et $\underline{G}$ est quasi-cohérent. On en déduit avec les hypothèses précédentes l'isomorphisme canonique

(1.5.13) $$i_{x*}(H^i_x(\underline{F})) \otimes_{\underline{O}_X} \underline{E} \xrightarrow{\sim} i_{x*}(H^i_x(\underline{F} \otimes_{\underline{O}_X} \underline{E})) .$$

Supposant maintenant f localement de type fini et différentiellement lisse, on peut appliquer les isomorphismes précédents en prenant $\underline{E} = \underline{P}^1_{X/S}$ (resp. $\underline{P}^n_{X/S}$, $\underline{D}^n_{X/S}(1)$, $\underline{D}_{X/S}(1)$) pour chacune de ses deux structures de $\underline{O}_X$-module. On en déduit l'assertion i). La première partie de l'assertion ii) résulte de i), puisque la donnée d'une connexion à courbure nulle équivaut à celle d'une PD-stratification lorsque f est localement de type fini et différentiellement lisse (II 4.2.11). La seconde partie résulte encore des isomorphismes (1.5.10), (1.5.11) et (1.5.13), appliqués avec $\underline{E} = \Omega^{\cdot}_{X/S}$.

<u>Remarque</u> 1.5.4. Soient $(S,\underline{I},\gamma)$ un PD-schéma sur lequel p est localement nilpotent, $\underline{I}_o$ un sous-PD-idéal de $\underline{I}$, $S_o$ le sous-schéma fermé de S défini par $\underline{I}_o$, X un $S_o$-schéma lisse, Y un sous-schéma fermé de X défini par d équations, et X' un relèvement de X lisse sur S. Si F est un $\underline{O}_{X/S}$-module quasi-cohérent sur RCris(X/S), correspondant par l'équivalence de catégories IV 1.6.5 au $\underline{O}_{X'}$-module quasi-cohérent $F_{(X,X')}$, muni d'une hyper-PD-stratification relativement à S, alors d'après 1.5.3 les $\underline{H}^i_Y(F_{(X,X')})$ sont munis d'une hyper-PD-stratification relativement à S. Il est facile de vérifier que les $\underline{O}_{X/S}$-modules quasi-cohérents sur RCris(X/S) correspondant aux $\underline{H}^i_Y(F_{(X,X')})$ sont les $\underline{H}^i_Y(F)$ (1.2.5).

De même, sous les hypothèses de 1.4.1 (resp. 1.4.3), $\xi_{x*}(H^d_x(F))$ (resp. $H^d_{X_d/X_{d+1}}(F)$) est, lorsque X se relève en X' lisse sur S, le $\underline{O}_{X/S}$-module quasi-cohérent défini par $i_{x*}(H^i_x(F_{(X,X')}))$ (resp. $\underline{H}^d_{X'_d/X'_{d+1}}(F_{(X,X')})$).

1.6. <u>Cohomologie semi-locale</u>.

On suppose à nouveau p localement nilpotent sur tous les schémas considérés.

<u>Proposition</u> 1.6.1. <u>Soient</u> $(S,\underline{I},\gamma)$ <u>un</u> PD-<u>schéma</u>, X <u>un</u> S-<u>schéma</u>, <u>et</u> A <u>un anneau de</u> $(X/S)_{cris}$ (<u>resp</u>. $(X/S)_{Rcris}$). <u>Si</u> $\Phi \subset \Psi$ <u>sont deux faisceaux de familles de supports sur</u> X, <u>il existe des isomorphismes canoniques entre les foncteurs dérivés sur</u> $D^+((X/S)_{cris},A)$ (<u>resp</u>. $D^+((X/S)_{Rcris},A)$)

(1.6.1) $$\underline{\underline{R}}u_{X/S*} \circ \underline{\underline{R}}\underline{\Gamma}_{\Phi} \xrightarrow{\sim} \underline{\underline{R}}\underline{\Gamma}_{\Phi} \circ \underline{\underline{R}}u_{X/S*} \quad (\underline{\text{resp}}.\ \bar{u}_{X/S}) ,$$

(1.6.2) $$\underline{\underline{R}}u_{X/S*} \circ \underline{\underline{R}}\underline{\Gamma}_{\Phi/\Psi} \xrightarrow{\sim} \underline{\underline{R}}\underline{\Gamma}_{\Phi/\Psi} \circ \underline{\underline{R}}u_{X/S*} \quad (\underline{\text{resp}}.\ \bar{u}_{X/S}) .$$

Soit F un A-module sur Cris(X/S). Alors $u_{X/S*}(\underline{\Gamma}_{\Phi}(F))$ est le faisceau sur X dont les sections sur un ouvert U sont les sections au-dessus de $U_{\text{cris}}$ de $\underline{\Gamma}_{\Phi}(F)$ , c'est-à-dire les sections de F au-dessus de $U_{\text{cris}}$ à support dans $\Phi(U)$ , soit encore les sections de $u_{X/S*}(F)$ au-dessus de U à support dans $\Phi(U)$ . On a donc l'isomorphisme canonique de foncteurs

(1.6.3) $$u_{X/S*} \circ \underline{\Gamma}_{\Phi} \xrightarrow{\sim} \underline{\Gamma}_{\Phi} \circ u_{X/S*} .$$

Comme les foncteurs considérés transforment les modules flasques en modules flasques et que leurs dérivés se calculent par résolutions flasques, on en déduit (1.6.1). D'autre part, si F est flasque, on a

$$u_{X/S*}(\underline{\Gamma}_{\Phi/\Psi}(F)) = u_{X/S*}(\underline{\Gamma}_{\Phi}(F)/\underline{\Gamma}_{\Psi}(F))$$

$$= u_{X/S*}(\underline{\Gamma}_{\Phi}(F))/u_{X/S*}(\underline{\Gamma}_{\Psi}(F))$$

car $\underline{\Gamma}_{\Phi}(F)$ est flasque,

$$= \underline{\Gamma}_{\Phi/\Psi}(u_{X/S*}(F))$$

compte tenu de (1.6.3). On en tire (1.6.2). Mêmes démonstrations sur RCris(X/S).

<u>Corollaire</u> 1.6.2. <u>Soient</u> $(S,\underline{I},\gamma)$ <u>un</u> PD-<u>schéma,</u> $f : X \longrightarrow S$ <u>un morphisme de schémas,</u> $i : X \longrightarrow Y$ <u>une</u> S-<u>immersion, où</u> Y <u>est lisse sur</u> S , $\underline{E}$ <u>un</u> $\underline{O}_Y$-<u>module muni d'une hyper</u>-PD-<u>stratification relativement à</u> S , <u>et</u> E <u>le cristal en</u> $\underline{O}_{X/S}$-<u>modules correspondant sur</u> Cris(X/S,$\underline{I}$,γ) (<u>resp</u>. RCris(X/S,$\underline{I}$,γ)). <u>Si</u> $\Phi \subset \Psi$ <u>sont deux faisceaux de familles de supports sur</u> X , <u>il existe dans</u> $D^+(X_{Zar}, f^{-1}(\underline{O}_S))$ <u>des isomorphismes canoniques</u>

(1.6.4) $$\underline{\underline{R}}u_{X/S*}(\underline{\underline{R}}\underline{\Gamma}_{\Phi}(E)) \xrightarrow{\sim} \underline{\underline{R}}\underline{\Gamma}_{\Phi}(\underline{D}_X(Y) \otimes_{\underline{O}_Y} \underline{E} \otimes_{\underline{O}_Y} \Omega^{\bullet}_{Y/S})$$

(1.6.5) $$\underline{\underline{R}}u_{X/S*}(\underline{\underline{R}}\underline{\Gamma}_{\Phi/\Psi}(E)) \xrightarrow{\sim} \underline{\underline{R}}\underline{\Gamma}_{\Phi/\Psi}(\underline{D}_X(Y) \otimes_{\underline{O}_Y} \underline{E} \otimes_{\underline{O}_Y} \Omega^{\bullet}_{Y/S})$$

(<u>resp</u>. $\bar{u}_{X/S}$) .

Cela résulte immédiatement de 1.6.1 et V 2.3.2.

Proposition 1.6.3. *Soient* $(S,\underline{I},\gamma)$ *un* PD-*schéma*, $\underline{I}_o$ *un sous*-PD-*idéal de* $\underline{I}$, $S_o$ *le sous-schéma fermé de* $S$ *défini par* $\underline{I}_o$, $X'$ *un* $S$-*schéma lisse*, $X = X' \times_S S_o$, $f : X \longrightarrow S$, $i : Y \longrightarrow X$ *une immersion fermée régulière de codimension* $d$. *On suppose vérifiée l'une des deux hypothèses suivantes* :

i) $Y$ *est lisse sur* $S_o$ ;

ii) $\underline{I}_o$ *est nilpotent, et pour tout* $k$ *le* $\underline{O}_{S_o}$-*module* $\underline{I}_o^k/\underline{I}_o^{k+1}$ *est plat*.

*Si* $\underline{F}$ *est un* $\underline{O}_{X'}$-*module quasi-cohérent et plat, muni d'une hyper*-PD-*stratification relativement à* $S$, *et correspondant à un cristal en* $\underline{O}_{X/S}$-*modules* $F$ *sur* $\mathrm{Cris}(X/S)$ (*resp*. $\mathrm{RCris}(X/S)$), *il existe dans* $D^+(X_{Zar}, f^{-1}(\underline{O}_S))$ *un isomorphisme canonique*

$$(1.6.5) \qquad \underline{\underline{R}}u_{X/S*}(\underline{\underline{R\Gamma}}_Y(F)) \xrightarrow{\sim} \underline{H}_Y^{\cdot d}(\underline{F} \otimes_{\underline{O}_{X'}} \Omega^{\cdot}_{X'/S})[-d] \xrightarrow{\sim} \underline{H}_Y^d(\underline{F}) \otimes_{\underline{O}_{X'}} \Omega^{\cdot}_{X'/S}[-d]$$

(*resp*. $\bar{u}_{X/S}$).

Le second isomorphisme est l'isomorphisme (1.5.7).

En appliquant V 1.3.3 et 1.1.8, on est ramené à prouver l'assertion relative à $\mathrm{RCris}(X/S)$. Comme $\underline{F}$ est quasi-cohérent et plat, il en est de même de $F$. D'après 1.2.6, on a alors

$$\underline{\underline{R}}\bar{u}_{X/S*}(\underline{\underline{R\Gamma}}_Y(F)) \xrightarrow{\sim} \underline{\underline{R}}\bar{u}_{X/S*}(\underline{H}_Y^d(F))[-d] \quad .$$

De plus, $\underline{H}_Y^d(F)$ est un cristal en $\underline{O}_{X/S}$-modules d'après 1.2.5 ; tenant compte de la remarque 1.5.4 et de V 2.3.2, on obtient donc

$$\underline{\underline{R}}\bar{u}_{X/S*}(\underline{\underline{R\Gamma}}_Y(F)) \xrightarrow{\sim} \underline{H}_Y^d(\underline{F}) \otimes_{\underline{O}_{X'}} \Omega^{\cdot}_{X'/S}[-d] \quad ,$$

d'où la proposition.

Remarque 1.6.4. Fixons un corps $k$, et considérons une théorie cohomologique $H^*$ sur la catégorie des $k$-schémas de type fini. Si $X$ est un $k$-schéma lisse, et si $Y$ est un sous-schéma fermé de $X$, lisse sur $k$ et de codimension $d$ dans $X$, on dit que le couple $(X,Y)$ vérifie le théorème de pureté cohomologique si pour tout $i$ il existe un isomorphisme canonique

$$H^{i-2d}(Y) \xrightarrow{\sim} \underline{H}^i_Y(X) \quad ,$$

les $\underline{H}^i_Y(X)$ étant donc nuls pour $i < 2d$.

Si $k$ est un corps parfait, et si on prend comme théorie cohomologique la cohomologie cristalline à coefficients dans l'anneau structural par rapport à un quotient $W/p^{m+1}W$ de l'anneau des vecteurs de Witt de $k$ (avec compatibilité aux puissances divisées naturelles de $p$ ), le théorème de pureté cohomologique n'est pas vrai en général. Soient par exemple $X$ la droite affine sur $k$ , qui se relève en la droite affine $X'$ sur $W/p^{m+1}W = W_m$ , et $Y$ le point $t = 0$ de cette droite. D'après (1.1.13), on a

$$\underline{\underline{R}}\Gamma_Y(X/S,\underline{O}_{X/S}) \xrightarrow{\sim} \underline{\underline{R}}\Gamma(X/S,\underline{\underline{R}}\underline{\Gamma}_Y(\underline{O}_{X/S})) \xrightarrow{\sim} \underline{\underline{R}}\Gamma(X_{Zar},\underline{\underline{R}}u_{X/S*}(\underline{\underline{R}}\underline{\Gamma}_Y(\underline{O}_{X/S}))) \quad ,$$

soit, grâce à (1.6.5)

$$\underline{\underline{R}}\Gamma_Y(X/S,\underline{O}_{X/S}) \xrightarrow{\sim} \Gamma(X',\underline{H}^1_Y(\underline{O}_{X'}) \otimes_{\underline{O}_{X'}} \Omega^{\textstyle\cdot}_{X'/S})[-1] \quad .$$

Il résulte du triangle distingué

$$\begin{array}{ccc} & \underline{\underline{R}}j_*(j^*(\underline{O}_{X'})) & \\ {}^{+1}\swarrow & & \nwarrow \\ \underline{\underline{R}}\underline{\Gamma}_Y(\underline{O}_{X'}) & \longrightarrow & \underline{O}_{X'} \end{array}$$

où $j$ est l'immersion du complémentaire de $Y$ dans $X'$ que $\underline{H}^1_Y(\underline{O}_{X'})$ est le module quasi-cohérent défini par le module des parties principales $\sum_{i>0} a_i/t^i$ (les $a_i$ étant dans $W_m$ et tous nuls sauf un nombre fini), dont la connexion canonique est donnée par

$$(d/dt)(t^i) = i.t^{i-1}$$

pour tout $i < 0$ . Il en résulte que $\underline{H}^1_Y(X/S,\underline{O}_{X/S}) = H^0(\Gamma(X',\underline{H}^1_Y(\underline{O}_{X'}) \otimes_{\underline{O}_{X'}} \Omega^{\textstyle\cdot}_{X'/S}))$ n'est pas nul, puisqu'il contient par exemple toutes les sections de la forme $a/t^{kp^{m+1}}$ pour $k > 0$ .

Si l'on prend pour théorie cohomologique celle qui est donnée par

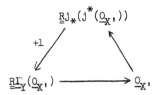

$$H^*(X) = \varprojlim_m H^*(X/S_m, \underline{O}_{X/S_m}) \quad ,$$

où $S_m = \mathrm{Spec}(W_m)$ (et où pour l'exemple précédent le $H^1$ devient nul), le théorème de pureté n'est pas davantage vérifié. Prenons par exemple pour X le plan affine, Y étant encore le point $t = 0$ , $t' = 0$ . Alors $\underline{H}^2_Y(\underline{O}_{X'})$ est défini par le module des parties principales $\sum_{i,j>0} a_{ij}/t^i t'^j$, et $H^3_Y(X/S, \underline{O}_{X/S}) = H^1(\Gamma(X', \underline{H}^2_Y(\underline{O}_{X'}) \otimes_{\underline{O}_{X'}} \Omega^{\cdot}_{X'/S}))$ n'est pas nul : il contient par exemple la classe de la classe de la section $1/t^{p+1} \otimes dt$ .

Enfin, si l'on prend pour théorie cohomologique celle qui est donnée par

$$H^*(X) = (\varprojlim_m H^*(X/S_m, \underline{O}_{X/S_m})) \otimes_W K \quad ,$$

où K est le corps des fractions de W , la pureté n'est toujours pas satisfaite, comme on le voit en prenant l'exemple précédent, et en remarquant que $H^3_Y(X/S, \underline{O}_{X/S})$ contient la classe de la section $(\sum_{i>0} p^i/t^{p^{2i}+1}) \otimes dt$ , où la sommation est infinie à cause du passage à la limite projective.

On obtiendra par contre une théorie cohomologique vérifiant le théorème de pureté en prenant, à torsion près, la cohomologie cristalline "style Monsky-Washnitzer" dont il est question dans l'Introduction. C'est d'ailleurs là une des raisons montrant la nécessité d'une telle théorie.

Néanmoins, nous n'en aurons pas besoin ici, car nous montrerons dans les numéros suivants qu'on obtient des résultats du type du théorème de pureté si l'on remplace la cohomologie à support dans un fermé par des Ext convenablement définis, et ce point de vue nous permettra de définir la classe de cohomologie pour les cycles non singuliers.

Proposition 1.6.5. *Soient* A *un anneau artinien de corps résiduel* k , $S_o = \mathrm{Spec}(A)$, $S_o \longrightarrow S$ *une immersion fermée définie par un idéal* $\underline{I}_o$ *de* S , $(\underline{I},\gamma)$ *un PD-idéal quasi-cohérent de* S *tel que* $\underline{I}_o$ *en soit un sous-PD-idéal,* X' *un S-schéma lisse,* $X = X' \times_S S_o$ , $f : X \longrightarrow S$ . *Soient enfin* $\underline{F}$ *un* $\underline{O}_{X'}$*-module quasi-cohérent et plat, muni d'une hyper-PD-stratification relativement à* S , *correspondant à un cristal en*

$\underline{O}_{X/S}$-modules $F$ sur $\mathrm{Cris}(X/S)$ (resp. $\mathrm{RCris}(X/S)$), et $x$ un point de $X$, de codimension $d$. On suppose vérifiée l'une des hypothèses suivantes :

i) le corps résiduel $k(x)$ de $X$ au point $x$ est une extension séparable de $k$ ;

ii) $\underline{I}_o$ est nilpotent.

Alors il existe dans $D^+(X_{Zar}, f^{-1}(\underline{O}_S))$ un isomorphisme canonique

(1.6.6) $\underline{\underline{R}}u_{X/S*}(\xi_{x*}(H_x^d(F))) \xrightarrow{\sim} i_{x*}(H_x^{\cdot d}(\underline{F}\otimes_{\underline{O}_{X'}} \Omega^{\cdot}_{X'/S})) \xrightarrow{\sim} i_{x*}(H_x^d(\underline{F}))\otimes_{\underline{O}_{X'}} \Omega^{\cdot}_{X'/S}$

(resp. $\bar{u}_{X/S}$). Si pour tout $k$ on note $X_k$ l'ensemble des points de $X$ de codimension $\geqslant k$ et si on suppose vérifiée l'hypothèse ii) ou l'hypothèse

i') $k$ est un corps parfait,

il existe pour tout $d$ un isomorphisme canonique dans $D^+(X_{Zar}, f^{-1}(\underline{O}_S))$

(1.6.7) $\underline{\underline{R}}u_{X/S*}(\underline{H}^d_{X_d/X_{d+1}}(F)) \xrightarrow{\sim} \underline{H}^{\cdot d}_{X_d/X_{d+1}}(\underline{F}\otimes_{\underline{O}_{X'}} \Omega^{\cdot}_{X'/S}) \xrightarrow{\sim} \underline{H}^d_{X_d/X_{d+1}}(\underline{F})\otimes_{\underline{O}_{X'}} \Omega^{\cdot}_{X'/S}$

(resp. $\bar{u}_{X/S}$).

Les isomorphismes de droite résultent de 1.5.3.

On se ramène encore au cas de $\mathrm{RCris}(X/S)$ grâce à V 1.3.3 et 1.1.8. On a alors montré en 1.4.1 et 1.4.3 que, sous les hypothèses de l'énoncé, $\xi_{x*}(H_x^d(F))$ et $\underline{H}^d_{X_d/X_{d+1}}(F)$ sont des cristaux en $\underline{O}_{X/S}$-modules, $F$ étant quasi-cohérent et plat sur $\underline{O}_{X/S}$ parce que $\underline{F}$ l'est sur $\underline{O}_{X'}$. On en déduit les isomorphismes (1.6.6) et (1.6.7) par V 2.3.2, compte tenu de la remarque 1.5.4.

## 2. Relations entre les Ext cristallins et les hyperext des complexes différentiels.

Nous allons maintenant définir les Ext semi-locaux dont il a été question en introduction, et qui sont destinés à remplacer la cohomologie à supports dans un fermé pour construire la classe de cohomologie associée à un cycle non singulier, et nous allons les interpréter au moyen des Ext pour les complexes différentiels d'ordre $\leqslant 1$ (II 5)(cf. [31]).

2.1. Les Ext semi-locaux pour les modules cristallins.

2.1.1. Soient $(S,\underline{I},\gamma)$ un PD-schéma, $X$ un S-schéma, et

$$\bar{u}_{X/S} : (X/S,\underline{I},\gamma)_{Rcris} \longrightarrow X_{Zar}$$

le morphisme de projection du topos cristallin restreint sur le topos zariskien (IV 2.3.1). Si $A$ est un anneau de $(X/S)_{Rcris}$ , et $E$ , $F$ , deux A-modules, on note comme d'habitude $\underline{Hom}_A(E,F)$ le faisceau des homomorphismes A-linéaires de $E$ dans $F$ , et $\underline{Ext}^i_A(E,F)$ ses dérivés droits ; ce sont donc des faisceaux sur le site cristallin restreint de $X$ relativement à $S$ . On pose

$$(2.1.1) \qquad \underline{Hom}_{X,A}(E,F) = \bar{u}_{X/S*}(\underline{Hom}_A(E,F)) \quad ,$$

de sorte que $\underline{Hom}_{X,A}(E,F)$ est un faisceau zariskien sur $X$ , appelé faisceau des homomorphismes semi-locaux de $E$ dans $F$ (ou Hom semi-local de $E$ et de $F$). D'après la définition de $\bar{u}_{X/S}$ , sa valeur sur un ouvert $U$ de $X$ est l'ensemble des homomorphismes A-linéaires de $E$ dans $F$ au-dessus de l'ouvert $U_{cris}$ de $(X/S)_{Rcris}$ , ou, si l'on préfère, au-dessus de RCris(U/S).

Comme, pour $E$ fixé, le foncteur $\underline{Hom}_A(E,.)$ est exact à gauche sur la catégorie $\underline{\underline{Q}}_A(X/S)$ des A-modules, et que le foncteur $\bar{u}_{X/S*}$ est exact à gauche, le foncteur $\underline{Hom}_{X,A}(E,.)$ est encore exact à gauche ; ses dérivés droits seront notés

$$\underline{Ext}^i_{X,A}(E,F)$$

l'indice $A$ pouvant etre omis lorsqu'aucune confusion n'est possible), et seront appelés Ext semi-locaux de $E$ et de $F$ .

Supposons maintenant que $A$ soit un anneau du topos cristallin (non restreint), et soient $E^{\cdot}$ un complexe de A-modules, $F^{\cdot}$ un complexe de A-modules borné inférieurement. En notant comme d'habitude $Q$ le morphisme du topos cristallin restreint dans le topos cristallin, $Q^*$ étant donc exact, on pose

$$(2.1.2) \qquad \underline{\underline{R}}\underline{Hom}^{\cdot}_{X,A}(E^{\cdot},F^{\cdot}) = \underline{\underline{R}}\underline{Hom}^{\cdot}_{X,Q^*(A)}(Q^*(E^{\cdot}),Q^*(F^{\cdot})) \quad ,$$

et pour tout i

(2.1.3) $\underline{\underline{\mathrm{Ext}}}^i_{X,A}(E^\cdot,F^\cdot) = H^i(\underline{\underline{\mathrm{R}}}\underline{\underline{\mathrm{Hom}}}^\cdot_{X,A}(E^\cdot,F^\cdot)) = \underline{\underline{\mathrm{Ext}}}^i_{X,Q^*(A)}(Q^*(E^\cdot),Q^*(F^\cdot))$ .

On remarquera que lorsque E est un cristal en A-modules, et F un A-module quelconque, il existe un isomorphisme canonique

$$\underline{\underline{\mathrm{Hom}}}_{X,A}(E,F) = \underline{\underline{\mathrm{Ext}}}^0_{X,A}(E,F) \xrightarrow{\sim} u_{X/S*}(\underline{\mathrm{Hom}}_A(E,F))$$

d'après IV (2.4.2) et IV (2.3.7) ; par contre, j'ignore si les $\underline{\underline{\mathrm{Ext}}}^i_{X,A}(E,F)$ définis par (2.1.3) sont pour $i > 0$ les dérivés du foncteur $u_{X/S*}(\underline{\mathrm{Hom}}_A(E,.))$. De même, j'ignore si les $\mathrm{Ext}^i_A(E,F)$ au sens usuel sont isomorphes aux $\mathrm{Ext}^i_{Q^*(A)}(Q^*(E),Q^*(F))$. Par la suite, <u>nous ne considèrerons jamais les</u> $\mathrm{Ext}^i_A(E,F)$ <u>au sens usuel</u> ; ayant écarté les risques de confusion par cette précaution oratoire, nous poserons, par abus de langage,

(2.1.4) $\underline{\underline{\mathrm{R}}}\mathrm{Hom}^\cdot_A(E^\cdot,F^\cdot) = \underline{\underline{\mathrm{R}}}\mathrm{Hom}^\cdot_{Q^*(A)}(Q^*(E^\cdot),Q^*(F^\cdot))$ ,

et pour tout i

(2.1.5) $\underline{\underline{\mathrm{Ext}}}^i_A(E^\cdot,F^\cdot) = H^i(\underline{\underline{\mathrm{R}}}\mathrm{Hom}^\cdot_A(E^\cdot,F^\cdot)) = \underline{\underline{\mathrm{Ext}}}^i_{Q^*(A)}(Q^*(E^\cdot),Q^*(F^\cdot))$ ,

les $\underline{\underline{\mathrm{Ext}}}^i_A$ étant simplement notés $\mathrm{Ext}^i_A$ lorsque $E^\cdot$ et $F^\cdot$ sont réduits à des modules E , F placés en degré 0 .

<u>Proposition</u> 2.1.2. <u>Sous les hypothèses de</u> 2.1.1, <u>soient</u> A <u>un anneau de</u> $(X/S)_{Rcris}$ (<u>resp</u>. $(X/S)_{cris}$) , $E^\cdot \in \mathrm{Ob}(D^-((X/S)_{Rcris},A))$ (<u>resp</u>. $D^-((X/S)_{cris},A)$) , $F^\cdot \in \mathrm{Ob}(D^+((X/S)_{Rcris},A))$ (<u>resp</u>. $D^+((X/S)_{cris},A)$) . <u>Il existe des isomorphismes canoniques</u>

(2.1.6) $$\underline{\underline{\mathrm{R}}}\underline{\underline{\mathrm{Hom}}}^\cdot_{X,A}(E^\cdot,F^\cdot) \xrightarrow{\sim} \underline{\underline{\mathrm{R}}}\bar{u}_{X/S*}(\underline{\underline{\mathrm{R}}}\underline{\underline{\mathrm{Hom}}}^\cdot_A(E^\cdot,F^\cdot))$$

(<u>resp</u>.

$$\underline{\underline{\mathrm{R}}}\underline{\underline{\mathrm{Hom}}}^\cdot_{X,A}(E^\cdot,F^\cdot) \xrightarrow{\sim} \underline{\underline{\mathrm{R}}}\bar{u}_{X/S*}(\underline{\underline{\mathrm{R}}}\underline{\underline{\mathrm{Hom}}}^\cdot_{Q^*(A)}(Q^*(E^\cdot),Q^*(F^\cdot)))$$ ) ,

(2.1.7) $$\underline{\underline{\mathrm{R}}}\mathrm{Hom}^\cdot_A(E^\cdot,F^\cdot) \xrightarrow{\sim} \underline{\underline{\mathrm{R}}}\Gamma(X,\underline{\underline{\mathrm{R}}}\underline{\underline{\mathrm{Hom}}}^\cdot_{X,A}(E^\cdot,F^\cdot))$$ ,

<u>donnant naissance aux suites spectrales birégulières</u>

(2.1.8) $$E_2^{p,q} = R^p\bar{u}_{X/S*}(\underline{Ext}^q_A(E^\cdot,F^\cdot)) \Longrightarrow \underline{Ext}^n_{X,A}(E^\cdot,F^\cdot)$$

(resp. $$E_2^{p,q} = R^p\bar{u}_{X/S*}(\underline{Ext}^q_{Q^*(A)}(Q^*(E^\cdot),Q^*(F^\cdot))) \Longrightarrow \underline{Ext}^n_{X,A}(E^\cdot,F^\cdot)$$ ),

(2.1.9) $$E_2^{p,q} = H^p(X,\underline{Ext}^q_{X,A}(E^\cdot,F^\cdot)) \Longrightarrow \underline{\underline{Ext}}^n_A(E^\cdot,F^\cdot) \quad .$$

D'après les définitions de 2.1.1, il suffit de prouver les assertions relatives à RCris(X/S). Si $I^\cdot$ est une résolution injective de $F^\cdot$ sur RCris(X/S), les $\underline{Hom}^p_A(E^\cdot,I^\cdot)$ sont des modules flasques, donc acycliques pour le foncteur $\bar{u}_{X/S*}$. L'isomorphisme (2.1.6) résulte alors de l'isomorphisme (2.1.1), la suite spectrale (2.1.8) étant la suite spectrale des foncteurs composés.

D'autre part, on a pour tous A-modules E , F

$$\begin{aligned}\Gamma(X,\underline{Hom}_{X,A}(E,F)) &= \Gamma(X,\bar{u}_{X/S*}(\underline{Hom}_A(E,F)))\\ &\xrightarrow{\sim} \Gamma((X/S)_{Rcris},\underline{Hom}_A(E,F))\\ &\xrightarrow{\sim} Hom_A(E,F) \quad .\end{aligned}$$

Comme le foncteur image directe pour un morphisme de topos transforme les modules flasques en modules flasques, on en déduit l'isomorphisme (2.1.7) d'après ce qui précède. La suite spectrale (2.1.9) est encore la suite spectrale des foncteurs composés correspondante.

Corollaire 2.1.3. Sous les hypothèses de 2.1.2, les $\underline{Ext}^i_{X,A}(E^\cdot,F^\cdot)$ sont les faisceaux associés aux préfaisceaux dont la valeur sur un ouvert U de X est $\underline{\underline{Ext}}^i_A(U_{cris}\ ;\ E^\cdot,F^\cdot)$ .

Considérons pour U variable la suite spectrale (2.1.9) définie sur $(U/S)_{Rcris}$ (qui est canoniquement équivalent à $(X/S)_{Rcris}/U_{cris}$) ; on obtient une suite spectrale de préfaisceaux, puis, passant aux faisceaux associés, une suite spectrale de faisceaux. Or, pour tout faisceau M , le faisceau associé au préfaisceau de valeur

$H^p(U,M)$ sur l'ouvert $U$ , est nul si $p \geqslant 1$ . La suite spectrale de faisceaux ainsi obtenue est donc dégénérée, et fournit le corollaire.

*Corollaire* 2.1.4. *Sous les hypothèses de* 2.1.2, *il existe des isomorphismes canoniques*

(2.1.10) $$\underline{\underline{R\mathrm{Hom}}}^{\cdot}_{X,A}(A,F^{\cdot}) \xrightarrow{\sim} \underline{\underline{R}}\bar{u}_{X/S*}(F^{\cdot})$$

(*resp.* $$\underline{\underline{R\mathrm{Hom}}}^{\cdot}_{X,A}(A,F^{\cdot}) \xrightarrow{\sim} \underline{\underline{R}}u_{X/S*}(F^{\cdot})$$ ) ,

(2.1.11) $$\underline{\underline{R}}\mathrm{Hom}^{\cdot}_{A}(A,F^{\cdot}) \xrightarrow{\sim} \underline{\underline{R}}\Gamma(X/S,F^{\cdot})$$ ,

*où l'on note encore* $A$ *le complexe formé par le* A-*module* $A$ *placé en degré* 0 .

En effet, il existe un isomorphisme canonique $\underline{\underline{R\mathrm{Hom}}}^{\cdot}_{A}(A,F^{\cdot}) \xrightarrow{\sim} F^{\cdot}$ (resp. $\underline{\underline{R\mathrm{Hom}}}^{\cdot}_{Q^*(A)}(Q^*(A),Q^*(F^{\cdot})) \xrightarrow{\sim} Q^*(F^{\cdot}))$ , de sorte que (2.1.10) résulte de (2.1.6) (resp. en tenant compte de V (1.3.3)). L'isomorphisme (2.1.11) résulte alors de (2.1.7), (2.1.10) , et de l'isomorphisme $\underline{\underline{R}}\Gamma(X/S,.) \xrightarrow{\sim} \underline{\underline{R}}\Gamma(X,\underline{\underline{R}}\bar{u}_{X/S*}(.))$ (resp. $u_{X/S}$).

*Proposition* 2.1.5. *Soient respectivement*

$$\begin{array}{ccc} & F''^{\cdot} & \\ {}^{+1}\swarrow & & \nwarrow \\ F'^{\cdot} & \longrightarrow & F^{\cdot} \end{array} \quad , \quad \begin{array}{ccc} & E''^{\cdot} & \\ {}^{+1}\swarrow & & \nwarrow \\ E'^{\cdot} & \longrightarrow & E^{\cdot} \end{array}$$

*des triangles distingués de* $D^+((X/S)_{Rcris},A)$ *et* $D^-((X/S)_{Rcris},A)$ (*resp.* $(X/S)_{cris}$). *On obtient par fonctorialité les triangles distingués*

(2.1.12) $$\begin{array}{ccc} & \underline{\underline{R\mathrm{Hom}}}^{\cdot}_{X,A}(E^{\cdot},F''^{\cdot}) & \\ {}^{+1}\swarrow & & \nwarrow \\ \underline{\underline{R\mathrm{Hom}}}^{\cdot}_{X,A}(E^{\cdot},F'^{\cdot}) & \longrightarrow & \underline{\underline{R\mathrm{Hom}}}^{\cdot}_{X,A}(E^{\cdot},F^{\cdot}) \end{array} \quad , \quad \begin{array}{ccc} & \underline{\underline{R\mathrm{Hom}}}^{\cdot}_{X,A}(E'^{\cdot},F^{\cdot}) & \\ {}^{+1}\swarrow & & \nwarrow \\ \underline{\underline{R\mathrm{Hom}}}^{\cdot}_{X,A}(E''^{\cdot},F^{\cdot}) & \longrightarrow & \underline{\underline{R\mathrm{Hom}}}^{\cdot}_{X,A}(E^{\cdot},F^{\cdot}) \end{array} .$$

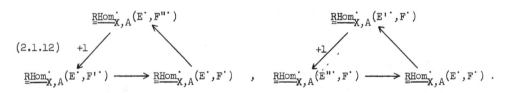

Le premier triangle provient simplement de la définition de $\underline{\underline{R\mathrm{Hom}}}^{\cdot}_{X,A}$ comme foncteur dérivé. Pour obtenir le second, il suffit de prouver que lorsque $J^{\cdot}$ est un complexe borné inférieurement et à termes injectifs, le foncteur $\underline{\mathrm{Hom}}^{\cdot}_{X,A}(\cdot,J^{\cdot})$ est un foncteur exact sur la catégorie des complexes limités supérieurement, transformant un complexe acyclique en un complexe acyclique (donc un quasi-isomorphisme en quasi-isomorphisme). Or, si $J^{\cdot}$ est à termes injectifs, le foncteur $\underline{\mathrm{Hom}}^{\cdot}_{A}(\cdot,J^{\cdot})$ est un foncteur exact sur cette catégorie, transformant complexe acyclique en complexe acyclique, et, de plus, à termes flasques et borné inférieurement ; comme le foncteur $u_{X/S*}$ est exact pour les modules flasques, et transforme un complexe acyclique et borné inférieurement de modules flasques en un complexe acyclique, la proposition en résulte.

2.2. Les hyperext semi-locaux pour les complexes différentiels cristallins.

On suppose toujours donnés un PD-schéma $(S,\underline{I},\gamma)$ et un S-schéma X . On se fixe de plus un S-schéma quasi-lisse Y , et un S-morphisme $g : X \longrightarrow Y$ . On considère alors le foncteur "linéarisation" défini par g (IV 3.1.3), qu'on notera L . On a défini en particulier en IV 3.2.3 un groupoïde de De Rham $\hat{L}_g(\underline{D}(Y/S))$ sur Cris(X/S) (resp. RCris(X/S)), par rapport auquel on a pu définir la notion de complexe différentiel d'ordre $\leqslant 1$ . Rappelons que $\underline{\underline{MD}}_Y$ désigne la catégorie des complexes différentiels d'ordre $\leqslant 1$ sur Cris(X/S), relativement à $\hat{L}_g(\underline{D}(Y/S))$ , $\underline{\underline{QD}}_Y$ celle des complexes différentiels d'ordre $\leqslant 1$ sur RCris(X/S), par rapport à la restriction de $\hat{L}_g(\underline{D}(Y/S))$ à RCris(X/S), et $\underline{\underline{CD}}_Y$ la sous-catégorie pleine de $\underline{\underline{MD}}_Y$ formé des complexes dont les termes sont des cristaux en $L(\underline{O}_Y)$-modules. Rappelons enfin que la restriction à RCris(X/S) donne un foncteur exact $Q^* : \underline{\underline{MD}}_Y \longrightarrow \underline{\underline{QD}}_Y$ , identifiant $\underline{\underline{CD}}_Y$ à une sous-catégorie pleine de $\underline{\underline{QD}}_Y$ (IV 3.2.9).

2.2.1. Soient $K^{\cdot}$ , $M^{\cdot} \in \mathrm{Ob}(\underline{\underline{QD}}_Y)$ ; on note $\underline{\mathrm{Hom}}^k(K^{\cdot},M^{\cdot})$ le faisceau des homomorphismes de degré k de $L(\Omega^{\cdot}_{Y/S})$-modules gradués de $K^{\cdot}$ dans $M^{\cdot}$ ; c'est donc un $L(\underline{O}_Y)$-module sur RCris(X/S). Pour k variable, les $\underline{\mathrm{Hom}}^k(K^{\cdot},M^{\cdot})$ forment un complexe différentiel d'ordre $\leqslant 1$ , comme il a été rappelé dans II 5.2.1. On pose alors

$$(2.2.1) \qquad \underline{\underline{\mathrm{Hom}}}^k_X(K^{\cdot},M^{\cdot}) = \bar{u}_{X/S*}(\underline{\mathrm{Hom}}^k(K^{\cdot},M^{\cdot})) \quad .$$

Pour $k$ variable, les $\underline{\mathrm{Hom}}_X^k(K^\cdot,M^\cdot)$ forment donc un complexe sur le site zariskien de $X$, noté

$$\underline{\mathrm{Hom}}_X^\cdot(K^\cdot,M^\cdot) \quad .$$

Si l'on fixe $K^\cdot$, le foncteur $\underline{\mathrm{Hom}}_X^\cdot(K^\cdot,\ .)$ est un foncteur exact à droite sur la catégorie $\underline{\underline{QD}}_Y$, à valeurs dans la catégorie des complexes de faisceaux abéliens sur $X$. On peut alors introduire ses dérivés droits, que nous noterons

$$\underline{\mathrm{Ext}}_X^{\cdot q}(K^\cdot,M^\cdot) \quad ;$$

pour tout $q$, $\underline{\mathrm{Ext}}_X^{\cdot q}(K^\cdot,M^\cdot)$ est donc un complexe de faisceaux abéliens sur $X$. On remarquera que, d'après II 5.3.2 ii), le faisceau abélien gradué sous-jacent à $\underline{\mathrm{Ext}}_X^{\cdot q}(K^\cdot,M^\cdot)$ est le q-ième dérivé droit du foncteur $\underline{\mathrm{Hom}}_X^\cdot(K^\cdot,M^\cdot)$, à valeurs dans la catégorie des faisceaux abéliens gradués, calculé sur la catégorie des $L(\Omega^\cdot_{Y/S})$-modules gradués.

Si $M^\cdot$ est un module gradué sur un topos $\underline{T}$, nous noterons $\Gamma^\cdot(\underline{T},M^\cdot)$ le module gradué $\bigoplus_k \Gamma(\underline{T},M^k)$, et pour tout morphisme de topos $f$, nous poserons $f_*^\cdot(M^\cdot) = \bigoplus_k f_*(M^k)$ ; nous noterons $H^{\cdot i}$ et $R^i f_*^\cdot$ les dérivés droits de $\Gamma^\cdot$ et $f_*^\cdot$ sur la catégorie des modules gradués. Avec ces conventions, on obtient :

<u>Proposition</u> 2.2.2. <u>Quels que soient les modules gradués</u> $K^\cdot$, $M^\cdot$ <u>sur</u> $L(\Omega^\cdot_{Y/S})$, <u>il existe des suites spectrales birégulières</u>

$$(2.2.2) \qquad E_2^{p,q} = \underline{\underline{R}}^p \bar{u}^\cdot_{X/S*}(\underline{\mathrm{Ext}}^{\cdot q}(K^\cdot,M^\cdot)) \Longrightarrow \underline{\mathrm{Ext}}_X^{\cdot n}(K^\cdot,M^\cdot) \quad ,$$

$$(2.2.3) \qquad E_2^{p,q} = H^{\cdot p}(X,\underline{\mathrm{Ext}}_X^{\cdot q}(K^\cdot,M^\cdot)) \Longrightarrow \mathrm{Ext}^{\cdot n}(K^\cdot,M^\cdot) \quad ,$$

$$(2.2.4) \qquad E_2^{p,q} = H^{\cdot p}(X/S,\underline{\mathrm{Ext}}^{\cdot q}(K^\cdot,M^\cdot)) \Longrightarrow \mathrm{Ext}^{\cdot n}(K^\cdot,M^\cdot) \quad ,$$

<u>où les</u> $\underline{\mathrm{Ext}}^{\cdot q}$, $\underline{\mathrm{Ext}}_X^{\cdot q}$ <u>et</u> $\mathrm{Ext}^{\cdot n}$ <u>sont les dérivés droits sur la catégorie des</u> $L(\Omega^\cdot_{Y/S})$-<u>modules gradués des foncteurs</u> $\underline{\mathrm{Hom}}^\cdot$, $\underline{\mathrm{Hom}}_X^\cdot$ <u>et</u> $\mathrm{Hom}^\cdot$.

Si $I^\cdot$ est un $L(\Omega^\cdot_{Y/S})$-module gradué injectif, on voit facilement en adaptant aux modules gradués le raisonnement fait pour les modules ordinaires (SGA 4 V 4.10) que le $L(\underline{\mathcal{O}}_Y)$-module $\underline{\mathrm{Hom}}^k(K^\cdot, I^\cdot)$ est flasque. Appliquant ce résultat à $K^\cdot = L(\Omega^\cdot_{Y/S})$, on en déduit en particulier que les composantes $I^k$ de $I^\cdot$ sont flasques. Par suite, on obtient pour tout $L(\Omega^\cdot_{Y/S})$-module gradué $M^\cdot$ les isomorphismes

$$(2.2.5) \qquad H^{\cdot i}(X/S, M^\cdot) \xrightarrow{\sim} \bigoplus_k H^i(X/S, M^k) \quad ,$$

$$(2.2.6) \qquad R^i \bar{u}^\cdot_{X/S*}(M^\cdot) \xrightarrow{\sim} \bigoplus_k R^i \bar{u}_{X/S*}(M^k) \quad ,$$

et les analogues pour les faisceaux gradués sur $X_{Zar}$. Le foncteur $\underline{\mathrm{Hom}}^\cdot$ transforme donc les injectifs en objets acycliques pour les foncteurs $\Gamma^\cdot(X/S, .)$ et $u^\cdot_{X/S*}$ et le foncteur $\underline{\mathrm{Hom}}^\cdot_X$ les transforme en objets acycliques pour le foncteur $\Gamma^\cdot(X, .)$; les suites spectrales en résultent comme suites spectrales de foncteurs composés.

On remarquera que grâce à (2.2.5) et (2.2.6) les suites spectrales de 2.2.2 ont pour composantes de degré k les suites spectrales

$$(2.2.7) \qquad E_2^{p,q} = R^p \bar{u}_{X/S*}(\underline{\mathrm{Ext}}^{k,q}(K^\cdot, M^\cdot)) \Longrightarrow \underline{\mathrm{Ext}}_X^{k,n}(K^\cdot, M^\cdot) \quad ,$$

$$(2.2.8) \qquad E_2^{p,q} = H^p(X, \underline{\mathrm{Ext}}_X^{k,q}(K^\cdot, M^\cdot)) \Longrightarrow \mathrm{Ext}^{k,n}(K^\cdot, M^\cdot) \quad ,$$

$$(2.2.9) \qquad E_2^{p,q} = H^p(X/S, \underline{\mathrm{Ext}}^{k,q}(K^\cdot, M^\cdot)) \Longrightarrow \mathrm{Ext}^{k,n}(K^\cdot, M^\cdot) \quad .$$

2.2.3. Soient de nouveau $K^\cdot$ et $M^\cdot \in \mathrm{Ob}(\underline{\underline{QD}}_Y)$, et soit $I^{\cdot\cdot}$ une résolution droite de $M^\cdot$ dans $\underline{\underline{QD}}_Y$, chacun des $I^{\cdot q}$ étant un objet injectif de $\underline{\underline{QD}}_Y$. On considère le bicomplexe de terme général donné en bidegré p,q par

$$\underline{\mathrm{Hom}}_X^p(K^\cdot, I^{\cdot q}) \quad ,$$

La différentielle pour p variable étant celle de $\underline{\mathrm{Hom}}^\cdot_X(K^\cdot, I^{\cdot q})$, et pour q variable, celle que donne par fonctorialité le complexe $I^{\cdot\cdot}$. Par définition, les <u>hyperext semi-locaux de</u> $K^\cdot$ <u>et</u> $M^\cdot$ seront les faisceaux de cohomologie du complexe simple associé au bicomplexe précédent, le i-ième faisceau étant noté

$$\underline{\mathrm{Ext}}^i_{X, L(\Omega^\cdot_{Y/S})}(K^\cdot, M^\cdot) \quad .$$

De cette définition résulte immédiatement la suite spectrale

(2.2.10) $$E_1^{p,q} = \underline{\mathrm{Ext}}_X^{p,q}(K^{\cdot},M^{\cdot}) \Longrightarrow \underline{\mathrm{Ext}}^n_{X,L(\Omega^{\cdot}_{Y/S})}(K^{\cdot},M^{\cdot}) \quad ,$$

la différentielle $d_1^{p,q}$ de la suite spectrale étant celle du complexe $\underline{\mathrm{Ext}}_X^{\cdot q}(K^{\cdot},M^{\cdot})$. Comme le bicomplexe considéré est à termes nuls pour $q < 0$ , cette suite spectrale est régulière. Bien entendu, la suite spectrale (2.2.10), et a fortiori son aboutissement $\underline{\mathrm{Ext}}^*_{X,L(\Omega^{\cdot}_{Y/S})}(K^{\cdot},M^{\cdot})$ , ne dépendent pas du choix de la résolution injective $I^{\cdot\cdot}$ : si $J^{\cdot\cdot}$ est une seconde résolution injective de $F^{\cdot}$ , il existe un homomorphisme de bicomplexes $I^{\cdot\cdot} \longrightarrow J^{\cdot\cdot}$ (unique à homotopie près), induisant un isomorphisme canonique sur les termes $E_1^{p,q}$ de la suite spectrale, donc sur son aboutissement. On remarquera d'ailleurs, en suivant le raisonnement de II 5.4.5, qu'on peut calculer cette suite spectrale en résolvant $M^{\cdot}$ par un complexe $I^{\cdot\cdot}$ d'objets de $\underline{\underline{QD}}_Y$ tels que pour tout $q$ l'objet $I^{\cdot q}$ soit acyclique pour le foncteur $\underline{\mathrm{Hom}}_X^{\cdot}(K^{\cdot}, .)$ .

Supposons maintenant que $K^{\cdot}$ et $M^{\cdot} \in \mathrm{Ob}(\underline{\underline{MD}}_Y)$ . On pose

$$\underline{\mathrm{Ext}}_X^{\cdot q}(K^{\cdot},M^{\cdot}) = \underline{\mathrm{Ext}}_X^{\cdot q}(Q^*(K^{\cdot}),Q^*(M^{\cdot})) \quad ,$$

$$\underline{\mathrm{Ext}}^n_{X,L(\Omega^{\cdot}_{Y/S})}(K^{\cdot},M^{\cdot}) = \underline{\mathrm{Ext}}^n_{X,L(\Omega^{\cdot}_{Y/S})}(Q^*(K^{\cdot}),Q^*(M^{\cdot})) \quad ,$$

de sorte que la suite spectrale (2.2.10) reste valable pour $K^{\cdot}$ et $M^{\cdot} \in \mathrm{Ob}(\underline{\underline{MD}}_Y)$ . De même, on posera, avec les notations de II 5.4.3, et par abus de langage,

$$\mathrm{Ext}^{\cdot q}_{\underline{\underline{QD}}_Y}(K^{\cdot},M^{\cdot}) = \mathrm{Ext}^{\cdot q}_{\underline{\underline{QD}}_Y}(Q^*(K^{\cdot}),Q^*(M^{\cdot})) \quad ,$$

$$\underline{\underline{\mathrm{Ext}}}^n_{L(\Omega^{\cdot}_{Y/S})}(K^{\cdot},M^{\cdot}) = \underline{\underline{\mathrm{Ext}}}^n_{L(\Omega^{\cdot}_{Y/S})}(Q^*(K^{\cdot}),Q^*(M^{\cdot})) \quad ,$$

ce qui ne prêtera pas à confusion, car <u>nous ne considèrerons jamais les</u> $\mathrm{Ext}^{\cdot q}_{\underline{\underline{MD}}_Y}(K^{\cdot},M^{\cdot})$ <u>et les</u> $\mathrm{Ext}^n_{L(\Omega^{\cdot}_{Y/S})}(K^{\cdot},M^{\cdot})$ <u>au sens usuel</u> (défini en II 5.4.3). Avec ces conventions, la suite spectrale II (5.4.5) est encore définie et régulière pour $K^{\cdot}$ et $M^{\cdot} \in \mathrm{Ob}(\underline{\underline{MD}}_Y)$ .

<u>Proposition</u> 2.2.4. <u>Soit</u> $M^{\cdot} \in \mathrm{Ob}(\underline{\underline{QD}}_Y)$ (<u>resp.</u> $\underline{\underline{MD}}_Y$ , $M^{\cdot}$ <u>étant nul en degrés assez bas</u>) ; <u>pour tout</u> $n$ , <u>il existe un isomorphisme canonique</u>

(2.2.11) $$\underline{\mathrm{Ext}}^n_{X,L(\Omega^{\cdot}_{Y/S})}(L(\Omega^{\cdot}_{Y/S}),M^{\cdot}) \xrightarrow{\sim} \underline{\underline{R}}^n\bar{u}_{X/S*}(M^{\cdot})$$

(*resp.* $$\underline{\mathrm{Ext}}^n_{X,L(\Omega^{\cdot}_{Y/S})}(L(\Omega^{\cdot}_{Y/S}),M^{\cdot}) \xrightarrow{\sim} \underline{\underline{R}}^n u_{X/S*}(M^{\cdot})$$ ) .

Soit $I^{\cdot\cdot}$ une résolution injective de $M^{\cdot}$ dans $\underline{\underline{QD}}_Y$ (resp. de $Q^*(M^{\cdot})$). Par définition, les $\underline{\mathrm{Ext}}^n_{X,L(\Omega^{\cdot}_{Y/S})}(L(\Omega^{\cdot}_{Y/S}),M^{\cdot})$ sont les faisceaux de cohomologie du complexe simple associé au bicomplexe de terme général

$$\bar{u}_{X/S*}(\underline{\mathrm{Hom}}^p(L(\Omega^{\cdot}_{Y/S}),I^{\cdot q})) \quad .$$

Or pour tout $F^{\cdot} \in \mathrm{Ob}(\underline{\underline{QD}}_Y)$ , on a l'isomorphisme de complexes

$$\underline{\mathrm{Hom}}^{\cdot}(L(\Omega^{\cdot}_{Y/S}),F^{\cdot}) \xrightarrow{\sim} F^{\cdot} \quad .$$

Par suite, les $\underline{\mathrm{Ext}}^n_{X,L(\Omega^{\cdot}_{Y/S})}(L(\Omega^{\cdot}_{Y/S}),M^{\cdot})$ sont canoniquement isomorphes aux faisceaux de cohomologie du complexe simple associé au bicomplexe de terme général $\bar{u}_{X/S*}(I^{\cdot\cdot})$ , qui sont les $\underline{\underline{R}}^n\bar{u}_{X/S*}(M^{\cdot})$ d'après II 5.4.5. On obtient ainsi l'isomorphisme (2.2.11), le cas où $M^{\cdot} \in \mathrm{Ob}(\underline{\underline{MD}}_Y)$ résultant alors de V (1.3.3).

<u>Proposition</u> 2.2.5. <u>Soient</u> $K^{\cdot}$ <u>et</u> $M^{\cdot}$ <u>deux complexes différentiels d'ordre</u> $\leqslant 1$ <u>sur</u> RCris(X/S) (<u>resp</u>. Cris(X/S)). <u>On suppose qu'il existe un entier</u> $r$ <u>tel que pour tout</u> $q \geqslant 0$ , <u>les</u> $\mathrm{Ext}^{\cdot q}(K^{\cdot},M^{\cdot})$ <u>soient nuls en degré</u> $< r$ . <u>Il existe alors des suites spectrales birégulières, fonctorielles en</u> $K^{\cdot}$ <u>et</u> $M^{\cdot}$ :

(2.2.12) $$E_2^{p,q} = R^p\bar{u}_{X/S*}(\underline{\mathrm{Ext}}^q_{L(\Omega^{\cdot}_{Y/S})}(K^{\cdot},M^{\cdot})) \Longrightarrow \underline{\mathrm{Ext}}^n_{X,L(\Omega^{\cdot}_{Y/S})}(K^{\cdot},M^{\cdot})$$

(<u>resp</u>. $$E_2^{p,q} = R^p\bar{u}_{X/S*}(\underline{\mathrm{Ext}}^q_{L(\Omega^{\cdot}_{Y/S})}(Q^*(K^{\cdot}),Q^*(M^{\cdot}))) \Longrightarrow \underline{\mathrm{Ext}}^n_{X,L(\Omega^{\cdot}_{Y/S})}(K^{\cdot},M^{\cdot}))$$ ,

(2.2.13) $$E_2^{p,q} = H^p(X,\underline{\mathrm{Ext}}^q_{X,L(\Omega^{\cdot}_{Y/S})}(K^{\cdot},M^{\cdot})) \Longrightarrow \underline{\underline{\mathrm{Ext}}}^n_{L(\Omega^{\cdot}_{Y/S})}(K^{\cdot},M^{\cdot}) \quad .$$

D'après la définition de 2.2.3, il suffit de prouver les assertions relatives à RCris(X/S).

Remarquons d'abord que, grâce aux suites spectrales (2.2.7) et (2.2.9), les $\underline{\mathrm{Ext}}^{\cdot q}_X(K^{\cdot},M^{\cdot})$ et les $\mathrm{Ext}^{\cdot q}(K^{\cdot},M^{\cdot})$ sont également nuls en degré $< r$ , quelque soit

$q$ . Soit alors $I^{\cdot\cdot}$ une résolution injective de $M^{\cdot}$ dans $\underline{\underline{QD}}_Y$ ; on note $E^{\cdot\cdot}$ le bicomplexe de terme général $\underline{\mathrm{Hom}}^p(K^{\cdot},I^{\cdot q})$ , et $E'^{\cdot\cdot}$ le sous-bicomplexe de $E^{\cdot\cdot}$ égal à $E^{p,q}$ pour $p \geqslant r$ , et à $0$ pour $p < r$ . On note $E^{\cdot}$ et $E'^{\cdot}$ les complexes simples associés aux bicomplexes $E^{\cdot\cdot}$ et $E'^{\cdot\cdot}$ . L'inclusion $E'^{\cdot\cdot} \longrightarrow E^{\cdot\cdot}$ donne un isomorphisme entre les premières suites spectrales associées à ces bicomplexes

$$\begin{array}{ccc} E_1^{p,q} = H^q_{II}(E'^{p\cdot}) & \Longrightarrow & H^n(E'^{\cdot}) \\ \downarrow & & \downarrow \\ E_1^{p,q} = H^q_{II}(E^{p\cdot}) & \Longrightarrow & H^n(E^{\cdot}) \end{array} \quad .$$

Or il résulte de l'hypothèse faite que pour $p < r$ , le complexe $E^{p\cdot}$ est acyclique. Par conséquent, le morphisme de suites spectrales est un isomorphisme sur les termes $E_1^{p,q}$ ; comme elles sont régulières, c'est donc un isomorphisme sur les aboutissements, de sorte que les $\underline{\mathrm{Ext}}^q_{L(\Omega^{\cdot}_{Y/S})}(K^{\cdot},M^{\cdot})$ sont les faisceaux de cohomologie du complexe $E'^{\cdot}$ . De même, les $\underline{\mathrm{Ext}}^q_{X,L(\Omega^{\cdot}_{Y/S})}(K^{\cdot},M^{\cdot})$ sont les faisceaux de cohomologie du complexe simple $F'^{\cdot}$ associé au bicomplexe égal à $\underline{\mathrm{Hom}}^p_X(K^{\cdot},I^{\cdot q})$ si $p \geqslant r$ , à $0$ si $p < r$ , et les $\underline{\underline{\mathrm{Ext}}}^q_{L(\Omega^{\cdot}_{Y/S})}(K^{\cdot},M^{\cdot})$ les groupes de cohomologie du complexe simple $G'^{\cdot}$ associé au bicomplexe égal à $\mathrm{Hom}^p(K^{\cdot},I^{\cdot q})$ si $p \geqslant r$ , et à $0$ si $p < r$ .

Considérons alors la seconde suite spectrale du foncteur $\bar{u}_{X/S*}$ par rapport au complexe $E'^{\cdot}$ :

$$(2.2.14) \qquad E_2^{p,q} = R^p\bar{u}_{X/S*}(H^q(E'^{\cdot})) \Longrightarrow \underline{\underline{R}}^n\bar{u}_{X/S*}(E'^{\cdot}) \ .$$

D'après ce qui précède, on a

$$E_2^{p,q} = R^p\bar{u}_{X/S*}(\underline{\mathrm{Ext}}^q_{L(\Omega^{\cdot}_{Y/S})}(K^{\cdot},M^{\cdot})) \quad .$$

D'autre part, son aboutissement est également l'aboutissement de la première suite spectrale de $\bar{u}_{X/S*}$ par rapport à $E'^{\cdot}$ :

$$E_2^{p,q} = H^p(R^q\bar{u}_{X/S*}(E'^{\cdot})) \Longrightarrow \underline{\underline{R}}^n\bar{u}_{X/S*}(E'^{\cdot}) \quad .$$

Or pour tout $k$ , on a par définition

$$E'^k = \bigoplus_{\substack{i+j=k \\ i\geqslant r}} \underline{\mathrm{Hom}}^i(K^\cdot, I^{\cdot j}) \quad .$$

Comme les $I^{\cdot j}$ sont injectifs, les $\underline{\mathrm{Hom}}^i(K^\cdot, I^{\cdot j})$ sont des modules flasques ; la sommation étant finie, $E'^\cdot$ est un complexe à termes flasques. Les $R^q\bar{u}_{X/S*}(E'^k)$ sont donc nuls pour $q > 0$, la suite spectrale dégénère, et, comme elle est birégulière parce que $E'^\cdot$ est un complexe nul en degrés $< r$, son aboutissement est canoniquement isomorphe à la cohomologie du complexe $\bar{u}_{X/S*}(E'^\cdot)$. Or

$$\bar{u}_{X/S*}(E'^k) = \bar{u}_{X/S*}\Big(\bigoplus_{\substack{i+j=k \\ i\geqslant r}} \underline{\mathrm{Hom}}^i(K^\cdot, I^{\cdot j})\Big)$$

$$\xrightarrow{\sim} \bigoplus_{\substack{i+j=k \\ i\geqslant r}} \underline{\mathrm{Hom}}^i_X(K^\cdot, I^{\cdot j})$$

puisque la sommation est finie. On obtient donc $\bar{u}_{X/S*}(E'^\cdot) = F'^\cdot$ ; d'après ce qu'on a vu plus haut, l'aboutissement de la suite spectrale (2.2.14) est canoniquement isomorphe aux $\underline{\mathrm{Ext}}^n_{X,L(\Omega^\cdot_{Y/S})}(K^\cdot, M^\cdot)$, de sorte que cette suite spectrale donne la suite spectrale (2.2.12). Il est clair qu'elle ne dépend pas de l'entier $r$.

On construit de la même manière la suite spectrale (2.2.13), comme étant la seconde suite spectrale d'hyper-cohomologie du foncteur $\Gamma(X, .)$ par rapport au complexe $F'^\cdot$.

La birégularité de (2.2.12) et (2.2.13) résulte de ce que $E'^\cdot$ et $F'^\cdot$ sont des complexes nuls en degrés $< r$.

## 2.3. Formules d'adjonction.

Soient $(S, \underline{I}, \gamma)$ un PD-schéma, $\underline{I}_0$ un sous-PD-idéal quasi-cohérent de $\underline{I}$, et $S_0$ le sous-schéma fermé de $S$ défini par $\underline{I}_0$. On suppose donné un S-schéma quasi-lisse $X'$, et on note $X$ sa réduction au-dessus de $S_0$. On note $L$ le foncteur linéarisation relatif à l'immersion de $X$ dans $X'$. Enfin, on suppose que les puissances divisées $\gamma$ s'étendent à $X'$.

Proposition 2.3.1. Sous les hypothèses précédentes, on munit le topos $(X/S,\underline{I},\gamma)_{Rcris}$ de l'anneau $L(\underline{O}_{X'})$, et le topos $X_{Zar} = X'_{Zar}$ de l'anneau $\underline{O}_{X'}$. Alors le morphisme de topos $\bar{u}_{X/S} : (X/S,\underline{I},\gamma)_{Rcris} \longrightarrow X_{Zar}$ est de facon naturelle un morphisme de topos annelés, et la restriction du foncteur L à la catégorie des $\underline{O}_{X'}$-modules, avec pour morphismes les homomorphismes $\underline{O}_{X'}$-linéaires, s'identifie au foncteur $\bar{u}_{X/S}^{*}$, image inverse pour les $\underline{O}_{X'}$-modules ; en d'autres termes, il existe un isomorphisme d'adjonction, pour tout $\underline{O}_{X'}$-module $\underline{E}$ et tout $L(\underline{O}_{X'})$-module F :

$$\mathrm{Hom}_{L(\underline{O}_{X'})}(L(\underline{E}),F) \xrightarrow{\sim} \mathrm{Hom}_{\underline{O}_{X'}}(\underline{E},\bar{u}_{X/S*}(F)) \quad . \tag{2.3.1}$$

On remarquera qu'on déduit de ce résultat un résultat analogue pour le topos $(X/S)_{cris}$ en appliquant IV 2.4.2 ii), puisque $L(\underline{E})$ est un cristal.

Comme on suppose que les puissances divisées de $\underline{I}$ s'étendent à X' , l'homomorphisme canonique $\underline{O}_{X'} \longrightarrow \underline{D}_X(X')$ est un isomorphisme, X' étant défini par l'idéal $\underline{I}_o \cdot \underline{O}_{X'}$ de X' . Par suite, on déduit de V (2.2.3) et IV (2.3.7) l'isomorphisme canonique

$$\bar{u}_{X/S*}(L(\underline{O}_{X'})) \xrightarrow{\sim} \underline{O}_{X'} \quad ,$$

qui fait donc de $\bar{u}_{X/S}$ un morphisme de topos annelés sous les conditions de l'énoncé. D'autre part,

$$\mathrm{Hom}_{L(\underline{O}_{X'})}(L(\underline{E}),F) = \Gamma(X/S,\underline{\mathrm{Hom}}_{L(\underline{O}_{X'})}(L(\underline{E}),F)) \quad .$$

On en déduit, grâce à IV 2.3.4, que $\mathrm{Hom}_{L(\underline{O}_{X'})}(L(\underline{E}),F)$ est canoniquement isomorphe à

$$\mathrm{Ker}[\Gamma(X',\underline{\mathrm{Hom}}(L(\underline{E}),F)_{(X,X')}) \rightrightarrows \Gamma(D_X(X'^2),\underline{\mathrm{Hom}}(L(\underline{E}),F)_{(X,D_X(X'^2))})] \; .$$

Comme $L(\underline{E})$ est un cristal en $L(\underline{O}_{X'})$-modules (IV 1.1.5), on déduit de IV (2.4.1) l'isomorphisme

$$\underline{\mathrm{Hom}}(L(\underline{E}),F)_{(X,X')} \xrightarrow{\sim} \underline{\mathrm{Hom}}_{L(\underline{O}_{X'})_{(X,X')}}(L(\underline{E})_{(X,X')},F_{(X,X')}) \quad ,$$

soit, d'après la définition du foncteur L ,

$$\underline{\mathrm{Hom}}(L(\underline{E}),F)_{(X,X')} \xrightarrow{\sim} \underline{\mathrm{Hom}}_{\underline{D}_{X'/S}(1)}(\underline{D}_{X'/S}(1)\otimes_{\underline{O}_{X'}}\underline{E},F_{(X,X')})$$

$$\xrightarrow{\sim} \underline{\mathrm{Hom}}_{\underline{O}_{X'}}(\underline{E},F_{(X,X')}) \quad .$$

On obtient de même l'isomorphisme

$$\underline{\mathrm{Hom}}(L(\underline{E}),F)_{(X,D_X(X'^2))} \xrightarrow{\sim} \underline{\mathrm{Hom}}_{\underline{O}_{X'}}(\underline{E},F_{(X,D_X(X'^2))}) \quad ,$$

ce qui donne finalement

$$\mathrm{Hom}_{L(\underline{O}_{X'})}(L(\underline{E}),F) \xrightarrow{\sim} \mathrm{Ker}[\mathrm{Hom}_{\underline{O}_{X'}}(\underline{E},F_{(X,X')}) \rightrightarrows \mathrm{Hom}_{\underline{O}_{X'}}(\underline{E},F_{(X,D_X(X'^2))})]$$

$$\xrightarrow{\sim} \mathrm{Hom}_{\underline{O}_{X'}}(\underline{E},\mathrm{Ker}(F_{(X,X')} \rightrightarrows F_{(X,D_X(X'^2))})) \quad ,$$

le foncteur Hom étant exact à gauche. L'isomorphisme (2.3.1) en résulte alors, grâce à IV 2.3.3.

<u>Corollaire</u> 2.3.2. <u>Sous les hypothèses précédentes, il existe un isomorphisme canonique</u>

(2.3.2) $$\underline{\mathrm{Hom}}_{X,L(\underline{O}_{X'})}(L(\underline{E}),F) \xrightarrow{\sim} \underline{\mathrm{Hom}}_{\underline{O}_{X'}}(\underline{E},\bar{u}_{X/S*}(F)) \quad .$$

En effet, il suffit, d'après la définition de $\underline{\mathrm{Hom}}_X$ , d'appliquer l'isomorphisme (2.3.1) au-dessus de tout ouvert de $X'$ : on obtient alors un isomorphisme de faisceaux, qui est (2.3.2).

<u>Lemme</u> 2.3.3. <u>Sous les hypothèses de</u> 2.3, <u>soit</u> $F$ <u>un</u> $L(\underline{O}_{X'})$-<u>module</u>. <u>Il existe un isomorphisme canonique</u>

(2.3.3) $$\bar{u}_{X/S*}(L(\underline{D}_{X'/S}(1))\otimes_{L(\underline{O}_{X'})}F) \xrightarrow{\sim} \underline{D}_{X'/S}(1)\otimes_{\underline{O}_{X'}}\bar{u}_{X/S*}(F) \quad ,$$

<u>les produits tensoriels étant pris respectivement pour les structures droites sur</u> $L(\underline{D}_{X'/S}(1))$ (<u>cf</u>. IV 3.2.1) <u>et sur</u> $\underline{D}_{X'/S}(1)$ . <u>De plus, l'image directe par</u> $\bar{u}_{X/S}$ <u>du morphisme d'extension des scalaires correspondant</u>

$$F \longrightarrow L(\underline{D}_{X'/S}(1))\otimes_{L(\underline{O}_{X'})}F$$

est le morphisme d'extension des scalaires

$$\bar{u}_{X/S*}(F) \longrightarrow \underline{D}_{X'/S}(1) \otimes_{\underline{O}_{X'}} \bar{u}_{X/S*}(F) .$$

D'après IV (2.3.5), il existe un isomorphisme canonique

$$\begin{array}{c} \bar{u}_{X/S*}(L(\underline{D}_{X'/S}(1)) \otimes_{L(\underline{O}_{X'})} F) \\ \downarrow \wr \\ \mathrm{Ker}[(L(\underline{D}_{X'/S}(1)) \otimes_{L(\underline{O}_{X'})} F)_{(X,X')} \rightrightarrows (L(\underline{D}_{X'/S}(1)) \otimes_{L(\underline{O}_{X'})} F)_{(X,D_X(X'^2))}] . \end{array}$$

En appliquant IV 1.3.5, on voit que

$$(L(\underline{D}_{X'/S}(1)) \otimes_{L(\underline{O}_{X'})} F)_{(X,X')} = (\underline{D}_{X'/S}(1) \otimes_{\underline{O}_{X'}} \underline{D}_{X'/S}(1)) \otimes_{\underline{D}_{X'/S}(1)} F_{(X,X')} ,$$

où $\underline{D}_{X'/S}(1) \otimes \underline{D}_{X'/S}(1)$ est considéré comme $\underline{D}_{X'/S}(1)$-algèbre par l'homomorphisme $\delta$ . De même,

$$(L(\underline{D}_{X'/S}(1)) \otimes_{L(\underline{O}_{X'})} F)_{(X,D_X(X'^2))} = (\underline{D}_{X'/S}(2) \otimes_{\underline{O}_{X'}} \underline{D}_{X'/S}(1)) \otimes_{\underline{D}_{X'/S}(2)} F_{(X,D_X(X'^2))} ,$$

où $\underline{D}_{X'/S}(2) \otimes \underline{D}_{X'/S}(1)$ est considéré comme $\underline{D}_{X'/S}(2)$-algèbre grâce à l'homomorphisme qui s'écrit $\mathrm{Id} \otimes \delta$ lorsqu'on fait l'identification $\underline{D}_{X'/S}(2) = \underline{D}_{X'/S}(1) \otimes \underline{D}_{X'/S}(1)$.

On remarque alors qu'il existe un diagramme commutatif (où les indices X'/S ont été omis)

$$\begin{array}{ccc} (\underline{D}(1)_d \otimes {}_g\underline{D}(1)) \otimes_{\underline{D}(1)} F_{(X,X')} & \rightrightarrows & (\underline{D}(2)_d \otimes {}_g\underline{D}(1)) \otimes_{\underline{D}(2)} F_{(X,D_X(X'^2))} \\ \downarrow \wr & & \downarrow \wr \\ (\underline{D}(1)_d \otimes {}_d\underline{D}(1)) \otimes_{\underline{D}(1)} F_{(X,X')} & \rightrightarrows & (\underline{D}(2)_d \otimes {}_d\underline{D}(1)) \otimes_{\underline{D}(2)} F_{(X,D_X(X'^2))} \end{array} ,$$

les indices d et g signifiant que les algèbres correspondantes sont considérées comme $\underline{O}_{X'}$-algèbres par leur structure la plus à droite (resp. gauche), et où $\underline{D}(1)_d \otimes_d \underline{D}(1)$ est considérée comme $\underline{D}(1)$-algèbre par son facteur $\underline{D}(1)$ de gauche, et $\underline{D}(2)_d \otimes_d \underline{D}(1)$ comme $\underline{D}(2)$-algèbre par son facteur de gauche : il suffit de prendre les isomorphismes

$$\underline{D}(1)_d \otimes_g \underline{D}(1) \xrightarrow{\delta\otimes \mathrm{Id}} \underline{D}(1)_d \otimes_g \underline{D}(1)_d \otimes_g \underline{D}(1) \xrightarrow{\mathrm{Id}\otimes(\sigma.\mathrm{Id})} \underline{D}(1)_d \otimes_d \underline{D}(1) \quad ,$$

$$\underline{D}(2)_d \otimes_g \underline{D}(1) \xrightarrow{\mathrm{Id}\otimes\delta\otimes \mathrm{Id}} \underline{D}(2)_d \otimes_g \underline{D}(1)_d \otimes_g \underline{D}(1) \xrightarrow{\mathrm{Id}\otimes(\sigma.\mathrm{Id})} \underline{D}(2)_d \otimes_d \underline{D}(1) \quad .$$

On en déduit l'isomorphisme

$$\bar{u}_{X/S*}(L(\underline{D}_{X'/S}(1)) \otimes_{L(\underline{O}_{X'})} F) \xrightarrow{\sim} \mathrm{Ker}[\underline{D}(1)_d \otimes F_{(X,X')} \rightrightarrows D(1)_d \otimes F_{(X,D_X(X'^2))}] \ ,$$

où $F_{(X,X')}$ et $F_{(X,D_X(X'^2))}$, qui sont respectivement un $\underline{D}(1)$-module et un $\underline{D}(2)$-module, sont considérés comme $\underline{O}_{X'}$-modules par les structures les plus à droite de $\underline{D}(1)$ et $\underline{D}(2)$. Comme $\underline{D}_{X'/S}(1)$ est plat sur $\underline{O}_{X'}$ d'après IV 1.5.2, on en tire l'isomorphisme (2.3.3) grâce à IV (2.3.5).

De plus, la démonstration précédente fournit le diagramme commutatif à lignes exactes

$$\begin{array}{ccccc}
\bar{u}_{X/S*}(F) & \longrightarrow & F_{(X,X')} & \rightrightarrows & F_{(X,D_X(X'^2))} \\
\downarrow & & \downarrow & & \downarrow \\
\bar{u}_{X/S*}(L(\underline{D}(1)) \otimes_{L(\underline{O}_{X'})} F) & \longrightarrow & \underline{D}(1)_d \otimes F_{(X,X')} & \rightrightarrows & \underline{D}(1)_d \otimes F_{(X,D_X(X'^2))}
\end{array}$$

où les deux morphismes de droite sont les morphismes d'extension des scalaires ; on en déduit la seconde partie de la proposition.

<u>Proposition</u> 2.3.4. <u>Sous les hypothèses de</u> 2.3, <u>soient</u> $\underline{E}$ <u>un</u> $\underline{O}_{X'}$-<u>module</u>, $F$ <u>un</u> $L(\underline{O}_{X'})$-<u>module. Il existe un isomorphisme canonique</u>

(2.3.4) $$\mathrm{Diff}_{L(\underline{D}(X'/S))}(L(\underline{E}),F) \xrightarrow{\sim} \mathrm{HPD\text{-}Diff}_{X'/S}(\underline{E},\bar{u}_{X/S*}(F)) \quad ,$$

<u>induisant pour tout</u> $n$ <u>un isomorphisme</u>

(2.3.5) $$\mathrm{Diff}^n_{L(\underline{D}(X'/S))}(L(\underline{E}),F) \xrightarrow{\sim} \mathrm{PD\text{-}Diff}^n_{X'/S}(\underline{E},\bar{u}_{X/S*}(F)) \quad ,$$

<u>et en particulier pour</u> $n = 1$

(2.3.6) $$\mathrm{Diff}^1_{\hat{L}(\underline{D}(X'/S))}(L(\underline{E}),F) \xrightarrow{\sim} \mathrm{Diff}^1_{X'/S}(\underline{E},\bar{u}_{X/S*}(F)) \quad .$$

Rappelons que $L(\underline{D}(X'/S))$ désigne le linéarisé du PD-groupoïde affine $\underline{D}(X'/S)$ (IV 3.2.1), et $\hat{L}(\underline{D}(X'/S))$ le groupoïde PD-adique associé à $L(\underline{D}(X'/S))$. Par définition, on a donc

$$\begin{aligned}\mathrm{Diff}_{L(\underline{D}(X'/S))}(L(\underline{E}),F) &= \mathrm{Hom}_{L(\underline{O}_{X'})}(L(\underline{D}_{X'/S}(1)) \otimes_{L(\underline{O}_{X'})} L(\underline{E}),F) \\ &= \mathrm{Hom}_{L(\underline{O}_{X'})}(L(\underline{D}_{X'/S}(1) \otimes_{\underline{O}_{X'}} \underline{E}),F) \quad ,\end{aligned}$$

où les produits tensoriels sur $L(\underline{O}_{X'})$ et $\underline{O}_{X'}$ sont pris pour les structures droites de $L(\underline{D}_{X'/S}(1))$ et $\underline{D}_{X'/S}(1)$ . Appliquant alors 2.3.1, on obtient l'isomorphisme

$$\mathrm{Diff}_{L(\underline{D}(X'/S))}(L(\underline{E}),F) \xrightarrow{\sim} \mathrm{Hom}_{\underline{O}_{X'}}(\underline{D}_{X'/S}(1) \otimes_{\underline{O}_{X'}} \underline{E},\bar{u}_{X/S*}(F))$$

qui donne (2.3.4). En remplaçant $\underline{D}_{X'/S}(1)$ par $\underline{D}^n_{X'/S}(1)$ (resp. $\underline{P}^1_{X'/S}$) dans cette démonstration, on obtient (2.3.5) (resp. (2.3.6)).

<u>Proposition</u> 2.3.5. i) <u>Soit</u> $K^\cdot$ <u>un complexe différentiel d'ordre</u> $\leq 1$ <u>par rapport à</u> $\hat{L}(\underline{D}(X'/S))$ . <u>Alors</u> $\bar{u}_{X/S*}(K^\cdot)$ <u>est un complexe différentiel d'ordre</u> $\leq 1$ sur $X'$ <u>relativement à</u> S .

ii) <u>Si</u> $\underline{E}^\cdot$ <u>est un complexe différentiel d'ordre</u> $\leq 1$ <u>sur</u> $X'$ <u>relativement à</u> S , <u>il existe des isomorphismes canoniques</u>

(2.3.7) $$\mathrm{Hom}^p(L(\underline{E}^\cdot),K^\cdot) \xrightarrow{\sim} \mathrm{Hom}^p(\underline{E}^\cdot,\bar{u}_{X/S*}(K^\cdot)) \quad ,$$

(2.3.8) $$\mathrm{Hom}_{\underline{\underline{QD}}_{X'}}(L(\underline{E}^\cdot),K^\cdot) \xrightarrow{\sim} \mathrm{Hom}_{C(X')}(\underline{E}^\cdot,\bar{u}_{X/S*}(K^\cdot)) \quad ,$$

(2.3.9) $$\underline{\mathrm{Hom}}^p_X(L(E^\cdot),K^\cdot) \xrightarrow{\sim} \underline{\mathrm{Hom}}^p(\underline{E}^\cdot,\bar{u}_{X/S*}(K^\cdot)) \quad .$$

Rappelons que $C(X')$ désigne la catégorie des complexes différentiels d'ordre $\leq 1$ sur $X'$ , relativement à S .

Soit $f : F \longrightarrow F'$ un opérateur différentiel d'ordre $\leq 1$ entre deux $L(\underline{O}_{X'})$-modules (avec l'abus de langage de II 5.1). La factorisation canonique de f :

$$F \longrightarrow L(\underline{D}_{X'/S}(1)) \otimes_{L(\underline{O}_{X'})} F \longrightarrow F'$$

donne pour $\bar{u}_{X/S*}(f)$ la factorisation

$$\bar{u}_{X/S*}(F) \longrightarrow \bar{u}_{X/S*}(L(\underline{D}_{X'/S}(1)) \otimes_{L(\underline{O}_{X'})} F) \longrightarrow \bar{u}_{X/S*}(F') \quad ,$$

où le second morphisme est $\underline{O}_{X'}$-linéaire. Compte tenu de (2.3.3), on obtient donc la factorisation

$$\bar{u}_{X/S*}(F) \longrightarrow \underline{D}_{X'/S}(1) \otimes_{\underline{O}_{X'}} \bar{u}_{X'/S*}(F) \longrightarrow \bar{u}_{X/S*}(F')$$

qui montre que $\bar{u}_{X/S*}(f)$ est associé à un opérateur hyper-PD-différentiel relativement à $S$ . Pour prouver que c'est un opérateur différentiel d'ordre $\leqslant 1$ , il suffit alors de montrer que $\underline{D}_{X'/S}(1) \otimes_{\underline{O}_{X'}} \bar{u}_{X'/S*}(F) \longrightarrow \bar{u}_{X/S*}(F')$ s'annule sur le sous-module engendré par $\underline{J}^{[2]}$ , où $\underline{J}$ est l'idéal d'augmentation de $\underline{D}_{X'/S}(1)$. Or, par hypothèse, le morphisme $L(\underline{D}_{X'/S}(1)) \otimes_{L(\underline{O}_{X'})} F \longrightarrow F'$ s'annule sur le sous-module engendré par $L(\underline{J}^{[2]})$ , et le résultat en découle facilement.

Par suite, $\bar{u}_{X/S*}(K^{\cdot})$ est un complexe d'opérateurs différentiels d'ordre $\leqslant 1$ . Reste à vérifier qu'il est ainsi muni d'une structure de $\Omega^{\cdot}_{X'/S}$-module différentiel gradué : comme par hypothèse $K^{\cdot}$ est un $L(\Omega^{\cdot}_{X'/S})$-module différentiel gradué, $\bar{u}_{X/S*}(K^{\cdot})$ est un $\Omega^{\cdot}_{X'/S}$-module gradué, car $((X/S)_{Rcris}, L(\Omega^{\cdot}_{X'/S})) \longrightarrow (X_{Zar}, \Omega^{\cdot}_{X'/S})$ est de façon naturelle un morphisme de topos annelés, d'après 2.3.1.

L'isomorphisme (2.3.7) résulte immédiatement de 2.3.1 et (2.3.9) de (2.3.2). On déduit (2.3.8) de (2.3.7) en observant qu'un morphisme de complexes commute aux différentielles si et seulement si son image par $\bar{u}_{X/S*}$ commute aux différentielles, grâce à (2.3.6).

On notera que, compte tenu de l'isomorphisme de foncteurs $\bar{u}_{X/S*} \circ L \xrightarrow{\sim} Id$ résultant de V 2.2.2, les isomorphismes (2.3.7) et (2.3.8) sont obtenus par application de $\bar{u}_{X/S*}$ .

Corollaire 2.3.6. Sous les hypothèses de 2.3, soit $I^{\cdot}$ un injectif de $\underline{\underline{QD}}_{X'}$. Alors le complexe $\bar{u}_{X/S*}(I^{\cdot})$ est un injectif de $C(X')$.

L'assertion résultera de l'isomorphisme d'adjonction (2.3.8) si l'on montre que le foncteur L est un foncteur exact de $C(X')$ dans $\underline{\underline{QD}}_{X'}$. Or les noyaux et les conoyaux dans $\underline{\underline{QD}}_{X'}$ se calculent degré par degré, de sorte qu'il suffit de montrer l'assertion analogue pour les $\underline{O}_{X'}$-modules, i.e. le lemme :

Lemme 2.3.7. Sous les hypothèses de 2.3, le foncteur L est un foncteur exact de la catégorie des $\underline{O}_{X'}$-modules (avec pour morphismes les homomorphismes $\underline{O}_{X'}$-linéaires) dans la catégorie $\underline{\underline{Q}}_{X/S}$ des $\underline{O}_{X/S}$-modules sur RCris(X/S).

Comme X' est quasi-lisse, $\underline{D}_{X'/S}(1)$ est une algèbre plate sur $\underline{O}_{X'}$ (IV 1.7.2). Par suite, le foncteur qui à un $\underline{O}_{X'}$-module $\underline{E}$ associe le $\underline{O}_{X'}$-module (pour la structure gauche) $\underline{D}_{X'/S}(1) \otimes_{\underline{O}_{X'}} \underline{E}$ est un foncteur exact. D'après II 1.5.2, c'est encore un foncteur exact lorsqu'on le considère comme foncteur à valeur dans la catégorie des $\underline{O}_{X'}$-modules munis d'une hyper-PD-stratification relativement à S. Or cette dernière est équivalente à la catégorie des cristaux en $\underline{O}_{X/S}$-modules par IV 1.6.4, compte tenu du fait que $D_X(X') = X'$ grâce à la compatibilité aux puissances divisées $\gamma$. Enfin l'inclusion canonique de la catégorie $\underline{\underline{C}}_{X/S}$ des cristaux en $\underline{O}_{X/S}$-modules dans $\underline{\underline{Q}}_{X/S}$ est un foncteur exact d'après IV 2.1.3. Comme $L(\underline{E})$ est le cristal en $\underline{O}_{X/S}$-modules défini par $\underline{D}_{X'/S}(1) \otimes_{\underline{O}_{X'}} \underline{E}$, muni de son hyper-PD-stratification canonique, le lemme en résulte.

Remarque 2.3.8. Alors que les assertions 2.3.1 à 2.3.5 s'étendent immédiatement au cas du topos cristallin "entier", l'assertion 2.3.6 suppose expressément que l'on utilise le topos cristallin restreint : en effet, on utilise de façon essentielle le fait que les cristaux en $\underline{O}_{X/S}$-modules forment une sous-catégorie abélienne de la catégorie des $\underline{O}_{X/S}$-modules, ce qui n'est vrai que sur le topos cristallin restreint.

2.4. Théorème de comparaison.

On suppose toujours donnés un PD-schéma $(S,\underline{I},\gamma)$ , un sous-PD-idéal quasi-cohérent $\underline{I}_o$ de $\underline{I}$ , et un S-schéma X' de réduction X au-dessus du sous-schéma fermé $S_o$ de S défini par $\underline{I}_o$ . On suppose maintenant que X' est lisse sur X .

Théorème 2.4,1. Soient E, F deux $\underline{O}_{X/S}$-modules sur $RCris(X/S,\underline{I},\gamma)$. Avec les notations de 2.1 et 2.2, il existe pour tout i des isomorphismes canoniques

(2.4.1) $$\underline{\mathrm{Ext}}^i_{\underline{O}_{X/S}}(E,F) \longrightarrow \underline{\mathrm{Ext}}^i_{L(\Omega^\cdot_{X'/S})}(E \otimes_{\underline{O}_{X/S}} L(\Omega^\cdot_{X'/S}), F \otimes_{\underline{O}_{X/S}} L(\Omega^\cdot_{X'/S})) ,$$

(2.4.2) $$\underline{\mathrm{Ext}}^i_{X,\underline{O}_{X/S}}(E,F) \longrightarrow \underline{\mathrm{Ext}}^i_{X,L(\Omega^\cdot_{X'/S})}(E \otimes_{\underline{O}_{X/S}} L(\Omega^\cdot_{X'/S}), F \otimes_{\underline{O}_{X/S}} L(\Omega^\cdot_{X'/S})) ,$$

(2.4.3) $$\mathrm{Ext}^i_{\underline{O}_{X/S}}(E,F) \longrightarrow \underline{\underline{\underline{\mathrm{Ext}}}}^i_{L(\Omega^\cdot_{X'/S})}(E \otimes_{\underline{O}_{X/S}} L(\Omega^\cdot_{X'/S}), F \otimes_{\underline{O}_{X/S}} L(\Omega^\cdot_{X'/S})) .$$

On vérifie immédiatement que pour tout $\underline{O}_{X/S}$-module M le complexe $M \otimes_{\underline{O}_{X/S}} L(\Omega^\cdot_{X'/S})$ est un complexe différentiel d'ordre $\leqslant 1$ relativement à $\hat{L}(\underline{D}(X'/S))$ , de sorte que ces relations ont bien un sens.

Soit $\underline{\underline{QD}}^{\geqslant 0}_{X'}$ la sous-catégorie pleine de $\underline{\underline{QD}}_{X'}$ dont les objets sont les complexes différentiels d'ordre $\leqslant 1$ à termes nuls en degrés $< 0$ . Alors $\underline{\underline{QD}}^{\geqslant 0}_{X'}$ est une sous-catégorie abélienne de $\underline{\underline{QD}}_{X'}$ , et possède assez d'injectifs : pour voir ce dernier point, il suffit de remarquer que d'une part $\underline{\underline{QD}}^{\geqslant 0}_{X'}$ vérifie les axiomes AB 3 et AB 5 de [25], et d'autre part le complexe $C^\cdot(M)$ défini en II 5.3.3 pour tout module M est nul en degrés $< 0$ , de sorte que ceux des générateurs de $\underline{\underline{QD}}_{X'}$ construits en II 5.3.3 qui sont nuls en degrés $< 0$ forment une famille de générateurs de $\underline{\underline{QD}}^{\geqslant 0}_{X'}$ .

Observons maintenant que $L(\underline{O}_{X'})$ est une $\underline{O}_{X/S}$-algèbre plate. En effet, si $(U,T,\delta)$ est un objet de $Cris(X/S)$, on peut supposer, quitte à se localiser sur T , qu'il existe un S-morphisme $g : T \longrightarrow X'$ prolongeant l'inclusion de X dans X' . D'après IV (3.1.4), il existe un isomorphisme canonique

$$L(\underline{O}_{X'})_{(U,T,\delta)} \xrightarrow{\sim} g^*(\underline{D}_{X'/S}(1)) \quad .$$

Comme X' est lisse, $\underline{D}_{X'/S}(1)$ est plat, et par suite $L(\underline{O}_{X'})_{(U,T,\delta)}$ est plat sur $\underline{O}_T$ . Donc $(L(\underline{O}_{X'})$ est plat sur $\underline{O}_{X/S}$ . Comme $\Omega^1_{X'/S}$ est localement libre sur $\underline{O}_{X'}$ , $L(\Omega^{\cdot}_{X'/S})$ est localement libre sur $L(\underline{O}_{X'})$ , donc plat sur $\underline{O}_{X/S}$ .

Pour tout complexe $K^{\cdot}$ de $\underline{\underline{QD}}_{X'}$ , et tout entier m , il existe un isomorphisme d'adjonction

(2.4.4) $$\mathrm{Hom}^m(E\otimes_{\underline{O}_{X/S}} L(\Omega^{\cdot}_{X'/S}),K^{\cdot}) \xrightarrow{\sim} \mathrm{Hom}_{\underline{O}_{X/S}}(E,K^m) \quad .$$

Comme $L(\Omega^{\cdot}_{X'/S})$ est plat sur $\underline{O}_{X/S}$ , il en résulte que si $K^{\cdot}$ est un injectif de $\underline{\underline{QD}}^{\geq 0}_{X'}$ (resp. $\underline{\underline{QD}}_{X'}$) , les $K^m$ sont des $\underline{O}_{X/S}$-modules injectifs. On en déduit alors que dans ce cas, $K^{\cdot}$ est acyclique pour le foncteur $\underline{\mathrm{Hom}}^{\cdot}(E\otimes_{\underline{O}_{X/S}} L(\Omega^{\cdot}_{X'/S}),\cdot)$, i.e. que les $\underline{\mathrm{Ext}}^{\cdot q}(E\otimes_{\underline{O}_{X/S}} L(\Omega^{\cdot}_{X'/S}),K^{\cdot})$ sont nuls pour $q \geq 1$ . En effet, soit $J^{\cdot\cdot}$ une résolution de $K^{\cdot}$ dans $\underline{\underline{QD}}_{X'}$, telle que pour tout q , $J^{\cdot q}$ soit un injectif de $\underline{\underline{QD}}_{X'}$. Alors les $\underline{\mathrm{Ext}}^{\cdot q}(E\otimes_{\underline{O}_{X/S}} L(\Omega^{\cdot}_{X'/S}),K^{\cdot})$ sont les faisceaux de cohomologie du complexe de modules gradués $\underline{\mathrm{Hom}}^{\cdot}(E\otimes_{\underline{O}_{X/S}} L(\Omega^{\cdot}_{X'/S}),J^{\cdot\cdot})$ . En degré m , ce complexe a pour composante le complexe

$$\underline{\mathrm{Hom}}^m(E\otimes_{\underline{O}_{X/S}} L(\Omega^{\cdot}_{X'/S}),J^{\cdot\cdot}) \xrightarrow{\sim} \underline{\mathrm{Hom}}_{\underline{O}_{X/S}}(E,J^{m\cdot}) \quad .$$

D'après ce qui précède, $J^{m\cdot}$ est une résolution injective sur $\underline{O}_{X/S}$ du module injectif $K^m$ , de sorte que ce complexe est acyclique en degrés $> 0$ .

Grâce aux suites spectrales (2.2.2) et (2.2.4), on en déduit que les injectifs de $\underline{\underline{QD}}^{\geq 0}_{X'}$ sont aussi acycliques pour les foncteurs $\underline{\mathrm{Hom}}^{\cdot}_X(E\otimes_{\underline{O}_{X/S}} L(\Omega^{\cdot}_{X'/S}), \cdot)$ et $\mathrm{Hom}^{\cdot}(E\otimes_{\underline{O}_{X/S}} L(\Omega^{\cdot}_{X'/S}), \cdot)$. D'après II 5.4.8 i) , qui s'étend immédiatement au cas du foncteur $\underline{\mathrm{Hom}}^{\cdot}_X$ , on peut pour calculer les $\underline{\mathrm{Ext}}^i_{L(\Omega^{\cdot}_{X'/S})}(E\otimes_{\underline{O}_{X/S}} L(\Omega^{\cdot}_{X'/S}),F\otimes_{\underline{O}_{X/S}} L(\Omega^{\cdot}_{X'/S}))$ (resp. $\underline{\mathrm{Ext}}^i_{X,L(\Omega^{\cdot}_{X'/S})}$ , $\underline{\underline{\mathrm{Ext}}}^i_{L(\Omega^{\cdot}_{X'/S})}$) utiliser une résolution de $F\otimes_{\underline{O}_{X/S}} L(\Omega^{\cdot}_{X/S})$ par des injectifs de $\underline{\underline{QD}}^{\geq 0}_{X'}$ . Soit alors $I^{\cdot\cdot}$ une telle résolution. Les $\underline{\mathrm{Ext}}^i_{L(\Omega^{\cdot}_{X'/S})}(E\otimes_{\underline{O}_{X/S}} L(\Omega^{\cdot}_{X'/S}),F\otimes_{\underline{O}_{X/S}} L(\Omega^{\cdot}_{X'/S}))$ (resp. $\underline{\mathrm{Ext}}^i_{X,L(\Omega^{\cdot}_{X'/S})}$, $\underline{\underline{\mathrm{Ext}}}^i_{L(\Omega^{\cdot}_{X'/S})}$) sont alors les faisceaux de cohomologie du complexe simple associé au bicomplexe de terme général $\underline{\mathrm{Hom}}^p(E \otimes_{\underline{O}_{X/S}} L(\Omega^{\cdot}_{X'/S}), I^{\cdot q})$ (resp. $\underline{\mathrm{Hom}}^p_X, \mathrm{Hom}^p$) . Or il existe des isomorphismes canoniques

$$\underline{\mathrm{Hom}}^p(E \otimes_{\underline{O}_{X/S}} L(\Omega^{\cdot}_{X'/S}), I^{\cdot q}) \xrightarrow{\sim} \underline{\mathrm{Hom}}_{\underline{O}_{X/S}}(E, I^{p,q}) \quad ,$$

$$\underline{\mathrm{Hom}}^p_X(E \otimes_{\underline{O}_{X/S}} L(\Omega^{\cdot}_{X'/S}), I^{\cdot q}) \xrightarrow{\sim} \underline{\mathrm{Hom}}_{X,\underline{O}_{X/S}}(E, I^{p,q}) \quad ,$$

$$\mathrm{Hom}^p(E \otimes_{\underline{O}_{X/S}} L(\Omega^{\cdot}_{X'/S}), I^{\cdot q}) \xrightarrow{\sim} \mathrm{Hom}_{\underline{O}_{X/S}}(E, I^{p,q}) \quad .$$

D'autre part, on a pour tout $n$

$$\bigoplus_{p+q=n} \underline{\mathrm{Hom}}_{\underline{O}_{X/S}}(E, I^{p,q}) \xrightarrow{\sim} \underline{\mathrm{Hom}}_{\underline{O}_{X/S}}(E, \bigoplus_{p+q=n} I^{p,q})$$

(resp. $\underline{\mathrm{Hom}}_{X,\underline{O}_{X/S}}, \mathrm{Hom}_{\underline{O}_{X/S}}$) , car pour tout $n$ , les $I^{p,q}$ tels que $p+q=n$ sont nuls sauf un nombre fini. Si on note $I^{\cdot}$ le complexe simple associé au bicomplexe $I^{\cdot\cdot}$ , les $\underline{\mathrm{Ext}}^i_{L(\Omega^{\cdot}_{X'/S})}(E \otimes_{\underline{O}_{X/S}} L(\Omega^{\cdot}_{X'/S}), F \otimes_{\underline{O}_{X/S}} L(\Omega^{\cdot}_{X'/S}))$ (resp. $\underline{\mathrm{Ext}}^i_{X,L(\Omega^{\cdot}_{X'/S})}$ , $\underline{\underline{\mathrm{Ext}}}^i_{L(\Omega^{\cdot}_{X'/S})}$) sont donc les faisceaux de cohomologie du complexe $\underline{\mathrm{Hom}}_{\underline{O}_{X/S}}(E, I^{\cdot})$ (resp. $\underline{\mathrm{Hom}}_{X,\underline{O}_{X/S}}(E, I^{\cdot})$ , $\mathrm{Hom}_{\underline{O}_{X/S}}(E, I^{\cdot})$) . Or chacun des $I^n$ est une somme finie d'injectifs sur $\underline{O}_{X/S}$, donc est injectif sur $\underline{O}_{X/S}$ . D'autre part, pour tout $p$ le complexe $I^{p\cdot}$ est par hypothèse une résolution de $F \otimes_{\underline{O}_{X/S}} L(\Omega^p_{X'/S})$ ; par conséquent, le complexe simple $I^{\cdot}$ est quasi-isomorphe au complexe $F \otimes_{\underline{O}_{X/S}} L(\Omega^{\cdot}_{X'/S})$ . Or ce dernier est une résolotion de $F$ , d'après le lemme de Poincaré (V 2.1.1). Par conséquent, $I^{\cdot}$ est une résolution injective de $F$ sur $\underline{O}_{X/S}$ ; les isomorphismes (2.4.1), (2.4.2) et (2.4.3) en résultent aussitôt.

<u>Théorème</u> 2.4.2. <u>Sous les hypothèses de</u> 2.3, <u>soient</u> $\underline{K}^{\cdot}$ , $\underline{M}^{\cdot}$ <u>deux complexes différentiels d'ordre</u> $\leqslant 1$ <u>sur</u> $X'$ , <u>relativement à</u> $S$ . <u>Pour tout</u> $i$ , <u>il existe des isomorphismes canoniques</u>

(2.4.5) $$\underline{\mathrm{Ext}}^i_{X,L(\Omega^{\cdot}_{X'/S})}(L(\underline{K}^{\cdot}), L(\underline{M}^{\cdot})) \xrightarrow{\sim} \underline{\mathrm{Ext}}^i_{\Omega^{\cdot}_{X'/S}}(\underline{K}^{\cdot}, \underline{M}^{\cdot}) \quad ,$$

(2.4.6) $$\underline{\underline{\mathrm{Ext}}}^i_{L(\Omega^{\cdot}_{X'/S})}(L(\underline{K}^{\cdot}),L(\underline{M}^{\cdot})) \xrightarrow{\sim} \underline{\underline{\mathrm{Ext}}}^i_{\Omega^{\cdot}_{X'/S}}(\underline{K}^{\cdot},\underline{M}^{\cdot}) \quad .$$

Soit $I^{\cdot\cdot}$ une résolution de $L(\underline{M}^{\cdot})$ dans $\underline{\underline{QD}}_{X'}$, telle que pour tout $q$ le complexe $I^{\cdot q}$ soit un injectif de $\underline{\underline{QD}}_{X'}$. D'après 2.3.6, $\bar{u}_{X/S*}(I^{\cdot q})$ est pour tout $q$ un injectif de la catégorie $C(X')$ des complexes différentiels d'ordre $\leqslant 1$ sur $X'$ relativement à $S$. D'autre part, si l'on fixe $p$, $I^{p\cdot}$ est d'après II 5.3.2 iii) une résolution injective de $L(\underline{M}^p)$. Par suite, les faisceaux de cohomologie de $\bar{u}_{X/S*}(I^{p\cdot})$ sont les $R^q\bar{u}_{X/S*}(L(\underline{M}^p))$. Or il résulte de V 2.2.4 que ceux-ci sont nuls pour $q > 0$. Le bicomplexe $\bar{u}_{X/S*}(I^{\cdot\cdot})$ est donc une résolution de $\bar{u}_{X/S*}(L(\underline{M}^{\cdot})) = \underline{M}^{\cdot}$ par des injectifs de $C(X')$. Considérons alors le bicomplexe de terme général $\underline{\mathrm{Hom}}^p_X(L(\underline{K}^{\cdot}),I^{\cdot q})$ (resp. $\mathrm{Hom}^p(L(\underline{K}^{\cdot}),I^{\cdot q})$) ; d'après 2.3.5, il existe des isomorphismes canoniques

$$\underline{\mathrm{Hom}}^p_X(L(\underline{K}^{\cdot}),I^{\cdot q}) \xrightarrow{\sim} \underline{\mathrm{Hom}}^p(\underline{K}^{\cdot},\bar{u}_{X/S*}(I^{\cdot q})) \quad ,$$

$$\mathrm{Hom}^p(L(\underline{K}^{\cdot}),I^{\cdot q}) \xrightarrow{\sim} \mathrm{Hom}^p(\underline{K}^{\cdot},\bar{u}_{X/S*}(I^{\cdot q})) \quad .$$

Comme les $\underline{\mathrm{Ext}}^i_{X,L(\Omega^{\cdot}_{X'/S})}(L(\underline{K}^{\cdot}),L(\underline{M}^{\cdot}))$ (resp. $\underline{\underline{\mathrm{Ext}}}^i_{L(\Omega^{\cdot}_{X'/S})}$) sont les faisceaux de cohomologie (resp. groupes) du complexe simple associé au bicomplexe de terme général $\underline{\mathrm{Hom}}^p_X(L(\underline{K}^{\cdot}),I^{\cdot q})$ (resp. $\mathrm{Hom}^p$), et que d'après ce qui précède les $\underline{\mathrm{Ext}}^i_{L(\Omega^{\cdot}_{X'/S})}(\underline{K}^{\cdot},\underline{M}^{\cdot})$ (resp. $\underline{\underline{\mathrm{Ext}}}^i_{\Omega^{\cdot}_{X'/S}}$) sont ceux du complexe simple associé au bicomplexe de terme général $\underline{\mathrm{Hom}}^p(\underline{K}^{\cdot},\bar{u}_{X/S*}(I^{\cdot q}))$ (resp. $\mathrm{Hom}^p$), les isomorphismes (2.4.5) et (2.4.6) en résultent.

<u>Théorème</u> 2.4.3. <u>Sous les hypothèses de 2.4, soient $\underline{E}$, $\underline{F}$ deux $\underline{O}_X$-modules, munis d'une hyper-PD-stratification</u> (i.e. <u>d'une connexion à courbure nulle et quasi-nilpotente</u>) <u>relativement à</u> $S$, <u>et soient</u> $E$, $F$ <u>les cristaux en $\underline{O}_{X/S}$-modules correspondants sur</u> $\mathrm{Cris}(X/S,\underline{I},\gamma)$. <u>Pour tout</u> $i$, <u>il existe des isomorphismes canoniques</u>

(2.4.7) $$\underline{\mathrm{Ext}}^i_{X,\underline{O}_{X/S}}(E,F) \xrightarrow{\sim} \underline{\mathrm{Ext}}^i_{\Omega^{\cdot}_{X'/S}}(\underline{E}\otimes_{\underline{O}_{X'}}\Omega^{\cdot}_{X'/S},\underline{F}\otimes_{\underline{O}_{X'}}\Omega^{\cdot}_{X'/S}) \quad ,$$

(2.4.8) $$\mathrm{Ext}^i_{\underline{O}_{X/S}}(E,F) \xrightarrow{\sim} \underline{\underline{\mathrm{Ext}}}^i_{\Omega^{\cdot}_{X'/S}}(\underline{E}\otimes_{\underline{O}_{X'}}\Omega^{\cdot}_{X'/S},\underline{F}\otimes_{\underline{O}_{X'}}\Omega^{\cdot}_{X'/S}) \quad ,$$

<u>où les complexes $\underline{E}\otimes_{\underline{O}_{X'}}\Omega^{\cdot}_{X'/S}$ et $\underline{F}\otimes_{\underline{O}_{X'}}\Omega^{\cdot}_{X'/S}$ sont définis grâce aux connexions de</u>

$\underline{E}$ et $\underline{F}$.

D'après les conventions de 2.1.1, on peut considérer $E$ et $F$ comme des cristaux en $\underline{O}_{X/S}$-modules sur $\mathrm{RCris}(X/S,\underline{I},\gamma)$, et montrer le théorème dans ce cadre.

D'après (2.4.2), il existe un isomorphisme canonique

$$\underline{\mathrm{Ext}}^i_{X,\underline{O}_{X/S}}(E,F) \xrightarrow{\sim} \underline{\mathrm{Ext}}^i_{X,L(\Omega^\cdot_{X'/S})}(E \otimes_{\underline{O}_{X/S}} L(\Omega^\cdot_{X'/S}), F \otimes_{\underline{O}_{X/S}} L(\Omega^\cdot_{X'/S})) .$$

D'autre part, il existe des isomorphismes canoniques (IV 3.1.4)

$$E \otimes_{\underline{O}_{X/S}} L(\Omega^\cdot_{X'/S}) \xrightarrow{\sim} L(\underline{E} \otimes_{\underline{O}_{X'}} \Omega^\cdot_{X'/S}) ,$$

$$F \otimes_{\underline{O}_{X/S}} L(\Omega^\cdot_{X'/S}) \xrightarrow{\sim} L(\underline{F} \otimes_{\underline{O}_{X'}} \Omega^\cdot_{X'/S}) .$$

Appliquant alors (2.4.5), on en déduit l'isomorphisme canonique (2.4.7)

$$\underline{\mathrm{Ext}}^i_{X,\underline{O}_{X/S}}(E,F) \xrightarrow{\sim} \underline{\mathrm{Ext}}^i_{\Omega^\cdot_{X'/S}}(\underline{E} \otimes_{\underline{O}_{X'}} \Omega^\cdot_{X'/S}, \underline{F} \otimes_{\underline{O}_{X'}} \Omega^\cdot_{X'/S}) .$$

On obtient de même l'isomorphisme (2.4.8).

Remarque 2.4.4. On a vu en IV 1.6.5 que la catégorie des $\underline{O}_{X'}$-modules munis d'une connexion à courbure nulle et quasi-nilpotente relativement à $S$ ne dépend, à équivalence canonique près, que de la réduction de $X'$ modulo $\underline{I}$. Il résulte de 2.4.3 que si $\underline{E}$, $\underline{F}$ sont deux $\underline{O}_{X'}$-modules munis d'une connexion à courbure nulle et quasi-nilpotente relativement à $S$, les $\underline{\mathrm{Ext}}^i_{\Omega^\cdot_{X'/S}}(\underline{E} \otimes_{\underline{O}_{X'}} \Omega^\cdot_{X'/S}, \underline{F} \otimes_{\underline{O}_{X'}} \Omega^\cdot_{X'/S})$ et les $\underline{\underline{\mathrm{Ext}}}^i_{\Omega^\cdot_{X'/S}}(\underline{E} \otimes_{\underline{O}_{X'}} \Omega^\cdot_{X'/S}, \underline{F} \otimes_{\underline{O}_{X'}} \Omega^\cdot_{X'/S})$ ne dépendent également, à isomorphisme canonique près, que de la réduction de $X'$ modulo $\underline{I}$. On remarquera que si l'on prend $\underline{E} = \underline{O}_{X'}$, on retrouve d'après II 5.4.4 le théorème d'invariance de la cohomologie de De Rham (v 2.3.6).

Corollaire 2.4.5. i) *Sous les hypothèses de 2.4.1, les isomorphismes (2.4.1) et (2.4.2) définissent un isomorphisme entre les suites spectrales de passage du local au semi-local correspondantes (définies par (2.1.8) et (2.2.12)) ; les isomorphismes*

(2.4.2) et (2.4.3) définissent un isomorphisme entre les suites spectrales de passage du semi-local au global correspondantes (définies par (2.1.9) et (2.2.13)) ; les isomorphismes (2.4.1) et (2.4.3) définissent un isomorphisme entre les suites spectrales de passage du local au global correspondantes.

ii) Sous les hypothèses de 2.4.2, supposons qu'il existe un entier $r$ tel que pour tout $q \geqslant 0$, les $\mathrm{Ext}^{\cdot q}(\underline{K}^{\cdot},\underline{M}^{\cdot})$ soient nuls en degré $< r$. Alors les isomorphismes (2.4.5) et (2.4.6) définissent un isomorphisme de la suite spectrale de passage du semi-local au global pour $L(\underline{K}^{\cdot})$ et $L(\underline{M}^{\cdot})$ sur la suite spectrale de passage du local au global pour $\underline{K}^{\cdot}$ et $\underline{M}^{\cdot}$.

iii) Sous les hypothèses de 2.4.3, les isomorphismes (2.4.7) et (2.4.8) définissent un isomorphisme de la suite spectrale de passage du semi-local au global pour $E$ et $F$ sur la suite spectrale de passage du local au global pour $\underline{E} \otimes_{\underline{O}_{X'}} \Omega^{\cdot}_{X'/S}$ et $\underline{F} \otimes_{\underline{O}_{X'}} \Omega^{\cdot}_{X'/S}$.

Ces assertions résultent facilement de la construction des isomorphismes de 2.4.1, 2.4.2 et 2.4.3, et des suites spectrales considérées ; nous laissons les détails de la vérification au lecteur.

## 3. Morphisme de Gysin.

Nous allons maintenant construire la classe de cohomologie associée à un cycle non singulier, et le morphisme de Gysin correspondant. Auparavant, nous aurons besoin de quelques compléments sur la classe de cohomologie associée à un cycle non singulier en cohomologie de De Rham.

### 3.1. Classe de cohomologie associée à un cycle non singulier en cohomologie de De Rham.

Dans cette section 3.1, nous ne considèrerons que la cohomologie de De Rham, et nous ne supposerons pas que $p$ soit localement nilpotent sur les schémas considérés.

Soit $f : X \longrightarrow S$ un morphisme de schéma. Si $\underline{K}^{\cdot}$ est un complexe différentiel d'ordre $\leqslant 1$ sur $X$ relativement à $S$, nous noterons $\underline{K}^{\cdot}[n]$ son translaté à l'ordre $n$ (cf. II 5.1.3). D'autre part, puisque la catégorie $C(X)$ des complexes différentiels d'ordre $\leqslant 1$ sur $X$ relativement à $S$ est une catégorie abélienne, on peut considérer la catégorie dérivée $D(C(X))$ de $C(X)$. Comme le foncteur de translation dans $C(X)$ est exact, il induit un foncteur de translation dans $D(C(X))$; d'autre part, $D(C(X))$ est muni de son foncteur de translation naturel, en tant que catégorie dérivée. Nous noterons l'action de ces deux foncteurs de translation de la facon suivante : si $\underline{K}^{\cdot\cdot}$ est un objet de $D(C(X))$, i.e. un complexe (linéaire) de complexes différentiels d'ordre $\leqslant 1$, on notera $\underline{K}^{\cdot\cdot}[m,n]$ l'objet de $D(C(X))$ obtenu en appliquant à $\underline{K}^{\cdot\cdot}$ le foncteur de translation pour les complexes différentiels à l'ordre $m$, et le foncteur de translation dans la catégorie dérivée à l'ordre $n$ ; $\underline{K}^{\cdot\cdot}[m,n]$ est donc égal en degré $p$, $q$ à $\underline{K}^{p+m,q+n}$.

Si $\underline{K}^{\cdot}$ est un complexe différentiel d'ordre $\leqslant 1$, on notera $\underline{K}^{\cdot}[m,n]$ le complexe d'objets de $C(X)$ égal à $\underline{K}^{\cdot}[m]$ en degré $-n$, et à $0$ en degré $\neq -n$.

3.1.1. Soient $\underline{E}^{\cdot}$, $\underline{F}^{\cdot}$ deux complexes différentiels d'ordre $\leqslant 1$, et soit

$$\varphi : \underline{E}^{\cdot}[-m,-n] \longrightarrow \underline{F}^{\cdot}$$

un morphisme de la catégorie dérivée $D(C(X))$. Alors $\varphi$ définit une classe de cohomologie dans $\underline{\underline{\mathrm{Ext}}}^{m+n}_{\Omega^{\cdot}_{X/S}}(\underline{E}^{\cdot},\underline{F}^{\cdot})$ de la façon suivante. Soit $\underline{I}^{\cdot\cdot}$ une résolution de $\underline{F}^{\cdot}$ par des injectifs de $C(X)$. Alors $\varphi$ est défini par un morphisme de complexes à termes dans $C(X)$

$$\underline{E}^{\cdot}[-m,-n] \longrightarrow \underline{I}^{\cdot\cdot} \qquad ,$$

i.e. par un morphisme de complexes différentiels d'ordre $\leqslant 1$

$$\psi : \underline{E}^{\cdot}[-m] \longrightarrow \underline{I}^{\cdot n} \qquad ,$$

tel que le composé

$$\underline{E}^{\cdot}[-m] \longrightarrow \underline{I}^{\cdot n} \longrightarrow \underline{I}^{\cdot n+1}$$

soit nul. Le morphisme $\psi$ est donc un élément de $\mathrm{Hom}^{m}(\underline{E}^{\cdot},\underline{I}^{\cdot n})$, d'image nulle par les deux homomorphismes

$$\mathrm{Hom}^m(\underline{E}^{\cdot},\underline{I}^{\cdot n}) \longrightarrow \mathrm{Hom}^m(\underline{E}^{\cdot},\underline{I}^{\cdot n+1}) \quad ,$$

$$\mathrm{Hom}^m(\underline{E}^{\cdot},\underline{I}^{\cdot n}) \longrightarrow \mathrm{Hom}^{m+1}(\underline{E}^{\cdot},\underline{I}^{\cdot n}) \quad ,$$

la seconde assertion résultant de ce que $\psi$ est un morphisme de complexes. Par suite, $\psi$ définit un cocycle de degré m+n dans le complexe simple associé au bicomplexe de terme général $\mathrm{Hom}^p(\underline{E}^{\cdot},\underline{I}^{\cdot q})$ , donc une classe de cohomologie de degré m+n dans la cohomologie de ce complexe, qui n'est autre que $\underline{\underline{\mathrm{Ext}}}^*_{\Omega^{\cdot}_{X/S}}(\underline{E}^{\cdot},\underline{F}^{\cdot})$ . Il est facile de vérifier que la classe de cohomologie ainsi définie ne dépend pas des choix faits pour la construire.

Le même raisonnement montre que $\varphi$ définit également une classe locale, i.e. un élément de $\Gamma(X,\underline{\mathrm{Ext}}^{m+n}_{\Omega^{\cdot}_{X/S}}(\underline{E}^{\cdot},F^{\cdot}))$ , qui provient de la précédente par passage au faisceau associé.

3.1.2. Soient X un schéma lisse sur une base S , et Y un sous-schéma fermé de X , lisse sur S , et de codimension d dans X . Le complexe $\Omega^{\cdot}_{Y/S}$ peut être considéré comme un complexe différentiel d'ordre $\leqslant 1$ sur X relativement à S . Il existe alors dans D(C(X)) un morphisme canonique

$$\Omega^{\cdot}_{Y/S}[-d,-d] \longrightarrow \Omega^{\cdot}_{X/S} \quad ,$$

appelé <u>morphisme de Gysin</u>, dont nous allons rappeler la construction (cf. [28], III 8).

Nous allons d'abord définir un morphisme de complexes différentiels

$$(3.1.1) \qquad \Omega^{\cdot}_{Y/S}[-d] \longrightarrow \underline{H}^{\cdot d}_Y(\Omega^{\cdot}_{X/S}) \xrightarrow{\sim} \underline{H}^d_Y(\underline{O}_X)\otimes_{\underline{O}_X}\Omega^{\cdot}_{X/S} \quad ,$$

où $\underline{H}^{\cdot d}_Y(\Omega^{\cdot}_{X/S})$ est le complexe défini en 1.5.1, l'isomorphisme résultant de 1.5.3. Si $\underline{I}$ est l'idéal de Y dans X , il existe une suite exacte

$$0 \longrightarrow \underline{I}/\underline{I}^2 \longrightarrow \Omega^1_{X/S}\otimes_{\underline{O}_X}\underline{O}_Y \longrightarrow \Omega^1_{Y/S} \longrightarrow 0 \quad ,$$

chacun des faisceaux étant localement libre de type fini sur $\underline{O}_Y$ . Comme $\underline{I}/\underline{I}^2$ est de rang d , il existe un homomorphisme canonique pour tout i

$$\Lambda^i(\Omega^1_{Y/S})\otimes_{\underline{O}_Y}\Lambda^d(\underline{I}/\underline{I}^2)\longrightarrow\Lambda^{i+d}(\Omega^1_{X/S})\otimes_{\underline{O}_X}\underline{O}_Y \quad ,$$

d'où l'on déduit, puisque $\underline{I}/\underline{I}^2$ est un $\underline{O}_Y$-module inversible, un homomorphisme

$$\Omega^i_{Y/S}\longrightarrow\Omega^{i+d}_{X/S}\otimes_{\underline{O}_X}(\Lambda^d(\underline{I}/\underline{I}^2))^{\vee} \quad .$$

Or l'isomorphisme local fondamental de [30] , III 7.2, donne

$$\Omega^{i+d}_{X/S}\otimes_{\underline{O}_X}(\Lambda^d(\underline{I}/\underline{I}^2))^{\vee}\xrightarrow{\sim}\underline{\mathrm{Ext}}^d_{\underline{O}_X}(\underline{O}_Y,\Omega^{i+d}_{X/S}) \ ,$$

et il existe un homomorphisme canonique, provenant du morphisme de foncteurs évidents $\underline{\mathrm{Hom}}_{\underline{O}_X}(\underline{O}_Y,\ \cdot)\longrightarrow\underline{\Gamma}_Y$ ,

$$\underline{\mathrm{Ext}}^d_{\underline{O}_X}(\underline{O}_Y,\Omega^{i+d}_{X/S})\longrightarrow\underline{H}^d_Y(\Omega^{i+d}_{X/S}) \quad .$$

On obtient donc un homomorphisme canonique

(3.1.2) $$\Omega^i_{Y/S}\longrightarrow\underline{H}^d_Y(\Omega^{i+d}_{X/S}) \quad .$$

Pour obtenir (3.1.1), il reste à montrer que les homomorphismes (3.1.2) commutent à la différentielle ; comme c'est une propriété locale sur $X$ , cela résulte facilement de l'assertion suivante :

<u>Proposition</u> 3.1.3. <u>Sous les hypothèses de</u> 3.1.2, <u>supposons que</u> $Y$ <u>soit défini par une suite régulière</u> $t_1,\dots,t_d$ <u>de sections de</u> $\underline{O}_X$ . <u>Alors l'image d'une section</u> $\omega$ <u>de</u> $\Omega^i_{Y/S}$ <u>par le morphisme</u> (3.1.2) <u>est la section</u>

$$\omega\wedge\frac{dt_1\wedge\dots\wedge dt_d}{t_1\dots t_d}$$

de $\underline{H}^d_Y(\Omega^{i+d}_{X/S})$ .

Il faut d'abord expliciter le sens de l'expression donnée dans la proposition. Rappelons pour cela quelques résultats sur le calcul de $\underline{H}^d_Y(\underline{M})$ , où $\underline{M}$ est un $\underline{O}_X$-module quasi-cohérent (résultats déjà employés dans 1.2.6). Soit $\underline{C}^{\cdot}_{t_1,\dots,t_d}(\underline{M})$ le complexe de cochaînes alternées à coefficients dans $\underline{M}$ associé à la suite $t_1,\dots,t_d$: en degré $k$ , il est donné par

$$\underline{C}^k_{t_1,\dots,t_d}(\underline{M}) = \bigoplus_{i_o<\dots<i_k} j_{i_o\dots i_k *}(j_{i_o\dots i_k}{}^*(\underline{M})) \quad ,$$

où $j_{i_o \dots i_k}$ est le morphisme d'immersion de l'ouvert $U_{i_o \dots i_k}$ d'inversibilité de $t_{i_o}, \dots, t_{i_k}$ dans $X$ . Alors le complexe

$$(3.1.3) \qquad 0 \longrightarrow \underline{M} \longrightarrow \underline{C}^{\cdot}_{t_1,\dots,t_d}(\underline{M}) \longrightarrow 0 \quad ,$$

où $\underline{M}$ est placé en degré $0$ , est isomorphe dans la catégorie dérivée à $\underline{\underline{R}}\underline{\Gamma}_Y(\underline{M})$ . Si on note $K^{\cdot (n)}(\underline{M})$ le complexe de Koszul de $\underline{M}$ relativement à la suite $t_1^n,\dots,t_d^n$ , placé entre les degrés $0$ et $d$ , le complexe (3.1.3) est isomorphe au complexe $\varinjlim_n K^{\cdot (n)}(\underline{M})$ , où pour $m \leqslant n$ le morphisme de transition $K^{\cdot (m)}(\underline{M}) \longrightarrow K^{\cdot (n)}(M)$ est donné en degré $k$ , et sur la composante d'indice $i_1,\dots,i_{d-k}$ , par la multiplication par $(t_{j_1}\dots t_{j_k})^{n-m}$ , où $j_1,\dots,j_k$ est la suite complémentaire de la suite $i_1,\dots,i_{d-k}$ (cf. EGA III 1.2.2). On en déduit en particulier l'isomorphisme (*)

$$(3.1.4) \qquad \underline{H}^d_Y(\underline{M}) \xrightarrow{\ \sim\ } \varinjlim_n \underline{M}/\underline{I}^{(n)}.\underline{M} \quad ,$$

où $\underline{I}^{(n)}$ est l'idéal engendré par $t_1^n,\dots,t_d^n$ . Pour tout $n$ , on notera par le symbole $1/t_1^n\dots t_d^n$ l'image de la section unité de $\underline{O}_X/\underline{I}^{(n)}$ par le morphisme canonique

$$\underline{O}_X/\underline{I}^{(n)} \longrightarrow \varinjlim_n \underline{O}_X/\underline{I}^{(n)} \simeq \underline{H}^d_Y(\underline{O}_X) \quad ,$$

$\underline{H}^d_Y(\underline{O}_X)$ s'interprétant de la sorte comme le "module des parties polaires par rapport aux $t_i$" . La section $1/t_1\dots t_d$ est annulée par chacun des $t_i$ , de sorte que si $\omega'$ est une section de $\Omega^i_{X/S}$ relevant la section $\omega$ de $\Omega^i_{Y/S}$ , la section

$$\omega' \wedge \frac{dt_1\wedge\dots\wedge dt_d}{t_1\dots t_d} \text{ de } \underline{H}^d_Y(\underline{O}_X)\otimes_{\underline{O}_X}\Omega^{i+d}_{X/S} \xrightarrow{\ \sim\ } \underline{H}^d_Y(\Omega^{i+d}_{X/S})$$ ne dépend que de $\omega$ , et sera notée simplement $\omega\wedge \dfrac{dt_1\wedge\dots\wedge dt_d}{t_1\dots t_d}$ .

Soit $\bar{t}_i$ l'image de $t_i$ dans $\underline{I}/\underline{I}^2$ ; alors la section $\bar{t}_1\wedge\dots\wedge\bar{t}_d$ est une base de $\underline{I}/\underline{I}^2$ , et l'homomorphisme $\Omega^i_{Y/S}\otimes_{\underline{O}_Y}\Lambda^d(\underline{I}/\underline{I}^2) \longrightarrow \Omega^{i+d}_{X/S}\otimes_{\underline{O}_X}\underline{O}_Y$ est celui qui

(*) On remarquera que cet isomorphisme dépend en particulier de l'ordre des $t_i$ , de sorte que la section de l'énoncé 3.1.3 n'en dépend pas, contrairement aux apparences.

associe à une section $\omega\otimes(\bar{t}_1\wedge\ldots\wedge\bar{t}_d)$ la classe modulo $\underline{I}$ de la section $\omega'\wedge dt_1\wedge\ldots\wedge dt_d$ , où $\omega'$ relève $\omega$ dans $\Omega^i_{X/S}$ . Par suite, l'homomorphisme $\Omega^i_{Y/S}\longrightarrow\Omega^{i+d}_{X/S}\otimes_{\underline{O}_X}(\Lambda^d(\underline{I}/\underline{I}^2))^{\vee}$ envoie une section $\omega$ de $\Omega^i_{X/S}$ sur la section $(\omega'\wedge dt_1\wedge\ldots\wedge dt_d)\otimes(\bar{t}_1\wedge\ldots\wedge\bar{t}_d)^{\vee}$. D'autre part, l'isomorphisme local fondamental est défini comme suit : soit $K^{\cdot}(\underline{O}_X)[d]$ le complexe de Koszul de $\underline{O}_X$ relativement à la suite $t_1,\ldots,t_d$ , placé entre les degrés -d et 0 . Alors $K^{\cdot}(\underline{O}_X)[d]$ est une résolution gauche de $\underline{O}_Y$ par des $\underline{O}_X$-modules libres, et les $\underline{\mathrm{Ext}}^k_{\underline{O}_X}(\underline{O}_Y,\Omega^{i+d}_{X/S})$ sont les faisceaux de cohomologie du complexe $\underline{\mathrm{Hom}}^{\cdot}_{\underline{O}_X}(K^{\cdot}(\underline{O}_X)[d],\Omega^{i+d}_{X/S})$ ; en particulier, on en déduit la suite exacte

$$\underline{\mathrm{Hom}}_{\underline{O}_X}(K^1(\underline{O}_X),\Omega^{i+d}_{X/S})\longrightarrow\underline{\mathrm{Hom}}_{\underline{O}_X}(K^0(\underline{O}_X),\Omega^{i+d}_{X/S})\longrightarrow\underline{\mathrm{Ext}}^d_{\underline{O}_X}(\underline{O}_Y,\Omega^{i+d}_{X/S})\longrightarrow 0 .$$

On obtient donc un isomorphisme

$$\underline{\mathrm{Ext}}^d_{\underline{O}_X}(\underline{O}_Y,\Omega^{i+d}_{X/S})\xrightarrow{\sim}\Omega^{i+d}_{X/S}/\underline{I}.\Omega^{i+d}_{X/S} \quad ; \tag{3.1.5}$$

le choix de la base $(\bar{t}_1\wedge\ldots\wedge\bar{t}_d)^{\vee}$ de $(\Lambda^d(\underline{I}/\underline{I}^2))^{\vee}$ permet de le considérer comme un isomorphisme

$$\underline{\mathrm{Ext}}^d_{\underline{O}_X}(\underline{O}_Y,\Omega^{i+d}_{X/S})\xrightarrow{\sim}\Omega^{i+d}_{X/S}\otimes_{\underline{O}_X}(\Lambda^d(\underline{I}/\underline{I}^2))^{\vee} ,$$

dont on montre qu'il est indépendant du choix de la suite $t_1,\ldots,t_d$ . Si l'on calcule $\underline{\mathrm{Ext}}^d_{\underline{O}_X}(\underline{O}_Y,\Omega^{i+d}_{X/S})$ par la formule (3.1.5), l'image de $\omega$ dans $\underline{\mathrm{Ext}}^d_{\underline{O}_X}(\underline{O}_Y,\Omega^{i+d}_{X/S})$ est donc la classe de la section $\omega'\wedge dt_1\wedge\ldots\wedge dt_d$ . Enfin, on peut définir pour tout $\underline{O}_X$-module $\underline{M}$ un morphisme de complexes, fonctoriel en $\underline{M}$ , du complexe $\underline{\mathrm{Hom}}_{\underline{O}_X}(K^{\cdot}(\underline{O}_X)[d],\underline{M})$ dans le complexe (3.1.3), induisant sur la cohomologie de degré 0 le morphisme canonique $\underline{\mathrm{Hom}}_{\underline{O}_X}(\underline{O}_Y,\underline{M})\longrightarrow\underline{\Gamma}_Y(\underline{M})$ ; lorsque $\underline{M}$ est quasi-cohérent, il induit sur la cohomologie de degré k le morphisme canonique $\underline{\mathrm{Ext}}^k_{\underline{O}_X}(\underline{O}_Y,\underline{M})\to\underline{H}^k_Y(\underline{M})$,

car les faisceaux de cohomologie de (3.1.3) s'envoient de facon naturelle pour $\underline{M}$ quelconque dans les $\underline{H}^i_Y(\underline{M})$ , et l'on peut appliquer la propriété universelle des foncteurs dérivés. Pour définir ce morphisme de complexes, on identifie en degré k le module $\underline{\mathrm{Hom}}_{\underline{O}_X}(K^{d-k}(\underline{O}_X),\underline{M})$ à une somme directe de copies de $\underline{M}$ , indexée par les suites $i_1<\ldots<i_k$ , et on envoie une section m du facteur $\underline{M}$ d'indice

$i_1<\ldots<i_k$ sur la section $(1/t_{i_1}\ldots t_{i_k}).m$ de $j_{i_1\ldots i_k *}(j_{i_1\ldots i_k}{}^*(\underline{M}))$ . Comme la section $1/t_1\ldots t_d$ de $j_{1\ldots d*}(j_{1\ldots d}{}^*(\underline{O}_X))$ a bien pour image dans $\underline{H}_Y^d(\underline{O}_X)$ la section notée $1/t_1\ldots t_d$ précédemment, on en déduit que l'image de $\omega$ par le morphisme (3.1.2) est bien la section $\omega\wedge\dfrac{dt_1\wedge\ldots\wedge dt_d}{t_1\ldots t_d}$ .

<u>Remarque</u> : comme la différentielle de $\Omega^{\cdot}_{Y/S}[-d]$ est celle de $\Omega^{\cdot}_{Y/S}$ , affectée du signe $(-1)^d$ , il y a lieu de modifier le signe de (3.1.2) pour définir (3.1.1) ; l'image par (3.1.1) d'une section $\omega$ de $\Omega^i_{Y/S}$ est donc la section

$$(-1)^{di}\omega\wedge\frac{dt_1\wedge\ldots\wedge dt_d}{t_1\ldots t_d} = \frac{dt_1\wedge\ldots\wedge dt_d}{t_1\ldots t_d}\wedge\omega$$

de $\underline{H}_Y^d(\Omega^{i+d}_{X/S})$ . Le morphisme (3.1.1) est donc $\Omega^{\cdot}_{X/S}$-linéaire à droite en tant que morphisme de $\Omega^{\cdot}_{X/S}$-modules gradués.

3.1.4. Pour achever la construction du morphisme de Gysin, il nous reste à déduire du morphisme de complexes (3.1.1) un morphisme de la catégorie dérivée $D(C(X))$ :

(3.1.6) $$\Omega^{\cdot}_{Y/S}[-d,-d] \longrightarrow \Omega^{\cdot}_{X/S} \quad .$$

Or il existe un morphisme canonique de $D(C(X))$

$$\underline{\underline{R}}\underline{\Gamma}^{\cdot}_Y(\Omega^{\cdot}_{X/S}) \longrightarrow \Omega^{\cdot}_{X/S} \quad ,$$

provenant de la définition de $\underline{\Gamma}^{\cdot}_Y$ . D'autre part, d'après 1.5.2 i), $\underline{H}_Y^{\cdot i}(\Omega^{\cdot}_{X/S}) = 0$ pour $i \neq d$ . On obtient donc un isomorphisme canonique

$$\underline{\underline{R}}\underline{\Gamma}^{\cdot}_Y(\Omega^{\cdot}_{X/S}) \xrightarrow{\ \sim\ } \underline{H}_Y^{\cdot d}(\Omega^{\cdot}_{X/S})[0,-d] \quad ,$$

d'où le morphisme canonique

(3.1.7) $$\underline{H}_Y^{\cdot d}(\Omega^{\cdot}_{X/S})[0,-d] \longrightarrow \Omega^{\cdot}_{X/S} \quad .$$

En composant (3.1.1) et (3.1.7), on obtient le morphisme de Gysin (3.1.6).

Si on applique maintenant au morphisme de Gysin les résultats de 3.1.1, on obtient une classe de cohomologie

(3.1.8) $$s_{Y/X} \in \underline{\underline{\mathrm{Ext}}}^{2d}_{\Omega^{\cdot}_{X/S}}(\Omega^{\cdot}_{Y/S},\Omega^{\cdot}_{X/S}) \quad ,$$

que nous appellerons classe de cohomologie de $Y$ dans $X$ (en cohomologie de De Rham). Cette classe définit une section, encore notée

(3.1.9) $$s_{Y/X} \in \Gamma(X,\underline{\mathrm{Ext}}^{2d}_{\Omega^{\cdot}_{X/S}}(\Omega^{\cdot}_{Y/S},\Omega^{\cdot}_{X/S})) \quad ,$$

et appelée classe de cohomologie locale de $Y$ dans $X$ (en cohomologie de De Rham). Bien entendu, la classe de cohomologie définie ici redonne la classe de cohomologie habituelle par l'homomorphisme canonique

$$\underline{\underline{\mathrm{Ext}}}^{2d}_{\Omega^{\cdot}_{X/S}}(\Omega^{\cdot}_{Y/S},\Omega^{\cdot}_{X/S}) \longrightarrow \underline{\underline{H}}^{2d}(X,\Omega^{\cdot}_{X/S})$$

défini par fonctorialité à partir du morphisme canonique $\Omega^{\cdot}_{X/S} \longrightarrow \Omega^{\cdot}_{Y/S}$, grâce à II 5.4.4.

Lemme 3.1.5. Avec les hypothèses et les notations de 3.1.3, on a, pour toute suite $i_o < \ldots < i_k$, et tout $j \geqslant 0$,

(3.1.10) $$\underline{\mathrm{Ext}}^{\cdot j}(\Omega^{\cdot}_{Y/S}, j_{i_o\ldots i_k *}(j_{i_o\ldots i_k}{}^{*}(\Omega^{\cdot}_{X/S}))) = 0 \quad .$$

D'après II 5.3.2 ii), on peut, pour calculer les modules gradués sous-jacents aux $\underline{\mathrm{Ext}}^{\cdot j}(\Omega^{\cdot}_{Y/S}, j_{i_o\ldots i_k *}(j_{i_o\ldots i_k}{}^{*}(\Omega^{\cdot}_{X/S})))$, utiliser une résolution de $j_{i_o\ldots i_k *}(j_{i_o\ldots i_k}{}^{*}(\Omega^{\cdot}_{X/S}))$ par des $\Omega^{\cdot}_{X/S}$-modules gradués injectifs. Or, on remarque que, $\Omega^{\cdot}_{X/S}$ étant localement libre de type fini sur $\underline{O}_X$,

$$j_{i_o\ldots i_k *}(j_{i_o\ldots i_k}{}^{*}(\Omega^{\cdot}_{X/S})) \xrightarrow{\sim} j_{i_o\ldots i_k *}(j_{i_o\ldots i_k}{}^{*}(\underline{O}_X)) \otimes_{\underline{O}_X} \Omega^{\cdot}_{X/S} \quad .$$

Soit alors $\underline{I}^{\cdot}$ une résolution injective sur $\underline{O}_X$ du module

$$j_{i_o\ldots i_k *}(j_{i_o\ldots i_k}{}^{*}(\underline{O}_X)) \otimes_{\underline{O}_X} \Omega^{n}_{X/S} \quad ,$$

où $n$ est la dimension relative de $X$ sur $S$. Alors, le $\Omega^{\cdot}_{X/S}$-module gradué $\underline{I}^{q} \otimes_{\underline{O}_X} (\Omega^{n-\cdot}_{X/S})^{\vee}$ est un injectif de la catégorie des $\Omega^{\cdot}_{X/S}$-modules gradués, d'après II 5.2.3. D'autre part, comme $\Omega^{\cdot}_{X/S}$ est plat sur $\underline{O}_X$, le complexe $\underline{I}^{\cdot} \otimes_{\underline{O}_X} (\Omega^{n-\cdot}_{X/S})^{\vee}$ est une résolution de

$$j_{i_o\ldots i_k *}(j_{i_o\ldots i_k}^{\ *}(\underline{O}_X))\otimes_{\underline{O}_X}\Omega^n_{X/S}\otimes_{\underline{O}_X}(\Omega^{n-\cdot}_{X/S})^{\vee}\xrightarrow{\sim} j_{i_o\ldots i_k *}(j_{i_o\ldots i_k}^{\ *}(\underline{O}_X))\otimes_{\underline{O}_X}\Omega^{\cdot}_{X/S}.$$

Par conséquent, les $\underline{\mathrm{Ext}}^{\cdot j}(\Omega^{\cdot}_{Y/S}, j_{i_o\ldots i_k *}(j_{i_o\ldots i_k}^{\ *}(\Omega^{\cdot}_{X/S})))$ sont les faisceaux de cohomologie du complexe

$$\underline{\mathrm{Hom}}^{\cdot}(\Omega^{\cdot}_{Y/S}, \underline{I}^{\cdot}\otimes_{\underline{O}_X}(\Omega^{n-\cdot}_{X/S})^{\vee}) \quad .$$

Or, d'après II (5.2.2), il existe pour tout $p$ un isomorphisme canonique

$$\underline{\mathrm{Hom}}^p(\Omega^{\cdot}_{Y/S}, \underline{I}^{\cdot}\otimes_{\underline{O}_X}(\Omega^{n-\cdot}_{X/S})^{\vee}) \xrightarrow{\sim} \underline{\mathrm{Hom}}_{\underline{O}_X}(\Omega^{n-p}_{Y/S}, \underline{I}^{\cdot}) \quad ,$$

de sorte qu'il suffit de montrer que pour tout $p$ le complexe $\underline{\mathrm{Hom}}_{\underline{O}_X}(\Omega^{n-p}_{Y/S}, \underline{I}^{\cdot})$ est acyclique, i.e. que les $\underline{\mathrm{Ext}}^j_{\underline{O}_X}(\Omega^{n-p}_{Y/S}, j_{i_o\ldots i_k *}(j_{i_o\ldots i_k}^{\ *}(\underline{O}_X))\otimes_{\underline{O}_X}\Omega^n_{X/S})$ sont nuls. Comme $j_{i_o\ldots i_k *}(j_{i_o\ldots i_k}^{\ *}(\underline{O}_X))$ est un $\underline{O}_X$-module plat, car c'est l'algèbre de fractions obtenue en inversant $t_{i_o},\ldots,t_{i_k}$, on a pour $j \neq d$

$$\underline{\mathrm{Ext}}^j_{\underline{O}_X}(\Omega^{n-p}_{Y/S}, j_{i_o\ldots i_k *}(j_{i_o\ldots i_k}^{\ *}(\underline{O}_X))) = 0 \quad ,$$

d'après [30] III 7.2 ; l'isomorphisme local fondamental donne par ailleurs

$$\begin{array}{c} \underline{\mathrm{Ext}}^d_{\underline{O}_X}(\Omega^{n-p}_{Y/S}, j_{i_o\ldots i_k *}(j_{i_o\ldots i_k}^{\ *}(\underline{O}_X))) \\ \downarrow \wr \\ \Omega^{n-p\vee}_{Y/S}\otimes_{\underline{O}_X} j_{i_o\ldots i_k *}(j_{i_o\ldots i_k}^{\ *}(\underline{O}_X))\otimes_{\underline{O}_X}\wedge^d(\underline{I}/\underline{I}^2)^{\vee} \end{array} \quad ,$$

et ce produit tensoriel est nul car $t_{i_o},\ldots,t_{i_k}$ sont inversibles dans $j_{i_o\ldots i_k *}(j_{i_o\ldots i_k}^{\ *}(\underline{O}_X))$, et annulent $\Omega^{n-p}_{Y/S}$. D'où le lemme.

<u>Proposition</u> 3.1.6. <u>Soient</u> $X$ <u>un schéma lisse sur une base</u> $S$ , $Y$ <u>un sous-schéma fermé de</u> $X$ , <u>lisse sur</u> $S$ , <u>et de codimension</u> $d$ <u>dans</u> $X$ . <u>Pour tout</u> $i$ , <u>il existe des isomorphismes canoniques</u>

(3.1.11) $$\underline{\mathrm{Ext}}^i_{\Omega^{\cdot}_{X/S}}(\Omega^{\cdot}_{Y/S}, \Omega^{\cdot}_{X/S}) \xrightarrow{\sim} \underline{H}^{i-2d}(\Omega^{\cdot}_{Y/S}) \quad ,$$

(3.1.12) $$\underline{\underline{\mathrm{Ext}}}^i_{\Omega^{\cdot}_{X/S}}(\Omega^{\cdot}_{Y/S}, \Omega^{\cdot}_{X/S}) \xrightarrow{\sim} \underline{\underline{H}}^{i-2d}(X, \Omega^{\cdot}_{Y/S}) \quad ,$$

<u>où</u> $\underline{H}^{i-2d}$ <u>désigne le faisceau de cohomologie de degré</u> i-2d. <u>En particulier, on a pour</u> $i < 2d$

(3.1.13) $$\underline{\mathrm{Ext}}^{i}_{\Omega^{\cdot}_{X/S}}(\Omega^{\cdot}_{Y/S},\Omega^{\cdot}_{X/S}) = 0 .$$

Considérons la suite spectrale II (5.4.4)

$$E_1^{p,q} = \underline{\mathrm{Ext}}^{p,q}(\Omega^{\cdot}_{Y/S},\Omega^{\cdot}_{X/S}) \Longrightarrow \underline{\mathrm{Ext}}^{n}_{\Omega^{\cdot}_{X/S}}(\Omega^{\cdot}_{Y/S},\Omega^{\cdot}_{X/S}) .$$

D'après II 5.4.2, il existe un isomorphisme canonique

$$\underline{\mathrm{Ext}}^{p,q}(\Omega^{\cdot}_{Y/S},\Omega^{\cdot}_{X/S}) \xrightarrow{\sim} \underline{\mathrm{Ext}}^{q}_{\underline{O}_X}(\Omega^{n-p}_{Y/S},\Omega^{n}_{X/S}) ,$$

où $n$ est la dimension relative de $X$ sur $S$ (qu'on peut supposer constante, en définissant au besoin (3.1.11) sur chaque composante connexe de $X$ séparément). On déduit alors de l'isomorphisme local fondamental

$$\underline{\mathrm{Ext}}^{p,q}(\Omega^{\cdot}_{Y/S},\Omega^{\cdot}_{X/S}) = 0 \quad \text{si } q \neq d ,$$

$$\underline{\mathrm{Ext}}^{p,d}(\Omega^{\cdot}_{Y/S},\Omega^{\cdot}_{X/S}) \xrightarrow{\sim} \Omega^{n-p\vee}_{Y/S} \otimes_{\underline{O}_X} \Omega^{n}_{X/S} \otimes_{\underline{O}_X} \omega_{Y/X} ,$$

avec $\omega_{Y/X} = \bigwedge^d(\underline{I}/\underline{I}^2)^{\vee}$. Mais, d'après [30], III 1.5, il existe un isomorphisme canonique

$$\Omega^{n}_{X/S} \otimes_{\underline{O}_X} \omega_{Y/X} \xrightarrow{\sim} \Omega^{n-d}_{Y/S} ,$$

et par ailleurs il existe un isomorphisme naturel pour tout $p$

$$\Omega^{n-p\vee}_{Y/S} \otimes_{\underline{O}_Y} \Omega^{n-d}_{Y/S} \xrightarrow{\sim} \Omega^{p-d}_{Y/S} ,$$

la dimension relative de $Y$ sur $S$ étant $n-d$. On obtient donc finalement

(3.1.14) $$\underline{\mathrm{Ext}}^{p,d}(\Omega^{\cdot}_{Y/S},\Omega^{\cdot}_{X/S}) \xrightarrow{\sim} \Omega^{p-d}_{Y/S} .$$

La suite spectrale considérée est dégénérée, et fournit l'isomorphisme (3.1.11) pourvu que l'on vérifie que l'homomorphisme

$$d_1^{p,d} : \underline{\mathrm{Ext}}^{p,d}(\Omega^{\cdot}_{Y/S},\Omega^{\cdot}_{X/S}) \longrightarrow \underline{\mathrm{Ext}}^{p+1,d}(\Omega^{\cdot}_{Y/S},\Omega^{\cdot}_{X/S})$$

s'identifie grâce à (3.1.14) à la différentielle habituelle

$$\Omega^{p-d}_{Y/S} \longrightarrow \Omega^{p+1-d}_{Y/S} .$$

Cette vérification est locale sur $X$, si bien que l'on peut supposer que $Y$ est défini par une suite régulière $t_1,\ldots,t_d$ de sections de $\underline{O}_X$. Nous allons en déduire une seconde manière de calculer la suite spectrale précédente. Considérons à cet effet le complexe d'objets de $C(X)$

$$0 \longrightarrow \Omega^{\cdot}_{X/S} \longrightarrow \underline{C}^{\cdot}_{t_1,\dots,t_d}(\Omega^{\cdot}_{X/S}) \longrightarrow \underline{H}^{\cdot d}_{Y}(\Omega^{\cdot}_{X/S}) \longrightarrow 0 \quad .$$

En chaque degré, il donne le complexe

$$0 \longrightarrow \Omega^{k}_{X/S} \longrightarrow \underline{C}^{\cdot}_{t_1,\dots,t_d}(\Omega^{k}_{X/S}) \longrightarrow \underline{H}^{d}_{Y}(\Omega^{k}_{X/S}) \longrightarrow 0 \quad ,$$

qui est acyclique d'après les rappels de 3.1.3, car, $\Omega^k_{X/S}$ étant plat sur $\underline{O}_X$ , les $\underline{H}^i_Y(\Omega^k_{X/S})$ sont nuls pour $i \neq d$ . Par suite, le complexe

$$(3.1.15) \qquad \underline{C}^{\cdot}_{t_1,\dots,t_d}(\Omega^{\cdot}_{X/S}) \longrightarrow \underline{H}^{\cdot d}_{Y}(\Omega^{\cdot}_{X/S}) \longrightarrow 0$$

est une résolution de $\Omega^{\cdot}_{X/S}$ dans $C(X)$ . Mais il résulte de 3.1.5 que les $\underline{C}^k_{t_1,\dots,t_d}(\Omega^{\cdot}_{X/S})$ sont acycliques pour le foncteur $\underline{Hom}^{\cdot}(\Omega^{\cdot}_{Y/S},.)$. Il en est de même pour le complexe $\underline{H}^{\cdot d}_Y(\Omega^{\cdot}_{X/S})$ , car, les $\underline{Ext}^{\cdot i}(\Omega^{\cdot}_{Y/S},\underline{C}^k_{t_1,\dots,t_d}(\Omega^{\cdot}_{X/S}))$ étant nuls pour tout $i \geqslant 0$ , il résulte de l'acyclicité du complexe considéré plus haut qu'il existe un isomorphisme

$$\underline{Ext}^{\cdot j}(\Omega^{\cdot}_{Y/S},\underline{H}^{\cdot d}_Y(\Omega^{\cdot}_{X/S})) \xrightarrow{\sim} \underline{Ext}^{\cdot j+d}(\Omega^{\cdot}_{Y/S},\Omega^{\cdot}_{X/S}) \quad .$$

Or nous avons vu précédemment que les $\underline{Ext}^{\cdot k}(\Omega^{\cdot}_{Y/S},\Omega^{\cdot}_{X/S})$ sont nuls pour $k \neq d$ ; donc les $\underline{Ext}^{\cdot j}(\Omega^{\cdot}_{Y/S},\underline{H}^{\cdot d}_Y(\Omega^{\cdot}_{X/S}))$ sont nuls pour $j > 0$ .

Par suite, on peut utiliser la résolution (3.1.15) pour calculer la suite spectrale précédente (cf. II 5.4.8). Comme les $\underline{Hom}^{\cdot}(\Omega^{\cdot}_{Y/S},\underline{C}^k_{t_1,\dots,t_d}(\Omega^{\cdot}_{X/S}))$ sont nuls pour tout $k$ , les $\underline{Ext}^i_{\Omega^{\cdot}_{X/S}}(\Omega^{\cdot}_{Y/S},\Omega^{\cdot}_{X/S})$ sont canoniquement isomorphes aux faisceaux de cohomologie du complexe

$$\underline{Hom}^{\cdot}(\Omega^{\cdot}_{Y/S},\underline{H}^{\cdot d}_Y(\Omega^{\cdot}_{X/S})) \quad .$$

Calculons donc $\underline{Hom}^p(\Omega^{\cdot}_{Y/S},\underline{H}^{\cdot d}_Y(\Omega^{\cdot}_{X/S}))$ . D'une part on a

$$\underline{H}^{\cdot d}_Y(\Omega^{\cdot}_{X/S}) \xrightarrow{\sim} \underline{H}^d_Y(\underline{O}_X) \otimes_{\underline{O}_X} \Omega^{\cdot}_{X/S}$$

d'après (1.5.7), d'autre part $\Omega^{\cdot}_{Y/S}$ est le quotient de $\Omega^{\cdot}_{X/S}$ par l'idéal engendré par $t_1,\dots,t_d$ et $dt_1,\dots,dt_d$ . Donc la donnée d'un morphisme de degré $p$ de $\Omega^{\cdot}_{Y/S}$

dans $\underline{\underline{H}}_Y^d(\Omega^{\cdot}_{X/S})$ équivaut à la donnée d'une section de $\underline{\underline{H}}_Y^d(\underline{O}_X)\otimes_{\underline{O}_X}\Omega^p_{X/S}$ , annulée par $t_1,\ldots,t_d$ et $dt_1,\ldots,dt_d$ . Or dire qu'une section de $\underline{\underline{H}}_Y^d(\underline{O}_X)\otimes_{\underline{O}_X}\Omega^p_{X/S}$ est annulée par les $dt_i$ équivaut à dire qu'elle est multiple de $dt_1\wedge\ldots\wedge dt_d$ . D'autre part,

$$\underline{\underline{H}}_Y^d(\underline{O}_X) \xrightarrow{\sim} \varinjlim_n \underline{O}_X/\underline{I}^{(n)} \quad ,$$

où $\underline{I}^{(n)}$ est l'idéal engendré par la suite $t_1^n,\ldots,t_d^n$ (cf. 3.1.3). Comme la suite $t_1,\ldots,t_d$ est régulière, la multiplication par $(t_1\ldots t_d)^{m-m'}$ définit un homomorphisme injectif

$$\underline{O}_X/\underline{I}^{(m')} \longrightarrow \underline{O}_X/\underline{I}^{(m)} \quad ,$$

de sorte que pour tout $m$ le morphisme canonique

$$\underline{O}_X/\underline{I}^{(m)} \longrightarrow \varinjlim_n \underline{O}_X/\underline{I}^{(n)} \xrightarrow{\sim} \underline{\underline{H}}_Y^d(\underline{O}_X)$$

est injectif. Soit alors $x$ une section de $\underline{\underline{H}}_Y^d(\underline{O}_X)$ , provenant de $\underline{O}_X/\underline{I}^{(m)}$ . Comme la suite des $t_i$ est régulière, dire que $x$ est annulé par les $t_i$ équivaut à dire que $x$ est multiple de $(t_1\ldots t_d)^{m-1}$ dans $\underline{O}_X/\underline{I}^{(m)}$ , i.e. que $x$ est l'image d'une section de $\underline{O}_X/\underline{I} = \underline{O}_Y$ par le morphisme de transition $\underline{O}_Y \longrightarrow \underline{O}_X/\underline{I}^{(m)}$ . Par conséquent, dire qu'une section de $\underline{\underline{H}}_Y^d(\underline{O}_X)$ est annulée par les $t_i$ équivaut à dire qu'elle est dans l'image de $\underline{O}_Y$ , i.e. avec les conventions de 3.1.3, est de la forme $a/t_1\ldots t_d$ où $a$ est une section de $\underline{O}_Y$. On en déduit que $\underline{\mathrm{Hom}}^p(\Omega^{\cdot}_{Y/S},\underline{\underline{H}}_Y^{\cdot d}(\Omega^{\cdot}_{X/S}))$ est isomorphe à $\Omega^{p-d}_{Y/S}$ , une section $\omega$ de $\Omega^{p-d}_{Y/S}$ correspondant à la section $\omega\wedge\dfrac{dt_1\wedge\ldots\wedge dt_d}{t_1\ldots t_d}$ de $\underline{\underline{H}}_Y^d(\Omega^p_{X/S})$ . On retrouve donc la valeur du terme $E_1^{p,d}$ calculée précédemment ; de plus, la différentielle $d_1^{p,d}$ est donnée par la différentielle naturelle de $\underline{\mathrm{Hom}}^{\cdot}(\Omega^{\cdot}_{Y/S},\underline{\underline{H}}_Y^{\cdot d}(\Omega^{\cdot}_{X/S}))$ , qui est induite par celle de $\underline{\underline{H}}_Y^d(\underline{O}_X)\otimes_{\underline{O}_X}\Omega^{\cdot}_{X/S}$ lorsqu'on identifie un morphisme à la section annulée par les $t_i$ et les $dt_i$ correspondante ; il est alors clair qu'on obtient bien la différentielle de $\Omega^{\cdot}_{Y/S}$ . On laisse au lecteur le soin d'achever la démonstration en vérifiant que l'isomorphisme $E_1^{p,d} \xrightarrow{\sim} \Omega^{p-d}_{Y/S}$ défini ici grâce à des équations locales est bien l'isomorphisme défini globalement au début de la démonstration, en utilisant la définition de l'isomorphisme local fondamental par le complexe de

Koszul associé aux $t_i$ , et le morphisme du complexe de Koszul dans le complexe de cochaines défini en 3.1.3.

Pour montrer l'assertion sur les $\underline{\underline{\mathrm{Ext}}}^i_{\Omega^{\cdot}_{X/S}}(\Omega^{\cdot}_{Y/S},\Omega^{\cdot}_{X/S})$, on peut remarquer, par un raisonnement analogue à celui de la démonstration de 2.2.5, qu'ils sont donnés par l'hyper-cohomologie du complexe simple associé au bicomplexe de terme général égal à $\underline{\mathrm{Hom}}^p(\Omega^{\cdot}_{Y/S},\underline{I}^{\cdot q})$ si $p \geqslant 0$ ($\underline{I}^{\cdot\cdot}$ étant une résolution injective de $\Omega^{\cdot}_{X/S}$ dans $C(X)$) , et à $0$ si $p < 0$ . Mais il résulte de ce qui précède que ce complexe simple est quasi-isomorphe au complexe $\Omega^{\cdot}_{Y/S}[-2d]$. Ce quasi-isomorphisme induit un isomorphisme sur l'hyper-cohomologie, d'où (3.1.12).

<u>Corollaire</u> 3.1.7. <u>Sous les hypothèses de</u> 3.1.6, <u>les isomorphismes</u>

$$\underline{H}^0(\Omega^{\cdot}_{Y/S}) \xrightarrow{\sim} \underline{\mathrm{Ext}}^{2d}_{\Omega^{\cdot}_{X/S}}(\Omega^{\cdot}_{Y/S},\Omega^{\cdot}_{X/S}) \quad ,$$

$$\underline{\underline{H}}^0(X,\Omega^{\cdot}_{Y/S}) \xrightarrow{\sim} \underline{\underline{\mathrm{Ext}}}^{2d}_{\Omega^{\cdot}_{X/S}}(\Omega^{\cdot}_{Y/S},\Omega^{\cdot}_{X/S})$$

<u>identifient respectivement la section unité de</u> $\underline{H}^0(\Omega^{\cdot}_{Y/S})$ <u>et l'élément unité de</u> $\underline{\underline{H}}^0(X,\Omega^{\cdot}_{Y/S})$ <u>à la classe de cohomologie locale de</u> $Y$ <u>dans</u> $X$ , <u>et à la classe de cohomologie de</u> $Y$ <u>dans</u> $X$ .

D'après II 5.4.6, il existe une suite spectrale birégulière

$$E_2^{p,q} = H^p(X,\underline{\mathrm{Ext}}^q_{\Omega^{\cdot}_{X/S}}(\Omega^{\cdot}_{Y/S},\Omega^{\cdot}_{X/S})) \Longrightarrow \underline{\underline{\mathrm{Ext}}}^n_{\Omega^{\cdot}_{X/S}}(\Omega^{\cdot}_{Y/S},\Omega^{\cdot}_{X/S}) \quad ,$$

compte tenu du calcul des $\underline{\mathrm{Ext}}^{p,q}(\Omega^{\cdot}_{Y/S},\Omega^{\cdot}_{X/S})$ effectué en 3.1.6. Comme les $\underline{\mathrm{Ext}}^i_{\Omega^{\cdot}_{X/S}}(\Omega^{\cdot}_{Y/S},\Omega^{\cdot}_{X/S})$ sont nuls pour $i < 2d$ , on en déduit l'edge-isomorphisme

$$\underline{\underline{\mathrm{Ext}}}^{2d}_{\Omega^{\cdot}_{X/S}}(\Omega^{\cdot}_{Y/S},\Omega^{\cdot}_{X/S}) \xrightarrow{\sim} \Gamma(X,\underline{\mathrm{Ext}}^{2d}_{\Omega^{\cdot}_{X/S}}(\Omega^{\cdot}_{Y/S},\Omega^{\cdot}_{X/S})) \quad . \tag{3.1.16}$$

Il en résulte qu'il suffit de prouver l'assertion locale, compte tenu de la définition de (3.1.12) par passage à l'hyper-cohomologie.

Pour prouver l'assertion locale, on peut supposer $Y$ défini par une suite régulière $t_1,\ldots,t_d$ de sections de $\underline{O}_X$ . Grâce à la résolution (3.1.15) de $\Omega^{\cdot}_{X/S}$ , on dispose d'un morphisme de la catégorie dérivée $D(C(X))$

$$\underline{H}_Y^{\cdot d}(\Omega^{\cdot}_{X/S})[0,-d] \longrightarrow \Omega^{\cdot}_{X/S} \quad ,$$

et il est clair que c'est le morphisme naturel (3.1.7). Donc, puisque la résolution (3.1.15) permet le calcul des $\underline{\mathrm{Ext}}^i_{\Omega^{\cdot}_{X/S}}(\Omega^{\cdot}_{Y/S},\Omega^{\cdot}_{X/S})$ , $s_{Y/X}$ est l'image dans $\underline{\mathrm{Ext}}^{2d}_{\Omega^{\cdot}_{X/S}}(\Omega^{\cdot}_{Y/S},\Omega^{\cdot}_{X/S})$ de la section de $\underline{\mathrm{Hom}}^d(\Omega^{\cdot}_{Y/S},\underline{H}_Y^{\cdot d}(\Omega^{\cdot}_{X/S}))$ définie en (3.1.1). Or ce morphisme de degré $d$ correspond à une section de $\underline{H}^d_Y(\Omega^d_{X/S})$ , à savoir l'image de la section 1 de $\underline{O}_Y$ , qui est la section

$$\frac{dt_1\wedge\ldots\wedge dt_d}{t_1\ldots t_d}$$

d'après 3.1.3. Mais dans l'isomorphisme

(3.1.17) $$\underline{\mathrm{Hom}}^{\cdot}(\Omega^{\cdot}_{Y/S},\underline{H}_Y^{\cdot d}(\Omega^{\cdot}_{X/S})) \xrightarrow{\ \sim\ } \Omega^{\cdot}_{Y/S}[-d]$$

défini en 3.1.6, la section unité de $\underline{O}_Y$ correspond précisément à la section $\dfrac{dt_1\wedge\ldots\wedge dt_d}{t_1\ldots t_d}$ ; donc, en passant à la cohomologie, la section unité de $\underline{H}^0(\Omega^{\cdot}_{Y/S})$ correspond bien à la classe de cohomologie locale de $Y$ dans $X$ .

<u>Remarque</u> 3.1.8. Supposons, sous les hypothèses de 3.1.6, que $Y$ soit défini par une suite régulière $t_1,\ldots,t_d$ de sections de $\underline{O}_X$ ; on peut alors écrire explicitement une extension de degré $d$ de $\Omega^{\cdot}_{Y/S}[-d]$ par $\Omega^{\cdot}_{X/S}$ , dans la catégorie $C(X)$ , donnant la classe de cohomologie de $Y$ dans $X$ . Pour cela, on introduit pour toute suite $i_1 <\ldots< i_k$ $(k \leqslant d)$ le complexe de De Rham de $X$ relativement à $S$ , avec singularités logarithmiques le long du sous-schéma fermé de $X$ d'équation $t_{i_1}\ldots t_{i_k}$ ([33], 4.1) , dont nous allons rappeler la construction. Grâce à la suite exacte

$$0 \longrightarrow \underline{I}/\underline{I}^2 \longrightarrow \Omega^1_{X/S}\otimes_{\underline{O}_X}\underline{O}_Y \longrightarrow \Omega^1_{Y/S} \longrightarrow 0 \quad ,$$

on peut trouver (localement) une famille de sections $(x_j)_{j=1,\ldots,n-d}$ de $\underline{O}_X$ telle que les $dt_i$ $(1 \leqslant i \leqslant d)$ et les $dx_j$ $(1 \leqslant i \leqslant n-d)$ forment une base de $\Omega^1_{X/S}$ . On note $\Omega^1_{X/S}(\mathrm{Log}(t_{i_1}\ldots t_{i_k}))$ le sous $\underline{O}_X$-module de $j_{i_1\ldots i_k *}(j_{i_1\ldots i_k}{}^*(\Omega^1_{X/S}))$ engendré par les sections $dt_{i_1}/t_{i_1},\ldots,dt_{i_k}/t_{i_k}$ , $dt_{i'_1},\ldots,dt_{i'_{d-k}}$ , $dx_1,\ldots,dx_{n-d}$ , où $i'_1,\ldots,i'_{d-k}$ sont les éléments de $(1,d)$ n'appartenant pas à la suite $i_1<\ldots< i_k$.

Comme les $t_i$ forment une suite régulière, $\Omega^1_{X/S}(\mathrm{Log}(t_{i_1}\ldots t_{i_k}))$ est un $\underline{O}_X$-module libre, les éléments précédents en formant une base. On notera $\Omega^{\cdot}_{X/S}(\mathrm{Log}(t_{i_1}\ldots t_{i_k}))$ l'algèbre extérieure sur $\underline{O}_X$ de $\Omega^1_{X/S}(\mathrm{Log}(t_{i_1}\ldots t_{i_k}))$ ; on remarquera que $\Omega^{\cdot}_{X/S}(\mathrm{Log}(t_{i_1}\ldots t_{i_k}))$ est de façon naturelle un sous-module gradué de $j_{i_o\ldots i_k *}(j_{i_o\ldots i_k}^{\ *}(\Omega^{\cdot}_{X/S}))$. Il est facile de vérifier que la différentielle de ce complexe induit une différentielle sur $\Omega^{\cdot}_{X/S}(\mathrm{Log}(t_{i_1}\ldots t_{i_k}))$, qui en est donc un sous-complexe.

Si $i'_1 <\ldots< i'_h$ est une sous-suite de la suite $i_1 <\ldots< i_k$, le morphisme naturel

$$j_{i'_1\ldots i'_h *}(j_{i'_1\ldots i'_k}^{\ *}(\Omega^{\cdot}_{X/S})) \longrightarrow j_{i_o\ldots i_k *}(j_{i_o\ldots i_k}^{\ *}(\Omega^{\cdot}_{X/S}))$$

induit un morphisme de complexes

$$\Omega^{\cdot}_{X/S}(\mathrm{Log}(t_{i'_1}\ldots t_{i'_h})) \longrightarrow \Omega^{\cdot}_{X/S}(\mathrm{Log}(t_{i_1}\ldots t_{i_k})) \quad .$$

On peut donc définir un complexe $\underline{C}^{\cdot}_{\mathrm{Log}(t_1\ldots t_d)}(\Omega^{\cdot}_{X/S})$ :

$$\bigoplus_i \Omega^{\cdot}_{X/S}(\mathrm{Log}(t_i)) \to \bigoplus_{i_o < i_1} \Omega^{\cdot}_{X/S}(\mathrm{Log}(t_{i_o} t_{i_1})) \longrightarrow \ldots \longrightarrow \Omega^{\cdot}_{X/S}(\mathrm{Log}(t_1\ldots t_d)) ,$$

qui est un sous-complexe de $\underline{C}^{\cdot}_{t_1,\ldots,t_d}(\Omega^{\cdot}_{X/S})$ ; il existe également un morphisme de co-augmentation naturel

$$\Omega^{\cdot}_{X/S} \longrightarrow \bigoplus_i \Omega^{\cdot}_{X/S}(\mathrm{Log}(t_i)) \quad .$$

Calculons alors les objets de cohomologie (dans $C(X)$) du complexe

$$0 \to \Omega^{\cdot}_{X/S} \longrightarrow \underline{C}^{\cdot}_{\mathrm{Log}(t_1\ldots t_d)}(\Omega^{\cdot}_{X/S}) \to 0 \quad ,$$

où $\Omega^{\cdot}_{X/S}$ est placé en degré $0$. On remarque pour cela que la donnée de la base de $\Omega^{\cdot}_{X/S}$ sur $\underline{O}_X$ définie par les $dt_i$ et les $dx_j$, ainsi que celle de la base qu'on en déduit par construction pour les complexes de De Rham à singularités logarithmiques, permet de considérer ce complexe (en tant que complexe de $\underline{O}_X$-modules) comme une somme directe de complexes, indexée par l'ensemble des sections de base $dt_{i_1}\wedge\ldots\wedge dt_{i_h}\wedge dx_{j_1}\wedge\ldots\wedge dx_{j_k}$ de $\Omega^{\cdot}_{X/S}$. Pour une telle section, le complexe facteur direct correspondant peut s'écrire

$$\underline{O}_X \longrightarrow \bigoplus_{\alpha} \underline{O}_X \longrightarrow \bigoplus_{\alpha_1<\alpha_2} \underline{O}_X \longrightarrow \cdots \longrightarrow \underline{O}_X ,$$

où pour toute suite $\alpha_1 <\ldots< \alpha_m$ d'éléments de $(1,d)$, l'homomorphisme $\underline{O}_X \longrightarrow \underline{O}_X$ correspondant à l'inclusion $(\alpha_1,\ldots,\hat{\alpha}_j,\ldots,\alpha_m) \subset (\alpha_1,\ldots,\alpha_m)$ est la multiplication par $t_{\alpha_j}$ si $\alpha_j$ figure dans la suite $i_1 <\ldots< i_h$, et l'identité sinon : autrement dit, ce complexe s'identifie au complexe de Koszul de $\underline{O}_X$ relativement à la suite de sections $t'_1,\ldots,t'_d$ de $\underline{O}_X$, où $t'_i = t_i$ si $i$ figure dans la suite $i_1 <\ldots< i_h$, et $t'_i = 1$ sinon. Si $h < d$, le complexe est donc acyclique ; si $h = d$, il est acyclique en degrés $\neq d$, et sa cohomologie en degré $d$ est isomorphe à $\underline{O}_Y$. Par suite, le complexe

$$0 \longrightarrow \Omega^p_{X/S} \longrightarrow \underline{C}^{\cdot}_{\mathrm{Log}(t_1\ldots t_d)}(\Omega^p_{X/S}) \longrightarrow 0$$

est acyclique en degrés $\neq d$, et sa cohomologie en degré $d$ est isomorphe à $\Omega^{p-d}_{Y/S}$ ; on vérifie de plus facilement que pour $p$ variable, la différentielle induite sur la cohomologie de degré $d$ est, avec cette identification, la différentielle de $\Omega^{\cdot}_{Y/S}$. On a donc ainsi construit un complexe acyclique

$$0 \longrightarrow \Omega^{\cdot}_{X/S} \longrightarrow \underline{C}^{\cdot}_{\mathrm{Log}(t_1\ldots t_d)}(\Omega^{\cdot}_{X/S}) \longrightarrow \Omega^{\cdot}_{Y/S}[-d] \longrightarrow 0 ,$$

donc une extension de degré $d$ de $\Omega^{\cdot}_{Y/S}[-d]$ par $\Omega^{\cdot}_{X/S}$ dans $C(X)$. Cette extension définit de façon évidente un morphisme de la catégorie dérivée $D(C(X))$

$$\Omega^{\cdot}_{Y/S}[-d,-d] \longrightarrow \Omega^{\cdot}_{X/S} ,$$

donc une classe de cohomologie dans $\underline{\underline{\mathrm{Ext}}}^{2d}_{\Omega^{\cdot}_{X/S}}(\Omega^{\cdot}_{Y/S},\Omega^{\cdot}_{X/S})$. Mais d'autre part, le diagramme

$$\begin{array}{ccccccccc}
0 & \longrightarrow & \Omega^{\cdot}_{X/S} & \longrightarrow & \underline{C}^{\cdot}_{\mathrm{Log}(t_1\ldots t_d)}(\Omega^{\cdot}_{X/S}) & \longrightarrow & \Omega^{\cdot}_{Y/S}[-d] & \longrightarrow & 0 \\
 & & \downarrow & & \downarrow & & \downarrow & & \\
0 & \longrightarrow & \Omega^{\cdot}_{X/S} & \longrightarrow & \underline{C}^{\cdot}_{t_1,\ldots,t_d}(\Omega^{\cdot}_{X/S}) & \longrightarrow & \underline{H}^{\cdot d}_Y(\Omega^{\cdot}_{X/S}) & \longrightarrow & 0
\end{array} ,$$

où les morphismes verticaux sont respectivement l'identité, l'inclusion naturelle, et le morphisme (3.1.1), est commutatif : la vérification est immédiate, compte tenu de la définition du complexe de De Rham à singularités logarithmiques et de 3.1.3.

Comme la classe du morphisme de Gysin est définie par le morphisme (3.1.1) de $\Omega^{\cdot}_{Y/S}[-d]$ dans la résolution de $\Omega^{\cdot}_{X/S}$ donnée par la ligne du bas du diagramme (cf. démonstration de 3.1.7), la classe de cohomologie définie par l'extension précédente est bien la classe de cohomologie de Y dans X .

3.2. Compléments sur les hyperext associés à un sous-schéma lisse d'un schéma lisse.

On suppose de nouveau, sauf mention expresse du contraire, que p est localement nilpotent sur les schémas considérés.

Le but de ce numéro est de prouver le résultat suivant :

Théorème 3.2.1. Soient S un schéma, X un S-schéma lisse, Y un sous-schéma fermé de X , lisse sur S. Alors l'homomorphisme de fonctorialité

(3.2.1) $$\underline{\mathrm{Ext}}^{i}_{\Omega^{\cdot}_{X/S}}(\Omega^{\cdot}_{Y/S},\Omega^{\cdot}_{X/S}) \longrightarrow \underline{\mathrm{Ext}}^{i}_{\Omega^{\cdot}_{X/S}}(\underline{D}_{Y}(X)\otimes_{\underline{O}_X}\Omega^{\cdot}_{X/S},\Omega^{\cdot}_{X/S})$$

défini par le morphisme de complexes

(3.2.2) $$\underline{D}_{Y}(X)\otimes_{\underline{O}_X}\Omega^{\cdot}_{X/S} \longrightarrow \Omega^{\cdot}_{Y/S}$$

provenant de l'homomorphisme canonique $\underline{D}_Y(X) \longrightarrow \underline{O}_Y$ , est un isomorphisme.

On remarquera que le morphisme (3.2.2) est un quasi-isomorphisme, d'après V 2.3.5, mais, comme on l'a remarqué en II 5.4.7, cela ne suffit pas pour affirmer a priori que (3.2.1) soit un isomorphisme.

Pour prouver 3.2.1, nous allons d'abord nous ramener au cas où S est de caractéristique p . Pour cela, nous aurons à utiliser le lemme suivant (où bien entendu p n'est pas supposé nilpotent) :

Lemme 3.2.2. Soient A un anneau commutatif, X = Spec(A) , B une A-algèbre commutative (resp. une A-algèbre graduée commutative, l'algèbre extérieure d'un A-module N), E et F deux B-modules (resp. B-modules gradués). On note $\underline{B}$ la $\underline{O}_X$-algèbre quasi-cohérente définie par B , $\underline{E}$ et $\underline{F}$ les $\underline{B}$-modules quasi-cohérents définis par E et F . Alors pour tout i il existe un isomorphisme canonique

$$(3.2.3) \qquad \mathrm{Ext}^i_B(E,F) \xrightarrow{\sim} \mathrm{Ext}^i_{\underline{B}}(\underline{E},\underline{F})$$

$$(\text{resp.} \qquad \mathrm{Ext}^{\cdot i}_B(E,F) \xrightarrow{\sim} \mathrm{Ext}^{\cdot i}_{\underline{B}}(\underline{E},\underline{F}) \quad ) \quad .$$

Nous donnerons la démonstration dans le cas où B est une A-algèbre commutative quelconque, les deux autres cas se prouvant de la même manière. Supposons que M soit un B-module, définissant un $\underline{B}$-module quasi-cohérent $\underline{M}$ , et $\underline{I}$ un $\underline{B}$-module. Il existe alors un isomorphisme canonique

$$\mathrm{Hom}_{\underline{B}}(\underline{M},\underline{I}) \xrightarrow{\sim} \mathrm{Hom}_B(M,\Gamma(X,\underline{I})) \quad .$$

Comme le foncteur qui associe $\underline{M}$ à M est exact, il en résulte que si $\underline{I}$ est un $\underline{B}$-module injectif, $\Gamma(X,\underline{I})$ est un B-module injectif. Soit alors $\underline{I}^{\cdot}$ une résolution de $\underline{F}$ par des $\underline{B}$-modules injectifs. Le complexe $\Gamma(X,\underline{I}^{\cdot})$ est un complexe de B-modules injectifs, et sa cohomologie est formée des $H^i(X,\underline{F})$ , qui sont nuls en degrés $> 0$ , puisque $\underline{F}$ est quasi-cohérent sur $\underline{O}_X$ . Donc $\Gamma(X,\underline{I}^{\cdot})$ est une résolution injective de F . L'isomorphisme (3.2.3) résulte alors de l'isomorphisme d'adjonction précédent, appliqué à $\underline{E}$ et à $\underline{I}^{\cdot}$ .

3.2.3. Montrons maintenant qu'on peut pour prouver 3.2.1 supposer que S est de caractéristique p . Comme l'assertion est locale sur X , on peut supposer que p est nilpotent sur S . Posons alors

$$(3.2.4) \qquad \underline{J}^{\cdot} = \mathrm{Ker}(\underline{D}_Y(X)\otimes_{\underline{O}_X}\Omega^{\cdot}_{X/S} \longrightarrow \Omega^{\cdot}_{Y/S}) \quad .$$

La suite exacte des Ext montre qu'il revient au même de prouver que pour tout i ,

$$\underline{\mathrm{Ext}}^i_{\Omega^{\cdot}_{X/S}}(\underline{J}^{\cdot},\Omega^{\cdot}_{X/S}) = 0 \quad .$$

Comme p est nilpotent, la filtration p-adique de $\Omega^{\cdot}_{X/S}$ est finie, et il suffit de même de prouver que pour tout i et tout k

$$\underline{\mathrm{Ext}}^i_{\Omega^{\cdot}_{X/S}}(\underline{J}^{\cdot},p^k.\Omega^{\cdot}_{X/S}/p^{k+1}.\Omega^{\cdot}_{X/S}) = 0 \quad .$$

Supposons donc le théorème prouvé pour toute base S de caractéristique p .

Comme $\Omega^{\cdot}_{X/S}$ est plat sur S , on a, en notant f le morphisme de X dans S ,

$$f^*(p^k.\underline{O}_S/p^{k+1}.\underline{O}_S)\otimes_{\underline{O}_X}\Omega^{\cdot}_{X/S} \xrightarrow{\sim} p^k.\Omega^{\cdot}_{X/S}/p^{k+1}.\Omega^{\cdot}_{X/S} \quad .$$

La multiplication par $p^k$ définit un homomorphisme surjectif

$$\underline{O}_S \longrightarrow p^k.\underline{O}_S/p^{k+1}.\underline{O}_S \quad ,$$

dont le noyau est un idéal $\mathfrak{a}$ de $\underline{O}_S$ . Soient S' le sous-schéma fermé de S défini par $\mathfrak{a}$ , X' et Y' les images inverses de X et Y au-dessus de S' . Il existe donc un isomorphisme

$$p^k.\Omega^{\cdot}_{X/S}/p^{k+1}.\Omega^{\cdot}_{X/S} \xrightarrow{\sim} f^*(\underline{O}_S/\mathfrak{a})\otimes_{\underline{O}_X}\Omega^{\cdot}_{X/S} \xrightarrow{\sim} \Omega^{\cdot}_{X'/S'} \quad .$$

Posons alors

$$\underline{J}'^{\cdot} = \mathrm{Ker}[\underline{D}_{Y'}(X')\otimes_{\underline{O}_{X'}}\Omega^{\cdot}_{X'/S'} \longrightarrow \Omega^{\cdot}_{Y'/S'}] \quad ;$$

comme l'homomorphisme canonique

$$\underline{D}_Y(X)\otimes_{\underline{O}_S}\underline{O}_{S'} \longrightarrow \underline{D}_{Y'}(X')$$

est un isomorphisme grâce à I 4.5.2, on obtient l'isomorphisme

$$\underline{J}^{\cdot}\otimes_{\underline{O}_X}\underline{O}_{X'} \xrightarrow{\sim} \underline{J}'^{\cdot} \quad .$$

Par hypothèse, on a

$$\underline{\mathrm{Ext}}^i_{\Omega^{\cdot}_{X'/S'}}(\underline{J}'^{\cdot},\Omega^{\cdot}_{X'/S'}) = 0$$

pour tout i , de sorte qu'il suffit de montrer qu'il existe un isomorphisme canonique

$$\underline{\mathrm{Ext}}^i_{\Omega^{\cdot}_{X'/S'}}(\underline{J}'^{\cdot},\Omega^{\cdot}_{X'/S'}) \xrightarrow{\sim} \underline{\mathrm{Ext}}^i_{\Omega^{\cdot}_{X/S}}(\underline{J}^{\cdot},\Omega^{\cdot}_{X'/S'}) \quad .$$

Soient alors $\underline{I}^{\cdot\cdot}$ une résolution injective de $\Omega^{\cdot}_{X'/S'}$ dans la catégorie C(X) des complexes différentiels d'ordre $\leqslant 1$ sur X , relativement à S , et $\underline{I}'^{\cdot\cdot}$ une résolution injective de $\Omega^{\cdot}_{X'/S'}$ dans la catégorie C(X') des complexes différentiels d'ordre $\leqslant 1$ sur X' , relativement à S' . Comme $\underline{I}'^{\cdot\cdot}$ est une résolution de $\Omega^{\cdot}_{X'/S'}$ dans C(X) , il existe un morphisme de bicomplexes $\underline{I}'^{\cdot\cdot} \longrightarrow \underline{I}^{\cdot\cdot}$ (unique à homotopie près) induisant l'identité sur $\Omega^{\cdot}_{X'/S'}$ . On en déduit un morphisme de bicomplexes entre les bicomplexes de terme général $\underline{\mathrm{Hom}}^p(\underline{J}^{\cdot},\underline{I}'^{\cdot q})$ et $\underline{\mathrm{Hom}}^p(\underline{J}^{\cdot},\underline{I}^{\cdot q})$ , d'où, en tenant compte de l'isomorphisme

$$\underline{\underline{\mathrm{Hom}}}^p(\underline{J}'^{\cdot},\underline{I}'^{\cdot q}) \xrightarrow{\sim} \underline{\underline{\mathrm{Hom}}}^p(\underline{J}^{\cdot},\underline{I}'^{\cdot q}) \quad ,$$

le morphisme de bicomplexes

$$\underline{\underline{\mathrm{Hom}}}^{\cdot}(\underline{J}'^{\cdot},\underline{I}'^{\cdot\cdot}) \longrightarrow \underline{\underline{\mathrm{Hom}}}^{\cdot}(\underline{J}^{\cdot},\underline{I}^{\cdot\cdot}) \quad .$$

Il en résulte un morphisme de suites spectrales

$$\begin{array}{ccc} E_1^{p,q} = \underline{\underline{\mathrm{Ext}}}^{p,q}(\underline{J}'^{\cdot},\Omega^{\cdot}_{X'/S'}) & \Longrightarrow & \underline{\underline{\mathrm{Ext}}}^n_{\Omega^{\cdot}_{X'/S'}}(\underline{J}'^{\cdot},\Omega^{\cdot}_{X'/S'}) \\ \downarrow & & \downarrow \\ E_1^{p,q} = \underline{\underline{\mathrm{Ext}}}^{p,q}(\underline{J}^{\cdot},\Omega^{\cdot}_{X'/S'}) & \Longrightarrow & \underline{\underline{\mathrm{Ext}}}^n_{\Omega^{\cdot}_{X/S}}(\underline{J}^{\cdot},\Omega^{\cdot}_{X'/S'}) \end{array} \quad ,$$

qui fournit sur les aboutissements l'homomorphisme cherché. Comme les suites spectrales sont régulières, il suffit, pour montrer que c'est un isomorphisme, de montrer que l'homomorphisme entre les termes $E_1^{p,q}$ est un isomorphisme.

Or les $\underline{\underline{\mathrm{Ext}}}^{\cdot q}$ sont les faisceaux associés aux préfaisceaux dont la valeur sur un ouvert $U$ est donnée par les $\mathrm{Ext}^{\cdot q}$ globaux au-dessus de $U$ . Pour montrer que l'homomorphisme précédent est un isomorphisme, il suffit donc de montrer que l'homomorphisme analogue entre les $\mathrm{Ext}^{\cdot q}$ est un isomorphisme au-dessus d'une famille d'ouverts formant une base pour la topologie de $X$ . On peut donc se limiter à montrer que c'est un isomorphisme au-dessus d'un ouvert affine $U$ de $X$ , $S$ étant également supposé affine. Posons alors $A = \Gamma(S,\underline{O}_S)$ , $A' = \Gamma(S',\underline{O}_{S'})$ , $B = \Gamma(X,\underline{O}_X)$ , $B' = \Gamma(X',\underline{O}_{X'})$ , $J^{\cdot} = \Gamma^{\cdot}(X,\underline{J}^{\cdot})$ , $J'^{\cdot} = \Gamma^{\cdot}(X',\underline{J}'^{\cdot})$ . D'après 3.2.2, il existe des isomorphismes canoniques

$$\mathrm{Ext}^{\cdot q}(\underline{J}^{\cdot},\Omega^{\cdot}_{X'/S'}) \xrightarrow{\sim} \mathrm{Ext}^{\cdot q}(J^{\cdot},\Omega^{\cdot}_{B'/A'}) \quad ,$$

$$\mathrm{Ext}^{\cdot q}(\underline{J}',\Omega^{\cdot}_{X'/S'}) \xrightarrow{\sim} \mathrm{Ext}^{\cdot q}(J'^{\cdot},\Omega^{\cdot}_{B'/A'}) \quad .$$

Il suffit donc de montrer que

$$\mathrm{Ext}^{\cdot q}(J'^{\cdot},\Omega^{\cdot}_{B'/A'}) \longrightarrow \mathrm{Ext}^{\cdot q}(J^{\cdot},\Omega^{\cdot}_{B'/A'})$$

est un isomorphisme, le premier $\mathrm{Ext}^{\cdot}$ étant calculé dans la catégorie des $\Omega^{\cdot}_{B'/A'}$-modules gradués, et le second dans celle des $\Omega^{\cdot}_{B/A}$-modules gradués (d'après II 5.4.1). Or on a $\Omega^{\cdot}_{B'/A'} \xrightarrow{\sim} \Omega^{\cdot}_{B/A} \otimes_A A'$ , et $J'^{\cdot} \xrightarrow{\sim} J^{\cdot} \otimes_A A' \xrightarrow{\sim} J^{\cdot} \otimes_{\Omega^{\cdot}_{B/A}} \Omega^{\cdot}_{B'/A'}$ . On en déduit les suites spectrales de modules gradués

$$\mathrm{Ext}^{\cdot q}_{\Omega^{\cdot}_{B'/A'}}(\mathrm{Tor}^{\Omega^{\cdot}_{B/A}}_{\cdot p}(\Omega^{\cdot}_{B'/A'},J^{\cdot}),\Omega^{\cdot}_{B'/A'}) \Longrightarrow \mathrm{Ext}^{\cdot n}_{\Omega^{\cdot}_{B/A}}(J^{\cdot},\Omega^{\cdot}_{B'/A'}) \quad ,$$

$$\mathrm{Tor}^{\Omega^{\cdot}_{B/A}}_{\cdot q}(\mathrm{Tor}^{A}_{\cdot p}(A',\Omega^{\cdot}_{B/A}),J^{\cdot}) \Longrightarrow \mathrm{Tor}^{A}_{\cdot n}(A',J^{\cdot}) \quad .$$

Comme $\Omega^{\cdot}_{B/A}$ est plat sur $A$ , la seconde suite spectrale dégénère et donne l'isomorphisme

$$\mathrm{Tor}^{\Omega^{\cdot}_{B/A}}_{\cdot n}(\Omega^{\cdot}_{B'/A'},J^{\cdot}) \xrightarrow{\sim} \mathrm{Tor}^{A}_{\cdot n}(A',J^{\cdot}) \quad .$$

Or $J^{\cdot}$ est plat sur $A$ : en effet , $\Omega^{\cdot}_{X/S}$ est plat sur $S$ , $\Omega^{\cdot}_{Y/S}$ aussi, et $\underline{D}_Y(X)$ l'est également grâce à I 4.5.2. On en déduit que pour $n > 0$ ,

$$\mathrm{Tor}^{\Omega^{\cdot}_{B/A}}_{\cdot n}(\Omega^{\cdot}_{B'/A'},J^{\cdot}) = 0 \quad ,$$

de sorte que la première suite spectrale est également dégénérée, et fournit l'isomorphisme

$$\mathrm{Ext}^{\cdot q}_{\Omega^{\cdot}_{B'/A'}}(J'^{\cdot},\Omega^{\cdot}_{B'/A'}) \xrightarrow{\sim} \mathrm{Ext}^{\cdot q}_{\Omega^{\cdot}_{B/A}}(J^{\cdot},\Omega^{\cdot}_{B'/A'})$$

cherché, en laissant au lecteur le soin de s'assurer que l'isomorphisme ainsi obtenu est bien l'isomorphisme construit au moyen de résolutions injectives, grâce au calcul des $\mathrm{Ext}^{\cdot}$ par des résolutions libres graduées. Ceci achève la réduction de 3.2.1 au cas où $S$ est de caractéristique $p$ .

3.2.4. On suppose donc dans la suite de la démonstration que $S$ est de caractéristique $p$ . L'homomorphisme (3.2.2)

$$\underline{D}_Y(X) \otimes_{\underline{O}_X} \Omega^{\cdot}_{X/S} \longrightarrow \Omega^{\cdot}_{Y/S}$$

induit un morphisme de suites spectrales entre les suites spectrales II (5.4.4) correspondantes :

$$(3.2.5) \qquad E_1^{m,q} = \underline{\mathrm{Ext}}^{m,q}(\Omega^{\cdot}_{Y/S},\Omega^{\cdot}_{X/S}) \Longrightarrow \underline{\mathrm{Ext}}^{n}_{\Omega^{\cdot}_{X/S}}(\Omega^{\cdot}_{Y/S},\Omega^{\cdot}_{X/S})$$

$$\downarrow \qquad\qquad\qquad \downarrow$$

$$(3.2.6) \qquad E_1^{m,q} = \underline{\mathrm{Ext}}^{m,q}(\underline{D}_Y(X)\otimes_{\underline{O}_X}\Omega^{\cdot}_{X/S},\Omega^{\cdot}_{X/S}) \Longrightarrow \underline{\mathrm{Ext}}^{n}_{\Omega^{\cdot}_{X/S}}(\underline{D}_Y(X)\otimes_{\underline{O}_X}\Omega^{\cdot}_{X/S},\Omega^{\cdot}_{X/S}).$$

Comme ces suites spectrales sont régulières, il suffit, pour prouver que (3.2.1) est un isomorphisme, de prouver que ce morphisme de suites spectrales induit un isomorphisme sur les termes $E_2^{m,q}$ . Comme c'est une propriété locale sur $X$ , on peut supposer $Y$ de codimension constante $d$ dans $X$ .

Nous avons déjà calculé la suite (3.2.5) en 3.1.6 : rappelons que pour $q \neq d$ , $E_1^{m,q} = 0$ , tandis que pour $q = d$ , il existe un isomorphisme canonique de complexes

$$E_1^{\cdot,d} \xrightarrow{\sim} \Omega^{\cdot}_{Y/S}[-d] \quad .$$

Pour calculer (3.2.6), on remarque d'abord que la propriété à prouver (i.e. l'isomorphisme entre les termes $E_2^{m,q}$) est locale sur $X$ , de sorte qu'il nous suffira de calculer (3.2.6) localement sur $X$ . On peut donc supposer que $Y$ est défini par une suite régulière $t_1,\ldots,t_d$ de sections de $\underline{O}_X$ . On remarque d'autre part que pour tout complexe différentiel $\underline{K}^{\cdot}$ d'ordre $\leqslant 1$ , on a

(3.2.7) $$\underline{\mathrm{Ext}}^{m,q}(\underline{D}_Y(X)\otimes_{\underline{O}_X}\Omega^{\cdot}_{X/S},\underline{K}^{\cdot}) \xrightarrow{\sim} \underline{\mathrm{Ext}}^q_{\underline{O}_X}(\underline{D}_Y(X),\underline{K}^m) \quad .$$

En effet, si $\underline{I}^{\cdot\cdot}$ est une résolution injective de $\underline{K}^{\cdot}$ dans $C(X)$ , on a pour tout $m$ ,

$$\underline{\mathrm{Hom}}^m(\underline{D}_Y(X)\otimes_{\underline{O}_X}\Omega^{\cdot}_{X/S},\underline{I}^{\cdot q}) \xrightarrow{\sim} \underline{\mathrm{Hom}}_{\underline{O}_X}(\underline{D}_Y(X),\underline{I}^{m,q}) \quad ,$$

et, pour $m$ fixé, $\underline{I}^{m\cdot}$ est une résolution de $\underline{K}^m$ par des injectifs sur $\underline{O}_X$ , car $\Omega^{\cdot}_{X/S}$ est plat sur $\underline{O}_X$ . On obtient de même

(3.2.8) $$\mathrm{Ext}^{m,q}(\underline{D}_Y(X)\otimes_{\underline{O}_X}\Omega^{\cdot}_{X/S},\underline{K}^{\cdot}) \xrightarrow{\sim} \mathrm{Ext}^q_{\underline{O}_X}(\underline{D}_Y(X),\underline{K}^m) \quad .$$

On en déduit que pour tout $q \neq d$

(3.2.9) $$\underline{\mathrm{Ext}}^{m,q}(\underline{D}_Y(X)\otimes_{\underline{O}_X}\Omega^{\cdot}_{X/S},\Omega^{\cdot}_{X/S}) = 0 \quad .$$

En effet, il suffit de vérifier que pour $q \neq d$ , $\underline{\mathrm{Ext}}^q_{\underline{O}_X}(\underline{D}_Y(X),\Omega^m_{X/S}) = 0$ , et comme les $\underline{\mathrm{Ext}}^q_{\underline{O}_X}(\underline{D}_Y(X),\Omega^m_{X/S})$ sont les faisceaux associés aux préfaisceaux de valeur $\mathrm{Ext}^q_{\underline{O}_U}(\underline{D}_Y(X)|U,\Omega^m_{U/S})$ au-dessus d'un ouvert $U$ , il suffit de montrer que pour tout ouvert affine assez petit, ces derniers sont nuls. On peut donc supposer $X$ et $S$ affines ; soient $A = \Gamma(S,\underline{O}_S)$ , $B = \Gamma(X,\underline{O}_X)$ , $\underline{J}$ l'idéal de $Y$ dans $X$ ,

$J' = \Gamma(X,\underline{J})$ . D'après 3.2.2, il existe alors un isomorphisme canonique

$$\mathrm{Ext}^q_{\underline{O}_X}(\underline{D}_Y(X),\Omega^m_{X/S}) \xrightarrow{\sim} \mathrm{Ext}^q_B(\underline{D}_B(J),\Omega^m_{B/A}) \quad .$$

Soit d'autre part $J^{(p)}$ le sous-idéal de $J$ engendré par $t_1^p,\ldots,t_d^p$ , et posons $C = B/J$ , $C^{(p)} = B/J^{(p)}$ . Comme $Y$ est lisse sur $S$ , il existe une S-rétraction du voisinage infinitésimal $Y^{(p)}$ de $Y$ dans $X$ défini par $J^{(p)}$ , i.e. une section A-linéaire du morphisme $C^{(p)} \longrightarrow C$ . D'autre part, comme $B$ est un anneau de caractéristique $p$ , les $t_i^p$ appartiennent au noyau de l'homomorphisme canonique $B \longrightarrow \underline{D}_B(J)$ d'après I 1.2.7 i), et $\underline{D}_B(J)$ est une $C^{(p)}$-algèbre, et se trouve donc muni d'une structure de C-algèbre grâce à la section $\varepsilon : C \longrightarrow C^{(p)}$. Mais, comme l'immersion de $Y$ dans $X$ est régulière, la section $\varepsilon$ définit un isomorphisme

$$C^{(p)} \xrightarrow{\sim} C[t_1,\ldots,t_d]/(t_1^p,\ldots,t_d^p) \quad ,$$

d'où grâce à I 2.6.2, appliqué à $B$ et à $C[t_1,\ldots,t_d]$ , l'isomorphisme de C-algèbres

$$\underline{D}_B(J) \xrightarrow{\sim} C < t_1,\ldots,t_d > \quad .$$

Pour poursuivre le calcul, nous utiliserons alors le

Lemme 3.2.5. Soient $C$ un anneau de caractéristique $p$ , et $C <t_1,\ldots,t_d>$ une algèbre de polynômes à puissances divisées sur $C$ . Alors $C < t_1,\ldots,t_d >$ est un module libre sur $C[t_1,\ldots,t_d]/(t_1^p,\ldots,t_d^p)$ , ayant pour base les monômes de la forme

$$t_1^{[pq_1]} \ldots t_d^{[pq_d]} \quad ,$$

avec $q_i \geqslant 0$ .

Par récurrence sur $d$ , on voit qu'il suffit de prouver le lemme lorsque $d = 1$. Comme C-module, $C<t>$ est engendré par les $t^{[n]}$ pour $n > 0$ . Posons alors $n = pq + r$ , avec $0 \leqslant r < p$ ; d'après I (1.1.4),

$$t^{[pq]}.t^{[r]} = (pq+1)\ldots(pq+r).(r!)^{-1}.t^{[n]} \quad ,$$

d'où, grâce à I (1.1.6),

$$t^{[n]} = (pq+1)^{-1} \dots (pq+r)^{-1}.t^r.t^{[pq]} \quad ,$$

ce qui montre que $C\langle t\rangle$ est engendré comme $C[t]/t^p$-module par les $t^{[pq]}$. D'autre part, considérons une relation de la forme

$$\sum_i (c_{io} + \dots + c_{i,p-1}t^{p-1}).t^{[pq_i]} = 0 \quad ,$$

où les $q_i$ sont distincts. On peut l'écrire

$$\sum_i \sum_{r=0}^{p-1} c_{ir}(pq+1)\dots(pq+r).(r!)^{-1}.t^{[pq_i+r]} = 0 \ ,$$

et les $pq_i+r$ sont des entiers tous distincts ; comme les $t^{[n]}$ sont linéairement indépendants sur $C$ , et que $(pq+1)\dots(pq+r).(r!)^{-1}$ est inversible, il en résulte que les $c_{ir}$ sont nuls, ce qui montre l'indépendance sur $C[t]/t^p$ des $t^{[pq]}$ .

3.2.6. Reprenons la démonstration de (3.2.9). D'après 3.2.5, $\underline{D}_B(J)$ est un module libre sur $C^{(p)}$ , de base les $t_1^{[pq_1]} \dots t_d^{[pq_d]}$. On en déduit

$$\mathrm{Ext}^q_B(\underline{D}_B(J),\Omega^m_{B/A}) \xrightarrow{\sim} \prod \mathrm{Ext}^q_B(C^{(p)},\Omega^m_{B/A}) \quad ,$$

où le produit est indexé par la base donnée. Mais la suite $t_1^p,\dots,t_d^p$ est une suite régulière, et $\Omega^m_{B/A}$ est plat sur $B$ . Par suite,

$$\mathrm{Ext}^q_B(C^{(p)},\Omega^m_{B/A}) = 0$$

si $q \neq d$ , ce qui prouve (3.2.9).

Considérons alors la résolution (3.1.15) de $\Omega^{\cdot}_{X/S}$

$$\underline{C}^{\cdot}_{t_1,\dots,t_d}(\Omega^{\cdot}_{X/S}) \longrightarrow \underline{H}^{\cdot d}_Y(\Omega^{\cdot}_{X/S}) \longrightarrow 0 \quad ,$$

qui a servi en 3.1.6 pour calculer la suite spectrale (3.2.5), et montrons que ses termes sont acycliques pour le foncteur $\underline{\mathrm{Hom}}^{\cdot}(\underline{D}_Y(X)\otimes_{\underline{O}_X}\Omega^{\cdot}_{X/S},\cdot)$ . Pour cela, on remarque d'abord que pour tout $k$ , et tout $q \geqslant 0$ ,

(3.2.10) $$\underline{\mathrm{Ext}}^{\cdot q}(\underline{D}_Y(X)\otimes_{\underline{O}_X}\Omega^{\cdot}_{X/S},\underline{C}^k_{t_1,\dots,t_d}(\Omega^{\cdot}_{X/S})) = 0 \quad .$$

D'après (3.2.8), il suffit en effet de vérifier que pour tout $k$ , tout $m$ , et tout $q \geqslant 0$ ,

$$\underline{\mathrm{Ext}}^q_{\underline{O}_X}(\underline{D}_Y(X),\underline{C}^k_{t_1,\ldots,t_d}(\Omega^m_{X/S})) = 0 \ .$$

Il revient au même de montrer que sur tout ouvert affine de $X$ les $\mathrm{Ext}^q$ correspondants sont nuls ; avec les notations précédentes, il suffit donc de prouver que les $\mathrm{Ext}^q_B(\underline{D}_B(J),\Omega^m_{B/A}\otimes_B(B_{t_{i_0}\cdots t_{i_k}}))$ sont nuls pour $q \geqslant 0$ . Or on a

$$\mathrm{Ext}^q_B(\underline{D}_B(J),\Omega^m_{B/A}\otimes_B B_{t_{i_0}\cdots t_{i_k}}) \xrightarrow{\sim} \prod \mathrm{Ext}^q_B(C^{(p)},\Omega^m_{B/A}\otimes_B B_{t_{i_0}\cdots t_{i_k}}) \ .$$

Comme $\Omega^m_{B/A}\otimes_B B_{t_{i_0}\cdots t_{i_k}}$ est plat sur $B$ , l'assertion est claire pour $q \neq d$ ; d'autre part, l'isomorphisme local fondamental donne

$$\mathrm{Ext}^d_B(C^{(p)},\Omega^m_{B/A}\otimes_B B_{t_{i_0}\cdots t_{i_k}}) \xrightarrow{\sim} \Omega^m_{B/A}\otimes_B B_{t_{i_0}\cdots t_{i_k}}\otimes_B \Lambda^d(J^{(p)}/(J^{(p)})^2)^\vee$$

et comme les $t^p_{i_j}$ sont inversibles dans $B_{t_{i_0}\cdots t_{i_k}}$ et annulent $\Lambda^d(J^{(p)}/(J^{(p)})^2)^\vee$ , on en déduit la nullité du $\mathrm{Ext}^d$ .

D'autre part, le complexe (3.1.15) étant une résolution de $\Omega^\cdot_{X/S}$ , la nullité des $\underline{\mathrm{Ext}}^{\cdot q}(\underline{D}_Y(X)\otimes_{\underline{O}_X}\Omega^\cdot_{X/S},\underline{C}^k_{t_1,\ldots,t_d}(\Omega^\cdot_{X/S}))$ donne un isomorphisme canonique

$$\underline{\mathrm{Ext}}^{\cdot q+d}(\underline{D}_Y(X)\otimes_{\underline{O}_X}\Omega^\cdot_{X/S},\Omega^\cdot_{X/S}) \xrightarrow{\sim} \underline{\mathrm{Ext}}^{\cdot q}(\underline{D}_Y(X)\otimes_{\underline{O}_X}\Omega^\cdot_{X/S},\underline{H}^{\cdot d}_Y(\Omega^\cdot_{X/S})) \ ,$$

pour tout $q \geqslant 0$ . Il résulte alors de (3.2.9) que

$$\underline{\mathrm{Ext}}^{\cdot q}(\underline{D}_Y(X)\otimes_{\underline{O}_X}\Omega^\cdot_{X/S},\underline{H}^{\cdot d}_Y(\Omega^\cdot_{X/S})) = 0 \ ,$$

pour $q \geqslant 1$ .

On peut donc utiliser la résolution (3.1.15) de $\Omega^\cdot_{X/S}$ pour calculer la suite spectrale (3.2.6). D'après ce qui précède, et le calcul de la suite spectrale (3.2.5) fait en 3,1.6 au moyen de la résolution (3.1.15), les termes $E_1^{m,q}$ de ces deux suites spectrales sont nuls si $q \neq d$ , et le morphisme canonique entre les complexes $E_1^{\cdot d}$ est le morphisme de fonctorialité

(3.2.11) $$\underline{\mathrm{Hom}}^\cdot(\Omega^\cdot_{Y/S},\underline{H}^{\cdot d}_Y(\Omega^\cdot_{X/S})) \longrightarrow \underline{\mathrm{Hom}}^\cdot(\underline{D}_Y(X)\otimes_{\underline{O}_X}\Omega^\cdot_{X/S},\underline{H}^{\cdot d}_Y(\Omega^\cdot_{X/S})) \ .$$

Il suffit donc de prouver que ce dernier est un quasi-isomorphisme pour obtenir le théorème 3.2.1, et pour cela il suffit encore de prouver que pour tout ouvert affine U de X , assez petit, le morphisme

$$(3.2.12) \qquad \mathrm{Hom}^{\cdot}(\Omega^{\cdot}_{Y|U/S},\underline{H}^{\cdot d}_{Y|U}(\Omega^{\cdot}_{U/S})) \longrightarrow \mathrm{Hom}^{\cdot}(\underline{D}_{Y|U}(U)\otimes_{\underline{O}_U}\Omega^{\cdot}_{U/S},\underline{H}^{\cdot d}_{Y|U}(\Omega^{\cdot}_{U/S}))$$

est un quasi-isomorphisme.

3.2.7. Supposons donc S et X affines, Y étant défini par une suite régulière $t_1,\dots,t_d$ de sections de $\underline{O}_X$ , et reprenons les notations introduites en 3.2.4 pour le cas affine. Pour tout B-module E , définissant un $\underline{O}_X$-module quasi-cohérent $\underline{E}$ , on posera $H^d_Y(E) = \Gamma(X,\underline{H}^d_Y(\underline{E})) = H^d_Y(X,\underline{E})$ . Il nous faut donc prouver que

$$\mathrm{Hom}^{\cdot}(\Omega^{\cdot}_{C/A},H^{\cdot d}_Y(\Omega^{\cdot}_{B/A})) \longrightarrow \mathrm{Hom}^{\cdot}(\underline{D}_B(J)\otimes_B\Omega^{\cdot}_{B/A},H^{\cdot d}_Y(\Omega^{\cdot}_{B/A}))$$

est un quasi-isomorphisme.

Pour tout k , il existe un isomorphisme

$$\mathrm{Hom}^k(\underline{D}_B(J)\otimes_B\Omega^{\cdot}_{B/A},H^{\cdot d}_Y(\Omega^{\cdot}_{B/A})) \xrightarrow{\sim} \mathrm{Hom}_B(\underline{D}_B(J),H^d_Y(\Omega^k_{B/A})) \quad .$$

Utilisant la base de $\underline{D}_B(J)$ sur $C^{(p)}$ formée par les $\underline{\underline{t}}^{[p\underline{\underline{q}}]}$ , où $\underline{\underline{q}} = (q_1,\dots,q_d)$ et $\underline{\underline{t}}^{[p\underline{\underline{q}}]} = t_1^{[pq_1]}\dots t_d^{[pq_d]}$ , on obtient l'isomorphisme

$$\mathrm{Hom}_B(\underline{D}_B(J),H^d_Y(\Omega^k_{B/A})) \xrightarrow{\sim} \prod_{\underline{\underline{q}}}\mathrm{Hom}_B(C^{(p)}.\underline{\underline{t}}^{[p\underline{\underline{q}}]},H^d_Y(\Omega^k_{B/A})) \quad .$$

La donnée d'un homomorphisme B-linéaire de $C^{(p)}$ dans $H^d_Y(\Omega^k_{B/A})$ équivaut à la donnée d'un élément de $H^d_Y(\Omega^k_{B/A})$ annulé par les $t_i^p$ ; comme

$$H^d_Y(\Omega^k_{B/A}) \xrightarrow{\sim} \varinjlim_n \Omega^k_{B/A}/J^{(n)}.\Omega^k_{B/A} \quad ,$$

et que la suite des $t_i$ est régulière, un tel élément s'identifie à un élément de $C^{(p)}\otimes_B\Omega^k_{B/A}$ grâce à l'inclusion canonique

$$C^{(p)}\otimes_B \Omega^k_{B/A} = \Omega^k_{B/A}/J^{(p)}.\Omega^k_{B/A} \longrightarrow \varinjlim_n \Omega^k_{B/A}/J^{(n)}.\Omega^k_{B/A}$$

définie par l'élément $1/t_1^p\dots t_d^p$ . Il sera commode, pour expliciter le complexe

$\mathrm{Hom}^\cdot(\underline{D}_B(J)\otimes_B\Omega^\cdot_{B/A},H_Y^{\cdot d}(\Omega^\cdot_{B/A}))$ , de considérer $\mathrm{Hom}_B(\underline{D}_B(J),H_Y^d(\Omega^k_{B/A}))$ comme un C-module, grâce au choix d'une section $\varepsilon : C \longrightarrow C^{(p)}$ . Considérons alors la famille d'éléments de $\mathrm{Hom}_B(C^{(p)},H_Y^d(B))$ indexée par l'ensemble des multi-indices $\underline{\underline{r}}$ tels que $0 \leqslant r_i < p$ pour tout $i$ , et définie par

$$(3.2.13) \qquad \psi_{\underline{\underline{r}}}(1) = \underline{\underline{t}}^{[\underline{\underline{p-1}} - \underline{\underline{r}}]} ,$$

un homomorphisme de $C^{(p)}$ dans $H_Y^d(B)$ étant identifié à un homomorphisme de $C^{(p)}$ dans $C^{(p)}$ grâce à l'inclusion canonique considérée plus haut, et où pour tout entier $k$ on note $\underline{\underline{k}}$ le multi-indice $(k,\ldots,k)$ , $\underline{\underline{t}}^{[\underline{\underline{p-1}} - \underline{\underline{r}}]}$ désignant alors l'élément $\underline{\underline{t}}^{\underline{\underline{p-1}} - \underline{\underline{r}}}/(\underline{\underline{p-1}} - \underline{\underline{r}})!$ de $C^{(p)}$ (qui correspond dans l'inclusion $C^{(p)} \longrightarrow H_Y^d(B)$ à l'élément $(-1)^{|\underline{\underline{r}}|}.\underline{\underline{r}}!/\underline{\underline{t}}^{\underline{\underline{r+1}}}$) . Comme la suite des $t_i$ est régulière, $C^{(p)}$ est libre sur $C$ , et les $\underline{\underline{t}}^{|\underline{\underline{r}}|}$ pour $0 \leqslant r_i < p$ en forment une base, de sorte que tout élément de $\mathrm{Hom}_B(C^{(p)},H_Y^d(B))$ peut s'écrire de façon unique $\varphi = \sum a_{\underline{\underline{r}}}.\psi_{\underline{\underline{r}}}$ , avec $a_{\underline{\underline{r}}} \in C$ . On introduit alors la famille d'éléments $\psi_{\underline{\underline{m}}}$ de $\mathrm{Hom}_B(\underline{D}_B(J) , H_Y^d(B))$ , indexée par l'ensemble des multi-indices $\underline{\underline{m}}$ avec $m_i \geqslant 0$ pour tout $i$ , telle que, si l'on pose $\underline{\underline{m}} = p.\underline{\underline{q}}' + \underline{\underline{r}}$ ,

$$(3.2.14) \qquad \psi_{\underline{\underline{m}}}(\underline{\underline{t}}^{[p\underline{\underline{q}}]}) = \begin{cases} 0 & \text{si } \underline{\underline{q}} \neq \underline{\underline{q}}' \\ (-1)^{|\underline{\underline{m}}|+|\underline{\underline{r}}|}.\psi_{\underline{\underline{r}}}(1) & \text{si } \underline{\underline{q}} = \underline{\underline{q}}' \end{cases} ,$$

ce qui définit bien un homomorphisme B-linéaire de $\underline{D}_B(J)$ dans $H_Y^d(B)$ d'après la décomposition de $\underline{D}_B(J)$ en somme directe définie par les $\underline{\underline{t}}^{[p\underline{\underline{q}}]}$ . Si on note un élément $\varphi = (\varphi_{\underline{\underline{q}}})$ de $\prod \mathrm{Hom}_B(C^{(p)}.\underline{\underline{t}}^{[p\underline{\underline{q}}]},\ H_Y^d(B))$ avec la notation additive $\varphi = \sum \varphi_{\underline{\underline{q}}}$ , la sommation étant infinie, on voit donc que tout élément de $\mathrm{Hom}_B(\underline{D}_B(J),\ H_Y^d(B))$ peut s'écrire de façon unique comme une somme infinie

$$\varphi = \sum_{\underline{\underline{m}}} a_{\underline{\underline{m}}}.\psi_{\underline{\underline{m}}} ,$$

avec $a_{\underline{\underline{m}}} \in C$ . Si on choisit une base $(\omega)$ de $\Omega^k_{B/A}$ , tout élément de $\mathrm{Hom}_B(\underline{D}_B(J),H_Y^d(\Omega^k_{B/A}))$ s'écrit donc de façon unique

$$(3.2.15) \qquad \varphi = \sum_{\underline{\underline{m}},\omega} a_{\underline{\underline{m}},\omega}.\psi_{\underline{\underline{m}}} \otimes \omega ,$$

grâce à l'isomorphisme canonique

$$\mathrm{Hom}_B(\underline{\underline{D}}_B(J),\underline{H}^d_Y(\Omega^k_{B/A})) \xrightarrow{\sim} \mathrm{Hom}_B(\underline{\underline{D}}_B(J),\underline{H}^d_Y(B))\otimes_B\Omega^k_{B/A} \quad .$$

3.2.8. Ayant explicité la structure des $\mathrm{Hom}^k(\underline{\underline{D}}_B(J)\otimes_B\Omega^{\cdot}_{B/A},\underline{H}^{\cdot d}_Y(\Omega^{\cdot}_{B/A}))$ par (3.2.15), il nous reste à calculer leur différentielle. Or $\underline{\underline{D}}_B(J)$ et $\underline{H}^d_Y(B)$ sont munis d'une connexion intégrable relativement à A ; il en est de même de $\mathrm{Hom}_B(\underline{\underline{D}}_B(J),\underline{H}^d_Y(B))$ , et d'après II 5.2.4, il existe un isomorphisme canonique de complexes

$$\mathrm{Hom}^{\cdot}(\underline{\underline{D}}_B(J)\otimes_B\Omega^{\cdot}_{B/A},\underline{H}^{\cdot d}_Y(\Omega^{\cdot}_{B/A})) \xrightarrow{\sim} \mathrm{Hom}^{\cdot}(\underline{\underline{D}}_B(J)\otimes_B\Omega^{\cdot}_{B/A},\underline{H}^d_Y(B)\otimes_B \Omega^{\cdot}_{B/A})$$

$$\xrightarrow{\sim} \mathrm{Hom}_B(\underline{\underline{D}}_B(J),\underline{H}^d_Y(B))\otimes_B\Omega^{\cdot}_{B/A} \quad ,$$

ce dernier étant défini grâce à la connexion de $\mathrm{Hom}_B(\underline{\underline{D}}_B(J), \underline{H}^d_Y(B))$ . On en déduit la relation

$$(3.2.16) \qquad d(\sum_{\underline{\underline{m}}} a_{\underline{\underline{m}},\omega}\cdot\psi_{\underline{\underline{m}}}\otimes\omega) = \sum_{\underline{\underline{m}}} a_{\underline{\underline{m}},\omega}\cdot\psi_{\underline{\underline{m}}}\otimes d(\omega) + \nabla(\sum_{\underline{\underline{m}}} a_{\underline{\underline{m}},\omega}\cdot\psi_{\underline{\underline{m}}})\wedge\omega \quad ,$$

où $\nabla$ est l'homomorphisme

$$\mathrm{Hom}_B(\underline{\underline{D}}_B(J),\underline{H}^d_Y(B)) \longrightarrow \mathrm{Hom}_B(\underline{\underline{D}}_B(J),\underline{H}^d_Y(B))\otimes_B\Omega^1_{B/A}$$

défini par la connexion.

Nous allons maintenant calculer $\nabla$ en termes de l'écriture (3.2.15) des éléments de $\mathrm{Hom}_B(\underline{\underline{D}}_B(J),\underline{H}^d_Y(B))$ . Si $n$ est la dimension relative de $X$ sur $S$ , on peut supposer qu'il existe des éléments $y_j$ , $j = 1,\dots,n-d$ , de $B$ , tels que les $dt_i$ et les $dy_j$ forment une base de $\Omega^1_{B/A}$ ; on notera $\frac{d}{dt_i}$ , $\frac{d}{dy_j}$ , les dérivations correspondantes de $B$ . Les $dy_j$ donnent une base de $\Omega^1_{C/A}$ , et on notera également $\frac{d}{dy_j}$ la dérivation définie par $dy_j$ sur $C$ . Comme $B$ est un anneau de caractéristique $p$ , les dérivations de $B$ passent au quotient par les $t_i^p$ , et définissent des dérivations de $C^{(p)}$ , notées par les mêmes symboles. On peut alors choisir la section $\varepsilon : C \longrightarrow C^{(p)}$ de telle sorte que pour tout $a \in C$ les conditions suivantes soient vérifiées :

$$(3.2.17) \qquad \forall\ i \quad , \quad \frac{d}{dt_i}(\varepsilon(a)) = 0 \qquad ,$$

$$(3.2.18) \qquad \forall\ j \quad , \quad \frac{d}{dy_j}(\varepsilon(a)) = \varepsilon\,(\frac{d}{dy_j}(a)) \quad .$$

En effet, puisque les $dt_i$ et les $dy_j$ forment une base de $\Omega^1_{B/A}$ , il existe un carré cartésien (avec les notations géométriques)

$$\begin{array}{ccc} Y & \hookrightarrow & X \\ \downarrow & & \downarrow u \\ Y_o = S[y_1,\ldots,y_{n-d}] & \hookrightarrow & X_o = S[t_1,\ldots,t_d,y_1,\ldots,y_{n-d}] \end{array} \quad ,$$

où $u$ est un morphisme étale. Soient $Y^{(p)}$ , $Y_o^{(p)}$ les sous-schémas fermés de $X$ et $X_o$ définis par les $t_i^p$ , et soit $\varepsilon_o : Y_o^{(p)} \longrightarrow Y_o$ la rétraction obtenue en envoyant les $t_i$ sur $0$ et les $y_j$ sur les $y_j$ . On en déduit le diagramme commutatif

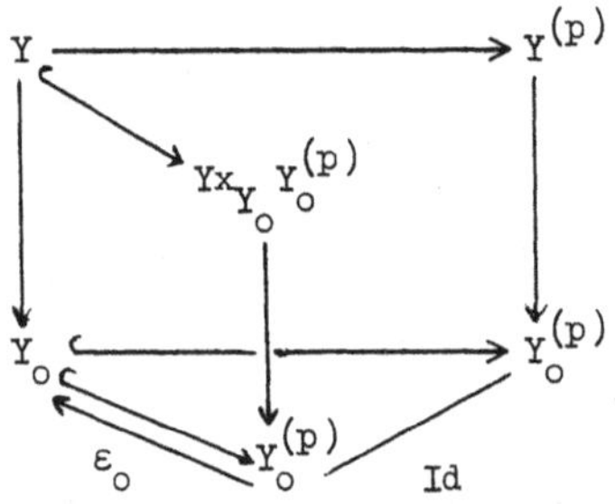


Comme $Y^{(p)}$ et $Y\times_{Y_o} Y_o^{(p)}$ sont étales sur $Y_o^{(p)}$ , et ont même réduction sur $Y_o$ , et que l'immersion de $Y_o$ dans $Y_o^{(p)}$ est nilpotente, il existe un $Y_o^{(p)}$-isomorphisme canonique : $Y^{(p)} \xrightarrow{\sim} Y\times_{Y_o} Y_o^{(p)}$ induisant l'identité sur $Y$ ; par composition avec la projection $Y\times_{Y_o} Y_o^{(p)} \longrightarrow Y$ , on en déduit une rétraction $\varepsilon : Y^{(p)} \longrightarrow Y$ . Comme l'isomorphisme $Y\times_{Y_o} Y_o^{(p)} \xrightarrow{\sim} Y$ est un $Y_o^{(p)}$-isomorphisme, il envoie $t_i$ sur $t_i$ et $y_j$ sur $y_j$ , de sorte qu'il identifie l'action des $\frac{d}{dt_i}$ et $\frac{d}{dy_j}$ sur $\underline{O}_{Y\times_{Y_o} Y_o^{(p)}}$ à celle des $\frac{d}{dt_i}$ et $\frac{d}{dy_j}$ sur $\underline{O}_{Y^{(p)}}$ . On en déduit les relations (3.2.17) et (3.2.18) pour l'homomorphisme $C \longrightarrow C^{(p)}$ défini par $\varepsilon$ , et qu'on notera encore $\varepsilon$ lorsqu'il sera nécessaire de le préciser.

Supposons donc dans la suite que $\varepsilon$ vérifie les relations (3.2.17) et (3.2.18). Soit $\varphi = \sum_{\underline{\underline{m}}} \varepsilon(a_{\underline{\underline{m}}}).\psi_{\underline{\underline{m}}}$ un élément de $\mathrm{Hom}_B(\underline{D}_B(J),\underline{H}^d_Y(B))$ , avec $a_{\underline{\underline{m}}} \in C$ pour tout $\underline{\underline{m}}$ . Par définition, on a

$$\nabla(\varphi) = \sum_i \nabla\left(\frac{d}{dt_i}\right)(\varphi) \otimes dt_i + \sum_j \nabla\left(\frac{d}{dy_j}\right)(\varphi) \otimes dy_j \quad , \tag{3.2.19}$$

où $\nabla(\frac{d}{dt_i})$ et $\nabla(\frac{d}{dy_j})$ sont les opérations de $\frac{d}{dt_i}$ et $\frac{d}{dy_j}$ sur $\mathrm{Hom}_B(\underline{D}_B(J),\underline{H}^d_Y(B))$, définies au moyen de la connexion de ce module. Pour toute dérivation $D$ de $B$ relativement à $S$, $\nabla(D)$ est une D-dérivation (II 3.3.5) ; d'autre part,

$$\nabla(D)(\sum_{\underline{m}} \varepsilon(a_{\underline{m}}).\psi_{\underline{m}}) = \sum_{\underline{m}} \nabla(D)(\varepsilon(a_{\underline{m}}).\psi_{\underline{m}}) \quad ,$$

par exemple parce qu'on peut écrire $\underline{D}_B(J)$ comme limite inductive des sous-B-modules engendrés par les $\underline{t}^{[p\underline{q}]}$, pour $|\underline{q}| \leqslant k$, qui sont stables par la connexion de $\underline{D}_B(J)$, l'égalité précédente signifiant alors que $\nabla(D)$ est la limite projective pour $k$ variable des opérations de $D$ sur les $\mathrm{Hom}_B(\bigoplus_{|\underline{q}|\leqslant k} C^{(p)}.\underline{t}^{[p\underline{q}]},\underline{H}^d_Y(B))$.

On en déduit les relations

$$(3.2.20) \qquad \forall\, i \quad , \quad \nabla(\frac{d}{dt_i})(\sum_{\underline{m}} \varepsilon(a_{\underline{m}}).\psi_{\underline{m}}) = \sum_{\underline{m}} \varepsilon(a_{\underline{m}})\, \nabla(\frac{d}{dt_i})(\psi_{\underline{m}}) \quad ,$$

$$(3.2.21) \qquad \forall\, j \quad , \quad \nabla(\frac{d}{dy_j})(\sum_{\underline{m}} \varepsilon(a_{\underline{m}}).\psi_{\underline{m}}) = \sum_{\underline{m}} \varepsilon(\frac{d}{dy_j}(a_{\underline{m}})).\psi_{\underline{m}} \quad .$$

En effet, la première résulte de (3.2.17) ; la seconde résulte de (3.2.18) si l'on prouve la relation

$$(3.2.22) \qquad \forall\, j \ , \ \forall\, \underline{m} \ , \qquad \nabla(\frac{d}{dy_j})(\psi_{\underline{m}}) = 0 \quad .$$

Comme $\nabla(\frac{d}{dy_j})(\psi_{\underline{m}})$ est un homomorphisme B-linéaire, il suffit pour prouver (3.2.22) de vérifier que pour tout $\underline{q}$

$$\nabla(\frac{d}{dy_j})(\psi_{\underline{m}})(\underline{t}^{[p\underline{q}]}) = 0 \quad .$$

Par définition de la connexion de $\mathrm{Hom}_B(\underline{D}_B(J),\underline{H}^d_Y(B))$, on a

$$\nabla(\frac{d}{dy_j})(\psi_{\underline{m}})(\underline{t}^{[p\underline{q}]}) = \frac{d}{dy_j}(\psi_{\underline{m}}(\underline{t}^{[p\underline{q}]})) - \psi_{\underline{m}}(\frac{d}{dy_j}(\underline{t}^{[p\underline{q}]})) \quad ;$$

comme les $dt_i$ et les $dy_j$ forment une base de $\Omega^1_{B/A}$, $\frac{d}{dy_j}(\underline{t}^{[\underline{k}]}) = 0$ pour tout $\underline{k}$ et tout $j$ ; par ailleurs, on vérifie facilement que l'inclusion $C^{(p)} \longrightarrow \underline{H}^d_Y(B)$ commute à l'action des A-dérivations de $B$. On en déduit (3.2.22), compte tenu de la définition de $\psi_{\underline{m}}$.

Il nous reste à calculer les $\nabla(\frac{d}{dt_i})(\psi_{\underline{\underline{m}}})$ . Je dis que pour tout $i$ et tout $\underline{\underline{m}}$

$$\nabla(\frac{d}{dt_i})(\psi_{\underline{\underline{m}}}) = \psi_{\underline{\underline{m}}+\underline{\underline{1}}_i} \quad , \tag{3.2.23}$$

où $\underline{\underline{k}}_i$ désigne le multi-indice $(q_j)$ , avec $q_j = 0$ pour $j \neq i$ , et $q_i = k$ . Comme ces deux homomorphismes sont B-linéaires, il suffit de vérifier qu'ils sont égaux sur les $\underline{\underline{t}}^{[p\underline{\underline{q}}]}$ . Comme précédemment,

$$\nabla(\frac{d}{dt_i})(\psi_{\underline{\underline{m}}})(\underline{\underline{t}}^{[p\underline{\underline{q}}]}) = \frac{d}{dt_i}(\psi_{\underline{\underline{m}}}(\underline{\underline{t}}^{[p\underline{\underline{q}}]})) - \psi_{\underline{\underline{m}}}(\frac{d}{dt_i}(\underline{\underline{t}}^{[p\underline{\underline{q}}]})) \quad ,$$

$$= \frac{d}{dt_i}(\psi_{\underline{\underline{m}}}(\underline{\underline{t}}^{[p\underline{\underline{q}}]})) - \psi_{\underline{\underline{m}}}(\underline{\underline{t}}^{[p(\underline{\underline{q}}-\underline{\underline{1}}_i)+(\underline{\underline{p-1}})_i]}) \quad .$$

Or on a

$$\underline{\underline{t}}^{[p(\underline{\underline{q}}-\underline{\underline{1}}_i)]} . t_i^{[p-1]} = \frac{(p(q_i-1)+p-1)!}{(p(q_i-1))!(p-1)!} . \underline{\underline{t}}^{[p(\underline{\underline{q}}-\underline{\underline{1}}_i)+(\underline{\underline{p-1}})_i]}$$

$$= \frac{(p(q_i-1)+p-1)\dots(p(q_i-1)+1)}{(p-1)!} . \underline{\underline{t}}^{[p(\underline{\underline{q}}-\underline{\underline{1}}_i)+(\underline{\underline{p-1}})_i]}$$

$$= \underline{\underline{t}}^{[p(\underline{\underline{q}}-\underline{\underline{1}}_i)+(\underline{\underline{p-1}})_i]}$$

car A est un anneau de caractéristique $p$ . On obtient finalement

$$\nabla(\frac{d}{dt_i})(\psi_{\underline{\underline{m}}})(\underline{\underline{t}}^{[p\underline{\underline{q}}]}) = \frac{d}{dt_i}(\psi_{\underline{\underline{m}}}(\underline{\underline{t}}^{[p\underline{\underline{q}}]})) - t_i^{[p-1]} . \psi_{\underline{\underline{m}}}(\underline{\underline{t}}^{[p(\underline{\underline{q}}-\underline{\underline{1}}_i)]}) \quad . \tag{3.2.24}$$

Posons $\underline{\underline{m}} = p.\underline{\underline{q}}' + \underline{\underline{r}}$ , avec $0 \leq r_j < p$ pour tout $j$ . On distingue alors trois cas :

a) On suppose que $\underline{\underline{q}}' \neq \underline{\underline{q}}$ , et $\underline{\underline{q}}' \neq \underline{\underline{q}} - \underline{\underline{1}}_i$ . D'après la définition de $\psi_{\underline{\underline{m}}}$ (3.2.14) et la relation (3.2.24), on a alors

$$\nabla(\frac{d}{dt_i})(\psi_{\underline{\underline{m}}})(\underline{\underline{t}}^{[p\underline{\underline{q}}]}) = 0 \quad .$$

Par ailleurs, le quotient de $m_i+1$ par $p$ est soit $q_i'$ , soit $q_i'+1$ ; dans les deux cas, il est différent de $q_i$ par hypothèse, de sorte qu'on a également

$$\psi_{\underline{\underline{m}}+\underline{\underline{1}}_i}(\underline{\underline{t}}^{[p\underline{\underline{q}}]}) = 0 \quad .$$

b) Supposons maintenant que $\underline{q}' = \underline{q}$ . Alors $\psi_{\underline{m}}(\underline{t}^{[p(\underline{q}-\underline{1}_i)]}) = 0$ , si bien que

$$\nabla(\frac{d}{dt_i})(\psi_{\underline{m}})(\underline{t}^{[p\underline{q}]}) = \frac{d}{dt_i}(\psi_{\underline{m}}(\underline{t}^{[p\underline{q}]}))$$

$$= \frac{d}{dt_i}((-1)^{|\underline{m}|+|\underline{r}|}.\underline{t}^{[\underline{p-1} - \underline{r}]})$$

$$= (-1)^{|\underline{m}|+|\underline{r}|}.\underline{t}^{[\underline{p-1} - \underline{r} - \underline{1}_i]} \quad \text{si} \quad r_i \neq p-1 .$$

Si $r_i \neq p-1$ , on a d'autre part

$$\psi_{\underline{m}+\underline{1}_i}(\underline{t}^{[p\underline{q}]}) = \psi_{p\underline{q}+(\underline{r}+\underline{1}_i)}(\underline{t}^{[p\underline{q}]}) = (-1)^{|\underline{m}|+1+|\underline{r}|+1}.\underline{t}^{[\underline{p-1} - (\underline{r}+\underline{1}_i)]} .$$

Si $r_i = p-1$ ,

$$\psi_{\underline{m}+\underline{1}_i}(\underline{t}^{[p\underline{q}]}) = \psi_{p(\underline{q}+\underline{1}_i) + (\underline{r}-(\underline{p-1})_i)}(\underline{t}^{[p\underline{q}]}) = 0 .$$

Mais dans ce cas,

$$\frac{d}{dt_i}(\underline{t}^{[\underline{p-1} - \underline{r}]}) = 0 ,$$

de sorte qu'on a encore

$$\nabla(\frac{d}{dt_i})(\psi_{\underline{m}})(\underline{t}^{[p\underline{q}]}) = \psi_{\underline{m}+\underline{1}_i}(\underline{t}^{[p\underline{q}]}) .$$

c) Supposons enfin que $\underline{q}' = \underline{q} - \underline{1}_i$ . On obtient alors grâce à (3.2.24)

$$\nabla(\frac{d}{dt_i})(\psi_{\underline{m}})(\underline{t}^{[p\underline{q}]}) = -t_i^{[p-1]}.\psi_{\underline{m}}(\underline{t}^{[p(\underline{q}-\underline{1}_i)]})$$

$$= (-1)^{|\underline{m}|+|\underline{r}|+1}.t_i^{[p-1]}.\underline{t}^{[\underline{p-1} - \underline{r}]} .$$

Si $r_i = p-1$ , on a d'autre part

$$\psi_{\underline{m}+\underline{1}_i}(\underline{t}^{[p\underline{q}]}) = \psi_{p(\underline{q}'+\underline{1}_i) + (\underline{r}-(\underline{p-1})_i)}(\underline{t}^{[p\underline{q}]})$$

$$= (-1)^{|\underline{m}|+1+|\underline{r}-(\underline{p-1})_i|}.\underline{t}^{[\underline{p-1} - (\underline{r}-(\underline{p-1})_i)]} .$$

Comme $(-1)^{p-1} = 1$ en caractéristique $p$ , et que $r_i = p-1$ , c'est bien l'expression précédente. Lorsque $r_i \neq p-1$ , on obtient

$$\psi_{\underline{\underline{m}}+\underline{\underline{1}}_i}(\underline{\underline{t}}^{[\underline{\underline{pq}}]}) = \psi_{\underline{\underline{pq}}'+(\underline{\underline{r}}+\underline{\underline{1}}_i)}(\underline{\underline{t}}^{[\underline{\underline{pq}}]}) = 0 \quad .$$

Mais dans ce cas l'expression obtenue pour $\nabla(\frac{d}{dt_i})(\psi_{\underline{\underline{m}}})(\underline{\underline{t}}^{[\underline{\underline{pq}}]})$ contient le facteur $t_i^{[p-1]}.t_i^{[p-1-r_i]}$, égal à un élément inversible près à $t_i^{2p-2+r_i}$, qui est nul dans $C^{(p)}$. On obtient donc encore dans ce cas

$$\nabla(\frac{d}{dt_i})(\psi_{\underline{\underline{m}}})(\underline{\underline{t}}^{[\underline{\underline{pq}}]}) = \psi_{\underline{\underline{m}}+\underline{\underline{1}}_i}(\underline{\underline{t}}^{[\underline{\underline{pq}}]}) \quad ,$$

ce qui achève de prouver (3.2.23).

De (3.2.19), (3.2.20) et (3.2.21) on déduit donc la formule

$$(3.2.25) \qquad \nabla(\varphi) = \sum_i \Big(\sum_{\underline{\underline{m}}} \varepsilon(a_{\underline{\underline{m}}}).\psi_{\underline{\underline{m}}+\underline{\underline{1}}_i}\Big)\otimes dt_i + \sum_j \Big(\sum_{\underline{\underline{m}}} \varepsilon(\frac{d}{dy_j}(a_{\underline{\underline{m}}})).\psi_{\underline{\underline{m}}}\Big) \otimes dy_j \quad ,$$

avec $\varphi = \sum_{\underline{\underline{m}}} a_{\underline{\underline{m}}}.\psi_{\underline{\underline{m}}}$ .

3.2.9. Nous allons maintenant montrer que le morphisme (3.2.12)

$$\mathrm{Hom}^{\cdot}(\Omega^{\cdot}_{C/A}, \underline{H}^{\cdot d}_Y(\Omega^{\cdot}_{B/A})) \longrightarrow \mathrm{Hom}^{\cdot}(\underline{D}_B(J)\otimes_B\Omega^{\cdot}_{B/A}\ ,\ \underline{H}^{\cdot d}_Y(\Omega^{\cdot}_{B/A}))$$

est un quasi-isomorphisme. Pour expliciter ce morphisme, rappelons que nous avons défini en 3.1.6 un quasi-isomorphisme

$$\Omega^{\cdot}_{C/A}[-d] \longrightarrow \mathrm{Hom}^{\cdot}(\Omega^{\cdot}_{C/A}, \underline{H}^{\cdot d}_Y(\Omega^{\cdot}_{B/A})) \quad ,$$

en associant à un élément $\omega$ de $\Omega^k_{C/A}$ l'homomorphisme de degré $k$ de $\Omega^{\cdot}_{B/A}$-modules gradués linéaire à droite qui envoie l'élément 1 de $\Omega^{\cdot}_{C/A}$ sur l'élément $\omega'\wedge dt_1\wedge\ldots\wedge dt_d/t_1\ldots t_d$ de $\underline{H}^{k,d}_Y(\Omega^{\cdot}_{B/A}) = \underline{H}^d_Y(\Omega^k_{B/A}) = \underline{H}^d_Y(B)\otimes_B\Omega^k_{B/A}$, $\omega'$ étant un élément de $\Omega^k_{B/A}$ relevant $\omega$ (*). D'autre part, si $\varphi$ est un morphisme $\Omega^{\cdot}_{C/A} \longrightarrow \underline{H}^d_Y(B)\otimes_B \Omega^{\cdot}_{B/A}$ de degré $k$, correspondant à $\omega\in\Omega^k_{C/A}$, le morphisme composé

$$\underline{D}_B(J)\otimes_B\Omega^{\cdot}_{B/A} \longrightarrow \Omega^{\cdot}_{C/A} \xrightarrow{\ \varphi\ } \underline{H}^d_Y(B)\otimes_B \Omega^{\cdot}_{B/A}$$

---

(*) Jusqu'en 3.2.11, nous notons $\Omega^{\cdot}_{C/A}[-d]$ le complexe obtenu en décalant $d$ fois le complexe $\Omega^{\cdot}_{C/A}$ vers la droite, sans changer le signe de la différentielle.

s'annule sur le noyau de $\underline{D}_B(J) \longrightarrow C$ , donc est nul sur les éléments de $\underline{D}_B(J)$ de la forme $\underline{t}^{[\underline{\underline{pq}}]}$ avec $\underline{q} \neq \underline{0}$ . Comme l'inclusion $C^{(p)} \longrightarrow H^d_Y(B)$ envoie $t_1^{p-1} \ldots t_d^{p-1}$ sur $1/t_1 \ldots t_d$ , et que

$$t_1^{p-1} \ldots t_d^{p-1} = ((p-1)!)^d . \underline{t}^{[\underline{\underline{p-1}}]} ,$$

$$= (-1)^d . \underline{t}^{[\underline{\underline{p-1}}]} ,$$

l'homomorphisme composé

$$\Omega^{\cdot}_{C/A}[-d] \longrightarrow \mathrm{Hom}^{\cdot}(\Omega^{\cdot}_{C/A}, \underline{H}^{\cdot d}_Y(\Omega^{\cdot}_{B/A})) \longrightarrow \mathrm{Hom}^{\cdot}(\underline{D}_B(J) \otimes_B \Omega^{\cdot}_{B/A}, \underline{H}^{\cdot d}_Y(\Omega^{\cdot}_{B/A}))$$

envoie $\omega$ sur l'homomorphisme

$$\psi = (-1)^d . \psi_{\underline{0}} \otimes \omega' \wedge dt_1 \wedge \ldots \wedge dt_d ,$$

et il est clair par ailleurs que c'est un homomorphisme injectif.

Notons $\Omega'^1_{B/A}$ le sous-module de $\Omega^1_{B/A}$ engendré par les $dy_j$ , $j = 1,\ldots,n-d$ , et $\Omega''^1_{B/A}$ celui qui est engendré par les $dt_i$ , $i = 1,\ldots,d$ ; soient $\Omega'^k_{B/A}$ et $\Omega''^k_{B/A}$ les puissances extérieures k-ièmes de $\Omega'^1_{B/A}$ et $\Omega''^1_{B/A}$ , de sorte que

$$\Omega^k_{B/A} \xrightarrow{\sim} \bigoplus_{i+j=k} \Omega'^i_{B/A} \otimes_B \Omega''^j_{B/A} .$$

On peut considérer le complexe

$$\mathrm{Hom}^{\cdot}(\underline{D}_B(J) \otimes_B \Omega^{\cdot}_{B/A}, \underline{H}^{\cdot d}_Y(\Omega^{\cdot}_{B/A})) \xrightarrow{\sim} \mathrm{Hom}_B(\underline{D}_B(J), \underline{H}^d_Y(B)) \otimes_B \Omega^{\cdot}_{B/A}$$

comme le complexe simple associé au bicomplexe dont le terme de bidegré $(i,j)$ est

$$\mathrm{Hom}_B(\underline{D}_B(J), \underline{H}^d_Y(B)) \otimes_B \Omega'^i_{B/A} \otimes_B \Omega''^j_{B/A} ,$$

les différentielles pour $i$ et $j$ variables étant données par

$$d'(\varphi \otimes \omega) = \sum_j \nabla\left(\frac{d}{dy_j}\right)(\varphi \otimes \omega) ,$$

$$d''(\varphi \otimes \omega) = \sum_i \nabla\left(\frac{d}{dt_i}\right)(\varphi \otimes \omega) .$$

Fixons $i$ , et considérons pour $j$ variable le complexe

(3.2.26) $$\mathrm{Hom}_B(\underline{D}_B(J),H^d_Y(B))\otimes_B \Omega'^{\,i}_{B/A}\otimes_B \Omega''^{\,\cdot}_{B/A} \quad ,$$

avec la différentielle d" . Je dis que ce complexe est acyclique en degrés $\neq d$ , et que sa cohomologie de degré d est isomorphe à $\Omega^i_{C/A}$ . En effet, tout élément de $\mathrm{Hom}_B(\underline{D}_B(J),H^d_Y(B))\otimes_B\Omega'^{\,i}_{B/A}\otimes_B \Omega''^{\,j}_{B/A}$ peut s'écrire de façon unique comme somme, pour toutes les suites $\alpha_1<\ldots<\alpha_i$ , $\beta_1<\ldots<\beta_j$ , d'éléments de la forme

$$\psi = (\sum_{\underline{\underline{m}}} \varepsilon(a_{\underline{\underline{m}}}).\psi_{\underline{\underline{m}}})\otimes dy_{\alpha_1}\wedge\ldots\wedge dy_{\alpha_i}\wedge dt_{\beta_1}\wedge\ldots\wedge dt_{\beta_j} \quad ,$$

les $a_{\underline{\underline{m}}}$ étant des éléments uniquement déterminés de C ; on a alors

$$d''(\psi) = (-1)^i.\sum_{k=1}^{d}(\sum_{\underline{\underline{m}}}\varepsilon(a_{\underline{\underline{m}}}).\psi_{\underline{\underline{m}}+\underline{\underline{1}}_k})\otimes dy_{\alpha_1}\wedge\ldots\wedge dy_{\alpha_i}\wedge dt_k\wedge dt_{\beta_1}\wedge\ldots\wedge dt_{\beta_j} \quad .$$

L'assertion résulte alors immédiatement du lemme :

Lemme 3.2.10. Soient C un anneau, M un C-module, H le C-module produit $(M)^{\underline{\underline{N}}^d}$ , avec $d\in\underline{N}$ , et E un C-module libre de base $e_1,\ldots,e_d$ . On considère le complexe $H\otimes_C\Lambda^{\cdot}(E)$ , dont le terme de degré k est $H\otimes_C\Lambda^k(E)$ , et la différentielle est donnée par

$$d(h\otimes e_{i_1}\wedge\ldots\wedge e_{i_k}) = \sum_i T_i(h)\otimes e_i\wedge e_{i_1}\wedge\ldots\wedge e_{i_k} \quad ,$$

où pour tout $h=(h_{\underline{\underline{m}}})\in H$ , $T_i(h)$ est l'élément de H tel que $(T_i(h))_{\underline{\underline{m}}} = h_{\underline{\underline{m}}-\underline{\underline{1}}_i}$ si $m_i\geqslant 1$ , et $(T_i(h))_{\underline{\underline{m}}}=0$ si $m_i=0$ . Alors le complexe $H\otimes_C\Lambda^{\cdot}(E)$ est acyclique en degrés $\neq d$ , et sa cohomologie en degré d est isomorphe à M .

On procède par récurrence sur d . Pour cela, on considère le complexe $H\otimes_C\Lambda^{\cdot}(E)$ comme le complexe simple associé à un bicomplexe de la façon suivante : soient E' le sous-module de E engendré par $e_1$ , et E" le sous-module engendré par les $e_i$ pour $i\geqslant 2$ ; alors $H\otimes_C\Lambda^{\cdot}(E)$ est le complexe simple associé au bicomplexe de terme général $H\otimes_C\Lambda^i(E')\otimes_C\Lambda^j(E'')$ , avec

$$d'(h\otimes e_{i_1}\wedge\ldots\wedge e_{i_k}) = T_1(h)\otimes e_1\wedge e_{i_1}\wedge\ldots\wedge e_{i_k} \quad ,$$

$$d''(h\otimes e_{i_1}\wedge\ldots\wedge e_{i_k}) = \sum_{i\geq 2} T_i(h)\otimes e_i\wedge e_{i_1}\wedge\ldots\wedge e_{i_k} \quad .$$

Or il résulte immédiatement des définitions que pour tout $j$ on a la suite exacte

$$0 \longrightarrow H\otimes_C \Lambda^j(E'') \longrightarrow H\otimes_C E'\otimes_C \Lambda^j(E'') \longrightarrow (M)^{\underline{\underline{N}}^{d-1}} \otimes_C \Lambda^j(E'') \longrightarrow 0 \quad .$$

Il en résulte que le complexe $H\otimes_C \Lambda^{\cdot}(E)$ est quasi-isomorphe au complexe $(M)^{\underline{\underline{N}}^{d-1}} \otimes_C \Lambda^{\cdot}(E'')[-1]$ , d'où le résultat d'après l'hypothèse de récurrence.

3.2.11. Puisque pour $i$ fixé le complexe (3.2.26) est acyclique en degrés $\neq d$ , on voit grâce à la suite spectrale correspondante pour le bicomplexe $\mathrm{Hom}_B(\underline{D}_B(J),H^d_Y(B))\otimes_B \Omega'^{\cdot}_{B/A}\otimes_B \Omega''^{\cdot}_{B/A}$ que le morphisme de complexes

$$\mathrm{Hom}_B(\underline{D}_B(J),H^d_Y(B))\otimes_B \Omega^{\cdot}_{B/A} \longrightarrow H^{\cdot d}_{II}[-d] \quad ,$$

où $H^{\cdot d}_{II}$ est le complexe égal en degré $i$ au module de cohomologie de degré $d$ du complexe (3.2.26), est un quasi-isomorphisme. On obtient donc ainsi un quasi-isomorphisme

$$\mathrm{Hom}_B(\underline{D}_B(J),H^d_Y(B))\otimes_B \Omega^{\cdot}_{B/A} \longrightarrow \Omega^{\cdot}_{C/A}[-d] \quad .$$

Mais par ailleurs, le morphisme composé

$$\Omega^{\cdot}_{C/A}[-d] \longrightarrow \mathrm{Hom}_B(\underline{D}_B(J),H^d_Y(B))\otimes_B \Omega^{\cdot}_{B/A} \longrightarrow \Omega^{\cdot}_{C/A}[-d]$$

est l'identité de $\Omega^{\cdot}_{C/A}[-d]$ , au signe près. En effet, on a vu en 3.2.9 que le premier homomorphisme est celui qui associe à $\omega\in\Omega^k_{C/A}$ l'élément $(-1)^d.\psi_{\underline{\underline{o}}}\otimes\omega'\wedge dt_1\wedge\ldots\wedge dt_d$ de $\mathrm{Hom}_B(\underline{D}_B(J),H^d_Y(B))\otimes_B \Omega'^k_{B/A}\otimes_B \Omega''^d_{B/A}$, $\omega'$ étant un élément quelconque de $\Omega'^k_{B/A}$ relevant $\omega$ . L'image de $(-1)^d.\psi_{\underline{\underline{o}}}\otimes\omega'\wedge dt_1\wedge\ldots\wedge dt_d$ dans le d-ième module de cohomologie de $\mathrm{Hom}_B(\underline{D}_B(J),H^d_Y(B))\otimes_B \Omega'^k_{B/A}\otimes_B \Omega''^{\cdot}_{B/A}$ est alors la classe modulo $J$ de $(-1)^d\omega'$ , i.e. $(-1)^d\omega$ . Par conséquent, le morphisme de complexes

$$\Omega^{\cdot}_{C/A}[-d] \longrightarrow \mathrm{Hom}_B(\underline{D}_B(J),H^d_Y(B))\otimes_B \Omega^{\cdot}_{B/A}$$

est un quasi-isomorphisme, i.e., d'après ce qu'on a rappelé en 3.2.9, le morphisme

$$\mathrm{Hom}^{\bullet}(\Omega^{\bullet}_{C/A}, \underline{H}^{\bullet d}_{Y}(\Omega^{\bullet}_{B/A})) \longrightarrow \mathrm{Hom}^{\bullet}(\underline{D}_{B}(J) \otimes_{B} \Omega^{\bullet}_{B/A}, \underline{H}^{\bullet d}_{Y}(\Omega^{\bullet}_{B/A}))$$

est un quasi-isomorphisme. Ceci achève la démonstration de 3.2.1.

Corollaire 3.2.12. *Soient* S *un schéma,* X *un* S-*schéma lisse,* Y *un sous-schéma fermé de* X , *lisse sur* S . *Alors l'homomorphisme de fonctorialité*

(3.2.27) $$\underline{\underline{\mathrm{Ext}}}^{i}_{\Omega^{\bullet}_{X/S}}(\Omega^{\bullet}_{Y/S}, \Omega^{\bullet}_{X/S}) \longrightarrow \underline{\underline{\mathrm{Ext}}}^{i}_{\Omega^{\bullet}_{X/S}}(\underline{D}_{Y}(X) \otimes_{\underline{O}_{X}} \Omega^{\bullet}_{X/S}, \Omega^{\bullet}_{X/S})$$

*est un isomorphisme pour tout* i .

En effet, les $\underline{\mathrm{Ext}}^{m,q}(\Omega^{\bullet}_{Y/S}, \Omega^{\bullet}_{X/S})$ et les $\underline{\mathrm{Ext}}^{m,q}(\underline{D}_{Y}(X) \otimes_{\underline{O}_{X}} \Omega^{\bullet}_{X/S}, \Omega^{\bullet}_{X/S})$ sont nuls si $m < 0$ . D'après II 5.4.6, il existe alors des suites spectrales de passage du local au global

$$E_{2}^{m,q} = H^{m}(X, \underline{\mathrm{Ext}}^{q}_{\Omega^{\bullet}_{X/S}}(\Omega^{\bullet}_{Y/S}, \Omega^{\bullet}_{X/S})) \Longrightarrow \underline{\underline{\mathrm{Ext}}}^{n}_{\Omega^{\bullet}_{X/S}}(\Omega^{\bullet}_{Y/S}, \Omega^{\bullet}_{X/S}) \quad ,$$

$$E_{2}^{m,q} = H^{m}(X, \underline{\mathrm{Ext}}^{q}_{\Omega^{\bullet}_{X/S}}(\underline{D}_{Y}(X) \otimes_{\underline{O}_{X}} \Omega^{\bullet}_{X/S}, \Omega^{\bullet}_{X/S})) \Longrightarrow \underline{\underline{\mathrm{Ext}}}^{n}_{\Omega^{\bullet}_{X/S}}(\underline{D}_{Y}(X) \otimes_{\underline{O}_{X}} \Omega^{\bullet}_{X/S}, \Omega^{\bullet}_{X/S}) \ ,$$

et ces suites spectrales sont birégulières. Le morphisme de complexes

$$\underline{D}_{Y}(X) \otimes_{\underline{O}_{X}} \Omega^{\bullet}_{X/S} \longrightarrow \Omega^{\bullet}_{Y/S}$$

définit un morphisme de la première suite spectrale dans la seconde, et d'après 3.2.1, ce morphisme est un isomorphisme sur les termes $E_{2}^{m,q}$ ; c'est donc un isomorphisme sur les aboutissements, d'où le corollaire.

## 3.3. Classe de cohomologie associée à un cycle non singulier en cohomologie cristalline.

Proposition 3.3.1. *Soient* $(S, \underline{I}, \gamma)$ *un* PD-*schéma,* X' *un* S-*schéma lisse,* Y' *un sous-schéma fermé de* X , *lisse sur* S , $\underline{I}_{o}$ *un sous*-PD-*idéal quasi-cohérent de* $\underline{I}$ , $S_{o}$ *le sous-schéma fermé de* S *défini par* $\underline{I}_{o}$ , X *et* Y *les réductions de* X' *et*

S' sur $S_o$ , i l'immersion de Y dans X . Pour tout q , il existe des isomorphismes canoniques

(3.3.1) $$\underline{\underline{Ext}}^q_{X,\underline{O}_{X/S}}(i_{cris*}(\underline{O}_{Y/S}),\underline{O}_{X/S}) \xrightarrow{\sim} \underline{\underline{Ext}}^q_{\Omega^{\cdot}_{X'/S}}(\Omega^{\cdot}_{Y'/S},\Omega^{\cdot}_{X'/S}) ,$$

(3.3.2) $$\mathrm{Ext}^q_{\underline{O}_{X/S}}(i_{cris*}(\underline{O}_{Y/S}),\underline{O}_{X/S}) \xrightarrow{\sim} \underline{\underline{\underline{Ext}}}^q_{\Omega^{\cdot}_{X'/S}}(\Omega^{\cdot}_{Y'/S},\Omega^{\cdot}_{X'/S}) ,$$

définissant un isomorphisme entre les suites spectrales

$$E_2^{p,q} = H^p(X,\underline{\underline{Ext}}^q_{X,\underline{O}_{X/S}}(i_{cris*}(\underline{O}_{Y/S}),\underline{O}_{X/S})) \Longrightarrow \mathrm{Ext}^n_{\underline{O}_{X/S}}(i_{cris*}(\underline{O}_{Y/S}),\underline{O}_{X/S}) ,$$

$$E_2^{p,q} = H^p(X,\underline{\underline{Ext}}^q_{\Omega^{\cdot}_{X'/S}}(\Omega^{\cdot}_{Y'/S},\Omega^{\cdot}_{X'/S})) \Longrightarrow \underline{\underline{\underline{Ext}}}^n_{\Omega^{\cdot}_{X'/S}}(\Omega^{\cdot}_{Y'/S},\Omega^{\cdot}_{X'/S}) .$$

D'après IV 1.3.4, $i_{cris*}(\underline{O}_{Y/S})$ est un cristal en $\underline{O}_{X/S}$-modules ; appliquant IV 1.6.5 et IV 1.3.5, on voit que ce cristal est défini par la $\underline{O}_{X'}$-algèbre

$$i_{cris*}(\underline{O}_{Y/S})_{(X,X')} = \underline{D}_{Y,\gamma}(X') ,$$

munie de sa connexion naturelle. Par ailleurs, il existe un homomorphisme canonique $\underline{D}_{Y'}(X') \longrightarrow \underline{D}_{Y,\gamma}(X')$ , où la première enveloppe à puissances divisées est prise sans condition de compatibilité avec $\gamma$ . Cet homomorphisme est un isomorphisme : il suffit pour le voir de vérifier que les puissances divisées canoniques de $\underline{D}_{Y'}(X')$ sont compatibles avec $\gamma$ , la propriété universelle des enveloppes à puissances divisées donnant alors un homomorphisme en sens inverse, inverse du précédent des deux côtés. Or cette propriété de compatibilité résulte de I 4.4.5 iii). Donc $i_{cris*}(\underline{O}_{Y/S})$ est canoniquement isomorphe au cristal en $\underline{O}_{X/S}$-modules défini par $\underline{D}_{Y'}(X')$ . D'après 2.4.3, il existe alors des isomorphismes canoniques

$$\underline{\underline{Ext}}^q_{X,\underline{O}_{X/S}}(i_{cris*}(\underline{O}_{Y/S}),\underline{O}_{X/S}) \xrightarrow{\sim} \underline{\underline{Ext}}^q_{\Omega^{\cdot}_{X'/S}}(\underline{D}_{Y'}(X')\otimes_{\underline{O}_{X'}}\Omega^{\cdot}_{X'/S},\Omega^{\cdot}_{X'/S}) ,$$

$$\mathrm{Ext}^q_{\underline{O}_{X/S}}(i_{cris*}(\underline{O}_{Y/S}),\underline{O}_{X/S}) \xrightarrow{\sim} \underline{\underline{\underline{Ext}}}^q_{\Omega^{\cdot}_{X'/S}}(\underline{D}_{Y'}(X')\otimes_{\underline{O}_{X'}}\Omega^{\cdot}_{X'/S},\Omega^{\cdot}_{X'/S}) .$$

Par composition avec l'isomorphisme (3.2.1) (resp. (3.2.27)), on obtient les isomorphismes annoncés.

L'assertion sur les suites spectrales résulte alors de 2.4.5 iii) et de la démonstration de 3.2.12.

Corollaire 3.3.2. Sous les hypothèses de 3.3.1, les $\underline{\mathrm{Ext}}^q_{\Omega^\cdot_{X'/S}}(\Omega^\cdot_{Y'/S},\Omega^\cdot_{X'/S})$ et les $\underline{\underline{\mathrm{Ext}}}^q_{\Omega^\cdot_{X'/S}}(\Omega^\cdot_{Y'/S},\Omega^\cdot_{X'/S})$ ne dépendent, à isomorphisme canonique près, que de la réduction de X' et Y' modulo $\underline{I}$. En particulier, les S-automorphismes du couple (Y',X') induisant l'identité sur X opèrent trivialement sur les $\underline{\mathrm{Ext}}^q_{\Omega^\cdot_{X'/S}}(\Omega^\cdot_{Y'/S},\Omega^\cdot_{X'/S})$ et sur les $\underline{\underline{\mathrm{Ext}}}^q_{\Omega^\cdot_{X'/S}}(\Omega^\cdot_{Y'/S},\Omega^\cdot_{X'/S})$.

La première assertion résulte immédiatement de 3.3.1. Pour vérifier la seconde, on peut vérifier que les isomorphismes (2.4.7) et (2.4.8) sont compatibles aux S-automorphismes de X', les S-automorphismes de X' induisant l'identité sur X opérant trivialement sur les $\underline{\mathrm{Ext}}^i_{X,\underline{O}_{X/S}}(E,F)$ et les $\mathrm{Ext}^i_{\underline{O}_{X/S}}(E,F)$ (avec les notations de loc. cit.). On peut aussi déduire le corollaire des isomorphismes (3.1.11) et (3.1.12)

$$\underline{\mathrm{Ext}}^i_{\Omega^\cdot_{X'/S}}(\Omega^\cdot_{Y'/S},\Omega^\cdot_{X'/S}) \xrightarrow{\sim} \underline{H}^{i-2d}(\Omega^\cdot_{Y'/S}) \quad ,$$

$$\underline{\underline{\mathrm{Ext}}}^i_{\Omega^\cdot_{X'/S}}(\Omega^\cdot_{Y'/S},\Omega^\cdot_{X'/S}) \xrightarrow{\sim} \underline{\underline{H}}^{i-2d}(\Omega^\cdot_{Y'/S}) \quad ,$$

et de V 2.3.5 et V 2.3.6.

Corollaire 3.3.3. Soient $(S,\underline{I},\gamma)$ un PD-schéma, $\underline{I}_0$ un sous-PD-idéal quasi-cohérent de $\underline{I}$, $S_0$ le sous-schéma fermé de S défini par $\underline{I}_0$, X un $S_0$-schéma lisse, Y un sous-schéma fermé de X, lisse sur $S_0$ et de codimension d dans X, i l'immersion de Y dans X. Alors

$$(3.3.3) \qquad \forall\, q < 2d \quad , \quad \underline{\mathrm{Ext}}^q_{X,\underline{O}_{X/S}}(i_{\mathrm{cris}*}(\underline{O}_{Y/S}),\underline{O}_{X/S}) = 0 \quad ,$$

$$(3.3.4) \qquad \forall\, q < 2d \quad , \quad \mathrm{Ext}^q_{\underline{O}_{X/S}}(i_{\mathrm{cris}*}(\underline{O}_{Y/S}),\underline{O}_{X/S}) = 0 \quad ,$$

$$(3.3.5) \qquad \mathrm{Ext}^{2d}_{\underline{O}_{X/S}}(i_{\mathrm{cris}*}(\underline{O}_{Y/S}),\underline{O}_{X/S}) \xrightarrow{\sim} \Gamma(X,\underline{\mathrm{Ext}}^{2d}_{X,\underline{O}_{X/S}}(i_{\mathrm{cris}*}(\underline{O}_{Y/S}),\underline{O}_{X/S})) \;.$$

L'assertion (3.3.3) est locale sur X, si bien qu'on peut supposer grâce à 1.2.7 qu'il existe un S-schéma lisse X' et un sous-schéma Y' de X', lisse sur

$S$ , de réductions $X$ et $Y$ sur $S_o$ . D'après 3.3.1, on a alors

$$\underline{\mathrm{Ext}}^q_{X,\underline{O}_{X/S}}(i_{cris*}(\underline{O}_{Y/S}),\underline{O}_{X/S}) \xrightarrow{\sim} \underline{\mathrm{Ext}}^q_{\Omega^{\cdot}_{X'/S}}(\Omega^{\cdot}_{Y'/S},\Omega^{\cdot}_{X'/S}) \quad ,$$

et (3.3.3) résulte alors de (3.1.13).

Considérons maintenant la suite spectrale de passage du semi-local au global (2.1.9)

$$E_2^{p,q} = H^p(X,\underline{\mathrm{Ext}}^q_{X,\underline{O}_{X/S}}(i_{cris*}(\underline{O}_{Y/S}),\underline{O}_{X/S})) \Longrightarrow \mathrm{Ext}^n_{\underline{O}_{X/S}}(i_{cris*}(\underline{O}_{Y/S}),\underline{O}_{X/S}),$$

qui est birégulière. D'après (3.3.3), les termes $E_2^{p,q}$ sont nuls pour $q < 2d$ ou $p < 0$ ; par conséquent, l'aboutissement est nul en degré $< 2d$, ce qui donne (3.3.4). De plus, on obtient l'edge-isomorphisme $E^{2d} \xrightarrow{\sim} E_2^{0,2d}$, qui donne l'isomorphisme (3.3.5).

Lemme 3.3.4 (*). Soient $S \longrightarrow S'$ une immersion fermée définie par un nilidéal $\underline{I}$ de $S'$ , $i : Y \longrightarrow X$ une S-immersion fermée entre deux S-schémas lisses, $i' : Y' \longrightarrow X'$ et $i'' : Y'' \longrightarrow X''$ deux S'-immersions fermées entre des S'-schémas lisses, de réduction $i$ modulo $\underline{I}$ . Pour tout $x \in X$ , il existe un voisinage ouvert $U$ de $x$ dans $X$ , et un S'-isomorphisme $X'|U \xrightarrow{\sim} X''|U$ induisant l'identité sur $U$ , et induisant un isomorphisme $Y'|U \xrightarrow{\sim} Y''|U$ .

En particulier, deux relèvements de $X$ lisses sur $S'$ sont donc localement isomorphes, ce qui étend au cas où $\underline{I}$ est un nilidéal l'assertion bien connue lorsque $\underline{I}$ est nilpotent.

Soit $U$ un voisinage affine de $x$ dans $X$ , tel qu'il existe une suite régulière $t_1,\dots,t_d$ de sections de $\underline{O}_X$ sur $U$ engendrant l'idéal $\underline{J}$ de $Y$ dans $X$ , et une suite $y_1,\dots,y_{n-d}$ de sections de $\underline{O}_X$ sur $U$ telle que les $dt_i$ et les $dy_j$ forment une base de $\Omega^1_{X/S}$ sur $U$ . Soient $U' = X'|U$ , $U'' = X''|U$ , $\underline{J}'$ l'idéal de $Y'$ dans $X'$ , $\underline{J}''$ l'idéal de $Y''$ dans $X''$ . Il existe des sections

(*) On ne suppose pas, dans cet énoncé, que $p$ soit localement nilpotent sur les schémas considérés.

$t_i'$ de $\underline{J}'$ au-dessus de $U'$, et des sections $t_i''$ de $\underline{J}''$ au-dessus de $U''$, relevant les $t_i$ ; d'après le lemme de Nakayama, les $dt_i'$ engendrent le $\underline{O}_{X'}$-module $\underline{J}'/\underline{J}'^2$ au-dessus de $U'$, et les $dt_i''$ le $\underline{O}_{X''}$-module $\underline{J}''/\underline{J}''^2$ au-dessus de $U''$, puisque $\underline{I}$ est un nilidéal ; comme ces modules sont libres de rang $d$ sur $\underline{O}_{Y'}$ et $\underline{O}_{Y''}$ respectivement, les $dt_i'$ (resp. $dt_i''$) en forment une base. De même, il existe des sections $y_j'$ de $\underline{O}_{X'}$ au-dessus de $U'$, et des sections $y_j''$ de $\underline{O}_{X''}$ au-dessus de $U''$, relevant les $y_j$, et les $dt_i'$ et les $dy_j'$ (resp. $dt_i''$ et $dy_j''$) forment une base de $\Omega^1_{X'/S'}$ (resp. $\Omega^1_{X''/S}$) sur $U'$ (resp. $U''$). Les $S'$-morphismes $u' : X' \longrightarrow S'[T_1,\dots,T_d,Y_1,\dots,Y_{n-d}]$ et $u'' : X'' \longrightarrow S'[T_1,\dots,T_d,Y_1,\dots,Y_{n-d}]$ obtenus en envoyant $T_i$ sur $t_i'$ (resp. $t_i''$) et $Y_j$ sur $y_j'$ (resp. $y_j''$) sont alors étales, d'après EGA IV 17.12.2, et ont tous deux pour réduction modulo $\underline{I}$ le $S$-morphisme $X \longrightarrow S[T_1,\dots,T_d,Y_1,\dots,Y_{n-d}]$ obtenu en envoyant $T_i$ sur $t_i$ et $Y_j$ sur $y_j$. Or, $\underline{I}$ étant un nilidéal, le foncteur de la catégorie des schémas étales sur $S'[T_1,\dots,T_d,Y_1,\dots,Y_{n-d}]$ dans celle des schémas étales sur $S[T_1,\dots,T_d,Y_1,\dots,Y_{n-d}]$ défini par la réduction modulo $\underline{I}$ est une équivalence de catégories (EGA IV 18.1.2). Par suite, il existe un unique $S[T_1,\dots,T_d,Y_1,\dots,Y_{n-d}]$-isomorphisme de $U'$ sur $U''$ induisant l'identité sur $U$ ; il envoie l'image $t_i'$ de $T_i$ dans $\underline{O}_{U'}$ sur l'image $t_i''$ de $T_i$ dans $\underline{O}_{U''}$, donc $\underline{J}'$ dans $\underline{J}''$, et réciproquement ; il induit donc un isomorphisme $Y'|U \xrightarrow{\sim} Y''|U$, d'où le lemme.

Théorème 3.3.5. *Soient* $(S,\underline{I},\gamma)$ *un PD-schéma,* $\underline{I}_o$ *un sous-PD-idéal quasi-cohérent de* $\underline{I}$, $S_o$ *le sous-schéma fermé de* $S$ *défini par* $\underline{I}_o$, $X$ *un* $S_o$-*schéma lisse,* $Y$ *un sous-schéma fermé de* $X$, *lisse sur* $S_o$, *et de codimension* $d$ *dans* $X$, $i$ *l'immersion de* $Y$ *dans* $X$. *Alors il existe une unique classe de cohomologie*

$$s_{Y/X} \in \operatorname{Ext}^{2d}_{\underline{O}_{X/S}}(i_{cris*}(\underline{O}_{Y/S}),\underline{O}_{X/S}) \tag{3.3.6}$$

*possédant la propriété suivante : si* $U$ *est un ouvert de* $X$ *tel que la restriction de* $i$ *à* $U$ *se relève en une immersion* $i' : V' \longrightarrow U'$, *où* $U'$ *et* $V'$ *sont lisses sur* $S$, *la restriction de* $s_{Y/X}$ *dans* $\operatorname{Ext}^{2d}_{\underline{O}_{U/S}}(i_{cris*}(\underline{O}_{Y}|U/S),\underline{O}_{U/S})$ *s'identifie par l'isomorphisme* (3.3.2) *à la classe de cohomologie de* $V'$ *dans* $U'$ *en cohomologie de De Rham* (3.1.4).

D'après (3.3.5), il existe un isomorphisme canonique

$$\mathrm{Ext}^{2d}_{\underline{O}_{X/S}}(i_{\mathrm{cris}*}(\underline{O}_{Y/S}),\underline{O}_{X/S}) \xrightarrow{\sim} \Gamma(X,\underline{\mathrm{Ext}}^{2d}_{X,\underline{O}_{X/S}}(i_{\mathrm{cris}*}(\underline{O}_{Y/S}),\underline{O}_{X/S})) \quad .$$

Pour définir une classe de cohomologie dans $\mathrm{Ext}^{2d}_{\underline{O}_{X/S}}(i_{\mathrm{cris}*}(\underline{O}_{Y/S}),\underline{O}_{X/S})$, il suffit donc de définir localement sur $X$ une section de $\underline{\mathrm{Ext}}^{2d}_{X,\underline{O}_{X/S}}(i_{\mathrm{cris}*}(\underline{O}_{Y/S}),\underline{O}_{X/S})$ et de vérifier que les sections locales se recollent. Comme tout point de $X$ possède un voisinage $U$ sur lequel $i$ se relève en une immersion entre deux S-schémas lisses $i' : V' \longrightarrow U'$ d'après 1.2.7, la classe $s_{Y/X}$ est déterminée localement par la commutativité du diagramme

$$\begin{array}{ccc}
\mathrm{Ext}^{2d}_{\underline{O}_{U/S}}(i_{\mathrm{cris}*}(\underline{O}_{Y|U/S}),\underline{O}_{U/S}) & \xrightarrow{\sim} & \Gamma(U,\underline{\mathrm{Ext}}^{2d}_{U,\underline{O}_{U/S}}(i_{\mathrm{cris}*}(\underline{O}_{Y|U/S}),\underline{O}_{U/S})) \\
\downarrow{\wr} & & \downarrow{\wr} \\
\underline{\underline{\mathrm{Ext}}}^{2d}_{\Omega^{\cdot}_{U'/S}}(\Omega^{\cdot}_{V'/S},\Omega^{\cdot}_{U'/S}) & \xrightarrow{\sim} & \Gamma(U',\underline{\mathrm{Ext}}^{2d}_{\Omega^{\cdot}_{U'/S}}(\Omega^{\cdot}_{V'/S},\Omega^{\cdot}_{U'/S}))
\end{array} \quad ,$$

qui résulte de 3.3.1. La classe $s_{Y/X}$ est donc unique. Pour prouver son existence, il suffit de prouver que l'image dans $\Gamma(U,\underline{\mathrm{Ext}}^{2d}_{U,\underline{O}_{U/S}}(i_{\mathrm{cris}*}(\underline{O}_{Y|U/S}),\underline{O}_{U/S}))$ de la classe de cohomologie locale $s_{V'/U'} \in \Gamma(U',\underline{\mathrm{Ext}}^{2d}_{\Omega^{\cdot}_{U'/S}}(\Omega^{\cdot}_{V'/S},\Omega^{\cdot}_{U'/S}))$ ne dépend pas du choix du relèvement $i' : V' \longrightarrow U'$ de la restriction de $i$ à $U$. Or c'est une propriété locale sur $U$, et si $i'' : V'' \longrightarrow U''$ est un second relèvement de $i$, $V''$ et $U''$ étant lisses sur $S$, il existe localement un S-isomorphisme $\sigma : U' \xrightarrow{\sim} U''$, induisant l'identité sur $U$, et un isomorphisme entre $V'$ et $V''$. Comme le diagramme défini par $\sigma$ et les isomorphismes (3.1.11)

$$\begin{array}{ccc}
\underline{H}^{0}(\Omega^{\cdot}_{V'/S}) & \xrightarrow{\sim} & \underline{\mathrm{Ext}}^{2d}_{\Omega^{\cdot}_{U'/S}}(\Omega^{\cdot}_{V'/S},\Omega^{\cdot}_{U'/S}) \\
{\wr}\downarrow & & \downarrow{\wr} \\
\underline{H}^{0}(\Omega^{\cdot}_{V''/S}) & \xrightarrow{\sim} & \underline{\mathrm{Ext}}^{2d}_{\Omega^{\cdot}_{U''/S}}(\Omega^{\cdot}_{V''/S},\Omega^{\cdot}_{U''/S})
\end{array}$$

est commutatif, et que d'après 3.1.7 l'isomorphisme (3.1.11) identifie la section unité de $\underline{H}^{0}(\Omega^{\cdot}_{V'/S})$ à la classe de cohomologie locale de $V'$ dans $U'$ (resp.

V" et U"), l'isomorphisme $\underline{\mathrm{Ext}}^{2d}_{\Omega^{\cdot}_{U'/S}}(\Omega^{\cdot}_{V'/S},\Omega^{\cdot}_{U'/S}) \xrightarrow{\sim} \underline{\mathrm{Ext}}^{2d}_{\Omega^{\cdot}_{U''/S}}(\Omega^{\cdot}_{V''/S},\Omega^{\cdot}_{U''/S})$ défini par $\sigma$ envoie la classe locale de V' dans U' sur la classe locale de V" dans U" . D'autre part, puisque $\sigma$ induit l'identité sur U , le triangle

$$\begin{array}{ccc} & \nearrow^{\sim} & \underline{\mathrm{Ext}}^{2d}_{\Omega^{\cdot}_{U'/S}}(\Omega^{\cdot}_{V'/S},\Omega^{\cdot}_{U'/S}) \\ \underline{\mathrm{Ext}}^{2d}_{U,\underline{O}_{U/S}}(i_{\mathrm{cris}*}(\underline{O}_{Y|U/S}),\underline{O}_{U/S}) & & \downarrow\wr \\ & \searrow_{\sim} & \underline{\mathrm{Ext}}^{2d}_{\Omega^{\cdot}_{U''/S}}(\Omega^{\cdot}_{V''/S},\Omega^{\cdot}_{U''/S}) \end{array}$$

est commutatif. Les classes locales de V' dans U' et de V" dans U" donnent donc la même section de $\underline{\mathrm{Ext}}^{2d}_{U,\underline{O}_{U/S}}(i_{\mathrm{cris}*}(\underline{O}_{Y|U/S}),\underline{O}_{U/S})$, d'où le théorème.

3.3.6. Sous les hypothèses de 3.3.5, nous appellerons la classe de cohomologie $s_{Y/X}$ <u>classe de cohomologie de</u> Y <u>dans</u> X (en cohomologie cristalline) ; nous emploierons la même notation, et la même terminologie, pour désigner l'image de $s_{Y/X}$ dans $H^{2d}(X/S,\underline{O}_{X/S})$ par l'homomorphisme canonique

$$\mathrm{Ext}^{2d}_{\underline{O}_{X/S}}(i_{\mathrm{cris}*}(\underline{O}_{Y/S}),\underline{O}_{X/S}) \longrightarrow \mathrm{Ext}^{2d}_{\underline{O}_{X/S}}(\underline{O}_{X/S},\underline{O}_{X/S}) \xrightarrow{\sim} H^{2d}(X/S,\underline{O}_{X/S}) \quad ,$$

le contexte évitant en principe toute ambiguïté. Enfin, nous appellerons <u>classe de cohomologie locale de</u> Y <u>dans</u> X (en cohomologie cristalline) la section, encore notée

(3.3.7) $$s_{Y/X} \in \Gamma(X,\underline{\mathrm{Ext}}^{2d}_{X,\underline{O}_{X/S}}(i_{\mathrm{cris}*}(\underline{O}_{Y/S}),\underline{O}_{X/S})) \quad ,$$

correspondant à $s_{Y/X}$ .

Si E est un faisceau sur Cris(X/S), nous noterons encore E sa restriction $Q^*(E)$ au site cristallin restreint, afin de simplifier les notations. Rappelons que si E est un module sur un anneau A de $(X/S)_{\mathrm{cris}}$ , il existe des isomorphismes canoniques (V 1.3.3)

$$\underline{\underline{R}}u_{X/S*}(E) \xrightarrow{\sim} \underline{\underline{R}}\bar{u}_{X/S*}(Q^*(E)) \quad , \quad \underline{\underline{R}}\Gamma((X/S)_{\mathrm{cris}},E) \xrightarrow{\sim} \underline{\underline{R}}\Gamma((X/S)_{\mathrm{Rcris}},Q^*(E)),$$

de sorte qu'en particulier la notation $\underline{\underline{R}}\Gamma(X/S,E)$ ne prêtera pas à confusion. D'autre part, les $\mathrm{Ext}^i$ sont par hypothèse calculés sur le topos cristallin restreint, de sorte que

$$\mathrm{Ext}^{2d}_{\underline{O}_{X/S}}(i_{\mathrm{cris}*}(\underline{O}_{Y/S}),\underline{O}_{X/S}) = \mathrm{Hom}_{D((X/S)_{\mathrm{Rcris}},\underline{O}_{X/S})}(i_{\mathrm{cris}*}(\underline{O}_{Y/S}),\underline{O}_{X/S}[2d]).$$

La classe de cohomologie $s_{Y/X}$ correspond donc à un morphisme

(3.3.8) $$G_{Y/X} : i_{\mathrm{cris}*}(\underline{O}_{Y/S}) \longrightarrow \underline{O}_{X/S}[2d]$$

dans la catégorie dérivée de la catégorie des $\underline{O}_{X/S}$-modules sur le site cristallin <u>restreint</u>. Ce morphisme sera appelé <u>morphisme de Gysin</u> relatif à l'immersion $i : Y \longrightarrow X$ . Si on lui applique le foncteur $\underline{\underline{R}}\Gamma(X/S, .)$ , on obtient le morphisme

$$\underline{\underline{R}}\Gamma(X/S,i_{\mathrm{cris}*}(\underline{O}_{Y/S})) \longrightarrow \underline{\underline{R}}\Gamma(X/S,\underline{O}_{X/S})[2d] \quad ;$$

comme $i_{\mathrm{cris}*}$ est exact d'après IV 1.3.2,

(3.3.9) $$\underline{\underline{R}}\Gamma(X/S,i_{\mathrm{cris}*}(\underline{O}_{Y/S})) \xrightarrow{\sim} \underline{\underline{R}}\Gamma(Y/S,\underline{O}_{Y/S}) \quad ,$$

de sorte que le morphisme de Gysin définit sur la cohomologie un morphisme noté

(3.3.10) $$i_* : \underline{\underline{R}}\Gamma(Y/S,\underline{O}_{Y/S}) \longrightarrow \underline{\underline{R}}\Gamma(X/S,\underline{O}_{X/S})[2d] \quad ,$$

et qu'on appellera également <u>morphisme de Gysin</u>, ou <u>morphisme</u> "<u>image directe</u>" relatif à l'immersion $i$ . On remarquera que pour tout entier $k$ l'homomorphisme

$$i_* : H^k(Y/S,\underline{O}_{Y/S}) \longrightarrow H^{k+2d}(X/S,\underline{O}_{X/S})$$

peut etre défini comme suit, compte tenu de l'isomorphisme (3.3.9) : la composition des morphismes dans la catégorie dérivée donne un accouplement

$$H^k(Y/S,\underline{O}_{Y/S}) \times \mathrm{Ext}^{2d}_{\underline{O}_{X/S}}(i_{\mathrm{cris}*}(\underline{O}_{Y/S}),\underline{O}_{X/S}) \longrightarrow H^{k+2d}(X/S,\underline{O}_{X/S}) \quad ,$$

si $i_*$ est l'homomorphisme défini par l'accouplement avec $s_{Y/X}$ . En particulier, on obtient la relation

(3.3.11) $$i_*(1) = s_{Y/X} \quad .$$

3.3.7. Supposons que $X$ et $Y$ proviennent par réduction modulo $\underline{I}_o$ d'un S-schéma lisse X' , et d'un sous-schéma fermé Y' de X' , lisse sur S . On peut définir le morphisme de Gysin (3.3.8) de la facon suivante.

D'après 2.3.7, le foncteur linéarisation L relatif à $X \longrightarrow X'$ définit un foncteur exact de la catégorie C(X') des complexes différentiels d'ordre $\leqslant 1$ sur X' relativement à S dans la catégorie $\underline{\underline{QD}}_{X'}$ des complexes différentiels d'ordre $\leqslant 1$ sur RCris(X/S), relativement à $L(\underline{D}(X'/S))$. On en déduit donc sur les catégories dérivées un foncteur

$$L : D^+(C(X')) \longrightarrow D^+(\underline{\underline{QD}}_{X'}) \quad .$$

On dispose d'autre part du foncteur "complexe simple associé" de la catégorie des complexes bornés inférieurement d'objets de $\underline{\underline{QD}}_{X'}$ dans la catégorie des complexes $\underline{O}_{X/S}$-linéaires. Soient $K^{\cdot\cdot}$ et $K'^{\cdot\cdot}$ deux complexes bornés inférieurement d'objets de $\underline{\underline{QD}}_{X'}$ , et $K^{\cdot\cdot} \longrightarrow K'^{\cdot\cdot}$ un quasi-isomorphisme de complexes d'objets de $\underline{\underline{QD}}_{X'}$ ; si $K^{\cdot}$ et $K'^{\cdot}$ sont les complexes simples associés à $K^{\cdot\cdot}$ et $K'^{\cdot\cdot}$ , le morphisme $K^{\cdot} \longrightarrow K'^{\cdot}$ est un quasi-isomorphisme : cela résulte de la régularité de l'une des suites spectrales de $K^{\cdot\cdot}$ et $K'^{\cdot\cdot}$ considérés comme bicomplexes. Le foncteur "complexe simple associé" définit donc un foncteur entre les catégories dérivées

$$D^+(\underline{\underline{QD}}_{X'}) \longrightarrow D(\underline{O}_{X/S}) \quad .$$

On obtient donc un foncteur

$$D^+(C(X')) \longrightarrow D(\underline{O}_{X/S}) \quad .$$

Si on applique ce foncteur au morphisme (3.1.6)

$$\Omega^{\cdot}_{Y'/S} \longrightarrow \Omega^{\cdot}_{X'/S}[d,d] \quad ,$$

on obtient un morphisme de $D(\underline{O}_{X/S})$

$$L(\Omega^{\cdot}_{Y'/S}) \longrightarrow L(\Omega^{\cdot}_{X'/S})[2d] \quad .$$

D'après le lemme de Poincaré, $L(\Omega^{\cdot}_{X'/S})$ est isomorphe dans $D(\underline{O}_{X/S})$ à $\underline{O}_{X/S}$ . D'autre part, il existe un isomorphisme de complexes sur Cris(X/S)

(3.3.12) $$L(\Omega^{\cdot}_{Y'/S}) \xrightarrow{\sim} i_{cris*}(L_{Y'}(\Omega^{\cdot}_{Y'/S})) \quad ,$$

où $L_{Y'}$ désigne le foncteur linéarisation sur Cris(Y/S) relatif à l'immersion $Y \longrightarrow Y'$ : cela résulte en effet de IV 3.1.7, compte tenu de IV 1.4.2. Comme $L_{Y'}(\Omega^{\cdot}_{Y'/S})$ est une résolution de $\underline{O}_{Y/S}$, et que $i_{cris*}$ est un foncteur exact, $L(\Omega^{\cdot}_{Y'/S})$ est isomorphe dans $D(\underline{O}_{X/S})$ à $i_{cris*}(\underline{O}_{Y/S})$, de sorte que le morphisme $L(\Omega^{\cdot}_{Y'/S}) \longrightarrow L(\Omega^{\cdot}_{X'/S})[2d]$ s'interprète comme un morphisme

$$(3.3.13) \qquad i_{cris*}(\underline{O}_{Y/S}) \longrightarrow \underline{O}_{X/S}[2d] \quad .$$

Je dis que ce morphisme n'est autre que le morphisme de Gysin $G_{Y/X}$. En vertu de l'isomorphisme (3.3.5)

$$\mathrm{Ext}^{2d}_{\underline{O}_{X/S}}(i_{cris*}(\underline{O}_{Y/S}),\underline{O}_{X/S}) \xrightarrow{\sim} \Gamma(X,\underline{\mathrm{Ext}}^{2d}_{X,\underline{O}_{X/S}}(i_{cris*}(\underline{O}_{Y/S}),\underline{O}_{X/S})) \quad ,$$

il suffit de vérifier que ce morphisme coïncide avec le morphisme $G_{Y/X}$ localement sur $X$. On peut donc supposer $Y'$ défini par une suite régulière $t_1,\dots,t_d$ de sections de $\underline{O}_{X'}$. Considérons alors le complexe d'objets de $C(X')$ (3.1.15)

$$R^{\cdot\cdot} = \underline{C}^{\cdot}_{t_1,\dots,t_d}(\Omega^{\cdot}_{X'/S}) \longrightarrow \underline{H}^{\cdot d}_{Y'}(\Omega^{\cdot}_{X'/S}) \longrightarrow 0 \quad ,$$

qui est une résolution de $\Omega^{\cdot}_{X'/S}$ dans $C(X')$. Par construction, le morphisme de Gysin pour les complexes de De Rham

$$\Omega^{\cdot}_{Y'/S} \longrightarrow \Omega^{\cdot}_{X'/S}[d,d]$$

est défini par un morphisme de complexes de $C(X')$

$$\Omega^{\cdot}_{Y'/S} \longrightarrow R^{\cdot d}[d] = \underline{H}^{\cdot d}_{Y'}(\Omega^{\cdot}_{X'/S})]d] \quad .$$

Le complexe simple associé au bicomplexe linéarisé $L(R^{\cdot\cdot})$ est une résolution de $\underline{O}_{X/S}$, car $L(R^{\cdot\cdot})$ est une résolution de $L(\Omega^{\cdot}_{X'/S})$ grâce à l'exactitude de $L$, et $L(\Omega^{\cdot}_{X'/S})$ une résolution de $\underline{O}_{X/S}$. On obtient donc par linéairisation un morphisme

$$i_{cris*}(\underline{O}_{Y/S}) \longrightarrow \underline{O}_{X/S}[2d] \quad ,$$

qui par construction est le morphisme (3.3.13). Mais la classe de ce morphisme dans $\mathrm{Ext}^{2d}_{\underline{O}_{X/S}}(i_{cris*}(\underline{O}_{Y/S}),\underline{O}_{X/S})$ provient de celle du morphisme de Gysin pour les complexes de De Rham par composition des isomorphismes

$$\underline{\underline{\mathrm{Ext}}}^{2d}_{\Omega^{\cdot}_{X'/S}}(\Omega^{\cdot}_{Y'/S},\Omega^{\cdot}_{X'/S}) \xrightarrow{\sim} \underline{\underline{\mathrm{Ext}}}^{2d}_{L(\Omega^{\cdot}_{X'/S})}(L(\Omega^{\cdot}_{Y'/S}),L(\Omega^{\cdot}_{X'/S})) \quad ,$$

$$\underline{\underline{\mathrm{Ext}}}^{2d}_{L(\Omega^{\cdot}_{X'/S})}(L(\Omega^{\cdot}_{Y'/S}),L(\Omega^{\cdot}_{X'/S})) \xrightarrow{\sim} \underline{\underline{\mathrm{Ext}}}^{2d}_{L(\Omega^{\cdot}_{X'/S})}(L(\underline{D}_{Y'}(X')\otimes_{\underline{O}_{X'}}\Omega^{\cdot}_{X'/S}),L(\Omega^{\cdot}_{X'/S})) \; ,$$

$$\underline{\underline{\mathrm{Ext}}}^{2d}_{L(\Omega^{\cdot}_{X'/S})}(L(\underline{D}_{Y'}(X')\otimes_{\underline{O}_{X'}}\Omega^{\cdot}_{X'/S}),L(\Omega^{\cdot}_{X'/S})) \xrightarrow{\sim} \mathrm{Ext}^{2d}_{\underline{O}_{X/S}}(i_{\mathrm{cris}*}(\underline{O}_{Y/S}),\underline{O}_{X/S}) \; ,$$

comme on le vérifie facilement en se reportant à la définition des isomorphismes de 2.4, et en tenant compte du fait que $i_{\mathrm{cris}*}(\underline{O}_{Y/S})$ est le cristal défini par $\underline{D}_{Y'}(X')$ (d'après 3.3.1). Comme par construction $G_{Y/X}$ est le morphisme dont la classe dans $\mathrm{Ext}^{2d}_{\underline{O}_{X/S}}(i_{\mathrm{cris}*}(\underline{O}_{Y/S}),\underline{O}_{X/S})$ est l'image de celle du morphisme de Gysin pour les complexes de De Rham par cette suite d'isomorphismes (d'après 3.3.5), $G_{Y/X}$ est bien égal au morphisme (3.3.13).

<u>Proposition</u> 3.3.8. <u>Sous les hypothèses de</u> 3.3.5, <u>il existe des isomorphismes canoniques</u>

(3.3.14) $$\underline{\underline{R}}u_{Y/S*}(\underline{O}_{Y/S}) \xrightarrow{\sim} \underline{\underline{\mathrm{RHom}}}^{\cdot}_{X,\underline{O}_{X/S}}(i_{\mathrm{cris}*}(\underline{O}_{Y/S}),\underline{O}_{X/S})[2d] \quad ,$$

(3.3.15) $$\underline{\underline{R}}\Gamma(Y/S,\underline{O}_{Y/S}) \xrightarrow{\sim} \underline{\underline{\mathrm{RHom}}}^{\cdot}_{\underline{O}_{X/S}}(i_{\mathrm{cris}*}(\underline{O}_{Y/S}),\underline{O}_{X/S})[2d] \quad ,$$

<u>donnant par composition avec les morphismes de fonctorialité correspondant à</u> $\underline{O}_{X/S} \to i_{\mathrm{cris}*}(\underline{O}_{Y/S})$ <u>les morphismes définis par le morphisme de Gysin</u> (3.3.8).

Sur le site RCris(X/S), le morphisme $G_{Y/X}$ définit un morphisme

$$\underline{O}_{X/S} \longrightarrow \underline{\underline{\mathrm{RHom}}}^{\cdot}_{\underline{O}_{X/S}}(\underline{O}_{X/S},\underline{O}_{X/S}) \longrightarrow \underline{\underline{\mathrm{RHom}}}^{\cdot}_{\underline{O}_{X/S}}(i_{\mathrm{cris}*}(\underline{O}_{Y/S}),\underline{O}_{X/S})[2d] \quad ;$$

or le foncteur $\underline{\mathrm{Hom}}_{\underline{O}_{X/S}}(i_{\mathrm{cris}*}(\underline{O}_{Y/S}),\ .)$ peut être considéré comme un foncteur à valeurs dans la catégorie des $i_{\mathrm{cris}*}(\underline{O}_{Y/S})$-modules, de sorte que le complexe $\underline{\underline{\mathrm{RHom}}}^{\cdot}_{\underline{O}_{X/S}}(i_{\mathrm{cris}*}(\underline{O}_{Y/S}),\underline{O}_{X/S})$ provient par restriction des scalaires d'un complexe de $D^{+}((X/S)_{\mathrm{Rcris}},i_{\mathrm{cris}*}(\underline{O}_{Y/S}))$ ; par adjonction, le morphisme précédent définit donc un morphisme de $D^{+}((X/S)_{\mathrm{Rcris}},i_{\mathrm{cris}*}(\underline{O}_{Y/S}))$

(3.3.16) $$i_{\mathrm{cris}*}(\underline{O}_{Y/S}) \longrightarrow \underline{\underline{\mathrm{RHom}}}^{\cdot}_{\underline{O}_{X/S}}(i_{\mathrm{cris}*}(\underline{O}_{Y/S}),\underline{O}_{X/S})[2d] \quad .$$

Appliquant à (3.3.16) le foncteur $\underline{\underline{R}}\bar{u}_{X/S*}$, on en déduit le morphisme

$$\underline{\underline{R}}\bar{u}_{X/S*}(i_{cris*}(\underline{O}_{Y/S})) \longrightarrow \underline{\underline{R}}\underline{\underline{Hom}}^{\cdot}_{X,\underline{O}_{X/S}}(i_{cris*}(\underline{O}_{Y/S}),\underline{O}_{X/S})[2d] \quad ,$$

qui donne (3.3.14), puisque

$$\underline{\underline{R}}\bar{u}_{X/S*}(i_{cris*}(\underline{O}_{Y/S})) \xrightarrow{\sim} \underline{\underline{R}}u_{X/S*}(i_{cris*}(\underline{O}_{Y/S})) \xrightarrow{\sim} i_*(\underline{\underline{R}}u_{Y/S*}(\underline{O}_{Y/S})) \quad ,$$

et l'on identifie $\underline{\underline{R}}u_{Y/S*}(\underline{O}_{Y/S})$ à un complexe sur $X$ grâce à $i_*$. Si on applique à (3.3.14) le foncteur $\underline{\underline{R}}\Gamma(X, .)$ , on en déduit (3.3.15).

Si on compose le morphisme (3.3.16) avec le morphisme de fonctorialité

$$\underline{\underline{R}}\underline{\underline{Hom}}^{\cdot}_{\underline{O}_{X/S}}(i_{cris*}(\underline{O}_{Y/S}),\underline{O}_{X/S})[2d] \longrightarrow \underline{\underline{R}}\underline{\underline{Hom}}^{\cdot}_{\underline{O}_{X/S}}(\underline{O}_{X/S},\underline{O}_{X/S})[2d] \xrightarrow{\sim} \underline{O}_{X/S}[2d] \quad ,$$

on obtient un morphisme $i_{cris*}(\underline{O}_{Y/S}) \longrightarrow \underline{O}_{X/S}[2d]$ qui n'est autre que le morphisme de Gysin $G_{Y/X}$. En effet, soit $I^{\cdot}$ une résolution injective de $\underline{O}_{X/S}$, $G_{Y/X}$ étant défini par un morphisme de complexes $i_{cris*}(\underline{O}_{Y/S}) \longrightarrow I^{\cdot}[2d]$. Alors le morphisme (3.3.16) provient par extension des scalaires du morphisme de complexes

$$A \longrightarrow \underline{Hom}^{\cdot}_{A}(I^{\cdot},I^{\cdot}) \longrightarrow \underline{Hom}^{\cdot}_{A}(B,I^{\cdot})[2d] \quad ,$$

où le premier morphisme envoie la section unité de $A$ sur la section $Id$ de $\underline{Hom}^{0}_{A}(I^{\cdot},I^{\cdot})$. Le morphisme B-linéaire $B \longrightarrow \underline{Hom}^{\cdot}_{A}(B,I^{\cdot})[2d]$ donne, par composition avec le morphisme $\underline{Hom}^{\cdot}_{A}(B,I^{\cdot})[2d] \longrightarrow \underline{Hom}^{\cdot}_{A}(A,I^{\cdot})[2d] \xrightarrow{\sim} I^{\cdot}[2d]$, le morphisme de Gysin $B \longrightarrow I^{\cdot}[2d]$, d'où le résultat.

Pour prouver que (3.3.14) et (3.3.15) sont des isomorphismes, il suffit de le prouver pour (3.3.14). C'est alors une assertion locale sur $X$, de sorte qu'on peut supposer que $i$ se relève en une immersion $i' : Y' \longrightarrow X'$ entre deux S-schémas lisses. On peut de plus supposer que l'idéal de $Y'$ dans $X'$ est engendré par une suite régulière $t_1,\dots,t_d$ de sections de $\underline{O}_{X'}$. On introduit de nouveau le bicomplexe (3.1.15)

$$R^{\cdot\cdot} = \underline{C}^{\cdot}_{t_1,\dots,t_d}(\Omega^{\cdot}_{X'/S}) \longrightarrow \underline{H}^{d}_{Y'}(\Omega^{\cdot}_{X'/S}) \longrightarrow 0 \quad ,$$

qui résoud $\Omega^{\cdot}_{X'/S}$ dans $C(X')$. On note $R^{\cdot}$ le complexe simple associé à $R^{\cdot\cdot}$. D'après 3.3.7, le morphisme $G_{Y/X}$ est défini par le morphisme de complexes

$$i_{cris*}(\underline{O}_{Y/S}) \longrightarrow L(\Omega^{\cdot}_{Y'/S}) \longrightarrow L(R^{\cdot})[2d]$$

défini par (3.1.1). Le morphisme (3.3.16) provient alors du morphisme

$$i_{cris*}(\underline{O}_{Y/S}) \longrightarrow \underline{\mathrm{Hom}}^{\cdot}_{\underline{O}_{X/S}}(i_{cris*}(\underline{O}_{Y/S}), L(R^{\cdot}))[2d]$$

envoyant une section $s$ de $i_{cris*}(\underline{O}_{Y/S})$ sur la section $G_{Y/X} \circ s$ (s étant identifié à un endomorphisme de $i_{cris*}(\underline{O}_{Y/S})$) . Utilisant la structure de $L(\Omega^{\cdot}_{X'/S})$-module gradué de $L(R^{\cdot})$ , ce morphisme donne un morphisme

$$i_{cris*}(\underline{O}_{Y/S}) \otimes_{\underline{O}_{X/S}} L(\Omega^{\cdot}_{X'/S}) \longrightarrow \underline{\mathrm{Hom}}^{\cdot}_{L(\Omega^{\cdot}_{X'/S})}(i_{cris*}(\underline{O}_{Y/S}) \otimes_{\underline{O}_{X/S}} L(\Omega^{\cdot}_{X'/S}), L(R^{\cdot}))[2d] .$$

Le morphisme (3.3.14) s'obtient alors en appliquant $\bar{u}_{X/S*}$ à ce morphisme de complexes. En effet, d'une part

$$i_{cris*}(\underline{O}_{Y/S}) \otimes_{\underline{O}_{X/S}} L(\Omega^{\cdot}_{X'/S}) \longrightarrow L(\underline{D}_{Y'}(X') \otimes_{\underline{O}_{X'}} \Omega^{\cdot}_{X'/S})$$

est une résolution de $i_{cris*}(\underline{O}_{Y/S})$ par des modules $\bar{u}_{X/S*}$-acycliques ; d'autre part,

$$\bar{u}_{X/S*}(\underline{\mathrm{Hom}}^{\cdot}_{L(\Omega^{\cdot}_{X'/S})}(i_{cris*}(\underline{O}_{Y/S}) \otimes_{\underline{O}_{X/S}} L(\Omega^{\cdot}_{X'/S}), L(R^{\cdot})))[2d]$$

$$\xrightarrow{\sim} \underline{\mathrm{Hom}}^{\cdot}(\underline{D}_{Y'}(X') \otimes_{\underline{O}_{X'}} \Omega^{\cdot}_{X'/S}, R^{\cdot})[2d]$$

d'après (2.3.9) ; comme $L(R^{\cdot})$ est une résolution de $\underline{O}_{X/S}$ , et que

$$\underline{\mathrm{Hom}}^{\cdot}_{\underline{O}_{X/S}}(i_{cris*}(\underline{O}_{Y/S}), L(R^{\cdot})) \xrightarrow{\sim} \underline{\mathrm{Hom}}^{\cdot}_{L(\Omega^{\cdot}_{X'/S})}(i_{cris*}(\underline{O}_{Y/S}) \otimes_{\underline{O}_{X/S}} L(\Omega^{\cdot}_{X'/S}), L(R^{\cdot})) ,$$

et que par ailleurs la cohomologie de $\underline{\mathrm{Hom}}^{\cdot}(\underline{D}_{Y'}(X') \otimes_{\underline{O}_{X'}} \Omega^{\cdot}_{X'/S}, R^{\cdot})[2d]$ est formée des $\underline{\mathrm{Ext}}^{i}_{\Omega^{\cdot}_{X'/S}}(\underline{D}_{Y'}(X') \otimes_{\underline{O}_{X'}} \Omega^{\cdot}_{X'/S}, \Omega^{\cdot}_{X'/S})$ d'après 3.2.6, c'est-à-dire des

$\underline{\mathrm{Ext}}^{i}_{X,\underline{O}_{X/S}}(i_{cris*}(\underline{O}_{Y/S}), \underline{O}_{X/S})$ d'après 2.4.3, on en déduit que

$$\underline{\underline{R\mathrm{Hom}}}^{\cdot}_{X,\underline{O}_{X/S}}(i_{cris*}(\underline{O}_{Y/S}), \underline{O}_{X/S})[2d]$$

$$\xrightarrow{\sim} \bar{u}_{X/S*}(\underline{\mathrm{Hom}}^{\cdot}_{L(\Omega^{\cdot}_{X'/S})}(i_{cris*}(\underline{O}_{Y/S}) \otimes_{\underline{O}_{X'/S}} L(\Omega^{\cdot}_{X'/S}), L(R^{\cdot})))[2d] .$$

Par suite, le morphisme (3.3.14) s'explicite comme étant le morphisme $\underline{D}_{Y'}(X') \otimes_{\underline{O}_{X'}} \Omega^{\cdot}_{X'/S}$-linéaire

$$\underline{D}_{Y'}(X')\otimes_{\underline{O}_{X'}}\Omega^{\cdot}_{X'/S} \longrightarrow \underline{\mathrm{Hom}}^{\cdot}(\underline{D}_{Y'}(X')\otimes_{\underline{O}_{X'}}\Omega^{\cdot}_{X'/S},R^{\cdot})[2d]$$

envoyant la section unité de $\underline{D}_{Y'}(X')$ sur le morphisme de Gysin. Il se factorise par le quasi-isomorphisme $\underline{D}_{Y'}(X')\otimes_{\underline{O}_{X'}}\Omega^{\cdot}_{X'/S} \longrightarrow \Omega^{\cdot}_{Y'/S}$ , et comme le morphisme

$$\underline{\mathrm{Hom}}^{\cdot}(\Omega^{\cdot}_{Y'/S},R^{\cdot}) \longrightarrow \underline{\mathrm{Hom}}^{\cdot}(\underline{D}_{Y'}(X')\otimes_{\underline{O}_{X'}}\Omega^{\cdot}_{X'/S},R^{\cdot})$$

est un quasi-isomorphisme d'après 3.2.7, on est ramené à voir que le morphisme

(3.3.17) $$\Omega^{\cdot}_{Y'/S} \longrightarrow \underline{\mathrm{Hom}}^{\cdot}(\Omega^{\cdot}_{Y'/S},R^{\cdot})[2d]$$

envoyant la section unité de $\underline{O}_{Y'}$ sur le morphisme de Gysin est un quasi-isomorphisme. D'après 3.1.6,

$$\underline{\mathrm{Hom}}^{\cdot}(\Omega^{\cdot}_{Y'/S},R^{\cdot}) = \underline{\mathrm{Hom}}^{\cdot}(\Omega^{\cdot}_{Y'/S},\underline{H}^{\cdot d}_{Y'}(\Omega^{\cdot}_{X'/S}))[-d] \quad ,$$

et il résulte immédiatement des calculs de loc. cit. que les homomorphismes induits par (3.3.17) sur la cohomologie sont les isomorphismes (3.1.11), ce qui achève la démonstration.

3.3.9. Soient $k$ un corps, et $X$ un $k$-schéma lisse dont les composantes connexes ont même dimension $n$ . Nous noterons $C^*(X) = \bigoplus_d C^d(X)$ le groupe abélien des cycles algébriques sur $X$ , gradué par la codimension ; $C^d(X)$ est donc le groupe abélien libre engendré par l'ensemble des sous-schémas fermés intègres de $X$ de codimension $d$ . Nous noterons $C'^*(X)$ le sous-groupe de $C^*(X)$ engendré par les sous-schémas fermés intègres de $X$ , <u>lisses</u> sur $k$ ; un élément de $C'^*(X)$ sera appelé <u>cycle algébrique non singulier sur</u> $X$ .

Supposons maintenant donné un PD-schéma $(S,\underline{I},\gamma)$ , tel que le sous-schéma fermé $S_o$ de $S$ défini par $\underline{I}$ soit isomorphe à $\mathrm{Spec}(k)$ . Si $Y$ est un sous-schéma fermé de $X$ , lisse sur $k$ et de codimension $d$ dans $X$ , nous avons défini en 3.3.6 une classe de cohomologie

$$s_{Y/X} \in H^{2d}(X/S,\underline{O}_{X/S}) \quad .$$

On en déduit un homomorphisme canonique de groupes abéliens gradués, doublant le degré

(3.3.18) $$C'^{*}(X) \longrightarrow H^{2*}(X/S,\underline{O}_{X/S}) \quad ,$$

envoyant un sous-schéma fermé intègre de $X$, lisse sur $S$, sur sa classe de cohomologie. Pour tout cycle algébrique non singulier $Z$, l'image de $Z$ par (3.3.18) sera appelée <u>classe de cohomologie de</u> $Z$.

<u>Proposition</u> 3.3.10. <u>Sous les hypothèses de</u> 3.3.5, <u>supposons que</u> $Y = Y_1 \cup Y_2$, <u>où</u> $Y_1$ <u>et</u> $Y_2$ <u>sont deux sous-schémas fermés de</u> $X$, <u>lisses sur</u> $S$ <u>et de codimension</u> $d$ <u>dans</u> $X$, <u>tels que</u> $Y_1 \cap Y_2 = \emptyset$. <u>Alors</u>

(3.3.19) $$s_{Y/X} = s_{Y_1/X} + s_{Y_2/X}$$

<u>dans</u> $\mathrm{Ext}^{2d}_{\underline{O}_{X/S}}(i_{\mathrm{cris}*}(\underline{O}_{Y/S}),\underline{O}_{X/S})$.

Compte tenu de l'isomorphisme (3.3.5), il suffit de vérifier l'égalité des classes de cohomologie locales correspondantes, ce qui est une propriété locale sur $X$. Or $X$ peut être recouvert par les ouverts $U_1 = X - Y_1$, $U_2 = X - Y_2$. Comme $Y|U_2 = Y_1$, et que $s_{Y_2/X}$ est nul sur $U_2$, l'égalité (3.3.19) est vérifiée sur $U_2$ ; elle l'est de même sur $U_1$, donc elle est vraie sur $X$.

## 4. <u>Formule d'intersection</u>.

Nous donnons maintenant les principales propriétés de la classe de cohomologie d'un cycle non singulier, et du morphisme de Gysin, définis en 3.3.6 : formules de projection, de transitivité, fonctorialité, formule d'intersection.

### 4.1. <u>Formule de projection</u>.

Soient $(S,\underline{I},\gamma)$ un PD-schéma, $\underline{I}_0$ un sous-PD-idéal quasi-cohérent de $\underline{I}$, $S_0$ le sous-schéma fermé de $S$ défini par $\underline{I}_0$. On se donne un $S_0$-schéma lisse $X$, et un sous-schéma fermé $Y$ de $X$, lisse sur $S_0$ et de codimension $d$ dans $X$ ; on note $i$ l'immersion de $Y$ dans $X$. On note

$$f_{X/S} : (X/S)_{\mathrm{Rcris}} \xrightarrow{\bar{u}_{X/S}} X_{\mathrm{Zar}} \xrightarrow{f} S_{\mathrm{Zar}} \quad ,$$

$$g_{Y/S} : (Y/S)_{Rcris} \xrightarrow{\bar{u}_{Y/S}} Y_{Zar} \xrightarrow{g} S_{Zar}$$

les morphismes de topos composés. On remarquera que (en omettant le foncteur de restriction $Q^*$ dans les notations)

$$\begin{aligned}
\underline{\underline{R}}f_{X/S*}(i_{cris*}(\underline{O}_{Y/S})) &\xrightarrow{\sim} \underline{\underline{R}}f_* \circ \underline{\underline{R}}\bar{u}_{X/S*}(i_{cris*}(\underline{O}_{Y/S})) \\
&\xrightarrow{\sim} \underline{\underline{R}}f_* \circ \underline{\underline{R}}u_{X/S*}(i_{cris*}(\underline{O}_{Y/S})) \\
&\xrightarrow{\sim} \underline{\underline{R}}f_* \circ i_* \circ \underline{\underline{R}}u_{Y/S*}(\underline{O}_{Y/S}) \\
&\xrightarrow{\sim} \underline{\underline{R}}g_* \circ \underline{\underline{R}}\bar{u}_{Y/S*}(\underline{O}_{Y/S}) \\
&\xrightarrow{\sim} \underline{\underline{R}}g_{Y/S*}(\underline{O}_{Y/S}) \quad ,
\end{aligned}$$

compte tenu de V 1.3.3. Le morphisme de Gysin $i_{cris*}(\underline{O}_{Y/S}) \longrightarrow \underline{O}_{X/S}[2d]$ sur RCris(X/S) (cf. 3.3.6) définit donc un morphisme

(4.1.1) $$i_* : \underline{\underline{R}}g_{Y/S*}(\underline{O}_{Y/S}) \longrightarrow \underline{\underline{R}}f_{X/S*}(\underline{O}_{X/S})[2d] \quad .$$

Le lemme suivant m'a été indiqué par L. Illusie :

Lemme 4.1.1. *Soient* $(\underline{T},A)$ *un topos annelé,* $B$ *une* A-*algèbre, et* $u : B \longrightarrow A[n]$ *un morphisme de la catégorie dérivée* $D(\underline{T},A)$ . *Si on note* $u_* : H^*(\underline{T},B) \longrightarrow H^{*+n}(\underline{T},A)$ *le morphisme induit par* $u$ *sur la cohomologie, alors pour tout* $x \in H^i(\underline{T},A)$ *et tout* $y \in H^j(\underline{T},B)$ ,

(4.1.2) $$u_*(y.x) = u_*(y).x \quad ,$$

$H^*(\underline{T},B)$ *étant considéré comme* $H^*(\underline{T},A)$-*algèbre grâce à l'homomorphisme* $A \longrightarrow B$ .

En effet,

$$H^i(\underline{T},A) \xrightarrow{\sim} Ext^i_A(A,A) \xrightarrow{\sim} Hom_{D(\underline{T},A)}(A,A[i]) \quad ,$$
$$H^j(\underline{T},B) \xrightarrow{\sim} Ext^j_A(A,B) \xrightarrow{\sim} Hom_{D(\underline{T},A)}(A,B[j]) \quad .$$

Par suite, $x$ correspond à un morphisme $x : A \longrightarrow A[i]$ dans $D(\underline{T},A)$ , $y$ à un morphisme $y : A \longrightarrow B[j]$ dans $D(\underline{T},A)$ . D'autre part, $u_*$ est l'homomorphisme qui associe à un morphisme $z : A \longrightarrow B[k]$ le morphisme $z : A \longrightarrow B[k]$ le morphisme $u[k] \circ z : A \longrightarrow B[k] \longrightarrow A[k+n]$ . Par suite, $u_*(y.x)$ est le morphisme composé

$$A \longrightarrow A[i] \xrightarrow{y[i]} B[i+j] \xrightarrow{u[i+j]} A[i+j+n] \quad ,$$

et $u_*(y).x$ également, d'où le lemme.

Corollaire 4.1.2. (formule de projection). Sous les hypothèses de 4.1, soient $x \in H^i(X/S,\underline{O}_{X/S})$ , $y \in H^j(Y/S,\underline{O}_{Y/S})$ , et $i_* : H^*(Y/S,\underline{O}_{Y/S}) \longrightarrow H^{*+2d}(X/S,\underline{O}_{X/S})$ le morphisme de Gysin relatif à $i$ (3.3.10). Alors

$$(4.1.3) \qquad i_*(y.i^*(x)) = i_*(y).x \quad .$$

Compte tenu de l'isomorphisme $H^*(Y/S,\underline{O}_{Y/S}) \xrightarrow{\sim} H^*(X/S,i_{cris*}(\underline{O}_{Y/S}))$ , cela résulte de 4.1.1, appliqué sur $RCris(X/S)$ au morphisme $G_{Y/X}$ .

Moyennant des hypothèses légèrement plus restrictives sur $X$ et $S$ , on peut donner une variante de la formule de projection au sens des catégories dérivées, qui résultera du lemme :

Lemme 4.1.3. Soient $f : (\underline{T},A) \longrightarrow (\underline{T}',A')$ un morphisme de topos annelés, $B$ une $A$-algèbre, et $u : B \longrightarrow A[n]$ un morphisme de la catégorie dérivée $D(\underline{T},A)$ . On suppose les complexes $\underline{\underline{R}}f_*(A)$ et $\underline{\underline{R}}f_*(B)$ bornés. Alors le diagramme

$$\begin{array}{ccccc}
\underline{\underline{R}}f_*(A) \overset{\underline{L}}{\otimes}_{A'} \underline{\underline{R}}f_*(B) & & \xrightarrow{\quad Id\otimes u_* \quad} & & \underline{\underline{R}}f_*(A) \overset{\underline{L}}{\otimes}_{A'} \underline{\underline{R}}f_*(A)[n] \\
\downarrow & & & & \downarrow \sigma_A \\
\underline{\underline{R}}f_*(B) \overset{\underline{L}}{\otimes}_{A'} \underline{\underline{R}}f_*(B) & \xrightarrow{\sigma_B} & \underline{\underline{R}}f_*(B) & \xrightarrow{u_*} & \underline{\underline{R}}f_*(A)[n]
\end{array} \quad ,$$

où $u_* = \underline{\underline{R}}f_*(u)$ , et $\sigma_A$ et $\sigma_B$ sont les morphismes de cup-produit, est commutatif.

D'après la définition du cup-produit, le morphisme $\sigma_A \circ (Id \otimes u_*)$ provient par le morphisme d'adjonction relatif à $f$ (V (3.3.1)) du morphisme composé

$$\underline{\underline{L}}f^*(\underline{\underline{R}}f_*(A)) \overset{\underline{\underline{L}}}{\otimes}_A \underline{\underline{L}}f^*(\underline{\underline{R}}f_*(B)) \longrightarrow \underline{\underline{L}}f^*(\underline{\underline{R}}f_*(A)) \overset{\underline{\underline{L}}}{\otimes}_A \underline{\underline{L}}f^*(\underline{\underline{R}}f_*(A))[n] \longrightarrow A[n] \quad .$$

De même, le second parcours du diagramme provient par le morphisme d'adjonction relatif à $f$ du morphisme composé

$$\underline{\underline{L}}f^*(\underline{\underline{R}}f_*(A)) \overset{\underline{\underline{L}}}{\otimes}_A \underline{\underline{L}}f^*(\underline{\underline{R}}f_*(B)) \longrightarrow \underline{\underline{L}}f^*(\underline{\underline{R}}f_*(B)) \overset{\underline{\underline{L}}}{\otimes}_A \underline{\underline{L}}f^*(\underline{\underline{R}}f_*(B)) \longrightarrow B \otimes_A B \longrightarrow B \longrightarrow A[n] \ .$$

Comme le morphisme $\underline{\underline{L}}f^* \circ \underline{\underline{R}}f_* \longrightarrow \mathrm{Id}$ est un morphisme de foncteurs, l'égalité de ces deux morphismes résulte de la commutativité du diagramme

$$\begin{array}{ccccc}
A \otimes_A B & & \xrightarrow{\ \mathrm{Id} \otimes u\ } & & A \otimes_A A[n] \\
\big\downarrow & & & & \big\downarrow \\
B \otimes_A B & \longrightarrow & B & \xrightarrow{\ u\ } & A[n]
\end{array} \quad ,$$

qui est évidente.

Corollaire 4.1.4. *Sous les hypothèses de 4.1, supposons de plus* $S$ *quasi-compact et* $f$ *quasi-séparé et quasi-compact. Alors les diagrammes*

$$\begin{array}{ccccc}
\underline{\underline{R}}f_{X/S*}(\underline{O}_{X/S}) \overset{\underline{\underline{L}}}{\otimes}_{\underline{O}_S} \underline{\underline{R}}g_{Y/S*}(\underline{O}_{Y/S}) & & \xrightarrow{\ \mathrm{Id} \otimes i_*\ } & & \underline{\underline{R}}f_{X/S*}(\underline{O}_{X/S}) \overset{\underline{\underline{L}}}{\otimes}_{\underline{O}_S} \underline{\underline{R}}f_{X/S*}(\underline{O}_{X/S})[2d] \\
\big\downarrow {\scriptstyle i^* \otimes \mathrm{Id}} & & & & \big\downarrow {\scriptstyle \sigma_X} \\
\underline{\underline{R}}g_{Y/S*}(\underline{O}_{Y/S}) \overset{\underline{\underline{L}}}{\otimes}_{\underline{O}_S} \underline{\underline{R}}g_{Y/S*}(\underline{O}_{Y/S}) & \xrightarrow{\ \sigma_Y\ } & \underline{\underline{R}}g_{Y/S*}(\underline{O}_{Y/S}) & \xrightarrow{\ i_*\ } & \underline{\underline{R}}f_{X/S*}(\underline{O}_{X/S})[2d]
\end{array}$$

*et, si* $S$ *est quasi-séparé,*

$$\begin{array}{ccccc}
\underline{\underline{R}}\Gamma(X/S,\underline{O}_{X/S}) \overset{\underline{\underline{L}}}{\otimes}_A \underline{\underline{R}}\Gamma(Y/S,\underline{O}_{Y/S}) & & \xrightarrow{\ \mathrm{Id} \otimes i_*\ } & & \underline{\underline{R}}\Gamma(X/S,\underline{O}_{X/S}) \otimes_A \underline{\underline{R}}\Gamma(X/S,\underline{O}_{X/S})[2d] \\
\big\downarrow {\scriptstyle i^* \otimes \mathrm{Id}} & & & & \big\downarrow {\scriptstyle \sigma_X} \\
\underline{\underline{R}}\Gamma(Y/S,\underline{O}_{Y/S}) \overset{\underline{\underline{L}}}{\otimes}_A \underline{\underline{R}}\Gamma(Y/S,\underline{O}_{Y/S}) & \xrightarrow{\ \sigma_Y\ } & \underline{\underline{R}}\Gamma(Y/S,\underline{O}_{Y/S}) & \xrightarrow{\ i_*\ } & \underline{\underline{R}}\Gamma(X/S,\underline{O}_{X/S})[2d]
\end{array} \quad ,$$

*où* $\sigma_Y$ *et* $\sigma_X$ *sont les morphismes de cup-produit, et* $A = \Gamma(S,\underline{O}_S)$ , *sont commutatifs.*

Les hypothèses faites sur S et f entrainent que $\underline{\underline{R}}f_{X/S*}(\underline{O}_{X/S})$, $\underline{\underline{R}}g_{Y/S*}(\underline{O}_{Y/S})$, $\underline{\underline{R}}\Gamma(X/S,\underline{O}_{X/S})$ et $\underline{\underline{R}}\Gamma(Y/S,\underline{O}_{Y/S})$ sont des complexes bornés (V 3.2.5 et V 3.2.8), de sorte que les produits tensoriels au sens des catégories dérivées intervenant dans les deux diagrammes sont bien définis. Compte tenu des isomorphismes

$$\underline{\underline{R}}g_{Y/S*}(\underline{O}_{Y/S}) \xrightarrow{\sim} \underline{\underline{R}}f_{X/S*}(i_{cris*}(\underline{O}_{Y/S})) \quad , \quad \underline{\underline{R}}\Gamma(Y/S,\underline{O}_{Y/S}) \xrightarrow{\sim} \underline{\underline{R}}\Gamma(X/S,i_{cris*}(\underline{O}_{X/S})) ,$$

le corollaire résulte de 4.1.3 appliqué au morphisme de Gysin $G_{Y/X}$ sur RCris(X/S) et au morphisme de topos $f_{X/S}$ dans le cas du premier diagramme, et au morphisme de topos de $(X/S)_{Rcris}$ dans le topos ponctuel annelé par A dans le second.

<u>Corollaire</u> 4.1.5. <u>Sous les hypothèses de</u> 4.1.4, <u>le morphisme</u>

$$i_* \circ i^* : \underline{\underline{R}}\Gamma(X/S,\underline{O}_{X/S}) \longrightarrow \underline{\underline{R}}\Gamma(X/S,\underline{O}_{X/S})[2d]$$

<u>est le morphisme défini par le cup-produit avec la classe</u> $s_{Y/X}$.

En effet, le cup-produit avec $s_{Y/X}$ est le morphisme composé

$$\underline{\underline{R}}\Gamma(X/S,\underline{O}_{X/S}) \xrightarrow{Id\otimes s} \underline{\underline{R}}\Gamma(X/S,\underline{O}_{X/S}) \overset{\underline{\underline{L}}}{\otimes}_A \underline{\underline{R}}\Gamma(X/S,\underline{O}_{X/S})[2d] \xrightarrow{\sigma_X} \underline{\underline{R}}\Gamma(X/S,\underline{O}_{X/S})[2d]$$

où s est le morphisme

$$A \xrightarrow{1} \underline{\underline{R}}\Gamma(Y/S,\underline{O}_{Y/S}) \xrightarrow{i_*} \underline{\underline{R}}\Gamma(X/S,\underline{O}_{X/S})[2d] \quad ;$$

il peut donc encore s'écrire

$$\begin{array}{ccc} \underline{\underline{R}}\Gamma(X/S,\underline{O}_{X/S}) & \xrightarrow{Id\otimes 1} & \underline{\underline{R}}\Gamma(X/S,\underline{O}_{X/S}) \overset{\underline{\underline{L}}}{\otimes}_A \underline{\underline{R}}\Gamma(Y/S,\underline{O}_{Y/S}) & & \\ & & \downarrow Id\otimes i_* & & \\ & & \underline{\underline{R}}\Gamma(X/S,\underline{O}_{X/S}) \overset{\underline{\underline{L}}}{\otimes}_A \underline{\underline{R}}\Gamma(X/S,\underline{O}_{X/S})[2d] & \xrightarrow{\sigma_X} & \underline{\underline{R}}\Gamma(X/S,\underline{O}_{X/S})[2d] \end{array} .$$

Comme $i_* \circ i^*$ peut s'écrire comme le composé

$$\underline{\underline{R}}\Gamma(X/S,\underline{O}_{X/S}) \xrightarrow{\mathrm{Id}\otimes 1} \underline{\underline{R}}\Gamma(X/S,\underline{O}_{X/S}) \overset{\underline{\underline{L}}}{\otimes}_{\underline{\underline{A}}} \underline{\underline{R}}\Gamma(Y/S,\underline{O}_{Y/S})$$

$$\xrightarrow{i^*\otimes \mathrm{Id}} \underline{\underline{R}}\Gamma(Y/S,\underline{O}_{Y/S}) \overset{\underline{\underline{L}}}{\otimes}_{\underline{\underline{A}}} \underline{\underline{R}}\Gamma(Y/S,\underline{O}_{Y/S}) \xrightarrow{\sigma_Y} \underline{\underline{R}}\Gamma(Y/S,\underline{O}_{Y/S}) \xrightarrow{i_*} \underline{\underline{R}}\Gamma(X/S,\underline{O}_{X/S})[2d]$$

le corollaire résulte de la commutativité du second diagramme de 4.1.4.

## 4.2. Formule de transitivité.

Proposition 4.2.1 (*). *Soient S un schéma, X un S-schéma lisse, Y un sous-schéma fermé de X , lisse sur S et de codimension d dans X , Z un sous-schéma fermé de Y , lisse sur S et de codimension d' dans Y . On note D(C(X)) la catégorie dérivée de la catégorie C(X) des complexes différentiels d'ordre* $\leqslant 1$ *sur X relativement à S . Alors le diagramme*

(4.2.1)
$$\begin{array}{ccccc} & & \Omega^{\cdot}_{Y/S}[-d,-d] & & \\ & \overset{G_{Z/Y}}{\nearrow} & & \overset{G_{Y/X}}{\searrow} & \\ \Omega^{\cdot}_{Z/S}[-d-d',-d-d'] & & \xrightarrow[G_{Z/X}]{} & & \Omega^{\cdot}_{X/S} \end{array}$$

*défini par les morphismes de Gysin* (3.1.6) *pour les immersions de Z dans Y , de Y dans X , et de Z dans X , est un diagramme commutatif de* D(C(X)) .

Ecrivant le morphisme de Gysin comme composé des morphismes (3.1.1) et (3.1.5), le diagramme (4.2.1) s'écrit

$$\begin{array}{ccccccc} & & & \Omega^{\cdot}_{Y/S}[-d,-d] & & & \\ & & \nearrow & & \searrow & & \\ & \underline{H}_Z^{\cdot d'}(\Omega^{\cdot}_{Y/S})[-d,-d-d'] & & & & \underline{H}_Y^{\cdot d}(\Omega^{\cdot}_{X/S})[0,-d] & \\ \nearrow & & & & & & \searrow \\ \Omega^{\cdot}_{Z/S}[-d-d',-d-d'] & & \longrightarrow & \underline{H}_Z^{\cdot d+d'}(\Omega^{\cdot}_{X/S})[0,-d-d'] & \longrightarrow & & \Omega^{\cdot}_{X/S} \end{array} .$$

(*) On ne suppose pas dans cet énoncé que p soit localement nilpotent sur les schémas considérés.

On remarque alors que, puisque $Z \subset Y$ , il existe un isomorphisme de foncteurs $\underline{\Gamma}_Z \xrightarrow{\sim} \underline{\Gamma}_Z \circ \underline{\Gamma}_Y$ . On en déduit la suite spectrale d'objets de $C(X)$

(4.2.2) $$E_2^{p,q} = \underline{H}_Z^{\cdot p}(\underline{H}_Y^{\cdot q}(\underline{K}^{\cdot})) \Longrightarrow \underline{H}_Z^{\cdot n}(\underline{K}^{\cdot}) \quad ,$$

pour tout $\underline{K}^{\cdot} \in \mathrm{Ob}(C(X))$ . Compte tenu de 1.5.2 i), cette suite spectrale dégénère lorsque $\underline{K}^{\cdot} = \Omega^{\cdot}_{X/S}$ , et fournit les isomorphismes

$$\underline{\underline{R}}\underline{\Gamma}_Z^{\cdot}(\underline{H}_Y^{\cdot d}(\Omega^{\cdot}_{X/S})) \xrightarrow{\sim} \underline{H}_Z^{\cdot d'}(\underline{H}_Y^{\cdot d}(\Omega^{\cdot}_{X/S}))[0,-d'] \xrightarrow{\sim} \underline{H}_Z^{\cdot d+d'}(\Omega^{\cdot}_{X/S})[0,-d'] \quad .$$

Comme par ailleurs $\underline{\underline{R}}\underline{\Gamma}_Z^{\cdot}(\Omega^{\cdot}_{Y/S}) \xrightarrow{\sim} \underline{H}_Z^{\cdot d'}(\Omega^{\cdot}_{Y/S})[0,-d']$ , on obtient, en appliquant le morphisme de foncteurs $\underline{\underline{R}}\underline{\Gamma}_Z^{\cdot} \longrightarrow \mathrm{Id}$ au morphisme (3.1.1)

$$\Omega^{\cdot}_{Y/S}[-d,-d] \longrightarrow \underline{H}_Y^{\cdot d}(\Omega^{\cdot}_{X/S})[0,-d] \quad ,$$

le diagramme commutatif

$$\begin{array}{ccc} \underline{H}_Z^{\cdot d'}(\Omega^{\cdot}_{Y/S})[-d,-d-d'] & \longrightarrow & \Omega^{\cdot}_{Y/S}[-d,-d] \\ \downarrow & & \downarrow \\ \underline{H}_Z^{\cdot d+d'}(\Omega^{\cdot}_{X/S})[0,-d-d'] & \longrightarrow & \underline{H}_Y^{\cdot d}(\Omega^{\cdot}_{X/S})[0,-d] \end{array} \quad .$$

D'autre part, le diagramme défini par les morphismes canoniques

$$\begin{array}{ccc} \underline{H}_Z^{\cdot d+d'}(\Omega^{\cdot}_{X/S})[0,-d-d'] & \longrightarrow & \underline{H}_Y^{\cdot d}(\Omega^{\cdot}_{X/S})[0,-d] \\ & \searrow \quad \swarrow & \\ & \Omega^{\cdot}_{X/S} & \end{array}$$

est commutatif : en effet, il peut s'écrire

$$\begin{array}{ccc} \underline{\underline{R}}\underline{\Gamma}_Z^{\cdot}(\underline{\underline{R}}\underline{\Gamma}_Y^{\cdot}(\Omega^{\cdot}_{X/S})) & \xrightarrow{\sim} & \underline{\underline{R}}\underline{\Gamma}_Z^{\cdot}(\Omega^{\cdot}_{X/S}) \\ \downarrow & & \downarrow \\ \underline{\underline{R}}\underline{\Gamma}_Y^{\cdot}(\Omega^{\cdot}_{X/S}) & \longrightarrow & \Omega^{\cdot}_{X/S} \end{array} \quad ,$$

soit encore, en notant $\underline{I}^{\cdot\cdot}$ une résolution injective de $\Omega^{\cdot}_{X/S}$ dans $C(X)$ ,

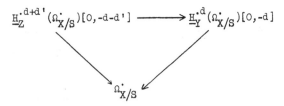

$$\begin{array}{ccc} \underline{\Gamma}_Z^{\cdot}(\underline{\Gamma}_Y^{\cdot}(\underline{I}^{\cdot\cdot})) & \xrightarrow{\sim} & \underline{\Gamma}_Z^{\cdot}(\underline{I}^{\cdot\cdot}) \\ \downarrow & & \downarrow \\ \underline{\Gamma}_Y^{\cdot}(\underline{I}^{\cdot\cdot}) & \hookrightarrow & \underline{I}^{\cdot\cdot} \end{array} .$$

Il reste donc à montrer la commutativité du diagramme

$$\begin{array}{ccc} & \nearrow & \underline{H}_Z^{\cdot d'}(\Omega^{\cdot}_{Y/S})[-d,-d-d'] \\ \Omega^{\cdot}_{Z/S}[-d-d',-d-d'] & & \downarrow \\ & \searrow & \underline{H}_Z^{\cdot d+d'}(\Omega^{\cdot}_{X/S})[0,-d-d'] \end{array} .$$

Or ce diagramme de la catégorie dérivée provient d'un diagramme de $C(X)$, et il suffit donc de vérifier sa commutativité dans $C(X)$. C'est alors une assertion locale sur $X$, de sorte qu'on peut supposer qu'il existe une suite régulière de sections $t_1,\dots,t_d$, $t'_1,\dots,t'_{d'}$ de $\underline{O}_X$ engendrant l'idéal $\underline{J}$ de $Z$ dans $X$, et telles que $t_1,\dots,t_d$ engendrent l'idéal $\underline{I}$ de $Y$ dans $X$. Soient $\underline{K} = \underline{J}/\underline{I}$, et $\bar{t}'_i$ les images des $t'_i$ dans $\underline{K}$, qui forment une suite régulière de générateurs de $\underline{K}$. Pour tout $\underline{E}^{\cdot} \in \mathrm{Ob}(C(X))$, à termes quasi-cohérents, les $\underline{H}_Z^{\cdot i}(\underline{E}^{\cdot})$ sont les objets de cohomologie du complexe de cochaînes (3.1.3)

$$\underline{R}^{\cdot}(\underline{E}^{\cdot}) = \underline{E}^{\cdot} \longrightarrow \underline{C}^{\cdot}_{t_1,\dots,t_d,t'_1,\dots,t'_{d'}}(\underline{E}^{\cdot}) \longrightarrow 0 .$$

Si $\underline{E}^{\cdot}$ est à supports dans $Y$, il existe un isomorphisme canonique de complexes

$$\underline{C}^{\cdot}_{t_1,\dots,t_d,t'_1,\dots,t'_{d'}}(\underline{E}^{\cdot}) \xrightarrow{\sim} \underline{C}^{\cdot}_{t'_1,\dots,t'_{d'}}(\underline{E}^{\cdot}) ,$$

provenant de ce que la restriction de $\underline{E}^{\cdot}$ aux ouverts d'inversibilité des $t_i$ est nulle. On obtient donc en particulier les isomorphismes de modules gradués (avec les notations de 3.1.3)

$$\underline{H}_Z^{\cdot d'}(\Omega^{\cdot}_{Y/S}) \xrightarrow{\sim} \underline{H}^{d'}(\underline{R}^{\cdot}(\Omega^{\cdot}_{Y/S})) \xrightarrow{\sim} \varinjlim_n \Omega^{\cdot}_{Y/S}/(t'^n_1,\dots,t'^n_{d'}).\Omega^{\cdot}_{Y/S} ,$$

$$\underline{H}_Z^{\cdot d'}(\underline{H}_Y^{\cdot d}(\Omega^{\cdot}_{X/S})) \xrightarrow{\sim} \underline{H}^{d'}(\underline{R}^{\cdot}(\underline{H}_Y^{\cdot d}(\Omega^{\cdot}_{X/S})))$$

$$\xrightarrow{\sim} \varinjlim_n \underline{H}_Y^{\cdot d}(\Omega^{\cdot}_{X/S})/(t'^n_1,\dots,t'^n_{d'}).\underline{H}_Y^{\cdot d}(\Omega^{\cdot}_{X/S}) .$$

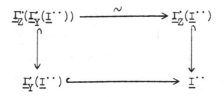

Le premier isomorphisme n'est autre que l'isomorphisme (3.1.4) relatif à la suite $\bar{t}'_1,\ldots,\bar{t}'_{d'}$ ; le morphisme $\Omega^{\cdot}_{Z/S}[-d-d'] \longrightarrow \underline{H}^{\cdot d'}_{Z}(\Omega^{\cdot}_{Y/S})[-d]$ s'identifie alors au morphisme $\Omega^{\cdot}_{Y/S}$-linéaire à droite qui associe à la section unité de $\underline{O}_Z$ la section $d\bar{t}'_1 \wedge\ldots\wedge d\bar{t}'_{d'}/\bar{t}'_1\ldots\bar{t}'_{d'}$ de $\varinjlim_n \Omega^{\cdot}_{Y/S}/(t'^n_1,\ldots,t'^n_{d'})\Omega^{\cdot}_{Y/S}$, d'après la remarque de 3.1.3. D'autre part, le morphisme $\underline{H}^{\cdot d'}_{Z}(\Omega^{\cdot}_{Y/S})[-d] \longrightarrow \underline{H}^{\cdot d+d'}_{Z}(\Omega^{\cdot}_{X/S})$ s'identifie, grâce aux isomorphismes précédents, et à l'isomorphisme $\underline{H}^{\cdot d'}_{Z}(\underline{H}^{\cdot d}_{Y}(\Omega^{\cdot}_{X/S})) \xrightarrow{\sim} \underline{H}^{\cdot d+d'}_{Z}(\Omega^{\cdot}_{X/S})$, au morphisme

$$\varinjlim_n \Omega^{\cdot}_{Y/S}/(t'^n_1,\ldots,t'^n_{d'}).\Omega^{\cdot}_{Y/S}[-d] \longrightarrow \varinjlim_n \underline{H}^{\cdot d}_{Y}(\Omega^{\cdot}_{X/S})/(t'^n_1,\ldots,t'^n_1).\underline{H}^{\cdot d}_{Y}(\Omega^{\cdot}_{X/S})$$

défini par fonctorialité à partir du morphisme $\Omega^{\cdot}_{Y/S}[-d] \longrightarrow \underline{H}^{\cdot d}_{Y}(\Omega^{\cdot}_{X/S})$. La suite de sections $t_1,\ldots,t_d$ définit un isomorphisme de modules gradués (3.1.4)

$$\underline{H}^{\cdot d}_{Y}(\Omega^{\cdot}_{X/S}) \xrightarrow{\sim} \varinjlim_k \Omega^{\cdot}_{X/S}/\underline{I}^{(k)}\,\Omega^{\cdot}_{X/S} \quad ,$$

et le morphisme $\Omega^{\cdot}_{Y/S}[-d] \longrightarrow \underline{H}^{\cdot d}_{Y}(\Omega^{\cdot}_{X/S})$ s'identifie alors au morphisme $\Omega^{\cdot}_{X/S}$-linéaire à droite qui associe à la section unité de $\underline{O}_Y$ la section $dt_1 \wedge\ldots\wedge dt_d/t_1\ldots t_d$ de $\varinjlim_k \Omega^{\cdot}_{X/S}/\underline{I}^{(k)}\Omega^{\cdot}_{X/S}$. Comme l'image de la section unité de $\underline{O}_Z$ dans $\underline{H}^{\cdot d'}_{Z}(\Omega^{\cdot}_{Y/S})$ s'identifie à $d\bar{t}'_1\wedge\ldots\wedge d\bar{t}'_{d'}/\bar{t}'_1\ldots\bar{t}'_{d'}$, son image dans $\underline{H}^{\cdot d+d'}_{Z}(\Omega^{\cdot}_{X/S})$ s'identifie à la section $(dt_1\wedge\ldots\wedge dt_d/t_1\ldots t_d)\wedge(dt'_1\wedge\ldots\wedge dt'_{d'}/t'_1\ldots t'_{d'})$. Compte tenu de 3.1.3, il suffit alors pour achever la démonstration de prouver que le diagramme d'identifications

$$\begin{array}{ccc}
\underline{H}^{\cdot d'}_{Z}(\underline{H}^{\cdot d}_{Y}(\Omega^{\cdot}_{X/S})) & \xrightarrow{\sim} & \varinjlim_n [(\varinjlim_k \Omega^{\cdot}_{X/S}/\underline{I}^{(k)}\Omega^{\cdot}_{X/S})/(t'^n_1,\ldots,t'^n_{d'}).(\varinjlim_k \Omega^{\cdot}_{X/S}/\underline{I}^{(k)}\Omega^{\cdot}_{X/S})] \\
\downarrow\wr & & \downarrow\wr \\
\underline{H}^{\cdot d+d'}_{Z}(\Omega^{\cdot}_{X/S}) & \xrightarrow{\sim} & \varinjlim_m \Omega^{\cdot}_{X/S}/\underline{J}^{(m)}\Omega^{\cdot}_{X/S}
\end{array}$$

est commutatif, l'isomorphisme du haut étant défini par les suites $t'_1,\ldots,t'_{d'}$ et $t_1,\ldots,t_d$, et celui du bas par la suite $t_1,\ldots,t_d,t'_1,\ldots,t'_{d'}$.

Pour cela, on introduit le complexe d'objets de $C(X)$

$$\underline{R}^{\cdot\cdot}(\Omega^{\cdot}_{X/S}) = \Omega^{\cdot}_{X/S} \longrightarrow \underline{C}^{\cdot}_{t_1,\ldots,t_d}(\Omega^{\cdot}_{X/S}) \longrightarrow 0 \quad ,$$

et le bicomplexe $\underline{R}^{\cdot}(\underline{R}'^{\cdot}(\Omega^{\cdot}_{X/S}))$ , dont les termes sont également des objets de $C(X)$, le premier degré étant le degré en $R'^{\cdot}$ . On note $\underline{R}''^{\cdot}$ le complexe simple associé à $\underline{R}^{\cdot}(\underline{R}'^{\cdot}(\Omega^{\cdot}_{X/S}))$ , et on définit un morphisme de complexes $u : \underline{R}''^{\cdot} \longrightarrow \underline{R}^{\cdot}(\Omega^{\cdot}_{X/S})$ de la facon suivante : une section de degré $n$ de $\underline{R}''^{\cdot}$ est une cochaîne $(s_{i_1\ldots i_p,j_1\ldots j_q i'_1\ldots i'_r})$ , indexée par l'ensemble des suites $t_{i_1},\ldots,t_{i_p}$, $t_{j_1},\ldots,t_{j_q}$ , $t'_{i'_1},\ldots,t'_{i'_r}$ , avec $i_1 <\ldots< i_p$ , $j_1 <\ldots< j_q$ , $i'_1 <\ldots< i'_r$ , et $p+q+r = n$ ; de même, une section de degré $n$ de $\underline{R}^{\cdot}(\Omega^{\cdot}_{X/S})$ est une cochaine $(s'_{i_1\ldots i_p i'_1\ldots i'_r})$ , indexée par l'ensemble des suites $t_{i_1},\ldots,t_{i_p}$ , $t'_{i'_1},\ldots,t'_{i'_r}$ , avec $i_1<\ldots< i_p$ , $i'_1 <\ldots< i'_r$ , et $p+r = n$ ; si $s$ est une section de degré $n$ de $\underline{R}''^{\cdot}$ , on pose

$$u(s)_{i_1\ldots i_p i'_1\ldots i'_r} = s_{\emptyset,j_1\ldots j_p i'_1\ldots i'_r} \quad ,$$

avec $i_k = j_k$ pour tout $k$ . L'image de $\underline{R}'^{\cdot}(\Omega^{\cdot}_{X/S})$ dans la catégorie dérivée est $\underline{\underline{R\Gamma}}^{\cdot}_Y(\Omega^{\cdot}_{X/S})$ , et celle de $\underline{R}''^{\cdot}$ est alors $\underline{\underline{R\Gamma}}^{\cdot}_Z(\underline{\underline{R\Gamma}}^{\cdot}_Y(\Omega^{\cdot}_{X/S}))$ ; comme l'isomorphisme $\underline{\underline{R\Gamma}}^{\cdot}_Z(\underline{\underline{R\Gamma}}^{\cdot}_Y(\Omega^{\cdot}_{X/S})) \xrightarrow{\sim} \underline{\underline{R\Gamma}}^{\cdot}_Z(\Omega^{\cdot}_{X/S})$ est obtenu en appliquant $\underline{\underline{R\Gamma}}^{\cdot}_Z$ au morphisme naturel $\underline{\underline{R\Gamma}}^{\cdot}_Y(\Omega^{\cdot}_{X/S}) \longrightarrow \Omega^{\cdot}_{X/S}$ , représenté par le morphisme d'augmentation évident $\underline{\underline{R}}'^{\cdot}(\Omega^{\cdot}_{X/S}) \longrightarrow \Omega^{\cdot}_{X/S}$ , le morphisme $u$ induit sur la cohomologie l'isomorphisme vertical de gauche. Mais on vérifie aisément que $u$ est homotope au morphisme $v$ défini par

$$v(s)_{i_1\ldots i_p i'_1\ldots i'_r} = s_{i_1\ldots i_p,\emptyset i'_1\ldots i'_r} \quad ;$$

si on écrit les complexes de cochaînes comme limites inductives de complexes de Koszul, ce dernier donne l'isomorphisme vertical de droite, et par suite le diagramme est commutatif.

Lemme 4.2.2 (*). *Soient* $S \longrightarrow S'$ *une immersion fermée définie par un nilidéal de* $S'$ , $X$ *un* $S$-*schéma lisse,* $Y$ *un sous-schéma fermé de* $X$ *lisse sur* $S$ , $Z$ *un sous-schéma fermé de* $Y$ *lisse sur* $S$ . *Pour tout point* $x$ *de* $X$ , *il existe un voisinage*

(*) On ne suppose pas, dans cet énoncé, que $p$ soit localement nilpotent sur les schémas considérés.

*ouvert* U *de* x *dans* X , *un* S'-*schéma lisse* U' , *un sous-schéma fermé* V' *de* U' *lisse sur* S' , *et un sous-schéma fermé* W' *de* V' , *lisse sur* S' , *tels que l'on ait un diagramme cartésien*

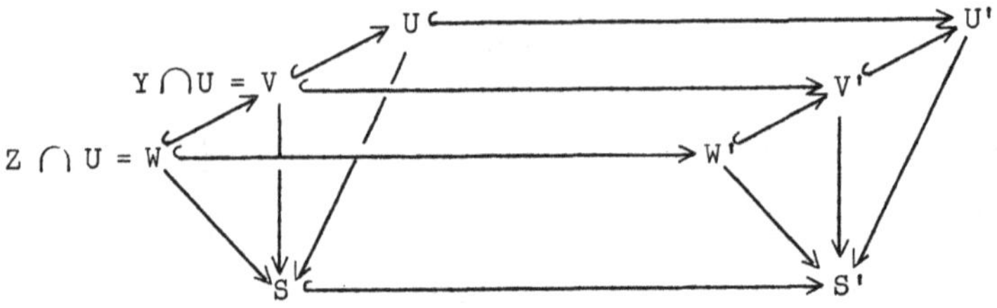


.

Soient $\underline{I}$ l'idéal de Y dans X , $\underline{J}$ l'idéal de Z dans Y . Des suites exactes

$$0 \longrightarrow \underline{I}/\underline{I}^2 \longrightarrow \Omega^1_{X/S} \otimes_{\underline{O}_X} \underline{O}_Y \longrightarrow \Omega^1_{Y/S} \longrightarrow 0 \quad ,$$

$$0 \longrightarrow \underline{J}/\underline{J}^2 \longrightarrow \Omega^1_{Y/S} \otimes_{\underline{O}_Y} \underline{O}_Z \longrightarrow \Omega^1_{Z/S} \longrightarrow 0 \quad ,$$

on déduit qu'il existe pour tout point $x \in X$ un voisinage U de x et des sections $t_1,\ldots,t_n$ de $\underline{O}_X$ telles que les $dt_i$ forment une base de $\Omega^1_{X/S}$ au voisinage de x , $t_1,\ldots,t_d$ engendrant $\underline{I}$ et donnant une base de $\underline{I}/\underline{I}^2$ , et les images de $t_{d+1},\ldots,t_{d+d'}$ dans $\underline{O}_Y$ engendrant $\underline{J}$ et donnant une base de $\underline{J}/\underline{J}^2$ . Le morphisme $u : U \longrightarrow S[T_1,\ldots,T_n]$ obtenu en envoyant $T_i$ sur $t_i$ est alors un morphisme étale, et $Y \cap U$ et $Z \cap U$ s'identifient respectivement aux images inverses par u des sous-schémas $Y_o$ et $Z_o$ de $X_o = S[T_1,\ldots,T_n]$ définis par $T_1,\ldots,T_d$ et $T_1,\ldots,T_{d+d'}$ . Soit $X'_o = S'[T_1,\ldots,T_n]$ ; comme $S \longrightarrow S'$ est une immersion fermée surjective, il en est de même pour $X_o \longrightarrow X'_o$ , et il existe un unique morphisme étale $U' \longrightarrow X'_o$ se réduisant selon u au-dessus de $X_o$ . Si on prend pour V' et W' respectivement les sous-schémas fermés de U' images inverses des sous-schémas fermés de $X'_o$ définis par $T_1,\ldots,T_d$ et $T_1,\ldots,T_{d+d'}$ , il est clair que U' , V' et W' satisfont les conditions de l'énoncé au-dessus de U .

*Proposition* 4.2.3. *Soient* $(S,\underline{I},\gamma)$ *un* PD-*schéma*, $\underline{I}_o$ *un sous*-PD-*idéal quasi*-

<u>cohérent de</u> $\underline{I}$ , $S_o$ <u>le sous-schéma fermé de</u> S <u>défini par</u> $\underline{I}_o$ , X <u>un</u> $S_o$<u>-schéma lisse,</u> Y <u>un sous-schéma fermé de</u> X , <u>lisse sur</u> $S_o$ <u>et de codimension</u> d <u>dans</u> X , Z <u>un sous-schéma fermé de</u> Y , <u>lisse sur</u> $S_o$ , <u>et de codimension</u> d' <u>dans</u> Y , i <u>l'immersion de</u> Y <u>dans</u> X , j <u>l'immersion de</u> Z <u>dans</u> Y . <u>Avec les notations de</u> 3.3.6, <u>les morphismes de Gysin relatifs aux immersions</u> i , j , <u>et</u> i∘j , <u>vérifiant la relation</u>

(4.2.3) $$G_{Z/X} = G_{Y/X} \circ i_{Rcris*}(G_{Z/Y}) \quad .$$

Rappelons que $i_{cris*}$ définit un foncteur image directe entre la catégorie $\underline{\underline{Q}}_{Y/S}$ des $\underline{O}_{Y/S}$-modules sur RCris(Y/S), et la catégorie $\underline{\underline{Q}}_{X/S}$ des $\underline{O}_{X/S}$-modules sur RCris(X/S), noté $i_{Rcris*}$ (IV 2.5.1) ; $i_{cris*}$ étant exact, $i_{Rcris*}$ est également exact, ce qui donne un sens au morphisme $i_{Rcris*}(G_{Z/Y})$ de la catégorie dérivée $D(\underline{\underline{Q}}_{X/S})$ .

Les morphismes $G_{Z/X}$ et $G_{Y/X} \circ i_{Rcris*}(G_{Z/Y})$ sont deux morphismes

$$(i \circ j)_{cris*}(\underline{O}_{Z/S}) \longrightarrow \underline{O}_{X/S}[2d+2d']$$

dans la catégorie dérivée $D(\underline{\underline{Q}}_{X/S})$ (avec l'abus de notation habituel pour $(i \circ j)_{cris*}(\underline{O}_{Z/S})$) . Pour qu'ils soient égaux, il faut et il suffit que les éléments correspondants de $\mathrm{Ext}^{2d+2d'}_{\underline{O}_{X/S}}((i \circ j)_{cris*}(\underline{O}_{Z/S}),\underline{O}_{X/S})$ soient égaux. Comme Z est lisse sur $S_o$ , et de codimension d+d' dans X , l'isomorphisme (3.3.5)

$$\mathrm{Ext}^{2d+2d'}_{\underline{O}_{X/S}}((i \circ j)_{cris*}(\underline{O}_{Z/S}),\underline{O}_{X/S}) \xrightarrow{\sim} \Gamma(X,\underline{\mathrm{Ext}}^{2d+2d'}_{X,\underline{O}_{X/S}}((i \circ j)_{cris*}(\underline{O}_{Z/S}),\underline{O}_{X/S}))$$

montre que c'est une assertion locale sur X . D'après 4.2.2, on peut donc supposer qu'il existe un S-schéma lisse X' , un sous-schéma fermé Y' de X' lisse sur S , et un sous-schéma fermé Z' de Y' lisse sur S , tels que la réduction de X' modulo $\underline{I}_o$ soit isomorphe à X , celles de Y' et Z' s'identifiant ainsi à Y et Z . D'après 4.2.1, les morphismes de Gysin pour les complexes de De Rham forment un diagramme commutatif de la catégorie dérivée $D^+(C(X'))$

$$\begin{array}{ccc} & \Omega^{\bullet}_{Y'/S}[d',d'] & \\ \nearrow & & \searrow \\ \Omega^{\bullet}_{Z'/S} & \longrightarrow & \Omega^{\bullet}_{X'/S}[d+d',d+d'] \end{array} \quad .$$

Soit $L_{X'}$ le foncteur de linéarisation de $D^{+}(C(X'))$ dans $D(\underline{\underline{O}}_{X/S})$ défini en 3.3.7. On obtient donc le diagramme commutatif de $D(\underline{\underline{O}}_{X/S})$

$$\begin{array}{ccc} & L_{X'}(\Omega^{\bullet}_{Y'/S})[2d'] & \\ \nearrow & & \searrow \\ L_{X'}(\Omega^{\bullet}_{Z'/S}) & \longrightarrow & L_{X'}(\Omega^{\bullet}_{X'/S})[2d+2d'] \end{array}$$

D'après 3.3.7, $L_{X'}(\Omega^{\bullet}_{X'/S}), L_{X'}(\Omega^{\bullet}_{Y'/S})$ et $L_{X'}(\Omega^{\bullet}_{Z'/S})$ sont respectivement des résolutions de $\underline{O}_{X/S}$ , $i_{cris*}(\underline{O}_{Y/S})$ et $(i \circ j)_{cris*}(\underline{O}_{Z/S})$ ; de plus, les morphismes $L_{X'}(\Omega^{\bullet}_{Y'/S}) \longrightarrow L_{X'}(\Omega^{\bullet}_{X'/S})[2d]$ et $L_{X'}(\Omega^{\bullet}_{Z'/S}) \longrightarrow L_{X'}(\Omega^{\bullet}_{X'/S})[2d+2d']$ donnent dans la catégorie dérivée les morphismes $G_{Y/X}$ et $G_{Z/X}$ . On a d'autre part les isomorphismes de complexes (3.3.12)

$$L_{X'}(\Omega^{\bullet}_{Y'/S}) \xrightarrow{\sim} i_{cris*}(L_{Y'}(\Omega^{\bullet}_{Y'/S})) \quad ,$$

$$L_{X'}(\Omega^{\bullet}_{Z'/S}) \xrightarrow{\sim} (i \circ j)_{cris*}(L_{Z'}(\Omega^{\bullet}_{Z'/S})) \xrightarrow{\sim} i_{cris*}(L_{Y'}(\Omega^{\bullet}_{Z'/S})) \quad ,$$

de sorte que le linéarisé par rapport à $X'$ du morphisme $\Omega^{\bullet}_{Z'/S} \longrightarrow \Omega^{\bullet}_{Y'/S}[2d']$ est l'image directe par $i_{Rcris*}$ du morphisme linéarisé par rapport à $Y'$ de $\Omega^{\bullet}_{Z'/S} \longrightarrow \Omega^{\bullet}_{Y'/S}[2d']$ .

Corollaire 4.2.4. *Sous les hypothèses de* 4.2.3, *soient*

$$i_{*} : \underline{\underline{R}}\Gamma(Y/S,\underline{O}_{Y/S}) \longrightarrow \underline{\underline{R}}\Gamma(X/S,\underline{O}_{X/S})[2d] \quad ,$$

$$j_{*} : \underline{\underline{R}}\Gamma(Z/S,\underline{O}_{Z/S}) \longrightarrow \underline{\underline{R}}\Gamma(Y/S,\underline{O}_{Y/S})[2d'] \quad ,$$

$$(i \circ j)_{*} : \underline{\underline{R}}\Gamma(Z/S,\underline{O}_{Z/S}) \longrightarrow \underline{\underline{R}}\Gamma(X/S,\underline{O}_{X/S})[2d+2d'] \quad ,$$

*les morphismes de Gysin sur la cohomologie. Alors*

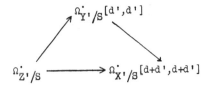

(4.2.4) $$(i \circ j)_* = i_* \circ j_* \quad .$$

Cela résulte immédiatement de (4.2.3) en appliquant le foncteur $\underline{\underline{R}}\Gamma(X/S, .)$ .

## 4.3. Fonctorialité par rapport aux morphismes transversaux.

Lemme 4.3.1. *Soient* $(S,\underline{I},\gamma)$ *un PD-schéma, et* $X$ *un S-schéma, localement de type fini. Tout cristal en* $\underline{O}_{X/S}$*-modules* $E$ *est quotient d'un cristal en* $\underline{O}_{X/S}$*-modules* $L$ *, plat sur* $\underline{O}_{X/S}$ . *Si* $X$ *et* $S$ *sont affines, on peut de plus supposer que* $L$ *est localement libre sur* $\mathrm{Cris}(X/S)$ .

Supposons d'abord $X$ et $S$ affines, et soit $X \longrightarrow Y = S[t_1,\ldots,t_n]$ une S-immersion de $X$ dans un fibré vectoriel sur $S$ . Alors la catégorie des cristaux en $\underline{O}_{X/S}$-modules est équivalente à la catégorie des $\underline{D}_X(Y)$-modules munis d'une stratification relativement au PD-groupoïde affine $\underline{D}_X(Y/S)$ défini en IV 1.6.2. Les isomorphismes IV (1.3.4)

$$\underline{D}_X(Y) \otimes_{\underline{O}_Y} \underline{D}_{Y/S}(1) \xrightarrow{\ \sim\ } \underline{D}_X(Y^2/S) \xleftarrow{\ \sim\ } \underline{D}_{Y/S}(1) \otimes_{\underline{O}_Y} \underline{D}_X(Y)$$

montrent que le PD-groupoïde affine $\underline{D}_X(Y/S)$ est de type fini et différentiellement lisse (II 4.3.2), les $dt_i$ formant de plus une base de $\Omega^1_{\underline{D}_X}(Y/S) = \Omega^1_{Y/S} \otimes_{\underline{O}_Y} \underline{D}_X(Y)$ . D'après II 4.4.4, tout $\underline{D}_X(Y)$-module muni d'une stratification relativement à $\underline{D}_X(Y/S)$ est alors quotient d'un $\underline{D}_X(Y)$-module libre muni d'une stratification relativement à $\underline{D}_X(Y/S)$, l'homomorphisme de passage au quotient étant horizontal. Comme un module stratifié libre définit un module localement libre sur $\mathrm{Cris}(X/S)$, on peut donc de la sorte écrire $E$ comme quotient d'un cristal en $\underline{O}_{X/S}$-modules, localement libre sur $\underline{O}_{X/S}$ .

Dans le cas général, on peut, en appliquant le résultat précédent sur les ouverts affines de $X$ , écrire $E$ comme quotient d'une somme directe de modules localement libres au-dessus d'un ouvert de $X$ , prolongés par $0$ en dehors de cet ouvert ; un tel module étant plat, cela prouve le lemme.

*Corollaire* 4.3.2. *Sous les hypothèses de* 4.3.1, *tout cristal en* $\underline{O}_{X/S}$*-modules possède dans* $\underline{\underline{C}}_{X/S}$ *et dans* $\underline{\underline{Q}}_{X/S}$ *une résolution gauche par des cristaux en* $\underline{O}_{X/S}$*-modules plats sur* $\underline{O}_{X/S}$ (*resp. localement libres si* X *et* S *sont affines*).

L'assertion résulte immédiatement de 4.3.1, puisque $\underline{\underline{C}}_{X/S}$ est une catégorie abélienne, plongée dans $\underline{\underline{Q}}_{X/S}$ par un foncteur exact.

4.3.3. Supposons donné un diagramme commutatif

$$\begin{array}{ccc} X' & \xrightarrow{\quad f \quad} & X \\ \downarrow & & \downarrow \\ (S',\underline{I}',\gamma') & \xrightarrow{\quad u \quad} & (S,\underline{I},\gamma) \end{array} \qquad ,$$

où u est un PD-morphisme. Nous avons vu en IV 2.5.1 que le foncteur $f_{cris*}$ passe au quotient et définit un foncteur

$$f_{Rcris*} : \underline{\underline{Q}}_{X'/S'} \longrightarrow \underline{\underline{Q}}_{X/S} \qquad .$$

On dispose d'autre part du foncteur $f_{cris}^{\ *}$ sur la sous-catégorie abélienne $\underline{\underline{C}}_{X/S}$ de $\underline{\underline{Q}}_{X/S}$ ; c'est un foncteur exact à droite, vérifiant la propriété suivante :

*Lemme* 4.3.4. *Sous les hypothèses de* 4.3.3, *soit* $L^{\cdot}$ *un complexe de cristaux en* $\underline{O}_{X/S}$*-modules, borné supérieurement, à termes plats sur* $\underline{O}_{X/S}$, *et acyclique dans* $\underline{\underline{C}}_{X/S}$ . *Alors le complexe* $f_{cris}^{\ *}(L^{\cdot})$ *est acyclique dans* $\underline{\underline{C}}_{X'/S'}$ .

C'est une assertion locale sur X' , de sorte qu'on peut supposer S , S' , X , X' affines. On peut alors trouver un diagramme commutatif

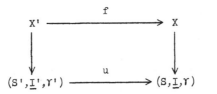

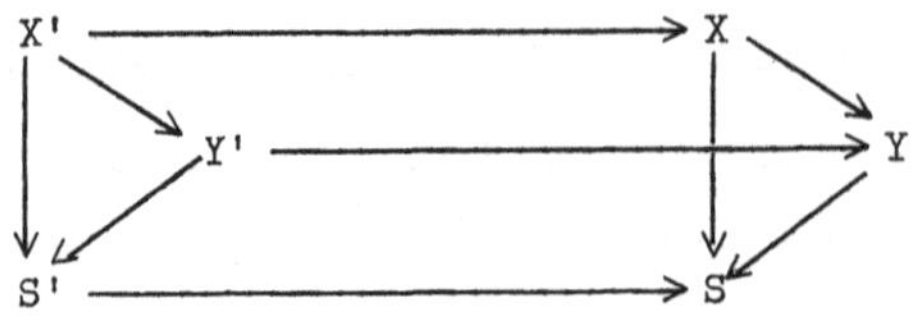


,

où Y est quasi-lisse sur S , Y' quasi-lisse sur S' (en prenant par exemple pour Y et Y' des fibrés vectoriels). On en déduit un PD-morphisme

$g : D_{X',\gamma'}(Y') \longrightarrow D_{X,\gamma}(Y)$ . La catégorie $\underline{\underline{C}}_{X/S}$ est alors équivalente à la catégorie des $\underline{D}_{X,\gamma}(Y)$-modules munis d'une stratification relativement à $\underline{D}_X(Y/S)$ , la catégorie $\underline{\underline{C}}_{X'/S'}$ à celle des $\underline{D}_{X',\gamma'}(Y')$-modules munis d'une stratification relativement à $\underline{D}_{X'}(Y'/S')$, et le foncteur image inverse $f_{cris}{}^*$ s'identifie alors au foncteur $g^*$ . Comme $L^{\cdot}$ est à termes plats sur $\underline{O}_{X/S}$ , le $\underline{D}_{X,\gamma}(Y)$-module $L^k{}_{(X,D_X(Y))}$ est plat pour tout $k$ ; comme $L^{\cdot}$ est borné supérieurement, et acyclique, le complexe $g^*(L^{\cdot}{}_{(X,D_X(Y))})$ est acyclique, donc le complexe $f_{cris}{}^*(L^{\cdot})$ est acyclique.

<u>Corollaire</u> 4.3.5. <u>Sous les hypothèses de</u> 4.3.3, <u>supposons</u> $X$ <u>localement de type fini sur</u> $S$ . <u>Alors le foncteur</u> $f_{cris}{}^* : \underline{\underline{C}}_{X/S} \longrightarrow \underline{\underline{C}}_{X'/S'}$ <u>possède des dérivés gauches</u> $L^i f_{cris}{}^*$.

Cela résulte immédiatement de 4.3.2 et 4.3.4, les dérivés gauches se calculant alors grâce aux résolutions gauches par des cristaux plats sur $\underline{O}_{X/S}$ .

<u>Proposition</u> 4.3.6. <u>Sous les hypothèses de</u> 4.3.3, <u>et en supposant</u> $X$ <u>localement de type fini sur</u> $S$ , <u>soit</u> $E$ <u>un cristal en</u> $\underline{O}_{X/S}$<u>-modules, tel que pour tout</u> $i \geqslant 1$ ,

$$L^i f_{cris}{}^*(E) = 0 \quad ,$$

<u>les</u> $L^i f_{cris}{}^*$ <u>étant calculés sur</u> $\underline{\underline{C}}_{X/S}$ , <u>d'après</u> 4.3.5. <u>Alors, si</u> $J$ <u>est un</u> $\underline{O}_{X'/S'}$<u>-module injectif sur</u> $\mathrm{RCris}(X'/S',\underline{I}',\gamma')$ , $f_{Rcris*}(J)$ <u>est acyclique pour les foncteurs</u> $\underline{\mathrm{Hom}}_{\underline{O}_{X/S}}(E, .)$ , $\underline{\mathrm{Hom}}_{X,\underline{O}_{X/S}}(E, .)$ , $\mathrm{Hom}_{\underline{O}_{X/S}}(E, .)$ <u>définis sur</u> $\underline{\underline{Q}}_{X/S}$ .

Nous allons démontrer d'abord que les $\underline{\mathrm{Ext}}^i_{\underline{O}_{X/S}}(E,f_{Rcris*}(J))$ sont nuls pour $i \geqslant 1$ . Comme c'est une assertion locale, on peut supposer $S$ et $X$ affines. Soit alors $L^{\cdot}$ une résolution de $E$ dans $\underline{\underline{C}}_{X/S}$ , à termes localement libres (par 4.3.2), et soit $I^{\cdot}$ une résolution injective de $f_{Rcris*}(J)$ dans $\underline{\underline{Q}}_{X/S}$ . Considérons le bicomplexe $K^{\cdot\cdot} = \underline{\mathrm{Hom}}_{\underline{O}_{X/S}}(L^{\cdot},I^{\cdot})$ , et les deux suites spectrales correspondantes. Comme pour tout $k$ le $\underline{O}_{X/S}$-module $I^k$ est injectif, le complexe $\underline{\mathrm{Hom}}_{\underline{O}_{X/S}}(L^{\cdot},I^k)$ est une résolution de $\underline{\mathrm{Hom}}_{\underline{O}_{X/S}}(E,I^k)$ . Par suite, l'aboutissement de ces deux suites spectrales est isomorphe à la cohomologie du complexe $\underline{Hom}_{\underline{O}_{X/S}}(E,I^{\cdot})$, i.e. aux $\underline{Ext}^{i}_{\underline{O}_{X/S}}(E,f_{Rcris*}(J))$ .

Fixons maintenant m , et regardons le complexe $\underline{Hom}_{\underline{O}_{X/S}}(L^{m},I^{\cdot})$ . Ses faisceaux de cohomologie sont les $\underline{Ext}^{i}_{\underline{O}_{X/S}}(L^{m},f_{Rcris*}(J))$ , c'est-à-dire les faisceaux associés aux préfaisceaux dont la valeur sur un objet $(U,T,\delta)$ de $RCris(X/S)$ est $Ext^{i}_{\underline{O}_{X/S}}((U,T,\delta)\ ;\ L^{m},f_{Rcris*}(J))$. Si U est assez petit, $L^{m}$ est libre au-dessus de $(U,T,\delta)$ , de sorte qu'il existe un ensemble d'indices I et un isomorphisme $L^{m} \xrightarrow{\sim} (\underline{O}_{X/S})^{(I)}$ ; on en déduit l'isomorphisme

$$Ext^{i}_{\underline{O}_{X/S}}((U,T,\delta)\ ;\ L^{m},f_{Rcris*}(J)) \xrightarrow{\sim} (Ext^{i}_{\underline{O}_{X/S}}((U,T,\delta)\ ;\ \underline{O}_{X/S},f_{Rcris*}(J)))^{I}$$

$$\xrightarrow{\sim} (H^{i}((U,T,\delta),f_{Rcris*}(J)))^{I}$$

$$\xrightarrow{\sim} (H^{i}(T,f_{Rcris*}(J)_{(U,T,\delta)}))^{I} \quad ,$$

d'après V 1.1.2. Or pour tout module F , le faisceau associé au préfaisceau de valeur $H^{i}(T,F_{(U,T,\delta)})$ sur $(U,T,\delta)$ est nul si $i \geqslant 1$ . Par conséquent, les $\underline{Ext}^{i}_{\underline{O}_{X/S}}(L^{m},f_{Rcris*}(J))$ sont nuls au-dessus de $(U,T,\delta)$, donc sont nuls, si $i \geqslant 1$ . L'aboutissement des suites spectrales considérées est donc isomorphe à la cohomologie du complexe $\underline{Hom}_{\underline{O}_{X/S}}(L^{\cdot},f_{Rcris*}(J))$ . Or d'après IV 2.5.3, il existe un isomorphisme canonique de complexes

$$\underline{Hom}_{\underline{O}_{X/S}}(L^{\cdot},f_{Rcris*}(J)) \xrightarrow{\sim} f_{Rcris*}(\underline{Hom}_{\underline{O}_{X'/S'}}(f_{cris}{}^{*}(L^{\cdot}),J)) \quad .$$

Comme les $L^{i}f_{cris}{}^{*}(E)$ sont nuls pour $i \geqslant 1$ , $f_{cris}{}^{*}(L^{\cdot})$ est une résolution localement libre de $f_{cris}{}^{*}(E)$. Comme J est injectif, $\underline{Hom}_{\underline{O}_{X'/S'}}(f_{cris}{}^{*}(L^{\cdot}),J)$ est une résolution de $\underline{Hom}_{\underline{O}_{X'/S'}}(f_{cris}{}^{*}(E),J)$ , et comme les $f_{cris}{}^{*}(L^{m})$ sont plats, les $\underline{Hom}_{\underline{O}_{X'/S'}}(f_{cris}{}^{*}(L^{m}),J)$ sont des $\underline{O}_{X'/S'}$-modules injectifs. On obtient donc les isomorphismes

$$\underline{Ext}^{i}_{\underline{O}_{X/S}}(E,f_{Rcris*}(J)) \xrightarrow{\sim} R^{i}f_{Rcris*}(\underline{Hom}_{\underline{O}_{X'/S'}}(f_{cris}{}^{*}(E),J)) \quad .$$

Puisque J est injectif, le module $\underline{Hom}_{\underline{O}_{X'/S'}}(f_{cris}{}^{*}(E),J)$ est flasque. Or, pour tout $\underline{O}_{X'/S'}$-module flasque F sur $RCris(X'/S')$ , les $R^{i}f_{Rcris*}(F)$ sont nuls si

$i \geqslant 1$ . En effet, soient $Q : (X/S)_{Rcris} \longrightarrow (X/S)_{cris}$, et $Q' : (X'/S')_{Rcris} \longrightarrow (X'/S')_{cris}$ les morphismes canoniques, et soit $I'^{\cdot}$ une résolution injective de $F$ sur $RCris(X'/S')$. Puisque $F$ est flasque, $Q'_*(I^{\cdot})$ est une résolution flasque de $Q'_*(F)$ , qui est lui-même un module flasque sur $Cris(X'/S')$. On a alors

$$f_{Rcris*}(I^{\cdot}) \xrightarrow{\sim} f_{Rcris*}(Q'^*(Q'_*(I^{\cdot})))$$
$$\xrightarrow{\sim} Q^*(f_{cris*}(Q'_*(I^{\cdot})))$$

d'après la définition de $f_{Rcris*}$ . Par suite, les $R^i f_{Rcris*}(F)$ sont les faisceaux de cohomologie du complexe $Q^*(\underline{\underline{R}}f_{cris*}(Q'_*(F)))$ , qui sont nuls en degrés $\geqslant 1$ puisque $Q'_*(F)$ est flasque, et $Q^*$ exact. Appliquant ce résultat à $\underline{Hom}_{\underline{O}_{X'/S'}}(f_{cris}{}^*(E),J)$ , on en déduit la nullité des $\underline{Ext}^i_{\underline{O}_{X/S}}(E,f_{Rcris*}(J))$ pour $i \geqslant 1$ .

D'autre part, $\underline{Hom}_{\underline{O}_{X/S}}(E,f_{Rcris*}(J))$ est un module acyclique pour les foncteurs $\bar{u}_{X/S*}$ et $\Gamma(X/S, .)$ . En effet, il existe d'après IV 2.2.5 un $\underline{O}_{X'/S'}$-module injectif $J_1$ sur $Cris(X'/S')$ , tel que $J = Q'^*(J_1)$ . On a alors les isomorphismes

$$\underline{Hom}_{\underline{O}_{X/S}}(E,f_{Rcris*}(J)) \xrightarrow{\sim} \underline{Hom}_{\underline{O}_{X/S}}(E,f_{Rcris*}(Q'^*(J_1)))$$
$$\xrightarrow{\sim} \underline{Hom}_{\underline{O}_{X/S}}(E,Q^*(f_{cris*}(J_1)))$$
$$\xrightarrow{\sim} Q^*(\underline{Hom}_{\underline{O}_{X/S}}(E,f_{cris*}(J_1)))$$
$$\xrightarrow{\sim} Q^*(f_{cris*}(\underline{Hom}_{\underline{O}_{X'/S'}}(f_{cris}{}^*(E),J_1))) \quad ,$$

compte tenu de IV (2.4.2). Comme $J_1$ est injectif, $\underline{Hom}_{\underline{O}_{X'/S'}}(f_{cris}{}^*(E),J_1)$ est flasque, et $f_{cris*}(\underline{Hom}_{\underline{O}_{X'/S'}}(f_{cris}{}^*(E),J_1))$ l'est également. L'acyclicité de $\underline{Hom}_{\underline{O}_{X/S}}(E,f_{Rcris*}(J))$ pour $\bar{u}_{X/S*}$ et $\Gamma(X/S, .)$ résulte alors de V (1.3.3) et V (1.3.4). Grâce aux suites spectrales de passage du local au semi-local, et du local au global, la nullité des $\underline{Ext}^i_{\underline{O}_{X/S}}(E,f_{Rcris*}(J))$ pour $i \geqslant 1$ entraine celle des $\underline{Ext}^i_{X,\underline{O}_{X/S}}(E,f_{Rcris*}(J))$ et des $Ext^i_{\underline{O}_{X/S}}(E,f_{Rcris*}(J))$ pour $i \geqslant 1$ .

Lemme 4.3.7 (*). Soient $S \longrightarrow S'$ une immersion fermée définie par un nilidéal de $S'$, $X$ un $S$-schéma lisse, $Y$ un sous-schéma fermé de $X$ lisse sur $S$, $Z$ un $S$-schéma lisse, $f : Z \longrightarrow X$ un $S$-morphisme transversal à $Y$. Pour tout point $x$ de $X$, et tout point $z$ de $Z$ tel que $f(z) = x$, il existe un voisinage $U$ de $x$, un voisinage $W$ de $z$, un $S'$-schéma lisse $U'$, un sous-schéma fermé $V'$ de $U'$, lisse sur $S'$, un $S'$-schéma lisse $W'$, et un $S'$-morphisme $f' : W' \longrightarrow U'$, transversal à $V'$, relevant $U$, $V = Y \cap U$, $W$ et $f$.

Soient $x \in X$, et $z \in Z$, tel que $f(z) = x$. Il existe alors un voisinage $U$ de $x$ dans $X$, tel qu'il existe un $S'$-schéma lisse $U'$ de réduction $U$ sur $S$, et un sous-schéma lisse $V'$ de $U'$ de réduction $V = Y \cap U$ sur $S$. D'autre part, il existe un voisinage $W$ de $z$ dans $Z$, qu'on peut supposer contenu dans $f^{-1}(U)$, tel qu'il existe un $S'$-schéma lisse $W'$ de réduction $W$ sur $S$. Comme $U'$ est lisse sur $S'$, le $S'$-morphisme composé $W \xrightarrow{f} U \longrightarrow U'$ se prolonge, en restreignant $W$ si nécessaire, en un $S'$-morphisme $f' : W' \longrightarrow U'$. Le morphisme $f'$ est alors transversal à $V'$ : en effet, il suffit de vérifier que si $z'$ est un point de $W'$, alors l'homomorphisme

$$(4.3.1) \qquad g'^{*}(\underline{N}_{V'/U'}) \otimes_{\underline{O}_{T'}} k(z') \longrightarrow \Omega^{1}_{W'/S'} \otimes_{\underline{O}_{W'}} k(z') \quad ,$$

où $T' = V' \times_{U'} W'$, $g' : T' \longrightarrow V'$, $\underline{N}_{V'/U'}$ étant le faisceau conormal à $V'$ dans $U'$, et $k(z')$ le corps résiduel en $z'$, est injectif (EGA IV 17.13.2). Or le corps résiduel $k(z')$ de $W'$ en $z'$ est égal au corps résiduel de $W$ en $z'$, puisque le morphisme $W \longrightarrow W'$ est une immersion fermée surjective. Les modules considérés étant localement libres de type fini, on a alors, avec des notations évidentes,

$$g'^{*}(\underline{N}_{V'/U'}) \otimes_{\underline{O}_{T'}} k(z') \xrightarrow{\sim} g^{*}(\underline{N}_{V/U}) \otimes_{\underline{O}_{T}} k(z') \quad ,$$

$$\Omega^{1}_{W'/S'} \otimes_{\underline{O}_{W'}} k(z') \xrightarrow{\quad\sim\quad} \Omega^{1}_{W/S} \otimes_{\underline{O}_{W}} k(z') \quad ,$$

et l'injectivité de (4.3.1) résulte immédiatement de ce que $f$ est transversal.

---

(*) On ne suppose pas dans cette assertion que $p$ soit localement nilpotent sur les schémas considérés.

4.3.8. On considère maintenant un diagramme commutatif de la forme suivante :

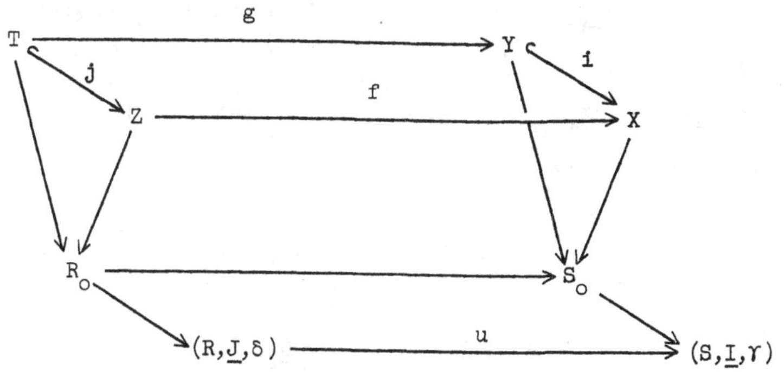

,

vérifiant les hypothèses :

i) u est un PD-morphisme, et $S_o$ et $R_o$ sont respectivement les sous-schémas fermés définis par des sous-PD-idéaux quasi-cohérents $\underline{I}_o$ et $\underline{J}_o$ de $\underline{I}$ et $\underline{J}$ ;

ii) X et Y sont lisses sur $S_o$ , Z et T sont lisses sur $R_o$ , i et j sont des immersions fermées de codimension d ;

iii) le morphisme canonique $T \longrightarrow Y\times_X Z$ est un isomorphisme.

<u>Proposition</u> 4.3.9. <u>Sous les hypothèses de</u> 4.3.8, <u>il existe un isomorphisme canonique</u>

(4.3.2)
$$f_{cris}^{\ *}(i_{cris*}(\underline{O}_{Y/S})) \xrightarrow{\sim} j_{cris*}(\underline{O}_{T/R}) \quad ,$$

<u>et pour tout</u> $i \geqslant 1$ ,

(4.3.3)
$$L^i f_{cris}^{\ *}(i_{cris*}(\underline{O}_{Y/S})) = 0 \quad ,$$

<u>les</u> $L^i f_{cris}^{\ *}$ <u>étant les dérivés de</u> $f_{cris}^{\ *} : \underline{\underline{C}}_{X/S} \longrightarrow \underline{\underline{C}}_{Z/R}$ <u>définis en</u> 4.3.5.

L'homomorphisme (4.3.2) est défini par adjonction. Pour prouver que c'est un isomorphisme, et pour prouver (4.3.3), on voit en introduisant les images inverses de X et Y sur $R_o$ qu'il suffit de prouver ces assertions d'une part lorsque $Z \longrightarrow X\times_{S_o} R_o$ est un isomorphisme, d'autre part lorsque $R = S$ et $R_o = S_o$ .

Supposons d'abord que $Z \xrightarrow{\sim} X\times_{S_o} R_o$ . Comme les assertions sont locales sur X , on peut supposer que X se relève en un S-schéma lisse X' , et Y en un sous-schéma lisse $Y'$ de $X'$ . Soient $Z' = X'\times_S R$ , $T' = Y'\times_S R$ , qui relèvent $Z$ et $T$ sur $R$ . Alors $i_{cris*}(\underline{O}_{Y/S})$ est le cristal défini par la $\underline{O}_{X'}$-algèbre $\underline{D}_{Y',\gamma}(X')$, $j_{cris*}(\underline{O}_{T/R})$ est le cristal défini par $\underline{D}_{T',\delta}(Z')$ , et $f_{cris}^{\ *}(i_{cris*}(\underline{O}_{Y/S}))$ le cristal défini par $f'^*(\underline{D}_{Y',\gamma}(X'))$ , avec $f' : Z' \longrightarrow X'$ . L'homomorphisme (4.3.2) est alors défini par l'homomorphisme canonique

$$f'^*(\underline{D}_{Y',\gamma}(X')) \longrightarrow \underline{D}_{T',\delta}(Z') \quad ,$$

soit encore

$$\underline{D}_{Y',\gamma}(X') \otimes_{\underline{O}_S} \underline{O}_R \longrightarrow \underline{D}_{T',\delta}(Z') \quad .$$

Or, d'après I 4.5.2, $\underline{D}_{Y',\gamma}(X')$ est localement isomorphe comme $\underline{O}_S$-algèbre à l'algèbre des polynômes à puissances divisées, à coefficients dans $\underline{O}_{Y'}$ , par rapport à une suite régulière de sections de $\underline{O}_{X'}$ définissant l'idéal de $Y'$ dans $X'$ ; on a un résultat analogue pour $\underline{D}_{T',\delta}(Z')$ , ce qui montre que l'isomorphisme précédent est un isomorphisme. D'autre part, ce qui précède montre que $\underline{D}_{Y',\gamma}(X')$ est plat sur $S$ , d'où l'on déduit immédiatement qu'il est Tor-indépendant avec $\underline{O}_{Z'}$ sur $\underline{O}_{X'}$ . Si $L^{\cdot}$ est une résolution plate de $\underline{D}_{Y',\gamma}(X')$ dans la catégorie des $\underline{O}_{X'}$-modules munis d'une hyper-PD-stratification relativement à $S$ (correspondant donc à une résolution plate de $i_{cris*}(\underline{O}_{Y/S})$ dans $\underline{\underline{C}}_{X/S}$) , les $L^i f_{cris}^{\ *}(i_{cris*}(\underline{O}_{Y/S}))$ sont les cristaux correspondant aux modules de cohomologie du complexe $f'^*(L^{\cdot})$ . Comme $\underline{D}_{Y',\gamma}(X')$ et $\underline{O}_{Z'}$ sont Tor-indépendants sur $\underline{O}_{X'}$ , $f'^*(L^{\cdot})$ est acyclique en degrés $\geqslant 1$ , ce qui montre la nullité des $L^i f_{cris}^{\ *}(i_{cris*}(\underline{O}_{Y/S}))$ pour $i \geqslant 1$ .

Supposons maintenant que $R = S$ , et $R_o = S_o$ . Les conditions ii) et iii) de 4.3.8 entrainent que $f$ est alors transversal à $Y$ . Comme les assertions sont locales sur $Z$ , on peut d'après 4.3.7 supposer que $X$ se relève en un S-schéma lisse $X'$ , $Y$ en un sous-schéma lisse $Y'$ de $X$ , $Z$ en un S-schéma lisse $Z'$ , et $f$ en un S-morphisme $f' : Z' \longrightarrow X'$ transversal à $Y'$ . Le S-schéma $T' = Y'\times_{X'} Z'$ est alors lisse, et relève $T$ . Quitte à restreindre $X$ , on peut supposer que $Y'$ est défini dans $X'$ par une suite régulière de sections $t_1,\ldots,t_d$ ; $T'$ est alors défini dans $Z'$ par les sections $t_i' = f'^*(t_i)$ . Soit alors $V = S[T_1,\ldots,T_d]$ , et $h : X' \longrightarrow V$ le morphisme envoyant $T_i$ sur $t_i$ .

Si on considère S comme le sous-schéma fermé de V défini par les $T_i$ , les morphismes h et $h \circ f'$ sont transversaux à S , puisque $Y' = S \times_V X'$ et $T' = S \times_V Z'$ sont lisses sur S . Par ailleurs, on voit comme précédemment que $j_{cris*}(\underline{O}_{T/S})$ et $f_{cris}^{\ *}(i_{cris*}(\underline{O}_{Y/S}))$ sont les cristaux définis par $\underline{D}_{T'}(Z')$ et $f'^*(\underline{D}_{Y'}(X'))$ (avec compatibilité à $\gamma$), l'homomorphisme (4.3.2) étant défini par l'homomorphisme canonique $f'^*(\underline{D}_{Y'}(X')) \longrightarrow \underline{D}_{T'}(Z')$ . Utilisant encore la structure locale de $\underline{D}_{Y'}(X')$ et $\underline{D}_{T'}(Z')$ comme algèbres de polynômes à puissances divisées, on voit que c'est un isomorphisme. De même, on obtient les isomorphismes canoniques

$$h^*(\underline{D}_S(V)) \xrightarrow{\sim} \underline{D}_{Y'}(X') \qquad , \qquad (h \circ f')^*(\underline{D}_S(V)) \xrightarrow{\sim} \underline{D}_{T'}(Z') \quad .$$

Pour prouver que les $L^i f_{cris}^{\ *}(i_{cris*}(\underline{O}_{Y/S}))$ sont nuls si $i \geqslant 1$ , il suffit encore de montrer que $\underline{D}_{Y'}(X')$ et $\underline{O}_{Z'}$ sont Tor-indépendants sur $\underline{O}_{X'}$ . Or on a la suite spectrale d'associativité des $\underline{\mathrm{Tor}}$

$$E_2^{p,q} = \underline{\mathrm{Tor}}_p^{\underline{O}_{X'}}(\underline{\mathrm{Tor}}_q^{\underline{O}_V}(\underline{D}_S(V),\underline{O}_{X'}),\underline{O}_{Z'}) \Longrightarrow \underline{\mathrm{Tor}}_n^{\underline{O}_V}(\underline{D}_S(V),\underline{O}_{Z'}) \quad .$$

D'autre part, h est un morphisme lisse, car X' et V sont lisses, et les $dt_i$ font partie d'une base de $\Omega^1_{X'/S}$ puisque Y' est lisse sur S . De même, $h \circ f'$ est lisse. Par suite, X' et Z' sont plats sur V . La suite spectrale dégénère, et donne la nullité des $\underline{\mathrm{Tor}}_i^{\underline{O}_{X'}}(\underline{D}_{Y'}(X'),\underline{O}_{Z'})$ pour $i \geqslant 1$ , ce qui achève la démonstration.

<u>Proposition</u> 4.3.10. <u>Sous les hypothèses de</u> 4.3.8, <u>il existe des homomorphismes canoniques</u>

(4.3.4) $\quad \underline{\mathrm{Ext}}^i_{\underline{O}_{X/S}}(i_{cris*}(\underline{O}_{Y/S}),\underline{O}_{X/S}) \longrightarrow f_{Rcris*}(\underline{\mathrm{Ext}}^i_{\underline{O}_{Z/R}}(j_{cris*}(\underline{O}_{T/R}),\underline{O}_{Z/R}))$ ,

(4.3.5) $\quad \underline{\mathrm{Ext}}^i_{X,\underline{O}_{X/S}}(i_{cris*}(\underline{O}_{Y/S}),\underline{O}_{X/S}) \longrightarrow f_*(\underline{\mathrm{Ext}}^i_{Z,\underline{O}_{Z/R}}(j_{cris*}(\underline{O}_{T/R}),\underline{O}_{Z/R}))$ ,

(4.3.6) $\quad \mathrm{Ext}^i_{\underline{O}_{X/S}}(i_{cris*}(\underline{O}_{Y/S}),\underline{O}_{X/S}) \longrightarrow \mathrm{Ext}^i_{\underline{O}_{Z/R}}(j_{cris*}(\underline{O}_{T/R}),\underline{O}_{Z/R})$ ,

<u>rendant commutatif le diagramme</u>

$$(4.3.7)\qquad \begin{array}{ccc} \mathrm{Ext}^i_{\underline{O}_{X/S}}(i_{cris*}(\underline{O}_{Y/S}),\underline{O}_{X/S}) & \longrightarrow & \mathrm{Ext}^i_{\underline{O}_{Z/R}}(j_{cris*}(\underline{O}_{T/R}),\underline{O}_{Z/R}) \\ \downarrow & & \downarrow \\ H^i(X/S,\underline{O}_{X/S}) & \xrightarrow{f^*} & H^i(Z/R,\underline{O}_{Z/R}) \end{array}$$

Soit $J^\cdot$ une résolution injective de $\underline{O}_{Z/R}$ dans $\underline{\underline{O}}_{Z/R}$. D'après IV 2.5.3, il existe un isomorphisme canonique de complexes sur RCris(X/S)

$$\underline{\mathrm{Hom}}^\cdot_{\underline{O}_{X/S}}(i_{cris*}(\underline{O}_{Y/S}),f_{Rcris*}(J^\cdot)) \xrightarrow{\sim} f_{Rcris*}(\underline{\mathrm{Hom}}^\cdot_{\underline{O}_{Z/R}}(f_{cris}{}^*(i_{cris*}(\underline{O}_{Y/S})),J^\cdot)) .$$

D'après 4.3.6 et 4.3.9, $f_{Rcris*}(J^\cdot)$ est un complexe à termes acycliques pour le foncteur $\underline{\mathrm{Hom}}_{\underline{O}_{X/S}}(i_{cris*}(\underline{O}_{Y/S}), \cdot)$, de sorte que le premier complexe donne dans la catégorie dérivée $D(\underline{\underline{O}}_{X/S})$ le complexe $\underline{\underline{\mathrm{RHom}}}^\cdot_{\underline{O}_{X/S}}(i_{cris*}(\underline{O}_{Y/S}),\underline{\underline{\mathrm{R}f}}_{Rcris*}(\underline{O}_{Z/R}))$. Utilisant le morphisme de fonctorialité $\underline{O}_{X/S} \longrightarrow f_{Rcris*}(\underline{O}_{Z/R})$, on en déduit sur la cohomologie les homomorphismes ($\mathrm{H}^i$ désignant le i-ième faisceau de cohomologie)

$$\underline{\mathrm{Ext}}^i_{\underline{O}_{X/S}}(i_{cris*}(\underline{O}_{Y/S}),\underline{O}_{X/S}) \longrightarrow \mathrm{H}^i(f_{Rcris*}(\underline{\mathrm{Hom}}^\cdot_{\underline{O}_{Z/R}}(j_{cris*}(\underline{O}_{T/R}),J^\cdot))) \quad ,$$

compte tenu de l'isomorphisme (4.3.2). Comme $f_{Rcris*}$ est exact à gauche, il existe un homomorphisme canonique

$$\mathrm{H}^i(f_{Rcris*}(\underline{\mathrm{Hom}}^\cdot_{\underline{O}_{Z/R}}(j_{cris*}(\underline{O}_{T/R}),J^\cdot))) \longrightarrow f_{Rcris*}(\mathrm{H}^i(\underline{\mathrm{Hom}}^\cdot_{\underline{O}_{Z/R}}(j_{cris*}(\underline{O}_{T/R}),J^\cdot)))$$

donnant par composition avec le précédent l'homomorphisme (4.3.4). Il est clair qu'il ne dépend pas du choix de $J^\cdot$.

Appliquons maintenant à l'isomorphisme considéré plus haut le foncteur $\bar{u}_{X/S*}$. Grâce à 4.3.6, le premier complexe donne alors dans la catégorie dérivée $D(X_{Zar})$ le complexe $\underline{\underline{\mathrm{RHom}}}^\cdot_{X,\underline{O}_{X/S}}(i_{cris*}(\underline{O}_{Y/S}),\underline{\underline{\mathrm{R}f}}_{Rcris*}(\underline{O}_{Z/R}))$. D'autre part, on a l'isomorphisme de foncteurs $\bar{u}_{X/S*}\circ f_{Rcris*} \longrightarrow f_*\circ \bar{u}_{Z/R*}$, d'après IV 2.5.4, et le complexe $\bar{u}_{Z/R*}(\underline{\mathrm{Hom}}^\cdot_{\underline{O}_{Z/R}}(j_{cris*}(\underline{O}_{T/R}),J^\cdot))$ a pour faisceaux de cohomologie les $\underline{\mathrm{Ext}}^i_{Z,\underline{O}_{Z/R}}(j_{cris*}(\underline{O}_{T/R}),\underline{O}_{Z/R})$. Par un raisonnement analogue au précédent, on obtient donc l'homomorphisme (4.3.5).

Enfin, l'homomorphisme (4.3.6) résulte immédiatement de l'isomorphisme de complexes

$$\mathrm{Hom}^{\cdot}_{\underline{O}_{X/S}}(i_{cris*}(\underline{O}_{Y/S}),\ f_{Rcris*}(J^{\cdot})) \xrightarrow{\ \sim\ } \mathrm{Hom}^{\cdot}_{\underline{O}_{Z/R}}(j_{cris*}(\underline{O}_{T/R}),J^{\cdot})$$

et de 4.3.6 et 4.3.9. La commutativité du diagramme de l'énoncé provient alors de celle du diagramme de morphismes de complexes

$$\begin{array}{ccc}
\mathrm{Hom}^{\cdot}_{\underline{O}_{X/S}}(i_{cris*}(\underline{O}_{Y/S}),f_{Rcris*}(J^{\cdot})) & \longrightarrow & \mathrm{Hom}^{\cdot}_{\underline{O}_{Z/R}}(j_{cris*}(\underline{O}_{T/R}),J^{\cdot}) \\
\downarrow & & \downarrow \\
\mathrm{Hom}^{\cdot}_{\underline{O}_{X/S}}(\underline{O}_{X/S},f_{Rcris*}(J^{\cdot})) & \longrightarrow & \mathrm{Hom}^{\cdot}_{\underline{O}_{Z/R}}(\underline{O}_{Z/R},J^{\cdot})
\end{array} \quad .$$

*Lemme* 4.3.11. *Sous les hypothèses de* 4.3.8, *supposons* $Y$ *de codimension* $d$ *dans* $X$ , *de sorte que* $T$ *est de codimension* $d$ *dans* $Z$ . *Alors le diagramme*

$$\begin{array}{ccc}
\mathrm{Ext}^{2d}_{\underline{O}_{X/S}}(i_{cris*}(\underline{O}_{Y/S}),\underline{O}_{X/S}) & \longrightarrow & \mathrm{Ext}^{2d}_{\underline{O}_{Z/R}}(j_{cris*}(\underline{O}_{T/R}),\underline{O}_{Z/R}) \\
\downarrow\wr & & \downarrow\wr \\
\Gamma(X,\underline{\mathrm{Ext}}^{2d}_{X,\underline{O}_{X/S}}(i_{cris*}(\underline{O}_{Y/S}),\underline{O}_{X/S})) & \longrightarrow & \Gamma(Z,\underline{\mathrm{Ext}}^{2d}_{Z,\underline{O}_{Z/R}}(j_{cris*}(\underline{O}_{T/R}),\underline{O}_{Z/R}))
\end{array} \quad ,$$

*où les homomorphismes horizontaux sont définis par* (4.3.6) *et* (4.3.5), *et les isomorphismes verticaux sont les isomorphismes* (3.3.5), *est commutatif*.

Pour le voir, on écrit d'une part que le morphisme $\mathrm{Ext}^{2d} \longrightarrow \Gamma(X,\underline{\mathrm{Ext}}^{2d}_X)$ est fonctoriel pour le morphisme $\underline{O}_{X/S} \longrightarrow \underline{\underline{R}}f_{Rcris*}(\underline{O}_{Z/R})$ , et d'autre part, on remarque que le diagramme suivant, où $J^{\cdot}$ est une résolution injective de $\underline{O}_{Z/R}$ dans $\underline{\underline{Q}}_{Z/R}$ , est commutatif :

$$\begin{array}{ccc}
H^{2d}(\mathrm{Hom}_{\underline{O}_{X/S}}(i_{cris*}(\underline{O}_{Y/S}),f_{Rcris*}(J^{\cdot}))) & \xrightarrow{\sim} & H^{2d}(\mathrm{Hom}_{\underline{O}_{Z/R}}(j_{cris*}(\underline{O}_{T/R}),J^{\cdot})) \\
\downarrow\wr & & \downarrow\wr \\
H^{2d}(\Gamma(X,\underline{\mathrm{Hom}}_{X,\underline{O}_{X/S}}(i_{cris*}(\underline{O}_{Y/S}),f_{Rcris*}(J^{\cdot})))) & \xrightarrow{\sim} & H^{2d}(\Gamma(X,f_*(\underline{\mathrm{Hom}}_{Z,\underline{O}_{Z/R}}(j_{cris*}(\underline{O}_{T/R}),J^{\cdot})))) \\
\downarrow & & \downarrow \\
\Gamma(X,H^{2d}(\underline{\mathrm{Hom}}_{X,\underline{O}_{X/S}}(i_{cris*}(\underline{O}_{Y/S}),f_{Rcris*}(J^{\cdot})))) & \longrightarrow & \Gamma(Z,H^{2d}(\underline{\mathrm{Hom}}_{Z,\underline{O}_{Z/R}}(j_{cris*}(\underline{O}_{T/R}),J^{\cdot})))
\end{array} ,$$

ce qui donne bien le lemme, compte tenu de 4.3.6 et de la définition de (4.3.6) et (4.3.5).

Théorème 4.3.12. (fonctorialité). Sous les hypothèses de 4.3.8, l'homomorphisme

$$(4.3.6) \qquad \mathrm{Ext}^{2d}_{\underline{O}_{X/S}}(i_{cris*}(\underline{O}_{Y/S}),\underline{O}_{X/S}) \longrightarrow \mathrm{Ext}^{2d}_{\underline{O}_{Z/R}}(j_{cris*}(\underline{O}_{T/R}),\underline{O}_{Z/R})$$

envoie la classe de cohomologie $s_{Y/X}$ de Y dans X sur la classe de cohomologie $s_{T/Z}$ de T dans Z .

Rappelons que $s_{Y/X}$ et $s_{T/Z}$ proviennent par les isomorphismes (3.3.5) de classes de cohomologie locales ; d'après la commutativité de (4.3.8), il est donc équivalent de montrer que l'homomorphisme (4.3.5)

$$\underline{\mathrm{Ext}}^{2d}_{X,\underline{O}_{X/S}}(i_{cris*}(\underline{O}_{Y/S}),\underline{O}_{X/S}) \longrightarrow f_*(\underline{\mathrm{Ext}}^{2d}_{Z,\underline{O}_{Z/R}}(j_{cris*}(\underline{O}_{T/R}),\underline{O}_{Z/R}))$$

ou, ce qui revient au même, que l'homomorphisme adjoint

$$f^*(\underline{\mathrm{Ext}}^{2d}_{X,\underline{O}_{X/S}}(i_{cris*}(\underline{O}_{Y/S}),\underline{O}_{X/S})) \longrightarrow \underline{\mathrm{Ext}}^{2d}_{Z,\underline{O}_{Z/R}}(j_{cris*}(\underline{O}_{T/R}),\underline{O}_{Z/R})$$

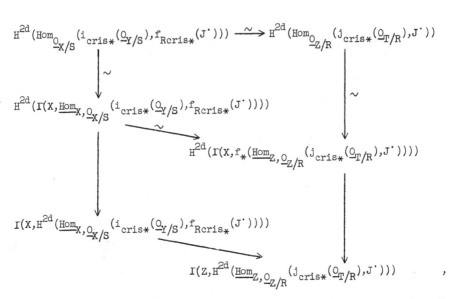

envoie la classe locale $s_{Y/X}$ sur la classe locale $s_{T/Z}$ . C'est alors une assertion locale sur X et Z . On peut donc supposer que X se relève en un S-schéma lisse X' , Y en un sous-schéma lisse Y' de X' , Z en un R-schéma lisse Z' , et f en un morphisme $f' : Z' \longrightarrow X'$ transversal à $Y'$ . On pose $T' = Y' \times_{X'} Z'$ , de sorte que $T'$ est lisse sur $R$ , et relève $Y$ . On peut également supposer que $Y'$ est défini par une suite régulière $t_1, \ldots, t_d$ de sections de $\underline{O}_{X'}$ , $T'$ étant alors défini par la suite régulière formée par les $t'_i = f'^*(t_i)$ .

Soit alors $\underline{K}^{\cdot\cdot}$ le complexe (3.1.15) d'objets de $C(X')$ défini par les $t_i$

$$K^{\cdot\cdot} = \underline{C}^{\cdot}_{t_1,\ldots,t_d}(\Omega^{\cdot}_{X'/S}) \longrightarrow \underline{H}^{\cdot d}_{Y'}(\Omega^{\cdot}_{X'/S}) \longrightarrow 0 \quad ,$$

et de même, soit $\underline{K}'^{\cdot\cdot}$ le complexe

$$\underline{K}'^{\cdot\cdot} = \underline{C}^{\cdot}_{t'_1,\ldots,t'_d}(\Omega^{\cdot}_{Z'/R}) \longrightarrow \underline{H}^{\cdot d}_{T'}(\Omega^{\cdot}_{Z'/R}) \longrightarrow 0 \quad .$$

Comme $t'_i = f'^*(t_i)$ , la définition de $\underline{C}^{\cdot}_{t_1,\ldots,t_d}$ montre qu'il existe un homomorphisme canonique de complexes de modules gradués

$$f'^*(\underline{C}^{\cdot}_{t_1,\ldots,t_d}(\Omega^{\cdot}_{X'/S})) \longrightarrow \underline{C}^{\cdot}_{t'_1,\ldots,t'_d}(\Omega^{\cdot}_{Z'/R}) \quad ,$$

induisant l'homomorphisme canonique $f'^*(\Omega^{\cdot}_{X'/S}) \longrightarrow \Omega^{\cdot}_{Z'/R}$ . Comme $\underline{H}^{\cdot d}_{Y'}(\Omega^{\cdot}_{X'/S})$ (resp. $\underline{H}^{\cdot d}_{T'}(\Omega^{\cdot}_{Z'/R})$) est le conoyau de $\underline{C}^{d-1} \longrightarrow \underline{C}^{d}$ , on en déduit un homomorphisme de complexes de modules gradués

$$f'^*(\underline{K}^{\cdot\cdot}) \longrightarrow \underline{K}'^{\cdot\cdot} \quad .$$

Soient maintenant $L_{X'}$ le foncteur linéarisation sur $\mathrm{RCris}(X/S)$ relatif à l'immersion de $X$ dans $X'$ , et $L_{Z'}$ le foncteur linéarisation sur $\mathrm{RCris}(Z/R)$ relatif à l'immersion de $Z$ dans $Z'$ . D'après IV 3.1.5, l'homomorphisme précédent définit un homomorphisme de complexes de modules gradués

$$(4.3.9) \qquad f_{cris}^{\ *}(L_{X'}(\underline{K}^{\cdot\cdot})) \longrightarrow L_{Z'}(f'^*(\underline{K}^{\cdot\cdot})) \longrightarrow L_{Z'}(\underline{K}'^{\cdot\cdot}) \quad .$$

Comme la différentielle de $L_{X'}(\underline{K}^{\cdot\cdot})$ provenant de celle de $\Omega^{\cdot}_{X'/S}$ est linéaire par rapport à $\underline{O}_{X'}$ , $f_{cris}^{\ *}(L_{X'}(\underline{K}^{\cdot\cdot}))$ est un bicomplexe $\underline{O}_{Z'/R}$-linéaire, et il est immédiat de vérifier que (4.3.9) est un morphisme de bicomplexes (la vérification se faisant sur $Z'$). On notera $L_{X'}(\underline{K}^{\cdot})$ et $L_{Z'}(\underline{K}'^{\cdot})$ les complexes simples associés à $L_{X'}(\underline{K}^{\cdot\cdot})$ et $L_{Z'}(\underline{K}'^{\cdot\cdot})$ ; rappelons que ce sont respectivement des résolutions de $\underline{O}_{X/S}$ et $\underline{O}_{Z/R}$ (cf. 3.3.7).

Soit $J^\cdot$ une résolution injective de $\underline{O}_{Z/R}$ dans $\underline{\underline{Q}}_{Z/R}$. Comme $L_{Z'}(\underline{K}'^\cdot)$ est une résolution de $\underline{O}_{Z/R}$, il existe un morphisme de complexes $L_{Z'}(\underline{K}'^\cdot) \longrightarrow J^\cdot$ induisant l'identité sur $\underline{O}_{Z/R}$. Par adjonction, le morphisme (4.3.9) fournit alors un diagramme commutatif de morphismes de complexes sur RCris(X/S)

$$\begin{array}{ccccc} \underline{O}_{X/S} & \longrightarrow & f_{Rcris*}(\underline{O}_{Z/S}) & & \\ \downarrow & & \downarrow & & \\ L_{X'}(\underline{K}^\cdot) & \longrightarrow & f_{Rcris*}(L_{Z'}(\underline{K}'^\cdot)) & \longrightarrow & f_{Rcris*}(J^\cdot) \end{array} .$$

On en déduit le diagramme commutatif

$$\begin{array}{ccc} \underline{Hom}_{X,\underline{O}_{X/S}}(i_{cris*}(\underline{O}_{Y/S}),L_{X'}(\underline{K}^\cdot)[2d]) & \longrightarrow & \underline{Ext}^{2d}_{X,\underline{O}_{X/S}}(i_{cris*}(\underline{O}_{Y/S}),\underline{O}_{X/S}) \\ \downarrow & & \downarrow \\ \underline{Hom}_{X,\underline{O}_{X/S}}(i_{cris*}(\underline{O}_{Y/S}),f_{Rcris*}(L_{Z'}(\underline{K}'^\cdot))[2d]) & \searrow & \\ & & \underline{Ext}^{2d}_{X,\underline{O}_{X/S}}(i_{cris*}(\underline{O}_{Y/S}),f_{Rcris*}(L_{Z'}(\underline{K}'^\cdot))) \\ \downarrow & & \downarrow \\ \underline{Hom}_{X,\underline{O}_{X/S}}(i_{cris*}(\underline{O}_{Y/S}),f_{Rcris*}(J^\cdot)[2d]) & \searrow & \\ & & \underline{Ext}^{2d}_{X,\underline{O}_{X/S}}(i_{cris*}(\underline{O}_{Y/S}),f_{Rcris*}(J^\cdot)) \\ & & \downarrow \\ & & f_*(\underline{Ext}^{2d}_{Z,\underline{O}_{Z/R}}(j_{cris*}(\underline{O}_{T/R}),\underline{O}_{Z/R})) \end{array} ,$$

où $\underline{Hom}_X$ désigne le faisceau des morphismes de complexes, et où le composé vertical de droite est l'homomorphisme (4.3.5). Utilisant l'isomorphisme canonique

$$\underline{Hom}_{X,\underline{O}_{X/S}}(i_{cris*}(\underline{O}_{Y/S}),f_{Rcris*}(L_{Z'}(\underline{K}'^\cdot))) \xrightarrow{\sim} f_*(\underline{Hom}_{Z,\underline{O}_{Z/R}}(j_{cris*}(\underline{O}_{T/R}),L_{Z'}(\underline{K}'^\cdot))) ,$$

on obtient finalement le diagramme commutatif

$$\begin{array}{ccc} \underline{\mathrm{Hom}}_{X,\underline{O}_{X/S}}(i_{\mathrm{cris}*}(\underline{O}_{Y/S}),L_{X'}(\underline{K}^{\cdot})[2d]) & \longrightarrow & f_*(\underline{\mathrm{Hom}}_{Z,\underline{O}_{Z/R}}(j_{\mathrm{cris}*}(\underline{O}_{T/R}),L_{Z'}(\underline{K}'^{\cdot})[2d])) \\ \downarrow & & \downarrow \\ \underline{\mathrm{Ext}}^{2d}_{X,\underline{O}_{X/S}}(i_{\mathrm{cris}*}(\underline{O}_{Y/S}),\underline{O}_{X/S}) & \longrightarrow & f_*(\underline{\mathrm{Ext}}^{2d}_{Z,\underline{O}_{Z/R}}(j_{\mathrm{cris}*}(\underline{O}_{T/R}),\underline{O}_{Z/R})) \end{array} ,$$

dans lequel l'homomorphisme vertical de droite provient de l'homomorphisme

$$\underline{\mathrm{Hom}}_{Z,\underline{O}_{Z/R}}(j_{\mathrm{cris}*}(\underline{O}_{T/R}),L_{Z'}(\underline{K}'^{\cdot})[2d]) \longrightarrow \underline{\mathrm{Ext}}^{2d}_{Z,\underline{O}_{Z/R}}(j_{\mathrm{cris}*}(\underline{O}_{T/R}),\underline{O}_{Z/R})$$

en appliquant $f_*$ .

D'après 3.3.7, la classe $s_{Y/X}$ provient par l'homomorphisme canonique

$$\underline{\mathrm{Hom}}_{X,\underline{O}_{X/S}}(i_{\mathrm{cris}*}(\underline{O}_{Y/S}),L_{X'}(\underline{K}^{\cdot})[2d]) \longrightarrow \underline{\mathrm{Ext}}^{2d}_{X,\underline{O}_{X/S}}(i_{\mathrm{cris}*}(\underline{O}_{Y/S}),\underline{O}_{X/S})$$

du morphisme de complexes

(4.3.10) $$i_{\mathrm{cris}*}(\underline{O}_{Y/S}) \longrightarrow L_{X'}(\underline{K}^{\cdot})[2d]$$

obtenu en linéarisant le morphisme de Gysin pour les complexes de De Rham. La classe $s_{T/Z}$ provient de la même façon d'un morphisme de complexes

(4.3.11) $$j_{\mathrm{cris}*}(\underline{O}_{T/R}) \longrightarrow L_{Z'}(\underline{K}'^{\cdot})[2d] \quad .$$

Il suffit donc, pour prouver l'énoncé, de vérifier que le diagramme

$$\begin{array}{ccc} f_{\mathrm{cris}}^{\ *}(i_{\mathrm{cris}*}(\underline{O}_{Y/S})) & \xrightarrow{\sim} & j_{\mathrm{cris}*}(\underline{O}_{T/R}) \\ \downarrow & & \downarrow \\ f_{\mathrm{cris}}^{\ *}(L_{X'}(\underline{K}^{\cdot}))[2d] & \longrightarrow & L_{Z'}(\underline{K}'^{\cdot})[2d] \end{array}$$

défini par (4.3.9), (4.3.10) et (4.3.11) , est commutatif. Comme ces complexes sont à termes dans $\underline{\underline{C}}_{Z/R}$ , il suffit de faire la vérification sur $Z'$ . Le diagramme induit par le précédent sur $Z'$ est alors

$$\begin{array}{ccc} f'^*(\underline{D}_{Y',\gamma})(X')) & \xrightarrow{\sim} & \underline{D}_{T',\delta}(Z') \\ \downarrow & & \downarrow \\ f'^*(\underline{D}_{X'/S}(1)\otimes \underline{K}^{\cdot})[2d] & \longrightarrow & \underline{D}_{Z'/R}(1)\otimes \underline{K}'^{\cdot}[2d] \end{array} ,$$

les homomorphismes verticaux étant les homomorphismes

$$f'^*(\underline{D}_{Y',\gamma}(X')) \longrightarrow f'^*(\underline{D}_{X'/S}(1)\otimes\underline{O}_{Y'}) \longrightarrow f'^*(\underline{D}_{X'/S}(1)\otimes\underline{H}^d_{Y'}(\Omega^d_{X'/S})) \quad ,$$

$$\underline{D}_{T',\delta}(Z') \longrightarrow \underline{D}_{Z'/R}(1)\otimes\underline{O}_{T'} \longrightarrow \underline{D}_{Z'/R}(1)\otimes\underline{H}^d_{T'}(\Omega^d_{Z'/R}) \quad .$$

Comme $\underline{O}_{Y'} \longrightarrow \underline{H}^d_{Y'}(\Omega^d_{X'/S})$ et $\underline{O}_{T'} \longrightarrow \underline{H}^d_{T'}(\Omega^d_{Z'/R})$ sont respectivement les homomorphismes envoyant la section unité sur les sections $dt_1\wedge\ldots\wedge dt_d/t_1\ldots t_d$ et $dt'_1\wedge\ldots\wedge dt'_d/t'_1\ldots t'_d$ , la commutativité du diagramme résulte de ce que

$$f'^*(dt_1\wedge\ldots\wedge dt_d/t_1\ldots t_d) = dt'_1\wedge\ldots\wedge dt'_d/t'_1\ldots t'_d \quad ,$$

d'après la définition du morphisme $f'^*(\underline{K}^{\cdot\cdot}) \longrightarrow \underline{K}'^{\cdot\cdot}$ , et le calcul de $\underline{H}^d_{Y'}$ et $\underline{H}^d_{T'}$ par (3.1.4).

Corollaire 4.3.13. *Sous les hypothèses de* 4.3.8, *soit*

$$f^* : H^*(X/S,\underline{O}_{X/S}) \longrightarrow H^*(Z/R,\underline{O}_{Z/R})$$

*l'homomorphisme défini par* f *sur la cohomologie. Alors*

(4.3.12) $$f^*(s_{Y/X}) = s_{T/Z} \quad .$$

D'après la commutativité du diagramme (4.3.7), cela résulte immédiatement de 4.3.12.

Corollaire 4.3.14. *Soient* $(S,\underline{I},\gamma)$ *un* PD-*schéma,* $S_o$ *un sous-schéma fermé de* S *défini par un sous*-PD-*idéal quasi-cohérent de* $\underline{I}$ , X *un* $S_o$-*schéma lisse,* Y *un sous-schéma fermé de* X , *de codimension* d *dans* X , *lisse sur* $S_o$ . *Alors l'homomorphisme canonique*

$$H^*(X/S,\underline{O}_{X/S}) \longrightarrow H^*(X/S_o,\underline{O}_{X/S_o}) \xrightarrow{\sim} \underline{\underline{H}}^*(X,\Omega^{\cdot}_{X/S_o}) \quad ,$$

*où l'isomorphisme est l'isomorphisme* V (2.3.16), *envoie la classe de cohomologie de* Y *dans la cohomologie cristalline de* X *relativement à* $(S,\underline{I},\gamma)$ *dans la classe de cohomologie de* Y *dans la cohomologie de De Rham de* X *relativement à* $S_o$ .

D'après 4.3.13, la classe de Y dans $H^*(X/S,\underline{O}_{X/S})$ a pour image dans $H^*(X/S_o,\underline{O}_{X/S_o})$ la classe de cohomologie de Y , qui s'identifie alors à la classe de cohomologie de Y en cohomologie de De Rham, d'après la construction de cette dernière (cf. 3.3.5).

Corollaire 4.3.15 (formule d'intersection). Soient $(S,\underline{I},\gamma)$ un PD-schéma, $S_o$ un sous-schéma fermé de $S$, défini par un sous-PD-idéal quasi-cohérent de $\underline{I}$, $X$ un $S_o$-schéma lisse, $Y$ et $Z$ deux sous-schémas fermés de $X$, lisses sur $S_o$, et se coupant transversalement. Soient $T = Y\times_X Z$, et $d$, $d'$, les codimensions de $Y$ et $Z$ dans $X$. Dans $H^{2d+2d'}(X/S,\underline{O}_{X/S})$, on a

(4.3.13)
$$s_{Y/X}.s_{Z/X} = s_{T/X} \quad .$$

Soient $i$, $j$, les immersions de $Y$ et $Z$ dans $X$, et soient $i_*$ et $j_*$ les morphismes de Gysin correspondants (3.3.10), soit :

$$i_* : H^*(Y/S,\underline{O}_{Y/S}) \longrightarrow H^{*+2d}(X/S,\underline{O}_{X/S}) \quad ,$$

$$j_* : H^*(Z/S,\underline{O}_{Z/S}) \longrightarrow H^{*+2d'}(X/S,\underline{O}_{X/S}) \quad .$$

Par définition, $s_{Y/X} = i_*(1)$, et $s_{Z/X} = j_*(1)$. Soient $i' : T \longrightarrow Z$, et $j' : T \longrightarrow Y$. D'après la formule de projection (4.1.3), on peut écrire

$$i_*(1).j_*(1) = i_*(1.i^*(j_*(1))) \quad ,$$

$i^*$ étant le morphisme image inverse sur la cohomologie. Puisque $Y$ et $Z$ se coupent transversalement, $T$ est lisse sur $S_o$, et on obtient en appliquant 4.1.2

$$i^*(j_*(1)) = i^*(s_{Z/X}) = s_{T/Y} = j'_*(1) \quad ,$$

d'où

$$i_*(1).j_*(1) = i_*(j'_*(1)) \quad ,$$

soit encore, d'après la formule de transitivité (4.2.4),

$$i_*(1).j_*(1) = (i\circ j')_*(1) = s_{T/X} \quad ,$$

ce qui prouve (4.3.13).

Corollaire 4.3.16 (compatibilité au morphisme de Künneth) Soient $(S,\underline{I},\gamma)$ un PD-schéma quasi-compact et quasi-séparé, $S_o$ un sous-schéma fermé de $S$, défini par un sous-PD-idéal quasi-cohérent de $\underline{I}$, $X$ et $Y$ deux $S_o$-schémas lisses, $Z = X\times_S Y$, $X'$ et $Y'$ deux sous-schémas fermés de $X$ et $Y$ respectivement, lisses sur $S_o$, de codimensions $d$ et $d'$ dans $X$ et $Y$, et $Y$, et $Z' = X'\times_{S_o} Y'$. Si on note

$$k_{X,Y} : H^{2d}(X/S,\underline{O}_{X/S}) \otimes_A H^{2d'}(Y/S,\underline{O}_{Y/S}) \longrightarrow H^{2d+2d'}(Z/S,\underline{O}_{Z/S})$$

l'homomorphisme induit par le morphisme de Künneth (V (4.1.4)), avec $A = \Gamma(S,\underline{O}_S)$ , alors

(4.3.14)
$$k_{X,Y}(s_{X'/X} \otimes s_{Y'/Y}) = s_{Z'/Z} \quad .$$

D'après la commutativité du morphisme de Künneth aux cup-produits (V 4.1.7 iii)), on peut écrire

$$\begin{aligned} k_{X,Y}(s_{X'/X} \otimes s_{Y'/Y}) &= k_{X,Y}((s_{X'/X} \otimes 1)(1 \otimes s_{Y'/Y})) \\ &= k_{X,Y}(s_{X'/X} \otimes 1).k_{X,Y}(1 \otimes s_{Y'/Y}) \quad . \end{aligned}$$

Soient $p$ , $q$ les projections de $Z$ sur $X$ , $Y$ , et $X''$ , $Y''$ les images inverses de $X'$ , $Y'$ dans $Z$ , de sorte que $Z' = X'' \times_Z Y''$ . Il résulte immédiatement de la définition de $k_{X,Y}$ que le morphisme composé

$$\underline{\underline{R}}\Gamma(X/S,\underline{O}_{X/S}) \xrightarrow{\mathrm{Id} \otimes 1} \underline{\underline{R}}\Gamma(X/S,\underline{O}_{X/S}) \overset{\underline{\underline{L}}}{\otimes}_A \underline{\underline{R}}\Gamma(Y/S,\underline{O}_{Y/S}) \xrightarrow{k_{X,Y}} \underline{\underline{R}}\Gamma(Z/S,\underline{O}_{Z/S})$$

n'est autre que $p^*$ , et de même pour $Y$ et $q^*$ . Par conséquent,

$$\begin{aligned} k_{X,Y}(s_{X'/X} \otimes s_{Y'/Y}) &= p^*(s_{X'/X}).q^*(s_{Y'/Y}) \\ &= s_{X''/Z}.s_{Y''/Z} \end{aligned}$$

d'après (4.3.12), d'où

$$k_{X,Y}(s_{X'/X} \otimes s_{Y'/Y}) = s_{Z'/Z}$$

grâce à (4.3.13).

# CHAPITRE VII

## DUALITE DE POINCARE ET RATIONNALITE DE LA FONCTION ZETA

### 1. Résidus et trace.

#### 1.1. Théorème de finitude.

Théorème 1.1.1. *Soient* $(S,\underline{I},\gamma)$ *un PD-schéma noethérien,* $\underline{I}_o$ *un sous-PD-idéal quasi-cohérent nilpotent de* $\underline{I}$ , $S_o$ *le sous-schéma fermé de* $S$ *défini par* $\underline{I}_o$ , $X$ *un* $S_o$*-schéma propre et lisse,* $E$ *un* $\underline{O}_{X/S}$*-module localement libre de type fini sur* $\mathrm{Cris}(X/S,\underline{I},\gamma)$ . *Si on note* $f : X \longrightarrow S$ *le morphisme canonique, et*

$$f_{X/S} : (X/S,\underline{I},\gamma)_{cris} \xrightarrow{u_{X/S}} X_{Zar} \xrightarrow{f} S_{Zar}$$

*le morphisme de topos composé, le complexe* $\underline{\underline{R}}f_{X/S*}(E)$ *est un complexe parfait de* $\underline{O}_S$*-modules.*

Rappelons (SGA 6 I 5.8.1) qu'un complexe de $\underline{O}_S$-modules est parfait si et seulement s'il est pseudo-cohérent et localement de Tor-dimension finie. Or $\underline{\underline{R}}f_{X/S*}(E)$ est de Tor-dimension finie d'après V 3.5.9. Puisque $\underline{I}_o$ est nilpotent, il suffit de montrer que pour tout $n$ le complexe $\underline{\underline{R}}f_{X/S*}(E) \overset{\underline{\underline{L}}}{\otimes}_{\underline{O}_S} (\underline{O}_S/\underline{I}_o^n)$ est pseudo-cohérent. Or on déduit de la suite exacte

$$0 \longrightarrow \underline{I}_o^n/\underline{I}_o^{n+1} \longrightarrow \underline{O}_S/\underline{I}_o^{n+1} \longrightarrow \underline{O}_S/\underline{I}_o^n \longrightarrow 0$$

le triangle distingué

$$\begin{array}{ccc} & \underline{\underline{R}}f_{X/S*}(E) \overset{\underline{\underline{L}}}{\otimes}_{\underline{O}_S} (\underline{O}_S/\underline{I}_o^n) & \\ \swarrow & & \nwarrow \\ \underline{\underline{R}}f_{X/S*}(E) \overset{\underline{\underline{L}}}{\otimes}_{\underline{O}_S} (\underline{I}_o^n/\underline{I}_o^{n+1}) & \longrightarrow & \underline{\underline{R}}f_{X/S*}(E) \overset{\underline{\underline{L}}}{\otimes}_{\underline{O}_S} (\underline{O}_S/\underline{I}_o^{n+1}) \end{array}$$

Mais, d'après le théorème de changement de base (V 3.5.2), il existe un isomorphisme canonique

$$\underline{\underline{R}}f_{X/S*}(E) \overset{\underline{\underline{L}}}{\otimes}_{\underline{O}_S} (\underline{I}_o^n/\underline{I}_o^{n+1}) \xrightarrow{\sim} (\underline{\underline{R}}f_{X/S*}(E) \overset{\underline{\underline{L}}}{\otimes}_{\underline{O}_S} \underline{O}_{S_o}) \overset{\underline{\underline{L}}}{\otimes}_{\underline{O}_{S_o}} (\underline{I}_o^n/\underline{I}_o^{n+1}) \xrightarrow{\sim} \underline{\underline{R}}f_{X/S_o*}(E) \overset{\underline{\underline{L}}}{\otimes}_{\underline{O}_{S_o}} (\underline{I}_o^n/\underline{I}_o^{n+1}),$$

où $f_{X/S_o}$ désigne le morphisme de topos composé

$$(X/S_o)_{cris} \xrightarrow{u_{X/S_o}} X_{Zar} \xrightarrow{f_o} S_{o\ Zar} \quad ,$$

et $E$ désigne encore la restriction de $E$ à $Cris(X/S_o,\underline{I}/\underline{I}_o,\gamma)$. Comme par ailleurs

$$\underline{\underline{R}}f_{X/S_o*}(E) \xrightarrow{\sim} \underline{\underline{R}}f_{o*}(E_{(X,X)} \otimes_{\underline{O}_X} \Omega^{\cdot}_{X/S_o}) \quad ,$$

$E_{(X,X)}$ étant le $\underline{O}_X$-module à connexion intégrable défini par $E$ , il existe une suite spectrale birégulière

$$E_1^{p,q} = R^q f_{o*}(E_{(X,X)} \otimes_{\underline{O}_X} \Omega^p_{X/S_o}) \Longrightarrow R^n f_{X/S_o*}(E) \quad ;$$

comme les $E_{(X,X)} \otimes_{\underline{O}_X} \Omega^p_{X/S_o}$ sont des $\underline{O}_X$-modules cohérents et que $f_o$ est propre, les $R^n f_{X/S_o*}(E)$ sont des $\underline{O}_{S_o}$ -modules cohérents, et le complexe $\underline{\underline{R}}f_{X/S_o*}(E)$ est donc pseudo-cohérent. Puisque $\underline{I}_o^n/\underline{I}_o^{n+1}$ est un $\underline{O}_{S_o}$ -module cohérent, le complexe $\underline{\underline{R}}f_{X/S_o*}(E) \overset{\underline{\underline{L}}}{\otimes}_{\underline{O}_{S_o}} (\underline{I}_o^n/\underline{I}_o^{n+1})$ est pseudo-cohérent. Par récurrence, le complexe $\underline{\underline{R}}f_{X/S*}(E) \overset{\underline{\underline{L}}}{\otimes}_{\underline{O}_S} (\underline{O}_S/\underline{I}_o^n)$ est donc pseudo-cohérent pour tout $n$ .

<u>Corollaire</u> 1.1.2. i) <u>Sous les hypothèses de</u> 1.1.1, <u>les</u> $R^i f_{X/S*}(E)$ <u>sont des</u> $\underline{O}_S$-<u>modules cohérents pour tout</u> $i$ .

ii) <u>Supposons de plus</u> $S$ <u>affine, et soit</u> $A = \Gamma(S,\underline{O}_S)$ . <u>Alors les</u> $H^i(X/S,E)$ <u>sont des</u> A-<u>modules de type fini pour tout</u> $i$ .

<u>Corollaire</u> 1.1.3. <u>Sous les hypothèses de</u> 1.1.1, <u>supposons que</u> $X$ <u>soit de dimension relative</u> $n$ . <u>Alors pour tout</u> $i > 2n$,

$$R^i f_{X/S*}(E) = 0 \quad .$$

<u>Si de plus</u> $S$ <u>est affine</u>,

$$H^i(X/S,E) = 0$$

<u>pour tout</u> $i > 2n$ .

Comme $f_{X/S*}$ est de dimension cohomologique finie pour les $\underline{O}_{X/S}$-modules quasi-cohérents, les $R^i f_{X/S*}(E)$ sont nuls pour $i$ assez grand. Soit alors $k$ le plus grand entier $i$ tel que $R^i f_{X/S*}(E) \neq 0$ . Il résulte du théorème de changement de base que l'homomorphisme canonique

$$R^k f_{X/S*}(E) \otimes_{\underline{O}_S} \underline{O}_{S_o} \longrightarrow R^k f_{X/S_o*}(E)$$

est un isomorphisme. Comme $R^k f_{X/S*}(E)$ est un $\underline{O}_S$-module cohérent, le lemme de Nakayama montre que $k$ est le plus grand entier $i$ tel que $R^i f_{X/S_o*}(E) \neq 0$ . Or pour tout $i$

$$R^i f_{X/S_o*}(E) \xrightarrow{\sim} \underline{\underline{R}}^i f_{o*}(E_{(X,X)} \otimes_{\underline{O}_X} \Omega^{\cdot}_{X/S_o}) \quad .$$

Le théorème de changement de base pour la cohomologie de De Rham montre alors que la fibre en un point $s$ de $S_o$ du faisceau $R^k f_{X/S_o*}(E)$ est $\underline{\underline{H}}^k(X_s, E_{(X,X),s} \otimes_{\underline{O}_{X_s}} \Omega^{\cdot}_{X_s/k(s)})$ , $X_s$ étant la fibre de $X$ au-dessus de $s$ . Comme la dimension relative de $X$ sur $S_o$ est $n$ , les $\underline{\underline{H}}^i(X_s, E_{(X,X),s} \otimes_{\underline{O}_{X_s}} \Omega^q_{X_s/k(s)})$ sont nuls lorsque $i > n$ , de sorte que les $\underline{\underline{H}}^i(X_s, E_{(X,X),s} \otimes_{\underline{O}_{X_s}} \Omega^{\cdot}_{X_s/k(s)})$ sont nuls pour $i > 2n$ . Il résulte alors du lemme de Nakayama que $k$ ne peut être $> 2n$ , d'où l'énoncé. Le cas des $H^i(X/S,E)$ lorsque $S$ est affine en résulte aussitôt.

1.1.4. Soient $A$ un anneau noethérien, $(I,\gamma)$ un PD-idéal de $A$ , $I_o$ un sous-PD-idéal de $I$ , contenant une puissance de $p$ , et tel que $A$ soit séparé et complet pour la topologie $I_o$-adique. On note $S = \mathrm{Spec}(A)$ , et pour tout $m$ on pose $A_m = A/I_o^{m+1}$ , $S_m = \mathrm{Spec}(A_m)$ . Soit alors $X$ un $S_o$-schéma propre et lisse. Si on munit l'idéal $I_o/I_o^{m+1}$ des puissances divisées quotient de $\gamma$ , on peut considérer pour tout $m$ le site cristallin de $X$ relativement à $S_m$ muni du PD-idéal cohérent défini par $I_o/I_o^{m+1}$ . Supposons donné sur chacun des sites $\mathrm{Cris}(X/S_m)$ un $\underline{O}_{X/S_m}$-module localement libre de type fini $E_m$ , et pour tout $m$ un isomorphisme de $E_m$ avec la restriction de $E_{m+1}$ à $\mathrm{Cris}(X/S_m)$ . Chacun des complexes $\underline{\underline{R}}\Gamma(X/S_m, E_m)$ est un complexe parfait de $D^b(S_m, \underline{O}_{S_m})$ d'après le théorème de finitude 1.1.1, et le théorème de changement de base montre que pour tout $m \geqslant 1$ il existe un isomorphisme naturel

$$\underline{\underline{R}}\Gamma(X/S_m,E_m)\overset{\underline{\underline{L}}}{\otimes}_{\underline{O}_{S_m}}\underline{O}_{S_{m-1}}\xrightarrow{\sim}\underline{\underline{R}}\Gamma(X/S_{m-1},E_{m-1}) \quad , \tag{1.1.1}$$

de sorte que ces complexes forment un "système projectif au sens des catégories dérivées".

Proposition 1.1.5. *Sous les hypothèses de* 1.1.4, *il existe un complexe* $L^{\cdot}$ *de A-modules projectifs de type fini, à termes nuls en dehors d'un nombre fini de degrés, et pour tout* $m \geqslant 0$ *un isomorphisme*

$$L^{\cdot}/I_o^{m+1}L^{\cdot}\xrightarrow{\sim}\underline{\underline{R}}\Gamma(X/S_m,E_m) \tag{1.1.2}$$

*dans* $D^b(A_m)$ , *les isomorphismes* (1.1.2) *commutant aux isomorphismes* (1.1.1) *et à la réduction de* $L^{\cdot}$ *modulo les puissances de* $I_o$ .

Le lecteur pourra en trouver la démonstration dans SGA 5 XV 3.3, où la même situation se retrouve lorsqu'on considère la limite des cohomologies étales à coefficients dans $\underline{\underline{Z}}/\ell^{m+1}\underline{\underline{Z}}$ . Il est facile de voir que de plus $L^{\cdot}$ est unique à isomorphisme près dans $D^b(A)$ .

Corollaire 1.1.6. *Sous les hypothèses de* 1.1.4, *soit* $L^{\cdot}$ *le complexe dont l'existence est assurée par* 1.1.5. *Pour tout* $i$ , *l'homomorphisme naturel*

$$H^i(L^{\cdot})\longrightarrow \varprojlim_m H^i(X/S_m,E_m) \tag{1.1.3}$$

*est un isomorphisme. En particulier, les A-modules* $\varprojlim_m H^i(X/S_m,E_m)$ *sont de type fini.*

Par hypothèse, il existe pour tout $m$ un isomorphisme

$$H^i(L^{\cdot}/I_o^{m+1}L^{\cdot})\xrightarrow{\sim} H^i(X/S_m,E_m)$$

ces isomorphismes étant compatibles aux homomorphismes de transition pour $m$ variable. Il suffit donc de montrer que l'homomorphisme

$$H^i(L^{\cdot})\longrightarrow \varprojlim_n H^i(L^{\cdot}/I_o^{m+1}L^{\cdot}) \tag{1.1.4}$$

est un isomorphisme. Pour $m$ variable, les $L^i/I_o^{m+1}L^i$ forment un système projectif à morphismes de transition surjectifs, donc vérifiant la condition de Mittag-Leffler. Pour prouver que (1.1.4) est un isomorphisme, il suffit donc de prouver que les $H^i(L^\cdot/I_o^{m+1}L^\cdot)$ vérifient également la condition de Mittag-Leffler (EGA $0_{III}$ 13.2.3). Il suffit pour cela de montrer que les $Z^i(L^\cdot/I_o^{m+1}L^\cdot)$ la vérifient, ce qui résulte facilement du théorème de Krull.

Définition 1 1.7. Sous les hypothèses de 1.1.4, les A-modules $\varprojlim_m H^i(X/S_m,E_m)$ seront appelés modules de cohomologie cristalline du système de cristaux $E_m$, relativement à $(A,I_o,\gamma)$. En particulier, les A-modules $\varprojlim_m H^i(X/S_m,\underline{O}_{X/S_m})$ seront appelés modules de cohomologie cristalline de $X$ relativement à $(A,I_o,\gamma)$.

L'exemple le plus courant sera évidemment celui où $A$ est un anneau de valuation discrète complet d'inégales caractéristiques, peu ramifié, et $I_o$ son idéal maximal, muni de ses puissances divisées canoniques, $X$ étant alors un schéma propre et lisse sur le corps résiduel de $A$.

Sous les hypothèses de 1.1.4, on notera $E$ le système des $E_m$, et

$$(1.1.5)\qquad \begin{aligned} H^i(X/S,E) &= \varprojlim_m H^i(X/S_m,E_m) ,\\ H^i(X/S,\underline{O}_{X/S}) &= \varprojlim_m H^i(X/S_m,\underline{O}_{X/S_m}) . \end{aligned}$$

Proposition 1.1.8. Sous les hypothèses de 1.1.4, soient $A'$ une A-algèbre noethérienne, plate, $(I',\gamma')$ un PD-idéal de $A'$, tel que $(A,I,\gamma) \longrightarrow A',I',\gamma')$ soit un PD-morphisme, $I'_o$ un sous-PD-idéal de $I'$ contenant $I_oA'$, tel que $A'$ soit séparé et complet pour la topologie $I'_o$-adique. On pose $A'_m = A'/I_o'^{m+1}$, $S' = \mathrm{Spec}(A')$, $S'_m = \mathrm{Spec}(A'_m)$, $X' = X\times_{S_o} S'_o$, et on note $E'_m$ l'image inverse de $E_m$ par le morphisme de topos canonique $(X'/S'_m)_{cris} \longrightarrow (X/S_m)_{cris}$, et $E'$ le système des $E'_m$. Alors l'homomorphisme canonique

$$(1.1.6)\qquad H^i(X/S,E)\otimes_A A' \longrightarrow H^i(X'/S',E')$$

est un isomorphisme pour tout $i$.

Soit $L^\cdot$ un complexe strictement parfait vérifiant les propriétés de 1.1.5. Alors le complexe $L^\cdot \otimes_A A'$ est un complexe strictement parfait sur $A'$, et il vérifie les propriétés de 1.1 5 relativement au système projectif des $\underline{\underline{R}}\Gamma(X'/S'_m,E'_m)$. En effet, le théorème de changement de base donne pour tout $m$ un isomorphisme

$$\underline{\underline{R}}\Gamma(X/S_m,E_m) \overset{\underline{\underline{L}}}{\otimes}_{A_m} A'_m \xrightarrow{\sim} \underline{\underline{R}}\Gamma(X'/S'_m,E'_m) \quad ,$$

compatible aux réductions modulo les puissances de $I_o$ et $I'_o$ ; on en déduit un système d'isomorphismes

$$(L^\cdot \otimes_A A') \otimes_{A'} A'_m \xrightarrow{\sim} (L^\cdot \otimes_A A_m) \otimes_{A_m} A'_m \xrightarrow{\sim} \underline{\underline{R}}\Gamma(X'/S'_m,E'_m)$$

vérifiant les conditions de compatibilité de 1.1.5. D'après 1.1.6, on obtient donc

$$H^i(X'/S',E') \xrightarrow{\sim} H^i(L^\cdot \otimes_A A') \quad ,$$

d'où le résultat puisque $A'$ est plat sur $A$.

Cet énoncé s'applique en particulier lorsque l'on considère un schéma $X$ propre et lisse sur un corps $k$ de caractéristique $p$, une extension $k'$ de $k$, deux anneaux de valuation discrète $A$ et $A'$, complets, d'inégales caractéristiques, peu ramifiés, de corps résiduels $k$ et $k'$, un homomorphisme $A \longrightarrow A'$ relevant $k \longrightarrow k'$, et les cohomologies cristallines de $X$ et $X' = X \times_k k'$ relativement à $A$ et $A'$.

Considérons plus spécialement le cas où l'on se donne un corps $k$, un $k$-schéma $X$ propre et lisse, un anneau de valuation discrète complet $V$, d'inégales caractéristiques et de corps résiduel $k$, peu ramifié, et un anneau de Cohen $W$ de corps résiduel $k$. Il existe alors un homomorphisme local $W \longrightarrow V$ induisant l'identité sur $k$, unique lorsque $k$ est parfait, $W$ étant dans ce cas l'anneau des vecteurs de Witt sur $k$. La proposition précédente montre donc que pour tout $i$

$$H^i(X/W,\underline{O}_{X/W}) \otimes_W V \xrightarrow{\sim} H^i(X/V,\underline{O}_{X/V}) \quad . \tag{1.1.7}$$

La cohomologie cristalline relativement à $W$ est donc "la meilleure possible", en ce sens que, pour tout autre choix $V$ de l'anneau de valuation discrète de base, la cohomologie obtenue se déduit de la précédente par extension des scalaires.

<u>Proposition</u> 1.1.9. <u>Soient</u> A <u>un anneau noethérien dans lequel</u> p <u>n'est pas supposé nilpotent,</u> $(I,\gamma)$ <u>un PD-idéal de</u> A <u>contenant une puissance de</u> p , <u>tel que</u> A <u>soit séparé et complet pour la topologie I-adique,</u> X <u>un schéma propre et lisse sur</u> $S = \mathrm{Spec}(A)$ , $\underline{E}$ <u>un $\underline{O}_X$-module localement libre de type fini, muni d'une connexion à courbure nulle relativement à</u> S , <u>nilpotente en réduction modulo</u> p . <u>Posons</u> $A_m = A/I^{m+1}$ , $S_m = \mathrm{Spec}(A_m)$ , $X_m = X\times_S S_m$ , <u>et soit</u> $\underline{E}_m$ <u>l'image inverse de</u> $\underline{E}$ <u>sur</u> $X_m$. <u>Alors</u> $\underline{E}_m$ <u>définit un cristal</u> $E_m$ <u>en modules localement libres de type fini sur</u> $\mathrm{Cris}(X_o/S_m,I,\gamma)$ , <u>et il existe pour tout</u> i <u>un isomorphisme canonique</u>

$$(1.1.8)\qquad \underline{\underline{H}}^i(X,\underline{E}\otimes_{\underline{O}_X}\Omega^{\cdot}_{X/S}) \xrightarrow{\sim} \varprojlim_m H^i(X_o/S_m,E_m) \quad .$$

<u>En particulier, les modules de cohomologie de De Rham</u> $\underline{\underline{H}}^i(X,\Omega^{\cdot}_{X/S})$ <u>ne dépendent, à isomorphisme canonique près, que de la réduction de</u> X <u>modulo</u> I .

Pour tout m , $\underline{E}_m$ est muni d'une connexion à courbure nulle relativement à $S_m$ ; comme la réduction modulo p de cette connexion est nilpotente, elle est elle-même nilpotente d'après II 4.3.13, donc définit sur $\underline{E}_m$ une hyper-PD-stratification relativement à $S_m$ , et par conséquent un cristal en modules localement libres de type fini sur $\mathrm{Cris}(X_o/S_m)$ , noté $E_m$ , la restriction de $E_{m+1}$ à $\mathrm{Cris}(X_o/S_m)$ étant canoniquement isomorphe à $E_m$ . Pour tout m , il existe un isomorphisme canonique

$$\underline{\underline{H}}^i(X_m,\underline{E}_m\otimes_{\underline{O}_{X_m}}\Omega^{\cdot}_{X_m/S_m}) \xrightarrow{\sim} H^i(X_o/S_m,E_m) \quad .$$

Comme X est propre sur S , que les $\underline{E}\otimes_{\underline{O}_X}\Omega^i_{X/S}$ sont des modules cohérents, et que A est séparé et complet pour la topologie I-adique, il résulte du théorème de comparaison entre géométrie algébrique et géométrie formelle que l'homomorphisme canonique

$$\underline{\underline{H}}^i(X,\underline{E}\otimes_{\underline{O}_X}\Omega^{\cdot}_{X/S}) \longrightarrow \varprojlim_m \underline{\underline{H}}^i(X_m,\underline{E}_m\otimes_{\underline{O}_{X_m}}\Omega^{\cdot}_{X_m/S_m})$$

est un isomorphisme, d'où la proposition.

<u>Remarque</u> 1.1.10 Sous les hypothèses de 1.1.4, on peut définir, en généralisant la définition donnée en III 1.1.3 dans le cas où A est l'anneau des vecteurs de Witt sur un corps parfait, le site cristallin de X relativement à S , et considérer

**alors** le système de cristaux $E_m$ comme un cristal $E$ sur ce site. On peut dans ces conditions montrer que les modules $\varprojlim_m H^i(X/S_m, E_m)$ sont bien les modules de cohomologie du site cristallin de $X$ relativement à $S$, à coefficients dans $E$. Nous n'aurons pas besoin de ce résultat par la suite.

Remarques 1.1.11. a) Soient $k$ un corps de caractéristique $p > 0$, et $X_o$ un $k$-schéma propre et lisse, et supposons qu'il existe un anneau de valuation discrète complet $V$, d'inégales caractéristiques et de corps résiduel $k$, peu ramifié, tel que $X_o$ se relève en un schéma propre et lisse $X$ au-dessus de $V$. D'après 1.1.9,

$$H^i(X_o/S, \underline{O}_{X_o/S}) \xrightarrow{\sim} \underline{\underline{H}}^i(X, \Omega^{\cdot}_{X/S}) \quad ,$$

avec $S = \mathrm{Spec}(V)$, muni de ses puissances divisées canoniques. Si on pose

(1.1.9) $$\beta_i = \mathrm{rg}_V H^i(X_o/S, \underline{O}_{X_o/S}) \quad ,$$

et si $K$ est le corps des fractions de $V$, le théorème de changement de base en cohomologie de De Rham montre que

(1.1.10) $$\beta_i = \dim_K \underline{\underline{H}}^i(X_K, \Omega^{\cdot}_{X_K/K}) \quad ,$$

avec $X_K = X \times_V K$. Les $\beta_i$, nombres de Betti cristallins, sont donc égaux aux nombres de Betti ordinaires de $X_K$, obtenus par exemple en redescendant $X_K$ en un schéma propre et lisse sur une extension de type fini de $\underline{\underline{Q}}$, et en prenant la cohomologie complexe de la variété analytique associée. On remarquera que les $\beta_i$ ne dépendent que de $X_o/k$, et non de $V$, d'après (1.1.7).

b) Soient $k$ un corps de caractéristique $p > 0$, $W$ un anneau de Cohen de corps résiduel $k$, $X$ un $k$-schéma propre et lisse. Par construction, le complexe $L^{\cdot}$ "limite projective" des $\underline{\underline{R}}\Gamma(X/W_m, \underline{O}_{X/W_m})$ vérifie

$$L^{\cdot} \otimes_W k \xrightarrow{\sim} \underline{\underline{R}}\Gamma(X/k, \underline{O}_{X/k}) \xrightarrow{\sim} \underline{\underline{R}}\Gamma(X, \Omega^{\cdot}_{X/k}) \quad .$$

La suite exacte des coefficients universels donne donc pour tout $i$

(1.1.11) $$0 \longrightarrow H^i(X/W, \underline{O}_{X/W}) \otimes_W k \longrightarrow \underline{\underline{H}}^i(X, \Omega^{\cdot}_{X/k}) \longrightarrow \mathrm{Tor}_1^W(H^{i+1}(X/W, \underline{O}_{X/W}), k) \longrightarrow 0$$

Si on pose $\beta_i' = \dim_k \underline{\underline{H}}^i(X,\Omega^{\cdot}_{X/k})$ , on a donc pour tout i

(1.1.12)
$$\beta_i' \geq \beta_i \quad ,$$

et il y a égalité si et seulement si $H^i(X/W,\underline{O}_{X/W})$ et $H^{i+1}(X/W,\underline{O}_{X/W})$ sont sans torsion, ce qui explique les phénomènes signalés dans l'introduction.

## 1.2. Résidu en un point fermé.

1.2.1. On fixe maintenant un corps k de caractéristiques $p > 0$ , et un anneau de valuation discrète W , d'inégales caractéristiques, et de corps résiduel k ; on suppose W peu ramifié (I 1.2.2), et nous considèrerons l'idéal maximal $\mathfrak{m}$ de W comme muni de ses puissances divisées canoniques ; de même, tout quotient $W_m = W/\mathfrak{m}^{m+1}$ de W sera considéré comme un PD-anneau, avec pour PD-idéal maximal, muni des puissances divisées déduites de celles de $\mathfrak{m}$ par passage au quotient. On fixera dans la suite un entier m , et on notera $S = \mathrm{Spec}(W_m)$ , $\underline{I}$ l'idéal de $\underline{O}_S$ défini par l'idéal maximal de $W_m$ , $\gamma$ les puissances divisées de $\underline{I}$ , et $S_o = \mathrm{Spec}(k)$ .

Soit X un $S_o$-schéma lisse de dimension n en tout point. Comme d'habitude, on note
$$f_{X/S} : (X/S,\underline{I},\gamma)_{\mathrm{Rcris}} \xrightarrow{\bar{u}_{X/S}} X_{Zar} \xrightarrow{\ f\ } S_{Zar}$$
le morphisme de topos composé (*) . Pour tout d , soit $X_d$ l'ensemble des points de X , de codimension d dans X ; en particulier, $X_n$ est l'ensemble des points fermés de X . Suivant les notations de VI 1.3, nous noterons, pour tout point x de X ,
$$\xi_x : (X/S,\underline{I},\gamma)_{\mathrm{Rcris},x} \longrightarrow (X/S,\underline{I},\gamma)_{\mathrm{Rcris}}$$
le morphisme de topos canonique, et, pour tout A-module F sur $\mathrm{RCris}(X/S,\underline{I},\gamma)$, nous noterons $H^i_x(F)$ les foncteurs dérivés de $\Gamma_x(.) = \xi_x{}^*(\underline{\Gamma}_{\overline{\{x\}}}(.))$ . On remarquera

---

(*) Comme S est ponctuel, $f_{X/S*}(E)$ peut, pour tout $\underline{O}_{X/S}$-module E , s'interpréter comme étant le $W_m$-module $\Gamma(X/S,E)$ des sections de E sur $(X/S)_{\mathrm{Rcris}}$ . Il sera néanmoins plus commode dans ce qui suit de garder la notation "relative" $f_{X/S}$ , pour faire le lien avec le formalisme de la dualité pour les faisceaux cohérents rappelé en 1.2.2.

que pour $x \in X_n$ , on a simplement

(1.2.1) $$\xi_{x*}(H^i_x(F)) \xrightarrow{\sim} \underline{H}^i_x(F) \quad .$$

On se propose maintenant de définir pour tout point fermé $x \in X_n$ un homomorphisme "<u>résidu en</u> $x$"

(1.2.2) $$\mathrm{Res}_{f,x} : R^n f_{X/S*}(\underline{H}^n_x(\underline{O}_{X/S})) \longrightarrow \underline{O}_S \quad .$$

1.2.2. Pour construire le résidu en un point, et pour en déduire par la suite un "morphisme trace", nous utiliserons les résultats de Hartshorne pour la dualité des faisceaux cohérents ([30]), et nous en reprendrons les notations. En particulier, si $g : Y \longrightarrow Z$ est un S-morphisme lissifiable au-dessus de S (i.e. factorisable en un morphisme fini, suivi d'un morphisme de projection $P \times_S Z \longrightarrow Z$ , où P est lisse sur S ) entre deux S-schémas localement noethériens, nous noterons $g^! : D^+_{qc}(Z) \longrightarrow D^+_{qc}(Y)$ le foncteur défini en [30] , III 8.7, où $D^+_{qc}$ est la sous-catégorie pleine de $D^+$ formée des complexes à cohomologie quasi-cohérente ; rappelons qu'il existe un isomorphisme canonique $(h \circ g)^! \xrightarrow{\sim} g^! \circ h^!$, que pour la projection $q : P \times_S Z \longrightarrow Z$ , il existe un isomorphisme canonique $q^! \xrightarrow{\sim} q^* \otimes \Omega^m_{P\times_S Z/Z}[m]$ , où m est la dimension relative de P sur S , et que pour un morphisme fini $g : Y \longrightarrow Z$ , il existe un isomorphisme canonique $g^! \xrightarrow{\sim} \bar{g}^*(\underline{\underline{R\mathrm{Hom}}}_{\underline{O}_Z}(g_*(\underline{O}_Y), .))$ , où $\bar{g}$ désigne le morphisme d'espaces annelés $(Y,\underline{O}_Y) \to (Z,g_*(\underline{O}_Y))$ .

Rappelons encore que si Z est noethérien et g de type fini et lissifiable, et si $R^\cdot$ est un complexe dualisant sur Z ([30]), V 2), alors $g^!(R^\cdot)$ est un complexe dualisant sur Y . D'autre part, à tout complexe dualisant $R^\cdot$ est associé un complexe résiduel $E^\cdot(R^\cdot)$ ([30], VI 1), et inversement, si $K^\cdot$ est un complexe résiduel, son image $Q(K^\cdot)$ dans la catégorie dérivée est un complexe dualisant ; de plus, il existe un foncteur "image réciproque pour les complexes résiduels", de la catégorie des complexes résiduels sur Z dans celle des complexes résiduels sur Y , noté $g^\Delta$ , et tel que lorsque $g : Y \longrightarrow Z$ est lissifiable, de type fini, avec Z noethérien, on ait pour tout complexe résiduel $K^\cdot$ sur Z

(1.2.3) $$g^\Delta(K^\cdot) = E^\cdot(g^!(Q(K^\cdot))) \quad .$$

Enfin, il existe un homomorphisme canonique de modules gradués, le <u>morphisme trace</u>,

(1.2.4) $$\mathrm{Tr}_g : g_*(g^{\Delta}(K^{\cdot})) \longrightarrow K^{\cdot} \quad ,$$

et c'est un morphisme de complexes lorsque $g$ est propre.

1.2.3. Les hypothèses étant toujours celles de 1.2.1, soit $g : Y \longrightarrow S$ un morphisme lisse de dimension relative $n$ en tout point. Puisque $S$ est le spectre d'un quotient d'anneau de valuation discrète, c'est un schéma de Gorenstein de dimension $0$. Le complexe égal à $\underline{O}_S$ en degré $0$, et à $0$ en degrés $\neq 0$ est donc un complexe dualisant sur $S$, égal à son complexe résiduel associé puisque $S$ est de dimension $0$. Le complexe $g^!(\underline{O}_S) = \Omega^n_{Y/S}[n]$ est alors un complexe dualisant sur $Y$, et le complexe résiduel associé est $g^{\Delta}(\underline{O}_S) = E^{\cdot}(\Omega^n_{Y/S}[n])$, où $E^{\cdot}$ désigne le complexe de Cousin associé à la fonction codimension définie sur $Y$ par le complexe dualisant $\Omega^n_{Y/S}[n]$, qui n'est autre que la codimension habituelle ([30], V 8.4). Le complexe $g^{\Delta}(\underline{O}_S)$ est donc simplement le complexe

$$0 \longrightarrow \underline{H}^0_{Y/Y_1}(\Omega^n_{Y/S}) \longrightarrow \underline{H}^1_{Y_1/Y_2}(\Omega^n_{Y/S}) \longrightarrow \cdots \longrightarrow \underline{H}^{n-1}_{Y_{n-1}/Y_n}(\Omega^n_{Y/S}) \longrightarrow \underline{H}^n_{Y_n}(\Omega^n_{Y/S}) \longrightarrow 0 \quad ,$$

où $Y_d$ est l'ensemble des points de codimension $d$ dans $Y$, le terme $\underline{H}^n_{Y_n}(\Omega^n_{Y/S})$ étant placé en degré $0$.

Comme $Y_n$ est l'ensemble des points fermés de $Y$, on a pour tout $i$

$$\underline{H}^i_{Y_n}(\Omega^n_{Y/S}) \xrightarrow{\ \sim\ } \bigoplus_{y \in Y_n} \underline{H}^i_y(\Omega^n_{Y/S}) \quad .$$

Le morphisme trace (1.2.4) nous donne un homomorphisme de $\underline{O}_S$-modules

$$\mathrm{Tr}_g : g_*(\underline{H}^n_{Y_n}(\Omega^n_{Y/S})) \longrightarrow \underline{O}_S \quad ,$$

d'où l'on déduit l'homomorphisme

(1.2.5) $$\mathrm{Tr}_{g,y} : g_*(\underline{H}^n_y(\Omega^n_{Y/S})) \longrightarrow \underline{O}_S$$

pour tout $y \in Y_n$

1.2.4. Il nous sera utile d'interpréter l'homomorphisme (1.2.5) en termes de résidus au sens de Hartshorne ([30], III 9). Puisque $Y$ est lisse sur $S$, l'anneau local

$\underline{O}_{Y,y}/\mathfrak{m}\cdot\underline{O}_{Y,y}$ (où $\mathfrak{m}$ est l'idéal maximal de $W$) est un anneau régulier. Soit alors $t_1,\dots,t_n$ une suite d'éléments de $\underline{O}_{Y,y}$ relevant une suite régulière de paramètres de $\underline{O}_{Y,y}/\mathfrak{m}\cdot\underline{O}_{Y,y}$. Pour tout entier $k$, nous noterons $J_k$ l'idéal de $\underline{O}_{Y,y}$ engendré par $t_1^k,\dots,t_n^k$ ; le calcul des $\underline{H}_y^i(\Omega_{Y/S}^n)$ par le complexe de Čech associé à la suite $t_1,\dots,t_n$ fournit donc l'isomorphisme (cf. VI 3.1.3)

(1.2.6)
$$\varinjlim_k \Omega_{Y/S,y}^n/J_k\cdot\Omega_{Y/S,y}^n \xrightarrow{\sim} \underline{H}_y^n(\Omega_{Y/S}^n) .$$

Tout élément de $\underline{H}_y^n(\Omega_{Y/S}^n)$ provient donc d'un élément de $\Omega_{Y/S,y}^n/J_k\cdot\Omega_{Y/S,y}^n$ pour un entier $k$ convenable. Si $\omega$ est un élément de $\Omega_{Y/S,y}^n$ de réduction $\bar\omega$ modulo $J_k$, nous noterons

$$\omega/t_1^k\dots t_n^k$$

l'image de $\bar\omega$ dans $\underline{H}_y^n(\Omega_{Y/S}^n)$ par l'homomorphisme $\Omega_{Y/S,y}^n/J_k\cdot\Omega_{Y/S,y}^n \longrightarrow \underline{H}_y^n(\Omega_{Y/S}^n)$.

<u>Lemme</u> 1.2.5. <u>Avec les notations de</u> 1.2.4, <u>on a pour tout</u> $\omega \in \Omega_{Y/S,y}^n$ <u>et tout entier</u> $k$

(1.2.7)
$$\mathrm{Tr}_{g,y}(\omega/t_1^k\dots t_n^k) = \mathrm{Res}\begin{bmatrix}\omega\\ t_1^k,\dots,t_n^k\end{bmatrix} ,$$

<u>le symbole "résidu" étant celui de</u> [30] III 9.

Remarquons au préalable que le résidu est bien défini, car le sous-schéma fermé $Z_k$ de $Y$ défini par les équations $t_1^k,\dots,t_n^k$ est fini sur $S$, puisqu'il en est ainsi du corps résiduel $k(y)$ de $Y$ en $y$, défini dans $Z_k$ par l'idéal nilpotent engendré par $\mathfrak{m}$ et les $t_i$. D'autre part, la suite $t_1^k,\dots,t_n^k$ est régulière dans $\underline{O}_{Y,y}$, comme on le voit immédiatement en filtrant $\underline{O}_{Y,y}$ par les puissances de $\mathfrak{m}\cdot\underline{O}_{Y,y}$, ce qui ramène à l'hypothèse que les $t_i$ relèvent une suite régulière de paramètres de $\underline{O}_{Y,y}/\mathfrak{m}\cdot\underline{O}_{Y,y}$. Nous poserons $\omega_{Z_k/Y} = (\bigwedge^n(J_k/J_k^2))^\vee$, et nous noterons $j_k$ l'immersion de $Z_k$ dans $Y$, $h_k = g\circ j_k$.

Nous allons d'abord ramener le calcul de la trace pour $g$ à celui de la trace d'un élément convenable pour le morphisme fini $h_k$. Puisque l'élément $\omega/t_1^k\dots t_n^k$ de $\underline{H}_y^n(\Omega_{Y/S}^n)$ est annulé par les $t_i^k$, il est dans l'image de l'inclusion canonique

$$\underline{\underline{\mathrm{Hom}}}_{\underline{O}_Y}(\underline{O}_{Z_k},\underline{\underline{H}}^n_y(\Omega^n_{Y/S})) \hookrightarrow \underline{\underline{H}}^n_y(\Omega^n_{Y/S}) \quad .$$

Or il existe un isomorphisme canonique de complexes

$$\underline{\underline{\mathrm{Hom}}}_{\underline{O}_Y}(\underline{O}_{Z_k},\underline{\underline{H}}^n_y(\Omega^n_{Y/S})) \xrightarrow{\sim} \underline{\underline{\mathrm{Hom}}}^\cdot(\underline{O}_{Z_k},E^\cdot(\Omega^n_{Y/S})[n]) \quad ,$$

le premier terme étant considéré comme un complexe nul en degrés $\neq 0$ . En effet, pour tout $i$ ,

$$E^i(\Omega^n_{Y/S}) = \underline{\underline{H}}^i_{Y_i/Y_{i+1}}(\Omega^n_{Y/S}) \xrightarrow{\sim} \bigoplus_{y\in Y_i-Y_{i+1}} i_{y*}(\underline{H}^i_y(\Omega^n_{Y/S})) \quad ,$$

où $i_y$ est l'inclusion de $y$ dans $Y$ . Comme $\underline{O}_{Z_k}$ a pour support le point fermé $y$ , et que, pour $z$ de codimension $< n$ dans $Y$ , le module $i_{z*}(H^i_z(\Omega^n_{Y/S}))$ est un faisceau constant sur son support $\{\bar{z}\}$ de dimension $\geqslant 1$ , $\underline{\underline{\mathrm{Hom}}}_{\underline{O}_Y}(\underline{O}_{Z_k},\underline{\underline{H}}^i_{Y_i/Y_{i+1}}(\Omega^n_{Y/S})) = 0$ pour $i \neq n$ . D'autre part, si $z$ est un point fermé différent de $y$ , $\underline{\underline{\mathrm{Hom}}}_{\underline{O}_Y}(\underline{O}_{Z_k},\underline{\underline{H}}^n_z(\Omega^n_{Y/S})) = 0$ , d'où l'isomorphisme de complexes annoncé. Comme $E^\cdot(\Omega^n_{Y/S})$ est une résolution injective de $\Omega^n_{Y/S}$ ([30], IV 2 et II 7.9), on obtient finalement, grâce à l'isomorphisme local fondamental,

$$\underline{\underline{\mathrm{Hom}}}_{\underline{O}_Y}(\underline{O}_{Z_k},\underline{\underline{H}}^n_y(\Omega^n_{Y/S})) \xrightarrow{\sim} \underline{\underline{\mathrm{Ext}}}^n_{\underline{O}_Y}(\underline{O}_{Z_k},\Omega^n_{Y/S}) \xrightarrow{\sim} \Omega^n_{Y/S} \otimes_{\underline{O}_Y} \omega_{Z_k/Y} \quad .$$

Si $\omega \in \Omega^n_{Y/S,y}$ , l'image de $\omega/t_1^k\ldots t_n^k$ par cet isomorphisme est $\omega\otimes(t_1^k\wedge\ldots\wedge t_n^k)^\vee$ : pour le voir, on considère le complexe de Čech (relatif aux $t_i$) définissant les $\underline{\underline{H}}^i_y(\Omega^n_{Y/S})$ comme limite inductive pour $k$ variables des complexes de Koszul relatifs aux $t_i^k$ , à coefficients dans $\Omega^n_{Y/S}$ , avec pour morphismes de transition la multiplication par les $t_i^{k-k'}$ . Comme la cohomologie des complexes $K^\cdot(t_i^k)\otimes_{\underline{O}_Y}\Omega^n_{Y/S}$ est formée des $\underline{\underline{\mathrm{Ext}}}^i_{\underline{O}_Y}(\underline{O}_{Z_k},\Omega^n_{Y/S})$ , on obtient un isomorphisme $\underline{\underline{\mathrm{Ext}}}^n_{\underline{O}_Y}(\underline{O}_{Z_k},\Omega^n_{Y/S}) \xrightarrow{\sim} \Omega^n_{Y/S}/J_k.\Omega^n_{Y/S}$ ; d'après la définition donnée plus haut du symbole $\omega/t_1^k\ldots t_n^k$ , ce dernier a pour image dans $\Omega^n_{Y/S}/J_k.\Omega^n_{Y/S}$ la classe $\bar{\omega}$ de $\omega$ modulo $J_k$ ; le calcul de l'isomorphisme local fondamental rappelé en VI 3.1.3 montre alors que l'image de $\bar{\omega}$ dans $\Omega^n_{Y/S}\otimes_{\underline{O}_Y}\omega_{Z_k/Y}$ est $\omega\otimes(t_1^1\wedge\ldots\wedge t_n^k)^\vee$ , d'où notre affirmation.

Rappelons maintenant que si $j : Z \longrightarrow Y$ est un morphisme fini, et $K^\cdot$ un complexe résiduel sur $Y$ , son image réciproque $j^{\Delta}(K^{\cdot})$ est le complexe $\bar{j}^{*}(\underline{Hom}_{\underline{O}_Y}(j_{*}(\underline{O}_Z),K^{\cdot}))$ , où $\bar{j}$ est le morphisme d'espaces annelés $(Z,\underline{O}_Z) \longrightarrow (Y,j_{*}(\underline{O}_Z))$ , et que le morphisme trace correspondant $Tr_j : j_{*}(j^{\Delta}(K^{\cdot})) \longrightarrow K^{\cdot}$ est donné par l'homomorphisme "valeur en 1" (cf. [30] VI 4). En particulier, l'inclusion canonique

$$\underline{Hom}_{\underline{O}_Y}(\underline{O}_{Z_k},\underline{H}^n_y(\Omega^n_{Y/S})) \hookrightarrow \underline{H}^n_y(\Omega^n_{Y/S}) \hookrightarrow E^{\cdot}(\Omega^n_{Y/S})[n]$$

n'est autre que le morphisme trace $Tr_{j_k}$ relatif à l'immersion de $Z_k$ dans $Y$ . La transitivité du morphisme trace fournit le diagramme commutatif

$$\begin{array}{ccccc}
g_{*}(\underline{Hom}_{\underline{O}_Y}(\underline{O}_{Z_k},\underline{H}^n_y(\Omega^n_{Y/S}))) & \xrightarrow{\sim} & g_{*}(\Omega^n_{Y/S} \otimes_{\underline{O}_Y} \omega_{Z_k/Y}) & \xrightarrow{\sim} & (g \circ j_k)_{*} (g \circ j_k)^{\Delta}(\underline{O}_S) \\
\big\downarrow & & & & \big\downarrow Tr_{h_k} \\
g_{*}(\underline{H}^n_y(\Omega^n_{Y/S})) & & \xrightarrow{\quad Tr_{g,y} \quad} & & \underline{O}_S
\end{array} ,$$

de sorte que $Tr_{g,y}(\omega/t_1^k\ldots t_n^k)$ est, d'après ce qui précède, l'image par $Tr_{h_k}$ de $\omega \otimes (t_1^k \wedge \ldots \wedge t_n^k)^{\vee}$. Comme par définition $\mathrm{Res}\begin{bmatrix} \omega \\ t_1^k,\ldots,t_n^k \end{bmatrix}$ est l'image par l'homomorphisme composé

$$g_{*}(\Omega^n_{Y/S} \otimes_{\underline{O}_Y} \omega_{Z_k/Y}) \xrightarrow{\sim} \underline{Hom}_{\underline{O}_S}(h_{k*}(\underline{O}_{Z_k}),\underline{O}_S) \longrightarrow \underline{O}_S ,$$

(où l'isomorphisme est l'isomorphisme canonique ([30], III 8) et le second homomorphisme l'homomorphisme "valeur en 1") du même élément, le lemme en résulte.

<u>Proposition</u> 1.2.6. <u>Sous les hypothèses de</u> 1.2.1 <u>et</u> 1.2.3, <u>l'homomorphisme composé</u>

$$g_{*}(\underline{H}^n_y(\Omega^{n-1}_{Y/S})) \xrightarrow{\ d\ } g_{*}(\underline{H}^n_y(\Omega^n_{Y/S})) \xrightarrow{Tr_{g,y}} \underline{O}_S ,$$

<u>où le premier homomorphisme est défini par la différentielle du complexe de De Rham, est nul pour tout point fermé</u> $y$ <u>de</u> $Y$ .

Soit $\omega/t_1^k\ldots t_n^k$ un élément de $\underline{H}^n_y(\Omega^{n-1}_{Y/S})$ , avec $\omega \in \Omega^{n-1}_{Y/S,y}$ . Alors

$$(1.2.8) \qquad d\left(\frac{\omega}{t_1^k\ldots t_n^k}\right) = \frac{d(\omega)}{t_1^k\ldots t_n^k} - k.\sum_{i=1}^{n} \frac{dt_i \wedge \omega}{t_1^k\ldots t_i^{k+1}\ldots t_n^k}$$

d'après le calcul de $\underline{H}_y^n$ comme n-ième objet de cohomologie du complexe de Čech associé aux $t_i$ . Utilisant le lemme précédent, on obtient donc

$$\mathrm{Tr}_{g,y}(d(\omega/t_1^k\ldots t_n^k)) = \mathrm{Res}\begin{bmatrix} d(\omega) \\ t_1^k,\ldots,t_n^k \end{bmatrix} - k.\sum_{i=1}^{n}\mathrm{Res}\begin{bmatrix} dt_i\wedge\omega \\ t_1^k,\ldots,t_i^{k+1},\ldots,t_n^k \end{bmatrix}$$

$$= 0$$

d'après la relation (R9) de [30], III 9.

*Corollaire* 1.2.7. *Sous les hypothèses précédentes, il existe un homomorphisme canonique*

(1.2.9)
$$\mathrm{Res}_{g,y} : \underline{\underline{R}}^n g_*(\underline{H}_y^{\cdot n}(\Omega^{\cdot}_{Y/S})) \longrightarrow \underline{O}_S \quad .$$

Comme le complexe $\underline{H}_y^{\cdot n}(\Omega^{\cdot}_{Y/S})$ est à support ponctuel, $\underline{\underline{R}}^n g_*(\underline{H}_y^{\cdot n}(\Omega^{\cdot}_{Y/S}))$ n'est autre que le n-ième objet de cohomologie du complexe $g_*(\underline{H}_y^{\cdot n}(\Omega^{\cdot}_{Y/S}))$ . Le corollaire résulte donc de la suite exacte

$$g_*(\underline{H}_y^n(\Omega^{n-1}_{Y/S})) \longrightarrow g_*(\underline{H}_y^n(\Omega^n_{Y/S})) \longrightarrow \underline{\underline{R}}^n g_*(\underline{H}_y^{\cdot n}(\Omega^{\cdot}_{Y/S})) \longrightarrow 0 \quad ,$$

en utilisant 1.2.6.

*Proposition* 1.2.8. *Sous les hypothèses de* 1.2.1, *il existe pour tout point fermé* $x \in X$ *un unique homomorphisme de* $\underline{O}_S$*-modules*

$$\mathrm{Res}_{f,x} : R^n f_{X/S*}(\underline{H}_x^n(\underline{O}_{X/S})) \longrightarrow \underline{O}_S \quad ,$$

*tel que pour tout relèvement lisse* $g : V \longrightarrow S$ *d'un voisinage ouvert* $U$ *de* $x$ *dans* $X$ , *le diagramme*

$$\begin{array}{ccc} R^n f_{X/S*}(\underline{H}_x^n(\underline{O}_{X/S})) & \xrightarrow{\mathrm{Res}_{f,x}} & \\ \downarrow\wr & & \underline{O}_S \\ \underline{\underline{R}}^n g_*(\underline{H}_x^{\cdot n}(\Omega^{\cdot}_{V/S})) & \xrightarrow{\mathrm{Res}_{g,x}} & \end{array}$$

*soit commutatif*.

Rappelons que $\underline{H}^n_x(\underline{O}_{X/S})$ est un cristal en $\underline{O}_{X/S}$-modules (VI 1.4.1) et que

$$\underline{\underline{R}}\bar{u}_{X/S*}(\underline{H}^n_x(\underline{O}_{X/S})) \xrightarrow{\ \sim\ } \underline{H}^n_x(\underline{O}_V)\otimes_{\underline{O}_V}\Omega^{\cdot}_{V/S} \xrightarrow{\ \sim\ } \underline{H}^{\cdot n}_x(\Omega^{\cdot}_{V/S})$$

pour tout relèvement lisse $V$ d'un voisinage ouvert de $x$ (VI (1.6.6)), puisque $H^n_x(\underline{O}_{X/S})$ est à support dans $x$ . Appliquant $\underline{\underline{R}}g_*$ , on obtient l'isomorphisme vertical du triangle, et par conséquent une définition de $\mathrm{Res}_{f,x}$ pour tout choix d'un relèvement lisse $V$ de $X$ au voisinage de $x$ .

Pour vérifier que $\mathrm{Res}_{f,x}$ est indépendant du choix de $V$ , on observe d'abord qu'il ne dépend que du germe de $V$ en $x$ , si bien qu'il suffit de comparer les homomorphismes obtenus pour deux relèvements affines d'un même ouvert affine $U$ contenant $x$ . Soient $V$ et $V'$ ces deux relèvements ; il existe alors un S-isomorphisme $\varepsilon : V \xrightarrow{\sim} V'$ induisant l'identité sur $U$ . Le diagramme

$$\begin{array}{ccc} & \overset{\sim}{\nearrow} & \underline{\underline{R}}^n g_*(\underline{H}^{\cdot n}_x(\Omega^{\cdot}_{V/S})) \\ R^n f_{X/S*}(\underline{H}^n_x(\underline{O}_{X/S})) & & \sim \downarrow \varepsilon \\ & \underset{\sim}{\searrow} & \underline{\underline{R}}^n g'_*(\underline{H}^{\cdot n}_x(\Omega^{\cdot}_{V'/S})) \end{array}$$

est commutatif d'après V 2.3.4, et le diagramme

$$\begin{array}{ccc} \underline{\underline{R}}^n g_*(\underline{H}^{\cdot n}_x(\Omega^{\cdot}_{V/S})) & \xrightarrow{\mathrm{Res}_{g,x}} & \\ \sim \downarrow \varepsilon & & \underline{O}_S \\ \underline{\underline{R}}^n g'_*(\underline{H}^{\cdot n}_x(\Omega^{\cdot}_{V'/S})) & \xrightarrow[\mathrm{Res}_{g',x}]{} & \end{array}$$

l'est également grâce à la transitivité du morphisme trace, appliquée à $g' = \varepsilon \circ g$ .

1.3. <u>Un problème de déformation.</u>

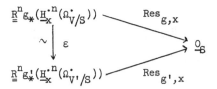

Pour déduire du résidu construit plus haut un morphisme trace en cohomologie cristalline, nous aurons besoin d'un "théorème des résidus", assurant que la somme des résidus aux points d'un sous-schéma de dimension 1 d'un schéma propre et lisse sur $S_o$ est nulle. La démonstration de ce théorème utilisera une propriété de déformation que nous allons étudier plus bas, permettant de déformer un sous-schéma de dimension 1 sans supposer que le schéma lisse ambiant se relève sur $S$ .

On ne suppose pas dans le numéro 1.3 que $p$ soit localement nilpotent sur les schémas considérés.

*Définition* 1.3.1. *Soient $S$ un schéma, $f : X \longrightarrow S$ un morphisme lisse, $Z$ un sous-schéma fermé de $X$ , $Z^{(k)}$ le k-ième voisinage infinitésimal de $Z$ dans $X$ , $S \hookrightarrow S'$ une immersion fermée définie par un idéal $\underline{I}$ , $S_n$ le sous-schéma fermé de $S'$ défini par $\underline{I}^{n+1}$ . On appelle* déformation à l'ordre $n$ *(ou* au-dessus de $S_n$*)* de $Z^{(k)}$ *la donnée d'un $S_n$-schéma $Z_n^{(k)}$ , et d'un isomorphisme $Z^{(k)} \xrightarrow{\sim} Z_n^{(k)} \times_{S_n} S$ , tels que pour tout $x \in Z_n^{(k)}$ il existe un voisinage ouvert $U$ de $x$ dans $X$ , un relèvement $U_n$ de $U$ lisse sur $S_n$ , et un isomorphisme de la restriction de $Z_n^{(k)}$ à $U$ avec le* k-*ième voisinage infinitésimal de $Z \cap U$ dans $U_n$ , induisant l'isomorphisme donné au-dessus de* $S$ .

Il résulte de la définition que si $Z_n^{(k)}$ est une déformation de $Z^{(k)}$ à l'ordre $n$ , $Z_n^{(k)} \times_{S_o} S_{n-1}$ est une déformation de $Z^{(k)}$ à l'ordre n-1 .

*Lemme* 1.3.2. (*cf.* [44]). *Soient $S \hookrightarrow S'$ une immersion nilpotente, $X' \longrightarrow S'$ un morphisme lisse, $\varphi' : Y' \longrightarrow X'$ un morphisme de schémas, $i' : Y' \hookrightarrow Z'$ une $S'$-immersion fermée,* $X$ , $Y$ , $Z$ , $\varphi$ , $i$ *les réductions de* $X'$ , $Y'$ , $Z'$ , $\varphi'$ , $i'$ , *au-dessus de* $S$ . *Soit* $\psi : Z \longrightarrow X$ *un* $S$-*morphisme tel que* $\psi \circ i = \varphi$ ; *alors pour tout point $z \in Z'$ , il existe un voisinage ouvert $U$ de $z$ dans $Z'$ , et un $S'$-morphisme* $\psi' : U \longrightarrow X'$ *tel que* $\psi' \circ i = \varphi'$ , *et se réduisant selon* $\varphi$ *au-dessus de* $S$ :

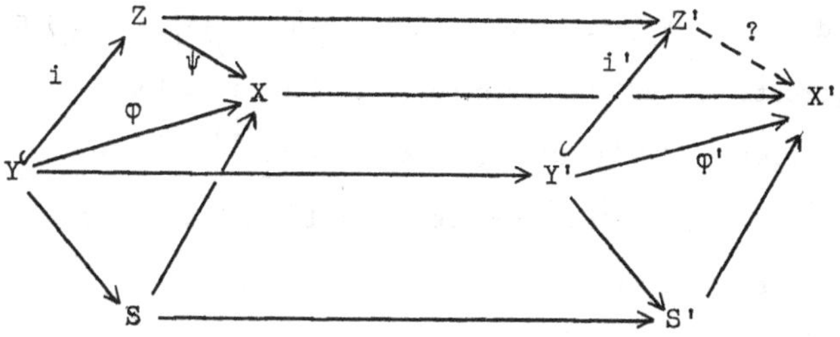

Puisque l'assertion est locale sur $Z'$ , nous pouvons tout supposer affine. Soient $\Lambda = \Gamma(S,\underline{O}_S)$ , $A = \Gamma(X,\underline{O}_X)$ , $B = \Gamma(Y,\underline{O}_Y)$ , $C = \Gamma(Z,\underline{O}_Z)$ , les homomorphismes correspondant à $\varphi$ et $\psi$ étant notés par les mêmes lettres (resp. les mêmes notations avec des prime). Grâce au critère jacobien de lissité, on peut également supposer que $A'$ est de la forme $\Lambda'[T_1,\dots,T_n]/(F_1,\dots,F_s)$ , où les $F_j$ sont des polynômes tels que les déterminants d'ordre sxs formés avec les $\frac{\partial F_j}{\partial T_i}$ engendrent l'idéal unité dans $A'$ , et, quitte à localiser davantage, on peut même supposer que l'un de ces déterminants est inversible. Nous noterons $t'_i$ l'image de $T_i$ dans $A'$ . Soient $\pi : C \longrightarrow B$ , $\pi' : C' \longrightarrow B'$ , $I = \mathrm{Ker}(\Lambda' \longrightarrow \Lambda)$ .

Pour définir un homomorphisme d'algèbres $\psi' : A' \longrightarrow C'$ relevant $\psi$ , et tel que $\pi' \circ \psi' = \varphi'$ , il suffit de montrer qu'il existe des éléments $x'_i \in C'$ vérifiant les relations suivantes (où l'absence de ' en exposant signifie qu'on prend la réduction d'un élément modulo I) :

i) pour tout $i$ , $x_i = \psi(t_i)$ ;

ii) pour tout $i$ , $\pi'(x'_i) = \varphi'(t'_i)$ ;

iii) pour tout $j$ , $F_j(x'_1,\dots,x'_n) = 0$ .

On choisit d'abord des éléments $z'_i$ de $C'$ relevant les $\psi(t_i)$ . La réduction modulo $I$ de $\pi'(z'_i)$ est $\pi(z_i) = \pi(\psi(t_i)) = \varphi(t_i)$ , de sorte que $\pi'(z'_i) - \varphi'(t'_i) \in IB'$ . En ajoutant aux $z'_i$ des éléments de $IC'$ relevant les $\varphi'(t'_i) - \pi'(z'_i)$ , on obtient donc des éléments $y'_i$ de $C'$ vérifiant les relations i) et ii).

Soit $J' = \mathrm{Ker}(\pi')$ . Pour tout $j$ , $F_j(y'_1,\dots,y'_n) \in J'$ , puisque $\pi'(y'_i) = \varphi'(t'_i)$ ; de même, $F_j(y'_1,\dots,y'_n) \in IC'$ , donc $F_j(y'_1,\dots,y'_n) \in J' \cap IC'$ . Comme $I$ est nilpotent, il suffit pour achever la démonstration de prouver que pour tout entier $m$ il existe ${x'_i}^{(m)} \in C'$ tel que $y'_i - {x'_i}^{(m)} \in J' \cap IC'$ , et $F_j({x'_1}^{(m)},\dots,{x'_n}^{(m)}) \in J' \cap I^m C'$ (la première condition entrainant que les ${x'_i}^{(m)}$ vérifiant les relations i) et ii)).

Nous montrerons l'existence des $x_i'^{(m)}$ par récurrence sur $m$ . Supposons construits les $x_i'^{(m)}$ , et construisons les $x_i'^{(m+1)}$ . Il existe des éléments $u_i' \in J' \cap I^m C'$ tels que pour tout $j$ , $F_j(x_1'^{(m)}+ u_1',\dots,x_n'^{(m)}+ u_n') \in J' \cap I^{m+1}C'$ . En effet, on peut écrire pour tout $j$

$$F_j(x_1'^{(m)}+u_1',\dots,x_n'^{(m)}+u_n') = F_j(x_1'^{(m)},\dots,x_n'^{(m)}) + \sum_{i=1}^{n} u_i'.\frac{\partial F_j}{\partial T_i}(x_1'^{(m)},\dots,x_n'^{(m)}) + a ,$$

où $a$ est un polynôme sans termes de degré $< 2$ par rapport aux $u_i'$ . Or le système d'équations linéaires

$$\sum_{i=1}^{n} \frac{\partial F_j}{\partial T_i}(x_1'^{(m)},\dots,x_n'^{(m)}).u_i = - F_j(x_1'^{(m)},\dots,x_n'^{(m)}) \qquad (j=1,\dots,s)$$

admet une solution car il résulte des hypothèses que l'un des déterminants d'ordre sxs du système est inversible, et les éléments $u_i$ ainsi définis peuvent être pris dans $J' \cap I^m C'$ puisque les $F_j(x_1'^{(m)},\dots,x_n'^{(m)})$ sont dans $J' \cap I^m C'$ . Les $u_i$ étant choisis de la sorte,

$$F_j(x_1'^{(m)}+ u_1',\dots,x_n'^{(m)} + u_n') = a \qquad ,$$

et $a \in J' \cap I^{m+1}C'$ puisque $a$ est sans termes de degré $< 2$ par rapport aux $u_i'$ . Posant $x_i'^{(m+1)} = x_i'^{(m)} + u_i'$ , on poursuit donc la récurrence.

Corollaire 1.3.3. Avec les hypothèses et les notations de 1.3.1, soient $X_n$ un relèvement lisse de $X$ au-dessus de $S_n$ , $Z_n^{(k)}$ le k-ième voisinage infinitésimal de $Z$ dans $X_n$ , $X_{n-1} = X_n \times_{S_n} S_{n-1}$, $Z_{n-1}^{(k)} = Z_n^{(k)} \times_{S_n} S_{n-1}$, et $\sigma$ un $S_n$-automorphisme de $Z_n^{(k)}$ induisant l'identité sur $Z_{n-1}^{(k)}$ . Pour tout point $z \in Z_n^{(k)}$ , il existe un voisinage $U$ de $z$ dans $X_n$ , et un $S_n$-automorphisme $\varepsilon$ de $U$ induisant l'identité sur $U \times_{S_n} S_{n-1}$ et $\sigma$ sur $Z_n^{(k)}$ .

On peut appliquer le lemme précédent en prenant pour schémas de base $S_{n-1}$ et $S_n$ , avec pour schémas $X'$ et $Z'$ le schéma $X_n$ , pour schéma $Y'$ le schéma $Z_n^{(k)}$ , pour morphisme $\varphi'$ le composé de $\sigma$ et de l'immersion de $Z_n^{(k)}$ dans $X_n$ , et pour morphisme $\psi$ l'identité de $X_{n-1}$ . Il existe alors au voisinage de $z$ un $S_n$-endomorphisme $\varepsilon$ de $X_n$ se réduisant selon l'identité sur $S_{n-1}$ , et induisant $\sigma$ sur

$Z_n^{(k)}$ . Comme $\varepsilon$ se réduit à l'identité sur $S_{n-1}$ , c'est en fait un automorphisme, d'où le corollaire.

Proposition 1.3.4. Avec les hypothèses et les notations de 1.3.1, soit $Z_{n-1}^{(k)}$ une déformation de $Z^{(k)}$ à l'ordre n-1 .

i) Pour tout $x \in Z$ , il existe un voisinage ouvert U de z dans X , et une déformation de $Z^{(k)} \cap U$ à l'ordre n induisant la restriction de $Z_{n-1}^{(k)}$ à U au-dessus de $S_{n-1}$ .

ii) Soient $Z_n^{(k)}$ et $Z_n'^{(k)}$ deux déformations de $Z^{(k)}$ à l'ordre n induisant $Z_{n-1}^{(k)}$ au-dessus de $S_{n-1}$ . Pour tout $z \in Z$ , il existe un voisinage ouvert U de z dans X , et un $S_n$-isomorphisme $\sigma : Z_n^{(k)} \cap U \xrightarrow{\sim} Z_n'^{(k)} \cap U$ induisant l'identité sur $Z_{n-1}^{(k)} \cap U$ .

Soit $z \in Z$ . Par définition, il existe un voisinage ouvert U de z dans X , un relèvement $U_{n-1}$ de U lisse sur $S_{n-1}$ , et un isomorphisme de $Z_{n-1}^{(k)} \cap U$ sur le k-ième voisinage infinitésimal de $Z \cap U$ dans $U_{n-1}$ . Quitte à rétrécir U , $U_{n-1}$ se relève en un schéma $U_n$ lisse au-dessus de $S_n$ , et le k-ième voisinage infinitésimal de $Z \cap U$ dans $U_n$ relève alors $Z_{n-1}^{(k)} \cap U$ , d'où l'assertion i).

Pour prouver ii), on observe qu'on peut trouver, pour tout $z \in Z$ , un voisinage U de z dans X assez petit pour qu'il existe des relèvements $U_{n-1}$ lisse sur $S_{n-1}$, $U_n$ et $U_n'$ lisses sur $S_n$, de U, tels que $Z_{n-1}^{(k)} \cap U$, $Z_n^{(k)} \cap U$ et $Z_n'^{(k)} \cap U$ s'identifient respectivement au k-ième voisinage infinitésimal de $Z \cap U$ dans $U_{n-1}$ , $U_n$ et $U_n'$ . On peut de plus supposer $U_n$ et $U_n'$ isomorphes, et leur restriction à $S_{n-1}$ isomorphe à $U_{n-1}$ . En utilisant 1.3.3, on peut prolonger les isomorphismes donnés $Z_{n-1}^{(k)} \cap U \xrightarrow{\sim} (Z_n^{(k)} \times_{S_n} S_{n-1}) \cap U$ et $Z_{n-1}^{(k)} \cap U \xrightarrow{\sim} (Z_n'^{(k)} \times_{S_n} S_{n-1}) \cap U$ en des isomorphismes $U_{n-1} \xrightarrow{\sim} U_n \times_{S_n} S_{n-1}$ et $U_{n-1} \xrightarrow{\sim} U_n' \times_{S_n} S_{n-1}$ qui définissent un isomorphisme $U_n \times_{S_n} S_{n-1} \xrightarrow{\sim} U_n' \times_{S_n} S_{n-1}$ . Si on prend U assez petit, cet isomorphisme se relève en un isomorphisme $U_n \xrightarrow{\sim} U_n'$ , qui induit un isomorphisme $\sigma : Z_n^{(k)} \cap U \xrightarrow{\sim} Z_n'^{(k)} \cap U$ . Par construction, la réduction de $\sigma$ au-dessus de

$S_{n-1}$ est l'isomorphisme commutant aux isomorphismes donnés :

$$\begin{array}{ccc} & & (Z_n^{(k)} \times_{S_n} S_{n-1}) \cap U \\ & \overset{\sim}{\nearrow} & \\ Z_{n-1}^{(k)} \cap U & & \sim \big\downarrow \sigma \\ & \underset{\sim}{\searrow} & \\ & & (Z_n'^{(k)} \times_{S_n} S_{n-1}) \cap U \end{array} ,$$

d'où l'assertion ii).

Proposition 1.3.5. *Avec les hypothèses et les notations de* 1.3.1, *soient* $U$ *un ouvert de* $X$ , $Z_{n-1}^{(k)}$ *une déformation de* $Z^{(k)} \cap U$ *à l'ordre* $n-1$ , $Z_n^{(k)}$ *une déformation de* $Z^{(k)} \cap U$ *à l'ordre* $n$ , *induisant* $Z_{n-1}^{(k)}$ *à l'ordre* $n-1$ . *Alors le faisceau des* $S_n$*-automorphismes de* $Z_n^{(k)}$ *induisant l'identité sur* $Z_{n-1}^{(k)}$ *est un faisceau abélien sur* $Z \cap U$ , *indépendant à isomorphisme canonique près de* $Z_n^{(k)}$ .

La première affirmation étant locale sur $U$ , on peut supposer que $U$ se relève en un schéma $U_n$ lisse sur $S_n$ , $Z_n^{(k)}$ s'identifiant au k-ième voisinage infinitésimal de $Z \cap U$ dans $U_n$ ; soit $U_{n-1} = U_n \times_{S_n} S_{n-1}$ . Le faisceau $H$ des $S_n$-automorphismes de $U_n$ induisant l'identité sur $U_{n-1}$ s'envoie de facon naturelle dans le faisceau $G$ des $S_n$-automorphismes de $Z_n^{(k)}$ induisant l'identité sur $Z_{n-1}^{(k)}$ . Comme $U_n$ est lisse sur $S_n$ , et que $S_{n-1}$ est défini dans $S_n$ par un idéal de carré nul, on sait que $H$ est un faisceau de groupes abéliens, et comme d'autre part l'homomorphisme $H \longrightarrow G$ est surjectif d'après 1.3.3, $G$ est également un faisceau abélien.

Si $Z_n'^{(k)}$ est une seconde déformation de $Z^{(k)} \cap U$ à l'ordre $n$ , induisant $Z_{n-1}^{(k)}$ à l'ordre $n-1$ , $Z_n^{(k)}$ et $Z_n'^{(k)}$ sont localement isomorphes par un $S_n$-isomorphisme $\varepsilon$ induisant l'identité sur $Z_{n-1}^{(k)}$ d'après 1.3.4 ii). Un tel isomorphisme est défini à une section près de $G$ , et, comme $G$ est abélien, il est immédiat de vérifier que l'isomorphisme qu'il définit entre $G$ et son homologue $G'$ par transport de structure est en fait indépendant du choix de $\varepsilon$ . On peut donc recoller les isomorphismes $G \xrightarrow{\sim} G'$ définis localement par le choix d'un $\varepsilon$ , et obtenir un isomorphisme canonique $G \xrightarrow{\sim} G'$ sur $U$ .

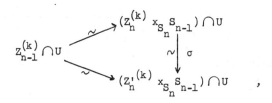

Proposition 1.3.6. *Avec les hypothèses et les notations de* 1.3.1, *soit* $Z_{n-1}^{(k)}$ *une déformation de* $Z^{(k)}$ *à l'ordre* n-1 . *Il existe un faisceau abélien* $G_n$ *sur* Z , *et une classe de cohomologie* $a \in H^2(Z,G_n)$ *dont l'annulation est nécessaire et suffisante pour qu'il existe une déformation* $Z_n^{(k)}$ *de* $Z^{(k)}$ *à l'ordre* n *induisant la déformation* $Z_{n-1}^{(k)}$ *à l'ordre* n-1 .

On peut d'après 1.3.4 i) trouver un recouvrement ouvert $U_i$ de Z tel que sur chacun des $U_i$ il existe une déformation à l'ordre n $Z_{n,i}^{(k)}$ de $Z_{n,i}^{(k)} \cap U_i$ induisant $Z_{n-1}^{(k)} \cap U_i$ à l'ordre n-1 . Soit $G_{n,i}$ le faisceau des $S_n$-automorphismes de $Z_{n,i}^{(k)}$ induisant l'identité sur $Z_{n-1}^{(k)} \cap U_i$ . Sur $U_i \cap U_j$ , $G_{n,i}$ et $G_{n,j}$ sont canoniquement isomorphes, de sorte que les $G_{n,i}$ se recollent et définissent un faisceau abélien $G_n$ sur Z , visiblement indépendant des choix faits pour le construire, et tel que pour tout ouvert U de Z , et toute déformation $Z_n^{(k)}$ à l'ordre n de $Z^{(k)} \cap U$ induisant $Z_{n-1}^{(k)} \cap U$ à l'ordre n-1 , $G_n(U)$ soit l'ensemble des $S_n$-automorphismes de $Z_n^{(k)}$ induisant l'identité sur $Z_{n-1}^{(k)} \cap U$ .

On définit alors un champ au-dessus de l'espace topologique Z en associant à un ouvert U l'ensemble des déformations à l'ordre n de $Z^{(k)} \cap U$ induisant $Z_{n-1}^{(k)} \cap U$ sur $S_{n-1}$ , les morphismes entre deux déformations étant les $S_n$-isomorphismes induisant l'identité par réduction sur $S_{n-1}$ . Il résulte de 1.3.4 que ce champ est une gerbe, de lien (abélien) $G_n$ , et l'existence de a découle de la théorie du $H^2$ associé à un lien, et de sa comparaison avec le $H^2$ usuel dans le cas abélien ([19]) (le lecteur désireux de garder un point de vue plus "naïf" pourra vérifier que $G_n$ est le faisceau sous-jacent à un $\underline{O}_{Z^{(k)}}$-module quasi-cohérent, et, lorsque X est séparé, définir a par un calcul de cocycles à la main).

Corollaire 1.3.7. *Avec les notations et les hypothèses de* 1.3.1, *supposons que l'espace topologique sous-jacent à* Z *soit un espace noethérien de dimension* 1 . *Alors, quelque soit* k , *il existe des déformations de tout ordre de* $Z^{(k)}$ .

En effet, la cohomologie d'un faisceau abélien quelconque sur Z est alors nulle en degrés $\geq 2$ , donc $a = 0$ .

1.4. Le morphisme trace.

On suppose de nouveau que les hypothèses sont celles de 1.2.1. On se propose de définir, lorsque X est propre sur k , un homomorphisme $\underline{O}_S$-linéaire

$$\mathrm{Tr}_f : R^{2n}f_{X/S*}(\underline{O}_{X/S}) \longrightarrow \underline{O}_S \quad ,$$

qu'on appellera morphisme trace (en cohomologie cristalline).

Lemme 1.4.1. Soient $(S,\underline{I},\gamma)$ un PD-schéma, X un S-schéma. Pour tout i , le foncteur $R^i\bar{u}_{X/S*}$ (resp. $R^i u_{X/S*}$) commute aux sommes directes quelconques.

C'est une assertion locale sur X , si bien que l'on peut supposer qu'il existe une immersion fermée de X dans un S-schéma quasi-lisse Y . Les $R^i\bar{u}_{X/S*}$ (resp. $R^i u_{X/S*}$) sont alors les faisceaux de cohomologie du complexe de Čech-Alexander $\check{C}A_Y^{\cdot}$ (V 1.3.1, resp. 1.2.5). La formation de celui-ci commutant aux sommes directes, le lemme en résulte.

Proposition 1.4.2. On se place sous les hypothèses de 1.2.1, X étant de plus supposé quasi-compact.

i) Quels que soient i et j , l'homomorphisme canonique

(1.4.1) $$\bigoplus_{x\in X_i - X_{i+1}} R^j f_{X/S*}(\xi_{x*}(\underline{H}^i_x(\underline{O}_{X/S}))) \longrightarrow R^j f_{X/S*}(\underline{H}^i_{X_i/X_{i+1}}(\underline{O}_{X/S}))$$

défini par l'isomorphisme VI (1.3.5) est un isomorphisme.

ii) Quel que soit i ,

(1.4.2) $$R^j f_{X/S*}(\underline{H}^i_{X_i/X_{i+1}}(\underline{O}_{X/S})) = 0$$

pour tout $j > n$ .

Rappelons que d'après VI (1.3.5)

$$\underline{H}^i_{X_i/X_{i+1}}(\underline{O}_{X/S}) \xrightarrow{\sim} \bigoplus_{x\in X_i - X_{i+1}} \xi_{x*}(\underline{H}^i_x(\underline{O}_{X/S})) \quad .$$

Pour tout x , $\xi_{x*}(\underline{H}^i_x(\underline{O}_{X/S}))$ est un cristal en $\underline{O}_{X/S}$-modules (VI 1.4.1). Choisissons pour tout $x \in X_i - X_{i+1}$ un relèvement $V_x$, lisse sur $S$, d'un voisinage $U_x$ de $x$ dans $X$, et soit $i_x$ l'inclusion de $x$ dans $X$. Au-dessus de $U_x$, $\xi_{x*}(\underline{H}^i_x(\underline{O}_{X/S}))$ est le cristal défini par le $\underline{O}_{V_x}$-module $i_{x*}(\underline{H}^i_x(\underline{O}_{V_x}))$ muni de son hyper-PD-stratification naturelle (VI 1.5.3) ; en particulier, sur le site $\mathrm{RCris}(X/S)_x$, on obtient une résolution

$$\underline{H}^i_x(\underline{O}_{X/S}) \otimes_{\underline{O}_{X/S}} L(\Omega^{\cdot}_{V_x/S,x}) \xrightarrow{\sim} L(\underline{H}^i_x(\underline{O}_{V_x}) \otimes_{\underline{O}_{V_x}} \Omega^{\cdot}_{V_x/S,x}) \xrightarrow{\sim} L(\underline{H}^{\cdot i}_x(\Omega^{\cdot}_{V_x/S}))$$

de $\underline{H}^i_x(\underline{O}_{X/S})$, $L$ étant le foncteur induit sur $\mathrm{RCris}(X/S)_x$ par le foncteur linéarisation défini par le relèvement $V_x$ de $U_x$. Comme $\xi_{x*}$ est exact, $\xi_{x*}(L(\underline{H}^{\cdot i}_x(\Omega^{\cdot}_{V_x/S})))$ est une résolution de $\xi_{x*}(\underline{H}^i_x(\underline{O}_{X/S}))$.

Remarquons alors que pour tout $j$, $\xi_{x*}(L(\underline{H}^i_x(\Omega^j_{V_x/S})))$ est acyclique pour le foncteur $\bar{u}_{X/S}$. Comme c'est une propriété locale sur $X$, il suffit de la vérifier sur chaque ouvert $U$ de $X$ possédant un relèvement $V$ lisse sur $S$. Les $R^i\bar{u}_{X/S*}$ sont alors les faisceaux de cohomologie du complexe $\check{C}A^{\cdot}_V(\xi_{x*}(L(\underline{H}^i_x(\Omega^j_{V_x/S}))))$. Si $x \notin U$, les termes du complexe sont nuls, de sorte qu'il suffit de regarder le cas où $x \in U$. Il existe alors un isomorphisme entre $V$ et $V_x$ au voisinage de $x$, d'où un isomorphisme entre $\underline{H}^i_x(\Omega^j_{V_x/S})$ et $\underline{H}^i_x(\Omega^j_{V/S})$. On obtient, en tenant compte de la description de $\xi_{x*}$ (VI 1.3.2), l'isomorphisme

$$\check{C}A^{\cdot}_V(\xi_{x*}(L(\underline{H}^i_x(\Omega^j_{V_x/S})))) \xrightarrow{\sim} \check{C}A^{\cdot}_V(L(i_{x*}(\underline{H}^i_x(\Omega^j_{V/S})))) ,$$

$L$ désignant à droite le foncteur linéarisation usuel relatif à $V$, et ce dernier complexe est acyclique d'après V 2.2.2.

D'après 1.4.1, $\bigoplus_{x \in X_i - X_{i+1}} \xi_{x*}(L(\underline{H}^i_x(\Omega^j_{V_x/S})))$ est donc acyclique pour $\bar{u}_{X/S}$. Mais par ailleurs, en faisant la somme directe des résolutions considérées des $\xi_{x*}(\underline{H}^i_x(\underline{O}_{X/S}))$, on obtient une résolution de $\underline{H}^i_{X_i/X_{i+1}}(\underline{O}_{X/S})$. On en déduit

(1.4.3) $$\underline{\underline{R}}\bar{u}_{X/S*}(\underline{H}^i_{X_i/X_{i+1}}(\underline{O}_{X/S})) \xrightarrow{\sim} \bigoplus_{x \in X_i - X_{i-1}} i_{x*}(\underline{H}^{\cdot i}_x(\Omega^{\cdot}_{V_x/S})) .$$

Chacun des $i_{x*}(\underline{H}^i_x(\Omega^j_{V_x/S}))$ est un module flasque, et comme l'espace topologique sous-jacent à X est un espace noethérien, une somme directe de modules flasques est flasque et $f_*$ commute aux sommes directes ([20], II 3.10) . Tenant compte de ce que S est réduit à un point, on peut donc écrire

$$(1.4.4) \qquad \underline{\underline{R}}f_{X/S*}(\underline{H}^{i}_{X_i/X_{i+1}}(\underline{O}_{X/S})) \xrightarrow{\sim} \bigoplus_{x\in X_i - X_{i-1}} H^{\cdot i}_{x}(\Omega^{\cdot}_{V_x/S}) \quad .$$

Les deux assertions de la proposition en résultent.

Corollaire 1.4.3. *Sous les hypothèses de* 1.2.1, X *étant de plus quasi-compact, on a la suite exacte*

$$(1.4.5) \qquad R^n f_{X/S*}(\underline{H}^{n-1}_{X_{n-1}/X_n}(\underline{O}_{X/S})) \longrightarrow R^n f_{X/S*}(\underline{H}^{n}_{X_n}(\underline{O}_{X/S})) \longrightarrow R^{2n} f_{X/S*}(\underline{O}_{X/S}) \longrightarrow 0 \ .$$

Soit $E^{\cdot}(\underline{O}_{X/S})$ le complexe de Cousin de $\underline{O}_{X/S}$ , pour la filtration associée à la codimension ; d'après VI 1.4.5, c'est une résolution de $\underline{O}_{X/S}$ sur RCris(X/S). La suite exacte de complexes

$$0 \longrightarrow \underline{H}^{n}_{X_n}(\underline{O}_{X/S})[-n] \longrightarrow E^{\cdot}(\underline{O}_{X/S}) \longrightarrow \tau_{<n}E^{\cdot}(\underline{O}_{X/S}) \longrightarrow 0 \quad ,$$

$\tau_{<i}\, E^{\cdot}(\underline{O}_{X/S})$ désignant le complexe égal à $E^{\cdot}(\underline{O}_{X/S})$ en degrés $< i$ , et à 0 en degrés $\geqslant i$ , donne la suite exacte

$$\underline{\underline{R}}^{2n-1} f_{X/S*}(\tau_{<n}E^{\cdot}(\underline{O}_{X/S})) \longrightarrow R^n f_{X/S*}(\underline{H}^{n}_{X_n}(\underline{O}_{X/S})) \longrightarrow R^{2n} f_{X/S*}(\underline{O}_{X/S}) \longrightarrow 0 \quad ,$$

compte tenu de (1.4.2). La suite exacte de complexes

$$0 \longrightarrow \underline{H}^{n-1}_{X_{n-1}/X_n}(\underline{O}_{X/S})[-n+1] \longrightarrow \tau_{<n}E^{\cdot}(\underline{O}_{X/S}) \longrightarrow \tau_{<n-1}E^{\cdot}(\underline{O}_{X/S}) \longrightarrow 0$$

donne de même la suite exacte

$$R^n f_{X/S*}(\underline{H}^{n-1}_{X_{n-1}/X_n}(\underline{O}_{X/S})) \longrightarrow \underline{\underline{R}}^{2n-1} f_{X/S*}(\tau_{<n}E^{\cdot}(\underline{O}_{X/S})) \longrightarrow 0 \quad ,$$

et de ces deux suites résulte la suite annoncée.

1.4.4. On suppose toujours X quasi-compact. Il résulte de 1.4.2 que

$$R^n f_{X/S*}(\underline{H}^{n}_{X_n}(\underline{O}_{X/S})) \xrightarrow{\sim} \bigoplus_{x\in X_n} R^n f_{X/S*}(\underline{H}^{n}_{x}(\underline{O}_{X/S})) \quad .$$

En faisant la somme des homomorphismes

$$\mathrm{Res}_{f,x} : R^n f_{X/S*}(\underline{H}^n_x(\underline{O}_{X/S})) \longrightarrow \underline{O}_S \quad ,$$

on obtient donc un homomorphisme $\underline{O}_S$-linéaire

$$\mathrm{Res}_f : R^n f_{X/S*}(\underline{H}^n_{X_n}(\underline{O}_{X/S})) \longrightarrow \underline{O}_S \quad .$$

Proposition 1.4.5 (théorème des résidus). Sous les hypothèses de 1.2.1, supposons que $X$ soit propre (et lisse) sur $k$. Alors l'homomorphisme composé

$$R^n f_{X/S*}(\underline{H}^{n-1}_{X_{n-1}/X_n}(\underline{O}_{X/S})) \longrightarrow R^n f_{X/S*}(\underline{H}^n_{X_n}(\underline{O}_{X/S})) \xrightarrow{\mathrm{Res}_f} \underline{O}_S$$

est nul.

D'après l'isomorphisme (1.4.1), il suffit de prouver que pour tout point $z$ de $X$ de codimension $n-1$, l'homomorphisme composé

$$(1.4.6) \quad R^n f_{X/S*}(\xi_{z*}(H^{n-1}_z(\underline{O}_{X/S}))) \longrightarrow \bigoplus_{x\in X_n\cap\{\bar z\}} R^n f_{X/S*}(\xi_{x*}(H^n_x(\underline{O}_{X/S}))) \xrightarrow{\mathrm{Res}_{f,x}} \underline{O}_S$$

est nul. On pose $Z = \{\bar z\}$ .

Soit $U$ un voisinage ouvert de $z$ dans $X$, possédant un relèvement lisse $V$ au-dessus de $S$. Soit $L$ le foncteur obtenu en restreignant le foncteur linéarisation relatif à l'immersion de $U$ dans $V$ au topos $(X/S)_{\mathrm{Rcris},z}$. Comme on l'a vu en 1.4.3, le complexe $\xi_{z*}(L(H^{\cdot n-1}_z(\Omega^{\cdot}_{V/S})))$ est une résolution de $\xi_{z*}(H^{n-1}_z(\underline{O}_{X/S}))$ par des modules acycliques pour $\bar{u}_{X/S*}$, d'image flasque sur $X$, de sorte que

$$(1.4.7) \quad \underline{\underline{R}}f_{X/S*}(\xi_{z*}(H^{n-1}_z(\underline{O}_{X/S}))) \xrightarrow{\sim} f_*(j_{z*}(H^{\cdot n-1}_z(\Omega^{\cdot}_{V/S}))) \xrightarrow{\sim} g_*(i_{z*}(H^{\cdot n-1}_z(\Omega^{\cdot}_{V/S})))$$
$$\xrightarrow{\sim} H^{\cdot n-1}_z(\Omega^{\cdot}_{V/S}) \quad ,$$

où $i_z$ et $j_z$ désignent respectivement l'inclusion de $z$ dans $V$ et dans $X$, et $g : V \longrightarrow S$. Soit $a \in R^n f_{X/S*}(\xi_{z*}(H^{n-1}_z(\underline{O}_{X/S})))$ ; l'isomorphisme (1.4.7) montre qu'il existe un homomorphisme surjectif

$$H^{n-1}_z(\Omega^n_{V/S}) \longrightarrow R^n f_{X/S*}(\xi_{z*}(H^{n-1}_z(\underline{O}_{X/S}))) \quad .$$

Soit $b \in H^{n-1}_z(\Omega^n_{V/S})$ relevant $a$. Comme $i_{z*}(H^{n-1}_z(\Omega^n_{V/S}))$ est à support dans $Z\cap U$, il existe une puissance de l'idéal de $Z\cap U$ dans $V$ qui annule $b$, par exemple la k+1-ième. Comme $z$ est de codimension n-1 dans $X$ , $Z$ est un schéma noethérien de dimension 1 ; d'après 1.3.7, il existe une déformation au-dessus de $S$ du k-ième voisinage infinitésimal de $Z$ dans $X$ , au sens de 1.3.1 ; soient $Z'$ une telle déformation, et $h : Z' \longrightarrow S$ le morphisme correspondant. Quitte à diminuer $U$ , on peut supposer que $Z' \cap U$ est isomorphe au k-ième voisinage infinitésimal de $Z \cap U$ dans $V$ , et on fera cette identification dans la suite.

D'après le choix de l'entier $k$ , b peut être considéré comme une section de $\underline{Hom}_{\underline{O}_V}(\underline{O}_{Z' \cap U}, i_{z*}(H_z^{n-1}(\Omega^n_{V/S})))$ . Or, si $E^{\cdot}$ est le complexe de Cousin associé à la codimension sur $V$ , le complexe $E^{\cdot}(\Omega^n_{V/S})[n]$ est le complexe résiduel $g^{\Delta}(\underline{O}_S)$ (cf. 1.2.3). Si $u$ est l'immersion de $Z' \cap U$ dans $V$ , le complexe $u^{\Delta}(g^{\Delta}(\underline{O}_S))$ est

(1.4.8) $$\bar{u}^*(\underline{Hom}_{\underline{O}_V}(\underline{O}_{Z' \cap U}, E^{\cdot}(\Omega^n_{V/S})))[n] ,$$

$\bar{u}^*$ consistant à considérer $\underline{Hom}_{\underline{O}_V}(\underline{O}_{Z' \cap U}, \cdot)$ comme un $\underline{O}_{Z' \cap U}$-module. La transitivité du foncteur image réciproque pour les complexes résiduels montre que ce complexe n'est autre que la restriction à $Z' \cap U$ du complexe résiduel $h^{\Delta}(\underline{O}_S)$ sur $Z'$ . Par suite, b peut être considéré comme une section de degré -1 du complexe résiduel $h^{\Delta}(\underline{O}_S)$, au-dessus de l'ouvert $Z' \cap U$ de $Z'$ . Mais le terme de degré -1 du complexe $h^{\Delta}(\underline{O}_S)$ est un module constant sur $Z'$ , de sorte que $b$ définit une section de degré -1 de $h^{\Delta}(\underline{O}_S)$ au-dessus de $Z'$ , que nous noterons $a'$ .

Nous allons montrer que l'image de $a$ par (1.4.6) peut se calculer à partir de la trace (au sens des complexes résiduels) de a' . Pour cela, rappelons d'abord que, d'après [30], VI 4.4, le morphisme trace relatif à $h$ et au complexe résiduel $\underline{O}_S$ sur $S$ est défini par la donnée, pour tout point fermé $x$ de $Z'$ , d'un homomorphisme $\underline{O}_S$-linéaire

$$Tr_{h,x} : h_*(h^{\Delta}(\underline{O}_S)^o_x) \longrightarrow \underline{O}_S ,$$

où l'exposant de $h^{\Delta}(\underline{O}_S)$ note le degré, et l'indice $x$ la fibre en $x$ . Nous noterons dans la suite $\delta$ la différentielle des complexes résiduels (resp. de Cousin). Je dis que pour tout point fermé $x \in Z'$ , l'image de a' par l'homomorphisme composé

$$h_*(h^{\Delta}(\underline{O}_S)^{-1}) \xrightarrow{\delta} h_*(h^{\Delta}(\underline{O}_S)^o_x) \xrightarrow{Tr_{h,x}} \underline{O}_S$$

est égale à celle de $b$ par l'homomorphisme composé

$$g_*(i_{z*}(H_z^{n-1}(\Omega^n_{V/S}))) \longrightarrow R^n f_{X/S*}(\xi_{z*}(H_z^{n-1}(\underline{O}_{X/S}))) \xrightarrow{\delta} R^n f_{X/S*}(\xi_{x*}(H^n_x(\underline{O}_{X/S}))) \xrightarrow{\mathrm{Res}_{f,x}} \underline{O}_S .$$

En effet, soit $U'$ un ouvert de $X$ contenant $x$, et par suite $z$, et se relevant en un S-schéma lisse $V'$. D'après 1.3.4 ii), on peut supposer, en prenant $U'$ assez petit, qu'il existe un S-isomorphisme $\varepsilon$ entre la restriction de $Z'$ au-dessus de $U'$, et le k-ième voisinage infinitésimal $Z'_1$ de $Z \cap U'$ dans $V'$, $\varepsilon$ se réduisant à l'identité au-dessus de $S_o$. De plus, d'après 1.3.3, on peut supposer que $\varepsilon$ se prolonge au voisinage de $z$ en un S-isomorphisme, encore noté $\varepsilon$, entre $V$ et $V'$, se réduisant à l'identité au-dessus de $S_o$ ; ce dernier donne alors naissance au diagramme commutatif

$$\begin{array}{ccc}
g_*(i_{z*}(H_z^{n-1}(\Omega^n_{V/S}))) & \xrightarrow[\sim]{\ \varepsilon\ } & g'_*(i'_{z*}(H_z^{n-1}(\Omega^n_{V'/S}))) \\
& \searrow \qquad \swarrow & \\
& R^n f_{X/S*}(\xi_{z*}(H_z^{n-1}(\underline{O}_{X/S}))) &
\end{array} ,$$

en notant $g' : V' \longrightarrow S$, et $i'_z : z \hookrightarrow V'$. D'autre part, le diagramme

$$\begin{array}{ccccc}
g'_*(i'_{z*}(H_z^{n-1}(\Omega^n_{V'/S}))) & \xrightarrow{\delta} & g'_*(i'_{x*}(H^n_x(\Omega^n_{V'/S}))) & & \\
\downarrow & & \downarrow & \searrow^{\mathrm{Tr}_{g',x}} & \\
R^n f_{X/S*}(\xi_{z*}(H_z^{n-1}(\underline{O}_{X/S}))) & \xrightarrow{\delta} & R^n f_{X/S*}(\xi_{x*}(H^n_x(\underline{O}_{X/S}))) & \xrightarrow[\mathrm{Res}_{f,x}]{} & \underline{O}_S
\end{array}$$

est commutatif d'après la définition de $\mathrm{Res}_{f,x}$. Par suite,

$$\mathrm{Res}_{f,x}(\delta(a)) = \mathrm{Tr}_{g',x}(\delta(\varepsilon(b))) .$$

Mais par ailleurs, l'isomorphisme $\varepsilon : Z' \cap U' \xrightarrow{\sim} Z'_1$ donne le diagramme commutatif (avec $h' : Z'_1 \longrightarrow S$)

$$\begin{array}{ccccc}
h_*(h^{\Delta}(\underline{O}_S)^{-1}) & \xrightarrow{\delta} & h_*(h^{\Delta}(\underline{O}_S)^o_x) & \searrow^{\mathrm{Tr}_{h,x}} & \\
\downarrow \wr & & \downarrow \wr & & \underline{O}_S \\
h'_*(h'^{\Delta}(\underline{O}_S)^{-1}) & \xrightarrow{\delta} & h'_*(h'^{\Delta}(\underline{O}_S)^o_x) & \nearrow_{\mathrm{Tr}_{h',x}} &
\end{array} ,$$

compte tenu de ce que les faisceaux considérés sont constants sur leurs supports. D'où

$$\mathrm{Tr}_{h,x}(\delta(a')) = \mathrm{Tr}_{h',x}(\delta(\varepsilon(a'))) \qquad .$$

Enfin, soit $u'$ l'immersion de $Z_1'$ dans $V'$ ; comme $u'$ est un morphisme propre, le morphisme trace $\mathrm{Tr}_{u'} : u'_*(u'^{\Delta}(g'^{\Delta}(\underline{O}_S))) \longrightarrow g'^{\Delta}(\underline{O}_S)$ est un morphisme de complexes (ce qui est d'ailleurs clair sur l'expression (1.4.8), le morphisme trace étant alors l'inclusion naturelle), de sorte que le diagramme

$$\begin{array}{ccccc}
h'_*(h'^{\Delta}(\underline{O}_S)^{-1}) & \xrightarrow{\ \delta\ } & h'_*(h'^{\Delta}(\underline{O}_S)^{0}_{x}) & \xrightarrow{\mathrm{Tr}_{h',x}} & \\
\big\downarrow \mathrm{Tr}_{u'} & & \big\downarrow \mathrm{Tr}_{u'} & & \underline{O}_S \\
g'_*(i'_{Z*}(\underline{H}^{n-1}_{Z}(\Omega^n_{V'/S}))) & \xrightarrow{\ \delta\ } & g'_*(i'_{x*}(\underline{H}^{n}_{x}(\Omega^n_{V'/S}))) & \xrightarrow{\mathrm{Tr}_{g',x}} &
\end{array}$$

est commutatif, compte tenu de la transitivité du morphisme trace. Comme grâce au prolongement de $\varepsilon$ entre $V$ et $V'$ au voisinage de $z$ le morphisme $\mathrm{Tr}_{u'}$ envoie $\varepsilon(a')$ sur $\varepsilon(b)$ , on en déduit

$$\mathrm{Tr}_{h',x}(\delta(\varepsilon(a'))) = \mathrm{Tr}_{g',x}(\delta(\varepsilon(b))) \qquad .$$

En fin de compte, on obtient donc

$$\mathrm{Res}_{f,x}(\delta(a)) \;=\; \mathrm{Tr}_{h,x}(\delta(a'))$$

pour tout point fermé $x$ de $Z'$ .

Or $Z'$ est de type fini sur $S$ par construction, séparé et universellement fermé car $Z'_{red} = Z$ l'est sur $S_o$ , puisque $X$ est supposé propre sur $S_o$ . Donc $Z'$ est propre sur $S$ . Par conséquent, le morphisme $\mathrm{Tr}_h$ est un morphisme de complexes. Sommant l'égalité précédente sur l'ensemble des points fermés de $Z$ , on obtient

$$\sum_{x\in Z\cap X_n} \mathrm{Res}_{f,x}(\delta(a)) = \mathrm{Tr}_h(\delta(a')) \qquad .$$

Comme le complexe résiduel $\underline{O}_S$ sur $S$ est nul en degrés $\neq 0$ , et que $a'$ est de degré $-1$ , $\mathrm{Tr}_h(\delta(a')) = \delta(\mathrm{Tr}_h(a')) = 0$ , ce qui achève la démonstration.

*Théorème* 1.4.6. *Les notations étant celles de* 1.2.1, *soit* $X$ *un* k-*schéma propre et lisse, de dimension* $n$ *en tout point. Il existe un unique homomorphisme* $\underline{O}_S$-*linéaire*

$$\mathrm{Tr}_f : R^{2n}f_{X/S*}(\underline{O}_{X/S}) \longrightarrow \underline{O}_S \quad , \tag{1.4.9}$$

*appelé* morphisme trace, *tel que pour tout point fermé* $x$ *de* $X$ *on ait le diagramme commutatif*

$$\begin{array}{ccc} R^n f_{X/S*}(\underline{H}^n_x(\underline{O}_{X/S})) & \longrightarrow & R^{2n}f_{X/S*}(\underline{O}_{X/S}) \\ & {\scriptstyle \mathrm{Res}_{f,x}} \searrow \quad \swarrow {\scriptstyle \mathrm{Tr}_f} & \\ & \underline{O}_S & \end{array} \quad ,$$

*où la flèche horizontale est définie par* (1.4.1) *et* (1.4.5), *et* $\mathrm{Res}_{f,x}$ *est l'homomorphisme résidu défini en* 1.2.8.

Rappelons que l'on dispose de la suite exacte (1.4.5)

$$R^n f_{X/S*}(\underline{H}^{n-1}_{X_{n-1}/X_n}(\underline{O}_{X/S})) \longrightarrow R^n f_{X/S*}(\underline{H}^n_{X_n}(\underline{O}_{X/S})) \longrightarrow R^{2n}f_{X/S*}(\underline{O}_{X/S}) \longrightarrow 0 \quad .$$

D'après le théorème des résidus, l'homomorphisme composé

$$R^n f_{X/S*}(\underline{H}^{n-1}_{X_{n-1}/X_n}(\underline{O}_{X/S})) \longrightarrow R^n f_{X/S*}(\underline{H}^n_{X_n}(\underline{O}_{X/S})) \xrightarrow{\mathrm{Res}_f} \underline{O}_S$$

est nul, si bien que l'homomorphisme $\mathrm{Res}_f$ se factorise par le conoyau et donne un homomorphisme

$$\mathrm{Tr}_f : R^{2n}f_{X/S*}(\underline{O}_{X/S}) \longrightarrow \underline{O}_S \quad .$$

Comme $\mathrm{Res}_f$ est l'homomorphisme somme des résidus aux points fermés, $\mathrm{Tr}_f$ satisfait la condition de l'énoncé, et d'après (1.4.1) elle le caractérise de façon unique.

*Remarques* 1.4.7. a) Lorsque $X$ est de dimension $n$ , les $R^i f_{X/S*}(\underline{O}_{X/S})$ sont nuls pour $i > 2n$ , d'après 1.1.3. Le morphisme trace (1.4.9) définit donc dans la catégorie dérivée $D^b(\underline{O}_S)$ un morphisme, encore appelé *morphisme trace*,

$$\mathrm{Tr}_f : \underline{\underline{R}}f_{X/S*}(\underline{O}_{X/S}) \longrightarrow \underline{O}_S[-2n] \quad . \tag{1.4.10}$$

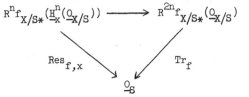

b) Les démonstrations des paragraphes 1.2 et 1.4, convenablement simplifiées, donnent la théorie du morphisme trace en cohomologie de De Rham, pour un morphisme propre et lisse $g : Y \longrightarrow S$ : il existe un homomorphisme canonique

$$\mathrm{Tr}_g : \underline{\underline{R}}^{2n} g_*(\Omega^{\cdot}_{Y/S}) \longrightarrow \underline{O}_S ,$$

provenant par passage au quotient de l'homomorphisme "somme des résidus aux points fermés de Y" . Il peut être également caractérisé par le diagramme commutatif

$$\begin{array}{ccc} R^n g_*(\Omega^n_{Y/S}) & \longrightarrow & \underline{\underline{R}}^{2n} g_*(\Omega^{\cdot}_{Y/S}) \\ & \searrow \quad \swarrow & \\ & \underline{O}_S & \end{array}$$

où la flèche oblique de gauche est donnée par le morphisme trace $\underline{\underline{R}}g_*(g^!(\underline{O}_S)) \to \underline{O}_S$ de [30] , VII 4.1. Avec les notations de 1.2.1, supposons que Y soit un relèvement propre et lisse de X au-dessus de S . Alors le diagramme

(1.4.11)
$$\begin{array}{ccc} R^{2n} f_{X/S*}(\underline{O}_{X/S}) & \xrightarrow{\sim} & \underline{\underline{R}}^{2n} g_*(\Omega^{\cdot}_{Y/S}) \\ & {}_{\mathrm{Tr}_f}\searrow \quad \swarrow{}_{\mathrm{Tr}_g} & \\ & \underline{O}_S & \end{array}$$

est commutatif : cela résulte immédiatement de la construction des morphismes trace, ou encore des propriétés d'unicité dans 1.4.6 et 1.2.8.

Proposition 1.4.8. Sous les hypothèses de 1.4.6, soient $m' \leq m$ , $S_{m'} = \mathrm{Spec}(W/\mathfrak{m}^{m'+1})$ , $f_{m'} : X \longrightarrow S_{m'}$ . Alors le diagramme

$$\begin{array}{ccc} R^{2n} f_{X/S*}(\underline{O}_{X/S}) \otimes_{\underline{O}_S} \underline{O}_{S_{m'}} & \longrightarrow & R^{2n} f_{X/S_{m'}*}(\underline{O}_{X/S_{m'}}) \\ & {}_{\mathrm{Tr}_f \otimes \mathrm{Id}}\searrow \quad \swarrow{}_{\mathrm{Tr}_{f_{m'}}} & \\ & \underline{O}_{S_{m'}} & \end{array}$$

est commutatif. En particulier, le diagramme

$$\begin{array}{ccccc} R^{2n} f_{X/S*}(\underline{O}_{X/S}) \otimes_{\underline{O}_S} \underline{O}_{S_o} & \longrightarrow & R^{2n} f_{X/S_o*}(\underline{O}_{X/S_o}) & \xrightarrow{\sim} & \underline{\underline{R}}^{2n} f_{o*}(\Omega^{\cdot}_{X/S_o}) \\ & {}_{\mathrm{Tr}_f \otimes \mathrm{Id}}\searrow & \downarrow {\scriptstyle \mathrm{Tr}_{f_o}} & \swarrow{}_{\mathrm{Tr}_{f_o}} & \\ & & \underline{O}_{S_o} & & \end{array}$$

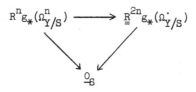

est commutatif.

D'après la définition du morphisme trace, on est ramené à l'assertion analogue pour le résidu en un point fermé $x$ . Relevant un voisinage de $x$ en un S-schéma lisse, on voit que l'assertion résulte de la commutation du résidu au sens de Hartshorne avec les changements de base, d'après la relation (1.2.7). La dernière assertion en découle, compte tenu de la remarque 1.4.7 b).

## 2. La dualité de Poincaré.

Nous allons maintenant utiliser le morphisme trace construit plus haut pour prouver un théorème de dualité pour la cohomologie d'un cristal en modules localement libres de type fini sur un schéma propre et lisse au-dessus d'un corps $k$ . Ce théorème nous permettra en particulier de définir un homomorphisme "image directe" faisant de la cohomologie cristalline des schémas propres et lisses sur $k$ un foncteur covariant.

Nous garderons les notations de 1.2.1 : $k$ est un corps de caractéristique $p > 0$ , $W$ un anneau de valuation discrète d'inégales caractéristiques, peu ramifié, et de corps résiduel $k$ , $\mathfrak{m}$ son idéal maximal, $m$ un entier $\geq 0$ , $W_m = W/\mathfrak{m}^{m+1}$ , muni des puissances divisées définies par les puissances divisées naturelles de $\mathfrak{m}$ , $S = \mathrm{Spec}(W_m)$ , $\underline{I} = \mathfrak{m}.\underline{O}_S$ , $\gamma$ les puissances divisées de $\underline{I}$ , $S_o = \mathrm{Spec}(k)$ .

On suppose dans la suite que les schémas considérés ont même dimension en tout point.

### 2.1. Le théorème de dualité.

Soient $X$ un S-schéma, $E$ un $\underline{O}_{X/S}$-module. Rappelons que, l'espace topologique sous-jacent à $S$ étant ponctuel, les $R^i f_{X/S*}(E)$ (resp. le complexe $\underline{\underline{R}}f_{X/S*}(E)$) peuvent être identifiés aux $W_m$-modules $H^i(X/S,E)$ (resp. au complexe $\underline{\underline{R}}\Gamma(X/S,E)$ de $D^+(W_m)$) . Ici, nous emploierons en général la notation "absolue" $H^i(X/S,E)$ (resp.

$\underline{\underline{R}}\Gamma(X/S,E))$ sauf éventuellement lorsque la notation "relative" $R^i f_{X/S*}(E)$ (resp. $\underline{\underline{R}}f_{X/S*}(E))$ facilite l'écriture.

Proposition 2.1.1. Soit $X$ un $S_o$-schéma lisse, propre, et géométriquement connexe, de dimension $n$. Alors $H^i(X/S,\underline{O}_{X/S}) = 0$ pour $i > 2n$, et l'homomorphisme

(2.1.1) $$\mathrm{Tr}_f : H^{2n}(X/S,\underline{O}_{X/S}) \longrightarrow W_m \quad ,$$

avec $f : X \longrightarrow S$, est un isomorphisme.

La première assertion ne figure que pour mémoire, ayant été prouvée en 1.1.3. Le complexe $\underline{\underline{R}}\Gamma(X/S,\underline{O}_{X/S})$ est donc isomorphe dans $D(W_m)$ à un complexe $K^{\cdot}$ à termes plats, nuls en degrés $> 2n$. L'isomorphisme de changement de base

$$\underline{\underline{R}}\Gamma(X/S,\underline{O}_{X/S}) \overset{\underline{\underline{L}}}{\otimes}_{W_m} k \xrightarrow{\sim} \underline{\underline{R}}\Gamma(X/S_o,\underline{O}_{X/S_o})$$

donne un isomorphisme en degré $2n$

(2.1.2) $$H^{2n}(X/S,\underline{O}_{X/S}) \otimes_{W_m} k \xrightarrow{\sim} H^{2n}(X/S_o,\underline{O}_{X/S_o}) \quad .$$

Comme $X$ est lisse sur $S_o$,

$$H^{2n}(X/S_o,\underline{O}_{X/S_o}) \xrightarrow{\sim} \underline{\underline{H}}^{2n}(X,\Omega^{\cdot}_{X/S_o}) \quad .$$

Les hypothèses faites sur $X$ entrainent que l'homomorphisme

$$\mathrm{Tr}_{f_o} : H^n(X,\Omega^n_{X/S_o}) \longrightarrow k$$

est un isomorphisme ([30], VII 4.1). Il résulte que $\underline{\underline{H}}^{2n}(X,\Omega^{\cdot}_{X/S_o})$ est un k-espace vectoriel de dimension 1. En effet, soit $X^{(p)}$ le k-schéma déduit de $X$ par le morphisme de changement de base $S_o \longrightarrow S_o$ défini par l'endomorphisme de Frobenius $\underline{\underline{f}}_k$ de $k$ ; $X^{(p)}$ vérifie les mêmes hypothèses que $X$. Soit $F_X : X \longrightarrow X^{(p)}$ le k-morphisme défini par l'endomorphisme de Frobenius absolu $\underline{\underline{f}}_X$ de $X$. L'isomorphisme de Cartier inverse ([33], 7.2) donne pour tout $i$ un isomorphisme $\underline{O}_{X^{(p)}}$-linéaire

$$C^{-1} : \Omega^i_{X^{(p)}/S_o} \xrightarrow{\sim} \underline{H}^i(F_{X*}(\Omega^{\cdot}_{X/S_o})) \quad .$$

Puisque $F_X$ induit un homéomorphisme entre les espaces sous-jacents, $C^{-1}$ définit pour tout $j$ un isomorphisme k-linéaire

$$H^j(X^{(p)},\Omega^i_{X^{(p)}/S_o}) \xrightarrow{\sim} H^j(X,\underline{H}^i(\Omega^{\cdot}_{X/S_o})) \quad ;$$

en particulier,

$$H^n(X^{(p)},\Omega^n_{X^{(p)}/S_o}) \xrightarrow{\sim} H^n(X,\underline{H}^n(\Omega^{\cdot}_{X/S_o})) \quad ,$$

de sorte que $H^n(X,\underline{H}^n(\Omega^{\cdot}_{X/S_o}))$ est de dimension 1 sur k . La suite spectrale

$$E_2^{p,q} = H^p\ (X,\underline{H}^q(\Omega^{\cdot}_{X/S_o})) \Longrightarrow \underline{\underline{H}}^n(X,\Omega^{\cdot}_{X/S_o})$$

montre alors qu'il en est de même de $\underline{\underline{H}}^{2n}(X,\Omega^{\cdot}_{X/S_o})$ .

Il résulte alors du triangle commutatif (cf. 1.4.7 b)) (*)

$$\begin{array}{ccc} H^n(X,\Omega^n_{X/S_o}) & \longrightarrow & \underline{\underline{H}}^{2n}(X,\Omega^{\cdot}_{X/S_o}) \\ & \underset{\sim}{\searrow} \quad k \quad \swarrow & \end{array} \quad ,$$

où les flèches obliques sont les morphismes trace, que l'homomorphisme

$$Tr_{f_o} : \underline{\underline{H}}^{2n}(X,\Omega^{\cdot}_{X/S_o}) \longrightarrow k$$

est un isomorphisme. Comme $H^{2n}(X/S,\underline{O}_{X/S})$ est un $W_m$-module de type fini (1.1.2), on en déduit d'abord par Nakayama que c'est un $W_m$-module monogène, grâce à (2.1.2). Ensuite, on remarque que d'après 1.4.8 la réduction modulo $\mathfrak{m}$ de $Tr_f$ est $Tr_{f_o}$ ; comme $Tr_{f_o}$ est un isomorphisme, $Tr_f$ est surjectif, donc un isomorphisme.

2.1.2. Soient X un $S_o$-schéma propre et lisse, de dimension n , et E un $\underline{O}_{X/S}$-module localement libre de type fini. Le complexe $\underline{\underline{R\Gamma}}(X/S,E)$ est donc un complexe parfait de $D(W_m)$ d'après 1.1.1. Si $E^{\vee}$ est le dual de E sur $\underline{O}_{X/S}$ , l'accouplement de cup-produit définit un morphisme

$$\underline{\underline{R\Gamma}}(X/S,E) \overset{\underline{\underline{L}}}{\otimes}_{W_m} \underline{\underline{R\Gamma}}(X/S,E^{\vee}) \longrightarrow \underline{\underline{R\Gamma}}(X/S,E \otimes_{\underline{O}_{X/S}} E^{\vee}) \quad .$$

L'homomorphisme canonique $E \otimes_{\underline{O}_{X/S}} E^{\vee} \longrightarrow \underline{O}_{X/S}$ donne par fonctorialité

(*) La commutativité de ce triangle, jointe au fait que $\underline{\underline{H}}^{2n}(X,\Omega^{\cdot}_{X/S_o})$ est a priori de dimension 0 ou 1 sur k , permet en fait de faire l'économie du raisonnement précédent.

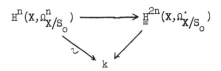

$$\underline{\underline{R}}\Gamma(X/S, E \otimes_{\underline{O}_{X/S}} E^{\vee}) \longrightarrow R\Gamma(X/S, \underline{O}_{X/S}) \quad .$$

Enfin, le morphisme trace (1.4.10) donne un morphisme

$$\underline{\underline{R}}\Gamma(X/S, \underline{O}_{X/S}) \longrightarrow W_m[-2n] \quad .$$

On obtient finalement un accouplement

$$(2.1.3) \qquad \underline{\underline{R}}\Gamma(X/S,E) \overset{\underline{\underline{L}}}{\otimes}_{W_m} \underline{\underline{R}}\Gamma(X/S,E^{\vee}) \longrightarrow W_m[-2n] \quad .$$

Théorème 2.1.3 (dualité de Poincaré). Soit $X$ un $S_o$-schéma propre et lisse, de dimension $n$ , et $E$ un $\underline{O}_{X/S}$-module localement libre de type fini. Alors l'accouplement

$$(2.1.3) \qquad \underline{\underline{R}}\Gamma(X/S,E) \overset{\underline{\underline{L}}}{\otimes}_{W_m} \underline{\underline{R}}\Gamma(X/S,E^{\vee}) \longrightarrow W_m[-2n]$$

est une dualité parfaite entre les complexes parfaits $\underline{\underline{R}}\Gamma(X/S,E)$ et $\underline{\underline{R}}\Gamma(X/S,E^{\vee})$ .

Rappelons que dire que (2.1.3) est une dualité parfaite signifie que les morphismes

$$(2.1.4) \quad \underline{\underline{R}}\Gamma(X/S,E) \longrightarrow \underline{\underline{R}}\Gamma(X/S,E^{\vee})[2n]^{\vee} = \underline{\underline{R}}\mathrm{Hom}^{\bullet}_{W_m}(\underline{\underline{R}}\Gamma(X/S,E^{\vee}), W_m[-2n]) \quad ,$$

$$(2.1.5) \quad \underline{\underline{R}}\Gamma(X/S,E^{\vee}) \longrightarrow \underline{\underline{R}}\Gamma(X/S,E)[2n]^{\vee} = \underline{\underline{R}}\mathrm{Hom}^{\bullet}_{W_m}(\underline{\underline{R}}\Gamma(X/S,E), W_m[-2n])$$

définis par l'accouplement sont des isomorphismes.

Comme la formation du $\underline{\underline{R}}\mathrm{Hom}^{\bullet}$ pour les complexes parfaits commute à l'extension des scalaires, le théorème de changement de base et le diagramme de 1.4.8 montrent que, si $E_o$ est la restriction de $E$ à $\mathrm{Cris}(X/S_o)$ , la réduction de l'accouplement (2.1.3) modulo $\mathfrak{m}$ est l'accouplement

$$(2.1.6) \qquad \underline{\underline{R}}\Gamma(X/S_o,E_o) \overset{\underline{\underline{L}}}{\otimes}_k \underline{\underline{R}}\Gamma(X/S_o,E_o^{\vee}) \longrightarrow k[-2n] \quad .$$

Le lemme suivant, appliqué à (2.1.4) et (2.1.5), montre alors qu'il suffit de prouver que (2.1.6) est une dualité parfaite.

Lemme 2.1.4. *Soient* $A$ *un anneau commutatif,* $I$ *un idéal de* $A$ *contenu dans le radical,* $E^\cdot$ , $F^\cdot$ *deux complexes pseudo-cohérents de* $D^-(A)$ , $u : E^\cdot \longrightarrow F^\cdot$ *un morphisme de* $D^-(A)$ . *Pour que* $u$ *soit un isomorphisme, il faut et il suffit que sa réduction*

$$v : E^\cdot \overset{\underline{\underline{L}}}{\otimes}_A (A/I) \longrightarrow F^\cdot \overset{\underline{\underline{L}}}{\otimes}_A (A/I)$$

*en soit un.*

Soit $G^\cdot$ le cône de $u$ ; comme le cône d'un morphisme de complexes pseudo-cohérent est pseudo-cohérent, $G^\cdot$ est pseudo-cohérent. Le cône de $v$ étant $G^\cdot \overset{\underline{\underline{L}}}{\otimes}_A (A/I)$, on est donc ramené à vérifier que si un complexe pseudo-cohérent $G^\cdot$ est tel que $G^\cdot \overset{\underline{\underline{L}}}{\otimes}_A (A/I)$ soit acyclique, alors $G^\cdot$ est acyclique.

Supposons que $G^\cdot$ ne soit pas acyclique, et soit $j$ le plus haut degré où la cohomologie de $G^\cdot$ est non nulle. Puisque $G^\cdot$ est pseudo-cohérent, il est quasi-isomorphe à un complexe $L^\cdot$ borné supérieurement, et à termes projectifs de type fini ; on peut de plus supposer que $L^i = 0$ pour $i > j$ . Alors $G^\cdot \overset{\underline{\underline{L}}}{\otimes}_A (A/I) = L^\cdot \otimes_A (A/I)$ , et la suite exacte

$$L^{j-1} \longrightarrow L^j \longrightarrow H^j(G^\cdot) \longrightarrow 0$$

donne la suite exacte

$$L^{j-1} \otimes_A (A/I) \longrightarrow L^j \otimes_A (A/I) \longrightarrow H^j(G^\cdot) \otimes_A (A/I) \longrightarrow 0 \quad ,$$

donc on a $H^j(G^\cdot) \otimes_A (A/I) = H^j(G^\cdot \overset{\underline{\underline{L}}}{\otimes}_A (A/I)) = 0$ . Or $H^j(G^\cdot)$ est un A-module de type fini, car c'est un quotient de $L^j$ , et le lemme de Nakayama montre donc qu'il est nul, d'où une contradiction, et $G^\cdot$ est acyclique.

2.1.5. Revenons à la démonstration de 2.1.3. Le $\underline{O}_{X/S_o}$-module localement libre $E_o$ définit un $\underline{O}_X$-module localement libre $\underline{E} = E_{o(X,X)}$ , muni d'une connexion intégrable relativement à $S_o$ , et

$$\underline{\underline{R}}\Gamma(X/S_o, E_o) \xrightarrow{\sim} \underline{\underline{R}}\Gamma(X, \underline{E} \otimes_{\underline{O}_X} \Omega^\cdot_{X/S_o}) \quad .$$

Le $\underline{\underline{O}}_X$-module localement libre $E^{\vee}_{o(X,X)}$ n'est autre que le dual de $\underline{\underline{E}}$ (IV 2.4.1), et il est muni de la connexion duale de celle de $\underline{\underline{E}}$ . Nous allons alors définir un accouplement naturel

(2.1.7)
$$\underline{\underline{R}}\Gamma(X,\underline{\underline{E}}\otimes_{\underline{\underline{O}}_X}\Omega^{\cdot}_{X/S_o})\overset{\underline{\underline{L}}}{\otimes}_k\underline{\underline{R}}\Gamma(X,\underline{\underline{E}}^{\vee}\otimes_{\underline{\underline{O}}_X}\Omega^{\cdot}_{X/S_o})\longrightarrow k[-2n] \quad ,$$

tel que le diagramme

$$\begin{array}{ccc} \underline{\underline{R}}\Gamma(X/S_o,E_o)\overset{\underline{\underline{L}}}{\otimes}_k\underline{\underline{R}}\Gamma(X/S_o,E^{\vee}_o) & \searrow & \\ \downarrow\wr & & k[-2n] \\ \underline{\underline{R}}\Gamma(X,\underline{\underline{E}}\otimes_{\underline{\underline{O}}_X}\Omega^{\cdot}_{X/S_o})\overset{\underline{\underline{L}}}{\otimes}_k\underline{\underline{R}}\Gamma(X,\underline{\underline{E}}^{\vee}\otimes_{\underline{\underline{O}}_X}\Omega^{\cdot}_{X/S_o}) & \nearrow & \end{array}$$

soit commutatif.

Pour tout $i$ , et tout complexe $K^{\cdot}$ , nous noterons $\tau_{\geqslant i}K^{\cdot}$ le complexe égal à $K^{\cdot}$ en degrés $\geqslant i$ , et à $0$ en degrés $< i$ , et $\tau_{\leqslant i}K^{\cdot}$ le complexe égal à $K^{\cdot}$ en degrés $\leqslant i$ , et à $0$ en degrés $> i$ . Soit $\underline{k}$ le faisceau constant sur $X$ de valeur $k$ . Pour tout couple d'entiers $(i,j)$ tel que $i+j \geqslant n$ , il existe un morphisme naturel de complexes

$$(\tau_{\geqslant i}\ \underline{\underline{E}}\otimes_{\underline{\underline{O}}_X}\Omega^{\cdot}_{X/S_o})\otimes_{\underline{k}}(\tau_{\leqslant j}\underline{\underline{E}}^{\vee}\otimes_{\underline{\underline{O}}_X}\Omega^{\cdot}_{X/S_o})\longrightarrow\Omega^{\cdot}_{X/S_o} \quad ,$$

donné en degré $q$ par

$$\bigoplus_{\substack{a+b=q\\ a\geqslant i\\ b\leqslant j}}(\underline{\underline{E}}\otimes_{\underline{\underline{O}}_X}\Omega^{a}_{X/S_o})\otimes_{\underline{k}}(\underline{\underline{E}}^{\vee}\otimes_{\underline{\underline{O}}_X}\Omega^{b}_{X/S_o})\longrightarrow\bigoplus_{\substack{a+b=q\\ a\geqslant i\\ b\leqslant j}}\underline{\underline{E}}\otimes_{\underline{\underline{O}}_X}\underline{\underline{E}}^{\vee}\otimes_{\underline{\underline{O}}_X}\Omega^{a}_{X/S_o}\otimes_{\underline{\underline{O}}_X}\Omega^{b}_{X/S_o}\rightarrow\Omega^{q}_{X/S_o} \ ;$$

on voit facilement que c'est un morphisme de complexes en vérifiant que l'homomorphisme $\underline{\underline{E}}\otimes_{\underline{\underline{O}}_X}\underline{\underline{E}}^{\vee}\longrightarrow\underline{\underline{O}}_X$ est horizontal pour la connexion produit tensoriel sur $\underline{\underline{E}}\otimes_{\underline{\underline{O}}_X}\underline{\underline{E}}^{\vee}$ , et la connexion triviale sur $\underline{\underline{O}}_X$ . On en déduit le morphisme

$$\underline{\underline{R}}\Gamma(X,\tau_{\geqslant i}\ \underline{\underline{E}}\otimes_{\underline{\underline{O}}_X}\Omega^{\cdot}_{X/S_o})\overset{\underline{\underline{L}}}{\otimes}_k\underline{\underline{R}}\Gamma(X,\tau_{\leqslant j}\ \underline{\underline{E}}^{\vee}\otimes_{\underline{\underline{O}}_X}\Omega^{\cdot}_{X/S_o})\longrightarrow\underline{\underline{R}}\Gamma(X,\Omega^{\cdot}_{X/S_o}) \quad .$$

Composant avec le morphisme trace $\underline{\underline{R}}\Gamma(X,\Omega^{\cdot}_{X/S_o})\longrightarrow k[-2n]$ , on obtient un accouplement

(2.1.8) $$\sigma_{i,j} = \underline{\underline{R}}\Gamma(X,\tau_{\geqslant i}\ \underline{E}\otimes_{\underline{O}_X}\Omega^{\cdot}_{X/S_o}) \overset{\underline{\underline{L}}}{\otimes}_k \underline{\underline{R}}\Gamma(X,\tau_{\leqslant j}\ \underline{E}^{\vee}\otimes_{\underline{O}_X}\Omega^{\cdot}_{X/S_o}) \longrightarrow k[-2n] \ ,$$

et $\sigma_{o,n}$ est l'accouplement cherché (2.1.7). Sa compatibilité avec l'accouplement sur la cohomologie cristalline est facile à vérifier en passant par le complexe linéarisé $L(\underline{E}\otimes_{\underline{O}_X}\Omega^{\cdot}_{X/S_o})$ (resp. $\underline{E}^{\vee}$) , qui est une résolution sur $\mathrm{Cris}(X/S_o)$ de $E_o$ (resp. $E_o^{\vee}$).

On est donc ramené à prouver que (2.1.7) est une dualité parfaite, et pour cela nous prouverons, par récurrence descendante sur $i$ , que $\sigma_{i,n-i}$ est une dualité parfaite pour tout $i$ . Observons d'abord que le diagramme

$$\begin{array}{ccc}
\underline{\underline{R}}\Gamma(X,\tau_{\geqslant i}\underline{E}\otimes_{\underline{O}_X}\Omega^{\cdot}_{X/S_o}) & \longrightarrow & \underline{\underline{R}}\mathrm{Hom}^{\cdot}_k(\underline{\underline{R}}\Gamma(X,\tau_{\leqslant n-i}\underline{E}^{\vee}\otimes_{\underline{O}_X}\Omega^{\cdot}_{X/S_o}),k)[-2n] \\
\downarrow & & \downarrow \\
\underline{\underline{R}}\Gamma(X,\tau_{\geqslant i-1}\underline{E}\otimes_{\underline{O}_X}\Omega^{\cdot}_{X/S_o}) & \longrightarrow & \underline{\underline{R}}\mathrm{Hom}^{\cdot}_k(\underline{\underline{R}}\Gamma(X,\tau_{\leqslant n-i+1}\underline{E}^{\vee}\otimes_{\underline{O}_X}\Omega^{\cdot}_{X/S_o}),k)[-2n]
\end{array}$$

est commutatif. Cela résulte en effet de ce que les deux morphismes composés du diagramme sont égaux, grâce à la fonctorialité de l'isomorphisme d'adjonction entre $\overset{\underline{\underline{L}}}{\otimes}$ et $\underline{\underline{R}}\mathrm{Hom}^{\cdot}$ , au morphisme défini par l'accouplement $\sigma_{i,n-i+1}$. De la même manière, on obtient des diagrammes commutatifs

$$\begin{array}{ccc}
\underline{\underline{R}}\Gamma(X,\tau_{\geqslant i-1}\underline{E}\otimes_{\underline{O}_X}\Omega^{\cdot}_{X/S_o}) & \longrightarrow & \underline{\underline{R}}\mathrm{Hom}^{\cdot}_k(\underline{\underline{R}}\Gamma(X,\tau_{\leqslant n-i+1}\underline{E}^{\vee}\otimes_{\underline{O}_X}\Omega^{\cdot}_{X/S_o}),k)[-2n] \\
\downarrow & & \downarrow \\
\underline{\underline{R}}\Gamma(X,\underline{E}\otimes_{\underline{O}_X}\Omega^{i-1}_{X/S_o})[-i+1] & \longrightarrow & \underline{\underline{R}}\mathrm{Hom}^{\cdot}_k(\underline{\underline{R}}\Gamma(X,\underline{E}^{\vee}\otimes_{\underline{O}_X}\Omega^{n-i+1}_{X/S_o}),k)[-n-i+1]
\end{array}$$

et

$$\begin{array}{ccc}
\underline{\underline{R}}\Gamma(X,\underline{E}\otimes_{\underline{O}_X}\Omega^{i-1}_{X/S_o})[-i] & \longrightarrow & \underline{\underline{R}}\mathrm{Hom}^{\cdot}_k(\underline{\underline{R}}\Gamma(X,\underline{E}^{\vee}\otimes_{\underline{O}_X}\Omega^{n-i+1}_{X/S_o}),k)[-n-i] \\
\downarrow & & \downarrow \\
\underline{\underline{R}}\Gamma(X,\tau_{\geqslant i}\underline{E}\otimes_{\underline{O}_X}\Omega^{\cdot}_{X/S_o}) & \longrightarrow & \underline{\underline{R}}\mathrm{Hom}^{\cdot}_k(\underline{\underline{R}}\Gamma(X,\tau_{\leqslant n-i}\underline{E}^{\vee}\otimes_{\underline{O}_X}\Omega^{\cdot}_{X/S_o}),k)[-2n]
\end{array} ,$$

en utilisant l'accouplement

$$(2.1.9)\qquad \underline{\underline{R}}\Gamma(X,\underline{E}\otimes_{\underline{O}_X}\Omega^{i-1}_{X/S_o})\overset{\underline{\underline{L}}}{\otimes}_k\underline{\underline{R}}\Gamma(X,\underline{E}^{\vee}\otimes_{\underline{O}_X}\Omega^{n-i+1}_{X/S_o})\longrightarrow\underline{\underline{R}}\Gamma(X,\Omega^{n}_{X/S_o})\longrightarrow k[-n]$$

et les morphismes de complexes

$$\tau_{\geqslant i-1}\underline{E}\otimes_{\underline{O}_X}\Omega^{\cdot}_{X/S_o}\longrightarrow\underline{E}\otimes_{\underline{O}_X}\Omega^{i-1}_{X/S_o}[-i+1]\ ,\ \underline{E}^{\vee}\otimes_{\underline{O}_X}\Omega^{n-i+1}_{X/S_o}[-n+i-1]\longrightarrow\tau_{\leqslant n-i+1}\underline{E}^{\vee}\otimes_{\underline{O}_X}\Omega^{\cdot}_{X/S_o}$$

et

$$\underline{E}\otimes_{\underline{O}_X}\Omega^{i-1}_{X/S_o}[-i]\longrightarrow\tau_{\geqslant i}\underline{E}\otimes_{\underline{O}_X}\Omega^{\cdot}_{X/S_o}\ ,\ \tau_{\leqslant n-i}\underline{E}^{\vee}\otimes_{\underline{O}_X}\Omega^{\cdot}_{X/S_o}\longrightarrow\underline{E}^{\vee}\otimes_{\underline{O}_X}\Omega^{n-i+1}_{X/S_o}[-n+i]\ .$$

Ces trois diagrammes donnent donc un morphisme de triangles distingués du triangle

$$\begin{array}{ccc} & \underline{\underline{R}}\Gamma(X,\underline{E}\otimes_{\underline{O}_X}\Omega^{i-1}_{X/S_o})[-i+1] & \\ {}^{+1}\swarrow & & \nwarrow \\ \underline{\underline{R}}\Gamma(X,\tau_{\geqslant i}\underline{E}\otimes_{\underline{O}_X}\Omega^{\cdot}_{X/S_o}) & \longrightarrow & \underline{\underline{R}}\Gamma(X,\tau_{\geqslant i-1}\underline{E}\otimes_{\underline{O}_X}\Omega^{\cdot}_{X/S_o}) \end{array}$$

dans le triangle

$$\begin{array}{ccc} & \underline{\underline{R}}\mathrm{Hom}^{\cdot}_k(\underline{\underline{R}}\Gamma(X,\underline{E}^{\vee}\otimes_{\underline{O}_X}\Omega^{n-i+1}_{X/S_o}),k)[-n-i+1] & \\ {}^{+1}\swarrow & & \nwarrow \\ \underline{\underline{R}}\mathrm{Hom}^{\cdot}_k(\underline{\underline{R}}\Gamma(X,\tau_{\leqslant n-i}\underline{E}^{\vee}\otimes_{\underline{O}_X}\Omega^{\cdot}_{X/S_o}),k)[-2n] & \longrightarrow & \underline{\underline{R}}\mathrm{Hom}^{\cdot}_k(\underline{\underline{R}}\Gamma(X,\tau_{\leqslant n-i+1}\underline{E}^{\vee}\otimes_{\underline{O}_X}\Omega^{\cdot}_{X/S_o}),k)[-2n]\ . \end{array}$$

Or le morphisme

$$\underline{\underline{R}}\Gamma(X,\underline{E}\otimes_{\underline{O}_X}\Omega^{i-1}_{X/S_o})[-i+1]\longrightarrow\underline{\underline{R}}\mathrm{Hom}^{\cdot}_k(\underline{\underline{R}}\Gamma(X,\underline{E}^{\vee}\otimes_{\underline{O}_X}\Omega^{n-i+1}_{X/S_o}),k)[-n-i+1]$$

est un isomorphisme pour tout $i$ . En effet, l'anneau de base étant le corps $k$ , la formation du dual commute à la cohomologie, si bien qu'il suffit de vérifier que l'accouplement (2.1.9) définit pour tout $j$ un isomorphisme entre $H^j(X,\underline{E}\otimes_{\underline{O}_X}\Omega^{i-1}_{X/S_o})$ et le dual de $H^{n-j}(X,\underline{E}^{\vee}\otimes_{\underline{O}_X}\Omega^{n-i+1}_{X/S_o}) = H^{n-j}(X,\underline{E}^{\vee}\otimes_{\underline{O}_X}\Omega^{i-1\vee}_{X/S_o}\otimes_{\underline{O}_X}\Omega^{n}_{X/S_o})$ ; mais (2.1.9) n'est autre que l'accouplement qui donne la dualité de Serre, d'où le résultat. Comme $\sigma_{n+1,-1}$ est une dualité parfaite, on en déduit par récurrence descendante que $\sigma_{i,n-i}$ en est une pour tout $i$ , ce qui achève la démonstration.

## 2.2. Le morphisme image directe.

2.2.1. Les hypothèses étant toujours celles qui ont été fixées au début du paragraphe 2, soient $X$ , $Y$ deux $S_o$-schémas propres et lisses, et $h : X \longrightarrow Y$ un $S_o$-morphisme. Si $n$ et $q$ sont les dimensions de $X$ et $Y$ , la dualité de Poincaré donne les isomorphismes

$$(2.2.1) \qquad \varepsilon_X : \underline{\underline{R}}\Gamma(X/S,\underline{O}_{X/S}) \xrightarrow{\sim} \underline{\underline{R}}\mathrm{Hom}^{\cdot}_{W_m}(\underline{\underline{R}}\Gamma(X/S,\underline{O}_{X/S}),W_m)[-2n] \quad ,$$

$$\varepsilon_Y : \underline{\underline{R}}\Gamma(Y/S,\underline{O}_{Y/S}) \xrightarrow{\sim} \underline{\underline{R}}\mathrm{Hom}^{\cdot}_{W_m}(\underline{\underline{R}}\Gamma(Y/S,\underline{O}_{Y/S}),W_m)[-2q] \quad .$$

Le morphisme image inverse $h^* : \underline{\underline{R}}\Gamma(Y/S,\underline{O}_{Y/S}) \longrightarrow \underline{\underline{R}}\Gamma(X/S,\underline{O}_{X/S})$ donne par dualité un morphisme

$$(h^*)^{\vee} : \underline{\underline{R}}\mathrm{Hom}^{\cdot}_{W_m}(\underline{\underline{R}}\Gamma(X/S,\underline{O}_{X/S}),W_m) \longrightarrow \underline{\underline{R}}\mathrm{Hom}^{\cdot}_{W_m}(\underline{\underline{R}}\Gamma(Y/S,\underline{O}_{Y/S}),W_m) \quad .$$

On note alors

$$(2.2.2) \qquad h_* : \underline{\underline{R}}\Gamma(X/S,\underline{O}_{X/S}) \longrightarrow \underline{\underline{R}}\Gamma(Y/S,\underline{O}_{Y/S})[2q-2n]$$

le morphisme composé

$$(2.2.3) \qquad h_* = (\varepsilon_Y)^{-1} \circ (h^*)^{\vee} \circ \varepsilon_X$$

(où nous omettons de noter le décalage pour un morphisme). Le morphisme $h_*$ sera appelé <u>morphisme image directe</u> défini par $h$ .

Le morphisme $h_*$ peut encore être défini de la façon suivante On obtient un accouplement

$$\underline{\underline{R}}\Gamma(X/S,\underline{O}_{X/S}) \overset{\underline{\underline{L}}}{\otimes}_{W_m} \underline{\underline{R}}\Gamma(Y/S,\underline{O}_{Y/S}) \longrightarrow W_m[-2n]$$

au moyen du morphisme composé

$$\underline{\underline{R}}\Gamma(X/S,\underline{O}_{X/S}) \overset{\underline{\underline{L}}}{\otimes}_{W_m} \underline{\underline{R}}\Gamma(Y/S,\underline{O}_{Y/S}) \xrightarrow{\mathrm{Id}\otimes h^*} \underline{\underline{R}}\Gamma(X/S,\underline{O}_{X/S}) \overset{\underline{\underline{L}}}{\otimes}_{W_m} \underline{\underline{R}}\Gamma(X/S,\underline{O}_{X/S}) \longrightarrow W_m[-2n].$$

L'isomorphisme d'adjonction entre $\overset{\underline{\underline{L}}}{\otimes}$ et $\underline{\underline{R}}\mathrm{Hom}^{\cdot}$ permet d'en déduire un morphisme

$$\underline{\underline{R}}\Gamma(X/S,\underline{O}_{X/S}) \longrightarrow \underline{\underline{R}}\mathrm{Hom}^{\cdot}_{W_m}(\underline{\underline{R}}\Gamma(Y/S,\underline{O}_{Y/S}),W_m)[-2n] \quad ,$$

qui est le morphisme $(h^*)^{\vee} \circ \varepsilon_X$ , et donne donc par composition avec $(\varepsilon_Y)^{-1}$ le morphisme $h_*$ .

Par construction, le diagramme

$$(2.2.4)\qquad \begin{array}{ccc} \underline{\underline{R}}\Gamma(X/S,\underline{O}_{X/S})\overset{\underline{\underline{L}}}{\otimes}_{W_m}\underline{\underline{R}}\Gamma(Y/S,\underline{O}_{Y/S}) & \xrightarrow{\ \mathrm{Id}\otimes h^*\ } & \underline{\underline{R}}\Gamma(X/S,\underline{O}_{X/S})\overset{\underline{\underline{L}}}{\otimes}_{W_m}\underline{\underline{R}}\Gamma(X/S,\underline{O}_{X/S}) \\ \Big\downarrow {\scriptstyle h_*\otimes \mathrm{Id}} & & \Big\downarrow {\scriptstyle \mathrm{Tr}_f\circ\sigma_X} \\ \underline{\underline{R}}\Gamma(Y/S,\underline{O}_{Y/S})\overset{\underline{\underline{L}}}{\otimes}_{W_m}\underline{\underline{R}}\Gamma(Y/S,\underline{O}_{Y/S})[2q-2n] & \xrightarrow{\ \mathrm{Tr}_g\circ\sigma_Y\ } & W_m[-2n] \end{array} ,$$

où $\sigma_X$ et $\sigma_Y$ sont les morphismes de cup-produit, et $f : X \longrightarrow S$ , $g : Y \longrightarrow S$ , les morphismes donnés, est commutatif. En effet, le morphisme $\mathrm{Tr}_f\circ \sigma_X\circ(\mathrm{Id}\otimes h^*)$ donne par adjonction le morphisme

$$(h^*)^{\vee}\circ \varepsilon_X : \underline{\underline{R}}\Gamma(X/S,\underline{O}_{X/S}) \longrightarrow \underline{\underline{R}}\mathrm{Hom}^{\cdot}_{W_m}(\underline{\underline{R}}\Gamma(Y/S,\underline{O}_{Y/S}),W_m)[-2n] ,$$

tandis que $\mathrm{Tr}_g\circ \sigma_Y\circ(h_*\otimes \mathrm{Id})$ donne

$$\varepsilon_Y\circ h_* : \underline{\underline{R}}\Gamma(X/S,\underline{O}_{X/S}) \longrightarrow \underline{\underline{R}}\mathrm{Hom}^{\cdot}_{W_m}(\underline{\underline{R}}\Gamma(Y/S,\underline{O}_{Y/S}),W_m)[-2n] ,$$

et ces deux morphismes sont égaux d'après la définition (2.2.3).

Si on note $<.,.>$ l'accouplement défini par $\mathrm{Tr}\circ\sigma$ sur la cohomologie, on a donc la formule habituelle pour $a\in H^*(X/S,\underline{O}_{X/S})$ et $b\in H^*(Y/S,\underline{O}_{Y/S})$

$$(2.2.5)\qquad < h_*(a),b > = < a,h^*(b) > .$$

<u>Proposition</u> 2.2.2. <u>Soient</u> X, Y, Z <u>trois</u> $S_o$<u>-schémas propres et lisses</u>, $g : X \to Y$, $h : Y \longrightarrow Z$ <u>deux</u> $S_o$<u>-morphismes</u>. <u>Alors</u>

$$(2.2.6)\qquad (h\circ g)_* = h_*\circ g_* .$$

Cela résulte aussitôt de la définition, puisque $(h\circ g)^* = g^*\circ h^*$ .

<u>Proposition</u> 2.2.3 (<u>formule de projection</u>). <u>Sous les hypothèses de</u> 2.2.1, <u>le diagramme</u>

$$\begin{array}{ccc}
\underline{\underline{R}}\Gamma(X/S,\underline{O}_{X/S}) \overset{\underline{\underline{L}}}{\otimes}_{W_m} \underline{\underline{R}}\Gamma(Y/S,\underline{O}_{Y/S}) & \xrightarrow{h_*\otimes \mathrm{Id}} & \underline{\underline{R}}\Gamma(Y/S,\underline{O}_{Y/S}) \overset{\underline{\underline{L}}}{\otimes}_{W_m} \underline{\underline{R}}\Gamma(Y/S,\underline{O}_{Y/S})[2q-2n] \\
\Big\downarrow{\scriptstyle \mathrm{Id}\otimes h^*} & & \Big\downarrow{\scriptstyle \sigma_Y} \\
\underline{\underline{R}}\Gamma(X/S,\underline{O}_{X/S}) \overset{\underline{\underline{L}}}{\otimes}_{W_m} \underline{\underline{R}}\Gamma(X/S,\underline{O}_{X/S}) \xrightarrow{\sigma_X} \underline{\underline{R}}\Gamma(X/S,\underline{O}_{X/S}) & \xrightarrow{h_*} & \underline{\underline{R}}\Gamma(Y/S,\underline{O}_{Y/S})[2q-2n]
\end{array}$$

<u>est commutatif</u>. <u>En particulier, le morphisme</u>

$$h_* \circ h^* : \underline{\underline{R}}\Gamma(Y/S,\underline{O}_{Y/S}) \longrightarrow \underline{\underline{R}}\Gamma(Y/S,\underline{O}_{Y/S})[2q-2n]$$

<u>est le cup-produit par</u> $h_*(1)$ .

Remarquons d'abord que, $Tr_g \circ \sigma_Y$ définissant une dualité parfaite sur $\underline{\underline{R}}\Gamma(Y/S,\underline{O}_{Y/S})$ , un morphisme $\varphi$ d'un complexe parfait $K^\cdot$ dans $\underline{\underline{R}}\Gamma(Y/S,\underline{O}_{Y/S})$ est nul si et seulement si le morphisme composé

$$K^\cdot \overset{\underline{\underline{L}}}{\otimes}_{W_m} \underline{\underline{R}}\Gamma(Y/S,\underline{O}_{Y/S}) \xrightarrow{\varphi \otimes \mathrm{Id}} \underline{\underline{R}}\Gamma(Y/S,\underline{O}_{Y/S}) \overset{\underline{\underline{L}}}{\otimes}_{W_m} \underline{\underline{R}}\Gamma(Y/S,\underline{O}_{Y/S}) \xrightarrow{Tr_g \circ \sigma_Y} W_m[-2q]$$

est nul, ce dernier correspondant par adjonction au morphisme $\varphi^\vee \circ \varepsilon_Y$ . La propriété à prouver équivaut donc à la commutativité du diagramme

$$\begin{array}{ccccc}
\underline{\underline{R}}\Gamma(X/S) \overset{\underline{\underline{L}}}{\otimes} \underline{\underline{R}}\Gamma(Y/S) \overset{\underline{\underline{L}}}{\otimes} \underline{\underline{R}}\Gamma(Y/S) & \xrightarrow{\mathrm{Id}\otimes h^*\otimes \mathrm{Id}} & \underline{\underline{R}}\Gamma(X/S) \overset{\underline{\underline{L}}}{\otimes} \underline{\underline{R}}\Gamma(X/S) \overset{\underline{\underline{L}}}{\otimes} \underline{\underline{R}}\Gamma(Y/S) & \xrightarrow{\sigma_X \otimes \mathrm{Id}} & \underline{\underline{R}}\Gamma(X/S) \overset{\underline{\underline{L}}}{\otimes} \underline{\underline{R}}\Gamma(Y/S) \\
\Big\downarrow{\scriptstyle h_*\otimes \mathrm{Id}\otimes \mathrm{Id}} & & & & \Big\downarrow{\scriptstyle h_*\otimes \mathrm{Id}} \\
\underline{\underline{R}}\Gamma(Y/S) \overset{\underline{\underline{L}}}{\otimes} \underline{\underline{R}}\Gamma(Y/S) \overset{\underline{\underline{L}}}{\otimes} \underline{\underline{R}}\Gamma(Y/S)[2q-2n] & & & & \underline{\underline{R}}\Gamma(Y/S) \overset{\underline{\underline{L}}}{\otimes} \underline{\underline{R}}\Gamma(Y/S)[2q-2n] \\
\Big\downarrow{\scriptstyle \sigma_Y \otimes \mathrm{Id}} & & & & \Big\downarrow{\scriptstyle Tr_g \circ \sigma_Y} \\
\underline{\underline{R}}\Gamma(Y/S) \overset{\underline{\underline{L}}}{\otimes} \underline{\underline{R}}\Gamma(Y/S)[2q-2n] & & \xrightarrow{\qquad Tr_g \circ \sigma_Y \qquad} & & W_m[-2n]
\end{array} .$$

Celle-ci se voit, grâce à la commutativité de (2.2.4), en écrivant une suite de diagrammes commutatifs de $D(W_m)$ que l'on explicite aisément à partir des égalités qu'ils induisent sur la cohomologie : pour $a \in H^*(X/S,\underline{O}_{X/S})$ , et $b$ , $c \in H^*(Y/S,\underline{O}_{Y/S})$,

$$< h_*(ah^*(b)),c > = < ah^*(b),h^*(c) > = < a,h^*(b)h^*(c) > = < a,h^*(bc) >$$

$$= < h_*(a),bc > = < h_*(a)b,c > \quad .$$

La dernière assertion résulte de la commutativité du diagramme de l'énoncé en composant celui-ci avec le morphisme

$$1 \otimes \mathrm{Id} : \underline{\underline{R}}\Gamma(Y/S,\underline{O}_{Y/S}) \longrightarrow \underline{\underline{R}}\Gamma(X/S,\underline{O}_{X/S}) \overset{\underline{\underline{L}}}{\otimes}_{W_m} \underline{\underline{R}}\Gamma(Y/S,\underline{O}_{Y/S}) \quad .$$

Proposition 2.2.4. Soit $f : X \longrightarrow S_o$ un morphisme propre et lisse, de dimension relative $n$ . Alors le morphisme

$$f_* : \underline{\underline{R}}\Gamma(X/S,\underline{O}_{X/S}) \longrightarrow \underline{\underline{R}}\Gamma(S_o/S,\underline{O}_{S_o/S})[-2n] = W_m[-2n]$$

est le morphisme trace relatif à $f$ .

L'identité de $S$ étant un relèvement lisse sur $S$ de $S_o$ , on a bien

$$\underline{\underline{R}}\Gamma(S_o/S,\underline{O}_{S_o/S}) \xrightarrow{\sim} \underline{\underline{R}}\Gamma(S,\Omega^{\cdot}_{S/S}) = W_m \quad .$$

D'après la description de $f_*$ donnée en 2.2.1, $f_*$ est le morphisme

$$\underline{\underline{R}}\Gamma(X/S,\underline{O}_{X/S}) \longrightarrow \underline{\underline{R}}\underline{\mathrm{Hom}}^{\cdot}_{W_m}(W_m,W_m)[-2n] = W_m[-2n]$$

défini par adjonction à partir de l'accouplement

$$\underline{\underline{R}}\Gamma(X/S,\underline{O}_{X/S}) \overset{\underline{\underline{L}}}{\otimes}_{W_m} W_m \longrightarrow \underline{\underline{R}}\Gamma(X/S,\underline{O}_{X/S}) \overset{\underline{\underline{L}}}{\otimes}_{W_m} \underline{\underline{R}}\Gamma(X/S,\underline{O}_{X/S}) \xrightarrow{\mathrm{Tr}_f} W_m[-2n] \quad ;$$

comme ce dernier s'identifie à $\mathrm{Tr}_f : \underline{\underline{R}}\Gamma(X/S,\underline{O}_{X/S}) \longrightarrow W_m[-2n]$, $f_* = \mathrm{Tr}_f$ .

2.3. Morphisme de Gysin et image directe.

Soient $X$ un $S_o$-schéma propre et lisse, $Y$ un sous-schéma fermé de $X$ , lisse sur $S_o$ . Nous allons montrer que le morphisme image directe relatif à l'immersion de $Y$ dans $X$ n'est autre que le morphisme de Gysin $G_{Y/X}$ défini en VI (3.3.10).

Proposition 2.3.1. Soient $X$ un $S_o$-schéma propre et lisse, de dimension $n$ , et $Y$ un sous-schéma fermé de $X$ , lisse sur $S_o$ , et de codimension $d$ dans $X$ . Alors le diagramme

$$\begin{array}{ccc} \underline{\underline{R}}\Gamma(Y/S,\underline{O}_{Y/S}) & \xrightarrow{G_{Y/X}} & \underline{\underline{R}}\Gamma(X/S,\underline{O}_{X/S})[2d] \\ & {\scriptstyle Tr_g}\searrow \quad \swarrow{\scriptstyle Tr_f} & \\ & W_m[-2n+2d] & \end{array} ,$$

avec $f : X \longrightarrow S$ , $g : Y \longrightarrow S$ , est commutatif.

Il revient au même de montrer que le diagramme

$$\begin{array}{ccc} H^{2n-2d}(Y/S,\underline{O}_{Y/S}) & \xrightarrow{G_{Y/X}} & H^{2n}(X/S,\underline{O}_{X/S}) \\ & {\scriptstyle Tr_g}\searrow \quad \swarrow{\scriptstyle Tr_f} & \\ & W_m & \end{array}$$

est commutatif, puisque les complexes $\underline{\underline{R}}\Gamma(Y/S,\underline{O}_{Y/S})$ et $\underline{\underline{R}}\Gamma(X/S,\underline{O}_{X/S})$ sont à cohomologie nulle respectivement en degrés supérieurs à $2n-2d$ et $2n$ .

Par définition du morphisme trace, il existe des triangles commutatifs

$$\begin{array}{ccc} H^{n-d}(Y/S,\underline{H}^{n-d}_{Y_{n-d}}(\underline{O}_{Y/S})) & & \\ \downarrow & \searrow^{Res_g} & \\ & & W_m[-2n+2d] \\ & \nearrow_{Tr_g} & \\ H^{2n-2d}(Y/S,\underline{O}_{Y/S}) & & \end{array} , \qquad \begin{array}{ccc} H^{n}(X/S,\underline{H}^{n}_{X_{n}}(\underline{O}_{X/S})) & & \\ \downarrow & \searrow^{Res_f} & \\ & & W_m[-2n] \\ & \nearrow_{Tr_f} & \\ H^{2n}(X/S,\underline{O}_{X/S}) & & \end{array} .$$

Je dis qu'il existe un homomorphisme $G'_{Y/S}$ rendant commutatif le diagramme

$$\begin{array}{ccc} H^{n-d}(Y/S,\underline{H}^{n-d}_{Y_{n-d}}(\underline{O}_{Y/S})) & \xrightarrow{G'_{Y/X}} & H^{n}(X/S,\underline{H}^{n}_{X_{n}}(\underline{O}_{X/S})) \\ \downarrow & & \downarrow \\ H^{2n-2d}(Y/S,\underline{O}_{Y/S}) & \xrightarrow{G_{Y/X}} & H^{2n}(X/S,\underline{O}_{X/S}) \end{array} .$$

En effet, considérons $Y_{n-d}$ comme une famille de supports sur $X$ , et appliquons le morphisme canonique de foncteurs $\underline{\underline{R}}\Gamma_{Y_{n-d}} \longrightarrow Id$ au morphisme de Gysin

$i_{Rcris*}(\underline{O}_{Y/S})[-2d] \longrightarrow \underline{O}_{X/S}$ sur $RCris(X/S)$ . D'après IV 1.3.2, les foncteurs $i_{cris*}$ (resp. $i_{Rcris*}$) et $\underline{\Gamma}_{Y_{n-d}}$ commutent, si bien que, $i_{cris*}$(resp. $i_{Rcris*}$) étant exact,

$$\underline{\underline{R}}\Gamma_{Y_{n-d}}(i_{\mathrm{Rcris}*}(\underline{O}_{Y/S})) \xrightarrow{\sim} i_{\mathrm{Rcris}*}(\underline{\underline{H}}^{n-d}_{Y_{n-d}}(\underline{O}_{Y/S}))[-n+d] \qquad ;$$

d'autre part, on a pour tout $i$

$$\underline{\underline{H}}^{i}_{Y_{n-d}}(\underline{O}_{X/S}) \xrightarrow{\sim} \bigoplus_{y \in Y_{n-d}} \underline{\underline{H}}^{i}_{y}(\underline{O}_{X/S}) \qquad ;$$

comme les points de $Y_{n-d}$ sont de codimension $n$ dans $X$ ,

$$\underline{\underline{R}}\Gamma_{Y_{n-d}}(\underline{O}_{X/S}) \xrightarrow{\sim} \underline{\underline{H}}^{n}_{Y_{n-d}}(\underline{O}_{X/S})[-n] \quad .$$

On obtient donc le diagramme commutatif

$$\begin{array}{ccccc}
i_{\mathrm{Rcris}*}(\underline{\underline{H}}^{n-d}_{Y_{n-d}}(\underline{O}_{Y/S}))[-n-d] & \longrightarrow & \underline{\underline{H}}^{n}_{Y_{n-d}}(\underline{O}_{X/S})[-n] & \hookrightarrow & \underline{\underline{H}}^{n}_{X_n}(\underline{O}_{X/S})[-n] \\
\downarrow & & \downarrow & \swarrow & \\
i_{\mathrm{Rcris}*}(\underline{O}_{Y/S})[-2] & \longrightarrow & \underline{O}_{X/S} & &
\end{array} \quad .$$

Appliquant le foncteur $H^{2n}(X/S,.)$ à la ligne supérieure du diagramme, on obtient le morphisme $G'_{Y/X}$ .

Puisque $H^{n-d}(Y/S,\underline{\underline{H}}^{n-d}_{Y_{n-d}}(\underline{O}_{Y/S})) \longrightarrow H^{2n-2d}(Y/S,\underline{O}_{Y/S})$ est surjectif, il suffit de montrer que le diagramme

$$\begin{array}{ccc}
H^{n-d}(Y/S,\underline{\underline{H}}^{n-d}_{Y_{n-d}}(\underline{O}_{Y/S})) & \xrightarrow{G'_{Y/X}} & H^{n}(X/S,\underline{\underline{H}}^{n}_{X_n}(\underline{O}_{X/S})) \\
{\scriptstyle \mathrm{Res}_g} \searrow & & \swarrow {\scriptstyle \mathrm{Res}_f} \\
& W_m &
\end{array}$$

est commutatif. Mais d'après la construction de $G'_{Y/X}$ , cet homomorphisme est la somme directe, pour les points $y$ de $Y_{n-d}$ , des homomorphismes

$$H^{n-d}(Y/S,\underline{\underline{H}}^{n-d}_{y}(\underline{O}_{Y/S})) \longrightarrow H^{n}(X/S,\underline{\underline{H}}^{n}_{y}(\underline{O}_{X/S})$$

définis comme plus haut par le morphisme de Gysin. Il suffit donc de montrer que pour tout $y \in Y_{n-d}$ , le diagramme

$$\begin{array}{ccc}
H^{n-d}(Y/S,\underline{\underline{H}}^{n-d}_{y}(\underline{O}_{Y/S})) & \longrightarrow & H^{n}(X/S,\underline{\underline{H}}^{n}_{y}(\underline{O}_{X/S})) \\
{\scriptstyle \mathrm{Res}_{g,y}} \searrow & & \swarrow {\scriptstyle \mathrm{Res}_{f,y}} \\
& W_m &
\end{array}$$

est commutatif. C'est alors une assertion locale sur $X$ , si bien que l'on peut supposer que $X$ et $Y$ se relèvent en des schémas $X'$ et $Y'$ lisses sur $S$ ; soient $f' : X' \longrightarrow S$ , $g' : Y' \longrightarrow S$ . La définition de Res donnée en 1.2.8, et l'interprétation du morphisme de Gysin comme linéarisé du morphisme de Gysin pour les complexes de De Rham donnée en VI 3.3.7 montrent qu'il suffit encore de vérifier la commutativité du diagramme

$$\begin{array}{ccc} H_y^{n-d}(\Omega^{n-d}_{Y'/S}) & \xrightarrow{G'_{Y'/X',y}} & H_y^n(\Omega^n_{X'/S}) \\ & {\scriptstyle Tr_{g',y}} \searrow \quad \swarrow {\scriptstyle Tr_{f',y}} & \\ & W_m & \end{array} ,$$

la flèche horizontale étant obtenue en appliquant le foncteur $\underline{\underline{R}}\Gamma_y$ au morphisme de Gysin $\Omega^{\cdot}_{Y'/S'} \longrightarrow \Omega^{\cdot}_{X'/S}[d,d]$ . On peut trouver une suite régulière $t_1,\dots,t_n$ de $\underline{O}_{X',y}$ relevant une suite régulière de paramètres de $\underline{O}_{X,y}$ , telle que $t_1,\dots,t_d$ définissent $Y'$ au voisinage de $y$ , et que les images de $t_{d+1},\dots,t_n$ dans $\underline{O}_{Y',y}$ relèvent une suite régulière de paramètres de $\underline{O}_{Y,y}$ . Avec les conventions de 1.2.4, tout élément de $H_y^{n-d}(\Omega^{n-d}_{Y'/S})$ peut s'écrire $\omega/t^k_{d+1}\cdots t^k_n$ , avec $\omega \in \Omega^{n-d}_{Y'/S,y}$. Utilisant l'isomorphisme

$$H_y^n(\Omega^n_{X'/S}) \xrightarrow{\sim} H_y^{n-d}(\underline{H}^d_Y(\Omega^n_{X'/S}))$$

provenant de l'isomorphisme de foncteurs dérivés $\underline{\underline{R}}\Gamma_y \xrightarrow{\sim} \underline{\underline{R}}\Gamma_y \circ \underline{\underline{R}}\Gamma_Y$ , l'expression locale du morphisme de Gysin donnée en VI 3.1.3, et la compatibilité des identifications définies par les suites $t_1,\dots,t_d$ et $t_{d+1},\dots,t_n$ d'une part, et $t_1,\dots,t_n$ d'autre part (cf. la démonstration de VI 4.2.1), on voit que

$$G'_{Y'/X',y}(\omega/t^k_{d+1}\cdots t^k_n) = \frac{dt_1 \wedge \dots \wedge dt_d \wedge \omega'}{t_1\cdots t_d \; t^k_{d+1},\dots,t^k_n} ,$$

où $\omega'$ relève $\omega$ dans $\Omega^{n-d}_{X'/S,y}$ . D'après 1.2.5, on est ramené à vérifier la relation

$$\mathrm{Res}\begin{bmatrix} \omega \\ t^k_{d+1},\dots,t^k_n \end{bmatrix} = \mathrm{Res}\begin{bmatrix} dt_1 \wedge \dots \wedge dt_d \wedge \omega' \\ t_1,\dots,t_d,t^k_{d+1},\dots,t^k_n \end{bmatrix} ,$$

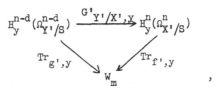

qui résulte des relations (R1) et (R3) de [30], III 9.

Corollaire 2.3.2. *Sous les hypothèses de* 2.3.1, *le morphisme image directe* $i_*$ *défini par l'immersion* $i : Y \longrightarrow X$ *est égal au morphisme de Gysin*

$$G_{Y/X} : \underline{\underline{R}}\Gamma(Y/S,\underline{O}_{Y/S}) \longrightarrow \underline{\underline{R}}\Gamma(X/S,\underline{O}_{X/S})[2d]$$

défini en VI (3.3.10).

Il n'y a donc pas de confusion entre les notations introduites en 2.2.1 et celles de VI 3.3.6.

D'après 2.3.1, le diagramme

$$\begin{array}{ccccc}
\underline{\underline{R}}\Gamma(Y/S,\underline{O}_{Y/S}) \overset{\underline{\underline{L}}}{\otimes}_{W_m} \underline{\underline{R}}\Gamma(X/S,\underline{O}_{X/S})[-2d] & \xrightarrow{\mathrm{Id}\otimes i^*} & \underline{\underline{R}}\Gamma(Y/S,\underline{O}_{Y/S})[-2d] & \xrightarrow{\mathrm{Tr}_g} & W_m[-2n] \\
\downarrow {\scriptstyle G_{Y/X}\otimes\mathrm{Id}} & & \downarrow {\scriptstyle G_{Y/X}} & & \downarrow {\scriptstyle \mathrm{Id}} \\
\underline{\underline{R}}\Gamma(X/S,\underline{O}_{X/S}) \overset{\underline{\underline{L}}}{\otimes}_{W_m} \underline{\underline{R}}\Gamma(X/S,\underline{O}_{X/S}) & \longrightarrow & \underline{\underline{R}}\Gamma(X/S,\underline{O}_{X/S}) & \xrightarrow{\mathrm{Tr}_f} & W_m[-2n]
\end{array}$$

est commutatif, car le premier carré l'est grâce à la formule de projection (VI 4.1.4). La fonctorialité de l'isomorphisme d'adjonction entre $\overset{\underline{\underline{L}}}{\otimes}$ et $\underline{\underline{R}}\mathrm{Hom}^{\cdot}$ permet d'en déduire le diagramme commutatif

$$\begin{array}{ccc}
\underline{\underline{R}}\Gamma(Y/S,\underline{O}_{Y/S}) & \xrightarrow{(i^*)^{\vee}\circ\,\varepsilon_Y} & \\
\downarrow {\scriptstyle G_{Y/X}} & & \underline{\underline{R}}\mathrm{Hom}^{\cdot}_{W_m}(\underline{\underline{R}}\Gamma(X/S,\underline{O}_{X/S}),W_m)[-2n+2d] \\
\underline{\underline{R}}\Gamma(X/S,\underline{O}_{X/S})[2d] & \xrightarrow[\sim]{\varepsilon_X} &
\end{array}$$

d'où le résultat d'après 2.2.1.

## 2.4. Isomorphisme de Künneth et image directe.

Proposition 2.4.1. *Soient* $X$ , $Y$ *deux* $S_o$*-schémas propres et lisses, de dimensions* $n$ *et* $q$ , $Z = X\times_{S_o} Y$ , $f : X \longrightarrow S$ , $g : Y \longrightarrow S$ , $h : Z \longrightarrow S$ . *Alors le diagramme*

$$\begin{array}{ccc}
\underline{\underline{R}}\Gamma(X/S,\underline{O}_{X/S}) \overset{\underline{\underline{L}}}{\otimes}_{W_m} \underline{\underline{R}}\Gamma(Y/S,\underline{O}_{Y/S}) & \xrightarrow[\sim]{k_{X,Y}} & \underline{\underline{R}}\Gamma(Z/S,\underline{O}_{Z/S}) \\
 & {\scriptstyle Tr_f \otimes Tr_g} \searrow \qquad \swarrow {\scriptstyle Tr_h} & \\
 & W_m[-2n-2q] & 
\end{array} ,$$

*où* $k_{X,Y}$ *est le morphisme de Künneth défini en* V 4.1.7, *est commutatif.*

Comme $\underline{\underline{R}}\Gamma(X/S,\underline{O}_{X/S}) \overset{\underline{\underline{L}}}{\otimes}_{W_m} \underline{\underline{R}}\Gamma(Y/S,\underline{O}_{Y/S})$ et $\underline{\underline{R}}\Gamma(Z/S,\underline{O}_{Z/S})$ sont à cohomologie nulle en degrés $> 2n+2q$ , il suffit de montrer la commutativité du diagramme

$$\begin{array}{ccc}
H^{2n}(X/S,\underline{O}_{X/S}) \otimes_{W_m} H^{2q}(Y/S,\underline{O}_{Y/S}) & \xrightarrow{\sim} & H^{2n+2q}(Z/S,\underline{O}_{Z/S}) \\
 & {\scriptstyle Tr_f \otimes Tr_g} \searrow \qquad \swarrow {\scriptstyle Tr_h} & \\
 & W_m & 
\end{array} .$$

Nous allons d'abord définir un homomorphisme

$$k'_{X,Y} : H^n(X/S,\underline{H}^n_{X_n}(\underline{O}_{X/S})) \otimes_{W_m} H^q(Y/S,\underline{H}^q_{Y_q}(\underline{O}_{Y/S})) \longrightarrow H^{n+q}(Z/S,\underline{H}^{n+q}_{Z_{n+q}}(\underline{O}_{Z/S}))$$

rendant commutatif le diagramme

$$\begin{array}{ccc}
H^n(X/S,\underline{H}^n_{X_n}(\underline{O}_{X/S})) \otimes_{W_m} H^q(Y/S,\underline{H}^q_{Y_q}(\underline{O}_{Y/S})) & \xrightarrow{k'_{X,Y}} & H^{n+q}(Z/S,\underline{H}^{n+q}_{Z_{n+q}}(\underline{O}_{Z/S})) \\
\downarrow & & \downarrow \\
H^{2n}(X/S,\underline{O}_{X/S}) \otimes_{W_m} H^{2q}(Y/S,\underline{O}_{Y/S}) & \xrightarrow{k_{X,Y}} & H^{2n+2q}(Z/S,\underline{O}_{Z/S})
\end{array} .$$

D'après (1.4.1), il suffit de définir pour tout $x \in X_n$ et tout $y \in Y_q$ un homomorphisme $k_{x,y}$ rendant commutatif le diagramme

$$\begin{array}{ccc}
H^n(X/S,\underline{H}^n_x(\underline{O}_{X/S})) \otimes_{W_m} H^q(Y/S,\underline{H}^q_y(\underline{O}_{Y/S})) & \xrightarrow{k_{x,y}} & H^{n+q}(Z/S,\underline{H}^{n+q}_{Z_{n+q}}(\underline{O}_{Z/S})) \\
\downarrow & & \downarrow \\
H^{2n}(X/S,\underline{O}_{X/S}) \otimes_{W_m} H^{2q}(Y/S,\underline{O}_{Y/S}) & \xrightarrow{k_{X,Y}} & H^{2n+2q}(Z/S,\underline{O}_{Z/S})
\end{array} .$$

Or, sur RCris(X/S) et RCris(Y/S), on a $\underline{\underline{R}}\Gamma_x(\underline{O}_{X/S}) \xrightarrow{\sim} \underline{H}^n_x(\underline{O}_{X/S})[-n]$ , et $\underline{\underline{R}}\Gamma_y(\underline{O}_{Y/S}) \xrightarrow{\sim} \underline{H}^q_y(\underline{O}_{Y/S})[-q]$ , si bien que, en employant maintenant les notations relatives $f_{X/S}$ , $g_{Y/S}$ et $h_{Z/S}$ , il suffit de définir un morphisme rendant commutatif le diagramme

$$\begin{array}{ccc} \underline{\underline{R}}f_{X/S*}(\underline{\underline{R}}\underline{\Gamma}_x(\underline{O}_{X/S})) \overset{\underline{\underline{L}}}{\otimes}_{\underline{O}_S} \underline{\underline{R}}g_{Y/S*}(\underline{\underline{R}}\underline{\Gamma}_y(\underline{O}_{Y/S})) & \longrightarrow & \underline{\underline{R}}h_{Z/S*}(\underline{\underline{R}}\underline{\Gamma}_{Z_{n+q}}(\underline{O}_{Z/S})) \\ \downarrow & & \downarrow \\ \underline{\underline{R}}f_{X/S*}(\underline{O}_{X/S}) \overset{\underline{\underline{L}}}{\otimes}_{\underline{O}_S} \underline{\underline{R}}g_{Y/S*}(\underline{O}_{Y/S}) & \longrightarrow & \underline{\underline{R}}h_{Z/S*}(\underline{O}_{Z/S}) \end{array} .$$

Soient $g' : Z \longrightarrow X$ , $f' : Z \longrightarrow Y$ les projections. Par adjonction, on voit encore qu'il suffit de définir un morphisme rendant commutatif le diagramme

$$\begin{array}{ccc} \underline{\underline{L}}g'^{*}_{cris}(\underline{\underline{R}}\underline{\Gamma}_x(\underline{O}_{X/S})) \overset{\underline{\underline{L}}}{\otimes}_{\underline{O}_{Z/S}} \underline{\underline{L}}f'^{*}_{cris}(\underline{\underline{R}}\underline{\Gamma}_y(\underline{O}_{Y/S})) & \longrightarrow & \underline{\underline{R}}\underline{\Gamma}_{Z_{n+q}}(\underline{O}_{Z/S}) \\ \downarrow & & \downarrow \\ g'^{*}_{cris}(\underline{O}_{X/S}) \otimes_{\underline{O}_{Z/S}} f'^{*}_{cris}(\underline{O}_{Y/S}) & \longrightarrow & \underline{O}_{Z/S} \end{array} .$$

Pour cela, nous allons définir un morphisme

$$\underline{\underline{L}}g'^{*}_{cris}(\underline{\underline{R}}\underline{\Gamma}_x(\underline{O}_{X/S})) \overset{\underline{\underline{L}}}{\otimes}_{\underline{O}_{Z/S}} \underline{\underline{L}}f'^{*}_{cris}(\underline{\underline{R}}\underline{\Gamma}_y(\underline{O}_{Y/S})) \longrightarrow \underline{\underline{R}}\underline{\Gamma}_{g'^{-1}(x)\cap f'^{-1}(y)}(\underline{O}_{Z/S}) .$$

Comme ces deux complexes sont acycliques hors de $g'^{-1}(x)\cap f'^{-1}(y)$ , on peut pour le définir se placer sur un ouvert de $Z$ de la forme $U \times V$ , où $U$ et $V$ sont des voisinages ouverts de $x$ et $y$ dans $X$ et $Y$ , et prolonger par $0$ hors de $U\times V$ . Cela permet de supposer que $x$ et $y$ sont respectivement définis par des suites régulières $t_1,\dots,t_n$ et $t'_1,\dots,t'_q$ de sections de $\underline{O}_X$ et $\underline{O}_Y$ , donnant aux points $x$ et $y$ des suites régulières de paramètres des anneaux $\underline{O}_{X,x}$ et $\underline{O}_{Y,x}$ . D'après VI 1.2.5, les complexes $\underline{\underline{R}}\underline{\Gamma}_x(\underline{O}_{X/S})$ et $\underline{\underline{R}}\underline{\Gamma}_y(\underline{O}_{Y/S})$ sont respectivement isomorphes aux complexes

$$\underline{K}^{\cdot}_{t_1,\dots,t_n}(\underline{O}_{X/S}) : 0 \longrightarrow \underline{O}_{X/S} \longrightarrow \underline{C}^{\cdot}_{t_1,\dots,t_n}(\underline{O}_{X/S}) \longrightarrow 0 \quad ,$$

$$\underline{K}^{\cdot}_{t'_1,\dots,t'_q}(\underline{O}_{Y/S}) : 0 \longrightarrow \underline{O}_{Y/S} \longrightarrow \underline{C}^{\cdot}_{t'_1,\dots,t'_q}(\underline{O}_{Y/S}) \longrightarrow 0 \quad .$$

De plus, ces complexes sont à termes plats sur $\underline{O}_{X/S}$ et $\underline{O}_{Y/S}$ d'après VI 1.2.1, si bien que sur $U \times V$

$$\underline{\underline{L}}g'^{*}_{cris}(\underline{\underline{R}}\underline{\underline{\Gamma}}_x(\underline{O}_{X/S})) \overset{\underline{\underline{L}}}{\otimes}_{\underline{O}_{Z/S}} \underline{\underline{L}}f'^{*}_{cris}(\underline{\underline{R}}\underline{\underline{\Gamma}}_y(\underline{O}_{Y/S}))$$

$$\xrightarrow{\sim} g'^{*}_{cris}(\underline{K}^{\cdot}_{t_1,\ldots,t_n}(\underline{O}_{X/S})) \otimes_{\underline{O}_{Z/S}} f'^{*}_{cris}(\underline{K}^{\cdot}_{t'_1,\ldots,t'_q}(\underline{O}_{Y/S}))$$

Comme les complexes $\underline{K}^{\cdot}$ ont pour termes des cristaux en $\underline{O}_{X/S}$-modules, on voit, en utilisant IV 1.2.4, que

$$\begin{array}{c} g'^{*}_{cris}(\underline{K}^{\cdot}_{t_1,\ldots,t_n}(\underline{O}_{X/S})) \otimes_{\underline{O}_{Z/S}} f'^{*}_{cris}(\underline{K}^{\cdot}_{t'_1,\ldots,t'_q}(\underline{O}_{Y/S})) \\ \downarrow \wr \\ \underline{K}^{\cdot}_{g'^{*}(t_1),\ldots,g'^{*}(t_n),f'^{*}(t'_1),\ldots,f'^{*}(t'_q)}(\underline{O}_{Z/S}) \end{array} .$$

Comme $g'^{-1}(x)\cap f'^{-1}(y)$ est le sous-schéma de $Z$ défini par la suite $g'^{*}(t_1),\ldots,g'^{*}(t_n)$ , $f'^{*}(t'_1),\ldots,f'^{*}(t'_q)$ , ce dernier complexe donne dans la catégorie dérivée le complexe $\underline{\underline{R}}\underline{\underline{\Gamma}}_{g'^{-1}(x)\cap f'^{-1}(y)}(\underline{O}_{Z/S})$ . On obtient donc ainsi le morphisme cherché, la condition de commutativité étant évidente.

D'après la définition du morphisme trace, nous sommes alors ramenés à vérifier la commutativité du diagramme

$$\begin{array}{ccc} H^n(X/S,\underline{\underline{H}}^n_{X_n}(\underline{O}_{X/S}))\otimes_{W_m} H^q(Y/S,\underline{\underline{H}}^q_{Y_q}(\underline{O}_{Y/S})) & \xrightarrow{k'_{X,Y}} & H^{n+q}(Z/S,\underline{\underline{H}}^{n+q}_{Z_{n+q}}(\underline{O}_{Z/S})) \\ & {\scriptstyle Res_f\otimes Res_g}\searrow \quad \swarrow{\scriptstyle Res_h} & \\ & W_m & \end{array}$$

et comme les morphismes Res sont les sommes des résidus aux points fermés, il suffit de vérifier pour tout $x \in X_n$ et tout $y \in Y_q$ celle du diagramme

$$\begin{array}{ccc} H^n(X/S,\underline{\underline{H}}^n_x(\underline{O}_{X/S}))\otimes_{W_m} H^q(Y/S,\underline{\underline{H}}^q_y(\underline{O}_{Y/S})) & \xrightarrow{k_{x,y}} & H^{n+q}(Z,\underline{\underline{H}}^{n+q}_{g'^{-1}(x)\cap f'^{-1}(y)}(\underline{O}_{Z/S})) \\ & {\scriptstyle Res_{f,x}\otimes Res_{g,y}}\searrow \quad \swarrow{\scriptstyle Res'_h} & \\ & W_m & \end{array} ,$$

où $Res'_h$ est la somme des résidus aux points de $g'^{-1}(x)\cap f'^{-1}(y)$ . La question étant alors ponctuelle sur $X$ et $Y$ , on peut supposer qu'ils se relèvent en des schémas $X'$ et $Y'$ lisses sur $S$ ; soit $Z' = X' \times_S Y'$ . Moyennant une compatibilité évidente en utilisant les résolutions de Čech introduites plus haut et les foncteurs linéarisation relatifs à X' et Y', on est ramené à vérifier la commutativité du diagramme

$$\begin{array}{ccc} H^n_x(\Omega^n_{X'/S}) \otimes_{W_m} H^q_y(\Omega^q_{Y'/S}) & \xrightarrow{Tr_{f,x} \otimes Tr_{g,y}} & \\ \downarrow & & W_m \\ H^{n+q}_{g'^{-1}(x) \cap f'^{-1}(y)}(Z', \Omega^{n+q}_{Z'/S}) & \xrightarrow{\sum_z Tr_{h,z}} & \end{array}$$

où la somme est prise aux points de $g'^{-1}(x) \cap f'^{-1}(y)$ ; compte tenu de 1.2.5, et de ce que $\sum_z Tr_{h,z}$ est alors le résidu par rapport au sous-schéma $g'^{-1}(x) \cap f'^{-1}(y)$, il faut donc vérifier que pour tout $\omega/\bar{t}_1^k \ldots \bar{t}_n^k \in H^n_x(\Omega^n_{X'/S})$ et tout $\omega'/\bar{t}_1'^k \ldots \bar{t}_q'^k \in H^q_y(\Omega^q_{Y'/S})$, où $\bar{t}_1, \ldots, \bar{t}_n, \bar{t}'_1, \ldots, \bar{t}'_q$ relèvent $t_1, \ldots, t_n, t'_1, \ldots, t'_q$, on a, en notant encore $g' : Z' \longrightarrow X'$, $f' : Z' \longrightarrow Y'$,

$$\mathrm{Res}\begin{bmatrix} g'^*(\omega) \otimes f'^*(\omega') \\ g'^*(\bar{t}_1^k), \ldots, g'^*(\bar{t}_n^k), f'^*(\bar{t}_1'^k), \ldots, f'^*(\bar{t}_q'^k) \end{bmatrix} = \mathrm{Res}\begin{bmatrix} \omega \\ \bar{t}_1^k, \ldots, \bar{t}_n^k \end{bmatrix} . \mathrm{Res}\begin{bmatrix} \omega' \\ \bar{t}_1'^k, \ldots, \bar{t}_q'^k \end{bmatrix} .$$

Cette relation résulte alors des formules (R4), (R5) et (R0) de [30], III 9.

<u>Proposition</u> 2.4.2. <u>Soient</u> X, Y, X', Y' <u>des</u> $S_o$<u>-schémas propres et lisses, de dimensions respectives</u> n, q, n', q', $Z = X x_{S_o} Y$, $Z' = X' x_{S_o} Y'$, $\varphi : X \longrightarrow X'$, $\psi : Y \longrightarrow Y'$ <u>deux</u> $S_o$<u>-morphismes</u>, $\chi = \varphi \times \psi : Z \longrightarrow Z'$. <u>Alors le diagramme</u>

$$\begin{array}{ccc} \underline{\underline{R}}\Gamma(X/S, \underline{O}_{X/S}) \overset{\underline{\underline{L}}}{\otimes}_{W_m} \underline{\underline{R}}\Gamma(Y/S, \underline{O}_{Y/S}) & \xrightarrow[\sim]{k_{X,Y}} & \underline{\underline{R}}\Gamma(Z/S, \underline{O}_{Z/S}) \\ \downarrow \varphi_* \otimes \psi_* & & \searrow \chi_* \\ \underline{\underline{R}}\Gamma(X'/S, \underline{O}_{X'/S})[2n'-2n] \otimes_{W_m} \underline{\underline{R}}\Gamma(Y'/S, \underline{O}_{Y'/S})[2q'-2q] & \xrightarrow[\sim]{k_{X',Y'}} & \underline{\underline{R}}\Gamma(Z'/S, \underline{O}_{Z'/S})[2(n'+q'-n-q)] \end{array}$$

<u>est commutatif</u>.

Pour simplifier les notations, nous omettrons la mention du faisceau structural dans les complexes de cohomologie. Le diagramme

$$\begin{array}{ccc}
\underline{\underline{R}}\Gamma(X/S) \overset{\underline{\underline{L}}}{\otimes} \underline{\underline{R}}\Gamma(Y/S) \overset{\underline{\underline{L}}}{\otimes} \underline{\underline{R}}\Gamma(X/S) \overset{\underline{\underline{L}}}{\otimes} \underline{\underline{R}}\Gamma(Y/S) & \xrightarrow{k_{X,Y} \otimes k_{X,Y}} & \underline{\underline{R}}\Gamma(Z/S) \overset{\underline{\underline{L}}}{\otimes} \underline{\underline{R}}\Gamma(Z/S) \\
\downarrow & & \downarrow \\
\underline{\underline{R}}\Gamma(X/S) \overset{\underline{\underline{L}}}{\otimes} \underline{\underline{R}}\Gamma(Y/S) & \xrightarrow{k_{X,Y}} & \underline{\underline{R}}\Gamma(Z/S) \\
{\scriptstyle Tr_f \otimes Tr_g} \searrow & & \swarrow {\scriptstyle Tr_h} \\
& W_m[-2n-2q] &
\end{array}$$

où les flèches verticales sont données par le cup-produit, et où on note $f : X \longrightarrow S$ , $g : Y \longrightarrow S$ , $h : Z \longrightarrow S$, est commutatif d'après V 4.1.7 iii) et 2.4.1. Comme les complexes en jeu sont parfaits, on en déduit par adjonction le diagramme commutatif

$$\begin{array}{ccc}
\underline{\underline{R}}\Gamma(X/S) \overset{\underline{\underline{L}}}{\otimes} \underline{\underline{R}}\Gamma(Y/S) & \xrightarrow{\varepsilon_X \otimes \varepsilon_Y} & \underline{\underline{R}}\mathrm{Hom}^{\cdot}(\underline{\underline{R}}\Gamma(X/S),W_m) \overset{\underline{\underline{L}}}{\otimes} \underline{\underline{R}}\mathrm{Hom}^{\cdot}(\underline{\underline{R}}\Gamma(Y/S),W_m)[-2n-2q] \\
{\scriptstyle k_{X,Y}} \downarrow \wr & & \wr \downarrow {\scriptstyle (k_{X,Y}^{-1})^{\vee}} \\
\underline{\underline{R}}\Gamma(Z/S) & \xrightarrow{\varepsilon_Z} & \underline{\underline{R}}\mathrm{Hom}^{\cdot}(\underline{\underline{R}}\Gamma(Z/S),W_m)[-2n-2q]
\end{array} \quad .$$

L'énoncé résulte alors de la définition (2.2.3) et de la commutativité de V 4.1.7 ii).

<u>Corollaire</u> 2.4.3. <u>Soient</u> $X$ , $Y$ <u>deux</u> $S_o$ <u>-schémas propres et lisses</u>, $Z = X \times_{S_o} Y$ , $g : Y \longrightarrow S$ , $g' : Z \longrightarrow X$ , $q$ <u>la dimension de</u> $Y$ . <u>Alors le diagramme</u>

$$\begin{array}{ccc}
\underline{\underline{R}}\Gamma(X/S,\underline{O}_{X/S}) \overset{\underline{\underline{L}}}{\otimes}_{W_m} \underline{\underline{R}}\Gamma(Y/S,\underline{O}_{Y/S}) & \underset{\sim}{\xrightarrow{k_{X,Y}}} & \underline{\underline{R}}\Gamma(Z/S,\underline{O}_{Z/S}) \\
{\scriptstyle Id \otimes Tr_g} \searrow & & \swarrow {\scriptstyle g'_*} \\
& \underline{\underline{R}}\Gamma(X/S,\underline{O}_{X/S})[-2q] &
\end{array}$$

<u>est commutatif</u>.

En effet, $g' = Id_X \times g_o$ , où $g_o$ est le morphisme donné de $Y$ dans $S_o$ . D'après 2.4.2, on en déduit

$$g'_* \circ k_{X,Y} = Id_{X*} \otimes g_{o*} \quad .$$

Comme $g_{o*} = Tr_g$ d'après 2.2.4, le corollaire en résulte.

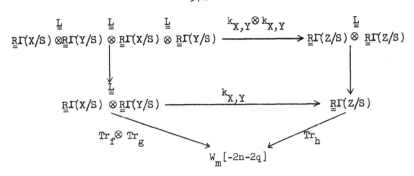

## 3. Formule de Lefschetz et rationnalité de la fonction zêta.

Nous avons maintenant en mains tous les ingrédients nécessaires pour obtenir, par un raisonnement classique, une formule de Lefschetz exprimant le nombre de points fixes d'un endomorphisme n'ayant que des points fixes de multiplicité 1 (i.e. de graphe transversal à la diagonale), au moyen de la trace de son action sur la cohomologie cristalline.

### 3.1. Formule de Lefschetz.

Lemme 3.1.1. Soient $(S,\underline{I},\gamma)$ un PD-schéma quasi-compact, $S_o$ un sous-schéma fermé de $S$, défini par un sous-PD-idéal quasi-cohérent de $\underline{I}$, $f_o : X \longrightarrow S_o$ un morphisme lisse, quasi-séparé et quasi-compact, $f : X \longrightarrow S$ le morphisme défini par $f_o$, $Z = X\times_S X$, $h : Z \longrightarrow S$, $\Delta : X \longrightarrow Z$ l'immersion diagonale. Alors le diagramme

$$\begin{array}{ccc} \underline{\underline{R}}f_{X/S*}(\underline{O}_{X/S}) \overset{\underline{\underline{L}}}{\otimes}_{\underline{O}_S} \underline{\underline{R}}f_{X/S*}(\underline{O}_{X/S}) & \xrightarrow[\sim]{k_{X,X}} & \underline{\underline{R}}h_{Z/S*}(\underline{O}_{Z/S}) \\ \sigma \searrow & & \swarrow \Delta^* \\ & \underline{\underline{R}}f_{X/S*}(\underline{O}_{X/S}) & \end{array} ,$$

où $\sigma$ est le morphisme de cup-produit et $f_{X/S}$, $h_{X/S}$ ont le sens habituel (cf. 1.1.1), est commutatif.

D'après la définition de $k_{X,X}$, le morphisme $\Delta^* \circ k_{X,X}$ correspond par l'isomorphisme d'adjonction relatif à $h_{Z/S}$ au morphisme

$$\underline{\underline{L}}h_{Z/S}^*(\underline{\underline{R}}f_{X/S*}(\underline{O}_{X/S})) \overset{\underline{\underline{L}}}{\otimes}_{\underline{O}_{Z/S}} \underline{\underline{L}}h_{Z/S}^*(\underline{\underline{R}}f_{X/S*}(\underline{O}_{X/S})) \longrightarrow \underline{O}_{Z/S} \longrightarrow \Delta_{cris*}(\underline{O}_{X/S}) .$$

Celui-ci correspond par l'isomorphisme d'adjonction relatif à $\Delta_{cris}$ au morphisme

$$\begin{array}{l} \underline{\underline{L}}\Delta_{cris}^*(\underline{\underline{L}}h_{Z/S}^*(\underline{\underline{R}}f_{X/S*}(\underline{O}_{X/S})) \overset{\underline{\underline{L}}}{\otimes}_{\underline{O}_{Z/S}} \underline{\underline{L}}h_{Z/S}^*(\underline{\underline{R}}f_{X/S*}(\underline{O}_{X/S}))) \longrightarrow \underline{\underline{L}}\Delta_{cris}^*(\underline{O}_{Z/S}) \xrightarrow{\sim} O_{X/S} \\ \qquad \wr\| \\ \underline{\underline{L}}f_{X/S}^*(\underline{\underline{R}}f_{X/S*}(\underline{O}_{X/S})) \overset{\underline{\underline{L}}}{\otimes}_{\underline{O}_{X/S}} \underline{\underline{L}}f_{X/S}^*(\underline{\underline{R}}f_{X/S*}(\underline{O}_{X/S})) \end{array} ,$$

et ce dernier est celui qui définit, par adjonction par rapport à $f_{X/S} = h_{X/S} \circ \Delta_{cris}$, le morphisme de cup-produit $\sigma$ .

Lemme 3.1.2. *Soient* $A$ *un anneau (commutatif),* $K^\cdot$ *un complexe parfait de* $D^b(A)$ , $n$ *un entier, et* $\tau : K^\cdot \overset{\underline{\underline{L}}}{\otimes}_A K^\cdot \longrightarrow A[n]$ *un morphisme de* $D^b(A)$ , *définissant par adjonction un morphisme* $\varepsilon : K^\cdot \longrightarrow \underline{\underline{R}}\mathrm{Hom}^\cdot_A(K^\cdot,A)[n]$ . *Alors le diagramme*

$$\begin{array}{ccc} K^\cdot \overset{\underline{\underline{L}}}{\otimes}_A K^\cdot & \xrightarrow{\quad \tau \quad} & A[n] \\ \varepsilon \otimes \mathrm{Id} \downarrow & & \downarrow \mathrm{Id} \\ \underline{\underline{R}}\mathrm{Hom}^\cdot_A(K^\cdot,A) \overset{\underline{\underline{L}}}{\otimes}_A K^\cdot[n] & \xrightarrow{\quad \tau' \quad} & A[n] \end{array} ,$$

*où* $\tau'$ *est l'accouplement naturel d'un complexe parfait et de son dual, est commutatif.*

On peut supposer que $K^\cdot$ est un complexe à termes projectifs de type fini, nuls sauf en un nombre fini de degrés. Le morphisme $\tau$ est alors défini par un morphisme de complexes

$$\tau : K^\cdot \otimes_A K^\cdot \longrightarrow I^\cdot \quad ,$$

où $I^\cdot$ est une résolution injective de $A[n]$ . Le morphisme $\varepsilon$ est alors donné par le morphisme de complexes $K^\cdot \longrightarrow \mathrm{Hom}^\cdot_{W_m}(K^\cdot,I^\cdot)$ correspondant par adjonction à $\tau$ , si bien qu'on est ramené à vérifier la commutativité du diagramme de morphismes de complexes

$$\begin{array}{ccc} K^\cdot \otimes_A K^\cdot & \xrightarrow{\quad \tau \quad} & I^\cdot \\ \varepsilon \otimes \mathrm{Id} \downarrow & & \downarrow \mathrm{Id} \\ \mathrm{Hom}^\cdot_A(K^\cdot,I^\cdot) \otimes_A K^\cdot & \longrightarrow & I^\cdot \end{array}$$

où la flèche du bas est l'accouplement naturel, ce qui est clair.

3.1.3. Nous reprenons maintenant les hypothèses et les notations du paragraphe 2, de sorte qu'en particulier $S_o = \mathrm{Spec}(k)$ , $S = \mathrm{Spec}(W_m)$ . Si $X$ est un $S_o$-schéma propre et lisse, de dimension $n$ , le lemme précédent montre que le diagramme

$$(3.1.1)\qquad \begin{array}{ccccc}
\underline{\underline{R}}\Gamma(X/S,\underline{O}_{X/S}) \overset{\underline{\underline{L}}}{\otimes}_{W_m} \underline{\underline{R}}\Gamma(X/S,\underline{O}_{X/S}) & \xrightarrow{\ \sigma\ } & \underline{\underline{R}}\Gamma(X/S,\underline{O}_{X/S}) & \xrightarrow{\ Tr_f\ } & W_m[-2n] \\
\Big\downarrow {\scriptstyle \varepsilon_X \otimes Id} & & & & \Big\downarrow {\scriptstyle Id} \\
\underline{\underline{R}}Hom^{\bullet}_{W_m}(\underline{\underline{R}}\Gamma(X/S,\underline{O}_{X/S}),W_m) \overset{\underline{\underline{L}}}{\otimes}_{W_m} \underline{\underline{R}}\Gamma(X/S,\underline{O}_{X/S})[-2n] & & \xrightarrow{\qquad\quad \sigma' \qquad\quad} & & W_m[-2n]
\end{array}$$

où $\varepsilon_X$ est l'isomorphisme (2.2.1) donné par la dualité de Poincaré, $\sigma$ le morphisme de cup-produit et $\sigma'$ l'accouplement naturel, est commutatif.

*Lemme* 3.1.4. *Soient* $X$ , $Y$ *deux* $S_o$*-schémas propres et lisses, de dimensions* $n$ *et* $q$ , $\varphi : X \longrightarrow Y$ *un* $S_o$*-morphisme,* $Z = X\times_{S_o} Y$ . *On note* $c(\varphi)$ *la classe de cohomologie du graphe de* $\varphi$ *dans* $H^{2q}(Z/S,\underline{O}_{Z/S})$ , $u_\varphi : \underline{\underline{R}}\Gamma(Z/S,\underline{O}_{Z/S}) \longrightarrow \underline{\underline{R}}\Gamma(Z/S,\underline{O}_{Z/S})[2q]$ *le morphisme de cup-produit avec* $c(\varphi)$ , $p_X$ *et* $p_Y$ *les projections de* $Z$ *sur* $X$ *et* $Y$ . *Alors le morphisme image inverse* $\varphi^* : \underline{\underline{R}}\Gamma(Y/S,\underline{O}_{Y/S}) \longrightarrow \underline{\underline{R}}\Gamma(X/S,\underline{O}_{X/S})$ *vérifie*

$$(3.1.2)\qquad \varphi^* = p_{X*}\circ u_\varphi \circ p_Y^* \quad .$$

D'après VI 4.1.5, $u_\varphi = \gamma_* \circ \gamma^*$ , où $\gamma$ est l'immersion de $X$ dans $Z$ définie par le graphe de $\varphi$ , i.e. $\gamma = Id \times \varphi$ . On a donc, compte tenu de 2.3.2,

$$p_{X*}\circ u_\varphi \circ p_Y^* = (p_{X*}\circ \gamma_*)\circ(\gamma^*\circ p_Y^*) = (p_X\circ\gamma)_*\circ(p_Y\circ\gamma)^* = Id_*\circ\varphi^* = \varphi^* \quad .$$

*Lemme* 3.1.5. *Sous les hypothèses de* 3.1.4, *la suite d'isomorphismes*

$$\begin{array}{ccc}
\underline{\underline{R}}Hom^{\bullet}_{W_m}(\underline{\underline{R}}\Gamma(Y/S,\underline{O}_{Y/S}),\underline{\underline{R}}\Gamma(X/S,\underline{O}_{X/S})) & \xrightarrow{\ \sim\ } & \underline{\underline{R}}\Gamma(Y/S,\underline{O}_{Y/S})^{\vee} \overset{\underline{\underline{L}}}{\otimes}_{W_m} \underline{\underline{R}}\Gamma(X/S,\underline{O}_{X/S}) \\
& \swarrow {\scriptstyle \varepsilon^{-1}\otimes Id,\ \sim} & \\
\underline{\underline{R}}\Gamma(Y/S,\underline{O}_{Y/S}) \overset{\underline{\underline{L}}}{\otimes}_{W_m} \underline{\underline{R}}\Gamma(X/S,\underline{O}_{X/S})[2q] & \underset{\sim}{\xrightarrow{\ k_{Y,X}\ }} & \underline{\underline{R}}\Gamma(Z/S,\underline{O}_{Z/S})[2q]
\end{array} \quad ,$$

*où le symbole* $^{\vee}$ *désigne le foncteur* $\underline{\underline{R}}Hom^{\bullet}_{W_m}(.,W_m)$ , *identifie la classe de* $\varphi^*$ *dans* $\underline{\underline{R}}Hom^{\bullet}_{W_m}(\underline{\underline{R}}\Gamma(Y/S,\underline{O}_{Y/S}), \underline{\underline{R}}\Gamma(X/S,\underline{O}_{X/S}))$ *à* $c(\varphi)$ .

Rappelons que le premier isomorphisme provient de ce que les complexes considérés sont parfaits. Pour simplifier l'écriture, nous omettrons par la suite la mention des faisceaux structuraux.

Il est facile de voir que, si $K^{\cdot}$ et $L^{\cdot}$ sont des complexes parfaits de $D(W_m)$, et $c'$ une classe de cohomologie de $K^{\cdot\vee} \overset{\underline{\underline{L}}}{\otimes}_{W_m} L^{\cdot}$, le morphisme correspondant de $K^{\cdot}$ dans $L^{\cdot}$ est le morphisme composé

$$K^{\cdot} \xrightarrow{\ \mathrm{Id}\otimes c'\ } K^{\cdot} \overset{\underline{\underline{L}}}{\otimes}_{W_m} K^{\cdot\vee} \overset{\underline{\underline{L}}}{\otimes}_{W_m} L^{\cdot} \xrightarrow{\ \sigma'\otimes \mathrm{Id}\ } L^{\cdot} \quad ;$$

il suffit pour cela de supposer $K^{\cdot}$ strictement parfait, et de remplacer $L^{\cdot}$ par une résolution injective. Soit alors $c'$ la classe de $\underline{\underline{R}}\Gamma(Y/S)^{\vee} \overset{\underline{\underline{L}}}{\otimes}_{W_m} \underline{\underline{R}}\Gamma(X/S)$ correspondant par les isomorphismes de l'énoncé à $c(\varphi)$. Il nous suffit donc de montrer que le morphisme

$$\underline{\underline{R}}\Gamma(Y/S) \xrightarrow{\ \mathrm{Id}\otimes c'\ } \underline{\underline{R}}\Gamma(Y/S) \overset{\underline{\underline{L}}}{\otimes}_{W_m} \underline{\underline{R}}\Gamma(Y/S)^{\vee} \overset{\underline{\underline{L}}}{\otimes}_{W_m} \underline{\underline{R}}\Gamma(X/S) \xrightarrow{\ \sigma'\otimes \mathrm{Id}\ } \underline{\underline{R}}\Gamma(X/S)$$

est le morphisme $\varphi^*$.

Par définition de $c'$, on a un diagramme commutatif

$$\begin{array}{ccc}
\underline{\underline{R}}\Gamma(Y/S) & \xrightarrow{\ \mathrm{Id}\otimes c'\ } & \underline{\underline{R}}\Gamma(Y/S) \overset{\underline{\underline{L}}}{\otimes}_{W_m} \underline{\underline{R}}\Gamma(Y/S)^{\vee} \overset{\underline{\underline{L}}}{\otimes}_{W_m} \underline{\underline{R}}\Gamma(X/S) \\
{\scriptstyle p_Y^*}\downarrow & & \downarrow {\scriptstyle p_Y^*\otimes(k_{Y,X}\circ(\varepsilon_Y^{-1}\otimes \mathrm{Id}))} \\
\underline{\underline{R}}\Gamma(Z/S) & \xrightarrow{\ \mathrm{Id}\otimes c(\varphi)\ } & \underline{\underline{R}}\Gamma(Z/S) \overset{\underline{\underline{L}}}{\otimes}_{W_m} \underline{\underline{R}}\Gamma(Z/S)[2q]
\end{array} .$$

Comme $\sigma_Z \circ (\mathrm{Id}\otimes c(\varphi)) = u_{\varphi}$, le lemme 3.1.4 donnera le résultat cherché si on montre la commutativité du diagramme

$$\begin{array}{ccc}
\underline{\underline{R}}\Gamma(Y/S) \overset{\underline{\underline{L}}}{\otimes}_{W_m} \underline{\underline{R}}\Gamma(Y/S)^{\vee} \overset{\underline{\underline{L}}}{\otimes}_{W_m} \underline{\underline{R}}\Gamma(X/S) & \xrightarrow{\ \sigma'\otimes \mathrm{Id}\ } & \underline{\underline{R}}\Gamma(X/S) \\
\downarrow {\scriptstyle p_Y^*\otimes(k_{Y,X}\circ(\varepsilon_Y^{-1}\otimes \mathrm{Id}))} & & \uparrow {\scriptstyle p_{X*}} \\
\underline{\underline{R}}\Gamma(Z/S) \overset{\underline{\underline{L}}}{\otimes}_{W_m} \underline{\underline{R}}\Gamma(Z/S)[2q] & \xrightarrow{\ \sigma_Z\ } & \underline{\underline{R}}\Gamma(Z/S)[2q]
\end{array} .$$

Or ce diagramme s'obtient en composant le diagramme

$$\begin{array}{ccc}
\underline{\underline{R}}\Gamma(Y/S)\overset{\underline{\underline{L}}}{\otimes}_{W_m}\underline{\underline{R}}\Gamma(Y/S)^{\vee}\overset{\underline{\underline{L}}}{\otimes}_{W_m}\underline{\underline{R}}\Gamma(X/S) & \xrightarrow{\sigma'\otimes \mathrm{Id}} & \underline{\underline{R}}\Gamma(X/S) \\
\downarrow{\scriptstyle \mathrm{Id}\otimes\varepsilon_Y^{-1}\otimes\mathrm{Id}} & \nearrow{\scriptstyle (\mathrm{Tr}_g\circ\sigma_Y)\otimes\mathrm{Id}} & \\
\underline{\underline{R}}\Gamma(Y/S)\overset{\underline{\underline{L}}}{\otimes}_{W_m}\underline{\underline{R}}\Gamma(Y/S)\overset{\underline{\underline{L}}}{\otimes}_{W_m}\underline{\underline{R}}\Gamma(X/S)[2q] & &
\end{array}$$

(avec $g : Y \longrightarrow S$) , commutatif d'après 3.1.3, et le diagramme

$$\begin{array}{ccc}
\underline{\underline{R}}\Gamma(Y/S)\overset{\underline{\underline{L}}}{\otimes}_{W_m}\underline{\underline{R}}\Gamma(Y/S)\overset{\underline{\underline{L}}}{\otimes}_{W_m}\underline{\underline{R}}\Gamma(X/S)[2q] & \xrightarrow{(\mathrm{Tr}_g\circ\sigma_Y)\otimes\mathrm{Id}} & \underline{\underline{R}}\Gamma(X/S) \\
\downarrow{\scriptstyle \mathrm{Id}\otimes 1\otimes\mathrm{Id}\otimes\mathrm{Id}} & & \uparrow{\scriptstyle \mathrm{Tr}_g\otimes\mathrm{Id}} \\
\underline{\underline{R}}\Gamma(Y/S)\overset{\underline{\underline{L}}}{\otimes}_{W_m}\underline{\underline{R}}\Gamma(X/S)\overset{\underline{\underline{L}}}{\otimes}_{W_m}\underline{\underline{R}}\Gamma(Y/S)\overset{\underline{\underline{L}}}{\otimes}_{W_m}\underline{\underline{R}}\Gamma(X/S)[2q] & \xrightarrow{\sigma_X\otimes\sigma_Y} & \underline{\underline{R}}\Gamma(Y/S)\overset{\underline{\underline{L}}}{\otimes}_{W_m}\underline{\underline{R}}\Gamma(X/S)[2q] \\
\sim\downarrow{\scriptstyle k_{Y,X}\otimes k_{Y,X}} & & \sim\uparrow{\scriptstyle k_{Y,X}^{-1}} \\
\underline{\underline{R}}\Gamma(Z/S)\overset{\underline{\underline{L}}}{\otimes}_{W_m}\underline{\underline{R}}\Gamma(Z/S)[2q] & \xrightarrow{\sigma_Z} & \underline{\underline{R}}\Gamma(Z/S)[2q]
\end{array} .$$

Dans ce dernier, le carré du haut est trivialement commutatif, et celui du bas l'est d'après la compatibilité du morphisme de Künneth aux cup-produits. Or la flèche composée verticale gauche est $p_Y^*\otimes(k_{Y,X}\circ(\varepsilon_Y^{-1}\otimes \mathrm{Id}))$ d'après V 4.1.7 ii) , et celle de droite est $p_{X*}$ , d'après 2.4.3, d'où le résultat.

<u>Théorème</u> 3.1.6. <u>Soient</u> $X$ <u>un schéma propre et lisse sur</u> $k$ , <u>de dimension</u> $n$ , $f : X \longrightarrow S$ , $h : X\times_{S_o} X \longrightarrow S$ , $\varphi : X \longrightarrow X$ <u>un</u> k-<u>endomorphisme de</u> $X$ . <u>Si</u> $\mathrm{Tr}(\varphi^*)$ <u>est la trace de l'endomorphisme</u> $\varphi^*$ <u>du complexe parfait</u> $\underline{\underline{R}}\Gamma(X,\underline{O}_{X/S})$ , <u>alors</u>

$$\mathrm{Tr}(\varphi^*) = \mathrm{Tr}_h(c(\varphi).\delta) \quad , \tag{3.1.3}$$

<u>où</u> $c(\varphi) \in H^{2n}(X\times X,\underline{O}_{X\times X})$ <u>est la classe de cohomologie du graphe de</u> $\varphi$ , <u>et</u> $\delta$ <u>est celle de la diagonale</u>.

Par définition, la trace de $\varphi^*$ est l'image par le morphisme

$$\underline{\underline{R}}\mathrm{Hom}^{\cdot}_{W_m}(\underline{\underline{R}}\Gamma(X/S),\underline{\underline{R}}\Gamma(X/S)) \xrightarrow{\ \sim\ } \underline{\underline{R}}\Gamma(X/S)^{\vee}\overset{\underline{\underline{L}}}{\otimes}_{W_m}\underline{\underline{R}}\Gamma(X/S) \xrightarrow{\ \sigma'\ } W_m$$

de la classe de cohomologie définie par $\varphi^*$ . Soit toujours $c'$ l'image de cette dernière dans $\underline{\underline{R}}\Gamma(X/S)^{\vee} \overset{\underline{\underline{L}}}{\otimes}_{W_m} \underline{\underline{R}}\Gamma(X/S)$ , et soit $\Delta$ l'immersion diagonale de $X$ dans $X \times_{S_o} X$ .

Considérons le diagramme

$$\begin{array}{ccccc}
\underline{\underline{R}}\Gamma(X/S)^{\vee} \overset{\underline{\underline{L}}}{\otimes}_{W_m} \underline{\underline{R}}\Gamma(X/S) & & \xrightarrow{\quad\sigma'\quad} & & W_m \\
\Big\downarrow{\scriptstyle \varepsilon_X^{-1}\otimes \mathrm{Id}} & & & & \Big\downarrow{\scriptstyle \mathrm{Id}} \\
\underline{\underline{R}}\Gamma(X/S) \overset{\underline{\underline{L}}}{\otimes}_{W_m} \underline{\underline{R}}\Gamma(X/S)[2n] & \xrightarrow{\sigma_X} & \underline{\underline{R}}\Gamma(X/S)[2n] & \xrightarrow{\mathrm{Tr}_f} & W_m \\
\Big\downarrow{\scriptstyle k_{X,X}} & \nearrow{\scriptstyle \Delta^*} & & & \\
\underline{\underline{R}}\Gamma(X \times X/S)[2n] & & & &
\end{array}$$

Le rectangle du haut est commutatif d'après 3.1.3, et le triangle du bas d'après 3.1.1. Comme $k_{X,X} \circ (\varepsilon_X^{-1} \otimes \mathrm{Id})(c') = c(\varphi)$ d'après 3.1.5, on en déduit

$$\mathrm{Tr}(\varphi^*) \;=\; \mathrm{Tr}_f \circ \Delta^*(c(\varphi)) \qquad .$$

D'autre part, $c(\varphi).\delta = c(\varphi).\Delta_*(1) = \Delta_*(\Delta^*(c(\varphi)))$ d'après la formule de projection, d'où

$$\mathrm{Tr}_h(c(\varphi).\delta) \;=\; \mathrm{Tr}_h \circ \Delta_* \circ \Delta^*(c(\varphi)) \;=\; \mathrm{Tr}_f \circ p_{X*} \circ \Delta_* \circ \Delta^*(c(\varphi))$$

d'après la transitivité de l'image directe et 2.2.4, soit encore d'après 2.3.2.

$$\mathrm{Tr}_h(c(\varphi).\delta) \;=\; \mathrm{Tr}_f \circ \Delta^*(c(\varphi)) \qquad ,$$

d'où le théorème.

Lemme 3.1.7. Soient $X$ un schéma propre et lisse sur $k$ , de dimension $n$ , $f : X \longrightarrow S$ , $x$ un point fermé de $X$ tel que $k(x)$ soit une extension séparable de $k$ . Alors, si $s_{x/X}$ est la classe de cohomologie associée à $x$ dans $H^{2n}(X/S,\underline{O}_{X/S})$ ,

(3.1.4) $$\mathrm{Tr}_f(s_{x/X}) \;=\; [k(x):k].1_{W_m} \qquad .$$

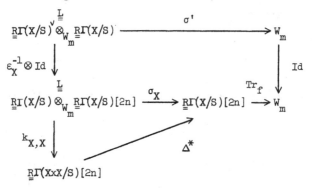

Comme $k(x)$ est une extension séparable de $k$ , le point $x$ est lisse sur $k$ , et $s_{x/X}$ est bien définie ; en fait, on peut facilement définir la classe $s_{x/X}$ sans cette hypothèse, et le lemme reste vrai.

Soient $U'$ un relèvement lisse sur $S$ d'un voisinage $U$ de $x$ dans $X$ , et $t_1,\dots,t_n$ une suite régulière de sections de $\underline{O}_{U'}$ induisant une suite régulière de paramètres de $\underline{O}_{X,x}$ , et définissant un sous-schéma fermé $Y$ de $U$ , lisse et fini sur $S$ . Alors $s_{x/X}$ provient par construction d'une classe de cohomologie locale sur $X$ , à support dans $x$ , définie par le morphisme de Gysin $\Omega^{\cdot}_{Y/S} \longrightarrow \Omega^{\cdot}_{U/S}[n,n]$ . D'après la construction de ce dernier, sa classe (locale) est l'image de la classe $\dfrac{dt_1\wedge\dots\wedge dt_n}{t_1\dots t_n}$ de $H^{\cdot n}_x(\Omega^{\cdot}_{U/S})[n,0]$ . Par suite, $s_{x/X}$ est l'image de $\dfrac{dt_1\wedge\dots\wedge dt_n}{t_1\dots t_n}$ par l'homomorphisme

$$H^n_x(\Omega^n_{U/S}) \longrightarrow H^n(H^{\cdot n}_x(\Omega^{\cdot}_{U/S})) \xrightarrow{\sim} H^n(X/S,\underline{H}^n_x(\underline{O}_{X/S})) \longrightarrow H^{2n}(X/S,\underline{O}_{X/S}) .$$

D'après la construction de $\mathrm{Tr}_f$ , il suffit donc de vérifier que

$$\mathrm{Res}_{f,x}\left(\frac{dt_1\wedge\dots\wedge dt_n}{t_1\dots t_n}\right) = [k(x):k].1_{W_m} .$$

Or, compte tenu de 1.2.5, cette relation n'est autre que la relation (R6) de [30] III 9 :

$$\mathrm{Res}\begin{bmatrix} dt_1\wedge\dots\wedge dt_n \\ t_1,\dots,t_n\end{bmatrix} = \mathrm{Tr}_{Y/S}(1_Y) = \mathrm{rang}_{W_m}(\underline{O}_{Y,x}).1_{W_m}$$
$$= [k(x):k].1_{W_m} .$$

3.1.8. Soient $X$ un k-schéma, $\varphi$ un k-endomorphisme de $X$ . On note $\Delta$ la diagonale de $X\times_{S_o}X$ , et $\Gamma_\varphi$ le graphe de $\varphi$ . Par définition, le schéma des points fixes de $\varphi$ est le noyau du couple de morphismes $(\varphi,\mathrm{Id}_X)$ , et on peut le construire comme étant

$$X^\varphi = \Delta\times_{X\times_{S_o}X}\Gamma_\varphi .$$

Si $x\in X^\varphi$ , $x$ est invariant par $\varphi$ , et $\varphi$ opère trivialement sur $k(x)$ , et cette propriété caractérise les points de $X^\varphi$ .

Théorème 3.1.9 (formule de Lefschetz). Soient $X$ un schéma propre et lisse sur $k$, de dimension $n$, $\varphi : X \longrightarrow X$ un $k$-endomorphisme de $X$. On suppose que le graphe de $\varphi$ et la diagonale de $X\times_{S_0} X$ se coupent transversalement, de sorte que $\varphi$ n'a qu'un nombre fini de points fixes, et on pose

$$N(\varphi) = \sum_{x \in X^{\varphi}} [k(x):k] \quad .$$

Alors

$$\mathrm{Tr}(\varphi^*) = N(\varphi).1_{W_m} \quad . \tag{3.1.5}$$

Comme $\Delta$ et $I_{\varphi}$ se coupent transversalement, la formule d'intersection (VI 4.3.15) montre que

$$c(\varphi).\delta = c(I_{\varphi} \cap \Delta) \quad .$$

Soit $h : X\times_{S_0} X \longrightarrow S$. La transversalité de $\Delta$ et $I_{\varphi}$ montre encore que $I_{\varphi} \cap \Delta$ est réunion de points fermés lisses sur $S$, de sorte que, d'après VI 3.3.10 et 3.1.7,

$$\mathrm{Tr}_h(c(\varphi).\delta) = \sum_{x \in X^{\varphi}} \mathrm{Tr}_h(s_{x/X}) = \sum_{x \in X^{\varphi}} [k(x):k].1_{W_m} \quad ,$$

d'où le théorème d'après 3.1.6.

3.1.10. Soient toujours $X$ un schéma propre et lisse sur $k$, et $\varphi$ un $k$-endomorphisme de $X$. Nous avons vu en 1.1.5 qu'il existe un complexe strictement parfait de $W$-modules $L^{\cdot}$ et pour tout $m$ un isomorphisme de $D^b(W_m)$

$$L_m^{\cdot} = L^{\cdot} \otimes_W W_m \xrightarrow{\sim} \underline{\underline{R}}\Gamma(X/W_m, \underline{O}_{X/W_m}) \quad , \tag{3.1.6}$$

compatible aux morphismes de réduction modulo les puissances de $\mathfrak{m}$. D'après SGA 5 XV 3.3, on peut de plus supposer qu'il existe un endomorphisme $\psi$ du complexe $L^{\cdot}$ dans la catégorie des complexes de $W$-modules, induisant pour tout $m$ un endomorphisme $\psi_m$ de $L_m^{\cdot}$, les isomorphismes (3.1.6) identifiant dans $D^b(W_m)$ les $\psi_m$ aux endomorphismes $\varphi_m^*$ des complexes $\underline{\underline{R}}\Gamma(X/W_m, \underline{O}_{X/W_m})$ définis par $\varphi$ ; on a donc pour tout $m$

$$\mathrm{Tr}(\varphi_m^*) = \mathrm{Tr}(\psi_m) \quad ,$$

donc d'après (3.1.5)

$$\mathrm{Tr}(\psi_m) = N(\varphi).1_{W_m} \quad .$$

Comme $W$ est complet, et $L^{\cdot}$ à termes libres de type fini, $\mathrm{Tr}(\psi_m)$ donne, par passage à la limite projective pour $m$ variable, l'élément $\mathrm{Tr}(\psi)$ de $W$. On obtient donc :

__Corollaire__ 3.1.11. __Avec les notations de__ 3.1.10,

(3.1.7) $$\mathrm{Tr}(\psi) = N(\varphi) \quad .$$

D'autre part, comme $\varphi$ opère sur la partie libre des $H^i(L^{\cdot})$, et que 1.1.6

$$H^i(L^{\cdot}) \xrightarrow{\sim} H^i(X/W, \underline{O}_{X/W}) = \varprojlim_m H^i(X/W_m, \underline{O}_{X/W_m}) \quad ,$$

on peut encore écrire la formule précédente sous la forme

(3.1.8) $$N(\varphi) = \sum_{i=0}^{2n} (-1)^i \mathrm{Tr}(\varphi^{*i}) \quad ,$$

où $\varphi^{*i}$ est l'action de $\varphi$ sur la partie libre de $H^i(X/W, \underline{O}_{X/W})$ : en effet, si $K$ est le corps des fractions de $W$, et $\varphi_K$ l'endomorphisme de $L^{\cdot}\otimes_W K$ défini par $\varphi$,

$$\mathrm{Tr}(\varphi) = \mathrm{Tr}(\varphi_K) = \sum_i (-1)^i \mathrm{Tr}(\varphi^i) = \sum_i (-1)^i \mathrm{Tr}(\varphi_{H^i(L^{\cdot}\otimes K)}) = \sum_i (-1)^i \mathrm{Tr}(\varphi^{*i}) \ ,$$

où $\varphi_{H^i}$ est l'action de $\varphi$ sur la cohomologie.

3.2. __Applications à la fonction zêta des schémas propres et lisses sur un corps fini.__

Nous supposerons désormais que $k$ est un corps fini à $q = p^a$ éléments, et que $W$ est l'anneau des vecteurs de Witt de $k$. Soit $K$ le corps des fractions de $W$.

3.2.1. Soit $X$ un k-schéma de type fini. Rappelons (voir par exemple [52]) que la fonction zêta de $X$ est définie par

(3.2.1) $$\zeta(X,s) = \prod_{x\in \overline{X}} \frac{1}{1-1/N(x)^s} \quad ,$$

où $\overline{X}$ est l'ensemble des points fermés de $X$ , et $N(x)$ le cardinal du corps résiduel $k(x)$ en $x$ . Posant $t = q^{-s}$ , on peut encore écrire

(3.2.2) $$\zeta(X,s) = Z(X,t) = \prod_{x \in \overline{X}} \frac{1}{1-t^{d(x)}} ,$$

avec $d(x) = [k(x):k]$ , de sorte que $Z(X,t)$ est une série formelle à coefficients dans $\underline{\underline{Z}}$ . Si pour tout entier $\nu$ on note $k_\nu$ l'extension de degré $\nu$ de $k$ , et $c_\nu$ le nombre de points de $X$ à valeurs dans $k_\nu$ , on vérifie aisément que

(3.2.3) $$\mathrm{Log}(Z(X,t)) = \sum_{\nu=1}^{\infty} c_\nu t^\nu/\nu .$$

Soit $\underline{\underline{f}}_X$ l'endomorphisme de Frobenius de $X$ sur $k$ : $\underline{\underline{f}}_X$ induit l'identité sur l'espace sous-jacent à $X$ , et est donné par l'élévation à la puissance q-ième sur le faisceau $\underline{O}_X$ . Soit $\nu$ un entier. Pour qu'un point $x \in X$ soit un point fixe de $\underline{\underline{f}}_X^\nu$ , il faut et il suffit que $\underline{\underline{f}}_X^\nu$ opère trivialement sur $k(x)$ , i.e. que $k(x)$ soit isomorphe à un sous-corps de $k_\nu$: $X^{\underline{\underline{f}}_X^\nu}$ est donc l'ensemble des points $x$ de $X$ tels que $[k(x):k]$ divise $\nu$ , et à chacun de ces points correspondent $[k(x):k]$ k-homomorphismes de $k(x)$ dans $k_\nu$ , i.e. $[k(x):k]$ points de $X$ à valeurs dans $k_\nu$ ; donc

(3.2.4) $$c_\nu : \sum_{x \in X^{\underline{\underline{f}}_X^\nu}} [k(x):k] = N(\underline{\underline{f}}_X^\nu) .$$

3.2.2. Rappelons que si $K^\cdot$ est un complexe parfait de W-modules, et $\chi$ un endomorphisme de $K^\cdot$ dans $D(W)$ , on définit la série caractéristique $\det(1-t\chi) \in 1+W[[t]]$ en prenant un complexe $K'^\cdot$ borné, à termes libres de type fini, isomorphe à $K^\cdot$ dans $D(W)$ , en représentant $\chi$ par un endomorphisme de complexes $\chi'$ de $K'^\cdot$ , et en posant

$$\det(1-t\chi) = \prod_i \det(1-t\chi'^i)^{(-1)^i} .$$

La série obtenue ne dépend pas du choix fait, car si $\chi_K$ , $\chi'_K$ sont les endomorphismes définis par $\chi$ et $\chi'$ sur $K^\cdot\otimes_W K$ et $K'^\cdot\otimes_W K$ , on a

$$\det(1-t\chi) = \prod_i \det(1-t\chi'^i_K)^{(-1)^i} = \prod_i \det(1-t\chi'_{K_H^i})^{(-1)^i} = \prod_i \det(1-t\chi_{K_H^i})^{(-1)^i},$$

$$\det(1-t\chi) = \prod_i \det(1-\chi_{H^i})^{(-1)^i}$$

où l'indice $H^i$ note l'action sur la cohomologie (resp. la partie libre de la cohomologie).

En se placant dans une clôture algébrique de $K$, on déduit facilement de cette définition et de celle de $\mathrm{Tr}(\chi)$ la relation

(3.2.5) $$\mathrm{Log}(\det(1-t\chi)) = -\sum_{\nu=1}^{\infty} \mathrm{Tr}(\chi^{\nu})t^{\nu}/\nu \quad .$$

Théorème 3.2.3. *Soit $X$ un k-schéma propre et lisse, de dimension $n$. Alors*

(3.2.6) $$Z(X,t) = \det(1-t.\underline{\underline{f}}_X^*)^{-1} = \prod_{i=0}^{2n} \det(1-t.\underline{\underline{f}}_X^{*i})^{(-1)^{i+1}} \quad ,$$

*où $\underline{\underline{f}}_X^*$ est l'endomorphisme défini par l'endomorphisme de Frobenius $\underline{\underline{f}}_X$ de $X$ sur le complexe parfait $L^{\cdot}$ de $D(W)$ donnant la cohomologie cristalline de $X$ (cf. 3.1.10), et $\underline{\underline{f}}_X^{*i}$ l'endomorphisme défini par $\underline{\underline{f}}_X$ sur la partie libre de $H^i(X/W,\underline{O}_{X/W})$ ; les polynômes $\det(1-t.\underline{\underline{f}}_X^{*i})$ sont à coefficients dans $W$, et de degré $\beta_i = \mathrm{rg}_W(H^i(X/W,\underline{O}_{X/W}))$.*

Pour montrer l'égalité de ces deux séries à coefficients dans $W$, il suffit de montrer l'égalité de leurs Log. D'après (3.2.3) et (3.2.5), il suffit donc de montrer que pour tout $\nu$, $c_{\nu} = \mathrm{Tr}(\underline{\underline{f}}_X^{*\nu}) = \mathrm{Tr}(\underline{\underline{f}}_X^{\nu *})$ ; or cela résulte de (3.2.4) grâce à la formule de Lefschetz (3.1.7).

Il reste à voir que les $\det(1-t.\underline{\underline{f}}_X^{*i})$ sont de degré $\beta_i$, i.e. qu'aucune valeur propre de $\underline{\underline{f}}_X^{*i}$ n'est nulle, ou encore que les $\underline{\underline{f}}_X^{*i}$ sont des isomorphismes modulo torsion. Cela résulte de la proposition suivante en passant à la limite sur $m$ :

Proposition 3.2.4. *Sous les hypothèses de 3.2.3, soit $S = \mathrm{Spec}(W_m)$. Le composé*

$$\underline{\underline{f}}_{X*} \circ \underline{\underline{f}}_X^* : \underline{\underline{R}}\Gamma(X/S,\underline{O}_{X/S}) \longrightarrow \underline{\underline{R}}\Gamma(X/S,\underline{O}_{X/S})$$

*est la multiplication par $q^n$.*

D'après 2.2.3, il suffit de montrer que $\underline{\underline{f}}_{X*}(1) = q^n$ . Soit $f : X \longrightarrow S$ . Comme $\underline{\underline{f}}_{X*} = \varepsilon_X^{-1} \circ \underline{\underline{f}}_X^{*\vee} \circ \varepsilon_X$ , et que $\varepsilon_X$ identifie la section unité de $\underline{\underline{R\Gamma}}(X/S,\underline{O}_{X/S})$ à la section $Tr_f$ de $\underline{\underline{R\Gamma}}(X/S,\underline{O}_{X/S})^\vee$, on est ramené à vérifier que

$$Tr_f \circ \underline{\underline{f}}_X^{*} = Tr_f \circ q^n \quad . \tag{3.2.7}$$

Il faut vérifier cette relation sur $H^{2n}(X/S,\underline{O}_{X/S})$ , et, d'après la construction de $Tr_f$ , il suffit de vérifier que pour tout point fermé $x \in X$ on a sur $H^n(X/S,\underline{H}_x^n(\underline{O}_{X/S}))$

$$Res_{f,x} \circ \underline{\underline{f}}_X^{*} = Res_{f,x} \circ q^n \quad .$$

Comme cette dernière assertion est de nature locale, on peut supposer que le morphisme $f_o : X \longrightarrow S_o$ se factorise par un morphisme étale $u : X \longrightarrow V = S_o[x_1,\dots,x_n]$ . L'endomorphisme de Frobenius $\underline{\underline{f}}_V$ se relève en un endomorphisme $\underline{\underline{f}}'_{V'}$ défini par $\underline{\underline{f}}'_{V'}(x_i) = x_i^q$ pour tout $i$ . Factorisant $\underline{\underline{f}}_X$ en

$$\begin{array}{ccccc} X & \xrightarrow{\underline{\underline{f}}_{X/V}} & X\times_V V & \longrightarrow & X \\ & \searrow^{u} & \downarrow & & \downarrow u \\ & & V & \xrightarrow[\underline{\underline{f}}_V]{} & V \end{array} \quad ,$$

il existe un unique relèvement sur $V'$ du V-morphisme $\underline{\underline{f}}_{X/V}$ entre les V-schémas étales $X$ et $X\times_V V$ , d'où un relèvement $\underline{\underline{f}}'_{X'}$ de $\underline{\underline{f}}_X$ :

$$\begin{array}{ccccc} X' & \xrightarrow{\underline{\underline{f}}_{X'/V'}} & X'\times_{V'} V' & \longrightarrow & X' \\ & \searrow^{u'} & \downarrow & \underline{\underline{f}}'_{V'} & \downarrow u' \\ & & V' & \longrightarrow & V' \end{array} \quad .$$

De plus, comme $u$ est étale, $\underline{\underline{f}}_{X/V}$ est un isomorphisme (SGA 5 XV 1.2 prop. 2), et par suite $\underline{\underline{f}}'_{X'/V'}$ également. Or par construction $\underline{\underline{f}}'_{V'*}(\underline{O}_{V'})$ est une $\underline{O}_{V'}$-algèbre libre de rang $q^n$ , donc $\underline{\underline{f}}'_{X'*}(\underline{O}_{X'})$ est une $\underline{O}_{X'}$-algèbre libre de rang $q^n$ .

En utilisant la définition de $Res_{f,x}$ et V 2.3.4, on voit qu'il suffit encore de vérifier que sur $\underline{H}_x^n(\Omega^n_{X'/S})$ on a, avec $f' : X' \longrightarrow S$ ,

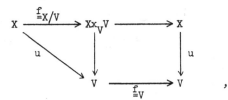

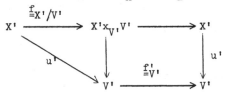

$$\mathrm{Tr}_{f',x} \circ \underline{\underline{f}}'^{*}_{X'} = \mathrm{Tr}_{f',x} \circ q^n \quad .$$

Soit $t_1,\ldots,t_n$ une suite régulière de $\underline{O}_{X',x}$ relevant une suite régulière de paramètres de $\underline{O}_{X,x}$. Si $\omega/t_1^k\ldots t_n^k \in \underline{H}_x^n(\Omega^n_{X'/S})$, la relation à prouver s'écrit, d'après 1.2.5,

$$\mathrm{Res}\begin{bmatrix} \underline{\underline{f}}'^{*}_{X'}(\omega) \\ \underline{\underline{f}}'^{*}_{X'}(t_1^k),\ldots,\underline{\underline{f}}'^{*}_{X'}(t_n^k)\end{bmatrix} = \mathrm{Res}\begin{bmatrix} q^n.\omega \\ t_1^k,\ldots,t_n^k\end{bmatrix} .$$

Or, d'après la relation (R10) de [30], III 9,

$$\mathrm{Res}\begin{bmatrix} \underline{\underline{f}}'^{*}_{X'}(\omega) \\ f'^{*}_{X'}(t_1^k),\ldots,\underline{\underline{f}}'^{*}_{X'}(t_n^k)\end{bmatrix} = \mathrm{Res}\begin{bmatrix} \mathrm{Tr}_{\underline{\underline{f}}'_{X'}}(\underline{\underline{f}}'^{*}_{X'}(\omega)) \\ t_1^k,\ldots,t_n^k\end{bmatrix} .$$

Comme $\underline{\underline{f}}'_{X'*}(\underline{O}_{X'})$ est une $\underline{O}_{X'}$-algèbre libre de rang $q^n$, on a simplement

$$\mathrm{Tr}_{\underline{\underline{f}}'_{X'}}(f'^{*}_{X'}(\omega)) = q^n.\omega \quad ,$$

d'où le résultat.

<u>Théorème</u> 3.2.5. <u>Soit</u> X <u>un</u> k-<u>schéma propre, lisse, géométriquement connexe de dimension</u> n . <u>Soit</u> $\chi(X) = \sum_{i=0}^{2n}(-1)^i \mathrm{rg}_W H^i(X/W,\underline{O}_{X/W})$ <u>la caractéristique d'Euler-Poincaré de</u> X . <u>La fonction</u> Z(X,t) <u>vérifie l'équation fonctionnelle</u>

$$(3.2.8) \qquad Z(X,1/q^n t) = \pm\, q^{n\chi(X)/2}.t^{\chi(X)}.Z(X,t) \quad .$$

D'après 2.1.1, le morphisme trace $H^{2n}(X/W_m,\underline{O}_{X/W_m}) \longrightarrow W_m$ est un isomorphisme pour tout m , de sorte que l'action de $\underline{\underline{f}}^{*}_{X}$ sur $H^{2n}(X/W,\underline{O}_{X/W})$ est la multiplication par $q^n$ , en vertu de la relation (3.2.7). L'algèbre

$$H^{*}_{K}(X) = \sum_{i=0}^{2n} H^i(X/S,\underline{O}_{X/S})\otimes_W K$$

est telle que $H^0_K(X) = H^{2n}_K(X) = K$ , vérifie la dualité de Poincaré, et est munie d'un endomorphisme $\underline{\underline{f}}_X^*$ égal en degré 2n à la multiplication par $q^n$ ; un argument classique (cf. [35], 4.2) montre alors que si $\alpha_j$ sont les valeurs propres de $\underline{\underline{f}}_X^{*i}$ , avec $j = 1,\ldots\beta_i$ , celles de $\underline{\underline{f}}_X^{*2n-i}$ sont les $q^n/\alpha_j$ ; l'équation fonctionnelle en résulte immédiatement. Par contre, cet argument ne donne pas la valeur du signe de l'équation fonctionnelle (voir [16] pour une étude précise de ce signe dans le cas où X est une hypersurface de l'espace projectif).

# APPENDICE

## COHOMOLOGIE CRISTALLINE SUR UNE BASE QUELCONQUE.

Nous allons indiquer ici sommairement comment la notion de PD-idéal quasi-PD-nilpotent (I 3.1.1) permet de développer la théorie du topos cristallin pour un schéma sur une base quelconque (i.e. sans supposer qu'un nombre premier $p$ soit nilpotent), de manière à retrouver la théorie développée ici lorsque $p$ est nilpotent, et celle de Grothendieck ([21]) lorsque la base est de caractéristique $0$, et à avoir dans le cas général un théorème d'isomorphisme entre cohomologie cristalline et cohomologie de De Rham pour un schéma lisse sur la base.

Soit donc $(S,\underline{I},\gamma)$ un PD-schéma. Pour tout Schéma $X$ (auquel les puissances divisées $\gamma$ s'étendent), nous appellerons site cristallin de $X$ relativement à $(S,\underline{I},\gamma)$ et nous noterons $\mathrm{Cris}(X/S,\underline{I},\gamma)$ la catégorie des triples $(U,T,\delta)$ comme en III 1.1.1 , auxquels nous imposerons la condition supplémentaire que l'idéal $\underline{J}$ de $U$ dans $T$ soit quasi-PD-nilpotent, i.e. qu'il existe des entiers $m \neq 0$ , $q$ , tels que $m.\underline{J}^{[q]} = 0$ , les morphismes et la topologie étant comme en III 1.1.1. Lorsque $p$ est nilpotent sur $S$ , cette condition supplémentaire est automatiquement satisfaite, donc la définition est celle de III ; lorsque $S$ est de caractéristique $0$ , la condition est simplement que $\underline{J}$ soit nilpotent, et on retrouve le site cristallin de Grothendieck ([21]).

On dispose encore de la notion de cristal en modules sur $\mathrm{Cris}(X/S,\underline{I},\gamma)$. Supposons pour simplifier que $X$ soit lisse sur $S$ . La catégorie des cristaux en $\underline{O}_{X/S}$-modules peut alors s'interpréter comme la catégorie des $\underline{O}_X$-modules munis d'une stratification relativement au groupoïde formel $(\underline{O}_X,\underline{D}^{n!,n}_{X/S}(1))$ (I 4.3.1).

Supposons toujours $X$ lisse sur $S$ . A tout $\underline{O}_{X/S}$-module $M$ , on peut associer comme en V 1.2.3 un complexe de Čech-Alexander en posant

$$\check{C}A^{\nu}(M) = \varprojlim_n M_{D^{n!,n}_{X/S}(\nu+1)} .$$

Supposons que $M$ vérifie les conditions suivantes :

i) pour tout $(U,T,\delta) \in Ob(Cris(X/S))$ , tout ouvert affine $V$ de $T$ , et tout $q \geq 1$ ,

$$H^q(V,M_{(U,T,\delta)}) = 0 \qquad ;$$

ii) pour tout morphisme $u : (U,T,\delta) \longrightarrow (U,T',\delta')$ tel que $T$ et $T'$ soient affines et $T \longrightarrow T'$ une immersion fermée, $M(U,T',\delta') \longrightarrow M(U,T,\delta)$ est surjectif.

Alors il existe un isomorphisme canonique

$$\underline{\underline{R}}\Gamma(X/S,M) \xrightarrow{\sim} \underline{\underline{R}}\Gamma(X,\check{C}A^{\cdot}M)) .$$

La démonstration est analogue à celle de V 1.2.6, les hypothèses faites sur $M$ permettant de lever les difficultés liées au passage à la $\varprojlim$.

Par ailleurs, on peut encore définir un foncteur linéarisation associant à tout $\underline{O}_X$-module un $\underline{O}_{X/S}$-module, et à tout opérateur différentiel relativement à $(\underline{O}_X,\underline{D}^{n!,n}_{X/S}(1))$ un opérateur linéaire. Pour cela, on observe que, pour tout $\underline{O}_X$-module $\underline{E}$ , le système projectif des $\underline{D}^{n!,n}_{X/S}(1) \otimes_{\underline{O}_X} \underline{E}$ , considéré comme système projectif de $\underline{O}_X$-modules grâce à la structure gauche des $\underline{D}^{n!,n}_{X/S}(1)$ , est muni canoniquement d'une stratification (en tant que pro-objet) relativement à $(\underline{O}_X,\underline{D}^{n!,n}_{X/S}(1))$ . Par suite, si $(U,T,\delta)$ est un objet de $Cris(X/S)$, et $h : T \longrightarrow X$ une rétraction de $T$ sur $X$ , le pro-objet $"\varprojlim_n" h^*(\underline{D}^{n!,n}_{X/S}(1) \otimes_{\underline{O}_X} \underline{E})$ ne dépend pas de $h$ à isomorphisme canonique près. Lorsque $X$ est lisse sur $S$ , on peut donc définir un foncteur linéarisation en posant, lorsqu'il existe une rétraction $h$ de $T$ sur $X$ ,

$$L(\underline{E})_{(U,T,\delta)} = \varprojlim_n h^*(\underline{D}^{n!,n}_{X/S}(1) \otimes_{\underline{O}_X} \underline{E}) ,$$

et en recollant dans le cas général, $L$ étant défini pour les opérateurs différentiels comme en IV 3.1.1.

Si on applique cette construction au complexe de De Rham $\Omega^{\cdot}_{X/S}$ , le complexe linéarisé $L(\Omega^{\cdot}_{X/S})$ est une résolution de $\underline{O}_{X/S}$ . En effet, d'après I 4.5.3 i), on se ramène comme en V 2.1.1 à vérifier que le complexe de De Rham construit sur l'anneau de séries formelles $\varprojlim_n A < \eta_1,\ldots,\eta_k >/n!J^{[n+1]}$ , où J est le PD-idéal engendré par $\eta_1,\ldots,\eta_k$ , est une résolution de A . Or l'anneau $\varprojlim_n A < \eta_1,\ldots,\eta_k>/n!J^{[n+1]}$ est l'anneau des séries formelles à puissances divisées par rapport aux $\eta_i$ , telles que pour tout entier m , les coefficients d'ordre assez élevé de la série soient divisibles par m ; il est donc stable par intégration, et le lemme de Poincaré reste valable.

Enfin, le raisonnement de V 2.2.2 montre que pour tout $\underline{O}_X$-module $\underline{E}$ , le complexe $\check{C}A^{\cdot}(L(\underline{E}))$ est une résolution de $\underline{E}$ . En appliquant cela au complexe de De Rham, on obtient l'isomorphisme (X étant toujours lisse sur S)

$$\underline{\underline{R}}\Gamma(X/S,\underline{O}_{X/S}) \xrightarrow{\sim} \underline{\underline{R}}\Gamma(X,\Omega^{\cdot}_{X/S}) \quad .$$

# BIBLIOGRAPHIE


SGA 4 : M. Artin, A. Grothendieck, J.L. Verdier, Théorie des topos et cohomologie étale des schémas, Lecture Notes in Math. n° 269, 270, Springer-Verlag.

[1] P. Berthelot, Cohomologie p-cristalline des schémas : relèvement de la caractéristique p à la caractéristique 0 , C.R. Acad. Sc., 269, série A, 1969, p. 297.

[2] P. Berthelot, Cohomologie p-cristalline des schémas : variantes sur les notions de connexion et de stratification, C.R. Acad. Sc., 269, série A, 1969, p. 357.

[3] P. Berthelot, Cohomologie p-cristalline des schémas : comparaison avec la cohomologie de De Rham, C.R. Acad. Sc., 269, série A, 1969, p. 397.

[4] P. Berthelot, Cohomologie cristalline locale, C.R. Acad. Sc., 272, série A , 1971, p. 42.

[5] P. Berthelot, Sur le morphisme trace en cohomologie cristalline, C.R. Acad. Sc., 272, série A, 1971, p. 141.

[6] P. Berthelot, La dualité de Poincaré en cohomologie cristalline, C.R. Acad. Sc., 272, série A, 1971, p. 254.

[7] P. Berthelot, Quelques relations entre les Ext cristallins et les Ext des complexes d'opérateurs différentiels d'ordre $\leqslant 1$ , C. R. Acad. Sc., 272, série A , 1971, p. 1314.

[8] P. Berthelot, Classe de cohomologie associée à un cycle non singulier en cohomologie cristalline, C.R. Acad. Sc., 272, série A, 1971, p. 1397.

[9] P. Berthelot, Une formule de rationnalité pour la fonction zeta des schémas propres et lisses sur un corps fini, C.R. Acad. Sc., 272, série A, 1971, p. 1574.

[10] P. Berthelot, L. Illusie, Classes de Chern en cohomologie cristalline I et II, C.R Acad. Sc., 270, série A, 1970, p. 1695 et 1750.

SGA 6 P. Berthelot, A. Grothendieck, L. Illusie, Théorie des intersections et théorème de Riemann-Roch, Lecture Notes in Math. n° 225, Springer-Verlag.

[11] N. Bourbaki, Algèbre ch. III, Hermann.

[12] H. Cartan, Séminaire 1954-55, Algèbre d'Eilenberg - Mac Lane et homotopie, Benjamin, New York.

[13] H. Cartan, S. Eilenberg, Homological Algebra, Princeton University Press.

[14] P. Deligne, Cristaux en caractéristique zéro, exposés à l'IHES, Mars 1970 (non rédigés).

[15] P. Deligne, Equations différentielles à points singuliers réguliers, Lecture Notes in Math. n° 163, Springer-Verlag.

[16] B. Dwork, On the Zeta Function of a Hypersurface II, Annals of Math. 80, n° 2 (1964), 227-299.

[17] P. Gabriel, Des catégories abéliennes, Bull. Soc. Math. Fr. 90 (1962), 323-448.

[18] J. Giraud, Méthode de la descente, Mémoires Soc. Math. Fr. 2 (1964).

[19] J. Giraud, Cohomologie non abélienne, Grundlehren der mathematischen Wissenschaften 179, Springer-Verlag.

[20] R. Godement, Topologie algébrique et théorie des faisceaux, Hermann (1958).

SGA 1 A. Grothendieck, Revêtements étales et groupe fondamental, Lecture Notes in Math. n° 224, Springer-Verlag.

SGA 5 A. Grothendieck, Cohomologie $\ell$-adique et fonctions L, à paraître dans les Lecture Notes in Math., Springer-Verlag.

[21] A. Grothendieck, Crystals and the De Rham cohomology of schemes, notes by J. Coates and O. Jussila, in Dix exposés sur la cohomologie des schémas, North-Holland.

[22] A. Grothendieck, Groupes de Barsotti-Tate et cristaux, Proc. of the Int. Cong. of Math., Nice (1970), 1, 431-436, Gauthier-Villars, Paris.

[23] A. Grothendieck, On the De Rham cohomology of algebraic varieties, Publ. Math. I.H.E.S. n° 29 (1966), 85-103.

[24] A. Grothendieck, Représentations linéaires et compactification profinie des groupes discrets, Manuscripta mathematica 2 (1970), 375-396.

[25] A. Grothendieck, Sur quelques points d'algèbre homologique, Tohoku Math. Journ. 9, n° 2-3 (1957), p. 119-221.

[26] A. Grothendieck, Techniques de construction et théorèmes d'existence en géométrie algébrique III : préschémas quotients, Séminaire Bourbaki, 13e année, 1960-61, n° 212, Benjamin, New York.

EGA A. Grothendieck, en collaboration avec J. Dieudonné, Eléments de Géométrie Algébrique, Publ. Math. I.H.E.S. n° 4, 8, 11, 17, 20, 24, 28, 32.

[27] R. Hartshorne, Algebraic De Rham cohomology, Manuscripta mathematica 7 (1972), 125-140.

[28] R. Hartshorne, Ample subvarieties of algebraic varieties, Lecture Notes in Math. n° 156, Springer-Verlag.

[29] R. Hartshorne, On the De Rham cohomology of algebraic varieties, à paraître.

[30] R. Hartshorne, Residues and Duality, Lecture Notes in Math. n° 20, Springer Verlag.

[31] M. Herrera, D. Lieberman, Duality and the De Rham Cohomology of Infinitesimal Neighborhoods, Inventiones math. 13 (1971), 97-124.

[32] L. Illusie, Complexe cotangent et déformations II, Lecture Notes in Math. n° 283, Springer-Verlag.

[33] N. Katz, Nilpotent connections and the monodromy theorem : application of a result of Turritin, Publ. Math. I.H.E.S. n° 39 (1970), 175-232.

[34] N. Katz, T. Oda, On the differentiation of De Rham cohomology classes with respect to parameters, Journ. Math. Kyoto Univ., vol. 8, n° 2 (1968), 199-213.

[35] S. Kleiman, Algebraic cycles and the Weil conjectures, in Dix exposés sur la cohomologie des schémas, North-Holland.

[36] D. Lazard, Autour de la platitude, Bull. Soc. Math. Fr. 97 (1969), 81-128.

[37] S. Lubkin, A p-adic proof of Weil's conjectures, Annals of Math. 87, n° 1 et 2 (1968), 105-255.

[38] Y. Manin, The theory of commutative formal groups over fields of finite characteristic, Russian Math. Surveys 18, n°6 (1963), p. 1-83.

[39] B. Mazur, Frobenius and the Hodge filtration, Bull. A.M.S. 78, n°5 (1972), 653-667.

[40] B. Mazur, Frobenius and the Hodge filtration (estimates), Annals of Math. 98 (1973), 58-95.

[41] D. Meredith, Weak formal schemes, Nagoya Math. J. 45, (1971), 1-38.

[42] D. Meredith, Preliminary notes on extending the MW-cohomology, preprint M.I.T. (1971).

[43] W. Messing, The crystals associated to Barsotti-Tate groups : with applications to abelian schemes, Lecture Notes in Math. n° 264, Springer-Verlag.

[44] P. Monsky, G. Washnitzer, Formal Cohomology I, Annals of Math. 88 (1968), 181-217.

[45] P. Monsky, Formal cohomology II : the cohomology sequence of a pair, Annals of Math. 88 (1968), 218-238.

[46] P. Monsky, Formal cohomology III : fixed point theorems, Annals of Math. 93 (1971), 315-343.

[47] N. Roby, Les algèbres à puissances divisées, Bull. Soc. Math. Fr., 2e série, 89 (1965), 75-91.

[48] N. Roby, Lois polynômes et lois formelles en théorie des modules, Annales de l'E.N.S., 3e série, 80 (1963), 213-348.

[49] J.P. Serre, Corps locaux, Hermann (1962).

[50] J.P. Serre, Groupes p-divisibles, Séminaire Bourbaki, 19e année, 1966-67, n° 318, Benjamin, New-York.

[51] J.P. Serre, Sur la topologie des variétés algébriques en caractéristique p, Symp. Int. de Top. Alg. (1958), 24-53.

[52] J.P. Serre, Zeta and L functions, in O. Schilling, Arithmetical algebraic geometry, Harper and Row (1963).

[53] R.Y. Sharp, The Cousin complexe for a module over a commutative noetherian ring, Math. Zeitschrift 112 (1969), 340-356.

[54] J. Tate, p-divisible groups, Proc. Conf. on Local Fields, Nuffic Summer School at Driebergen, Springer-Verlag (1967).

[55] A. Weil, Number of solutions of equations in finite fields, Bull. Amer. Math. Soc. 55 (1949), 497-508.

# INDEX TERMINOLOGIQUE

INDEX DES NOTATIONS

| | | |
|---|---|---|
| $x^{[n]}$ (dans $\underline{D}_{\underline{B}}^{m,n}(J)$) | I | 3.3.1 |
| $x^{[n]}$ (dans $\underline{D}_Y(X)$) | I | 4.1.3 |
| $(X/S,\underline{I},\gamma)_{cris}$, $(X/S)_{cris}$ | III | 1.1.1 |
| $(X/S,\underline{I},\gamma)_{CRIS}$, $(X/S)_{CRIS}$ | III | 4.1.1 |
| $(X/S,\underline{I},\gamma)_{cris,x}$ , $(X/S)_{cris,x}$ | VI | 1.3.1 |
| $(X/S,\underline{I},\gamma)_{Ncris}$, $(X/S)_{Ncris}$ | III | 1.3.1 |
| $(X/S,\underline{I},\gamma)_{Rcris}$, $(X/S)_{Rcris}$ | IV | 2.1.1 |
| $(X/S)_{Y\text{-HPD-strat}}$ | III | 1.2.1 |
| Y-HPD-Strat(X/S) | III | 1.2.1 |
| $\zeta(X,s)$, $Z(X,t)$ | VII | 3.2.1 |

Vol. 247: Lectures on Operator Algebras. Tulane University Ring and Operator Theory Year, 1970–1971. Volume II. XI, 786 pages. 1972. DM 40,–

Vol. 248: Lectures on the Applications of Sheaves to Ring Theory. Tulane University Ring and Operator Theory Year, 1970–1971. Volume III. VIII, 315 pages. 1971. DM 26,–

Vol. 249: Symposium on Algebraic Topology. Edited by P. J. Hilton. VII, 111 pages. 1971. DM 16,–

Vol. 250: B. Jónsson, Topics in Universal Algebra. VI, 220 pages. 1972. DM 20,–

Vol. 251: The Theory of Arithmetic Functions. Edited by A. A. Gioia and D. L. Goldsmith VI, 287 pages. 1972. DM 24,–

Vol. 252: D. A. Stone, Stratified Polyhedra. IX, 193 pages. 1972. DM 18,–

Vol. 253: V. Komkov, Optimal Control Theory for the Damping of Vibrations of Simple Elastic Systems. V, 240 pages. 1972. DM 20,–

Vol. 254: C. U. Jensen, Les Foncteurs Dérivés de $\varprojlim$ et leurs Applications en Théorie des Modules. V, 103 pages. 1972. DM 16,–

Vol. 255: Conference in Mathematical Logic – London '70. Edited by W. Hodges. VIII, 351 pages. 1972. DM 26,–

Vol. 256: C. A. Berenstein and M. A. Dostal, Analytically Uniform Spaces and their Applications to Convolution Equations. VII, 130 pages. 1972. DM 16,–

Vol. 257: R. B. Holmes, A Course on Optimization and Best Approximation. VIII, 233 pages. 1972. DM 20,–

Vol. 258: Séminaire de Probabilités VI. Edited by P. A. Meyer. VI, 253 pages. 1972. DM 22,–

Vol. 259: N. Moulis, Structures de Fredholm sur les Variétés Hilbertiennes. V, 123 pages. 1972. DM 16,–

Vol. 260: R. Godement and H. Jacquet, Zeta Functions of Simple Algebras. IX, 188 pages. 1972. DM 18,–

Vol. 261: A. Guichardet, Symmetric Hilbert Spaces and Related Topics. V, 197 pages. 1972. DM 18,–

Vol. 262: H. G. Zimmer, Computational Problems, Methods, and Results in Algebraic Number Theory. V, 103 pages. 1972. DM 16,–

Vol. 263: T. Parthasarathy, Selection Theorems and their Applications. VII, 101 pages. 1972. DM 16,–

Vol. 264: W. Messing, The Crystals Associated to Barsotti-Tate Groups: With Applications to Abelian Schemes. III, 190 pages. 1972. DM 18,–

Vol. 265: N. Saavedra Rivano, Catégories Tannakiennes. II, 418 pages. 1972. DM 26,–

Vol. 266: Conference on Harmonic Analysis. Edited by D. Gulick and R. L. Lipsman. VI, 323 pages. 1972. DM 24,–

Vol. 267: Numerische Lösung nichtlinearer partieller Differential- und Integro-Differentialgleichungen. Herausgegeben von R. Ansorge und W. Törnig. VI, 339 Seiten. 1972. DM 26,–

Vol. 268: C. G. Simader, On Dirichlet's Boundary Value Problem. IV, 238 pages. 1972. DM 20,–

Vol. 269: Théorie des Topos et Cohomologie Etale des Schémas. (SGA 4). Dirigé par M. Artin, A. Grothendieck et J. L. Verdier. XIX, 525 pages. 1972. DM 50,–

Vol. 270: Théorie des Topos et Cohomologie Etale des Schémas. Tome 2. (SGA 4). Dirigé par M. Artin, A. Grothendieck et J. L. Verdier. V, 418 pages. 1972. DM 50,–

Vol. 271: J. P. May, The Geometry of Iterated Loop Spaces. IX, 175 pages. 1972. DM 18,–

Vol. 272: K. R. Parthasarathy and K. Schmidt, Positive Definite Kernels, Continuous Tensor Products, and Central Limit Theorems of Probability Theory. VI, 107 pages. 1972. DM 16,–

Vol. 273: U. Seip, Kompakt erzeugte Vektorräume und Analysis. IX, 119 Seiten. 1972. DM 16,–

Vol. 274: Toposes, Algebraic Geometry and Logic. Edited by. F. W. Lawvere. VI, 189 pages. 1972. DM 18,–

Vol. 275: Séminaire Pierre Lelong (Analyse) Année 1970–1971. VI, 181 pages. 1972. DM 18,–

Vol. 276: A. Borel, Représentations de Groupes Localement Compacts. V, 98 pages. 1972. DM 16,–

Vol. 277: Séminaire Banach. Edité par C. Houzel. VII, 229 pages. 1972. DM 20,–

Vol. 278: H. Jacquet, Automorphic Forms on GL(2). Part II. XIII, 142 pages. 1972. DM 16,–

Vol. 279: R. Bott, S. Gitler and I. M. James, Lectures on Algebraic and Differential Topology. V, 174 pages. 1972. DM 18,–

Vol. 280: Conference on the Theory of Ordinary and Partial Differential Equations. Edited by W. N. Everitt and B. D. Sleeman. XV, 367 pages. 1972. DM 26,–

Vol. 281: Coherence in Categories. Edited by S. Mac Lane. VII, 235 pages. 1972. DM 20,–

Vol. 282: W. Klingenberg und P. Flaschel, Riemannsche Hilbertmannigfaltigkeiten. Periodische Geodätische. VII, 211 Seiten. 1972. DM 20,–

Vol. 283: L. Illusie, Complexe Cotangent et Déformations II. VII, 304 pages. 1972. DM 24,–

Vol. 284: P. A. Meyer, Martingales and Stochastic Integrals I. VI, 89 pages. 1972. DM 16,–

Vol. 285: P. de la Harpe, Classical Banach-Lie Algebras and Banach-Lie Groups of Operators in Hilbert Space. III, 160 pages. 1972. DM 16,–

Vol. 286: S. Murakami, On Automorphisms of Siegel Domains. V, 95 pages. 1972. DM 16,–

Vol. 287: Hyperfunctions and Pseudo-Differential Equations. Edited by H. Komatsu. VII, 529 pages. 1973. DM 36,–

Vol. 288: Groupes de Monodromie en Géométrie Algébrique. (SGA 7 I). Dirigé par A. Grothendieck. IX, 523 pages. 1972. DM 50,–

Vol. 289: B. Fuglede, Finely Harmonic Functions. III, 188. 1972. DM 18,–

Vol. 290: D. B. Zagier, Equivariant Pontrjagin Classes and Applications to Orbit Spaces. IX, 130 pages. 1972. DM 16,–

Vol. 291: P. Orlik, Seifert Manifolds. VIII, 155 pages. 1972. DM 16,–

Vol. 292: W. D. Wallis, A. P. Street and J. S. Wallis, Combinatorics: Room Squares, Sum-Free Sets, Hadamard Matrices. V, 508 pages. 1972. DM 50,–

Vol. 293: R. A. DeVore, The Approximation of Continuous Functions by Positive Linear Operators. VIII, 289 pages. 1972. DM 24,–

Vol. 294: Stability of Stochastic Dynamical Systems. Edited by R. F. Curtain. IX, 332 pages. 1972. DM 26,–

Vol. 295: C. Dellacherie, Ensembles Analytiques, Capacités, Mesures de Hausdorff. XII, 123 pages. 1972. DM 16,–

Vol. 296: Probability and Information Theory II. Edited by M. Behara, K. Krickeberg and J. Wolfowitz. V, 223 pages. 1973. DM 20,–

Vol. 297: J. Garnett, Analytic Capacity and Measure. IV, 138 pages. 1972. DM 16,–

Vol. 298: Proceedings of the Second Conference on Compact Transformation Groups. Part 1. XIII, 453 pages. 1972. DM 32,–

Vol. 299: Proceedings of the Second Conference on Compact Transformation Groups. Part 2. XIV, 327 pages. 1972. DM 26,–

Vol. 300: P. Eymard, Moyennes Invariantes et Représentations Unitaires. II. 113 pages. 1972. DM 16,–

Vol. 301: F. Pittnauer, Vorlesungen über asymptotische Reihen. VI, 186 Seiten. 1972. DM 18,–

Vol. 302: M. Demazure, Lectures on p-Divisible Groups. V, 98 pages. 1972. DM 16,–

Vol. 303: Graph Theory and Applications. Edited by Y. Alavi, D. R. Lick and A. T. White. IX, 329 pages. 1972. DM 26,–

Vol. 304: A. K. Bousfield and D. M. Kan, Homotopy Limits, Completions and Localizations. V, 348 pages. 1972. DM 26,–

Vol. 305: Théorie des Topos et Cohomologie Etale des Schémas. Tome 3. (SGA 4). Dirigé par M. Artin, A. Grothendieck et J. L. Verdier. VI, 640 pages. 1973. DM 50,–

Vol. 306: H. Luckhardt, Extensional Gödel Functional Interpretation. VI, 161 pages. 1973. DM 18,–

Vol. 307: J. L. Bretagnolle, S. D. Chatterji et P.-A. Meyer, Ecole d'été de Probabilités: Processus Stochastiques. VI, 198 pages. 1973. DM 20,–

Vol. 308: D. Knutson, $\lambda$-Rings and the Representation Theory of the Symmetric Group. IV, 203 pages. 1973. DM 20,–

Vol. 309: D. H. Sattinger, Topics in Stability and Bifurcation Theory. VI, 190 pages. 1973. DM 18,–

Vol. 310: B. Iversen, Generic Local Structure of the Morphisms in Commutative Algebra. IV, 108 pages. 1973. DM 16,–

Vol. 311: Conference on Commutative Algebra. Edited by J. W. Brewer and E. A. Rutter. VII, 251 pages. 1973. DM 22,–

Vol. 312: Symposium on Ordinary Differential Equations. Edited by W. A. Harris, Jr. and Y. Sibuya. VIII, 204 pages. 1973. DM 22,–

Vol. 313: K. Jörgens and J. Weidmann, Spectral Properties of Hamiltonian Operators. III, 140 pages. 1973. DM 16,–

Vol. 314: M. Deuring, Lectures on the Theory of Algebraic Functions of One Variable. VI, 151 pages. 1973. DM 16,–

Vol. 315: K. Bichteler, Integration Theory (with Special Attention to Vector Measures). VI, 357 pages. 1973. DM 26,–

Vol. 316: Symposium on Non-Well-Posed Problems and Logarithmic Convexity. Edited by R. J. Knops. V, 176 pages. 1973. DM 18,–

Vol. 317: Séminaire Bourbaki – vol. 1971/72. Exposés 400–417. IV, 361 pages. 1973. DM 26,–

Vol. 318: Recent Advances in Topological Dynamics. Edited by A. Beck, VIII, 285 pages. 1973. DM 24,–

Vol. 319: Conference on Group Theory. Edited by R. W. Gatterdam and K. W. Weston. V, 188 pages. 1973. DM 18,–

Vol. 320: Modular Functions of One Variable I. Edited by W. Kuyk. V, 195 pages. 1973. DM 18,–

Vol. 321: Séminaire de Probabilités VII. Edité par P. A. Meyer. VI, 322 pages. 1973. DM 26,–

Vol. 322: Nonlinear Problems in the Physical Sciences and Biology. Edited by I. Stakgold, D. D. Joseph and D. H. Sattinger. VIII, 357 pages. 1973. DM 26,–

Vol. 323: J. L. Lions, Perturbations Singulières dans les Problèmes aux Limites et en Contrôle Optimal. XII, 645 pages. 1973. DM 42,–

Vol. 324: K. Kreith, Oscillation Theory. VI, 109 pages. 1973. DM 16,–

Vol. 325: Ch.-Ch. Chou, La Transformation de Fourier Complexe et L'Equation de Convolution. IX, 137 pages. 1973. DM 16,–

Vol. 326: A. Robert, Elliptic Curves. VIII, 264 pages. 1973. DM 22,–

Vol. 327: E. Matlis, 1-Dimensional Cohen-Macaulay Rings. XII, 157 pages. 1973. DM 18,–

Vol. 328: J. R. Büchi and D. Siefkes, The Monadic Second Order Theory of All Countable Ordinals. VI, 217 pages. 1973. DM 20,–

Vol. 329: W. Trebels, Multipliers for (C, $\alpha$)-Bounded Fourier Expansions in Banach Spaces and Approximation Theory. VII, 103 pages. 1973. DM 16,–

Vol. 330: Proceedings of the Second Japan-USSR Symposium on Probability Theory. Edited by G. Maruyama and Yu. V. Prokhorov. VI, 550 pages. 1973. DM 36,–

Vol. 331: Summer School on Topological Vector Spaces. Edited by L. Waelbroeck. VI, 226 pages. 1973. DM 20,–

Vol. 332: Séminaire Pierre Lelong (Analyse) Année 1971-1972. V, 131 pages. 1973. DM 16,–

Vol. 333: Numerische, insbesondere approximationstheoretische Behandlung von Funktionalgleichungen. Herausgegeben von R. Ansorge und W. Törnig. VI, 296 Seiten. 1973. DM 24,–

Vol. 334: F. Schweiger, The Metrical Theory of Jacobi-Perron Algorithm. V, 111 pages. 1973. DM 16,–

Vol. 335: H. Huck, R. Roitzsch, U. Simon, W. Vortisch, R. Walden, B. Wegner und W. Wendland, Beweismethoden der Differentialgeometrie im Großen. IX, 159 Seiten. 1973. DM 18,–

Vol. 336: L'Analyse Harmonique dans le Domaine Complexe. Edité par E. J. Akutowicz. VIII, 169 pages. 1973. DM 18,–

Vol. 337: Cambridge Summer School in Mathematical Logic. Edited by A. R. D. Mathias and H. Rogers. IX, 660 pages. 1973. DM 42,–

Vol. 338: J. Lindenstrauss and L. Tzafriri, Classical Banach Spaces. IX, 243 pages. 1973. DM 22,–

Vol. 339: G. Kempf, F. Knudsen, D. Mumford and B. Saint-Donat, Toroidal Embeddings I. VIII, 209 pages. 1973. DM 20,–

Vol. 340: Groupes de Monodromie en Géométrie Algébrique. (SGA 7 II). Par P. Deligne et N. Katz. X, 438 pages. 1973. DM 40,–

Vol. 341: Algebraic K-Theory I, Higher K-Theories. Edited by H. Bass. XV, 335 pages. 1973. DM 26,–

Vol. 342: Algebraic K-Theory II, "Classical" Algebraic K-Theory, and Connections with Arithmetic. Edited by H. Bass. XV, 527 pages. 1973. DM 36,–

Vol. 343: Algebraic K-Theory III, Hermitian K-Theory and Geometric Applications. Edited by H. Bass. XV, 572 pages. 1973. DM 38,–

Vol. 344: A. S. Troelstra (Editor), Metamathematical Investigation of Intuitionistic Arithmetic and Analysis. XVII, 485 pages. 1973. DM 34,–

Vol. 345: Proceedings of a Conference on Operator Theory. Edited by P. A. Fillmore. VI, 228 pages. 1973. DM 20,–

Vol. 346: Fučík et al., Spectral Analysis of Nonlinear Operators. II, 287 pages. 1973. DM 26,–

Vol. 347: J. M. Boardman and R. M. Vogt, Homotopy Invariant Algebraic Structures on Topological Spaces. X, 257 pages. 1973. DM 22,–

Vol. 348: A. M. Mathai and R. K. Saxena, Generalized Hypergeometric Functions with Applications in Statistics and Physical Sciences. VII, 314 pages. 1973. DM 26,–

Vol. 349: Modular Functions of One Variable II. Edited by W. Kuyk and P. Deligne. V, 598 pages. 1973. DM 38,–

Vol. 350: Modular Functions of One Variable III. Edited by W. Kuyk and J.-P. Serre. V, 350 pages. 1973. DM 26,–

Vol. 351: H. Tachikawa, Quasi-Frobenius Rings and Generalizations. XI, 172 pages. 1973. DM 18,–

Vol. 352: J. D. Fay, Theta Functions on Riemann Surfaces. V, 137 pages. 1973. DM 16,–

Vol. 353: Proceedings of the Conference on Orders, Group Rings and Related Topics. Organized by J. S. Hsia, M. L. Madan and T. G. Ralley. X, 224 pages. 1973. DM 20,–

Vol. 354: K. J. Devlin, Aspects of Constructibility. XII, 240 pages. 1973. DM 22,–

Vol. 355: M. Sion, A Theory of Semigroup Valued Measures. V, 140 pages. 1973. DM 16,–

Vol. 356: W. L. J. van der Kallen, Infinitesimally Central-Extensions of Chevalley Groups. VII, 147 pages. 1973. DM 16,–

Vol. 357: W. Borho, P. Gabriel und R. Rentschler, Primideale in Einhüllenden auflösbarer Lie-Algebren. V, 182 Seiten. 1973. DM 18,–

Vol. 358: F. L. Williams, Tensor Products of Principal Series Representations. VI, 132 pages. 1973. DM 16,–

Vol. 359: U. Stammbach, Homology in Group Theory. VIII, 183 pages. 1973. DM 18,–

Vol. 360: W. J. Padgett and R. L. Taylor, Laws of Large Numbers for Normed Linear Spaces and Certain Fréchet Spaces. VI, 111 pages. 1973. DM 16,–

Vol. 361: J. W. Schutz, Foundations of Special Relativity: Kinematic Axioms for Minkowski Space Time. XX, 314 pages. 1973. DM 26,–

Vol. 362: Proceedings of the Conference on Numerical Solution of Ordinary Differential Equations. Edited by D. Bettis. VIII, 490 pages. 1974. DM 34,–

Vol. 363: Conference on the Numerical Solution of Differential Equations. Edited by G. A. Watson. IX, 221 pages. 1974. DM 20,–

Vol. 364: Proceedings on Infinite Dimensional Holomorphy. Edited by T. L. Hayden and T. J. Suffridge. VII, 212 pages. 1974. DM 20,–

Vol. 365: R. P. Gilbert, Constructive Methods for Elliptic Equations. VII, 397 pages. 1974. DM 26,–

Vol. 366: R. Steinberg, Conjugacy Classes in Algebraic Groups (Notes by V. V. Deodhar). VI, 159 pages. 1974. DM 18,–

Vol. 367: K. Langmann und W. Lütkebohmert, Cousinverteilungen und Fortsetzungssätze. VI, 151 Seiten. 1974. DM 16,–

Vol. 368: R. J. Milgram, Unstable Homotopy from the Stable Point of View. V, 109 pages. 1974. DM 16,–

Vol. 369: Victoria Symposium on Nonstandard Analysis. Edited by A. Hurd and P. Loeb. XVIII, 339 pages. 1974. DM 26,–

Vol. 370: B. Mazur and W. Messing, Universal Extensions and One Dimensional Crystalline Cohomology. VII, 134 pages. 1974. DM 16,–

Vol. 371: V. Poenaru, Analyse Différentielle. V, 228 pages. 1974. DM 20,-

Vol. 372: Proceedings of the Second International Conference on the Theory of Groups 1973. Edited by M. F. Newman. VII, 740 pages. 1974. DM 48,-

Vol. 373: A. E. R. Woodcock and T. Poston, A Geometrical Study of the Elementary Catastrophes. V, 257 pages. 1974. DM 22,-

Vol. 374: S. Yamamuro, Differential Calculus in Topological Linear Spaces. IV, 179 pages. 1974. DM 18,-

Vol. 375: Topology Conference 1973. Edited by R. F. Dickman Jr. and P. Fletcher. X, 283 pages. 1974. DM 24,-

Vol. 376: D. B. Osteyee and I. J. Good, Information, Weight of Evidence, the Singularity between Probability Measures and Signal Detection. XI, 156 pages. 1974. DM 16.-

Vol. 377: A. M. Fink, Almost Periodic Differential Equations. VIII, 336 pages. 1974. DM 26,-

Vol. 378: TOPO 72 - General Topology and its Applications. Proceedings 1972. Edited by R. Alò, R. W. Heath and J. Nagata. XIV, 651 pages. 1974. DM 50,-

Vol. 379: A. Badrikian et S. Chevet, Mesures Cylindriques, Espaces de Wiener et Fonctions Aléatoires Gaussiennes. X, 383 pages. 1974. DM 32,-

Vol. 380: M. Petrich, Rings- and Semigroups. VIII, 182 pages. 1974. DM 18,-

Vol. 381: Séminaire de Probabilités VIII. Edité par P. A. Meyer. IX, 354 pages. 1974. DM 32,-

Vol. 382: J. H. van Lint, Combinatorial Theory Seminar Eindhoven University of Technology. VI, 131 pages. 1974. DM 18,-

Vol. 383: Séminaire Bourbaki - vol. 1972/73. Exposés 418-435. IV, 334 pages. 1974. DM 30,-

Vol. 384: Functional Analysis and Applications, Proceedings 1972. Edited by L. Nachbin. V, 270 pages. 1974. DM 22,-

Vol. 385: J. Douglas Jr. and T. Dupont, Collocation Methods for Parabolic Equations in a Single Space Variable (Based on $C^1$-Piecewise-Polynomial Spaces). V, 147 pages. 1974. DM 16,-

Vol. 386: J. Tits, Buildings of Spherical Type and Finite BN-Pairs. IX, 299 pages. 1974. DM 24,-

Vol. 387: C. P. Bruter, Eléments de la Théorie des Matroïdes. V, 138 pages. 1974. DM 18,-

Vol. 388: R. L. Lipsman, Group Representations. X, 166 pages. 1974. DM 20,-

Vol. 389: M.-A. Knus et M. Ojanguren, Théorie de la Descente et Algèbres d' Azumaya. IV, 163 pages. 1974. DM 20,-

Vol. 390: P. A. Meyer, P. Priouret et F. Spitzer, Ecole d'Eté de Probabilités de Saint-Flour III - 1973. Edité par A. Badrikian et P.-L. Hennequin. VIII, 189 pages. 1974. DM 20,-

Vol. 391: J. Gray, Formal Category Theory: Adjointness for 2-Categories. XII, 282 pages. 1974. DM 24,-

Vol. 392: Géométrie Différentielle, Colloque, Santiago de Compostela, Espagne 1972. Edité par E. Vidal. VI, 225 pages. 1974. DM 20,-

Vol. 393: G. Wassermann, Stability of Unfoldings. IX, 164 pages. 1974. DM 20,-

Vol. 394: W. M. Patterson 3rd, Iterative Methods for the Solution of a Linear Operator Equation in Hilbert Space - A Survey. III, 183 pages. 1974. DM 20,-

Vol. 395: Numerische Behandlung nichtlinearer Integrodifferential- und Differentialgleichungen. Tagung 1973. Herausgegeben von R. Ansorge und W. Törnig. VII, 313 Seiten. 1974. DM 28,-

Vol. 396: K. H. Hofmann, M. Mislove and A. Stralka, The Pontryagin Duality of Compact O-Dimensional Semilattices and its Applications. XVI, 122 pages. 1974. DM 18,-

Vol. 397: T. Yamada, The Schur Subgroup of the Brauer Group. V, 159 pages. 1974. DM 18,-

Vol. 398: Théories de l'Information, Actes des Rencontres de Marseille-Luminy, 1973. Edité par J. Kampé de Fériet et C. Picard. XII, 201 pages. 1974. DM 23,-

Vol. 399: Functional Analysis and its Applications, Preceedings 1973. Edited by H. G. Garnir, K. R. Unni and J. H. Williamson. XVII, 569 pages. 1974. DM 44,-

Vol. 400: A Crash Course on Kleinian Group 1974. Edited by L. Bers and I. Kra. VII, 130 pag

Vol. 401: F. Atiyah, Elliptic Operators and ( V, 93 pages. 1974. DM 18,-

Vol. 402: M. Waldschmidt, Nombres Transce pages. 1974. DM 25,-

Vol. 403: Combinatorial Mathematics - Proceedi by D. A. Holton. VIII, 148 pages. 1974. DM 18,-

Vol. 404: Théorie du Potentiel et Analyse Harmor J. Faraut. V, 245 pages. 1974. DM 25,-

Vol. 405: K. Devlin and H. Johnsbråten, The So VIII, 132 pages. 1974. DM 18,-

Vol. 406: Graphs and Combinatorics - Proceeding by R. A. Bari and F. Harary. VIII, 355 pages. 19

Vol. 407: P. Berthelot, Cohomologie Cristalline des Caracteristique. VIII, 598 pages. 1974. DM 44,-